普通高等教育“十一五”国家级规划教材

# 电气工程基础 上册

（第二版）

刘　笙　主编

科学出版社
北　京

## 内 容 简 介

本书是为适应教育部1998年颁布的“普通高校工科专业目录以及引导性专业目录”中“电气工程及其自动化”和“电气工程与自动化”专业所编写的专业基础课教材。内容包括引论与基本概念、电力设备的理论与模型、网络分析与运行控制、暂态分析以及电力系统现代技术等5篇，共18章。全书分上、下两册，上册包括第一至十章，下册包括第十一至十八章。

本书对原有的“电力系统稳态分析”、“发电厂电气部分”、“电力工程”以及“高电压技术”等课程教材进行了有机整合，并更新了体系，增加了抽水蓄能、电压稳定、直流输电与柔性交流输电及分布式电源等新章节，反映了电力工业技术的整体性、综合性以及时代发展的趋势，构思新颖，循序渐进。

本书主要作为“电气工程及其自动化”与“电气工程与自动化”专业的基础课程教材，亦适合电力系统工程技术人员作为参考读物。

**图书在版编目(CIP)数据**

电气工程基础(上、下册)/刘笙主编. —2版. —北京:科学出版社，2008.8
(普通高等教育“十一五”国家级规划教材)
ISBN 978-7-03-021503-1

Ⅰ. 电… Ⅱ. 刘… Ⅲ. 电气工程-高等学校-教材 Ⅳ. TM

中国版本图书馆CIP数据核字(2008)第041553号

责任编辑:余　江/责任校对:宋玲玲
责任印制:张　伟/封面设计:陈　敬

科学出版社 出版
北京东黄城根北街16号
邮政编码: 100717
http://www.sciencep.com
北京虎彩文化传播有限公司 印刷
科学出版社发行　各地新华书店经销
*
2002年8月第　一　版　　开本: B5(720×1000)
2008年8月第　二　版　　印张: 19 3/4
2023年8月第十九次印刷　　字数: 369 000

**定价: 128.00元(上、下册)**
(如有印装质量问题，我社负责调换)

# 编委会名单

# 第二版前言

本书自2002年8月问世以来，已经过“电气工程及其自动化”和“电气工程与自动化”专业五年多的教学实践，为这两个专业填补了专业教材方面的空白，为电气工程专业的师生提供了比较系统的专业理论基础。在2006年被教育部批准为普通高等教育“十一五”国家级规划教材，故进行再版。

新版教材调整为5篇，共18章。第一篇为引论与基本概念，包括第一、二章；第二篇为电力设备的理论与模型，包括第三至六章；第三篇为网络分析与运行控制，包括第七至十章；第四篇为暂态分析，包括第十一至十六章；第五篇为电力系统现代技术，包括第十七、十八章。全书分为上、下两册，上册由第一至十章组成，下册由第十一至十八章组成。

新版教材仍保持了原版的一些特点（详见第一版前言），并着重在以下方面进行了修订：(1)基础与专业结合更紧密，加强物理概念，减少过多的数学推演，更侧重于工程应用。如将输电线及变压器参数及模型合并为一章，减少了基于电磁场及电机学的参数导出过程；又如减少了过电压中的波过程叙述，将电力系统绝缘与过电压由原版的五章精简为两章，其中的中性点接地方式则列入引论。(2)理论叙述与工程实际结合更紧密。如将机电暂态与稳定性的论述与国内外的大面积停电事故联系起来；又如将直流输电应用于大区电网互联的优越性突显出来。(3)与时俱进，注入新鲜内容。如在引论中增补了我国电力工业在新世纪的发展数据。在电力设备部分增加了短路电流限制器，在直流输电部分增加了基于电压源换流器的输电方式。在有功功率与频率调整一章联系到自动发电控制。此外，增加了分布式电源一章等。

新版教材由编写组集体创作。其中第十五章由朱子述编写，第十六章由金之俭编写，第六、七、十三章由顾洁编写，第四、十一、十二章由杨镜非编写，第三、十八章由艾芊编写，第一、二、五、八、九、十、十四及十七章由刘笙编写。宋依群修订了第九章并组织了全书的修订过程。刘笙任主编。上海交通大学电子电气学院张焰教授、赖晓阳副教授曾给予支持与指导，原媛同学打印了部分章节，在此一并致以衷心的感谢。

由于修订时间仓促，加之编者学术水平及教学经验不足，书中不妥之处在所难免，希望使用本书的师生、工程技术工作者提出宝贵意见。

编　者

2008年2月

# 第一版前言

“中共中央国务院关于深入教育改革全面推进素质教育的决定(1999.6.13)”中指出:“调整和改革课程体系、结构、内容,建立新的基础教育课程体系……。改变课程过分强调学科体系,脱离时代和社会发展以及学生的实际情况,抓紧建立更新教学内容的机制,加强课程的综合性和实践性,重视实验课教学,培养学生实际操作能力。”《电气工程基础》一书就是为了贯彻“决定”的指导精神,为适应专业调整后而成立的“电气工程及其自动化”和“电气工程与自动化”专业教学需要而编写的一部专业基础教材。本书是对原有的四门专业课程内容(《电力系统稳态分析》、《发电厂电气及计算机监控》、《电力工程》、《高电压技术》)进行有机整合并更新体系的一种尝试。

本书包括6篇,共22章。第一篇为引论及基本概念,包括第一、二章;第二篇为电力设备的理论及模型,包括第三至七章;第三篇为网络分析与运行控制,包括第八至十一章;第四篇为暂态分析与控制,包括第十二至十六章;第五篇为电力系统的绝缘与过电压,包括第十七至二十章;第六篇为计算机监控及输电系统新技术,包括第二十一、二十二章。全书分为上、下两册,上册由第一至十一章组成,下册由第十二至二十二章组成。

本书具有以下特点:(1)通过新旧中国电力工业的发展对比,体现德育和智育的统一。旧中国电力工业历尽坎坷,步履蹒跚。新中国电力工业蓬勃向上,发展迅速。改革开放使电力工业腾飞。书中所列举的事实是进行爱国主义教育的生动素材。(2)知识结构反映电力工业技术的整体性及综合性。教材改革前,稳态与暂态、短过程动态与长过程动态(暂态稳定与频率变化过程)、过电压与过电流、电气设备、发电机运行等内容分割在多本教材中,既没有整体概念,又有重复现象。本教材对上述内容进行了整合。(3)知识结构反映了电力工业的时代发展趋势。本教材含抽水蓄能、电压稳定、直流输电、柔性交流输电等新内容。(4)教材配套建设。本教材与即将出版的习题集、CAI教学辅导软件配套建设,用以提高教学效率。

本书主要作为电气工程及其自动化专业和电气工程与自动化专业的专业基础课教材。其中一些章节可因材施教,供自学用。本书亦可作为电气工程研究和技术人员的参考读物。

本教材由编写组集体创作。其中第三、四、五章由岑文辉编写,第十六、十八章由朱子述编写,第十七、十九、二十章由金之俭编写,第七、八、十四章由顾洁编写,

第十二、十三章由杨镜非编写,第二十一章由谢宁编写。第一、二、六、九、十、十一、十五、二十二章由刘笙编写。刘笙任主编。吴际舜教授审阅了全书,并提出了许多宝贵的修改意见。在编写过程中得到了我校(上海交通大学)电力学院教学改革指导委员会、李福寿教授以及陈章潮教授的热心指导。张焰教授做了大量的组织工作。上海市电力公司钱重耀高级工程师提供了有关电力工业发展的素材。在此一并向指导和帮助本书编写的各位领导、专家致以衷心的感谢。

由于编写时间仓促,加之编者学术水平及教学经验有限,书中不妥之处在所难免,诚挚希望使用本书的师生、工程技术人员提出宝贵意见。

编　者

2001 年 12 月

# 目　　录

# 第二篇　电力设备的理论与模型

# 第一篇 引论与基本概念

## 第一章 引 论

本章主要论述近代电力系统发展中的基本规律、我国电力工业近50年发展的辉煌成就及新世纪发展的目标与策略；阐述“电力系统”的概念，包括它的基本参量、接线图、电压等级以及运行的基本要求。

### 第一节 电气技术的发展与电力系统的形成

#### 一、电磁学的发展与电气技术的形成

19世纪上半叶电磁学的蓬勃发展为电气技术的兴起奠定了理论基础，而电能的应用则促进了工业化国家生产力的飞速发展。

1820年奥斯特通过实验证实了电流的磁效应，1831年法拉第发现了电磁感应定律，这些发现很快促成了电动机与发电机的发明。电机制造与电力输送技术的发展首先是从直流开始的。为了照明的目的，原始的直流发电机连接到电力线路上采用110～220V直流电供给串联的弧光路灯，供电距离为1～2km。

1882年法国人德波里首先实现了较高电压的直流输电。他将密士巴赫小水电站3马力(1马力＝735.5瓦)直流发电机的电能经过长57km、直径为4.5mm的钢线敷设的架空线送至慕尼黑国际博览会，用以驱动水泵运转。送端电压为1300V，受端约为850V，输送功率1.5kW，效率为60％。

随着生产的发展，要求增大输送功率与输电距离，提高输电效率，这就要求提高输电电压，而发电机电压因避免出现电晕不可能提得很高，且直流高压输电与用户低压用电之间存在着难以克服的矛盾，使得当时的直流输电制遇到很大的挑战。经法国工程师芳建与瑞典工程师塞雷提出直流电机串联制(图1-1)，从而使得输送电压有所提高，后终因价格昂贵及运行复杂难以为继。而交流制却可使用变压器，从而简单、经济、可靠地解决了提高输电电压的问题，使得塞雷制的直流输电系统逐渐被新兴的三相交流输电制所代替。

1885年匈牙利工程师吉里等研究出封闭磁路的单相变压器，由此实现了单相交流输电。但由于单相交流电动机启动困难，不能保证增加发电厂的容量和扩大电网的伸展长度。1889年俄国工程师多里沃-多勃罗沃耳斯基先后发明了三相异

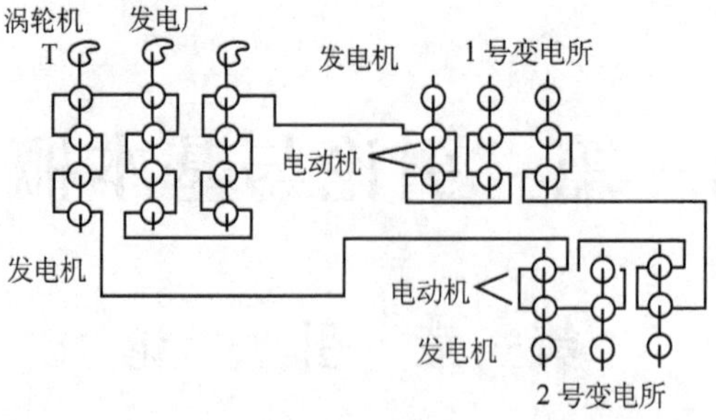


图 1-1　塞雷制的直流输电接线图

步电动机、三相变压器和三相交流制。1891 年德国工程师奥斯卡拉·冯·密勒主持建立了最早的三相交流输电系统(图 1-2)。由鲁芬镇输电至法兰克福,输送距离是 175km,输送功率约为 130kW,输送效率为 75.2%。设在鲁芬镇的水轮发电机组转速为 150r/min,频率为 40Hz,电压为 95V,功率为 230kV·A。经升压变压器将电压升高至 15200V,经直径为 4mm 的裸铜线输电。在法兰克福的降压站,用两台变压器将电压降至 112V,其中一台供给白炽灯,另一台供电给异步电动机用以驱动一台 75kW 的水泵。上述工程的建成标志着历史上输电技术的重大突破,由此奠定了现代电力系统的输电模式。

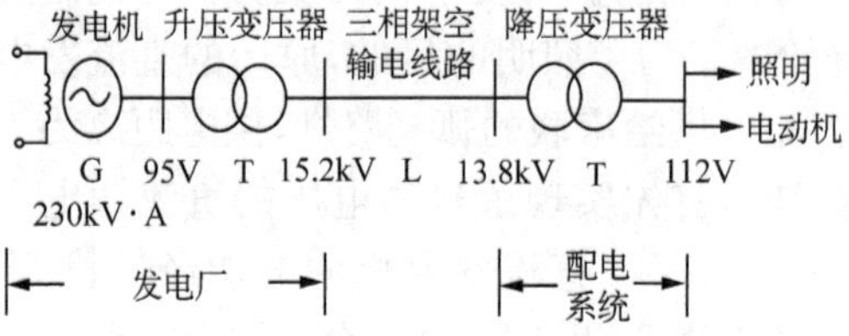


图 1-2　密勒制三相交流输电系统

电能较之其他形式的能量有许多突出的优点。电能可以集中生产分散使用、便于传输和分配、便于和其他形式的能量相互转化,可以满足生产及生活多方面的需要。电力电能技术的发展,带来了一系列技术进步:以发电、输电、配电为主要内容的电力工业发展起来了;以发电机、电动机、变压器、断路器、电线电缆等为主要内容的电机电器制造业发展起来了;以锅炉、汽轮机、水轮机为主要内容的动力机械工业发展起来了;电力的应用还促进了冶金、电镀等工业的发展。这些重大技术极大地促进了各工业国家生产力的发展。到 19 世纪最后 20 年,世界工业总产值增加了 2 倍。电气技术改变了社会的生产方式,也改变了人们的生活方式。其显著特点是电能的应用是在麦克斯韦电磁学理论直接指导下创造出来的。科学技术对生产力的巨大指导作用开始显示出来。

## 二、近代电力系统的发展历程[1]

当电源(如水电厂、坑口火电厂)远离负荷中心,要求输送容量与输电效率进一步提高时,仍然受到当时设备的制约。输电技术发展的初期特点是努力减少输电线路损耗,以提高设备的经济性。三相导线中的损耗可以表示为

$$\Delta P = 3I^2R_L = 3\left(\frac{P}{\sqrt{3}U_N\cos\varphi}\right)^2\rho\frac{l}{S} = \frac{P^2\rho\cdot l}{U_N^2\cos^2\varphi\cdot S}$$

式中,$I$ 为线路电流,A;$R_L$ 为单回线电阻,Ω;$\Delta P$ 为三相线路的功率损耗,MW;$P$ 为三相线路的输送功率,MW;$\rho$ 为导线电阻率,$\Omega\cdot mm^2/km$;$l$ 为导线长度,km;$S$ 为导线截面积,$mm^2$;$\cos\varphi$ 为负载功率因数;$U_N$ 为三相线路的线电压,kV。

假定 $P$、$l$、$\cos\varphi$ 及 $\rho$ 已经确定,那么线损就由截面积和线电压决定。也就是说,要减少线损只有增加导线截面积和提高线电压。增加导线截面积势必增加导线材料及其成本,而提高线路电压使线路费用增加较小。因而最合理的减少线损的途径就是提高电压。输电技术全部发展史的特征便是继续不断地提高线路电压。随着电压的提高,输送功率和输送距离便不断增大。

提高线路电压与线路的绝缘有着密切的关系。随后线路的绝缘成为输电发展的制约因素。针式绝缘子所能达到的极限电压为 80kV。1906 年悬式绝缘子的发明使线路电压提高到 110～120kV。这样高的电压当导线截面不够大时会剧烈增加电晕损耗,从而导致钢芯铝线的采用。在电晕损耗问题得到解决以后,线电压可以提高到 150kV。

在 110～150kV 的电压下,输送距离加大了(150～200km)。同时输送功率也增大。随着线路上的感应电压降的恶性增加,使受端电压剧烈降低,从而受端负载难以承受。但在受端用装设同步补偿机的方法就地满足感应负载的需求,基本上克服了这一困难。

在 20 世纪 20 年代,输送容量的发展要求把电压提高到 200～220kV。这使得悬式绝缘子串上的电压分布不均,靠近导线的一个绝缘子上的电压超出电晕临界电压,从而出现电晕。采用均压环削平电压可以得到圆满的线路绝缘。从而线路电压可以提高到更高的电压,如 330～500kV。

随着输送功率、输送距离、供电区域的不断扩大以及远方电源(水力发电厂、坑口火电厂)的建立,电厂不再孤立运行,而是通过传输线互联在电力网上成为电力系统。从 20 世纪 20 年代就开始了的电厂互联,方兴未艾。发展到今天区域电网之间的互联仍然前景广阔。这是由于电站并联运转及电网互联可以带来显著的技术经济效益:包括提高供电可靠性和电能质量,实现水火电资源互补,获得错峰效益,从而提高了运行经济性。以至电网互联成为电力工业发展的一大趋势。但也

带来交流输电的技术困难。这些困难使中间用大电感相连接的同步电机的并联运转成为不稳定的因素，即电厂并联运转的稳定性问题。当输电长度在 200～300km 以下的电力网中一旦发生短路或大负载冲击时，就足以使电机失步，即所谓暂态不稳定，从而发生大面积停电事故。主要方法是用继电保护装置快速切断故障段。当输电距离增大到 750～1000km 时，优先考虑的是系统的静态稳定度，即在正常运行情况下的小扰动稳定度。线路参数(电感和电容)补偿是解决这一问题的有力措施。当今世界上交流输电电压已超过 1000kV，输送距离已超过 1000km，输送功率已超过 5000MW，跨国电网中的总装机容量已超过 400GW。

为彻底解决交流输电中同步发电机并联运行的稳定性问题，工程师的思想又转向直流输电。当今的直流输电系统已经不同于当年的塞雷制，而是一种矫正直流输电系统(图 1-3)，即由交流发电机经整流器、高压直流输电线及逆变器后接入受端交流系统。当今的直流输电电压已超过±600kV，输送距离已超过 1000km，输送功率已超过 3000MW。概而言之，一部输电发展史大致经历了直流传输—交流传输—交直流传输的发展过程。

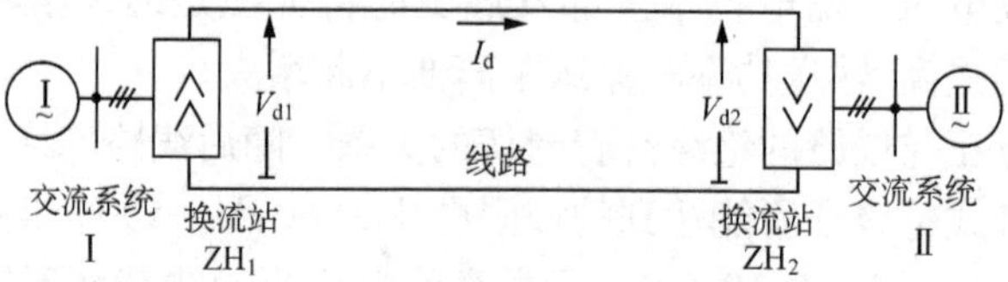


图 1-3　矫正直流输电系统

自 19 世纪 80 年代开始有了输电工程以来，已有 100 多年的历史。但电力系统的面貌已今非昔比，旧貌换新颜。从 20 世纪 60 年代以来，以电子技术(控制、通信和计算机技术)引入电力系统为标志，国内外正努力建设现代电力系统，提出了更加可靠、更加有效及更加开放的目标。

21 世纪的电力系统会有哪些发展趋势？这要从未来社会的需求、经济、科技发展规律的大格局中来考察。大体上有以下一些趋势：

1. 能源开发与环境保护的协调

现代电力系统具有一次能源的多样性，必须因地制宜地进行开发。在具有煤矿资源的地方宜于开发燃煤电厂。传统的燃煤电厂排放 $SO_2$，致使有些地方会造成酸雨。控制燃煤电厂产生的严重污染已成为迫切的任务。现代电力系统呼唤高效清洁的能源。应用于火电厂的洁净煤技术成为当务之急。在有水力资源的地方开发水电是实现可再生能源技术最现实的措施。而在缺少资源的地域开发核电是一种清洁的发电方式，在严格的科学管理下能够保证运行的安全性。此外，近年来高效发电技术及节能技术提供了大幅度降低能耗的可能性。

2. 电源结构的优化配置

联合电力系统中的水电厂由于河川有丰水期与枯水期之分，需要适当容量的火电厂互补运行，以保证充裕的装机容量。现代电力系统不但要有足够的装机容量，而且要有足够的调峰、调相、调频及事故备用容量。蓄能技术是良好的应对措施，其中以抽水蓄能水电站最为成熟。

3. 灵活交流输电与新型直流输电

灵活交流输电技术（flexible alternating current transmission system，FACTS）的主要内容是运用固态电子器件与现代自动控制技术对电网的电压、相位角、阻抗、功率和电路的通断进行实时闭环控制，以便极大地提高现有高压线路的输送能力、提高电力系统的稳定水平；直流输电已是成熟技术，新型直流输电技术是指进一步改善性能、大幅度简化设备、减少换流站占地以及降低造价，如用可关断器件组成换流器和光触发换流阀以及省去换流变压器等。直流输电是电力电子技术应用于电力系统的最成熟的技术。灵活交流输电向直流输电提出了挑战。引入电力电子技术对交流电力系统进行改造是新世纪电力工业最重大的变革之一。现代电力系统必然是交直流混合系统。

4. 现代能量管理系统

现代能量管理系统（energy management system，EMS）具备了系统运行实时信息的采集和监测、经济运行、静态安全评估及预防性控制等功能。动态安全评估与控制则在计算速度方面提出了挑战。事故后的恢复控制更有待发展。现代电子信息技术其中包括数字化技术、计算机网络、微波、光纤及卫星通信技术和全球定位系统（global positioning system，GPS）为现代能量管理系统提供了新的技术基础。分层、分布、时空协调、高可靠性、快速性及智能化是电力系统监控的发展趋势。

5. 电能质量新标准

现代社会要求更高的供电质量。除传统的电力负荷如感应电动机、白炽灯、日光灯以外，现代企业中的计算信息系统、可编程控制器、变频调速驱动器、自动生产线、精密加工工具及机器人等的日益广泛运用，对各种干扰下电源的电压波动十分敏感，任何供电质量的恶化，将导致产品质量下降，甚至造成重大损失。各工业国家制定了电能质量的新标准，如电压降落、闪变、脉冲、暂态电压升高及谐波抑制等。各种不间断电源（uninterruptible power supply，UPS）及基于晶闸管的负荷补偿措施形成用户电力技术（customer power technique，CPT）。

6. 电力市场的兴起

近年来由经济学家倡导并得到各国政府支持的电力体制变革的浪潮席卷全球。变革的核心是在传统的由国家或地区垄断经营的电力行业中引入竞争机制，实现多元独立的利益主体——电力市场（electric power market），以提高效率、降低成本，促进电力资产的合理利用与发展并降低电价，使用户受益。具体做法有发电、输电、配电分离；非管制化（deregulation）；网络开放（open access）；电力转送（power wheeling）等。电力市场也有其特殊性，它将受到电力系统内在规律的制约。一个灵活开放的电网必须与运行的安全性相协调。电力市场这场变革已经对电力系统的方方面面产生了重大而深远的影响，提出了一系列有待解决的新问题。

## 三、电力系统的构成及其基本参量

电力系统主要由发电厂、输电线路、配电系统及负荷组成，通常覆盖广阔的地域。发电厂将原始能源转换为电能，经过输电线路送至配电系统，再由配电线路把电能分配给负荷（用户），由上述四个部分组成的统一整体叫做电力系统。如果将发电厂内的原动机部分也计入其中，则称为动力系统。原始能源主要是水力能源与火力能源（煤、天然气、石油、核聚变裂变燃料等），至于地热、潮汐、风力、太阳能等尚处于小容量发展阶段。电站中的锅炉将化学能转变为热能，核反应堆将核能转变为热能，汽轮机将热能转变为机械能，燃气轮机将化学能直接转变为机械能，水轮机将水位能转化为机械能，发电机将机械能转变为电能。输电线连接发电厂与配电系统以及与其他系统实行互联。配电系统连接由输电线供电的局域内的所有单个负荷。电力负荷包括电灯、电热器、电动机（感应电动机、同步电动机等）、整流器、变频器或其他装置。在这些设备中电能又将转变为光能、热能、机械能等。

典型的电力系统示意图如图 1-4 所示。发电机经过升压变压器将电压升高至输电电压（220～500kV）。在受端通过降压变压器将电压降至配电电压（10～110kV、380/220V）。在降压变电站大型用户的配电电压为 35～110kV，而中小型用户的配电电压为 6～10kV、380/220V。电力系统可以用一些基本参量加以描述，兹分述如下：

① 总装机容量——系统中所有发电机组额定有功功率的总和，以兆瓦（MW）计。

② 年发电量——系统中所有发电机组全年所发电能的总和，以兆瓦时（MW·h）计。

③ 最大负荷——指规定时间（一天、一月或一年）内电力系统总有功功率负荷的最大值，以兆瓦（MW）计。

④ 年用电量——接在系统上所有用户全年所用电能的总和，以兆瓦时（MW·h）计。

⑤ 额定频率——我国规定的交流电力系统的额定频率为 50 赫（Hz）。

⑥ 最高电压等级——指电力系统中最高电压等级的电力线路的额定电压，以千伏（kV）计。图 1-4 所示系统的最高电压等级为 500kV。

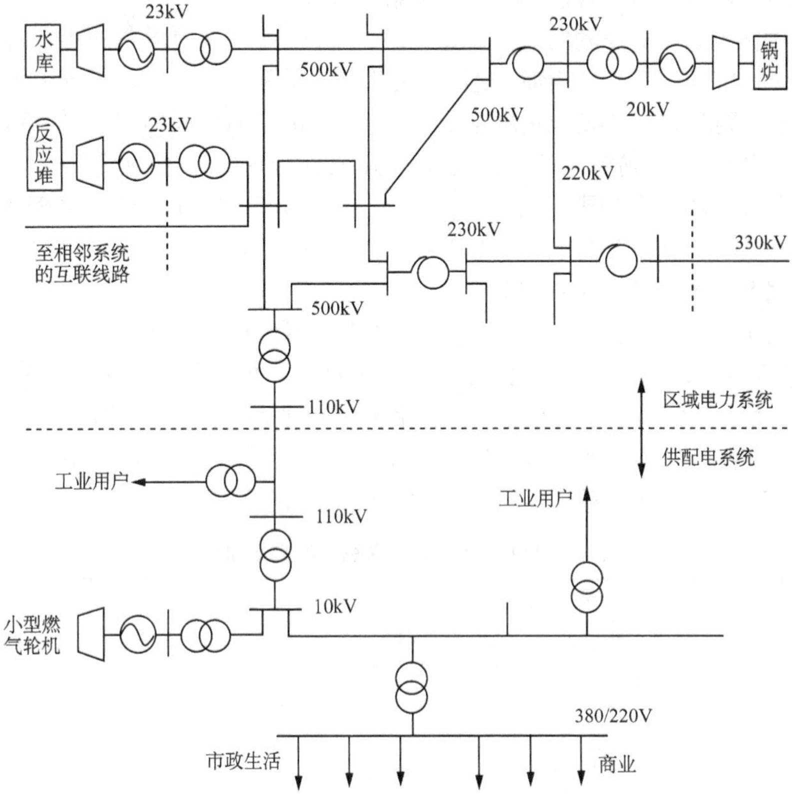


图 1-4　电力系统和电力网络示意图

# 第二节　我国电力工业及电力系统的发展

## 一、我国电力工业的发展

电力工业是国民经济的关键部门，它为实现工农业生产、科学技术现代化和人民生活水平的提高提供动力。电力工业是先行工业，它的发展必须优先于其他工业，整个国民经济才能不断前进。世界各国经济发展的经验表明：国民经济每增长1%，电力工业就要求增长 1.3%～1.5%。工业发达国家几乎每 7～10 年装机容量就要增长一倍。

我国具有丰富的能源资源。我国水电资源蕴藏量达 676GW，居世界首位。煤、石油、天然气资源也很丰富。煤的预测量约为 4500Mt。可利用的风力资源约为 160GW。这些优良的自然条件为我国电力工业的发展提供了资源基础。但旧中国的电力工业却非常落后，1949 年全国的总装机容量仅为 1849MW，年发电量仅达 4.3TW · h,分别居世界第 21 位和第 25 位。

新中国电力工业蓬勃向上。1949～1980 年 30 年间发电设备的年平均增长速度达到 12.45%。至 1980 年底,全国总装机容量增至 65869MW,是旧中国的35.6 倍,列居世界第八位;年发电量增至 300.6 TW · h,是旧中国的 69.8 倍,列居世界第六位。从设计、制造到运行、管理已初步建成较完整的电力工业体系。

改革开放推动了我国电力工业的腾飞。自 1978 年以来,由于我国经济体制改革和对外开放政策的实践,电力工业呈持续高速发展,发电设备装机容量增长快速,自 1987 年每年新增量超过 10000MW。1991～1998 年每年新增量超过 15000MW。增长速度居世界首位。至 1998 年末,全国总装机容量达 277GW,全年发电量达到 1157.7 TW · h,均比 1980 年增长近四倍,并超过了日本和俄罗斯,仅次于美国,跃居世界第二位。2006 年末,全国总装机容量突破 600GW,稳居世界第二位。2008 年底,总装机容量将突破 800GW。目前每年新增装机容量超过法国总装机容量。1949～2006 年全国总装机容量和年发电量的增长情况见表 1-1。

**表 1-1　1949～2006 年全国总装机容量和发电量**

| 年　份 | 总装机容量/MW | | 年发电量/(TW · h) | |
|---|---|---|---|---|
| | 总　量 | 水电所占百分比/% | 总　量 | 水电所占百分比/% |
| 1949 | 1849.0 | 8.8 | 4.3 | 16.5 |
| 1952 | 1964.0 | 9.6 | 7.3 | 17.4 |
| 1957 | 4635.0 | 22.0 | 19.3 | 24.9 |
| 1962 | 13037.0 | 18.2 | 45.8 | 19.7 |
| 1965 | 15076.0 | 20.0 | 67.6 | 15.4 |
| 1970 | 23770.0 | 26.2 | 115.9 | 17.7 |
| 1975 | 43406.0 | 30.9 | 195.8 | 24.3 |
| 1980 | 65869.0 | 30.8 | 300.6 | 19.4 |
| 1981 | 69132.6 | 31.7 | 309.3 | 21.2 |
| 1982 | 72359.6 | 31.7 | 327.7 | 22.7 |
| 1983 | 76444.9 | 31.6 | 351.4 | 24.6 |
| 1984 | 80116.9 | 31.9 | 377.6 | 23.0 |
| 1985 | 87053.2 | 30.3 | 410.7 | 22.5 |
| 1986 | 93818.5 | 29.4 | 449.6 | 21.0 |
| 1987 | 102897.0 | 29.3 | 497.3 | 20.2 |
| 1988 | 115497.1 | 28.3 | 545.1 | 20.0 |
| 1989 | 126638.6 | 27.0 | 584.7 | 20.2 |
| 1990 | 137890.0 | 26.1 | 621.3 | 20.2 |

续表

| 年 份 | 总装机容量/MW | | 年发电量/(TW·h) | |
|---|---|---|---|---|
| | 总 量 | 水电所占百分比/% | 总 量 | 水电所占百分比/% |
| 1991 | 151473.1 | 25.0 | 677.5 | 18.4 |
| 1992 | 166532.4 | 24.4 | 754.2 | 17.4 |
| 1993 | 182910.7 | 24.4 | 836.4 | 18.0 |
| 1994 | 199897.2 | 24.5 | 927.9 | 18.0 |
| 1995 | 217224.2 | 24.0 | 1006.9 | 18.5 |
| 1996 | 236541.6 | 23.5 | 1079.4 | 17.3 |
| 1997 | 254240.0 | 23.5 | 1134.2 | 17.2 |
| 1998 | 277290.0 | 23.5 | 1157.7 | 17.7 |
| 1999 | 298767.9 | 24.4 | 1233.1 | 17.3 |
| 2000 | 319320.9 | 24.8 | 1368.5 | 17.8 |
| 2001 | 338611.9 | 24.5 | 1483.9 | 17.6 |
| 2002 | 356570.9 | 24.1 | 1654.2 | 16.6 |
| 2003 | 391407.8 | 24.2 | 1905.2 | 14.8 |
| 2004 | 442387.3 | 23.8 | 2194.4 | 15.1 |
| 2005 | 517184.4 | 22.7 | 2497.5 | 15.9 |
| 2006 | 623698.2 | 20.6 | 2849.9 | 14.6 |

20 世纪 80 年代我国国民生产总值的年增长率约为 9%，而我国在这一时期的年发电量的增长率约为 7.5%，这说明电力供应不足，影响了工业产值的发展。此外，输变电设备容量的增长率又低于发电设备容量的增长率。使有限的发电设备不能充分发挥效益。90 年代上述现象已有所改观。这一时期我国国民生产总值的年增长率为 7.1%～9.0%，而年发电量的增长率为 8.0%～9.6%。80 年代以来我国年发电量的增长率高于一次能源消耗量的增长。发电用能源占一次能源总消耗量的比重不断提高。在 1980 年、1985 年、1990 年和 1995 年的这一比重分别为 18.6%、21.2%、26.5%和 31.5%。这说明我国国民经济电气化的程度正在不断提高。而相应的能源强度(能源强度指单位产值所消耗的能源，以每美元产值消耗的标准油重 kg/美元为单位)随着这一比重的提高不断下降，分别为 14.3kg 标油/美元、11.0kg 标油/美元、9.9kg 标油/美元和 7.1kg 标油/美元。这说明我国的能源效率有所提高且节能潜力还很大。

随着近年来市场经济的孕育，我国电力负荷的构成也在发生变化。表 1-2 表示出 1987～2006 年间各类负荷在总用电量中所占比重。可见，重工业用电比重在下降，城乡居民生活用电、商业、交通及建筑业用电在不断上升。1996 年总用电量超过1000 TW·h，1990 年至 1998 年年平均增长率超过 10%。电能消耗结构发生的变化，表明人民生活水平不断改善。

自 1980 年以来，电力工业已有显著发展，但仍然不能满足国家经济发展和全社会进步的需要。社会人均用电量是衡量现代化的粗略判据。1996 年平均每个中国人拥有0.2kW的装机容量以及具有 918 kW·h 的电能消耗，其中 94 kW·h 是城乡住宅的份额。它约为世界平均消耗定额的 1/3。等值于工业国家消耗定额的 1/7～1/10。2000 年我国人均具有约 1000 kW·h 的电能消耗，2007 年人均电能消耗已接近世界平均消耗额。

进入 21 世纪以来，国家投入大量资金用于农网改造，使得城乡居民生活用电同网同价，大量减轻农民电费负担。全国实施“户户通电”工程，使 22 个省(自治区、直辖市)实现户户通电，全国除西藏、青海和新疆外，行政村通电率达到 99%以上。

**表 1-2　1987～2006 年全国总用电量及其构成[2]**

| 年份 | 总用电量/($10^8$kW·h) | 用电量构成 | | | | | | | | |
|---|---|---|---|---|---|---|---|---|---|---|
| | | 城乡居民生活/% | 农林牧渔水利业/% | 重工业/% | 轻工业/% | 地质普查和勘探业/% | 建筑业/% | 交通运输邮电通信/% | 商业饮食物资供销仓储/% | 其他/% |
| 1987 | 4902.70 | 5.46 | 7.05 | 64.53 | 16.45 | 0.07 | 0.82 | 1.57 | 1.01 | 3.04 |
| 1988 | 5358.70 | 6.00 | 7.01 | 64.04 | 16.22 | 0.07 | 0.81 | 1.62 | 1.14 | 3.09 |
| 1989 | 5762.00 | 6.46 | 4.95 | 63.99 | 15.80 | 0.07 | 0.77 | 1.67 | 1.18 | 3.11 |
| 1990 | 6126.00 | 7.53 | 6.78 | 62.60 | 16.07 | 0.08 | 0.74 | 1.71 | 1.26 | 3.23 |
| 1991 | 6696.80 | 7.94 | 6.93 | 61.96 | 16.03 | 0.08 | 0.79 | 1.73 | 1.34 | 3.47 |
| 1992 | 7455.40 | 8.50 | 6.78 | 61.22 | 15.86 | 0.08 | 0.85 | 1.78 | 1.47 | 3.46 |
| 1993 | 8201.10 | 8.89 | 6.30 | 61.19 | 15.48 | 0.08 | 0.99 | 1.84 | 1.63 | 3.60 |
| 1994 | 9046.50 | 9.67 | 6.27 | 60.32 | 15.10 | 0.09 | 1.07 | 1.85 | 1.82 | 3.81 |
| 1995 | 9886.36 | 10.17 | 6.22 | 59.78 | 15.04 | 0.08 | 1.10 | 1.84 | 1.93 | 3.84 |
| 1996 | 10570.29 | 10.71 | 6.11 | 59.28 | 14.80 | 0.08 | 1.10 | 1.86 | 2.12 | 3.94 |
| 1997 | 11039.11 | 11.35 | 6.19 | 58.33 | 14.64 | 0.08 | 1.04 | 1.87 | 2.39 | 4.12 |
| 1998 | 11347.30 | 12.22 | 5.88 | 57.61 | 14.16 | 0.07 | 1.05 | 1.94 | 2.62 | 4.44 |
| 1999 | 12092.33 | 12.15 | 5.75 | 57.46 | 14.35 | 0.07 | 1.00 | 1.95 | 2.75 | 4.48 |
| 2000 | 13508.48 | 12.52 | 5.33 | 56.62 | 15.56 | 0.06 | 0.98 | 1.93 | 2.97 | 4.64 |
| 2001 | 14682.51 | 12.52 | 5.19 | 56.38 | 15.06 | 0.06 | 0.98 | 1.99 | 3.10 | 4.68 |
| 2002 | 16386.28 | 12.21 | 4.73 | 56.41 | 15.55 | 0.06 | 1.00 | 2.02 | 3.27 | 4.71 |
| 2003 | 18893.71 | 11.80 | 4.08 | 57.29 | 15.58 | 0.05 | 1.00 | 2.06 | 3.29 | 4.80 |
| 2004 | 21761.30 | 11.28 | 3.71 | 58.36 | 15.39 | 0.05 | 1.02 | 2.03 | 3.37 | 4.74 |
| 2005 | 24689.00 | 11.43 | 3.54 | 58.19 | 14.94 | — | 0.89 | 1.74 | 3.04 | 5.43 |
| 2006 | 28248.00 | 11.46 | — | 60.25 | 14.63 | — | — | — | — | — |

## 二、21 世纪电力发展的目标与策略

2002 年 12 月 29 日我国实施电力体制改革，中国电力工业掀开新的一页。如图 1-5所示，国家电力公司下辖两个电网公司，即国家电网公司与中国南方电网有限公司，以投资建设运营电网为核心业务。国家电网公司经营原东北、华北、华东、华中及西北系统共 26 个省、自治区、直辖市，覆盖国土面积的 88%。中国南方电网有限公司经营原广东、广西、云南、贵州、香港、澳门电网。国家电力公司下辖五个发电公司即中国华能、中国大唐、中国华电、中国国电及中国电力投资公司，以投资建设运营电厂为核心业务。国家电力公司另设两个建设集团及两个工程咨询集团，在监管机构方面，国家成立国家电力监管委员会。新的电力体制实施厂网分开，新组建上述发电和电网企业；实行竞价上网，初步建立竞争、开放的区域电力市场，实行新的电价机制（将电价分为上网电价、输配电电价和终端销售电价），继续推进农村电力管理体制的改革。

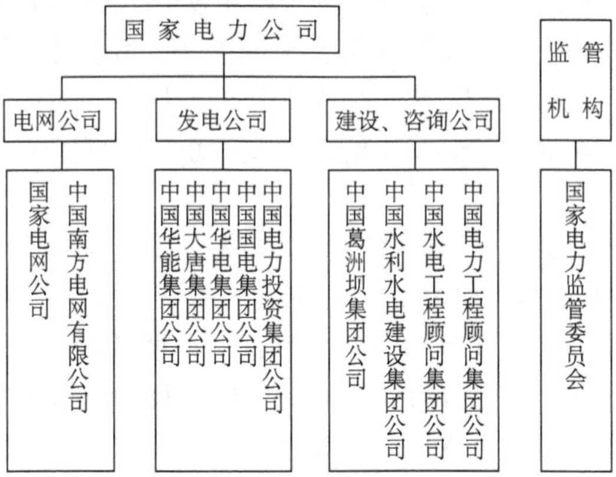


图 1-5　中国的电力体制

负荷需求推动电力发展。按 21 世纪国民经济的发展目标、全社会进步以及人民生活水平的提高，早期负荷预测如表 1-3 所示。按负荷需求预测，1999～2000 年发电量增长率必须保持在 8%。2000 年全年发电量将达到 1400 TW · h。年增装机容量必须达到 17GW。在 2000 年末全部装机容量将达到 290～300GW。到 2010 年应增加至 900～950GW 以及在 2020 年末到 1400～1500GW。电力规划如表 1-4所示。表中是以"总量"作为 100%。"其他"是指抽水蓄能与新能源部分。

**表 1-3　电力负荷需求预测**[2,3]

| 需求年份 | 1990 | 2000 | 2010 | 2020 | 2050 |
|---|---|---|---|---|---|
| 负荷/(TW · h) | 621 | 1325～1470 | 2230～2830 | 3450～5100 | 6200～12300 |
| 人均/(kW · h) | 545 | 1020～1060 | 1600～2000 | 2300～3590 | 3970～7920 |
| 人均住宅用电/(kW · h) | 40 | 110～160 | 220～350 | 500～900 | 1200～2000 |

**表 1-4 2000～2020 年电力规划[2]**

| 年份 | 总装机容量 | | | | | | | 年发电量/(TW·h) | | | | | | |
|---|---|---|---|---|---|---|---|---|---|---|---|---|---|---|
| | 总量/GW | 水电/% | 火电/% | | | 核电/% | 其他/% | 总量 | 水电/% | 火电/% | | | 核电/% | 其他/% |
| | | | 煤电 | 油电 | 气电 | | | | | 煤电 | 油电 | 气电 | | |
| 2000 | 305.7 | 22.1 | 67.7 | 6.6 | 2.6 | 0.9 | 0.1 | 1412.8 | 15.6 | 73.2 | 7.0 | 3.0 | 1.1 | 0.1 |
| 2010 | 535.8 | 18.7 | 68.8 | 5.6 | 2.8 | 3.7 | 0.4 | 2512.8 | 12.7 | 73.3 | 6.0 | 3.0 | 4.8 | 0.2 |
| 2020 | 790.1 | 20.2 | 63.4 | 6.3 | 3.2 | 5.1 | 1.8 | 3666.0 | 13.6 | 68.3 | 6.8 | 3.4 | 6.8 | 1.1 |

上述目标能够实现的依据是因为在可见的将来我国具有充足的发电能源与实施国际贸易自由政策。我国煤及水资源尤其富有。预测量为 4500Mt 的煤，其中 90%处于我国的西部，包括陕西、山西及内蒙古。我国可利用的水资源有 378GW，它能产生发电量 1923 TW·h。70%的水电能源集中于西南部，包括四川、云南、贵州和广西。可能利用产生水电的关键河段主要在长江、西南部的金沙江、澜沧江、怒江和红水河的中上游以及西北部黄河的上游。我国富有的风力能源处于东南沿海、新疆、甘肃及东北。我国电力负荷分布不均。75%的负荷集中于东南沿海，包括东北、山东、华北、华东、华中的东部及广东。依据国情，我国发展电力工业的方针如下：

1. 继续发展燃煤发电厂，提高能源效率，减少对环境的污染

燃煤发电仍然继续是主要电源。关键在于降低洁净煤消耗率，采用大型高效发电单元。600MW 及以上单元将是主要型式。小型低效发电单元将逐渐被淘汰出局。并将开展治理燃煤产生的污染，研究洁净煤技术包括洁净煤处理技术、洁净煤燃烧技术及煤的转化技术(煤的气化及液化)。进入 21 世纪以来，电力工业结构不断优化。2006 年全国火电每度电的煤耗比 2002 年下降了 27g，相当于每年节约了 90Mt 标准煤。我国电厂已采用最先进的火力发电技术——超临界发电技术，使单机容量超过 1000MW 的发电机组投产。这一时期全国共关停小火电 9GW，节能减排取得重大进展。我国自主研制的“绿色煤电”技术使得我国第一个零排放的火力发电站开始启动建设。

2. 加速水力资源的开发利用和水电厂的建设

我国水力资源丰富、水电既廉价又清洁，但建造水电厂投资大、周期长。近年来我国水电建设进入了高速发展新时期。在建规模最大，发展速度最快。2006 年末全部水电装机容量突破 100GW，为可利用水电能力的 17%，居世界第一位。20 世纪建成投产的最大水电站——二滩水电厂总装机容量达 3300MW，位于四川攀枝花境内的雅砻江上。处于长江中游的巨大的三峡工程正在建设中，三峡水电站将具有装机容量 18.2GW，是当今世界上容量最大的水电站。计划 2009 年投入运行。

3. 发展核电技术，适度发展核电厂

核电是一种清洁能源，且经济性好。只要严格科学管理，就能保证安全性。我国华东、广东、东北地区既是负荷中心，又缺乏煤、水资源，因而在这些地区发展核电是适当的。我国已在浙江省兴建秦山核电厂（1×300＋2×600＋2×728MW），在广东建设大亚湾核电厂（2×1000MW），并在江苏连云港建设核电厂（2×1000MW）。今后计划在东南沿海加速建造核电厂。预计全部装机容量在2010年末超过20GW，到2020年末达到40～50GW。

4. 因地制宜开发利用可再生能源发电

除加速开发我国水电资源外，我国富有风力能源，它们分布在东南沿海、新疆、甘肃及东北等地区。可利用的风力能源约为160GW。在沿海可利用潮汐发电。而在西藏可利用地下热能发电等。

5. 加速建设输、变、配电工程和电力系统

我国能源资源（水、煤等）主要分布在西部地区，但经济发达地区则位于东部沿海，因此必须在中、西部地区开发大型水、火电基地，向能源短缺的东部地区进行远距离、大容量送电，这必将促进区域电网之间的互联，最终形成全国电力系统。为充分发挥电力系统的效益需要改变输、变电工程建设落后于发电设备建设的现状。由于环境保护的严厉制约与电力市场化体制的影响，要求挖掘现有输、变电设备的潜力，并形成灵活交流输、变、配电系统。进入21世纪，我国将彻底改变城乡电网的滞后状况，进一步拉动经济增长，并改善城乡人民的生活水平。

## 三、我国电力系统的发展

随着电力工业的发展，我国电力系统已有显著发展，其形成大体可划分为五个阶段：20世纪50年代为城市电网发展阶段，60年代逐渐形成省网，70～90年代为区域电网发展阶段，90年代至21世纪前10年为大区电网互联阶段，21世纪二三十年代将形成全国统一电网，详见表1-5。

**表1-5　我国电力系统的发展阶段**

| 序号 | 年份 | 策略 | 电压/kV | 输电距离/km | 发电容量/MW | |
|---|---|---|---|---|---|---|
| | | | | | 厂容量 | 单机容量 |
| 1 | 1950～1960 | 城市供应 | 35～110 | 50～100 | 200 | 50～100 |
| 2 | 1960～1970 | 省网 | 220 | 100～300 | 200～600 | 100～200 |
| 3 | 1970～1989 | 区域网 | 220～330 | 300～600 | 1000～2000 | 200～300 |
| 4 | 1990～2010 | 大区互联 | 500 | 500～1500 | 1000～3000 | 500～1000 |
| 5 | 2010～2030 | 全国联网 | 500～750 | 1000～2000 | 2000～20000 | 600～1000 |

自1980年随着装机容量的快速增长,高压及超高压输电线路、高压变电所容量也呈快速增长态势,详见表1-6及表1-7。我国自行设计和施工的第一回220kV松(丰满水电站)-东(虎石台变电所)-李(李石寨变电所)线路于1954年1月竣工并投入运行,全长369.25km。1972年我国第一回330kV线路正式投入运行,该线路经甘肃省泰安变电所至陕西省关中地区汤峪变电所,全长534km。由河南省姚孟电厂经双河向武汉送电的我国第一回500kV线路(平顶山-武汉)于1981年投入运行,全长595km。1989年建成第一回±500kV直流输电线路由葛洲坝至上海,实现了华中电网与华东电网的互联。1998年全国500kV线路超过20000km,比1985年增长了近七倍。各大区主干输电网(500kV)已逐渐形成。由于历史的原因,两个系列的输电电压被采用,即500/220/110kV用于多数电网和750/330/110kV仅用于西北电网。2005年以来,我国220kV及以上电网增加了十万多公里,我国电网输送能力提高了一亿多千瓦,跨区送电量翻了一倍。

**表1-6　输电线路长度统计**(单位:km)[2]

| 年份＼电压/kV | 35～66 | 110 | 154 | 220 | 330 | 500 | 合计 |
|---|---|---|---|---|---|---|---|
| 1975 | 121870 | 48689 | 894 | 14201 | 534 | — | 186188 |
| 1980 | 172177 | 64874 | 462 | 28464 | 866 | — | 266843 |
| 1985 | 212081 | 84468 | 260 | 46056 | 1278 | 2539 | 346682 |
| 1990 | 258328 | 115013 | 179 | 70891 | 3870 | 7104 | 455385 |
| 1995 | 299201 | 151932 | | 96913 | 5609 | 13052 | 566707 |
| 1998 | 332505 | 181022 | | 115645 | 7291 | 20093 | 656561 |

**表1-7　高压变电所容量统计**(单位:$10^7$V·A)[2]

| 年份＼电压/kV | 35～66 | 110 | 154 | 220 | 330 | 500 | 合计 |
|---|---|---|---|---|---|---|---|
| 1975 | 4433 | 2968 | 78 | 1615 | 49 | — | 9143 |
| 1980 | 6922 | 5161 | 56 | 3419 | 79 | — | 15637 |
| 1985 | 8977 | 7678 | 49 | 5668 | 159 | 632 | 23163 |
| 1990 | 12380 | 13914 | 16 | 10407 | 471 | 2069 | 39257 |
| 1995 | 17305 | 22163 | | 18027 | 819 | 4507 | 62821 |
| 1998 | 20670 | 29714 | | 25096 | 1065 | 6882 | 83427 |

现今我国有西藏地区电网、南方电网和5个区域电网(东北、华北、华东、华中及西北电网)。2006年它们的装机容量和年发电量详见表1-8。我国电网的地理位置图示于图1-6。以上海电网为例,其地理接线图如图1-7所示。

表 1-8　2006 年区域电力系统的装机容量和年发电量

| 系统名称 | 总装机容量 | | | 年发电量 |
|---|---|---|---|---|
| | 总量/MW | 水电/% | 其他/% | 总量/($10^9$kW·h) |
| 东北系统 | 41360.1 | 13.88 | 0.89 | 223.778 |
| 华北系统 | 108780.6 | 2.76 | | 476.264 |
| 华东系统 | 128970.0 | 11.53 | 3.26 | 618.660 |
| 华中系统 | 91080.2 | 31.00 | | 463.367 |
| 西北系统 | 42890.1 | 31.03 | 0.89 | 209.552 |
| 南方电网 | 100390.4 | 32.3 | 3.7 | 490.876 |

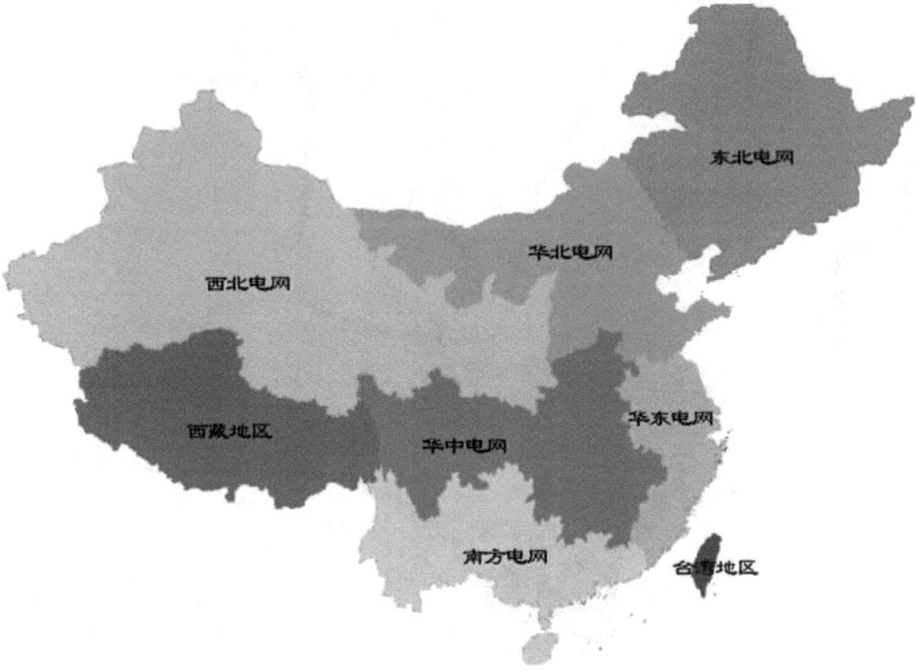


图 1-6　我国区域电力网

到 2000 年底我国总装机容量已达到 300GW。我国电力系统将进入大区电网互联时代。以三峡电站(26×700MW)建设为中心,首先形成我国的中部电网。三峡电站将向华东、广东及华中送电。2010 年左右将基本形成北、中、南三个跨区互联网络,其中北部电网由华北、东北、西北和山东电网组成,中部电网包括华中、华东、川渝和福建电网,南部电网由广东、广西、云南、贵州、香港、澳门电网构成,2010～2020 年期间将形成基本覆盖全国的统一联合电网。

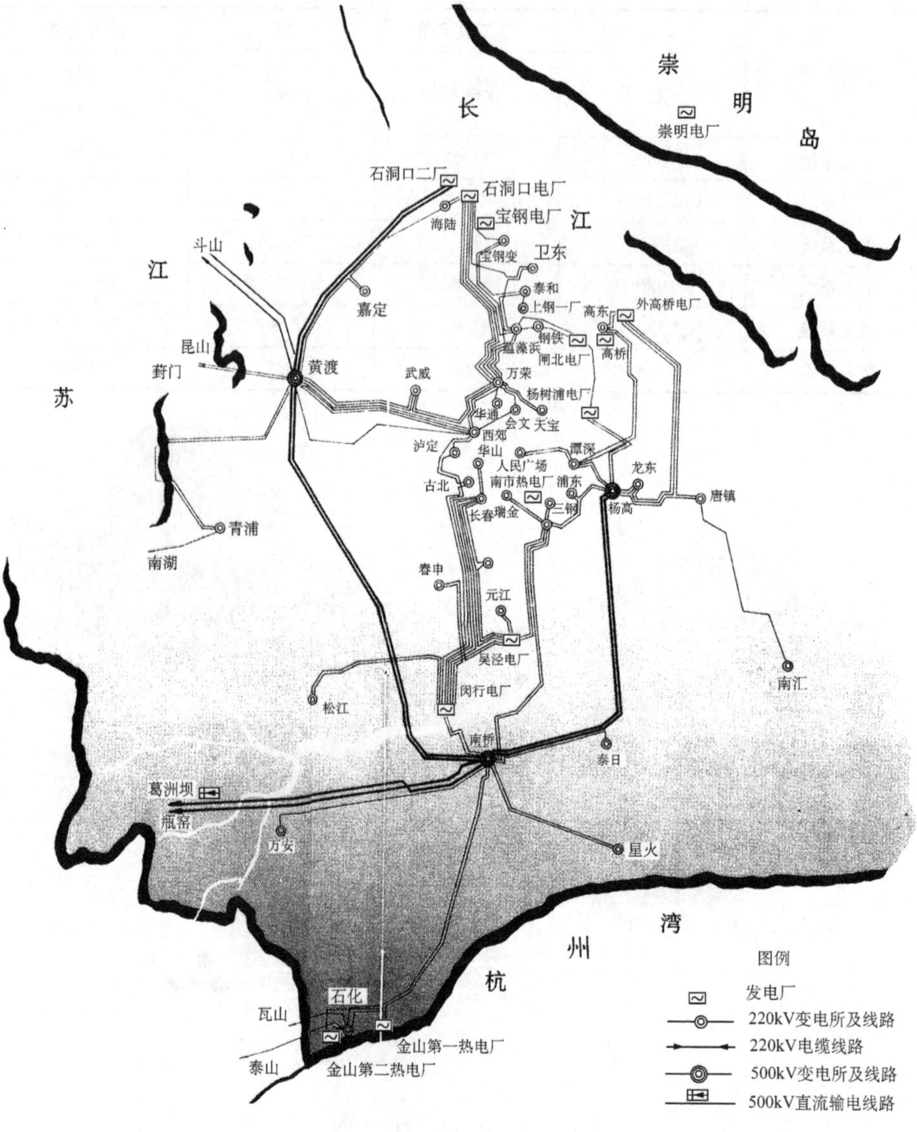


图 1-7　上海电网地理接线图(1997)

# 第三节　电力系统的电压等级与接线图

## 一、电力系统的电压等级及其适用范围

由于输送与分配电能的需要,近代电力系统由多个层次的电压等级组成。这

些不同的电压级是由国家规定的标准电压，又称额定电压。制定标准电压的依据是由于以下的理由。三相功率正比于线电压及线电流($S=\sqrt{3}UI$)。当输送功率一定时，输电电压越高，则输送电流越小，因而所用导线截面积越小，从而线路投资越小；但电压越高对绝缘的要求越高，杆塔、变压器、断路器的绝缘投资也越大。因而对应于一定的输送功率与输送距离应有一最佳的输电电压。但从设备制造的经济性以及运用时便于代换，必须规格化、系列化，且等级不宜过多。我国国家标准规定的高压交流送电电压为 6kV、10kV、35kV、60kV、110kV、154kV、220kV、330kV、500kV(其中 60kV 和 154kV 为历史上遗留下的将被限制发展的电压等级)和 750kV。现在研究中的有 1000～1500kV 交流特高压送电和±100～±600kV的直流高压送电系统。我国通用的额定电压等级见表 1-9。

**表 1-9 额定电压等级**

| 用电设备额定线电压/kV | 交流发电机线电压/kV | 变压器线电压/kV | |
|---|---|---|---|
| | | 一次绕组 | 二次绕组 |
| 3 | 3.15 | 3,3.15 | 3.15,3.3 |
| 6 | 6.3 | 6,6.3 | 6.3,6.6 |
| 10 | 10.5 | 10,10.5 | 10.5,11.0 |
| | 15.75 | 15.75 | |
| | 23.0 | 23.0 | |
| 35 | | 35 | 38.5 |
| 110 | | 110 | 121 |
| 220 | | 220 | 242 |
| 330 | | 330 | 345.363 |
| 500 | | 500 | 525.550 |
| 750 | | 750 | 788.825 |

表 1-9 中用电设备、线路、发电机与变压器的额定电压之间的关系说明如下：

以图 1-8 中机端直配线 $ab$ 送电为例，沿线电压分布总是始端高于末端，所接用电设备的端电压存在差异。所谓线路额定电压即线路的平均电压$(U_a+U_b)/2$。各用电设备的额定电压取与线路的额定电压相等。从而使所有用电设备在额定电压的附近处运行。

用电设备容许的电压偏移一般为±5%，沿线电压降落一般为 10%，因而要求线路始端电压为 1.05×额定值，并使末端电压不低于 0.95×额定值。发电机通常接于线路始端，因此发电机的额定电压将比线路额定电压高出 5%。

变压器一次侧接电源，与用电设备相当，二次侧向负荷供电，与发电机相当。因此变压器一次侧额定电压取等同于用电设备额定电压。但直接和发电机相连的

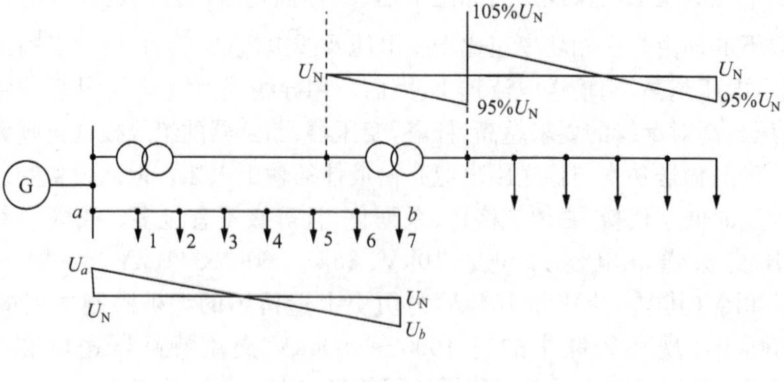


图 1-8　电力网络中的电压分布

升压变压器一次侧额定电压取等于发电机额定电压。变压器二次侧额定电压应较线路额定电压高 5%。因变压器二次侧额定电压规定为空载时的电压，而额定负荷下变压器内部电压降落约为 5%。为使正常时变压器二次侧电压较线路额定电压高 5%，变压器二次侧额定电压取比线路额定电压高 10%。对于漏抗很小的变压器，其二次侧额定电压取比线路额定电压高 5%。额定电压等级中相邻电压级差之比不宜过小。根据经验，110kV 以下的电压一般在三倍左右，110kV 以上的电压级差一般在二倍左右。较理想的如(6～10)/35/110/220/500kV 及(6～10)/35/110/330/750kV 系列。3kV 限于工业企业内部采用。10kV 是最常用的城乡配电电压。当负荷中高压电动机比重很大时才用 6kV 配电。35kV 用于中等城市或大工业企业内部供电，也用于农村网。110kV 用于中、小电力系统的主干线及大型电力系统的二次网络，也用于向用电负荷较重的农业地区送电。220kV、330kV、500kV 多用于大型电力系统的主干线。

表 1-10 提供了不同电压等级的输送功率与输送距离的经验估计。

**表 1-10　架空线路的电压与输送功率、输送距离**[6]

| 线路电压/kV | 输送功率/MW | 输送距离/km |
|---|---|---|
| 3 | 0.1～1.0 | 1～3 |
| 6 | 0.1～1.2 | 4～15 |
| 10 | 0.2～2.0 | 6～20 |
| 35 | 2.0～10.0 | 20～50 |
| 110 | 10.0～50.0 | 50～150 |
| 220 | 100.0～500.0 | 100～300 |
| 330 | 200.0～800.0 | 200～600 |
| 500 | 1000.0～1500.0 | 150～850 |
| 750 | 2000.0～2500.0 | 500 以上 |

## 二、电力系统的接线方式

电力系统接线图是电力系统整体性质的图形表示。分为地理接线图与单线电气接线图。例如，图 1-7 为上海电力系统 1997 年的地理接线图，这种地理接线图是在地理图上布点布线，可与地理图较好地吻合，给出直观的图像。另一种单线电气接线图如图 1-4 所示，它表示电力系统的各个能量变换元件、能量输送元件的连接，显示出组成电力系统主体设备的概貌。广义的电力系统是由原动机（锅炉、反应堆、汽轮机、水轮机）、发电机、变压器、电力线路及用电设备组成，其中变压器、电力线路部分又常称为电力网络。

由地理接线图 1-7 可见，实际的地理接线图往往很复杂，但可看成是简单接线的组合。简单接线可分为无备用与有备用两类。无备用接线包括放射式、干线式和链式；有备用接线包括双线放射式、干线式、链式及两端供电网。无备用接线简单、经济、运行方便、可靠性差，但与自动重合闸装置配合使用也能提高可靠性。有备用接线可靠性和电压质量高，但不够经济。确定接线方式，须根据负荷的要求，从供电可靠、电能质量合格、经济性好、运行灵活和操作安全等方面综合比较（见第八章第五节的图 8-17～图 8-20）。

## 三、电力系统中性点的接地方式

电力系统的中性点是指星形连接的变压器或发电机的公共点。按运行需要可将中性点直接接地、不接地或经电抗器接地等。中性点接地方式是一个涉及许多方面的综合性问题。它关系到供电可靠性、过电压与绝缘配合、继电保护要求、通信干扰影响及电气安全等。

中性点接地方式主要分为两类：直接接地和不接地。直接接地系统供电可靠性低。因为在这种系统中当发生一相接地时，出现了除中性点外的另一个接地点，构成了短路回路，接地相电流很大，为防止损坏设备，必须迅速切除接地相甚至三相。不接地系统供电可靠性高，但对绝缘水平要求高。因为这种系统中一相接地时，不形成短路回路，接地相电流不大，不必切除接地相，但这时非接地相的对地电压升高为相电压的$\sqrt{3}$倍。在较高电压等级的系统中，设备总价中的绝缘费用所占比重较大，降低绝缘水平带来显著的经济效益，通常采用中性点直接接地方式，以其他措施提高供电可靠性。而在电压等级较低的系统中，通常采用中性点不接地方式以提高供电可靠性。在我国，110kV 及以上的系统采用中性点直接接地方式，60kV 及以下的系统采用中性点不接地方式。

中性点直接接地系统又称为大接地电流系统。中性点不接地系统又称为小接地电流系统。从属于小接地电流系统的还有中性点经消弧线圈接地，也就是经电抗器接地。

试比较图 1-9 和图 1-10，由图 1-9 可见，由于导线对地有电容，中性点不接地系统中的一相接地时，接地点接地相电流 $I_a$ 属容性电流。且随着网络的伸展，这种电流也越增大，以至有可能使接地点电弧不能自行熄灭并引起弧光接地过电压，甚至发展成严重的系统性事故。为避免上述情况发生，可在网络中某些中性点装设消弧线圈。如图 1-10 所示，由于装设了消弧线圈，构成了另一回路，接地点接地相电流中增加了一个感性电流分量 $\dot{I}_{a'}$，它可以削弱乃至抵消电容电流分量 $\dot{I}_{a'}$，从而减小了接地点的电流，使电弧易于自行熄灭，提高了供电可靠性。一般认为，对于10～35kV网络，容性电流超过下列数值时，中性点应装设消弧线圈：

10kV 网络 20A

35kV 网络 10A

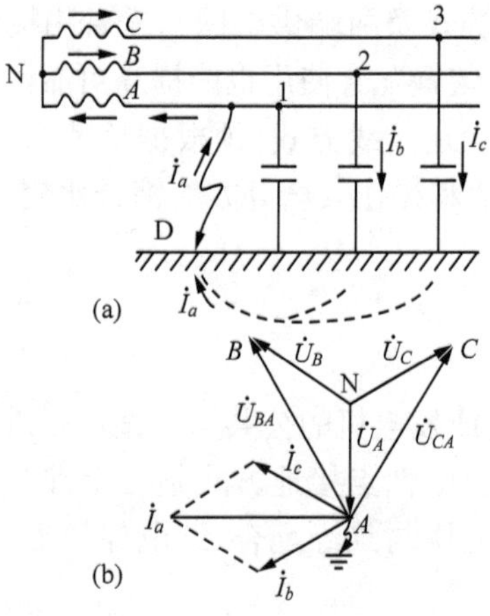

图 1-9 中性点不接地系统一相接地

(a) 电流分布 (b) 电压、电流相量图

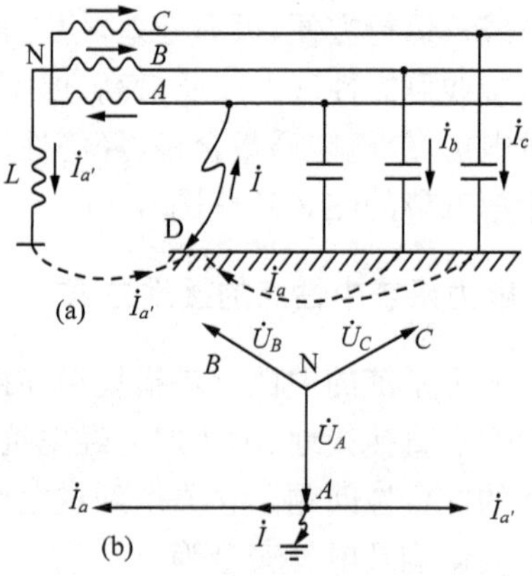

图 1-10 中性点经消弧线圈接地系统一相接地

(a) 电流分布 (b) 电压、电流相量图

# 第四节 发电厂及变电所的类型

## 一、发电厂的类型[5]

发电方式按能源划分有火力发电、水力发电、核能发电、风力发电、地热发电及潮汐发电、太阳能发电等。处于研究阶段的有磁流体发电、燃料电池等。

1. 火力发电厂

利用煤、石油、天然气、油页岩等为燃料的发电厂通常称为火力发电厂。燃烧的燃料使锅炉中的水变为高温高压蒸汽，推动汽轮机，带动发电机发电。火电厂中有专供发电的凝汽式汽轮机组，还有兼供热的抽气式和背压式汽轮机组。供热式汽轮机组承担日负荷曲线中的基本负荷。凝汽式机组承担基本负荷和尖峰负荷。

在凝汽式火电厂中，锅炉产生的蒸汽推动汽轮机做功，并使之带动发电机发电。已做过功的蒸汽，排入凝汽器冷却成水，重新送回锅炉。在凝汽器中，大量热量被循环水带走，所以热效率较低，只有 30%～40%。凝汽式火电厂的生产流程如图 1-11 所示。

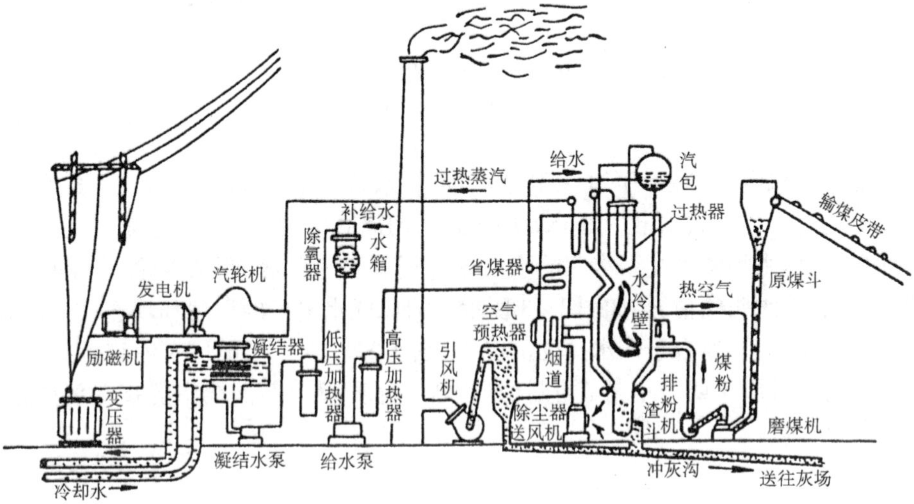


图 1-11　凝汽式火电厂生产过程示意图

在热电厂中，汽轮机中一部分做过功的蒸汽被从中间段抽出供给热用户；或经过热交换器将水加热后，再将热水供给用户。这样，便减少了被循环水带走的热损失，所以热效率高达 60%～70%。

燃气轮机发电厂也属于火力发电厂类型。它通过燃烧天然气的燃气轮机带动发电机发电。这类电厂是一种清洁电源且启动快速，故可作为调峰电源承担日负荷曲线上的尖峰负荷。燃气-蒸汽联合循环可显著提高热效率。

2. 水力发电厂

利用河流的水位能来发电的方式称为水力发电，其出力与流量和落差成正比，它是典型的可再生能源。按照取水方式的不同，水力发电厂分为径流式、坝后式、河床式水电厂和抽水蓄能电厂。

径流式水电厂是在有高落差的急流河道上修建低堰，由引水渠道造成水头，使水通过压力钢管进入水轮机来进行发电的电厂，如图 1-12 所示。它无库容，承担日负荷曲线中的基本负荷。

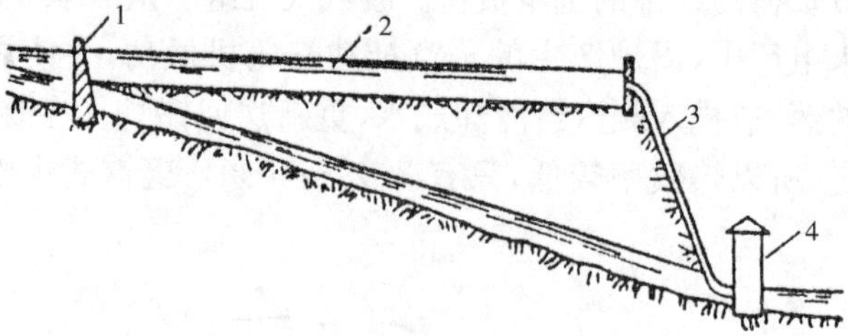


图 1-12 径流式水电厂

1—堰；2—引水渠；3—压力水管；4—厂房

堤坝式水电厂是在河床上修建拦河坝，将水蓄起来，抬高上游水位形成水头进行发电的电厂。坝式水电厂可分为坝后式与河床式两种。坝后式水电厂的厂房建在坝后，水压由坝体承受。水库的水由压力钢管引入厂房，驱动水轮发电机发电。适合于高、中水头的情况，如图 1-13 所示。河床式水电厂的厂房和坝连成一体，厂房也起挡水作用，适合于低水头的情况，见图 1-14。坝式水电厂有库容，可按库容大小实行日、周、年或多年调节，以计划用水。承担日负荷曲线中的基本负荷或担任调频、调峰。

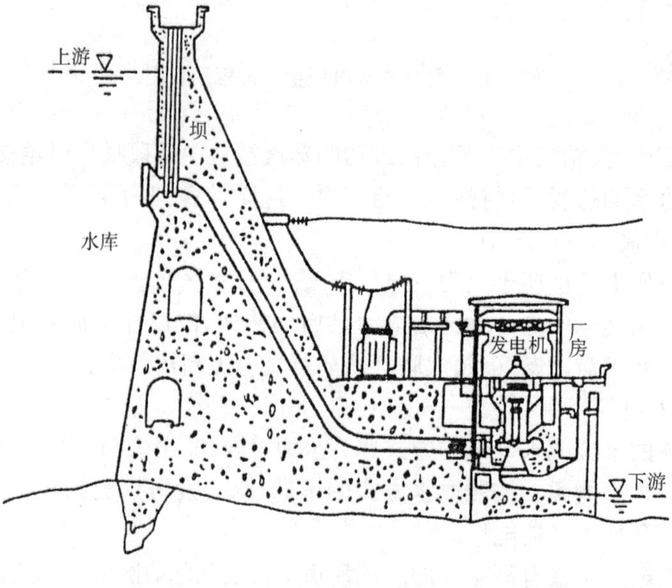


图 1-13 坝后式水电厂示意图

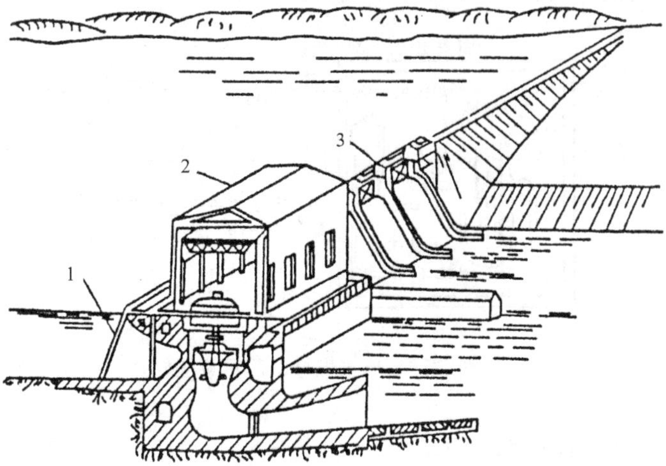


图 1-14　河床式水电厂

1—进水口；2—厂房；3—溢流坝

抽水蓄能水电厂既可蓄水又可发电。利用低谷负荷时发电机尚有多余电力，机组以电动机-水泵方式工作，将下游的水抽至上游水库存储起来；待系统高峰负荷到达时，机组以水轮机-发电机方式工作，使所蓄的水用于发电，满足调峰需要。此外还可用作调相、调频。抽水蓄能水电厂示意图见图 1-15。

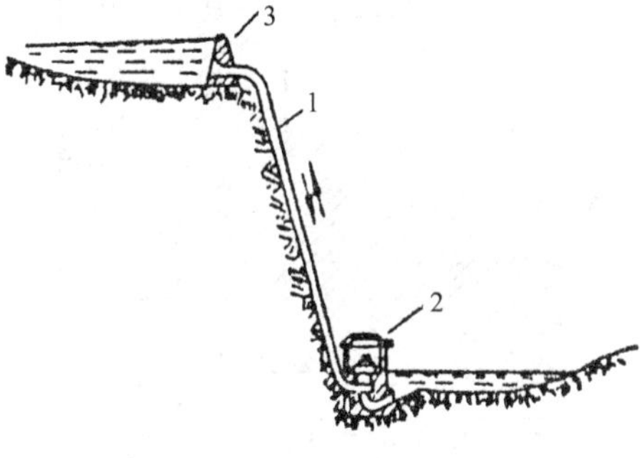


图 1-15　抽水蓄能电厂

1—压力水管；2—厂房；3—坝

3. 核能发电厂

核电厂是用核燃料(如铀 235)在反应堆中的核裂变能转化为热能，将水变为蒸汽推动汽轮机带动发电机发电的电厂。反应堆中以高压水或重水作为慢化剂和冷却剂，因而反应堆可分为压水堆、重水堆等。图 1-16 为压水堆核电厂示意图。

核电厂通常承担日负荷曲线中的基本负荷。

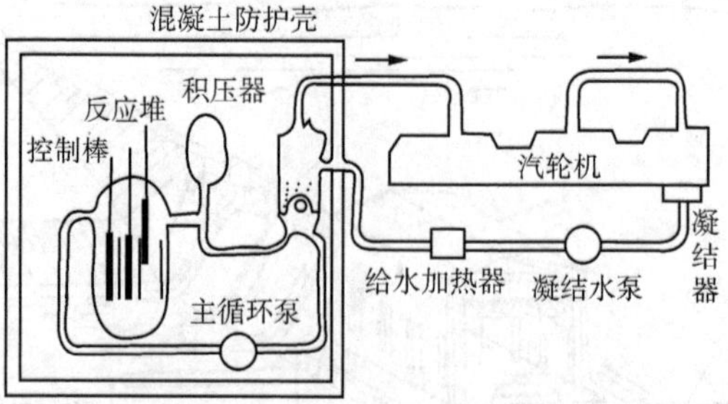


图 1-16　压水堆核电厂示意图

4. 其他可再生能源发电方式

风力能源是由于太阳对大气层造成的温差和地球表面不规则而引起。通过风力机将风能先转变为旋转轴的机械能从而带动发电机发电。

利用地热能(传热流体为热水和蒸汽)进行发电的电厂称为地热发电厂,如西藏的羊八井发电厂。

不同发电厂在电力系统日负荷曲线中承担的分配见图 1-17。

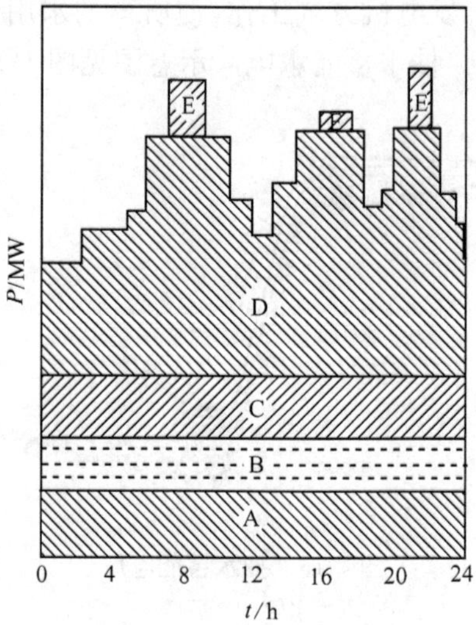


图 1-17　各类发电厂在日负荷曲线上的一般分配次序[6]

A—径流式水电厂;B—供热式机组火电厂;C—核电厂;
D—凝汽式火电厂及具有调节性能的水电厂;
E—燃气轮机电厂及抽水蓄能电厂等

## 二、变电所的类型[5]

变电所是联系发电厂和用户的中间环节，起着电能变换和分配的作用，是电力网的主要组成部分。

按功能划分，变电所可分为升压变电所和降压变电所两类。如图1-4所示的电力系统单线电气接线图可见，所有发电厂发出的电力均需经过升压变电所连接到高压、超高压输电线路上，以便将电能送出。然后经过降压变电所降压后将电能分配至各个地区及其用户。

按照在系统中的地位，变电所也可分为以下几类。

1. 枢纽变电所

连接电力系统中高压和中压的几个电压级，汇集多个电源，高压侧电压为330～500kV的变电所，称为枢纽变电所。全所停电后将引起系统解列甚至瓦解。

2. 中间变电所

高压侧起转换功率的作用，汇集二三个电源，电压为220～330kV，同时降压供给地区用电，称为中间变电所。全所停电后，将引起电网解列。

3. 地区变电所

高压侧电压为110～220kV，向地区用户供电为主，称为地区变电所。全所停电后，该地区将中断对用户的供电。

4. 终端变电所

高压侧电压为110kV，处于输电线路终端，接近负荷点，经降压后向用户供电，称为终端变电所。全所停电后，有关用户将中断供电。

# 第五节 电力负荷

工业、农业、交通运输等国民经济各部门以及人民生活用电组成电力系统的负荷。按供电可靠性分类，电力负荷分为三级。

1. 一级负荷

对一级负荷中断供电，将可能造成生命危险、设备损坏、破坏生产过程，使大量产品报废，给国民经济造成重大损失，使市政生活发生混乱。

2. 二级负荷

对二级负荷停止供电，将造成大量减产，交通停顿，使城镇居民生活受到影响等。

3. 三级负荷

不属于一、二级负荷的其他负荷。

电力负荷是电力系统规划、设计、运行、发电、送电、变电布局、布点的主要依据。除上述定性分类外，近年来还开展了以概率统计为基础的定量分析研究。

电力负荷是时刻变化的，以日负荷曲线表示的电力系统负荷变化见图1-17。

## 第六节　电力系统运行的特点和要求

电能也是商品，但电能的生产、输送和消费却有其特殊性。电力系统的运行特点如下：

① 电能目前还不能大量存储；

② 电力系统的暂态过程非常迅速，以 $10^{-3}\sim10^{-6}$ s 计；

③ 供电中断有可能给国民经济和人民生活造成重大损失；

④ 对电能质量（电压和频率）的要求十分严格，偏离规定值过多时，将导致产生废品，损坏设备，甚至出现从局部范围到大面积停电。

由于以上特点，电力系统的运行必须安全可靠，并应具备符合标准的供电质量和运行经济。兹分述如下：

1. 运行的安全可靠性

电力系统的运行首先要满足安全可靠、持续供电的要求。提高电力系统安全可靠性主要从以下几个方面着手：

(1) 提高电网结构的强壮性

电源布局和电网结构必须合理，设备元件必须安全可靠。

(2) 提高系统运行的稳定性

在电力系统受到不同程度的扰动时，一般不应引起稳定性（功角稳定与电压稳定）的破坏，造成系统解列或大面积停电。因此，应经常进行不同运行方式下偶然事故的系统分析计算，检验系统的安全稳定裕度。必要时采取预防性控制、紧急控制与恢复控制措施。

(3) 保证一定的备用容量

系统中发电设备容量除应满足负荷用电的需要外，还应配备适量的负荷备用、检修备用和事故备用。这些备用容量应包括有功功率和无功功率备用。

考核电网安全可靠性的指标如设备连续运行年限和不停电概率等。发达国家以每年用户不停电时间来表示，如 99.9%以上。

2. 电能质量

频率、电压和波形是电能质量的三个基本指标。其额定值也是设备设计的最佳运行参数。运行频率、电压和波形畸变率超过允许的偏移值时，将影响用电设备的安全运行，可能造成减产和废品。

系统频率主要取决于系统中有功功率的平衡。发电出力不足使系统频率偏低。结点电压主要取决于系统中无功功率的平衡。无功不足，则电压将偏低。波形质量问题由谐波污染引起。非线性负荷从电网中吸收非正弦电流,引起电网电压畸变。电压波形质量用畸变率是否超过规定值来衡量。正弦波的畸变率是各次谐波有效值平方和的方根值与基波有效值的百分比。保证波形质量就是限制系统中电压、电流中的谐波成分。限制方法如更改整流器设计、装设滤波器、限制接入不符合规范的非线性负荷等。

我国采用的额定频率值为50Hz,其允许偏差值见表1-11。用户供电电压允许变化范围及波形允许畸变率见表1-12。

**表 1-11 系统频率允许偏差**[6]

| 运行情况 | | 允许频率偏差/Hz | 允许标准时钟误差/s |
|---|---|---|---|
| 正常 | 大容量系统 | ±0.2 | 30 |
| | 中小容量系统 | ±0.5 | 60 |
| 事故 | 30min 以内 | ±1 | |
| | 15min 以内 | ±1.5 | |
| | 不允许 | −4 | |

**表 1-12 用户供电电压及波形畸变率允许变动范围**[6]

| 线路额定电压 $U_N$ | 电压允许变化范围 | 允许波形畸变率 |
|---|---|---|
| 35kV 及以上 | $\pm 5\% U_N$ | |
| 10kV | $\pm 7\% U_N$ | 4% |
| 380/220V | $\pm 7\% U_N$ | 5% |
| 低压照明 | $(+5\sim-7)\% U_N$ | |
| 农业用户 | $(+5\sim-10)\% U_N$ | |

3. 运行经济性

电力系统在保证安全可靠和电能质量的前提下,还应力求提高系统运行的经济性。如提高发电设备利用率、降低煤耗率、厂用电率和电网损失率。所谓煤耗率是指每生产1kW·h电能所消耗的标准煤量,以g/(kW·h)计。例如,华东电网在1996、1997年的供电煤耗分别为371g/(kW·h)、368g/(kW·h)。所谓电网损失率是指电力网络中损耗的电能与向电力网络供应电能的百分比。如华东电网在1996、1997年的供电电网损失率分别为7.54%、7.24%。

为提高经济性首先应做好规划设计,合理利用能源。采用高效率、低损耗的设备。在运行中利用抽水蓄能电站削峰填谷,同时实行经济调度,使水力发电厂充分利用水能,避免弃水;使火力发电厂内经济性能好的机组多带负荷,差的少带负荷,在电力网中实行经济功率分布等。

此外,对燃煤电厂所引起的环境保护问题应予以重视。限制污染物质(如灰、渣、氧化硫、废水等)的排放量,达到环境保护所要求的标准。

根据以上特点和要求,电力系统必须装备各种自动装置(如自动操作与调整、远动与通信、继电保护等),以保持系统的正常运行与事故处理,逐步实现以电子计算机为中心的进行安全监视和控制的能量管理系统(EMS)的运作,确保电力系统的安全经济运行。

## 参 考 文 献


1. ЗАЛЕССКЦЦ АМ. 电力输送学. 孙继祖译. 北京:龙门联合书局(后改为科学出版社),1954
2. 国家电力公司. 新中国电力工业五十年. 北京:中国电力出版社,1999
3. Zeng Q Y. Future electric power development in China. IEEE Power Engineering Review . 18(11):18～21
4. 陈珩. 电力系统稳态分析. 北京:中国电力出版社,1995
5. 范锡普. 发电厂电气部分. 北京:中国电力出版社,1995
6. 水利电力部西北电力设计院. 电机工程手册第 14 篇,电力系统. 北京:机械工业出版社,1997

# 第二章　基本概念

本章论述组成电力系统的各种能量形式以及电机中机电能量转换的概念，讨论了直流传输与交流传输的基本概念，阐述了交流电路中有功功率、无功功率、视在功率及复数功率的概念。讨论了单相系统的缺陷和三相系统的优点，以及在对称三相系统中的单相分析法。

## 第一节　电力与电能系统

### 一、电力系统中的能量形式

全部电力系统技术是基于这样的物理现实，这就是能够将存在于自然界中可用的“生”能转换为电能，并输送和分配这种电形式的能量至各类用户，然后转换为各种有用的能量形式。在第一章中我们已经谈到过各种类型的发电厂能够将各类原始能源转换为电能，发电厂的升压变压器随后将电压较低的电能转换为宜于传输的高压电能，传输线以接近于光速的传播速度输送电能，降压变压器将高压电能转换为便于分配给用户使用的低压电能，除了交流供电外直流传输中的整流站将交流电能转换为直流电能，逆变站将直流电能逆变为交流电能，各种家用电器将电能转变为所需的能量形式。

虽然在电磁场中存在统一的电磁能，但在电力系统中存在电能的附加形式，即电场能、磁场能及耗散能。由于发电机组中的原动机属动力系统的范畴，它们服从刚体围绕定轴旋转的规律，因而存在着机械能，即转子动能与位能。

1. 动能(kinetic energy)

由发电机组的动力学原理，转子动能的时间变化率与加速转矩是平衡的，这种存在于发电机组转子中的动能可表示为

$$W_{KE}=\frac{1}{2}J\Omega^2 \tag{2-1}$$

式中，$J$ 是发电机组转子的转动惯量，$kg\cdot m^2$；$\Omega$ 是发电机组转子的机械角速度，rad/s；$W_{KE}$是发电机转子动能，J。

2. 位能(potential energy)

发电机组中的原动机如汽轮机、水轮机等对机组转子施加的转矩形成转子位能

$$W_{PE} = \int_{\delta_r}^{\delta} T \cdot d\delta \tag{2-2}$$

式中，$T$ 是原动机的转矩，N·m；$\delta$ 是转子角度，rad；下标 r 指参考点。当转矩 $T$ 是恒值时

$$W_{PE} = T \cdot (\delta - \delta_r)$$

3. 磁场能(magnetic field energy)

磁场能储藏于具有磁场存在的空间内。在电力系统中，发电机的定子及转子绕组、变压器绕组、输电线回路及感应电动机定子及转子绕组都存在磁场，因而都储藏磁场能。它的值由计算下式而得到：

$$W_{mf} = \frac{1}{2}Li^2 \tag{2-3}$$

式中，$L$ 是电路的电感，H；$i$ 是回路电流，A；$W_{mf}$是磁场能，J。

当存在两个线圈时

$$W_{mf} = \frac{1}{2}L_1 i_1^2 + \frac{1}{2}L_2 i_2^2 + M i_1 i_2$$

式中，$L_1$、$L_2$ 是自感，H；$M$ 是线圈间的互感，H。

［**例 2-1**］ 施加交流电压 $u_{max}\sin\omega t$ 至一具有电感 $L$ 的线圈，求储藏的磁场能与相应的功率。

**解：**线圈中的电流落后于电压 90°，并等于

$$i = \frac{u_{max}}{\omega L}\sin(\omega t - 90°) = -\frac{u_{max}}{\omega L}\cos\omega t$$

$$W_{mf} = \frac{1}{2}L\frac{u_{max}^2}{(\omega L)^2}\cos^2\omega t$$

$$p = \frac{dW_{mf}}{dt} = -\frac{1}{2}\cdot\frac{u_{max}^2}{\omega L}\cdot\sin 2\omega t$$

上式表明功率变化速率是电压变化速率的 2 倍及平均功率为零。

4. 电场能(electric field energy)

这种能量形式储藏于电场中，例如，电容器的极板间、传输线间以及传输线对地之间。

$$W_{ef} = \frac{1}{2}Cu^2 \tag{2-4}$$

式中，$C$ 是电路的电容，F；$u$ 是导体间的电位差，V；$W_{ef}$是电场能，J。

［**例 2-2**］ 一具有 26.5μF 的电容器：(a)带电至直流电位 110kV，问多少能量存储于此装置内？(b)施加交流电压 $u_{max}\sin\omega t$，求储藏于电场中的能量及相应的功率。在 50Hz、110kV 均方根电压作用下，求功率顶值。

**解：**(a) $W_{ef}=\frac{1}{2}CU^2=\frac{1}{2}\times 26.5\times 10^{-6}\times(110\times 10^3)^2=160325(\mathrm{J})$

上述 $W_{ef}$ 值相当于 0.045kW · h，表明该电容器提供的能量储藏能力是较弱的。

(b)
$$W_{ef}=\frac{1}{2}Cu^2=\frac{1}{2}Cu_{max}^2\sin^2\omega t$$

$$p=\frac{\mathrm{d}W_{ef}}{\mathrm{d}t}=\frac{1}{2}\omega Cu_{max}^2\sin 2\omega t$$

注意到功率变化速率是电压变化速率的 2 倍且具有零平均值，在 50Hz、110kV 均方根电压作用下，功率顶值为

$$P_{max}=\frac{1}{2}\omega Cu_{max}^2=\frac{1}{2}\times 314.16\times 26.5\times 10^{-6}\times(\sqrt{2}\times 110\times 10^3)^2\times 10^{-6}$$
$$=100.7(\mathrm{MW})$$

可见，虽然储能较小，但这一容性功率却较大，往后将看到这对电力系统运行具有实际意义。

5. 耗散能(dissipative energy)

当电流流经电阻介质时产生的电能将散逸为热能，在许多情况下它是一种有用的能量，如电炉、电热器等，但在输电线中则是一种能耗。耗散能表示为

$$W_d=\int_0^\tau R[i(t)]^2\mathrm{d}t \tag{2-5}$$

式中，$R$ 是电路中的电阻，Ω；$i$ 是回路电流，A；$t$ 是时间，s；$W_d$ 是耗散能，W · h。

当电流恒定时，

$$W_d=Ri^2t$$

## 二、旋转电机中的能量转换

同步发电机是电力系统中的电源，异步及同步电动机是主要负载。旋转电机中电势、力矩和功率的关系，机械功率和电磁功率的关系以及机电能量转换关系形成运行基础。

电机的电势是众多串联导线的电势之和 $\sum Blv$，这里 $B$ 是导线所在处的磁感应强度，$l$ 是导线在磁场中的有效长度，$v$ 是导线与磁场的相对速度，在同步机里就是转子的转速。若导线的电流为 $i$，作用在电机上的力就是 $\sum Bli$。当导线既旋转并流过电流，从电功率的观点，每一导线的瞬时功率为 $P_e=Blvi$；从机械功率的观点，每一导线的功率为 $P_v=Bliv$。这说明每一导线同时存在电功率和机械功率。不论是发电机状态抑或电动机状态，电机的两种瞬时功率和平均功率都相等。由右手定则和左手定则，当有电功率输出时必有机械功率输入，或有电功率输入时必

有机械功率输出，这就是机电能量转换。转换的方向取决于电磁力是与转速 $v$ 同向还是反向。前者为电动机状态，后者为发电机状态。如果 $B$ 和 $v$ 不变，则取决于 $i$ 的方向，所以在同步机里，从发电机过渡到电动机时，其电流方向必然反转。

根据电机中的损耗和功率平衡原理，可以从机械功率找出电磁功率。将电磁功率除以转速就得到电磁力矩。我们也可如同计算电势那样去计算力矩，即在计算 $\sum Blvi$ 时，先算 $\sum Bli$，然后再乘以 $v$；而原先是先算 $\sum Blv$ 然后再乘以 $i$，因而结果相同。

在异步机里，转子转速为 $(1-s)v$，磁场对定子速度为 $v$，磁场对转子速度为 $sv$，这里 $s$ 为滑差。定子送来的是电磁功率 $P_M$，而转化为机械功率的只是 $(1-s)v$ 部分，即 $\sum Bl(1-s)vi$，这是因为磁场对转子有相对运动的缘故。

## 第二节 直流传输

如图 2-1 所示的直流送电回路，已知直流回路具有电阻 $r$，在末端接有电阻负载 $R$，设末端电压等于 $u_2$，则该电路中的电流为

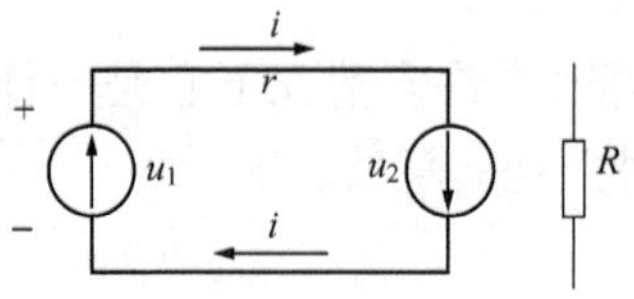


图 2-1 直流传输

$$i = \frac{u_2}{R} \tag{2-6}$$

而线路始端电压为

$$u_1 = u_2 + ir = u_2 \cdot \frac{R+r}{R} \tag{2-7}$$

负载所消耗的功率等于

$$p_2 = u_2 i \tag{2-8}$$

输电线始端功率为

$$p_1 = u_1 i = u_2 i + i^2 r \tag{2-9}$$

功率 $p_1$ 大于 $p_2$ 的部分即为传输线中的功率损耗 $i^2 r$。该输电系统的效率为

$$\eta = \frac{u_2 i}{u_2 i + i^2 r} = \frac{u_2}{u_2 + ir} = \frac{u_2}{u_1} \tag{2-10}$$

为使具有电阻 $r$ 的输电系统输送功率 $p_1$，必须使始端和末端间具有电压差 $\Delta u = u_1 - u_2$，且 $u_1 > u_2$，则有

$$p_1 = \frac{u_1 \cdot \Delta u}{r} \tag{2-11}$$

同时沿直流输电线路的电压将均匀地逐渐减小。

倘受端也接有电源，且使 $u_2 > u_1$，则功率将反向流动。

# 第三节　交流传输

## 一、单相系统

现在温习单相系统交流功率的特性与定义，进而讨论三相技术的优点。

对图 2-2 所示的无源线性一端口网络，考虑电压及电流的瞬时值为 $u$ 和 $i$，且具有正弦形式

$$u = u_m \sin\omega t$$
$$i = i_m \sin(\omega t - \varphi) \tag{2-12}$$

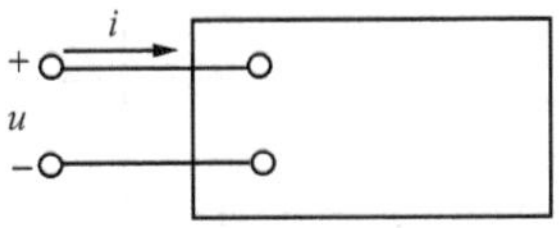


图 2-2　一端口网络

式中，$\omega$ 为角频率，$\omega = 2\pi f$，rad/s；$f$ 为频率，Hz；$u_m$、$i_m$分别为交流电压、电流的幅值；$\varphi$ 为功率因数角。

注意到在式(2-12)中，当电压领先于电流时，$\varphi$ 角规定为正。

由电源输入该一端口网络的瞬时功率为

$$p = ui = u_m i_m \sin\omega t \sin(\omega t - \varphi) = \frac{1}{2} u_m i_m [\cos\varphi - \cos(2\omega t - \varphi)]$$
$$= UI\cos\varphi - UI\cos(2\omega t - \varphi) \tag{2-13}$$

式中，$U$ 和 $I$ 分别为电压和电流的有效值，即均方根值

$$U \equiv \frac{1}{\sqrt{2}} u_m$$

$$I \equiv \frac{1}{\sqrt{2}} i_m$$

由图 2-3(a)可见，传输功率 $p$ 以两倍角频率围绕平均功率 $UI\cos\varphi$ 波动。在一些时段功率可以变为负值，表明这时能量流从负载流向电源。

由式(2-13)可得

$$\begin{aligned} p &= UI\cos\varphi - UI(\cos 2\omega t\cos\varphi + \sin 2\omega t\sin\varphi) \\ &= UI\cos\varphi(1 - \cos 2\omega t) - UI\sin\varphi\sin 2\omega t \\ &= p_P - p_Q \end{aligned} \tag{2-14}$$

式中，$p_P$、$p_Q$ 为 $p$ 的两个分量。$p_P$ 围绕平均值波动，从不变负，而 $p_Q$ 具有零平均值，如图 2-3(b)所示。

现在定义

$$\left.\begin{aligned} P &\equiv UI\cos\varphi \\ Q &\equiv UI\sin\varphi \end{aligned}\right\} \tag{2-15}$$

式中，$P$ 和 $Q$ 分别称为有功功率和无功功率。

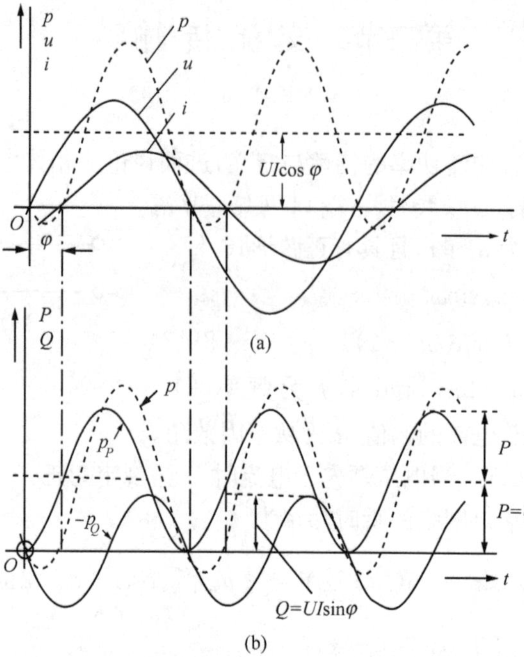


图 2-3　单相交流电路中的电压、电流和功率

将式(2-15)代入式(2-14),得到

$$p = P(1 - \cos 2\omega t) - Q\sin 2\omega t \tag{2-16}$$

对于 $P$ 和 $Q$ 结合式(2-16),其意义阐述如下:

① 有功功率 $P$ 规定为 $p$ 的平均值,其物理意义是被传送的有用功率,它的大小与功率因数 $\cos\varphi$ 相关。

② 无功功率 $Q$ 定义为 $p_Q$ 的幅值,$p_Q$ 在线路上往返传送,平均值为零,所以是"无用"功率。但它为建立电场和磁场所必需。

③ $P$ 和 $Q$ 均可用物理量瓦(W)表示,但着重于 $Q$ 代表"无效"功率,故用无效伏安来度量,因而其单位用乏(volt-amperes reactive,var)、千乏、兆乏表示。

用式(2-15)来比较第一节中例 2-1 和例 2-2 可知,对于感应线圈,$\varphi = 90°$,

$$P = 0, \quad Q = \frac{1}{2}\frac{u_{\max}^2}{\omega L} = \frac{1}{\omega L}U^2 > 0$$

对于电容器,

$$\varphi = -90°, \quad P = 0, \quad Q = -\frac{1}{2}\omega C u_{\max}^2 = -\omega C U^2 < 0$$

可见,电感线圈吸收正的无功功率;而电容器吸收负的无功功率,换言之,产生正的无功功率，因而是一无功电源。

现在引入视在功率或伏安功率的概念，它被定义为电压有效值与回路电流有效值的乘积，即

$$S \equiv UI \tag{2-17}$$

由式(2-15)可得

$$\sqrt{P^2+Q^2}=\sqrt{(UI\cos\varphi)^2+(UI\sin\varphi)^2}=UI=S \tag{2-18}$$

可见，$P$、$Q$及$S$满足直角三角形三个边间的关系。$S$是一种有用的功率单位。

进一步讨论复功率的概念。如图 2-2 所示的单相电路，将电压和电流矢量写成

$$\begin{aligned}\dot{U}&=U\mathrm{e}^{\mathrm{j}\varphi_u}\\ \dot{I}&=I\mathrm{e}^{\mathrm{j}\varphi_i}\end{aligned} \tag{2-19}$$

采用国际电工委员会推荐的约定，复功率定义为

$$\dot{S}=\dot{U}\dot{I}^* \tag{2-20}$$

这里$*$表示共轭值。

由式(2-20)得到

$$\begin{aligned}\dot{S}&=\dot{U}\dot{I}^*=UI\angle\varphi_u-\varphi_i=UI\angle\varphi=S(\cos\varphi+\mathrm{j}\sin\varphi)\\ &=P+\mathrm{j}Q\end{aligned} \tag{2-21}$$

这里$S$、$P$、$Q$及$\varphi$分别表示视在功率、有功功率、无功功率和功率因数角。

由式(2-21)可见，负荷以滞后功率因数运行时所吸收的无功功率为正，以超前功率因数运行时所吸收的无功功率为负；发电机以滞后功率因数运行时所发出的无功功率为正，以超前功率因数运行时所发出的无功功率为负。

在图 2-2 中，一端口网络用等值阻抗$Z$代表。则有下述关系存在：

$$\dot{U}=Z\dot{I}\ \text{及}\ \dot{I}=Y\dot{U}$$

其中

$$Y\equiv\frac{1}{Z}$$

将上述关系代入式(2-20)得到

$$\dot{S}=P+\mathrm{j}Q=\dot{U}\dot{I}^*=ZI^2=Y^*U^2 \tag{2-22}$$

**[例 2-3]**　如图 2-4 所示的日光灯电路，已知灯管电阻$R=300\Omega$，镇流器的感抗$X_L=\omega L=520\Omega$，电源电压$U=220\text{V}$。求：(a)该日光灯电路消耗的有功功率和无功功率；(b)灯管电压的有效值$U_R$和镇流器电压的有效值$U_L$，两者之和是否等于电源电压？

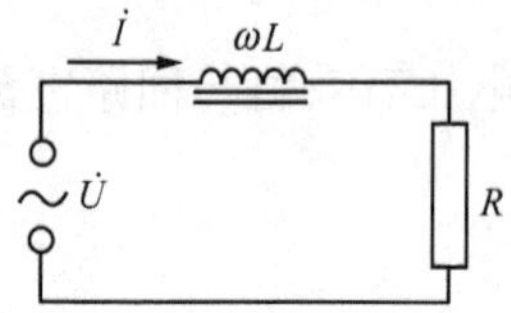


图 2-4　日光灯电路

**解**:(a) 电路阻抗为

$$Z=\sqrt{R^2+X_L^2}=\sqrt{300^2+520^2}=600(\Omega)$$

灯管电流为

$$I=\frac{U}{Z}=\frac{220}{600}=0.366(\mathrm{A})$$

电流落后于电源电压的相位差(即功率因素角),亦等于阻抗角

$$\varphi=\arctan\frac{X_L}{R}=\arctan\frac{520}{300}=60^\circ$$

日光灯所消耗的有功功率 $P$ 及无功功率 $Q$ 分别为

$$P=UI\cos\varphi=220\times0.366\times\cos60^\circ=40.3(\mathrm{W})$$

$$Q=UI\sin\varphi=220\times0.366\times\sin60^\circ=69.7(\mathrm{var})$$

(b) 灯管电压为

$$U_R=RI=300\times0.366=110(\mathrm{V})$$

镇流器电压为

$$U_L=X_LI=520\times0.366=190(\mathrm{V})$$

$$U_R+U_L\neq U$$

它们之间的关系满足

$$\sqrt{U_R^2+U_L^2}=\sqrt{110^2+190^2}=220(\mathrm{V})=U$$

## 二、交流传输与功率方向

沿仅具有电抗的理想线路输送功率时[图 2-5(a)],线路始端电压 $\dot{U}_1$ 由末端电压矢 $\dot{U}_2$ 与线路电抗中的电压降矢量的几何和决定[图 2-5(b)]。

由矢量图 2-5 可见,线路始端电压 $U_1$ 大于线路末端电压 $U_2$,电压矢量 $\dot{U}_1$ 对线路末端电压矢量 $\dot{U}_2$ 有一相位移,且相位角 $\delta$ 随线路电抗增大而增大。

线路始端的有功功率为

$$P_1=U_1I\cos\delta=U_2I=P_2$$

可见,在这一理想输电条件下是无有功损耗的,因而送受两端功率相等。又因为 $IX_L=U_1\sin\delta$,故有

$$P_1=\frac{U_1U_2}{X_L}\sin\delta \tag{2-23}$$

沿这一线路用交流输送电能,线路的电抗引入了一个附加条件:输电线路的始

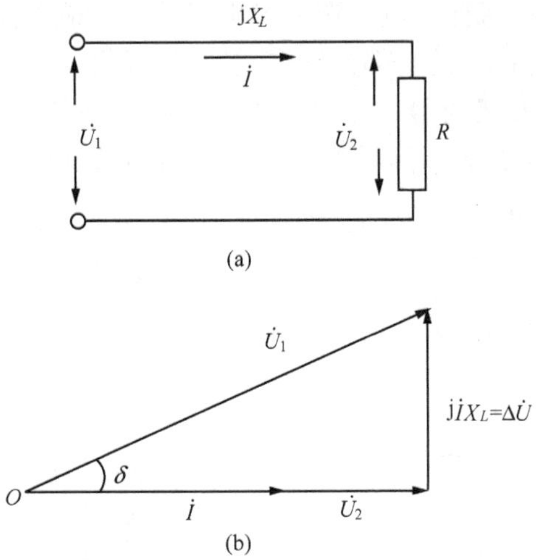


图 2-5　理想交流传输

(a)电路图　(b)矢量图

端电压和末端电压之间必须要有相位角 $\delta$。这是一个非常重要的条件,往后将进一步考虑这一条件。

现在进一步讨论交流电路中的功率方向。当节点电压和回路电流已被规定,如何确定功率是流出还是流入?当两个交流电源经过一阻抗互联时如何确定功率的流向?这些问题涉及 $P$ 和 $Q$ 的符号,也称功率方向,是很重要的问题。

图 2-6 表示一理想的恒压源,并标出极性。通常在该图中标出正值的端点表示瞬时电压处于正半周。当标出正值的端点处于负半周时则为负端。类似地,箭头表示正半周时电流的方向。

图 2-6(a)中,由于电流是正的,功率从正极流出,认为是一发电机。但当电流流出时,正极可以变为负的。了解此问题的方法是去求解 $\dot{E}\dot{I}^*$。$\dot{E}$ 与 $\dot{I}$ 沿 $\dot{E}$ 轴的分量的乘积是 $P$,$\dot{E}$ 与 $\dot{I}$ 沿 $\dot{E}$ 轴相差 90°的分量的乘积是 $Q$。倘 $\dot{I}$ 存在沿 $\dot{E}$ 轴的分量,且 $\dot{E}\dot{I}^*$ 的实部为正,该功率流出供给系统,即当该端实际上是正的时候,电流的这

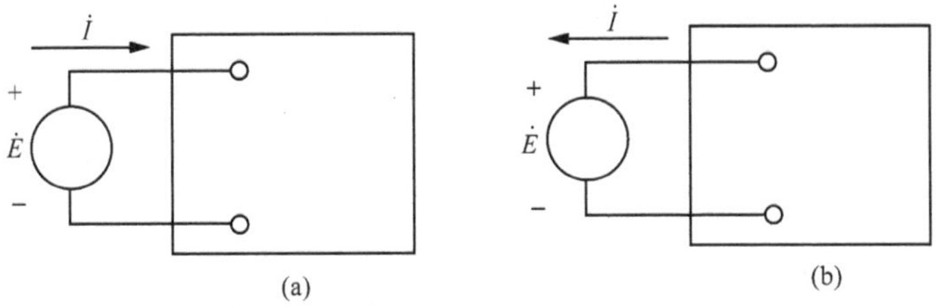


图 2-6　交流电路中电势的极性

一分量是从正极流出，因而该电压源是发电机状态。倘电流沿 $\dot{E}$ 轴的分量是负，即与 $\dot{E}$ 相差 180°，且 $\dot{E}\dot{I}^*$ 的实部为负，功率 $P$ 被吸收，因而是电动机状态如图 2-6(b)所示。现在考虑 $Q$ 的符号。如图 2-7(a)所示，正的无功功率等于 $I^2X_L$ 是供给电感的。在电感负载情况，$\dot{I}$ 落后于 $\dot{E}$90°，$\dot{E}\dot{I}^*$ 的虚部 $Q$ 是正，表明电感吸收正无功，或者电源向电感发出正无功。如图 2-7(b)所示，在电容负载情况，$\dot{I}$ 领先 $\dot{E}$ 90°，$\dot{E}\dot{I}^*$ 的虚部 $Q$ 是负，表明电容吸收负无功，或者电源从电容接收正无功。

倘在图 2-7(a)中的箭头反过来，$\dot{I}$ 将领先 $\dot{E}$90°，以及 $\dot{E}\dot{I}^*$ 的虚部将是负的，电感被认为是供给负无功。

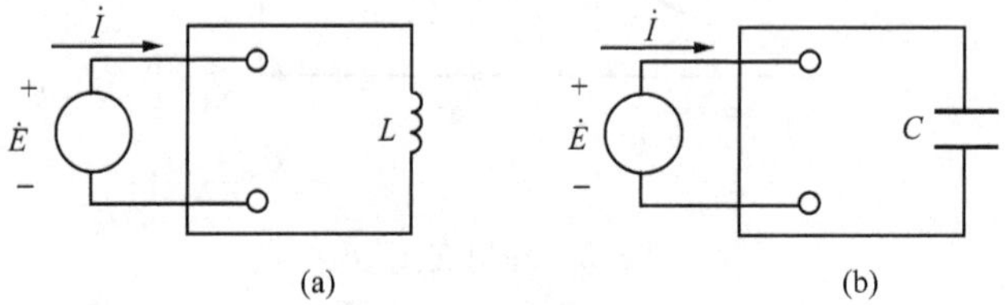


图 2-7　交流电势作用于电感或电容
(a)电感　(b)电容

［例 2-4］　如图 2-8 所示，两电压源代表 1# 及 2# 同步机经过阻抗 $Z$ 相连。已知 $\dot{E}_1=220\angle 0°$ V，$\dot{E}_2=220\angle 30°$ V 以及 $Z=0+\text{j}5\Omega$。试决定两机何者为发电机及何者为电动机？它们分别产生或消耗多少有功功率和无功功率？联系阻抗吸收多少有功功率和无功功率？

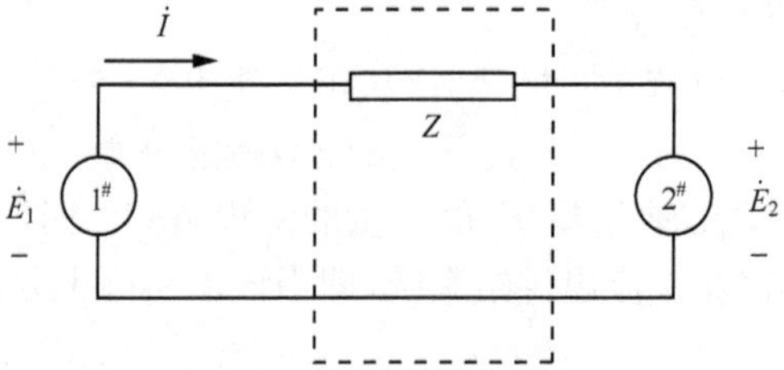


图 2-8　双电源经过阻抗连接

**解：**

$$\dot{I}=\frac{\dot{E}_1-\dot{E}_2}{Z}=\frac{220-\text{j}0-(190.5+\text{j}110)}{\text{j}5}=-22-\text{j}5.9=22.78\angle 195°(\text{A})$$

$$\dot{E}_1\dot{I}^*=220(-22+\text{j}5.9)\times 10^{-3}=-4.84+\text{j}1.298(\text{kV}\cdot\text{A})$$

$$\dot{E}_2\dot{I}^* = (190.5 + j110)(-22 + j5.9)\times 10^{-3} = -4.84 - j1.296(kV \cdot A)$$

$$I^2X = 22.78^2 \times 5 \times 10^{-3} = 2.594(kvar)$$

由上述计算可知，1# 机消耗有功功率 4.84kW，供给无功功率 1.298kvar；2# 机供出有功功率 4.84kW，供出无功功率 1.296kvar，故 1# 机为一电动机，2# 机为一发电机，2# 机产生的有功功率全部输送至 1# 机。联系阻抗 $Z$ 消耗无功功率 2.594kvar，为两机供给无功功率的总和。电势及电流的矢量图如图 2-9(a)所示。

图 2-9 中 $\dot{I}'=-\dot{I}$，这是由于实际电流方向与图 2-8 中设定的相反。系统功率分布图如图 2-9(b)所示。

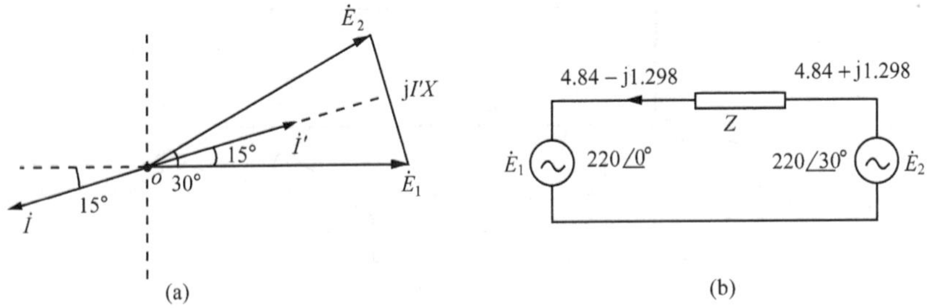


图 2-9 例 2-4 求解结果
(a)矢量图 (b)功率分布图

## 三、对称三相系统

单相传输系统具有功率的脉动特性。脉动功率将对电动机产生一脉动转矩。虽然，小型的分数马力交流电动机仍然设计成单相的，这是由于它的结构简单及成本低，脉动转矩的不利影响在设计时控制到最小。单相交流电动机与同容量的三相交流电动机相比，则有体积大、运行性能差及启动困难方面的缺陷。对于工业上的大型感应电动机以及交流发电机，脉动转矩是完全不能接受的。三相交流电机消除了功率和转矩的脉动，且在经济上是合理的，三相交流电力系统仍是当今具支配性的电力传输与分配的方式。

对称三相传输系统是由对称三相电源和对称三相网络组成。三相系统可看成是由三个单相组连接而成。图 2-10 表示电源、传输线及负载组成的电力传输系统。连接在图 2-10(a)中三相的三个分开的回线形成图 2-10(b)中的一中性回线，从而形成三相传输系统。其中 $o$ 表示三相发电机的中性点，$o'$ 表示三相对称负载的中性点。对称三相电源的三相电势 $\dot{E}_a$、$\dot{E}_b$、$\dot{E}_c$ 的有效值相等，作为时间矢量在相位上互相相差 120°，形成相序 $a$、$b$、$c$，如图 2-10(d)所示，它们的瞬时值波形如图 2-10(c)所示。

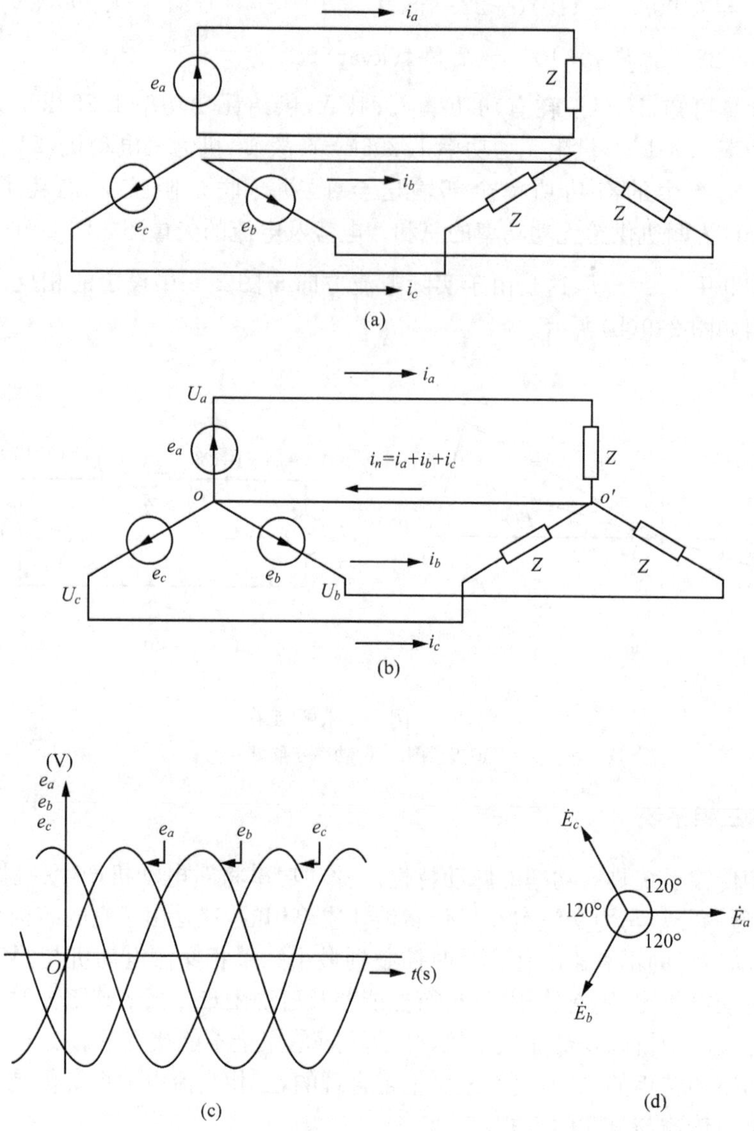


图 2-10　三相电力系统

(a)单相组　(b)三相系统　(c)电势波形　(d)电势矢量

在发电机带负载情况下，端电压通常低于内电势，这是由于发电机存在内阻抗上的电压降落所致。发电机端电压(相对于中性点 $o$ 的电位而言)可表示为

$$\left.\begin{aligned} u_a &= \sqrt{2}U\sin\omega t \\ u_b &= \sqrt{2}U\sin(\omega t - 120^\circ) \\ u_c &= \sqrt{2}U\sin(\omega t + 120^\circ) \end{aligned}\right\} \tag{2-24}$$

这里 $U$ 是相电压的有效值。

如图 2-11(a)所示，相电压用时间矢量表示，并取 $a$ 相电压为基准，则有

$$\left.\begin{aligned} \dot{U}_a &= U\angle 0^\circ \\ \dot{U}_b &= U\angle -120^\circ \\ \dot{U}_c &= U\angle -240^\circ \end{aligned}\right\} \tag{2-25}$$

如图 2-11(b)所示，相间(相对相)电压则为

$$\left.\begin{aligned} \dot{U}_{ab} &= \dot{U}_a - \dot{U}_b \\ \dot{U}_{bc} &= \dot{U}_b - \dot{U}_c \\ \dot{U}_{ca} &= \dot{U}_c - \dot{U}_a \end{aligned}\right\} \tag{2-26}$$

且有
$$U_{ab} = U_{bc} = U_{ca} = \sqrt{3}U$$

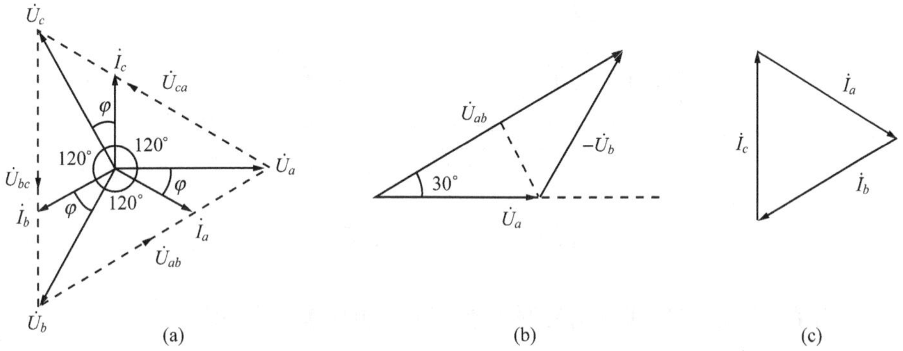


图 2-11 相电压、线电压及相电流矢量图

可见，线电压是相电压的$\sqrt{3}$倍，条件是对称三相系统。电力工作者称电力装置的额定电压总是指线电压而言。

在图 2-10 中具有对称三相负载，每相负载阻抗为 $Z$，则三相电流可表示如下：

$$\left.\begin{aligned} i_a &= \sqrt{2}I\sin(\omega t - \varphi) \\ i_b &= \sqrt{2}I\sin(\omega t - 120^\circ - \varphi) \\ i_c &= \sqrt{2}I\sin(\omega t - 240^\circ - \varphi) \end{aligned}\right\} \tag{2-27}$$

式中，$I$ 是负载电流有效值；$\varphi$ 是回路阻抗角，即电流矢量落后于电压矢量的角度。

如图 2-11 所示，当相电流用时间矢量表示时，则有

$$\left.\begin{aligned}\dot{I}_a &= I \angle -\varphi \\ \dot{I}_b &= I \angle -(120^\circ + \varphi) \\ \dot{I}_c &= I \angle -(240^\circ + \varphi)\end{aligned}\right\} \tag{2-28}$$

在对称三相系统的条件下，中性回线电流为三相电流的矢量和，故中线电流为零，即

$$\dot{I}_n = \dot{I}_a + \dot{I}_b + \dot{I}_c = 0 \tag{2-29}$$

表示如图 2-11(c)所示。

由于在对称三相系统中不存在中线电流，故中线并无必要。通常将发电机的中性点与负载的中性点接地，这是为了固定它们的电位为地电位，即零电位，如图 2-12所示。由于中线电流为零，故在图 2-10 中 $oo'$间无电位差。对称三相系统的各相电压都是相对于地电位而言，它是全系统共用的零电位点。

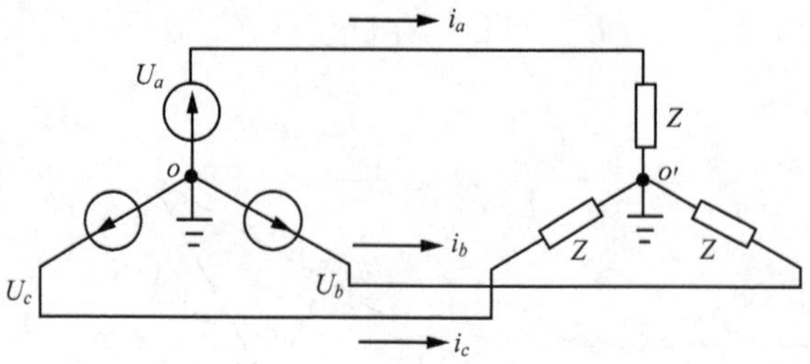


图 2-12 三相三线制系统

三相系统输送的全部三相功率等于三相单相功率之和，即

$$p_{3\varphi} = u_a i_a + u_b i_b + u_c i_c \tag{2-30}$$

将式(2-24)、(2-27)代入式(2-30)，经三角变换得到

$$p_{3\varphi} = 3UI\cos\varphi = 3p_{1\varphi} \tag{2-31}$$

可见，在一对称三相系统中瞬时的三相功率是非脉动的，并等于每相实功率的 3 倍。瞬时三相功率恒定是三相系统超过单相系统的主要优点。其重要的表现是三相发电机与三相电动机具有恒定的转矩特性。

为取得对称形式，定义三相无功功率

$$Q_{3\varphi} = 3UI\sin\varphi = 3Q_{1\varphi} \tag{2-32}$$

类似地，定义三相视在功率

$$S_{3\varphi}\equiv 3UI=3S_{1\varphi} \tag{2-33}$$

请读者试用复功率的方法由单相功率导出三相功率。

## 四、△连接的三相负载

图 2-13 是三角形连接的对称三相负载。阻抗 $Z$ 上的端电压及其中的电流（$\dot{I}_{ab}$，$\dot{I}_{bc}$，$\dot{I}_{ca}$）叫做相电压及相电流，以区别于线电压和线电流。由图可见，相电压就是线电压，而相电流并不等于线电流。若线电压已知，则相电流可以方便求出。

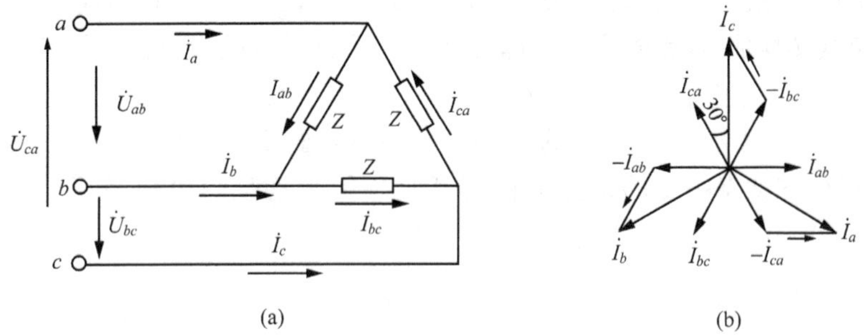


图 2-13　连接的三相负载

(a)接线图△　(b)电流矢量图

设 $\dot{U}_{ab}=U\angle 0^\circ$，$\dot{U}_{bc}=U\angle -120^\circ$，$\dot{U}_{ca}=U\angle -240^\circ$，$Z=z\angle\varphi$，则有

$$\dot{I}_{ab}=\frac{\dot{U}_{ab}}{Z}=\frac{U}{z}\angle -\varphi$$

$$\dot{I}_{bc}=\frac{\dot{U}_{bc}}{Z}=\frac{U}{z}\angle -\varphi-120^\circ \tag{2-34}$$

$$\dot{I}_{ca}=\frac{\dot{U}_{ca}}{Z}=\frac{U}{z}\angle -\varphi-240^\circ$$

可见，相电流的大小都等于 $\frac{U}{z}$，相位互差 120°，构成对称三相系统，有了相电流，就可以求出线电流

$$\left.\begin{aligned}\dot{I}_a&=\dot{I}_{ab}-\dot{I}_{ca}\\ \dot{I}_b&=\dot{I}_{bc}-\dot{I}_{ab}\\ \dot{I}_c&=\dot{I}_{ca}-\dot{I}_{bc}\end{aligned}\right\} \tag{2-35}$$

如图 2-13(b)所示,$\dot{I}_a$ 落后于 $\dot{I}_{ab}$ 30°,其大小则是 $\dot{I}_{ab}$ 的$\sqrt{3}$倍。三个线电流也构成对称三相系统。

$$\left.\begin{aligned}\dot{I}_a &= \sqrt{3}\dot{I}_{ab}\angle{-30^\circ}\\ \dot{I}_b &= \sqrt{3}\dot{I}_{bc}\angle{-30^\circ}\\ \dot{I}_c &= \sqrt{3}\dot{I}_{ca}\angle{-30^\circ}\end{aligned}\right\} \tag{2-36}$$

一个实际的三相设备应该接成 Y 形,还是接成△形?这要根据这个设备每相的额定电压和电源电压的匹配来决定。不过在分析三相电路时,有时也常将△形连接的负载转换成 Y 形负载来处理。这在下面叙述单相分析法时可以明显地看出来。

图 2-14(a)表示△形连接的对称三相负载,每相阻抗为 $Z_\triangle$,若在保持端点($a,b,c$)以外的状态不变的条件下将其等值为 Y 形连接的负载,如图 2-14(b)所示,则有

$$Z_Y = \frac{1}{3}Z_\triangle \tag{2-37}$$

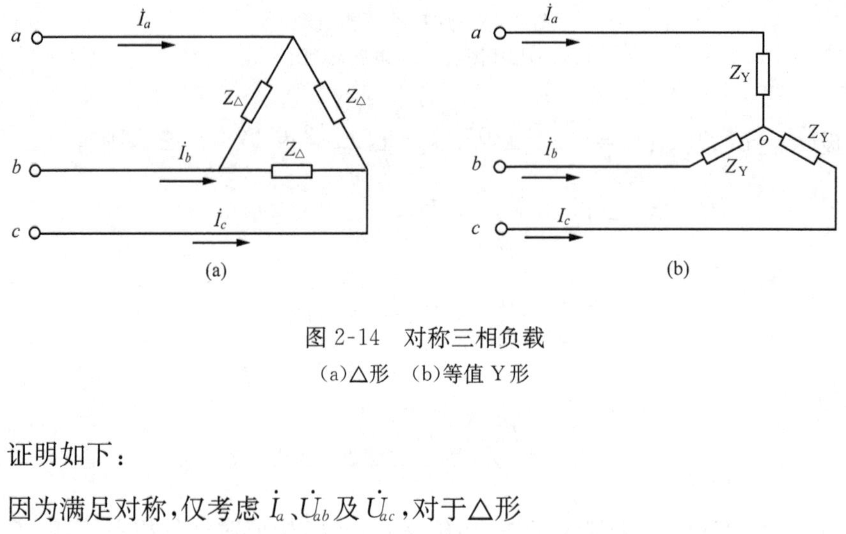


图 2-14　对称三相负载

(a)△形　(b)等值 Y 形

证明如下:

因为满足对称,仅考虑 $\dot{I}_a$、$\dot{U}_{ab}$ 及 $\dot{U}_{ac}$,对于△形

$$\dot{I}_a = \frac{\dot{U}_{ab}}{Z_\triangle} + \frac{\dot{U}_{ac}}{Z_\triangle} \tag{2-38}$$

对于 Y 形

$$\dot{U}_{ab} = Z_Y(\dot{I}_a - \dot{I}_b)$$

$$\dot{U}_{ac} = Z_Y(\dot{I}_a - \dot{I}_c)$$

故

$$\dot{U}_{ab}+\dot{U}_{ac}=Z_{\mathrm{Y}}[2\dot{I}_{a}-(\dot{I}_{b}+\dot{I}_{c})]$$

但在中性点 $o$ 满足

$$\dot{I}_{a}=-(\dot{I}_{b}+\dot{I}_{c})$$

所以

$$\dot{U}_{ab}+\dot{U}_{ac}=3Z_{\mathrm{Y}}\dot{I}_{a} \tag{2-39}$$

比较式(2-38)及式(2-39)得到

$$Z_{\mathrm{Y}}=\frac{1}{3}Z_{\triangle}$$

## 五、单相分析法

对于对称三相系统的稳态运行情况,实际上只要进行其中某一相(如 $a$ 相)的计算,而其他两相即 $b$ 和 $c$ 相的电流和电压根据相序关系易于求得。由 $b$ 相和 $c$ 相的电量与 $a$ 相电量比较可知大小(最大值或有效值)相等,而相位分别落后于 $a$ 相 $\frac{2\pi}{3}$ 及 $\frac{4\pi}{3}$。

对于对称三相系统,如若:

① 所有元件是对称三相连接的。

② 所有负载及电源是 Y 连接的。

③ 相间无互感。

则有:

① 所有元件的中性点电位相同,即零电位。

② 各相可完全解耦。

③ 网络中各对称元件的电流、电压矢量的相序与电源相同。

因而一种单相分析法的计算步骤给出如下:

① 选择电源的中性点作为电压参考点。

② 如有△连接的负载,则将其转换为等效 Y 连接。

③ 将所有元件的中性线连接起来,计算 $a$ 相电路,求解 $a$ 相变量。

检验相序,$b$ 相和 $c$ 相电量与 $a$ 相电量大小(有效值或最大值)相等,相位分别落后于 $a$ 相 120°和 240°。

④ 倘使需要,返回原电路去求线间变量或△中有关变量。

**[例 2-5]** 给定一对称三相系统如图 2-15 所示,已知

$$\dot{E}_{a_1o_1}=\sqrt{2}\times220\ \angle 45^{\circ}\ \mathrm{V}$$

求 $\dot{U}_{a_2o_2}$ 及 $\dot{I}_{a_3b_3}$。

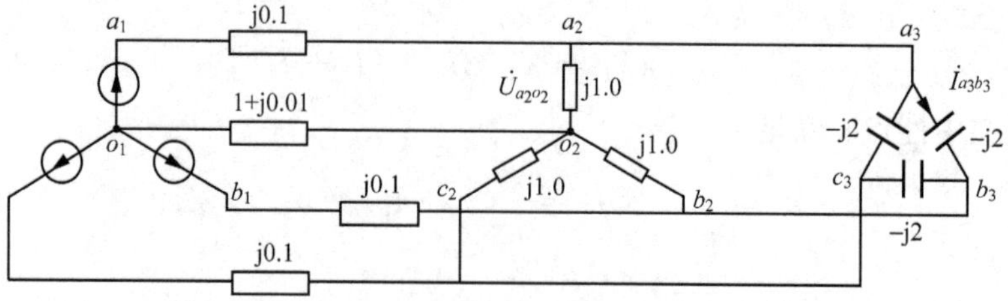


图 2-15　三相供电系统

**解**：对补偿电容的连接用等效 Y 代替△，则有

$$Z_Y = -j\frac{2}{3}$$

运用单相分析法分析如下：

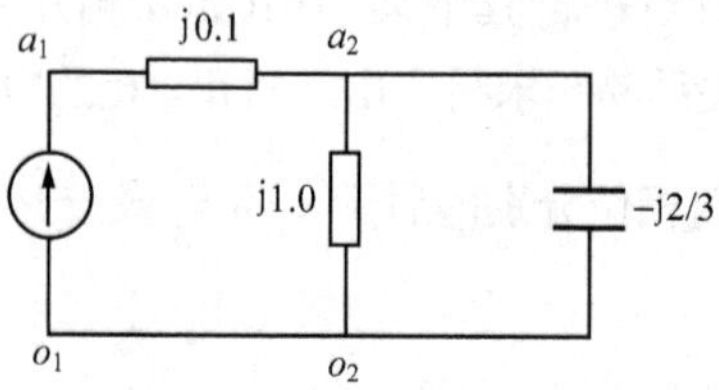


图 2-16　单相分析

如图 2-16 所示，合并并联支路，于是等效的并联阻抗为

$$Z_{eq} = \frac{j1.0\left(-j\frac{2}{3}\right)}{j1.0 - j\frac{2}{3}} = -j2$$

$$\dot{U}_{a_2o_2} = \frac{-j2}{-j2 + j0.1} \times \sqrt{2} \times 220\angle 45^\circ$$

$$= 326.6\angle 45^\circ\ (V)$$

所以

$$\dot{U}_{a_2b_2} = 326.6\angle 45^\circ - 326.6\angle 45^\circ - 120^\circ = 565.7\angle 75^\circ\ (V)$$

$$\dot{I}_{a_3b_3} = \frac{\dot{U}_{a_2b_2}}{-j2} = 282.9\angle 75^\circ + 90^\circ = 282.9\angle 165^\circ (A)$$

## 参　考　文　献

1. Elgerd O I. Electric Energy System Theory, An Introduction. Second Edition. McGraw-Hill Book Company, 1982
2. Stevenson W. Elements of Power System Analysis. Third Edition. McGraw-Hill Book Company, 1975
3. 章名涛. 电机学. 北京:科学出版社,1977
4. 洛柯姜. 远距离输电. 倪保珊译. 北京:水利电力出版社,1958

# 第二篇　电力设备的理论与模型

## 第三章　电力系统负荷的运行特性及数学模型

本章首先介绍电力系统的负荷及负荷曲线，根据不同用途给出了三种不同的负荷曲线，叙述了负荷的构成、各类负荷的静特性与动特性，并指出电力系统负荷是一个综合的概念，介绍了综合负荷的模型和辨识方法。

### 第一节　电力系统负荷与负荷曲线

#### 一、电力系统负荷

电力系统中发电厂所生产的电能，除了一小部分在传输和分配过程中损失外，全部供给了用户，而把所有用户所使用的功率叫做电力系统负荷。因此，电力系统的负荷具有综合特性，这种特性是与各种用电设备（异步电动机、同步电动机、电热电炉、整流设备、各种家用电器等）的组合有关，不同的用户有不同特性的设备组合，故有不同的电气特性。

将各行各业及居民的生活用电所消耗的功率叠加，就可得到电力系统的综合用电负荷。如果把网络中传输损耗的功率与综合用电负荷相叠加，就得到所谓电力系统供电负荷，如果再加上发电厂用电消耗的功率，就得到电力系统发电负荷。

#### 二、负荷曲线

电力系统综合负荷是随时间、季节、气候变化而变化。根据历史的负荷记录与统计或者实时跟踪记录，就可得到负荷功率随时间变化的关系曲线，即负荷在某一段时间内变化的规律。其数学关系式如下：

$$P = p(t), \quad Q = q(t) \tag{3-1}$$

在电力系统规划、设计、运行中常用到的负荷曲线有以下几种：

1. 日负荷曲线

日负荷曲线是指电力系统负荷在一日 24 小时内变化的规律。不同用户、不同季节、不同地区的有功功率（无功功率）负荷曲线是有较大的差别，但是叠加起来的系统综合负荷曲线大致相同。如图 3-1 所示，图(a)中有一最大值 $P_{max}$ 称日最大负荷，又称尖峰负荷（峰荷）。同时还有一最小值 $P_{min}$，称为日最小负荷，又称谷荷。

由于这两个负荷值代表了一日之内负荷变化两个极限，对电力系统运行有很大的影响，常用来分析系统运行情况的重要数据。

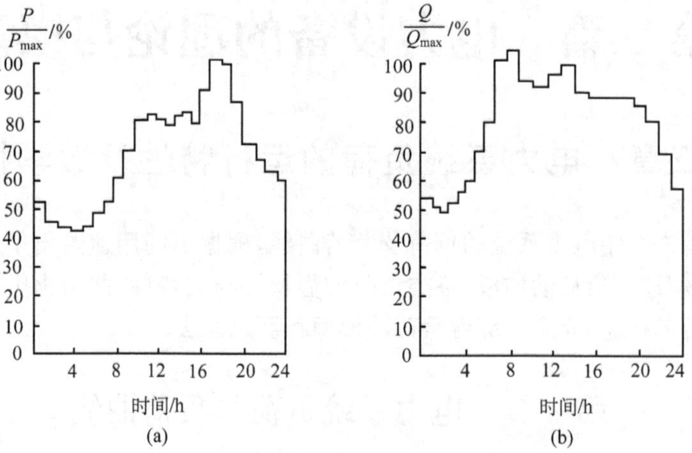


图 3-1　电力系统的日负荷曲线

(a)有功功率负荷　(b)无功功率负荷

如果对负荷 $p(t)$进行积分，即一日内所消耗的总电能为

$$A=\int_0^{24} p(t)\mathrm{d}t \tag{3-2}$$

显然这是日负荷曲线 $p(t)$的下边的面积，如果有功功率 $p$ 单位为 kW，时间 $t$ 单位为 h，则电能 $A$ 的单位为 kW · h，系统运行人员可据此曲线来制定日发电计划。

电力系统中不但有有功功率日负荷曲线，而且有无功功率 $Q(t)$ 曲线，如图 3-1(b)所示。由于电力系统中的变压器、电动机的励磁无功功率并不随有功负荷大小而改变，仅与系统电压变化有关，因此，有功功率与无功功率最大负荷并不是同时出现。这在做系统无功平衡时需加注意。

2. 年最大负荷曲线

在制定电力系统规划时，不仅需要了解日负荷变化规律，而且还要了解一年或更长时间的最大负荷变化和增长的规律，因此，年最大负荷曲线也就被提出。如图 3-2所示，它描述一年从 1 月 1 日起至年终系统逐日或逐月的系统综合最大负荷变化的情况，即

$$y=f[P_{\max}(\text{日})]$$

这一曲线变化规律大体上与余弦曲线相似，如图 3-2 中曲线 1 所示。如果计及国民经济的增长，新用户的接入，则变化规律如图 3-2 中曲线 2、3 所示，曲线 2 是按

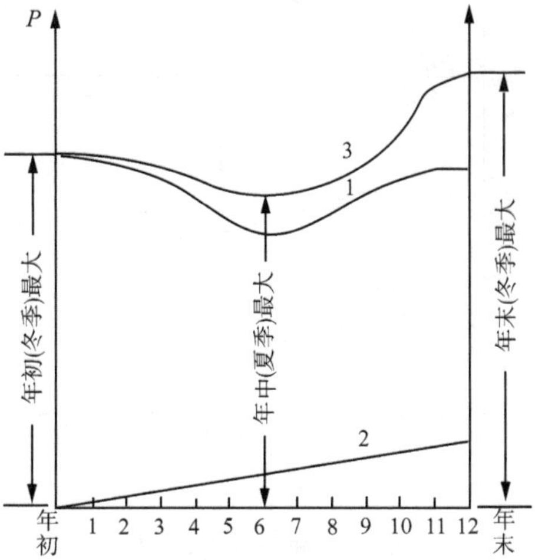


图 3-2 电力系统的有功功率年负荷曲线

比例增长的负荷。通常该曲线是安排发电设备检修计划所用。由于改革开放后人民生活水平有了较大提高，第三产业的发展，空调负荷的激烈增加、农业结构的变化，造成了年最大负荷曲线有所变化，夏季负荷不再是下降了，改变了它的余弦曲线性质。

为了保证系统供电安全与可靠，系统装机容量在任何时刻都应大于系统综合最大负荷，即

$$P_S \geqslant P_{max} + P_R \tag{3-3}$$

式中，$P_R$ 为备用功率。

3. 年持续负荷曲线

在编制电力系统的发电计划和可靠性计算时，常用到年持续负荷曲线，如图 3-3所示，该曲线是以电力系统全年负荷按其大小及其持续运行时间（小时数）的顺序排列而成。图中曲线 $A_1$ 点，反映了在一年内负荷超过 $P_1$ 的积累持续时间共有 $t_1$ 小时。根据年持续负荷曲线，可计算出系统全年负荷所取用（消耗）的电能

$$A = \int_0^{8760} P(t)\,\mathrm{d}t \tag{3-4}$$

不难看出，$A$ 为年持续负荷曲线所包围的面积，如果将全年取用的电能和一年中最大负荷 $P_{max}$相比，可得年最大负荷利用小时数

$$T_{max} = \frac{A}{P_{max}} \tag{3-5}$$

$$A = P_{max} \cdot T_{max} \tag{3-6}$$

如果根据运行经验，知道了各类用户的年最大负荷利用小时数 $T_{max}$，就可直接

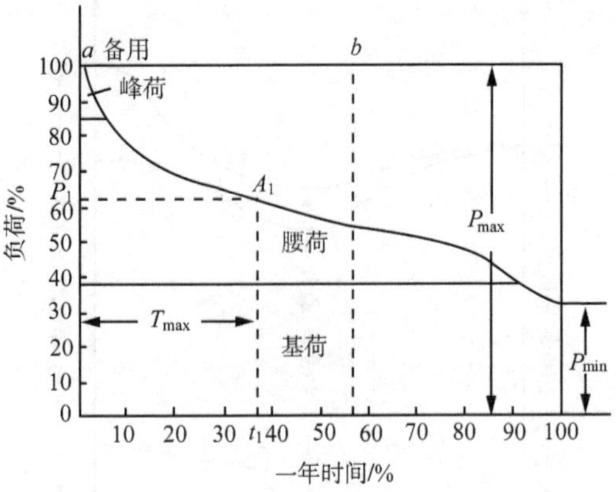


图 3-3　年持续负荷曲线

由式(3-6)估算出电力网全年用电量。一般说来，影响负荷曲线的因素很多，例如，负荷的组成，工矿企业生产及结构，所处地理位置，生产管理，作息制度，气候的变化，假日及人民生活水平以及习惯等。如何根据电力系统已知条件，预测未来的(短期、中期、长期)负荷变化是电力系统运行、规划的一个重要问题。

## 第二节　电力系统负荷模型结构与辨识方法简介

### 一、电力系统负荷模型结构

用电设备直接接于低压电力网的母线上，形成低压电网负荷。高压网母线上负荷是指接于高压母线上的配电网、补偿设备和高压用电设备的总称。负荷模型是指描述负荷端口的功率及电流随其端口电压和频率变化特性的数学方程和相应的参数。负荷建模不仅对各种具体用电设备元件建立模型，更重要的是研究负荷母线上的总体负荷吸收的功率随负荷母线电压和频率变动而变化的关系，并确定描述这种关系的数学方程的形式及其中的参数。负荷特性包括两个方面：电压特性和频率特性。现有的负荷模型从方程式结构上来讲可以分为静态负荷模型和动态负荷模型两大类，前者通常用代数方程或曲线来表示，后者通常用微分方程或者差分方程来表示。负荷静态模型反映了负荷有功、无功功率随频率和电压缓慢变化而变化的规律。负荷动态特性反映了当系统电压和频率快速变化时负荷的动态特性。

1. 电力系统静态负荷模型

静态负荷模型表示有功和无功功率与同一时刻下节点电压幅值和频率的函数关系的模型。在电力系统的潮流分析、静态稳定分析和研究长期动态过程中，以及负荷以静态负荷为主的情况下，一般采用静态负荷模型。基本的静态负荷模型的结构为：幂函数模型和多项式模型，另外还有在这两种模型基础上的变形或组合。

(1)幂函数负荷模型

$$\left.\begin{aligned} P &= P_0 V^{\alpha} f^{\varepsilon} \\ Q &= Q_0 V^{\beta} f^{\eta} \end{aligned}\right\} \tag{3-7}$$

式中，$\alpha$、$\varepsilon$ 为有功指数，$\beta$、$\eta$ 为无功指数。$P_0$ 为额定电压下的有功功率，$Q_0$ 为额定电压下的无功功率。

(2)多项式负荷模型

$$\left.\begin{aligned} P &= P_0\left[a_1\left(\frac{V}{V_0}\right)^2 + a_2\left(\frac{V}{V_0}\right) + a_3\right] \\ Q &= Q_0\left[a_4\left(\frac{V}{V_0}\right)^2 + a_5\left(\frac{V}{V_0}\right) + a_6\right] \end{aligned}\right\} \tag{3-8}$$

式中，$V_0$ 为额定电压，$P_0$ 为额定电压下的有功功率，$Q_0$ 为额定电压下的无功功率，$a_1 \sim a_6$ 为模型参数。这种模型中，有时也用电压对额定值的偏差 $\Delta V$ 代替$\frac{V}{V_0}$。由于这种模型包括了恒定阻抗(Z)、恒定电流(I)、恒定功率(P)，所以也称 ZIP 模型。

2. 电力系统动态负荷模型

动态负荷模型把任何时刻的有功和无功功率表示为过去时刻，而且通常包括现在时刻的电压幅值和频率的函数。在电力系统动态计算、稳定分析时，一般采用动态负荷模型。

动态负荷模型从是否反映物理本质又进一步可分为机理模型和非机理模型。机理模型通常是指感应电动机模型，通常有一台等值感应电动机，两台或更多的等值感应电动机，以及等值感应电动机并联等值静态模型等几种形式，如图 3-4 所示。非机理模型也称为输入-输出模型，是在系统辨识理论发展过程中，从大量的具体动态系统建模中概括出来的，对一大类动态系统具有很强的描述能力。这种模型掩盖了负荷的物理机理。幂函数和多项式静态负荷模型实质上也是一种非机理模型。

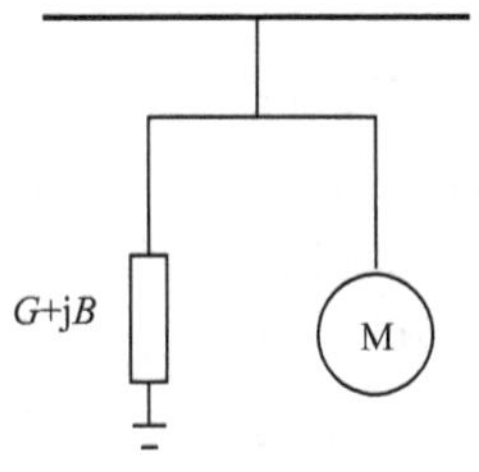


图 3-4 综合等值负荷

(1) 机理型动态负荷模型

机理模型具有明确的物理意义，它是根据负荷的物理结构和工作原理而写出的动态微分方程并基于动态系统辨识原理确定其中的模型参数。机理动态模型通常是指感应电动机模型，它是电力系统仿真中应用最为广泛的模型。由于感应电动机在电力负荷(尤其是工业负荷)中占有较大的比重，对电力系统运行分析与控制具有相当大的影响，所以在不少电力系统计算软件包中均包含感应电动机模型。感应电动机模型根据所考虑的暂态过程不同可分为五阶感应电动机模型、三阶感应电动机模型和一阶感应电动机模型。由于感应电动机定子绕组的暂态过程要比转子绕组的电磁暂态过程快得多，更比电力系统暂态过程快得多，因此是否考虑定子的暂态过程影响不大，三阶模型就能很好地反映感应电动机的性能，一般五阶模型仅在电力系统电磁暂态分析中考虑，常用的为考虑感应电动机机电暂态过程的三阶模型和只考虑机械暂态过程的一阶模型。随着电力系统电压稳定问题研究的开展，美国学者又提出了一阶的电压暂态模型。

(2)非机理型动态负荷模型

非机理模型也称为“输入-输出模型”，是在系统辨识理论发展过程中，从大量具体动态系统中概括抽象出来的，对一大类动态系统具有很强描述能力的模型。非机理模型并不苛求模型的机理解释，主要强调模型对系统行为的描述能力。非机理模型在负荷模型上应用就是不考虑负荷本身的物理结构与工作原理，将负荷系统当作一个“黑箱”，构造一种描述输入-输出数据的数学关系并基于动态系统辨识原理确定其中的模型参数。非机理模型并不具有明确的物理意义，它寻求输入-输出数据之间的最佳拟合。常见的非机理模型可细分为线性动态模型和非线性动态模型。线性动态模型可以采用传递函数、差分方程、状态方程等形式，互相之间可以转换。非线性动态模型也可以采用传递函数、差分方程、状态方程的形式，但相互之间难以直接转换。近来，有学者将具有描述复杂映射关系的人工神经网络模型应用到负荷建模中来，但对于它的适应性、实用性等问题还有待研究。

## 二、电力系统负荷模型的辨识算法简介

系统辨识是现代控制理论的一个分支。在现代控制领域中，控制理论阐述控制设计的准则，状态估计给出系统的运行状态，而系统辨识则是建立数学模型的依据，二者相辅相成，缺一不可。系统辨识即为“动态建模”，是指在输入和输出数据的基础上，在给定的模型中，确定一组与所测系统等价的模型。通俗地讲就是利用被控制系统的输入和输出数据，经过计算机处理后，估计出系统的数学模型。辨识的实质可以理解为数据拟合的优化，其中包含系统辨识的三要素：输入输出数据、模型结构和收敛准则。

系统辨识的原理图如图 3-5 所示。

1. 负荷模型辨识的非线性最小二乘法

最小二乘法(LS)是一种很优秀的数据处理方法，它通过使广义误差的平方和(准则函数)极小来确定模型的参数。但由于最小二乘估计是非一致的、有偏差的，因而为了克服它的不足，形成了一些以最小二乘法为基础的辨识方法：广义最小二乘法、辅助变量法和增广矩阵法，以及将一般的最小二乘法与其他方法相结合的方

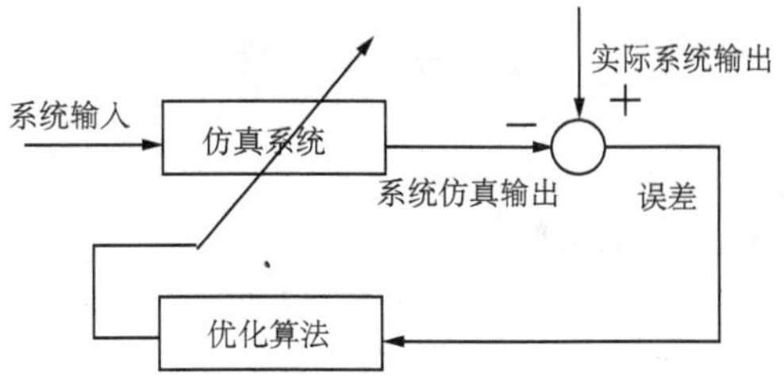


图 3-5　系统辨识原理图

法，有相关分析-最小二乘两步法和随机逼近算法。

2. 负荷模型辨识的卡尔曼滤波算法

卡尔曼滤波主要用于系统状态估计，但稍作变换也可以进行参数辨识，与递推最小二乘法有一定联系，是一种新型的算法。

卡尔曼滤波又称最小方差线性递推滤波，是一种信息处理方法，即是在实时量测的信息中消除随机干扰和无用信息，滤出较可靠的有用信息。它把受扰信号看成一个动态过程，选用噪声的统计特性，把它从受扰信号中减去，从而获得较精确的有用信号，它本质上是一种信息处理方法。扩展卡尔曼滤波是建立在线性卡尔曼滤波的基础上，是一种非线性参数估计方法，它本身也具有很多优点：①能得到无偏的最优估计；②递推充分多的步数参数及方差阵的估计不依赖于它们的初值，具有良好的稳定性。

20 世纪 70 年代初扩展卡尔曼滤波被引入到电力系统作为数据处理的有力工具，开始在电力系统状态估计和观测器上得到应用，并作为一种系统辨识的方法。

3. 负荷模型辨识的人工智能方法

近年来出现了一些新的人工智能算法，用于负荷建模的主要是基于遗传算法和神经网络。电力系统负荷模型参数辨识本质上是一个最优化问题。优化类方法一般都可以用来进行辨识。近年来出现了一些新的人工智能算法，用于负荷建模的主要是基于遗传算法、神经网络、免疫算法以及一些相关的混合算法。

本节作为负荷建模的基础，主要从负荷模型的对比与选择、模型辨识算法的比较对电力系统的负荷建模工作进行了简单介绍。

在辨识算法方面，主要介绍了非线性最小二乘法及人工智能方法，非线性最小二乘法算法成熟，但需要求解偏微分值，计算过程相对烦琐，而且受其迭代增益矩阵的影响很大，并且非线性最小二乘法只具有局部收敛性，只有当初始值选在全局最优解附近时才能得到最优结果。人工智能算法理论上具有全局收敛性，通过运算可以得到全局最优解，但由于它是一种模拟进化的方法，运算时间大大超过非线性最小二乘法，工程化应用还有待考验。

## 参 考 文 献

1. 沈善德. 电力系统辨识. 北京：清华大学出版社，1993
2. 任景堂. 系统辨识. 上海：上海交通大学出版社，1989
3. AI Qian，SHRESTHA G B. An ANN-based load model for fast transient stability calculations. Electric Power System Research，2006，6 (4) ：217～227
4. 仲卫进，艾芊. 扩展卡尔曼滤波在动态负荷参数辨识中应用. 电力自动化设备，2007，27(2)：47～50
5. 艾芊，陈陈，沈善德等. 简化前馈网络用于负荷模型参数辨识的研究. 中国电机工程学报，2005，25(5)：21～27
6. 鞠平，李德丰. 电力系统综合负荷模型的辨识方法研究. 电力系统自动化，1997，8

# 第四章　输变电元件的参数及模型

本章介绍输电线路及变压器的作用、结构、参数和模型。首先讲述输电线路的结构，并对三相输电线的参数（电阻、电抗、电导及电纳）的含义及其计算方法进行论述。其次对输电线方程及其等值电路进行讨论，包括传输矩阵概念及均匀长线特性等。然后从变压器基本原理出发，对变压器的等值电路及参数进行分析讨论，对变压器在运行、分析计算中遇到的非标准变比进行介绍。最后本章介绍了简单电力网络模型与标幺制计算问题。

## 第一节　电力线路及结构

电力线路包括输电线路和配电线路，它们都是用来传输电能的。就其结构来说，主要分为架空线路和电缆线路两大类。架空线路是将导线通过杆塔架设在露天，如图 4-1 所示。而电缆线路一般是埋在地底下的电缆沟或管道中。架空线路建造费用比电缆线路要低得多，且便于架设、维护修理。因此，在电力网络中大多数的线路是采用架空线路。近年来由于大城市建设需要高电压进城，因此也采用电缆线路。城市配电网也相继改造成电缆网络。

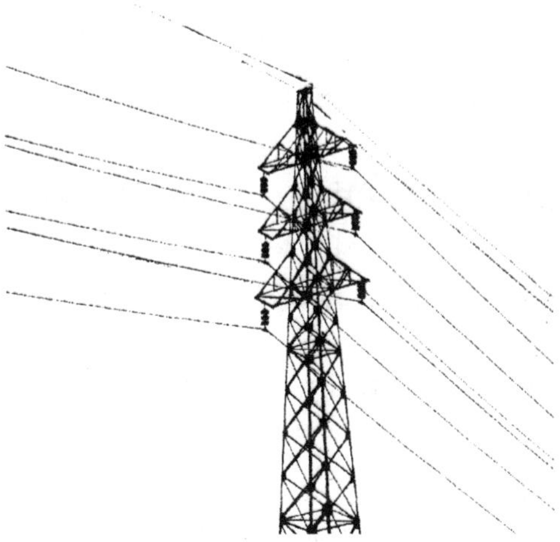

图 4-1　由铁塔支持的架空线路

架空线路由导线、避雷线(或称架空地线)、杆塔、绝缘子和金具等主要元件组成。其作用分别叙述如下:

① 导线的作用是传导电流,输送电能;

② 避雷线的作用是把雷电流引入大地,以保护电力线免遭雷击而引起过电压对线路及电气设备的绝缘破坏;

③ 绝缘子使导线和杆塔之间进行绝缘;

④ 金具用以支撑、连接导线,使导线固定在绝缘子上,并保护导线、避雷线及将绝缘子固定在杆塔上;

⑤ 杆塔用来支撑导线和避雷线,使导线与导线间、导线与地之间保持一定绝缘距离。

架空线路相邻杆塔之间水平距离,称为线路的档距。在档距中导线离地最低点和悬挂点之间垂直距离,称为导线的弧垂。两个相邻杆塔之间档距的大小,决定于导线允许弧垂和对地距离。对于6～10kV配电线路,档距一般在100m以下。110～220kV输电线路,采用钢筋混凝土时档距一般为150～400m,用铁塔时为250～400m。导线弧垂的大小,主要由导线允许的拉力与档距决定,并与气象(温度、覆冰等)、地理(高山等)条件有关。以下分别对架空线路各元件和电缆线路的结构作简单的介绍。

## 一、架空线路的导线和避雷线

架空线路的导线和避雷线工作在露天,不仅受到风压、覆冰和温度变化的影响,且受到空气中各种化学杂质的侵蚀。因此,导线和避雷线除了有良好的导电性能外,还必须具有较高的机械强度和耐化学腐蚀的能力。

常用导线材料有铜、铝及铝合金和钢等。避雷线一般用钢线,也有用铝包钢线。

导线除低压配电线路使用绝缘线外,一般都使用裸线,其结构主要有以下三种形式:

① 单股线,由单根实心的金属构成,如图4-2(a)所示,单股线有铜线和铝线两类;

② 一种金属的多股绞线,如图4-2(b)、(c)所示,它们是由7、19或37根单股线互相扭绞而成;

③ 两种金属的多股绞线,由铝制成的导线机械强度较低,因此,线路档距不能太大,为了满足机械强度要求,一种是增加杆塔数,从而提高了线路的造价。一种是采用钢芯铝绞线,如图4-2(d)所示。钢芯铝绞线按其铝线和钢线的截面比的不同,有不同的机械强度,一般分为三类:

第一类是普通钢芯绞线,型号LGJ,它的铝截面$S_L$和钢截面$S_G$的比值为

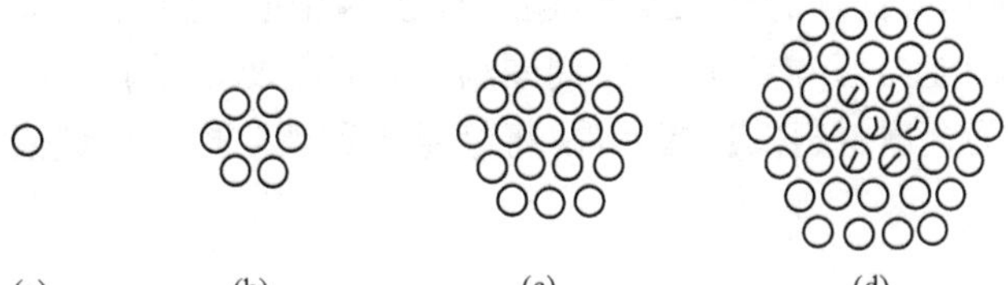


图 4-2　裸导线的截面示意图

(a)单股线　(b)、(c)一种金属的多股绞线　(d)两种金属的多股绞线

5.3～6.1；

第二类是轻型钢芯铝绞线，型号为 LGJQ，其 $S_L/S_G=7.6\sim8.3$；

第三类是加强型钢芯铝线，型号为 LGJJ，其 $S_L/S_G=4\sim4.5$。

一般导线除给出型号外，还要给出导线载流额定截面(并非整根导线截面)，例如，LGJQ-400 表示轻型钢芯铝线，其载流额定截面为 $400mm^2$。

此外，为了减少电晕损耗(将于第二节进行介绍)和线路电抗，对电压等级在 220kV 以上的输电线路都采用分裂导线或扩径空心导线，如图 4-3 所示。

分裂导线就是把线路每一相导线分成 2、3、4 等根，每相间保持一定的距离(例如，400mm)。图 4-3 所示为三分裂导线，图 4-4 所示为扩径导线。

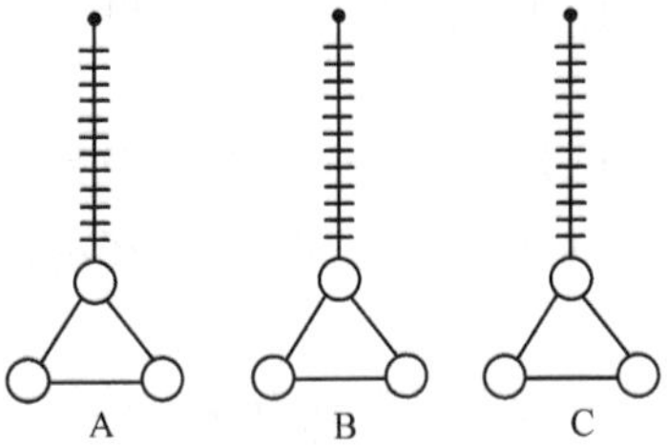


图 4-3　三分裂导线示意图

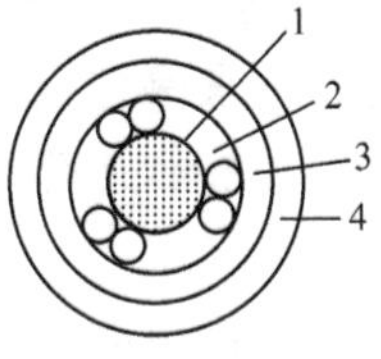


图 4-4　扩径导线截面图

1—钢芯——钢线 19 股；2—支撑层——铝线 6 股；3—内层——铝线 18 股；4—外层——铝线 24 股

## 二、架空线路的杆塔

架空线路的杆塔是用来支撑导线和避雷线的支持结构。使导线对地面、地物满足限距要求，并能承受导线、避雷线及本身的荷载及外荷载。

杆塔按其材料分类，可有木杆、钢筋混凝土杆和铁塔三种。图 4-1 示出的是铁杆塔。110kV 及以上的架空线路多用铁塔。

## 三、绝缘子和金具

绝缘子又称瓷瓶，其作用是支持或悬挂导线使其与杆塔绝缘，架空输电线路的绝缘子，不仅应具有良好的绝缘强度，还应有足够的机械强度。同时应对化学杂质有足够抵抗侵蚀能力，并能适应大气周围温度和湿度变化要求。

线路金具为金属材料的连接元件，将绝缘子和架空电力线路悬挂并拉紧在杆塔上。

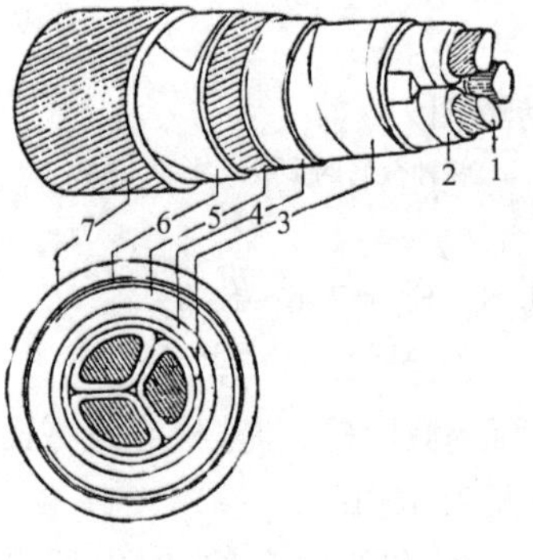


图 4-5　扇形三芯电缆

1—导线；2—相绝缘；3—带绝缘；4—铝(铅)包；5—麻衬；6—钢带铠甲；7—麻被

### 四、电缆

电力电缆的结构主要包括三个部分，即导体、绝缘层和保护包皮。

电缆导体通常用多股铜绞线或铝绞线，以增加电缆的柔软性，使之在一定程度内弯曲不变形，根据电缆中导体数目的不同，分别有单芯电缆、三芯电缆和四芯电缆等几种，单芯电缆的导体截面总是圆形，三芯或四芯电缆导体截面除圆形外，更多采用扇形，如图 4-5 所示，这可充分利用电缆的总面积。

电缆和绝缘层用以导体与导体间、导体与保护包皮之间的绝缘，其绝缘材料种类很多，如橡胶、沥青、聚乙烯、麻丝以及纸等，电力电缆多用油浸纸绝缘。

电缆包皮是用来保护绝缘层，使其在运输、敷设和运行过程中不受外力的损伤，并防止水分的浸入，并有一定的机械强度。在油浸纸绝缘电缆中，还有防绝缘油外流的作用。

常用的包皮有铅包皮和铝包皮，为了防止外力破坏，外层还有钢带铠甲。

## 第二节　三相电力线路的参数计算

对电力系统进行定量分析及计算时，必须知道其各元件的等值电路和电气参数。本节主要介绍电力线路的参数及其计算。

电力线路的电气参数是指线路的电阻 $r$、电抗 $x$、电导 $g$ 和电纳 $b$。下面就架空线路参数进行讨论。

### 一、输电线路的电阻

导线单位长度的直流电阻可用下式计算：

$$r_1 = \frac{\rho}{S}(\Omega/\text{km}) \tag{4-1}$$

式中，$r_1$ 为导线单位长度电阻，Ω/km；$\rho$ 为导线材料的电阻率，Ω · mm²/km；$S$ 为导线截面积，mm²。

在架空输电线中大都使绞线，因此，绞线中每根导线长度不相等，且大于直线长度。要准确计算绞线电阻，就要根据每一根导线实际长度计算出电阻，然后把所有根数的电阻加以并联，才能得到整根绞线的电阻。在我国电线手册中，单位长度多股绞线的直流电阻按下式计算：

$$r = \frac{K\rho}{nS} \quad (\Omega/\text{km}) \tag{4-2}$$

式中，$n$ 为绞线中股数；$K$ 为绞入系数。

对于钢芯铝线，$n$ 不包括钢芯，只为铝线部分，从电工手册中查得各类导线电阻是指 20℃时的温度电阻值，如果线路实际运行温度不是 20℃，则需按下式进行修正：

$$r_1 = r_{20}[1 + \alpha(t - 20)] \quad (\Omega/\text{km}) \tag{4-3}$$

式中，$r_1$ 为温度 $t$℃时导线电阻；$r_{20}$ 为温度 20℃时导线电阻；$\alpha$ 为电阻温度系数，铝线约为 0.0036，铜线为 0.00382。

当导线通过交流电流时，由于电流在导线内部产生磁场，当该磁场发生变化时，导线截面内各点电流密度就不相同，这就是产生所谓集肤效应。由于导线内截面电流分布不均匀，使导线有效电阻(交流电阻)要比直流电阻大，数值可以通过查电线手册获得。

## 二、输电线路电抗

输电线路的电抗是系统分析、计算中的一个重要参数，在高压线路中，电抗占有主要地位。输电线路的电抗与磁场有关。当导线中流过交流电流时，在导线周围产生磁场 $H$ 和电场 $E$，此时，导线的电抗由下式决定：

$$x = 2\pi fL \tag{4-4}$$

式中，$f$ 为通过导线电流的频率，Hz；$L$ 为导线电感系数，H；$x$ 为导线电抗，Ω。

由式(4-4)可知，要知道每相输电线的电抗，就必须计算每相电感系数。当磁链随电流 $i$ 做线性变化时，电感系数有下面的关系式：

$$L = \frac{\Psi}{i} \tag{4-5}$$

式中，$\Psi$ 为某相输电线所匝链的磁通链，Wb；$i$ 为该相中电流，A；$L$ 为该相电感系数，H。

对于一根假想的半径为 $r$ 的无限长导线，它通过的交流电流会在导线的内部和外部都感应交变的磁场。由电磁场理论，当导线的材料是铝、铜或钢芯铝线时，

可推导出距导线中心为 $D$ 的假想圆筒中的单位长度磁链为

$$\Psi=\frac{\mu_0 i}{2\pi}\ln\frac{D}{r'} \tag{4-6}$$

式中

$$r'=r\mathrm{e}^{\frac{1}{4}} \tag{4-7}$$

为导线等值半径；$\mu_0=4\pi\times10^{-7}$ 为空气导磁率，H/m；$i$ 为导体上流过的电流，A。

根据式(4-5)，可得出无限长单根导线的单位长度电感为

$$L=\frac{\Psi}{i}=\frac{\mu_0}{2\pi}\ln\frac{D}{r'} \tag{4-8}$$

在 $n$ 根导线系统里(图 4-6)，每一根导线流过的电流为 $i_j(j=1,2,\cdots,n)$，且有 $i_1+i_2+\cdots+i_n=\sum\limits_{j=1}^{n}i_j=0$。对于第 $j$ 根导线单位长度所匝链的磁通链 $\Psi_j$，是所有导线产生匝链导体 $j$ 的磁通链之和，即

$$\begin{aligned}\Psi_j&=\Psi_{j1}+\Psi_{j2}+\cdots+\Psi_{ji}+\cdots+\Psi_{jn}\\&=L_{j1}i_1+L_{j2}i_2+\cdots+L_{jj}i_j+\cdots+L_{jn}i_n\end{aligned} \tag{4-9}$$

式中，$\Psi_{jk}$ 是指第 $k$ 导线中的电流产生匝链第 $j$ 根导线的磁通链，$L_{jk}$ 是第 $k$ 根导线和第 $j$ 根导线之间的单位长度互感，$L_{jj}$ 是第 $j$ 根导线的单位长度自感。

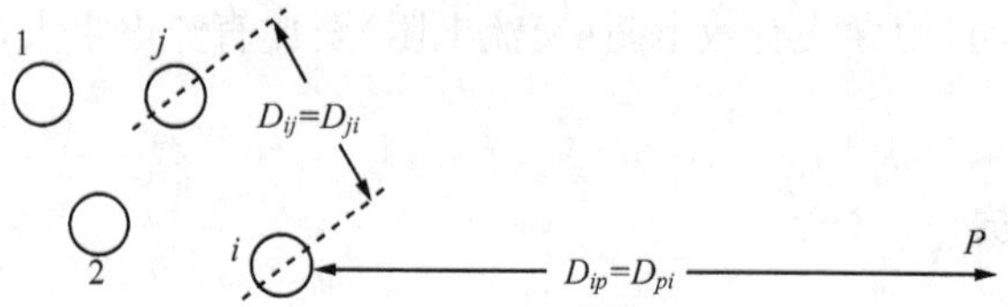


图 4-6　$n$ 根导线系统

由电磁学理论，可推导出

$$L_{ij}=\frac{\mu_0}{2\pi}\ln\frac{1}{D_{ij}},\quad i\neq j,\quad i,\quad j=1,2,\cdots,n \tag{4-10}$$

$$L_{ii}=\frac{\mu_0}{2\pi}\ln\frac{1}{r_j'} \tag{4-11}$$

式中，$D_{ij}$ 是指第 $i$ 根导线中心至第 $j$ 根导线中心的距离。

现在来讨论三相输电系统的每相电感。

1. 三相系统对称排列的每相输电线电感

三相系统的电感计算可直接利用上面推导的导线系统公式计算，此时 $n=3$，并有 $i_a+i_b+i_c=0$。

对称排列如图 4-7 所示，此为等边三角形排列，并有

$$D_{ab}=D_{bc}=D_{ac}=D$$

根据上述条件，按式(4-10)和式(4-11)直接写出一相磁链

$$\begin{aligned}\Psi_a &= L_{aa}i_a+L_{ab}i_b+L_{ac}i_c\\ &=\frac{\mu_0}{2\pi}\ln\frac{1}{r_a'}i_a+\frac{\mu_0}{2\pi}\ln\frac{1}{D_{ab}}i_b+\frac{\mu_0}{2\pi}\ln\frac{1}{D_{ac}}i_c\\ &=\frac{\mu_0}{2\pi}\left[\ln\frac{1}{r_a'}i_a+(i_b+i_c)\ln\frac{1}{D}\right]\\ &=\frac{\mu_0}{2\pi}\left[\ln\frac{1}{r_a'}i_a-\ln\frac{1}{D}i_a\right]\\ &=\frac{\mu_0 i_a}{2\pi}\ln\frac{D}{r_a'} \qquad (4\text{-}12)\end{aligned}$$

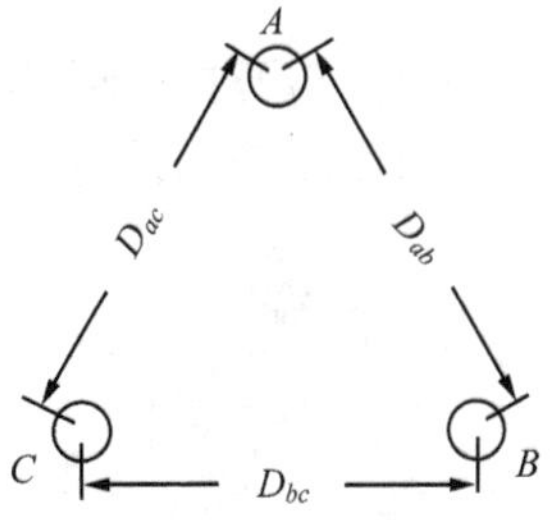


图 4-7　三相导线对称排列

定义 $a$ 相单位长度电感为

$$L_a=\frac{\Psi_a}{i_a} \qquad (4\text{-}13)$$

根据式(4-12)、(4-13)

$$L_a=\frac{\mu_0}{2\pi}\ln\frac{D}{r_a'} \qquad (4\text{-}14)$$

类似地，可以计算出 $b$、$c$ 相电感。

当导线半径相同时，则有 $r_a'=r_b'=r_c'=r'$，此时

$$L_a=L_b=L_c=\frac{\mu_0}{2\pi}\ln\frac{D}{r'} \qquad (4\text{-}15)$$

2. 三相不对称排列输电线每相电感

当三相输电线排列不对称时，如图 4-8 所示，三相电感就不相等，即使负载是对称的，也会引起不平衡，为了解决此问题，工程上采用循环换位方法，如图 4-9 所示。图中表示了一个换位循环。经过换位循环，使三相电感平均起来相等。

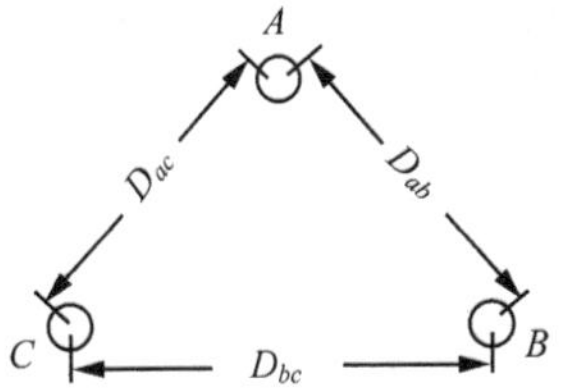


图 4-8　三相导线不对称排列

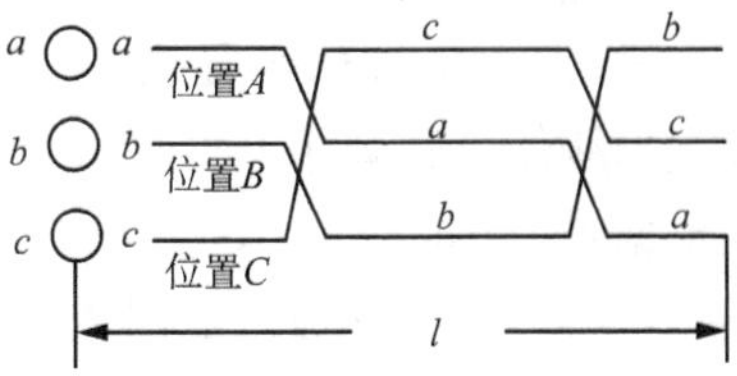


图 4-9　三相输电线换位

令 $D_{eq} \triangleq \sqrt[3]{D_{ab} \cdot D_{bc} \cdot D_{ca}}$ 为三相导线间几何均距，根据电磁场理论，可推导出单位长度三相平均电感

$$L_a = L_b = L_c = \frac{\mu_0}{2\pi}\ln\frac{D_{eq}}{r'} \quad (\mathrm{H/m}) \tag{4-16}$$

式(4-16)与三相对称排列的区别，仅在 $D$ 用 $D_{eq}$ 代替，而关系式则完全相同。

3. 双回路三相输电线每相电感

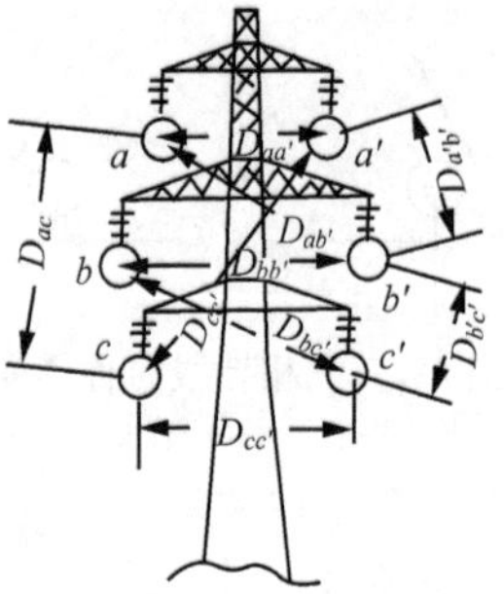


图 4-10　双回路三相输电线

双回路三相输电线如图 4-10 所示，其中，$abc$ 为第Ⅰ回路，$a'b'c'$ 为第Ⅱ回路。双回路三相输电线不对称排列，经循环换位，假定 $i_a+i_b+i_c=0$，$i'_a+i'_b+i'_c=0$，且 $i_a=i'_a$，$i_b=i'_b$，$i_c=i'_c$，第Ⅰ回路与第Ⅱ回路是对称的。

应用多导体系统公式，经电磁学理论推导，可计算出双回路每相单位长度电感

$$L_a = L_b = L_c = \frac{\mu_0}{2\pi}\ln\frac{D_{eq} \cdot D'_{\mathrm{I\text{-}II}}}{(r_a)' \cdot D'_{\mathrm{I\text{-}I}}} \tag{4-17}$$

式中，$D'_{\mathrm{I\text{-}I}}=\sqrt[3]{D_{aa'} \cdot D_{bb'} \cdot D_{cc'}}$ 为第 I 回路与第 II 回路同相间几何均距；$D'_{\mathrm{I\text{-}II}}=\sqrt[3]{D_{ab'} \cdot D_{bc'} \cdot D_{ca'}}$ 为第 I 回路与第 II 回路非同相之间的几何均距。

4. 分裂导线的三相输电线电感

当输电线路使用分裂导线时，同样可使用多导体系统原理和计算公式求得每相导线的电感。图 4-11 所示的每相分裂为 3 根导线对称排列（如不对称排列可循环换位）三相系统，其每相单位长度电感可由电磁学理论推导得出

$$L_a = L_b = L_c = \frac{\mu_0}{2\pi}\ln\frac{D_{eq}}{R_s} \tag{4-18}$$

式中，$R_s=\sqrt[3]{r_{a'_1} \cdot d_{12} \cdot d_{13}}$ 为分裂导线等值半径。可见此式与未分裂时导线公式在形式上完全一样，但由于等值半径增大（$R_s \gg r'$），因而分裂导线使电感减小。

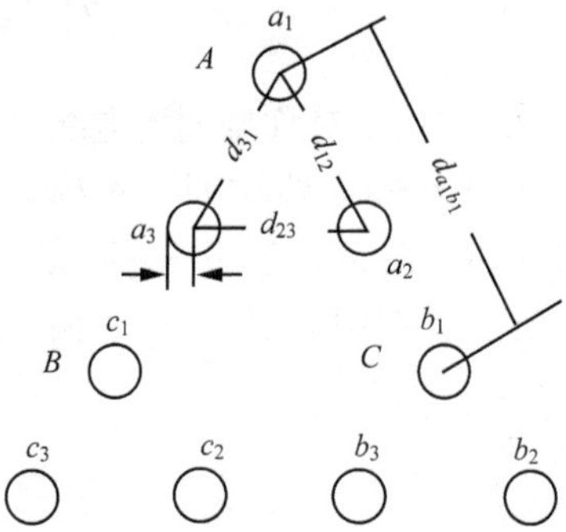


图 4-11　三分裂三相输电线路

根据式(4-15)～(4-18)，对称排列三相电路、非对称排列三相电路、双回线和分裂导线的单位长度电感都可以写成形如

$$L = \frac{\mu_0}{2\pi}\ln\frac{D}{R} \tag{4-19}$$

的形式，根据电抗和电感的关系 $x=2\pi fL$，则可写出单位长度导体电抗的一般

形式

$$x_1 = 0.1445\lg\frac{D_{eq}}{R_s} \quad (\Omega/km) \tag{4-20}$$

前面所提到的导线等值半径 $r'$，对于单股导线为 $0.779r$。对于铜与铝制造的绞线，$r'$可近似地取$(0.724\sim0.771)r_0$（$r_0$ 为绞线外半径）。对于钢芯铝绞线，$r'$可取 $0.81r_0$。

［**例 4-1**］　有一 220kV 输电线路，如图4-12所示，使用 LGJQ-400 型导线，直径为27.2mm，铝线部分截面积为 $342mm^2$，求输电线每相电抗。

**解：**

$$D_{ab} = \sqrt{(2750)^2 + (2\times 3525)^2} = 7567(mm)$$

$$D_{bc} = 7567\ mm,\quad D_{ca} = 5500mm$$

几何均距为

$$D_{eq} = \sqrt[3]{D_{ab}\cdot D_{bc}\cdot D_{ca}} = \sqrt[3]{7567^2\times 5500} = 6803(mm)$$

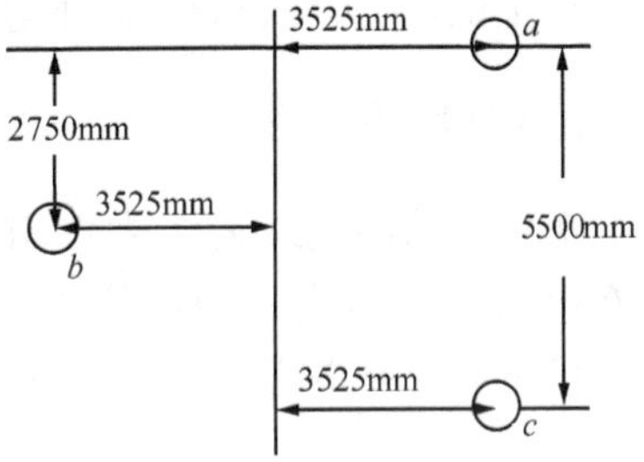


图 4-12　例 4-1 的三相导线排列图

等值半径为

$$r' = \frac{1}{2}\times 27.2\times 0.799 = 10.88(mm)$$

则

$$x_1 = 0.1445\lg\frac{D_{eq}}{r'} = 0.1445\lg\frac{6803}{10.88} = 0.406(\Omega/km)$$

［**例 4-2**］　有一 330kV 输电线路，导线采用水平排列，相间距离为 8m，导线采用两种方案，一是采用 LGJQ-600（轻型钢芯铝绞线，额定截面为 $600mm^2$），另一方案为采用由两根 LGJQ-300 分裂导线，分裂间距为 400mm，试求两种情况下的每相电抗。

**解：** 由手册查得 LGJQ-600 由 19 根三层排列的线径为 2.2mm 的钢线和 54 根三层排列的线径为 3.7mm 的铝线扭绞而成，故其计算半径为

$$r = \frac{1}{2}(5\times 2.2 + 6\times 3.7) = 16.6(mm)$$

导线几何均距为

$$D_{eq} = \sqrt[3]{8\times 8\times 2\times 8} = 10.1(m)$$

$$x_1 = 0.1445\lg\frac{10100}{0.779\times 16.6} = 0.416(\Omega/km)$$

当采用二分裂导线时，由手册查得 LGJQ-300 为 7×2.6 钢线和 54×2.65 铝线扭绞组成，其计算半径为

$$r=\frac{1}{2}(3\times 2.6+6\times 2.65)=11.85(\text{mm})$$

分裂导线等值半径为

$$R_s=\sqrt{r'\cdot d}=\sqrt{(0.779\times 11.85)\times 400}=60.8(\text{mm})$$

$$x_1=0.1445\lg\frac{10100}{60.8}=0.321(\Omega/\text{km})$$

由上例可见，分裂导线由于等值半径增大，故电抗值减小，可提高输电能力。

## 三、输电线路的电纳

输电线路的电纳是与导线周围电场有关，当导线中通有交流电流时，其周围就存在电场，电场中任一点电位与导线上电荷密度成正比，而电位与电荷密度的比例系数的倒数就是电容，此为已学过的电容概念。电纳与电容有如下关系：

$$B=\omega C=2\pi fC \tag{4-21}$$

式中，$C$ 为导线电容(F)；$f$ 为通过导线电流频率(或作用在该导线上的交流电压频率)。

为了求得线路电纳，必须先求线路电容，仍然从单导线开始求得线路电容，然后推广到 $n$ 导线系统一般算式。

1. 单导线

对于一无限长导体带有单位长电荷 $\tau$(电荷线密度)，根据电磁学理论可推导出，导线外部空间任意两点$(a,b)$的电位差为

$$U_{ab}=U_a-U_b=\frac{\tau}{2\pi\varepsilon}\left(\ln\frac{1}{x_a}-\ln\frac{1}{x_b}\right) \tag{4-22}$$

式中，$\varepsilon=\varepsilon_0\cdot\varepsilon_r$ 介质的介电系数；$\varepsilon_0$ 空气介电系数；$\varepsilon_r$ 相对介电系数，空气中 $\varepsilon_r=1$；$x_a$、$x_b$ 分别为 $a$、$b$ 两点与导体中心线的垂直距离。

由式(4-22)可知，当 $x_b$ 趋向无穷远处，则 $U_{ab}$ 也趋向无穷，因此，在导线系统中，总的电荷不等于零时，就不能规定无限远处的电位等于零。实际上，真实导线是有限长的，且导线系统中(如三相系统)总的电荷通常总是等于零，即 $\sum\tau=0$，还是可以把无限远处的电位假定为零的。

2. 多导线系统

如果有一 $n$ 根导线系统，且有 $\tau_1+\tau_2+\cdots+\tau_n=0$，即 $\sum\limits_{i=1}^{n}\tau_i=0$，第 $k$ 根导体带有线电荷密度 $\tau_k$，并认为无穷远处电位为零，可以根据电磁学理论推导出导线 $i$ 表

面与无穷远处的电位差

$$U_i = \frac{1}{2\pi\varepsilon}\sum_{k=1}^{n}\tau_k \ln\frac{1}{x_{ki}},\quad k=1,2,\cdots,i,\cdots,n,\quad x_{ii}=r_j \tag{4-23}$$

式中，$x_{ki}$ 为导线 $i$ 和导线 $k$ 之间的距离。

3. 三相输电线路系统电纳计算

三相导线系统，三相分别带有线电荷密度 $\tau_a$、$\tau_b$、$\tau_c$，且有 $\tau_a+\tau_b+\tau_c=0$，三相导线相距 $D_{ab}$、$D_{bc}$、$D_{ca}$，根据电磁学理论可以写出 $a$ 相导体表面的电位为

$$U_a = \frac{1}{2\pi\varepsilon}\tau_a \ln\frac{D_{eq}}{r} \tag{4-24}$$

式中，$D_{eq}=\sqrt[3]{D_{ab}\cdot D_{bc}\cdot D_{ca}}$ 为导线间几何均距。$r$ 为 $a$ 相导体的半径。

从而可得出 $a$ 相电容

$$C_a = \frac{\tau_a}{U_a} = \frac{2\pi\varepsilon}{\ln\dfrac{D_{eq}}{r}} = \frac{0.0241\times 10^{-9}}{\lg\dfrac{D_{eq}}{r}}\quad \text{F/m} \tag{4-25}$$

在三相完全对称的情况下，每相电容都相等，三相输电线每相电纳为

$$b = \omega C = \frac{7.58\times 10^{-6}}{\lg\dfrac{D_{eq}}{r}}\quad \text{S/km}$$

由上式可见，电纳与$\dfrac{D_{eq}}{r}$有关。

如果是分裂导线，则可类似地导出电容计算式如下：

$$C_a = \frac{0.0241\times 10^{-9}}{\lg\left(\dfrac{D_{eq}}{R_s}\right)}\quad \text{F/m} \tag{4-26}$$

式中，$R_s$ 为分裂导线等值半径。由式(4-26)可知，分裂导线的电容增大了。

4. 考虑大地的影响

在前面分析输电线电容时，未计及大地的存在影响输电线路周围电场，如图 4-13所示。

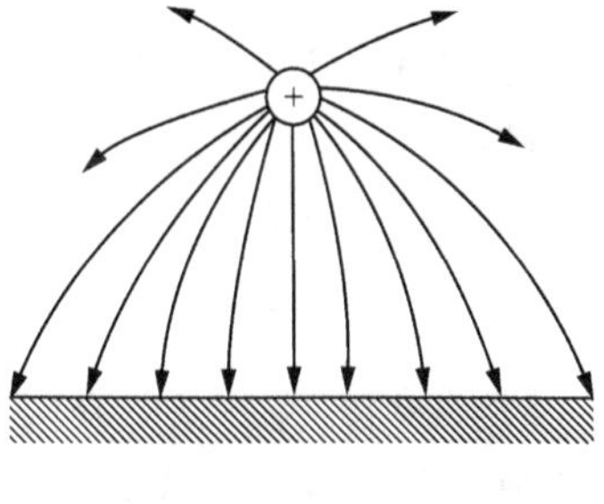

图 4-13　大地对电场的影响

大地可近似地看成一个无限大的平面导体，因而大地表面是一个等位面。则沿大地表面任一点的电场强度是和地垂直的，这好像地平面下面同样深度处有一假想导体(称原导体镜像，并带有负的线电荷密度 $-\tau$)，如图 4-14 所示。如用镜像代替大地，这便成一两导线系统。三相输电线及其镜像如图 4-15 所示。即 6 根导线系统，根据多导系统可立即写出考虑大地影响的 $a$

相电位,经整理得如下等式:

$$U_{an}=\frac{\tau_a}{2\pi\varepsilon}\ln\frac{H'D_{eq}}{H''r_a}=\frac{\tau_a}{2\pi\varepsilon}\ln m\frac{D_{eq}}{r} \tag{4-27}$$

式中

$$H'\triangleq\sqrt[3]{H'_{aa}\cdot H'_{bb}\cdot H'_{cc}}$$
$$H''\triangleq\sqrt[3]{H'_{ab}\cdot H'_{bc}\cdot H'_{ca}}$$
$$m=H'/H''$$

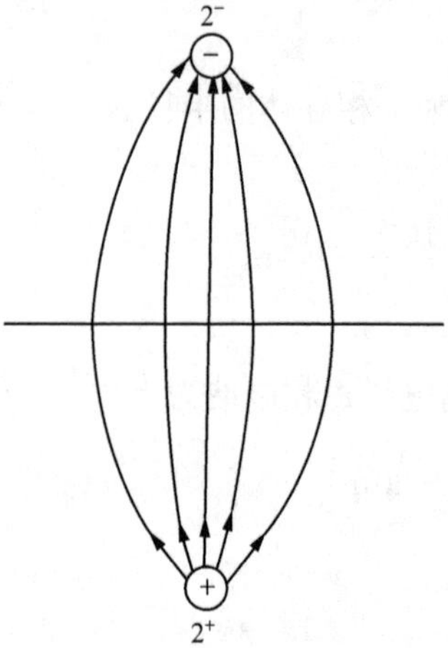


图 4-14 导线及其镜像

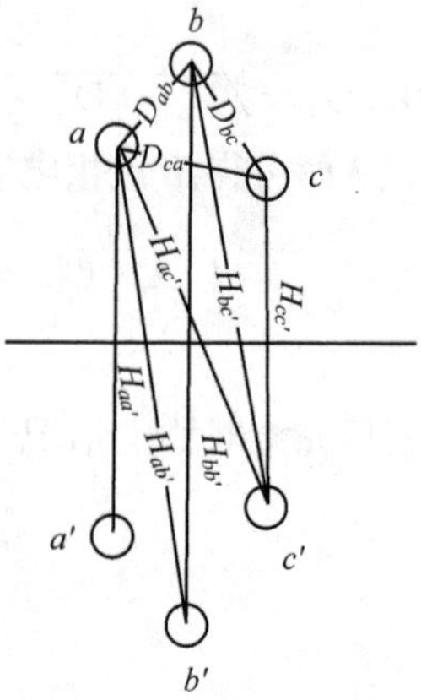


图 4-15 三相导线及其镜像

高压输电系统中,输电线距地面高度远大于线间距离,故有 $H'\approx H''$,即 $m\approx1$,忽略大地影响不大。

其电容

$$C_1=\frac{\tau_a}{U_{an}}=\frac{2\pi\varepsilon}{\ln m\frac{D_{eq}}{r_a}}=\frac{0.0241\times10^{-6}}{\lg m\frac{D_{eq}}{r}}\quad \text{F/km} \tag{4-28}$$

**[例 4-3]** 试计算[例 4-1]中导线每相电纳。

**解:**

$$b=\frac{7.58}{\lg\frac{D_{eq}}{r}}\times10^{-6}=\frac{7.58\times10^{-6}}{\lg\frac{6.803}{0.0136}}=2.792\times10^{-6}(\text{S/km})$$

**[例 4-4]** 有一条具有两根架空地线三相单回路线路,导线和地线的相对位置如图 4-16 所示,导线为 LGJQ-120,架空地线为 LGJ-95,导线平均离地高度为 10m,试求这一线路正序电容、电纳和零序电容、电纳。

**解：**导线半径(由手册查得 LGJQ-120 导线直径为 15.3mm)

$$r = \frac{15.3}{2} \times 10^{-3} = 0.765 \times 10^{-2}(\text{m})$$

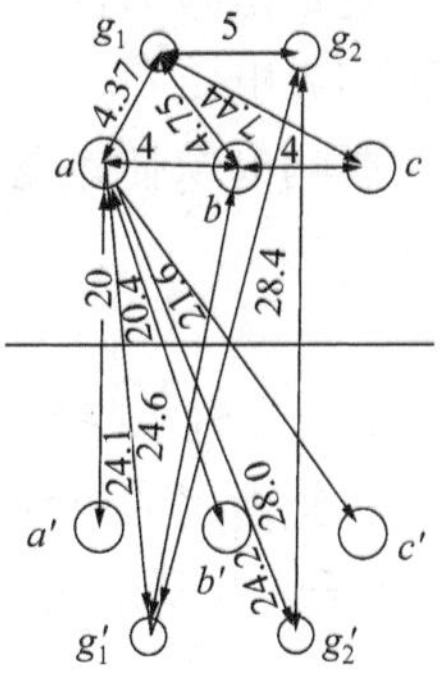


图 4-16　例 4-4 图示

导线间几何均距为

$$D_{\text{eq}} = \sqrt[3]{D_{ab} \cdot D_{bc} \cdot D_{ca}} = \sqrt[3]{4 \times 4 \times 8} = 5.05(\text{m})$$

$$H' = \sqrt[3]{20 \times 20 \times 20} = 20(\text{m})$$

$$H'' = \sqrt[3]{20.4 \times 20.4 \times 21.6} = 20.782(\text{m})$$

修正系数为

$$m = \frac{H'}{H''} = 0.962$$

正序电容为

$$C_1 = \frac{0.0241 \times 10^{-6}}{\lg m \dfrac{D_{\text{eq}}}{r}} = \frac{0.0241 \times 10^{-6}}{\lg\left(0.962 \times \dfrac{5.05}{0.765 \times 10^{-2}}\right)}$$

$$= 8.598 \times 10^{-9}(\text{F/km})$$

电纳为

$$b_1 = \omega C_1 = 314 \times 8.598 \times 10^{-9} = 2.699 \times 10^{-6}(\text{S/km})$$

如不考虑大地的影响，则

$$b_1 = \frac{7.58 \times 10^{-6}}{\lg \dfrac{D_{\text{eq}}}{r}} = 2.688 \times 10^{-6}\text{S/km}$$

上述两值相差不大，可以不计大地影响。

## 四、输电线路的电导

输电线电导主要由沿绝缘子的泄漏和电晕所决定，沿绝缘子的泄漏通常很小，可以忽略不计，而电晕的发生则是由导线表面电场强度所决定的，当电场强度超过一定数值时，导线周围空气就发生电离而产生电晕。空气电离将消耗有功功率，该功率与施加线路上电压有关，而与线路上通过的电流大小无关。可用导线对地电导来表征。线路电导表示如下：

$$g_1 = \frac{\Delta P_g}{U^2} \times 10^{-3} \quad (\text{S/km}) \tag{4-29}$$

式中，$g_1$ 为输电线每相导线单位长度的电导，S/km；$\Delta P_g$ 为实测的三相输电线单位长度电晕损耗的总功率，kW/km；$U$ 为输电线路的线电压，kV。

电晕是施加在线路上的一定电压才会发生，发生电晕的电压称电晕起始电压或称临界电压 $U_{cr}$。

影响电晕临界电压因素较多，一般使用经验公式计算。

$$U_{cr}=84m_1m_2\delta r\lg\frac{D_{eq}}{r}\quad \text{kV} \tag{4-30}$$

式中，$U_{cr}$为电晕临界线电压 kV；$m_1$ 为导线表面光滑系数，光滑表面单导线 $m_1=1$，对久经使用的单导线 $m_1=0.98\sim0.93$，对绞线 $m_1=0.87\sim0.83$；$m_2$ 为气象系数，在干燥或晴朗天气时 $m_2=1$，在有雾、雨、霜、暴风雨时 $m_2<1$，在最恶劣的情况下 $m_2=0.8$；$\delta$ 为空气相对密度，$\delta=\frac{3.92+b}{273+t}$，其中 $b$ 为大气压力，cmHg；$t$ 为空气温度，℃；$D_{eq}$为导线几何平均距离，cm；$r$ 为导线半径。

如采用分裂导线时，由于导线的分裂，使电场强度减小，此时电晕临界电压为

$$U_{cr}=84m_1m_2\delta rf_m\lg\frac{D_{eq}}{R_s} \tag{4-31}$$

式中，$f_m$ 与导线分裂根数 $n$ 和根与根之间几何均距 $d$ 有关，即

$$f_m=\frac{n}{1+2(n-1)\dfrac{r}{d}\sin\dfrac{\pi}{n}}$$

式中，$d$ 为每相分裂导线间的几何均距，$R_s$ 为分裂导线等值半径。

如果导线水平排列，两边的导线电晕临界电压较按式(4-31)所求得的要提高6%，中间导线则降低 4%。

在线路设计时，仅按上述公式校验所选导线半径在晴朗天气不发生电晕的要求。如果发生电晕，则增大导线半径，或采用分裂导线或扩径导线。

在 50Hz 和电压 $U$ 作用下，三相输电线每公里的电晕损耗可由实验求得，也可由下面公式近似求得：

$$\Delta P_g=\frac{0.18}{\delta}\sqrt{\frac{r}{D_{eq}}}(U-U_{cr})^2\quad \text{kW/km} \tag{4-32}$$

电缆线路由于结构差别，计算较复杂。由于电缆结构及尺寸都系列化，因此，这些参数都可预先测得，不必计算。

## 第三节　三相输电线模型

三相输电线通以交流电流时，导线周围产生电磁场，该电磁场沿线作均匀分布，电磁能转变为热能也是沿全线进行的，故三相输电线路是一分布参数的电路，在电磁场理论课中曾导出均匀传输线的一般方程。本节主要从分布参数电压、电

流特性导出输电线在稳态交流电压作用下,线路两端电压和电流关系,并由此得到输电线等值电路和各种运行特性。

## 一、输电线路方程和等值电路

三相输电线路正常运行时,三相电压、电流是处于对称情况,分析时就其中一相即可,其他两相可相应地导出,下面以单相回路为例,导出输电线路方程和等值电路。

1. 输电线路方程

输电线路的参数沿线作均匀分布,如图 4-17 所示,在线路上通过正弦交流电流。

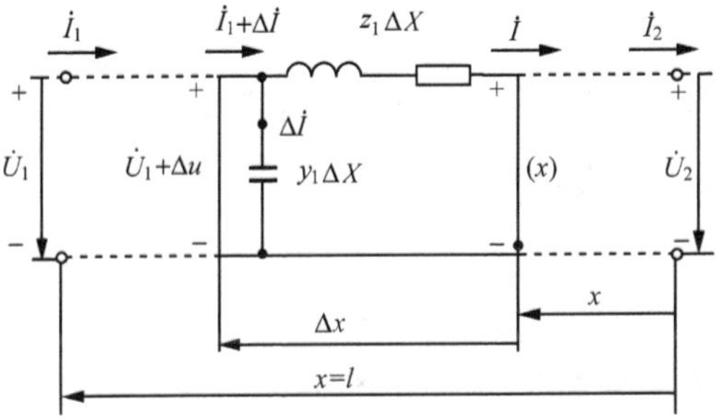


图 4-17　输电线路的电压、电流

图 4-17 中,$z_1=r_1+j\omega L$ 为输电线单位长度串联阻抗;$y_1=g_1+j\omega C$ 为输电线单位长度并联导纳。

由图 4-17 可见

$$\left.\begin{aligned}d\dot{U}&=\dot{I}z_1\,dx\\ d\dot{I}&=(\dot{U}+d\dot{U})y_1\,dx=\dot{U}y_1\,dx+y_1\,d\dot{U}dx\end{aligned}\right\}\tag{4-33}$$

忽略式(4-33)的二阶微分,可得一组一阶微分方程

$$\left.\begin{aligned}d\dot{U}&=\dot{I}z_1\,dx\\ d\dot{I}&=\dot{U}y_1\,dx\end{aligned}\right\}\tag{4-34}$$

或写成

$$\left.\begin{aligned}\frac{d\dot{U}}{dx}&=\dot{I}z_1\\ \frac{d\dot{I}}{dx}&=\dot{U}y_1\end{aligned}\right\}\tag{4-35}$$

式(4-35)微分方程组可再对 $x$ 进行一次求导并经整理得

$$\left.\begin{aligned}\frac{\mathrm{d}^2\dot{U}}{\mathrm{d}x^2} &= z_1\frac{\mathrm{d}\dot{I}}{\mathrm{d}x} = \dot{U}z_1y_1 = \gamma^2\dot{U}\\ \frac{\mathrm{d}^2\dot{I}}{\mathrm{d}x^2} &= y_1\frac{\mathrm{d}\dot{U}}{\mathrm{d}x} = \dot{I}z_1y_1 = \gamma^2\dot{I}\end{aligned}\right\}\tag{4-36}$$

式中，$\gamma\triangleq\sqrt{z_1y_1}$称为输电线路传播常数，$\gamma$是一复数，$\gamma=\alpha+\mathrm{j}\beta$，其中$\alpha$称为衰减系数，$\beta$称为相移系数，rad/km。

式(4-36)微分方程组的特征方程为

$$s^2-\gamma^2=0$$

其特征方程式的根为

$$s_{1,2}=\pm\gamma$$

则微分方程组的解分别为

$$\begin{aligned}\dot{U}&=C_1\mathrm{e}^{\gamma x}+C_2\mathrm{e}^{-\gamma x}=C_1'\mathrm{ch}\gamma x+C_2'\mathrm{sh}\gamma x\\&=B_1\mathrm{e}^{\gamma x}+B_2\mathrm{e}^{-\gamma x}\end{aligned}\tag{4-37}$$

同理可得

$$\dot{I}=B_1'\mathrm{ch}\gamma x+B_2'\mathrm{sh}\gamma x\tag{4-38}$$

式中，$C_1'$、$C_2'$、$B_1'$、$B_2'$为积分常数，由初始条件决定。

当$x=0$时，$\dot{U}=\dot{U}_2=C_1'$，而

$$\left.\frac{\mathrm{d}\dot{U}}{\mathrm{d}x}\right|_{x=0}=-C_1'\gamma\mathrm{sh}\gamma x+C'_2\gamma\mathrm{ch}\gamma x=C_2'\gamma=\dot{I}_2z_1$$

故

$$C_2'=\frac{\dot{I}_2z_1}{\gamma}=\dot{I}_2\frac{z_1}{\sqrt{z_1y_1}}=\dot{I}_2\sqrt{\frac{z_1}{y_1}}=\dot{I}_2Z_\mathrm{c}$$

式中，$Z_\mathrm{c}\triangleq\sqrt{\dfrac{z_1}{y_1}}$称输电线路特性阻抗或称波阻抗。

同理可得

$$B'_1=I_2,\quad B'_2=\frac{U_2}{Z_\mathrm{c}}$$

则有均匀长线方程

$$\left.\begin{aligned}\dot{U}&=\dot{U}_2\mathrm{ch}\gamma x+\dot{I}_2Z_\mathrm{c}\mathrm{sh}\gamma x\\ \dot{I}&=\dot{I}_2\mathrm{ch}\gamma x+\frac{\dot{U}_2}{Z_\mathrm{c}}\mathrm{sh}\gamma x\end{aligned}\right\}\tag{4-39}$$

当$x=l$，则线路始端电压、电流方程为

$$\left.\begin{aligned}\dot{U} &= \dot{U}_2 \mathrm{ch}\gamma l + \dot{I}_2 Z_c \mathrm{sh}\gamma l \\ \dot{I} &= \dot{I}_2 \mathrm{ch}\gamma l + \frac{\dot{U}_2}{Z_c}\mathrm{sh}\gamma l\end{aligned}\right\} \tag{4-40}$$

2. 输电线等值电路

在稳态时，所关心的是始末端电压和电流的关系，用Π形电路或T形电路来表示它们的关系。如图4-18所示，在电力系统分析中常用Π形等值电路。对Π形电路可列出它的始末端电压、电流关系式

$$\left.\begin{aligned}\dot{U}_1 &= \dot{U}_2 + \left(\dot{I}_2 + \frac{\dot{U}_2 Y_\Pi}{2}\right) Z_\Pi \\ &= \left(1 + \frac{Y_\Pi Z_\Pi}{2}\right)\dot{U}_2 + Z_\Pi \dot{I}_2 \\ \dot{I}_1 &= \dot{I}_2 + \frac{1}{2} Y_\Pi \dot{U}_2 + \frac{1}{2} Y_\Pi \dot{U}_1 \\ &= \left(1 + \frac{Y_\Pi Z_\Pi}{2}\right) Y_\Pi \dot{U}_2 + \left(1 + \frac{Y_\Pi Z_\Pi}{2}\right)\dot{I}_2\end{aligned}\right\} \tag{4-41}$$

与前式(4-40)相比较，则

$$1 + \frac{Y_\Pi Z_\Pi}{2} = \mathrm{ch}\gamma l$$

$$Z_\Pi = Z_c \mathrm{sh}\gamma l$$

由此可解得

$$Z_\Pi = Z_c \mathrm{sh}\gamma l = \sqrt{\frac{Z_1}{\gamma_1}}\mathrm{sh}\gamma l = \frac{Z_1}{\sqrt{Z_1 Y_1}}\mathrm{sh}\gamma l = \frac{Z_1}{\gamma}\mathrm{sh}\gamma l = \frac{Z_1 l}{\gamma l}\mathrm{sh}\gamma l$$

$$= Z\frac{\mathrm{sh}\gamma l}{\gamma l} = K_1 Z$$

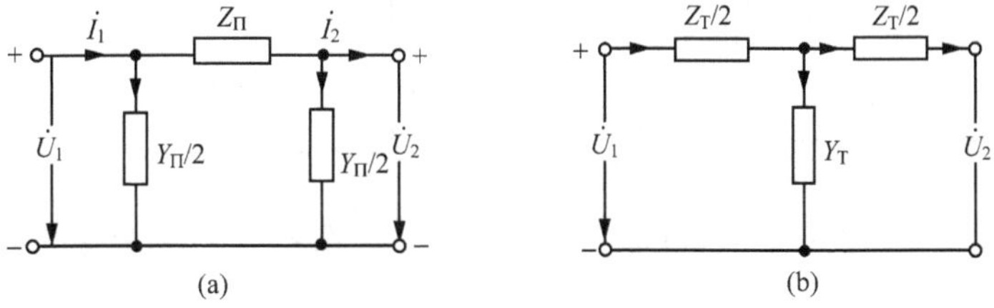


图 4-18　输电线等值电路

(a)Π形　(b)T形

$$Y_{\Pi}=\frac{2}{Z_{\Pi}}(\mathrm{ch}\gamma l-1)=\frac{2}{Z_c}\left(\frac{\mathrm{ch}\gamma l-1}{\mathrm{sh}\gamma l}\right)=\frac{2Y_1}{\sqrt{Z_1Y_1}}\frac{\mathrm{ch}\gamma l-1}{\mathrm{sh}\gamma l}=\frac{2Y_1l}{\gamma l}\frac{\mathrm{ch}\gamma l}{\mathrm{sh}\gamma l}$$

$$=Y\frac{2(\mathrm{ch}\gamma l-1)}{\mathrm{sh}\gamma l}=K_2Y \tag{4-42}$$

式中，$Z\triangleq z_1\cdot l$ 为输电线路的总阻抗；$Y\triangleq y_1\cdot l$ 为输电线路的总导纳；$K_1$、$K_2$ 为输电线路修正系数。

由双曲函数展开成级数并略去高阶项可得

$$\mathrm{sh}\gamma l=\gamma l+\frac{(\gamma l)^2}{3!}+\cdots$$

$$\mathrm{ch}\gamma l=1+\frac{(\gamma l)^2}{2!}+\frac{(\gamma l)^4}{4!}+\cdots$$

则有

$$\left.\begin{aligned}K_1&\approx 1+\frac{(\gamma l)^2}{6}=1+\frac{ZY}{6}\\ K_2&\approx\frac{2\left[\frac{(\gamma l)^2}{2!}+\frac{(\gamma l)^4}{4!}\right]}{\gamma l\left(\gamma l+\frac{(\gamma l)^3}{3!}\right)}=\frac{1+\frac{YZ}{12}}{1+\frac{YZ}{6}}\end{aligned}\right\} \tag{4-43}$$

当输电线路长度小于 300km，一般称为中等长度线路，此时 $K_1\approx K_2\approx 1$，即可用集中参数来代替分布参数，其等值电路如图4-19所示。

$$\left.\begin{aligned}Z_{\Pi}&=Z_1\cdot l=Z\\ Y_{\Pi}&=Y_1\cdot l=Y\end{aligned}\right\} \tag{4-44}$$

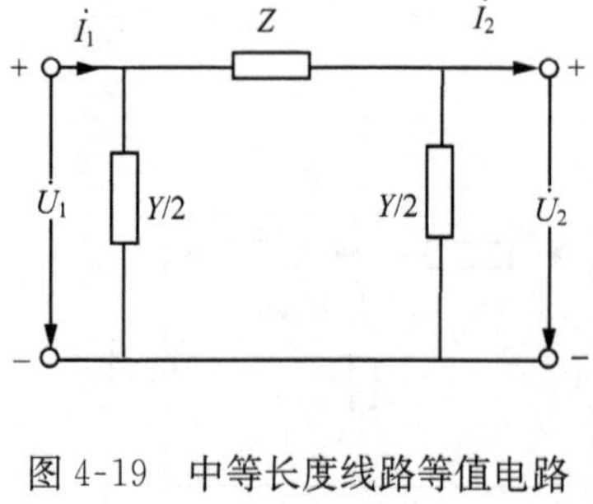


图 4-19　中等长度线路等值电路

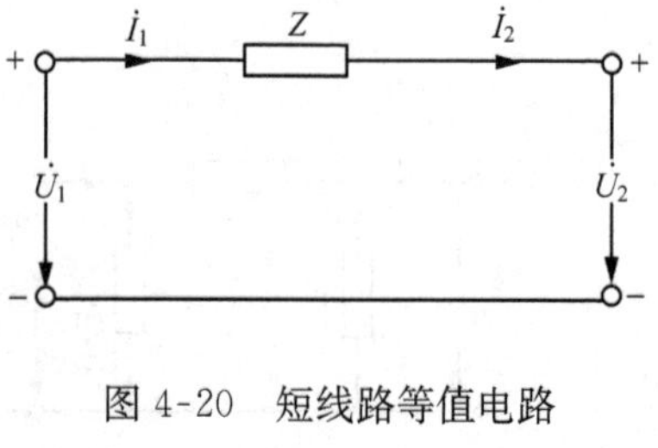


图 4-20　短线路等值电路

如果输电线路在 80km 以下，一般称之为短线。此时不仅 $K_1\approx K_2\approx 1$，而且可忽略线路的并联支路导纳 $Y$，其等值电路如图 4-20 所示。

$$\left.\begin{aligned}\dot{I}_1 &= \dot{I}_2 \\ \dot{U}_1 &= \dot{U}_2 + Z \cdot \dot{I}_2\end{aligned}\right\} \tag{4-45}$$

## 二、输电线路常数及传输矩阵

输电线路的始末端电压、电流关系，还可以用四端网络（二端口）来表示，如图4-21所示。

可写出该网络方程

$$\left.\begin{aligned}\dot{U}_1 &= A\dot{U}_2 + B\dot{I}_2 \\ \dot{I}_1 &= C\dot{U}_2 + D\dot{I}_2\end{aligned}\right\} \tag{4-46}$$

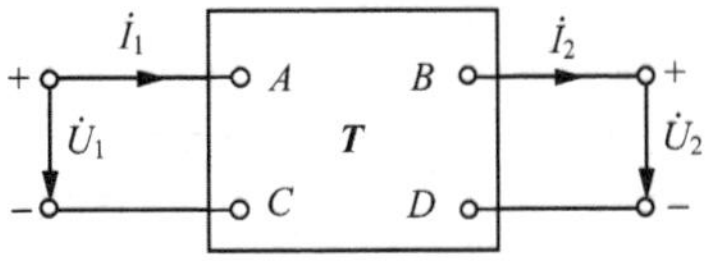


图 4-21　输电线四端网络

写成矩阵形式

$$\begin{pmatrix}\dot{U}_1 \\ \dot{I}_1\end{pmatrix} = \begin{pmatrix}A & B \\ C & D\end{pmatrix}\begin{pmatrix}\dot{U}_2 \\ \dot{I}_2\end{pmatrix} \tag{4-47a}$$

或

$$\begin{pmatrix}\dot{U}_1 \\ \dot{I}_1\end{pmatrix} = \boldsymbol{T}\begin{pmatrix}\dot{U}_2 \\ \dot{I}_2\end{pmatrix} \tag{4-47b}$$

式中，$\boldsymbol{T} \triangleq \begin{pmatrix}A & B \\ C & D\end{pmatrix}$为输电线传输矩阵；$A$、$B$、$C$ 和 $D$ 为输电线路常数，它们有下列关系：

$$A = D, \quad AD - BC = 1$$

与式(4-40)相比较，可得均匀长线的常数值

$$A = D = \mathrm{ch}\gamma l = \mathrm{ch}\sqrt{YZ} = 1 + \frac{YZ}{2} + \frac{(YZ)^2}{24} + \cdots$$

$$B = Z_{\mathrm{c}}\mathrm{sh}\gamma l = Z\left(\frac{\mathrm{sh}\sqrt{YZ}}{\sqrt{YZ}}\right) = Z\left(1 + \frac{YZ}{6} + \frac{(YZ)^2}{120} + \cdots\right)$$

$$C = \frac{1}{Z_{\mathrm{c}}}\mathrm{sh}\gamma l = Y\left(\frac{\mathrm{sh}\sqrt{YZ}}{\sqrt{YZ}}\right) = Y\left(1 + \frac{YZ}{6} + \frac{(YZ)^2}{120} + \cdots\right)$$

对于中等长度线路，则有

$$A = 1 + \frac{YZ}{2}, \quad B = Z, \quad C = Y\left(1 + \frac{YZ}{4}\right), \quad D = A$$

对于短线路则有

$$A=1,\quad B=Z,\quad C=0,\quad D=A$$

当有两部分输电线串联时，如图 4-22所示。此时端口方程为

$$\begin{pmatrix}\dot{U}_1\\ \dot{I}_1\end{pmatrix}=\boldsymbol{T}_1\begin{pmatrix}\dot{U}_2\\ \dot{I}_2\end{pmatrix}=\boldsymbol{T}_1\boldsymbol{T}_2\begin{pmatrix}\dot{U}_3\\ \dot{I}_3\end{pmatrix}=\boldsymbol{T}\begin{pmatrix}\dot{U}_3\\ \dot{I}_3\end{pmatrix}\tag{4-48}$$

即有传输矩阵相乘。

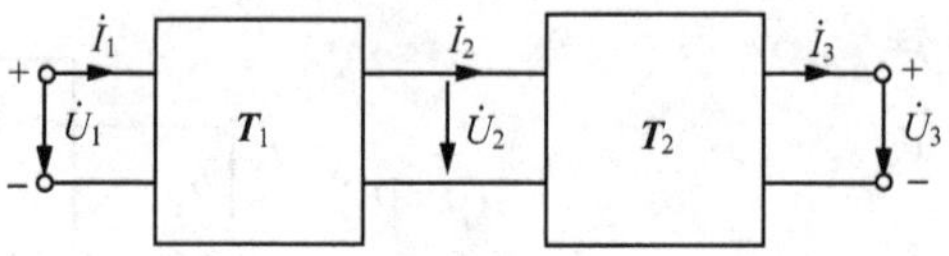


图 4-22　两端口网络串联

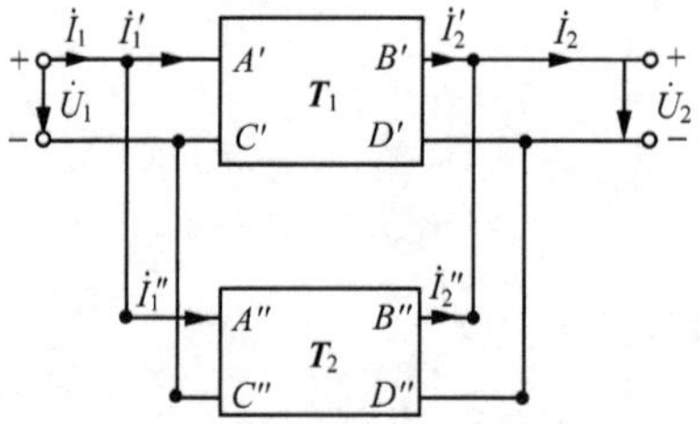


图 4-23　两端口网络并联

如果是两输电线路并联情形，如图 4-23所示。其并联输入电流有

$$\dot{I}_1=\dot{I}_1'+\dot{I}_1''$$

输出电流有

$$\dot{I}_2=\dot{I}_2'+\dot{I}_2''$$

对于整个网络有

$$\boldsymbol{I}=\boldsymbol{YU}\tag{4-49}$$

式中

$$\boldsymbol{I}\triangleq\begin{pmatrix}\dot{I}_1\\ \dot{I}_2\end{pmatrix},\quad \boldsymbol{Y}\triangleq\begin{pmatrix}Y_{11} & Y_{12}\\ Y_{21} & Y_{22}\end{pmatrix},\quad \boldsymbol{U}\triangleq\begin{pmatrix}\dot{U}_1\\ \dot{U}_2\end{pmatrix}$$

$$\begin{pmatrix}Y_{11} & Y_{12}\\ Y_{21} & Y_{22}\end{pmatrix}=[Y']+[Y'']=\begin{pmatrix}Y_{11}'+Y_{11}'' & Y_{12}'+Y_{12}''\\ Y_{21}'+Y_{21}'' & Y_{22}'+Y_{22}''\end{pmatrix}$$

$$=\begin{pmatrix}\left(\frac{D'}{B'}+\frac{D''}{B''}\right)-\left(\frac{1}{B'}+\frac{1}{B''}\right)\\ \left(\frac{1}{B'}+\frac{1}{B''}\right)-\left(\frac{A'}{B'}+\frac{A''}{B''}\right)\end{pmatrix}$$

［**例 4-5**］　一回架空输电线路，当末端开路时测得末端相电压为 $220\angle 0^\circ$ kV，始端相电压为 $180\angle 5^\circ$ kV，电流为 $200\angle 92^\circ$ A，试计算线路的 $A$、$B$、$C$、$D$ 常数。

**解**：由式(4-46)

$$\dot{U}_1 = A\dot{U}_2 + B\dot{I}_2 = A\dot{U}_2 = A \times 200\angle 0^\circ$$

$$A = \frac{180\angle 5^\circ}{200\angle 0^\circ} = 0.9\angle 5^\circ = D$$

$$C = \frac{\dot{I}_1}{\dot{U}_2} = \frac{200 \times 10^{-3}\angle 92^\circ}{200\angle 0^\circ} = 10^{-3}\angle 92^\circ$$

$$B = \frac{AD-1}{C} = \frac{0.9\angle 5^\circ \times 0.9\angle 5^\circ - 1}{10^{-3}\angle 92^\circ} = 246.4\angle 53.2^\circ$$

## 三、均匀长线特性概念

均匀长线是对称的无源四端网络的一种特殊情况，现重写端口网络方程如下：

$$\left.\begin{aligned} \dot{U}_S &= A\dot{U}_R + B\dot{I}_R \\ \dot{I}_S &= C\dot{U}_R + D\dot{I}_R \end{aligned}\right\} \tag{4-50}$$

式中，$\dot{U}_S$、$\dot{I}_S$、$\dot{U}_R$、$\dot{I}_R$ 分别为输电线路始末端的电压与电流；

$$A = D = \text{ch}\gamma l, \quad B = Z\text{sh}\gamma l, \quad C = \frac{\text{sh}\gamma l}{Z}$$

$$AD - BC = \text{ch}^2\gamma l - \text{sh}^2\gamma l = 1$$

在此线路上输送电能时，将以电磁波形式传播。如忽略 $r_1$、$g_1$，则其传播速度为

$$v = \frac{1}{\sqrt{L_1C_1}} \tag{4-51}$$

式中，$L_1$、$C_1$ 为线路的单位长度的正序电感和电容。此速度接近于光速，电磁波在线路末端将发生反射，这就是输电线路波过程，因此，在线路上不仅有前进的波，还有反射波，线路上的电流和电压是前进波及反射波的合成，它们各以相同的速度及相反的方向移动。反射波增加了线路中的电压和电流，详细研究将在以后章节讨论。

当输电线路末端接上一负载阻抗等于特性阻抗 $Z_c$ 时，则线路上任何一点的电压相量 $\dot{U}$ 与电流相量 $\dot{I}$ 比都等于 $Z_c$，即任一点输入阻抗等于特性阻抗。因为 $\dot{U}_R=\dot{I}_RZ_c$，将此代入式(4-51)得

$$\dot{U}_S = \dot{U}_R e^{\gamma l}, \quad \dot{I}_S = \dot{I}_R e^{\gamma l} \tag{4-52}$$

$$\frac{\dot{U}_S}{\dot{I}_S}=\frac{\dot{U}_R}{\dot{I}_R}=Z_c \tag{4-53}$$

由此又可得距线路末端 $x+1$ 和 $x$ 处的电压、电流的比值

$$\left.\begin{aligned}\frac{\dot{U}_{(x+1)}}{\dot{U}_x}&=\frac{\dot{U}_R e^{\gamma(x+1)}}{\dot{U}_R e^{\gamma x}}=e^{\gamma}=e^{\alpha}\cdot e^{j\beta}\\ \frac{\dot{I}_{(x+1)}}{\dot{I}_x}&=\frac{\dot{I}_R e^{\gamma(x+1)}}{\dot{I}_R e^{\gamma x}}=e^{\gamma}=e^{\alpha}\cdot e^{j\beta}\end{aligned}\right\} \tag{4-54}$$

特性阻抗

$$\left.\begin{aligned}&Z_c=z_c e^{j\varphi}=\sqrt{\frac{r_1+j\omega L_1}{g_1+j\omega C_1}},\quad z_c=\sqrt{\frac{r_1^2+\omega^2 L_1^2}{g_1^2+\omega^2 C_1^2}}\\ &\varphi=\frac{1}{2}\arctan\frac{\omega L_1 g_1-\omega C_1 r_1}{r_1 g_1+\omega^2 L_1 C_1}\end{aligned}\right\} \tag{4-55}$$

当忽略 $r_1$ 与 $g_1$（实际上也是很小）时，则 $z_c=\sqrt{L_1/C_1}$，$\varphi=0$，即 $\cos\varphi=1$，即线路上每一点电流与电压相位相同，而沿全线各点的电压大小相等，$\dot{U}_S$ 比 $\dot{U}_R$ 相角超前 $\beta\cdot l$ 弧度（$\beta=\omega\sqrt{L_1C_1}$）。电流也一样。

线路的特性阻抗与线路电感及电容有关。一般单回架空输电线路的特性阻抗变化范围很小，为 375～410Ω，分裂导线则为 270～310Ω，电缆线路为35～40Ω。

末端有特性阻抗 $Z_c$ 负载的均匀长线上的始末端功率 $P_S$、$P_R$ 分别为

$$\left.\begin{aligned}&P_S=U_S\cdot I_S\cos\varphi\\ &P_R=U_R\cdot I_R\cos\varphi=U_S e^{-\alpha l}\cdot I_S e^{-\alpha l}\cos\varphi=U_S I_S e^{-2\alpha l}\cos\varphi\end{aligned}\right\} \tag{4-56}$$

则传输效率为

$$\eta=\frac{P_R}{P_S}=e^{-2\alpha l} \tag{4-57}$$

当 $\alpha>0$，即有损耗线路，此时 $\eta<1$。

当 $\alpha=0$，即无损耗线路（$r_1=0$，$g_1=0$），此时 $\eta=1$，传输效率最高。此时线路传输的功率或者负载所消耗的功率称为线路自然功率。即

$$S_n=\dot{U}_R\cdot\dot{I}_R^*=U_R^2/Z_c \tag{4-58}$$

其中 * 表示共轭。

在各种额定电压下，表 4-1 列出相应的输电线路的自然功率值。

**表 4-1　输电线路的自然功率值**

| 线路额定电压/kV | 自然功率/MW | |
|---|---|---|
| | 架空线路 | 电缆线路 |
| 35 | 3 | 30 |
| 110 | 30 | 300 |
| 220 | 120 | 1200 |
| 330 | 320 | |
| 500 | 910 | |
| 750 | 2200 | |
| 1100 | 5000 | |
| 1500 | 10000 | |

由前面分析所知，线路上任一点电压和电流同相位时，沿线路全长存在着谐振，并在线路上任一段内磁场能量与电场能量时刻相等，即任一段内线路中无功功率损耗恰好等于该段中产生的无功功率。这与集中参数电路的谐振不同，后者是磁场能与电场能进行交换。

## 第四节　三相变压器的参数及等值电路

电力变压器就是用来连接发电机与输电线路、输电线与负荷或输电线与输电线之间的不同电压等级联系的元件。

一个电力系统通常具有多个电压等级，因而变压器使用很多，同时电力变压器还可用来调整电压和在一定范围内控制潮流，因此是在系统运行、分析计算中常遇到的元件之一。首先复习一下变压器的基本原理。

### 一、单相变压器基本原理及等值电路

图 4-24 表示一单相双绕组变压器原理图，在图上同时标出了电压、电流的参考方向，磁通 $\varphi_1$、$\varphi_2$ 的参考方向由右手定则决定。变压器电压方程如下：

$$\left.\begin{aligned} u_1 &= r_1 i_1 + \frac{\mathrm{d}\Psi_1}{\mathrm{d}t} = r_1 i_1 + L_1\frac{\mathrm{d}i_1}{\mathrm{d}t} + M\frac{\mathrm{d}i_2}{\mathrm{d}t} \\ u_2 &= r_2 i_2 + \frac{\mathrm{d}\Psi_2}{\mathrm{d}t} = r_2 i_2 + L_2\frac{\mathrm{d}i_2}{\mathrm{d}t} + M\frac{\mathrm{d}i_1}{\mathrm{d}t} \end{aligned}\right\} \tag{4-59}$$

式中，$r_1$、$r_2$ 分别为绕组 1、2 的电阻；$\Psi_1$、$\Psi_2$ 分别为绕组 1、2 的磁链；$L_1$、$L_2$ 分别为绕组 1、2 的自感；$M$ 为绕组 1、2 之间的互感，在图 4-24 所示的电流参数方向下，$M$

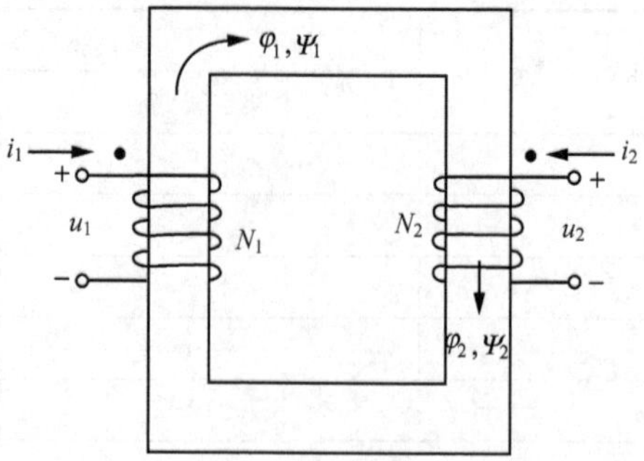


图 4-24　变压器原理图

总为正号。

图 4-25 表示单相双绕组实际变压器的等值电路。图中副边参数都已折合到原边。$r_1$、$r_2'$分别为原、副(折合到原边)边的绕组电阻,$L_{1s}$、$L'_{2s}$为原副(折合到原边)边绕组漏电感,$r_m$、$L_m$ 分别为励磁电阻、励磁电感。在计算中,由于变压器励磁阻抗比起绕组的漏抗大得多,为计算方便,可简化成如图 4-25(b)所示。

如果变压器接有电感性负载 $x_s$,并假定 $N_1:N_2=1$,则可画出单相变压器相量图 4-26。以 $\dot{U}_2$ 为参考轴,由负荷确定 $\dot{I}_2$,空载励磁电流 $\dot{I}_m=\dot{U}_2/jx_m$,$\dot{I}_1=$

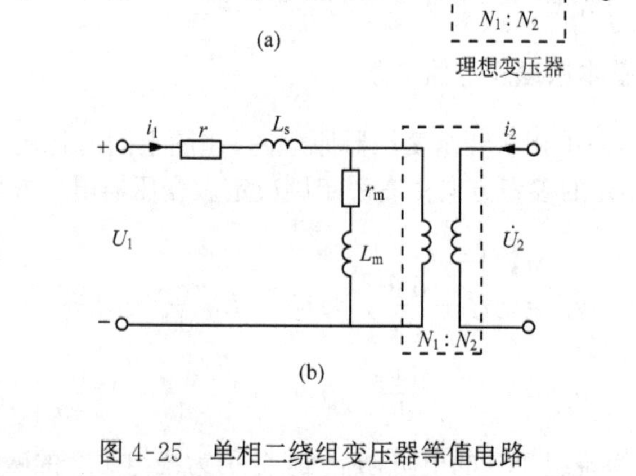


图 4-25　单相二绕组变压器等值电路

(a) T形　(b) T形近似

$\dot{I}_m-\dot{I}_2$则$\dot{U}_1=\dot{U}_2+jx_s\dot{I}_1$。由图 4-26 可知，当 $x_m$ 很大，$\dot{I}_m$ 很小时，$\dot{I}_1\approx-\dot{I}_2$，如果 $x_s$ 很小，则$\dot{U}_1\approx\dot{U}_2$。

如果忽略空载励磁电流 $\dot{I}_m$，即 $x_m$ 等于无穷大，可得图 4-27 所示简化等值电路，也就是一个理想变压器串接一个阻抗。

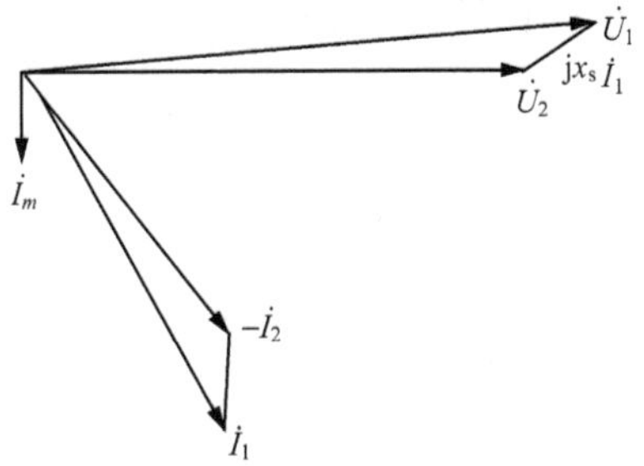


图 4-26　变压器相量图

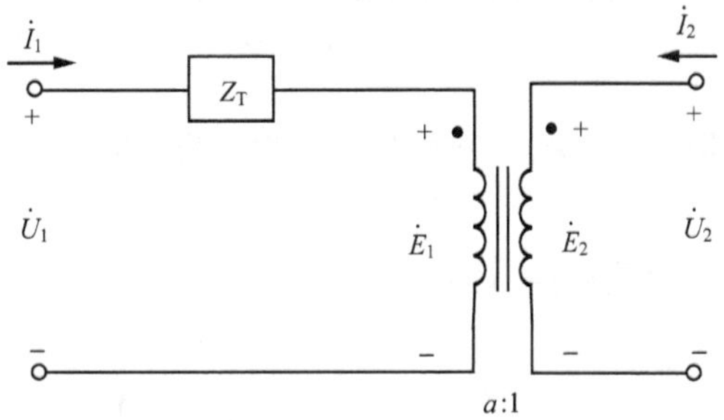


图 4-27　变压器简化等值电路

当三相对称的电压供给一个三相变压器时，等值电路可分相画出，上述等值电路中参数、电流及电压都以每相计。

如果以标幺值计算，则上述等值电路的参数都是标幺值；如图 4-28 所示，当采用两侧基准值之比为变压器实际变比时，则无论向哪一侧折合，其计算结果都是一样的，由此计算出的电压、电流标幺值，既可看成是一次侧，又可看成是二次侧的值。

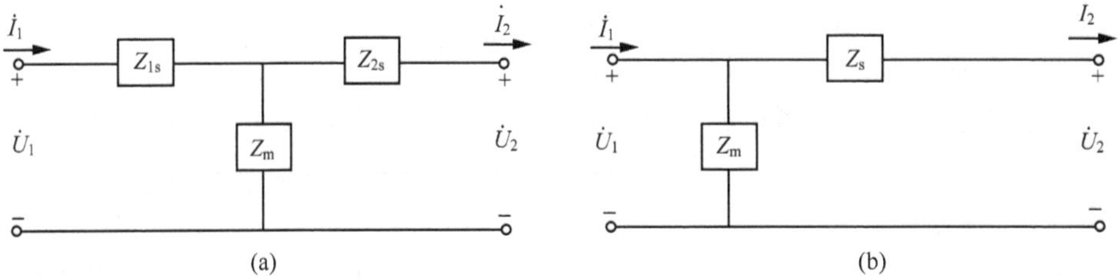


图 4-28　变压器标幺值等值电路

(a) T 形　(b) Γ 形

［**例 4-6**］　有一单相变压器如图 4-29 所示，额定容量为 220MV · A，原边电压为 220kV，副边电压为 110kV。变压器开路试验，测得原边电流 $I_0=10$A，短路试验时测得短路电压 $u_k=21.3$kV，试求 $x_s$、$x_m$ 并画出等值电路。

**解**：原边额定电流为

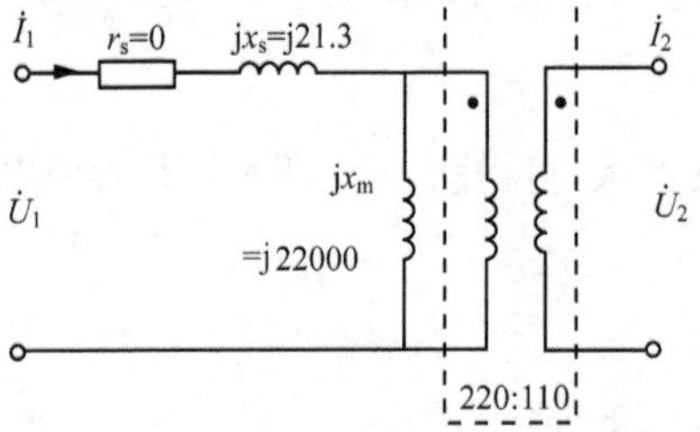


图 4-29　例 4-6 中的变压器的等值电路图

$$I_1=\frac{S}{U_1}=\frac{220\times10^6}{220\times10^3}=1000(\text{A})$$

变压器漏抗（由短路试验求得）为

$$x_s=\frac{u_k}{I_1}=\frac{21.3\times10^3}{1000}=21.3(\Omega)$$

变压器总的电抗（由开路试验求得）为

$$x_m+x_s=\frac{U_1}{I_0}=\frac{220\times10^3}{10}=22000(\Omega)$$

变压器励磁电抗为

$$x_m=22000-21.3=21978.7(\Omega)\approx22000(\Omega)$$

由开路试验可得

$$\frac{U_2}{U_1}=\frac{N_2}{N_1}\frac{x_m}{x_m+x_s}$$

因为 $x_m\gg x_s$，所以

$$\frac{N_2}{N_1}\approx\frac{U_2}{U_1}=\frac{110}{220}=\frac{1}{2}$$

## 二、变压器两侧相量关系

我们已经知道，当三相变压器连接成 Y/△时，在原副边有相同的对应端情况下，原、副边的线电压（或相对地电压）相位差为 30°，因此，考虑相位变化，则可在变压器等值电路后加一移相器，如图 4-30 所示。

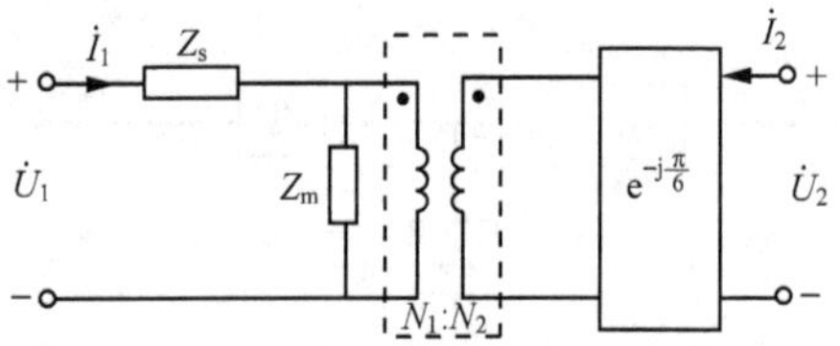


图 4-30　计入相位变化的变压器等值电路

如果系统已经规格化，$e^{-j\frac{\pi}{6}}$ 在电路中也就不再出现。如果要考虑原、副边的电压、电流相位时，就要注意三相变压器连接组别。

电力变压器常见的连接组别有三种，即 $Y_0$/△-11；Y/△-11；$Y_0$/Y-12，后面的数字表示钟点数，也就是原副边线电压（或相对地）相位差 30°的倍数，即 $\dot{U}_A-\dot{U}_a$ 的角度差等于 $N\times30°$，这里 $N$ 代表钟点数。如 $Y_0$/△-11，即相位差$11\times30°=330°$，如图 4-31 所示。

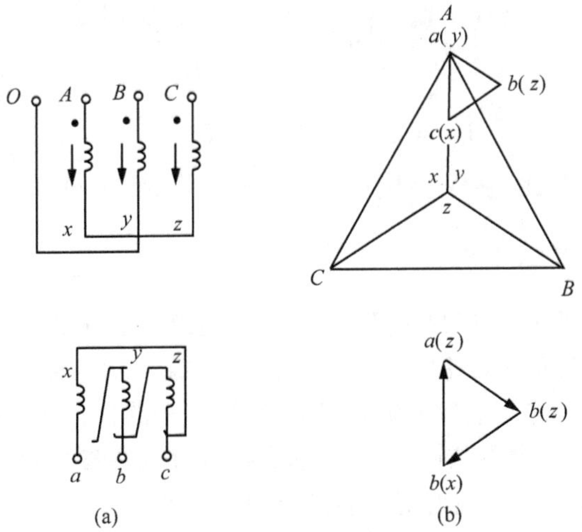


图 4-31　变压器 $Y_0/\triangle$-11 连接

(a)连接图　(b)相量图

$Y_0/Y$-12 即表示无相位差，或者是等于 360°相位差。其关系式为

$$\frac{\dot{U}_{A1}}{\dot{U}_{a1}} = K_1 e^{jN30^\circ} = \boldsymbol{K}_1 \tag{4-60a}$$

或者

$$\dot{U}_{a1} = \frac{1}{\boldsymbol{K}_1}\dot{U}_{A1} = \frac{1}{K_1}\dot{U}_{A1} e^{-jN30^\circ} \tag{4-60b}$$

式中，$K_1$ 为 $A$ 侧对 $a$ 侧的变比，$\boldsymbol{K}_1$ 为复数正序变比，等于 $K_1 e^{jN30^\circ}$。下标"1"表示正序。

由于变压器原、副边的复功率(忽略损耗)相等，即

$$S = \dot{U}_A \overset{*}{\dot{I}}_A = \dot{U}_a \overset{*}{\dot{I}}_A$$

由上式可得

$$\left(\frac{\dot{U}_A}{\dot{U}_a}\right)^* = \frac{\dot{I}_a}{\dot{I}_A} = \overset{*}{\boldsymbol{K}}_1 = K_1 e^{-jN30^\circ}$$

故

$$\dot{I}_{a1} = \boldsymbol{K}_1 \dot{I}_{A1} e^{-jN30^\circ} = \boldsymbol{K}_1^* \dot{I}_{A1} \tag{4-61}$$

如果变压器在负序电压作用下，则原、副边电压的相位关系是和前面所分析的正序相反。即

$$\left.\begin{aligned}\dot{U}_{a2}&=\frac{1}{K_2}\dot{U}_{A2}e^{jN30^\circ}=\frac{1}{\boldsymbol{K}_2^*}\dot{U}_{A2}\\\dot{I}_{a2}&=K_2\dot{I}_{A2}e^{jN30^\circ}=\boldsymbol{K}_2^*\dot{I}_{A2}\end{aligned}\right\}\tag{4-62}$$

式中,$\boldsymbol{K}_2$ 为负序复变比,它等于 $\boldsymbol{K}_2 e^{-jN30^\circ}$,下标“2”表示为负序。

## 三、双绕组变压器参数计算

变压器等值电路中的参数由变压器开路、短路试验求得。一般情况下这些数据由制造厂提供,在变压器铭牌上标明。其中空载有功损耗 $P_0$、空载电流相对额定电流百分数 $I_0\%$,这两个参数由开路试验求得,短路损耗 $P_k$、短路电压相对额定电压百分数 $u_k\%$这两个参数由短路试验求得。由这些参数可计算变压器等值电路参数。这里首先介绍双绕组变压器参数的计算方法。

1. 阻抗计算

在变压器短路试验中所测得的短路损耗 $P_k$ 近似等于额定电流流过变压器时绕组中的总铜耗,即

$$P_k\approx P_{Cu}$$

而铜耗与电阻之间有如下关系:

$$P_{Cu}=3I_N^2R_T=3\left(\frac{S_N}{\sqrt{3}U_N}\right)^2R_T=\frac{S_N^2}{U_N^2}R_T\quad \text{W}$$

由此可得

$$R_T=\frac{U_N^2}{S_N^2}P_{Cu}\approx\frac{U_N^2}{S_N^2}P_k\quad \Omega\tag{4-63}$$

式中,$R_T$ 为变压器每相(原、副)绕组的总电阻,Ω;$I_N$、$S_N$、$U_N$ 分别为变压器的额定电流、额定功率和额定线电压。

这里所求电阻为归算到所选择的电压 $U_N$ 侧的值。如果 $P_k$ 用 kW,$S_N$ 用 MV·A,$U_N$ 用 kV,则上式可写成

$$R_T=\frac{P_k}{1000}\frac{U_N^2}{S_N^2}\quad \Omega\tag{4-64}$$

若以标幺值表示,则

$$R_{T*}=\frac{P_k}{1000S_N}$$

在短路试验中,短路电压等于变压器阻抗在额定电流下产生的压降,即

$$U_k\%=\frac{\sqrt{3}I_NZ_T}{U_N}\approx\frac{\sqrt{3}I_NX_T}{U_N}\times100\%$$

大容量变压器电抗值接近于阻抗值,式中 $X_T$ 为变压器(高、低压)绕组漏抗归

算到 $U_N$ 侧的欧姆值，通常使用下式关系：

$$X_T = \frac{U_k\%}{100}\frac{U_N}{\sqrt{3}I_N} = \frac{U_k\%}{100}\frac{U_N^2}{S_N} \quad \Omega \tag{4-65a}$$

式中，$S_N$ 单位为 MV·A；$U_N$ 单位为 kV。

电抗标幺值为

$$X_{T*} = \frac{U_k\%}{100} \tag{4-65b}$$

2. 导纳计算

变压器空载试验所得变压器空载损耗 $P_0$ 近似等于铁耗，因此，电导 $G_T$ 可由空载损耗求得

$$G_T = \frac{P_{fe}}{U_N^2} = \frac{P_0}{U_N^2}\times 10^{-3} \quad S \tag{4-66a}$$

式中，$G_T$ 为变压器电导；$P_0$ 为变压器空载损耗，kW；$U_N$ 为变压器额定电压，kV。

其标幺值为

$$G_{T*} = \frac{P_0}{S_N}\times 10^{-3} \tag{4-66b}$$

变压器空载电流 $I_0$ 与流经电纳部分电流 $I_b$ 在数值上近似相等，如图 4-32 所示。由此，可求得 $B_r$。

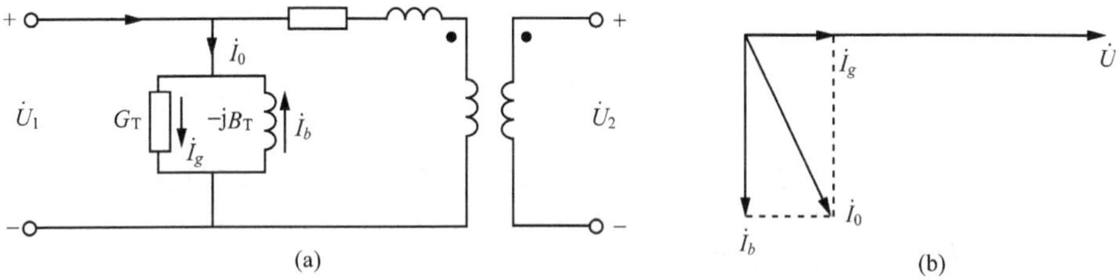


图 4-32　双绕组变压器空载运行的相量图

因为 $I_b \approx I_0$，而 $I_b = \frac{U_N}{\sqrt{3}}B_T$，所以

$$B_T = \frac{I_0\%}{100}\frac{\sqrt{3}I_N}{U_N} = \frac{I_0\%}{100}\frac{S_N}{U_N^2} \quad S \tag{4-67a}$$

式中，$B_T$ 为变压器电纳，S；$I_0\%$为变压器空载电流百分值；$S_N$、$U_N$ 与前同。

$B_T$ 的标幺值为

$$B_{T*} = \frac{I_0\%}{100} \tag{4-67b}$$

[**例 4-7**]　有一台 121/10.5kV、容量为 31500kV·A 的三相双绕组变压器，其短路损耗为 200kW，空载损耗为 47kW，短路电压百分数为 10.5，空载电流百分数为 2.7，试计算变压器等值阻抗与导纳。

**解**：先计算变压器阻抗。

(1)串联电阻

$$R_T=\frac{P_k}{1000}\times\frac{U_N^2}{S_N^2}=\frac{200}{1000}\times\frac{(121)^2}{(31.5)^2}=2.95(\Omega)\qquad(\text{归算到 121kV 电压侧})$$

其标幺值为

$$R_{T*}=\frac{P_k}{1000S_N}=\frac{200}{1000\times31.5}=6.35\times10^{-3}$$

如果要计算低压 $R_{T(低)}$，则

$$R_{T(低)}=\frac{200}{1000}\times\frac{(10.5)^2}{(31.5)^2}=2.2222\times10^{-2}(\Omega)$$

也可利用标幺值计算

$$R_{T(低)}=R_{T*}\frac{U_N^2}{S_N}=6.35\times10^{-3}\times\frac{(10.5)^2}{31.5}=2.2222\times10^{-2}(\Omega)$$

(2) 串联电抗

$$X_{T*}=\frac{U_k\%}{100}=\frac{10.5}{100}=0.105$$

其有名值

$$X_{T(高)}=X_{T*}\frac{U_{N(高)}^2}{S_N}=0.105\times\frac{(121)^2}{31.5}=48.8(\Omega)$$

$$X_{T(低)}=X_{T*}\frac{U_{N(低)}^2}{S_N}=0.105\times\frac{(10.5)^2}{31.5}=0.3675(\Omega)$$

(3) 励磁回路(并联)导纳

电导标幺值计算

$$G_{T*}=\frac{P_0}{1000S_N}=\frac{47}{1000\times31.5}=1.49\times10^{-3}$$

电导有名值

$$G_{T(高)}=G_{T*}\frac{S_N}{U_{N(高)}^2}=1.49\times10^{-3}\times\frac{31.5}{(121)^2}=0.32\times10^{-5}(S)$$

$$G_{T(低)}=G_{T*}\frac{S_N}{U_{N(低)}^2}=1.49\times10^{-3}\times\frac{31.5}{(10.5)^2}=0.426\times10^{-3}(S)$$

电纳标幺值计算

$$B_{T*}=\frac{I_0\%}{100}=\frac{2.7}{100}=0.027$$

电纳有名值

$$B_{T(高)} = B_{T*} \frac{S_N}{U_{N(高)}^2} = 0.027 \times \frac{31.5}{(121)^2} = 0.58 \times 10^{-4}(S)$$

同样可计算出归算到低压侧的

$$B_{T(低)} = B_{T*} \frac{S_N}{U_{N(低)}^2} = 0.771 \times 10^{-2}S$$

### 四、三绕组变压器参数计算

在电力系统中除了使用双绕组变压器外，还广泛使用三绕组变压器，用它来连接三个不同电压等级的电网。无论是发电厂（站）或变电站（所）如存在有两个电压以上等级时，都使用一台三绕组变压器代替两台双绕组变压器，来连接三个电压等级的电网，从而使设备成本降低，并提高供电的可靠性和灵活性。

三绕组变压器等值电路如图 4-33 所示。图中星形部分三条支路阻抗代表三个绕组的等值电阻和等值漏抗，并联导纳代表变压器励磁回路。

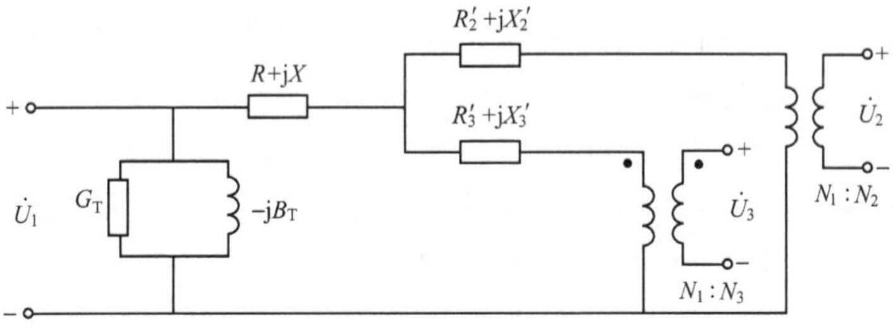


图 4-33　三绕组变压器等值电路

三绕组变压器参数也是由空载及短路试验数据求得。由空载试验数据求 $G_T$ 与 $B_T$，这与双绕组变压器完全一样，但是，由于三绕组变压器各绕组的容量比有不同组合，而绕组在铁心上排列又有不同，所以在计算各绕组等值阻抗与双绕组有所不同。

三绕组变压器短路试验是在两个绕组间进行，另一绕组为开路。三绕组变压器三个绕组容量比按国家标准有三种类型；即 100/100/100，为三个绕组容量都等于变压器的额定容量；第二种是 100/100/50，即第三绕组（低压绕组）容量仅为变压器额定容量的 50%；第三种为 100/50/100，即第二绕组（中压绕组）容量为 50%。对于第 I 类变压器，短路试验时，将三个绕组分别做两两绕组短路，试验时均达到额定电流，测得短路损耗为 $P_{k(1-2)}$，$P_{k(2-3)}$，$P_{k(3-1)}$，由于

$$P_{k(1-2)} = P_{k1} + P_{k2}$$
$$P_{k(2-3)} = P_{k2} + P_{k3}$$
$$P_{k(3-1)} = P_{k3} + P_{k1}$$

由上可解得三个绕组的铜耗，分别为

$$\left.\begin{aligned} P_{k1} &= \frac{1}{2}(P_{k(1-2)} + P_{k(3-1)} - P_{k(2-3)}) \\ P_{k2} &= \frac{1}{2}(P_{k(1-2)} + P_{k(2-3)} - P_{k(1-3)}) \\ P_{k3} &= \frac{1}{2}(P_{k(1-3)} + P_{k(2-3)} - P_{k(1-2)}) \end{aligned}\right\} \tag{4-68}$$

再用前面双绕组公式计算出各绕组的电阻。例如，求 $R_{1*}$ 值，即有

$$R_{1*} = \frac{P_{k1}}{S_N} \times 10^{-3}$$

同理可求得 $R_{2*}$ 及 $R_{3*}$。

对于第Ⅱ、Ⅲ类变压器，由于短路试验时，只能使容量小的绕组达到它的额定电流值，所测得的短路损耗与按额定容量计算的额定电流流过时的短路损耗有差别，因此，要进行换算。例如，对于一台 100/50/100 类型变压器，短路损耗 $P'_{k(1-2)}$，$P'_{k(2-3)}$ 都是在第二绕组中流过它本身的额定电流，即变压器额定电流的 1/2 时测得，而 $P_{k(1-3)}$ 仍是流过变压器额定电流时测得。因此，必须对 $P'_{k(1-2)}$，$P'_{k(2-3)}$ 归算到变压器额定电流时的值，即

$$\left.\begin{aligned} P_{k(1-2)} &= P'_{k(1-2)}\left(\frac{I_N}{I_N/2}\right)^2 = 4P'_{k(1-2)} \\ P_{k(2-3)} &= P'_{k(2-3)}\left(\frac{I_N}{I_N/2}\right)^2 = 4P'_{k(2-3)} \end{aligned}\right\} \tag{4-69}$$

然后再按式(4-59a)、(4-59b)计算。

对于短路电压百分数，按国标规定制造厂提供的短路电压是已经归算到变压器额定电流时的数值。因此，第Ⅱ、Ⅲ类变压器对于短路电压不需要再进行归算了。

由于

$$\left.\begin{aligned} U_{k1-2}\% &= U_{k1}\% + U_{k2}\% \\ U_{k2-3}\% &= U_{k2}\% + U_{k3}\% \\ U_{k1-3}\% &= U_{k1}\% + U_{k3}\% \end{aligned}\right\} \tag{4-70}$$

同样解得各绕组等值的短路电压百分数值为

$$\left.\begin{aligned} U_{k1}\% &= \frac{1}{2}[(U_{k1-2}\% + U_{k1-3}\%) - U_{k2-3}\%] \\ U_{k2}\% &= \frac{1}{2}[(U_{k1-2}\% + U_{k2-3}\%) - U_{k1-3}\%] \\ U_{k3}\% &= \frac{1}{2}[(U_{k1-3}\% + U_{k2-3}\%) - U_{k1-2}\%] \end{aligned}\right\} \tag{4-71}$$

然后求得各绕组电抗值

$$\left.\begin{aligned} x_{1*} &= \frac{U_{k1}\%}{100} \\ x_{2*} &= \frac{U_{k2}\%}{100} \\ x_{3*} &= \frac{U_{k3}\%}{100} \end{aligned}\right\} \tag{4-72}$$

同样按式(4-61)计算电抗的有名值。

由于三绕组变压器的绕组在升压变压器和在降压变压器中排列不同，因此，同一种容量和电压等级的变压器，其短路电压百分数有所不同。升压变压器多半是从低压向高、中压侧传递功率，则把低压绕组排在高、中压绕组中间，中压绕组靠近铁芯，高压绕组在最外侧，这样可使低压绕组与高、中压绕组都联系紧密，通常称为升压结构。而降压变压器多半是从高压侧向中压、低压侧传递功率，把中压绕组安排在高、低绕组中间，低压绕组靠近铁芯，称之为降压结构。绕组排列方式不同，绕组间漏抗不同，其短路电压也就不同。升压结构的 $U_{k(高-中)}\%$ 为最大，而 $U_{k(中-低)}\%$、$U_{k(高-低)}\%$较小，而降压结构 $U_{k(低-高)}\%$最大，则 $U_{k(中-高)}\%$、$U_{k(中-低)}\%$则较小。

**［例 4-8］** 有一三相三绕组水内冷有载调压变压器，额定电压为 110/38.5/11kV，额定容量为 30/30/20MV · A，由空载试验得：$I_0\% = 30.1$，空载损耗为 67.4kW。由短路试验求得短路损耗 $P_{k(1-2)} = 454\text{kW}$，$P'_{k(1-3)} = 243\text{kW}$，$P'_{k(2-3)} = 273\text{kW}$；短路电压 $U_{k(1-2)}\% = 11.55$，$U_{k(1-3)}\% = 20.55$，$U_{k(2-3)}\% = 8.47$，试求变压器的阻抗、导纳，并作等值电路。所有参数归算到高压侧。

**解：**(1) 求各绕组阻抗

对短路损耗进行归算

$$P_{k(1-3)} = P'_{k(1-3)} \times \left(\frac{S_N}{S_3}\right)^2 = 243 \times \left(\frac{30}{20}\right)^2 = 547(\text{kW})$$

$$P_{k(2-3)} = P'_{k(2-3)} \times \left(\frac{S_N}{S_3}\right)^2 = 273 \times \left(\frac{30}{20}\right)^2 = 614(\text{kW})$$

则

$$P_{k1}=\frac{1}{2}[(454+547)-614]=194(\mathrm{kW})$$

$$P_{k2}=\frac{1}{2}[(454+614)-574]=260(\mathrm{kW})$$

$$P_{k3}=\frac{1}{2}[(614+547)-454]=353(\mathrm{kW})$$

各绕组电阻为

$$R_{1*}=\frac{P_{k1}}{S_N}\times 10^{-3}=\frac{194}{30}\times 10^{-3}=0.647\times 10^{-2}(\Omega)$$

$$R_{2*}=\frac{P_{k2}}{S_N}\times 10^{-3}=\frac{260}{30}\times 10^{-3}=0.867\times 10^{-2}(\Omega)$$

$$R_{3*}=\frac{P_{k3}}{S_N}\times 10^{-3}=\frac{353}{30}\times 10^{-3}=1.177\times 10^{-2}(\Omega)$$

归算到高压侧电阻为

$$R_1=R_{1*}\times\frac{U_N^2}{S_N}=0.647\times 10^{-2}\times\frac{110^2}{30}=2.61(\Omega)$$

$$R_2=R_{2*}\times\frac{U_N^2}{S_N}=0.867\times 10^{-2}\times\frac{110^2}{30}=3.497(\Omega)$$

$$R_3=R_{3*}\times\frac{U_N^2}{S_N}=1.177\times 10^{-2}\times\frac{110^2}{30}=4.747(\Omega)$$

各绕组等值短路电压为

$$U_{k1}\%=\frac{1}{2}(U_{k(1-2)}\%+U_{k(1-3)}\%-U_{k(2-3)}\%)$$

$$=\frac{1}{2}(11.55+20.55-8.47)=11.85$$

$$U_{k2}\%=\frac{1}{2}(11.55+8.47-20.55)=-0.265$$

$$U_{k3}\%=\frac{1}{2}(8.47+20.55-11.55)=8.735$$

各绕组等值电抗标幺值为

$$x_{1*}=\frac{U_{k1}\%}{100}=0.1185$$

$$x_{2*}=\frac{U_{k2}\%}{100}=-0.00265$$

$$x_{3*}=\frac{U_{k3}\%}{100}=0.08735$$

归算到高压侧电抗值为

$$x_1 = x_{1*} \times \frac{U_N^2}{S_N} = 0.11815 \times \frac{110^2}{30} = 47.65(\Omega)$$

$$x_2 = x_{2*} \times \frac{U_N^2}{S_N} = -0.00265 \times \frac{110^2}{30} = -1.067(\Omega)$$

$$x_3 = x_{3*} \times \frac{U_N^2}{S_N} = 0.08735 \times \frac{110^2}{30} = 35.23(\Omega)$$

由上式可见，中压绕组等值电抗很小，且为负，这是因为此变压器属降压结构型，中压绕组处在中间位置。三绕组变压器处在中间位置绕组的等值电抗呈负值是常见现象。因为变压器的等值电抗是变压器的两两漏抗的和与差，在这种情况下，高-低压绕组的漏抗已经大于中-低与中-高绕组漏抗之和，所以出现负值。所求得的变压器等值电抗已不是变压器真实漏抗，而是一种等值效应。从电工理论知道，任何元件的等值只对除该元件本身外的外部网络具有等值作用，而对元件本身无任何等值定义。因此，对变压器本身来说，这个负值电抗绝不能当作一个电容，对外部来讲，它可等值为一个容抗。

(2) 求变压器的导纳

电导为

$$G_{T*} = \frac{P_0}{S_N} \times 10^{-3} = \frac{67.4}{30} \times 10^{-3} = 2.247 \times 10^{-3}$$

归算高压侧的有名值为

$$G_T = G_{T*} \times \frac{S_N}{U_N^2} = 2.247 \times 10^{-3} \times \frac{30}{110^2} = 5.57 \times 10^{-6}(S)$$

电纳为

$$B_{T*} = \frac{I_0\%}{100} = \frac{30.1}{100} = 0.301$$

归算高压侧的有名值为

$$B_T = B_{T*} \times \frac{S_N}{U_N^2} = 0.301 \times \frac{30}{110^2}$$

$$= 7.462 \times 10^{-4}$$

(3) 作等值电路

见图 4-34。

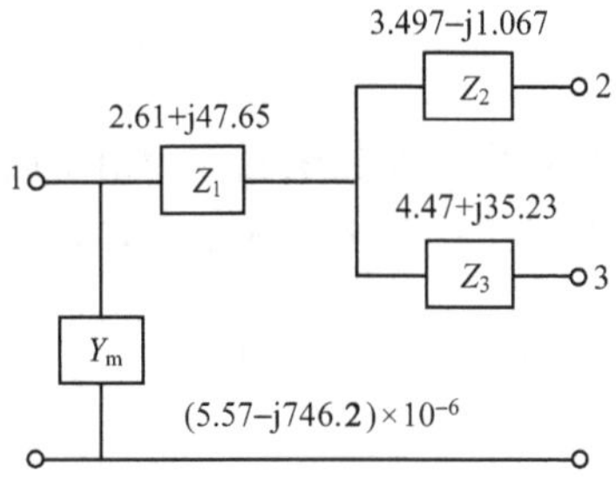


图 4-34　例 4-8 中的等值电路图

## 五、自耦变压器参数和等值电路

在大型超高压电力系统中，多数采用由自耦变压器来连接两个电压级的电力网。由于自耦变压器具有消耗材料少、投资低、损耗小等明显优点，因此，在系统中得到广泛的应用。在电力系统中，自耦变压器一般均为三绕组型式，即每相有串联绕组、公共绕组和第三绕组，如图 4-35 所示。

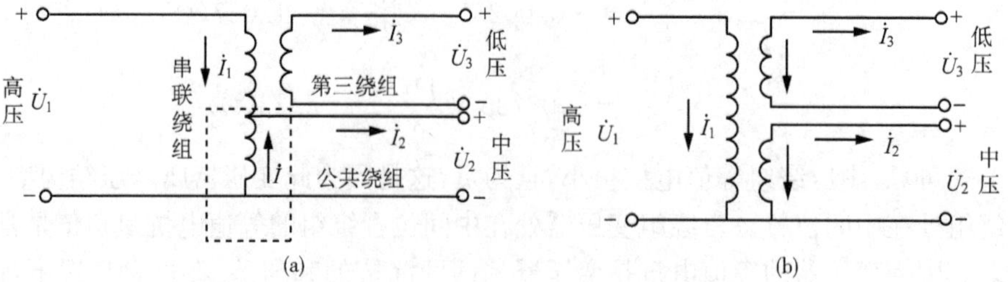


图 4-35　三绕组自耦变压器及其等值的普通变压器

(a) 自耦变压器　(b)等值的普通变压器

现在来分析图 4-35(a) 中的高-中压关系，至于和低压的关系则与普通变压器一样。

当自耦变压器空载时，$\dot{U}_1$ 与 $\dot{U}_2$ 之间关系为

$$\frac{U_1}{U_2}=\frac{N_1}{N_2}=K_A \tag{4-73}$$

式中，$N_1$、$N_2$ 为原副边(高、中压侧)绕组匝数。

当有负载时，其 $\dot{I}_1$ 与 $\dot{I}_2$ 之间关系和双绕组变压器相同，此时，通过串联绕组的电流为 $\dot{I}_1$，而通过公共绕组的电流 $\dot{I}$ 则是 $\dot{I}_1$ 与 $\dot{I}_2$ 的合成。在图 4-35(a)规定的正方向下有

$$\dot{I}=\dot{I}_2-\dot{I}_1$$

自耦变压器的电磁作用由串联绕组和公共绕组两部分形成，串联绕组磁动势与公共绕组磁动势应相平衡，即

$$\dot{I}_1N_{串}=\dot{I}_1(N_1-N_2)=\dot{I}N_2=(\dot{I}_2-\dot{I}_1)N_2$$

则有

$$\dot{I}_2=\frac{N_1}{N_2}\dot{I}_1=K_A\dot{I}_1 \tag{4-74}$$

因此

$$\left.\begin{aligned}\dot{I}&=\left(\frac{N_1}{N_2}-1\right)\dot{I}_1=(K_A-1)\dot{I}_1\\&=\left(1-\frac{N_2}{N_1}\right)\dot{I}_2=\left(1-\frac{1}{K_A}\right)\dot{I}_2\end{aligned}\right\} \tag{4-75}$$

自耦变压器额定容量(又称通过容量)为

$$S = U_1 I_1 = U_2 I_2 = S_e \tag{4-76}$$

其串联绕组的容量

$$S_{串} = \left(U_1 \cdot \frac{N_1 - N_2}{N_1}\right) I_1 = S_e\left(1 - \frac{N_2}{N_1}\right) = S_e\left(1 - \frac{1}{K_A}\right) \tag{4-77}$$

公共绕组容量

$$S_{公共} = U_{公共} I = U_2 I_2\left(1 - \frac{1}{K_A}\right) = S_e\left(1 - \frac{1}{K_A}\right) \tag{4-78}$$

由式(4-76)～(4-78)明显地看出,串联绕组和公共绕组的容量都小于额定容量,相当于 $1-\frac{1}{K_A}$倍,而普通双绕组变压器容量等于绕组的容量,这就是自耦变压器省材料的原因。

进一步分析,可以看出自耦变压器输出功率为

$$S_2 = U_2 I_2 = U_{公共} I_1 + U_{公共} I = S_{传} + S_{电} \tag{4-79}$$

即由电源通过变压器传送到负载的 $S_2$(通过功率)有两部分组成:一部分为 $U_{公共} I = S_{电}$ 称为绕组的电磁功率,它是通过电磁感应传送到负载;另一部分 $U_{公共} I_1 = S_{传}$ 称为传导功率,是电流 $I_1$ 通过传导直接到达负载。后者不需要增加绕组容量,也是普通变压器所没有的特点。

自耦变压器的阻抗与普通变压器阻抗相比,可用下式关系表示:

$$Z_{AT} = Z_T\left(1 - \frac{1}{K_A}\right) \tag{4-80}$$

式中,$Z_{AT}$、$Z_T$ 分别为自耦变压器和普通变压器的阻抗,同样可求得短路电压百分值关系

$$U_{KAT}\% = U_{KT}\%\left(1 - \frac{1}{K_A}\right) \tag{4-81}$$

通常自耦变压器变比 $K_A = \frac{N_1}{N_2}$接近于 1,因此,$U_{KAT}\%$要比普通变压器小得多,这在系统发生短路时,情况将更为严重。

自耦变压器的参数求取与普通变压器没有什么不同,也是由空载和短路试验求得,计算方法及公式完全适用。

自耦变压器短路试验接线图如图 4-36(a)所示,和图(b)、(c)等效。其中图(c)相当于一台变比为 $K_A-1$ 的普通变压器短路试验接线图。

至于第三绕组(低压绕组),在电气上是独立的,因此高-低,中-低就是一种普通变压器,但由于各绕组容量不同,因此,还需进行容量归算问题。

**[例 4-9]**　有一台 330/121/11kV 自耦变压器,其额定容量为 150MV·A,各

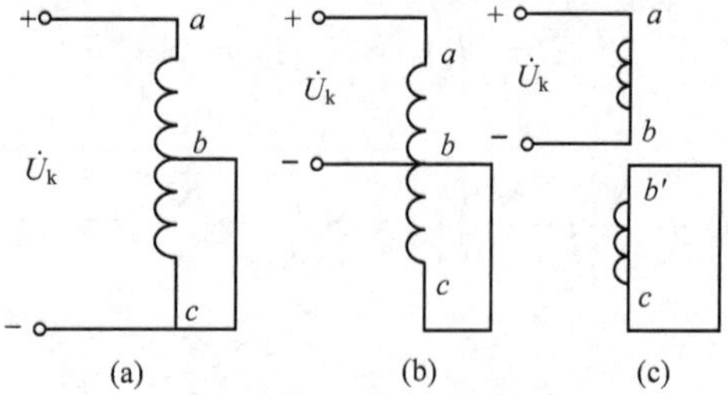


图 4-36　自耦变压器短路试验

(a)、(b)自耦变压器试验电路　(c)普通变压器试验电路图

侧容量为 150/150/40MV · A,短路损耗为

$$P'_{k(1-2)}=569\text{kW},\quad P'_{k(1-3)}=83.95\text{kW},\quad P'_{k(2-3)}=106.4\text{kW}$$

其短路电压为

$$U'_{k(1-2)}\%=9.9,\quad U'_{k(1-3)}\%=6.48,\quad U'_{k(2-3)}\%=3.68$$

上式数值都未经归算。试计算等值电路阻抗。

**解**:(1)计算电阻

将短路损耗归算到额定容量

$$P_{k(1-3)}\%=83.95\times\left(\frac{S_N}{S_3}\right)^2=83.95\times\left(\frac{150}{40}\right)^2=1180.55(\text{kW})$$

$$P_{k(2-3)}\%=106.4\times\left(\frac{S_N}{S_3}\right)^2=1496.25\text{kW}$$

求出各绕组等值损耗

$$P_{k1}=\frac{1}{2}(569+1180.55-1496.25)=126.65(\text{kW})$$

$$P_{k2}=\frac{1}{2}(569+1496.25-1180.55)=442.35(\text{kW})$$

$$P_{k3}=\frac{1}{2}(1496.25+1180.55-569)=1053.9(\text{kW})$$

求各绕组的电阻标幺值

$$R_{1*}=\frac{P_{k1}}{S_N}\times10^{-3}=\frac{126.65}{150}\times10^{-3}=0.844\times10^{-3}$$

$$R_{2*}=\frac{442.35}{150}\times10^{-3}=2.949\times10^{-3}$$

$$R_{3*}=\frac{1053.9}{150}\times10^{-3}=7.026\times10^{-3}$$

(2)计算电抗

将短路电压归算到变压器额定容量(制造厂未进行归算)($U'_{k(1-2)}\%$不必归算，即$U_{k(1-2)}\%=U'_{k(1-2)}\%$)：

$$U_{k(1-3)}\% = U'_{k(1-3)}\%\left(\frac{S_N}{S_3}\right) = 6.48 \times \frac{150}{40} = 24.3$$

$$U_{k(2-3)}\% = U'_{k(2-3)}\%\left(\frac{S_N}{S_3}\right) = 3.68 \times \frac{150}{40} = 13.8$$

求各绕组等值短路电压百分数

$$U_{k1}\% = \frac{1}{2}(9.9 + 24.3 - 13.8) = 10.2$$

$$U_{k2}\% = \frac{1}{2}(9.9 + 13.8 - 24.3) = -0.3$$

$$U_{k3}\% = \frac{1}{2}(24.3 + 13.8 - 9.9) = 14.1$$

计算电抗标幺值

$$X_{1*} = \frac{U_{k1}\%}{100} = 0.102$$

$$X_{2*} = \frac{U_{k2}\%}{100} = -0.003$$

$$X_{3*} = \frac{U_{k3}\%}{100} = 0.141$$

等值电路见图 4-37。

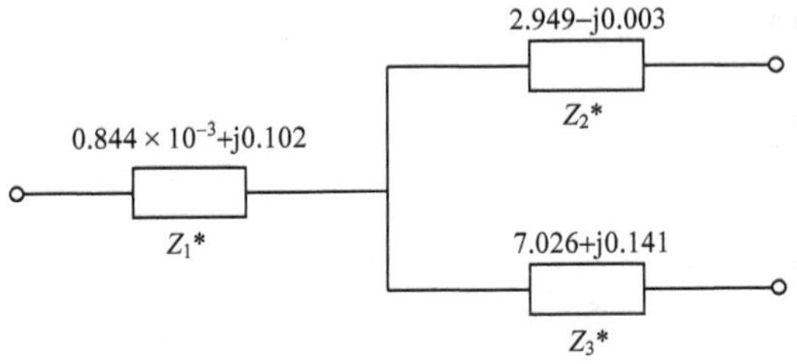


图 4-37 例 4-9 中的等值电路

## 第五节　变压器非标准变比时的等值电路

在电路中变压器通常不计励磁回路，用一个串接漏抗 $Z_t$ 和一个理想变压器来模拟。此时，变压器的高、低压两侧的电压、电流值都是用线圈匝数比作为标准变比进行归算的。但是当变压器线圈匝数不等于标准变比时，则要重新归算。在标幺值计算中，两侧的基准电压比和实际电压比不一样，以致也要重新选择基准电压，重新计算元件参数。为了克服这一麻烦，可在变压器等值电路中再串一理想自耦变压器，如图 4-38 所示。图中 $K_a=\dfrac{N_2}{N_1}$ 为变压器额定变比，或称标准变比。$K_*=\dfrac{K_b}{K_a}$称为变压器非标准变比，$K_b$ 为实际变比，即有

$$K_b = K_* K_a$$

图 4-39 的等值电路表示具有非标准变比的变压器，变压器一端接点为 $i$，另一端接点为 $j$。图中 $\dot{U}_i$、$\dot{U}_j$、$\dot{I}_i$、$\dot{I}_j$ 是按标准变比换算出来的变压器高、低侧的电压、电流，非标准变比的理想变压器变比为$1:K_*$，$Z_t$ 是变压器漏抗。对同一变比 $K_*$ 的变压器，可有两种表示，如图 4-39 中(a)和(b)所示。图 4-39(b)中 $Z'_t$ 与(a)中 $Z_t$ 漏抗有以下关系：

$$Z'_t = K_*^2 Z_t \tag{4-82}$$

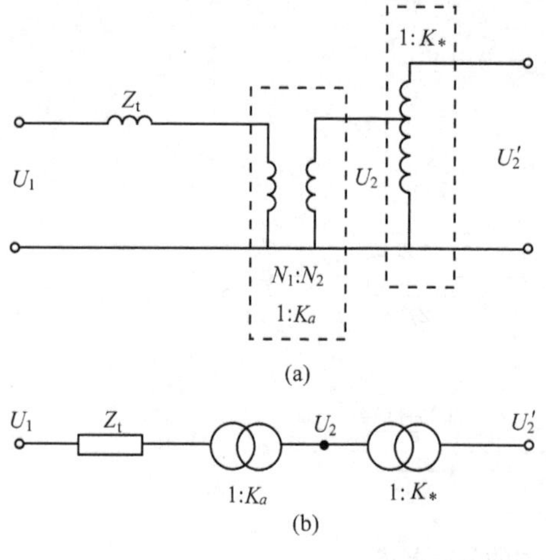


图 4-38　归算计算时变压器等值电路

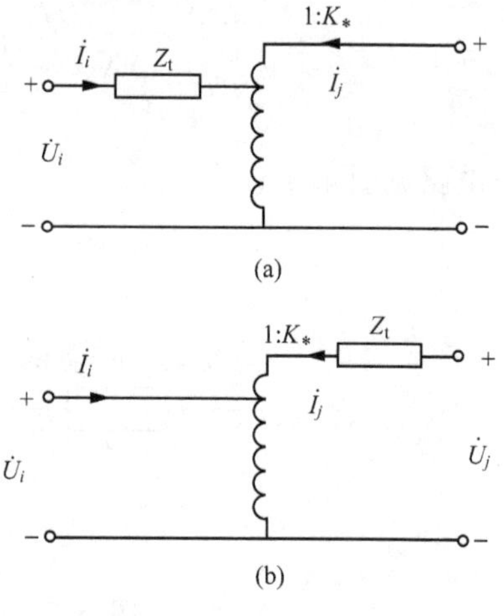


图 4-39　变压器等值电路

对于图 4-39(a)所示等值电路，以下方程成立：

$$\left.\begin{aligned}\dot{I}_i + K_*\dot{I}_j &= 0\\ \dot{U}_i - \dot{I}_i Z_t &= \dot{U}_j/K_*\end{aligned}\right\}\tag{4-83}$$

由式(4-83)解 $\dot{I}_i$、$\dot{I}_j$，得

$$\left.\begin{aligned}\dot{I}_i &= \frac{1}{Z_t}\dot{U}_i - (1/K_* Z_t)\dot{U}_j\\ \dot{I}_j &= (-1/K_* Z_t)\dot{U}_i + (1/K_*^2 Z_t)\dot{U}_j\end{aligned}\right\}\tag{4-84}$$

或经变换

$$\left.\begin{aligned}\dot{I}_i &= (K_* - 1/K_* Z_t)\dot{U}_i + (1/K_* Z_t)(\dot{U}_i - \dot{U}_j)\\ \dot{I}_j &= (1 - K_*/K_*^2 Z_t)\dot{U}_j + (1/K_* Z_t)(\dot{U}_j - \dot{U}_i)\end{aligned}\right\}\tag{4-85}$$

根据这两关系式，可得图 4-40(a)所示的Π形等值电路，如果用导纳表示变压器漏抗，即 $Y_T = 1/Z_t$，则上式可变成下式关系：

$$\left.\begin{aligned}\dot{I}_i &= \frac{K_* - 1}{K_*}Y_T\dot{U}_i + (Y_T/K_*)(\dot{U}_i - \dot{U}_j)\\ \dot{I}_j &= (1 - K_*/K_*^2)Y_T\dot{U}_j + (Y_t/K_*)(\dot{U}_j - \dot{U}_i)\end{aligned}\right\}\tag{4-86}$$

由式(4-86)得到Π形等值电路，如图 4-40(b)所示。图中(c)和(d)为变压器漏抗或漏导纳在 $j$ 侧时的Π形等值电路。

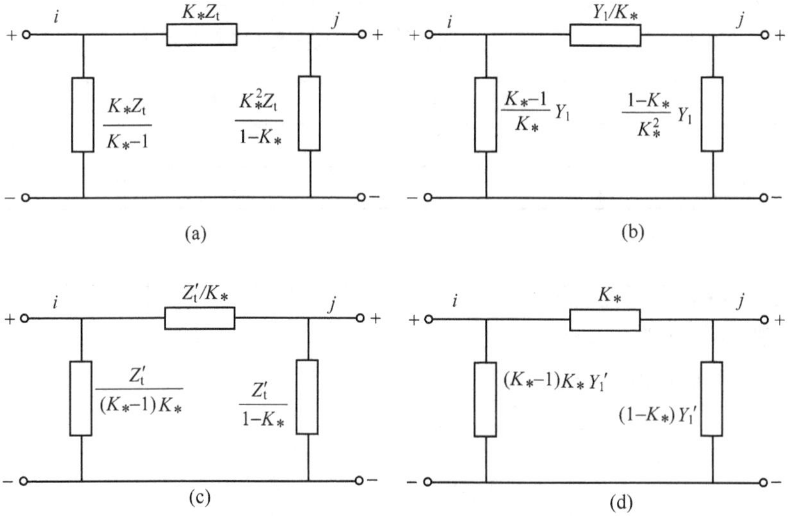


图 4-40　计及非标准变比时变压器Π形等值电路

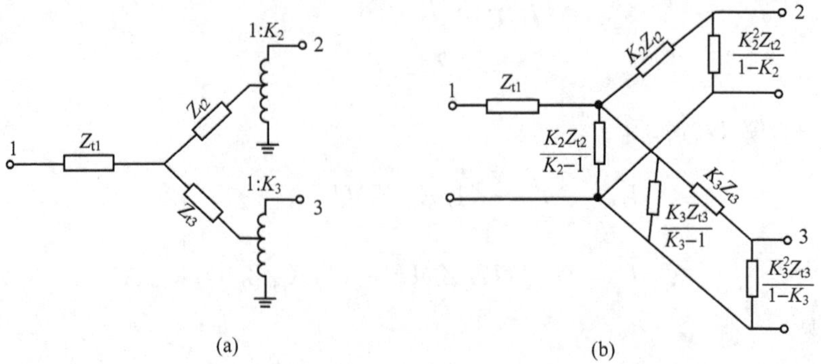


图 4-41　三绕组变压器考虑非标准变比时等值电路

我国变压器抽头一般放在高压侧，即图 4-39 中 $j$ 侧，为了不使 $Z_t$ 在抽头改变时，重新归算它的值，通常将 $Z_t$ 置于理想变压器 1 侧（即 $i$ 侧）。这对应于双绕组变压器低压侧，而 $K_*$ 侧对应于双绕组变压器高压侧。

对于三绕组变压器，通常在高、中压侧装有抽头，因此等值电路如图 4-41 所示，图中 2、3 端分别为高、中压侧，$Z_{t1}$、$Z_{t2}$、$Z_{t3}$ 分别表示三个绕组等值的阻抗，$K_2$ 表示 2 侧对 1 侧的非标准变比，$K_3$ 表示 3 侧对 1 侧的非标准变比。图 4-41(b)所示为 Π 形等值电路。

**［例 4-10］**　有一个三相三绕组变压器，其额定容量为 360/360/180MV · A，额定电压 242/121/13.8kV，没有经过归算的短路试验数据如下：

| 绕　　组 | 高压-中压 | 高压-低压 | 中压-低压 |
|---|---|---|---|
| 短路电压/% | 13.1 | 6 | 9.6 |
| 短路损耗/kW | 1030 | 510 | 660 |

当变压器变比变化（高-低提高 5%；中-低降低 5%）时，计算等值电路的各参数（都归算到高压侧）。

**解**：(1)对短路的数据进行归算

$$P_{k1\text{-}2} = 1030\text{kW}$$

$$P_{k1\text{-}3} = 510 \times \left(\frac{S_N}{S_{N3}}\right)^2 = 2040\text{kW}$$

$$P_{k2\text{-}3} = 660 \times \left(\frac{S_N}{S_{N3}}\right)^2 = 2640\text{kW}$$

$$U_{k1\text{-}2}\% = 13.1$$

$$U_{k1-3}\% = 6.0 \times \left(\frac{S_N}{S_{N3}}\right) = 12.0$$

$$U_{k2-3}\% = 9.6 \times \left(\frac{S_N}{S_{N3}}\right) = 19.2$$

计算额定变比下各绕组等值电抗及电阻标幺值为

$$X_{1*} = \frac{1}{2}(13.1 + 12.0 - 19.2)/100 = 0.0295$$

$$X_{2*} = \frac{1}{2}(13.1 + 19.2 - 12)/100 = 0.1015$$

$$X_{3*} = \frac{1}{2}(19.2 + 12 - 13.1)/100 = 0.0905$$

$$r_{1*} = \frac{1}{2}(1030 + 2040 - 2640)/(1000 \times 360) = 0.597 \times 10^{-3}$$

$$r_{2*} = \frac{1}{2}(1030 + 2640 - 2040)/(1000 \times 360) = 2.264 \times 10^{-3}$$

$$r_{3*} = \frac{1}{2}(2040 + 2640 - 1030)/(1000 \times 360) = 5.07 \times 10^{-3}$$

非标准变比

$$K_{*1-3} = 1.05,\quad K_{*2-3} = 0.95$$

则高压绕组串联阻抗为

$$Z'_{1t} = K_{*1-3}Z_{1t} = 1.05 \times (0.597 \times 10^{-3} + j0.0295) = 0.627 \times 10^{-3} + j0.031$$

并联阻抗

$$Z'_{1t//} = \frac{1}{K_{*1-3} - 1}Z'_{1t} = \frac{1}{0.05} \times (0.627 \times 10^{-3} + j0.031) = 0.0125 + j0.62$$

$$Z'_{1t//} = \frac{K_{*1-3}}{1 - K_{*1-3}}Z'_{1t} = \frac{1.05}{-0.05} \times (0.627 \times 10^{-3} + j0.031)$$

$$= -(0.0132 + j0.651)$$

中压侧

$$Z'_{2t} = K_{*2-3}Z_{2t} = 0.95 \times (2.264 \times 10^{-3} + j0.1015) = 2.151 \times 10^{-3} + j0.0964$$

$$Z'_{2t//} = \frac{1}{-0.05}Z'_{2t} = -20 \times (2.151 \times 10^{-3} + j0.0964) = -(0.043 + j1.928)$$

$$Z'_{2t//} = \frac{0.95}{0.05} Z'_{2t} = 19 \times (2.151 \times 10^{-3} + j0.0964) = 0.0409 + j1.832$$

画出等值电路如图 4-42 所示。

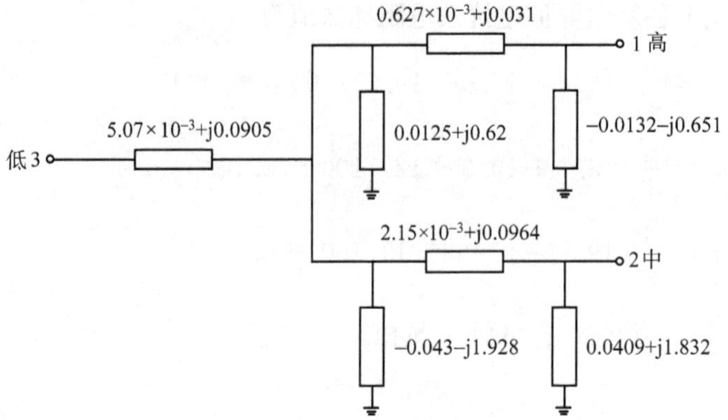


图 4-42　例 4-10 中的等值电路图

## 第六节　电力系统的标幺制

进行电力系统分析计算时，往往采用标幺制系统。在这系统中遇到的各物理量，如电压、电流、功率等不用其有名单位值，却采用其实际值（有名单位值）与某一选定的值的比值，即标幺值表示。如该网络系统所有物理量都采用标幺值表示，则称该系统为标幺制系统。

### 一、基准值的选择和标幺值计算

某一物理量的基准值选择，必须与各物理量的实际值量纲具有相同的单位，用公式表示

$$\text{标幺值} = \frac{\text{实际值}}{\text{基准值}} \tag{4-87}$$

如功率、电压、电流、阻抗的实际值为 $S$、$U$、$I$ 和 $Z$，而它们的基准值分别为 $S_B$、$U_B$、$I_B$ 和 $Z_B$，则它们的标值 $S_*$、$U_*$、$I_*$ 和 $Z_*$ 为

$$\left.\begin{aligned} S_* &= S/S_B \\ U_* &= U/U_B \\ I_* &= I/I_B \\ Z_* &= Z/Z_B \end{aligned}\right\} \tag{4-88}$$

下标注 B 表示基准值，下标注 * 表示标幺值。

例如，实际值为 99kV 及 110kV 的电压，当选定 110kV 电压为基准值时，则其相应的标幺值分别为 0.9 及 1.0。由此可知，标幺值与所选定的基准值有关，基准值改变了，各物理量的标幺值亦改变了。因此，在应用标幺制时，必须先规定或者知道有关的基准值。

采用物理量标幺值进行分析计算的体制称标幺制，相反用有名单位时，则称有名单位制。标幺值表示的方程称标幺制方程，这些标幺制方程与原有名制方程所遵守的规则、定律一样。例如，欧姆定律的原方程和标幺制方程具有同样形式

$$\left.\begin{aligned} U &= IZ \\ U_* &= I_* Z_* \end{aligned}\right\} \tag{4-89}$$

在有名单位制中，各物理量的实际值间关系受到有关的约束，同样在标幺制中也应受到相同的约束。因此，在选取基准值时也应满足一定的关系。

在电气量中可先选定两个基准值，通常先选定基准功率 $S_B$ 和基准电压 $U_B$，在 $S_B$ 和 $U_B$ 选定后，基准电流 $I_B$ 和基准阻抗 $Z_B$ 也就随之而定。因为有如下关系式：

$$S = UI \text{ 和 } U = IZ$$

而标幺制方程也应有

$$S_* = U_* \cdot I_* \text{ 和 } U_* = I_* \cdot Z_*$$

即

$$\frac{S}{S_B} = \frac{U}{U_B}\frac{I}{I_B} \text{ 和 } \frac{U}{U_B} = \frac{I}{I_B}\frac{Z}{Z_B}$$

由此可得基准值之间关系

$$\left.\begin{aligned} I_B &= S_B/U_B \\ Z_B &= U_B/I_B = U_B^2/S_B \end{aligned}\right\} \tag{4-90}$$

基准值是有名单位制，所以各基准值的单位必须相互配合，如基准电压、电流以 V 和 A 计，则基准功率用 V · A。

由式(4-90)可计算阻抗标幺值

$$Z_* = \frac{Z}{Z_B} = Z\frac{S_B}{U_B^2} \tag{4-91}$$

对视在功率 $S$、有功功率 $P$ 和无功功率 $Q$ 都取同一功率基准值 $S_B$；而阻抗 $Z$，电阻 $R$ 及电抗 $X$ 也取同一阻抗基准值 $Z_B$，如原方程为

$$S = P + \mathrm{j}Q, \quad Z = R + \mathrm{j}X$$

化为标幺方程，则有

$$\left.\begin{aligned} \frac{S}{S_B} &= \frac{P}{S_B} + \mathrm{j}\frac{Q}{S_B}, \quad \frac{Z}{Z_B} = \frac{R}{Z_B} + \mathrm{j}\frac{X}{Z_B} \\ S_* &= P_* + \mathrm{j}Q_*, \quad Z_* = R_* + \mathrm{j}X_* \end{aligned}\right\} \tag{4-92}$$

或

功率因数 $\cos\varphi$ 是同量纲的两个物理量 $P$ 与 $S$ 的比值，它不再有标幺值。

某些电气设备如发电机或变压器，如取其额定值作为有关物理量的基准值，例如，取额定功率 $S_N$ 和额定电压 $U_N$ 作为基准值。这时物理量的标幺值就是额定值的倍数，标幺值等于 1 意味着有关物理量等于额定值。如 $S_*=1$ 和电压 $U_*=1$，表示功率和电压等于额定功率和额定电压。

在对称的三相交流系统中，三相功率 $S_{3\phi}$ 与单相功率 $S_{1\phi}$、线对线电压 $U_{L-L}$ 与线对中性点电压 $U_{L-N}$ 间有下列关系：

$$S_{3\phi} = 3S_{1\phi}, \quad U_{L\text{-}L} = \sqrt{3}U_{L\text{-}N} \tag{4-93}$$

对于这些关系式，一般使用有关的基准值，满足下列关系：

$$S_{3\phi B} = 3S_{1\phi B}, \quad U_{L\text{-}LB} = \sqrt{3}U_{L\text{-}NB} \tag{4-94}$$

将式(4-94)除式(4-93)，则得

$$S_{3\phi *} = S_{1\phi *}, \quad U_{L-L*} = U_{L\text{-}N*} \tag{4-95}$$

式(4-95)虽与原关系式(4-93)不同，但在实际应用中有其方便之处。即如按式(4-94)选取基准值，在标幺制中，三相功率与单相功率的标幺值相同，线对线电压(线电压)与线对中性点电压(相电压)的标幺值相同，或者说可以不必区分三相功率与单相功率的数值差别和线对线电压与线对中性点电压数值的差别。当其中一个等于额定值时，另一个亦等于额定值。

由基准功率与基准电压可求得基准电流

$$I_B = \frac{S_{3\phi B}}{\sqrt{3}U_{L\text{-}LB}} \tag{4-96}$$

式中，$I_B$ 是线电流基准值。

由此得出阻抗的基准值为

$$Z_B = \frac{U_{L\text{-}LB}^2}{S_{3\phi B}} \tag{4-97}$$

为简化起见，以后就用 $S_B$ 和 $U_B$ 表示，并将 $I_B$ 及 $Z_B$ 写成

$$\left.\begin{aligned} I_B &= \frac{S_B}{\sqrt{3}U_B} \\ Z_B &= \frac{U_B^2}{S_B} \end{aligned}\right\} \tag{4-98}$$

计算阻抗标幺值公式仍旧为

$$Z_* = Z \cdot \frac{S_B}{U_B^2} \tag{4-99}$$

式中，$S_B$ 是三相基准功率，$U_B$ 为线电压基准值。

显然导纳的基准值 $Y_B$ 是阻抗基准值 $Z_B$ 的倒数，即

$$Y_B = \frac{1}{Z_B} = \frac{S_B}{U_B^2} \tag{4-100}$$

## 二、统一基准值的选定和标幺值换算

电力系统中总有很多元件如发电机、变压器、输电线和电抗器等。通常发电机、变压器和电抗器的阻抗是以其本身的额定值（额定容量 $S_N$，额定电压 $U_N$ 和额定电流 $I_N$）为基准的标幺值表示的。它们的额定值各不相同（即使是属于同一电压等级的各个设备的额定电压有时也有差别），或者说基准值各不相同，这些阻抗标幺值不能直接进行运算。

如图 4-43 所示的简单电力系统，它是由发电机 G、电抗器 $R_L$ 组成，如要计算 $K$ 点短路时故障电流，就不能将铭牌上所标明的电抗标幺值直接相加。需要经过换算。

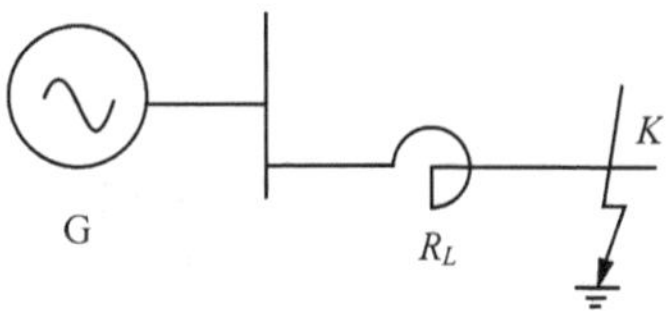


图 4-43 简单电力系统

换算必须先要选定统一的基准值，然后进行换算。

对于输电线只要以统一的基准值对其有名值阻抗进行标幺值计算即可。

至于发电机或变压器，它们的阻抗标幺值是以它们本身的额定值为基准值所得，现要换算为统一的基准值下的标幺值。

即原 $X_{*(N)}$ 为

$$X_{*(N)} = X\frac{S_N}{U_N^2} \tag{4-101}$$

式中，$S_N$、$U_N$ 为设备本身额定功率和额定电压；$X$ 为设备有名值电抗；$X_{*(N)}$ 是以额定值为基值的电抗标幺值。

换算到其他基准值有

$$X_{*(B)} = X\frac{S_B}{U_B^2} = X_{*(N)} \cdot \frac{S_B}{S_N} \cdot \frac{U_N^2}{U_B^2} \tag{4-102}$$

电抗器由于铭牌上标明的是额定电流 $I_N$ 和额定电压 $U_N$，则电抗器换算关系为

$$X_{*(B)} = X_{*(N)}\frac{I_B}{I_N} \cdot \frac{U_N}{U_B} \tag{4-103}$$

同理公式(4-103)也可以用于基准值由 $S_{B1}$、$U_{B1}$、$I_{B1}$，改变为其他基准值 $S_{B2}$、$U_{B2}$、

$I_{B2}$等，即

$$\left.\begin{aligned} X_{*(B2)} &= X_{*(B1)}\frac{S_{B2}}{S_{B1}}\cdot\frac{U_{B1}^2}{U_{B2}^2} \\ X_{*(B2)} &= X_{*(B1)}\frac{I_{B2}}{I_{B1}}\cdot\frac{U_{B1}}{U_{B2}} \end{aligned}\right\} \tag{4-104}$$

## 三、多电压级系统

电力系统中总有许多变压器把不同电压等级的输电线路连接起来，成为一个统一的电力系统整体，这时计算阻抗及阻抗标幺值就需要归算。以图 4-44 为例进行说明。

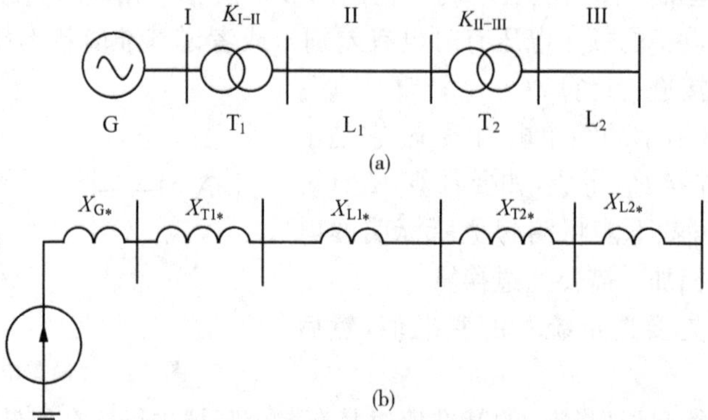


图 4-44　多级电压电力系统

(a) 单线图　(b) 等值电路

图 4-44 中 G、$T_1$、$T_2$、$L_1$ 和 $L_2$ 分别表示发电机、两台变压器和两条线路，Ⅰ、Ⅱ、Ⅲ表示为三个不同电压等级，$K_{I\text{-}II}$为 $T_1$ 的变比（从 G 到 $L_1$ 方向），$K_{II\text{-}III}$为 $T_2$ 的变比（从 $L_1$ 到 $L_2$ 方向），为简化起见，忽略各元件的电阻，等值电路都以电抗表示。

如用有名单位制计算，则先选定基本段（假设选第Ⅰ段为基本段），再将其他各段阻抗归算到基本段，然后进行分析计算。如输电线 $L_1$ 和 $L_2$ 的电抗有名值为 $X_{L1}$和 $X_{L2}$，归算到基本段的电抗有名值为 $X'_{L1}$和 $X'_{L2}$，有

$$\begin{aligned} X'_{L1} &= K_{I\text{-}II}^2 X_{L1} \\ X'_{L2} &= K_{I\text{-}II}^2 K_{II\text{-}III}^2 X_{L2} \end{aligned} \tag{4-105a}$$

如果还考虑电阻、电导、电纳，可以类似地得出

$$R'_{L1} = K_{I\text{-}II}^2 R_{L1}$$

$$
\begin{aligned}
R'_{L2} &= K^2_{I\text{-}II}K^2_{II\text{-}III}R'_{L2} \\
G'_{L1} &= G_{L1}/K^2_{I\text{-}II} \\
G'_{L2} &= R'_{L2}/(K^2_{I\text{-}II}K^2_{II\text{-}III}) \\
B'_{L1} &= B_{L1}/K^2_{I\text{-}II} \\
B'_{L2} &= B'_{L2}/(K^2_{I\text{-}II}K^2_{II\text{-}III})
\end{aligned}
\tag{4-105b}
$$

至于变压器的阻抗也要将其有名值归算到第Ⅰ段，然后在有名单位制应用。对于超过三个电压等级的电网，也可以用类似的方法将各电压等级的阻抗、导纳归算到基本段。

如用标幺制计算，要将归算到基本段的各元件阻抗有名值换算成标幺值，如选定基本段的基准值为 $S_B$ 和 $U_{BⅠ}$，然后计算标幺值。如线路 $L_1$ 和 $L_2$ 的电抗标幺值应为

$$
\left.
\begin{aligned}
X_{*L1} &= (K^2_{Ⅰ\text{-}Ⅱ}X_{L1})\cdot\frac{S_B}{U^2_{BⅠ}} \\
X_{*L2} &= (K^2_{Ⅰ\text{-}Ⅱ}\cdot K^2_{Ⅱ\text{-}Ⅲ}\cdot X_{L2})\cdot\frac{S_B}{U^2_{BⅠ}}
\end{aligned}
\right\}
\tag{4-106}
$$

或写成

$$
\left.
\begin{aligned}
X_{*L1} &= X_{L1}\cdot\frac{S_B}{(U_{BⅠ}/K_{Ⅰ\text{-}Ⅱ})^2} \\
X_{*L2} &= X_{L2}\cdot\frac{S_B}{(U_{BⅠ}/K_{Ⅰ\text{-}Ⅱ}\cdot K_{Ⅱ\text{-}Ⅲ})^2}
\end{aligned}
\right\}
\tag{4-107}
$$

显然，如果令

$$
\left.
\begin{aligned}
U_{BⅡ} &= U_{BⅠ}/K_{Ⅰ\text{-}Ⅱ} \\
\text{或}\quad U_{BⅢ} &= U_{BⅠ}/K_{Ⅰ\text{-}Ⅱ}\cdot K_{Ⅱ\text{-}Ⅲ}
\end{aligned}
\right\}
\tag{4-108}
$$

则式(4-106)可简化为

$$
\left.
\begin{aligned}
X_{*L1} &= X_{L1}\cdot\frac{S_B}{U^2_{BⅡ}} \\
X_{*L2} &= X_{L2}\cdot\frac{S_B}{U^2_{BⅢ}}
\end{aligned}
\right\}
\tag{4-109}
$$

从式(4-106)到式(4-109)的过程说明，在选定第Ⅰ段的基准值 $S_B$ 和 $U_{BⅠ}$ 后，如再选第Ⅱ、Ⅲ段的基准值为 $S_B$、$U_{BⅡ}$ 和 $S_B$ 及 $U_{BⅢ}$，就是说不同电压级各段的基准功率相同，而基准电压满足式(4-108)关系，则各段中元件阻抗标幺值可直接用各

段自己的基准值(基准功率和基准电压)进行计算,如式(4-109)。这样计算较简便,也不需要选定哪一段为基本段。

应该注意,所选定的基准电压$U_{B\mathrm{I}}$、$U_{B\mathrm{II}}$和$U_{B\mathrm{III}}$等与变压器或发电机的额定电压是不一样的。各元件的额定电压是制造厂规定的,而各电压级的基准电压是可以任意选定的,只要满足式(4-108)关系。

基准值选定的原则是:计算标幺值工作量最小。一般选取基准功率等于某一重要元件的额定功率。在实际工程计算中,习惯上往往选 100MV·A 或 1000 MV·A等某一简单的整数为基准功率。

若计算线路元件导纳$Y$(对中性点的容纳),则可按下面关系式求得:

$$\left.\begin{aligned} Y_{*L1} &= Y_{L1}\cdot\frac{U_{B\mathrm{II}}^2}{S_B} \\ Y_{*L2} &= Y_{L2}\cdot\frac{U_{B\mathrm{III}}^2}{S_B} \end{aligned}\right\} \tag{4-110}$$

**[例 4-11]**　有一输电系统的单线图如图 4-45 所示,受端系统运行参数$P_0$、$\cos\varphi$和$U_0$以及各元件参数如下:

运行参数:末端电压$U_0=115$kV,输送到末端有功功率$P_0=220$MW,功率因数$\cos\varphi=0.98$;

发电机 G:240MW、10.5kV,$\cos\varphi_N=0.8$,$X_{G*}=1.0$;

变压器 $T_1$:300MV·A、10.5/242kV,$X_{T1*}=0.14$;

变压器 $T_2$:280MV·A、220/121kV,$X_{T2*}=0.14$;

线路 L:长 230km,单回路每公里电抗$X_1=0.42\Omega$/km。

试计算发电机电势$E$的大小及$\dot{E}$超前$\dot{U}_0$的角度$\delta$。计算时可忽略各元件的电阻和导纳。

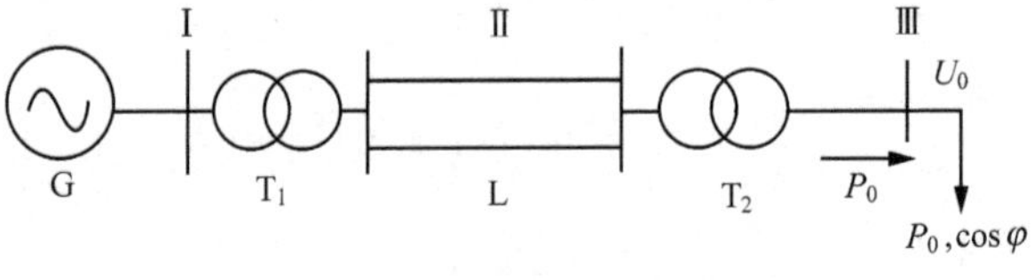


图 4-45　例 4-11 中某电力系统单线图

**解**:①先绘制等值电路,如图 4-46 所示。

用Ⅰ、Ⅱ、Ⅲ表示不同电压级的各段。

② 选取基准功率$S_B=220$MV·A(这里使$P_{0*}$为 1)和$U_{B\mathrm{III}}=115$kV(使$U_{0*}=1$),计算$U_{B\mathrm{II}}$、$U_{B\mathrm{I}}$得

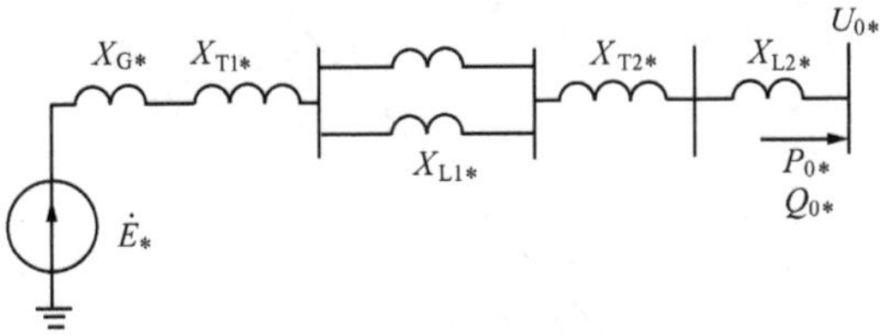


图 4-46　例 4-11 中的等值电路

$$U_{B\text{II}}=U_{B\text{III}}\cdot K_{\text{II-III}}=115\times\frac{220}{121}=209(\text{kV})$$

$$U_{B\text{I}}=U_{B\text{III}}\cdot K_{\text{I-II}}\cdot K_{\text{II-III}}=115\times\frac{220}{121}\times\frac{10.5}{242}=9.07(\text{kV})$$

③ 计算各运行参数值及各元件电抗标幺值如下：

$$P_{0*}=\frac{P_0}{S_B}=\frac{220}{220}=1$$

$$Q_{0*}=P_{0*}\tan\varphi=1.0\times0.2=0.2$$

$$U_{0*}=U_0/U_{B\text{III}}=115/115=1.0$$

发电机额定视在功率等于

$$S_G=\frac{P_G}{\cos\varphi_N}=\frac{240}{0.8}=300(\text{MV}\cdot\text{A})$$

$$X_{G*}=X_{GN*}\cdot\frac{S_B}{S_G}\cdot\left(\frac{U_G}{U_{B\text{I}}}\right)^2=1.0\times\frac{220}{300}\times\left(\frac{10.5}{9.07}\right)^2=0.983$$

$$X_{T1*}=X_{T1N*}\cdot\frac{S_B}{S_{T1}}\cdot\left(\frac{U_{T1\text{II}}}{U_{B\text{II}}}\right)^2=0.14\times\frac{220}{300}\times\left(\frac{242}{209}\right)^2=0.138$$

$$X_{T2*}=X_{T2N*}\cdot\frac{S_B}{S_{T2}}\cdot\left(\frac{U_{T2\text{II}}}{U_{B\text{II}}}\right)^2=0.14\times\frac{220}{280}\times\left(\frac{220}{209}\right)^2=0.122$$

$$X_{L*}=X_1\cdot\frac{L}{2}\cdot\frac{S_B}{(U_{B\text{II}})^2}=0.42\times\frac{230}{2}\times\frac{220}{(209)^2}=0.243$$

该系统总阻抗(这是串联电路)为

$$X_{\Sigma*}=X_{G*}+X_{T1*}+X_{L*}+X_{T2*}=0.983+0.138+0.243+0.122=1.486$$

④ 计算发电机电势及相角如下：

$$E_*=\sqrt{\left(U_{0*}+\frac{Q_{0*}X_{\Sigma*}}{U_{0*}}\right)^2+\left(\frac{P_{0*}X_{\Sigma*}}{U_{0*}}\right)^2}$$

$$=\sqrt{(1+0.2\times1.486)^2+(1.0\times1.486)^2}=1.97$$

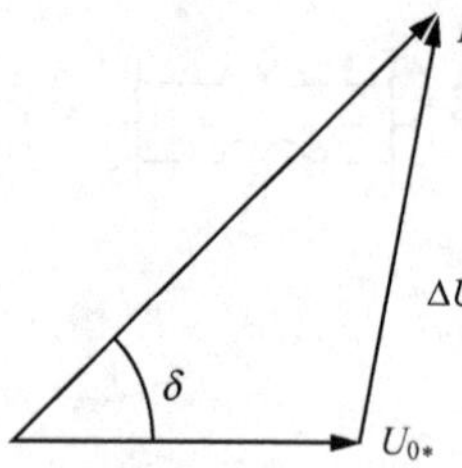


图 4-47　例 4-11 中的相量图

$$\delta = \arctan \frac{\delta U'_*}{(U_{0*} + \Delta U'_*)}$$

$$= \arctan \frac{1.486}{1 + 0.2 \times 1.486} = 48.88°$$

⑤ 换算成有名值,发电机电势(线对线)等于

$$E = E_* \cdot U_{BI} = 1.97 \times 9.07 = 17.9(\text{kV})$$

## 参 考 文 献

1. GROSS. CHARLES A. Power System Analysis. John Wiley&Sons,1979
2. 东北电业管理与调度局. 电力系统运行操作和计算. 北京:水利电力出版社,1977
3. 陈珩. 电力系统稳态分析. 北京:水利电力出版社,1985

# 第五章　同步发电机的数学模型与运行特性

本章主要阐述同步发电机稳态及暂态数学模型与运行特性：包括相量图、等值电路与功率方程，原动机调节及励磁调节效应；发电机的暂态参数、暂态电势与暂态行为，以及作为电源、发电机接入系统后的行为。

## 第一节　发电机的稳态数学模型及运行特性

### 一、同步发电机的功率特性

同步发电机是电力系统中的电源，它的稳态特性与暂态行为在电力系统中具有支配地位。虽然在电机学中已经学过同步电机，但那时侧重于基本电磁关系，而现在则从系统运行的角度审视发电机组。

隐极式发电机的电势相量图是从磁势电势相量图演变而来的，其条件是电机磁路的线性化，即用线性的气隙线代替非线性的无载特性曲线，从而由转子激磁磁势与定子电枢基波磁势可以分别求出各自的磁通密度。在这一条件下，由于电势和磁势是成正比的，电势的关系在一定意义上代替了磁势关系，所以只需要求出电势关系就够了。

设发电机以滞后功率因数运行，其端电压相量为 $\dot{U}$，定子电流相量为 $\dot{I}$，对隐极式发电机，因气隙均匀，直轴和交轴同步电抗相等，即 $x_d = x_q$。图 5-1(a)为忽略定子绕组电阻时，隐极式发电机在正常稳态运行时的相量图，通常已知 $\dot{U}$、$\dot{I}$ 及功

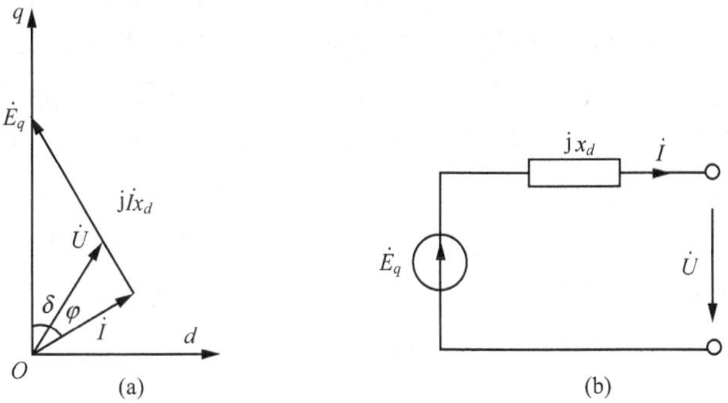


图 5-1　隐极机正常运行时的相量图与等值电路

(a) 相量图　(b) 等值电路

率因数角 $\varphi$，空载电势及 $d$、$q$ 轴的方向是未知的，任意选定 $\dot{U}$ 或 $\dot{I}$ 为参考相量，由 $\varphi$ 角决定其余的另一个相量。在忽略定子电阻的条件下，在 $\dot{U}$ 的端点加上 $\mathrm{j}\dot{I}x_d$（后者垂直于 $\dot{I}$）可得 $\dot{E}_q$，由此即可决定 $q$ 轴和 $d$ 轴的位置，隐极机稳态运行时的等值电路如图 5-1(b)所示。

由图 5-1，发电机电压方程为

$$\dot{E}_q = \dot{U} + \mathrm{j}\dot{I}x_d \tag{5-1}$$

若取 $\dot{U}$ 为参考相量，$\dot{E}_q$ 领先 $\dot{U}$ 的角度设为 $\delta$，则有

$$\dot{I} = \frac{\dot{E}_q - \dot{U}}{\mathrm{j}x_d} = \frac{E_q \angle\delta - U}{\mathrm{j}x_d} \tag{5-2}$$

发电机输出的电磁功率为

$$\begin{aligned} P + \mathrm{j}Q = \dot{U}\overset{*}{I} &= \frac{UE_q \angle{-\delta} - U^2}{-\mathrm{j}x_d} \\ &= \frac{E_q U}{x_d}\sin\delta + \mathrm{j}\left(\frac{E_q U}{x_d}\cos\delta - \frac{U^2}{x_d}\right) \end{aligned} \tag{5-3}$$

所以

$$P = \frac{E_q U}{x_d}\sin\delta \tag{5-4}$$

$$Q = \frac{E_q U}{x_d}\cos\delta - \frac{U^2}{x_d} \tag{5-5}$$

式(5-4)及(5-5)就是隐极式发电机的功率与功角 $\delta$ 的关系式。其中同步电抗 $x_d = x_s + x_{ad}$，以 Ω 为单位，$x_s$ 为电枢漏抗，$x_{ad}$ 为电枢反应电抗。电势及电压如取线电势及线电压的有效值，并以 kV 为单位，则功率为三相功率的有效值，以 MV · A 为单位。

凸极式发电机气隙不均匀，其电磁关系用隐极机的方法分析将产生困难。运用双反应理论可以解决这一问题。即把电枢反应磁势分解为 $d$ 及 $q$ 轴两个分量，$d$ 轴电枢反应磁势的位置固定在转子 $d$ 轴上，$q$ 轴电枢反应磁势的位置固定在转子 $q$ 轴上，从而解决了合成磁势遇到的不同气隙宽度的困难。$d$ 及 $q$ 轴电枢反应磁势所产生的气隙磁通密度虽不是正弦形（气隙不均匀），但由于磁路的对称性，其基波轴线仍分别处在 $d$ 及 $q$ 轴线上，从而可以运用叠加原理求取合成电势。

图 5-2 为凸极式发电机正常运行时的相量图与等值电路。由于气隙不均匀，直轴同步电抗不等于交轴同步电抗，即 $x_d \neq x_q$。若不计及发电机定子绕组电阻，由图 5-2，发电机电压方程为

$$\dot{E}_q = \dot{U} + \mathrm{j}\dot{I}_d x_d + \mathrm{j}\dot{I}_q x_q \tag{5-6}$$

但 $d$、$q$ 轴未知，$\dot{I}_d$ 和 $\dot{I}_q$ 无法得到，借助于下述虚构电势 $\dot{E}_Q$ 可以决定 $q$ 轴的位置。

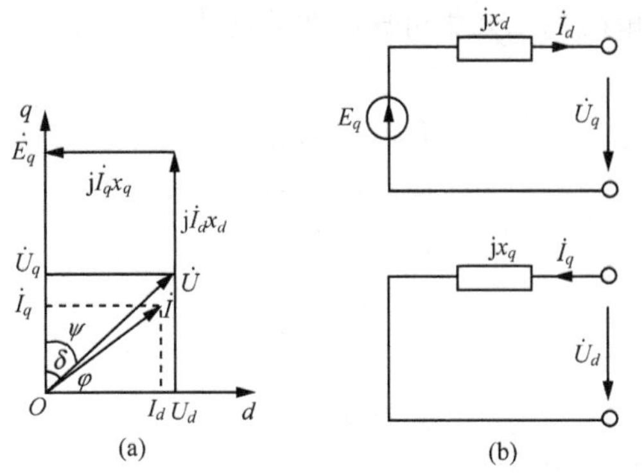


图 5-2　凸极发电机正常运行时的相量图与等值电路

由式(5-6)可得

$$\begin{aligned}\dot{E}_q &= \dot{U} + j\dot{I}_d x_q + j(x_d - x_q)\dot{I}_d + j\dot{I}_q x_q \\ &= \dot{U} + j\dot{I}x_q + j(x_d - x_q)\dot{I}_d \\ &= \dot{E}_Q + j(x_d - x_q)\dot{I}_d \end{aligned} \tag{5-7}$$

式中　　$\dot{E}_Q = \dot{U} + j\dot{I}x_q$

在式(5-7)中，$j(x_d - x_q)\dot{I}_d$ 显然是在 $q$ 轴方向上的量，即与 $\dot{E}_q$ 同向，因此 $\dot{E}_Q$ 也一定在 $q$ 轴方向上，而 $\dot{E}_Q$ 可由 $\dot{U}$ 及 $\dot{I}x_q$ 求得。图 5-3 为经过转换后的凸极发电机正常运行时的相量图与等值电路，在该图中利用 $\dot{E}_Q$ 决定 $q$ 轴及 $d$ 轴，即可求得 $\dot{I}_d$，再求得 $\dot{E}_q$。

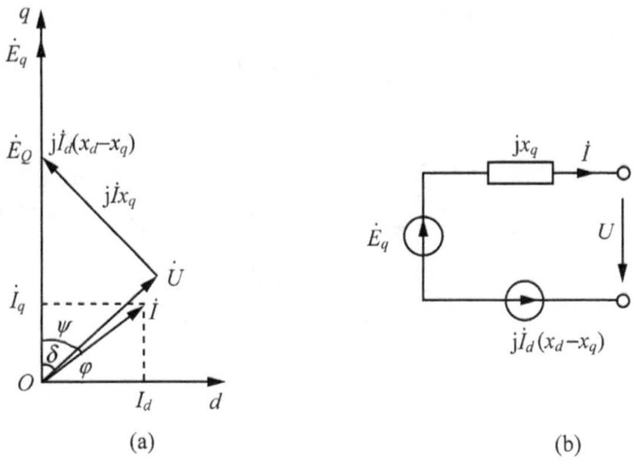


图 5-3　凸极发电机正常运行时经变换后的相量图与等值电路

(a) 相量图　(b) 等值电路

凸极发电机的电磁功率公式可导出如下，由图 5-2 有

$$E_q - I_d x_d = U_q$$
$$I_q x_q = U_d$$
$$U_d = U\sin\delta$$
$$U_q = U\cos\delta$$
$$I_d = I\sin\Psi$$
$$I_q = I\cos\Psi$$
$$\varphi = \Psi - \delta$$

发电机发出的电磁功率为

$$P + jQ = \dot{U}\overset{*}{\dot{I}} = UI\cos\varphi + jUI\sin\varphi$$

所以

$$\begin{aligned} P &= UI\cos\varphi = UI\cos(\Psi - \delta) = UI\cos\Psi\cos\delta + UI\sin\Psi\sin\delta \\ &= U_q I_q + U_d I_d = \frac{E_q U_d}{x_d} - \frac{U_d U_q}{x_d} + \frac{U_d U_q}{x_q} \\ &= \frac{E_q U}{x_d}\sin\delta + \frac{U^2}{2}\left(\frac{1}{x_q} - \frac{1}{x_d}\right)\sin 2\delta \qquad (5\text{-}8) \end{aligned}$$

$$\begin{aligned} Q &= UI\sin\varphi = UI\sin(\Psi - \delta) = UI\sin\Psi\cos\delta - UI\cos\Psi\sin\delta \\ &= U_q I_d - U_d I_q = \frac{E_q U_q}{x_d} - \left(\frac{U_d^2}{x_q} + \frac{U_q^2}{x_d}\right) \\ &= \frac{E_q U}{x_d}\cos\delta - U^2\left(\frac{\sin^2\delta}{x_q} + \frac{\cos^2\delta}{x_d}\right) \\ &= \frac{E_q U}{x_d}\cos\delta + \frac{U^2}{2}\left(\frac{1}{x_q} - \frac{1}{x_d}\right)\cos 2\delta - \frac{U^2}{2}\left(\frac{1}{x_q} + \frac{1}{x_d}\right) \qquad (5\text{-}9) \end{aligned}$$

式中，直轴同步电抗 $x_d = x_s + x_{ad}$，交轴同步电抗 $x_q = x_s + x_{aq}$，其中 $x_{aq}$ 为交轴电枢反应电抗。

**［例 5-1］** 已知一台凸极发电机运行在额定电压和额定电流的情况下。$\cos\varphi = 0.85$，$x_d = 1.0$，$x_q = 0.65$，试计算其空载电势及功率表达式。该发电机的额定值为

100MV · A(三相功率)

10.5kV(线电压) 50Hz

**解**：令发电机端电压为 $1\angle 0^\circ$，即参考相量。则发电机电流为

$$1\angle -\varphi = 1\angle -32^\circ$$

$$\dot{E}_Q = \dot{U} + j\dot{I}x_q = 1 + j\angle -32^\circ \times 0.65 = 1.45\angle 22.3^\circ$$

所以

$$\delta = 22.3^\circ$$

$$I_d = 1 \times \sin(22.3^\circ + 32^\circ) = 1 \times \sin 54.3^\circ = 0.81$$

所以　$E_q = 1.45 + 0.81 \times (1 - 0.65) = 1.73$，　$\dot{E}_q = 1.73 \angle 22.3^\circ$

$$P = \frac{1.73 \times 1}{1.0}\sin\delta + \frac{1}{2} \times \left(\frac{1}{0.65} - \frac{1}{1}\right)\sin 2\delta = 1.73\sin\delta + 0.27\sin 2\delta$$

## 二、原动机调节效应

现在考虑一隐极发电机在它的机端连接到一非常大的容量的电力系统。这一系统是如此之大以至于由于发电机励磁调节及原动机功率调节不会引起发电机端电压及频率的变化。这一发电机母线称为无穷大母线，其电压值为 $U$，在上述条件下来看式(5-4)，当 $E_q$ 及 $U$ 为恒定值时，

$$P = \frac{E_q U}{x_d}\sin\delta = P_{\max}\sin\delta$$

$$P_{\max} = \frac{E_q U}{x_d}$$

这时发电机输出的有功功率仅是功角 $\delta$ 的函数，称为功角特性，如图 5-4 所示。在该图中平衡点 $a$ 为发电机运行的初始平衡状态。它是原动机机械输入功率特性曲线($P_m \sim \delta$)与发电机的电磁输出功率特性曲线($P \sim \delta$)的交点，相应的输出功率为 $P$，功角为 $\delta$。此时原动机的机械转矩与轴负荷(发电机的电磁转矩)相平衡。功角 $\delta$ 为 $\dot{E}_q$ 领先于 $\dot{U}$ 的角度，并体现了发电机转子的位置。在 $E_q$ 恒定的条件下，倘从原动机（如汽轮机的汽门开度）输入到发电机的机械功率增加 $\Delta P$，发电机的转子速度开始增加以及 $\delta$ 角将增加 $\Delta\delta$。$\delta$ 的增加将导致一较大的电流 $I$ 以及较小的 $\varphi$ 角(见图 5-5(a)中的 $I'$ 及 $\varphi'$)，即 $UI\cos\varphi$ 将较大。所以发电机将注入更多的功率给网络。发电机在具有较大的功角以及按无穷大系统的频率条件，新的平衡点 $a'$ 将再次建立。

如图 5-5(a)所示，发电机在 $E_q$ 为常数而有功负荷变化时，$\dot{E}_q$ 矢端轨迹是以 $O$ 为圆心，$E_q$ 为半径的圆弧 $aa'$。在初始运行条件下，电压相量三角形为 $\Delta OO'a$，电压降 $\mathrm{j}\dot{I}x_d$ 在 $O'P$ 轴上的投影 $ab$ 正比于发电机的有功功率 $P$，在 $O'Q$ 轴上的投影 $O'b$ 正比于无功功率 $Q$，当有功负荷从 $P$ 增至 $P'$(正比于 $a'b'$)时，$\dot{E}_q$ 的端点由 $a$ 移至 $a'$，功角由 $\delta$ 增至 $\delta'$，无功功率由 $O'b$ 减小至 $O'b'$，功率因数角由 $\varphi$ 减小至 $\varphi'$，图 5-5(b)表示 $P$、$Q$、$I$ 及 $\cos\varphi$ 随 $\delta$ 变化的曲线，由该图可见，当功角 $\delta$ 在 0°至 90°范围内变化时，有功功率

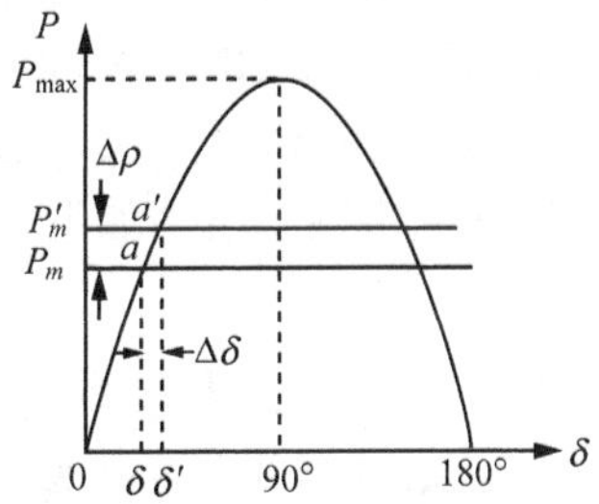

图 5-4　发电机的功角特性

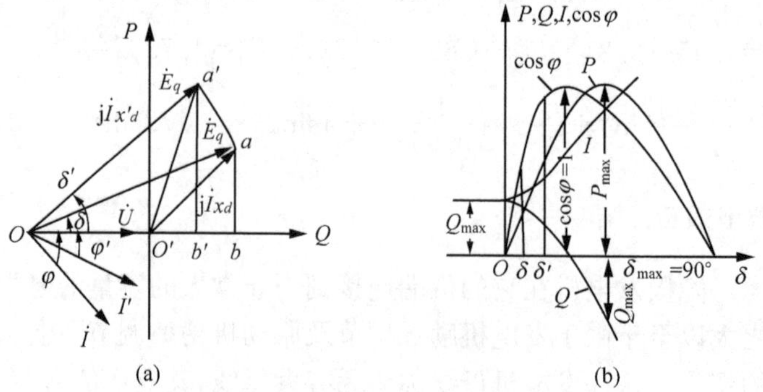


图 5-5　$P$ 变化($E_q$ 恒定)时发电机的工作状态

(a) 相量图　(b) $P,Q,I,\cos\Psi$ 曲线

$P$ 和定子电流 $I$ 都随的 $\delta$ 增加而增加，无功功率 $Q$ 则减少，功率因数 $\cos\varphi$ 先增加而后减少。

对 $E_q$ 为常数的隐极机而言，注意到在图 5-4 中，当 $P$ 增加时，只有当 $\frac{\mathrm{d}P}{\mathrm{d}\delta}>0$ 的情况下，也就是在 $0°<\delta<90°$ 范围内，发电机才具有稳定的工作点；在 $\delta>90°$ 的情况下，$\delta$ 增加，$\frac{\mathrm{d}P}{\mathrm{d}\delta}<0$，电磁转矩下降，使 $\delta$ 继续增加，最后导致发电机滑极失步，其临界值为 $\delta=90°$，此时发电机输出的有功功率达到最大，称为静态稳定极限。为得到足够的静态稳定储备，功角 $\delta$ 常运行在 30°以下。当有功负荷增加时，由于功率极限与 $E_q$ 成正比，所以相应的也要增加励磁电流，以增加功率极限值，从而保持所需的静态稳定的储备。

## 三、励磁调节效应

借助于发电机励磁电流的调节可用来控制无功功率的输出，这里所说的无功功率是指从发电机母线测量到的。该发电机母线仍被认为是一无穷大系统的母线。设从发电机输出至系统的有功功率 $UI\cos\varphi$ 保持恒定，变化励磁机的励磁电流调节 $E_q$，高值和低值 $E_q$ 的发电机的相量图如图 5-6 所示。

定义额定励磁条件如下：

$$E_q\cos\delta = U \tag{5-10}$$

此时 $\cos\varphi=1$，发电机与系统间交换的无功功率为零。但发电机需保持与 $E_q=U/\cos\delta$ 相适应的励磁电流 $i_{fcr}$。

如图 5-6(a)所示，发电机处于过励磁(overexcited)状态，满足条件

$$E_q\cos\delta > U \tag{5-11}$$

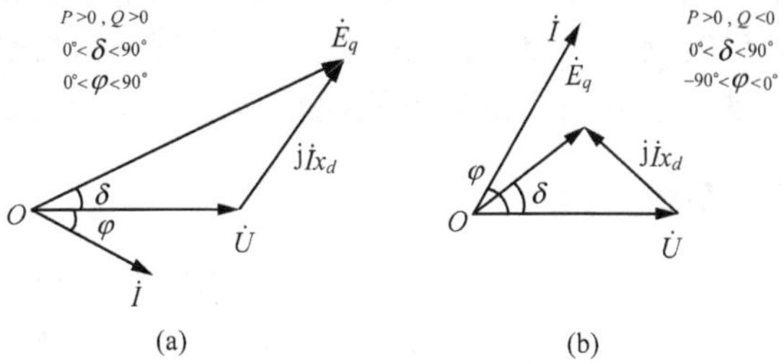


图 5-6　隐极发电机电势相量图
(a)过励磁　(b)欠励磁

此时发电机向系统供给滞后的无功功率，如同电容器向系统供给无功功率。与较低的 $E_q$ 值相比，功角 $\delta$ 相对较小。若励磁电流越大，向系统输送的无功功率 $Q$ 和定子电流 $I$ 越大，则 $\cos\varphi$ 越小，最大励磁电流不应超过转子的额定电流。

如图 5-6(b)所示，发电机处于欠励磁(underexcited )状态，满足条件

$$E_q\cos\delta < U \tag{5-12}$$

此时发电机从系统吸收滞后的无功功率，或者说供给超前的无功功率。励磁电流越小，从系统吸收的无功功率越多，定子电流 $I$ 和功角 $\delta$ 越大，$\cos\varphi$ 则越小，最小励磁电流由 $\delta$ 接近于 90°时决定，即由静态稳定性所限制。

图 5-7 示出不同励磁电流下发电机的工作状态[2]。其中图 5-7(a)表示发电机输出的有功功率恒定时，$E_q$ 变化时的相量图，可见 $E_q$ 值越大，$Q$ 值越大；图 5-7(b)示出 $Q$、$I$、$\delta$、$\cos\varphi$ 与励磁电流 $i_f$ 的关系曲线。当 $i_f > i_{fcr}$ 为过励磁状态，当 $i_f < i_{fcr}$ 为欠励磁状态。

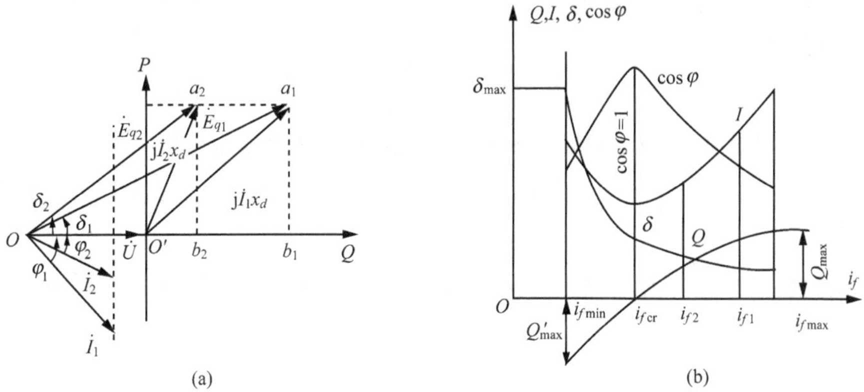


图 5-7　不同励磁电流下发电机的工作状态
(a) 相量图　(b) $Q$、$I$、$\delta$、$\cos\varphi$ 与 $i_f$ 的关系曲线

调节励磁水平不能影响有功功率的输出。励磁电流的变化影响 $E_q$ 值从而影响功率极限值及电机的刚性。当减少励磁电流，并保持有功功率输出不变，将增加 $\delta$ 角，甚至可能导致失步。运行中的发电机，励磁电流为一重要的监视量。

## 四、同步发电机接入系统

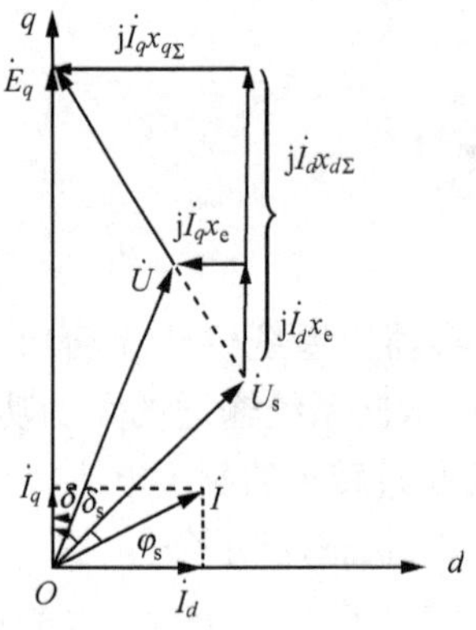


图 5-8　修正的发电机相量图

发电机接入系统应将单机容量与线路输送能力(见第一章)联系起来，单机容量为 500MW 及以上机组，一般宜通过升压变压器直接接入 500kV 电网，200～300MW 左右的机组宜接入 220～500kV 电压级的电网，单机容量为 100MW 左右的机组一般宜直接接入 220kV 电压级电网。单机容量的确定还应与全系统的容量联系起来，接入系统的单机容量一般不宜大于全系统容量的 1/10 ～ 1/8，这是考虑到在机组检修或事故条件下失去最大单机容量的一台机组不致影响全系统的频率稳定，从分析的角度可以将被接入的系统分为两种情况：无限大系统与有限大系统。

1. 无限大系统情况

我们已经谈及从安全运行方面考虑接入系统的单机容量不宜过大，这样系统母线的频率将会维持恒定。在一些情况下发电机的励磁调节对系统母线电压的影响也可忽略，这样的系统母线称之为无限大功率母线。该母线的电压相量通常落后于机端母线电压相量，且电压值一般小于机端母线电压。在图 5-2 中机端母线电压相量为 $\dot{U}$，我们将修改图 5-2(a)并新增系统母线电压相量 $\dot{U}_s$。$\dot{U}$ 与 $\dot{U}_s$ 相差一电压降，即

$$\dot{U}_s = \dot{U} - \mathrm{j}\dot{I}x_e \tag{5-13}$$

式中，$x_e$ 为网络电抗。它通常包含升压变压器电抗及线路电抗等。

现在用 $x_{d\Sigma}=x_d+x_e$ 代替 $x_d$，用 $x_{q\Sigma}=x_q+x_e$ 代替 $x_q$，修改图 5-2(a)成为图5-8。

由式(5-8)及(5-9)，类似地凸极发电机接入系统后，在系统母线 $\dot{U}_s$ 上测量到的电磁功率表达式修正为

$$P = \frac{E_q U_s}{x_{d\Sigma}}\cos\delta_s + \frac{U_s^2}{2}\left(\frac{1}{x_{q\Sigma}} - \frac{1}{x_{d\Sigma}}\right)\sin 2\delta_s \tag{5-14}$$

$$Q = \frac{E_q U_s}{x_{d\Sigma}}\cos\delta_s + \frac{U_s^2}{2}\left(\frac{1}{x_{q\Sigma}} - \frac{1}{x_{d\Sigma}}\right)\cos 2\delta_s - \frac{U_s^2}{2}\left(\frac{1}{x_{q\Sigma}} + \frac{1}{x_{d\Sigma}}\right) \tag{5-15}$$

一个典型的220kV、200km的传输网络连接一水力发电厂与受端系统，其中发电机电抗的相对数值达到系统总电抗的2/3。

2. 有限大系统情况

发电机接入系统，该系统为有限大容量的情况则是属于通常的情况。在发电机向系统输送功率时如何确定发电机端母线的电压是感兴趣的问题。这时机端母线并非无限大母线，因为系统阻抗不为零。此时系统可用戴维南(Thevenin)定理等值为一等效电源 $\dot{E}_{sys}$ 及一等效电抗 $x_{sys}$。于是系统图可描绘如图5-9所示。

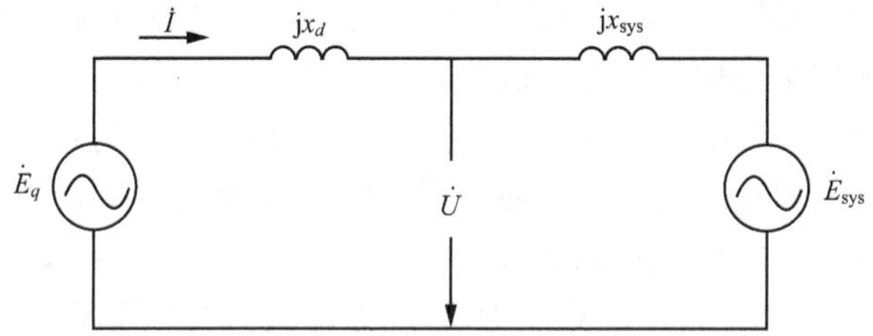


图5-9　发电机与有限大系统连接

假定系统是如此之大，以致系统等值电源电势 $\dot{E}_{sys}$ 不会受到发电机端电压 $\dot{U}$ 的影响，并设发电机输出至系统的有功功率 $E_{sys}I\cos\varphi$ 保持不变，则发电机端电压被规定为

$$\dot{U}=\dot{E}_{sys}+j\dot{I}x_{sys} \tag{5-16}$$

图5-10表示在等值电势 $\dot{E}_{sys}$ 恒定及发电机向系统输出有功功率一定的条件下，调节发电机的励磁电流，会得到不同的发电机母线电压值。在图5-10(a)中，发电机的励磁电流较小，因而 $E_q$ 值较低，电流 $\dot{I}$ 领先于 $\dot{E}_{sys}$，发电机从系统吸收无功功率；在图5-10(b)中，发电机的励磁电流接近于额定值，$E_q$ 值稍大，电流 $\dot{I}$ 与 $\dot{E}_{sys}$ 同相，发电机既不向系统供给无功功率，也不从系统吸收无功功率；在图

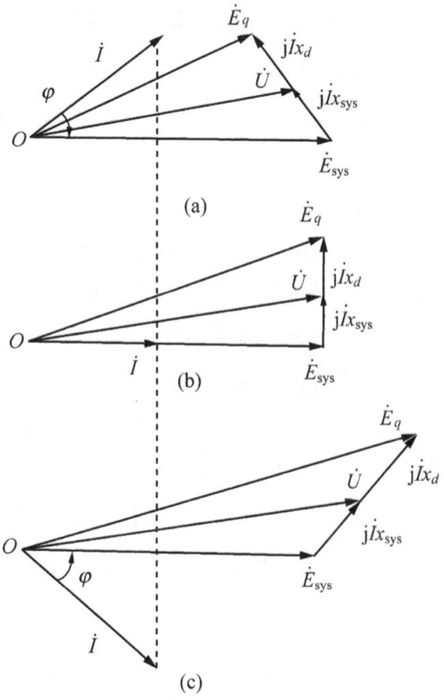


图5-10　发电机相量图

5-10(c)中，发电机励磁电流值较高，$E_q$ 值较大，电流 $\dot{I}$ 落后于 $\dot{E}_{sys}$，发电机向系统供给无功功率。可见，当增加发电机母线电压时，就意味着发电机输出至系统的无功功率增加。用调节励磁的方法可以控制发电机母线电压和产生无功功率。

## 五、发电机组的运行限额

同步发电机组按其设计的最佳工况运行时称为额定工况，表明额定工况的额定参数包括电压、定子电流、容量、功率因数、转子电流、长期容许温度和冷却介质温度等。例如，额定容量是指在一定的冷却介质(空气、氢或水)的温度下，在定子绕组、转子绕组和铁芯长期容许发热温度的范围内发电机组连续容许发出的功率。当工作条件与额定条件偏离时发电机的容许出力应作相应的调整。

发电机组在额定工况下运行时，损耗小，效率高，转矩均匀，所以应尽量在接近额定工况下运行。但在运行中时常要根据实际情况调整各参数，如根据预先制定的负荷曲线来调整有功负荷和无功负荷，但须注意各参数不应超过允许范围。对于汽轮发电机组，为防止过度的热应力，须注意对负荷上升速度的限制。

在稳态运行条件下，发电机组的容许运行范围由下述的一些条件所决定：

① 定子绕组温升约束。定子绕组温升由定子绕组电流决定，在额定电压下，也就是由发电机的额定视在功率所决定。

② 励磁绕组温升约束。励磁绕组温升由励磁绕组电流所决定，也就是由发电机的空载电势所决定。

③ 原动机输出功率约束。原动机的额定功率通常等于发电机的额定有功功率。

④ 进相运行时的静态稳定条件及定子端部温升的约束。

当高压和超高压线路处于轻负荷时，由于线路电容电流大于线路电感电流，线路产生无功功率，导致线路及变电所母线电压升高(见第四章)。利用发电机进相运行可以吸收剩余的无功功率，抑制稳态电压升高。在前面“励磁调节效应”一节已经讨论过当满足欠励磁条件时，发电机即从迟相运行转为进相运行，从产生滞后的无功功率转为吸收滞后的无功功率。空载电势(励磁电流)越小，从系统吸收的无功功率越大，功角 $\delta$ 也越大。在进相运行时，容许吸收的无功功率及容许发出的有功功率决定于静态稳定极限。当原动机转矩的增加使功角 $\delta$ 达到 90°附近时，传输崩溃，发电机失步。对隐极机而言极限功率可由式(5-4)、(5-5)取 $\delta=90°$ 时得到，此时

$$P = E_q U / x_d, \quad Q = -U^2 / x_d$$

失步点相量图如图 5-11 所示。

发电机进相运行时，容许出力的另一个更为苛刻的限制因数是端部漏磁引起的发热。端部漏磁合成磁通由定子磁动势和转子磁动势引起。由于气隙磁阻大，所以只有一小部分转子磁通进入定子端部。在电枢反应磁动势产生的磁通大小一定时，随着发电机由迟相运行转为进相运行，且功率因数绝对值不断变低时，由定子端部漏磁与转子端部漏磁的合成磁通不断增大，在定子端部感应涡流，致使定子端部发热愈趋严重，在此时允许运行的功率需经运行试验确定。当采用非磁性钢性转子护环、铜板屏蔽、开槽分割(限制涡流通路)等措施后，可降低进相运行时的端部温升，从而提高容许功率。

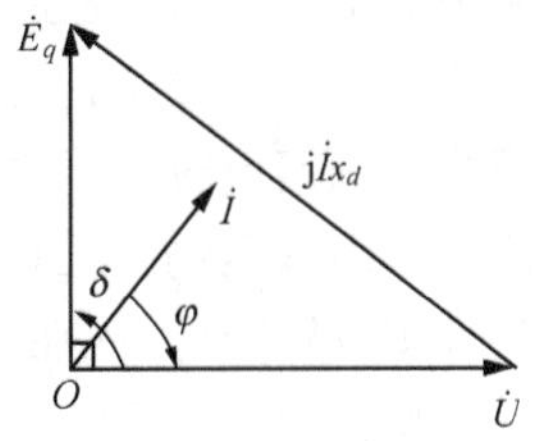

图 5-11　失步点相量图

发电机组的运行限额常用 $P$-$Q$ 图表示，以下叙述 $P$-$Q$ 图的绘制方法。

1. 隐极式发电机组的 $P$-$Q$ 图

按发电机组的额定工况绘制相量图如图 5-12(a)所示。然后对该图中的所有相量乘以 $U_N/x_d$，如图 5-12(b)所示。则该图中的 $OA$ 就代表额定视在功率 $S_N$，$OC=OA\cos\varphi_N$，$OB=OA\sin\varphi_N$，从而 $OC$、$OB$ 分别代表发电机的额定有功功率 $P_N$ 和额定无功功率 $Q_N$。若以 $O$ 为圆心，$OA$ 为半径作一圆弧交 $P$ 轴于 $C'$，交 $Q$ 轴于 $D'$，则 $C'AD'$ 体现了定子电流约束；以 $O'$ 为圆心、$O'A$ 为半径作圆弧 $AD$ 交 $Q$ 轴于 $D$，则 $AD$ 体现了转子电流约束；从 $A$ 作平行于 $Q$ 轴的直线 $ACE$ 交 $P$ 轴于 $C$，则 $ACE$ 体现了原动机额定功率的约束；虚线 $EF$ 由运行试验决定，它体现了发电机端部发热的约束。可见，隐极发电机的运行极限表示为 $DAEF$ 所包围的面积。发电机发出的有功功率和无功功率对应的运行点位于该面积内时，机组可以保证安全运行。

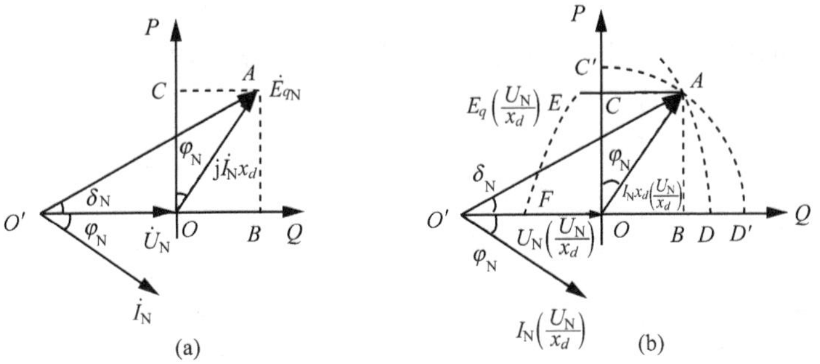

图 5-12　隐极发电机组的运行限额

(a)相量图　(b)$P$-$Q$ 图

同时可见，运行点 $A$ 为额定工况点。发电机只有在额定电压、额定电流、额定功率因数下运行时，视在功率才能达到额定值，其容量才能得到最充分的运用。在滞后额定功率因数运行时，转子电流约束具有支配性地位，此时发电机发出的有功功率小于额定值时，它所发出的无功功率允许稍大于额定无功功率 $Q_N$；在超前于额定功率因数但仍属迟相运行时，发电机发出的有功功率达到额定值，但发出的无功功率则有所降低，视在功率低于额定值；进相运行区为 $CEFO$，最大允许吸收的无功功率正比于 $OF$，受端部发热限制。$OO'$ 代表 $-U_N^2/x_d$，对应于电机无励磁运行即 $E_q=0$ 时该电机所吸收的无功功率。同时看出

$$OC = O'A\sin\delta_N = P_N,\quad OB = O'B - O'O = \frac{E_qU_N}{x_d}\cos\delta_N - \frac{U_N^2}{x_d} = Q_N$$

2. 凸极发电机的 $P$-$Q$ 图[1]

凸极发电机的 $P$-$Q$ 图的绘制与隐极发电机 $P$-$Q$ 图的区别在于励磁绕组温升的约束部分，其余两者相同。

按发电机组额定工况绘制相量图如图 5-13(a)所示，其中矢量 $OA$、$OG$ 分别代表电压降落 $j\dot{I}_Nx_d$、$j\dot{I}_Nx_q$。当图中所有相量乘以 $U_N/x_d$ 以后，$OC$、$OB$ 仍分别代表额定有功功率及额定无功功率。但空载电势 $E_q$ 的端点在 $H$ 而不在 $A$。$O'H$ 不能直接投影到 $P$、$Q$ 轴上寻找其投影与 $P_N$ 和 $Q_N$ 的关系。为此，从 $A$ 作直线 $AI$ 平行于 $O'H$ 交 $Q$ 轴于 $I$，以 $IO'$ 为直径，$O''$ 为圆心作半圆交 $AI$ 于 $J$，由于 $OA/OG=OI/OO'=x_d/x_q$，而 $OO'$ 的长度等于 $U_N^2/x_d$，由于 $JA/\!/O'H$，$JO'/\!/AH$，所以 $JA=O'H$，则 $\triangle JAB'$ 可用以确定由励磁电流额定值所决定的约束。当功角变化时 $O'H$ 以及与之平行的 $IA$ 的斜率应具有相同的变化，并应保持 $JA$ 变化后的长度不变，如图 5-13(b)所示，应从 $I$ 作若干斜线交 $O''$ 半圆于 $J'$，$J''$，$J'''$，…，并在 $IJ'$，$IJ''$，$IJ'''$，…的延长线上截取 $J'H'=J''H''=J'''H'''=\cdots=E_{qN}\left(\frac{U_N}{x_d}\right)$，连接 $H$，$H'$，$H''$，$H'''$，…，形成的曲线 $AD$ 即为由励磁绕组温升所决定的约束。

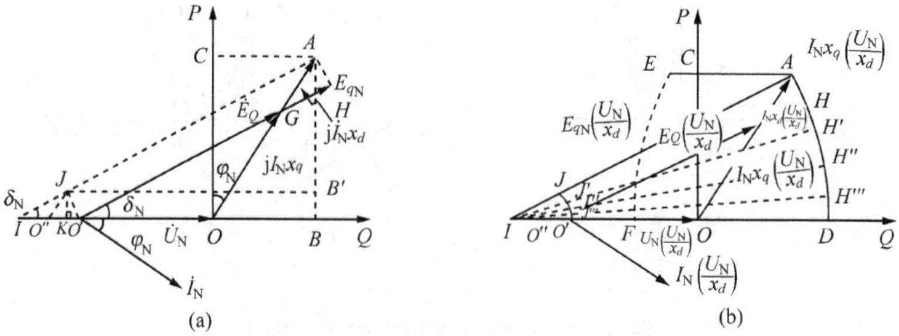


图 5-13　凸极发电机组的运行极限[1]

(a) 相量图　(b) $P$-$Q$ 图

# 第二节　发电机的暂态参数与行为

在稳态运行时发电机可用同步电抗和稳态激磁电势来代表，在暂态过程中同步发电机的参数和等值电路与稳态时是不相同的，暂态过程亦称过渡过程，多数情况下是由于下述典型形式的扰动所引发：

① 网络元件的快速变动或者在网络中发生故障如短路等；

② 快速的负荷变化。

本节所阐述的暂态现象分析基于线性磁路的假设即忽略饱和效应并认为所有的扰动具有三相对称性质，这种分析方法实质上反映同步发电机定子回路受到扰动后只受到突然出现的故障电流的周期分量的影响而暂时不考虑故障电流的非周期分量的作用，为了寻找在短路瞬间不发生突变的电势及相应的电抗代表电机，须从分析电机内部各个磁通及磁链在暂态过程中的相互影响着手，并从物理概念引出有关的暂态电抗、暂态电势、相关等值电路以及暂态功率公式。

## 一、同步发电机的暂态电抗与暂态电势(略去转子漏磁)

考虑凸极发电机带有感性负载，在 $d$ 轴线上有两个闭合绕组即激磁绕组和定子绕组，暂时假设无阻尼绕组。在稳态运行时，在转子的 $d$ 轴线方向上将具有下列磁通：由励磁电流产生的磁通 $\varphi_{ff}$，它包括穿过空气隙的有用磁通 $\varphi_{fd}$ 和转子漏磁通 $\varphi_{f\sigma}$；由定子电流产生的磁通包括电枢反应磁通 $\varphi_{ad}$ 及定子漏磁通 $\varphi_{\sigma}$，这些磁通的分布如图 5-14。当发电机定子回路发生短路时，所有这些磁通都会发生变化。在发生短路时的瞬间发电机的状态可用磁链守恒原理来分析。当电路运行情况发生突变时，在突变的一瞬间，穿链绕组的磁通保持不变，它只能以后平滑变化而趋向于它的新稳态值，如果一个绕组有好几个穿链着的磁通，那么磁链守恒原理并不对每一分量而是对全部磁链的总和而言。

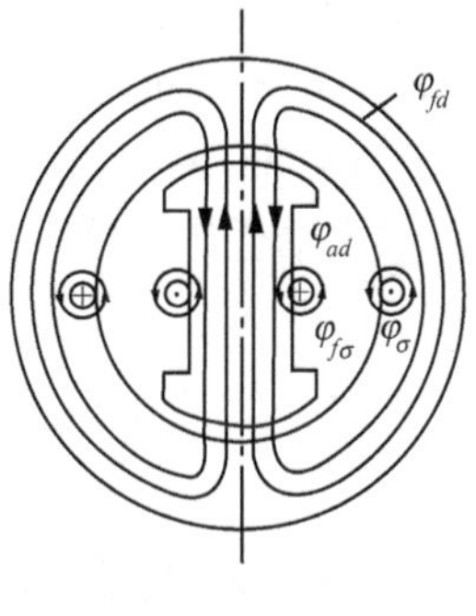

图 5-14　无阻尼绕组电机在纵轴方向的磁通

现在假定略去转子漏磁，发电机在稳态下穿链激磁绕组的总磁通 $\varphi_f$ 就等于穿过空气隙的有用磁通 $\varphi_{fd}$ 与电枢反应磁通 $\varphi_{ad}$ 之代数和($\varphi_{ad}$ 与 $\varphi_{fd}$ 的方向相反)，即

$$\varphi_f = \varphi_{fd} - \varphi_{ad} \tag{5-17}$$

当发电机定子回路发生短路瞬间，定子绕组产生了短路电流，该短路电流产生了电枢反应磁通 $\Delta\varphi_{ad}$。这一突然出现的 $\Delta\varphi_{ad}$ 将穿链激磁绕组，根据磁链守恒原

理,激磁绕组的磁链是不能突变的,因此,在激磁绕组中必感应出一自由电流产生 $\Delta\varphi_{fd}$,$\Delta\varphi_{fd}$ 的方向与 $\Delta\varphi_{ad}$ 相反,数值与 $\Delta\varphi_{ad}$ 相等。这样,短路刚开始一瞬间穿链激磁绕组的总磁通 $\varphi'_f$ 就和短路前一样,保持不变。

刚短路时激磁绕组中的电流所产生的磁通为 $\varphi_{fd}+\Delta\varphi_{fd}$,$\varphi_{fd}$ 为短路前激磁绕组中的电流所产生的磁通,$\Delta\varphi_{fd}$ 为刚短路后由激磁绕组中自由电流所产生的磁通。刚短路后穿链激磁绕组的总磁通为

$$\varphi'_f = \varphi_{fd} + \Delta\varphi_{fd} - \varphi_{ad} - \Delta\varphi_{ad} \tag{5-18}$$

由于

$$\Delta\varphi_{fd} = \Delta\varphi_{ad} \tag{5-19}$$

故

$$\varphi'_f = \varphi_{fd} - \varphi_{ad} = \varphi_f \tag{5-20}$$

刚好和短路前穿链激磁绕组的总磁通相等。所以刚短路时电枢反应 $\Delta\varphi_{ad}$ 完全被 $\Delta\varphi_{fd}$ 抵消了,电枢反应完全没有表现出来。空气隙中的磁通 $\varphi_\delta$($\varphi_\delta=\varphi_{fd}-\varphi_{ad}$)也保持不变。

稳态运行时,发电机的同步电抗等于定子漏抗与电枢反应电抗之和,即

$$x_d = x_\sigma + x_{ad} \tag{5-21}$$

式中,$x_{ad}$ 为电枢反应电抗,它是定子与转子间的互感抗,与电枢反应磁通 $\varphi_{ad}$ 相对应。$x_\sigma$ 为定子漏抗,与定子漏磁通 $\varphi_\sigma$ 相对应。在刚才讨论的条件下,电枢反应并没有表现出来,因此,此时的电机的电抗只体现出定子的漏抗部分。这个电抗称为电机的"$d$ 轴暂态电抗"$x'_d$,在忽略转子漏磁时,它等于定子漏抗

$$x'_d = x_\sigma \tag{5-22}$$

在 $q$ 轴,因无阻尼绕组,暂态时的情况与稳态时相同,故 $q$ 轴的电抗仍为稳态值

$$x_q = x_\sigma + x_{aq} \tag{5-23}$$

式中,$x_{aq}$ 为 $q$ 轴电枢反应电抗。

当考虑电机的电势时通常要与绕组的磁链联系起来。对式(5-17)两端同乘以激磁绕组的匝数 $w_f$,则有

$$\Psi_f = \Psi_{fd} - \Psi_{ad} \tag{5-24}$$

式中,$\Psi_f$ 为穿链激磁绕组的总磁链。

$\Psi_{fd}$ 为激磁电流所产生的有效磁链。$\Psi_{fd}=w_f\varphi_{fd}=i_f x_f$,$x_f$ 为激磁绕组的自感抗。对标幺制而言,设 $\omega=1$,则 $x_f=\omega L_f=L_f$,$L_f$ 为激磁绕组的自感。

$\Psi_{ad}$ 为穿过激磁绕组的电枢反应磁链,$\Psi_{ad}=i_d x_{ad}$。故由(5-24)则有

$$\Psi_f = i_f x_f - i_d x_{ad} \tag{5-25}$$

为分析方便起见,将转子侧的量 $i_f$ 及 $\Psi_f$ 分别转换为定子侧的实用变量 $E_q$ 及 $E'_q$,设电势和磁链标幺值相等,于是引入等效实用变量

$$E_q \equiv i_f x_{ad}, \quad E'_q \equiv \Psi_f$$

式中，$E_q$ 即为前述的电机($q$ 轴)空载电势，$E'_q$ 称为电机($q$ 轴)的暂态电势。

在定子回路发生短路的瞬间，$E_q$ 是一突变量，故在暂态过程中用起来并不方便。将磁链守恒定则应用于激磁绕组，则 $\Psi_f$ 是一个短路前后不变的量，因而 $E'_q$ 在故障前后一瞬间不变，故在暂态过程中用起来很方便。

将 $E_q$、$E'_q$ 代入式(5-25)则有

$$E'_q = E_q - i_d x_{ad} \tag{5-26}$$

对式(5-26)进行变换

$$E'_q = E_q + i_d x_\sigma - i_d(x_{ad} + x_\sigma) \tag{5-27}$$

将式(5-21)、(5-22)代入式(5-27)，故有

$$E'_q = E_q - i_d x_d + i_d x'_d \tag{5-28}$$

因为 $u_q = E_q - i_d x_d$，$u_q$ 为定子端电压 $d$ 轴线分量，故有

$$E'_q = u_q + i_d x'_d \tag{5-29}$$

式(5-29)称为同步机 $q$ 轴暂态电压方程。对应的同步机稳态电压方程为

$$E_q = u_q + i_d x_d$$

## 二、同步发电机的暂态电抗与暂态电势(计入转子漏磁)

现在计入转子漏磁求同步机的 $d$ 轴暂态电抗。令 $\varphi_\delta$ 代表发电机在稳态下(定子回路短路前)气隙中的磁通，它等于由激磁电流所产生的穿过空气隙中的有用磁通 $\varphi_{f\delta}$与电枢反应(感性负载)磁通 $\varphi_{ad}$之代数和，即

$$\varphi_\delta = \varphi_{fd} - \varphi_{ad} \tag{5-30}$$

在上述情况下穿链激磁绕组的总磁通 $\varphi_f$ 为穿链气隙的有用磁通 $\varphi_{fd}$，激磁绕组的漏磁通 $\varphi_{f\sigma}$与电枢反应磁通 $\varphi_{ad}$之代数和，即

$$\varphi_f = \varphi_{fd} + \varphi_{f\sigma} - \varphi_{ad} \tag{5-31}$$

当发电机定子回路发生短路时，电枢反应磁通 $\Delta\varphi_{ad}$ 出现了。它穿入激磁绕组，激磁绕组就感应出一个自由电流，将 $\varphi_{fd}$ 变为 $\varphi_{fd} + \Delta\varphi_{fd}$ 及将 $\varphi_{f\sigma}$ 变为 $\varphi_{f\sigma} + \Delta\varphi_{f\sigma}$，从而使激磁绕组的磁通在短路前后一瞬间维持不变。令短路后初瞬激磁绕组的总磁通为 $\varphi'_f$，则有

$$\varphi'_f = \varphi_{fd} + \Delta\varphi_{fd} + \varphi_{f\sigma} + \Delta\varphi_{f\sigma} - \varphi_{ad} - \Delta\varphi_{ad} = \varphi_f \tag{5-32}$$

由式(5-31)、(5-32)可得

$$\Delta\varphi_{fd} + \Delta\varphi_{f\sigma} = \Delta\varphi_{ad} \tag{5-33}$$

由式(5-33)可见，有用磁通 $\varphi_{fd}$ 的增量和转子漏磁通 $\varphi_{f\sigma}$ 的增量共同把电枢反应磁通 $\varphi_{ad}$ 的增量在激磁绕组内抵消了。

空气隙中的磁通 $\varphi_\delta$ 则不能维持恒定，它变小了。这是因为只有 $\Delta\varphi_{fd}$ 帮助它抵消电枢反应磁通的增量 $\Delta\varphi_{ad}$，而 $\Delta\varphi_{f\sigma}$ 不进入空气隙中，$\Delta\varphi_{fd}$ 又比 $\Delta\varphi_{ad}$ 小的缘故。令短路后初瞬空气隙中的磁通为 $\varphi'_\delta$，则有

$$\varphi'_\delta = \varphi_{fd} + \Delta\varphi_{fd} - \varphi_{ad} - \Delta\varphi_{ad} \tag{5-34}$$

将式(5-33)及(5-30)依次代入式(5-34)，则有

$$\varphi'_\delta = \varphi_{fd} + (\Delta\varphi_{ad} - \Delta\varphi_{f\sigma}) - \varphi_{ad} - \Delta\varphi_{ad} = \varphi_\delta - \varphi_{f\sigma} \tag{5-35}$$

可见，空气隙中的磁通比短路前小了 $\Delta\varphi_{f\sigma}$，$\Delta\varphi_{f\sigma}$ 是 $\Delta\varphi_{ad}$ 的一部分，空气隙中的磁通小了 $\Delta\varphi_{ad}$ 的一部分，表明在计入转子漏磁以后，电机突变后一瞬间电枢反应发挥了一部分。因此，发电机的电抗，除定子漏抗外，还应包含电枢反应电抗的一部分，故有

$$x'_d = x_\sigma + \sigma x_{ad}$$

式中，$\sigma$ 是一个小于 1 的比例系数。

在空气隙中没有抵偿的电枢反应磁通为

$$\Delta(\Delta\varphi_{ad}) = \Delta\varphi_{f\sigma} = \frac{\varphi_{f\sigma}}{\varphi_{ff}}\Delta\varphi_{ad}$$

即

$$\frac{\Delta(\Delta\varphi_{ad})}{\Delta\varphi_{ad}} = \frac{\varphi_{f\sigma}}{\varphi_{ff}}$$

故

$$\sigma = \frac{\Delta(\Delta\varphi_{ad})}{\Delta\varphi_{ad}} = \frac{\varphi_{f\sigma}}{\varphi_{ff}}$$

即系数 $\sigma$ 等于转子的漏磁通对激磁电流所生总磁通的比值。因此，$d$ 轴暂态电抗可写为

$$x'_d = x_\sigma + \frac{\varphi_{f\sigma}}{\varphi_{ff}} x_{ad}$$

因为

$$\frac{\varphi_{f\sigma}}{\varphi_{ff}} = \frac{x_{f\sigma}}{x_f}$$

故有

$$x'_d = x_\sigma + \frac{x_{f\sigma}}{x_f} x_{ad} \tag{5-36}$$

或

$$x'_d = x_\sigma + \frac{x_{f\sigma} x_{ad}}{x_{f\sigma} + x_{ad}} \tag{5-37}$$

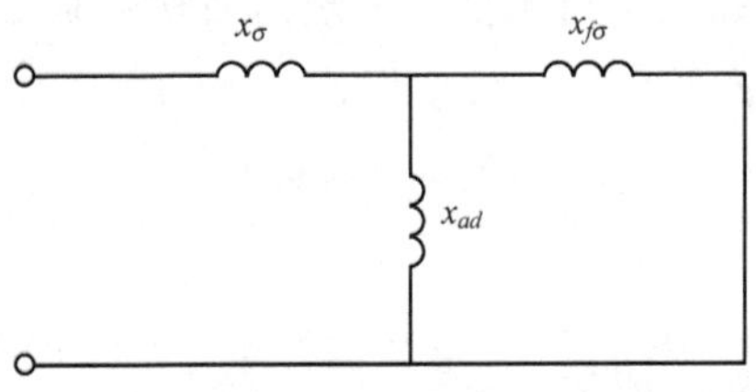

图 5-15　$x'_d$ 的等值电路

式中，$x_{f\sigma}$、$x_f$ 分别为对应于 $\varphi_{f\sigma}$、$\varphi_{ff}$ 的转子漏抗及转子总电抗，由式(5-37)可得 $x'_d$ 的等值电路图，如图 5-15 所示，因电抗和磁导成正比，由图 5-15 可见，反应 $x'_d$ 的磁路是由两个并联磁路组成：一是定子漏磁路径，一是气隙（对应于 $x_{ad}$）和激磁绕组的漏磁路径串联的磁路（见随后的图 5-16）。

现对计入转子漏磁情况下求取暂态电势。由式(5-30)～(5-35)可见，在发电机定子回路短路瞬间有用磁通 $\varphi_{fd}$ 及气隙磁通 $\varphi_\delta$ 都将发生突变，以致相关的空载电势及气隙电势都是突变量。必须寻找短路瞬间不发生突变的电势。

对式(5-31)的两端同乘以激磁绕组的匝数 $w_f$，则有

$$\Psi_f = w_f(\varphi_{fd} + \varphi_{f\sigma}) - w_f\varphi_{ad} \tag{5-38}$$

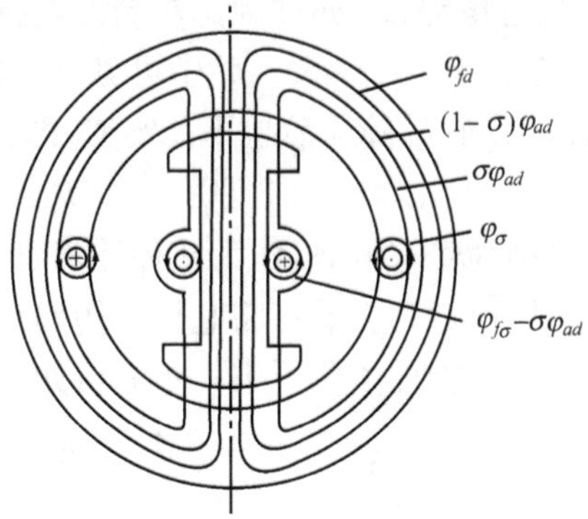


图 5-16　无阻尼绕组同步电机稳态纵轴向磁通的等值分布图

因为 $w_f(\varphi_{fd}+\varphi_{f\sigma}) = w_f\varphi_{ff} = i_f x_f$ 及 $w_f\varphi_{ad} = i_d x_{ad}$，故有

$$\Psi_f = i_f x_f - i_d x_{ad} \tag{5-39}$$

由式(5-39)

$$i_f = \frac{\Psi_f}{x_f} + i_d\frac{x_{ad}}{x_f} \tag{5-40}$$

用 $x_{ad}$ 乘以式(5-40)两端，则有

$$i_f x_{ad} = \Psi_f\frac{x_{ad}}{x_f} + i_d\frac{x_{ad}^2}{x_f} \tag{5-41}$$

将式(5-41)等式两端各减去 $i_d x_d$，则有

$$i_f x_{ad} - i_d x_d = \Psi_f\frac{x_{ad}}{x_f} - i_d\left(x_d - \frac{x_{ad}^2}{x_f}\right) \tag{5-42}$$

在计入转子漏磁情况下引入等效实用变量，

$$E'_q \equiv \Psi_f\frac{x_{ad}}{x_f} \tag{5-43}$$

将式(5-43)代入式(5-42)则有

$$E_q - i_d x_d = E'_q - i_d x'_d \tag{5-44}$$

故有同步机 $q$ 轴暂态电压方程

$$u_q = E'_q - i_d x'_d \tag{5-45}$$

式中，$x'_d$ 称为发电机 $d$ 轴暂态电抗

$$x'_d = x_d - \frac{x_{ad}^2}{x_f} = x_\sigma + x_{ad} - \frac{x_{ad}^2}{x_f} = x_\sigma + \frac{x_{f\sigma}x_{ad}}{x_{f\sigma}+x_{ad}}$$

$q$ 轴暂态电势 $E'_q$ 亦称为 $d$ 轴暂态电抗 $x'_d$ 后的电势。

在式(5-42)～(5-45)中可见，因 $\Psi_f$ 在故障前后不能突变，而 $E'_q$ 与 $\Psi_f$ 成正比，故 $E'_q$ 在故障前后也不能突变，即

$$E'_{q(0_-)} = E'_{q(0_+)}$$

$E'_q$ 虽称为暂态电势，作为一种计算量，它在稳态时就存在。因而可利用短路前的运行情况求得它，然后将它用于短路后的瞬间，从而起到联系短路前后的作用。

$E'_q$ 的物理本质可进一步分析如下：

$$\Psi_f \frac{x_{ad}}{x_f} = (\Psi_{ff} - \Psi_{ad})(1-\sigma) = \Psi_{fd} - (1-\sigma)\Psi_{ad}$$

由于在短路瞬间，$\Delta\Psi_{fd} = (1-\sigma)\Delta\Psi_{ad}$，这就是说，在计入转子漏磁情况下，$\Delta\Psi_{fd}$ 与 $(1-\sigma)\Delta\Psi_{ad}$ 相抵消。$\Delta\Psi_{fd}$ 对应的原始磁链为 $\Psi_{fd}$，$(1-\sigma)\Delta\Psi_{ad}$ 对应的原始磁链为 $(1-\sigma)\Psi_{ad}$。因而可以把 $\Psi_{fd} - (1-\sigma)\Psi_{ad}$ 看成是一种新的气隙磁链，它在短路后瞬间保持不变。参见无阻尼绕组同步电机稳态 $q$ 轴向磁通的等值分布图(图 5-16)。由于 $\Psi_f$、$E'_q$ 在故障瞬间不能突变的性质，可用 $E'_q$ 计算短路后初瞬短路电流的周期分量。

## 三、暂态衰减率

使 $E_{q(0_-)}$ 是发电机定子回路短路前的激磁电势值，短路后初瞬突然上升至 $E_{q(0_+)}$，然后将以时间常数 $T'_d$ 衰减至原来值 $E_{q(0_-)}$。$E'_q$ 在短路前后是不突变的。但随后也将以时间常数 $T'_d$ 衰减至稳态值 $E'_{q(\infty)}$。$E_q$，$E'_q$ 在短路前后的变化曲线如图 5-17 所示，反映了转子回路的暂态过程。

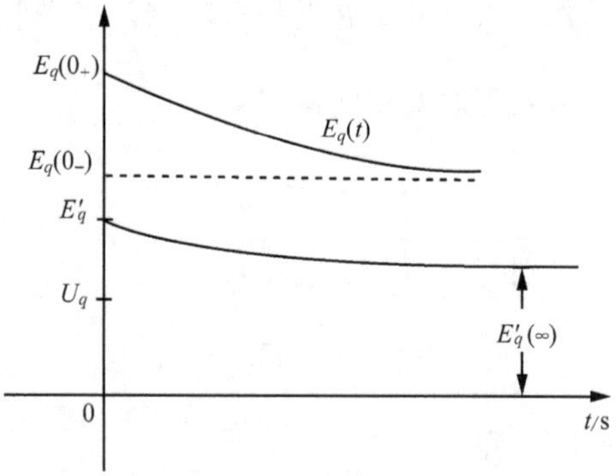


图 5-17　$E_q$、$E'_q$ 衰减曲线

转子磁场绕组具有自感 $L_f$ 和电阻 $r_f$。使 $T_f$ 为激磁绕组自身的时间常数，则

$$T_f = \frac{L_f}{r_f} = \frac{x_f}{r_f} \tag{5-46}$$

$T_f$ 的典型值在 5～10s 范围。$T_f$ 也称为激磁绕组在定子开路时的时间常数(故有时用 $T'_{do}$ 表示)，$T'_d$ 是激磁绕组在定子绕组短路情况下的时间常数。

考虑到转子励磁绕组和定子直轴绕组间存在着变压器关系，可运用这种关系来求取时间常数 $T'_d$。此时，定子回路闭合，励磁绕组中流过直流电流，定子绕组中流过同步频率的交流电流。这时所用等值电路为图 5-18。从转子侧观察，励磁绕组的有效阻抗为

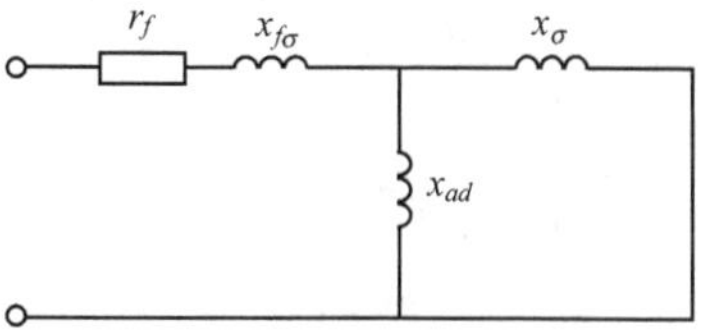


图 5-18　$T'_d$ 的等值电路

$$x_{f\sigma}+\frac{x_\sigma x_{ad}}{x_\sigma+x_{ad}}=x_f\frac{x'_d}{x_d}$$

可见，当定子开路，即 $x_\sigma$ 支路断开，时间常数即为 $T_f$。因而时间常数

$$T'_d=\frac{x_f}{r_f}\times\frac{x'_d}{x_d}=T_f\frac{x'_d}{x_d} \tag{5-47}$$

$T'_d$ 决定了衰减率。有关短路电流周期分量及非周期分量的计算详见第十三章。

## 四、用暂态电势和暂态电抗表示发电机

以发电机的暂态过程为主导的电力系统暂态过程可分为电磁暂态过程和机电暂态过程。

在分析计算电磁暂态(短路电流)时，可近似认为发电机转速保持同步旋转，即不考虑转子运动的变化；在分析机电过程(稳定问题)时对发电机的电磁暂态过程作某些近似简化：如忽略定子暂态过程，只计算定子的正序基波电流，以决定其电磁功率。并对发电机转子回路暂态过程作一定简化，如考虑到暂态电势在电机受干扰的瞬间是不变的。再近似地认为干扰后的一段短时间内，自动励磁调节器可使暂态电势衰减不多，则可用恒定的暂态电势作为发电机的等值电势。

在第一节中，我们曾用空载电势和同步电抗表示发电机，现在改用暂态电势和暂态电抗表示发电机。仍设同步发电机直接和一无限大容量系统的母线相连，分析发电机的功角特性。

发电机在任意暂态过程时的电磁转矩公式为[6]

$$M_e=i_q\Psi_d-i_d\Psi_q \tag{5-48}$$

在忽略阻尼绕组效应时，$\Psi_d$ 为同步机 $d$ 轴上励磁绕组电流 $i_f$ 和等效定子绕组电流 $i_d$ 所生磁链的合成磁链；$\Psi_q$ 为同步机轴上等效定子绕组电流 $i_q$ 所生的磁链。由于 $u_d=-\Psi_q$，及 $u_q=\Psi_d$，故有

$$M_e=u_qi_q+u_di_d=U_dI_d+U_qI_q=P_e \tag{5-49}$$

即取标幺值时，电磁转矩与电磁功率相等。

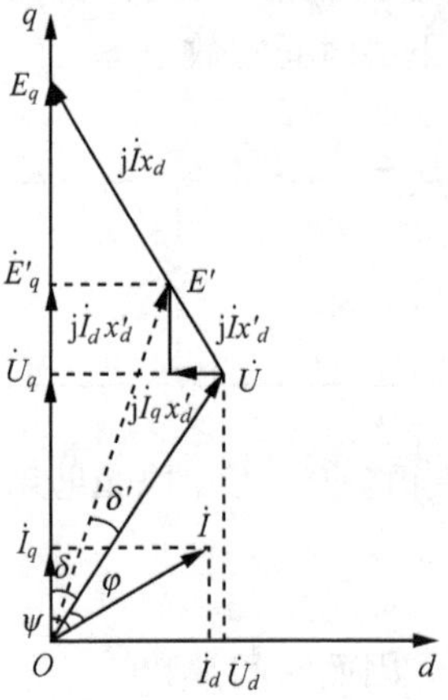


图 5-19　隐极发电机相量图

1. 隐极式同步发电机的功率公式

图 5-19 为隐极发电机的相量图。由该图可见，发电机定子电压方程如下：

$$\left.\begin{aligned} E'_q &= U_q + I_d x'_d \\ 0 &= U_d - I_d x_d \end{aligned}\right\} \tag{5-50}$$

将式(5-50)代入式(5-8)可得隐极机的电磁功率表达式

$$P_{E'_q} = \frac{E'_q U}{x'_d}\sin\delta - \frac{U^2}{2} \times \frac{x_d - x'_d}{x_d x'_d}\sin 2\delta \tag{5-51}$$

可见，在式(5-8)中用 $x'_d$ 取代 $x_d$，用 $E'_q$ 取代 $E_q$，并将 $x_q$ 改为 $x_d$，即成为式(5-51)。如果近似地认为自动励磁调节器能保持 $E'_q$ 不变，则 $P$ 成为 $\delta$ 的单一函数。

由于暂态电势 $E'_q$ 须经 $d,q$ 轴分量的分别计算才能得到，在工程近似计算中还可进一步简化，即用 $x'_d$ 后的电势 $E'$ 代替 $E'_q$，则有

$$P_{E'} = (E'U/x'_d)\sin\delta' \tag{5-52}$$

式中，$\delta'$ 为 $\dot{E}'$ 与 $\dot{U}$ 间的夹角。

2. 凸极式同步发电机的功率公式

图 5-20 为凸极同步发电机的相量图，由该图可见，发电机定子电压方程如下：

$$\left.\begin{aligned} E'_q &= U_q + I_d x'_d \\ 0 &= U_d - I_q x_q \end{aligned}\right\} \tag{5-53}$$

将式(5-53)代入式(5-8)可得凸极机的电磁功率表达式

$$P_{E'_q} = \frac{E'_q U}{x'_d}\sin\delta - \frac{U^2}{2} \times \frac{x_q - x'_d}{x_q x'_d}\sin 2\delta \tag{5-54}$$

由于凸极机的 $x_q$ 常小于隐极机的 $x_d$，故其倍角分量常小于隐极机的相应分量。在式(5-8)中用 $x'_d$ 取代 $x_d$ 和用 $E'_q$ 取代 $E_q$ 即可成为式(5-54)，进一步的简化用 $E'$ 代替 $E'_q$，功率表达式与式(5-52)相同。

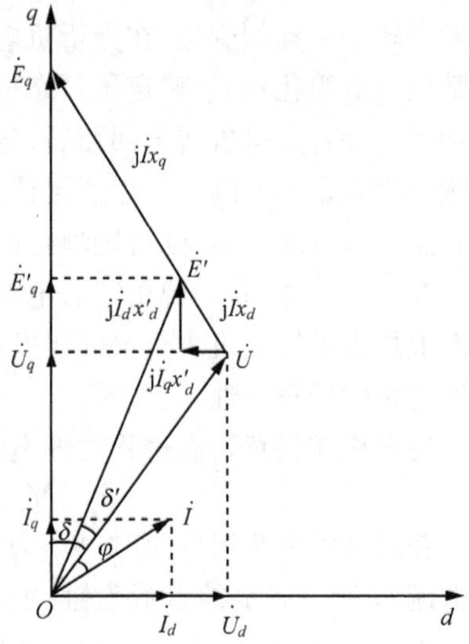


图 5-20　凸极发电机相量图

# 参 考 文 献


1. 陈珩. 电力系统稳态分析. 北京:中国电力出版社,1995
2. 范锡普. 发电厂电气部分. 北京:中国电力出版社,1995
3. 刘万顺. 电力系统故障分析. 北京:水利电力出版社,1986
4. Elgerd O I. Electric Energy Systems Theory, An Introduction. Second Edition. McGraw Hill Book Company, 1982
5. Stevenson W. Elements of Power System Analysis. Third Edition. Mc Graw Hill Book Company, 1975
6. Anderson P M, Fouad A A. Power System Control and Stability. Amess Iowa State University Press, 1977

# 第六章　开 关 电 器

为了满足用户对电力的要求并保证电力系统的安全经济和稳定运行，电力系统中安装了大量的电气设备。按照用途的不同，将所有电气设备分为一次设备和二次设备两种类型，开关电器是一类非常重要的一次设备。

电力系统中不论是正常运行时为改变运行方式而进行设备的投切，还是故障时隔离设备操作均需由开关电器来完成。开关电器性能好坏对电力系统的安全、稳定运行意义重大。电力工作者在设计、使用开关电器时，应该对切断或接通电路过程中，电弧的产生、熄灭的物理过程，各开关电器工作原理，包括灭弧原理及方法等要有所了解。本章讲述电弧产生和熄灭的物理现象及其内在规律，并扼要介绍了目前使用较多的几种主要开关设备。

## 第一节　灭 弧 原 理

机械式开关设备是用触头的位移来开断电路电流的，而在开断过程中当两触头间电压高于20V，通过其间的电流大于100mA时，就会在动、静触头间产生电弧。尽管此时电路连接已被开断，而电路的电流还在继续流通，直到电弧熄灭，动、静触头间隙成为绝缘介质后，电流才真正被开断。触头间电弧的产生在开断或接通电路中是不可避免的，其强度与开断回路的电压高低、电流大小有关，电压越高，开断电流越大，则电弧燃烧越强烈。

电弧究竟是如何产生的，其本质又是什么？

### 一、电弧中带电质点的产生

当切断电路瞬间，动静触头间出现弧光放电，是由于其间的介质迅速游离，存在着一定浓度的带电质点，即带正电荷的离子和带负电荷的电子。如图6-1所示。

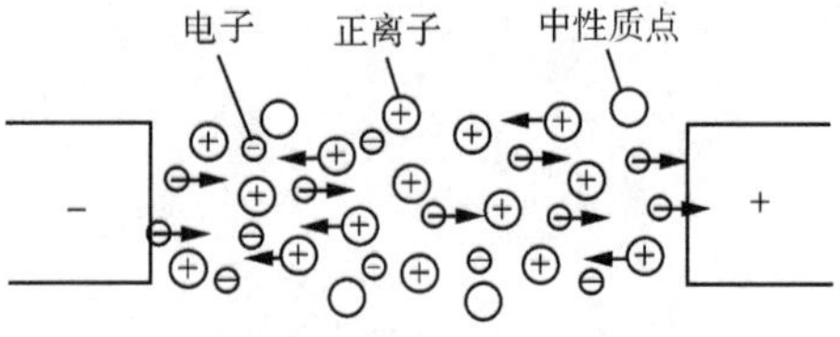


图6-1　电弧中的导电质点运动示意图

触头间电弧燃烧的区域称为弧隙。弧隙中带电质点不断增多的游离过程可以由各种不同途径发生,如强电场发射、碰撞游离、热游离、热电子发射。

1. 强电场发射

在断路器触头分开的最初瞬间,触头电极的表面受到外加电压所形成的强电场的作用,金属电极表面的电子就会在电场力的作用下被拉出,即发生了所谓强电场发射。金属表面发射电子的数量决定于极间电场强度的高低。当电场强度超过$10^7$V/cm时,即使金属表面温度不高,其电子发射量也会显著增加。

2. 碰撞游离

在电场作用下,自由电子获得加速而积累动能,动能大小以电子伏表示。当有一定强度动能的电子撞击到某种气体的中性质点时,可使其间电子被释放出来,游离成正离子和新的自由电子。被撞击的电子和原来的电子又会在电场作用下向阳极做加速运动,获得足够动能后,又将撞击其他中性质点,产生更多的自由电子和正离子,使带电质点浓度迅速增加。这一游离过程即称为碰撞游离。

对于每种气体介质,都有一定水平的游离电位,这是指它被电子撞击而产生自由电子时,电子所必须具有的最小速度,可以用伏来表示。表6-1中列举出几种气体介质的游离电位。

**表6-1 气体介质游离电位**

| 气体 | $H_2$ | $N_2$ | $CO_2$ | H | 金属蒸气 |
|---|---|---|---|---|---|
| 游离电位/V | 15.8 | 16.3 | 14.3 | 13.3 | 7.5 |

由表中数据可见,金属蒸气的游离电位很低,所以碰撞游离会因气体中混有金属蒸气而容易发生。

碰撞游离可以在触头间积聚必要的离子和电子,在它们达到一定的浓度时,触头间有足够大的电导,就会使介质击穿,开始弧光放电。如图6-2所示。

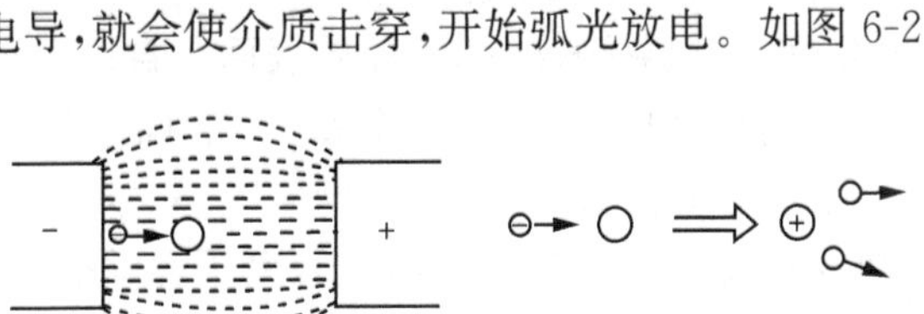


图6-2 碰撞游离

3. 热游离

弧光放电时,弧隙中主要的游离过程是热游离。这是因为在弧光放电后,弧柱中的电位梯度通常只有10～20V/cm,电子的自由行程又因带电质点的增加而减

小到只有 $10^{-4} \sim 10^{-3}$ cm。所以电子不能获得一般气体所需要的游离能，就无法依靠碰撞游离来维持弧隙的带电质点浓度。

在高温下，气体分子和原子热运动加快，它们互相碰撞，在温度足够高时会撞击产生离子和自由电子，这种现象称为热游离。一般气体分子热游离所需温度较高，在 10000K 以上，而金属蒸气则只有 4000～5000K；弧光放电过程，电弧的燃烧向弧隙注入的能量足以维持这一温度，金属电极又在高温下熔化形成金属蒸气，因而得以使热游离过程顺利进行。

4. 热电子发射

在弧光放电过程中，电极表面少数点上有局部较集中的电流，同时因开关触头分离后，触头间接触压力及接触面积逐渐减小，接触电阻也随之增加，会使电极表面有相应高温，从而造成其中的电子获得很大的动能后逸出到周围空间。这种现象称为热电子发射，其强弱程度与阴极的材料及表面温度有关，是气体介质中带电质点产生的主要原因之一。

## 二、电弧间隙的去游离

以上讨论了电弧形成中四种基本的游离方式，而实际上在电弧放电发生后，介质中同时存在着游离与去游离这样两个相反过程。去游离对应的是弧隙中带电粒子(正离子或自由电子)减少的过程，它进行的方式主要有两种。

1. 复合

复合是指带异性电荷的质点相互接触，交换多余电荷而形成中性质点的现象，又称再结合。

实验表明，由于电子与正离子速度相差较大，不易直接结合，去游离中绝大多数复合过程的发生都是由电子先附着在中性介质质点上形成负离子后，再由相对运动速度较小的正、负离子结合生成中性质点。

此外，复合也发生在与电弧接触的固体介质表面。自由电子首先使固体介质表面充电至一负电位，而自由电子和负离子被从这一表面排开，正离子则被吸附到表面上，从而减少了空间自由电荷。

复合的速率与电场强度有关，电场强度越小，离子运动的速度就越小，复合的几率就越大。复合的速率还与带电质点浓度成比例，因而与电弧的温度、截面积有关，温度越低，截面越小，复合越强烈。

2. 扩散

带电质点从弧燃区域逃逸至周围介质中去的过程称作扩散。电弧中扩散主要原因：①弧燃区域与周围介质中带电质点浓度不同；②两区域中温度的不同而引起。弧柱中带电质点不断扩散到介质中，并在介质中发生再结合，使得弧燃区域中导电质点数目减少，发生去游离。

扩散的速率决定于电弧表面上带电质点数目,故与电弧直径成反比。

## 三、电弧的熄灭

电弧中存在的游离与去游离这两个性质相反过程的强弱对比就决定了电弧最终发展趋势,即当游离强于去游离时,电弧就会发生并燃烧激烈;若去游离与游离过程达到平衡,电弧就会稳定燃烧;而在去游离占有优势时,电弧的燃烧即将减弱并最终熄灭。

由此可见,在电弧产生后只要抓住有利时机,采取合理措施去减弱热游离而加强去游离,就将加速促成电弧熄灭。各种开关电器(断路器)正是基于这一原理有效灭弧的。

但因交(AC)、直流(DC)回路中产生的电弧特性上的差异,开关在熄灭这两种电弧的性能上并不完全相同,以下就电力系统中最为常见的交流电弧特性作简单的介绍。

## 四、交流电弧的特性及熄灭

1. 交流电弧的特性

交流电弧是指在开断交流电路中所产生的电弧。它具有以下特点:

(1) 交流电弧存在自然暂时熄弧点

与交流电流特性一样,交流电弧电流每半周期也要过零一次。

电流过零时,电弧自然暂时熄灭,与电弧中去游离程度无关。此后(电流过零后)电弧的发展方向取决于游离与去游离的强弱对比。

因此,在开断交流电路时可以抓住这一有利时机,采取措施促成自然熄灭的电弧不再重燃,以达到事半功倍之效。

(2) 交流电弧有动态伏安特性

由于弧隙电阻的非线性,在一个周期内交流电弧电流与电压间关系随时间变化,如图 6-3 所示。图 6-3(a)为小电流时的电弧伏安特性,此时半周内电弧电压呈马鞍形,$U_r$ 为电弧出现瞬间电压,称燃弧电压(燃弧尖峰);另一电压 $U_h$ 为熄弧电压(熄弧尖峰);图 6-3(b)对应电弧电流较大时的情况,此时电弧电压在半周内变化较小,只是在半周之初和末尾的一个小区间才能观察到电压较大变化,在半周中部,电压变化很小。

交流弧光电压与电流的关系曲线——伏安特性如图 6-4 所示。该图为一个周期内伏安特性曲线。由于交流电弧电流变化较快,弧柱的热惯性作用,使其只存在动态伏安特性。具体特性将随电弧熄灭及各种熄弧条件和措施而变。图中 $A$ 点电压 $U_A$ 对应于燃弧电压,$B$ 点电压 $U_B$ 为熄弧电压,由于交流电弧中热惯性的作用,始终有 $U_A > U_B$。

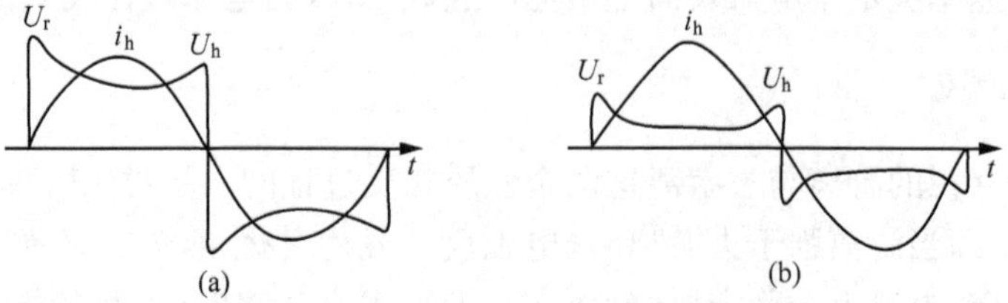


图 6-3　交流电弧电压与电流变化波形图

(a)在小电流时　(b)在大电流时

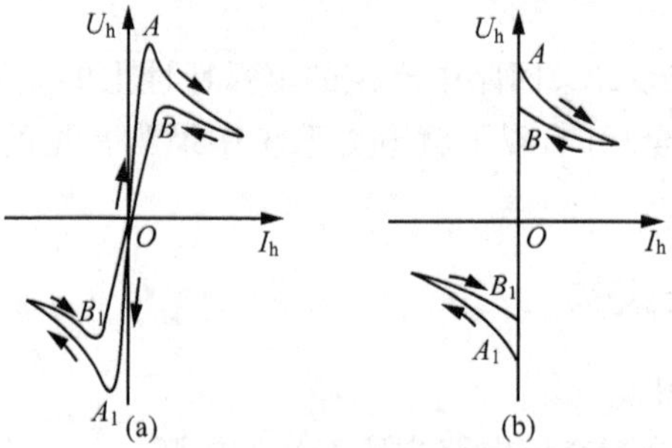


图 6-4　AC 电弧伏安特性

2. 交流电弧的熄灭

交流电弧电流过零时，电弧自然暂时熄灭。此时，弧隙中存在着两个相互联系的过程，即①间隙去游离和介质强度的恢复过程；②弧隙上所承受的电压(恢复电压)的变化过程。

(1) 介质强度恢复过程

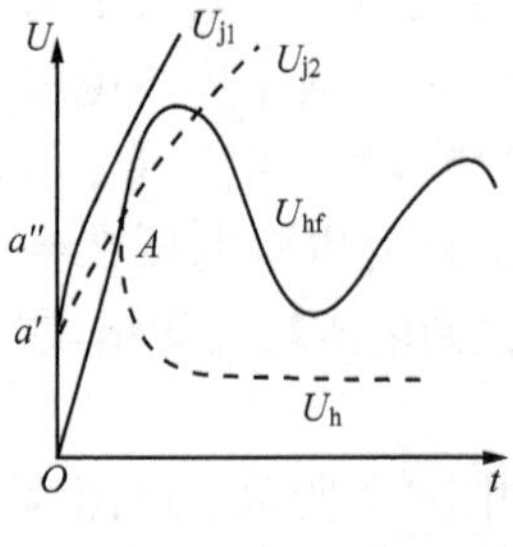


图 6-5　介质强度及恢复电压曲线

(图中 $U_h$，$U_{hf}$ 为恢复电压恢复曲线，$U_{j1}$，$U_{j2}$ 为介质强度恢复曲线)

所谓介质强度是指弧隙中介质所能承受而不被击穿的最大外加电压，即介质的耐压强度，常用耐受电压 $U_d(t)$ 表示。它描述的是弧隙介质绝缘能力由电弧电流过零时的水平恢复至正常状态的过程。

弧隙中介质强度的恢复过程与电弧电流的大小有关，但主要决定于断路器灭弧装置的结构和灭弧介质的性质、电弧的冷却条件等因素。图 6-5 为几种介质强度的恢复过程曲线。注意到，在 $t=0$ 时刻(电流过零时)介质的恢复强度并不为零，而是有一定的数值，即图中 $Oa'$，$Oa''$，对应的电压，称其为介质的起始恢复强度，是由近阴极效应引起的。在电弧电流过零之前，弧隙充满着正离子和电子，在电流过零后弧隙极性发生改变，其间电子立即向新阳极运动，而质量较大的正离子基本不动，使得在新阳极附近积累了一定厚度的电导很低的正电荷离子层，显示出一定的介质强度，一般在150～250V。低压电器在开断电弧时就充分利用了这一特性。

其后$U_d(t)$的变化过程比较复杂，与介质特性、电弧电流大小、触头分离速度、冷却条件等众多因素有关，在高压断路器中就常利用吹弧加强弧柱冷却等方式加速弧隙介质强度的恢复，促进电弧的熄灭。

(2) 恢复电压的变化过程

作为促进电弧熄灭的另一方面措施就是设法降低或限制弧隙恢复电压的大小及其增长速度。

恢复电压的变化过程（图6-5）是指施加于弧隙上的电压由熄弧电压过渡到电源电压的过程，以开关电器触头间电压$U_r(t)$描述。它的分析可借助三相电路（含$R$、$L$、$C$等元件）的电压、电流过渡响应计算实现。研究表明交流电弧恢复电压变化过程$U_r(t)$与线路结构、参数，负荷性质等有关，可能是周期性变化的，也可能呈非周期性变化，包含瞬态恢复电压（在电压恢复过程中，首先出现在弧隙两端的只有过渡性的电压）和工频恢复电压（电弧熄灭后，加在弧隙上的电弧电压稳态值）两部分，前者取决于工频恢复电压的大小、电路中的电阻、电容、电感参数及断路器灭弧特性等。

(3) 交流电弧的熄灭

从上面的讨论可以看出，弧隙中电弧能否熄灭决定于其间介质强度及恢复电压这两个恢复过程的竞争结果，若能采取措施使介质强度恢复的速度、峰值始终大于恢复电压的变化，电弧必将熄灭。即交流电弧熄灭条件为$U_d(t)>U_r(t)$。

## 五、熄灭交流电弧的基本方法

交流电弧熄灭的根本原理在于加强介质强度恢复过程，减弱抑制恢复电压的增长。现代开关电器中广泛采用的灭弧方法有以下几种。

1. 采用新型介质熄弧

电弧中去游离强度在很大程度上取决于电弧周围介质的特性。利用灭弧性能强的新型介质，如$SF_6$、真空介质等可有效加强去游离作用，促进电弧的熄灭。

2. 利用气体或油吹动电弧

这一方法广泛地应用于各种电压等级的开关电器中，尤其是大容量的高压断路器中。其原理是利用压缩空气直接吹动电弧或用变压器油、固体有机物在高温下分解出的气体吹动电弧，使电弧在油或气流作用下冷却，并加速弧隙内的去游离作用，迅速熄灭电弧。按吹动气流的方向的不同，吹弧可分为横吹、纵吹和纵横结合吹弧三种，如图 6-6 所示。

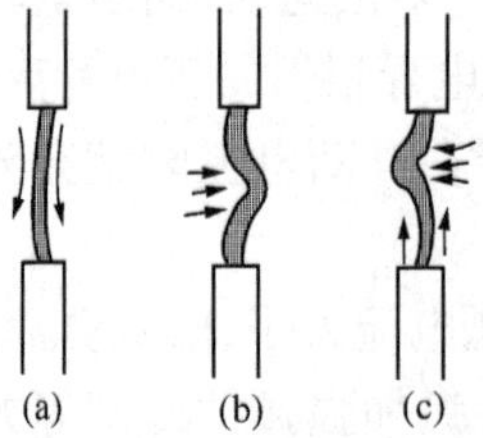

图 6-6　开关电器吹弧方式

(a)纵吹　(b)横吹　(c)纵横结合吹弧

横吹可使电弧冷却并拉长变细，其气流(油流)方向垂直于电弧燃烧中心，比纵吹对电弧冷却作用好。而结合纵、横向吹弧优点的混合吹弧方式、其灭弧效果更好。

3. 采用多断口灭弧

在高压断路器中，为加速电弧的熄灭，往往制成每相有两个或更多断口串联，使每一断口上电压降低，同时它又能增加灭弧过程中触头分离速度，加快弧隙电阻的增长，从而增大介质强度的恢复速度，所以电弧易于熄灭。现代新型高压断路器的积木式结构就是把相同型式的灭弧室串联起来进行工作的。例如，110kV 级的 SW2、SW4 和 SW6 型断路器，每相就由两个断口串联而成。

4. 采用特殊金属材料作为灭弧触头

采用熔点高、导热系数大、耐高温的金属材料作成灭弧触头，可减少游离过程中的金属蒸气，抑制游离作用。

5. 采用并联电阻

在大容量高压断路器中，也常采用弧隙并联电阻来促进灭弧，并联电阻的作用为：①断路器触头两端并联小电阻可抑制电弧燃烧及自然熄弧后恢复电压的变化，有利于电弧的熄灭；②多断口断路器触头上并联高电阻可使断口之间电压分布均匀，充分发挥各断口作用。

6. 其他措施

基于交流电弧熄灭的基本原理，还可以在开关电器灭弧过程中采用固体介质狭缝灭弧，把长弧分成串联短弧以及加快断路器触头分离速度等众多措施，结合具体的开断电路特点加以应用。

## 第二节　高压断路器

电力系统运行方式的改变，故障的隔离及消除，设备的投入和切除等频繁操作，都是通过开关电器来实现的。目前使用的开关电器种类较多，按其功能可分为以下几种：

① 仅用于正常情况下断开或接通正常工作电流的开关设备，如高压负荷开关、低压闸刀开关、接触器和磁力启动器等；

② 仅在故障或过负荷情况下切断或闭合故障电流和过载电流的开关设备，如高低压熔断器；

③ 既能开断或闭合正常工作电流，又能开断、闭合故障电流的开关设备，常见

的有高低压断路器和低压空气开关；

④ 仅用于检修时隔离带电部分的开关电器，主要指隔离开关。

由于功能不同，这些开关设备在结构和用途上也有较大差异。从本节开始将对其中主要几种开关电器的作用型式、特点及应用一一加以叙述。

高压断路器是电力系统中最重要的开关设备，它担负着控制和保护的双重任务。如果断路器不能在电力系统发生故障时开断线路，消除故障，或在调度命令发出后不能完成相应设备的投切，就会造成事故扩大以及生产、检修计划无法顺利实现。因此高压断路器性能的好坏、工作的可靠程度对电力系统的安全运行至关重要，其发展将直接影响到电力系统的发展。

## 一、电力系统对高压断路器的要求

基于高压断路器在系统中所起的重要作用，为保证电力系统的可靠运行，对高压断路器在关合、开断方面提出了一些特殊要求，如：

① 在正常情况下能开断和关合电路。主要指开断和关合负载电流。要考虑开断、关合空载长线或电容器组等电容负荷以及开断空载变压器、高压电动机等小电感负荷的情况。

② 在电力系统发生故障时应以较短时间将故障部分从电力系统中切除，以减轻故障对设备的损害。

③ 应能配合自动重合闸进行多次关合和开断。为提高供电连续性，高压电力系统的线路保护一般都设有自动重合闸，此时要求断路器要在短时间内连续、可靠地关合两次和开断三次短路故障，使其经受严厉考验。

## 二、高压断路器的基本类型

为实现正常及故障情况下电路的开断和关合，断路器必须具有熄灭电弧的能力，否则长时间燃烧的电弧不仅烧毁断路器本身，还会给系统运行带来不堪设想的严重后果。而高压断路器之所以能熄灭电弧在于其结构中有灭弧室。实用于电力系统运行的高压断路器种类较多，其相应灭弧介质、灭弧结构及灭弧原理也不同。

按灭弧介质的不同，断路器可分为：

① 油断路器。指触头在变压器油中开断，利用变压器油为灭弧介质的断路器。如以油为灭弧介质的少油断路器，和以油为灭弧介质及绝缘介质的多油断路器。

② 压缩空气断路器。指利用高压力的空气来吹弧的断路器。吹弧所用的空气压力一般在 1013～4052kPa 范围内。

③ 六氟化硫断路器。指利用高压力的 $SF_6$ 来吹弧的断路器。其压力一般在 1013～1519.5kPa 的范围内。

④ 真空断路器。指触头在真空中开断，以真空为灭弧介质和绝缘介质的断路器。要求真空度在 $10^{-4}$Pa 以上。

⑤ 磁吹断路器。指在空气中由磁场将电弧吹入灭弧栅中使之拉长，冷却而熄灭的断路器。

⑥ 固体产气断路器（简称自产气断路器）。该类断路器利用固体产气物质在电弧高温作用下分解出的气体来熄灭电弧。

按断路器安装地点，又可将其分为屋内式和屋外式两类。必须结合各种断路器各自特点，按具体条件合理选用。

## 三、高压断路器的基本技术参数

高压断路器的性能可用其基本参数来表征。

1. 额定电压 $U_N$

这是保证断路器正常长期工作的线电压（标称电压），以 kV 为单位。按我国现行国标及有关暂行规定，我国断路器的额定电压有 10kV，20kV，35kV，60kV，110kV，220kV，330kV，500kV。

实际运行中，考虑到系统调度需要及供电线路上的电压降落，要求断路器能承受高出其额定电压的实际工作电压，即断路器有个最高工作电压。按国家标准，额定电压在 220kV 及以下的电气设备，其最高工作电压为额定电压的 1.15 倍；对于 330kV 及以上电气设备，规定为 1.1 倍。

2. 额定电流 $I_N$

额定电流是断路器允许长期通过的最大工作电流，以 A 为单位。在长期通过额定电流时，断路器各部分发热温度不超过国家标准。

我国断路器额定电流等级为 200A，400A，600A，（1000A），1250A，1600A，（1500A），2000A，3150A，4000A，5000A，6300A，8000A，10000A，12500A，16000A 及 20000A 等。

断路器额定电流的大小，相应地决定了断路器导电部分和触头的尺寸与结构。

3. 额定开断电流 $I_{Nbr}$

额定开断电流是指在额定电压下断路器能开断而不致妨碍其继续工作的最大短路电流，单位为 kA。它与断路器的工作电压有关，当运行电压低于额定电压时，开断电流允许大于额定开断电流，但不可大于其极限开断电流。额定开断电流是标志断路器开断能力的主要参数，以短路电流周期分量有效值表示。

过去也用断路器的三相额定开断容量来表示高压断路器的开断能力，$S_{Nbr}=\sqrt{3}U_N I_{Nbr}$，而由于断路器灭弧过程中的开断电流与工频恢复电压并非同时产生，所以这一参数并无任何实际物理意义。目前，我国也已取消了这一技术参数。

以上三个参数可以看成断路器额定工况的基本参数。

4. 热稳定电流 $I_{th}$

热稳定电流又称短时耐受电流。它指的是在某一规定的短时间 $t$ 内断路器能耐受的短路电流热效应所对应的电流值，以 kA 为单位。其大小也将影响到断路器触头和导电部分的结构和尺寸。

产品手册上常列出高压断路器的 1s，2s，4s 等热稳定电流。

5. 动稳定电流 $I_{es}$

动稳定电流又称峰值耐受电流，它是断路器在关合位置时能允许通过而不致影响其正常运行的短路电流最大瞬时值，以 kA 为单位。它表征的是断路器承受短路时产生的电动力的冲击能力，以短路电流的第一个半波峰值来表示，决定着断路器的导电部分和绝缘支撑件的机械强度，而且还决定着断路器触头的结构型式。

6. 额定短路关合电流 $I_{Ncl}$

额定短路关合电流是指断路器在额定电压下用相应操动机构所能闭合的最大短路电流，单位为 kA。其数值大小等于动稳定电流，取决于操动机构及导电回路的形式和触头。

以上为高压断路器在故障工况下的耐受参数。

7. 开断时间 $t_{br}$

开断时间是指断路器的操动机构接到分闸指令起到三相电弧完全熄灭为止的一段时间，它包括断路器的分闸时间和燃弧时间两部分。

分闸时间指断路器接到分闸命令起到首先分离相的触头分开为止的一段时间。它主要取决于断路器及其所配操动机构的机械特性。

熄弧时间是指从首先分离相的触头刚分离起到三相电弧完全熄灭为止的一段时间。

断路器的全开断时间越短，越有利于系统的稳定、可靠运行。

8. 合闸时间 $t_{cl}$

处于分闸位置的断路器从接到合闸信号瞬间起到断路器三相触头全接通为止所经历的时间为合闸时间。

以上参数又称为断路器的操作性能参数。

## 四、断路器的型号

断路器的技术参数对描述其工作性能作用重大，要由断路器型号获得对其初步了解，必须首先了解断路器型号命名规则。断路器的铭牌型号为：

$$\boxed{1}\boxed{2}\boxed{3}-\boxed{4}\boxed{5}/\boxed{6}\boxed{7}\boxed{8}$$

其中：$\boxed{1}$——表示断路器的字母代号，有 S—少油；D—多油；Z—真空；K—空气；L—$SF_6$；

2——安装场所代号,N—表示屋内型;W—表示屋外型;

3——设计序列号;

4——额定电压,kV;

5——其他标志,如G—改进型,F—表示分相操作;

6——额定电流,A;

7——额定开断能力(kA或MV·A);

8——特殊环境代号。

如型号为SN—10/3000-750的断路器表示电压为10kV,额定电流为3000A,额定开断容量为750MV·A的少油或屋内型断路器。

## 第三节　隔离开关

隔离开关是一种没有灭弧装置的开关设备。它一般只用来关合和开断有电压无负荷的线路,而不能用以开断负荷电流和短路电流,它需要与断路器配合使用,由断路器来完成关合、开断任务。

### 一、隔离开关的用途与要求

1. 隔离开关用途

作为电力系统中使用得最多的一种电器,隔离开关的主要用途有:

① 将停役的电气设备与带电电网隔离,以形成安全的电气设备检修断口,建立可靠的绝缘回路;

② 根据运行需要换接线路以及开断和关合一定长度线路的交流电流和一定容量的空载变压器的励磁电流。

2. 对隔离开关的特殊要求

为了确保检修工作的安全以及倒合闸操作的简单易行,隔离开关在结构上应满足以下要求:

① 隔离开关在分闸状态时应有明显可见的断口,使运行人员能明确区分电器是否与电网断开,但在全封闭式配电装置中除外;

② 隔离开关断点之间应有足够的距离,可靠的绝缘,在任何状态下都不能被击穿而引起过电压危及工作人员的安全;

③ 具有足够的短路稳定性,包括动稳定和热稳定;

④ 隔离开关应结构简单,动作可靠;

⑤ 带有接地闸刀的隔离开关应有保证操作顺序的闭锁装置,以供安全检修和

检修完成后恢复正常运行。

## 二、隔离开关的典型结构

1. 隔离开关的分类

按安装地点的不同，隔离开关可划分为户内、户外两种。户内隔离开关的型号常用 GN 表示，一般用于 35kV 电压等级及以下的配电装置中。户外隔离开关可用 GW 代号表示，对这类隔离开关考虑到它的触头直接暴露于大气中，故要适应各种恶劣的气候条件。

按绝缘支柱的数目，隔离开关可分为单柱式、双柱式和三柱式三种；按刀闸的运行方式，隔离开关可分为水平旋转式、垂直旋转式、摆动式和插入式四种；按有无接地闸刀，它又可分为带接地刀闸和不带接地刀闸两种。

2. 隔离开关的典型结构

隔离开关的结构形式很多，这里仅介绍其中有代表性的典型结构。

(1) 户内隔离开关

户内隔离开关有三极式和单极式两种，一般为刀闸隔离开关，图 6-7 为一般配电用户内隔离开关的原理图。由图可见，隔离开关的三相共装在同一底架上，分合闸操作由操动机构通过连杆操动转轴完成。同时其闸刀采用矩形铜条，可利用磁锁装置提高开关的动、热稳定度。目前使用的 $GN_2$ 型和 $GN_6$ 型隔离开关结构及外形就属此类。

图 6-8 为工程上广泛采用的 GN—20/13 型隔离开关结构图，常用于发电机、变压器组成的单元接线中，以省去发电机、变压器间装设的断路器，同时又能减少大容量发电机组检修、试验的工作量。该类隔离开关为单极式，由三个完整的单相开关组成，每相含导电部分、对地绝缘支柱绝缘子和底架三部分，并采用电动齿轮减速传动机构进行操作。

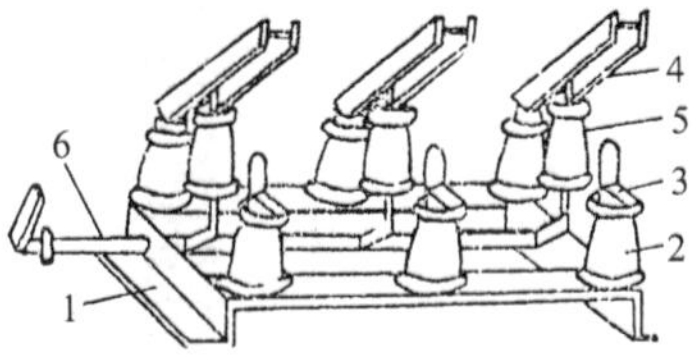

图 6-7　户内配电隔离开关原理图

(2) 户外隔离开关

户外隔离开关有单柱式、双柱式和三柱式三种。由于其工作条件比户内隔离开关差，受到外界气象变化的影响，因而其绝缘强度和机械强度要求较高。

图 6-9 为 Π 形双柱户外隔离开关外形图，型号为 GW4 系列。它的主闸刀固定在绝缘瓷柱顶部的活动出线座上，触头为矩形，外装防护罩，以防雨、冰、雪和灰尘等。图中闸刀位于合闸位置。分合闸操作时，操动机构的交叉连杆带动两个支柱绝缘子向相反方向转动 90°，从而完成操作。这种开关不占上部空间，可采用手动操作或气动操作。

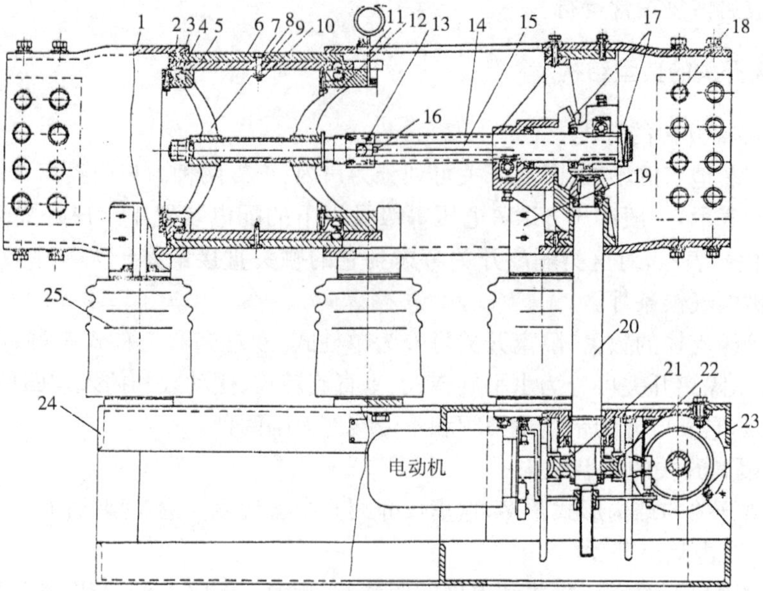


图 6-8　GN—20/13 型隔离开关结构图

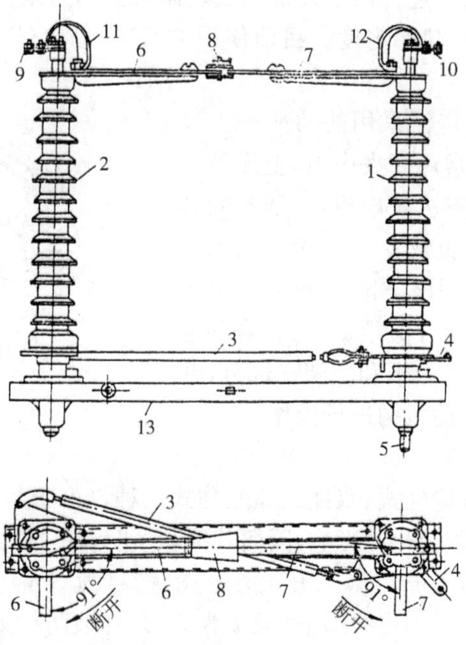


图 6-9　GW4—110/1000 型双柱式隔离开关外形

1、2—支柱绝缘子；3—连杆；4—操动机构的牵引杆；5—支柱绝缘子的轴；6、7—刀闸；8—触头；9、10—接线端子；11、12—挠性连接的导体；13—底座

图 6-10 为国产新型 GW5—110D 型 V 形双柱隔离开关外形，其底座较小，目前在发电厂、变电所中应用较为广泛。开关刀闸分成两半，可动触头成楔形连接。进行操作时，两个棒式绝缘子以相同速度反向转动 90°，使隔离开关开断或接通，有手动、气动两种操动机构，同时为保证检修工作的安全而设置了接地刀闸。

图 6-11 为单柱隔离开关的原理图。这类开关的静触头被独立地安装在架空母线上。可动刀闸安装在瓷柱顶部由操动机构通过传动机构带动，像剪刀一样向上运动，使用该类隔离开关可以显著减少变电所占地，但因结构较复杂，一般只用于 220kV 及以上的超高电压等级中。

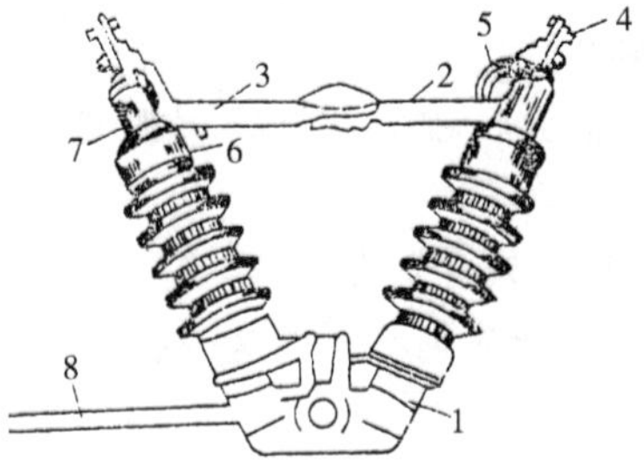


图 6-10　GW5—110D 型隔离开关单极外形图

1—底座；2、3—刀闸；4—接线端子；5—挠性接线导体；6—棒式绝缘子；7—支承座；8—接地刀闸

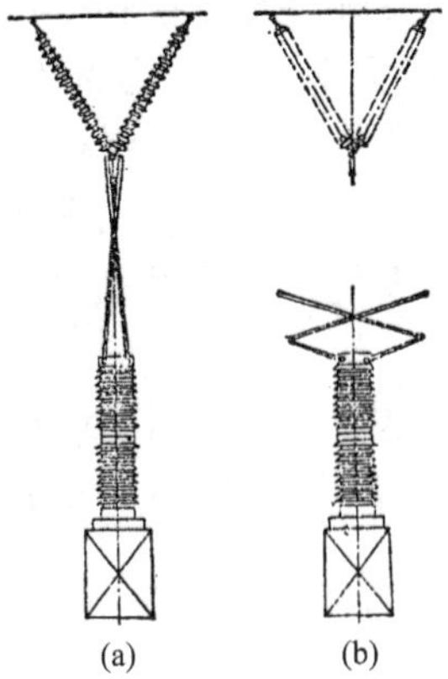


图 6-11　单柱隔离开关原理图

(a)合闸状态　(b)开闸状态

# 第四节　高压负荷开关

负荷开关是带有简单的灭弧装置、用来关合和开断额定电流或小于一定倍数(通常为 3～4 倍)过载电流的开关电器。由于其结构简单，制造容易且价格便宜，故而广泛应用于配电网中，且受到了用户欢迎。

## 一、负荷开关的用途及要求

1. 负荷开关的用途

负荷开关应用于实际电网，其主要任务为：

① 由于它有一定的灭弧能力，因此可用来关合和开断比隔离开关能开断的更大容量的空载变压器和更长的空载输电线。有时也用来关合和开断大容量的电容器组。

② 和熔断器串联构成一体以代替断路器，由负荷开关担任关合和开断小于一定倍数的过载电流，由熔断器担任开断更大的过载电流和短路电流。

即负荷开关可以分、合正常的负荷电流和关合短路电流，但不能作为电路中的保护开关，它必须与具有开断短路电流能力的断路器或熔断器配合使用。一般将负荷开关与高压熔断器相配合，故障电流的开断由熔断器来完成，负荷开关则负责完成正常负荷电流的分合操作。

据国外有关资料介绍，断路器与负荷开关的使用率之比为 1∶5 到 1∶6，以负荷开关来取代常规断路器保护的方案具有断路器不可取代的优点。

2. 负荷开关的基本要求

负荷开关在结构上希望满足下列要求：

① 在分开位置时要有明显可见的间隙。这样，负荷开关前面就无需串联隔离开关，在检修电力设备时只要开断负荷开关即可。

② 要能经受尽可能多的开断次数而无需检修触头和调换灭弧装置的组成元件。

③ 负荷开关虽不要求开断短路电流，但要能关合短路电流，并承受短路电流发热和电动力的作用(对带石英砂熔断器的负荷开关则不要求这一点)。

## 二、负荷开关的类型及其应用

负荷开关的种类很多，按结构可分为油负荷开关、真空负荷开关、六氟化硫($SF_6$)负荷开关、产气式负荷开关、压气式负荷开关；按操作方式分为手动操作和电动操作负荷开关。目前较为流行的是真空负荷开关，这些产品集中使用于配电网中，如环网开关柜中，负荷开关配用熔断器等设备随着我国城网改造工作的推进越来越受到重视。

油负荷开关、真空负荷开关、$SF_6$ 负荷开关有灭弧室固定的容器，其结构形式类似于断路器，但无开断短路电流的能力，其保护的可靠性等性能不及断路器。

(1) 产气式负荷开关

产气式负荷开关类型较多，主要是采用了相应的产气型绝缘材料，在电路电弧开断时，产气材料产生气压，并以一定方向吹动电弧，使电弧拉长而熄灭，从而起到灭弧作用。产气材料产气量的多少，决定于电弧大小及电弧燃弧时间长短，灭弧效果取决于灭弧室的结构。当气压太小时，不能形成足够的吹气效果；若气压太大又会导致灭弧室的损坏。

除了采用产气材料外，产气式负荷开关还在断口处设有特殊灭弧装置。它通常有两个断口，即辅助断口和主断口，主断口为主导电回路，一般不能产生电弧，辅助断口通常是作为灭弧断口。正常时辅助断口不通电流，在开断时主断口分开前辅助断口接通，主断口分开后短时间内辅助断口通过电流，在辅助断口断开时产生电弧，电弧在高温作用下产气材料产气，形成压缩气体，气体通过断口吹灭电弧，完成开断功能。其外形如图 6-12 所示。

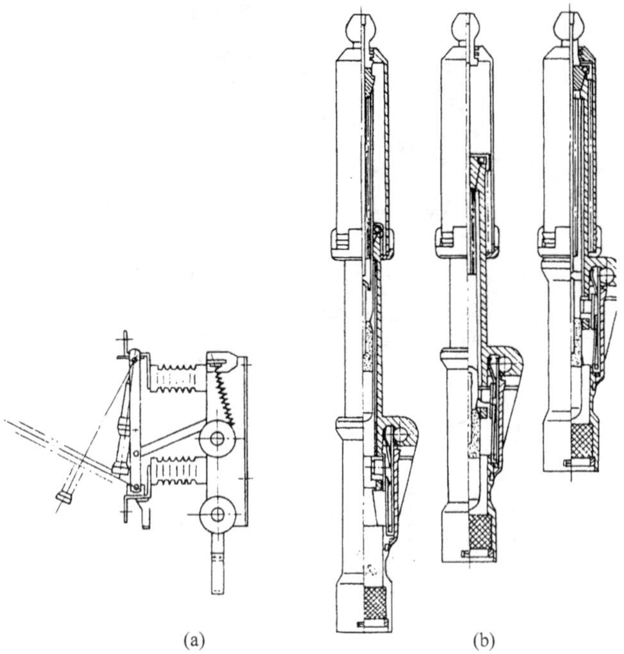

(a)　　(b)

图 6-12　管型产气式负荷开关外形

(a)外形图　(b)灭弧室结构图

(2) 压气式负荷开关

压气式负荷开关为框架式结构，三相回路部件由六只环氧树脂支件固定，动触杆上下运动时在空腔内的活塞形成压气由顶部的耐弧塑料喷口喷出，吹动电弧，使之熄灭。

压气式负荷开关灭弧性能决定于压气形式及气体压缩后短时间在电弧处形成较强的吹气量，为了减轻电弧对主断口接触部位的烧损，主断口处的导电部位通常采用铜钨合金材料。

压气式负荷开关在我国国内出现时间较晚，主要代表产品外形结构如图 6-13 所示。

(3) 真空负荷开关

真空负荷开关完全采用了真空开关管的灭弧优点以及相应的操作机构，由于负荷开关不具备开断短路电流的能力，故它在结构上较简单，运用于电流小动作频繁的场合，常见真空负荷开关有户内型及户外柱上型两种。

真空负荷开关的主要特点是无明显电弧，不会发生火灾及爆炸事故、可靠性

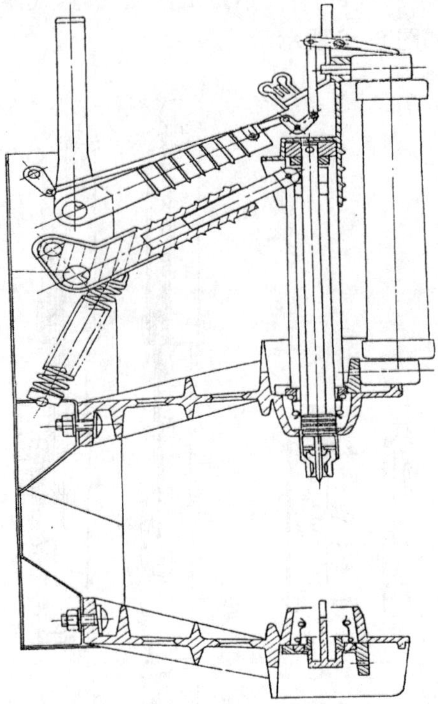

图 6-13　压气式负荷开关结构

好、使用寿命长，几乎不需要维护，体积小重量轻，可配用于各种成套配电装置，尤其是城网中的箱式变电站、环网等更多设施中，有很多优点。

(4) $SF_6$ 负荷开关

六氟化硫($SF_6$)负荷开关适用于 10kV 户外安装，它可用于关合负荷电流及关合额定短路电流，常用于城网中的环网供电系统，作为分段开关或分支线的配电开关。

$SF_6$ 开关根据旋弧式原理进行灭弧，灭弧效果较好。其开断能力是油开关的 2～4 倍，而单位开断容量的重量却只有油开关的 1/8。

同时由于 $SF_6$ 气体无老化现象及其燃弧时间短，触头烧损轻，检修周期一般可达 10 年，在运行中又无爆炸、燃烧的可能，所以 $SF_6$ 负荷开关是城网建设中推荐采用的一种开关设备。

## 第五节　高压熔断器

熔断器是利用过载或短路电流将熔体熔断后，再依靠灭弧介质熄灭电弧以开断电路的电器。按照保护对象的不同，可以分为三种类型：

① 电力熔断器——用以保护配电设备(如变压器、输电线等)；

② 电压互感器保护用熔断器——用以保护电压互感器；

③ 电容器保护用熔断器——用以保护电容器。

## 一、熔断器作用

高压熔断器一般用在35kV以下电压等级的小容量电网中。它通常由下列部分组成：熔体、熔体管、灭弧介质、触头、支持绝缘子和底座。常用的熔体为钢、银的丝或片，常用的灭弧介质有空气、钢纸和石英砂。

熔体工作时串联在被保护回路中，正常情况下工作电流不应使熔体熔断。当流过熔体的电流超过一定数值(如短路电流或过负荷电流)时，熔体会因自身产生的热量而自行熔断，从而达到切断电路保护电网和设备的目的。

熔体从通过非正常电流到开断整个过程由四个阶段构成：从短路电流开始通过熔体至熔体熔断所需的时间即熔体熔化时间，熔体由正常工作温度发热至熔点(熔件处于固体状态)；从熔体熔断到产生电弧所需的时间，熔体由熔点加热至沸点(熔体处于液体状态)；熔体汽化，产生间隙，间隙被击穿产生电弧(熔体处于气体状态)；由于灭弧介质的作用电弧熄灭，从电弧产生至电弧熄灭所需时间，即燃弧时间。所以，熔断器的全部动作时间即为上述四个过程的时间之和，而前三个过程时间之和称为熔断器的熔化时间。每个熔断器各段时间的长短除与工作条件有关外还取决于其本身的材料、特性。

## 二、熔断器特性

熔断器的工作特性除了可以用描述其他开关电器的额定电流、额定电压等参数来定义外，还有其特有的一些特性，它们是：

1. 时间-电流特性

该特性又称为熔体的安秒特性，表示熔体熔化时间与通过电流间的关系，其形状如图6-14所示。额定电流不同的熔体其安秒特性曲线也不相同。由图6-14可见，随电流增加，熔化时间减小，电流减小至$I_{min}$时熔化时间为无限长。

2. 最小熔化电流

最小熔化电流($I_{min}$)是熔体熔化必须的最小电流。理论上，熔体通过$I_{min}$时的熔化时间为无穷长，但实际运行时由于腐蚀以及熔体附近部件熔化温度较低等原因，使得熔断器不可长期运行在最小熔断电流下，否则会造成熔体过早熔断或触头等部件温度过高等危险事故状态。一般的熔断器的最小熔化电流大于额定电流，二者之比在1.2～1.5，以保证动作的灵敏度和正确性。

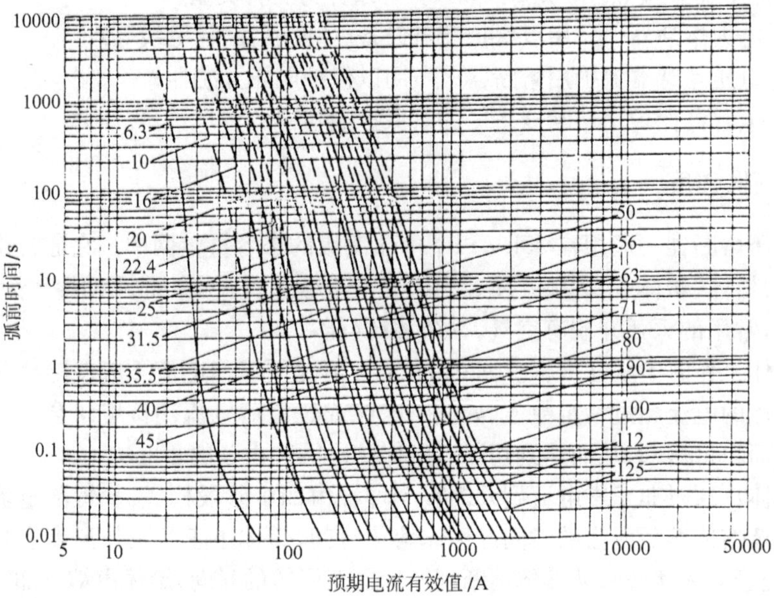


图 6-14　熔断器时间-电流特性

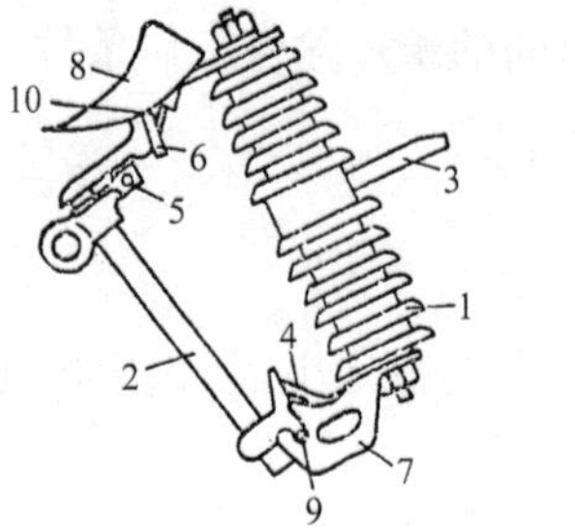


图 6-15　跌落式熔断器结构图

1—绝缘支座；2—熔断器管；3—安装固定板；4—下触头；5、9—轴；6—压板；7—金属支座；8—鸭嘴罩；10—弹簧

## 三、高压熔断器的典型结构和工作原理

目前在电力系统中使用最为广泛的是限流式熔断器和跌落式熔断器。

1. 跌落式熔断器

图 6-15 为常见跌落式熔断器结构图，它由绝缘支座、开口熔断管两部分组成，熔断管由钢纸管、虫胶桑皮纸等产气材料制成。它是利用固体产气材料灭弧的。当熔丝熔断，熔管内产生电弧后，熔管的内壁在电弧的作用下将产生大量气体使管内压力增高。气体在高压力作用下高速向外喷出，产生强烈去游离作用使电弧在过零时熄灭，它和所有自能式灭弧装置一样存在着开断小电流能力较弱的缺陷，往往采用分段排气方式加以解决，即把熔管的上端用一个金属膜封闭，在开断小电流时由下端单向排气以保持足够的吹弧压力；在开断大电流时用熔断管内较高压力将上端薄膜冲破形成两端排气，以避免熔断管因压力过高而爆裂。

2. 限流式熔断器

限流式熔断器的熔体可用镀银的细铜丝制成，铜丝上焊有锡球以降低铜的熔化温度。熔丝长度由熔断器的额定电压及灭弧要求决定，额定电压越高则熔丝越长。为缩短熔丝长度，可将其绕成螺旋形。为避免过细熔丝的损伤，可把熔丝绕在瓷芯上，整个熔件放在充满石英砂的瓷管中。图 6-16 所示为限流式熔断器结构。

当流经熔丝的短路电流很大时，熔丝的温度可在电流上升到最大值前达到其熔点，此时被石英砂包围的熔丝立即在全长范围内熔化、蒸发，在狭小的空间中形成很高的压力，迫使金属蒸气向四周喷溅并深入到石英砂中，使短路电流在达到最大值前被截断，从而引起了过电压。这一过电压作用在熔件熔断后形成的间隙上，使间隙立即击穿形成电弧，电弧燃烧被限制在很小区域中进行，直径很小，再加上石英砂对电弧所起的冷却、去游离作用，使电弧电阻大大增加，限制了短路电流的上升，体现出限流熔断器的限流作用。

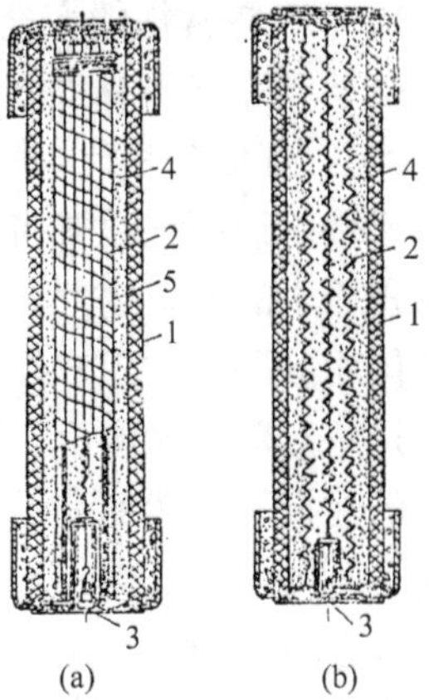


图 6-16　限流式熔断器
1—熔断器管；2—熔丝；3—动作指示器；4—石英砂；5—瓷芯

正是由于过电压现象的出现，这类熔断器只用于与自身额定电压相等的电网中运行。

# 第六节　全封闭组合电器

$SF_6$(六氟化硫)全封闭组合电器(GIS)是把断路器、隔离开关、电压互感器、电流互感器、母线、避雷器、电缆终端盒、接地开关等各种电气元件密封在充满 $SF_6$ 气体的若干间隔内，并按一定的方式组合起来而构成的一种可靠的输变电设备，国外又称为充气绝缘变电站。

自 20 世纪 60 年代问世以来，GIS 迅速发展，在输变电系统中占据着重要的地位，在电力系统中得到了广泛的应用。$SF_6$ 全封闭组合电器在国内已经投入运行 20 多年。随着我国电力建设事业的飞速发展，以及国内机电制造业水平的不断提高，GIS 的应用也越来越广泛。特别是近年来城市建设的飞速发展，大中城市城区建设用地日趋紧张，GIS 在城市供电领域的应用更加普遍。尽管 GIS 价格较高，但占地面积小、运行安全可靠等一系列独特的优点还是受到用户的广泛欢迎。结构紧凑，整个装置的占地空间大为缩小；不受外界环境的影响，运行可靠性高，检修周期长。采用 GIS 电器可以节省安装面积，提高供电可靠性，但价格昂贵。

GIS 设备的电场结构是用同轴圆柱体间隙，故为稍不均匀电场。而常规变电站则是棒—板组成的不均匀电场。所以，GIS 设备具有优良的技术性能和占地面积少的特点，特别适合于我国国情，世界范围内获得了广泛应用。

## 一、GIS 的优越性

与传统敞开式高压配电装置相比，全封闭组合电器具有以下明显的优点：

1. GIS 较常规的变电所占地少

由于 $SF_6$ 气体有很好的绝缘性能，其电气强度为空气的 2.5 倍，灭弧能力强。因此，与常规设备相比，使用 $SF_6$ 做绝缘介质的电气设备的绝缘距离大大减小，而电气元件占地面积通常与绝缘距离缩小的比率成平方比缩减，电压等级越高，则占地面积缩小的比率越大。国内外有关数据显示，电压等级不同，GIS 占地面积以及空间体积分别为常规户外变电所的 2.4%～20%和 1%～17%。

这一点对于大城市、稠密地区的变电所深入市区和负荷中心的建设，以及城市电网的建设和改造创造了有利的条件，也为建设户内高压变电站和地下变电站提供了有利的技术支撑。

2. 安全可靠

由于 GIS 全封闭组合电器中全部电气设备密闭在接地的金属壳体内，不受大气中的污秽以及冰雾雪等自然环境条件的影响，因此事故发生的概率通常较低，尤其适合于严重污染地区使用。

3. 运行安全可靠、维护工作量少、检修周期长

GIS 设备加工精密、选材优良、工艺严格、技术先进。另外，绝缘介质使用 $SF_6$ 气体，其绝缘性能、灭弧性能都优于空气。断路器的开断能力高，触头烧伤轻微，故此 GIS 设备的维修周期长、故障率低。同时由于设备所有元件都组合为一个整体，其抗震性能好。全封闭组合电器中没有用绝缘油，$SF_6$ 气体本身不燃烧，故其防火性能好。因此，GIS 设备运行安全可靠，维护运行费用少。

4. 施工工期短

GIS 设备各个元件的通用性强，采用积木式结构。一般在制造厂组装成一个或几个运输单元，运到施工现场就位固定或进行少量的安装、调整、试验以后进行拼装，就可以投入运行。与常规式设备相比，现场的安装工作量减少 80%左右。因此 GIS 设备安装迅速，施工周期大大缩短，施工费用也较常规设备大大下降。

5. 对无线电通信和电视广播无干扰

GIS 设备的外壳接地良好，导电部分均为外壳所屏蔽，因此其导电体所产生的辐射，电场干扰等都被外壳屏蔽了，断路器的开断过程产生的噪音也被外壳屏蔽了。故此 GIS 设备不会对无线电通信和电视广播进行干扰。

## 二、全封闭组合电器的缺陷和不足

① GIS 的造价较常规变电所高。据法国提供的资料，220kV 级的 GIS 价格约为相应电压常规设备的两倍，采用 GIS 时应对占地面积、变电站的建筑物、地下变

电站的土建开挖量以及 GIS 安装于负荷中心后节省送配电线路等因素综合考虑和经济比较。一般用于 345kV 级以上电网或城市用地紧张、严重污秽地区和水电站地形无法建设升压变电站的处所，在经济上才是合算的。

② GIS 较常规变电站多消耗金属。

③ 使用在寒冷地区的 $SF_6$ 断路器也将面临传统油断路器同样的困难。在寒冷季节，需要将 $SF_6$ 电加热。

④ GIS 中任一种设备的维修都比常规的变电站设备困难。对于变电站进行经济比较时，除了考虑当时的投资之外，还要符合当时的国家经济政策。总的来说 GIS 设备除了设备造价之外，GIS 设备的建设费用、运行费用比常规设备省得多。从技术性能比较，常规设备所存在的难题多被 GIS 设备所攻克，两种设备不在同一个水平线上，所以 GIS 设备的造价比常规设备贵，是理所当然的。要节约土地是我国的国策，在电力建设中使用 GIS 设备也是适合我国国情的。

## 三、全封闭组合电器实例

图 6-17 是一台 ELK 型 220kV 双母线馈电的 GIS 设备电气接线及结构示意图。

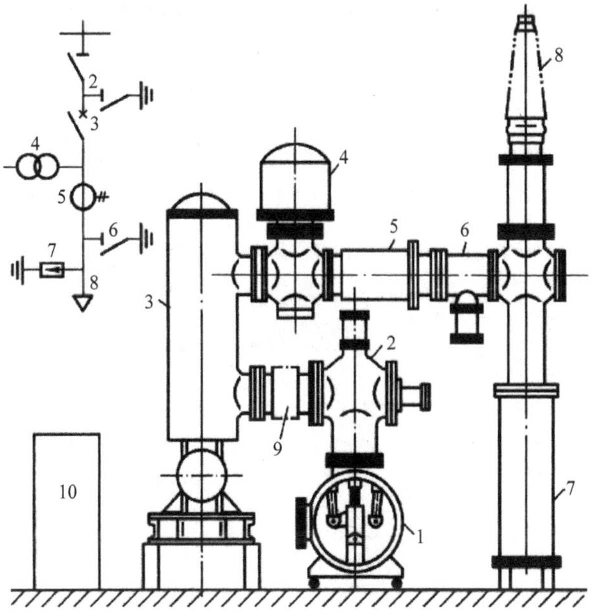


图 6-17　全封闭组合电器

1—母线；2—隔离开关；3—电流互感器；4—接地开关；
5—断路器；6—隔离开关；7—电压互感器；8—出线电缆

## 参 考 文 献

1. 陈慈萱,马志瀛. 高压电器. 北京:水利电力出版社,1987
2. 范锡普. 发电厂电气部分. 北京:中国电力出版社,1987
3. 吴希再等. 电力工程. 武汉:华中理工大学出版社,1997
4. 陆敏政主编. 电力工程. 北京:中国电力出版社,1997
5. 孙成宝,李广泽. 配电网实用技术. 北京:中国水利水电出版社,1998

# 第三篇　网络分析与运行控制

## 第七章　电力系统接线

无论是电力系统在正常工作情况下运行的经济性，调度操作的灵活性、方便性，供电的可靠性，还是系统在故障工作情况下进行故障隔离、检修，修复后的供电恢复操作甚至电气设备的选择等，都与电力系统接线方式密切相关。以研究对象而言，电力系统接线涉及两方面内容，一部分是发电厂、变电站的电气主接线（含自用电接线）；另一部分则是电网的接线方式问题。了解电气主接线、电网接线的基本形式、特点是电力系统优化设计和运行灵活方便操作的前提。

本章主要叙述发电厂、变电所主接线基本要求形式、主要特点、输电网和配电网接线方式的基本要求，典型接线方式的特点等，并对与之相关的厂用电接线和短路电流的限制方法等问题进行了简要介绍。

### 第一节　发电厂和变电所的电气主接线基本要求

#### 一、主接线的概念及其基本要求

为了保证电能安全经济地生产和输送到各电压级用户，电力系统必须装设大量的电气设备。按其作用的不同，电力系统又可分为一次系统和二次系统：一次系统是电网中电能传输的通路，其中的所有电气设备，称为一次元件或一次设备；二次系统则是辅助电路，用来测量、控制、保护和自动调节一次设备运行的所有设备，称为二次元件或二次设备。在发电厂和变（配）电站，相应地有主接线（又称一次接线或主电路）和二次接线（又称二次回路）。

在发电厂和变电所中发电机、变压器、断路器、母线隔离开关以及线路等相互之间的连接，必须满足一定的要求，以保证电能的生产、变换和输送。它们的连接方式对供电可靠性、运行灵活、检修方便以及经济合理等起着决定性的作用。所谓主接线就是指由上述高压电器通过连接线，按其功能要求组成接受和分配电能的通道，成为强电流、高电压的网络，又称为一次接线或电气主系统。

主接线是发电厂和变电所电气部分的主体，它对发电厂和变电所的建设投资、安全经济运行有着重大的影响，直接关系到发电厂和变电所的技术经济指标。主接线常用主接线图来表示，它是一种用规定的设备文字和图形符号并按电流通过顺序排列，详细地表示电气设备或成套装置的全部基本组成和连接关系的单线接线图，各设备图形符号如表 7-1 所示。

**表 7-1　国标设备图形符号**

| 设备名称 | 图形符号 | 设备名称 | 图形符号 |
|---|---|---|---|
| 交流发电机 | 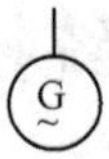 | 单相四绕组电容式电压互感器 | 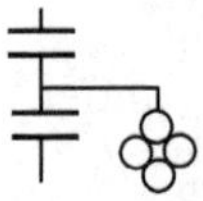 |
| 交流电动机 | 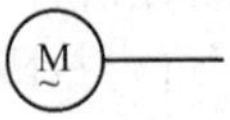 | 三相导线 |  |
| 双绕组变压器 | 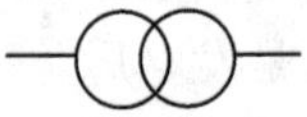 | 母线 |  |
| 三绕组变压器 |  | 电缆 |  |
| 自耦变压器 |  | 电抗器 |  |
| 中性点接地的变压器 |  | 分裂电抗器 | 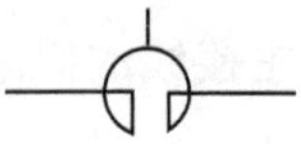 |
| 可带负荷调压的三相变压器 |  | 电容器组 | 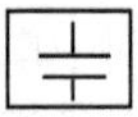 |
| 断路器 |  | 熔断器 |  |
| 隔离开关 |  | 跌开式熔断器 | 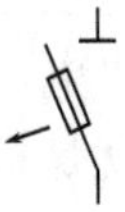 |
| 带接地闸刀的隔离开关 | 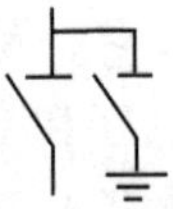 | 火花间隙 |  |

续表

| 设备名称 | 图形符号 | 设备名称 | 图形符号 |
|---|---|---|---|
| 单次级绕组电流互感器 | 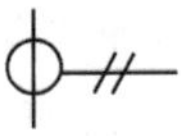 | 避雷器 |  |
| 双次级绕组电流互感器 | 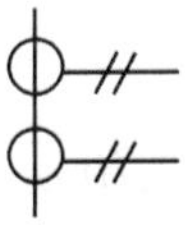 | 接地 |  |
| 电压互感器 | 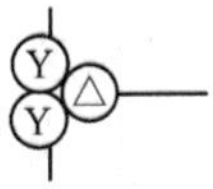 | 负荷开关 |  |

由于主接线作用重要，同时在设计过程中与诸多因素有关，要正确、合理地设计主接线就必须综合处理各方面的因素，并经过深入的经济、技术比较论证后最终确定。

通常发电厂和变电所的电气主接线应满足下列基本要求：

1. 可靠性

供电可靠是电力生产、分配的首要任务，主接线应满足这一要求。包括发生事故可能性及发生事故后要求停电范围小，恢复供电快。

由于可靠性与投资经济性之间存在的矛盾，使得在主接线设计中应充分考虑到各地实际情形和供电负荷对可靠性的要求，即要求注意以下几个问题。

（1）主接线可靠性要与系统及负荷对供电可靠度的要求相适应

负荷作用、地位不同，对供电可靠性要求也不相同，必须根据负荷重要程度、停电对负荷造成损失的大小，分清主次、轻重，对不允许短时停电的一类、二类负荷采用高可靠度的主接线方式，而对那些对供电连续性要求不高的负荷则可以考虑降低主接线可靠性标准以提高其经济性。因而那种认为主接线的设计应越可靠越好的想法是错误的和不可取的。

（2）对主接线可靠性的评价应客观、科学、全面

为保证用户可靠供电，常需要考虑设置备用电源、备用设备、线路等。但这并不意味着简单地依靠增加设备、采用复杂的接线就能显著提高可靠性，相反在某些情况下，由于接线复杂会导致较复杂的操作及切换程序繁琐，可能会因此导致错误操作的几率上升，反而降低了可靠性；同时电力系统从可靠性计算角度可简化为有一定故障概率的元件串并联网络，设备数量的增加在一定条件下也会引起系统供电中断的可能性增大。因而应结合设备具体参数以及运行人员运行经验、水平等

多种因素全面、客观地评价主接线的可靠性。

(3) 主接线的可靠性程度是相对的

由于系统容量、规模、作用的不同和用户对供电可靠性要求标准不同，在实际运行时对同一主接线的可靠性评价可能不同，因而必须针对用户具体情况对某种主接线是否满足其可靠性要求作出具体分析、评价，而不能一味推荐采用可靠性很高而经济性较差的方式。

(4) 主接线的可靠性是发展的

随着设备生产制造水平的提高(如 GIS 开关柜及 $SF_6$ 开关的使用)以及自动重合闸的采用和不停电快速检修技术的出现，使得过去一贯被认为不够可靠的那些主接线(如单母分段接线方式)具有足够高的可靠度，而广泛地应用于很多电压级接线中。因而不应以一成不变的观点去看待主接线的可靠性，而应根据当前的设备制造水平、运行水平以发展的眼光去对主接线可靠性作出评价。

2. 灵活性、方便性、适应性

主接线应满足在调度、检修及发展扩建时的操作方便及运行灵活的要求，并能适应一定时期内没有预计到的负荷水平变化。

① 调度时，要能灵活地投、切某些机组、变压器或线路，调配电源和负荷，满足系统在事故运行方式、检修运行方式及特殊运行方式下的调度要求；

② 检修时，可以方便地停运检修断路器、母线及其继电保护设备，而不致过多地影响对用户的供电和电力系统的运行；

③ 发展扩建时，可以容易地从初期接线过渡到最终接线。在不影响供电或停电时间最短的情况下，投入新机组、变压器或线路，完成过渡方案的实施，并对一次和二次部分的改建工作量最少。

3. 经济性

主接线在满足可靠性、灵活性要求的前提下做到经济合理。它包括以下几方面内容：

① 投资省。主接线应力求简单清晰，以节省开关电器、电压互感器和电流互感器、避雷器等一次设备的数量，降低投资；要使继电保护和二次回路不过于复杂，以利于运行和节约二次设备及电缆的安装；要适当采用限制短路电流的措施，以便可选择廉价的电器或轻型电器。

② 占地面积小。主接线设计要为配电装置布置创造节约占地面积的条件；同时也应注意节约搬迁、安装和外汇等费用，经济发达的大城市这一点尤为重要。

③ 年运行费用少。在发电厂或变电所中要合理选择主变压器的容量和台数，以节省电能损耗等费用。

由于主接线设计中，其可靠性与经济性之间往往含有较大矛盾，因而须注意在一定程度上加以协调解决。

4. 简化接线

有利于电网自动化的实现。配电网自动化，变电所无人化是现代电网发展的必然趋势，主接线形式要为这一技术的实施创造条件。

5. 标准化

相近类型的厂、站应采用一样的主接线形式，使接线规范化、标准化，有利于发展和运行检修。

对主接线形式的评价应结合具体地区的政治、经济条件和地理环境，不能完全以单一标准，而应从电网和用户两方面来综合考察各项指标。

## 二、主接线设计的原则

主接线是决定整个发电厂、变电所的性质、特点和技术性能的主要因素。因此，对主接线的理解不能只局限于它是若干电气设备连接生成的电能回路，而应考虑到在选择主接线形式的同时，还要确定设备和装置的参数、型式和数量，而且首先要确定主变压器、断路器等设备的参数、型式和数量，然后再决定相关的保护、控制、自动化程度及发电厂、变电所内部运行管理等问题。因此主接线的设计是个极其复杂的任务。

主接线不仅决定着基建投资、年运行费和计算费用的多少，而且还决定着它们在多年连续运行中的运行性能，甚至将对整个电网的可靠性、稳定性产生影响，因而选择合理的发电厂、变电所主接线是整个电网或地区网络设计中最重要的工作。

为了建设合理的电力系统，各发电厂、变电所的主接线设计必须有一个全局的、总体的指导原则，如果发电厂变电所的主接线设计脱离了它们在整个电网中的位置、用途、地位，势必会导致不合理现象，有时甚至会造成技术上的错误。因此，在选择主接线、设备和装置以及在配置它们之前，应先进行系统或区域电网的发展和设计。

作为主接线设计的原始依据，要求地区电网发展的接线设计中应解决以下问题：

① 待设计的发电厂、变电所的地理位置及其在系统中的地位和作用；

② 待设计的发电厂、变电所与系统的连接方式和推荐的主接线；

③ 待设计的发电厂、变电所的出线回路数、用途及运行方式、传输容量；

④ 发电厂、变电所母线的电压等级，自耦变压器各侧的额定电压及调压范围；

⑤ 装设各种无功补偿装置的必要性、型式、数量和接线；

⑥ 高压、中压及低压各侧和系统短路电流及容量，以及限制短路电流的措施；

⑦ 变压器的中性点接地方式；

⑧ 本地区及本电厂或变电所负荷增长的过程。

上述资料是主接线设计必不可少的依据，若缺少上述任一数据或当它们发生变化时，必须深入研究有关问题，以及时、正确地对主接线的设计作出修正。

### 三、主接线设计步骤

主接线设计内容繁多，作用重要，为保证设计的有条不紊和方案的合理、科学，一般应遵循下列步骤：

① 对包括待设计发电厂、变电所的负荷等在内的基础数据进行搜集、整理和综合分析；

② 选择和确定发电机、变压器的容量、台数、型式，并拟定可能采用的主接线形式；

③ 发电厂、变电所自用电源的引接；

④ 计算短路电流及设备的选择；

⑤ 各方案的经济技术比较；

⑥ 确定最终方案；

⑦ 确定相应的配电布置方案。

## 第二节 发电厂、变电所主变压器选择

大规模地投入发电容量，就需要相应的变压器等配电工程配套投入。尤其是随着发电机单机容量的增大和系统电压等级的升高，变压器等相应投资费用占系统建设费用中很大比例，因此变压器的安装容量每减少 1%，就会给国民经济带来很大的效益。所以正确合理地选择变压器的额定容量和台数，乃是电力规划和主接线设计中一个主要问题。

在发电厂和变电所中，用来向电力系统或用户输送功率的变压器，称为主变压器；用于两种电压等级之间交换功率的变压器，称为联络变压器；此外，还有用于向本厂(所)自用电系统供电的厂(所)用变压器，又称自用变压器。

发电厂、变电所主变压器的选择包括主变压器容量、台数的确定和型式的选择。

### 一、主变压器容量的确定

主变压器的台数、容量直接影响着主接线的形式和配电装置结构。若主变压器容量选择过大或台数过多，会使设备能力无法充分利用，不仅造成投资的浪费，还会引起系统运行费用的增加；反之，若主变压器容量选择过小或台数过少，将无法满足负荷的供电需求，同时也会使发电机的发电能力不能得到充分利用。因此，主变压器容量和台数的确定必须在对负荷等基础数据进行调整、分析的基础上，综合各方面因素，做出合理抉择。一般有以下基本原则可循。

1. 具有发电机电压母线接线的主变容量的确定

对连接发电机电压母线和系统之间的主变容量的确定，需考虑下列因素：

① 母线上所连的发电机满出力运行时，在扣掉发电机电压最小值配负荷及厂用负荷后，全厂剩余功率应能通过主变送往系统；

② 计及变压器允许过负荷能力，当发电机电压母线上最大一台机组故障或检修时，母线上所连的主变压器应能从电力系统倒送功率以满足发电机电压母线最大可能负荷的需要；

③ 若发电机电压母线上接有两台或两台以上主变压器时，须考虑容量最大的一台主变退出运行时，剩余运行的主变应保证承担全厂剩余功率的70%，而不会超过其正常过负荷能力限制；

④ 对水电占有较大比重的系统，火电厂的主变压器应有从系统倒送功率以满足发电机电压母线上最大负荷的能力。

2. 变电所主变压器容量确定

考虑到变电站投资的经济性及其建设周期，变电所主变容量要以变电所设计时5～10年的规划负荷为依据进行选择。选择时须综合考虑城市规划、负荷性质、电网结构以及变压器制造水平等因素，并使变电所负荷在事故、检修、正常运行情况下应分别满足对应方式下的负荷标准。

3. 连接两种升高电压母线的联络变压器容量的确定

① 联络变压器容量应能满足两种电压网络在各种不同运行方式下，网络间的功率交换；

② 联络变压器须保证两电压级母线上最大一台机组退出运行时可通过联络变压器来满足两侧负荷需求；在线路故障、检修时通过联络变压器将剩余容量送入另一电压级系统；

③ 考虑到布置、引线方便，联络变压器常只设一台。

4. 单元接线的主变容量确定

单元接线的主变容量应按发电机容量扣掉本机组的厂用负荷后，留有10%的裕度来确定。对于扩大单元接线，其主变容量应按两臂所接发电机容量之和来确定。

按上述原则确定的主变压器容量还须根据变压器的生产规格，进行最后的选择。

## 二、发电厂、变电所主变台数的确定

发电厂、变电所主变台数一般在1台至4台之间。具体台数的确定与电压等级、接线形式、传输容量以及与系统的联系有密切关系。对于简易接线变电所通常都装设一台或两台变压器；大型枢纽变电所尤其是超高压变电所，在同一电压等级下主变台数不应少于2台。

330～500kV 的大型变电所推荐采用装设 4 台自耦变压器。它有以下优点：

① 它可以节省变压器容量，从而相应的分期使用基建投资；

② 能按负荷增长的过程分期扩充变压器容量，从而相应的分期使用基建投资；

③ 变电所可获得更高的可靠性。

## 三、变压器负载率

发电厂、降压变电所的主变压器台数和容量的确定除与上述因素有关之外，还将直接取决于变压器的负载率(或变电容载比)取值。所谓变电容载比是指城网变电容量(kV・A)在满足供电可靠性基础上与对应最大负载(kV・A)的比值，它是反映城网供电能力的重要技术经济指标之一。变压器的负载率基本上可认为与容载比成反比，它是变压器实际供给的最大负载与其自身的额定容量之比。和容载比一样，负载率是控制变电总容量的指标，也是规划设计时布点安排变电容量的依据。

按我国《城市电力网规划设计导则》有关规定，城网变电容载比一般为：

220kV 电网　　1.6～1.9

35～110kV 电网　　1.8～2.1

对于主变压器容量和台数相同的两变电站，若负载率数值不同，它们所能实际供给的最大负载也不相同，因而造成了满足相等负荷需求所需变电站个数的不等和由此引起的网络接线、运行费用等经济上和技术上的差异。关于负载率的取值问题，我国目前有两种主要倾向，即高负载率和低负载率，它们对应取值如表 7-2 所示。

**表 7-2　变压器负载率**

| 每变电站变压器台数 | 高负载率 | 低负载率 |
|---|---|---|
| 2 | 0.65 | 0.5 |
| 3 | 0.86 | 0.67 |
| 4 | 1.0 | 0.75 |

显然，高负载率的取值标准是指在本变电站内一台主变压器退出运行时，剩余变压器应能供给原来所有负荷，且其过负荷在 130%以内，这种负载率的取值是通过增加联络线的方式来减少区域内变电所个数；而低负载率则是根据 $N-1$ 供电安全准则，将备用容量储备在变压器内，主变压器不过载来确定的，它虽然增加了变电所个数，但却减少了联络线的投资。

各发电厂、变电站主变负载率的取值须具体分析其实际情况，就经济性、可靠性以及全区域的观点去加以确定。

## 四、主变压器型式选择

变电所、发电厂的电气主接线同样会受到变压器(自耦变压器)型式的影响,例如,变压器是三相或单相、三绕组或双绕组、中压侧或低压侧、带不带分裂绕组等。

1. 相数的确定

变压器按相数不同可分为单相和三相两种。在330kV及以下的电力系统中,一般都采用三相变压器。采用三相变压器比单相变压器合理之处在于:三相变压器的损失比单相的平均低12%～15%,有效材料重量方面的节省为20%,同时在占地、配电装置复杂性上均有优越性。尽管近几年来三相变压器已广泛用于很多电压等级中,但由于制造水平、安装、运输等方面的原因,大型变压器有时仍选用单相型式。

2. 绕组数的确定

我国目前自行研究生产的电力变压器按绕组数分,有双绕组普通式、三绕组式、自耦式以及低压分裂绕组等型式。其中自耦变压器由于经济效益较好,广泛地应用于110kV及以上电压等级的电网中,它所带来的短路电流较大的缺点可通过采取其他措施加以弥补,所以可以说自耦变取代三绕组变压器用作两级网络间的联络今后一段时期仍会是一种主流趋势。对于两绕组和三绕组变压器的选用应根据与之相连的发电机机组容量和各电压级负荷容量来确定。一般当最大机组容量为125MW及以下的发电厂多采用三绕组变压器,原因是一台三绕组变压器的价格和它所使用的控制电器、辅助设备都比使用二台双绕组变压器少,但要注意仅当通过三绕组变压器每个绕组的容量大于其额定容量的15%时,绕组才能得到充分利用,否则仍以选用双绕组变压器更为合理。对于容量在200MW及以上的发电机组,考虑到分相封闭母线的采用,以选用双绕组变压器加三绕组的联络变压器为佳。低压分裂绕组变压器主要使用在扩大单元接线方式中,以限制短路电流。

3. 绕组连接组别的确定

变压器三相绕组的接线组别必须与电力系统电压相位一致,而我国电力系统采用的连接方式有星形“Y”和三角形“△”两种。变压器三相绕组连接方式应按具体情况确定,我国一般在110kV及以上电压,变压器三相绕组都采用“$Y_N$”连接,35kV多采用中性点经消弧线圈接地的“Y”连接;35kV以下电压等级常采用“△”连接。

4. 调压方式的确定

为了使系统在各种运行方式下,其供电电压在允许范围内变化,常采用如调节发电机出口电压、投切调相机、补偿电容等方式来进行电压调整。在系统无功功率充足,而分布不合理引起电压越限时,也可采用改变变压器变比方式来实现电压调整。改变变压器分接头位置调压有带负载切换,即有载调压和不带负载切换的无激磁调压两种。后者调节范围在±2×2.5%以内，而前者虽然调整范围可达30%，由于结构复杂、价格较贵，往往只有以下情况中才使用：

① 接于出力变化大的发电厂的主变，尤其是潮流方向不固定，要求变压器副边电压维持在一定水平时。

② 接于有可逆工作特点的联络变，要求母线电压恒定时。

③ 与常运行于低功率因素下的发电机相连的主变。

5. 冷却方式的确定

电力变压器的冷却方式，随其型式和容量不同而异，一般有以下几种类型。

① 自然风冷却。一般适于7500kV·A以下小容量变压器。为使热量散发到空气中，装有片状或管形辐射式冷却器，以增大油箱冷却面积。

② 强迫空气冷却。又简称风冷式。容量大于10MV·A的变压器，在绝缘允许的油箱尺寸下，即使有辐射器的散热装置仍达不到要求时，常采用人工风冷。在辐射器管间加装数台电动风扇，用风吹冷却器，使油迅速冷却，加速热量散出。风扇的启停可以自动控制，亦可以人工操作。

③ 强迫油循环水冷却。单纯的加强表面冷却可以降低油温，但当油温降到一定程度时，油的黏度增加，以致使油的流速降低，对大容量变压器已达不到冷却效果，故采用强迫油循环，让水对油管道进行冷却，把变压器中热量带走。在水源充足的条件下，采用这种冷却方式极有利，散热效率高，节省材料，减小变压器本体尺寸。但要一套水冷却系统和有关附件，且对冷却器的密封性能要求较高。即使只有极微量的水渗入油中，也会严重地影响绝缘性能，故油压应高于水压$(1\sim1.5)\times10^5$Pa，以免水渗入油中。

④ 强迫油循环风冷却。其原理同于强迫油循环水冷却。

⑤ 强迫油循环导向冷却。近年来大型变压器都采用这种冷却方式。它是利用潜油泵将冷油压入线圈之间、线饼之间和铁心的油道中，使铁心和绕组中的热量直接由一定流速的油带走，而变压器上层热油用潜油泵抽出，经过水冷却器或风冷却器冷却后，再由潜油泵注入变压器油箱底部，构成变压器的油循环。

⑥ 水内冷变压器。变压器绕组用空心导体制成。在运行中，将纯水注入空心绕组中，借助水的不断循环，将变压器中热量带走。但水系统比较复杂，且变压器价格较高。

此外，采用充气式变压器，以$SF_6$气体取代变压器油，或在油浸变压器上装设蒸发冷却装置，在热交换器中，冷却介质利用蒸发时的巨大吸热能力，使变压器油中的热量得到有效散出，抽出汽化的冷却介质进行二次冷却，重新变为液体，周而复始地进行热交换，使变压器得到冷却。这种冷却方式，国内外尚处于研制阶段，尚未得到工程应用。

# 第三节　发电厂及变电所主接线基本形式

主接线是以电源(发电机或变压器)和引出线为基本环节,以母线(汇流排)为中间环节构成的电能通道。其基本形式按有无汇流母线通常可分为有汇流母线(简称有母线)的接线和无汇流母线的接线两大类,也有看法认为,还有介于二者之间的第三类接线——混合接线。有汇流母线的主接线,由于汇流排的存在能起到汇总和分配电能的作用,故可以在进出线数目较多时使得整个主接线以母线为分界,分为进线部分与出线部分,接线简单明了、运行方便,也较便于发展和扩建,同时还可以在一定程度上提高运行可靠性。该类主接线形式主要有单母线、单母线分段、双母线、双母线分段、增设旁路母线或旁路隔离开关等接线。与有汇流母线的主接线相比,无母线的主接线形式省去了母线这一环节,整个配电装置占地较省,并避免了因母线或母线隔离开关故障而引起的供电中断,同时也降低了造价,但不易发展和扩建。典型的无汇流母线的接线有:桥形接线、发电机-变压器单元接线、变压器-线路单元接线,扩大单元接线、多边形(角形)接线等。

以下将按接线结构从简到繁的顺序对上述几种基本接线进行简单分析。

## 一、有汇流母线的主接线

有汇流母线的主接线是我国目前广泛采用的接线形式,按母线设置组数的不同,又可分为单母线接线和双母线接线两类。

1. 单母线接线

典型的单母线(又称变通单母线)接线形式如图 7-1 所示(两组电源,三组出线),由于接线中仅有一组母线故称为单母线接线,是有汇流母线的主接线中结构最为简单一种。在这种接线中所有电源和引出线回路都连接于同一组母线上,为便于每回路(进、出线)的投入或切除,在每条引线上均装有断路器和隔离开关。

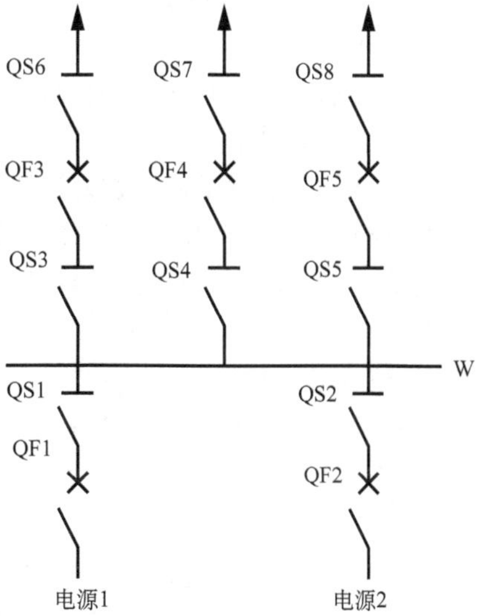


图 7-1　单母线接线

紧靠母线的隔离开关称为母线隔离开关,如图中 QS1～QS5;靠近线路侧的隔离开关为线路隔离开关,如 QS6～QS8。在“开关电器”一章中,曾经对断路器和隔离开关结构、功能作了比较详细的分析,知道了由于结构上的差异使得断路器有灭弧能力，可以用于开断和接通回路，而隔离开关则不能。这就决定了这二者在运行操作时，必须严格遵守操作规程，即保证隔离开关“先通后断”或在等电位状态下进行操作，不能用作操作电器断开电路。设置断路器是为了实现线路和电源等设备的投切，而隔离开关的存在只是为了在检修设备(如断路器时)使其和电源分隔开来，以保障检修人员的安全和避免对正常运行设备运行的影响。例如，在检修图7-1中的断路器QF4时，可首先断开QF4，然后断开与其相连的两隔离开关QS7和QS4，使QF4两侧形成明显隔离带电断口以进行安全检修。在双端电源供电网络或多雷击地区，为避免雷电波过电压的侵袭和误操作的出现给检修人员带来不安全因素，常在QF4两侧(尤其是线路侧)挂上接地线，检修完成后再进行拆除。

单母线接线的主要优点是：接线简单、清晰；采用设备少，投资省；操作方便，便于扩建和采用成套配电装置。

该种接线主要缺点有：

① 母线、母线隔离开关故障或检修期间，连接在母线上所有回路都需长时间停止工作；

② 检修电源或出线回路断路器时，该回路须停电。

因此其工作可靠性和灵活性均较差，无法满足重要用户的供电要求。故单母线接线一般只适用于一台发电机或一台主变压器或出线回路不多的小容量发电厂、变电所中：

① 6～10kV配电装置出线回路数不超过5回；

② 35～63kV配电装置出线回路数不超过3回；

③ 110～220kV配电装置出线回路数不超过2回。

单母线上述缺点可通过母线分段或加装旁路母线等措施的采用来克服，于是有了单母线系列中的其他几种接线方式。

2. 单母分段主接线

单母分段主接线是通过在母线某一合适位置处装设断路器后，将母线分段而形成的，如图7-2所示为单母单分段接线，QF3称为分段断路器。母线分段后，有条件情况下，对重要用户可由分别接于两段母线上的两条出线同时供电，选择当任一组母线故障或检修时，重要用户仍可通过完好段母线继续供电，而两段母线同时故障，检修的几率很小。大大提高了对重要用户的供电连续性。

由于单母线分段接线既保留了单母线接线本身的一些优点，如简单、经济、方便等，又在一定程度上克服了它的缺点，故这种接线目前应用广泛。其主要适用于：

① 6～10kV配电装置出线回路数为6回及以上时；

② 35～63kV配电装置出线回路数为4～8回及以上时；

③ 110～220kV配电装置出线回路数为3～4回时。

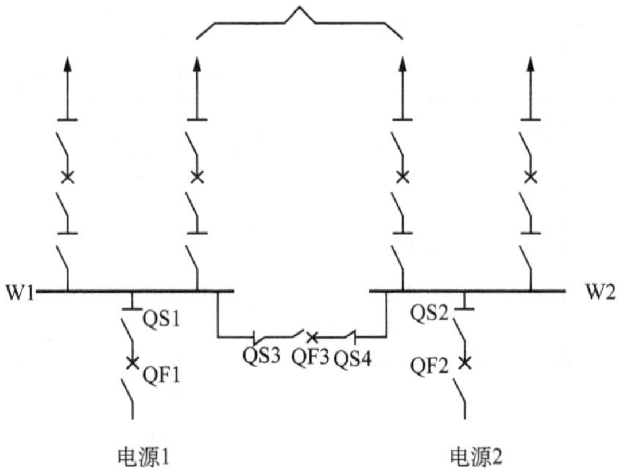


图 7-2　单母线分段接线

但这种接线仍不能改变某回路断路器检修时，该回路要长时间停电的显著缺点，同时这种接线在一段母线或母线隔离开关故障或检修时，该段母线所连接回路在检修期间将全部停电。在实际运行时可采用增设旁路母线的办法来解决。

3. 单母线带旁路接线

图 7-3 所示为单母线带旁路接线。图中母线 W2 为旁路母线，断路器 QF5 为旁路断路器，QS9、QS10、QS5、QS8、QS13 为旁路隔离开关。正常运行时，旁路母线 W2 不带电，所有旁路隔离开关及旁路断路器均断开，以单母线方式运行。若检修任一出线断路器时，如检修断路器 QF4 时，先闭合 QF5 两侧的隔离开关 QS9 和 QS10，再闭合 QF5 对旁母充电，然后在等电位的状态下闭合 QS8，使得由 QF4 供电回路可通过旁路母线进行供电，此时再断开 QF4 及其两侧隔离开关 QS6 和 QS7 进行安全检修。以上操作既不影响出线回路的正常供电，又能对经过长期运行和切断数次短路电流后的断路器进行检修，大大提高了供电可靠性。

这种接线除了能以上述操作下停电检修出线断路器外，还可以不停电检修电源回路断路器，只需在电源回路加装与旁路母线相连的隔离开关即可。

设置了旁路母线的单母主接线，由于提高了供电可靠性广泛地用于出线数较多的 110kV 及以上的高压配电装置中，而 35kV 级及以下的配电装置一般不设旁路母线，尤其是采用了 $SF_6$ 断路器后，断路器本身检修次数大大减少，同时回路供电负荷较少，较易获得备用电源，故无论从运行可靠性方面还是降低配电装置造价方面来看，都不必设旁母。只有在向特殊重要的Ⅰ、Ⅱ类用户负荷供电，不允许停电检修断路器时，才考虑设置旁路母线。

图 7-3 中采用了专用的旁路断路器，虽然这样提高了供电可靠性但却增加了投资。若条件允许可以采用不设专用旁路断路器的接线，如图 7-4 中，以单母分段兼旁路的接线。

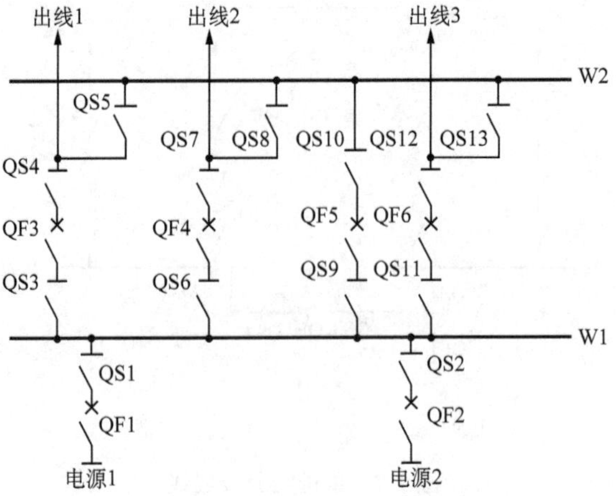


图 7-3　单母线带旁路接线

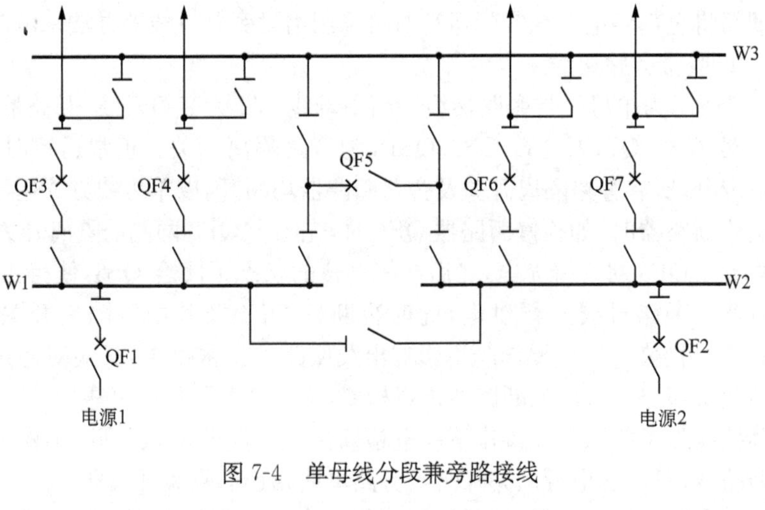


图 7-4　单母线分段兼旁路接线

断路器 QF5 即为 W1、W2 段分段断路器，同时又兼做公用旁路断路器。这种接线形式，在进出线回路数不多的情况下，具有足够高的可靠性和灵活性，较多地用于容量不大的中、小型发电厂和电压等级为 35～110kV 的变电所中，但对于在电网中没有备用线路的重要用户以及出线回路数较多的大、中型发电厂和变电所，采用上述接线仍不能保证供电的可靠性，因此，需要采用双母线接线方式。

4. 双母线接线

双母线接线是针对单母线分段接线的缺点而提出的。双母线接线与单母接线从结构上而言，多设置了一组母线，同时每个回路经断路器和两组隔离开关分别接到两组母线上，两组母线之间通过母线联络断路器连接起来。

普通的单断路器双母主接线见图 7-5。这种接线有两组母线，即母线 W1 和 W2，其间通过断路器 QF 连接起来，称 QF 为母联断路器。

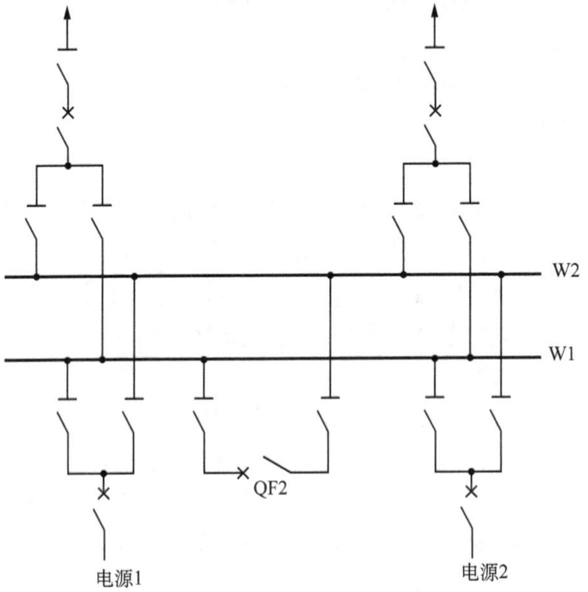


图 7-5　单断路器的双母线接线

若正常运行时一组母线工作（如 W1），各回路中连接在工作母线上的隔离开关是闭合的。而另一组母线称为备用母线（如 W2），所有连接在备用母线上的隔离开关均断开，运行中的双母线接线其任一组母线都可以作为工作母线或备用母线。

采用双母线接线具有如下特点：

（1）可靠性较高

① 检修任一组母线时，不会中断对用户的供电；

② 检修任意回路的母线隔离开关时，只需断开该回路两侧相关元件，在检修期间使该回路停电；

③ 工作母线故障时，可将全部回路转移到备用母线上，使用户在经历短暂倒排时间后迅速恢复供电；

④ 检修任意工作回路断路器时，可用母联断路器来替代，而不致使该供电回路供电长期中断；

⑤ 对需要单独进行实验的任意回路，只需将该回路切换到备用母线上。

(2) 运行灵活

各个电源和备用回路负荷可以任意分配到某一组母线上,通过倒排操作组成各种运行方式。其常用运行方式有:

① 单母线分段运行。母联断路器闭合,进出线分别接在两组母线上。

② 单母线运行。母联断路器断开,一组母线运行,另一组母线备用,全部进出线均接在运行母线上。

③ 固定连接方式。两组母线同时工作,通过母联断路器并联运行,电源与负荷平均分配于两组母线上。

(3) 扩建方便

可不影响两组母线的电源和负荷自由组合负荷,向母线任意方向扩建。

双母线接线具有可靠性较高、运行方式灵活多变的特点。这一切的基础都是双母线运行和故障、检修时的倒闸操作。所谓倒闸操作是指运行中变更主接线方式的操作。下面以检修工作母线和出线断路器为例来说明其一般操作步骤。

(4) 双母线操作程序

① 检修工作母线操作。如图 7-5 中若母联断路器处于断开状态,所有电源、负荷均接在工作母线以上,另一组母线 W2 为备用母线不带电,即双母线接线以单母方式运行。为了检修工作母线,必须把所有电源、负荷均切换到 W2 母线,这一操作称为倒排操作。倒排时,首先应合上母联断路器,对备用母线充电。若备用母线有故障,母联断路器会在继电保护作用下跳闸断开,然后可进行备用母线的维修,待故障消除后重复这一操作。当备用母线完好时,备用母线充电成功后,两组母线处于等电位状态,允许用隔离开关进行切换操作。此时,先合上与备用母线相连的所有隔离开关,再断开与工作母线相连的所有隔离开关。母线切换完成后断开母联断路器及其两侧的隔离开关,即可开始对原工作母线进行检修,同时仍维持系统的正常运行。

② 检修任意回路断路器操作。当检修任一出线断路器,同时又要求不能对该回路长时间停电时,应严格遵照下面列出的操作顺序:

ⅰ 合上母联断路器对备用母线充电,检查其完好与否;若备用母线完好,则进入ⅱ,否则断开母联,直至备用母线故障消除;然后断开母联和需要检修的断路器及其两侧隔离开关;

ⅱ 使欲检修断路器及其所在线路接地;

ⅲ 将断路器两侧用临时跨条短接,并移走检修 DL;

ⅳ 拆除线路接地,合上线路侧隔离开关和合上断路器的检修回路与备用母线相连的隔离开关;

ⅴ 合上母联断路器,使该回路重新进行供电。

完成上述操作后,该回路可通过母联由工作母线经临时跨条、备用母线继续获得供电，并解决了出线不能无断路器运行的矛盾。

尽管双母线主接线有较多优点，但在上述的分析中不难看出这种接线仍存在某些缺点：

① 接线复杂，操作烦琐。在倒闸操作中用隔离开关作操作电器进行切换，很容易造成误操作，引起重大事故。

② 单母方式运行时，工作母线的故障会引起整个配电装置短时停电。

③ 检修出线断路器时，会短时停止该回路供电。

④ 使用母线隔离开关数目较多，整个配电装置结构复杂，占地面积和投资费用较大，经济性较差。

针对上述缺点，在实用中可采取以下措施：

① 为避免隔离开关误操作引起事故，要求隔离开关与对应断路器间装设闭锁装置（机械闭锁或电磁闭锁），并要求运行人员按严格操作制度进行操作。

② 为避免工作母线故障会造成全装置停电的不利现象，可以采取正常运行时两组母线均带电的并列运行的方式。这样当任一组母线故障时，通过继保装置作用，将母联断开，并将所有回路均切换至正常母线上，使原装置所有回路能继续维持运行。

③ 采用将母线分段的方式来减少母线故障时造成的损失，缩小了停电范围，如图 7-6 所示。

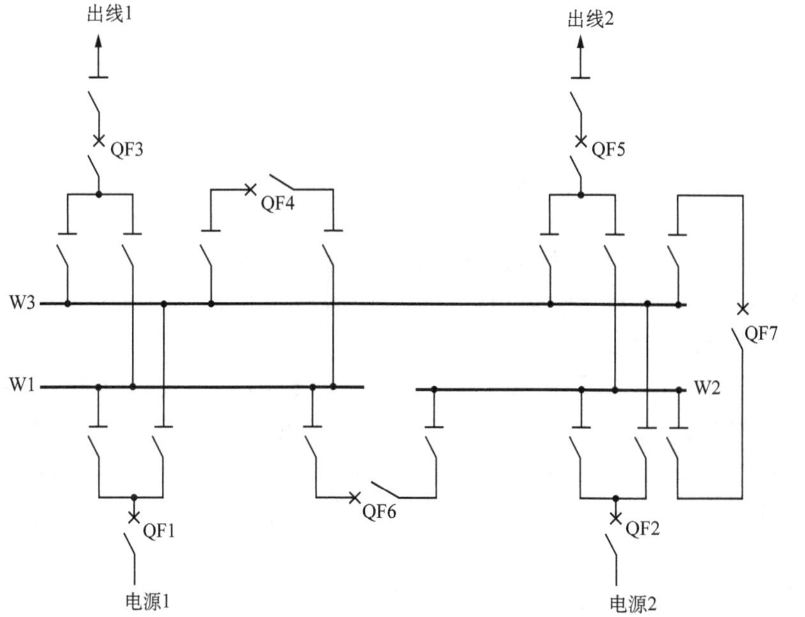


图 7-6　带分段的双母线主接线

④ 为了避免在检修线路断路器时造成该回路短时停电,可采用加设旁路母线的接线方式,如图 7-7 所示。正常运行时,旁路母线不带电,旁路断路器断开。需要不停电检修出线路断路器时的操作与单母带旁路主接线形式中基本相同,这里不再赘述。

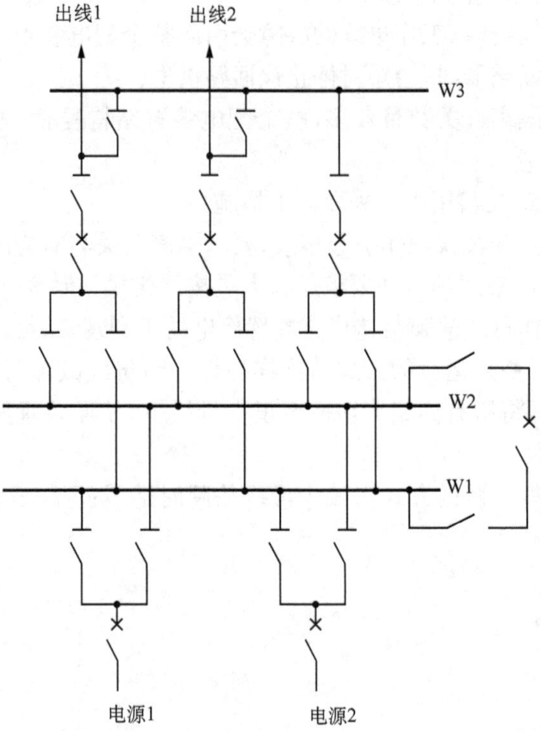


图 7-7　双母带旁路主接线

由于系统短路容量方面或提高供电可靠性等方面因素,大规模电力系统中电压等级较高,连接多个电源(发电厂或上一级电源变电站)的大容量枢纽变电所常采用双母分段带旁路的接线方式。

图 7-8 表示出了双母线四分段带旁路母线接线,它一般适用于 330～500kV 的超高压配电装置进出线 6 回以上时。由图可见,正常运行时电源和负荷均匀分配于各段母线上,当其中任一段母线故障或连在母线上的进出线断路器故障时停电范围仅限于一段母线,不会影响其余部分正常供电,大大缩小了故障范围。

显然,这种接线方式可提高供电可靠性,但经济性较差,同时也增加了母线保护配置的难度。

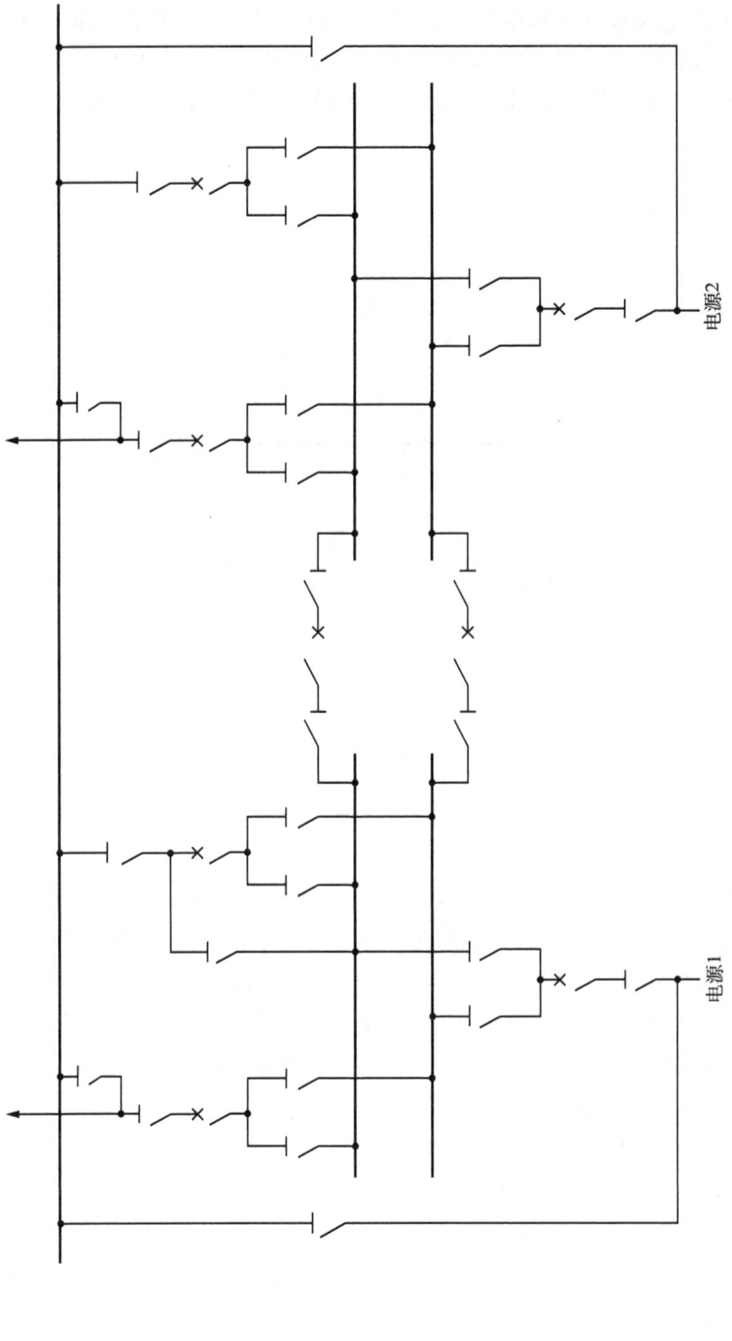


图 7-8　双母线四分段带旁路母线接线

5. 双断路器双母线接线

在普通双母线接线中，任一进出线回路都仅通过一台断路器与母线相连(又称单断路器双母接线)，因而在断路器本身故障可检修时，会造成该回路一定时间内的停电，对一些供电可靠性要求非常高的用户，即使较短时间的停电也不允许。因此可考虑采用所有元件均有备用的双断路器双母线接线，如图 7-9 所示。

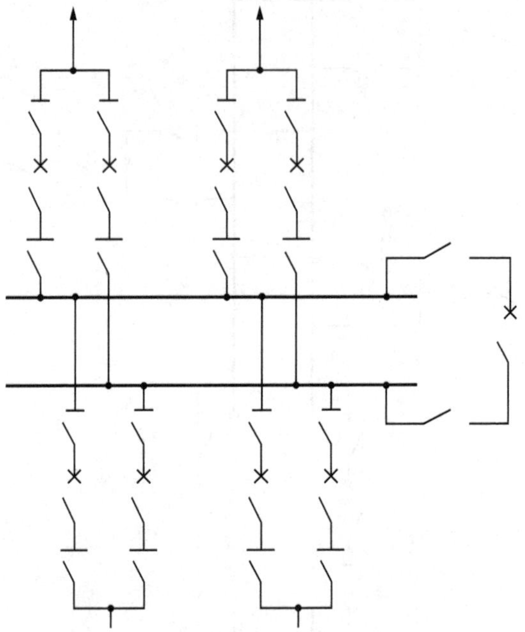

图 7-9　双断路器双母线接线

这种接线正常运行时所有断路器均闭合，两组母线同时工作。它的主要优点是：任何一组运行母线或断路器发生故障或进行检修时，都不会造成装置停电；同时在切换倒闸操作中用断路器来操作，隔离开关仅用作隔离电器。因此它运行灵活，可靠，检修操作方便。但由于使用的断路器台数及隔离开关数目较多，造成设备投资和占地面积增加，经济性较差，只有在一些超高压系统或大容量发电厂或极重要的枢纽变电所中，对运行可靠性要求很高，传输功率很大，突然停电造成巨大损失的场所才考虑采用这种接线。

6. “一个半”断路器接线(3/2 接线)

图 7-10 为 3/2 接线示意图。由图可见，这种接线方式中在两组母线间装有三台断路器。可引接两个回路，断路数与回路数之比为 3/2，故又称为 3/2 接线。这一接线优点如下：

① 可靠性很高。任一组母线故障或检修时，极端情况下，两组母线同时故障

时也不会影响所有回路的工作。仅当中间的联络断路器故障时才会影响该串上回路的工作。

② 运行调度灵活。正常运行时两组母线、全部断路器均投入，从而形成多环形供电，运行调度灵活。

③ 检修操作方便。隔离开关仅用作隔离电器，无须进行复杂的倒闸操作。

其缺点为：

① 一个回路故障要跳开两台断路器，增加了维修工作量。

② 继电保护整定复杂。

③ 为防止一台断路器故障会同时切掉连于一串上的所有电源，往往要求采用“同名不同串”的布置，造成配电装置布置上的困难。

④ 经济性较差。

以上特点使得 3/2 接线较多地使用于超高压电网中。

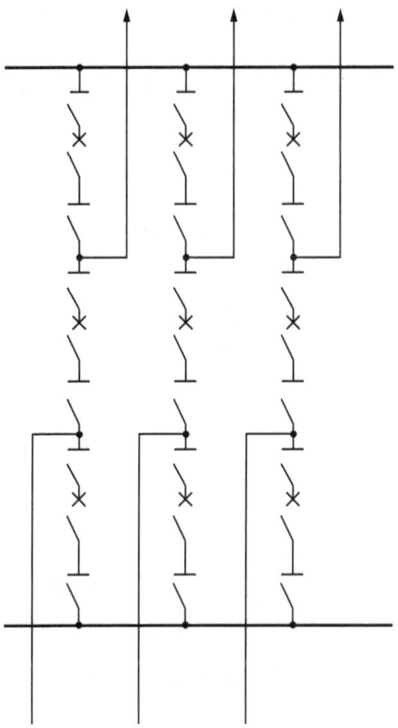

图 7-10　一个半断路器接线

## 二、无汇流母线主接线

前面分析的各种有母线的主接线形式中所采用的断路器的数目一般都大于连接回路的数目。因而造成整个配电装置占地面积大，建设成本高。对于一些对经济性要求较高的场合，在满足主接线要求的前提下，可考虑采用无汇流母线主接线。

1. 桥形接线

桥形接线有内桥和外桥接线两种，它们的典型接线可见于图 7-11(a)、(b)。这两种接线从结构至适用范围上有一定的相似，也有较大差异，它们的命名是依据横向桥联断路器位于断路器的内侧还是外侧，特点可见于如下。

(1) 内桥接线

① 只适用于两台变压器、两条线路的接线；

② 该接线适用于线路较长、变压器不需经常切换的情形；

③ 线路的故障不会影响变压器的正常运行，而变压器的投切会造成线路退出工作；

④ 适用于穿越功率不大或几乎无穿越功率的变电所的主接线设计。

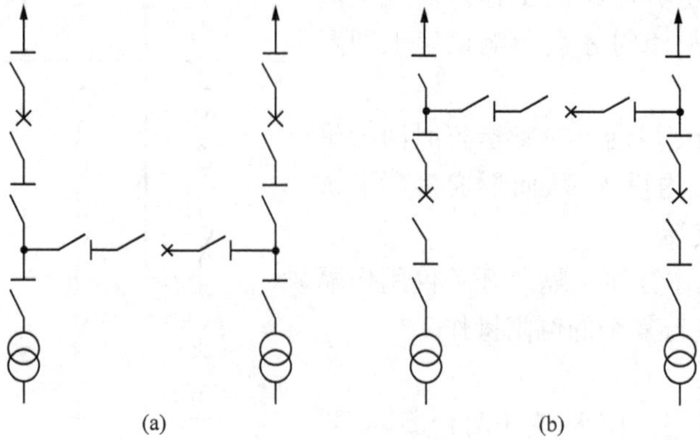


图 7-11　桥形接线
(a)内桥　(b)外桥

(2) 外桥接线

① 只适用于两台变压器、两条线路的接线；

② 变压器的故障不会影响线路的运行，而线路的故障会使变压器退出工作；

③ 适用于较小容量的发电厂和变电所，且变压器需频繁切换或线路较短的情况；

④ 可允许适用于线路有穿越功率时的变电所的主接线设计。

通过前面分析可以知道，桥形接线的可靠性不高，同时有时需用隔离开关作操作电器。但由于布置简单，具有一定的可靠性和灵活性，使用设备少，造价低，布置合适，较易发展成为双母线或单分段主接线，故它适合于用作初期工程过渡接线方式，目前在一些 35～220kV 发电厂、变电所接线中也得到应用。

2. 单元接线

在单元接线中，几个主要电气元件(如发电机、变压器、线路、母线)直接串联，其间无任何横向联系，从而减少了电器数目，大大降低了造价和故障的可能性。同时随着电力工业的不断发展，发电机机组单机容量不断增大，供电可靠性要求也在上升，因此开始考虑采用单元接线以简单、清晰的结构获得可靠、经济的结果。它有以下几种接线方式：

(1) 发电机-变压器单元接线

图 7-12(a)、(b)、(c)为发电机、变压器直接相连构成的发电机-变压器单元接线。由于发电机和变压器组成了一个工作单元，只有当二者同时可用时方能保证该单元的工作。所以可不必在二者间设置断路器或开关电器，以提高单元经济性。同时这种接线的采用也在一定程度上缓解了大机组、大容量系统的短路电流过大问题，是一种比较经济、可行的短路电流限制措施。

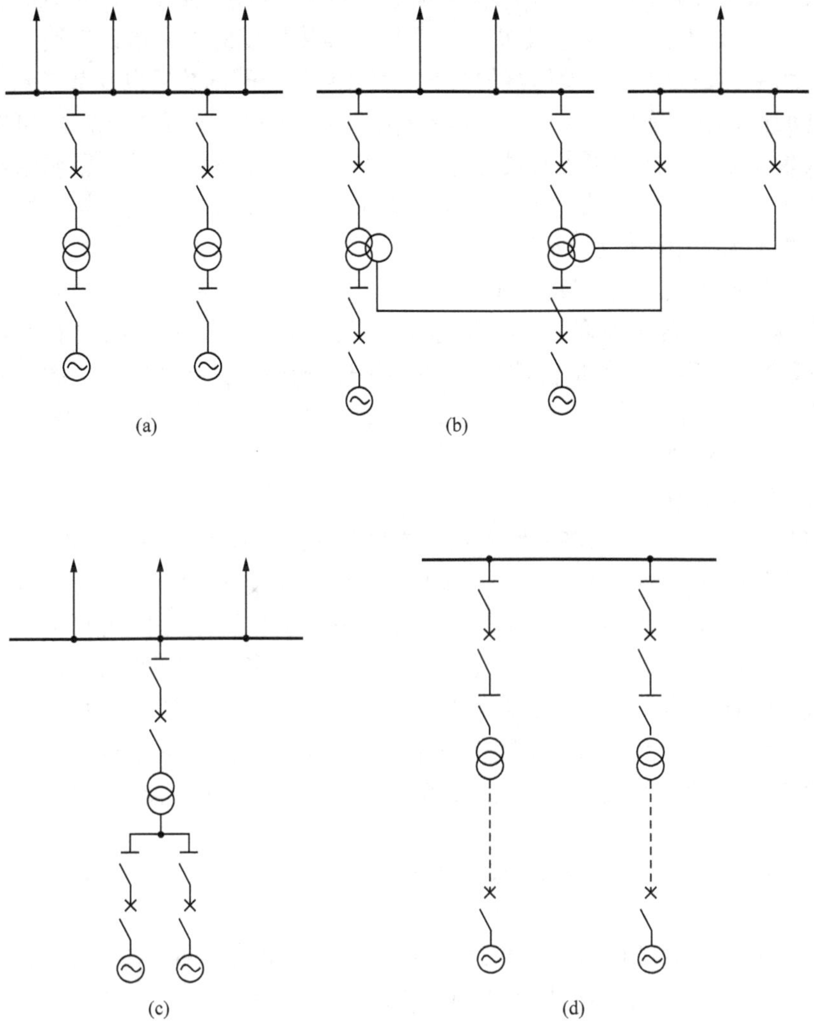

图 7-12
(a)、(b)、(c)发电机-变压器单元接线 (d)发电机-变压器-线路单元接线

这种接线方式的主要缺点是当单元中任一元件故障、检修,会引起整个单元的停运,但随着电器制造技术的日渐成熟及电网运行管理水平的提高和系统备用容量的充足,这已不足以再构成对系统运行的较大威胁。目前我国一些大容量,且当地负荷很少的机组常采用这种接线方式。

图 7-12(a)和(b)为简单的发电机-变压器单元接线图。要注意的是,为了保证三绕组变压器或自耦变压器在某一电压侧检修、退出运行时,仍能维持其他两电压等级间的联系,在发电机与变压器之间应装设出口断路器,而在双绕组变压器构成

的此类单元接线中则可以省去断路器而代之以隔离开关以便于发电机试验。

图 7-12(c)代表由两台发电机一台变压器连接构成的扩大单元接线。这种接线的采用主要是为了减少变压器的台数和高压侧断路器的数目以及节省配电装置的占地面积,例如,有些水电厂由于地形所限,为尽量减少土石方开挖量,可考虑采用扩大单元接线。这种接线方式运行灵活性较差,当主变停运时会影响两台发电机组的运行,当主变轻载仅一台机组运行时又会造成很大的空载损耗。故它一般用于容量不大的中小型水电厂中。

(2) 发电机-变压器-线路单元接线

发电机-变压器-线路单元接线方式的采用可省去发电厂或变电所中的高压配电装置,减少占地面积,降低造价,同时也方便了运行管理,其接线图见于图 7-12(d)。运行中发电机、线路或变压器的故障或检修会造成单元中其他元件的停运,因而实用中受到一定限制。

3. 多角形接线

多角形接线是一种将各断路器互相连接构成闭合环形的一种接线方式,其中没有集中母线,又称为多边形接线或单环形接线。在设计现代电力系统的接线时,对于变电所和线路的一定组合方式,在所有带断路器接线方式中,环形接线是一种具有高度的可靠性,同时又经济有效的接线。按角的多少,多角形接线可分为三角形接线、四角形接线、五角形接线等,如图 7-13 所示。这种接线最大的特点是:

① 所用断路器台数与回路数相等,而每个回路都与两台断路器相连和进行操作。因此,在可靠性程度方面,该接线相当于双断路器连接的接线,但费用则减小一半。

② 任何一台断路器检修,不需要中断供电,也不需设置专门旁路装置,从而进一步节约了投资。

③ 不以隔离开关作操作电器,设备的投入、切出操作方便,不影响其他元件的正常工作,即具有运行灵活、操作方便的特点。

与有汇流母线的主接线相比,多角形接线也有显著的缺点:

① 任一台断路器检修时均需开环运行,降低了此时的系统可靠性;

② 电器选择困难,继保整定复杂;

③ 不易发展和扩建。

多角形接线的上述特点使得它一般用于引出线较长、系统接线发展、扩建可能性很小的高压和超高压配电装置中,如某些水电厂中。

从形式上看,主接线的发展过程是由简单到复杂,但不能由此得出结论,认为复杂接线总比简单接线优越,复杂接线可代替简单的接线。对技术的评价也要考察时代背景,在当时的电气设备制造技术、通信技术和控制技术条件下产生了从简单到复杂的主接线演变过程。在当今的技术环境中主接线不会越来越复杂,在某

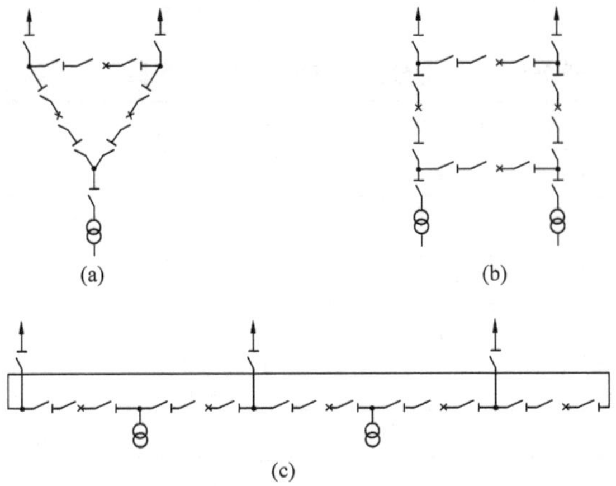

图 7-13　多角形接线
(a)三角形接线　(b)四角形接线　(c)环行接线

些条件下采用简单接线比采用复杂接线反而优越，不能笼统肯定或否定，要根据所研究的发电厂、变电所在系统中的地位和作用、电压等级、地理位置、厂站内变压器台数、容量、进出线数、电缆电网还是架空线电网等统一决定。

## 三、国外部分大城市电网常用和推荐的变电所主接线形式

表 7-3 和表 7-4 是国外部分大城市电网变电所高压侧和中压侧主要采用的主接线形式。从中发现，多数发达国家城市电网高压系统不再采用双母线带旁路接线形式，而是采用简化形式，如单元接线、角形接线等。这是基于以下原因：

① 城市土地资源十分宝贵，大型变电所的用地难以落实；

② 由于电器设备制造技术的发展，设备可靠性提高；

③ 网络规划水平提高，布局日趋合理，增强了供电区之间互为备用的能力，减轻了对单个变电所可靠性的依赖。

对于超高压变电所及高压电网中的枢纽变电所，英、法等欧洲国家的城市电网 220kV 变电所多采用“$\frac{3}{2}$”接线和角形接线；日本是混合型电网，东京电力公司主要采用双母线分段接线，关西电力公司主要采用“$\frac{3}{2}$”接线。

母线-变压器组接线方式在国外得到广泛应用。随着变压器制造技术的提高，大型变压器故障率大大降低，已达到一两次(台 · 100 年)，因此，俄、美、加等国在高压、超高压电网中较多采用了变压器通过隔离开关接到母线，组成母线-变压器组接线的方式。其可靠性高于用断路器带旁路的双母线接线，不会发生如多角形

接线的开环问题。

**表 7-3　国外部分大城市电网变电所高压侧主接线**

| 城市名 | 电压/kV | 电网线路类型 | 变电所主接线形式 |
|---|---|---|---|
| 东京 | 275 | 架空,电缆 | 双母线单分段或双分段 |
| 关西 | 275 | 架空,电缆 | $\frac{3}{2}$ |
| 伦敦 | 225 | 电缆 | 双母线单分段或双分段 |
| 纽约 | 138 | 电缆 | $\frac{3}{2}$ |
| 巴黎 | 225 | 电缆 | 双母线分段或环形 |
| 东柏林 | 110 | 电缆 | 环形 |
| 西柏林 | 110 | 电缆 | 单母线 |

**表 7-4　国外部分大城市电网变电所中压侧主接线**

| 城市名 | 电压/kV | 电网线路类型 | 变电所主接线形式 |
|---|---|---|---|
| 伦敦 | 33 | 架空,电缆 | 单母线或单母线分段 |
| 巴黎 | 33 | 架空,电缆 | 单母线或单母线分段 |
| 纽约 | 25～33 | 电缆 | 单母线单元 |
| 东京 | 22～66 | 架空,电缆 | 单母线或单母线分段 |

# 第四节　厂用电接线

## 一、厂用电率

为了保证发电厂、变电所在正常运行方式下的运行以及机组起停过程的顺利完成,必须向一些必要设备供电。这些必要设备包括为发电厂、变电所主要设备(锅炉、汽轮机、发电机等)和辅助设备服务的以电动机拖动的厂用机械,以及照明、检修、试验等设备。

发电厂、变电所内拖动电机及全厂的运行操作、试验、修配、照明、电焊等用电设备的总耗电量,称为厂用电或自用电。

厂用电量占同一时期内全厂总发电量的比值是一个能较好反映电厂运行经济技术水平的重要指标,常用厂用电率来表示

$$K_p = \frac{S_c \cos\varphi_{av}}{P_N} \times 100\% \qquad (7\text{-}1)$$

式中,$K_p$ 为厂用电率;$S_c$ 为厂用计算负荷,kV · A;$\cos\varphi_{av}$为年均功率因素,一般取

为 0.8；$P_N$ 为发电机额定功率，kW。

厂用电率是发电厂运行经济性的重要指标之一，降低厂用电率不仅能降低发电成本，还能相应的增大对系统的供电量。厂用电量的多少直接取决于发电厂类型、机械化和自动化程度、燃料种类及其燃烧方式、蒸汽参数等因素。例如，一般凝汽式火电厂厂用电率为 5%～8%，热电厂为 8%～10%，而水电厂则仅为 0.3%～2%。

## 二、厂用负荷分类

厂用负荷种类繁多，根据它们在生产中的作用及突然停电对设备、人身造成危害的大小，常将厂用负荷分为以下四类：

① Ⅰ类负荷。这类负荷即使短时停电也会造成设备损坏、危及人身安全，以及主机停运或出力减少的严重后果。如火电厂的给水泵、凝结水泵、循环水泵等锅炉给水系统和送风机、引风机等燃烧系统，水电厂的调速系统等均属于Ⅰ类负荷，考虑到该类负荷对可靠性的要求，通常配置两套设备，互为备用，分别接至两独立电源，自动投切进行供电。

② Ⅱ类负荷。这类负荷允许较短时间的停电（几秒至几分钟），恢复供电后，不致引起生产紊乱。电厂中属于该类负荷的主要有火电厂中的工业水泵、疏水泵、灰水泵、输煤设备等设备。对于Ⅱ类负荷可以考虑采用两个电源供电，手动切换来满足供电连续性要求。

③ Ⅲ类负荷。该类负荷长时间停电也不会直接影响生产，如中央修配厂、试验室等负荷，通常只设一个电源供电。

④ 事故保安负荷。事故保安负荷是一类机组在停机过程中及停机后一段时间内仍需保证供电的负荷。按对电源要求的不同，可分为以下三类：ⅰ允许短时停电的交流保安负荷，例如，汽轮机、盘车电动机、顶轴油泵；ⅱ不允许停电的交流保安负荷，例如，计算机控制系统、程序控制装置；ⅲ直流保安负荷，如发电机的直流润滑油泵等。

为满足事故保安负荷的供电要求，对于容量较大的机组须设置事故保安电源，一般由蓄电池组、柴油发电机组、燃汽轮机组、可靠外部独立电源充当。

## 三、厂用电接线方式

随电厂类型、容量及地位的不同，厂用电的重要性也不尽相同，但要求厂用电接线应满足正常运行方式下安全、可靠、灵活、经济；检修、维护方便，操作灵活；以及要求缩小厂用电系统故障影响范围，便于分期扩建等。鉴于此，必须合理地确定厂用电电源的取得方式，厂用电接线方式及继电保护和自动装置的配合等问题。

厂用电接线确定的基本原则与一般电气主接线相类似，而厂用电接线中还须考虑厂用电电压等级的确定和厂用电源的引接。

1. 厂用电电压等级

由于现代电厂的厂用电一般均通过厂用变压器、电抗器经电缆线路从主回路中引接，因而发电厂厂用电压等级是根据发电机额定电压、厂用电动机的电压、厂用电网络的可靠运行等各方面因素综合经济、技术比较分析后确定的。

发电厂中厂用电动机容量范围很广，小到几千瓦，大到几兆瓦的电动机均有，因而采用单一厂用电电压等级无法满足要求，必须根据所拖动设备的功率以及电动机的生产情况来确定厂用电电压等级。运行经验和分析比较表明，电动机容量在 75kW 以下，电压宜采用 380V 等级；100～200kW 电动机，电压采用 6kV 等级；容量为 1000kW 以上的电动机，电压可采用 10kV 等级。

为了简化厂用电接线，且减少运行维护工作量，电压等级不宜过多，目前广泛采用 6kV 和 380/220V 两种电压等级作为大中型火电厂厂用供电电压。这样厂用高压供电系统可根据发电机机端电压分别采用经厂用高压变压器或电抗器进行供电。而一般水电厂厂用电系统由于负荷容量不大，通常只采用 380/220V 一个厂用电压等级供电。对于坝区水利枢纽点，一般可能有较大负荷，因而需另设专用变压器以 6～10kV 电压进行供电。对于中小容量发电厂、变电所选用 380/220V 一级电压供电均可满足要求。

2. 厂用电电源及其引接

按厂用电源在运行中作用的不同，厂用电源有厂用工作电源、备用电源、事故保安电源三类，它们有各自不同的引接方式。

(1) 厂用工作电源

工作电源是保证发电厂、变电所正常运行的基本电源。通常，为保证供电可靠性，厂用工作电源应不少于两个。

由于现代电力系统运行可靠性的上升，厂用电电源已几乎全部从与系统直接相连的发电机本机或本厂取得。厂用电源的取得方式对厂用电可靠性、经济性有重要影响，它与发电机出口电压及主接线形式关系密切。当发电机电压级采用有母线的主接线时，厂用高压工作电源一般直接从母线上引接[图 7-14(a)、(b)]；若发电机和主变压器为单元接线时，则厂用高压工作电源从主变低压侧引接[图 7-14(c)]；若发电机电压级采用扩大单元接线时，则厂用高压工作电源应从发电机出口或主变低压侧引接[图 7-14(d)]。厂用低压工作电源一般由低压厂用变压器从厂用高压母线上引接，也可从小容量发电机电压母线或发电机出口经一次降压获得。

采用这种接线方式，即使在电厂内全部发电机停运时，也可从电力系统中倒送功率满足要求。因此可靠性较高，操作简便，投资及运行费用较低。

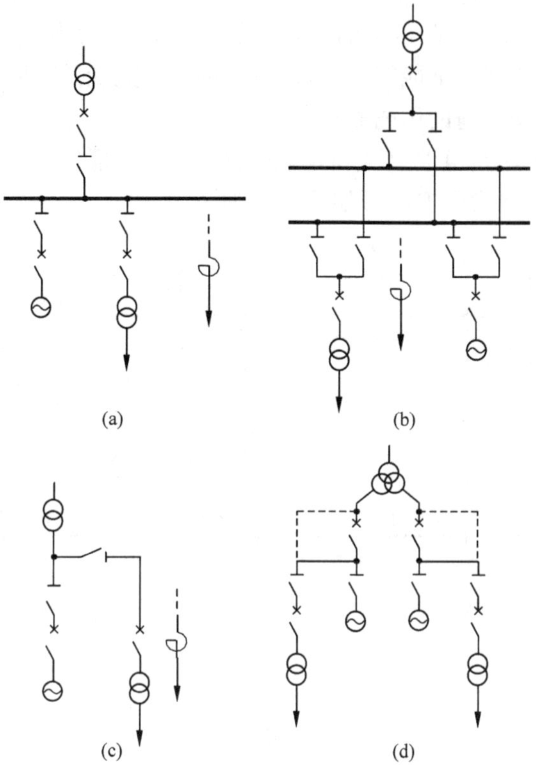

图 7-14　厂用工作电源的引接

(a)发电机电压级为单母线接线　(b)发电机电压级为双母线接线

(c)发电机电压级为单元接线　(d)发电机电压级为扩大单元接线

(2) 厂用备用电源及其引接

厂用备用电源是厂用工作电源事故失电时起后备作用的电源，又称为事故备用电源。在备用电源中有一种在厂用工作电源完全消失情况下，为保证机组快速启动，向必要辅助设备供电的电源，称为启动电源。启动电源的实质也是一种备用电源，只是其可靠性要求更高，我国一般对容量为 200MW 以上的大型机组，需要考虑设置厂用启动电源，并以启动电源兼做事故备用电源。

备用电源除了要求有足够供电容量外，还须保证它对工作电源的独立性，从而真正实现事故备用的功能。为此备用电源常采用以下引接方式：

① 从发电机电压母线的不同分段上，通过厂用备用变压器(电抗器)引接；

② 从与电力系统联系紧密，供电可靠的最低一级电压母线引接；

③ 从联络变压器低压绕组引接；

④ 当技术经济合理、条件允许情况下，可设专用外部线路供给。

3. 厂用事故保安电源

该类电源是对 300MW 以上的大容量机组，当厂用工作电源和备用电源都消失时，为确保在事故状态下能安全停机，事故消除后又能及时恢复供电而设置的电源，以满足事故保安负荷的供电需求。

发电厂中常采用蓄电池组、柴油发电机组、可靠外部独立电源作为事故保安电源。厂用电备用电源及保安电源如图 7-15 所示。

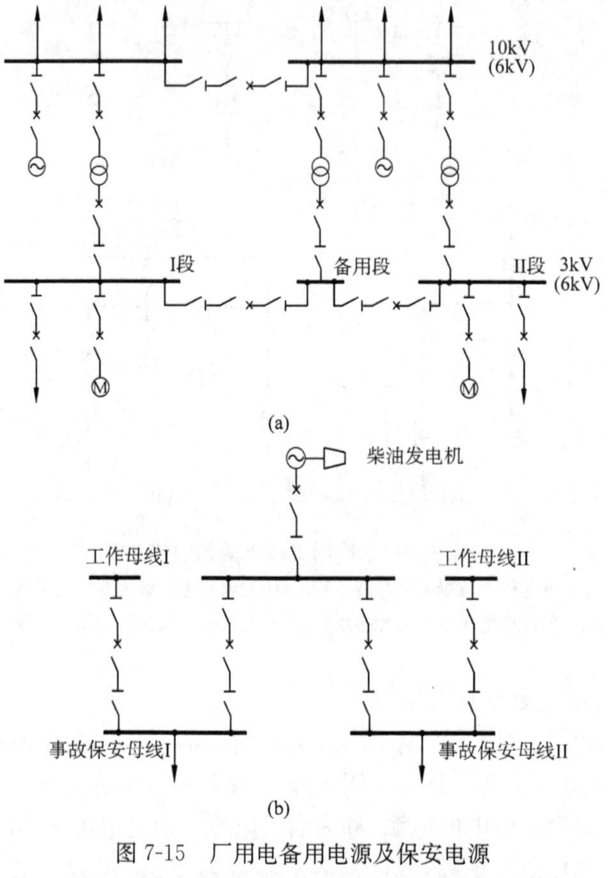


图 7-15　厂用电备用电源及保安电源

(a)厂用备用电源接线方式示意　(b)交流事故保安电源示例

## 四、发电厂厂用电接线形式

现代发电厂厂用电系统往往由主发电机进行供电，为提高该系统供电可靠性，厂用电系统接线通常采用单母线分段并配以成套配电装置以降低电力系统及厂用设备本身故障带来的影响。发电厂厂用电接线如图 7-16 所示。

由于火电厂厂用电负荷中锅炉相关负荷占厂用电量的 60%以上，为便于厂用电系统的灵活调度并提高其供电可靠性与经济性，火电厂厂用系统母线按锅炉台数进行分段。当锅炉容量较大，辅助负荷相应也容量较大时，每台锅炉可由两段厂用母线供电。

而水电厂因厂用负荷一般容量较小，故常采用单母线按水轮机组台数分段的接线方式供电。

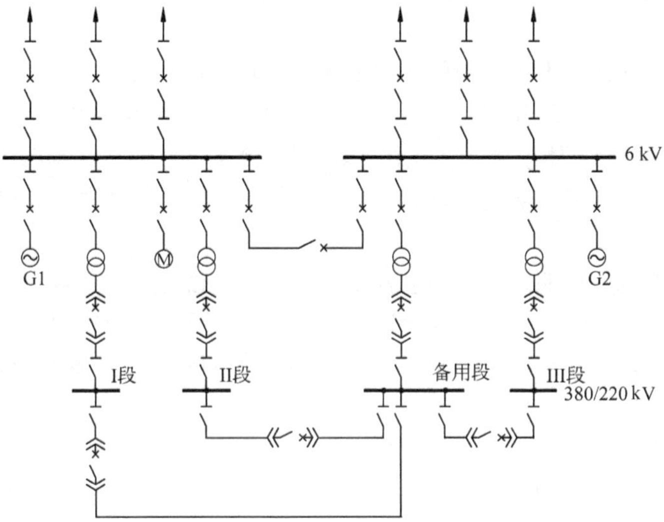


图 7-16　发电厂厂用电接线

## 五、变电所所用电接线

与同容量的发电厂厂用电系统相比，变电所的所用电负荷较小。在有人值班的中、小型变电所中，所用负荷主要为变压器冷却、风扇、硅整流设备、取暖通风、断路器油加热设备、照明、检修车间用电等。而大型变电所中所用电负荷主要有变压器冷却装置(包括风扇、油泵、水泵)、蓄电池充放电设备、油处理设备、采暖通风、照明、检修等用电。

大、中型区域性变电所为保证所用负荷供电，应设两台变压器经两独立电源对所用电系统供电；小型变电所往往只需采用一台变压器进行供电，并根据所用负荷的大小及重要程度，以低压成套配电装置供电。

# 第五节　电力网络接线

电能的传输及分配是电力系统整体功能的重要组成环节。发电厂与电力负荷中心通常都位于不同地区。在水力、煤炭等一次能源资源条件适宜的地点建立发电厂，通过输配电可以将电能输送到远离发电厂的负荷中心，进一步将其转换为能被各电压等级的用电设备所利用的能量，从而使电能的开发和利用超越地域的限制。与其他能源输送方式相比较，输电具有损耗小、效益高、灵活方便、易于调节控制、减少环境污染等优点。输配电还可以将不同地点的发电厂相连接，形成电力系统，并且进一步实现系统互联。输配电是电能利用的优越性的重要体现，是工业化、现代化社会的能源动脉。输配电技术的发展是推动电力系统规模增长的重要基础。

电力网按其在电力系统中的作用不同，分为输电网和配电网两种类型。

输电网是以高电压甚至超高压将发电厂，变电所或变电所之间连接起来的送电网络，所以又可称为电力网中的主网架，即将众多电源连接起来的主干网及连接不同电网之间的网架为输电网；而配电网则是将电力分配至用户并提供配电服务的电力网络。

我国电力行业长期以来习惯上称 10kV 以下线路为配电线路，35kV、60kV 线路为输电线路，110kV、220kV 线路为高压线路，330kV 以上线路称为超高压线路。把 60kV 以下电网称为地区电网，110kV、220kV 电网称为区域电网，330kV 以上电网称为超高压电网。

不同电压等级的电网在系统运行中作用存在差异，对应的接线方式也应有所区别，例如，500kV 等超高压输电网往往构成环网接线，作为沟通各分区电网的主干网架，并与大区电网联系，接受区外来电。而 220kV 电网原则上由 500kV 变电站提供大容量的供电电源，经过 220kV 大截面的架空线路，向 220kV 中心变电站送电，再从中心站(500kV 变电站或大中型发电厂)经 220kV 大截面的电缆或架空线路，向 220kV 终端变电站供电。国内外不少著名大都市的 220kV 电网由于短路电流限制，往往采取分片运行的方式。

由各种电压等级的输配电线路以及变电站构成的电力网络接线是电力系统接线的另一主要方面，本书将就输电网接线及配电网接线分别进行概要介绍。

## 一、输电网接线基本要求

① 输电网要满足电源送出要求和稳定可靠的供电能力，以适用电力市场流通及消费的需要。

② 输电网要有一定裕度和应变能力。要求输电网结构具有足够的“弹性”，包括有足够的设备容量和检验各种可能出现运行方式时的应变能力，对前后阶段网架要考虑相关性并作合理协调。

③ 输电网运行要灵活、经济，线损及成本应相对较低。不能仅把电网建设的初始投资作为唯一考核指标，应从电网发展建设的总体效益来考察，同时应把用电损失计入经济性，而把可靠性作为优化计算的目标函数之一。

④ 输电网接线简明，层次清晰。运行经验表明，复杂接线形式在一定条件下不仅不能提高而且反而降低了可靠性。因为电力技术的发展和进步，电器设备可靠性提高为简化接线及变电所小型化、标准化创造了条件。后者在技术和经济上都处于优势，但观念的转变需要时间和实践。

⑤ 网络接线要合理。由于电网迅速发展，系统短路容量急剧增大，有的已超过运行电器的允许值，成了潜在的事故隐患。随着电网容量的扩大，这种情况会更加严重。所以如何在编制电网规划时，从网络结构上采取措施以限制短路电流是电网规划设计需要考虑的问题。

⑥ 潮流流向应合理，避免网内环流。

## 二、输电网结构

电网结构是指输送和分配电能（包括电压转换）的各类电压等级电力线路、变压器和相应配电装置的连接或接线方式。输电网的结构与电力系统运行的安全性及经济性关系极大，是整个电力系统的骨架或主干网。

电网的结构与电压等级、电源点、负荷容量与数目、地理位置以及可靠性要求等因素相关，主要有如下类型：

① 放射状，见图 7-17(a)，是一种最简单的电网结构，运行调度和控制最为方便，每回线只向一个用户变电所供电，中间不接任何用户，单回线路供电可靠性不高；采用双回路或多回路供电时，必须考虑对某一回路退出运行时其余运行线路的负载情况进行校验，同时采用多回路后接线的投资将会大大增加。

② 链式接线，见图 7-17(b)。结构是放射式的扩展，经济性优于放射式接线，但可靠性低于前者。

③ 环式接线。见图 7-17(c)，具有较好的可靠性与经济性，但必须校验由于一条线退出运行造成解环时电网中各点的电压水平以及各支路的荷载能力。

④ 多电源环式和多电源串链式接线，图 7-17(d)是具有多个电源的环式接线，这种接线会使整个电网联系较强，运行稳定性也较好，但往往容易导致短路电流很大，同时电网的运行调度控制也比较复杂；图 7-17(e)是一种多电源串链式接线示意图，当电力系统中大型发电厂分布比较分散时，常会采用这种接线。由于发电厂之间的联系比较薄弱，所以稳定性比较差。这是输电网两种常用的结构，两者均有很高的可靠性，但多个闭环结构电网的调度和控制（包括继电保护）比较复杂，短路电流水平也较高，输电网通常采用这两种结构或它们的组合。

⑤ 干线式接线，见图 7-17(f)，经济性最好，但可靠性很差，只适用于负荷密度小、可靠性要求不高的配电网。

⑥ 网格式接线，见图 7-17(g)，结构运用于负荷密度很大，电压质量和可靠性

要求很高的城市配电网。

⑦ 高压直流输电，目前已成为现代电网的一个组成环节，其主要特点如下：ⅰ线路所连接的各交流系统不需要同步运行运行稳定件的限制；ⅱ基本上不增加交流系统的短路容量。

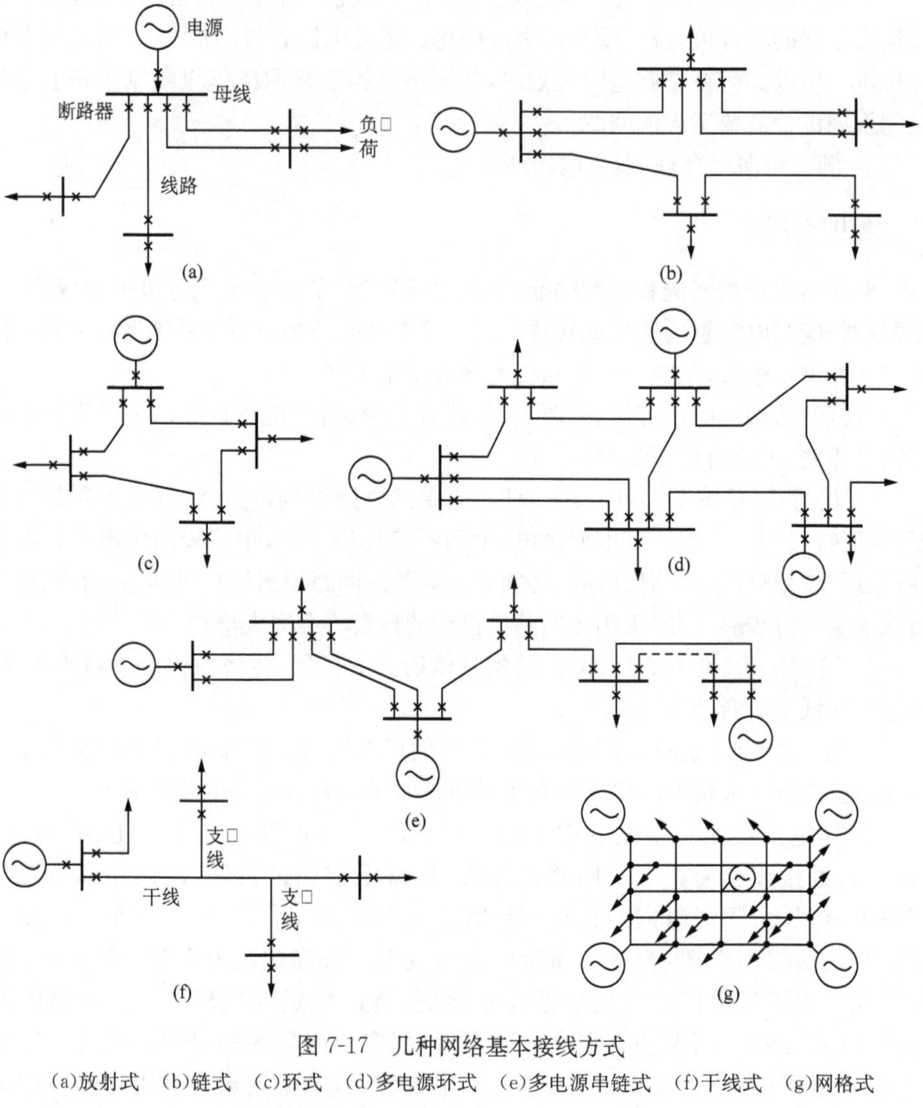


图 7-17　几种网络基本接线方式

(a)放射式　(b)链式　(c)环式　(d)多电源环式　(e)多电源串链式　(f)干线式　(g)网格式

## 三、国外部分大城市的电网接线方式

表 7-5 中汇集了部分国家城市电网接线的形式，从表 7-5 中可以看到，西欧及北欧国家几乎都采用了几种基本接线形式，如图 7-17 所示。

**表 7-5 国外部分国家和城市电网接线形式**

| 国家或城市名 | | 巴黎 | 伦敦 | 挪威 | 芬兰 |
|---|---|---|---|---|---|
| 外围电网 | 电压/kV | 400 | 400 | 420 | 400(220) |
| | 电网接线<br>线路类型 | 环形架空 | 环形架空 | 架空 | |
| 市区电网 | 电压/kV | 225/20 | 132/33 | 132/22 | 110/20 |
| | 电网接线 | 环群/仿垂 | 袋/放射 | 群/环放射 | 袋群 |
| | 线路类型 | 线路类型 | 电缆 | 电缆/混合 | 架空 |
| 国家或城市名 | | 纽约 | 东京 | 荷兰 | 比利时 |
| 外围电网 | 电压/kV | 345 | 500 | 380 | 380 |
| | 电网接线<br>线路类型 | 条形电缆 | 双环架空 | 架空 | |
| 市区电网 | 电压/kV | 138/33-25 | 275/66-22 | 150/50 | 150/36 |
| | 电网接线 | 环/4×6 | 环/T 环 | 环/网孔 | 群/网孔 |
| | 线路类型 | 电缆 | 混合 | 混合 | 电缆 |
| 国家或城市名 | | 意大利 | 西班牙 | 斯洛文尼亚 | 澳大利亚 |
| 外围电网 | 电压/kV | 380 | 380 | 380 | 200-330 |
| | 电网接线<br>线路类型 | | | | |
| 市区电网 | 电压/kV | 132/15 | 220(110)/25 | 110/20 | 132/66-33 |
| | 电网接线 | 网孔/环 | 袋/网孔 | 群/网孔 | 袋/放射 |
| | 线路类型 | 架空 | 架空 | 架空 | 混合 |
| 国家或城市名 | | 南非 | 加拿大 | 东柏林 | 西柏林 |
| 外围电网 | 电压/kV | 220-400 | 330 | 380 | 380 |
| | 电网接线<br>线路类型 | | | | |
| 市区电网 | 电压/kV | 132/66-11 | 27.6/8.32 | 110/10 | 110/10 |
| | 电网接线 | 袋/环 | 袋/放射 | 群/网孔、放射 | 环/网孔、放射 |
| | 线路类型 | 混合 | 混合 | 电缆 | 电缆 |

① 放射型(radial),只从一端供电的电路;

② 环型(ring 或 loop),构成一个完整的单电源的环型电路;

③ 网孔型(meshed),由多个环型电器组成,大多数是多电源供电;

④ 袋型(pocket),单电源供电的网络运行方式;

⑤ 群型(group),多电源(至少 2 个)供电的网络运行方式。

# 第六节　配电网接线

## 一、配电系统构成

配电系统的功能是把变电站或小型发电厂的电力转换成适当的电压等级后输送给每一个用户，因而也是电力系统中一个重要组成部分。

整个电网按电压等级以及功能不同可分为送电网、输电网、配电网和用户这几个环节，各级网络之间的相互关系如图 7-18。

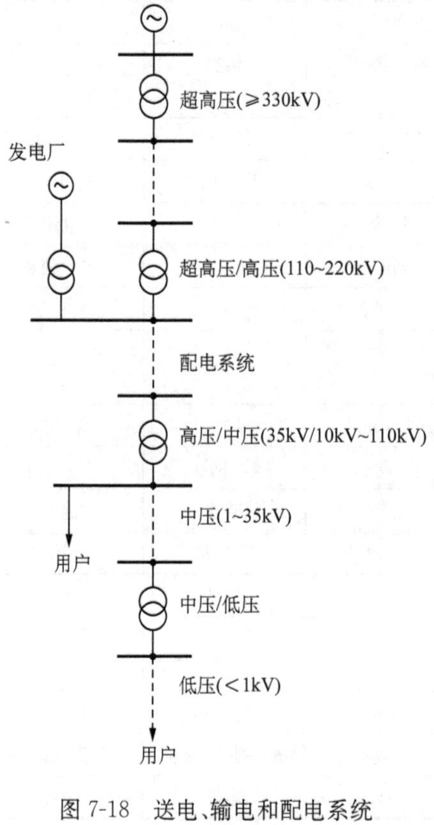


图 7-18　送电、输电和配电系统划分示意图

其中各电压级的划分，包括配电电压与输电电压的规定都并非绝对的和一成不变的，随着各国和地区具体技术经济因素不同而不同，即使同一地区随着系统容量的扩展和用户需求的增加，电网结构也在发生变化，各电压等级功能也会随之而变化。图中所标数值也仅仅是按我国目前现行规定而给出的一个参考数值。

我国目前对配电网电压等级的划分是这样的：

35～110kV 为高压配电电压；

1～35kV 为中压配电电压；

1kV 以下为低压配电电压。

作为电力系统接线的一个重要部分，配电网接线必须满足一些基本要求，才可保证全系统的经济、技术目标的实现。

## 二、配电网的基本要求

配电网作为与电网用户直接联系的一级电网，对于提高系统的供电可靠性和改善运行的经济性都至关重要，因此对配电网的建设除了提出类似于输电网的基本要求外，还必须满足：

① 对上级送电电网的远景发展规划和布局要作详细了解，因为电源和电网是一个互为条件、互为因果的整体。

② 在考虑城网结构时，包括变电所落点、规模、线路布局和接线方式等，要有

超前(20 年或更长一点)观念。

③ 电网结构合理,层次分明。正常运行时应尽量减少网上潮流,更不应出现“兜圈子”,各级电压网络接线应层次分明。

④ 灵活,应变能力强。电网结构应具有足够的“弹性”,有足够的设备容量,具备应付各种可能出现情况的应变能力。

⑤ 接线标准化,提高可靠性,减少维护、检修费用。

⑥ 简化接线,为自动化创造必要条件,减少占用城市空间,有利于环境保护。

## 三、配电网络接线方式

设计配电网络时,根据负荷密度和系统电压水平,可以采用很多种方式为系统中不同的地区供电。

1. 架空线路

中压配电网的接线方式,架空线路主要有放射式、普通环式、拉手环式、双路放射式、双路拉手环式等五种。

(1) 放射式

放射式结构见图 7-19,线路末端没有其他能够联络的电源。这种中压配电网结构简单,投资较小,维护方便,但是供电可靠性较低,只适合于农村、乡镇和小城市采用。

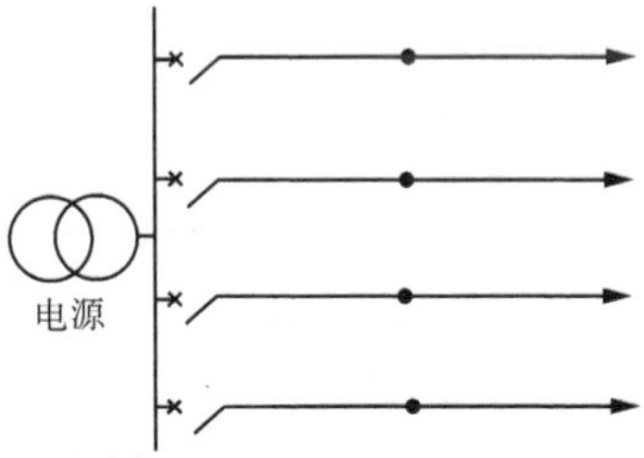


图 7-19 放射式供电接线图

(2) 普通环式

普通环式接线是在同一个中压变电站的供电范围内,把不同的两回中压配电线路的末端或中部连接起来构成环式网络,见图 7-20。这种配电网结构,投资比放射式要高些,但配电线路停电检修可以分段进行,停电范围要小得多。用户年平均停电小时数可以比放射式小些,适合于大中城市边缘,小城市、乡镇也可以采用。

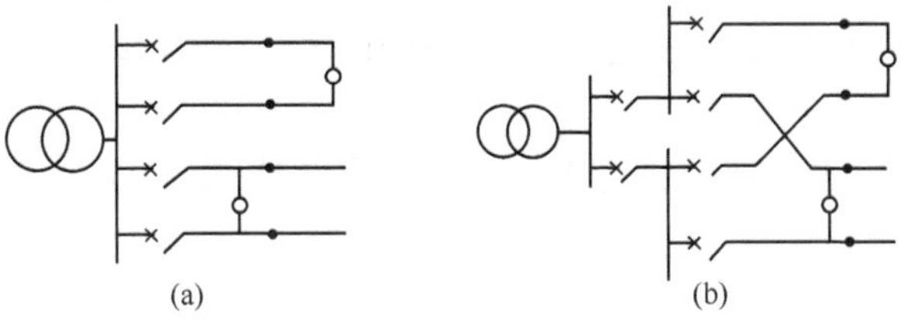


图 7-20 普通环式供电接线原理图

(a)单母不分段 (b)单母分段

（3）拉手环式

拉手环式的结构见图 7-21。它与放射式的不同点在于每个中压变电站的一回主干线都和另一中压变电站的一回主干线接通，形成一个两端都有电源、环式设计、开式运行的主干线，任何一端都可以供给全线负荷。

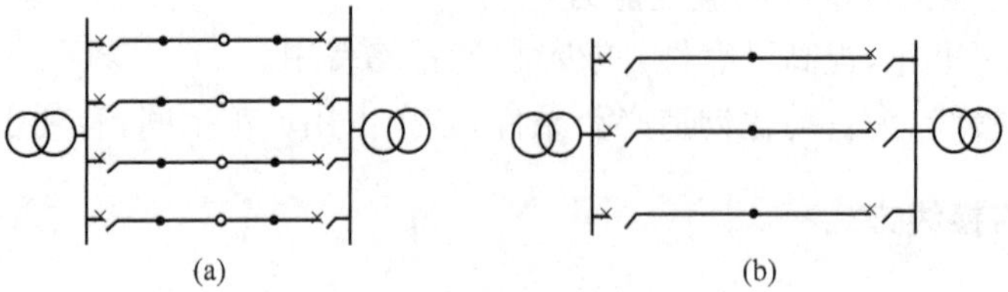


图 7-21　拉手环式供电接线原理图

(a)中间断开式　(b)末端断开式

拉手环式接线有两种运行方式，一种是各回主干线都在中间断开，由两端分别供电，如图 7-21(a)所示；另一种是主干线的断开点设在主干线一端，即由中压变电站线路出口断路器断开，如图 7-21(b)所示。在实际应用时，应根据系统的具体情况因地制宜。

（4）双路放射式

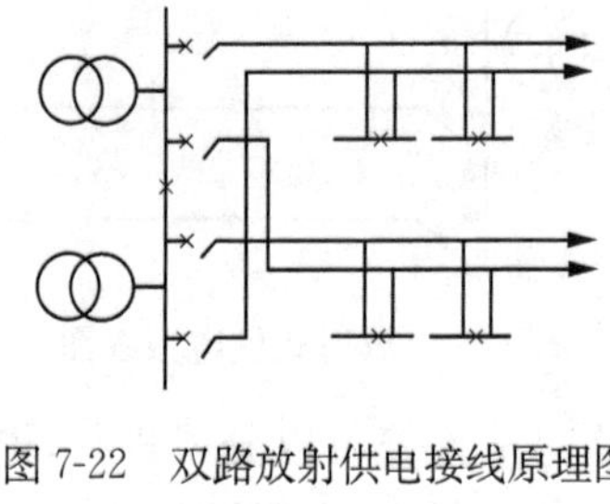

图 7-22　双路放射供电接线原理图

双路放射式的结构如图 7-22 所示。这种接线任何一回线路事故或检修停电时，都可由另一回线路供电。即使两回线路不是来自两个中压变电站，而是来自同一中压变电站 10kV 侧分段母线的不同母线段，也只有在这个中压变电站全停时用户才会停电。这种结构造价较高，只适合于一般城市中的双电源用户。

（5）双路拉手环式

双路拉手环式的结构如图 7-23 所示。双“T”接，这种接线两端有电源，从理论上说，供电可靠性很高，但造价过高，很少采用，这里不做详细介绍。

2. 地下电缆线路

地下电缆线路主要有多回路平行线式、普通环式、拉手环式、双路放射式等四种。

（1）多回路平行线式

多回路平行线式的结构如图 7-24 所示。这种接线适用于靠近中压变电站的 10kV 大用户末端集中负荷，可以不要备用电缆，提高电缆的利用系数。

（2）普通环式

普通环式的结构如图 7-25 所示。单一电源供电，由电缆本身构成环式，以保

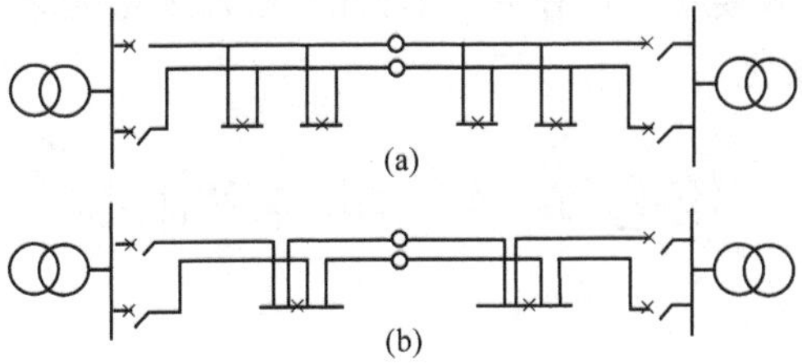


图 7-23　双路拉手环式接线原理图

证某段电缆故障时各个用户的用电。图中每个用户入口都要装设由负荷开关或电缆插头组成的“π”接进口设备。不论是负荷开关还是电缆插头都保证在某一段电缆故障时把它的两端断开，其他线路继续供电。

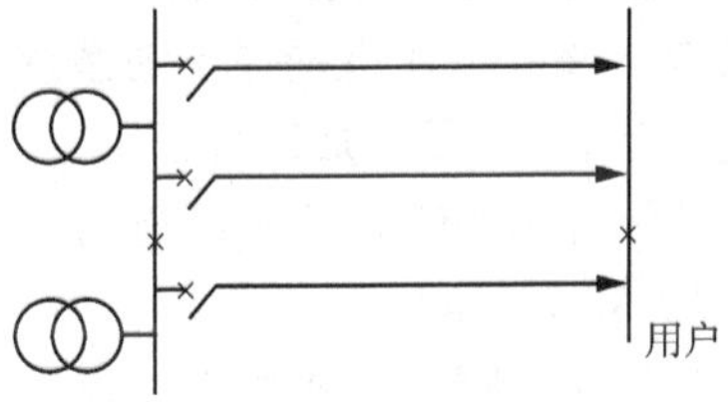


图 7-24　多回路平行供电接线原理图

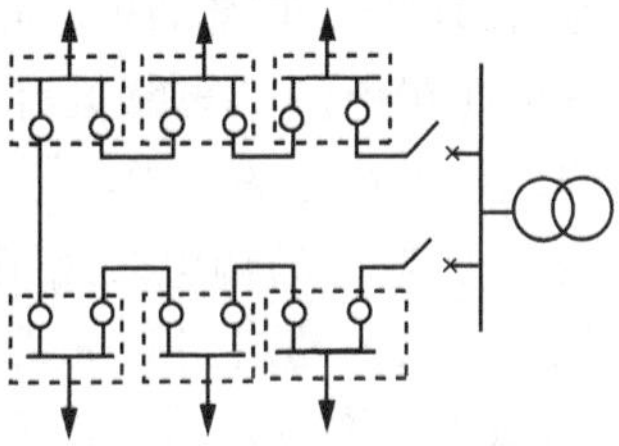

图 7-25　环式供电接线原理图

(3) 拉手环式

拉手环式的结构如图 7-26 所示。它比上述普通环式多了一侧电源，中压变电站停电时，用户不受影响，每段电缆检修，用户也可不受影响，供电可靠性较高。但故障停电时人工倒闸会影响用户用电。

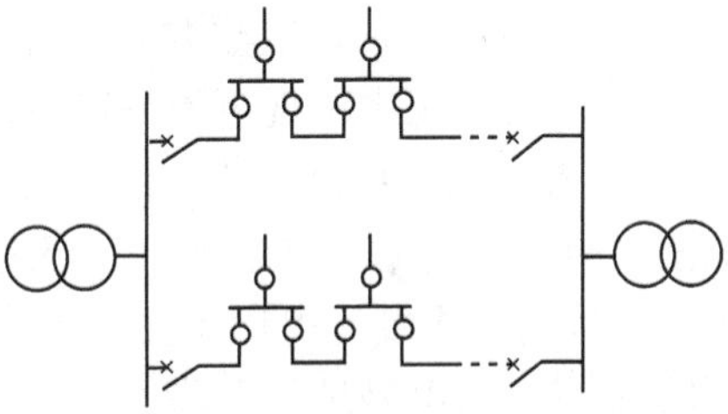

图 7-26　拉手环式电缆供电接线原理图

(4) 双路放射式

双路放射式的结构如图 7-22 所示。由于电缆线路的特点，这种接线投资不比拉手环式或普通环式高，而供电可靠性却高了许多。

在一个中压配电网或一个中压变电站 10kV 侧的中压配电线中，并不需要全部采用架空线路或电缆线路，接线也不一定全部采用一种形式。例如，城市配电网就可采用拉手环式；城市边缘和乡镇配电网就可采用普通环式和放射式；中压变电站邻近的末端集中负荷就可采用多回路平行线式；供电可靠性要求高的就可采用双线放射式或双线拉手环式。总之，一定要结合负荷情况，从实际出发。

另外，上述各种接线方式都避免不了故障时要停电，只是时间长短不一而已。

要解决这个问题，单从接线方式着手是不行的，必需发展远动和自动装置，实现配电网的远动化和自动化。

## 第七节　短路电流的限制

### 一、概述

随着电力系统规模的发展、扩大，机组、电厂容量，变压器、变电所容量因厂址、所址选择的困难在不断扩大而且集中，同时负荷需求也在不断增长，造成系统联系日益紧密，结构复杂，尤其是电力系统之间的互联，给系统的运行及规划设计带来了一个比较突出的问题——现代大型电力系统各级电压网络的短路电流水平也在不断增长，有些地区已接近或超过我国现有开关的遮断能力，使得电网中各类设备，尤其是开关电器的选择比较困难，而系统运行的安全性和稳定性也面临着很大的威胁。

某一电压级电网的短路电流水平与电网结构及该级电压电网在电力系统发展过程中的地位密切相关。总的来看，它可分为以下四个阶段来加以分析：

① 某一级电压的输电线路刚开始出现，此时所有相关断路器开断能力及设备动热稳定往往大大超过当时短路电流水平，有很大安全裕度。

② 该级电压网发展成为电力系统中最高电压主网，同时直接接至该电压级的发电厂容量上升，使得此时该电压级的短路电流水平迅速上升，接近断路器的额定断流容量。此时接入该电压级发电机容量的进一步增加和电网联系的日益强化，极大可能地会使某些开关电器出现断流容量不足的现象。

③ 在电力系统中出现更高一级电压开始至形成更高一级电压主电网的时期内，由于原有主网与更高一级电压网之间在过渡时期内形成的高低压环网运行，原有电压级网络中短路电流水平将大幅度、全范围内增加；断路器遮断容量不足和限制短路电流问题将成为迫切需要解决的问题。

④ 原有电压电网地位下降，只与少量机组相连，同时网络分区以辐射状方式运行，短路电流水平随之下降。

由此可见，某一电压级系统中出现短路电流过大的问题与整个系统结构乃至设备能力更高一级电压电网的形成直接相关，要限制短路电流势必应从多方面入手采取合理措施。

### 二、限制短路电流

1. 短路电流危害

维持系统中某些节点处以一定短路电流水平，对提高系统的稳定性有重要意义，但短路电流过大，往往会造成如下危害：

① 由于切断事故电流的断路器开断能力不足及并联的电气设备、输电线强度

不足，使设备受损，甚至拖垮整个系统；

② 在临近电力系统的通信线路中将引起感应过电压，造成通信设备故障；

③ 为满足短路的热动稳定要求，需选用重型电器，使电网经济性大大下降。

2. 限制短路电流必要性

由于电力系统规模的扩大，负荷的增长，大容量机组、电厂、变电所的投入及系统联系的增强，系统短路电流水平的增长是不可避免的。此时若不采取措施限制短路电流的增加，势必造成新建电厂、变电所设备投资的大大增加，而原有设备及通信线路运行也受到严重威胁，甚至需要巨额耗资去进行改造、更换甚至新建。

如前所述，电网发展初期，由于系统短路容量较小，单纯地通过调换开断容量较大的开关电器或许能满足一时的运行要求。但从长远的观点来看，这一措施无法根本解决系统迟早要面临的短路电流过大的问题。基于电力系统对系统运行可靠性的高度重视和系统建造之困难，采取一种全局、长远的短路电流限制措施，应当是必然的和毋庸置疑的，尤其是在我国电力系统高度发展的今天。

## 三、限制短路电流的措施

从对影响短路电流大小的因素分析来看，限制短路电流可以从系统整体即电网部分和局部厂、站部分着手。包括从系统结构、系统运行和设备上采取措施或在厂站处、线路上装设限流电抗器、专门限流装置；限制变压器中性点接地数目、接地方式，限制采用自耦变压器等措施。

根据我国目前的设备制造水平，认为各级电压电网的最大短路电流不应超过以下值，如表 7-6 所示。

**表 7-6 我国现行各电压等级电网短路电流上限**

| 电压/kV | 500 | 220 | 110 | 66 | 35 | 10 |
|---|---|---|---|---|---|---|
| 短路电流/kA | 50(远期不大于 63kA) | 50 | 25 | 25 | 24.7 | 16～20.2 |
| 短路容量/(MV · A) | | 19000 | 4800 | 2800 | 1500 | 250～350 |

若电网运行中短路容量超过或接近上述限值，则应采取合适措施限制短路电流。

1. 在保证电网运行可靠性的前提下，选择合适的网络结构

这是电网规划、运行时可采取的一项最为有效且可行的措施，主要有：

① 发展高级电压电网，低压电网分片运行。在高一级电压电网发展后，将低一级电压电网解开分片运行。例如，我国华北地区在 220kV 电网发展后，不少地区把 110kV 及 66kV 电网解开成互不相干的地区电网；国外也有很多类似的实例。在超高压电网大力发展后，实现低一级电压网的分片运行，同样可保证

供电的可靠性和安全性。

② 解列电网。因该措施易造成系统运行经济性、可靠性方面的不良影响，增加系统备用容量，仅在特殊情况下使用。

③ 环形接线，开环运行。在系统可靠性允许的情况下，可考虑采用双回线的单回运行、环形网络的开环运行等措施来改善短路电流水平。

④ 选择合适的系统接线方式。例如，终端变电所尽量采用线路-变压器组接线，大容量发电机尽量采用发电机-变压器组接线等。

⑤ 多母线分列运行或母线分段运行。国外很多电力系统已普遍采用这种限制短路电流水平的方式。值得注意的是，母线解列措施虽然简单易行而且效果显著，但可能降低系统的安全裕度，限制运行操作和事故处理的灵活性，故应合理使用。

⑥ 发展直流互联。设立交直流变换站，用直流将交流分开，采用直流输电联网，可以明显降低短路电流水平。但是两端换流设备的投资很大，如联络线不长、联络功率不大时，这种办法往往不可行。

⑦ 注意系统结构中相关问题的确定：

ⅰ 选择适当地点建设开闭所；

ⅱ 合理选择电厂出线电压，新的大容量电厂应直接接到负荷中心或最高一级电压电网中，减少低电压电网中潮流。

2. 采用高阻抗的设备限制短路电流

采用高阻抗的设备限制短路电流，如（提高）采用高阻抗变压器、发电机或分裂绕组变压器等。这项措施已普遍采用。

3. 加装串联电抗器

采用串联电抗器以增加系统等值阻抗，从而限制短路电流。电抗器按需要可安装于电缆出线上，也可装于母线上，前者称为出线电抗器，后者则称为母线电抗器，如图 7-27（a）、（b）。必要时还可采用分裂电抗器。在发电厂厂用电系统及 10～35kV 变电所早已采用这一措施。但若在高电压等级系统中采用，不但会增加网损，还会降低系统的稳定性。近年来有些国家试验研究了短路电流限制装置，仅在出现短路电流且流过该限制装置时，才将其串入回路限制短路电流，从而不影响系统的正常运行。

4. 采用低压分裂绕组变压器

5. 加装短路电流限制器等设备

为了满足短路电流水平提高所带来的运行要求，通常在电网中串入限流电抗器，但在电网正常运行时，由于在其上有电压降落以及损耗，对电网的输电质量有一定影响；同时，由于限流电抗不能太大，所以在故障发生时不能显著地降低短路电流。限流式熔断器是目前唯一商业化的故障电流限制器，一旦熔断器熔断，便切断了故障电路，但这只是单次动作。

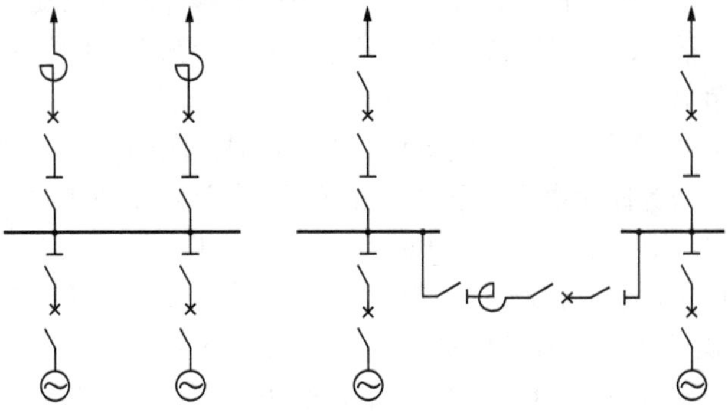


图 7-27　限流电抗器示意图
(a) 出线电抗器　(b) 母线电抗器

更换断路器以及相关的电气设备是一种方案，但有下列问题：

① 更换设备投资巨大；

② 在更换设备期间，电网系统的可靠性大大降低；

③ 目前合乎容量要求的设备，随着系统的发展，设备容量很快将可能无法满足短路电流水平的要求。

总之，传统的限制短路电流的措施还存在着这样或那样的缺点，都不能完全满足限制短路电流的要求。因此，寻找系统中新型短路限流技术成为一个迫切需要解决的问题。

随着计算机、电力电子、超导技术和新材料等的发展，限制短路电流以减轻断路器开断负担已成为可能。在 20 世纪 70 年代就有人提出了短路电流限制器，或称故障电流限制器（fault current limiter，FCL，或 current limiting device，CLD），经过 20 多年的发展，涌现出多种类型的限流器。

6. 短路电流限制器

短路电流限制器是一种串接在线路中的电气设备。它正常时阻抗为 0 或很小，而故障时阻抗很大。它必须满足下列要求：

① 它必须能限制故障短路电流的第一个峰值；

② 正常运行时对系统没有影响；

③ 动作时不造成过电压等副作用；

④ 故障后自动复位；

⑤ 成本较低，能为电力部门所接受。

近 20 年来，电力电子器件的技术水平提高很快，在中压电力系统中已可直接应用，经过适当的串并联后甚至可用到高压、超高压系统。柔性交流输电系统

(FACTS) 在这种背景下日益完善，随着电力电子器件性价比提高，以电力电子器件为核心部件的 FACTS 装置造价会降低，可能会在不远的将来比常规输配电方案更具有竞争力。

美国 EPRI 在 20 世纪 90 年代初曾组织专家对配电网络的各种限流技术进行了专门的调研，认为应用电力电子技术发展固态限流器是较现实的技术途径。固态电流限制器（solid-state current limiter），因利用电力电子技术，具有动作速度快、允许动作次数多、控制简便等优点，在电力系统中有着广阔的应用前景。

图 7-28 为具有可控串补功能的短路限流器（FCL）的拓扑结构示意图，该装置主要由 5 个部分组成：GTO 开关及其缓冲电路、并联电容 $C$、并联电感 $L$、串联电感 $L$ 以及过压保护装置即避雷器。

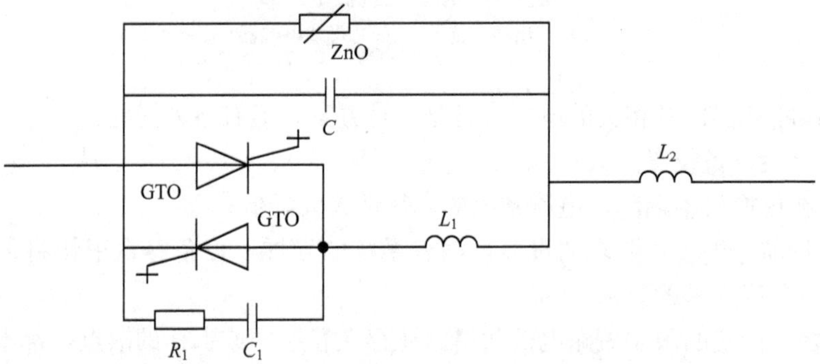


图 7-28　可控串补功能的短路限流器的拓扑结构示意图

其工作原理为：①线路正常时，调整固态开关 GTO 的触发角，使装置工作在容性模式状态，作为可控串联补偿装串联在线路中，根据所需的补偿度来调整触发角；②线路故障时，迅速改变 GTO 的触发角使其工作在感性模式状态，根据短路电流的大小来调整不同的触发角以有效的限制短路电流。

## 参　考　文　献

1. 范锡普. 发电厂电气部分. 北京：中国电力出版社，1987
2. 吴希再等. 电力工程. 武汉：华中理工大学出版社，1997
3. 陆敏政. 电力工程. 北京：中国电力出版社，1997
4. 陈章潮等. 城市电网规划与改造，1998
5. 孙成宝，李广泽. 配电网实用技术. 北京：中国水利水电出版社，1998
6. LakerVi E，Holmes E J. 配电网络规划与设计. 范明天等译. 北京：中国电力出版社，1999
7. 杨期余. 配电网络. 北京：中国电力出版社，1998

# 第八章　电力网络稳态行为特性计算

本章叙述电力网络稳态行为特性的计算方法。首先引入电力线路的电压降落、功率损耗及电能损耗等基本概念，进而论述高压线路的输电能力问题。电力系统的潮流计算是稳态分析的主要内容，也是安全性及经济性评估的基础工作。本章叙述了简单网络潮流的人工计算方法、复杂网络潮流的计算机方法——牛顿-拉弗森方法及简化条件下的直流算法。

## 第一节　网络计算目的

电力网络由电力线路与变压器等主要输配电元件构成，它是一种具有许多支路和结点的电气网络，通常由输(配)电线路构成支路，而结点实际上即为母线。在发电机母线上功率被注入网络，而在变(配)电站的母线上则接有负荷，其间，功率在网络中流动。对于这种流动的功率，电力工业部门称之为潮流。

按电力设施分布地域的大小电力网络可区分为区域网与地方网(输电网及配电网)。由电力网络的结构又可区分为开式网与闭式网。以电力网络潮流、电压计算为主要内容的电力网络稳态行为特性计算，其目的在于估计对用户电力供应的质量以及为电力网运行的安全性与经济性评估提供基础数据。配电网潮流算法是配电网络分析的基础，配电网的网络重构等项工作都需要用到配电网潮流数据。区域电网潮流计算也是一项基础性的工作。潮流分析的一些重要方面如下：

①满足系统经济性运行的要求，每一台发电机的输出必须接近于预先设定值，负荷是时刻变化的，其电量需求经历着缓慢的但幅度较宽的变化。一天中各个小时的潮流形态是不同的。运行人员特别关注于系统负荷的高峰与低谷时刻的潮流形态。除正常运行方式外，主要设备检修方式下的潮流状态也是必须检验的。

②必须确保联络线潮流低于线路热极限和电力系统稳定极限。

③必须保持某些中枢点母线上的电压水平在容许范围内，必要时可用无功功率补偿计划来达到。

④区域电网是互联系统的一部分，必须执行合同规定的输送至邻网的联络线功率计划。

⑤用故障前的潮流控制策略使事故扰动效应最小。

电力网络稳态行为特性计算的原始数据来源于用户变电站的容量、电源容量、电源供给的电压、电力网中枢点的电压要求以及由线路和变压器参数形成的等值电路。这类稳态分析是用功率和电压进行计算的，其原因在于实际系统中的电源和负荷通常都以功率形式给出。这不同于基础课程中用电压和电流进行计算，例如，对于某一支路用集中参数表示时两端电压可以不同，支路电流只有一个，而支路两端的功率确可以不同，这是因为集中参数存在着功率损耗的缘故。电力网络方程用电压、电流表示时一般是线性的，而用功率、电压表示时则是非线性的，因而后者需要借助于迭代解法。此外，注意到在同一计算系统中，需要一个唯一的参考相量（例如，电压参考相量通常称之为基准电压），以及在将电压与电流的乘积转换为功率时必须将同一种约定[本书采用式(2-20)]贯彻始终。

# 第二节　电力线路的电压降落、功率损耗及电能损耗

## 一、电力线路上的电压降落

电压是电能质量的指标之一，电力网络在运行过程中必须把某些母线上的电压保持在一定范围内，以满足用户电气设备的电压处于额定电压附近的允许带段内。但是当电流（功率）在电力网络中的各个元件上流过时，将产生电压降落，直接影响用户端的电压质量。因此，电压降落的计算为分析电力网运行状态所必需。

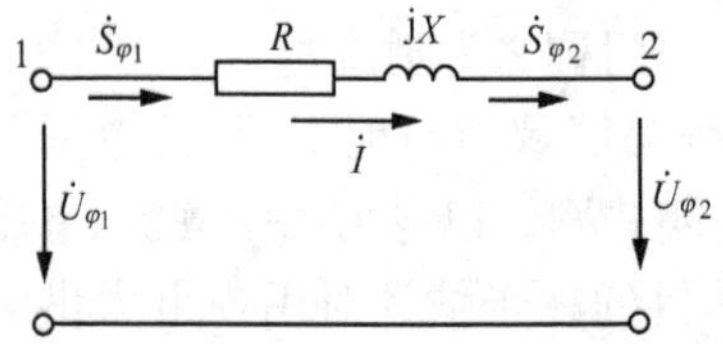

图 8-1　输电线等值电路

若将电力线路的 Π 形等值电路两端的并联电容暂略去，则有如图 8-1 所示的简单串联阻抗电路。在该串联支路上的电压降落即为该支路首末两端电压的相量差，即

$$\Delta\dot{U}_{\varphi}=\dot{U}_{\varphi1}-\dot{U}_{\varphi2}=\dot{I}(R+\mathrm{j}X) \tag{8-1}$$

式中，$\Delta\dot{U}_{\varphi}$ 为 1 端至 2 端的相电压降落；$\dot{U}_{\varphi1}$、$\dot{U}_{\varphi2}$ 分别为 1、2 端的相电压相量；$\dot{I}$ 为串联支路的电流，即线路电流；$R$、$X$ 分别为线路电阻及线路电抗。

在工程实际中常常给定的是结点上的功率而不是支路电流。由图 8-1 可见

$$\dot{I}=\left(\frac{\dot{S}_{\varphi1}}{\dot{U}_{\varphi1}}\right)^{*}=\left(\frac{\dot{S}_{\varphi2}}{\dot{U}_{\varphi2}}\right)^{*} \tag{8-2}$$

式中，$\dot{S}_{\varphi1}$、$\dot{S}_{\varphi2}$ 分别为串联阻抗 1 侧及 2 侧的单相支路功率。

利用功率及电压求电压降落时出现两种情况：一种是已知末端电压及功率求线路电压降落；一另种是已知首端电压及功率求线路电压降落。

1. 已知末端电压及功率（$\dot{U}_{\varphi2}$、$\dot{S}_{\varphi2}$），求线路电压降落

首先设 $\dot{U}_{\varphi2}=U_{\varphi2}\angle 0^{\circ}$，即以末端相电压相量为基准相量。由 $\dot{S}_{\varphi2}$ 及 $\dot{U}_{\varphi2}$ 可以

求得支路电流及功率因数角，即

$$\dot{I}=\left(\frac{\dot{S}_{\varphi 2}}{\dot{U}_{\varphi 2}}\right)^{*}=I\ \underline{\angle -\varphi_2}\ =I\cos\varphi_2-\mathrm{j}I\sin\varphi_2 \tag{8-3}$$

则有

$$\begin{aligned}\Delta\dot{U}_{\varphi}&=(I\cos\varphi_2-\mathrm{j}I\sin\varphi_2)(R+\mathrm{j}X)\\&=(IR\cos\varphi_2+IX\sin\varphi_2)+\mathrm{j}(IX\cos\varphi_2-IR\sin\varphi_2)\end{aligned} \tag{8-4}$$

如图 8-2 所示，定义 $\Delta U_{\varphi 2}$及 $\delta U_{\varphi 2}$分别为电压降落 $\Delta\dot{U}_{\varphi}$ 的纵分量及横分量，则有

$$\left.\begin{aligned}\Delta U_{\varphi 2}&=\overline{ab}+\overline{bc}=IR\cos\varphi_2+IX\sin\varphi_2\\ \delta U_{\varphi 2}&=\overline{fd}-\overline{fc}=IX\cos\varphi_2-IR\sin\varphi_2\end{aligned}\right\} \tag{8-5}$$

将

$$P_{\varphi 2}=U_{\varphi 2}I\cos\varphi_2,\quad Q_{\varphi 2}=U_{\varphi 2}I\sin\varphi_2$$

分别代入式(8-5)得到

$$\left.\begin{aligned}\Delta U_{\varphi 2}&=\frac{P_{\varphi 2}R+Q_{\varphi 2}X}{U_{\varphi 2}}\\ \delta U_{\varphi 2}&=\frac{P_{\varphi 2}X-Q_{\varphi 2}R}{U_{\varphi 2}}\end{aligned}\right\} \tag{8-6}$$

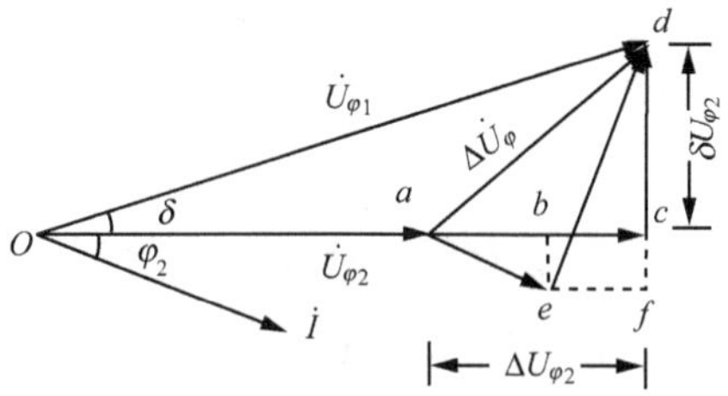


图 8-2　输电线电压降落

由于

$$\Delta\dot{U}_{\varphi}=\Delta U_{\varphi 2}+\mathrm{j}\delta U_{\varphi 2}$$

则有

$$\dot{U}_{\varphi 1}=\dot{U}_{\varphi 2}+\Delta\dot{U}_{\varphi}=(U_{\varphi 2}+\Delta U_{\varphi 2})+\mathrm{j}\delta U_{\varphi 2}$$

又因

$$\dot{U}_{\varphi 1}=U_{\varphi 1}\ \underline{\angle\delta}$$

故有

$$\left.\begin{aligned} U_{\varphi 1} &= \sqrt{(U_{\varphi 2}+\Delta U_{\varphi 2})^2+(\delta U_{\varphi 2})^2} \\ \delta &= \arctan\frac{\delta U_{\varphi 2}}{U_{\varphi 2}+\Delta U_{\varphi 2}} \end{aligned}\right\} \tag{8-7}$$

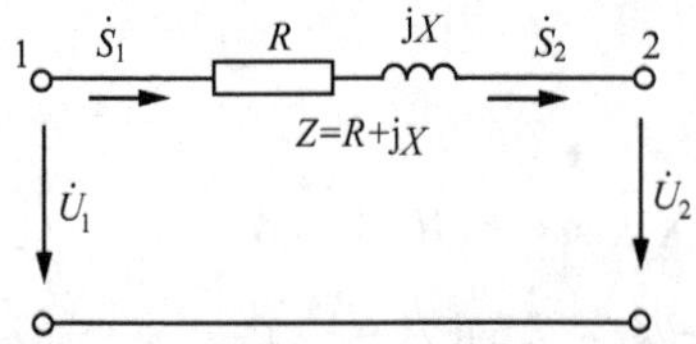


图 8-3　输电线等值电路

在工程实际中，常用三相功率及线电压计算，为方便起见，可利用单相电路进行三相计算。如图 8-3 所示，$\dot{S}_1$ 及 $\dot{S}_2$ 分别为串联阻抗支路 1 侧及 2 侧的支路三相复功率，$\dot{U}_1$ 及 $\dot{U}_2$ 分别为 1 端及 2 端的线电压相量，$\Delta\dot{U}$、$\Delta U$ 及 $\delta U$ 分别代表电压降落、电压降落的纵分量及电压降落横分量的线电压量，$R$ 及 $X$ 仍为线路每相电阻及电抗，则有

$$\begin{aligned} \Delta U &= \sqrt{3}\Delta U_{\varphi 2} = \sqrt{3}\times\frac{P_{\varphi 2}R+Q_{\varphi 2}X}{U_{\varphi 2}}\times\frac{3}{3} \\ &= \frac{P_2R+Q_2X}{U_2} \end{aligned} \tag{8-8}$$

同理

$$\delta U = \frac{P_2X-Q_2R}{U_2} \tag{8-9}$$

于是有

$$\Delta\dot{U} = \Delta U + \mathrm{j}\delta U \tag{8-10}$$

$$U_1 \angle\delta = (U_2+\Delta U)+\mathrm{j}\delta U \tag{8-11}$$

其中

$$\begin{aligned} U_1 &= \sqrt{(U_2+\Delta U)^2+(\delta U)^2} \\ \delta &= \arctan\frac{\delta U}{U_2+\Delta U} \end{aligned} \tag{8-12}$$

在一般情况下，$U_2+\Delta U \gg \delta U$，从而可将式(8-11)按二项式定理展开，略去高阶项，得到

$$U_1 \approx (U_2+\Delta U)+\frac{(\delta U)^2}{2(U_2+\Delta U)} \tag{8-13}$$

进一步简化为

$$U_1 \approx (U_2+\Delta U)+\frac{(\delta U)^2}{2U_2} \tag{8-14}$$

再简化为

$$U_1 \approx U_2+\Delta U \tag{8-15}$$

式(8-7)～(8-14)中每相阻抗、导纳的单位分别为 Ω、S；功率和电压常用 MV·A、MW、Mvar 表示的三相功率和以 kV 表示的线电压。在工程计算中 110kV 及以下网络均可按式(8-14)处理，而在 220kV 及以上电压级网络才需计入电压降落横分量的影响。

2. 已知始端电压及功率，求线路电压降落

现直接从始端线电压及始端三相功率，求取末端线电压。取 $\dot{U}_1=U_1\angle 0°$，即以始端线电压 $\dot{U}_1$ 为基准相量。根据图 8-3，则由

$$\dot{U}_2=\dot{U}_1-\sqrt{3}\left(\frac{\dot{S}_1}{\sqrt{3}\dot{U}_1}\right)^* Z$$

可得

$$\begin{aligned}\dot{U}_2&=U_1-\frac{P_1-\mathrm{j}Q_1}{U_1}(R+\mathrm{j}X)\\&=\left(U_1-\frac{P_1R+Q_1X}{U_1}\right)+\mathrm{j}\left(\frac{P_1X-Q_1R}{U_1}\right)\end{aligned}\tag{8-16}$$

使

$$\Delta U'\equiv\frac{P_1R+Q_1X}{U_1},\quad \delta U'\equiv\frac{P_1X-Q_1R}{U_1}\tag{8-17}$$

故有

$$\dot{U}_2=\dot{U}_1-\Delta\dot{U}'=(U_1-\Delta U')-\mathrm{j}\delta U'\tag{8-18}$$

如图 8-4 所示。且有

$$\begin{aligned}U_2&=\sqrt{(U_1-\Delta U')^2+(\delta U')^2}\\\delta&=\arctan\frac{-\delta U'}{U_1-\Delta U'}\end{aligned}\tag{8-19}$$

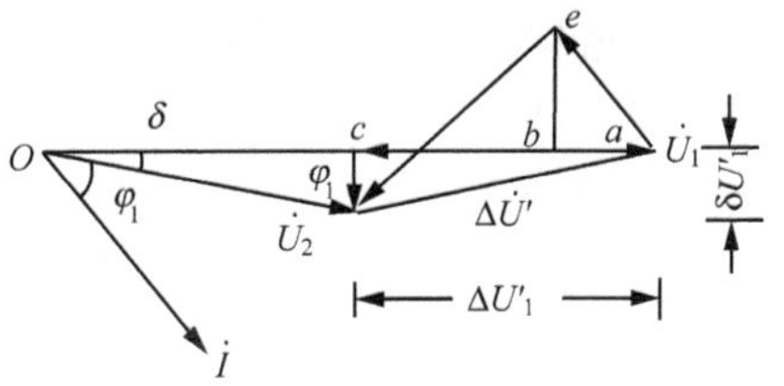


图 8-4　输电线的电压降落

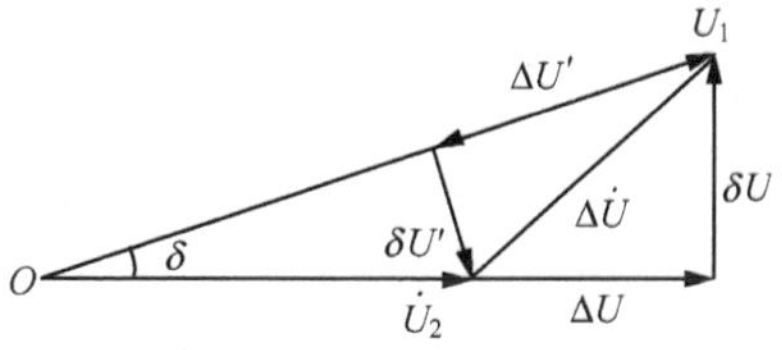


图 8-5　电压降落的分解

注意到上述两种计算情况所采用的基准电压相量是各不相同的。式(8-8)～(8-15)取 $\dot{U}_2$ 与实轴重合，式(8-16)～(8-19)取 $\dot{U}_1$ 与实轴重合。如图 8-5 所示，

其中 $\Delta U \neq \Delta U'$,$\delta U \neq \delta U'$,但($\Delta U + \mathrm{j}\delta U$)的模和($\Delta U' + \mathrm{j}\delta U'$)的模 $\Delta \dot{U}$ 以及两种情况下功角的绝对值 $\delta$ 则是相等的。

还应注意到这些计算情况都是在线路末端负荷以滞后功率因数运行下导出的。若负荷以超前功率因数运行,则有关公式中的无功功率负荷应改变符号,这时电压降落的纵分量可能为负值,即线路末端电压可能高于始端。这时需要采取措施,如在高压输电线路空载或轻载时投入并联电抗器,以抑制容性无功功率流动,防止末端电压升高。

在高压架空输电系统中,输电线及变压器的参数常呈现 $R \ll X$,从而可在忽略 $R$ 的条件下计算电压降落。这时纵分量主要取决于所输送的无功功率,而横分量主要取决于所输送的有功功率,纵分量主要影响电压的大小,横分量主要影响电压的相角。也就是两端电压的数值差主要取决于所输送的无功功率,两端电压的相位差主要取决于所输送的有功功率。

电力变压器等值电路中的阻抗支路参数已知时,计算变压器内部电压降落的方法与上述方法相同。

3. 电压质量指标

除线路电压降落(两端电压的相量差)这一电压质量指标之外,电压损耗、电压偏移、电压调整等也是标志电压质量的重要指标。

电压损耗是指线路始末两端电压的数值差,用百分值表示时为

$$\text{电压损耗}\ \% = \frac{U_1 - U_2}{U_N} \times 100 \tag{8-20}$$

式中,$U_N$ 为线路额定电压。

由图 8-6 可见,电压损耗接近电压降落的纵分量。

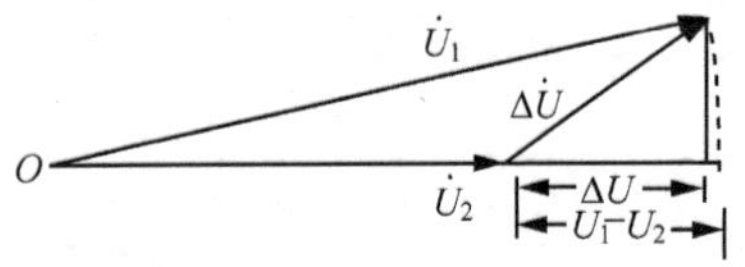


图 8-6 电压损耗与电压降落纵分量

电压偏移是指线路始端或末端电压与线路额定电压的数值差。用百分值表示时为

$$\text{始端电压偏移}\ \% = \frac{U_1 - U_N}{U_N} \times 100$$

$$\text{末端电压偏移}\ \% = \frac{U_2 - U_N}{U_N} \times 100 \tag{8-21}$$

电压调整是指线路末端空载与负载时电压的数值差。用百分值表示时为

$$\text{电压调整}\ \% = \frac{U_{20} - U_2}{U_N} \times 100 \tag{8-22}$$

式中,$U_{20}$ 为线路空载时的末端电压。

## 二、电力线路上的功率损耗

电流通过阻抗或导纳支路时将在其上产生功率损耗。功率损耗的计算分析涉及输(配)电线路的效率问题。功率损耗分为在电阻或电导上产生的有功功率损耗和在电抗或电纳上产生的无功功率损耗。电力线路的 Π 形等值电路由串联支路和并联支路组成,因而有功功率损耗或无功功率损耗可分为与传输电流(功率)有关的损耗和与结点电压有关的损耗。

如图 8-7 所示,设已知末端电压 $\dot{U}_2$,末端功率 $\dot{S}_2$,求线路的功率损耗及始端功率 $\dot{S}_1$。

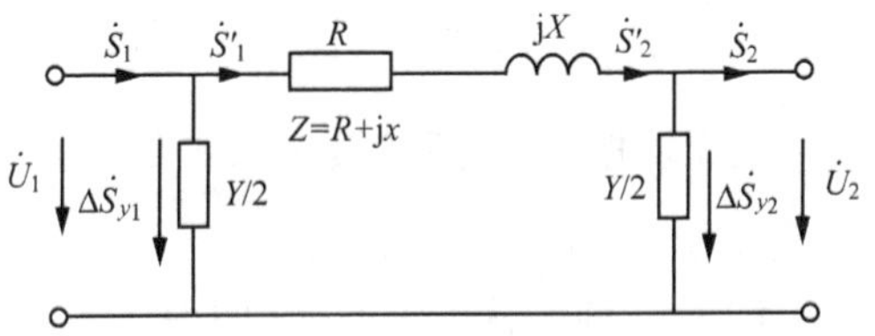


图 8-7　电力线路的电压与功率

先求线路末端导纳支路的功率损耗 $\Delta\dot{S}_{y2}$。运用三相等值 Y 形接法的概念可得

$$\begin{aligned}\Delta\dot{S}_{y2} &= 3\left(\frac{1}{\sqrt{3}}\dot{U}_2 e^{-j30^\circ}\right)\times\left(\frac{Y}{2}\frac{\dot{U}_2}{\sqrt{3}}e^{-j30^\circ}\right)^*\\ &=\dot{U}_2\left(\frac{Y}{2}\dot{U}_2\right)^* = \frac{1}{2}(G-jB)U_2^2\\ &=\frac{1}{2}GU_2^2 - j\,\frac{1}{2}BU_2^2 = \Delta P_{y2} - j\Delta Q_{y2}\end{aligned} \tag{8-23}$$

阻抗支路末端的功率为

$$\begin{aligned}\dot{S}'_2 &= \dot{S}_2 + \Delta\dot{S}_{y2} = (P_2 + jQ_2) + (\Delta P_{y2} - j\Delta Q_{y2})\\ &=(P_2 + \Delta P_{y2}) + j(Q_2 - \Delta Q_{y2}) = P'_2 + jQ'_2\end{aligned} \tag{8-24}$$

阻抗支路中的功率损耗为

$$\begin{aligned}\Delta\dot{S}_Z &= 3\left(\frac{S'_2}{\sqrt{3}U_2}\right)^2 Z = \left(\frac{S'_2}{U_2}\right)^2 Z = \frac{P_2'^2 + Q_2'^2}{U_2^2}(R+jX)\\ &=\frac{P_2'^2 + Q_2'^2}{U_2^2}R + j\,\frac{P_2'^2 + Q_2'^2}{U_2^2}X = \Delta P_Z + j\Delta Q_Z\end{aligned} \tag{8-25}$$

阻抗支路始端的功率为

$$\dot{S}'_1 = \dot{S}'_2 + \Delta\dot{S}_Z = (P'_2 + \mathrm{j}Q'_2) + (\Delta P_Z + \mathrm{j}\Delta Q_Z)$$
$$= (P'_2 + \Delta P_Z) + \mathrm{j}(Q'_2 + \Delta Q_Z) = P'_1 + \mathrm{j}Q'_1 \tag{8-26}$$

始端导纳支路的功率损耗为

$$\Delta\dot{S}_{y1} = \dot{U}_1\left(\frac{Y}{2}\dot{U}_1\right)^* = \frac{1}{2}(G - \mathrm{j}B)U_1^2$$
$$= \frac{1}{2}GU_1^2 - \mathrm{j}\,\frac{1}{2}BU_1^2 = \Delta P_{y1} - \mathrm{j}\Delta Q_{y1} \tag{8-27}$$

始端功率为

$$\dot{S}_1 = \dot{S}'_1 + \Delta\dot{S}_{y1} = (P'_1 + \mathrm{j}Q'_1) + (\Delta P_{y1} - \mathrm{j}\Delta Q_{y1})$$
$$= (P'_1 + \Delta P_{y1}) + \mathrm{j}(Q'_1 - \Delta Q_{y1}) = P_1 + \mathrm{j}Q_1 \tag{8-28}$$

注意到在求取 $\Delta\dot{S}_{y1}$ 进而求取 $\dot{S}_1$ 时都必须在已知 $\dot{U}_1$ 的情况下方能实施，而求取始端电压 $\dot{U}_1$ 的方法可详见式(8-8)～式(8-15)。

在求得线路两端有功功率以后，就可求取输电效率

$$\text{输电效率}\,\% = \frac{P_2}{P_1} \times 100 \tag{8-29}$$

虽然 $P_1$ 总是大于 $P_2$，但线路始端输入的无功功率 $Q_1$ 却未必一定大于线路末端输出的无功功率 $Q_2$。因线路电容吸取容性无功功率，即发出感性无功功率。线路轻载时，电容中发出的感性无功功率可以大于电抗中消耗的感性无功功率，以致从端点看 $Q_2$ 可能大于 $Q_1$，由此将引起末端电压升高。必要时在末端接入无功功率补偿装置吸收多余的感性无功功率以抑制末端电压升高。

变压器常用 Γ 形等值电路表示，也具有串联阻抗支路及并联导纳支路(励磁支路)。其有功功率损耗及无功功率损耗的求取方法与上述方法相同，从而为变压器运行的经济分析提供数据。变压器的有功功率损耗包括绕组铜耗与铁芯损耗，无功功率损耗包括绕组电抗中的损耗和励磁损耗。变压器的无功功率损耗是电力网中无功功率损耗的主要部分。

## 三、电力线路上的电能损耗

电力线路上的电能损耗是指一定时间段内由线路的功率损耗所导致的电能消耗。由于负荷不断变化，因而功率损耗是时间的函数。线路上的电能损耗可用下述一般式表示：

$$\Delta A = \int_0^t \Delta p(t)\,\mathrm{d}t \tag{8-30}$$

式中，$\Delta A$ 为线路的电能损耗，kW · h；$\Delta p$ 为线路的功率损耗，kW。

由于用户负荷特性具有很大的随机性，功率损耗难以用解析函数表达。在电力网络规划设计时，常用制定的曲线估算电能损耗。这类曲线(表格)是根据典型负荷曲线分析而得到的。一种沿用的方法是根据最大负荷利用小时 $T_{max}$ 查取最大负荷损耗时间 $\tau_{max}$。

$T_{max}$ 是指一年中负荷消费的电能 $A$ 除以一年中的最大负荷 $P_{max}$ 所得到的利用小时，即

$$T_{max}=\frac{A}{P_{max}} \tag{8-31}$$

不同行业有不同的最大负荷利用小时数。

$\tau_{max}$ 是指全年电能损耗 $\Delta A$ 除以最大负荷时的功率损耗 $\Delta P_{max}$ 所得到的时间，即

$$\tau_{max}=\frac{\Delta A}{\Delta P_{max}} \tag{8-32}$$

图 8-8 表示 $\tau_{max}$ 与 $T_{max}$ 的关系曲线①。由用户负荷的 $T_{max}$ 及线路传输功率的功率因数 $\cos\varphi$ 通过该图上的曲线可查得 $\tau_{max}$，则全年电能损耗即为

$$\Delta A=\Delta P_{max}\cdot\tau_{max} \tag{8-33}$$

当沿线有多个负荷时可用加权平均方法计算 $\Delta A$。

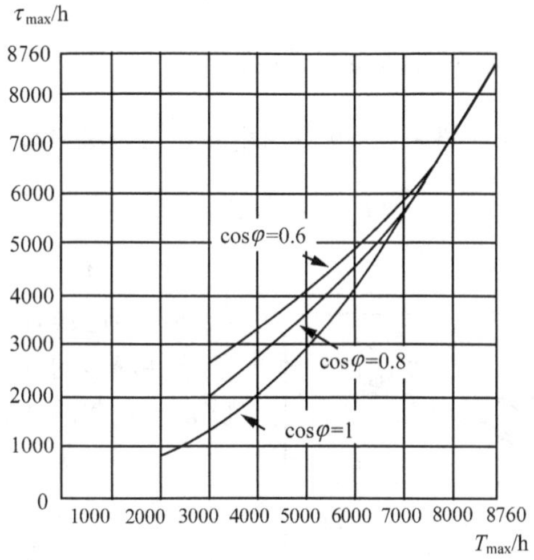


图 8-8　表明损耗时间与最大负荷利用时间关系的曲线

式(8-33)中的 $\Delta P_{max}$ 未包括线路电晕损耗，这是因为 330kV 以下的线路电晕损耗很小的缘故。

---

① 格拉祖诺夫. 损耗时间及最大负荷使用时间与用户功率因数的关系. 电，1947，第二期(俄文)

应该指出的是上述计算曲线方法精度并非很高。虽然可用于规划设计中，但对于运行中的电力网络未必适用。对于运行中的35kV以上供电网电能损耗的计算可运用基于统计分析的结点等效功率法①，该法的原始数据主要来源于电度表。对于配电网电能损耗计算可运用回归分析法。

根据电能损耗的计算结果可以求得线损率

$$线损率\% = \frac{\Delta A}{A_1} \times 100 \tag{8-34}$$

式中，$A_1$ 为线路始端输入电能，$A_1 = A_2 + \Delta A$，$A_2$ 为线路末端输出电能。

变压器中的功率损耗分为铜耗与铁耗。铜耗是可变损耗，铁耗可认为是不变损耗，可用相应的方法求得变压器中的电能损耗。

## 第三节　高压电力线路的输送能力[2]

对一般小于200km的线路当输送功率不很大时，输电能力主要取决于允许的电压损失、功率损耗与能量损耗。这与无功功率补偿设备、导线材料和电流密度有关，有时由导线的允许发热程度决定。当输送功率特大以及远距离输电时还将产生电网稳定问题。本节只讨论中、短距离线路的输送能力问题。

### 一、按导线允许持续发热条件决定输送能力

由导线允许的持续发热条件，电力线路的传输容量可按下式决定：

$$P \leqslant \sqrt{3} U_N I_P \cos\varphi \tag{8-35}$$

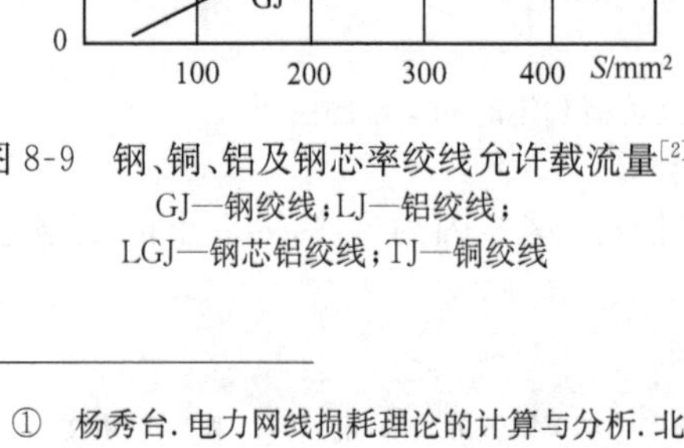


图 8-9　钢、铜、铝及钢芯率绞线允许载流量[2]
GJ—钢绞线；LJ—铝绞线；
LGJ—钢芯铝绞线；TJ—铜绞线

式中，$P$ 为三相输送功率，MW；$U_N$ 为线路额定电压，kV；$I_P$ 为按允许持续发热条件确定的安全电流，kA；$\cos\varphi$ 为线路末端负载的功率因数。

图8-9为导线材料在室外架设时环境温度为25℃时，一回线的允许载流量。表8-1为钢芯铝线在周围温度为25℃及导线最高允许温度为70℃时，对于不同电压下的导线截面与输送容量的关系。如果导线周围平均气温

① 杨秀台. 电力网线损耗理论的计算与分析. 北京：水利电力出版社，1985

不是25℃时，则导线允许载流量应该按表8-2的温度修正系数进行修正。

**表8-1　单回线按允许持续发热条件的输送容量**[2]

| 导线截面/$mm^2$ | | 电压/kV | | |
|---|---|---|---|---|
| | | 35 | 110 | 220 |
| | | 输送容量/(MV·A) | | |
| LGJ | 50 | 13.3 | | |
| | 70 | 16.6 | 52.4 | |
| | 95 | 20.3 | 63.7 | |
| | 120 | 23.0 | 72.3 | |
| | 150 | 27.0 | 85.7 | |
| | 185 | 31.2 | 98.0 | |
| | 240 | 36.9 | 116.0 | |
| LGJQ | 300 | | 135 | 270 |
| | 400 | | 161 | 322 |
| | 500 | | | 368 |

**表8-2　温度修正系数**[2]

| 周围气温/℃ | 15 | 20 | 25 | 30 | 35 | 40 |
|---|---|---|---|---|---|---|
| 铝质导线温度修正系数 | 1.11 | 1.05 | 1.00 | 0.94 | 0.88 | 0.81 |

## 二、按线路允许电压损失条件决定输送能力

由式(8-8)，当输送能力以负荷矩表示时，则有

$$P_2 l = \frac{U_2^2 \Delta U\%}{100(r_0 + x_0 \tan\varphi_2)} \tag{8-36}$$

式中，$P_2 l$为负荷矩；$P_2$为末端功率，MW；$l$为送电距离，km；$\Delta U\%$为线路允许的电压损耗；$r_0$、$x_0$分别为每公里线路的电阻、电抗值，Ω/km；$U_2$为线路末端电压，kV；$\tan\varphi_2$为末端电压与电流间夹角的正切函数。

按式(8-36)计算，35kV、110kV线路在电压降低10%时的$P_2 l$值见表8-3。对于长度在150km以上的输电线路，应考虑线路充电功率的影响，在这一条件下$P_2 l$值将比式(8-36)的计算值大，当$l$为200km时约大20%。

**表 8-3　35kV、110kV 线路在 $\Delta U\%=10$ 时的负荷矩**(MW · km)[2]

| 导线型号 | 电压 35kV | | | | | 电压 110kV | | | |
|---|---|---|---|---|---|---|---|---|---|
| | $\cos\varphi_2$ | | | | | $\cos\varphi_2$ | | | |
| | 0.90 | 0.85 | 0.80 | 0.75 | 0.70 | 0.95 | 0.90 | 0.85 | 0.80 |
| LGJ-35 | 115.8 | 109.8 | 104.5 | 100 | 95.2 | | | | |
| LGJ-50 | 143.7 | 134.8 | 127 | 120.2 | 113.9 | | | | |
| LGJ-70 | 186 | 171.8 | 160 | 149.3 | 140 | 2000 | 1797 | 1650 | 1530 |
| LGJ-95 | 234.5 | 212.6 | 195 | 180 | 166.7 | 2570 | 2250 | 2030 | 1856 |
| LGJ-120 | 267 | 239 | 217.3 | 199 | 183 | 2960 | 2545 | 2268 | 2058 |
| LGJ-150 | 309 | 273 | 246 | 223 | 203.4 | 3490 | 2948 | 2585 | 2320 |
| LGJ-185 | 347 | 303 | 270 | 244 | 221 | 3980 | 3288 | 2850 | 2540 |
| LGJ-240 | | | | | | 4580 | 3710 | 3180 | 2792 |

### 三、按线路允许功率损耗和电能损耗决定输送能力

输电线路的功率损耗由下式计算：

$$\Delta P\% = \frac{3I^2 r}{P_2} \times 100 = \frac{\sqrt{3} j\rho l}{10U_2 \cos\varphi_2} \tag{8-37}$$

式中，$\Delta P\%$为以线路末端输出功率 $P_2$ 为基准的功率损耗百分值；$j$ 为电流密度，$A/cm^2$；$\rho$ 为导线电阻率，$\Omega \cdot cm^2/km$；$l$ 为导线长度，km；$U_2$ 为线路末端电压，kV。

由式(8-37)，电能损耗按下式计算：

$$\Delta A\% = \Delta P\% \frac{\tau_{max}}{T_{max}} \tag{8-38}$$

式中，$\Delta A\%$为以全年输送总电量为基准的全年电能损耗百分值。

输电线路的功率损耗通常不应超过 5%～6%，与此对应的电能损耗不宜超过 4%。

各级电压架空线路输送功率与输送距离的估计范围见表 1-10。

## 第四节　简单电力网络中的潮流分布

由电力网络中的电压、电流关系用结点法得到的结点方程或用回路法得到的回路方程都呈线性关系，当用功率、电压代替电压、电流进行计算时，网络中的功率与电压间呈现非线性关系，常用迭代法求解。简单网络方程可用人工计算，复杂网络方程求解则需借助计算机进行。简单网络方程的人工计算方法虽不足以解决复

杂的工程问题，但有助于直观地了解计算过程并获得较清晰的潮流、电压分布概念。

## 一、开式电力网的潮流分布

如图 8-10(a)所示的简单网络，已知线路及降压变压器的参数。由元件参数可画出等值电路如图 8-10(b)所示。根据已知条件的不同，分为两种计算情况：一种是给定始端(或末端)的功率及电压，求潮流及电压分布；另一种是给定末端功率及始端电压(或始端功率及末端电压)求潮流及电压分布。上述已知条件的不同源于电力网的实际状况，若发电厂是基载厂则发出固定的功率给电网；若发电厂的高压母线是电力网调压的中枢点则有母线电压规定范围；若变电所具有调压设备，6～10kV母线则有调压要求。

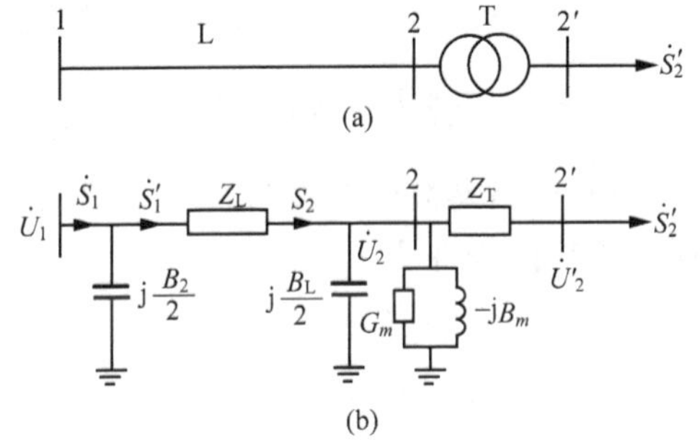


图 8-10　简单开式电力网

(a)开式网　(b)等值电路

1. 已知末端功率及电压，求潮流分布

如图 8-10(b)所示，线路和变压器参数已归算到变压器高压侧。设已知 $\dot{S}_2'$及 $\dot{U}_2'$，求始端功率 $\dot{S}_1$ 及始端电压 $\dot{U}_1$。

由于已知 $\dot{S}_2'$及 $\dot{U}_2'$，可用式(8-8)、(8-9)及(8-25)计算变压器串联阻抗 $Z_T$ 上的电压损耗及功率损耗，进而求得 $\dot{U}_2$。由 $\dot{U}_2$ 求得变压器的励磁功率损耗和线路在 2 侧的充电功率，从而求得线路串联阻抗后的功率 $\dot{S}_2$。由 $\dot{S}_2$ 及 $\dot{U}_2$ 求得线路串联阻抗 $Z_L$ 上的电压损耗、始端的电压 $\dot{U}_1$ 及线路串联阻抗前的功率 $\dot{S}_1'$。由 $\dot{U}_1$ 求得线路 1 侧的充电功率，进而求得线路的始端功率 $\dot{S}_1$。

可见，上述方法是将电压和功率由末端向始端逐段推进的计算方法。对于 110kV 及以下网络，可略去电压降落的横分量，从而使计算简化。计算中须注意到变压器参数及电压的归算。

［**例 8-1**］　电力线路长 100km，额定电压为 110kV，末端接有一台容量为 20MV · A，变比为 110/38.5kV 的降压变压器。变压器低压侧负荷为 15 + j11.25MV · A。正常运行时要求电压达 36kV。试求线路始端母线应具备的功率和电压。

线路采用 LGJ-120 导线，其单位长度参数为

$$r_1 = 0.27\Omega/\text{km},\quad x_1 = 0.412\Omega/\text{km},\quad g_1 = 0,\quad b_1 = 2.76\times10^{-6}\text{S/km}$$

归算至 110kV 侧的变压器参数为

$$R_T = 4.93\Omega,\quad X_T = 63.5\Omega,\quad G_T = 4.95\times10^{-6}\text{S},\quad B_T = 49.5\times10^{-6}\text{S}$$

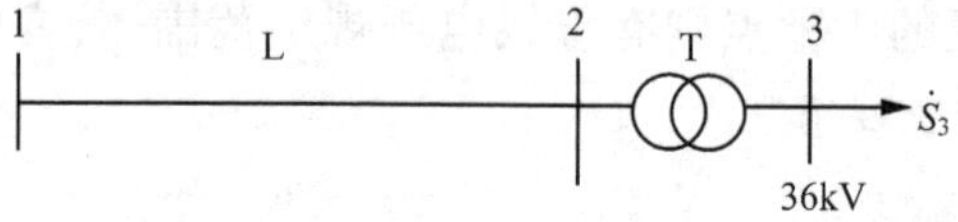


图 8-11　输电网络

**解**：根据以上数据，进行网络参数计算如下：

线路用 Π 形等值电路表示，其中

$$R_L = r_1 l = 0.27\times100 = 27(\Omega)$$

$$X_L = x_1 l = 0.412\times100 = 41.2(\Omega)$$

$$\frac{1}{2}B_L = \frac{1}{2}b_1 l = \frac{1}{2}\times2.76\times10^{-6}\times100 = 1.38\times10^{-4}(\text{S})$$

变压器用 Γ 形等值电路表示，其中

$$R_T = 4.93\Omega,\quad X_T = 63.5\Omega$$

$$G_T = 4.95\times10^{-6}\text{S},\quad B_T = 49.5\times10^{-6}\text{S}$$

绘制等值电路如图 8-12 所示。

$$U_3 = 36\times110/38.5 = 102.85(\text{kV})$$

$$\Delta P_{Z,T} = \frac{15^2 + 11.25^2}{102.85^2}\times4.93 = 0.16(\text{MW})$$

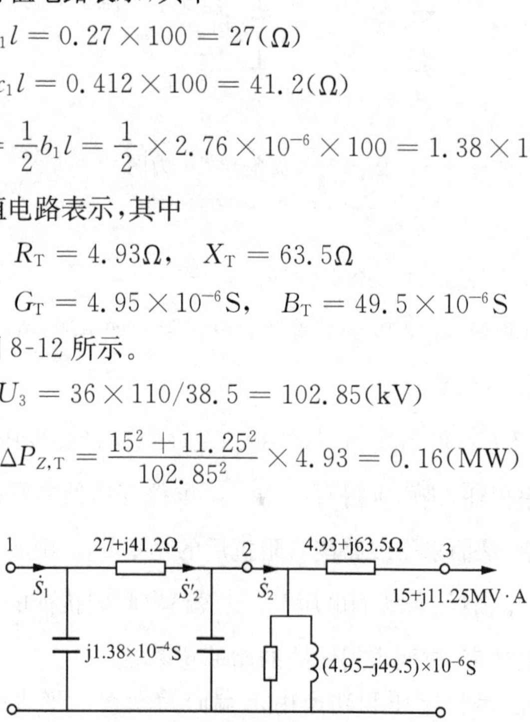


图 8-12　等值电路

$$\Delta Q_{Z,T}=\frac{15^2+11.25^2}{102.85^2}\times 63.5=2.11(\mathrm{Mvar})$$

$$\Delta U_T=\frac{15\times 4.93+11.25\times 63.5}{102.85}=7.67(\mathrm{kV})$$

$$\delta U_T=\frac{15\times 63.5-11.25\times 4.93}{102.85}=8.71(\mathrm{kV})$$

$$U_2=\sqrt{(102.85+7.67)^2+8.71^2}=110.86(\mathrm{kV})$$

当忽略 $\delta U_T$ 时

$$U_2=102.85+7.67=110.52(\mathrm{kV})$$

$$\delta_T=\arctan\frac{8.71}{102.85+7.67}=4°31'$$

$$\Delta P_{Y,T}=4.95\times 10^{-6}\times 110.52^2=0.06(\mathrm{MW})$$

$$\Delta Q_{Y,T}=49.5\times 10^{-6}\times 110.52^2=0.6(\mathrm{Mvar})$$

$$\begin{aligned}\dot{S}_2&=(15+0.16+0.06)+\mathrm{j}(11.25+2.11+0.6)\\&=15.22+\mathrm{j}13.96(\mathrm{MV\cdot A})\end{aligned}$$

$$\Delta Q_{Y,L_2}=1.38\times 10^{-4}\times 110.52^2=1.68(\mathrm{Mvar})$$

$$\dot{S}_2'=15.22+\mathrm{j}(13.96-1.68)=15.22+\mathrm{j}12.28(\mathrm{MV\cdot A})$$

$$\Delta P_{Z,L}=\frac{15.22^2+12.28^2}{110.52^2}\times 27.0=0.845(\mathrm{MW})$$

$$\Delta Q_{Z,L}=\frac{15.22^2+12.28^2}{110.52^2}\times 41.2=1.289(\mathrm{Mvar})$$

$$\Delta U_L=\frac{15.22\times 27+12.28\times 41.2}{110.52}=8.30(\mathrm{kV})$$

$$\delta U_L=\frac{15.22\times 41.2-12.28\times 27}{110.52}=2.67(\mathrm{kV})$$

忽略 $\delta U_L$ 时

$$U_1=110.52+8.30=118.82(\mathrm{kV})$$

$$\delta_L=\arctan\frac{2.67}{110.52+8.30}=1°17'$$

$$\Delta Q_{Y,L_1}=1.38\times 10^{-4}\times 118.82^2=1.948(\mathrm{Mvar})$$

$$\begin{aligned}\dot{S}_1&=(15.22+0.845)+\mathrm{j}(12.28+1.289-1.948)\\&=16.07+\mathrm{j}11.62(\mathrm{MV\cdot A})\end{aligned}$$

由上述计算可得该输电系统的技术经济指标如下：

$$\text{始端电压偏移}\ \% = \frac{118.82-110}{110}\times 100 = 8.02$$

$$\text{末端电压偏移}\ \% = \frac{36-35}{35}\times 100 = 2.86$$

$$\text{电压损耗}\ \% = \frac{118.82-102.85}{110}\times 100 = 14.5$$

$$\text{输电效率}\ \% = \frac{15}{16.07}\times 100 = 93.34$$

由上述计算还可得出一些有用的概念：

①电压数值计算中略去电压降落的横分量时并不会产生大误差。如略去$\delta U_T$，本例的误差仅 0.3%。

②变压器电压降落的纵分量值主要取决于变压器电抗与无功负荷的乘积部分。

③变压器中无功功率损耗远大于有功功率损耗，是电网中无功功率损耗的主要组成部分。

④线路负荷较轻时，线路电纳中吸收的容性无功功率大于电抗中消耗的感性无功功率，这时线路成为感性无功功率源。

2. 已知末端功率及始端电压，求潮流分布

如图 8-10(b)所示，参数已归算到变压器高压侧，设已知 $\dot{S}_2'$及 $\dot{U}_1$，求始端功率 $\dot{S}_1$ 及末端电压 $\dot{U}_2$。

因为给定的电压和功率并不属于同一结点，当用式(8-8)、(8-9)及(8-25)计算电压损耗及功率损耗时，将出现非线性方程组，原则上必须用迭代解法。一种工程近似方法是先假设全网络结点均为额定电压，由末端向始端推算各元件的功率损耗和全网功率分布而不计算各结点电压。待求得首端功率后，由给定的首端电压，根据网络的基本功率分布，从首端至末端推算各元件的电压损耗和各结点的电压，并不再重新计算全网的功率分布。实践表明，该近似方法具有可以接受的工程计算精度。

**[例 8-2]**　输电网络如图 8-10 所示。电力线路长 80km，采用 LGJ-120 导线，其 Π 形等值电路的参数为

$$Z_L = 21.6 + j33.0\Omega,\quad \frac{B_L}{2} = 1.1\times 10^{-4}\text{S}$$

线路额定电压为 110kV。末端接有一台容量为 20MV · A、变比为 110/38.5kV 的降压变压器，归算至 110kV 侧的变压器 Γ 形等值电路的参数为

$$R_T + jX_T = 4.93 + j63.5\Omega,\quad G_T - jB_T = (4.95 - 49.5)\times 10^{-6}\text{S}$$

低压侧负荷为 15+j11.25MV · A。已知线路首端电压 $U_1$=117.26kV。求该输

电网的潮流、电压分布。

**解**:先设全网络结点电压为线路额定电压 110kV,求潮流分布。

变压器阻抗中的功率损耗为

$$\Delta\dot{S}_{ZT}=\frac{15^2+11.25^2}{110^2}\times(4.93+\mathrm{j}63.5)=0.14+\mathrm{j}1.85(\mathrm{MV\cdot A})$$

变压器励磁功率为

$$\Delta\dot{S}_{YT}=110^2\times(4.95+\mathrm{j}49.5)\times10^{-6}=0.06+\mathrm{j}0.6(\mathrm{MV\cdot A})$$

线路 2 侧的充电功率为

$$\Delta Q_{Y,l_2}=110^2\times(-\mathrm{j}1.1\times10^{-4})=-\mathrm{j}1.33(\mathrm{Mvar})$$

线路串联阻抗后的功率为

$$\begin{aligned}\dot{S}_2&=(15+0.14+0.06)+\mathrm{j}(11.25+1.85+0.6-1.33)\\&=15.2+\mathrm{j}12.37(\mathrm{MV\cdot A})\end{aligned}$$

线路串联阻抗上的功率损耗为

$$\Delta\dot{S}_{Zl}=\frac{15.2^2+12.37^2}{110^2}\times(21.6+\mathrm{j}33)=0.69+\mathrm{j}1.056(\mathrm{MV\cdot A})$$

线路 1 侧的充电功率为

$$\Delta Q_{Y,l_1}=110^2\times(-\mathrm{j}1.1\times10^{-4})=-\mathrm{j}1.33(\mathrm{Mvar})$$

线路始端功率为

$$\begin{aligned}\dot{S}_1&=(15.2+\mathrm{j}12.37)+(0.69+\mathrm{j}1.056)+(-\mathrm{j}1.33)\\&=15.89+\mathrm{j}12.1(\mathrm{MV\cdot A})\end{aligned}$$

由线路始端电压 $U_1$ 向末端推算各结点电压如下:

$$\Delta U_{\mathrm{L}}=\frac{15.89\times21.6+12.1\times33}{117.26}=6.33(\mathrm{kV})$$

$$U_2=117.26-6.33=110.93(\mathrm{kV})$$

$$\Delta U_{\mathrm{T}}=\frac{15.14\times4.93+13.1\times63.5}{110.93}=8.17(\mathrm{kV})$$

$$U_2'=110.93-8.17=102.76(\mathrm{kV})$$

变压器低压侧电压为

$$U'_{2(35)}=102.76\times\frac{38.5}{110}=35.97(\mathrm{kV})$$

## 二、闭式电力网的潮流分布

闭式电力网可以理解为环形电网与两端供电网,如图 8-13 所示。闭式网具有供电可靠性高、运行灵活、电能质量好等优点。在已知结点功率条件下，求取闭式网的潮流、电压分布，需要迭代求解复数方程式。在人工计算的条件下常用近似方法。先假设全网为额定电压，求出变电所的“运算负荷”与发电厂的“运算功率”。如图 8-14 所示的简单环形网络。所谓变电所的运算负荷是指变电所低压侧的负荷功率加上变压器的功率损耗再加上变电所一次母线上所有相连线路的充电功率的一半而得到的运算负荷，如图 8-14(c)中的 $\dot{S}_2$ 及 $\dot{S}_3$。所谓发电厂的运算功率是指发电厂的输出功率减去升压变压器的功率损耗再减去发电厂高压母线上所有相连线路充电功率的一半而得到的运算功率。如图 8-14(c)中的 $\dot{S}_1$。经过这样的化简后，得到如图 8-14(d)所示的仅含串联阻抗支路的等值电路。在假设全网为额定电压下对图 8-14(d)求网络的基本功率分布，即在不考虑网络功率损耗的情况下求取功率分布。在基本功率分布的功率分界点，将闭式网络分解为两个开式网络，然后按照开式网的潮流、电压计算方法从功率分界点向电源点递推求取潮流、电压分布。

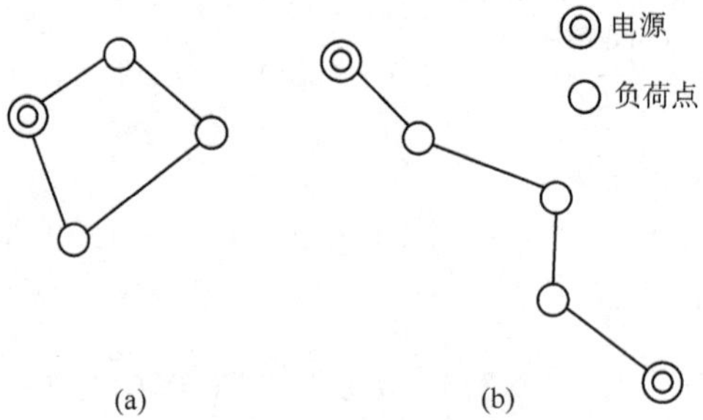


图 8-13　闭式电力网

(a)环式　(b)两端供电式

1. 环形电网的基本功率分布

如图 8-14(a)所示的原始环形网络经过简化后已成为图 8-14(d)所示的仅含串联阻抗支路的网络，待解的只有一个回路电压方程

$$\sqrt{3}\dot{I}_a e^{j30^\circ} Z_{12} + \sqrt{3}(\dot{I}_a - \dot{I}_2) e^{j30^\circ} Z_{23} + \sqrt{3}(\dot{I}_a - \dot{I}_2 - \dot{I}_3) e^{j30^\circ} Z_{31} = 0 \quad (8\text{-}39)$$

式中，$\dot{I}_a$ 为流经阻抗 $Z_{12}$ 的支路电流；$\dot{I}_2$、$\dot{I}_3$ 分别为结点 2、3 的负荷电流。

对式(8-39)取共轭并乘以 $\dot{U}_N$，则可得下述近似式：

$$\overset{*}{Z}_{12}\dot{S}_a + \overset{*}{Z}_{23}(\dot{S}_a - \dot{S}_2) + \overset{*}{Z}_{31}(\dot{S}_a - \dot{S}_2 - \dot{S}_3) = 0 \quad (8\text{-}40)$$

由上式可解得流经阻抗 $Z_{12}$ 支路的功率为

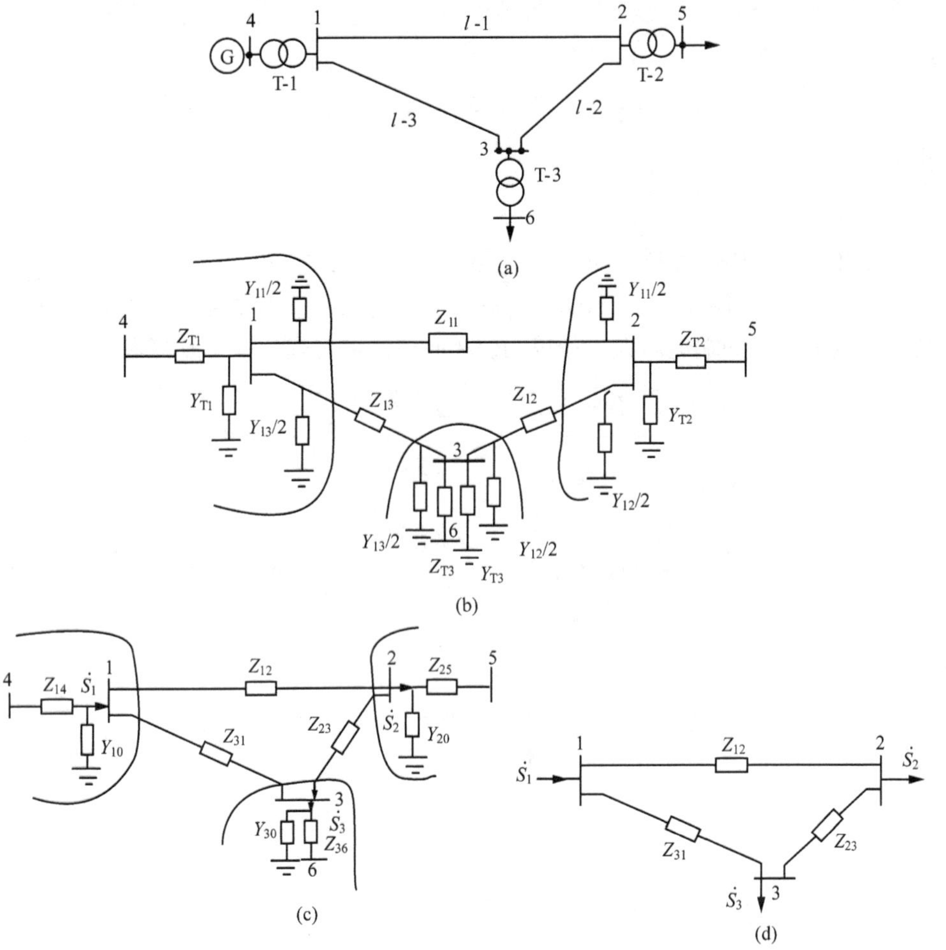


图 8-14　简单环式网络

(a)网络结线图　(b)等值电路　(c)简化等值电路　(d)运算等值电路

$$\dot{S}_a=\frac{(\overset{*}{Z}_{23}+\overset{*}{Z}_{31})\dot{S}_2+\overset{*}{Z}_{31}\dot{S}_3}{\overset{*}{Z}_{12}+\overset{*}{Z}_{23}+\overset{*}{Z}_{31}}\tag{8-41a}$$

同理，流经阻抗 $Z_{31}$ 支路的功率为

$$\dot{S}_b=\frac{(\overset{*}{Z}_{32}+\overset{*}{Z}_{21})\dot{S}_3+\overset{*}{Z}_{21}\dot{S}_2}{\overset{*}{Z}_{21}+\overset{*}{Z}_{23}+\overset{*}{Z}_{31}}\tag{8-41b}$$

由图 8-14(d)可得

$$\dot{S}_a - \dot{S}_2 = \dot{S}_{23} \tag{8-42a}$$

或

$$\dot{S}_b - \dot{S}_3 = \dot{S}_{32} \tag{8-42b}$$

且有

$$\dot{S}_a + \dot{S}_b = \dot{S}_2 + \dot{S}_3 \tag{8-43}$$

式(8-43)可用以校核式(8-41b)或式(8-41a)的计算结果。

由式(8-41)可将图 8-14(d)看成是两端供电网的等值电路，如图 8-15 所示，其电源端 1 及 $1'$的端电压大小相等相位相同。并可将式(8-41)改写为

$$\dot{S}_a = \frac{\dot{S}_2\overset{*}{Z}_2 + \dot{S}_3\overset{*}{Z}_3}{\overset{*}{Z}_\Sigma} = \frac{\sum \dot{S}_m\overset{*}{Z}_m}{\overset{*}{Z}_\Sigma}, \quad m = 2,3 \tag{8-44a}$$

$$\dot{S}_b = \frac{\dot{S}_2\overset{*}{Z}'_2 + \dot{S}_3\overset{*}{Z}'_3}{\overset{*}{Z}_\Sigma} = \frac{\sum \dot{S}_m\overset{*}{Z}'_m}{\overset{*}{Z}_\Sigma}, \quad m = 2,3 \tag{8-44b}$$

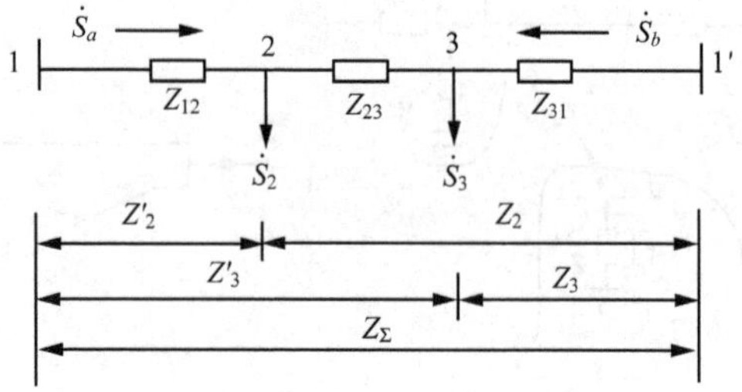


图 8-15　等值两端供电网

式(8-41)及式(8-44)即为环形电网基本功率分布的关系式，它实质上反映了电流的分布。当从叠加原理看这一分布时，可看成是 $\dot{S}_2$ 及 $\dot{S}_3$ 分别存在时潮流分布的叠加。例如，仅有 $\dot{S}_2$ 存在时，观察潮流分布则有

$$\dot{S}_{12} = \frac{\dot{S}_2\overset{*}{Z}_2}{\overset{*}{Z}_\Sigma} \tag{8-45a}$$

$$\dot{S}_{1'2} = \frac{\dot{S}_2\overset{*}{Z}'_2}{\overset{*}{Z}_\Sigma} \tag{8-45b}$$

式中

$$Z_{\Sigma}=Z_2+Z_2'$$

由式(8-45)可见，支路潮流分布与其阻抗成反比，我们称这种功率分布为环形电网的自然功率分布。

式(8-41)及式(8-44)均为复数式。如将 $P$、$Q$、$R$ 及 $X$ 代入后，则可化成实数式。如果网络中各段线路单位阻抗相同(导线截面及架设型式相同)，在上述两组算式中可用长度代替阻抗。

2. 两端供电网中的基本功率分布

如图 8-16 的两端供电网络，通常情况是端电压 $\dot{U}_1$ 与 $\dot{U}_4$ 的大小及相位不等。令 $\Delta\dot{U}=\dot{U}_1-\dot{U}_4$，则可用类似解环形网的方法求取两端供电网的基本功率分布。因而有

$$\overset{*}{Z}_{12}\dot{S}_a+\overset{*}{Z}_{23}(\dot{S}_a-\dot{S}_2)+\overset{*}{Z}_{34}(\dot{S}_a-\dot{S}_2-\dot{S}_3)=U_{\mathrm{N}}\Delta\dot{U}^* \tag{8-46a}$$

可解得

$$\dot{S}_a=\frac{(\overset{*}{Z}_{23}+\overset{*}{Z}_{34})\dot{S}_2+\overset{*}{Z}_{34}\dot{S}_3}{\overset{*}{Z}_{12}+\overset{*}{Z}_{23}+\overset{*}{Z}_{34}}+\frac{U_{\mathrm{N}}\Delta\dot{U}^*}{\overset{*}{Z}_{12}+\overset{*}{Z}_{23}+\overset{*}{Z}_{34}} \tag{8-46b}$$

$$\dot{S}_b=\frac{\overset{*}{Z}_{21}\dot{S}_2+(\overset{*}{Z}_{32}+\overset{*}{Z}_{21})\dot{S}_3}{\overset{*}{Z}_{43}+\overset{*}{Z}_{32}+\overset{*}{Z}_{21}}-\frac{U_{\mathrm{N}}\Delta\dot{U}^*}{\overset{*}{Z}_{43}+\overset{*}{Z}_{32}+\overset{*}{Z}_{21}} \tag{8-46c}$$

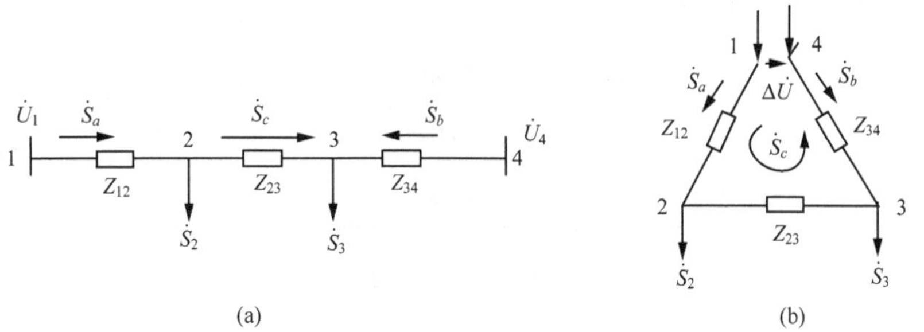


图 8-16　两端供电网络

(a) 两端供电网　(b) 等值环形网

由上式可见，两端供电网络的基本功率分布可看成是两个分量的叠加，一是两端电压相等时的功率分布，一是两端电压差引起的循环功率，因而式(8-46)可改写为

$$\dot{S}_a = \frac{\sum \dot{S}_m \overset{*}{Z}_m}{\overset{*}{Z}_\Sigma} + \dot{S}_c, \quad m = 2,3 \tag{8-47a}$$

$$\dot{S}_b = \frac{\sum \dot{S}_m \overset{*}{Z}'_m}{\overset{*}{Z}_\Sigma} - \dot{S}_c, \quad m = 2,3 \tag{8-47b}$$

式中，$Z_m$、$Z'_m$的含义同式(8-44)；$\dot{S}_c$ 表示循环功率。

注意到循环功率 $\dot{S}_c$ 决定于两端电压的相量差与供电网总阻抗，只在两电源间流动并不供给负载。循环功率的正方向与 $\Delta\dot{U}$ 方向一致，取 $\Delta\dot{U}=\dot{U}_1-\dot{U}_4$ 时，则循环功率的设定方向由 1 端流向 4 端；反之，当取 $\Delta\dot{U}=\dot{U}_4-\dot{U}_1$ 时，循环功率的设定方向由 4 端流向 1 端。

环形网络中当存在串联电势时，也有循环功率在环形网中流动。此时循环功率决定于环网的开口电压差与环网的总阻抗。

3. 闭式电网中的电压降落和功率损耗

在闭式电网中的基本功率分布求得以后，必然会出现功率分界点，如图 8-17 所示。该图中▼、▽分别表示有功功率分界点和无功功率分界点。这样，闭式网就可以在功率分界点解开，看成两个开式网。运用开式网潮流分布计算方法，设全网络结点电压为额定电压，从功率分界点向电源点推算功率损耗，由此得出的功率分布即为最终的功率分布。再由电源点(通常已知该点电压)向功率分界点推算各段线路电压损耗，并得出各点电压分布。

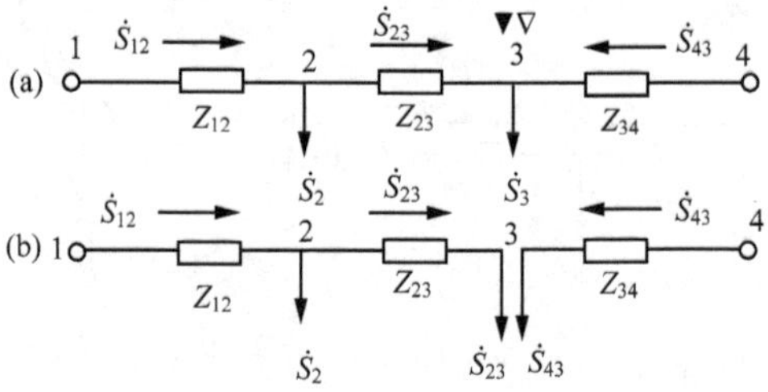


图 8-17　闭式电力网

(a) 闭式网　(b) 等值开式网

有时会出现有功功率分界点与无功功率分界点不在同一点的情况。由于在高压电网中电压损耗通常与无功功率强相关，无功功率分界点的电压往往低于有功功率分界点的电压，一般可以无功功率分界点作为闭式电网拆开后的起始计算点。

［**例 8-3**］　闭式电力网结线图如图 8-18 所示，发电厂 $G_2$ 为一基载厂，承担固

定负荷，包括高压母线上的负荷其运算功率为 117－j22MV·A，变电所 H 的运算负荷(包括高压母线负荷)为 440＋j136MV·A。发电厂 $G_1$ 承担除 $G_2$ 厂供给功率以外的系统所需负荷及网络损耗。线路 $L_1$、$L_2$ 及 $L_3$ 的阻抗分别为 3.17＋j20.7Ω，5.13＋j27.2Ω 及 7.33＋j48.0Ω。已知发电厂 $G_1$ 的高压母线电压 $U_1$ 为 238kV，试计算潮流分布。

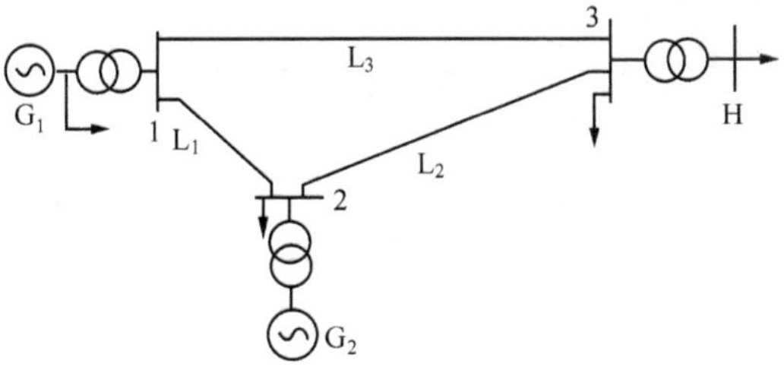


图 8-18　闭式电力网

**解**：将闭式网从发电厂 $G_1$ 的高压母线处解开得到如图 8-19 所示的等值网络。

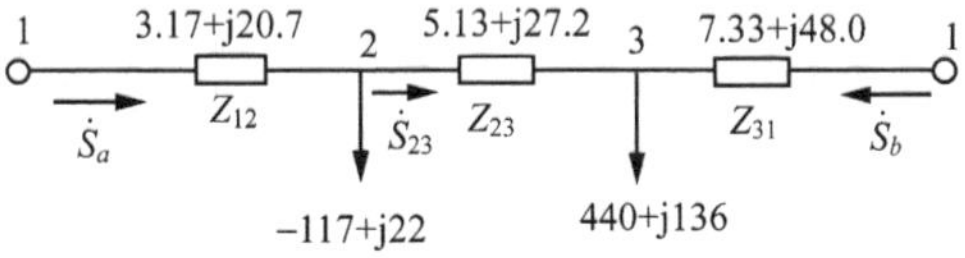


图 8-19　等值网络

先求基本功率分布。

在式(8-44)中令

$$\frac{1}{\overset{*}{Z}_\Sigma}=\overset{*}{Y}_\Sigma=G_\Sigma+\mathrm{j}B_\Sigma,\quad 这里\ G_\Sigma=\frac{R_\Sigma}{R_\Sigma^2+X_\Sigma^2},B_\Sigma=\frac{X_\Sigma}{R_\Sigma^2+X_\Sigma^2}$$

代入式(8-44)，则有

$$P_a=G_\Sigma\sum(P_mR_m+Q_mX_m)+B_\Sigma\sum(P_mX_m-Q_mR_m)$$

$$Q_a=B_\Sigma\sum(P_mR_m+Q_mX_m)-G_\Sigma\sum(P_mX_m-Q_mR_m)$$

同理

$$P_b=G_\Sigma\sum(P_mR'_m+Q_mX'_m)+B_\Sigma\sum(P_mX'_m-Q_mR'_m)$$

$$Q_b=B_\Sigma\sum(P_mR'_m+Q_mX'_m)-G_\Sigma\sum(P_mX'_m-Q_mR'_m)$$

故有

$$P_a=\frac{15.63}{15.63^2+95.9^2}[-117\times 12.46+22\times 75.2+440\times 7.33+136\times 48]$$

$$+\frac{95.9}{15.63^2+95.9^2}[-117\times 75.2-22\times 12.46+440\times 48-136\times 7.33]$$

$$=128.74(\text{MW})$$

$$Q_a=\frac{95.9}{15.63^2+95.9^2}[-117\times 12.46+22\times 75.2+440\times 7.33+136\times 48]$$

$$-\frac{15.63}{15.63^2+95.9^2}[-117\times 75.2-22\times 12.46+440\times 48-136\times 7.33]$$

$$=82.77(\text{Mvar})$$

同理

$$P_b=\frac{15.63}{15.63^2+95.9^2}[440\times 8.3+136\times 47.9-117\times 3.17+22\times 20.7]$$

$$+\frac{95.9}{15.63^2+95.9^2}[440\times 47.9-136\times 8.3-117\times 20.7-22\times 3.17]$$

$$=194.26(\text{MW})$$

$$Q_b=\frac{95.9}{15.63^2+95.9^2}[440\times 8.3+136\times 47.9-117\times 3.17+22\times 20.7]$$

$$+\frac{15.63}{15.63^2+95.9^2}[440\times 47.9-136\times 8.3-117\times 20.7-22\times 3.17]$$

$$=75.23(\text{Mvar})$$

$$\dot{S}_{23}=(P_a+\mathrm{j}Q_a)-(P_2+\mathrm{j}Q_2)$$

$$=(128.74+\mathrm{j}82.77)-(-117+\mathrm{j}22)=245.74+\mathrm{j}60.77(\text{MV}\cdot\text{A})$$

校核

$$\dot{S}_{23}+\dot{S}_b=(245.74+\mathrm{j}60.77)+(194.26+\mathrm{j}75.23)$$

$$=440+\mathrm{j}136(\text{MV}\cdot\text{A})=\dot{S}_3$$

按上述计算结果绘制如图 8-20 所示。

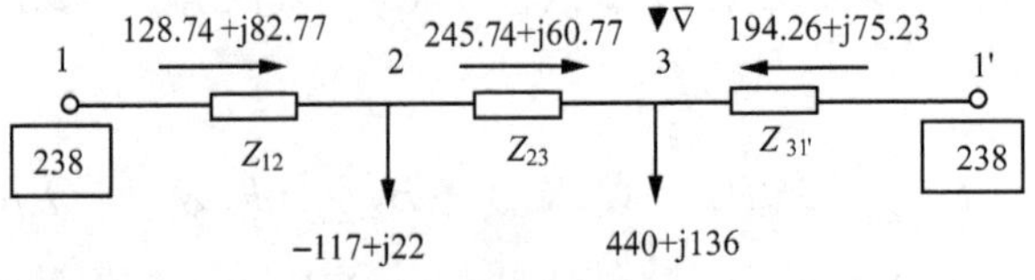


图 8-20　基本功率分布

分解网络，计算功率损耗及电压损耗。

在功率分界点 3 处拆成两个开式网，如图 8-21 所示。其中

$$\dot{S}_{23}=245.74+j60.77\ \text{MV}\cdot\text{A}$$

$$\dot{S}_{13}=\dot{S}_b=194.26+j75.23\ \text{MV}\cdot\text{A}$$

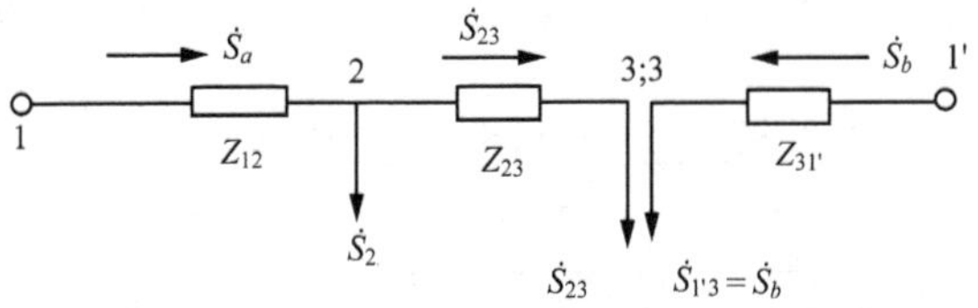


图 8-21　等值开式网

设全网络结点电压均为额定电压 220kV，求取各线路段功率损耗。

$$\Delta\dot{S}_{Z31}=\frac{194.26^2+75.23^2}{220^2}\times(7.33+j48.0)=6.57+j43.04(\text{MV}\cdot\text{A})$$

$$\dot{S}_{1'}=(194.26+j75.23)+(6.57+j43.04)=200.83+j118.27(\text{MV}\cdot\text{A})$$

$$\Delta\dot{S}_{Z23}=\frac{245.74^2+60.77^2}{220^2}\times(5.13+j27.2)=6.79+j36.01(\text{MV}\cdot\text{A})$$

线路 23 中 2 侧的功率为

$$\dot{S}_{2R}=(245.74+j60.77)+(6.79+j36.01)=252.53+j96.78(\text{MV}\cdot\text{A})$$

线路 12 中 2 侧的功率为

$$\dot{S}_{2F}=(252.53+j96.78)+(-117+j22)=135.53+j118.78(\text{MV}\cdot\text{A})$$

$$\Delta\dot{S}_{Z12}=\frac{135.53^2+118.78^2}{220^2}\times(3.17+j20.7)=2.13+j13.89(\text{MV}\cdot\text{A})$$

$$\dot{S}_1=(135.53+j118.78)+(2.13+j13.89)=137.66+j132.67(\text{MV}\cdot\text{A})$$

由结点 1 的电压推算结点 2、3 的电压如下：

$$\Delta U_{Z12}=\frac{137.66\times3.17+132.67\times20.7}{238}=13.37(\text{kV})$$

$$\delta U_{Z12}=\frac{137.66\times20.7-132.67\times3.17}{238}=10.20(\text{kV})$$

$$U_2=\sqrt{(238-13.15)^2+10.04^2}=224.65(\text{kV})$$

$$\Delta U_{Z23}=\frac{252.53\times5.13+96.78\times27.2}{225.07}=17.48(\text{kV})$$

$$\delta U_{Z23} = \frac{252.53 \times 27.2 - 96.78 \times 5.13}{225.07} = 28.37(\text{kV})$$

$$U_3 = \sqrt{(225.07 - 17.17)^2 + 27.84^2} = 209(\text{kV})$$

校核:由结点 1′的电压推算结点 3 的电压如下:

$$\Delta U_{Z1'3} = \frac{200.83 \times 7.33 + 118.27 \times 48}{238} = 30.03(\text{kV})$$

$$\delta U_{Z1'3} = \frac{200.83 \times 48 - 118.27 \times 7.33}{238} = 36.86(\text{kV})$$

$$U_3 = \sqrt{(238 - 13.15)^2 + 36.25^2} = 211(\text{kV})$$

以上计算结果可表示成如图 8-22 所示的潮流、电压分布图。

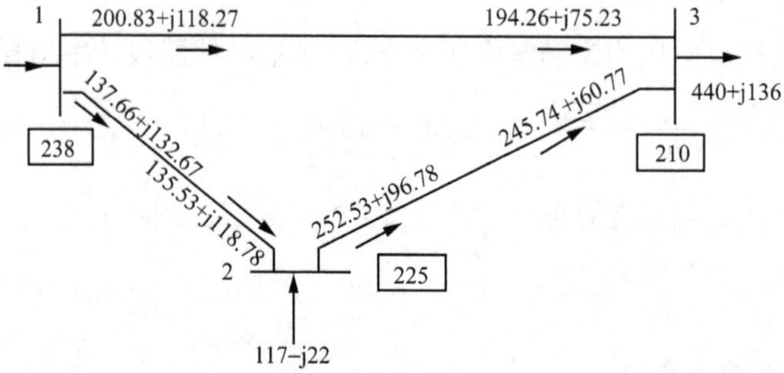


图 8-22　潮流电压分布

［**例 8-4**］　一低压环形电力网如图 8-23 所示,$A$ 为电源点,$b$ 为负荷点。线路段 1 由 2km 电缆敷设,线路段 2 由 2km 架空线架设。电缆和架空线的电阻为 0.54Ω/km,架空线的电抗等于 0.36Ω/km,电缆的电抗为零。$b$ 点的负荷为 100A,$\cos\varphi=1$。试求该环网的电流分布。

**解**:线路段 1 和 2 中的电流分别为

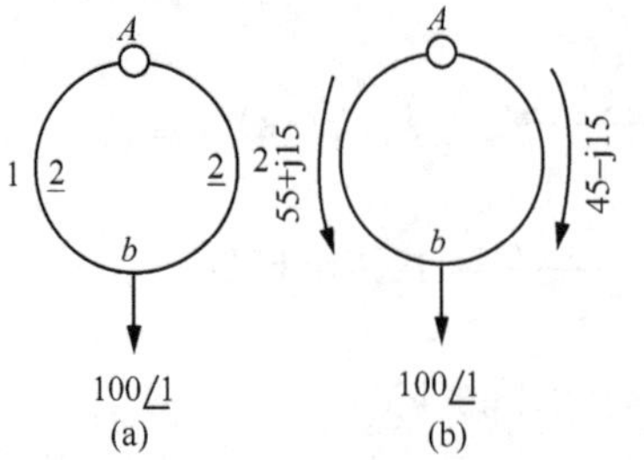


图 8-23　低压环形电力网

$$\dot{I}_1 = 100 \times \frac{(0.54 + j0.36) \times 2}{0.54 \times 4 + j0.36 \times 2} = 55 + j15(\text{A})$$

$$\dot{I}_2 = 100 \times \frac{0.54 \times 2}{0.54 \times 4 + j0.36 \times 2} = 45 - j15(\text{A})$$

校验

$$\dot{I}_1 + \dot{I}_2 = (55 + j15) + (45 - j15) = 100(\text{A})$$

图 8-23(b)示出了这一电力网的电流分布。由图可见，虽然负荷电流是纯有功电流，但在环网中除有功电流外，还有无功循环电流。这一现象的解释如下：

①当线路段 1 和 2 只具有电阻而负荷是纯功功率时，求得的 $\dot{I}_1$ 和 $\dot{I}_2$ 也是纯有功电流，电流 $\dot{I}_1$ 和 $\dot{I}_2$ 的分布可按两段线路上电压降相等的条件求出。

②当线路段 1 和 2 只具有电抗而负荷是纯有功功率时，求得的 $\dot{I}_1$ 和 $\dot{I}_2$ 也将是纯有功电流。环网中的电流分布可按两段线路上的电压降相等的条件求出。此时线路段的电压降体现为与之相等的自感电动势。

③如果线路段 1 只具有电阻，而线路段 2 具有电阻及电抗，那么线路段 2 的自感电动势就不能得到平衡，因而在环形电网中需出现一个循环电流(亦称均衡电流)，才可使两段线路中的电压降变成相等。这类电网称为严重不均一电网。

## 第五节　复杂电力系统潮流分布的计算机解法

电力系统是一种大系统，线路与母线(结点)成百上千。当用功率、电压计算潮流时表现为非线性代数方程组。用上一节阐述的人工计算方法已无法胜任。在 20 世纪五六十年代，国内外曾用交流计算台进行潮流及电压计算。它是一种模拟计算机。由于受到设备规模与精度的限制，逐渐被新兴的电子数字计算机所代替。我国于 20 世纪 60 年代已开始起步，其后得到成功的应用。

采用数字计算机求解电力系统潮流必须满足以下三方面的要求，即建立电力网普遍的数学模型，确定有效的计算方法和编制实用的程序。国际上在 20 世纪七八十年代发表了大量文献以使数学模型符合实际、计算方法与程序可靠收敛、计算快速以及减少计算机内存需求量诸方面的问题。近年来在交互式操作的基础上，成功地采用动画的单线图等可视化技术，直观生动地描绘了电力系统运行的状态。

本节主要阐述电力网络基本的数学模型与计算方法。

### 一、电力网络方程

本节所述电力网络方程主要是指结点电压方程。先从三母线系统着手，然后叙述多电压级系统中的变压器模型，最后推广至 $n$ 母线系统。

1. 三母线系统

现以如图 8-24(a)所示的三母线系统为例，首先建立全网的等值电路如图 8-24(b)所示，并经过整理成为图 8-24(c)。

在讨论计算机解法以前，采用以下约定：

①等值电路中的参数用标幺值表示。

②发电机、电容器等有功电源及无功电源规定向母线注入功率，如图 8-24(a)

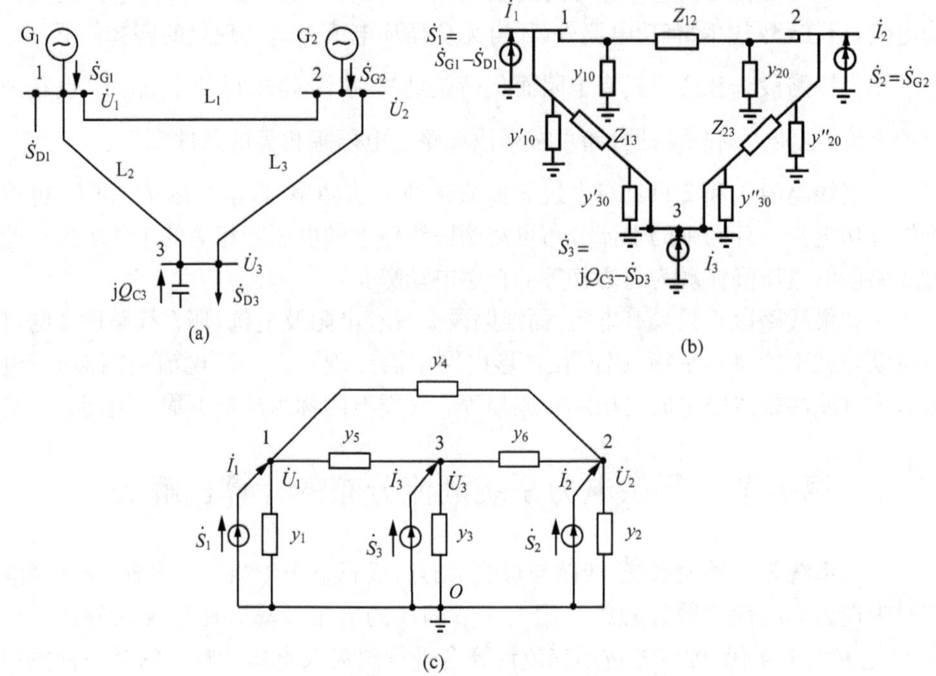


图 8-24　三母线系统及其等值电路

(a)系统图　(b)等值电路　(c)等值电路(整理后)

中的 $\dot{S}_{G1}$、$\dot{S}_{G2}$ 及 $jQ_{C3}$；负荷用恒定功率表示，规定由母线抽出功率，如图 8-24(a)中的 $\dot{S}_{D1}$、$\dot{S}_{D3}$。

进行潮流计算时，取注入母线的功率为正，而取流出母线的功率为负。因而结点功率可表示为

$$\left.\begin{aligned}\dot{S}_1 &= P_1 + jQ_1 = (P_{G1} - P_{D1}) + j(Q_{G1} - Q_{D1})\\ \dot{S}_2 &= P_2 + jQ_2 = P_{G2} + jQ_{G2}\\ \dot{S}_3 &= P_3 + jQ_3 = -P_{D3} + j(Q_{C3} - Q_{D3})\end{aligned}\right\}$$

结点功率源也可以转换为电流源。

③ 输电线、变压器均用 Π 形等值电路代表。

对于图 8-24(c)的等值电路，各支路用导纳表示，并将结点功率源换算为电流源后，依据结点 $K$ 氏电流定律，可建立如下的结点电压方程：

$$\left.\begin{aligned}\dot{I}_1 &= \dot{U}_1 y_1 + (\dot{U}_1 - \dot{U}_2) y_4 + (\dot{U}_1 - \dot{U}_3) y_5 \\ \dot{I}_2 &= \dot{U}_2 y_2 + (\dot{U}_2 - \dot{U}_1) y_4 + (\dot{U}_2 - \dot{U}_3) y_6 \\ \dot{I}_3 &= \dot{U}_3 y_3 + (\dot{U}_3 - \dot{U}_1) y_5 + (\dot{U}_3 - \dot{U}_2) y_6\end{aligned}\right\} \tag{8-48}$$

经过整理后得到

$$\left.\begin{aligned}\dot{I}_1 &= (y_1 + y_4 + y_5)\dot{U}_1 - y_4\dot{U}_2 - y_5\dot{U}_3 \\ \dot{I}_2 &= -y_4\dot{U}_1 + (y_2 + y_4 + y_6)\dot{U}_2 - y_6\dot{U}_3 \\ \dot{I}_3 &= -y_5\dot{U}_1 - y_6\dot{U}_2 + (y_3 + y_5 + y_6)\dot{U}_3\end{aligned}\right\} \tag{8-49}$$

令

$$\left.\begin{aligned}Y_{11} &\equiv y_1 + y_4 + y_5, \quad Y_{12} = Y_{21} = -y_4 \\ Y_{22} &\equiv y_2 + y_4 + y_6, \quad Y_{23} = Y_{32} = -y_6 \\ Y_{33} &\equiv y_3 + y_5 + y_6, \quad Y_{31} = Y_{13} = -y_5\end{aligned}\right\}$$

并代入式(8-49)，则有

$$\left.\begin{aligned}\dot{I}_1 &= Y_{11}\dot{U}_1 + Y_{12}\dot{U}_2 + Y_{13}\dot{U}_3 \\ \dot{I}_2 &= Y_{21}\dot{U}_1 + Y_{22}\dot{U}_2 + Y_{23}\dot{U}_3 \\ \dot{I}_3 &= Y_{31}\dot{U}_1 + Y_{32}\dot{U}_2 + Y_{33}\dot{U}_3\end{aligned}\right\} \tag{8-50}$$

式(8-50)即为三母线系统的结点电压方程，该方程为一线性方程组。在已知结点注入电流时，可用线性代数方法求解结点电压。

2. 多电压级系统

如图 8-25(a)所示的输电系统由升压变压器 $T_1$、线路 L 及降压变压器 $T_2$ 组成，属于多电压级网络。采用标幺制制定等值电路时，在选定系统基准容量及主网基准电压(如 $U_{B2}$)后，依据变压器变比求得其余各级基准电压，如 $U_{B1}$、$U_{B3}$。有了这些基值，即可求取各元件参数的标幺值，从而形成等值电路。但变压器的变比在运行中可能发生变化。为计入这一变化又不改变各级电压基值，可用如图 8-25(b)所示的等值电路，即将变压器用阻抗与一理想变压器串联表示之。这里忽略了变压器的励磁回路。图中 $K_1$、$K_2$ 分别表示变压器 $T_1$ 及 $T_2$ 的变比标幺值，即实际变比与电压基准值比的比值。若 $T_1$、$T_2$ 的实际变比分别为 $U_{t2}/U_{t1}$ 及 $U_{t3}/U_{t4}$，则有

$$K_1 = (U_{t2}/U_{t1})/(U_{B2}/U_{B1}) = \frac{U_{t2}}{U_{t1}} \cdot \frac{U_{B1}}{U_{B2}}$$

$$K_2 = (U_{t3}/U_{t4})/(U_{B2}/U_{B3}) = \frac{U_{t3}}{U_{t4}} \cdot \frac{U_{B3}}{U_{B2}}$$

由图 8-25(b)可采用第四章中所阐述的变压器 Π 形等值电路，即得等值电路如图 8-25(c)及图 8-25(d)所示。由图 8-25(d)可以方便地建立起结点电压方程。

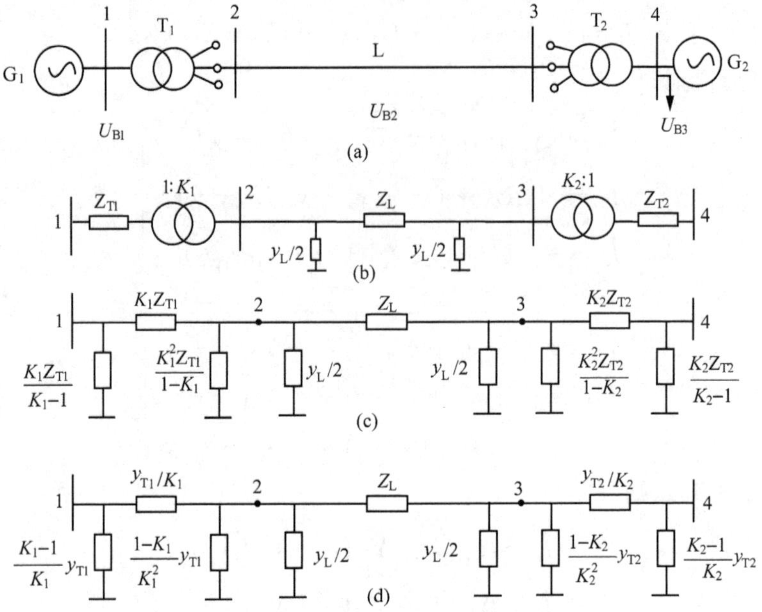


图 8-25　多电压级系统及其等值电路

(a)系统图　(b)等值电路　(c)变压器 Π 形等值电路(阻抗型)　(d)变压器 Π 形等值电路(导纳型)

3. $n$ 母线系统

现将式(8-50)推广到 $n$ 母线系统。为此，引入结点电流列向量、结点电压列向量与结点导纳矩阵

$$\boldsymbol{I}_n = (\dot{I}_1, \dot{I}_2, \cdots, \dot{I}_n)^{\mathrm{T}} \tag{8-51a}$$

$$\boldsymbol{U}_n = (\dot{U}_1, \dot{U}_2, \cdots, \dot{U}_n)^{\mathrm{T}} \tag{8-51b}$$

$$\boldsymbol{Y}_n = \begin{bmatrix} Y_{11} & Y_{12} & \cdots & Y_{1n} \\ Y_{21} & Y_{22} & \cdots & Y_{2n} \\ \vdots & \vdots & & \vdots \\ Y_{n1} & Y_{n2} & \cdots & Y_{nn} \end{bmatrix} \tag{8-51c}$$

则 $n$ 母线系统的结点电压方程为

$$\boldsymbol{I}_n = \boldsymbol{Y}_n \boldsymbol{U}_n \tag{8-51d}$$

将式(8-51d)展开，则可表述为下述方程组：

$$\left.\begin{aligned}
\dot{I}_1 &= Y_{11}\dot{U}_1 + Y_{12}\dot{U}_2 + \cdots + Y_{1i}\dot{U}_i + \cdots + Y_{1n}\dot{U}_n \\
\dot{I}_2 &= Y_{21}\dot{U}_1 + Y_{22}\dot{U}_2 + \cdots + Y_{2i}\dot{U}_i + \cdots + Y_{2n}\dot{U}_n \\
&\cdots\cdots \\
\dot{I}_i &= Y_{i1}\dot{U}_1 + Y_{i2}\dot{U}_2 + \cdots + Y_{ii}\dot{U}_i + \cdots + Y_{in}\dot{U}_n \\
&\cdots\cdots \\
\dot{I}_n &= Y_{n1}\dot{U}_1 + Y_{n2}\dot{U}_2 + \cdots + Y_{ni}\dot{U}_i + \cdots + Y_{nn}\dot{U}_n
\end{aligned}\right\} \tag{8-51e}$$

式(8-51d)或式(8-51e)为线性方程组。显然,$n$ 母线系统有 $n$ 个独立的结点方程式(以地为参考点)。

网络方程的另一种形式是回路电流方程。现今潮流分析计算中一般采用结点电压方程。这是由于这类方程有着较多的优点:

①同一网络,就独立网络方程的个数而言,结点方程数通常少于回路方程数,这是由于网络中有众多的接地支路的缘故。

②结点电压方程以母线电压为状态变量,结点电流可直接与电源及负荷的功率相联系,便于直观分析,而回路电流则要经过换算才能得到所需数值。

③建立回路方程,需预先选定回路走向,使程序复杂化,增加原始数据量,而应用结点电压方程无选向问题。

④系统结构改变时,结点导纳阵易于修改,而回路阻抗矩阵则要重新计算。

在一些特定条件下,如不计接地支路时,回路法将会得到应用。

## 二、结点导纳矩阵的形成与修改

1. 结点导纳阵的形成

$n$ 阶结点导纳阵如式(8-51c)所示,其中主对角线元素 $Y_{ii}$ ($i=1,2,\cdots,n$)称为结点 $i$ 的自导纳,亦称输入导纳;非对角线元素 $Y_{ij}$ ($i,j=1,2,\cdots,n,i\neq j$)称为结点 $i$、$j$ 间的互导纳,亦称转移导纳。以下分别叙述 $Y_{ii}$、$Y_{ij}$ 的求取方法。

由式(8-51e),若在结点 $i$ 上加一单位电压,其余结点都接地,即

$$\dot{U}_i = 1\angle 0^\circ,\quad \dot{U}_k = 0,\quad k = 1,2,\cdots,n,\quad k\neq i$$

则有

$$\dot{I}_i = Y_{ii}\dot{U}_i$$

于是

$$Y_{ii} = \left.\frac{\dot{I}_i}{\dot{U}_i}\right|_{\dot{U}_k=0,k\neq i} = \dot{I}_i$$

可见自导纳 $Y_{ii}$ 的物理含义是在结点 $i$ 上加一单位电压，其余结点都接地时，从结点 $i$ 流向网络的电流。$Y_{ii}$ 在数值上等于与结点 $i$ 直接相连的所有支路导纳的总和，即结点 $i$ 对地的总导纳。

$$Y_{ii}=y_{i0}+\sum_{\substack{j=1\\j\neq i}}^{n}y_{ij} \tag{8-52}$$

式中，$y_{i0}$ 为结点 $i$ 的接地导纳；$y_{ij}$ 为结点 $i$ 与 $j$ 间的支路导纳。

例如，对于图 8-24(c)，$n=3$，结点 1 的自导纳 $Y_{11}=y_1+y_4+y_5$。

由式(8-51e)，若在结点 $j$ 上加一单位电压，其余结点都接地，即

$$\dot{U}_j=1\angle 0^\circ,\quad \dot{U}_k=0,\quad k=1,2,\cdots,n,\quad k\neq j$$

则有

$$\dot{I}_i=Y_{ij}\dot{U}_j$$

于是

$$Y_{ij}=\left.\frac{\dot{I}_i}{\dot{U}_j}\right|_{\dot{U}_k=0,k\neq j}=\dot{I}_i$$

可见互导纳 $Y_{ij}$ 的物理含义是在结点 $j$ 上加一单位电压，其余结点都接地，从结点 $i$ 流向网络的电流。$Y_{ij}$ 在数值上等于支路导纳 $y_{ij}$ 的负值，即

$$Y_{ij}=-y_{ij} \tag{8-53}$$

在上式的右端之所以出现负号是因为从 $i$ 结点注入网络的电流规定为正，当 $i$ 点接地时，$\dot{U}_j=1\angle 0^\circ$ 时，$\dot{I}_i$ 将自结点 $i$ 流出，其方向与规定的正向相反。例如，对于图 8-24(c)，$n=3$，结点 1、2 间互导纳为

$$Y_{12}=Y_{21}=-y_4$$

结点导纳阵形成的要点如下：

①结点导纳阵一般为方阵，其阶数等于网络中除参考结点以外的结点总数 $n$，参考结点一般取大地，编号为零；

②结点导纳阵的对角元 $Y_{ii}$ 等于与结点 $i$ 所连接的所有支路的支路导纳的和；

③结点导纳阵的非对角元 $Y_{ij}$ 等于连接结点 $i$、$j$ 间支路导纳的负值；

④网络中的变压器运用 Π 形等值电路代表，并按上述原则处理；

⑤结点导纳阵是对称阵，$Y_{ij}=Y_{ji}$，这是由网络的互易特性所决定的；

⑥结点导纳阵是稀疏阵，其各行非对角元中的零元表明该 $i$、$j$ 结点间无联系，即 $Y_{ij}=0$。

以上原则是根据结点导纳阵的定义直接求取的。另一种方法是由图论中的结点支路关联矩阵求取结点导纳阵。

2. 结点导纳阵的修改

由于电力系统运行方式经常发生变化，电力设备投入或退出时有发生，新情况下的结点导纳阵只需在原阵的基础上进行局部修改即可完成。以下介绍一些典型情况：

(1) 在原有网络结点 $i$，$j$ 间增加一支路

如图 8-26(a)所示，在这一情况下，需修改与结点 $i$，$j$ 有关的自导纳和互导纳元素如下：

$$\Delta Y_{ii}=y_{ij}, \quad \Delta Y_{jj}=y_{ij}, \quad \Delta Y_{ij}=\Delta Y_{ji}=-y_{ij}$$

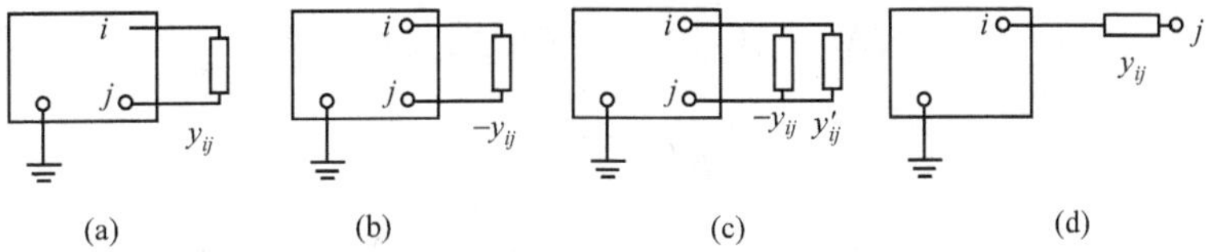


图 8-26 结点导纳阵的修改

(a)增加链支 (b)切除链支 (c)改变链支参数 (d)增加树支

(2) 在原有网络结点 $i$、$j$ 间切除一支路

如图 8-26(b)所示，切除一导纳为 $y_{ij}$ 的支路，相当于增加一导纳为 $-y_{ij}$ 的支路，这时需修改与结点 $i$、$j$ 有关的自导纳和互导纳元素：

$$\Delta Y_{ii}=-y_{ij}, \quad \Delta Y_{jj}=-y_{ij}, \quad \Delta Y_{ij}=\Delta Y_{ji}=y_{ij}$$

(3) 原有网络结点 $i$、$j$ 间的导纳 $y_{ij}$ 改变为 $y'_{ij}$

如图 8-26(c)所示，这一情况相当于切除一导纳为 $y_{ij}$ 的支路并增加一导纳为 $y'_{ij}$ 的支路，因而需修改与结点 $i$、$j$ 有关的自导纳和互导纳元素如下：

$$\Delta Y_{ii}=y'_{ij}-y_{ij}, \quad \Delta Y_{jj}=y'_{ij}-y_{ij}, \quad \Delta Y_{ij}=\Delta Y_{ji}=y_{ij}-y'_{ij}$$

(4) 从原有网络引出一支路，同时增加一结点

如图 8-26(d)所示，设 $i$ 为原有网络结点，$j$ 为新增结点，新增支路 $ij$ 的导纳为 $y_{ij}$。因新增一结点 $j$，新的结点导纳阵需增加一阶。且新增对角元 $Y_{jj}=y_{ij}$，新增非对角元 $Y_{ij}=Y_{ji}=-y_{ij}$，同时对原阵中的对角元 $Y_{ii}$ 进行修改，增加 $\Delta Y_{ii}=y_{ij}$。

(5) 原有网络结点 $i$、$j$ 间为变压器支路，其变比由 $K$ 变为 $K'$

如图 8-27 所示，当 $K$ 变为 $K'$ 时相当

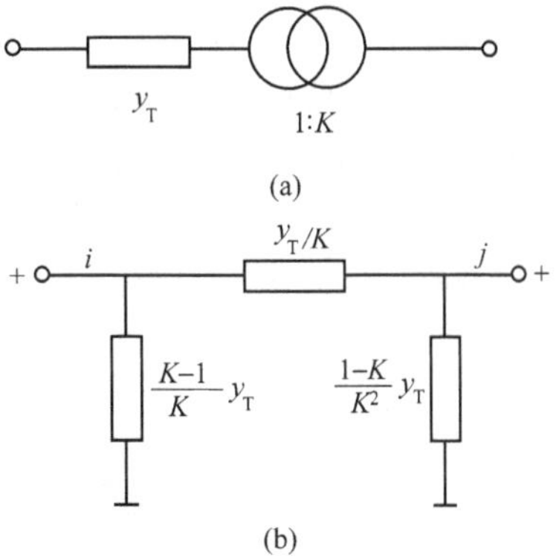


图 8-27 变压器等值电路

于切除一变比为 $K$ 的变压器，新增一变比为 $K'$ 的变压器。就图 8-27(b)这一 Π 形等值电路的局部而言：

$$Y_{ii}=\frac{y_T}{K}+\left(1-\frac{1}{K}\right)y_T=y_T$$

$$Y_{jj}=\frac{y_T}{K}+\left(\frac{1}{K^2}-\frac{1}{K}\right)y_T=\frac{y_T}{K^2}$$

$$Y_{ij}=Y_{ji}=-\frac{y_T}{K}$$

因而当变比由 $K$ 变为 $K'$ 后，导纳阵的相应元素需作如下变化：

$$\Delta Y_{ii}=0(\text{因 }Y_{ii}\text{ 与 }K\text{ 无关})$$

$$\Delta Y_{jj}=\left(\frac{1}{K'^2}-\frac{1}{K^2}\right)y_T$$

$$\Delta Y_{ij}=\Delta Y_{ji}=-\left(\frac{1}{K'}-\frac{1}{K}\right)y_T$$

**［例 8-5］**　五母线系统如图 8-28 所示。结点 2、4 之间和结点 3、5 之间分别经非标准变比的变压器相连接。图中所有串联支路参数均为阻抗标幺值，所有对地支路参数均为导纳标幺值。试形成该网络的结点导纳阵。

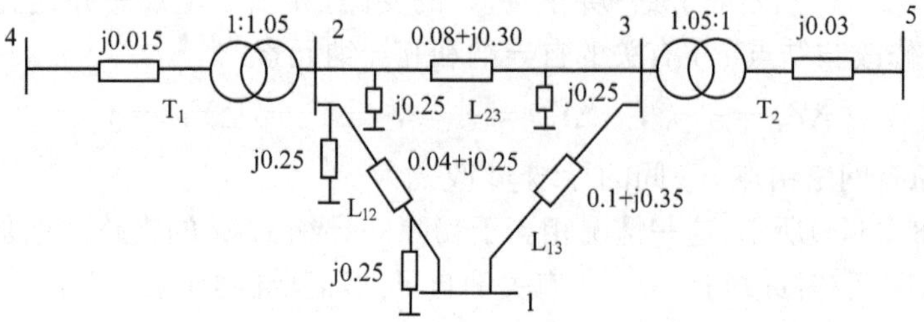


图 8-28　五母线系统

**解：**因结点总数为 5，故为五阶导纳阵。对线路阻抗值需换算成导纳值并对变压器支路求取以导纳值表示的 Π 形等值电路，然后即可形成该结点导纳阵的各元素。

现求取线路的串联支路导纳如下：

$$y_{23}=\frac{1}{0.08+j0.30}=0.830-j3.112$$

$$y_{13}=\frac{1}{0.1+j0.35}=0.755-j2.642$$

$$y_{12}=\frac{1}{0.04+j0.25}=0.624-j3.900$$

求取变压器 Π 形等值电路参数：

$$y_{42}=\frac{1}{1.05\times j0.015}=-j63.492$$

$$y_{40}=\left(1-\frac{1}{1.05}\right)\times\frac{1}{j0.015}=-j3.175$$

$$y_{20}=\frac{1-1.05}{1.05^2}\times\frac{1}{j0.015}=j3.023$$

$$y_{35}=\frac{1}{1.05\times j0.03}=-j31.746$$

$$y_{50}=\left(1-\frac{1}{1.05}\right)\times\frac{1}{j0.03}=-j1.587$$

$$y_{30}=\frac{1-1.05}{1.05^2}\times\frac{1}{j0.03}=j1.512$$

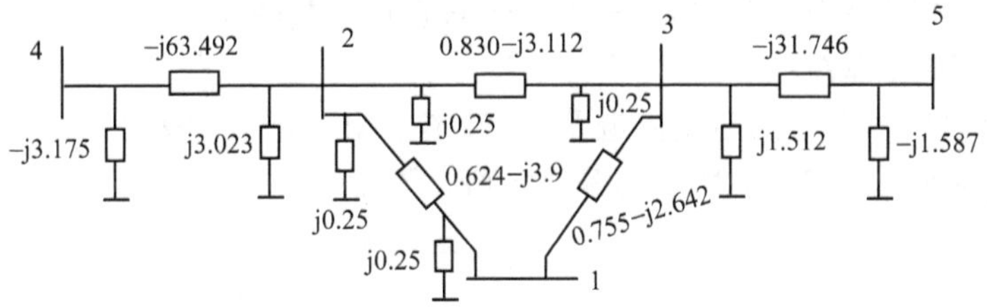


图 8-29　五母线系统等值电路

在上述计算基础上形成如图 8-29 所示的等值电路，图中参数均以导纳标幺值表示。由图 8-29 可以很方便地根据定义形成结点导纳阵的各元素

$$Y_{11}=j0.25+(0.624-j3.9)+(0.755-j2.642)=1.379-j6.292$$

$$Y_{22}=j0.25+j0.25+j3.023+(0.624-j3.9)+(0.83-j3.112)$$
$$-j63.492=1.454-j66.981$$

$$Y_{33}=j0.25+j1.512-j31.746+(0.830-j3.112)+(0.755-j2.642)$$
$$=1.585-j35.738$$

$$Y_{44}=-j3.175-j63.492=-j66.667$$

$$Y_{55}=-j1.587-j31.746=-j33.333$$

$$Y_{12}=Y_{21}=-0.624+j3.9$$

$$Y_{13}=Y_{31}=-0.755+j2.642$$

$$Y_{23}=Y_{32}=-0.830+j3.112$$

$$Y_{24}=Y_{42}=\mathrm{j}63.492$$

$$Y_{35}=Y_{53}=\mathrm{j}31.746$$

故有

$$[Y]=\begin{bmatrix} 1.379-\mathrm{j}6.292 & -0.624+\mathrm{j}3.9 & -0.755+\mathrm{j}2.642 & 0 & 0 \\ -0.624+\mathrm{j}3.9 & 1.454-\mathrm{j}66.981 & 0.830+\mathrm{j}3.112 & \mathrm{j}63.492 & 0 \\ -0.755+\mathrm{j}2.642 & 0.830+\mathrm{j}3.112 & 1.585-\mathrm{j}35.738 & 0 & \mathrm{j}31.746 \\ 0 & \mathrm{j}63.492 & 0 & -\mathrm{j}66.667 & 0 \\ 0 & 0 & \mathrm{j}31.746 & 0 & -\mathrm{j}33.333 \end{bmatrix}$$

## 三、功率方程和变量与结点的分类

当以结点注入功率代替结点注入电流时，电力网络的结点方程就成为功率方程。它是电力系统潮流分析的常用数学模型。功率方程有极坐标与直角坐标之分，先从两端供电系统（两母线系统）入手，再讨论 $n$ 母线系统。

1. 两端供电系统

如图 8-30(a)所示的两端供电系统，按本节第一部分中关于计算机解法的约定，则可形成如图 8-30(b)所示的等值电路。该图中，

$$\dot{S}_1=(P_{G1}-\mathrm{j}P_{D1})+\mathrm{j}(Q_{G1}-Q_{D1})$$

$$\dot{S}_2=(P_{G2}-\mathrm{j}P_{D2})+\mathrm{j}(Q_{G2}-Q_{D2})$$

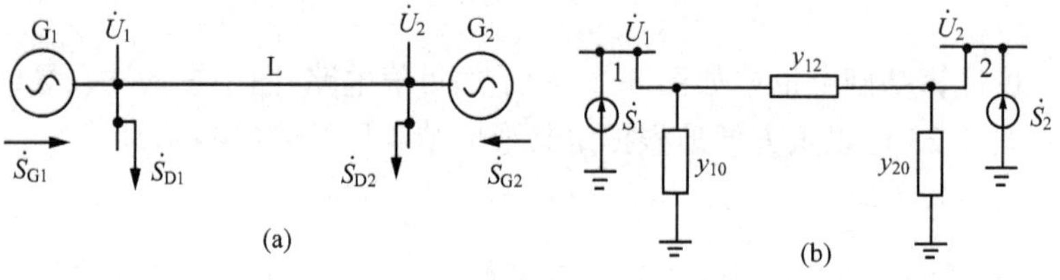


图 8-30　两端供电系统

(a)系统图　(b)等值电路图

于是可形成结点电压方程如下：

$$\left.\begin{aligned}\left(\frac{\dot{S}_1}{\dot{U}_1}\right)^*&=Y_{11}\dot{U}_1+Y_{12}\dot{U}_2\\ \left(\frac{\dot{S}_2}{\dot{U}_2}\right)^*&=Y_{21}\dot{U}_1+Y_{22}\dot{U}_2\end{aligned}\right\}\tag{8-54}$$

式中

$$Y_{11}=Y_{22}=y_{10}+y_{12}=y_{20}+y_{21}=y_s e^{-j(90°-\alpha_s)}$$
$$Y_{12}=Y_{21}=-y_{12}=-y_{21}=-y_m e^{-j(90°-\alpha_m)}$$

将它们代入式(8-54)，且将实部、虚部分开，并已知 $\dot{U}_1=U_1e^{j\delta_1}$ 和 $\dot{U}_2=U_2e^{j\delta_2}$，则有

$$\left.\begin{aligned}f_1&=P_{G1}-P_{D1}-y_sU_1^2\sin\alpha_s-y_mU_1U_2\sin[(\delta_1-\delta_2)-\alpha_m]=0\\f_2&=P_{G2}-P_{D2}-y_sU_2^2\sin\alpha_s-y_mU_1U_2\sin[(\delta_2-\delta_1)-\alpha_m]=0\\f_3&=Q_{G1}-Q_{D1}-y_sU_1^2\cos\alpha_s+y_mU_1U_2\cos[(\delta_1-\delta_2)-\alpha_m]=0\\f_4&=Q_{G2}-Q_{D2}-y_sU_2^2\cos\alpha_s+y_mU_1U_2\cos[(\delta_2-\delta_1)-\alpha_m]=0\end{aligned}\right\}\tag{8-55}$$

此即为图 8-30(a)的两端供电系统的功率方程，是以极坐标形式表示的。由式(8-55)可见：

①功率方程反映了结点注入功率与结点电压间的关系。该方程是各结点电压相量的非线性函数，一般需用迭代法求解。

②功率方程中结点电压的相位角是以相对角的形式出现的，必须确定某一个电压相量为参考相量。

③功率方程中除网络参数 $y_s$、$y_m$、$\alpha_s$、$\alpha_m$ 为常数外，其余均为变量。每个结点有 6 个变量($P_G,Q_G,P_D,Q_D,U,\delta$)，两结点系统共有 12 个变量，但只有 4 个实数方程。因而必须根据运行条件给定其中 8 个变量，即每个结点给定 4 个变量方能有解。虽然非线性方程组具有解的多值性，但只有一个解是稳定解。

④将式(8-55)的前两式与后两式分别相加得到全网有功功率和无功功率的平衡方程，因而该系统的有功功率损耗与无功功率损耗分别为

$$\Delta P=y_s(U_1^2+U_2^2)\sin\alpha_s-2y_mU_1U_2\sin\alpha_m\cos(\delta_1-\delta_2)$$
$$\Delta Q=y_s(U_1^2+U_2^2)\cos\alpha_s-2y_mU_1U_2\cos\alpha_m\cos(\delta_1-\delta_2)$$

它们也都是结点电压相量的非线性函数。

2. $n$ 母线系统

$n$ 母线功率方程是这类方程的一般形式。由式(8-51)，并用结点注入功率代替结点电流后可得

$$\frac{P_i-jQ_i}{\overset{*}{\dot{U}}_i}=\sum_{j=1}^{n}Y_{ij}\dot{U}_j,\quad i=1,2,\cdots,n\tag{8-56a}$$

式中，$P_i$、$Q_i$ 分别为结点 $i$ 的注入有功功率和注入无功功率，因而有

$$P_i-jQ_i=\overset{*}{\dot{U}}_i\sum_{j=1}^{n}Y_{ij}\dot{U}_j,\quad i=1,2,\cdots,n\tag{8-56b}$$

使 $\dot{U}_i=U_ie^{j\delta_i}$，$Y_{ij}=G_{ij}+jB_{ij}$，则有

$$P_i-jQ_i=U_ie^{-j\delta_i}\sum_{j=1}^{n}(G_{ij}+jB_{ij})U_je^{j\delta_j}=U_i\sum_{j=1}^{n}(G_{ij}+jB_{ij})U_je^{-j(\delta_i-\delta_j)}$$

$$i=1,2,\cdots,n \tag{8-56c}$$

由于
$$e^{-j(\delta_i-\delta_j)}=\cos(\delta_i-\delta_j)-j\sin(\delta_i-\delta_j)$$
故有

$$\begin{aligned}P_i-jQ_i=&U_i\sum_{j=1}^{n}U_j\{G_{ij}\cos(\delta_i-\delta_j)+B_{ij}\sin(\delta_i-\delta_j)\\&+j[B_{ij}\cos(\delta_i-\delta_j)-G_{ij}\sin(\delta_i-\delta_j)]\}\\&i=1,2,\cdots,n\end{aligned} \tag{8-56d}$$

将上式的实部、虚部分开，则有

$$\left.\begin{aligned}P_i&=U_i\sum_{j=1}^{n}U_j[G_{ij}\cos(\delta_i-\delta_j)+B_{ij}\sin(\delta_i-\delta_j)]\\Q_i&=-U_i\sum_{j=1}^{n}U_j[B_{ij}\cos(\delta_i-\delta_j)-G_{ij}\sin(\delta_i-\delta_j)]\end{aligned}\right\} \tag{8-56e}$$

$$i=1,2,\cdots,n$$

对节点 $i$

$$P_i=P_{Gi}-P_{Di},\quad Q_i=Q_{Gi}-Q_{Di}$$

因而有

$$\left.\begin{aligned}f_1&=P_{G1}-P_{D1}-U_1\sum_{j=1}^{n}U_j[G_{1j}\cos(\delta_1-\delta_j)+B_{1j}\sin(\delta_1-\delta_j)]=0\\&\vdots\\f_n&=P_{Gn}-P_{Dn}-U_n\sum_{j=1}^{n}U_j[G_{nj}\cos(\delta_n-\delta_j)+B_{nj}\sin(\delta_n-\delta_j)]=0\\f_{n+1}&=Q_{G1}-Q_{D1}+U_1\sum_{j=1}^{n}U_j[B_{1j}\cos(\delta_1-\delta_j)-G_{1j}\sin(\delta_1-\delta_j)]=0\\&\vdots\\f_{2n+1}&=Q_{Gn}-Q_{Dn}+U_n\sum_{j=1}^{n}U_j[B_{nj}\cos(\delta_n-\delta_j)-G_{nj}\sin(\delta_n-\delta_j)]=0\end{aligned}\right\}$$

(8-57)

式(8-57)即为 $n$ 母线系统的极坐标功率方程。如前所述，一个结点有 6 个变量，那么 $n$ 个结点就有 $6n$ 个变量，式(8-57)只有 $2n$ 个方程，因而必须给定 $4n$ 个变量，方能有解。

按照控制理论的概念，结点电压相量 $U_i$、$\delta_i$ 称为状态变量，负荷功率 $P_{Di}$、$Q_{Di}$ 称为扰动变量(不可控变量)，电源发出的功率 $P_{Gi}$、$Q_{Gi}$ 称为控制变量。似乎进行这样的分类后，即可求解状态变量，其实不然，这是由于这样分类并不完全符合电力系统的实际状况。如前所述，在功率方程中出现结点电压相位角的相对值，从而解不出绝对相位角；又如式(8-55)，系统中的功率损耗是状态变量的函数，在状态变量解出以前，无从确定功率损耗。为解决上述问题，须对变量的给定作如下调整：

在 $n$ 结点系统中，只给定 $n-1$ 对即 $2n-2$ 个控制变量，余下一对控制变量 $P_{\mathrm{Gs}}$、$Q_{\mathrm{Gs}}$ 并不是给定的，而是由全系统的电源功率、负荷功率和损耗功率保持平衡的条件确定的。此外，只要求待定 $n-1$ 对状态变量，余下一对状态变量 $U_{\mathrm{s}}$、$\delta_{\mathrm{s}}$ 是给定的，即参考电压相量 $U_{\mathrm{s}}$、$\delta_{\mathrm{s}}$。通常使 $U_{\mathrm{s}}$ 的标幺值取为 1.0 左右，以使求解后结点电压的水平在额定值附近，而 $\delta_{\mathrm{s}}$ 则赋以零值。这样原则上已可以从 $2n$ 个方程中解出 $2n$ 个状态变量，但潮流计算还应满足正常运行条件下的实际约束：

(1) 发电机出力变动范围约束

$$P_{\mathrm{G}i,\min} < P_{\mathrm{G}i} < P_{\mathrm{G}i,\max}$$

$$Q_{\mathrm{G}i,\min} < Q_{\mathrm{G}i} < Q_{\mathrm{G}i,\max}$$

这些 $P_{\mathrm{G}i,\min}$、$P_{\mathrm{G}i,\max}$、$Q_{\mathrm{G}i,\min}$、$Q_{\mathrm{G}i,\max}$ 的确定在第五章第一节中关于发电机组的运行限额部分已阐述过。

(2)结点电压相量变动范围约束

$$U_{i,\min} < U_i < U_{i,\max}$$

$$|\delta_i - \delta_j| < |\delta_i - \delta_j|_{\max}$$

这些 $U_{i,\min}$、$U_{i,\max}$ 由电能质量所决定，参见表 1-2。有关结点电压相角相对最大值是由保证系统运行稳定性所确定的，见第十四、十七章。

运用结点功率以后，在功率方程中每个结点有 4 个变量，即 $P_i$，$Q_i$，$U_i$ 及 $\delta_i$，那么 $n$ 结点系统就有 $4n$ 个变量，因为只有 $2n$ 个方程，必须给定 $2n$ 个变量，方能求解。根据电力系统的实际运行条件，必须事先给定这 $2n$ 个变量。这样，系统中的结点就因给定变量的不同而分为下述三类：

第一类称为 $PQ$ 结点。对于这类结点，结点注入功率是给定的。待求量是结点的电压 $U_i$ 及相位角 $\delta_i$，属于这类结点的是定载发电厂的母线和一般变电所的母线。

第二类称为 $PU$ 结点。对于这类结点，结点注入功率 $P_i$ 及结点电压 $U_i$ 是给定的，待求量是结点注入功率 $Q_i$ 及结点电压相角 $\delta_i$。属于这类结点的是有无功电源储备的发电厂母线和有无功补偿电源的变电所二次母线。

第三类是 $U\delta$ 结点，亦称平衡结点。一般全系统只设一个平衡结点。对于这一结点，结点电压 $U_{\mathrm{s}}$ 及其相位 $\delta_{\mathrm{s}}$ 是给定的。通常取 $U_{\mathrm{s}}=1.0$(标幺值)，$\delta_{\mathrm{s}}=0°$。待求量是结点注入功率 $P_{\mathrm{s}}$ 及 $Q_{\mathrm{s}}$。通常该结点的负荷功率 $P_{\mathrm{Ls}}$、$Q_{\mathrm{Ls}}$ 是给定的，因而电源功率 $P_{\mathrm{Gs}}$、$Q_{\mathrm{Gs}}$ 是待定的，属于这一结点的是调频发电厂的母线。

应该指出上述分类方法是一种典型分类方法，但也并非一成不变。应按照工程问题的物理本质来处理结点分类问题，如新近潮流计算中将平衡结点处理成分布式的，也就是将功率损耗按一定比例分配到各发电厂的母线，这样处理将更趋合理。

## 四、非线性代数方程组的迭代计算方法

非线性代数方程组的迭代解法有雅可比法、高斯-赛德尔法、加速系数法及牛顿-拉弗森法（简称 NR 法）等。其中以 NR 法更为有效，使用更为普遍。它是一种逐次线性化的迭代求解过程。本节先从一维非线性方程的 NR 法求解入手，再讨论 $n$ 维系统的求解过程。

1. 一维非线性方程

设非线性方程

$$f(x)=0 \tag{8-58}$$

求解 $x$。

设 $x$ 的真值为 $x^*$。先在 $x^*$ 的附近选一初值 $x^{(0)}$，则 $x^{(0)}$ 与真值 $x^*$ 的偏差为

$$\Delta x^{(0)}=x^{(0)}-x^*\text{①}$$

称为对初值 $x^{(0)}$ 的修正量。若能找到 $\Delta x^{(0)}$，则

$$x^*=x^{(0)}-\Delta x^{(0)} \tag{8-59}$$

这样就把求 $x^*$ 的问题转化为求 $\Delta x^{(0)}$ 的问题。于是可将式(8-59)代入式(8-58)得

$$f(x^{(0)}-\Delta x^{(0)})=0 \tag{8-60}$$

围绕 $x^{(0)}$ 将上式展成泰勒级数

$$\begin{aligned} f(x^{(0)}-\Delta x^{(0)}) &= f(x^{(0)})-f'(x^{(0)})\Delta x^{(0)}+f''(x^{(0)})\frac{[\Delta x^{(0)}]^2}{2!}-\cdots \\ &\quad +(-1)^n f^n(x^{(0)})\frac{[\Delta x^{(0)}]^n}{n!}+\cdots=0 \end{aligned} \tag{8-61}$$

式中，$f'(x^{(0)}),f''(x^{(0)}),\cdots,f^n(x^{(0)})$分别为函数 $f(x)$在 $x^{(0)}$ 的各阶导数值。

因为 $\Delta x^{(0)}$很小，可略去上式中的高阶项，因而有下列近似式：

$$f(x^{(0)})-f'(x^{(0)})\Delta x^{(0)}=0 \tag{8-62}$$

这是一个对于 $x^{(0)}$ 的修正量 $\Delta x^{(0)}$ 而言的线性方程式，称为修正方程式。由式(8-62)可解得

$$\Delta x^{(0)}=\frac{f(x^{(0)})}{f'(x^{(0)})} \tag{8-63a}$$

---

① 当然也可以是 $\Delta x^{(0)}=x^*-x^{(0)}$。本书取常用表示方法。

由于式(8-63a)是一近似式，所以 $\Delta x^{(0)}$ 并非 $x^{(0)}$ 对 $x^*$ 的精确修正量，而只能得到向 $x^*$ 逼近了一步的 $x^{(1)}$，即

$$x^{(1)} = x^{(0)} - \Delta x^{(0)} \tag{8-63b}$$

将上式代入式(8-58)得到

$$f(x^{(1)}) - f'(x^{(1)})\Delta x^{(1)} = 0$$

于是有

$$\Delta x^{(1)} = \frac{f(x^{(1)})}{f'(x^{(1)})}$$

$$x^{(2)} = x^{(1)} - \Delta x^{(1)}$$

如此继续下去，则可得到充分逼近 $x^*$ 的解。

$$f(x^{(v)}) - f'(x^{(v)})\Delta x^{(v)} = 0 \tag{8-64a}$$

于是有

$$\Delta x^{(v)} = \frac{f(x^{(v)})}{f'(x^{(v)})} \tag{8-64b}$$

$$x^{(v+1)} = x^{(v)} - \Delta x^{(v)} \tag{8-65}$$

这里 $x^{(v+1)}$ 认为是已逼近真值 $x^*$ 的最终近似解。其收敛条件是

$$|f'(x^{(v)}) \cdot \Delta x^{(v)}| < \varepsilon_1 \tag{8-66a}$$

或

$$|\Delta x^{(v)}| < \varepsilon_2 \tag{8-66b}$$

式中，$\varepsilon_1$、$\varepsilon_2$ 是预先设定的小正数。

上述逐次线性化的过程其几何解释可表示为图 8-31(a)。由该图可见，$f(x)$ 的解是曲线 $y=f(x)$ 与 $x$ 轴($y=0$)的交点。迭代过程就是不断地以切线(式(8-64b))代替曲线 $y=f(x)$ 的过程。因而 NR 法可称为切线法。其求解过程可表示为

$$x^{(v)} \to f(x^{(v)}) \to f'(x^{(v)}) \to x^{(v+1)}$$

这里 $f'(x^{(v)})=\dfrac{f(x^{(v)})}{\Delta x^{(v)}}=\tan\alpha^{(v)}$。

理论上 $x$ 的真值 $x^*=x^{(\infty)}$，实际上可以根据判别式(8-66)迭代到满足不等式条件时为止。此外由图 8-31(b)可见，若初值 $x^{(0)}$ 选择不当，有可能不收敛。

2. $n$ 维非线性方程组

现将一维非线性方程的 NR 解法推广到 $n$ 维多变量非线性方程组的情况。

设非线性方程组

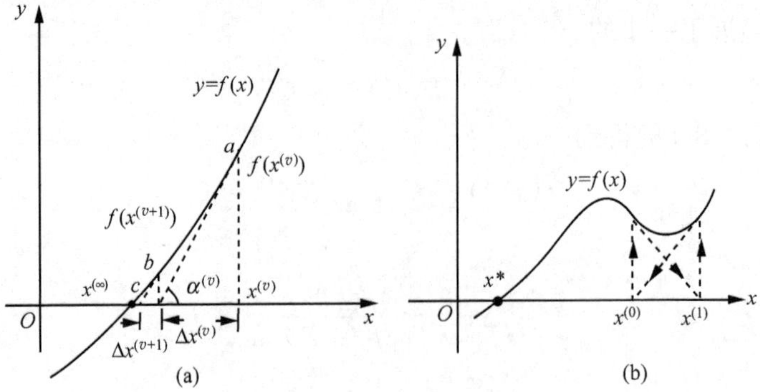


图 8-31　NR 法的几何解释

(a)收敛　(b)不收敛

$$\left.\begin{aligned}f_1(x_1,x_2,\cdots,x_n)&=0\\f_2(x_1,x_2,\cdots,x_n)&=0\\&\vdots\\f_n(x_1,x_2,\cdots,x_n)&=0\end{aligned}\right\}\tag{8-67}$$

求解 $x_i(i=1,2,\cdots,n)$。

设 $x_i(i=1,2,\cdots,n)$ 的真值为 $x_i^*(i=1,2,\cdots,n)$。现在选初值 $x_i^{(0)}(i=1,2,\cdots,n)$。初值与真值的偏差为

$$\Delta x_i^{(0)}=x_i^{(0)}-x_i^*,\qquad i=1,2,\cdots,n$$

若能找到该偏差，则有

$$x_i^*=x_i^{(0)}-\Delta x_i^{(0)},\qquad i=1,2,\cdots,n$$

将上式代入式(8-67)得到

$$\left.\begin{aligned}f_1(x_1^{(0)}-\Delta x_1^{(0)},x_2^{(0)}-\Delta x_2^{(0)},\cdots,x_n^{(0)}-\Delta x_n^{(0)})&=0\\f_2(x_1^{(0)}-\Delta x_1^{(0)},x_2^{(0)}-\Delta x_2^{(0)},\cdots,x_n^{(0)}-\Delta x_n^{(0)})&=0\\&\vdots\\f_n(x_1^{(0)}-\Delta x_1^{(0)},x_2^{(0)}-\Delta x_2^{(0)},\cdots,x_n^{(0)}-\Delta x_n^{(0)})&=0\end{aligned}\right\}\tag{8-68}$$

在 $x_i^{(0)}(i=1,2,\cdots,n)$ 处将上式展成泰勒级数并略去二阶以上项，则有

$$\left.\begin{aligned}
&f_1(x_1^{(0)},x_2^{(0)},\cdots,x_n^{(0)})-\left[\frac{\partial f_1}{\partial x_1}\bigg|_0\Delta x_1^{(0)}+\frac{\partial f_1}{\partial x_2}\bigg|_0\Delta x_2^{(0)}+\cdots+\frac{\partial f_1}{\partial x_n}\bigg|_0\Delta x_n^{(0)}\right]=0\\
&f_2(x_1^{(0)},x_2^{(0)},\cdots,x_n^{(0)})-\left[\frac{\partial f_2}{\partial x_1}\bigg|_0\Delta x_1^{(0)}+\frac{\partial f_2}{\partial x_2}\bigg|_0\Delta x_2^{(0)}+\cdots+\frac{\partial f_2}{\partial x_n}\bigg|_0\Delta x_n^{(0)}\right]=0\\
&\vdots\\
&f_n(x_1^{(0)},x_2^{(0)},\cdots,x_n^{(0)})-\left[\frac{\partial f_n}{\partial x_1}\bigg|_0\Delta x_1^{(0)}+\frac{\partial f_n}{\partial x_2}\bigg|_0\Delta x_2^{(0)}+\cdots+\frac{\partial f_n}{\partial x_n}\bigg|_0\Delta x_n^{(0)}\right]=0
\end{aligned}\right\}$$

将上式整理后即成为如下的矩阵方程：

$$\begin{bmatrix} f_1(x_1^{(0)},x_2^{(0)},\cdots,x_n^{(0)})\\ f_2(x_1^{(0)},x_2^{(0)},\cdots,x_n^{(0)})\\ \vdots\\ f_n(x_1^{(0)},x_2^{(0)},\cdots,x_n^{(0)})\end{bmatrix}=\begin{bmatrix}\frac{\partial f_1}{\partial x_1} & \frac{\partial f_1}{\partial x_2} & \cdots & \frac{\partial f_1}{\partial x_n}\\ \frac{\partial f_2}{\partial x_1} & \frac{\partial f_2}{\partial x_2} & \cdots & \frac{\partial f_2}{\partial x_n}\\ \vdots & \vdots & & \vdots\\ \frac{\partial f_n}{\partial x_1} & \frac{\partial f_n}{\partial x_2} & \cdots & \frac{\partial f_n}{\partial x_n}\end{bmatrix}_0\begin{bmatrix}\Delta x_1^{(0)}\\ \Delta x_2^{(0)}\\ \vdots\\ \Delta x_n^{(0)}\end{bmatrix} \tag{8-69}$$

对上式可解出 $\Delta x_i^{(0)}(i=1,2,\cdots,n)$。则有

$$\left.\begin{aligned}
x_1^{(1)}&=x_1^{(0)}-\Delta x_1^{(0)}\\
x_2^{(1)}&=x_2^{(0)}-\Delta x_2^{(0)}\\
&\vdots\\
x_n^{(1)}&=x_n^{(0)}-\Delta x_n^{(0)}
\end{aligned}\right\}$$

对第 $v$ 次线性化后可得

$$\begin{bmatrix} f_1(x_1^{(v)},x_2^{(v)},\cdots,x_n^{(v)})\\ f_2(x_1^{(v)},x_2^{(v)},\cdots,x_n^{(v)})\\ \vdots\\ f_n(x_1^{(v)},x_2^{(v)},\cdots,x_n^{(v)})\end{bmatrix}=\begin{bmatrix}\frac{\partial f_1}{\partial x_1} & \frac{\partial f_1}{\partial x_2} & \cdots & \frac{\partial f_1}{\partial x_n}\\ \frac{\partial f_2}{\partial x_1} & \frac{\partial f_2}{\partial x_2} & \cdots & \frac{\partial f_2}{\partial x_n}\\ \vdots & \vdots & & \vdots\\ \frac{\partial f_n}{\partial x_1} & \frac{\partial f_n}{\partial x_2} & \cdots & \frac{\partial f_n}{\partial x_n}\end{bmatrix}_v\begin{bmatrix}\Delta x_1^{(v)}\\ \Delta x_2^{(v)}\\ \vdots\\ \Delta x_n^{(v)}\end{bmatrix} \tag{8-70a}$$

解上述矩阵方程可得

$$\Delta x_i^{(v)},\quad i=1,2,\cdots,n \tag{8-70b}$$

于是得到第 $v$ 次线性化后的近似解

$$\left.\begin{aligned} x_1^{(v+1)} &= x_1^{(v)} - \Delta x_1^{(v)} \\ x_2^{(v+1)} &= x_2^{(v)} - \Delta x_2^{(v)} \\ &\vdots \\ x_n^{(v+1)} &= x_n^{(v)} - \Delta x_n^{(v)} \end{aligned}\right\} \tag{8-71}$$

将式(8-70)～(8-71)写成紧凑形式如下：

$$\boldsymbol{F}(\boldsymbol{x}^{(v)}) = \boldsymbol{J}^{(v)}\Delta\boldsymbol{x}^{(v)}$$

$$\Delta\boldsymbol{x}^{(v)} = [\boldsymbol{J}^{(v)}]^{-1}\boldsymbol{F}(\boldsymbol{x}^{(v)})$$

$$\boldsymbol{x}^{(v+1)} = \boldsymbol{x}^{(v)} - \Delta\boldsymbol{x}^{(v)}$$

式中，$\boldsymbol{J}$ 为向量函数 $\boldsymbol{F}(\boldsymbol{x})$ 对变量 $\boldsymbol{x}$ 的一阶偏导数矩阵，称为雅可比矩阵。上述三式即为一般迭代式。迭代收敛条件可表示为

$$\max|\Delta\boldsymbol{x}^{(v)}| < \varepsilon_1$$

或

$$\max|\boldsymbol{F}(\boldsymbol{x}^{(v)})| < \varepsilon_2$$

上述判别式分别表示向量 $\Delta\boldsymbol{x}^{(v)}$ 和 $\Delta\boldsymbol{F}(\boldsymbol{x}^{(v)})$ 各分量的绝对值的最大值小于设定的小正数。

**［例 8-6］** 用 NR 法求解下述非线性方程组：

$$\left.\begin{aligned} f_1(x_1, x_2) &= 2x_1 + x_1x_2 - 1 = 0 \\ f_2(x_1, x_2) &= 2x_2 - x_1x_2 + 1 = 0 \end{aligned}\right\}$$

给定初值作一次迭代计算。

**解：**取初值 $x_1^{(0)} = x_2^{(0)} = 0$。

迭代 1：

$$\boldsymbol{J} = \begin{bmatrix} 2 + x_2 & x_1 \\ -x_2 & 2 - x_1 \end{bmatrix}$$

$$\boldsymbol{J}_0 = \begin{bmatrix} 2 & 0 \\ 0 & 2 \end{bmatrix}, \quad \boldsymbol{J}_0^{-1} = \begin{bmatrix} 0.5 & 0 \\ 0 & 0.5 \end{bmatrix}$$

$$\boldsymbol{F}(\boldsymbol{x}^{(0)}) = [-1 \quad 1]^{\mathrm{T}}$$

$$\Delta\boldsymbol{x}^{(0)} = \boldsymbol{J}_0^{-1}\boldsymbol{F}(\boldsymbol{x}^{(0)}) = \begin{bmatrix} 0.5 & 0 \\ 0 & 0.5 \end{bmatrix}\begin{bmatrix} -1 \\ 1 \end{bmatrix} = \begin{bmatrix} -0.5 \\ 0.5 \end{bmatrix}$$

$$\boldsymbol{x}^{(1)} = \boldsymbol{x}^{(0)} - \Delta\boldsymbol{x}^{(0)} = \begin{bmatrix} 0 \\ 0 \end{bmatrix} - \begin{bmatrix} -0.5 \\ 0.5 \end{bmatrix} = \begin{bmatrix} 0.5 \\ -0.5 \end{bmatrix}$$

迭代结果如下：

| $k$ | $x_1^{(k)}$ | $x_2^{(k)}$ |
|---|---|---|
| 0 | 0 | 0 |
| 1 | 0.5 | −0.5 |
| 2 | 0.75 | −0.75 |
| 3 | 0.875 | −0.875 |

［**例 8-7**］　用 NR 法求解如图 8-32 的系统潮流问题。

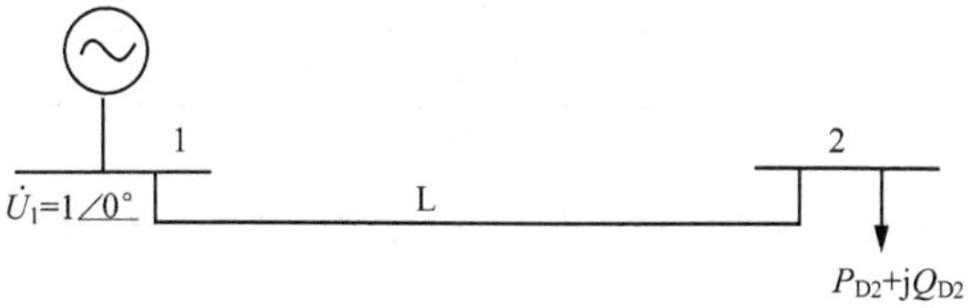


图 8-32　两结点网络

已知线路数据

$$Y_{12}=-j10,\quad Y_{10}=0,\quad Y_{20}=0$$

及结点数据

$$\dot U_1=1\angle 0^\circ,\quad P_{D2}=2.0,\quad Q_{D2}=0.3$$

**解：**两个未知状态变量是 $\delta_2$ 及 $U_2$。相应的方程是

$$\left.\begin{aligned}P_2&=-P_{D2}=-2.0=10U_2\sin\delta_2\\Q_2&=-Q_{D2}=-0.3=10U_2^2-10U_2\cos\delta_2\end{aligned}\right\}$$

因而功率误差方程为

$$\left.\begin{aligned}\Delta P&=2.0+10U_2\sin\delta_2\\\Delta Q&=0.3+10U_2^2-10U_2\cos\delta_2\end{aligned}\right\}$$

$$\boldsymbol{J}=\begin{bmatrix}\dfrac{\partial\Delta P}{\partial\delta_2}&\dfrac{\partial\Delta P}{\partial U_2}\\\dfrac{\partial\Delta Q}{\partial\delta_2}&\dfrac{\partial\Delta Q}{\partial U_2}\end{bmatrix}=\begin{bmatrix}10U_2\cos\delta_2&10\sin\delta_2\\10U_2\sin\delta_2&20U_2-10\cos\delta_2\end{bmatrix}$$

取初值 $\delta_2^{(0)}=0, U_2^{(0)}=1$。

迭代 1：

$$\Delta P^{(0)}=2,\quad \Delta Q^{(0)}=0.3$$

$$\boldsymbol{J}_0=\begin{bmatrix}10&0\\0&10\end{bmatrix},\quad \boldsymbol{J}_0^{-1}=\begin{bmatrix}0.1&0\\0&0.1\end{bmatrix}$$

$$\begin{bmatrix}\delta_2^{(1)}\\U_2^{(1)}\end{bmatrix}=\begin{bmatrix}0\\1\end{bmatrix}-\begin{bmatrix}0.1&0\\0&0.1\end{bmatrix}\begin{bmatrix}2\\0.3\end{bmatrix}=\begin{bmatrix}-0.2\\0.97\end{bmatrix}$$

迭代结果如下：

| $k$ | $\delta_2^{(k)}$ | $U_2^{(k)}$ |
|---|---|---|
| 0 | 0 | 1 |
| 1 | −0.2 | 0.97 |
| 2 | −0.2126 | 0.9464 |
| 3 | −0.2129 | 0.9458 |

可见，迭代 3 次，可满足 $\max|\Delta \boldsymbol{x}|<10^{-3}$。由结点 1 供给线路的功率为

$$\begin{aligned}\dot{S}_1&=P_1+\mathrm{j}Q_1=\dot{U}_1\dot{Y}_{12}^*(\dot{U}_1-\dot{U}_2)^*\\&=1\times\mathrm{j}10\left[1-0.9458\angle 0.2129\times\frac{180^\circ}{3.14}\right]\\&=2.0+\mathrm{j}0.76\end{aligned}$$

## 五、牛顿-拉弗森法潮流计算(极坐标)

应用牛顿-拉弗森法于 $n$ 结点的潮流计算时，需要根据各类结点的给定量列出功率方程、相应的修正方程和求出 Jacobian 矩阵的各个元素并注意到变量的约束条件。

1. 极坐标下的功率方程

由结点电压方程(8-51)可得

$$P_i+\mathrm{j}Q_i=\dot{U}_i\dot{I}_i^*=\dot{U}_i\sum_{j=1}^{n}Y_{ij}^*\dot{U}_j^*,\quad i=1,2,\cdots,n \tag{8-72}$$

式中，$P_i$、$Q_i$ 分别为结点 $i$ 的注入有功功率和注入无功功率。

令

$$Y_{ij}=G_{ij}+\mathrm{j}B_{ij}$$

$$\dot{U}_i=U_i\mathrm{e}^{\mathrm{j}\delta_i}=U_i(\cos\delta_i+\mathrm{j}\sin\delta_i)$$

并代入式(8-72)，则有

$$P_i+\mathrm{j}Q_i-U_i\mathrm{e}^{\mathrm{j}\delta_i}\sum_{j=1}^{n}(G_{ij}-\mathrm{j}B_{ij})U_j\mathrm{e}^{-\mathrm{j}\delta_j}=0$$

$$i=1,2,\cdots,n$$

将上式的实部和虚部分开，则有

$$\left.\begin{aligned}\Delta P_i &= P_i - U_i\sum_{j=1}^{n}U_j(G_{ij}\cos\delta_{ij}+B_{ij}\sin\delta_{ij})=0\\ \Delta Q_i &= Q_i - U_i\sum_{j=1}^{n}U_j(G_{ij}\sin\delta_{ij}-B_{ij}\cos\delta_{ij})=0\end{aligned}\right\}\tag{8-73}$$

$$i=1,2,\cdots,n$$

式中，$\delta_{ij}=\delta_i-\delta_j$。

式(8-73)即为 $n$ 结点系统在极坐标下的功率方程，它是结点电压的非线性函数。这里 $\Delta P_i$、$\Delta Q_i$ 是函数名，在物理上表示功率误差。该式为迭代式，也就是迭代求解各结点电压 $U_i$、$\delta_i$，使 $\Delta P_i\to 0$ 及 $\Delta Q_i\to 0$。

2. 结点分类后的功率方程

在含有 $n$ 个结点的系统中，设 $PQ$ 结点有 $m$ 个，平衡结点有 1 个，$PU$ 结点则有$n-(m+1)$个。由于各结点已知量不同，则相应的结点方程也有所不同。

对于 $PQ$ 结点，$P_i$ 及 $Q_i$ 是给定的，记为 $P_{iF}$ 及 $Q_{iF}$，代入式(8-73)，则有

$$\left.\begin{aligned}\Delta P_i &= P_{iF} - U_i\sum_{j=1}^{n}U_j(G_{ij}\cos\delta_{ij}+B_{ij}\sin\delta_{ij})\\ \Delta Q_i &= Q_{iF} - U_i\sum_{j=1}^{n}U_j(G_{ij}\sin\delta_{ij}-B_{ij}\cos\delta_{ij})\end{aligned}\right\}\tag{8-74}$$

$$i=1,2,\cdots,m$$

上式表明在 $n$ 结点系统中，有 $m$ 个 $PQ$ 结点，因而有 $2m$ 个方程。

对于 $PU$ 结点，采用极坐标时较采用直角坐标时少了 $n-(m+1)$个电压大小不平衡量方程，待求的只有电压相位角 $\delta_i$ 和注入无功功率 $Q_i$；而采用直角坐标时，待求的有电压的实部分量 $e_i$、虚部分量 $f_i$ 和注入无功功率 $Q_i$。前者的未知数既少了 $n-(m+1)$个，方程数也应少 $n-(m+1)$个。此时 $P_i$ 及 $U_i$ 是给定的，记为 $P_{iF}$ 及 $U_{iF}$，代入式(8-73)，则有

$$\Delta P_i = P_{iF} - U_{iF}\sum_{j=1}^{n}U_j(G_{ij}\cos\delta_{ij}+B_{ij}\sin\delta_{ij})\tag{8-75}$$

$$i=m+1,m+2,\cdots,n-1$$

上式表明在 $n$ 结点系统中有 $n-(m+1)$个 $PU$ 结点，从而有 $n-(m+1)$个误差方程。

对于平衡结点，设为第 $n$ 个结点。$U_n$、$\delta_n$ 是给定的，记为 $U_S$、$\delta_S$，不需参加迭代计算。待全网迭代计算完毕得出待求各结点电压后，可求出平衡结点供给的功率。

$$P_n+\mathrm{j}Q_n=\dot{U}_S\sum_{j=1}^{n}\overset{*}{Y}_{ij}\overset{*}{U}_j\tag{8-76}$$

由式(8-74)、(8-75)可知，系统的误差方程共有 $n+m-1$ 个，待求的结点电压

变量 $U_i$、$\delta_i$ 也是 $n+m-1$ 个。潮流计算的实质是对给定的 $P_{iF}$、$Q_{iF}$ 及 $U_{iF}$ 寻求电压变量 $U_i$、$\delta_i$，使式(8-74)、(8-75)的误差 $\Delta P_i$ 及 $\Delta Q_i$ 在允许偏差范围内的过程。

3. 修正方程式

将上述 $n+m-1$ 个方程在初值下展成泰勒级数，并略去 $\Delta\delta_i$，$\Delta U_i/U_i$ 的二次方及以上项，可得到如下形式的修正方程式：

$$
\begin{array}{c}
PQ\\ \text{结}\\ \text{点}\\ \\ \\ PU\\ \text{结}\\ \text{点}
\end{array}
\left[\begin{array}{c}
\Delta P_1\\ \Delta Q_1\\ \vdots\\ \Delta P_m\\ \Delta Q_m\\ \hline \Delta P_{m+1}\\ \vdots\\ \Delta P_{n-1}
\end{array}\right]
\left[\begin{array}{ccccc|ccc}
H_{11} & N_{11} & \cdots & H_{1m} & N_{1m} & H_{1,m+1} & \cdots & H_{1,n-1}\\
J_{11} & L_{11} & \cdots & J_{1m} & L_{1m} & J_{1,m+1} & \cdots & J_{1,n-1}\\
\vdots & \vdots & & \vdots & \vdots & \vdots & & \vdots\\
H_{m1} & N_{m1} & \cdots & H_{m,m} & N_{m,m} & H_{m,m+1} & \cdots & H_{m,n-1}\\
J_{m1} & L_{m1} & \cdots & J_{m,m} & L_{m,m} & J_{m,m+1} & \cdots & J_{m,n-1}\\
\hline
H_{m+1,1} & N_{m+1,1} & \cdots & H_{m+1,m} & N_{m+1,m} & H_{m+1,m+1} & \cdots & H_{m+1,n-1}\\
\vdots & \vdots & & \vdots & \vdots & \vdots & & \vdots\\
H_{n-1,1} & N_{n-1,1} & \cdots & H_{n-1,m} & N_{n-1,m} & H_{n-1,m+1} & \cdots & H_{n-1,n-1}
\end{array}\right]
\left[\begin{array}{c}
\Delta\delta_1\\ \Delta U_1/U_1\\ \vdots\\ \Delta\delta_m\\ \Delta U_m/U_m\\ \hline \Delta\delta_{m+1}\\ \vdots\\ \Delta\delta_{n-1}
\end{array}\right]
\tag{8-77}
$$

式中，Jacobian 矩阵的各个元素分别为

$$
\left.\begin{array}{l}
H_{ij}=\dfrac{\partial\Delta P_i}{\partial\delta_j},\quad N_{ij}=\dfrac{\partial\Delta P_i}{\partial U_j}U_j\\[2ex]
J_{ij}=\dfrac{\partial\Delta Q_i}{\partial\delta_j},\quad L_{ij}=\dfrac{\partial\Delta Q_i}{\partial U_j}U_j
\end{array}\right\}
\tag{8-78}
$$

为求取这些偏导数，可将式(8-73)展开如下：

$$
\left.\begin{array}{l}
\Delta P_i=P_i-U_i^2G_{ii}-U_i\displaystyle\sum_{\substack{j=1\\ j\neq i}}^{n}U_j(G_{ij}\cos\delta_{ij}+B_{ij}\sin\delta_{ij})\\[3ex]
\Delta Q_i=Q_i+U_i^2B_{ii}-U_i\displaystyle\sum_{\substack{j=1\\ j\neq i}}^{n}U_j(G_{ij}\sin\delta_{ij}-B_{ij}\cos\delta_{ij})
\end{array}\right\}
\tag{8-79}
$$

当 $j\neq i$，对于特定结点 $j$，只有该结点的 $\delta_j$，从而特定的 $\delta_{ij}=\delta_i-\delta_j$ 是变量。由式(8-78)及(8-79)可得

$$
\left.\begin{array}{l}
H_{ij}=\dfrac{\partial\Delta P_i}{\partial\delta_j}=-U_iU_j(G_{ij}\sin\delta_{ij}-B_{ij}\cos\delta_{ij})\\[2ex]
J_{ij}=\dfrac{\partial\Delta Q_i}{\partial\delta_j}=U_iU_j(G_{ij}\cos\delta_{ij}+B_{ij}\sin\delta_{ij})
\end{array}\right\}
\tag{8-80a}
$$

同理，对于特定结点 $j$，只有该结点的 $U_j$ 是变量，可得

$$\left.\begin{aligned} N_{ij} &= \frac{\partial \Delta P_i}{\partial U_j} U_j = -U_i U_j (G_{ij}\cos\delta_{ij} + B_{ij}\sin\delta_{ij}) \\ L_{ij} &= \frac{\partial \Delta Q_i}{\partial U_j} U_j = -U_i U_j (G_{ij}\sin\delta_{ij} - B_{ij}\cos\delta_{ij}) \end{aligned}\right\} \tag{8-80b}$$

当 $j=i$，由于 $\delta_i$ 是变量，所有 $\delta_{ij}=\delta_i-\delta_j$ 都是变量，可得

$$\left.\begin{aligned} H_{ii} &= \frac{\partial \Delta P_i}{\partial \delta_i} = U_i \sum_{\substack{j=1 \\ j\neq i}}^{n} U_j (G_{ij}\sin\delta_{ij} - B_{ij}\cos\delta_{ij}) = U_i^2 B_{ii} + Q_i \\ J_{ii} &= \frac{\partial \Delta Q_i}{\partial \delta_i} = -U_i \sum_{\substack{j=1 \\ j\neq i}}^{n} U_j (G_{ij}\cos\delta_{ij} + B_{ij}\sin\delta_{ij}) = U_i^2 G_{ii} - P_i \end{aligned}\right\} \tag{8-80c}$$

同理，由于 $U_i$ 是变量，可得

$$\left.\begin{aligned} N_{ii} &= \frac{\partial \Delta P_i}{\partial U_i} U_i = -U_i \sum_{\substack{j=1 \\ j\neq i}}^{n} U_j (G_{ij}\cos\delta_{ij} + B_{ij}\sin\delta_{ij}) - 2U_i^2 G_{ii} = -U_i^2 G_{ii} - P_i \\ L_{ii} &= \frac{\partial \Delta Q_i}{\partial U_i} U_i = -U_i \sum_{\substack{j=1 \\ j\neq i}}^{n} U_j (G_{ij}\sin\delta_{ij} - B_{ij}\cos\delta_{ij}) + 2U_i^2 B_{ii} = U_i^2 B_{ii} - Q_i \end{aligned}\right\} \tag{8-80d}$$

由以上分析可见，Jacobian 矩阵各元素都是结点电压的函数，随各结点电压的变化而变化。此外，该阵在数值上是不对称的，且具有稀疏性。

4. NR 法潮流计算步骤

用 NR 法进行潮流计算的主要步骤如下：

① 给定各结点电压的初值 $U^{(0)}$、$\delta^{(0)}$；

② 将结点电压初值代入式(8-74)及式(8-75)，求取修正方程式中的误差函数值 $\Delta P^{(0)}$ 及 $\Delta Q^{(0)}$；

③ 将结点电压初值代入式(8-77)中的 Jacobian 矩阵中求取该矩阵的各元素，并形成阵列；

④ 解修正方程(8-77)，求出结点电压修正量 $\Delta U^{(0)}/U^{(1)}$ 及 $\Delta\delta^{(0)}$；

⑤ 修正各结点电压

$$\delta^{(1)} = \delta^{(0)} - \Delta\delta^{(0)}$$

$$U^{(1)} = U^{(0)} - \Delta U^{(0)}$$

⑥ 将 $\delta^{(1)}$、$U^{(1)}$ 代入式(8-74)及式(8-75)，求 $\Delta P^{(1)}$ 及 $\Delta Q^{(1)}$；

⑦ 检验收敛与否：

$$\max|\Delta P^{(v)}、\Delta Q^{(v)}| < \varepsilon$$

⑧ 若收敛，计算平衡结点功率及线路功率等，输出结果；若不收敛，转入第三步，以 $\delta^{(1)}$、$U^{(1)}$ 代替 $\delta^{(0)}$、$U^{(0)}$ 进行下一次迭代计算，直至收敛。

平衡结点功率计算如式(8-76)。如图 8-33，线路功率计算如下：

$$\dot{S}_{ij} = \dot{U}_i \overset{*}{I}_{ij} = \dot{U}_i[\overset{*}{U}_i \overset{*}{Y}_{i0} + (\overset{*}{U}_i - \overset{*}{U}_j)\overset{*}{Y}_{ij}] = P_{ij} + \mathrm{j}Q_{ij} \tag{8-81a}$$

$$\dot{S}_{ji} = \dot{U}_j \overset{*}{I}_{ji} = \dot{U}_j[\overset{*}{U}_j \overset{*}{Y}_{j0} + (\overset{*}{U}_j - \overset{*}{U}_i)\overset{*}{Y}_{ji}] = P_{ji} + \mathrm{j}Q_{ji} \tag{8-81b}$$

因而线路上的功率损耗为

$$\Delta\dot{S}_{ij} = \dot{S}_{ij} + \dot{S}_{ji} = \Delta P_{ij} + \mathrm{j}\Delta Q_{ij} \tag{8-82}$$

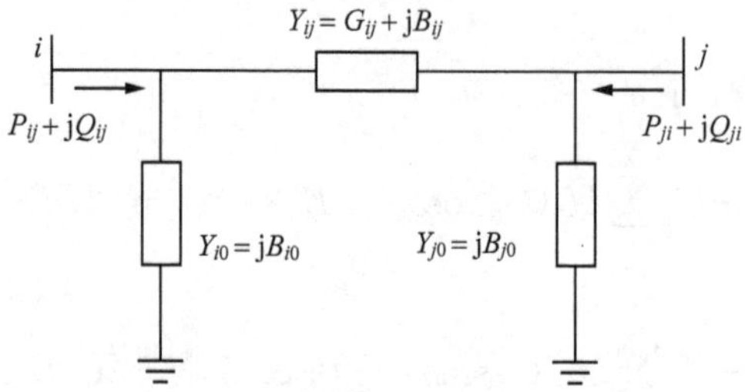


图 8-33　线路上流通的功率

NR 法对初值要求严格。如初值不合适可能不收敛，这时可用其他迭代法（如雅可比法、高斯-赛德尔法）先算一两次，以其结果作为初值。虽然每次迭代要重新计算 Jacobian 矩阵，但该法收敛速度快。若取 $\varepsilon=10^{-4}$，$S_B=100\mathrm{MV\cdot A}$ 则相当于有名值 0.01MV · A 的功率误差。迭代过程中 PQ、PU 结点可能相互转化，如 PU 结点的无功功率越界，此时 PU 结点转化为 PQ 结点，需重新列式计算；对于 PQ 结点，若迭代结果 $U_i$ 越界，需修正该结点的无功功率使结点电压维持在允许范围内。当该结点转化为 PU 结点，此时亦需对 Jacobian 矩阵的元素作相应的修改。

［**例 8-8**］　如图 8-34 的网络，表 8-4、8-5 为系统的线路数据和结点数据。结点 1 作为平衡结点，运用 NR 法迭代求解潮流[5]。

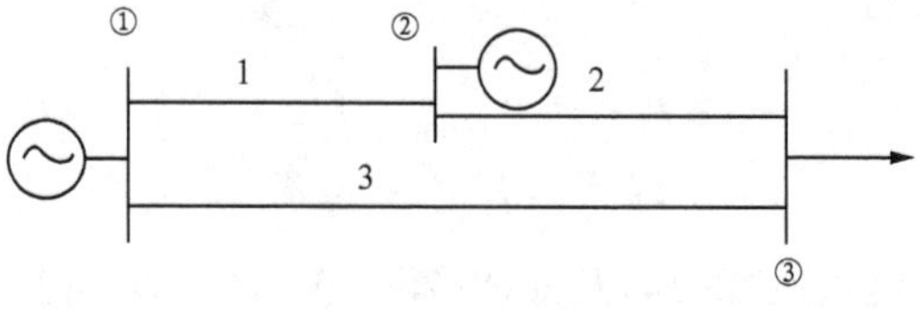


图 8-34　三结点系统

表 8-4 三结点系统的线路数据

| 线路号 | 结点连接 | 线路阻抗 | 线路充电导纳 |
|---|---|---|---|
| 1 | 1—2 | 0+j0.1 | 0 |
| 2 | 2—3 | 0+j0.2 | 0 |
| 3 | 1—3 | 0+j0.2 | 0 |

表 8-5 三结点系统的结点数据

| 结点号 | 类型 | 发电机 | | 负荷 | | 电压 | 无功功率限值 | |
|---|---|---|---|---|---|---|---|---|
| | | $P$ | $Q$ | $P$ | $Q$ | $U$ | $Q_{min}$ | $Q_{max}$ |
| 1 | Uδ | — | — | — | — | $1\angle 0°$ | — | — |
| 2 | PU | 5.3217 | — | — | — | 1.1 | 0 | 5.3217 |
| 3 | PQ | — | — | 3.6392 | 0.5339 | — | — | — |

初值选取 $\dot{U}_1=1+\mathrm{j}\,0=1\angle 0°$

$\dot{U}_2=1.1+\mathrm{j}\,0=1.1\angle 0°$

$\dot{U}_3=1+\mathrm{j}\,0=1\angle 0°$

由式(8-74)及式(8-75)可得

$$\Delta P_2=-5.3217+U_2(10U_1\sin\delta_2+5U_3\sin\delta_{23})=-5.3217$$

$$\Delta P_3=3.6392+U_3(5U_1\sin\delta_3+5U_2\sin\delta_{32})=3.6392$$

$$\Delta Q_3=0.5339+U_3(-5U_1\cos\delta_3-5U_2\cos\delta_{32}+10U_3)=0.0339$$

由式(8-80)可得

$$H_{22}=11\cos\delta_2+5.5\cos\delta_{23}=16.5$$

$$H_{23}=-5.5\cos\delta_{23}=-5.5$$

$$N_{23}=5.5\sin\delta_{23}=0$$

同理 $N_{33}=0$， $H_{32}=-5.5$， $J_{32}=0$， $H_{33}=10.5, J_{33}=0$， $L_{33}=9.5$

从一次迭代方程求解

$$\begin{bmatrix}-5.3217\\3.6392\\0.0339\end{bmatrix}=\begin{bmatrix}16.5&-5.5&0\\-5.5&10.5&0\\0&0&9.5\end{bmatrix}\begin{bmatrix}\Delta\delta_2^{(1)}\\\Delta\delta_3^{(1)}\\\Delta U_3^{(1)}/U_3^{(1)}\end{bmatrix}$$

解上述方程可得

$$\Delta\delta_2^{(1)}=-025,\quad \Delta\delta_3^{(1)}=0.2152,\quad \Delta U_3^{(1)}/U_3^{(1)}=0.00357$$

得到

$$\Delta\delta_2^{(2)}=\delta_2^{(1)}-\Delta\delta_2^{(1)}=0.25$$

$$\delta_3^{(2)}=\delta_3^{(1)}-\Delta\delta_3^{(1)}=-0.2152$$

$$U_3^{(2)} = U_3^{(1)} - \Delta U_3^{(1)} = 0.996$$

上述数值用于下一次迭代时求取 Jacobian 矩阵各元素及结点功率偏差量，从而得到结点电压的改进值。当结点有功功率及无功功率变化量小于 0.001 时迭代终止。由四次迭代收敛到下述数值：

$$U_3 = 0.90$$

$$\delta_2 = 0.2618\text{rad}\ (\approx 15^\circ)$$

$$\delta_3 = -0.2618\text{rad}\ (\approx -15^\circ)$$

## 六、潮流计算的引申

1. 直角坐标表示法

在上一节的潮流计算方法中采用极坐标表示法，结点电压用电压大小及其相位角表示；另一种表示法为直角坐标表示法，复数电压用实数部分及虚数部分表示为 $\dot{U}=e+\mathrm{j}f$。用极坐标表示时，对于 PU 结点，$U$ 是已知量，只有 $\delta$ 是未知数；用直角坐标表示时，结点电压有实部及虚部两个未知数，同时多了一个结点电压不平衡量方程。有兴趣的读者可参阅本书第一版。

2. PQ 分解法

在高压网中线路电抗远大于电阻，系统结点电压幅值的微小变化，对结点有功功率的改变影响很小，即结点有功功率主要受电压相位角的影响，另一方面结点无功功率则在很大程度上依赖于结点电压值的大小。因此，在采用极坐标时，Jacobian 矩阵中的元素 $\frac{\partial \Delta P}{\partial U}$、$\frac{\partial \Delta Q}{\partial \delta}$ 接近于零，只考虑 $\frac{\partial \Delta P}{\partial \delta}$、$\frac{\partial \Delta Q}{\partial U}$，由此可分别独立求解修正方程中的 $\Delta\delta$、$\Delta U$，可节约计算时间及存储容量，这种方法称为 PQ 分解法。

3. 稀疏技术的运用

怎样提高求解修正方程的速度并降低解算过程中对存储容量的要求是有效提高潮流计算速度的关键。

在现代大规模电力系统中，通过输电线与一组母线（结点）相连的其他母线数量其平均值是个位数量级。如果导纳矩阵中与行号对应的母线和与列号对应的母线不直接相连，则非对角元素就是零元。同样在 Jacobian 矩阵中的非对角元也出现同样情形。像这样具有若干零元的矩阵称为稀疏矩阵。

利用系数矩阵稀疏度解线性方程组的稀疏技术，包括压缩存储、网络结点编号优化和修正方程式的逐行建立、逐行进行高斯消元或三角分解以形成因子表，可以显著提高计算速度。有兴趣的读者可参阅文献[1]。

# 参 考 文 献

1. 陈珩．电力系统稳态分析．北京:中国电力出版社,1995
2. 水利电力部西北电力设计院．电机工程手册:电力系统．北京:机械工业出版社,1979
3. Wood A J, Wollenberg B F. Power Generation Operation & Control. John Wiley & Sons,1984
4. 吴际舜．电力系统静态安全分析．上海:上海交通大学出版社,1985
5. Pai M A. Computer Techniques in Power System Analysis, 1979 Tata Mc Graw-Hill Publishing Company Limited, New Delhi

# 第九章　电力系统的有功功率与频率调整

本章阐述系统正常运行的频率质量与经济性问题。针对系统有功功率负荷变动的分析，实施系统频率调整与厂间经济负荷分配。讨论了负荷-频率机制、频率的一次调整（调速器）与二次调整（调频器）、系统有功功率平衡与发电厂间经济负荷分配的准则。简要介绍了利用抽水蓄能水电厂调节系统负荷曲线中的峰谷差问题。

## 第一节　负荷频率机制

### 一、负荷频率机制

电力系统在额定工况下所有的发电机以额定转速同步运行，一起产生有功功率，并在每一时刻被所有的负荷及网络损耗所消耗。系统频率与发电机转速成正比，当原动机的输入功率与发电机输出的电磁功率相平衡时，能维持发电机一定的转速（频率）。我们必须记住电能是以接近光速传输的，它不能以电的形式在电力系统的任何地方储存起来，因此其结果是在每一时刻电能生产的速率必须等于消费的速率。可见，发电机的转速（频率）与全系统的有功功率平衡密切相关。

电力系统的负荷是时刻变化的，功率平衡并不能随时维持，系统负荷的任何变化都会影响发电机的电磁功率，从而影响转速（频率）。由于调整装置的调整速度相对滞后，要保持发电机转速恒定使系统频率保持不变通常难以实现。功率不平衡量将转换为速度（频率）偏差，即转换为全系统机组的动能形式。功率缺额将导致发电机转速下降并转移为动能供出；功率过剩将导致发电机转速升高，并转换为动能储存。当系统负荷升高，使得在电力系统中瞬时的发电机功率低于负载，全系统的机组转速（频率）将降低，速度（频率）减低的多少取决于功率缺额量以及旋转设备的全部惯量。在此刻，由电网所供给的全部电动机将减速，它们将得到较低的负荷转矩，这使电动机从网络汲取较少的功率，最终负荷的降低将平衡事件开始时的负荷升高，以及系统频率将处于一较低的水平上。以上叙述的是“自调节”过程。实际上，系统在发电机调速器的作用下，速度偏差（对额定值）检测器成为控制系统的敏感元件，负的速度偏差将导致加大汽门开度（或导水翼开度），从而增加发电机功率。虽然由于调节系统的惯性，调整速度跟不上电磁功率的变化，但功率不平衡量将趋于零或至少最小化，虽然最终低于额定频率，但系统频率将处于一新的提高了的水平上。若电力系统中瞬时的发电功率超过负载，将发生与上述过程相反的情况。

［例 9-1］ 某电力系统全部发电机及电动机在额定频率 50Hz 下全系统的动能为 1250MJ，该系统经历瞬时功率缺额为 5MW。试问频率减低的速率如何？

**解：**

$$W_{KE}=\frac{1}{2}M\omega^2=W_{KE,N}\left(\frac{\omega}{\omega_0}\right)^2=W_{KE,N}\left(\frac{f}{50}\right)^2$$

式中，$W_{KE,N}$为额定频率下的动能。

由牛顿运动定律

$$\Delta T=\frac{\Delta P}{\omega}=M\frac{d\omega}{dt}$$

故有

$$\Delta P=M\omega\frac{d\omega}{dt}=\frac{d}{dt}[W_{KE}]=\frac{d}{dt}\left[W_{KE,N}\left(\frac{f}{50}\right)^2\right]$$

$$-5=\frac{d}{dt}\left[1250\left(\frac{f}{50}\right)^2\right]=2\times1250\times\frac{50}{2500}\times\frac{df}{dt}$$

$$\frac{df}{dt}=-0.1\text{Hz/s}$$

## 二、频率偏移的影响

电力系统的频率是电能质量的重要指标之一。频率偏移超过允许范围，将对用户、发电厂和电力系统本身产生不良影响。

工业用户使用的异步电动机的转速与系统频率有关，频率变化将引起电动机转速改变，从而影响产品质量。如纺织工业及造纸业要求工作机械传动均匀，因为频率变动会产生次品甚至废品。具有恒转矩负荷的电动机吸收的有功功率将因频率的降低而降低，从而影响传动机械的出力。用户使用的电钟将因频率的变化使计时不准。频率不稳定将使电子设备工作的准确度下降，频率过低将不能运行。

发电厂动力部分的辅机，如风机与水泵由异步电动机驱动，频率降低过多，将会产生严重后果，频率降低引起汽轮机叶片共振，导致缩短寿命甚至断裂，低频运行将增大异步电动机及变压器的励磁电流，增加无功功率消耗，降低电网电压。

近代电力系统通常把频率对额定值的偏移限制在一较小范围内。我国规定额定频率为 50Hz，正常情况下允许频率偏移为±(0.2～0.5)Hz。允许频率偏移的大小反映了一个国家的工业发展水平，工业发达国家的规定更为严格。

## 三、有功功率负荷的变动及其分类控制

电力系统中的有功功率时刻发生变化，从表面上看似乎并不规则，实际上可分

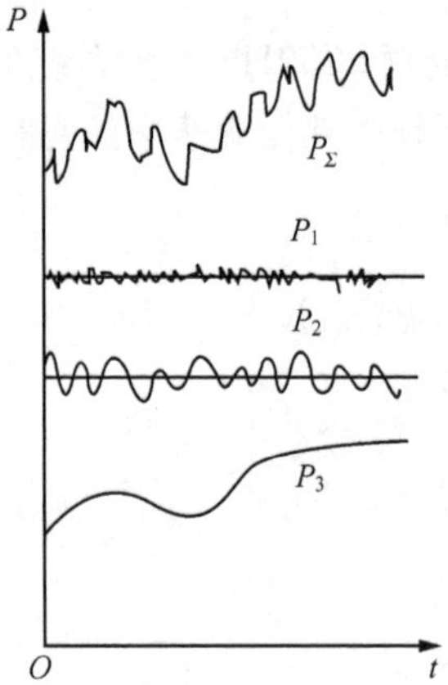


图 9-1　有功功率负荷的变动
$P_1$—第一种负荷变动；
$P_2$—第二种负荷变动；
$P_3$—第三种负荷变动；
$P_\Sigma = P_1 + P_2 + P_3$

解为几种有规律的变动负荷，如图 9-1 所示。按变化的周期与幅度，负荷曲线大体上可以分解为三种成分：

① 变化周期在 10s 以内的变化幅度很小的随机负荷，如图 9-1 中的 $P_1$。

② 变化周期在 10～180s 的变化幅度较大的负荷，如图 9-1 中的 $P_2$，电炉、延压机、电气机车属于这类负荷。

③ 变化周期最长且变化幅度最大的可预测负荷，如图 9-1 中的 $P_3$，这类负荷的变化是由于气象、生产、生活规律变化所致。

这些负荷变化将导致系统频率的偏移，因此应对发电功率作相应的调整，以使系统在要求的频率水平上达到新的平衡。对第一种负荷变动引起的频率偏移，由发电机组调速器进行调整，称为频率的一次调整；第二种负荷变动引起的频率偏移，由发电机组的调频器进行调整，称为频率的二次调整；对第三种负荷变化，必须根据预测的负荷曲线，按优化原则在各厂（机组）间进行经济负荷分配，也称为三次调整。潮流计算中的部分 $PQ$ 结点就是按优化结果给定注入功率的发电厂母线，潮流计算中的平衡结点即担负频率二次调整的发电厂母线。

对于缺电系统由调度所用远方控制手段切除超计划运行的负荷量，称为“负荷控制”，这种控制措施尚待研究，不属于上述调整范畴。

## 第二节　电力系统的频率特性

电力系统的频率特性是电力系统中频率调整的依据。这里所谓频率特性，是指有功功率-频率静态特性，包括系统负荷的频率特性与发电机组的频率特性，然后用特性相交法研究系统的频率特性。

### 一、电力系统负荷的频率特性

电力系统负荷的功频静特性依赖于负荷的构成，其中包括与频率变化无关的负荷（如照明负荷）、与频率二次方成正比的负荷（如铁芯材料）以及与频率三次方成正比的负荷（如通风机、循环水泵）等，整体上呈现非线性关系。但在实际系统中允许的频率变化范围很小，在额定频率附近系统负荷与频率近似呈线性关系，如图 9-2 所示。系统频率下降时负荷按比例减小，系统频率上升时负荷按比例增

大,该直线的斜率为

$$K_{\mathrm{L}} = \tan\beta = \frac{\Delta P_{\mathrm{l}}}{\Delta f} \quad (\mathrm{MW/Hz}) \tag{9-1}$$

取标幺值时,

$$K_{\mathrm{L}*} = \frac{\Delta P_{\mathrm{l}}}{\Delta f} \bigg/ \frac{P_{\mathrm{LN}}}{f_{\mathrm{N}}} = \frac{\Delta P_{\mathrm{L}*}}{\Delta f_{*}} \tag{9-2}$$

故有

$$K_{\mathrm{L}} = K_{\mathrm{L}*} \frac{P_{\mathrm{LN}}}{f_{\mathrm{N}}} \tag{9-3}$$

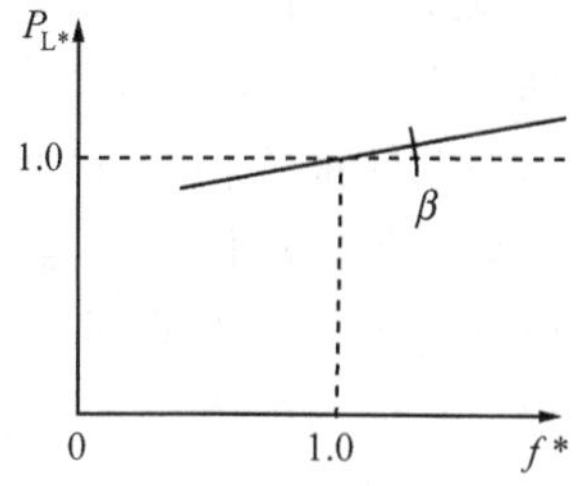

图 9-2 负荷的功频静特性

式中,$K_{\mathrm{L}}$、$K_{\mathrm{L}*}$ 称为负荷的频率调节效应系数,$K_{\mathrm{L}*}=1\sim3$,由实测得到;$P_{\mathrm{LN}}$、$f_{\mathrm{N}}$ 分别表示 $P_{\mathrm{L}}$、$f$ 的额定值。

## 二、发电机组的频率特性

发电机组频率调整的主要手段是原动机自动调速系统,其主要组成部分是调速器和调频器。因此发电机组的功频静特性取决于其调速系统的静特性。以下分别叙述调速器和调频器的工作原理及电力系统的频率特性。

1. 调速器的工作原理

自动调速系统如图 9-3 所示,由飞摆(检测部件)、错油门(放大部件)、油动机(执行部件)及伺服马达(转速控制部件,亦称同步器)组成。前三部分组成调速器,后三部分组成调频器,进行频率的二次调整。上述调整系统是一种机械调整系统,但其调节原理与电液压式调速系统区别不大。

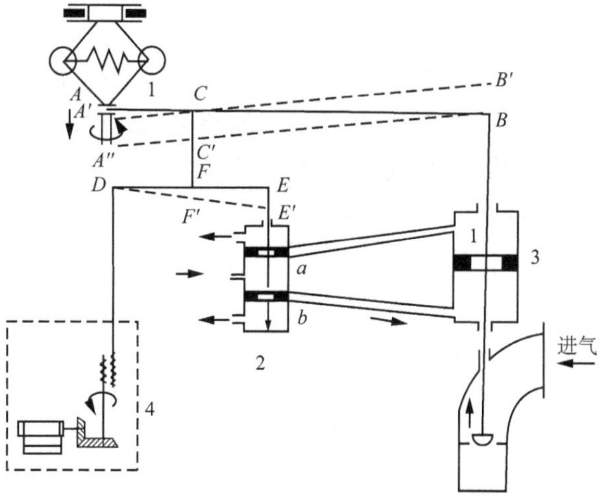

图 9-3 离心飞摆式调速系统示意图

1—飞摆;2—错油门;3—油动机;4—同步器

设发电机的负荷增大，即制动力矩增大，使机组转速 $\omega$ 下降，由于飞摆与原动机轴相连，飞摆离心力变小，在弹簧的作用下向转轴靠拢，使 $A$ 下移至 $A''$，因油动机活塞两侧油压相等，故 $B$ 点不动，$AB$ 杆下移至 $A''B$。由于同步器未动，故 $D$ 点也不动。当 $AB$ 杆下降至 $A''B$ 时，$DE$ 杆下降至 $DE'$，错油门活塞下移，压力油经出口 $b$ 进入油动机下部。油动机活塞上部的油经小孔 $a$ 进入错油门上部并经小孔排出。在油压的作用下，油动机活塞上移，使汽轮机的调节汽门（或水轮机导水翼）开大，从而增加进气（或进水）量，导致发电机输出增加，使机组转速（频率）上升，套筒从 $A''$处回升。此时由于油动机活塞上升，$B$ 点上升，$AB$ 杆由 $A''C'B$ 位置上移，$AB$ 杆上移带动 $DE$ 杆由 $DF'E'$ 上移，经过动态调整过程最后稳定下来，$C$ 点维持原来位置，$A$ 点稳定在 $A'$，机组转速与频率略低于原来值。反之，若负荷减少，调速器的调整作用使输出功率减小，转速与频率稳定在略高于原来值，故这是一个有差调节的过程。此即发电机组的调速过程，亦称频率的一次调整过程。

2. 发电机组的频率特性

发电机组的有功功率-频率静态特性，简称功频静特性近似表示为一直线（图 9-4），它是上述调节过程的反映。其有差调节性质反映在该直线的向下的倾斜。

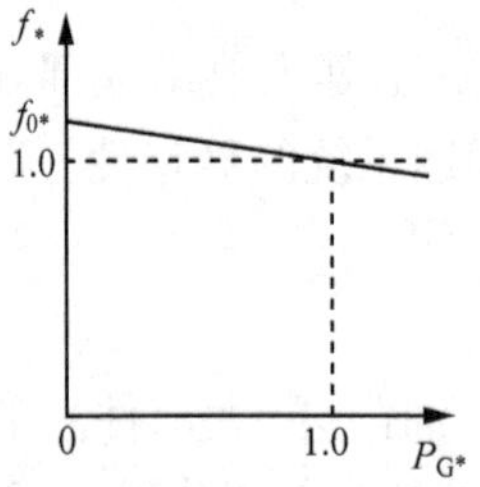

图 9-4　发电机组的功频静特性

定义

$$\sigma = -\frac{\Delta f}{\Delta P_G} \quad (\text{Hz/MW}) \tag{9-4}$$

式中，$\sigma$ 称为静态调差系数。当用标幺值表示时就成为

$$\sigma_* = -\frac{\Delta f}{\Delta P_G}\Big/\frac{f_N}{P_{GN}} = -\frac{\Delta f_*}{\Delta P_{G*}} \tag{9-5}$$

式中，$f_N$、$P_{GN}$分别表示 $f$、$P_G$ 的额定值。式(9-4)、(9-5)取负号是由于习惯上调差系数取正值，而 $\Delta f$ 与 $\Delta P_G$ 的符号相反。调差系数亦称调差率，它反映一台机组负荷变化时的频率偏移。调差系数的倒数定义为发电机组的功频静特性系数，也称为机组的单位调节功率，用下式表示：

$$K_G = \frac{1}{\sigma} = -\frac{\Delta P_G}{\Delta f} \quad (\text{MW/Hz}) \tag{9-6}$$

$$K_{G*} = \frac{1}{\sigma_*} = -\frac{\Delta P_{G*}}{\Delta f_*} \tag{9-7}$$

$$K_G = K_{G*}\frac{P_{GN}}{f_N} \tag{9-8}$$

式中，$K_G(K_{G*})$由调速器特性决定，它反映了频率发生单位变化时发电机输出功率的变化量，负号表示频率下降时发电机组有功出力增加。$K_G$ 值越大，表示同样的功率变化对应的频率偏移越小。对于汽轮机组，一般有 $\sigma_* = 0.03 \sim 0.05$；

$K_{G*}=33.3\sim20$；对于水轮机组：$\sigma_*=0.02\sim0.04$，$K_{G*}=50\sim25$。

3. 调频器的工作原理

由上述调整过程可见，仅靠调速器的调节并不能维持发电机转速（频率）不变。此外，当负荷变化幅度较大时，频率变化有可能超出允许范围，为此，需对频率进行二次调整。

在外界信号作用下使图 9-3 中的同步器（伺服马达）转动，$D$ 点上移，由于 $C$ 点未动，$F$ 点也未动，因此 $E$ 点下降，使错油门活塞下降，使压力油从 $b$ 口进入油动机，使 $B$ 点上升，进而加大汽门（或导水翼）开度，使机组转速上升，同时提升 $C$、$F$ 点，错油门活塞又将 $a$、$b$ 口堵住，使机组稳定在一新的转速上。当 $D$ 点调整适当，可使转速（频率）恢复原值。此即发电机组的频率二次调整过程，亦称调频过程。

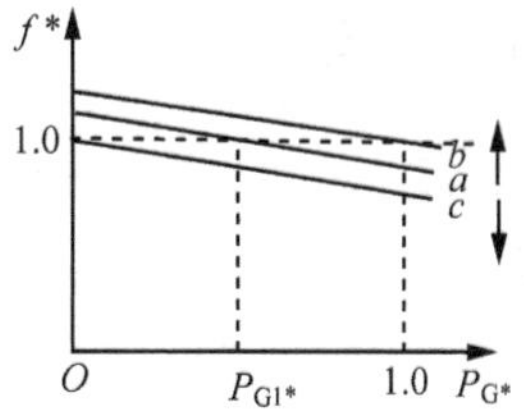

图 9-5　调频器调整作用

上述调整过程反映在发电机组功频静特性曲线上，即将该曲线向上（或向下）平移，如图 9-5 所示。图中曲线 $a$ 表示在额定负荷下频率低于额定值，当控制伺服发达使同步器动作，曲线上移至 $b$，可使额定负荷时达到额定频率。

## 三、电力系统的频率特性

电力系统的有功功率-频率静态特性如图 9-6 所示，它是由负荷的频率特性曲线 $P_{L*}(f_*)$ 与发电机组的频率特性曲线 $P_{G*}(f_*)$ 两者相交而得到的。如图 9-6 所示，其交点为 $a$，表明系统在频率 $f_{1*}$ 下发电机组输出有功功率 $P_{1*}$ 与负荷之间达到平衡。

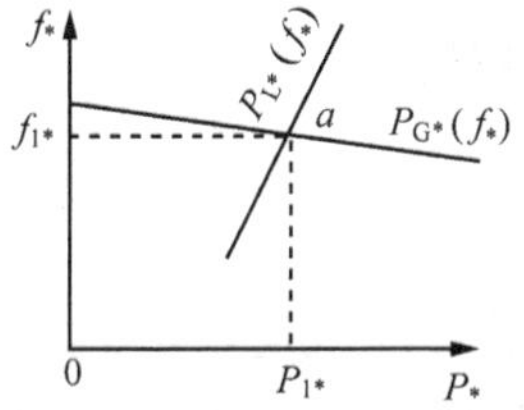

图 9-6　电力系统的功频静特性

对于多机系统，系统功频静特性类同图 9-6，但需用全系统机组的等值功频静特性。设系统中有 $n$ 台机组装设调速器，当系统频率发生 $\Delta f$ 的变化时，各机组将有 $\Delta P_{Gi}$ 的功率变化，于是有

$$\Delta P_{Gi}=-K_{Gi}\Delta f,\quad i=1,2,\cdots,n \tag{9-9}$$

式中，$K_{Gi}$ 为第 $i$ 台机组的功频静特性系数。将式(9-9)中 $n$ 个式子求和，可得

$$\Delta P_G=\sum_{i=1}^{n}\Delta P_{Gi}=-\sum_{i=1}^{n}K_{Gi}\Delta f \tag{9-10}$$

式中，$\Delta P_G$ 为系统中 $n$ 台机组总功率的变化。

令

$$K_{GE}=\sum_{i=1}^{n}K_{Gi} \tag{9-11}$$

式中，$K_{GE}$为系统中 $n$ 台机组的等值功频静特性系数。则有

$$\Delta P_G = -K_{GE}\Delta f \tag{9-12}$$

发电机组的功频静特性系数以标幺值表示时，由式(9-8)，有

$$K_{Gi} = K_{Gi*}\frac{P_{GiN}}{f_N} \tag{9-13}$$

式中，$P_{GiN}$为第 $i$ 台机组的额定功率，$f_N$ 为系统额定频率。将式(9-13)代入式(9-11)，则有

$$K_{GE} = \sum_{i=1}^{n} K_{Gi*}\frac{P_{GiN}}{f_N} \tag{9-14}$$

又因

$$K_{GE} = K_{GE*}\frac{P_{GEN}}{f_N} \tag{9-15}$$

式中，$P_{GEN} = \sum_{i=1}^{n} P_{GiN}$，因此有

$$K_{GE*} = \frac{\sum_{i=1}^{n} K_{Gi*}P_{GiN}}{\sum_{i=1}^{n} P_{GiN}} \tag{9-16}$$

若第 $i$ 台机组满载，在系统负荷增加时，已无调整余地，故有 $K_{Gi}=0$。

# 第三节　电力系统的频率调整

## 一、系统频率的一次调整

以单机-负荷为例，如图 9-7 所示，设在初始运行状态下系统运行在 $a$ 点，系统频率为 $f_1$。若负荷增加 $\Delta P_{L0}$，称为初始增量。负荷功频静特性由 $P_L(f)$移至 $P'_L(f)$，运行点移至 $b$，系统频率变为 $f_2$。系统频率变化为

$$\Delta f = f_2 - f_1 < 0$$

发电机组的功率增量为

$$\Delta P_G = P_2 - P_1 = -K_G\Delta f$$

负荷因其自身调节效应引起的功率变化量为

$$\Delta P_L = K_L\Delta f$$

由于 $\Delta f<0$，故 $\Delta P_L<0$。负荷的实际增量为

$$\Delta P_{Lr} = \Delta P_{L0} + \Delta P_L = \Delta P_{L0} + K_L\Delta f$$

应等于发电机组的功率增量，故有

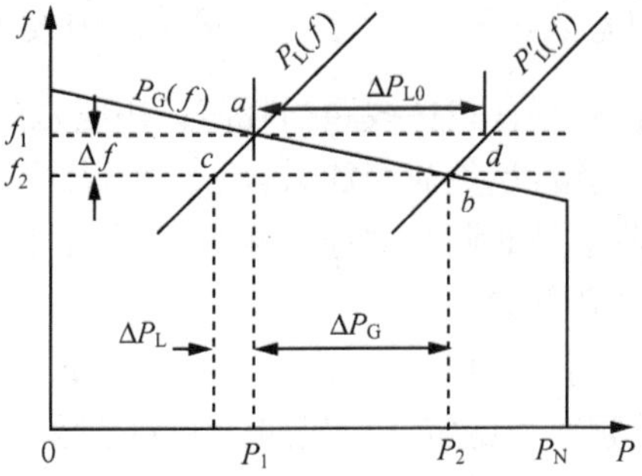


图 9-7　系统频率的一次调整

$$\Delta P_G = \Delta P_{L0} + K_L \Delta f \tag{9-17}$$

因而

$$\begin{aligned}\Delta P_{L0} &= -K_L \Delta f + \Delta P_G = -K_L \Delta f - K_G \Delta f \\ &= -(K_L + K_G)\Delta f\end{aligned}$$

上式表明系统负荷增加,系统频率下降,发电机组输出功率增加,同时负荷本身因调节效应使吸收的功率有所减少,形成新的平衡。

定义

$$K = K_G + K_L = -\frac{\Delta P_{L0}}{\Delta f} \quad \text{MW/Hz} \tag{9-18}$$

这里 $K$ 称为电力系统的功频静特性系数或系统的单位调节功率,表示计及发电机组及负荷的调节效应后引起系统频率变化——单位的系统负荷变化量。显然,$K$ 值越大,负荷变化引起的频率偏移越小,系统越稳定。

将式(9-3)、(9-8)代入(9-18)得到 $K$ 的标幺值形式

$$K_{G*}\frac{P_{GN}}{f_N} + K_{L*}\frac{P_{LN}}{f_N} = -\frac{\Delta P_{L0}}{\Delta f}$$

于是有

$$K_{G*}\frac{P_{GN}}{P_{LN}} + K_{L*} = -\frac{\Delta P_{L0*}}{\Delta f_*}$$

即

$$K_* = -\frac{\Delta P_{L0*}}{\Delta f_*} \tag{9-19}$$

式中

$$K_* \equiv \frac{P_{GN}}{P_{LN}}K_{G*} + K_{L*} = \rho K_{G*} + K_{L*}$$

$\rho=\dfrac{P_{GN}}{P_{LN}}$称为系统的备用系数，一般$\rho>1$。$\rho$表示系统中发电机组的额定容量与在系统额定频率下的总有功负荷(包括线路损耗与厂用电)之比。

对于已满载的发电机组，当负荷增加时，$K_{G*}=0$，故$K_*=K_{L*}$，表示发电机组已无调节容量，依赖负荷本身的调节效应取得新的平衡，因而系统频率急剧下降。可见，一定的系统备用是必需的。

对于多机系统，仅需用$K_{GE}(K_{GE*})$代替上述$K_G(K_{G*})$进行分析即可。系统的$K(K_*)$值愈大，系统频率越稳定。但机组的调差系数$\sigma(\sigma_*)$受调速系统限制不可能太小，即$K_{Gi}(K_{Gi*})$不可能太大；受经济因素限制，$\rho$值也不会取得太大，上述因素限制了$K(K_*)$值。当系统负荷变动幅度较大，仅靠一次调整不能保证系统频率在规定的范围内，因而有要求进行系统频率的二次调整。

**[例 9-2]**　一电力系统有 45%的发电机组已满载，其余 30%为火电厂有 10%的备用容量，其单位调节功率为$K_{GC*}=20$；25%为水电厂有 20%的备用，其单位调节功率$K_{GH*}=25$。系统负荷的频率调节效应系数$K_{L*}=1.8$。求(1)系统的单位调节功率$K_*$；(2)如频率容许下降 0.2Hz 系统能承受的负荷增量。

**解**：设系统额定容量为 100%，则$K_{GE*}$、$\rho$及$K_*$分别计算如下：

$$K_{GE*}=\frac{0\times0.45+20\times0.30+25\times0.25}{1.0}=12.25$$

$$\rho=\frac{1+0.45\times0+0.30\times0.1+0.25\times0.2}{1.0}=1.08$$

$$K_*=1.08\times12.25+1.8=15.03$$

故

$$\Delta P_*=-15.03\times\left(\frac{-0.2}{50}\right)=6.012\%$$

即允许负荷增加 6%。

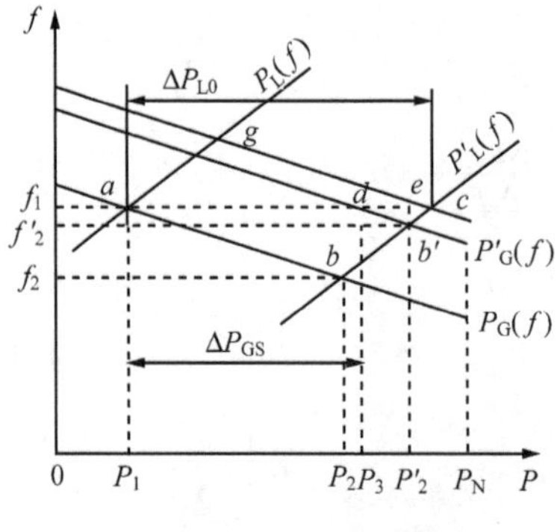


图 9-8　系统频率的二次调整

## 二、系统频率的二次调整

以单机-负荷为例，如图 9-8 所示，系统初始运行点为$a$(曲线$P_G(f)$与曲线$P_L(f)$的交点)，系统频率为$f_1$。当系统负荷增加$\Delta P_{L0}$，仅有频率的一次调整时，运行点移至$b$[曲线$P'_L(f)$与曲线$P_G(f)$的交点]系统频率降为$f_2$。当机组进行频率的二次调整时，机组的功频静特性由$P_G(f)$向上平移至$P'_G(f)$，运行点变为$b'$[曲线$P'_G(f)$与曲线

$P'_L(f)$的交点],系统频率上升至 $f'_2$。此时系统频率偏移为

$$\Delta f = f'_2 - f_1$$

对于图 9-8,由 $a$ 做一水平线交 $P'_G(f)$于 $d$,交 $P'_L(f)$于 $c$。由 $b'$作垂线交 $ac$ 于 $e$。由 $c$ 做一平行线 $cg$ 平行于 $P_G(f)$。可见,系统负荷增量应为

$$\Delta P_{L0} = \Delta P_{GS} - K_G\Delta f - K_L\Delta f \tag{9-20}$$

式中,$-K_G\Delta f$ 为机组由频率的一次调整而增加的功率增量,如图中的 $de$ 段;$-K_L\Delta f$为负荷本身的调节效应所引起的功率增量,如图 9-8 中的 $ec$ 段;$\Delta P_{GS}$为机组由频率的二次调整而增加的功率增量,如图 9-8 中的 $ad$ 段。

式(9-20)表明了频率二次调整时的功率平衡,由式(9-20)可得实际负荷增量

$$\Delta P_{Lr} = \Delta P_{L0} + K_L\Delta f = \Delta P_{GS} - K_G\Delta f \tag{9-21}$$

$$\Delta P_{L0} - \Delta P_{GS} = -(K_G + K_L)\Delta f = -K\Delta f$$

故有

$$\Delta f = -\frac{\Delta P_{L0} - \Delta P_{GS}}{K} \tag{9-22}$$

由式(9-22)可见,在进行频率的二次调整时,由于机组输出功率增加了 $\Delta P_{GS}$,对于相同的频率偏差 $\Delta f$,允许的负荷变化 $\Delta P_{L0}$加大了。或者说,对于同样的负荷变化,系统的频率偏移将减小。当二次调整时,发电机组的功率增量完全抵偿负荷增量时,则可维持频率不变($\Delta f=0$),如图 9-8 中的 $cg$ 线。若发电机功率增量小于负荷增量,则在较低的频率水平下维持功率平衡($\Delta f<0$)。

对于多机系统,频率的二次调整通常只由一个或几个发电厂承担,这类厂称为调频厂。其余发电厂(机组)均参加频率的一次调整。现以三机系统为例,说明多机系统中频率的二次调整过程。

如图 9-9 所示,曲线 1、2、3 分别表示机组 1、2、3 的功频静特性。初始运行点为 $a$、$b$、$c$,系统频率为 $f_N$。负荷增加后,机组 1、2、3 均参与频率的一次调整,运行点变为 $a_1$、$b_1$、$c_1$,系统频率降为 $f_1$,因而有

$$\begin{aligned}\Delta P_{L0} &= \Delta P_{G1} + \Delta P_{G2} + \Delta P_{G3} - \Delta P_L \\ &= -(K_{G1} + K_{G2} + K_{G3})\Delta f - K_L\Delta f \\ &= -(K_{GE} + K_L)\Delta f\end{aligned} \tag{9-23}$$

式中,$\Delta f = f_1 - f_N$;$\Delta P_{G1}$、$\Delta P_{G2}$、$\Delta P_{G3}$分别表示机组 1、2、3 因频率的一次调整而增加的功率增量;$\Delta P_L$ 为负荷因自身的调节效应而引起的功率增量;$K_{GE} = K_{G1} + K_{G2} + K_{G3}$。

当用机组 1 进行频率的二次调整时,频率特性 1 向上平移至 1′,相应的功率增量为 $\Delta P_{GS1}$,系统频率变为 $f'_1$,则有

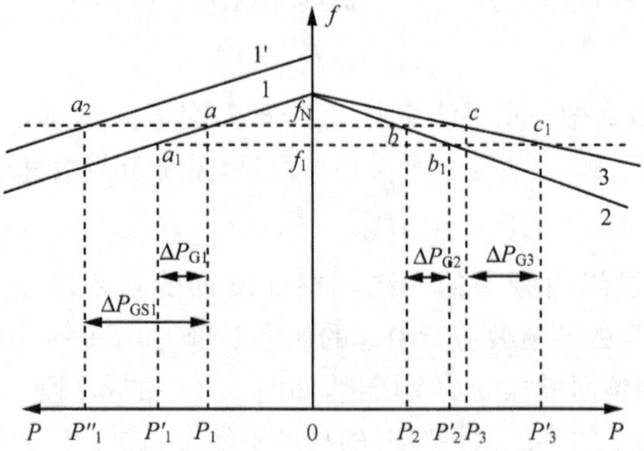


图 9-9　系统频率的二次调整

$$\Delta P_{L0} - \Delta P_{GS1} = -(K_{GE} + K_L)\Delta f' = -K_S \Delta f' \tag{9-24}$$

式中，$\Delta f' = f'_1 - f_N$；$K_S = K_{GE} + K_L$ 称为系统的单位调节功率。

若机组 1 和二次调整量 $\Delta P_{GS1}$ 正好补偿 $\Delta P_{L0}$，则有 $\Delta f' = 0$，系统频率恢复到 $f_N$，见图 9-9 中的曲线 1′的运行点 $a_2$。

可见，当调频厂(机组)进行频率的二次调整时基本上承担了系统负荷的增量。当一个调频厂不足以承担系统负荷变化时，就要增加调频厂的数目，在多厂进行频率的二次调整时，应考虑它们之间的经济负荷分配，通常用自动发电控制装置来实现。

## 三、互联系统的频率调整

若调频厂并不位于负荷中心，而是通过联络线向负荷中心输送功率，这种在联络线上流通的功率有可能超过允许值，这样就出现了在调整系统频率的同时要求控制联络线上流通功率的问题。

现以包含两个子系统的互联系统为例分析如下：

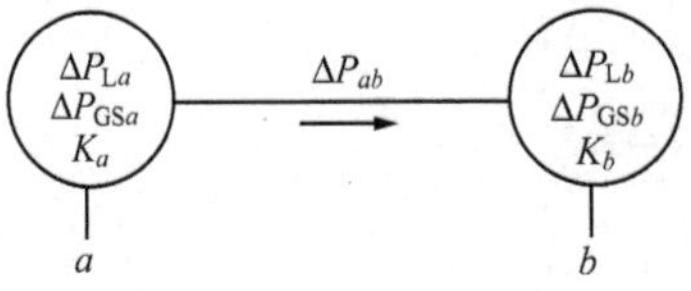


图 9-10　互联系统的频率调整

如图 9-10 所示，设 $\Delta P_{La}$、$\Delta P_{Lb}$ 分别为子系统 $a$、$b$ 的负荷增量；$\Delta P_{GSa}$、$\Delta P_{GSb}$ 分别为子系统 $a$、$b$ 进行频率的二次调整而得到的发电机组功率增量；$K_a$、$K_b$ 分别为子系统 $a$、$b$ 的单位调节功率；$\Delta P_{ab}$ 为通过联络线由 $a$ 向 $b$ 交换的功率增量，并规定由 $a$ 输向 $b$ 时为正。由于两子系统互联，因而两子系统的频率变化将是一致的，仿式(9-24)，对子系统 $a$、$b$，分别有

$$\left.\begin{aligned}\Delta P_{La}+\Delta P_{ab}-\Delta P_{GSa}&=-K_a\Delta f\\ \Delta P_{Lb}-\Delta P_{ab}-\Delta P_{GSb}&=-K_b\Delta f\end{aligned}\right\}\tag{9-25a}$$

解式(9-25a),得到

$$\left.\begin{aligned}\Delta f&=-\frac{(\Delta P_{La}-\Delta P_{GSa})+(\Delta P_{Lb}-\Delta P_{GSb})}{K_a+K_b}\\ \Delta P_{ab}&=\frac{K_a(\Delta P_{Lb}-\Delta P_{GSb})-K_b(\Delta P_{La}-\Delta P_{GSa})}{K_a+K_b}\end{aligned}\right\}\tag{9-25b}$$

使 $\Delta P_{La}-\Delta P_{GSa}=\Delta P_a$,$\Delta P_{Lb}-\Delta P_{GSb}=\Delta P_b$, $\Delta P_a$、$\Delta P_b$ 分别表示子系统 $a$、$b$ 的功率缺额,则式(9-25a)、式(9-25b)可写为

$$\left.\begin{aligned}\Delta P_a+\Delta P_{ab}&=-K_a\Delta f\\ \Delta P_b-\Delta P_{ab}&=-K_b\Delta f\end{aligned}\right\}\tag{9-26a}$$

及

$$\left.\begin{aligned}\Delta f&=-\frac{\Delta P_a+\Delta P_b}{K_a+K_b}\\ \Delta P_{ab}&=\frac{K_a\Delta P_b-K_b\Delta P_a}{K_a+K_b}\end{aligned}\right\}\tag{9-26b}$$

可见,联合系统的频率变化取决于全系统总功率缺额与全系统的单位调节功率,这是因为两子系统已连成一个系统。若子系统 $a$ 无功率缺额,即 $\Delta P_a=0$,则联络线上由 $a$ 流向 $b$ 的功率要增大;如 $b$ 系统无功率缺额,即 $\Delta P_b=0$,则联络线上由 $a$ 流向 $b$ 的功率减少。如 $b$ 系统的功率缺额完全由 $a$ 系统增发的功率所补偿,即 $\Delta P_b=-\Delta P_a$,则 $\Delta f=0$, $\Delta P_{ab}=\Delta P_b=-\Delta P_a$。这时系统频率可维持不变,但 $b$ 系统的功率缺额却要经联络线由 $a$ 向 $b$ 传输。当 $\Delta P_{ab}$ 超过联络线允许范围时,即使 $a$ 系统具有足够的频率二次调整能力,联合系统的频率也不能保持不变。分区功率平衡可以减少联络线负担。

## 四、调频厂的选择

在电力系统中,具有调速器的发电厂(机组)参加频率的一次调整,仅由少数厂(机组)承担频率的二次调整任务。因而将发电厂分为调频厂与非调频厂。通常所说的调频,即指二次调整。调频厂又可分为主调频厂与辅助调频厂。主调频厂主要负责系统的调频任务,辅助调频厂在系统频率偏移超过某一定值时参加调频。按参与调频顺序又可分为第一调频厂(主调频厂)、第二调频厂、第三调频厂等。非调频厂按预先分配的负荷曲线运行。

主调频厂应满足下述要求:

①具有足够的调整容量;

②具有适宜的调整速度，能够适应负荷变化的要求；

③在机组调整输出功率时符合安全与经济要求；

④机组调整功率时在联络线上引起的功率变动及指定中枢点的电压波动应在允许范围内。

火电厂由于受最小负荷的限制，可调容量较小，水电厂可调容量较大。出力调整速度火电厂也远低于水电厂。从技术经济统筹考虑，枯水季节宜选水电厂作为主调频厂。火电厂中效率偏低的机组承担辅助调频任务；在丰水期由中温中压凝汽式火电厂承担主调频任务，而水电厂则满出力运行。

## 五、自动发电控制

自动发电控制(automatic generation control，AGC)是根据系统负荷偏差指令，直接控制发电机功率从而使系统频率维持额定的自动控制系统。当系统负荷发生变化，一次调频作用引起系统频率出现偏差后，自动发电控制通过调整被选定调频发电机组的功率输出，使单一系统或互联系统的频率恢复到额定值且能够保证互联系统各控制区域之间的联络线功率交换为计划值，并且实现参与调频的发电机组之间负荷的最优分配。参与 AGC 调频的机组称为 AGC 机组，反之称非 AGC 机组。

1. 单一系统的自动发电控制

单一系统中自动发电控制的作用就是消除一次调频所产生的静态频率偏差，把系统频率恢复到额定值。自动发电控制与起一次调频作用的调速器控制相比速度较慢，当原动机调速控制已经稳定了系统频率后自动发电控制才开始起作用。因此，自动发电控制调整 AGC 机组的功率参考值，使得 AGC 机组所承担的功率变化值就等于系统内负荷变化值，从而使非 AGC 机组发电出力恢复至计划安排值。

2. 互联系统的自动发电控制

互联电力系统可以划分为多个控制区域，各控制区具有各自的自动发电控制系统。整个互联系统频率统一，当某一控制区的发电与负荷产生不平衡时，其他控制区通过联络线功率的变化进行支援，从而使得整个系统的频率保持一致。图 9-11 给出了互联电力系统典型 AGC 系统功能框图。

区域控制偏差(ACE)是根据电力系统当前的负荷、发电功率和频率等因素形成的偏差值。它反映了区域内的发电与负荷的平衡情况，由联络线交换功率与计划的偏差和系统频率与目标频率偏差组成。ACE 计算公式如下：

$$\mathrm{ACE} = \Delta P_{ab} + B \cdot \Delta f_{ab} \tag{9-27}$$

式中，$\Delta P_{ab}$ 为联络线功率偏差，$B$ 为频率响应因子，单位一般为 MW/0.1Hz，$\Delta f_{ab}$ 为联络线频率偏差。

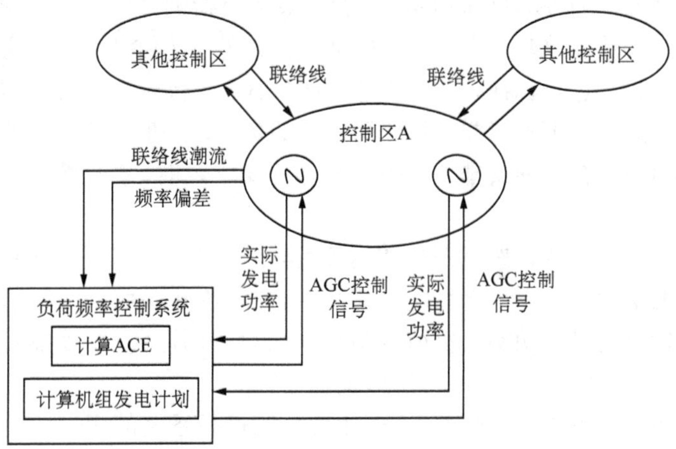


图 9-11　AGC 系统图

在实际运行中，各控制区的电网调度中心根据系统的预测负荷、联络线交换计划和机组的可用出力安排次日所有发电机组的发电计划，并下达到各机组。电网调度中心的负荷频率控制系统采集系统频率、联络线潮流，计算控制区的 ACE，经过滤波后，得到平滑的 ACE。然后根据发电机组的实际功率、机组的功率计划值、AGC 分配因子计算出各机组的 AGC 调节控制信号，发送给 AGC 机组。这样，出现功率和负荷偏差的控制区域内 AGC 机组将完全承担偏差值，使得控制区域间联络线的功率维持计划值且系统频率维持额定。

## 第四节　有功功率平衡与发电厂间负荷的最优分配

### 一、有功功率平衡与备用容量

从负荷频率机制可见，电力系统中的功率平衡是指在一定频率下的平衡，电源发出的有功功率必须大于系统负荷的有功功率。

为做好系统的有功功率平衡，应首先编制预测的有功功率日负荷曲线。这主要是参照长期积累的实测数据，根据用电量大户申报的近日预计负荷，对负荷曲线进行修改，并确切估计厂用电率及网络损耗率，依据气象的变化及时调整日负荷曲线：如高温天气，空调负荷将上升；阴云天气，照明用电将上升。除上述按经验直观预计外，统计分析中的“回归分析”、“时间序列分析”等方法已得到应用。

为保证供电可靠及电能质量合格，系统电源容量必须大于发电负荷，其中超出负荷的部分称为备用容量。对于运行规划，系统备用容量可分为负荷备用、检修备用及事故备用。对于系统规划设计，还应增加国民经济备用。负荷备用，是指满足短时负荷波动及计划外的负荷增量，一般为最大负荷的 2%～5%。事故备用，是指在系统发生偶然事故时产生发电功率缺额的条件下为维持系统正常运行而设置的备用，一般约为最大负荷的 5%～10%，但不小于一台最大机组的容量。检修备用是使系统中的发电设备能如期检修而设置的备用。一般安排在节假日或年负荷曲线的低谷期间。在这种安排下当检修容量仍嫌不足时，才设置专门的检修备用容量。

从备用容量所处的状态可划分为热备用与冷备用。热备用是运行中的发电设备可能发出的最大功率与系统发电负荷之差，亦称旋转备用。冷备用则指未运行的设备可能发出的最大功率。负荷备用必须取热备用形式，事故备用中的部分容量取热备用形式，部分容量取冷备用形式。

只在具备系统备用容量的情况下，才有可能进行系统的频率调整与厂间负荷的最优分配。

## 二、有功功率电源的最优组合

有功功率电源的最优组合是指各发电厂（机组）在承担系统负荷时的合理组合，即所谓机组起停问题，它包括机组的最优组合顺序、数量及开停时间。这涉及冷备用容量的合理分布问题。机组起停问题的解决方法有优先列表计划法、动态规划及混合集成线性规划方法等，这里仅叙述各类电厂的运行特点以及按各类电厂的技术特点及效率优先原则承担负荷的合理顺序。

1. 各类发电厂的运行特点

火力发电厂有以下主要特点：

①需支付燃料费，占用运输能力（坑口电厂除外），需具备燃料储藏条件。

②运行效率与蒸气参数有关，高温高压设备效率高于中温中压设备。

③受锅炉、汽轮机最小技术出力限制，高温高压设备有功功率可调出力为30%左右，中温中压设备可达 75%。增减负荷速度受热膨胀限制不能太快，在50%～100%额定负荷内每分钟仅能增加出力 2%～5%。机组起停增加能耗，在承担激烈负荷变化下，易于损坏设备。

④热电厂由于抽气供热，效率高于凝汽式火电厂，但热负荷输出功率是受到强迫规定的功率。

水力发电厂有以下主要特点：

①无须支付燃料费用，当梯级开发时，水能可连续使用。依水库调节性能在不同程度上受自然条件的影响。对于有调节水库，调节周期越长，受自然条件影响越小；无调节水库，水电出力受制于天然流量。

②水轮机也有最小技术出力限制，因具体条件而异。出力变化速度快，在1min 内可从空载过渡到满载，机组投切不增加能耗，可承担激烈负荷变化。

③水头降低时，可发功率要降低，将低于额定容量。

④水利枢纽因综合利用(防洪、发电、航运、灌溉、渔业、旅游)的需要，发电量受到限制，需与火电厂配合，才能发挥经济效益。

原子能电厂的特点有：

①反应堆可调容量无限制，其最小技术出力受汽轮机决定，约为额定负荷的10%。

②反应堆和汽轮机承担剧烈负荷变动和投切时要增加能耗与时间，易于损坏设备。

③一次投资大，运行费用小。

2. 各类电厂的合理组合

在承担系统负荷时，各类电厂的合理顺序应根据各类电厂的技术特点，运用效率优先原则进行安排，以达到经济合理地利用国家资源的目的。

在有水电厂的系统，应充分合理地利用水力资源，避免弃水。无调节水电厂的全部功率和有调节水库水电厂的强迫功率应首先投入置于负荷曲线的底部。有调节水库的水电厂的可调功率在洪水季节应优先投入，在枯水季节则应承担高峰负荷。

原子能电厂一次投资大，运行费小，建成后应及时投入运行。应持续承担额定容量的负荷，在接近负荷曲线的底部运行。

对于火电厂应力求降低单位功率煤耗，优先投入高效的高温高压机组。一般在负荷曲线的腰荷处运行，并力求降低火电厂的成本，增加燃用当地劣质煤，并使这类燃烧劣质煤的火电厂处于腰荷部分运行。对于中温中压机组，虽然效率低于高温高压机组，但可调功率较大，在枯水季节可代替水电厂在峰荷部分运行。

各类发电厂的组合顺序示意如图9-12所示。

## 三、发电厂间负荷的经济分配

在电力系统负荷曲线编制的基础上以及各类电厂的合理组合已经确定，且系统中具有一定数量的电源备用容量时，才有可能探讨有功功率负荷在发电厂间的合理分配问题。探讨这一问题的目的在于寻求最少的能源消耗以满足用户的供电需求，也就是提高电力系统运行的经济性。本节将依次讨论发电机组的耗量特性、机组间的经济负荷分配、发电厂间的经济负荷分配以及在能源耗量有限制的条件下的厂间经济负荷分配问题。

1. 发电机组的耗量特性

发电机组是指锅炉、汽轮机与发电机的组合。发电机组在单位时间内的能源投入与功率产出之间的关系称为机组的耗量特性。它是机组间进行经济负荷分配的基本依据。如图9-13所示，耗量特性的纵坐标为单位时间内燃料消耗 $F(\mathrm{t/h})$，

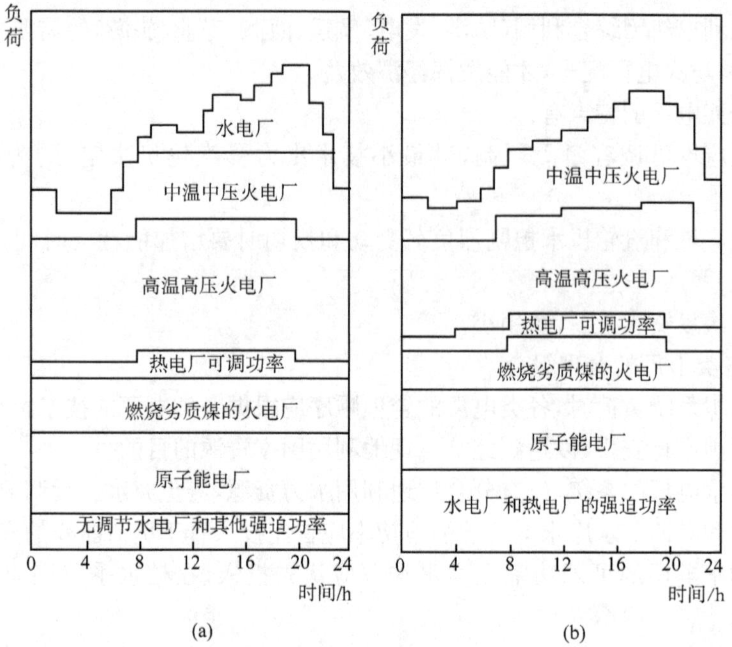


图 9-12 各类发电厂组合顺序示意图

(a)枯水季节 (b)洪水季节

横坐标为发电功率 $P$(MW);水轮机组的耗量特性的纵坐标为耗水量($m^3/h$)。

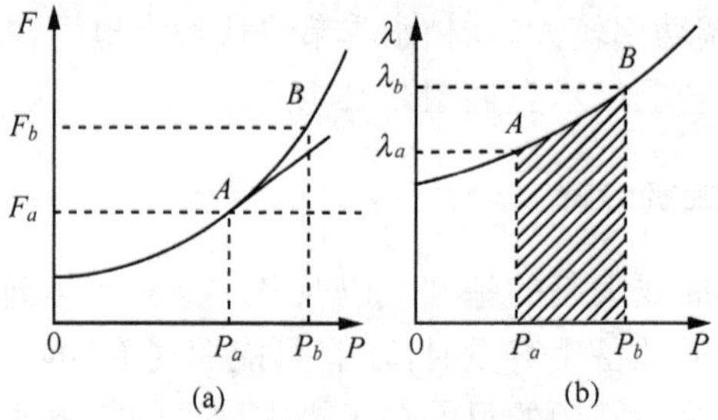


图 9-13 耗量及微增率特性

(a)耗量特性 (b)微增率特性

耗量特性曲线上某点纵坐标与横坐标的比值,即单位时间内机组能源投入与输出功率之比,称为比耗量,即

$$\mu = \frac{F}{P} \quad [\mathrm{t/(MW \cdot h)}] \tag{9-28}$$

当耗量特性纵横坐标相同时，比耗量的倒数即为机组的效率。

耗量特性曲线上某点切线的斜率称为耗量微增率，它是单位时间内输入能源增量与输出功率增量之比的极限，亦即 $F$ 对 $P$ 的导数

$$\lambda = \lim_{\Delta P \to 0} \frac{\Delta F}{\Delta P} = \frac{\mathrm{d}F}{\mathrm{d}P} \quad [\mathrm{t/(MW \cdot h)}] \tag{9-29}$$

图 9-13(b)示出与图 9-13(a)的耗量特性曲线相对应的微增率特性曲线。由式(9-29)及图 9-13 可得

$$\int_{F_a}^{F_b} \mathrm{d}F = F_a - F_b = \int_{P_a}^{P_b} \lambda \,\mathrm{d}P \tag{9-30}$$

应用耗量微增率概念将能方便地求取在发电厂承担总负荷功率的变化时各机组应各自分担多少份额以使全厂总燃料消耗最小。现以一厂只有两台机组为例，其各自的耗量微增率特性曲线见图 9-14。设机组 1 带负荷为 $P_1$，相应的耗量微增率为 $\lambda_1$；机组 2 带负荷为 $P_2$，相应的耗量微增率为 $\lambda_2$，且 $\lambda_1 > \lambda_2$。如若将机组 1 所带功率减少 $\Delta P$，机组 2 所带功率增加 $\Delta P$，以使全厂总负荷不变。由图 9-14 可见，矩形面积 $S_{P'_1 P_1 a_1 a'_1} > S_{P_2 P'_2 a'_2 a_2}$。即机组 1 因少发 $\Delta P$ 而减少的煤耗量大于机组 2 因增发 $\Delta P$ 而增加的煤消耗量，从而使全厂煤耗量减少。如此转移负荷的过程继续下去，全厂煤耗量将继续减少，直至 $\lambda_1 = \lambda_2$ 时全厂总的煤耗量为最小。

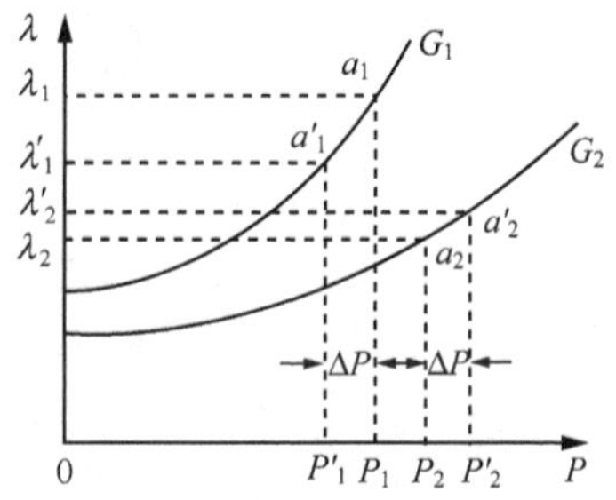


图 9-14　机组负荷改变时耗量的变化

2. 机组间负荷最优分配的等耗量微增率准则

厂内机组间有功功率负荷最优分配的目的在于全厂供应同样大小的有功功率负荷单位时间内的能源消耗量为最小。

设某发电厂内有 $n$ 台机组，每台机组承担的负荷分别为 $P_1, P_2, \cdots, P_n$，相应的每小时煤消耗量为 $F_1, F_2, \cdots, F_n$，则全厂每小时消耗煤的总量为

$$F_\Sigma = F_1(P_1) + F_2(P_2) + \cdots + F_n(P_n) = \sum_{i=1}^{n} F_i(P_i) \tag{9-31}$$

全厂承担总的负荷功率为

$$P_\mathrm{L} = P_1 + P_2 + \cdots + P_n = \sum_{i=1}^{n} P_i \tag{9-32}$$

目标函数是煤的总耗量 $F_\Sigma$，等式约束条件是保持功率平衡，即

$$\sum_{i=1}^{n} P_i - P_\mathrm{L} = 0 \tag{9-33}$$

运用拉格朗日乘子法建立增广目标函数

$$L=\sum_{i=1}^{n}F_i(P_i)-\lambda\left(\sum_{i=1}^{n}P_i-P_L\right) \tag{9-34}$$

使全厂煤耗量最小的条件是使 $L$ 最小化，即

$$\frac{\partial L}{\partial P_i}=\frac{\partial F_\Sigma}{\partial P_i}-\lambda=0,\quad i=1,2,\cdots,n \tag{9-35}$$

即

$$\frac{\mathrm{d}F_i}{\mathrm{d}P_i}-\lambda=0,\quad i=1,2,\cdots,n \tag{9-36}$$

由此可得

$$\frac{\mathrm{d}F_1}{\mathrm{d}P_1}=\frac{\mathrm{d}F_2}{\mathrm{d}P_2}=\cdots=\frac{\mathrm{d}F_n}{\mathrm{d}P_n}=\lambda \tag{9-37}$$

即

$$\lambda_1=\lambda_2=\cdots=\lambda_n=\lambda \tag{9-38}$$

式(9-38)即为发电厂内并联运行机组间的负荷经济分配准则——等耗量微增率准则。式中 $\lambda$ 表示全厂的耗量微增率。图 9-15 为三机组间负荷最优分配的图解(满足 $\Delta P_1+\Delta P_2+\Delta P_3=\Delta P_L$)。

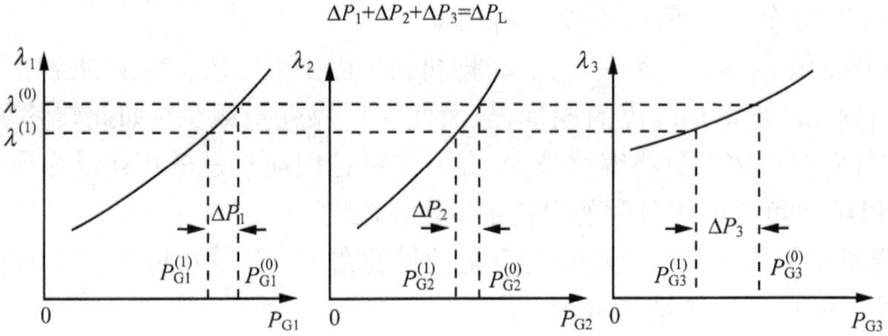


图 9-15　负荷最优分配的图解法

实际上除等式约束外还会有不等式约束，如机组有功功率限额约束：

$$P_{Gi}^{\min}<P_{Gi}<P_{Gi}^{\max}$$

一种简易的处理方法是：全厂各机组已按等耗量微增率准则分配负荷，但第 $i$ 个机组应带负荷超出高限，即 $P_{Gi}>P_{Gi}^{\max}$。此时可将该机组满载运行，其余 $n-1$ 个机组按等 $\lambda$ 准则分配负荷。类似地，若第 $i$ 个机组应带负荷低于低限，即 $P_{Gi}<P_{Gi}^{\min}$，可使该机组带负荷至 $P_{Gi}^{\min}$，其余 $n-1$ 个机组按等 $\lambda$ 准则分配负荷。

**[例 9-3]**　同一发电厂内两台发电机组的耗量特性及功率约束分别为

$$F_1=4+0.3P_{G1}+0.0008P_{G1}^2\,(\mathrm{t/h}),\quad 20\mathrm{MW}\leqslant P_{G1}\leqslant 300\mathrm{MW}$$

$$F_2 = 3 + 0.33P_{G2} + 0.0004P_{G2}^2 (t/h), \quad 60MW \leqslant P_{G2} \leqslant 500MW$$

(1) 发电厂供电总负荷为 550MW 时,试求负荷在两台机组间的最优分配方案和该发电厂的综合耗量微增率曲线;

(2) 当两台机组平均分配负荷时,求每小时多消耗的燃料。

**解**:(1)由耗量特性克的两台发电机组的耗量微增率与发电出力之间的关系分别为

$$\lambda_1 = 0.3 + 0.0016P_{G1}[t/(MW \cdot h)]$$

$$\lambda_2 = 0.33 + 0.0008P_{G2}[t/(MW \cdot h)]$$

按等耗量微增率原则分配负荷,

$$\lambda_1 = \lambda_2 = \lambda$$

可得

$$P_{G1} = \frac{\lambda - 0.3}{0.0016}$$

$$P_{G2} = \frac{\lambda - 0.33}{0.0008}$$

因此,当两台发电机组共承担 550MW 负荷时,

$$P_{G1} + P_{G2} = 550 \text{ (MW)}$$

计算得出 $\lambda \approx 0.6133$,及相应的发电机组所承担负荷为 $P_{G1} = 195.83$MW,$P_{G2} = 354.17$MW。由于两台机组均满足功率约束,因此该负荷分配方案也就是最优分配方案。

如果第二台发电机组功率约束如同第一台机组,那么上述分配方案中第二台机组所承担的负荷已经超过功率上限,无法继续增加负荷。因此,第二台机组只能够承担等同于它功率上限的负荷,即 $P_{G2} = 300$MW,剩余的负荷则由第一台机组承担,即 $P_{G1} = 250$MW。

综合耗量特性可以根据等耗量微增率原则分配负荷方案进行计算,将不同的 $\lambda$ 值代入计算公式 $P_{G1} = \frac{\lambda - 0.3}{0.0016}$,$P_{G2} = \frac{\lambda - 0.33}{0.0008}$ 以及 $P_L = P_{G1} + P_{G2}$,分别计算 $P_L$、$P_{G1}$、$P_{G2}$。计算结果如表 9-1,并可根据表 9-1 可以画得综合耗量特性曲线如图 9-16。

**表 9-1　例 9-3 负荷最优分配方案**

| $\lambda$ | 0.332 | 0.378 | 0.4 | 0.5 | 0.6 | 0.7 | 0.73 | 0.78 |
|---|---|---|---|---|---|---|---|---|
| $P_{G1}$/MW | 20 | 48.75 | 62.5 | 125 | 187.5 | 250 | 268.75 | 300 |
| $P_{G2}$/MW | 60 | 60 | 87.5 | 212.5 | 337.5 | 462.5 | 500 | 500 |
| $P_L$/MW | 80 | 108.75 | 150 | 337.5 | 525 | 712.5 | 768.75 | 800 |

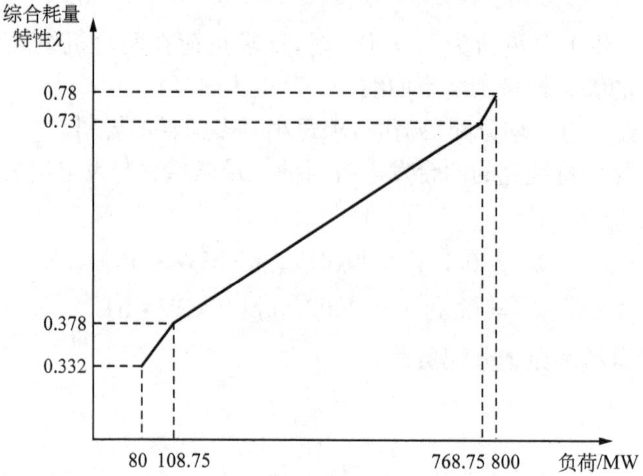


图 9-16　电厂综合耗量特性

(2) 最优分配方案下两台机组的总煤耗量为

$$F_1 = 4 + 0.3P_{G1} + 0.0008P_{G1}^2 = 4 + 0.3 \cdot 195.83 + 0.0008 \cdot 195.83^2 = 93.43(t/h)$$

$$F_2 = 3 + 0.33P_{G2} + 0.0004P_{G2}^2 = 3 + 0.33 \cdot 354.17 + 0.0004 \cdot 354.17^2 = 170.05(t/h)$$

$$F_\Sigma = 93.43 + 170.05 = 263.48(t/h)$$

而当两台机组平均分配负荷时，每台机组各承担 275MW 负荷，此时两台机组每小时的煤耗量为

$$F_1 = 4 + 0.3P_{G1} + 0.0008P_{G1}^2 = 4 + 0.3 \cdot 275 + 0.0008 \cdot 275^2 = 147(t/h)$$

$$F_2 = 3 + 0.33P_{G2} + 0.0004P_{G2}^2 = 3 + 0.33 \cdot 275 + 0.0004 \cdot 275^2 = 124(t/h)$$

$$F_\Sigma = 147 + 124 = 271(t/h)$$

可见，当两台机组平均分配负荷时，每小时将多消耗 7.52t 煤。日积月累后，多消耗的煤将非常可观。

3. 火电厂间负荷的最优分配

发电厂间的负荷经济分配问题与同一厂内机组间的负荷经济分配不同之处在于，发电厂是通过网络相联系的，而在传输功率时网络中会产生功率损耗。显然，某厂出力增加引起网损越大，则宜于减少该厂出力；反之则宜于增加该厂出力。因此，在这种情况下等耗量微增率的概念必须扩充。

设一电力系统的受端网络中有 $n$ 个火电厂，每厂承担的负荷分别为 $P_1$，$P_2$，…，$P_n$，相应的每小时煤消耗量分别为 $F_1$，$F_2$，…，$F_n$，则该网络每小时消耗煤的总量为

$$F_{\Sigma}=F_1(P_1)+F_2(P_2)+\cdots+F_n(P_n)=\sum_{i=1}^{n}F_i(P_i) \tag{9-39}$$

该网络承担的总负荷功率为 $P_{\mathrm{L}}+\Delta P_{\mathrm{L}}$，则

$$P_{\mathrm{L}}+\Delta P_{\mathrm{L}}=P_1+P_2+\cdots+P_n=\sum_{i=1}^{n}P_i \tag{9-40}$$

式中，$\Delta P_{\mathrm{L}}$ 为该网的网络损耗。

建立增广目标函数

$$L=\sum_{i=1}^{n}F_i(P_i)-\lambda\Big(\sum_{i=1}^{n}P_i-P_{\mathrm{L}}-\Delta P_{\mathrm{L}}\Big) \tag{9-41}$$

使该网煤耗量为最小的条件是使 $L$ 最小化：

$$\frac{\partial L}{\partial P_i}=\frac{\partial F_{\Sigma}}{\partial P_i}-\lambda\left(1-\frac{\partial\Delta P_{\mathrm{L}}}{\partial P_i}\right),\quad i=1,2,\cdots,n \tag{9-42}$$

即

$$\frac{\partial F_i}{\partial P_i}=\lambda\left(1-\frac{\partial\Delta P_{\mathrm{L}}}{\partial P_i}\right),\quad i=1,2,\cdots,n \tag{9-43}$$

可见，计入网络损耗后，火电厂间有功功率负荷经济分配的条件是

$$\frac{\mathrm{d}F_1}{\mathrm{d}P_1}\left(1-\frac{\partial\Delta P_{\mathrm{L}}}{\partial P_1}\right)^{-1}=\frac{\mathrm{d}F_2}{\mathrm{d}P_2}\left(1-\frac{\partial\Delta P_{\mathrm{L}}}{\partial P_2}\right)^{-1}=\cdots=\frac{\mathrm{d}F_n}{\mathrm{d}P_n}\left(1-\frac{\partial\Delta P_{\mathrm{L}}}{\partial P_n}\right)^{-1}=\lambda \tag{9-44}$$

式中，$\frac{\mathrm{d}F_i}{\mathrm{d}P_i}$ 为第 $i$ 个厂的煤耗量微增率；$\frac{\partial\Delta P_{\mathrm{L}}}{\partial P_i}$ 为第 $i$ 个厂的网损微增率；$\left(1-\frac{\partial\Delta P_{\mathrm{L}}}{\partial P_i}\right)^{-1}$ 为第 $i$ 个厂的网损修正系数；$\lambda$ 为全网的耗量微增率。

网损微增率 $\frac{\partial\Delta P_{\mathrm{L}}}{\partial P_i}$ 是网络有功功率损耗对第 $i$ 厂出力的微增率。$\frac{\partial\Delta P_{\mathrm{L}}}{\partial P_i}$ 越大，表示第 $i$ 厂出力的增加引起的网损量也越大，因此，应适当减少该厂的出力。由式(9-43)可见，对于同样的系统耗量微增率 $\lambda$，$\frac{\partial\Delta P_{\mathrm{L}}}{\partial P_i}$ 大者，$\frac{\mathrm{d}F_i}{\mathrm{d}P_i}$ 应取较小值；反之 $\frac{\partial\Delta P_{\mathrm{L}}}{\partial P_i}$ 较小者，$\frac{\mathrm{d}F_i}{\mathrm{d}P_i}$ 应取较大值。

网损函数 $\Delta P_{\mathrm{L}}$ 与网络结构及网络参数有关，网损微增率的计算可参阅文献[5]。

4. 水电厂与火电厂间负荷的最优分配

因水电厂消耗的水量受水库调度的约束，因而水、火电厂之间的负荷经济分配问题属于能源消耗受限制的有功功率负荷的最优分配问题。

现以一火电厂与一水电厂之间的负荷分配问题为例，扼要说明这类问题的处理方法。假定略去网络损耗并不计水头变化，这类问题的处理方法与纯火电厂间负荷分配问题的不同之处在于，目标函数以对时间的积分形式出现：

$$F_{\Sigma} = \int_0^{\tau} F(P_{\mathrm{T}})\mathrm{d}t \tag{9-45}$$

式中，$F_{\Sigma}$ 为 $\tau$ 时段内火电厂的燃料耗量。等式约束除功率平衡条件外，尚需增加水量约束条件

$$\int_0^{\tau} W(P_{\mathrm{H}})\mathrm{d}t = K \tag{9-46}$$

式中，$K$ 为 $\tau$ 时段内由水库调度部门规定的水电厂耗水量。

在上述修正下，建立增广目标函数并求极值可得水、火电厂间的经济负荷分配条件

$$\lambda_{\mathrm{T}} = r\lambda_{\mathrm{H}} = \lambda \tag{9-47}$$

式中，$\lambda_{\mathrm{T}}$ 为火电厂的燃料耗量微增率

$$\lambda_{\mathrm{T}} = \frac{\mathrm{d}F}{\mathrm{d}P_{\mathrm{T}}} \quad \mathrm{t/MW}$$

$\lambda_{\mathrm{H}}$ 为水电厂的水耗量微增率

$$\lambda_{\mathrm{H}} = \frac{\mathrm{d}W}{\mathrm{d}P_{\mathrm{H}}} \quad \mathrm{m^3/MW}$$

$r$ 为水、火电厂间微增率的折合系数

$$r = \frac{\mathrm{d}F}{\mathrm{d}W} \quad \mathrm{t/M^3}$$

$\lambda$ 为系统的耗量微增率，t/MW。

式(9-47)为等耗量微增率准则在水、火电厂之间的推广应用。关键因素是折合系数 $r$。水电厂在一定时间内可消耗的水量越多，单位重量燃料可折合的水量就越大，$r$ 就越小，$r\lambda_{\mathrm{H}}$ 也越小，按等耗量微增率准则水电厂应承担的负荷应越大，反之则水电厂应承担的负荷应越小。折合系数 $r$ 可由迭代计算得到，设初值 $r^{(0)}$，经过计算可得 $K^{(0)}$（给水量初值）。经过迭代计算后，直至 $K^{(v)}$ 接近 $K$，则 $r^{(v)}$ 即为解[1]。

式(9-47)可推广应用于多个水厂与多个火厂间。

## 四、抽水蓄能水电厂调峰

电力系统发展过程中电源结构与用电结构不断变化，例如水力发电容量占全

系统总容量的比重下降，电网日平均用电负荷率下降，日负荷曲线中峰谷差的增长率大于最高负荷的增长率。电网峰谷差在增大，而电网的调峰手段显得不足，成为制约电网运行的困难问题。这主要是由于系统中的火电发电厂调节能力不足，火力发电厂中受锅炉燃料稳定性的限制，有功功率调节范围较窄，高温高压设备仅为30%左右，中温中压设备虽然允许的调节范围较宽，但受种种实际因素的限制往往达不到最小技术出力。在系统的峰荷和谷荷期间利用众多的中、小容量机组频繁投切，除增大燃料消耗外，还会造成机组的安全性下降。以华东电网为例，最近五年(1996～2000)的统计，平均峰谷差达到35%，而火电综合调峰幅度仅为30.8%。峰谷差加大带来火电调整频繁，损耗加大，特别是低谷时减少出力往往遇到困难，引起电能质量下降，甚至因害怕减小出力困难，在高峰时减少机炉投运数目，以致造成高峰用电受到一定程度的限制。

抽水蓄能水电厂的建立是解决电力系统峰谷差的最有效的手段。抽水蓄能水电厂装备可逆式水泵水轮机与可逆式发电电动机组，在低谷负荷时作水泵电动机运行，将下游水库的水量抽至上游水库储蓄起来；而在峰荷时，作水轮机发电机运行，可将峰荷“转移”到低谷，起了“削峰填谷”作用，从而减少了实际的峰谷差，提高了用电负荷率。抽水蓄能机组相对于燃气、燃油机组，具有无环境污染、运行人员少、可靠性高、厂用电少、维护费用较小等系列优点，被证明是各种调峰机组中效率最高的机组，并使核电机组能够稳定地满出力运行，改善了电源结构，促进了系统的安全稳定运行。

为说明抽水蓄能机组的效益，如图9-17所示，其中图9-17(a)为火电厂的输入输出特性曲线，纵坐标为每小时的运行费 $F_T/(y/h)$，横坐标为输出功率

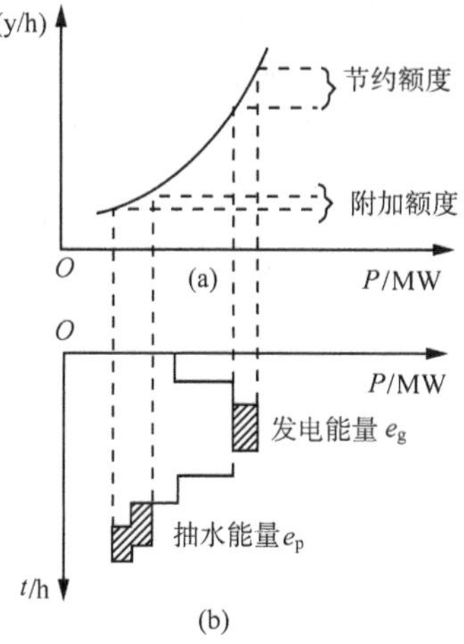


图9-17　热输入输出特性及典型日负荷曲线

$P$/MW。图 9-17(b)为典型日负荷曲线。抽水蓄能水电厂运行的经济效益在于低谷负荷时附加的抽水费用低于高峰负荷时由于削峰运行而节约的燃煤费用。如再计及峰谷电价差,其经济效益将是显著的。对于同样的水量,倘 $e_g$ 表示发电能量(MW·h),$e_p$ 表示抽水能量(MW·h),则抽水蓄能电厂在一循环周期内的效率为

$$\eta=\frac{e_g}{e_p}$$

$\eta$的典型值为 2/3。

上游水库有蓄能容量的限制,典型地可提供 4～8h 作为发电机连续运行。抽水蓄能水电厂的运行周期可以是一天或一周。当运行周期是一周时,将在一周的开始具有满的上游水库,计划在一周的周期内,在高峰负荷时段作为发电机运行以及在偏离峰荷阶段再对上游水库蓄水。

华东电网新近建成的天荒坪抽水蓄能水电厂总装机容量为 1800MW,由 6 台单机容量为 300MW 的可逆式水泵水轮机与可逆式发电机电动机组成。蓄能库容相当于在全厂额定容量下满发电 5h,满抽水 6～7h。全厂容量约占 2000 年日负荷峰谷差的 12.5%。典型运行方式包括高峰负荷时机组满发电、低谷负荷时机组满抽水以及在腰荷时部分机组作为调相机运行。该蓄能电厂除担任华东电网调峰任务外,兼作辅助调频厂与紧急事故备用容量。

## 参 考 文 献

1. 陈珩. 电力系统稳态分析. 北京:中国电力出版社,1995
2. Wood A J, Wollenberg B L. Power Generation Operation & Control. John Wiley & Sons, 1983
3. 华东电力试验研究院. 天荒坪抽水蓄能电站. 华东电力增刊,1998
4. Alvarado F L. Panalty Factors from Newton's method. IEEE Trans on PAS vol. PAS-97, Nov/Dec 1978
5. Elgerd O I. Electric Energy System Theory, An Introduction. Second Edition. McGraw Hill Book Company, 1982
6. Prabha Kundur. Power System Stability and Control. McGraw-Hill, 1994
7.《电力系统调频与自动发电控制》编委会. 电力系统调频与自动发电控制. 北京:中国电力出版社,2006

# 第十章　无功功率补偿与电压调整

本章主要阐述电力系统中无功功率负荷-电压机制与电压偏离额定值时的影响、无功功率电源与无功功率负荷间的平衡、无功不足时的补偿、无功补偿电源的类型、电力系统的电压管理与电压调整方法。无功平衡与电压质量对于电力系统的安全、经济运行具有重要意义。

## 第一节　无功功率负荷-电压机制

### 一、无功功率负荷-电压机制

电力系统中的负荷需要消耗大量的无功功率，同时电力网络也会引起无功功率损耗。电力系统中的电源必须发出足够的无功功率以满足用户与网络的需要，这就是无功功率平衡。电力系统中有功功率平衡是指在一定频率下的平衡，电力系统中的无功功率平衡则是指在一定结点电压下的平衡，无功功率电源不足将导致结点电压下降。与有功功率平衡不同的是：有功功率平衡是全系统的平衡，且全系统只有一个频率；而无功功率平衡要满足众多的结点电压的要求，除了对全系统需要平衡以外，地区系统也需要平衡。无功功率应避免长距离输送而要就地平衡。

下面我们就来看看网络结点电压是如何确定的，结点电压变动又是什么原因引起的。这要从负荷的无功功率-电压特性、电源的无功功率-电压特性以及两者的特性相交来说明。

设简单电力系统如图 10-1 所示，其中图 10-1(b)所标参数均为标幺值并假设发电机的自动电压调整器能够维持端电压 $U_G$ 恒定，故有

$$U_G - U \approx \frac{Pr + Qx}{U} \tag{10-1}$$

$$U(U_G - U) = Pr + Qx \tag{10-2}$$

对式(10-2)用隐函数求导，因而有

$$(U_G - 2U)\frac{\partial U}{\partial P} = r \tag{10-3}$$

$$(U_G - 2U)\frac{\partial U}{\partial Q} = x \tag{10-4}$$

故有

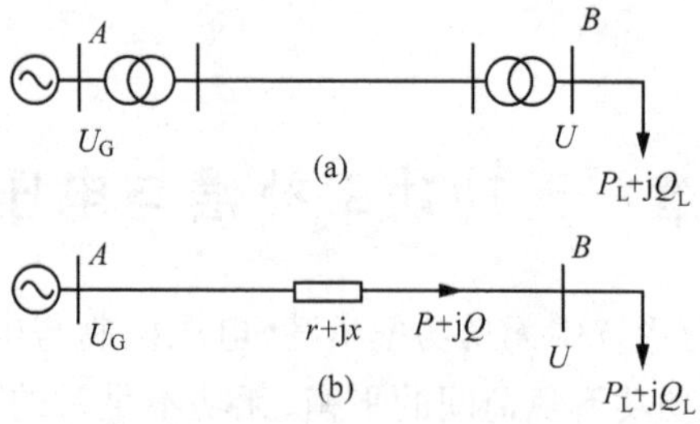


图 10-1　简单电力系统

(a)系统图　(b)等值电路

$$\frac{\partial U}{\partial P}=-\frac{r}{2U-U_G}\approx-\frac{r}{U_N} \tag{10-5}$$

$$\frac{\partial U}{\partial Q}=-\frac{x}{2U-U_G}\approx-\frac{x}{U_N} \tag{10-6}$$

式中，$U_N$ 为额定电压的标幺值，

$$dU=\frac{\partial U}{\partial P}dP+\frac{\partial U}{\partial Q}dQ=dU_P+dU_Q \tag{10-7}$$

对于高压网

$$r\ll x,\quad dU_P\ll dU_Q$$

故

$$dU\approx dU_Q \tag{10-8}$$

故电网结点电压的变动主要由无功功率变动所引起，$\frac{\partial U}{\partial P}$、$\frac{\partial U}{\partial Q}$分别称为系统的电压-有功功率特性系数和系统的电压-无功功率特性系数，它们分别表示结点注入的有功功率的变化所引起的结点电压的变化和结点注入的无功功率的变化所引起的结点电压的变化。由图 10-2(a)及图 10-2(b)可见，$U$-$P$ 特性曲线较平，而 $U$-$Q$ 特性曲线较陡，图 10-2(c)的 $U$-$Q$ 特性曲线则是由式(5-15)即发电机稳态无功功率公式求出的，此时假设发电机电势 $E_q$ 恒定。

在图 10-1 中，对变电站 $B$ 的综合负荷而言，异步电动机为无功负荷的主要成分，它决定了无功负荷的电压静态特性。异步电动机消耗的无功功率包括激磁无功功率与定、转子绕组漏抗中消耗的无功功率两部分，其 $Q$-$U$ 特性曲线如图 10-3(a)所示。对于变电站 $B$ 的综合负荷电压静态特性如图 10-3(b)所示，该图假设负荷成分比例为：异步电动机 82.5%，同步电动机 1.3%，电热电炉 15%，整流设备 1.2%。

对负荷的电压静态特性求导(标幺值)可得有功负荷-电压调节效应系数$\frac{dP}{dU}$与

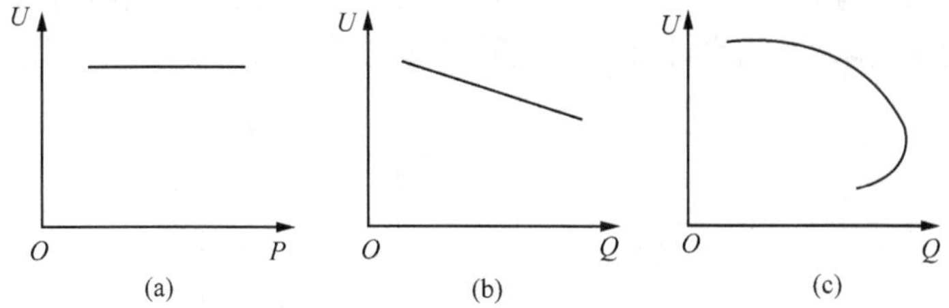


图 10-2　电力系统的结点 $U$-$P$，$U$-$Q$ 特性曲线

(a)$U$-$P$ 特性　(b)$U$-$Q$ 特性　(c)发电机无功输出特性

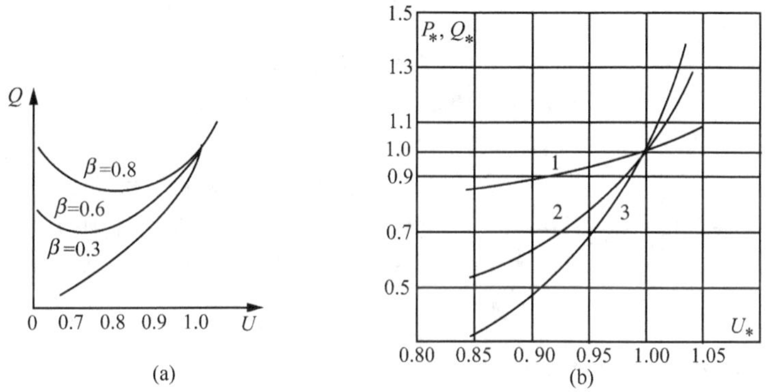


图 10-3　电压-无功负荷静态特性

(a)异步电动机($\beta$为负载系数)　(b)综合负荷

1—$P_*=f(U_*)$特性；2—$Q_*=f(U_*)$特性(无电容器补偿)；

3—$Q_*=f(U_*)$(电容器补偿 51%)

无功负荷-电压调节效应系数$\dfrac{dQ}{dU}$，对于大电力系统$\dfrac{dP}{dU}$值一般在0.55～0.9，而$\dfrac{dQ}{dU}$则在 2.5～7.5，可见无功功率负荷与电压的相关性要比有功功率与电压的相关性强得多。

如果把图 10-2(b)与图 10-3(b)叠在一起，就成为图 10-4(a)。图中曲线 L 为负载特性曲线，$S$ 为系统特性曲线，两者的交点 $A$ 确定了负荷结点的电压值$U_A$，系统在这一电压水平下达到了无功功率平衡。如图 10-4(b)所示，若该结点的无功负荷增加，曲线 $L$ 移到了 $L'$，系统的无功功率电源不能随之增加，曲线 $S$ 维持不变，曲线 $L'$与 $S$ 的交点为 $A'$，表明负荷从系统汲取的无功功率增加，结点电压水平下降至 $U'_A$。这意味着系统在较低的电压水平下达到无功功率平衡。此时如能相应增加系统的无功功率供给(如增加发电机励磁电流)，则曲线 $S$ 移至 $S'$。曲线 $S'$与 $L'$的交点为 $A''$，则结点电压仍可能维持原先值 $U_A$。无功功率电源与无功功率负荷平衡的标志是系统中各个结点的电压水平均在允许范围内。若部分结点电压水平不满足要求(偏离允许带段),说明局部地区内无功功率不平衡。

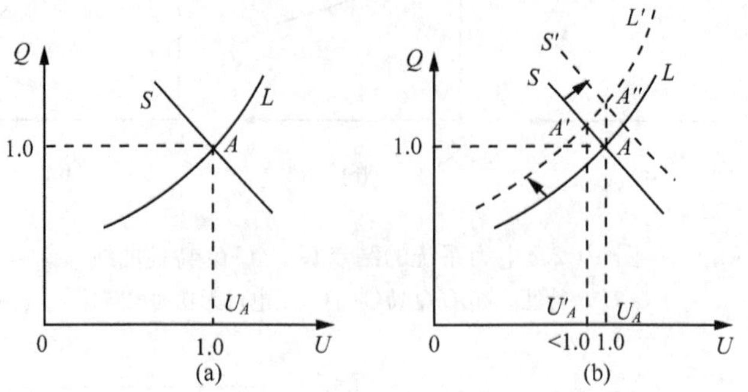


图 10-4 电力系统 Q-U 特性

(a)Q-U 特性相交 (b)负荷增长与电源增加

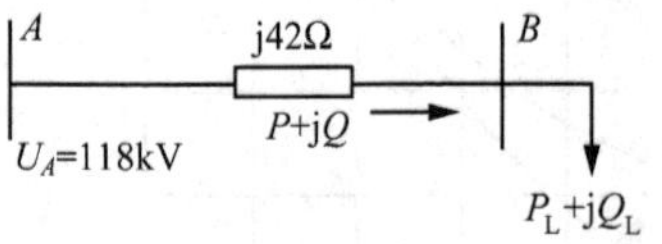


图 10-5 输电系统等值电路

**[例 10-1]** 输电系统等值电路如图10-5所示。已知电源点 $A$ 的电压 $U_A=118\text{kV}$ 维持恒定。负荷的有功功率 $P_L=40\text{MW}$ 保持不变。无功功率 $Q_L=Q_{L0}\left(\frac{U}{110}\right)^2\text{Mvar}$,在 $Q_{L0}=18\text{Mvar}$ 及 $Q_{L0}=25\text{Mvar}$ 两种情况下确定 $B$ 点的电压 $U_B$ 以及电源点 $A$ 需供给的无功功率①。

**解:**由图 10-5 的等值电路,可得下式:

$$P=\frac{U_AU_B}{X}\sin\delta$$

$$Q=\frac{U_AU_B}{X}\cos\delta-\frac{U_B^2}{X}$$

对上述二式消去 $\delta$,可得

$$Q=\sqrt{\left(\frac{U_AU_B}{X}\right)^2-P^2}-\frac{U_B^2}{X}$$

$$=\sqrt{\left(\frac{118U_B}{42}\right)^2-P^2}-\frac{U_B^2}{42}$$

$$=\sqrt{7.8934U_B^2-1600}-0.0238U_B^2$$

两种情况下的负荷功率分别为

① 本例参照周荣光、陈刚,电力系统稳态分析,清华大学电机工程系讲义,1986。

$$Q_L = 18\left(\frac{U_B}{110}\right)^2, \quad Q'_L = 25\left(\frac{U_B}{110}\right)^2$$

由上述列式可以求得电源及负荷的无功-电压特性如表 10-1 及图 10-6 所示。

**表 10-1　电源及负荷的无功-电压特性**

| $U_B$/kV | 102 | 103 | 104 | 105 | 106 | 107 | 108 | 109 | 110 | 111 | 112 |
|---|---|---|---|---|---|---|---|---|---|---|---|
| $Q$/Mvar | 36.15 | 34.11 | 32.02 | 29.88 | 27.69 | 25.46 | 23.18 | 20.84 | 18.47 | 16.04 | 13.56 |
| $Q_L$/Mvar | 16.69 | 16.85 | 17.02 | 17.18 | 17.35 | 17.51 | 17.67 | 17.84 | 18 | 18.33 | 18.66 |
| $Q'_L$/Mvar | 23.18 | 23.41 | 23.64 | 23.86 | 24.09 | 24.32 | 24.55 | 24.78 | 25 | 25.46 | 25.92 |

在图 10-6 中，曲线 $Q_L$-$U$ 与曲线 $Q$-$U$ 的交点 $B$ 可确定电压 $U_B=110.3$kV，曲线 $Q'_L$-$U$ 与曲线 $Q$-$U$ 的交点 $B'$可确定电压 $U_B=107.5$kV。此时负荷的实际无功功率分别为

$$Q_L = 18\times\left(\frac{110.3}{110}\right)^2 = 18.1(\text{Mvar})$$

$$Q'_L = 25\times\left(\frac{107.5}{110}\right)^2 = 23.88(\text{Mvar})$$

由结点 $A$ 送入系统的无功功率分别为

$$Q_A = 18.1 + \frac{40^2+18.1^2}{110.3^2}\times 42 = 24.75(\text{Mvar})$$

$$Q'_A = 25 + \frac{40^2+23.88^2}{107.5^2}\times 42 = 32.89(\text{Mvar})$$

由上述计算可见，当无功负荷增长后，结点 $B$ 的电压已降到额定值以下，且电源需多供出约 1/3 的无功功率。

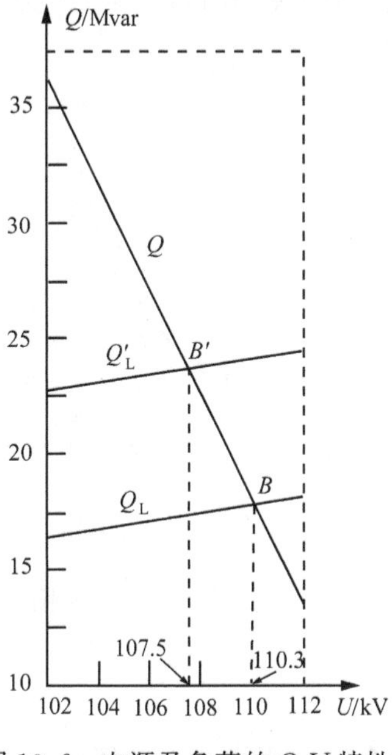


图 10-6　电源及负荷的 $Q$-$U$ 特性

## 二、电压偏移的影响

受电器是按照额定电压设计的，当它们在额定电压下运行时，处于最佳运行状态，即具有最佳的技术经济指标。当运行电压偏离额定值较大时，技术经济指标就会恶化。照明负荷中的白炽灯，对电压反应灵敏。当运行电压低于额定值的 5%，光通量减少至 82%；当运行电压低于额定值的 10%，光通量减少至 70%，发光效率减少至 80%；当运行电压高于额定值的 5%，使用寿命减少一半；当运行电压高

于额定值的10%，使用寿命减少2/3。白炽灯的电压特性如图10-7(a)所示。日光灯对电压变动的反应较不灵敏，但运行电压低于额定值时光通量也将减少，运行电压高于或低于额定值时寿命将缩短。日光灯的电压特性如图10-7(b)所示。负荷中占很大比重的感应电动机的转矩与端电压的平方成正比。当运行电压降低10%，转矩下降至81%。若负载阻力矩不变，电压降低使滑差增大，绕组中电流增大，温升增加，效率下降，缩短寿命，且启动过程加长，由于温度过高，易于烧毁。发电厂厂用电中由电动机驱动的辅机，其机械转矩与转速的高次方成正比，电压降低滑差增大，转速降低，输出功率迅速减少，将影响汽轮、锅炉的工作，严重情况下将造成安全问题。变压器的运行电压偏低，若负载功率不变，致使输出电流增加，使绕组过热。电压偏高，励磁电流增大，铁心损失增加，温升增高，严重情况下引起高次谐波共振。由于局部地区无功不足，运行电压严重低下，一些变电所在负荷的微小扰动下会出现电压大幅度下滑，以至失压，即所谓电压崩溃(见第十四章)。因此，供电管理部门需规定变电所母线的允许电压偏移范围。

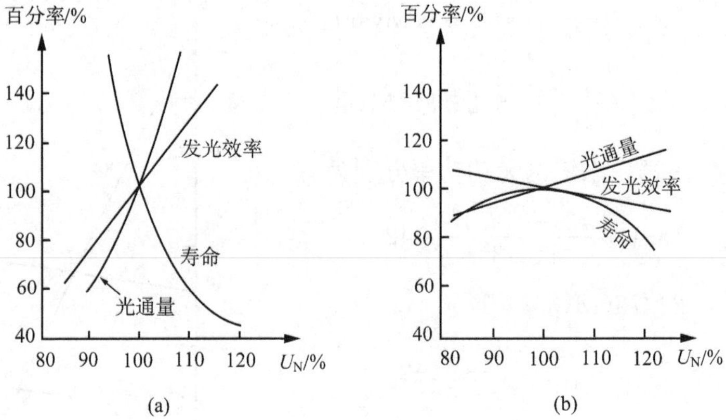


图10-7　照明负荷的电压特性

(a)白炽灯　(b)日光灯

## 三、负荷分类及其对电压影响的控制

与频率调整时负荷分类类似，电力系统中负荷的变动以及由此而引起的变电所母线的电压变动可以分为两类：一类是由生产、生活和气象变化引起的负荷功率的变化。这类负荷变动周期性长，所引起的变电所母线电压变化是缓慢的，这种电压变动称为电压偏移。当这种偏移超出允许范围时，可以用调节变压器分接头，投切电容器以及调节发电机母线电压(调节励磁)等方法实现控制。另一类负荷功率具有冲击性或间歇性，负荷变化周期很短，由这类负荷引起的变电所母线电压变动称为电压波动。这类负荷中的电弧炉、电焊机等引起电压波动的频率为0.2～2Hz，往复式泵、压缩机引起的电压波动为2～20Hz，卷扬机、起重机引起的电压波动为2～30次/h。限制电压波动最为有效的措施是采用静止无功补偿器一类的动态补偿器，由于它能连续调节、反应速度快且调节精度高。在线路上安装串联电容能够补偿线路电抗，随着线路传送无功功率的变化，跟踪限制电压波动的幅度。

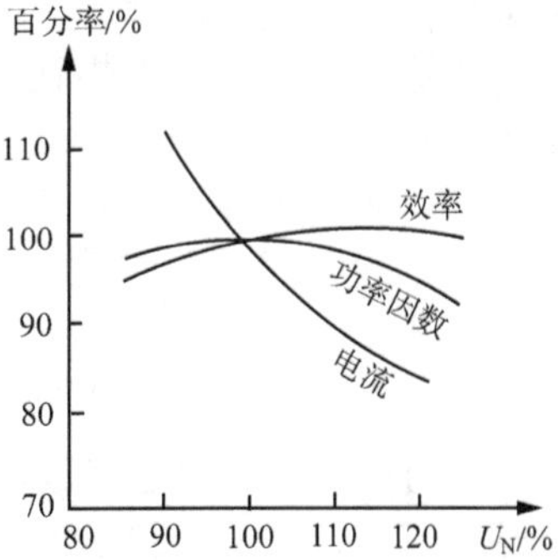


图10-8　异步电动机的电压特性

# 第二节　电力系统中无功功率的平衡与补偿

由例10-1可见，电力系统中无功功率电源不足，系统结点电压就要下降。电力系统必须具备足够的无功电源才能维持所要求的电压水平，以满足系统安全稳定运行的要求。以下对电力系统中的无功负荷构成、无功电源构成、电力系统无功功率平衡问题以及为改善系统无功功率不平衡而采取的补偿措施等问题进行阐述。

## 一、电力系统中的无功负荷与无功损耗

电力系统中的无功负荷包括用户与发电厂厂用电的无功负荷(主要是异步电动机)、线路和变压器的无功损耗及并联电抗器的无功损耗等。

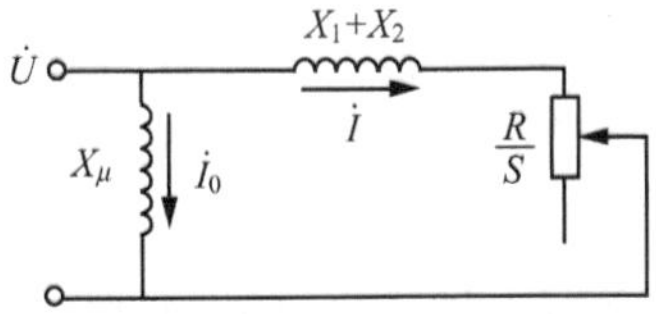


图10-9　异步电动机的等值电路

用户负荷中的异步电动机是(滞后)无功功率的主要消耗者，异步电动机的等值电路如图10-9所示。由该图可见，异步电动机所消耗的无功功率主要由激磁无功功率与在定、转子绕组漏抗中所消耗的无功功率两部分组成。

$$Q_D = \frac{U^2}{X_\mu} + I^2(X_1 + X_2) \tag{10-9}$$

式中，$X_\mu$ 为励磁电抗，Ω；$X_1$、$X_2$ 为定子、转子绕组漏抗，Ω。

激磁无功功率的大小与端电压有关，而漏抗中消耗的无功功率与负载电流有关，即与受载系数有关，其无功-电压特性如图10-3(a)所示。而变电所中的无功功率负荷是综合性的，其中异步电动机为主要成分，加上少量的同步电动机以及电热器、整流器等，其自然功率因数为0.6～0.9。综合无功－电压特性如图10-3(b)所示。以无功功率负荷时间曲线而论，白昼无功功率负荷的峰值将大于傍晚，或两

者近似相等。

变压器中的无功功率损耗包括励磁损耗 $\Delta Q_{YT}$ 与绕组漏抗损耗 $\Delta Q_{ZT}$，后者与受载大小有关。

$$\left.\begin{aligned}\Delta Q_{YT} &= \frac{I_0\%}{100}S_N \quad \text{Mvar}\\ \Delta Q_{ZT} &= \frac{U_k\%}{100}S_N\left(\frac{S}{S_N}\right)^2 \quad \text{Mvar}\end{aligned}\right\} \tag{10-10}$$

式中，$S_N$ 为变压器的额定容量，Mvar；$S$ 为变压器负载量，MV · A；$I_0\%$为变压器的空载电流%；$U_k\%$为变压器的短路压降%。

对于单个变压器，满载时的无功功率损耗占无功负荷的 11%～12%。对于多级变压器，无功功率损耗的总和占无功负荷的 50%～75%。以五级变压网络(10/220kV，220/110kV，110/35kV，35/10kV，10/0.4kV)为例，统计结果如表 10-2 所示。

**表 10-2　变压器中的无功功率损耗**

| | 所有变压器满载/% | 所有变压器半载/% |
|---|---|---|
| 励磁损耗 | 7 | 7 |
| 绕组漏抗损耗 | 50 | 12.5 |
| 总损耗 | 57 | 19.5 |
| 损耗/负荷 | 57 | 39.0 |

电力线路中的无功功率损耗包括串联电抗 $X$ 中的无功功率损耗与并联电纳 $B$ 中的充电功率，前者呈感性，后者呈容性。

$$\left.\begin{aligned}\Delta Q_{LX} &= 3I^2X = \frac{P^2+Q^2}{U^2}X\\ \Delta Q_{LC} &= U^2B\end{aligned}\right\} \tag{10-11}$$

电力线路是无功功率消耗者还是无功功率电源取决于线路输送功率的大小，通常以线路自然功率为界(见第四章)：

$$P = P_\lambda,\quad \Delta Q_{LX} = \Delta Q_{LC},\quad \text{线路无损}$$
$$P < P_\lambda,\quad \Delta Q_{LX} < \Delta Q_{LC},\quad \text{线路为无功电源}$$
$$P > P_\lambda,\quad \Delta Q_{LX} > \Delta Q_{LC},\quad \text{线路为无功负荷}$$

这里，$P_\lambda$ 为线路的自然功率，MW；$\Delta Q_{LX}$ 为线路的无功功率损耗，Mvar；$\Delta Q_{LC}$ 为线路的充电功率，Mvar。

## 二、电力系统中的无功电源

电力系统的无功电源向系统发出滞后的无功功率。无功电源主要有以下三类：一是同步发电机以及过激运行的同步电动机；二是无功补偿电源，包括电容器、静止无功补偿器和同期调相机；三是 110kV 及以上电压线路的充电功率。

1. 同步发电机

同步发电机既是有功功率电源，也是无功功率电源。发电机可能发出的无功功率一般为有功功率的 40%～60%。发电机只在运行于额定功率因数下才能发出额定的无功功率。在领先或滞后于额定功率因数时，发电机发出的无功功率依赖于 P-Q 图（见第五章）。现代大型发电机受制造上的限制，额定功率因数随容量的增大而增高，因而额定无功功率相对下降，如表 10-3，其中

$$\left.\begin{aligned} S_{GN} &= \sqrt{P_{GN}^2 + Q_{GN}^2} = P_{GN}\sqrt{1+\tan^2\varphi_N} \\ Q_{GN} &= S_{GN}\sin\varphi_N = P_{GN}\tan\varphi_N \end{aligned}\right\} \tag{10-12}$$

式中，$S_{GN}$ 为发电机的额定视在功率，MV·A；$P_{GN}$ 为发电机的额定有功功率，MW；$Q_{GN}$ 为发电机的额定无功功率，Mvar。

**表 10-3　发电机的额定功率因数**

| $\cos\varphi_N$ | $S_{GN}$ | $Q_{GN}$ |
|---|---|---|
| 0.80 | $1.25P_{GN}$ | $0.75P_{GN}$ |
| 0.85 | $1.17P_{GN}$ | $0.62P_{GN}$ |
| 0.90 | $1.11P_{GN}$ | $0.48P_{GN}$ |

2. 同步调相机

同步调相机是一种无功发电机或是只克服摩擦和风阻的同步电动机，过激运行时向电网发出滞后的无功功率，欠激时从电网吸收滞后的无功功率，成为无功功率用户。同步调相机在正常激磁、过激与欠激三种不同运行状态时的向量图如图 10-10 所示。由图可见，

$$E_q - U = I_{CK}x_d \tag{10-13}$$

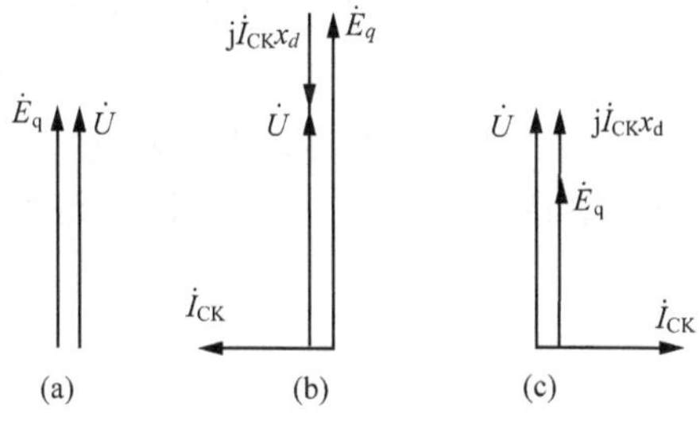


图 10-10　同步调相机的三种运行状态

(a)正常　(b)过激　(c)欠激

故

$$I_{CK} = \frac{1}{x_d}(E_q - U) \tag{10-14}$$

$$Q_{CK} = UI_{CK} = \frac{E_qU}{x_d} - \frac{U^2}{x_d} \tag{10-15}$$

式中，$U$ 为调相机端电压；$E_q$ 为调相机 $q$ 轴电势；$x_d$ 为调相机的同步电抗；$I_{CK}$ 为

调相机的输出电流。式(10-15)为调相机的容量公式。在欠激运行时的容量为过激运行时额定容量的50%～60%，调节励磁电流可以平滑地改变输出无功功率的大小和方向，自动调压器可以实现机端电压的自动调整，维持在要求范围内。强性励磁装置可实现故障下的系统电压调节，有利于运行稳定。

同步调相机为旋转电机，维护工作量大，小容量同步调相机单位容量造价大，因而通常适于在大型变电所集中使用。

过激运行下的同步电动机也能向电网输送滞后的无功功率，有利于提高系统的电压水平。

3. 静电电容器

静电电容器只能向系统供给感性的无功功率。它所供给的无功功率与其端电压的平方成正比。

$$\left.\begin{aligned}\dot{I} &= \mathrm{j}\omega C\dot{U}\\ Q &= \dot{U}\dot{I}^{*} = -\mathrm{j}U^{2}\omega C\end{aligned}\right\} \tag{10-16}$$

式中，$\dot{I}$ 为电容器的输出电流。

静电电容器损耗小，投资省，运行灵活，适宜于分散使用，但具有负调节效应，即当结点电压下降时，供出的无功功率也减少，导致系统电压水平进一步下降，此外需用真空开关成组投切，投切次数依赖于这种开关的性能。

4. 静止无功补偿器

静止无功补偿器(SVC)属于灵活交流输电系统(FACTS)的家族，是一种动态无功补偿装置，它包括晶闸管控制的电抗器固定电容型(TCR-FC)和晶闸管开关电容器型(TSC)。饱和电抗器(SR)型则属于另一类补偿器。

TCR-FC型补偿器是由可控硅控制的电抗器与固定电容器组的并联组合，其接线图如图10-11(a)所示。控制可控硅的导通角 $\alpha$ 可以改变线性电抗器的导纳值

$$B = \frac{1}{\omega L}\left(2 - \frac{2}{\pi}\alpha + \frac{1}{\pi}\sin 2\alpha\right) \tag{10-17}$$

$B_{*}$-$\alpha$ 曲线如图10-13所示。图中 $B_{*} = B\Big/\left(\frac{1}{\omega L}\right)$。与固定电容器串联的小值电感 $L_f$ 作为高次谐波的滤波器。这类补偿器的伏安特性如图10-12(a)所示，其正常运行范围在 $I_{C,\max}$ 与 $I_{C,\min}$ 之间。

TSC型补偿器是用可控硅投切的电容器组。它是用晶闸管开关代替机械类开关。其接线图如图10-11(b)所示，相应的伏安特性如图10-12(b)所示。

SR型补偿器是用直流电流控制的饱和电抗器与固定电容器的并联组合。这类补偿器是用改变直流励磁电流来调节电抗值，从而达到调整输出无功功率的目

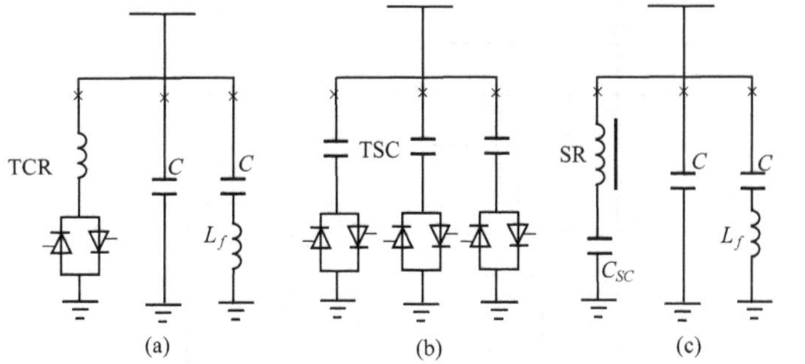


图 10-11　静止补偿器

(a)TCR 型　(b)TSC 型　(c)SR 型

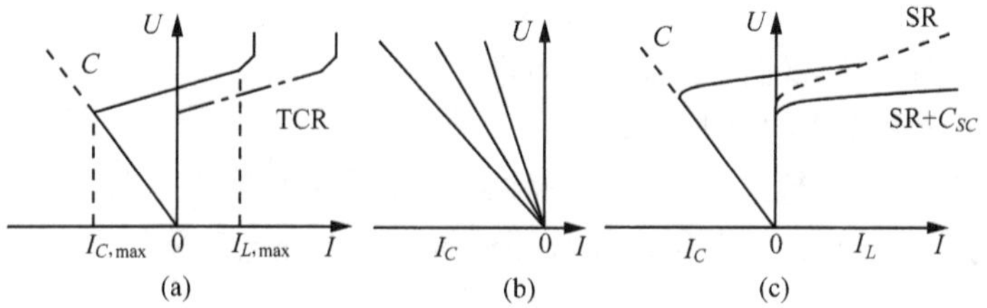


图 10-12　静止补偿器的伏安特性

(a)TCR 型　(b)TSC 型　(c)SR 型

的。其接线图如图 10-11(c)所示，相应的伏安特性如图 10-12(c)所示。

静止无功补偿器的优点是调节速度快，近似响应时间为 0.01s，能损小，无旋转部分，可靠性高，比调相机价格低 25%～30%，缺点是具有负的电压调节效应。为克服这一缺点，可采用一种新型的有源元件静止无功补偿器，亦称为静止无功发电机或称静止调相机，其原理接线图如图 10-14 所示。它是以电容器为电压源，用可关断可控硅 GTO 和二极管 D 组成的逆变器控制其交流侧电压，使与系统电压 $U_A$ 同相位。

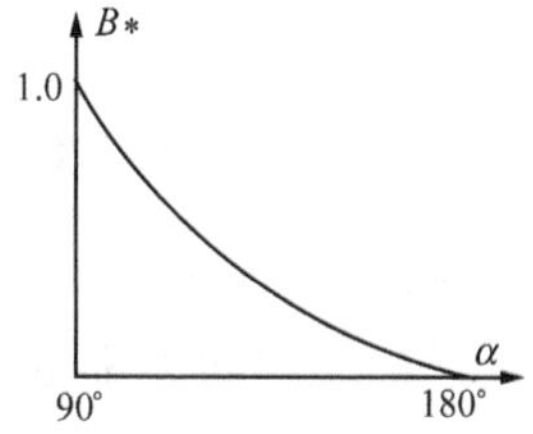


图 10-13　TCR 的 $B_*$-$\alpha$ 特性

当

$$U_a > U_A/K$$

将向系统输出感性无功功率；当

$$U_a < U_A/K$$

将由系统输入感性无功功率。式中 $K$ 为静止调相机交流侧变压器的变比。其优越性在于 $U_a$ 完全可控，不存在一般静止无功补偿器端电压依赖于系统而带来的

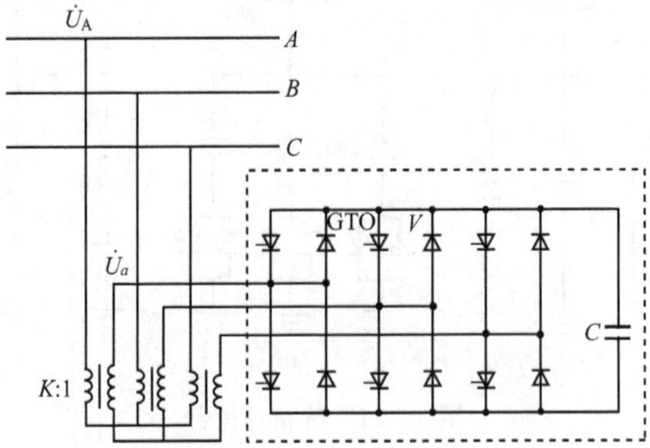


图 10-14　静止调相机

负调节效应，因而其性能优于通常的 SVC。

5. 高压输电线路的充电功率

如前所述高压及超高压线路是一种数量可观的无功功率电源，其充电功率与线路电压的平方成正比。各级电压线路单位长度的充电功率如表 10-4 所示。

**表 10-4　线路的充电功率**

| 线路电压/kV | 110 | 220 | | 330 | 500 | 750 |
|---|---|---|---|---|---|---|
| | | 单线 | 双分裂 | 三分裂 | 三分裂 | 四分裂 |
| 充电功率/(Mvar/km) | 3.4 | 14 | 19 | 41 | 105 | 240 |

## 三、电力系统的无功平衡与补偿

由例 10-1 可见，电力系统无功不足将引起结点电压降低，电压低于额定值时，发电、送电、变电设备都达不到正常出力。电网电能损失增大，并易于造成电网振荡解列，引起大面积停电。电压下降到 60%～70%额定值时，用户电动机将因不能承载而停顿。

电网有功功率不足，引起频率下降，将间接影响电压。一般情况下，电网每下降一个周波，电压下降 2%～5%。

电力系统需要的无功功率比有功功率大许多。若综合最高有功负荷为 100%，则无功功率总需求为 120%～140%。发电机的额定功率因数一般大于 0.8，负荷的自然功率因数一般小于 0.8。因此，发电机的无功出力不能平衡负荷所需的无功功率，也不允许长距离输送无功功率，这就产生了无功功率的补偿问题。

无功补偿容量的配置应取分区平衡、分级补偿原则。在系统规划中注意改善电网结构、减少变压级数和避免长距离输送无功功率。合理分配无功电源做好平衡。在系统运行规划中还应设置无功负荷备用容量，一般取最大无功负荷的7%～8%。

无功功率管理的具体措施包括：

①电力用户的功率因数应符合“全国供用电导则”的规定，大用户内应安装补偿电容使其功率因数达到0.95以上。

②在低压变电站及配电线路上分散安装电容器，就地供应无功功率。电容器应能自动投切以适应负荷及电压变化的要求。

③在一次及二次变电所的低压母线上宜集中安装电容器，枢纽变电所经论证后安装调相机，在有无功冲击负荷的变电所以及超高压送电线末端宜安装静止无功补偿器。

④对于水、火联合电网，枯水期利用水电机组调相运行，丰水期利用火电机组调相运行，供出感性无功功率。

⑤大用户的同步电动机过激运行，向系统供出感性无功功率。

［**例 10-2**］　110kV电力系统结线图如图10-15所示。已知各元件参数，试分析无功功率平衡问题[1]。

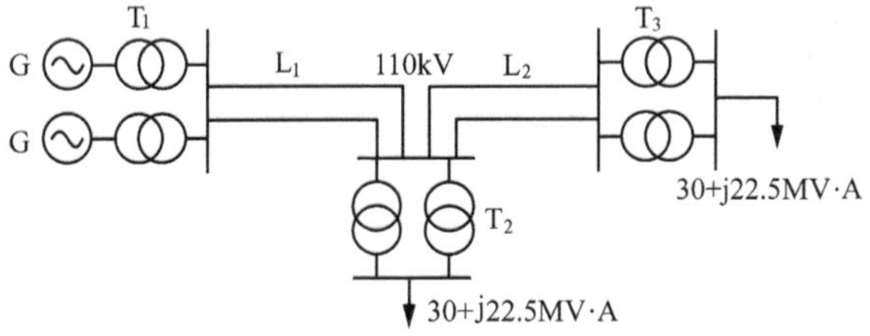


图 10-15　系统结线图

发电机 G：2×50MW，10.5kV，$\cos\varphi=0.85$；

变压器 $T_1$：2×63MV·A，10.5/121kV，$P_0=60\text{kW}$，$P_k=300\text{kW}$，$I_0\%=0.8$，$U_k\%=10.5\%$；

变压器 $T_2$、$T_3$：2×20MV·A，110/11kV，$P_0=22\text{kW}$，$P_k=135\text{kW}$，$I_0\%=0.8$，$U_k\%=10.5\%$；

线路 $L_1$：2×LGJ-150/20，40km，$r_1=0.21\Omega/\text{km}$，$x_1=0.405\Omega/\text{km}$，$b_1=2.81\times10^{-6}\text{S/km}$；

线路 $L_2$：2×LGJ-95/20，40km，$r_1=0.33\Omega/\text{km}$，$x_1=0.418\Omega/\text{km}$，$b_1=2.72\times10^{-6}\text{s/km}$。

**解**：无功功率平衡问题需经系统潮流计算结果，即由无功负荷加上无功网损来检验发电机的无功出力是否满足要求。

最大负荷时，变压器 $T_2$、$T_3$ 中的功率损耗为

$$\Delta P_T = 2\times 22\times 10^{-3} + 2\times 135\times 10^{-3}\times \frac{30^2+22.5^2}{(2\times 20)^2} = 0.281(\text{MW})$$

$$\Delta Q_T = 2\times 20\times \frac{0.8}{100} + 2\times 20\times \frac{10.5}{100}\times \frac{30^2+22.5^2}{(2\times 20)^2} = 4.01(\text{Mvar})$$

线路 $L_2$ 末端的充电功率

$$\Delta Q_Y = \frac{1}{2}\times 2\times 2.72\times 10^{-6}\times 40\times 110^2 = 1.316(\text{Mvar})$$

线路 $L_2$ 的传输功率

$$\begin{aligned}\dot{S}_2 &= (30+\text{j}22.5)+(0.281+\text{j}4.01)-\text{j}1.316\\ &= 30.281+\text{j}25.194(\text{MV}\cdot\text{A})\end{aligned}$$

线路 $L_2$ 的阻抗中的损耗

$$\begin{aligned}\Delta\dot{S}_2 &= \frac{30.281^2+25.194^2}{110^2}\left(\frac{40\times 0.33}{2}+\text{j}\,\frac{40\times 0.418}{2}\right)\\ &= 0.846+\text{j}1.07(\text{MV}\cdot\text{A})\end{aligned}$$

变压器 $T_2$ 高压侧的功率

$$\dot{S}_h = (30+\text{j}22.5)+(0.281+\text{j}4.01) = 30.28+\text{j}26.51(\text{MV}\cdot\text{A})$$

线路 $L_1$ 末端的充电功率

$$\Delta Q_Y = \frac{1}{2}\times 2\times 2.81\times 10^{-6}\times 40\times 110^2 = 1.36(\text{Mvar})$$

线路 $L_1$ 的传输功率

$$\begin{aligned}\dot{S}_1 &= (30.281+\text{j}25.194)+(0.846+\text{j}1.07)-\text{j}1.316\\ &\quad +(30.28+\text{j}26.51)-\text{j}1.36\\ &= 61.41+\text{j}50.1(\text{MV}\cdot\text{A})\end{aligned}$$

线路 $L_1$ 阻抗中的损耗

$$\Delta\dot{S}_1 = \frac{61.41^2+50.1^2}{110^2}\left(\frac{40\times 0.21}{2}+\text{j}\,\frac{40\times 0.405}{2}\right) = 2.18+\text{j}4.20(\text{MV}\cdot\text{A})$$

线路 $L_1$ 始端的充电功率

$$\Delta Q_Y = \frac{1}{2}\times 2\times 2.81\times 10^{-6}\times 40\times 110^2 = 1.36(\text{Mvar})$$

通过变压器 $T_1$ 的功率

$$\dot{S}_{T1} = (61.41+\text{j}50.1)+(2.18+\text{j}4.2)-\text{j}1.36 = 63.59+\text{j}52.94(\text{MV}\cdot\text{A})$$

最大负荷时变压器 $T_1$ 中的功率损耗

$$\Delta P_T = 2\times 60\times 10^{-3} + 2\times 300\times 10^{-3}\times \frac{63.59^2 + 52.94^2}{(2\times 63)^2} = 0.379(\text{MW})$$

$$\Delta Q_T = 2\times 63\times \frac{0.8}{100} + 2\times 63\times \frac{10.5}{100}\times \frac{63.59^2 + 52.94^2}{(2\times 63)^2} = 6.713(\text{Mvar})$$

变压器 $T_1$ 高压侧的功率,亦即发电机应发功率

$$\dot{S}_G = (63.59 + j52.94) + (1.41 + j6.697) = 64 + j59.65(\text{MV}\cdot\text{A})$$

发电机以额定功率因数运行时可供应的无功功率为

$$Q_G = 64\times 0.62 = 39.68(\text{Mvar})$$

可见,此时无功缺额为

$$59.65 - 39.68 = 19.97(\text{Mvar})$$

现将两个变电所低压侧各装无功补偿设备 8Mvar,此时负荷改变为 $30 + j14.5\text{MV}\cdot\text{A}$,即负荷功率因数上升到 0.9。重新进行潮流计算得到变压器 $T_1$ 高压侧的功率为

$$63.083 + j39.392(\text{MV}\cdot\text{A})$$

此时发电机以额定功率因数运行,可供应的无功功率为

$$Q_G = 63.083\times 0.62 = 39.059(\text{Mvar})$$

可见,两者接近平衡。

## 第三节 电力系统中的电压管理与调压方法

电力系统的电压一般采取分级管理。发电厂和有调压能力的变电所按调度所规定的电压曲线调整无功功率和电压。地区调度所监控地区网络的电压、用户电压及其功率因数,实现无功功率就地平衡。中心调度所着重监控主网的电压水平。协调全网有广泛影响的调压措施,合理分配无功出力和调整无功潮流。由于各级电压相互关联,上下级调度所需要协调配合,做到统一调度与分散控制相结合。

电压是电能质量的重要指标之一,它在很大程度上决定了电力系统的安全稳定与经济运行。电压控制的目的在于:

①保持电网枢纽点电压水平,保证电力系统稳定运行。

②保持供电电压的正常范围,保证用户的供电质量。

③有效地利用系统的无功电源容量及调压手段,经济合理地分布无功功率,用以减少网络损耗。

④在偶然事故下快速强行励磁,防止电力系统瓦解(见第十四章)。

## 一、中枢点电压管理

电力系统中用户点及变、配电点为数众多，通常是对称为中枢点母线的电压实行监控来使周围的负荷点电压达到要求。一般选择下列母线为电压中枢点：

①区域性水、火电厂的高压母线；

②枢纽变电站二次母线；

③有地方负荷的发电厂母线。

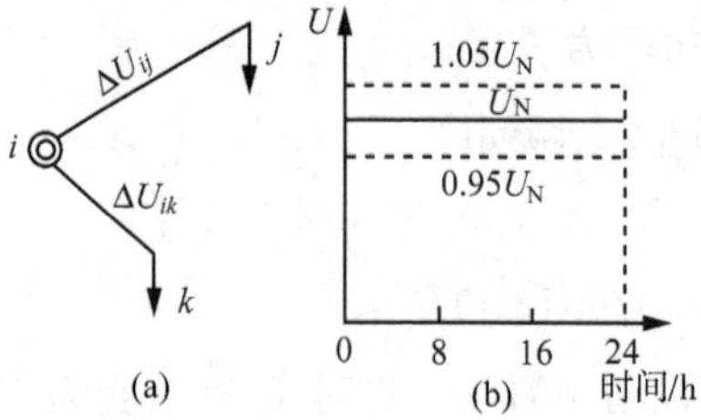


图 10-16　中枢点与负荷点

(a) 结线图　(b) 负荷点电压要求

现在举例说明中枢点母线电压与负荷点母线电压的关系。如图 10-16(a)所示的网络，$i$ 为中枢点，$j$、$k$ 为 $i$ 周围的负荷点，$i$ 向 $j$、$k$ 供电。负荷点的电压要求如图10-16(b)所示，即要求维持在±5% $U_N$ 范围内。根据图 10-16(b)，$j$ 及 $k$ 的负荷曲线及 $ij$ 和 $ik$ 的线路参数可以推算出 $i$ 点电压的允许变动范围，图 10-17(a)及图10-17(b)即为分别根据 $j$ 及 $k$ 点的电压要求而求的 $i$ 点电压允许变动范围。现将图 10-17(a)与图 10-17(b)叠在一起就成为图 10-17(c)，其中阴影部分即为图10-17(a)与图 10-17(b)的电压允许带段的交集，表明 $i$ 的电压如在阴影区内能同时满足负荷 $j$ 及 $k$ 的要求。如若在 8～24 时段内，负荷点 $j$ 的负荷增长了，由 $i$ 至 $j$ 的电压损耗也增加了，$i$ 点的允许电压变动范围也相应地修改如图 10-18(a)。而负荷点 $k$ 的负荷在此时段内并未变化，因而图 10-18(b)与图 10-17(b)完全相同。现将图10-18(a)与图 10-18(b)叠在一起就成为图 10-18(c)。由该图可见，在0～8及 16～24 时段内图 10-18(a)与图 10-18(b)具有交集(阴影部分)，在 8～16 时段内则两者交集为空。这说明在

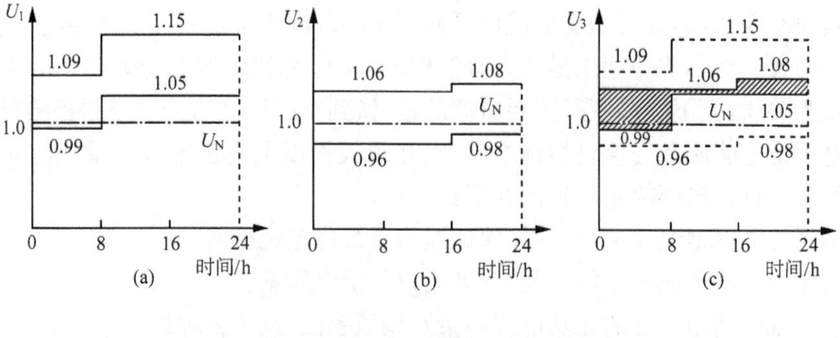


图 10-17　中枢点 $i$ 电压的允许变动范围[1]

(a)根据负荷 $j$ 的要求　(b)根据负荷 $k$ 的要求　(c)能同时满足负荷 $j$、$k$ 的要求

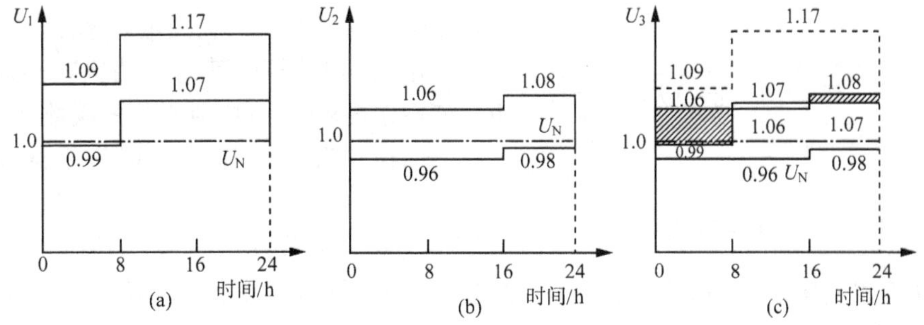


图 10-18　中枢点 $i$ 电压的允许变动范围[1]

(a)根据负荷 $j$ 的要求　(b)根据负荷 $k$ 的要求　(c)能同时满足负荷 $j$、$k$ 的要求

8～16 时段内不存在同时满足 $j$ 及 $k$ 点要求的 $i$ 点电压允许带段。找不到同时满足 $j$ 及 $k$ 点要求的 $i$ 点电压允许带段的条件是：同一时段内，各个供电线路电压损耗之差超过了负荷点的允许电压偏移带段。

在这种情况下应增设个别用户处的电压调整措施。

根据连接到中枢点母线的供电线路的长短和负荷变动的大小，为满足用户点的电压要求，在电网的中枢点（电压母线）可以有以下三种电压调节方式：

①逆调整——高峰负荷时升高中枢点母线电压，低谷时降低中枢点母线电压，如 5%，0%，7%，0%。适用于供电线路较长，负荷变动较大的中枢点。

②顺调整——高峰负荷时允许中枢点母线电压略低，低谷时允许中枢点母线电压略高，如 2.5%，7.5%。适用于供电线路不长，负荷变动不大的中枢点。

③恒调整——中枢点母线电压基本不变，如 2%～5%。适用于线路长度、负荷变动情况介于上述两者之间的情况。

## 二、电压调整方法

电力系统的电压调整任务在于保证各结点的电压水平，并使电压的偏移不超过允许范围。如果电网的电压水平过低，应首先解决无功功率不足问题，然后采取适当的调整措施。

1. 改变变压器变比调压

改变变压器变比调压虽然是一种寻常的调压方法，但其先决条件是电网的无功电源容量充裕。如果电网的无功电源容量不足，采用变压器调压，虽然可能提高局部电网的电压水平，但有可能降低主网的电压水平，不利于全网的电压稳定，这是因为改变变压器变比，相当于在回路中串联了一附加电势，从而仅仅改变了电网的无功功率分配而已。

对负荷变化不大的变电所可适当选择变压器的分接头进行电压调整。对于负荷变化较大的一次及二次变电所采用带负荷调整分接头的变压器，其切换装置在不能适应频繁操作要求时，应限制动作的次数。

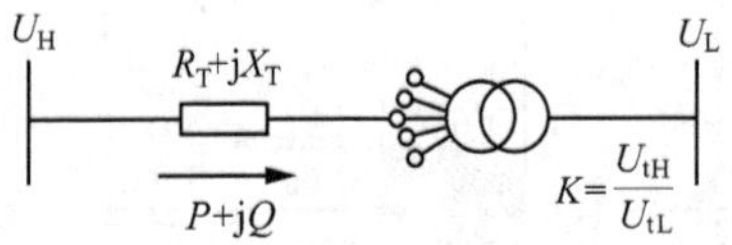


图 10-19　变压器等值电路

下面讨论降压变压器分接头的选择方法。如图 10-19 的变压器等值电路，图中 $R_T$、$X_T$ 为折合到高压方的变压器阻抗。$U_H$ 为高压侧电压，由高压网决定。$U_L$ 为低压方希望电压，变比 $K=U_{tH}/U_{tL}$，其中 $U_{tH}$为高压方抽头电压，$U_{tL}$为低压方抽头电压，因为低压方只有一个额定抽头，故即为低压方的额定电压，因而有

$$\left.\begin{aligned}\frac{U_H-\Delta U}{U_L}&=\frac{U_{tH}}{U_{tL}}\\ \Delta U&=\frac{PR_T+QX_T}{U_H}\end{aligned}\right\}\tag{10-18}$$

选择变压器抽头，即选择合适的 $U_{tH}$以满足低压的希望值 $U_L$。这一选择必须兼顾负荷变化的要求。现以下标 M、m 分别表示最大负荷及最小负荷情况，因而有

$$\left.\begin{aligned}U_{tH,M}&=(U_{HM}-\Delta U_M)\frac{U_{tL,M}}{U_{LM}}\\ U_{tH,m}&=(U_{Hm}-\Delta U_m)\frac{U_{tL,m}}{U_{Lm}}\end{aligned}\right\}\tag{10-19}$$

式中，$U_{LM}$、$U_{Lm}$分别表示最大负荷及最小负荷情况下低压方的希望电压。在停电条件下调整分接头，只能取用一个分头，为兼顾负荷变化，取

$$U_{tH}=\frac{1}{2}(U_{tH,M}+U_{tH,m})\tag{10-20}$$

根据式(10-20)得到的 $U_{tH}$，选择最接近的标准分头，再校验低压的电压是否符合要求。

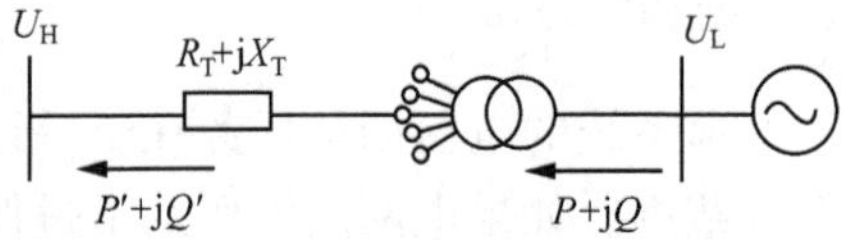


图 10-20　升压变压器等值电路

对于升压变压器情况，等值电路如图 10-20，图中 $U_H$ 由高压网决定，发电机输出功率为 $P+\mathrm{j}Q$，选择 $U_{tH}$满足低压方的希望电压 $U_L$，于是有

$$\left.\begin{aligned}\frac{U_H+\Delta U}{U_L}&=\frac{U_{tH}}{U_{tL}}\\ \Delta U&=\frac{P'R_T+Q'X_T}{U_H}\end{aligned}\right\}\tag{10-21}$$

式中，$P'=P+\Delta P_{\mathrm{T}}$，$Q'=Q+\Delta Q_{\mathrm{T}}$。于是由式(10-19)可解出

$$\left.\begin{aligned} U_{\mathrm{tH,M}} &= (U_{\mathrm{HM}}+\Delta U_{\mathrm{M}})\frac{U_{\mathrm{tL}}}{U_{\mathrm{LM}}} \\ U_{\mathrm{tH,m}} &= (U_{\mathrm{Hm}}+\Delta U_{\mathrm{m}})\frac{U_{\mathrm{tL}}}{U_{\mathrm{Lm}}} \end{aligned}\right\} \tag{10-22}$$

式中符号含意同降压变压器一节。其余算法类同降压变压器。

对于三绕组降压变压器情况，可看成两个双绕组变压器的并联。在求得三绕组变压器的功率分布以后，先从高压绕组对低压绕组入手，选择高压方抽头以满足低压方电压要求。然后固定高压方抽头，考虑高压绕组对中压绕组情况，选择中压方抽头满足中压方的电压要求。

［**例 10-3**］　某变电站装有一台带负荷调压变压器 SFSZL-8000，抽头为 110±3×2.5%/38.5±5%/10.5kV。图 10-21 中，(a)为潮流电压分布图，(b)为变压器的等值电路。要求 10kV、35kV 母线逆调压，即 5%，0%。试选择抽头。

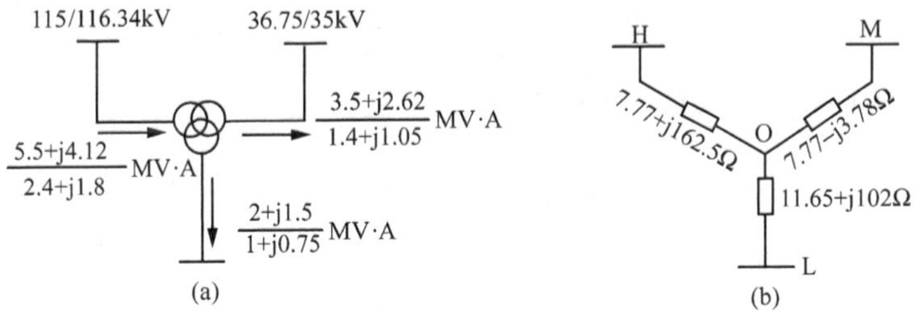


图 10-21　三绕组变压器的潮流分布与等值电路

**解**：首先计算在最大负荷及最小负荷时各绕组的电压损耗，进而计算各母线电压。按低、中压侧逆调压要求，分别选择高、中压侧分接头。在最大负荷情况下，各绕组电压损耗计算如下：

$$\Delta U_{\mathrm{HV}}=\frac{5.5\times 7.7+4.12\times 162.5}{115}=\frac{42.35+669.5}{115}=6.19(\mathrm{kV})$$

故变压器中点电压为

$$U_{0,\mathrm{M}}=115-6.19=108.8(\mathrm{kV})$$

$$\Delta U_{\mathrm{MV}}=\frac{3.5\times 7.77-2.62\times 3.78}{108.8}=\frac{27.195-9.9}{108.8}=0.16(\mathrm{kV})$$

故中压母线电压为

$$U_{\mathrm{M,M}}=108.8-0.16=108.64(\mathrm{kV})$$

$$\Delta U_{\mathrm{LV}}=\frac{2\times 11.65+1.5\times 102}{108.8}=\frac{23.3+153}{108.8}=1.62(\mathrm{kV})$$

故低压母线电压为

$$U_{L,M}=108.8-1.62=107.18(\text{kV})$$

同理,在最小负荷情况下

$$\Delta U_{HV}=\frac{2.4\times 7.77+1.8\times 162.5}{116.34}=\frac{18.65+292.5}{116.34}=2.67(\text{kV})$$

$$U_{0,m}=116.34-2.67=113.67(\text{kV})$$

$$\Delta U_{MV}=\frac{1.4\times 7.77-1.05\times 3.78}{113.67}=\frac{10.88-3.97}{113.67}=0.06(\text{kV})$$

$$U_{M,m}=113.67-0.06=113.61(\text{kV})$$

$$\Delta U_{LV}=\frac{1\times 11.65+0.75\times 102}{113.67}=\frac{11.65+76.5}{113.67}=0.78(\text{kV})$$

$$U_{L,m}=113.67-0.78=112.89(\text{kV})$$

在最大、最小负荷下,根据低压侧逆调压(5%,0%)的要求选择高压方的抽头

$$U_{tH,M}=107.18\times\frac{10.5}{10\times 1.05}=107.18(\text{kV})$$

选标准抽头 110−2.5%,即为 107.25kV。

$$U_{tH,m}=112.89\times\frac{10.5}{10}=118.53(\text{kV})$$

选标准抽头 110+3×2.5%,即 118.25kV。

固定高压方抽头,按中压方逆调压要求,选择中压方抽头

$$U_{tM,M}=35\times 1.05\times\frac{107.25}{108.64}=36.28(\text{kV})$$

选标准抽头 38.5−5%,即为 36.57kV。

$$U_{tM,m}=35\times\frac{118.25}{113.61}=36.43(\text{kV})$$

选标准抽头 38.5−5%,即为 36.57kV。

还应根据标准抽头,对中、低母线电压进行校核。

有载调压变压器的原理接线如图 10-22 所示。调压绕组上有多个分接头,主绕组通过并联触头 $K_a$、$K_b$ 与调压绕组串联。可以在不断开主电路的情况下完成分接头的切换,即首先断开 $J_a$,将 $K_a$ 切换到另一分接头上,然后将 $J_a$ 接通。另一个触头也用同样的切换步骤。限流电阻 $R$ 是在分接头切换过程中作限流用的。当两个可动触头连接在不同的分接头上时,两个分头与电阻器 $R$ 构成回路。$R$ 可限制该回路的短路电流。

2. 改变发电机及调相机励磁调压

改变发电机及调相机的励磁电流,可以改变它们的内电势,从而调整母线电

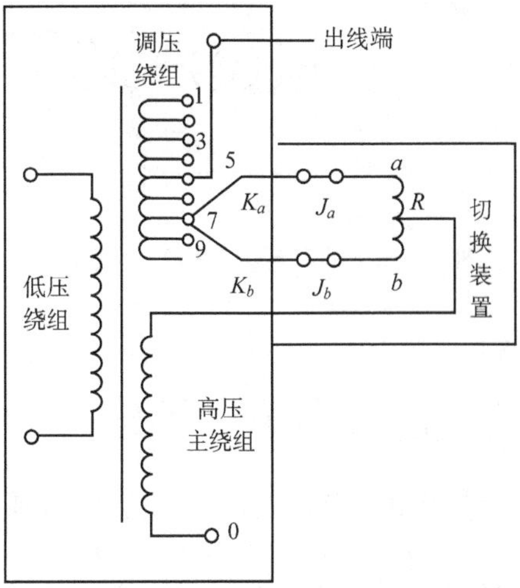


图 10-22 有载调压变压器原理图

压。利用发电机调压范围为发电机额定电压的 5%，对于有直配负荷的发电厂母线调压有显著作用。

集中装设于枢纽变电所的调相机属于专门的无功补偿与调压设备，但也包括转为调相机运行的水力发电机组。

利用调相机调压属于改变网络无功功率分布进行调压的方法，即利用调相机的容量就地补偿负荷所需的无功功率，因而改变了线路输送的无功功率，从而调节了枢纽站母线的电压。以下从调压要求来讨论调相机容量的确定问题。

如图 10-23 所示的输电系统，设线路始端电压 $U_s$ 保持恒定，变电所低压侧电压为 $U_r$，归算到高压侧时则为 $U'_r$。负荷功率为 $P+jQ$。$R+jX$ 为归算至高压侧的线路及变压器总阻抗。变压器变比为 $K$，$K=U_{tH}/U_{NL}$，$U_{tH}$ 为高压侧分头电压，$U_{NL}$ 为低压侧额定电压。调相机容量设为 $Q_C$，则在补偿前有

$$U_s = U'_r + \frac{PR+QX}{U'_r} \tag{10-23}$$

补偿后有

$$U_s = U'_{rc} + \frac{PR+(Q-Q_C)X}{U'_{rc}} \tag{10-24}$$

式中，$U'_{rc}$ 为折合到高压侧的低压方希望电压，低压方希望电压为 $U_{rc}$。

由式(10-23)及式(10-24)，消去 $U_s$ 可得

$$Q_C = \frac{U'_{rc}}{X}(U'_{rc} - U'_r) \tag{10-25}$$

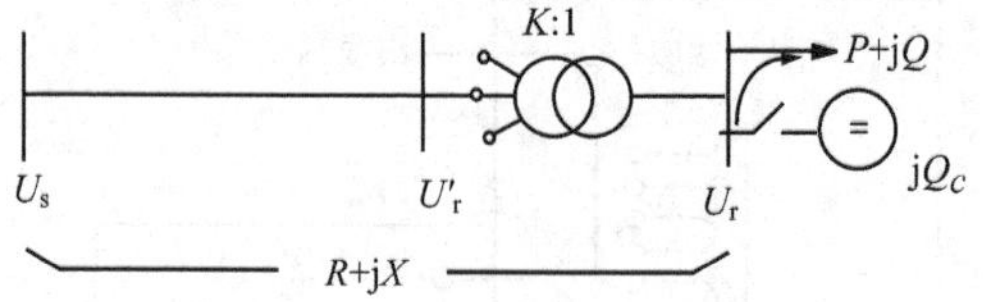


图 10-23　输电系统无功补偿线路图

将变比 $K$ 代入上式,得到

$$Q_C=\frac{U_{\mathrm{rc}}}{X}\left(U_{\mathrm{rc}}-\frac{U'_{\mathrm{r}}}{K}\right)K^2 \tag{10-26}$$

现以下标 M、m 分别表示最大负荷及最小负荷情况,则有

$$Q_C=\frac{U_{\mathrm{rc,M}}}{X}\left(U_{\mathrm{rc,M}}-\frac{U'_{\mathrm{rM}}}{K}\right)K^2 \tag{10-27a}$$

$$-0.5Q_C=\frac{U_{\mathrm{rc,m}}}{X}\left(U_{\mathrm{rc,m}}-\frac{U'_{\mathrm{rm}}}{K}\right)K^2 \tag{10-27b}$$

这里,设调相机欠激容量为过激容量之半。

由式(10-27a)及式(10-27b)消去 $Q_C$,得到

$$\frac{U_{\mathrm{rc,M}}(KU_{\mathrm{rc,M}}-U'_{\mathrm{rM}})}{U_{\mathrm{rc,m}}(KU_{\mathrm{rc,m}}-U'_{\mathrm{rm}})}=-2 \tag{10-28}$$

由式(10-28)可以确定 $K$ 值。由此可以确定高压方抽头 $U_{\mathrm{tH}}$,再由式(10-27a)确定调相机的容量 $Q_C$。可见,合理选择变压器变比对于充分运用调相机容量具有重要作用。

3. 投切电容器组调压

静电电容器只能发出感性无功功率,因而在最小负荷时,通常切除变电所的全部电容器,此时选择合适的变压器变比来满足最小负荷时的调压要求,而按最大负荷时的调压要求确定电容器的容量。参照图 10-23,在最小负荷时选择变压器变比

$$K=U_{\mathrm{tHm}}/U_{\mathrm{NL}}=U'_{\mathrm{rm}}/U_{\mathrm{rm}} \tag{10-29}$$

式中,$U_{\mathrm{rcm}}$为最小负荷时变电所低压母线的希望电压。

将式(10-29)所得 $K$ 值代入式(10-27a)求 $Q_C$,即为满足最大负荷时调压要求的静电电容器容量。

**[例 10-4]**　输电系统等值电路如图 10-24 所示。电源端母线电压 $U_{\mathrm{s}}$ 在最大、最小负荷时保持 116kV 不变。用户要求实现恒调压,使 $U_{\mathrm{rc}}$维持 10.5kV。试确定负荷端应装无功补偿设备容量:(a)电容器;(b)同步调相机。

**解:**补偿前后最大、最小负荷时低压侧母线归算到高压侧母线的电压:

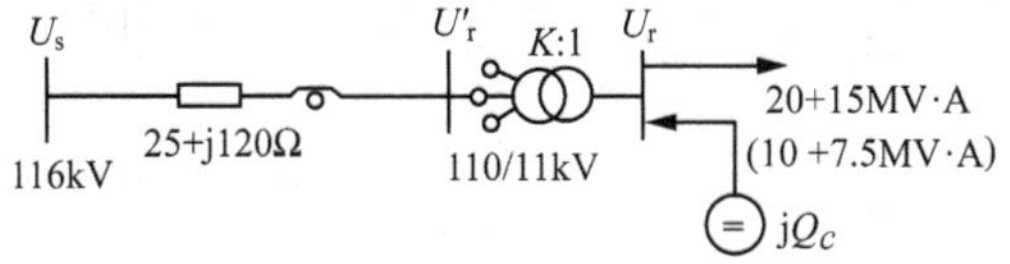


图 10-24　输电系统等值电路

$$U'_{rM} = 116 - \frac{20 \times 25 + 15 \times 120}{116} = 96.17(\text{kV})$$

$$U'_{rm} = 116 - \frac{10 \times 25 + 7.5 \times 120}{116} = 106.09(\text{kV})$$

(a) 采用静电电容器。最小负荷时,选择变压器分头

$$U_{tHm} = 106.09 \times \frac{11}{10.5} = 111.14(\text{kV})$$

选用额定抽头 110kV。最大负荷时,电容器容量定为

$$Q_C = \frac{10.5}{120}\left(10.5 - \frac{96.17}{110/11}\right)\left(\frac{110}{11}\right)^2 = 7.73(\text{Mvar})$$

校验

$$U'_{rM} = 116 - \frac{20 \times 25 + (15 - 7.73) \times 120}{116} = 104.17(\text{kV})$$

$$U_{rM} = 104.17 \times \frac{11}{110} = 10.42(\text{kV})$$

$$U_{rm} = 106.09 \times \frac{11}{110} = 10.61(\text{kV})$$

(b) 采用同步补偿机调压。选择变压器分接头

$$\frac{10.5(K10.5 - 96.17)}{10.5(K10.5 - 106.9)} = -2, \quad \text{故 } K = 9.79$$

$$U_{tH} = 9.79 \times 11.0 = 107.68(\text{kV})$$

选−2.5%分头,即 107.25kV。

$$Q_C = \frac{10.5}{120}\left(10.5 - \frac{96.17}{107.25} \times 11\right)\left(\frac{107.25}{11}\right)^2 = 5.32(\text{Mvar})$$

选用 $Q_C$=5.0Mvar。

校验

$$U'_{rM} = 116 - \frac{20 \times 25 + (15 - 5) \times 120}{116} = 103.07(\text{kV})$$

$$U'_{rm} = 116 - \frac{10 \times 25 + (7.5 + 2.5) \times 120}{116} = 103.5(\text{kV})$$

$$U_{rM}=103.07\times\frac{11}{107.25}=10.57(kV)$$

$$U_{rm}=103.5\times\frac{11}{107.25}=10.62(kV)$$

可见，无论电容器或同步调相机容量的选择，校验结果均能满足低压方恒压要求(误差在允许范围内)。

4. 静止无功补偿器调压

静止无功补偿器为静电电容与可控电抗器的并联组合。以 TSR-FC 型为例，原理图如图10-25所示。其容量为 $Q_{SVC}=Q_L-Q_C$，电容器发出固定的无功功率，可控电抗器依负荷变化改变吸收的无功功率，从而使母线电压维持一定，其调节方式如图 10-26 所示，图中 $\alpha$ 为可控硅的触发角，运行方式如图 10-27 所示。

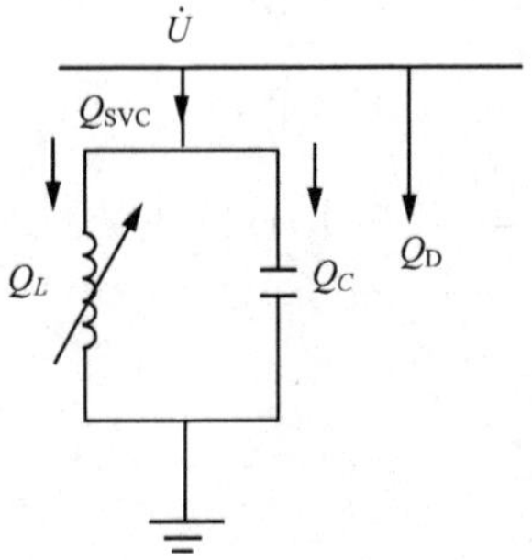


图 10-25　SVC 原理图

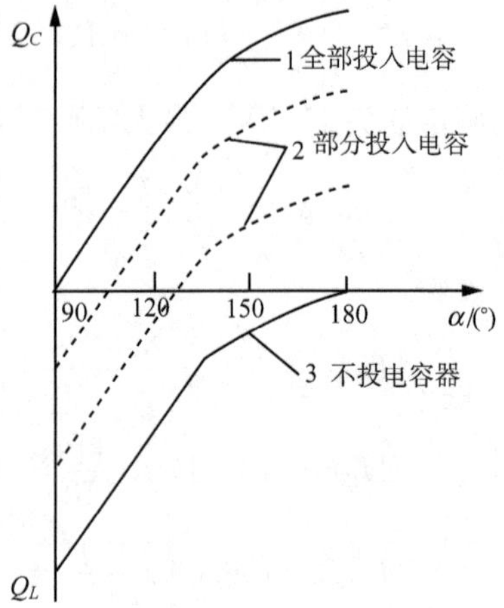


图 10-26　SVC 调节方式

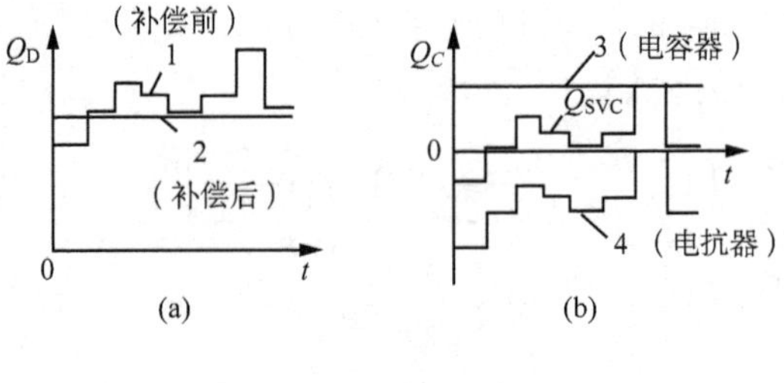


图 10-27　SVC 运行方式

(a)负荷功率　(b)SVC 输出功率

可按最大负荷时负荷母线电压的要求确定电容器的容量 $Q_C$，此时可控电抗吸收的无功功率为零或最小。由最小负荷时的电压要求确定静止补偿器的容量 $Q_{SVC}$，此时 $Q_C$ 不变，因此可控电抗器吸收的无功功率为

$$Q_L = Q_{SVC} + Q_C \tag{10-30}$$

5. 串联电容调压

在长线路中串联电容器补偿线路电抗可以起到调压作用，特别在线路负荷功率因数较低、无功负荷份额大时有显著作用。如图 10-28 所示，设 $\dot{U}_i$ 恒定，则补偿前

$$U_i = U_j + \frac{PR + QX}{U_j} \tag{10-31}$$

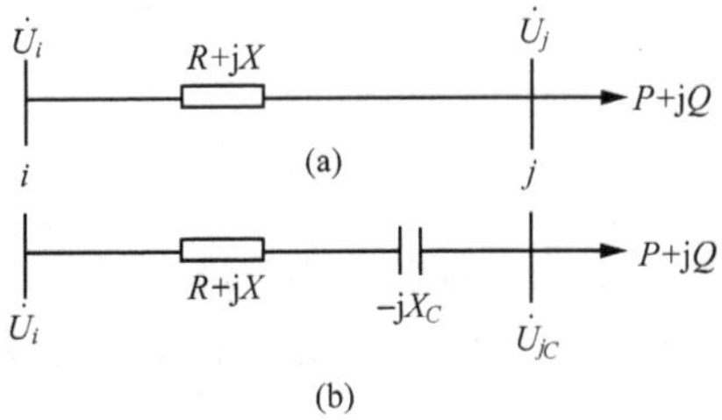


图 10-28　串联电容补偿
(a)补前　(b)补后

补偿后

$$U_i = U_{jC} + \frac{PR + Q(X - X_C)}{U_{jC}} \tag{10-32}$$

式中，$U_{jC}$ 为线路末端希望电压，kV；$X_C$ 为串联补偿电容值，Ω。

式(10-31)与式(10-32)相等，得到

$$U_{jC} - U_j \approx \frac{QX_C}{U_{jC}}$$

故有

$$X_C = \frac{U_{jC}}{Q}(U_{jC} - U_j) \tag{10-33}$$

按式(10-33)中的 $X_C$ 可选择电容器容量。如图 10-29，设单个电容器的额定容量为 $Q_{NC}$，则有

$$Q_{NC} = U_{NC} I_{NC} \tag{10-34a}$$

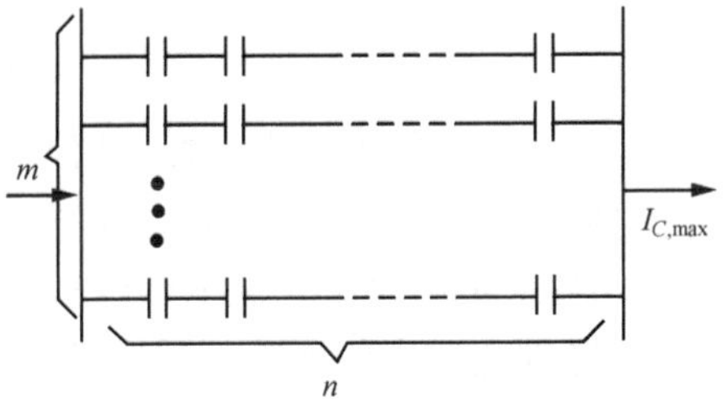


图 10-29　串联电容器组

式中，$U_{NC}$为单个电容器的额定电压，$I_{NC}$为单个电容器的额定电流。在图 10-29 中，设 $n$、$m$ 分别为电容器的串联个数和并联串数，则三相电容器的总容量为

$$Q_C = 3mnQ_{NC} \tag{10-34b}$$

式中，$m$、$n$ 应分别满足下式：

$$nU_{NC} \geqslant I_{C,\max}X_C, \quad 即\ n > \frac{I_{C,\max}X_C}{U_{NC}}$$

$$mI_{NC} \geqslant I_{C,\max}, \quad 即\ m > \frac{I_{C,\max}}{I_{NC}}$$

式中，$I_{C,\max}$为通过电容器的最大工作电流，可由线路负荷电流求得。电容器的设置地点应满足沿线电压分布尽可能均匀，各负载点电压均在允许范围内，见图 10-30。

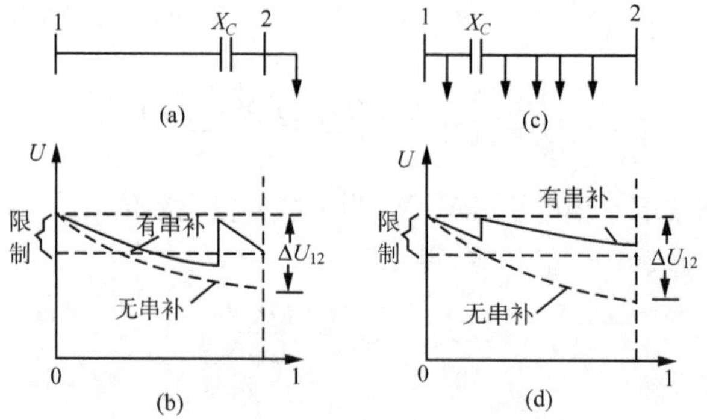


图 10-30　串联电容的合理安装地点

(a)集中负荷　(b)集中负荷下的电压分布

(c)分布负荷　(d)分布负荷下的电压分布

利用串联电容调压适合于负荷功率因数低、负荷变化剧烈的长配电线路。

## 三、组合调压

前述各种调压方法应针对电力系统的特点选择应用。对于无功电源缺乏的系统，应与无功补偿相结合选择诸如静电电容器、静止补偿器及调相机等方法。对于无功充裕的系统，可选用调节抽头的方法。串联电容调压只在中、低压长距离供电线路上使用。发电机调压是应首先考虑的方法。但这种方法的调压幅度有限，在无直配负荷时，有 $\pm 5\% U_N$ 的调节幅度，对有直配负荷时，一般采用逆调整如 $+5\% U_N$。发电机调压可与其他措施配合运用，从而减轻其他调压措施的负担份额。选择调压措施，除应满足调压要求外，还应进行方案比较，包括折旧修理费、投

资回收费及电能损失费。几种调压方法的联合也是常用的方法，可以互补。

1. 灵敏度分析方法

以结点电压及支路无功功率的变化量为状态变量，以各类调节方法的调整量为控制变量以及负荷的变化量为扰动变量，列出灵敏度方程如下：

$$\begin{bmatrix}\Delta U\\ \Delta Q\end{bmatrix}=\begin{bmatrix}\dfrac{\partial U}{\partial U_{\mathrm{G}}} & \dfrac{\partial U}{\partial K} & \dfrac{\partial U}{\partial Q_{\mathrm{C}}}\\ \dfrac{\partial Q}{\partial U_{\mathrm{G}}} & \dfrac{\partial Q}{\partial K} & \dfrac{\partial Q}{\partial Q_{\mathrm{C}}}\end{bmatrix}\begin{bmatrix}\Delta U_{\mathrm{G}}\\ \Delta K\\ \Delta Q_{\mathrm{C}}\end{bmatrix}+\begin{bmatrix}\dfrac{\partial U}{\partial P_{\mathrm{L}}} & \dfrac{\partial U}{\partial Q_{\mathrm{L}}}\\ \dfrac{\partial Q}{\partial P_{\mathrm{L}}} & \dfrac{\partial Q}{\partial Q_{\mathrm{L}}}\end{bmatrix}\begin{bmatrix}\Delta P_{\mathrm{L}}\\ \Delta Q_{\mathrm{L}}\end{bmatrix} \tag{10-35}$$

式中，$\Delta U$ 为中枢点电压变化量，$\Delta Q$ 为被控主干线无功功率变化量，$\Delta U_{\mathrm{G}}$ 为发电机母线电压控制量，$\Delta K$ 为变压器变比控制量，$\Delta Q_{\mathrm{C}}$ 为无功补偿量控制量，$\Delta P_{\mathrm{L}}$ 为负荷有功功率扰动量，$\Delta Q_{\mathrm{L}}$ 为负荷无功功率扰动量。

式(10-35)以紧凑形式表示为

$$\Delta \boldsymbol{X}=\boldsymbol{S}_u\Delta \boldsymbol{U}+\boldsymbol{S}_s\Delta \boldsymbol{S} \tag{10-36}$$

式中，$\Delta\boldsymbol{X}$ 为状态变化量向量，$\Delta\boldsymbol{U}$ 为控制变化量向量，$\Delta\boldsymbol{S}$ 为扰动变化量向量，$\boldsymbol{S}_u$ 为控制量的系数矩阵，$\boldsymbol{S}_s$ 为扰动量的系数矩阵。

由于扰动量和控制量都不大，使系数矩阵 $\boldsymbol{S}_u$、$\boldsymbol{S}_s$ 可视为常数阵。

2. 联合调压举例

如图 10-31(a)所示的双电源系统[1]，发电机 $\mathrm{G}_1$、$\mathrm{G}_2$ 由调节励磁控制母线电压 $U_{\mathrm{G1}}$、$U_{\mathrm{G2}}$，$\mathrm{T}_3$ 为带负荷调压变压器，变比 $K$ 可变。C 为无功补偿装置(如电容器、静止补偿器或同步调相机)可控制其无功输出量 $Q_{\mathrm{C}}$。图 10-31(b)为上述系统的等值电路，$\Delta K$ 表示由于变比的改变而出现的附加电势。略去变压器及输电线的电阻，形成简化网络。

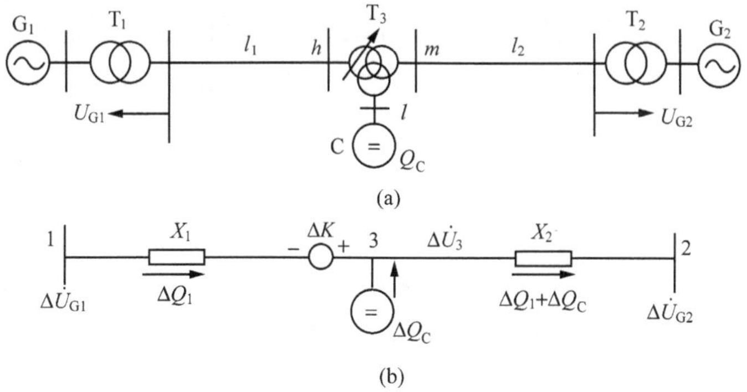


图 10-31　双电源系统

(a)结线图　(b)简化等值网络

设 $U_3$、$Q_1$ 为状态变量，$U_{G1}$、$U_{G2}$、$K$ 及 $Q_C$ 为控制变量，并设各负荷点负荷不变，则有

$$\begin{bmatrix} \Delta U_3 \\ \Delta Q_1 \end{bmatrix} = \begin{bmatrix} \dfrac{\partial U_3}{\partial U_{G1}} & \dfrac{\partial U_3}{\partial U_{G2}} & \dfrac{\partial U_3}{\partial K} & \dfrac{\partial U_3}{\partial Q_C} \\ \dfrac{\partial Q_1}{\partial U_{G1}} & \dfrac{\partial Q_1}{\partial U_{G2}} & \dfrac{\partial Q_1}{\partial K} & \dfrac{\partial Q_1}{\partial Q_C} \end{bmatrix} \begin{bmatrix} \Delta U_{G1} \\ \Delta U_{G2} \\ \Delta K \\ \Delta Q_C \end{bmatrix} \tag{10-37}$$

现在分别求取式(10-37)中系数矩阵的各元素。

(1) 单一考虑发电机端电压改变情况

因为 $\Delta U_{G1} \approx \Delta Q_1 (X_1 + X_2)/U_N$，故有 $\Delta Q_1 = \Delta U_{G1} U_N/(X_1 + X_2)$，取标幺值时，$\Delta Q_1 = \Delta U_{G1}/(X_1 + X_2)$，且有 $\Delta U_3 = \Delta Q_1 X_2 = \Delta U_{G1} X_2/(X_1 + X_2)$，可得

$$\left.\begin{aligned} \frac{\partial Q_1}{\partial U_{G1}} &= \frac{\Delta Q_1}{\Delta U_{G1}} = \frac{1}{X_1 + X_2} \\ \frac{\partial U_3}{\partial U_{G1}} &= \frac{\Delta U_3}{\Delta U_{G1}} = \frac{X_2}{X_1 + X_2} \end{aligned}\right\} \tag{10-38}$$

同理

$$\left.\begin{aligned} \frac{\partial Q_1}{\partial U_{G2}} &= -\frac{1}{X_1 + X_2} \\ \frac{\partial U_3}{\partial U_{G2}} &= \frac{X_1}{X_1 + X_2} \end{aligned}\right\} \tag{10-39}$$

注意到 $Q_1$ 由 $G_1$ 流向 $G_2$ 为正。

(2) 单一考虑无功补偿容量 $Q_C$ 的改变情况

为将 $Q_C$ 注入网络，无功补偿装置的端电压 $U_3$ 必须提高 $\Delta U_3$，而 $\Delta U_3$ 又因 $\Delta Q_1$ 和 $\Delta Q_1 + \Delta Q_C$ 分别在 $X_1$ 和 $X_2$ 中流动从而降落在这一电抗中，因而有

$$-\Delta Q_1 X_1 = \Delta U_3, \ (\Delta Q_1 + \Delta Q_C) X_2 = \Delta U_3$$

由此解得

$$\Delta Q_1 = -\frac{X_2}{X_1 + X_2} \Delta Q_C, \quad \Delta U_3 = \frac{X_1 X_2}{X_1 + X_2} \Delta Q_C$$

故有

$$\left.\begin{aligned} \frac{\partial U_3}{\partial Q_C} &= \frac{\Delta U_3}{\Delta Q_C} = \frac{X_1 X_2}{X_1 + X_2} \\ \frac{\partial Q_1}{\partial Q_C} &= \frac{\Delta Q_1}{\Delta Q_C} = -\frac{X_2}{X_1 + X_2} \end{aligned}\right\} \tag{10-40}$$

实际上由于 $\Delta Q_C$ 的注入网络，由结点 1 向结点 3 传输的无功功率有所减少，而结点 3 向结点 2 传输的无功功率有所增加。

(3) 单独考虑改变 $T_3$ 变比 $K$ 的情况

定义 $K=\frac{U_m}{U_h}$，当施加于变压器 $T_3$ 高压侧的电压不变时，将高压绕组的分头下移 $\Delta K$，中压侧电压则要提高 $\Delta K$，因此 $\Delta K$ 相当于一附加串联电势，将增大发电厂 1 向发电厂 2 传输的无功功率。该无功功率增量即为 $\Delta Q_1=\Delta K/(X_1+X_2)$，从而 $U_3$ 将增高，$\Delta U_3=\Delta Q_1 X_2=\Delta K X_2/(X_1+X_2)$，因而有

$$\left.\begin{aligned}\frac{\partial Q_1}{\partial K}&=\frac{\Delta Q_1}{\Delta K}=\frac{1}{X_1+X_2}\\ \frac{\partial U_3}{\partial K}&=\frac{\Delta U_3}{\Delta K}=\frac{X_2}{X_1+X_2}\end{aligned}\right\} \tag{10-41}$$

当以上这些措施同时进行时，则有

$$\left.\begin{aligned}\Delta U_3&=\frac{X_2}{X_1+X_2}\Delta U_{G1}+\frac{X_1}{X_1+X_2}\Delta U_{G2}+\frac{X_2}{X_1+X_2}\Delta K+\frac{X_1X_2}{X_1+X_2}\Delta Q_C\\ \Delta Q_1&=\frac{1}{X_1+X_2}\Delta U_{G1}-\frac{1}{X_1+X_2}\Delta U_{G2}+\frac{1}{X_1+X_2}\Delta K-\frac{X_2}{X_1+X_2}\Delta Q_C\end{aligned}\right\} \tag{10-42}$$

由式(10-42)可见，对结点 3 而言：

①当 $X_1$ 大，改变 $U_{G2}$ 调压效果好；当 $X_2$ 大，改变 $U_{G1}$ 调压效果好。

②改变 $K$ 与改变 $U_{G1}$ 调压效果相同，都是将无功功率由 $G_1$ 推向 $G_2$。

③无功补偿量 $Q_C$ 的调节效果，与从接入点看进去的等效电抗有关，等效阻抗大，调压效果好。

## 参 考 文 献

1. 陈珩. 电力系统稳态分析. 北京：中国电力出版社，1995

2. 水电部西北电力设计院. 电机工程手册：电力系统. 北京：机械工业出版社，1997

普通高等教育“十一五”国家级规划教材

# 电气工程基础 下册

（第二版）

刘　笙　主编

科学出版社
北　京

# 内 容 简 介

本书是为适应教育部1998年颁布的“普通高校工科专业目录以及引导性专业目录”中“电气工程及其自动化”和“电气工程与自动化”专业所编写的专业基础课教材。内容包括引论与基本概念、电力设备的理论与模型、网络分析与运行控制、暂态分析以及电力系统现代技术等5篇，共18章。全书分上、下两册，上册包括第一至十章，下册包括第十一至十八章。

本书对原有的“电力系统稳态分析”、“发电厂电气部分”、“电力工程”以及“高电压技术”等课程教材进行了有机整合，并更新了体系，增加了抽水蓄能、电压稳定、直流输电与柔性交流输电及分布式电源等新章节，反映了电力工业技术的整体性、综合性以及时代发展的趋势，构思新颖，循序渐进。

本书主要作为“电气工程及其自动化”与“电气工程与自动化”专业的基础课程教材，亦适合电力系统工程技术人员作为参考读物。

**图书在版编目(CIP)数据**

电气工程基础(上、下册)/刘笙主编. —2版. —北京:科学出版社,2008.8
(普通高等教育“十一五”国家级规划教材)
ISBN 978-7-03-021503-1

Ⅰ. 电…　Ⅱ. 刘…　Ⅲ. 电气工程-高等学校-教材　Ⅳ. TM

中国版本图书馆CIP数据核字(2008)第041553号

责任编辑:余　江/责任校对:刘亚琦
责任印制:张　伟/封面设计:陈　敬

科学出版社 出版
北京东黄城根北街16号
邮政编码: 100717
http://www.sciencep.com
北京虎彩文化传播有限公司 印刷
科学出版社发行　各地新华书店经销
*
2002年8月第　一　版　　开本: B5(720×1000)
2008年8月第　二　版　　印张: 21
2023年8月第十九次印刷　　字数: 390 000

**定价: 128.00元(上、下册)**
(如有印装质量问题,我社负责调换)

# 编 委 会 名 单

# 第二版前言

本书自2002年8月问世以来，已经过“电气工程及其自动化”和“电气工程与自动化”专业五年多的教学实践，为这两个专业填补了专业教材方面的空白，为电气工程专业的师生提供了比较系统的专业理论基础。在2006年被教育部批准为普通高等教育“十一五”国家级规划教材，故进行再版。

新版教材调整为5篇，共18章。第一篇为引论与基本概念，包括第一、二章；第二篇为电力设备的理论与模型，包括第三至六章；第三篇为网络分析与运行控制，包括第七至十章；第四篇为暂态分析，包括第十一至十六章；第五篇为电力系统现代技术，包括第十七、十八章。全书分为上、下两册，上册由第一至十章组成，下册由第十一至十八章组成。

新版教材仍保持了原版的一些特点（详见第一版前言），并着重在以下方面进行了修订：(1)基础与专业结合更紧密，加强物理概念，减少过多的数学推演，更侧重于工程应用。如将输电线及变压器参数及模型合并为一章，减少了基于电磁场及电机学的参数导出过程；又如减少了过电压中的波过程叙述，将电力系统绝缘与过电压由原版的五章精简为两章，其中的中性点接地方式则列入引论。(2)理论叙述与工程实际结合更紧密。如将机电暂态与稳定性的论述与国内外的大面积停电事故联系起来；又如将直流输电应用于大区电网互联的优越性突显出来。(3)与时俱进，注入新鲜内容。如在引论中增补了我国电力工业在新世纪的发展数据。在电力设备部分增加了短路电流限制器，在直流输电部分增加了基于电压源换流器的输电方式。在有功功率与频率调整一章联系到自动发电控制。此外，增加了分布式电源一章等。

新版教材由编写组集体创作。其中第十五章由朱子述编写，第十六章由金之俭编写，第六、七、十三章由顾洁编写，第四、十一、十二章由杨镜非编写，第三、十八章由艾芊编写，第一、二、五、八、九、十、十四及十七章由刘笙编写。宋依群修订了第九章并组织了全书的修订过程。刘笙任主编。上海交通大学电子电气学院张焰教授、赖晓阳副教授曾给予支持与指导，研究生原媛打印了部分章节，在此一并致以衷心的感谢。

由于修订时间仓促，加之编者学术水平及教学经验不足，书中不妥之处在所难免，希望使用本书的师生、工程技术工作者提出宝贵意见。

编　者

2008年2月

# 第一版前言

“中共中央国务院关于深入教育改革全面推进素质教育的决定(1999.6.13)”中指出:“调整和改革课程体系、结构、内容,建立新的基础教育课程体系……。改变课程过分强调学科体系,脱离时代和社会发展以及学生的实际情况,抓紧建立更新教学内容的机制,加强课程的综合性和实践性,重视实验课教学,培养学生实际操作能力。”《电气工程基础》一书就是为了贯彻“决定”的指导精神,为适应专业调整后而成立的“电气工程及其自动化”和“电气工程与自动化”专业教学需要而编写的一部专业基础教材。本书是对原有的四门专业课程内容(《电力系统稳态分析》、《发电厂电气及计算机监控》、《电力工程》、《高电压技术》)进行有机整合并更新体系的一种尝试。

本书包括6篇,共22章。第一篇为引论及基本概念,包括第一、二章;第二篇为电力设备的理论及模型,包括第三至七章;第三篇为网络分析与运行控制,包括第八至十一章;第四篇为暂态分析与控制,包括第十二至十六章;第五篇为电力系统的绝缘与过电压,包括第十七至二十章;第六篇为计算机监控及输电系统新技术,包括第二十一、二十二章。全书分为上、下两册,上册由第一至十一章组成,下册由第十二至二十二章组成。

本书具有以下特点:(1)通过新旧中国电力工业的发展对比,体现德育和智育的统一。旧中国电力工业历尽坎坷,步履蹒跚。新中国电力工业蓬勃向上,发展迅速。改革开放使电力工业腾飞。书中所列举的事实是进行爱国主义教育的生动素材。(2)知识结构反映电力工业技术的整体性及综合性。教材改革前,稳态与暂态、短过程动态与长过程动态(暂态稳定与频率变化过程)、过电压与过电流、电气设备、发电机运行等内容分割在多本教材中,既没有整体概念,又有重复现象。本教材对上述内容进行了整合。(3)知识结构反映了电力工业的时代发展趋势。本教材含抽水蓄能、电压稳定、直流输电、柔性交流输电等新内容。(4)教材配套建设。本教材与即将出版的习题集、CAI教学辅导软件配套建设,用以提高教学效率。

本书主要作为电气工程及其自动化专业和电气工程与自动化专业的专业基础课教材。其中一些章节可因材施教,供自学用。本书亦可作为电气工程研究和技术人员的参考读物。

本教材由编写组集体创作。其中第三、四、五章由岑文辉编写,第十六、十八章由朱子述编写,第十七、十九、二十章由金之俭编写,第七、八、十四章由顾洁编写,

第十二、十三章由杨镜非编写，第二十一章由谢宁编写。第一、二、六、九、十、十一、十五、二十二章由刘笙编写。刘笙任主编。吴际舜教授审阅了全书，并提出了许多宝贵的修改意见。在编写过程中得到了我校（上海交通大学）电力学院教学改革指导委员会、李福寿教授以及陈章潮教授的热心指导。张焰教授做了大量的组织工作。上海市电力公司钱重耀高级工程师提供了有关电力工业发展的素材。在此一并向指导和帮助本书编写的各位领导、专家致以衷心的感谢。

由于编写时间仓促，加之编者学术水平及教学经验有限，书中不妥之处在所难免，诚挚希望使用本书的师生、工程技术人员提出宝贵意见。

编　者

2001 年 12 月

# 目　录

## 第五篇　电力系统现代技术

# 第四篇　暂态分析与控制

## 第十一章　电磁暂态过程与三相短路电流计算

本章主要阐述电力系统三相突然短路电流及其实用计算、冲击电流、短路电流、最大有效值。

### 第一节　电力系统短路的概念

电力系统运行在正常状态时，其运行参数(电流、电压、频率、功率等)是在允许的范围之内。当系统在运行中发生故障时(尽管出现的几率很小，仍然会发生一些故障)，电力系统的运行状态将发生急剧的变化。由于系统中包含有惯性元件，所以系统从一种运行状态变化到另一种运行状态，需要一个过程。如雷电和操作过电压或工频过电压是从一微秒到十几毫秒。从十几毫秒到十几分钟由磁起电过程，是本章讨论的重点。虽然这个过程很短暂，但产生的影响却十分严重，轻者危及设备的安全或使设备无法正常工作，重者将使正常供电遭到破坏，即导致电力系统的灾变，对整个国民经济造成极大的损失，因此应给予高度重视。

#### 一、短路的原因和分类

在电力系统可能发生的各种故障中，对系统危害最大而且发生概率最高的是短路故障。所谓短路，是指电力系统中相与相或相与地之间的非正常接通。在电力系统正常运行时，除中性点外，相与相或相与地之间是相互绝缘的。如果由于绝缘破坏而构成通路，电力系统就发生短路故障。

通常引起绝缘破坏的原因有：绝缘材料的自然老化；机械损伤；开关操作冲击；雷电或操作过电压；人为的误操作。另外，鸟、兽、树、风筝、飞机或起重机等跨接在裸露的载流部分或毁坏支撑设备，以及严重的风、雪、雹等自然灾害都会引起短路。

凡造成电力系统运行不正常的任何连接和各种操作均称为电力系统的故障，故障的类型很多。在三相系统中，可能发生的短路(如图 11-1 所示)分别为单相接地短路、两相接地短路、三相短路、两相相间短路。

三相短路时系统(包括短路点)仍然是对称的，称为对称短路故障，除此之外其他几种短路，称为不对称短路故障。电力系统短路故障大多数发生在架空线部分，在额定电压为 110kV 及以上的架空线路中发生，单相短路故障占绝大多数。除了短路故障外，本章还将讨论线路一相或两相断线引起的故障。当断路器的一相或

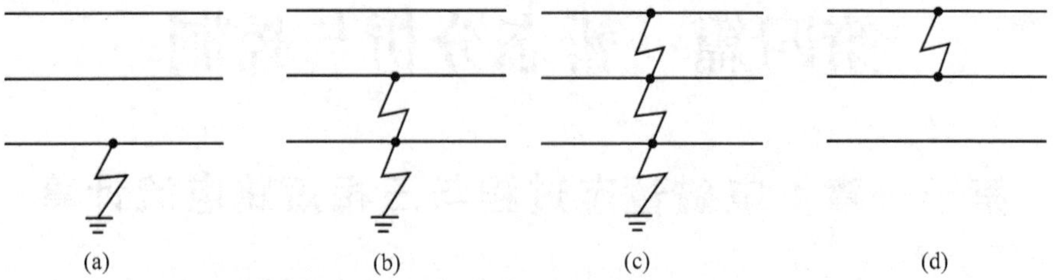


图 11-1　三相线路故障类型

(a) 单相接地　(b) 两相接地　(c) 三相短路　(d) 两相短路

两相跳闸，形成断线故障。例如，在采用单相重合闸的线路上，当发生单相短路的那一相断路器跳闸后，即形成一相断开、两相运行的运行状态或称非全相运行，架空线路一相或两相导线断裂，也会形成断线故障。电力系统中除了同一地点故障以外，还可能在相同或不同地点先后或同时发生故障，称为多重故障。

## 二、短路后果和预防措施

发生短路时，短路点相与相或相与地之间往往经过一定的电阻(如外物、电弧等)相连接(称为“过渡电阻”)。如不经电阻短路，则称为“金属性短路”。相同条件下，金属性短路电流较非金属性短路电流大。

短路时，短路点及附近电力设备流过的短路电流可能达到额定电流的几倍甚至几十倍，它极大地超出了线路或电气设备在设计时的热稳定承受能力，引起导体及绝缘体的严重发热而损坏；同时在短路刚开始，电流瞬时值达到最大，导体间将受到强大的电动力，可能引起导体或线圈变形以至损坏；短路时电力网的电压突然降低，短路点附近电压降低最多，这又会影响用电设备的正常工作。短路故障的最严重结果是使并列运行的发电机失去同步，引起系统解列和大面积停电。另外，不对称短路时架空线中不对称电流所产生的不平衡磁通，会对邻近的通信线路造成严重干扰。

在电力系统设计和运行时，为了降低短路故障的发生概率，必须采取适当的措施，例如，采用合理的防雷设施，降低过电压水平；使用结构完善的配电装置，加强运行维护管理等。短路故障发生时，应迅速采取措施使发生短路部分与系统其他正常部分隔离开来并使无故障部分恢复正常运行。由于架空线路的短路大多数是瞬时性的，当故障点与电源隔离后，短路点电弧即可熄灭，并恢复正常绝缘能力。此时，可采用重合闸措施，使系统恢复正常运行。

## 三、短路计算的目的

在发电厂、变电所及整个电力系统的设计和运行中，设计合理的电气接线图，选用合适的电器设备包括断路器等，配置及调整继电保护自动装置以及选择限制短路电流措施等，都必须有短路故障的计算结果作依据。短路计算的任务主要有以下几个方面：

① 为选择有足够机械稳定度和热稳定度的电气设备，如断路器、互感器、瓷瓶、母线、电缆等，必须以短路计算为依据。这里包括计算冲击电流以校验电气设备的电动力稳定度；计算若干时刻的短路电流周期分量以校验电气设备的热稳定度；计算指定时刻的短路电流有效值以校验断路器的断流能力等。

② 为了正确地整定各种继电保护和自动装置参数，必须对电力网中发生的各种短路进行计算和分析。不仅计算故障点的电流值，还必须计算短路电流在电力网络中的分布情况，及各节点的电压值。

③ 在设计和选择发电厂和电力系统电气主接线时，为了比较各种不同方案的接线图，确定是否需要采用限制短路电流的措施等，要进行必要的短路电流计算。

④ 进行电力系统暂态稳定计算，研究短路对用户工作的影响等，也要进行短路分析计算。

⑤ 为了确定输电线路发生故障对通信线路的干扰，也需进行短路故障的计算。

## 四、短路计算的简化假设

在实际工程中，根据一定的任务进行短路计算时，必须首先确定计算条件。所谓计算条件，一般包括短路发生时系统的运行方式、短路的类型和发生地点，以及短路发生后所采取的措施等。从短路计算的角度来看，系统运行方式是指系统中投入运行的发电机、变压器、输电线路、用电负荷的多少、各自的运行参数以及它们之间的相互连接情况。计算不对称短路时，还应考虑变压器中性点接地方式。

为了简化计算工作，常采用以下一些简化假设：

① 短路过程中各发电机转子之间不发生摇摆，并认为所有发电机的电势都同相位且数值恒定(对于短路点而言，由此计算所得的电流数值稍微偏大)。

② 负荷或当作恒定阻抗，或当作某种临时附加电源，或忽略不计。

③ 不计磁路饱和。系统各元件的参数是恒定的、非时变的、线性的，可以应用叠加原理。

④ 系统为对称的三相系统。除不对称故障处出现局部不对称以外，系统其余部分通常作对称处理。

⑤ 忽略高压输电线的电阻和电容，忽略变压器的电阻和励磁电流(三相三柱式变压器的零序等值电路除外)，即发电机、输电线路、变压器等各元件的物理模型均用纯电抗表示。

# 第二节　无穷大功率电源供电系统三相短路分析

## 一、无穷大电源

无穷大电源是一种假想的理想电源，它的特点是：① 电源功率为无穷大。当外电路发生任何变化时，系统频率不发生变化，即系统频率恒定。② 电源的内阻抗为零。电源内部无电压降，电源的端电压恒定。

实际上，真正的无穷大电源是没有的，它只是一个相对的概念，某一电源(或多个电源并联)其功率大于其他电源 10 倍以上，就可将此电源近似认为是无限大电源。

## 二、三相短路的暂态过程

本小节将分析无穷大电源供电的三相电路在某点 $f$ 发生突然对称短路的暂态过程，如图 11-2 所示。

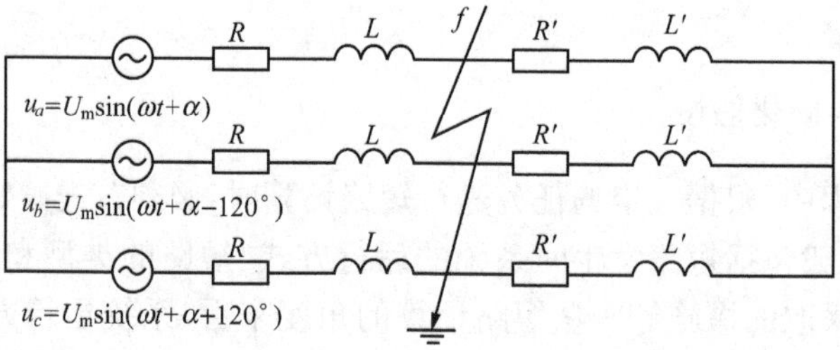


图 11-2　无穷大电源供电的三相电路

短路发生前，电路处于稳态。由于是对称故障，以 $a$ 相为例进行分析。其电压和电流的表达式是

$$u_a = U_m\sin(\omega t+\alpha) \tag{11-1}$$

$$i_a = I_{m0-}\sin(\omega t+\alpha-\theta_{0-}) \tag{11-2}$$

式中

$$I_{m0-}=\frac{U_m}{\sqrt{(R+R')^2+\omega^2(L+L')^2}}$$

$$\theta_{0-}=\arctan\frac{\omega(L+L')}{R+R'}$$

$u_a$、$i_a$ 分别 $a$ 相电压和电流的瞬时值；$I_{m0-}$ 为短路前的电流幅值；$U_m$ 为电源的电压幅值；$\alpha$ 为电源电势的初相角。

$f$ 点发生突然三相短路时，这个电路被分成两个独立的回路。左边的回路仍与电源相连，右边的回路是无源回路。先观察右边电路，磁场中储存的能量转换为热能被电阻消耗，电流也逐渐衰减到零。最大电流发生在故障初瞬时，即正常运行时的电流，显然不会对电气设备产生危害，所以不再对其进行分析。在左边电路中，每相阻抗由原来的 $(R+R')+\mathrm{j}\omega(L+L')$ 变成 $R+\mathrm{j}\omega L$，由于阻抗减小，电流增大。

假设短路发生在 $t=0$ 时刻，则对 $a$ 相回路电压方程为

$$L\frac{\mathrm{d}i_a}{\mathrm{d}t}+Ri_a=U_\mathrm{m}\sin(\omega t+\alpha) \tag{11-3}$$

上式是一常系数非齐次线性微分方程。根据常微分方程理论，其解为相应的齐次方程特解加通解，即有

$$i_a=I_\mathrm{m}\sin(\omega t+\alpha-\theta)+C\mathrm{e}^{-t/T} \tag{11-4}$$

式中，$I_\mathrm{m}$ 是稳态短路电流（也称为周期分量）的幅值；$\theta=\arctan(\omega L/R)$；$C$ 为积分常数，其值由初始条件决定，即短路电流直流分量（也称非周期分量）的起始值；$T$ 为直流分量电流衰减时间常数，决定直流分量衰减的速度，$T=L/R$。

现在来决定积分常数 $C$。由于在电感性的电路中，通过的电感电流不能够突变，短路瞬间前的电流 $i_{a0-}$ 应该等于短路瞬间后的电流 $i_{a0+}$，即令 $t=0$，有

$$\begin{aligned}i_{a0-}&=i_{a0+}\\ I_{\mathrm{m}0-}\sin(\alpha-\theta_{0-})&=I_\mathrm{m}\sin(\alpha-\theta)+C\end{aligned} \tag{11-5}$$

由此解得

$$C=I_{\mathrm{m}0-}\sin(\alpha-\theta_{0-})-I_\mathrm{m}\sin(\alpha-\theta) \tag{11-6}$$

将式(11-6)代入式(11-4)，得 $a$ 相短路电流表达式

$$i_a=I_\mathrm{m}\sin(\omega t+\alpha-\theta)+[I_{\mathrm{m}0}\sin(\alpha-\theta_{0-})-I_\mathrm{m}\sin(\alpha-\theta)]\mathrm{e}^{-t/T}=i_{pa}+i_{\alpha a} \tag{11-7}$$

式中，$i_{pa}$ 为短路电流周期分量，$i_{\alpha a}$ 为短路电流非周期分量。

由于三相对称，求 $b$ 相和 $c$ 相的短路电流时只需将式(11-7)中的 $\alpha$ 分别用 $\alpha-120°$ 和 $\alpha+120°$ 代替即可。现将三相短路电流表达式综合如下：

$$\begin{aligned}i_a=&I_\mathrm{m}\sin(\omega t+\alpha-\theta)+[I_{\mathrm{m}0-}\sin(\alpha-\theta_{0-})\\&-I_\mathrm{m}\sin(\alpha-\theta)]\mathrm{e}^{-t/T}\\ i_b=&I_\mathrm{m}\sin(\omega t+\alpha-120°-\theta)+[I_{\mathrm{m}0-}\sin(\alpha-120°-\theta_{0-})\\&-I_\mathrm{m}\sin(\alpha-120°-\theta)]\mathrm{e}^{-t/T}\\ i_c=&I_\mathrm{m}\sin(\omega t+\alpha+120°-\theta)+[I_{\mathrm{m}0-}\sin(\alpha+120°-\theta_{0-})\\&-I_\mathrm{m}\sin(\alpha+120°-\theta)]\mathrm{e}^{-t/T}\end{aligned} \tag{11-8}$$

［**例 11-1**］ 有如图 11-2 的无限大功率电源供电的三相电路 $u_a=1\cdot\sin(\omega t+30°)$，$u_b=1\cdot\sin(\omega t-90°)$，$u_c=1\cdot\sin(\omega t+150°)$，$R=0.01\Omega$，$L=0.026\text{H}$，$R'=0.04\Omega$，$L'=0.104\text{H}$，求在点 $f$ 三相短路后 $a$、$b$、$c$ 三相短路电流。

**解：**
$$u_{a0-}=1\cdot\sin(\omega t+30°)\quad \alpha=30°$$

$$I_{a0-}=\frac{u_{a0-}}{\sqrt{(R+R')^2+\omega^2(L+L')^2}}=\frac{1}{\sqrt{(0.01+0.04)^2+\omega^2(0.026+0.104)^2}}$$
$$=0.0245\text{A}$$

$$\theta_{0-}=\arctan\frac{\omega(L+L')}{R+R'}=\arctan\frac{\omega(0.026+0.104)}{0.01+0.04}\approx 90°$$

$$I_a=\frac{u_a}{\sqrt{R^2+\omega^2L^2}}=\frac{1}{\sqrt{0.01^2+\omega^2\cdot 0.026^2}}=0.1224\text{A}$$

$$\theta=\arctan\frac{\omega L}{R}=\arctan\frac{\omega\cdot 0.026}{0.01}\approx 90°$$

$$T=L/R=2.6\text{s}$$

$$C_a=I_{a0-}\sin(\alpha-\theta_{0-})-I_a\sin(\alpha-\theta)=0.0848$$

$$C_b=I_{a0-}\sin(\alpha-\theta_a-120°)-I_a\sin(\alpha-\theta-120°)\approx 0$$

$$C_c=I_{a0-}\sin(\alpha-\theta_{0-}+120°)-I_a\sin(\alpha-\theta+120°)=-0.0849$$

利用公式可得

$$i_a=0.1224\sin(\omega t-60°)+0.0848\cdot \text{e}^{-t/2.6}$$

$$i_b=0.1224\sin(\omega t-120°)+0\cdot \text{e}^{-t/2.6}$$

$$i_c=0.1224\sin(\omega t+60°)-0.0849\cdot \text{e}^{-t/2.6}$$

图 11-3 是 $a$、$b$、$c$ 三相在短路前后的电流。

观察电流表达式(11-8)以及图 11-3 及图 11-4，可见：

① 无穷大功率电源供电的三相系统三相短路电流中包含有两个分量，即周期分量(也称强制分量)和非周期分量(或称自由分量)。周期分量的幅值取决于电源电压幅值和短路回路的总阻抗，并在暂态过程中始终保持不变。周期分量也是短路后回路的稳态短路电流。非周期分量电流是逐渐衰减的。这是由于在突然短路瞬间前后保持电感性元件电流不能突变而出现的分量，它以时间常数 $T$ 按指数规律衰减至零。在 $t=0$ 时，它使短路电流值与短路前瞬间的电流值相等。

② $a$、$b$、$c$ 三相短路电流周期性分量分别为三个幅值相等、相位差 120°、对称的交流正弦电流。而三相短路电流非周期分量每一时刻互不相等，都以相同的时间常数 $T$ 进行衰减，$T$ 越大，衰减就越慢，反之则越快。非周期分量的存在，使短路电流曲线不和时间轴对称。

③ 在电源电压幅值和短路回路不变情况下，非周期分量起始值的大小与电源电压在短路开始时刻的相角（也称合闸角）$\alpha$、短路前回路中电流幅值有关。非周期分量起始值可能为最大值 $I_{\mathrm{m}}$，也可能为零，在同一时刻只可能一相最大或为零。如图 11-4 所示，当 $|\alpha-\theta|=90°$ 时，$a$ 相非周期分量电流起始值绝对值为最大[有负载时（$I_{\mathrm{m}a0\_}-I_{\mathrm{m}a}$）与时间轴平行]，改变 $\alpha$，使 $|\alpha-\theta|=0°$ 时，则 $a$ 相非周期分量电流值为零[有负载时（$I_{\mathrm{m}a0\_}-I_{\mathrm{m}a}$）与时间轴垂直]。此时 $a$ 相短路电流由短路前的稳态电流直接转变为短路后的稳态电流，不经过一个暂态过程。在任意的一个合闸角 $\alpha$ 下，总有一相非周期分量电流起始值较大，而有一相较小。由于短路发生瞬时是任意的，所以，从安全角度考虑，必须计算有一相（如 $a$ 相）短路电流的非周期分量起始值为最大值。即初始相角 $\alpha$ 满足 $|\alpha-\theta|=90°$，则一相（如 $a$ 相）短路电流的非周期分量起始值的绝对值到达最大值，并等于稳态短路电流的幅值。

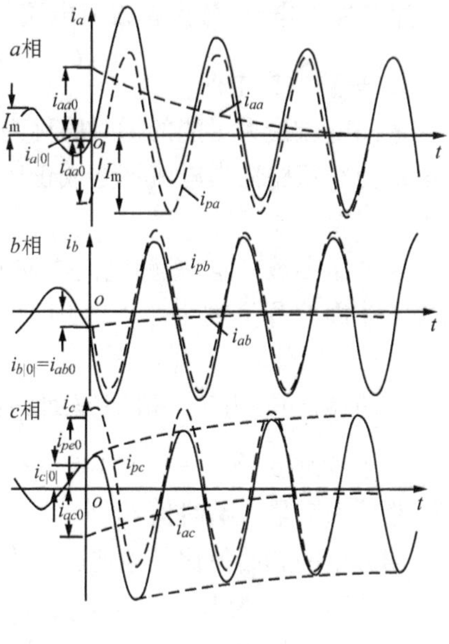


图 11-3　电流波形图

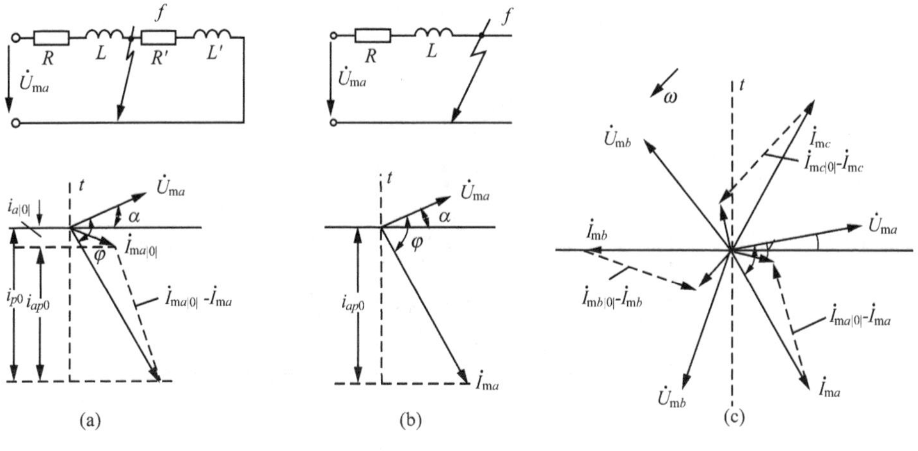


图 11-4　初始状态电流向量图及短路瞬时三相电流向量图

(a) 短路前带负载初始状态电流向量图　(b) 短路前空载初始状态电流向量图　(c) 短路瞬时三相电流

## 三、短路冲击电流、最大有效值电流和短路功率

1. 短路冲击电流

短路电流最大可能的瞬时值称为短路冲击电流。短路电流在电气设备中产生的电动力与短路冲击电流平方成正比。它是用来校验电气设备在发生短路时机械应力的一个重要参数。

当电路参数一定,短路电流周期分量的幅值也就确定,因此最大短路电流主要取决于非周期分量的大小。非周期分量的初始值越大,短路全电流的瞬时值也越大。

由前述可知,由于一般短路回路可近似看成纯电感电路(或 $\omega L \gg R$),$R=0$,$\theta=90°$,在该情况下,$\alpha=0°$或 $180°$,相量 $\dot{I}_{m\alpha}$ 和时间轴平行,短路电流的非周期分量在短路瞬间有最大瞬时值,即 $I_{m0-}-I_m$。如果短路前电路又是空载($I_{m0-}=0$),则非周期分量的起始值比其他情况都大,即最严重情况。图 11-5 是这种情况下的短路电流波形。$I_{zm}$ 为非周期分量的起始值,$I_{jm}$ 为正弦分量在 $t=0$ 时刻的值。短路电流起始值正好等于 $I_{m0-}=0$,表明短路前后电流不突变。

从图 11-5 可见,大约在短路后半个周期时出现短路电流的最大瞬时值(电流峰值),即短路冲击电流。当 $f=50$ 周/s 时,冲击电流将在自短路开始后 0.01s 出现。将 $I_{m\alpha-}=0$,$\alpha=0°$或 $180°$,$\theta=90°$,$t=0$ 代入式(11-7)。由此得,冲击电流的表达式为

$$
\begin{aligned}
i_M &= I_m + I_m e^{-0.01/T} \\
&= I_m(1 + e^{-0.01/T}) \qquad (11\text{-}9) \\
&= K_M I_m
\end{aligned}
$$

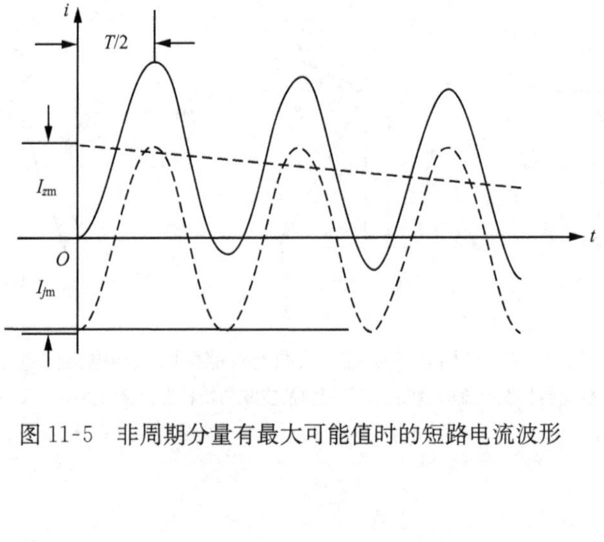


图 11-5　非周期分量有最大可能值时的短路电流波形

式中，$K_M$ 为冲击系数，表示冲击电流比短路电流周期分量幅值大的倍数。由于短路点不同，$T$ 的大小不同，在极端情况下，当 $T$ 从零变化到无穷，冲击系数的变化范围为 $1<K_M<2$。

通常，非周期分量在短路后 0.15～0.2s 便衰减完了。在实际计算中，当短路发生在发电机机端时，$K_M$ 一般取 1.8～1.9；直接由额定容量大于 12MW 发电机供电的母线发生短路时取 $K_M=1.9$；当短路发生在发电机高压母线时，$K_M=1.85$；当短路发生在其他地点时，$K_M=1.8$。短路冲击电流主要用来校验电气设备和载流导体的电动力（简称动稳定），以保证设备不因短路电流产生的冲击力而变形或损坏。

2. 短路电流最大有效值

根据有效值的定义，任一时刻 $t$ 的短路电流有效值 $I_t$ 是以时刻 $t$ 为中心的一个周期 $T$ 内瞬时电流的均方根值，即

$$I_t=\sqrt{\frac{1}{T}\int_{-\frac{T}{2}}^{+\frac{T}{2}} i^2(t)\mathrm{d}t}=\sqrt{\frac{1}{T}\int_{-\frac{T}{2}}^{+\frac{T}{2}}[i_j(t)+i_z(t)]^2\mathrm{d}t} \tag{11-10}$$

式中，$i(t)$、$i_j(t)$、$i_z(t)$ 分别为 $t$ 时刻的短路电流、短路电流的交流分量（周期分量）和短路电流的直流分量（非周期分量）。由图 11-5 可知，最大有效值电流发生在短路后半个周期，其值为

$$\begin{aligned}I_M&=\sqrt{(I_m/\sqrt{2})^2+i_z^2(0.01)}\\&=\sqrt{(I_m/\sqrt{2})^2+(i_M-I_m)^2}\\&=\sqrt{(I_m/\sqrt{2})^2+I_m^2(K_M-1)^2}\\&=\frac{I_m}{\sqrt{2}}\sqrt{1+2(K_M-1)^2}\end{aligned} \tag{11-11}$$

当冲击系数 $K_M=1.8$ 时，$I_M=1.068I_m$；当冲击系数 $K_M=1.9$ 时，$I_M=1.146I_m$。最大有效值电流主要用于校验电气设备的断流能力。

3. 短路功率

有时在选择某些电气设备时，要用到短路功率（也称短路容量）的概念。其定义为

$$S_t=\sqrt{3}U_N I_t \tag{11-12}$$

式中，$U_N$ 为短路处正常运行时的额定电压；$I_t$ 为短路电流的有效值。由式(11-12)可见，短路功率意味着该电气设备既要承受正常工况下的额定电压，又要能够开断短路电流 $I_t$。由于短路电流可取不同时刻的值，如 $t=0$s，0.01s，0.02s 等，故短路功率也对应于相应的时刻。较有实际意义的是相应于断路器动作时刻的短路功率。如采用标幺制时，则有

$$S_{t*} = \frac{S_t}{S_B} = \frac{\sqrt{3}U_N I_t}{\sqrt{3}U_B I_B} = I_{t*} \tag{11-13}$$

上式表明当基准电压取额定电压时，则短路功率的标幺值与短路电流的标幺值相等。

［**例 11-2**］　如图 11-6 所示无穷大功率电源供电系统，在输电线中点发生三相短路，求短路冲击电流最大有效值 $i_M$ 和短路功率 $S_t$。有关参数如下：$U_g=110\text{kV}$，T：20MV · A，110/38.5kV，$U_k\%=10.5$，$\Delta P_s=135\text{kW}$，$L=10\text{km}$，$x_1=0.402\Omega/\text{km}$，$r_1=0.11\Omega/\text{km}$。

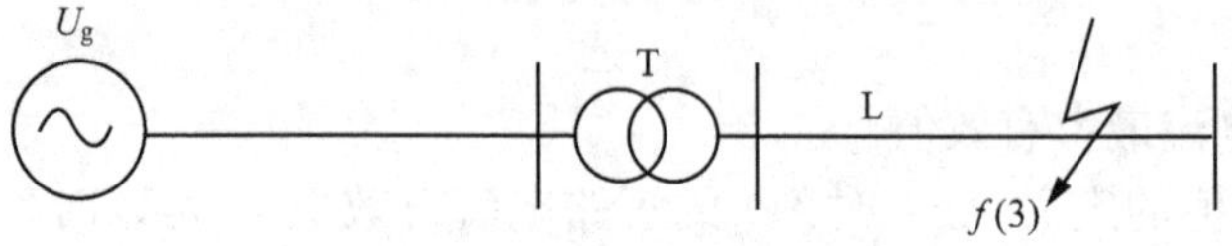


图 11-6　系统图

**解**：所有参数归算至 35kV，则：

变压器 T

$$R_T=\frac{\Delta P_s U_N^2}{1000S_N^2}=\frac{135\times 38.5^2}{1000\times 20^2}=0.5003(\Omega)$$

$$X_T=\frac{U_k\% U_N^2}{100S_N}=\frac{10.5\times 38.5^2}{100\times 20}=7.7818(\Omega)$$

输电线 L

$$R_L/2 = r_1L/2 = 0.11\times 10/2 = 0.55(\Omega)$$

$$X_L/2 = x_1L/2 = 0.402\times 10/2 = 2.01(\Omega)$$

短路时的等值电路图如图 11-7 所示。

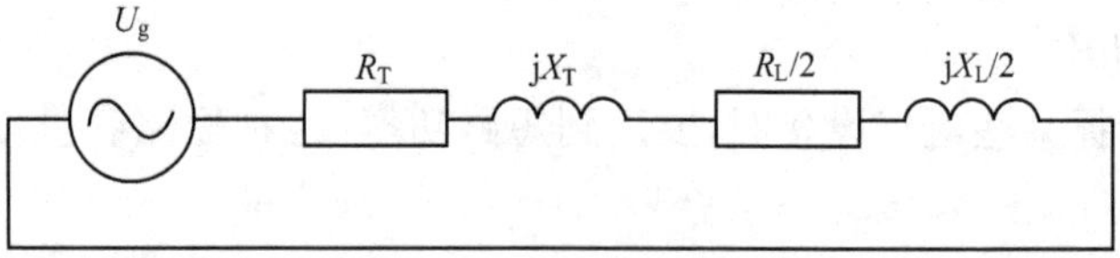


图 11-7　等值电路

短路电流周期分量有效值为

$$I=\frac{U_g}{\sqrt{\left(R_T+\frac{R_L}{2}\right)^2+\left(X_T+\frac{X_L}{2}\right)^2}}=\frac{38.5/\sqrt{3}}{\sqrt{(0.5003+0.55)^2+(7.7818+2.01)^2}}$$

$$=2.2571(\text{kA})$$

$$T=\frac{L}{R}=\frac{(7.7818+2.01)/314.16}{0.5003+0.55}=0.0297(\text{s})$$

$$K_C=1+e^{-0.01/T}=1.714$$

短路冲击电流为

$$i_C=\sqrt{2}K_CI_m=\sqrt{2}\times1.714\times2.2571=5.4703(\text{kA})$$

最大有效值电流

$$i_M=I_m\sqrt{1+2(K_C-1)^2}=2.2571\times\sqrt{1+2\times(1.714-1)^2}=3.2076(\text{kA})$$

短路功率

$$S_t=\sqrt{3}U_NI_t=\sqrt{3}\times37\times2.2571=144.648(\text{MV}\cdot\text{A})$$

## 第三节　同步发电机突然三相短路电磁暂态过程

第二节讨论了无穷大电源供电电路发生三相短路的情况。实际上电力系统发生短路故障时，作为电源的同步发电机不能看成无穷大电源，同步发电机的内阻抗不为零，其内部也发生暂态过程，因而不认为其端电压幅值和频率保持不变。在一般情况下，分析和计算电力系统短路过程时，必须计及同步发电机的暂态过程。由于发电机转子的惯量较大，可近似认为发电机转子保持同步转速，即仅考虑发电机的电磁暂态过程。

### 一、发电机物理描述

发电机定子绕组中通过对称三相电流时，在空气隙中建立起按同步转速旋转的磁场。转子绕组通以直流电流建立的磁场随转子旋转。要产生稳态平衡的转矩，定子和转子所建立的磁场必须以相同的转速旋转。因此转子必须精确地以同步速旋转。同步转速和磁极的关系如下：

$$n=\frac{120f}{p} \tag{11-14}$$

式中，$n$ 为转子转速，r/min；$f$ 为电势频率，Hz；$p$ 为转子磁极数。

发电机有两种基本结构：即凸极式与隐极式结构，如图 11-8 所示。

由于水轮发电机低速运行，因此在一定的额定频率下，与此相应的需要较多磁极。这类转子往往有阻尼绕组放置在磁极表面，见图 11-8(a)。

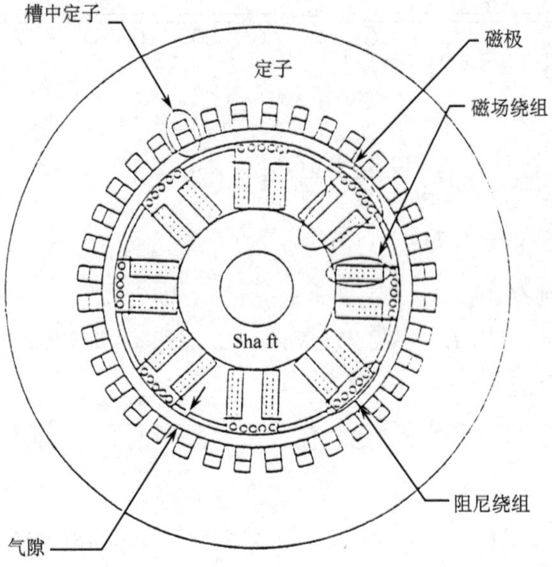


(a)

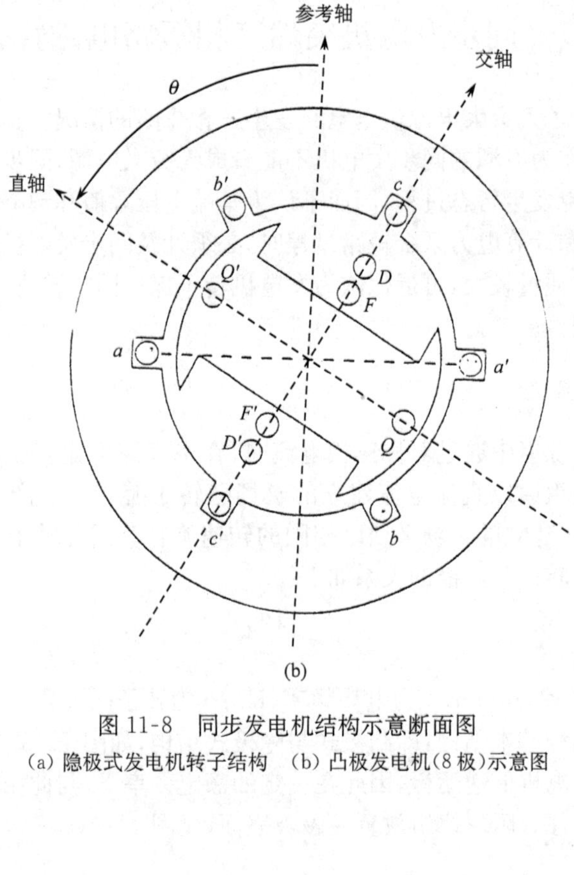


(b)

图 11-8　同步发电机结构示意断面图

(a) 隐极式发电机转子结构　(b) 凸极发电机(8 极)示意图

而汽轮发电机是高速运行，通常做成是隐极式结构，有 2 个或 4 个磁极。我国电网的额定频率为 50Hz，具有一对磁极的汽轮发电机其额定转速为 3000r/min。隐极发电机通常不单独装无阻尼绕组，其实心锻钢转子中产生的涡流起着和阻尼绕组相似的作用。图 11-8(b)为隐极机转子结构。

令交轴(又称 $q$ 轴)超前直轴 90°电角度。$d$ 轴和 $a$ 相轴线之间的夹角度偏差用 $\theta$ 表示。定义交轴超前于直轴，已被广泛采用。当然，也可选用交轴可以被选为滞后直轴 90°电角度坐标系。

## 二、同步发电机正常运行

首先简要回顾同步发电机正常运行状态下的磁通回路、电压方程和等值电路。

正常运行时，当发电机转子励磁绕组内通以直流电流时，在电机中建立磁场。一部分穿过定、转子之间的气隙并与定子绕组和转子绕组同时交链的磁通称为主磁通 $\varphi_0$，它是发电机空载运行时气隙中唯一的磁通；另一部分仅与励磁绕组本身相匝链的磁通称为励磁绕组漏磁通 $\varphi_{fl}$。图 11-9(a)是凸极发电机励磁电流建立的磁场和磁通回路，图 11-9(b)是隐极发电机励磁电流建立的磁场和磁通回路。

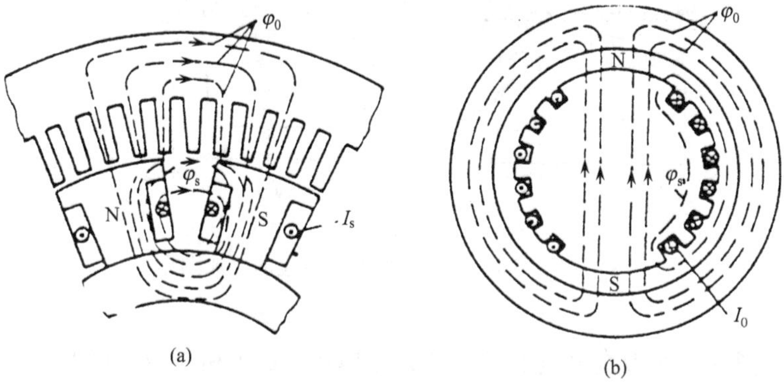


图 11-9　发电机励磁电流建立的空载磁场和磁路

(a) 凸极发电机　(b) 隐极发电机

$I_s$—励磁电流；$\varphi_0$—主磁通；$\varphi_s$—漏磁通

当定子绕组内流过三相对称交流电流时，建立起电枢磁场。其磁通与转子励磁磁通相似，分成两部分。其中穿过气隙进入转子磁路、与定子绕组和转子绕组同时交链的磁通称为气隙磁通，并称电枢反应磁通；另一部分只与定子绕组本身匝链，称为定子绕组漏磁通。

如果转子直轴和定子磁势波的波峰一致，则磁通所走的路径磁导最高磁阻最小，则对应的即为发电机直轴同步电抗 $X_d$。磁通路径如图 11-10(a)所示。如果转子交轴和定子磁势波的波峰一致，则磁通所走的路径如图 11-10(b)所示，此时磁导最小，即磁阻最大所对应的电抗即为交轴同步电抗 $X_q$。在隐极电机中直轴和交轴磁阻相等，即有 $X_d = X_q$。

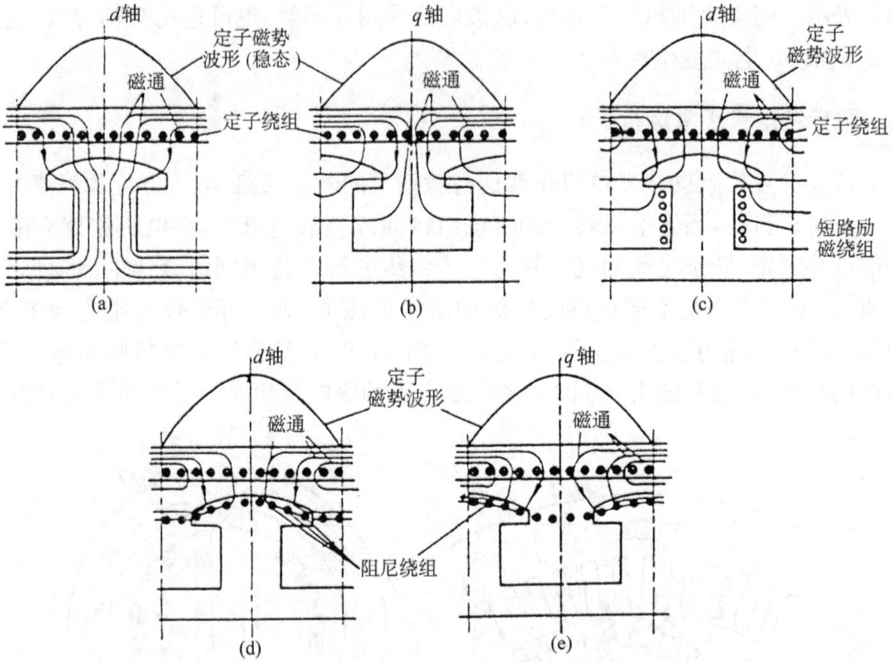


图 11-10　同步发电机各电抗对应的磁通图形

稳态运行时，隐极发电机的定子电势方程式可由电机学双反应原理所得

$$\dot{E}_q = \dot{U} + jX_q\dot{I} \tag{11-15}$$

凸极发电机的定子电压方程是

$$\dot{E}_q = \dot{U}_q + jX_d\dot{I}_d \tag{11-16}$$

$$0 = \dot{U}_d + jX_q\dot{I}_q \tag{11-17}$$

式中，$jX_d\dot{I}_d$ 和 $jX_q\dot{I}_q$ 分别为直轴和交轴电枢反应电抗和漏抗所对应的压降。

隐极发电机和凸极发电机等值电路图如图 11-11(a)和(b)所示，分别与方程(11-15)～(11-17)对应。

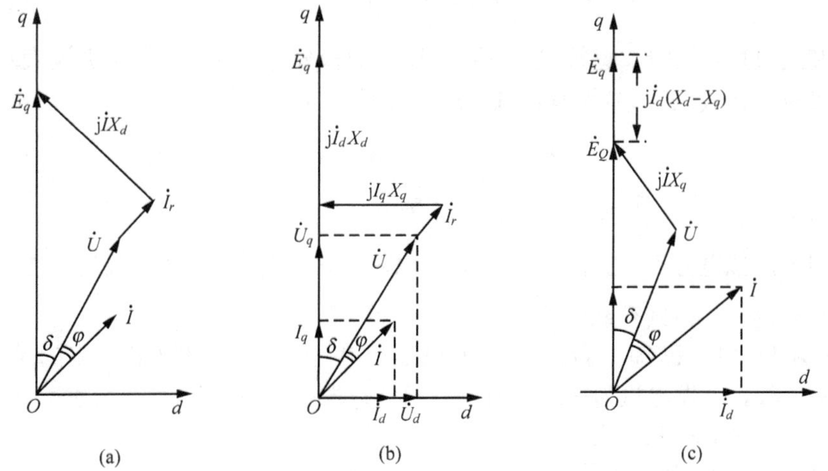


图 11-11　同步发电机正常运行时的向量图

(a) 隐极机　(b) 凸极机　(c) 虚拟电势 $\dot{E}_Q$ 向量图

设 $U=\dot{U}_d+\dot{U}_q$ 和 $I=\dot{I}_d+\dot{I}_q$，代入式(11-16)和(11-17)合成如下：

$$\dot{E}_q=\dot{U}+\mathrm{j}X_d\dot{I}_d+\mathrm{j}X_q\dot{I}_q=\dot{U}+\mathrm{j}X_q\dot{I}+\mathrm{j}(X_d-X_q)\dot{I}_d \tag{11-18}$$

式中，$\dot{E}_q$ 是空载电势；$\dot{U}$ 和 $\dot{I}$ 分别是发电机的端电压和定子电流；下标 $d$ 和 $q$ 表示电压或电流在 $d$ 轴和 $q$ 轴的分量；$X_d$ 和 $X_q$ 是发电机 $d$ 轴同步电抗和 $q$ 轴同步电抗。

空载电势表示励磁电流对定子绕组匝链的磁链(有用磁链)所对应的感应电势

$$E_q=(X_d-X_\sigma)I_f=X_{ad}I_f \tag{11-19}$$

式中，$X_{ad}$ 称电枢反应电抗。由式(11-15)～(11-17)可给出同步电机正常运行时(稳态)相量图示于图 11-12(a)、(b)和(c)。

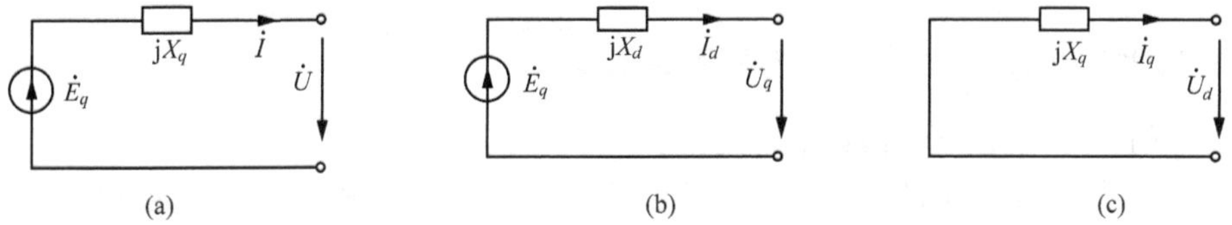


图 11-12　稳态运行时发电机等值电路

(a) 隐极机　(b) 凸极机　(c) 凸极机

通常情况下，已知发电机端电压和全电流。由于凸极机的 $X_d\neq X_q$，空载电势无法直接以定子端电压和全电流表示。因此须借助一个虚拟电势 $\dot{E}_Q$ 来表示。设

$$\dot{E}_Q=\dot{U}+jX_q\dot{I} \tag{11-20}$$

上式和式(11-15)相比，虚拟电势 $\dot{E}_Q$ 类比成隐极发电机电势，凸极机被表示成等值隐极机。将式(11-20)代入式(11-18)，可得

$$\dot{E}_q=\dot{E}_Q+j(X_d-X_q)\dot{I}_d \tag{11-21}$$

由此可见，$\dot{E}_q$ 和 $\dot{E}_Q$ 是同一方向，都在 $q$ 轴上。

引入虚拟电势后，通过 $\dot{E}_Q$ 的计算可以确定 $q$ 轴的方向(通常假设电压为参考轴)，从而进一步得到空载电势 $\dot{E}_q$。

［**例 11-3**］　已知一台同步发电机运行在额定电压和额定电流的情况下，$\cos\varphi=0.85$。若发电机为一隐极机，$x_d=1.00$；发电机为一凸极机，$x_d=1.00$，$x_q=0.65$。试计算其空载电动势。

**解**：以下计算忽略定子电阻。

令发电机端电压为 $1\angle 0^\circ$ (即参考相量)，则发电机电流为 $1\angle -\varphi=1\angle -32^\circ$。

发电机为隐极机时

$$\dot{E}_q=\dot{U}+j\dot{I}x_d=1+j\angle -32^\circ\times 1=1.53+j0.85=1.75\angle 29^\circ$$

发电机为凸极机时

$$\dot{E}_Q=\dot{U}+j\dot{I}x_q=1+j\angle -32^\circ\times 0.65=1.45\angle 22.3^\circ$$

$$\delta=22.3^\circ$$

$$I_d=1\times\sin(22.3^\circ+32^\circ)=0.81$$

所以

$$E_q=1.45+0.81(1-0.65)=1.73$$

$$\dot{E}_q=1.73\angle 22.3^\circ$$

根据同步发电机稳态运行的方程可以画出其等值电路，如图 11-12 所示。

## 三、同步发电机机端突然三相短路电流波形

下面分析是在下述假设下进行的：

① 假定所讨论的是一理想电机，它包含下面几点：忽略电机磁路饱和影响(也就是铁心导磁系数为常数)，可以利用叠加原理；发电机转子结构对本身的直轴和交轴完全对成，在空间相差 120°；定子电流产生的磁势在空气隙中为正弦分布，转子和定子绕组间互感磁道在空气隙中也按正弦规律分布；定子及转子的槽及逆风沟不影响定子与转子的电感，即认为定子及转子具有光滑表面。

② 在暂态过程中，发电机的转速保持不变，即为同步速，也就是仅考虑电磁暂态过程。

③ 在发电机发生短路后,不考虑强行励磁,即磁电压不变。

④ 短路发生在发电机极端,其他在线路段短路,则可将外电路电抗看作为发电机定子绕组漏抗的一部分而加入计算其短路时物理过程和机端短路完全一样。由这些假设,可以从电路的一般原理,可导出同步发电机的基本方程,即磁链方程和电压方程。

如不计阻尼绕组情况下,其方程可写成如下形式:

$$
\begin{aligned}
u_d &= -ri_d + p\Psi_d - (1+s)\Psi_q \\
u_q &= -ri_q + p\Psi_q - (1+s)\Psi_d \\
u_f &= r_f i_f + p\Psi_f \\
\Psi_d &= -x_d i_d + x_{ad} i_f \\
\Psi_q &= -x_q i_q \\
\Psi_f &= -x_{ad} i_d + x_f i_f
\end{aligned}
\tag{11-22}
$$

通过这些基本方程分析,可深入研究电力系统的暂态过程。本课程不讨论方程的建立和方程的解。

图 11-13 示出一同步发电机在空载时突然三相短路后三相短路电流录波图。

由波形图可见,同步发电机极端短路电流由于包含了非周期分量,故其波形是不对称于时间轴,按波形包络线的垂直平分,而平分线即为非周期分量,其三相初始值不相等,但衰减时间常数是相同的。如图中虚线所示。将波形包络线对称地画在时间轴上,如图 11-14(a),即可得到短路电流周期分量。从中可见,周期分量幅值不再是常数了,其幅值的衰减不是按一个时间常数作指数函数衰减,而是开始衰减快,以后衰减慢。当暂态过程开始时,其幅值约等于$\sqrt{2}E_{q0}/x''_d$,而衰减至稳态时其幅值不变了,约等于$\sqrt{2}E_{q0}/x_d$,称此为稳态短路电流,如果如图 11-14 所示,将后面衰减减慢的曲线部分按指数函数规律向前延伸,其初始值约为$\sqrt{2}E_{q0}/x'_d$。图中延伸部分以上仍是按指数函数衰减,只是时间常数较小。如令此时间常数为 $T''_d$,衰减慢的部分时间常数为 $T'_d$,则周期分量幅值的变化规律可表示为

$$
I_m(t) = \sqrt{2}E_{q0}\left[\left(\frac{1}{x''_d} - \frac{1}{x'_d}\right)e^{-t/T''_d} + \left(\frac{1}{x'_d} - \frac{1}{x_d}\right)e^{-t/T'_d} + \frac{1}{x_d}\right] \tag{11-23}
$$

式中,$I''$、$I'$和 $I_\infty$ 称次暂态电流、暂态电流和稳态电流;$x''_d$、$x'_d$ 和 $x_d$ 称次暂态电抗、暂态电抗和同步电抗;$E_{q0}$称发电机空载电势;$T''_d$ 和 $T'_d$ 分别是与阻尼绕组、励磁绕组有关的时间常数,同样可以从图 11-12 中求得。由式可知,周期分量包含三个部分,即稳态部分(通常称成为基波分量)、衰减慢的部分(通常称暂态分量)和衰减快的部分(称次暂态分量)。后一部分是由于阻尼绕组的磁链守恒作用而产生,一般认为当阻尼绕组中感生的非周期电流衰减到较小时,即认为此部分电流也相应消失了(这实际上是一种不够严格的概念)。于是此时又和无阻尼绕组同步电机一样缓慢地衰减过程。

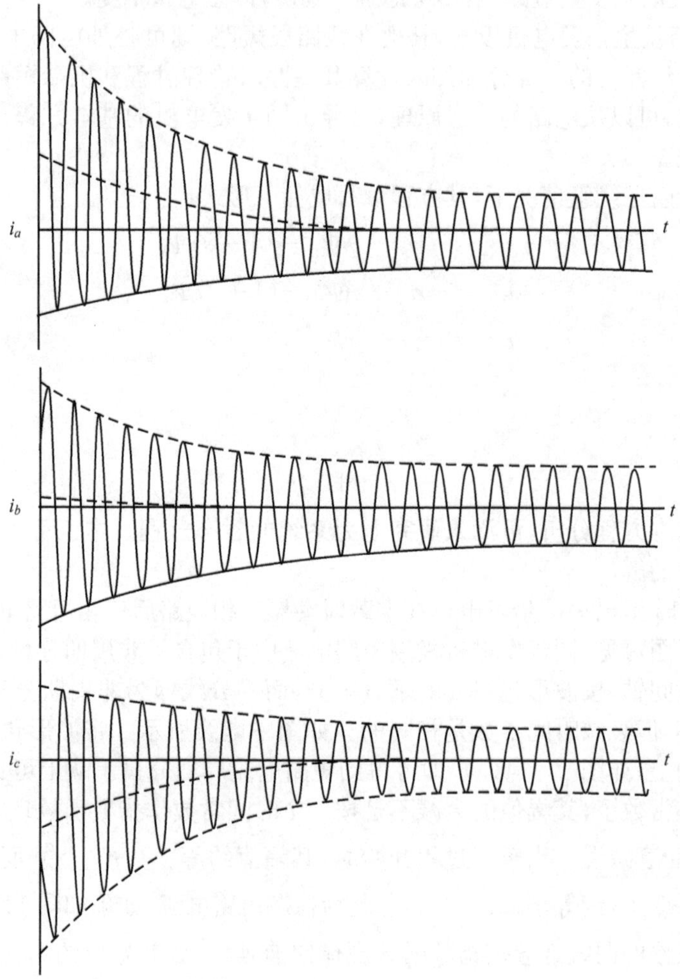


图 11-13　同步发电机机端突然三相短路定子三相电流波形

这时的短路电路周期分量变化仅与励磁绕组中感生的非周期电流衰减相对应。

三相短路后，励磁电流波形如图 11-15 所示。短路后励磁电流中出现交流分量电流，这是因为定子绕组中出现了非周期分量电流，有磁场在励磁绕组中感应一个交流电流，它随着定子电流直流分量衰减而衰减，与其有相同的衰减时间常数，最后衰减至零。而该交流电流包络线的中轴线就是直流分量，图中以虚线表示，是由于励磁绕组也需要保持磁链不变而产生的直流分量，它最终衰减到短路前的正常值，衰减规律与定子交流分量相同。

三相短路电流波形的幅值和衰减规律由同步发电机的参数决定，这些参数主

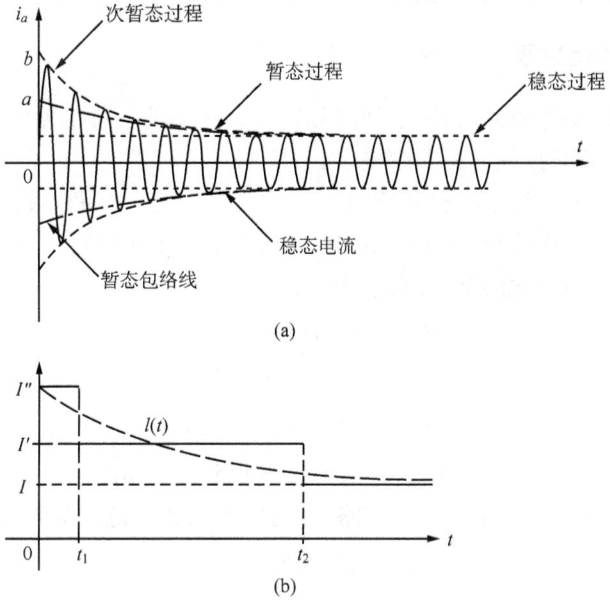


图 11-14　三相短路电流的交流分量

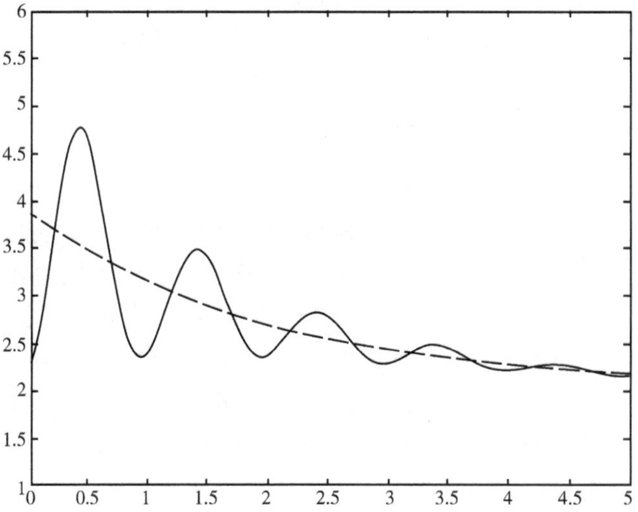


图 11-15　三相短路励磁波形

要包括空载电势、暂态、次暂态和同步电抗以及时间常数。

## 四、三相短路物理过程

发电机机端突然短路时，定子回路和转子回路中的各种电流分量急剧变化，而且互相影响，使暂态过程变得非常复杂。

先考虑无阻尼绕组电机空载情况下突然三相短路。空载运行时，由于励磁磁场随转子以同步转速旋转，其主磁链 $\Psi_0$ 切割静止的定子绕组（导体），故在定子绕组中感应出随时间变化的交变磁链，表示为

$$\begin{aligned}\Psi_{a0-} &= \Psi_0\cos\theta \\ \Psi_{b0-} &= \Psi_0\cos(\theta-120^\circ) \\ \Psi_{c0-} &= \Psi_0\cos(\theta+120^\circ)\end{aligned} \tag{11-24}$$

式中，$\theta=\theta_0+\omega t$，$\Psi_{a0-}$、$\Psi_{b0-}$、$\Psi_{c0-}$分别为短路前定子三相磁链。

设 $t=0$ 时发电机定子端三相短路，此时定子三相磁链的瞬时值为

$$\begin{aligned}\Psi_{a0} &= \Psi_0\cos\theta_0 \\ \Psi_{b0} &= \Psi_0\cos(\theta_0-120^\circ) \\ \Psi_{c0} &= \Psi_0\cos(\theta_0+120^\circ)\end{aligned} \tag{11-25}$$

根据磁链守恒定律，超导体闭合线圈磁链守恒。对于实际线圈，在暂态过程开始瞬间可以看作超导体来处理。所以短路瞬间（由励磁电流产生的全磁通而匝链定子三相绕组的磁链）定子绕组中感应的电流所产生的磁链 $\Psi_a$、$\Psi_b$、$\Psi_c$，合成后必有

$$\begin{aligned}\Psi_a+\Psi_{a0} &= \Psi_{a0-} \\ \Psi_b+\Psi_{b0} &= \Psi_{b0-} \\ \Psi_c+\Psi_{c0} &= \Psi_{c0-}\end{aligned} \tag{11-26}$$

图 11-16 表示 $a$ 相绕组磁链守恒。可见，短路发生后，定子三相绕组中同时出现两种电流。一种是基频交流电流，它对定子各相绕组产生交变磁链 $\Psi_a$、$\Psi_b$、$\Psi_c$，三相基频交流电流幅值相等，相位相差 120°；另一种是直流电流，它对各相绕组产生不变的磁链 $\Psi_{a0}$、$\Psi_{b0}$、$\Psi_{c0}$。

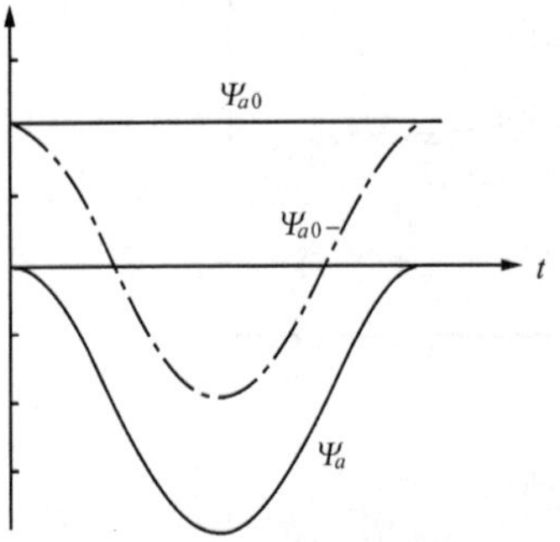

图 11-16　定子绕组磁链守恒

此外，定子电流中还有一个二倍频率的交流分量。这是由于定子三相直流分量在空间产生的静止恒定磁场，当转子旋转时，在转子绕组中感应以同步频率的交流分量，此交流分量将建立相应的脉动磁场，与转子相反方向旋转的磁场，相对定

子绕组直流分量所产生的磁场是静止不动的；另一个与转子同方向旋转的磁场，它相对定子以 2 倍同步速旋转，为了维持定子绕组磁链守恒，也就产生一个 2 倍频的交流分量电流，而该 2 倍频交流分量所产生的旋转磁场与转子正向旋转磁场相静止。这实际上也可理解为定子直流分量值有脉动，脉动频率为 2W。因为直流分量所产生的空间不动的磁场，而转子相对它作同步旋转，由于遇到直轴和交轴的磁阻（$X_d \neq X_q$）不同，并有 180°周期性变化，因而直流分量也以 2 倍频脉动。因其值较小，故在上节波形图中未能观察到。

短路前励磁回路中由强制励磁电压产生直流励磁电流 $i_{f0-}$，突然短路后，该强制电流仍然存在，除此以外，由于定子电流的磁通链增大，如前所述，通过励磁回路与主磁通链相反，产生去磁效应，故在励磁绕组产生一直流分量并衰减至零。另外，由于定子直流分量而感应的交流分量，所以转子绕组中除有强制分量其还有直流分量和交流分量，其衰减时间常数分别对应为 $T_d''$、$T_d'$ 和 $T_a$。

为了方便起见，在以上的叙述中，先从短路后定子电流各种分量入手，描述定子电流的电枢反应对励磁回路感生相应电流分量。其转子回路中的电流分量也会反过来作用在定子绕组上，它们之间是相互影响，相互依存的关系，并不分先后。定子回路电流分量和转子回路电流分量的对应关系见表 11-1。还需指出的是，各种分量的划分是为了计算和分析的方便，实际上一个绕组就只有一个总电流。

**表 11-1　定子和转子绕组中的各种电流分量对应关系**

| | | | | | |
|---|---|---|---|---|---|
| 定子回路 | 稳态短路电流 $I_\infty$ | 基频自由分量 $I''$，$I'$ | 衰减时间常数 $T_d'$，$T_d''$ | 直流分量倍频分量 | 衰减时间常数 $T_a$ |
| 转子回路 | 励磁电流 $I_{f0\_}$ | 自由直流分量 $i_{fa}$ | 衰减时间常数 $T_d'$，$T_d''$ | 基频交流分量 $i_{f\omega}$ | 衰减时间常数 $T_a$ |

## 五、三相短路电流计算

1. 无阻尼绕组电机空载三相短路电流

无阻尼同步发电机突然三相短路后，由前面分析，定子电流中包含有三种分量（以 $a$ 相为例）。现在将其列式如下：

① 同步频率交流分量，即周期分量。

$$i_\omega = \frac{E_{q0}''}{x_d'}\cos(t+\theta_0) \tag{11-27a}$$

② 直流分量，即非周期分量。

$$i_\omega = -\frac{E_{q0}''}{2}\left(\frac{1}{x_d'}-\frac{1}{x_q}\right)\cos\theta_0 \tag{11-27b}$$

③ 两倍同步频率交流分量。

$$i_{\omega}=-\frac{E''_{q0}}{2}\left(\frac{1}{x'_d}-\frac{1}{x_q}\right)\cos(2t+\theta_0) \tag{11-27c}$$

以上各式参数说明可见第五章第二节。上述各分量同样以解析方式解同步电机基本方程求得。

实际工程中需求短路电周期分量起始值，则可由式(11-25a)并令 $t=0$ 即可以求得。

$$i_a=\left[\left(\frac{E_q}{X'_d}-\frac{E_q}{X_d}\right)e^{-\frac{t}{T'_d}}+\frac{E_q}{X_d}\right]\cos(\omega t+\theta_0)-\frac{E_q}{X'_d}\cos\theta_0 e^{-\frac{t}{T_a}}$$

$$i_b=\left[\left(\frac{E_q}{X'_d}-\frac{E_q}{X_d}\right)e^{-\frac{t}{T'_d}}+\frac{E_q}{X_d}\right]\cos(\omega t+\theta_0-120°)-\frac{E_q}{X'_d}\cos(\theta_0-120°)e^{-\frac{t}{T_a}}$$

$$i_c=\left[\left(\frac{E_q}{X'_d}-\frac{E_q}{X_d}\right)e^{-\frac{t}{T'_d}}+\frac{E_q}{X_d}\right]\cos(\omega t+\theta_0+120°)-\frac{E_q}{X'_d}\cos(\theta_0+120°)e^{-\frac{t}{T_a}}$$

(11-28)

2. 无阻尼绕组电机负载三相短路电流

发电机负载运行时，短路前已有电枢反应磁通，在运行状态突变瞬时，励磁绕组总磁链 $\Psi_f$ 不能突变。$\Psi_f$ 包括两部分：一部分是电枢反应磁链和励磁绕组电流产生的有用磁链共同组成的气隙磁链，另一部分是励磁绕组漏磁链。

由第五章 $q$ 轴暂态电势 $E'_q$ 定义可知

$$E'_{q0}=\frac{X_{ad}}{X_f}\Psi_{f0}$$

而

$$E_{q0}=x_{ad}i_{f\alpha 0}$$

其中 $i_{f\alpha 0}$ 和 $\Psi_{f_0}$ 分别为励磁绕组在短路瞬时的直流电流和总磁链。因为

$$i_{f\alpha 0+}\neq i_{f\alpha 0-}\quad \Psi_{f0+}\neq\Psi_{f0-}$$

激励磁绕组中的直流电流在短路前后时要突变的，而磁链不能突变，所以有

$$E_{q0+}\neq E_{q0-}\quad E'_{q0+}=E'_{q0-}$$

即 $E'_q$ 在短路瞬时前后式相等的，并可写为

$$E'_q=U_q+i_dX'_d$$

可见，正常运行时暂态电势 $E'_{q0}$ 是一个由正常运行方式决定的虚构电势。它是暂态电抗 $X'_d$ 后的虚构电势 $E'_0$ 在 $q$ 轴上的分量。$E'_0$ 也称暂态电势，但不具有 $E'_q$ 的特性。

由于 $E'_q$ 在短路瞬时前后不变的特性，即可用短路瞬时前的运行方式来决定它的值，利用该值可求得短路电流周期分量起始值，即

$$I'=E'_{q0}/x'_d \tag{11-29}$$

即短路电流周期分量的起始值由次暂态电势(有阻尼绕组,下面介绍)和次暂态电抗或暂态电势和暂态电抗(无阻尼绕组)所决定的 $I'$ 也称暂态电流和 $I''$ 次暂态电流。$E'_{q0}$ 的等值电路如图 11-17 所示。

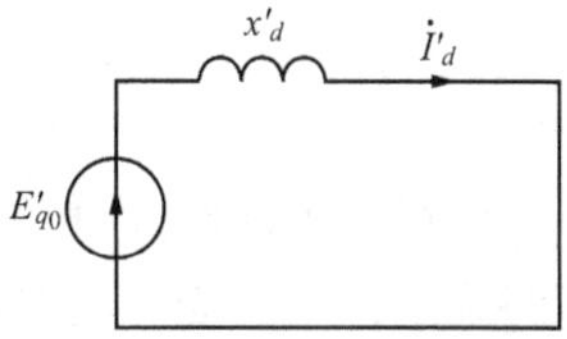


图 11-17　$E'_q$ 的等值电路

当短路达到稳态时,$i_{f\alpha} \to i_{f\alpha 0}$,则可用空载电势 $E_{q(0)}$ 来计算稳态短路电流,即短路电流周期分量稳态值总是由空载电势稳态值和 $X_d$ 来决定的。

$$I_\infty = E_{q|0|}/X_d \tag{11-30}$$

$$\begin{aligned}
i_a &= \left[\left(\frac{E'_q}{X'_d} - \frac{E_q}{X_d}\right)e^{-\frac{t}{T'_d}} + \frac{E_q}{X_d}\right]\cos(\omega t + \theta_0) - \frac{E'_q}{X'_d}\cos\theta_0\, e^{-\frac{t}{T_a}} \\
i_b &= \left[\left(\frac{E'_q}{X'_d} - \frac{E_q}{X_d}\right)e^{-\frac{t}{T'_d}} + \frac{E_q}{X_d}\right]\cos(\omega t + \theta_0 - 120^\circ) - \frac{E'_q}{X'_d}\cos(\theta_0 - 120^\circ)e^{-\frac{t}{T_a}} \\
i_c &= \left[\left(\frac{E'_q}{X'_d} - \frac{E_q}{X_d}\right)e^{-\frac{t}{T'_d}} + \frac{E_q}{X_d}\right]\cos(\omega t + \theta_0 + 120^\circ) - \frac{E'_q}{X'_d}\cos(\theta_0 + 120^\circ)e^{-\frac{t}{T_a}}
\end{aligned} \tag{11-31}$$

3. 有阻尼绕组发电机三相短路电流

大部分发电机都是有阻尼绕组的。这种发电机,在转子上回路除了励磁绕组之外,还有阻尼绕组,且分布在直轴和交轴上。由于阻尼绕组存在增加了等效的电路回路数,使短路过程中各回路之间的磁链互相感应,彼此影响,使短路过程的分析计算更为复杂。但从磁链守恒这一基本概念出发,分析方法和无阻尼绕组发电机还是基本相似的。

当定子端部发生三相短路时,电枢反应磁通的有效量试图穿入励磁绕组和直轴阻尼绕组。由图 11-8 可见,阻尼绕组一般比励磁绕组更靠近空气隙。因为短路瞬间励磁回路和直轴阻尼绕组共同作用维持原来的磁链不变,由电枢电流建立的磁通在短路瞬间被强制进入高磁阻的漏磁路[图 11-8(d)]。在此条件下,同步发电机的呈现的电抗为 $X''_d$,并称作直轴次暂态电抗,它比直轴暂态电抗 $X'_d$ 要小。

由于交轴阻尼绕组的存在,类似的情况也会发生。不难推论,交轴有一次暂态电抗为 $X''_q$,它比同步电抗 $X_q$ 要小。顺便指出,无阻尼绕组发电机由于转子交轴无绕组,故交轴暂态电抗 $X'_q$ 即等于同步电抗 $X_q$。

空载短路条件下,短路瞬间的电动势仍为 $\Psi_0$ 所对应的空载电势 $E_{q|0|}$,则定子基频电流分量起始值 $I''$ 为

$$I'' = E_{q|0|}/X''_d \tag{11-32}$$

负载短路时,与励磁绕组总磁链 $\Psi_f$ 和直轴阻尼绕组总磁链 $\Psi_D$ 所对应的电势是次暂态电势交轴分量 $E''_q$,且它们成线形关系。$\Psi_f$ 和 $\Psi_D$ 在短路瞬间不能突变,

所以 $E''_q$ 在短路前后瞬间也是不变的。其表示关系为

$$E''_q = \frac{\Psi_f / x_{f\sigma} + \Psi_D / x_{D\sigma}}{1/x_{ad} + 1/x_{f\sigma} + 1/x_{D\sigma}} \tag{11-33}$$

同样地,直轴方向也有直轴次暂态电抗 $X''_d$ 和次暂态电势直轴分量 $E''_d$,$E''_d$ 在短路瞬间也不突变。其关系有

$$E''_d = -\frac{x_{aq}}{x_Q}\Psi_Q \tag{11-34}$$

次暂态电势可由下式求出:

$$\dot{E}''_q = \dot{U}_q + \mathrm{j}X''_d\dot{I}_d \tag{11-35}$$

$$\dot{E}''_d = \dot{U}_d + \mathrm{j}X''_q\dot{I}_q \tag{11-36}$$

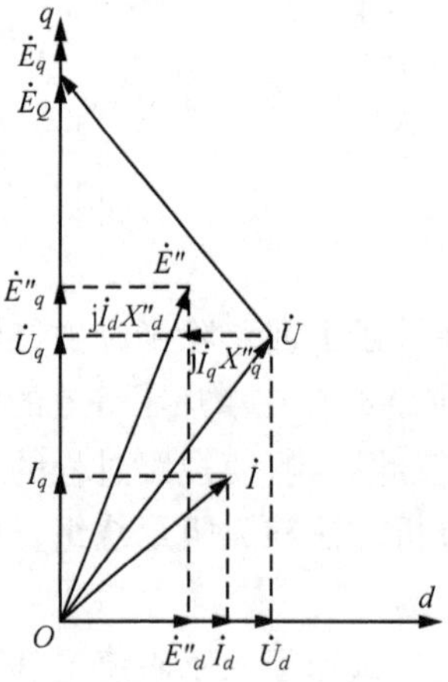


图 11-18　确定 $E''$的向量图

次暂态电势由短路前的运行方式决定,与暂电势相似同样可采用一个假想的次暂态电势 $\dot{E}''$,如图 11-18所示,并写成

$$\dot{E}'' = \dot{E}''_d + \dot{E}''_q \tag{11-37}$$

根据上述定义,式(11-37)改写成

$$\begin{aligned}\dot{E}'' &= \dot{U} + \mathrm{j}X''_d\dot{I}_d + \mathrm{j}X''_q\dot{I}_q \\ &= \dot{U} + \mathrm{j}X''_d\dot{I} + \mathrm{j}(X''_q - X''_d)\dot{I}_q\end{aligned} \tag{11-38}$$

一般而言,$X''_d$ 和 $X''_q$ 相差不大,所以式(11-37)就简化为

$$\dot{E}'' = \dot{U} + \mathrm{j}X''_d\dot{I} \tag{11-39}$$

由式(11-37)和式(11-39)确定的 $E''$在数值和相位上都差别不大,在实用计算中,认为 $E''$不突变。

根据式(11-35)、式(11-36)和式(11-39),分别作出 $E''_q$、$E''_d$ 和 $E''$的等值电路图,见图 11-19。这样负载运行时,短路瞬间的定子基频电流分量起始值为

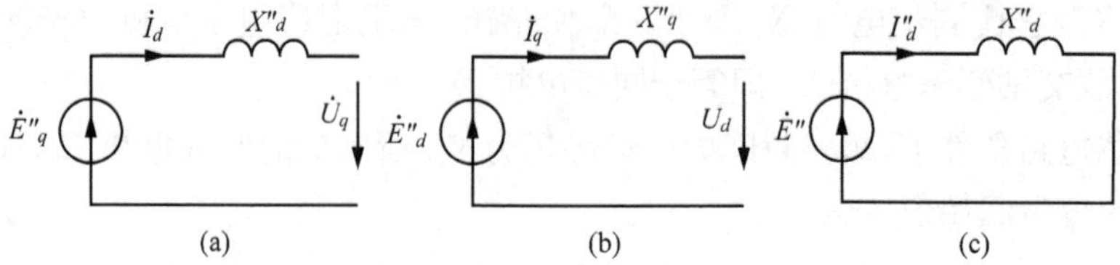


图 11-19　$E''_q$、$E''_d$ 和 $\dot{E}''$的等值电路

$$I'' = E''/X''_d \tag{11-40}$$

当短路到达稳态时，励磁回路和阻尼绕组中感生的自由直流分量已经衰减至零，其对应的直轴电抗就是同步电抗 $X_d$，则稳态短路电流

$$I_\infty = E_{q|0|}/X_d \tag{11-41}$$

以上从短路过程中绕组磁通分布路径的物理概念出发，分析同步发电机端突然三相短路的暂态和次暂态过程，给出的概念和公式适用于工程应用。如果读者要深入掌握短路的机理，还需要学习同步发电机的数学模型，请参考有关书籍。

## 参 考 文 献

1. 何仰赞等. 电力系统分析(上册). 武汉:华中理工大学出版社,1995
2. 李光琦. 电力系统暂态分析. 北京:水利电力出版社,1984

# 第十二章　不对称故障分析

电力系统中所发生的故障有对称故障和不对称故障。三相短路是对称故障。不对称故障则可分为不对称短路和不对称断线两种。不对称短路包括单相接地短路、两相相间短路、两相接地短路。不对称断线包括单相断线和两相断线。若电力系统中只有一处发生上述类型中的一种故障，则称为简单故障。若在电力系统同时发生两种或两种以上的简单故障，则称为复杂故障。若在同一电网不同时刻先后发生故障，称为相继故障。

在对称运行情况下，电力系统中三相电压、电流是对称的，因而可以采用单相分析法。在不对称运行情况下，电力系统中三相电压、电流是不对称的，因而不能采用单相分析法。在这种情况下，可应用对称分量法来进行分析。

在本章中主要是应用对称分量法分析简单不对称故障。

## 第一节　对称分量法

任何一个 $n$ 相的不对称系统可以分解为 $n$ 组对称的 $n$ 相系统，每一组中 $n$ 相的长度均相等，且相邻相间的相角差相同，此 $n$ 组对称的相系统称为原有相系统的对称分量，此法称为对称分量法。虽然此法可用于任何多相系统，但我们只讨论三相系统。

### 一、对称分量法物理解释

三相系统中的三个不对称相量可以分解为三个对称的三相系统。这三个对称分量组为

① 正序分量相：其中三个分量的量值相等，相位相差为 120°，相序与原有相系统的相序相同。

② 负序分量组：其中三个分量的量值相等，相位相差为 240°，因而其相序与原有相系统的相序相反。

③ 零序分量组：其中三个分量的量值相等，相位相差为 0°，因而三个分量为同相。

正序分量用下标注 1 表示，负序分量用下标注 2 表示，零序分量用下标注 0 表示。$\dot{U}_a$、$\dot{U}_b$ 和 $\dot{U}_c$ 的正序分量为 $\dot{U}_{a1}$、$\dot{U}_{b1}$ 和 $\dot{U}_{c1}$，其相序为 $abc$，即 $a$ 相超前 $b$ 相 120°，$b$ 相超前 $c$ 相 120°；负序分量为 $\dot{U}_{a2}$、$\dot{U}_{b2}$ 和 $\dot{U}_{c2}$，其相序为 $acb$；零序分量为 $\dot{U}_{a0}$、$\dot{U}_{b0}$ 和 $\dot{U}_{c0}$，它们的相位相同（见图12-1）。

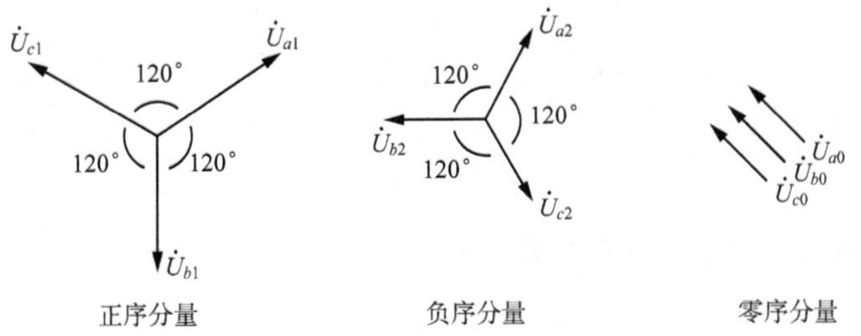


图 12-1　不对称相量的对称分量

原有的不对称相量可以用它们的对称分量来表示为

$$\left.\begin{aligned}\dot{U}_a &= \dot{U}_{a1} + \dot{U}_{a2} + \dot{U}_{a0}\\ \dot{U}_b &= \dot{U}_{b1} + \dot{U}_{b2} + \dot{U}_{b0}\\ \dot{U}_c &= \dot{U}_{c1} + \dot{U}_{c2} + \dot{U}_{c0}\end{aligned}\right\}\qquad(12\text{-}1)$$

由图 12-1 所示的三组对称分量合成一组三相不对称相量如图 12-2 所示。

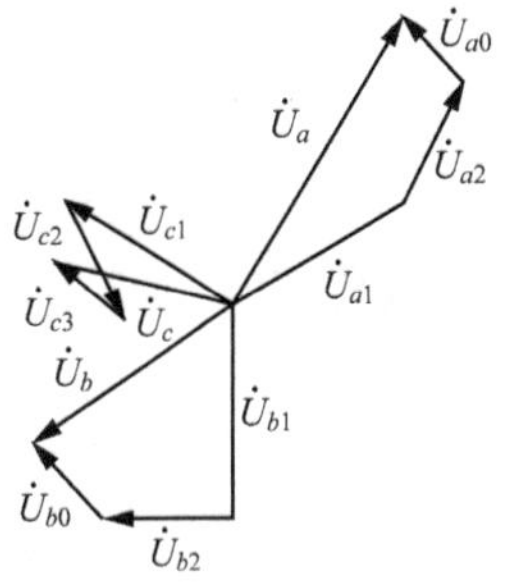


图 12-2　对称分量的合成

取运算符号

$$\alpha = e^{j120^\circ} = -\frac{1}{2} + j\frac{\sqrt{3}}{2}$$

则

$$\alpha^2 = e^{j240^\circ} = e^{-j120^\circ} = -\frac{1}{2} - j\frac{\sqrt{3}}{2}$$

$$\alpha^3 = e^{j360^\circ} = 1$$

由图 12-1 可得下列关系：

$$\begin{aligned}&\dot{U}_{b1} = \alpha^2\dot{U}_{a1}, \quad \dot{U}_{c1} = \alpha\dot{U}_{a1}\\ &\dot{U}_{b2} = \alpha\dot{U}_{a2}, \quad \dot{U}_{c2} = \alpha^2\dot{U}_{a2}\\ &\dot{U}_{b0} = \dot{U}_{a0}, \quad\ \ \dot{U}_{c0} = \dot{U}_{a0}\end{aligned}\qquad(12\text{-}2)$$

将式(12-2)代入式(12-1),并写成矩阵形式,有

$$\begin{pmatrix} \dot{U}_a \\ \dot{U}_b \\ \dot{U}_c \end{pmatrix} = \begin{pmatrix} 1 & 1 & 1 \\ 1 & \alpha^2 & \alpha \\ 1 & \alpha & \alpha^2 \end{pmatrix} \cdot \begin{pmatrix} \dot{U}_{a0} \\ \dot{U}_{a1} \\ \dot{U}_{a2} \end{pmatrix} \tag{12-3}$$

上式可简写为

$$\boldsymbol{U}_{abc} = \boldsymbol{T}\boldsymbol{U}_{012} \tag{12-4}$$

其中矩阵 $\boldsymbol{T}$ 是对称分量的变换矩阵，即

$$\boldsymbol{T} \triangleq \begin{pmatrix} 1 & 1 & 1 \\ 1 & \alpha^2 & \alpha \\ 1 & \alpha & \alpha^2 \end{pmatrix} \tag{12-5}$$

电压列向量 $\boldsymbol{U}_{abc}$ 及 $\boldsymbol{U}_{012}$ 分别表示相电压及对称分量电压，即

$$\boldsymbol{U}_{abc} \triangleq \begin{pmatrix} \dot{U}_a \\ \dot{U}_b \\ \dot{U}_c \end{pmatrix} \tag{12-6}$$

$$\boldsymbol{U}_{012} \triangleq \begin{pmatrix} \dot{U}_{a0} \\ \dot{U}_{a1} \\ \dot{U}_{a2} \end{pmatrix} \tag{12-7}$$

很易证明

$$\boldsymbol{T}^{-1} = \frac{1}{3}\begin{pmatrix} 1 & 1 & 1 \\ 1 & \alpha & \alpha^2 \\ 1 & \alpha^2 & \alpha \end{pmatrix} \tag{12-8}$$

将式(12-3)两侧均乘以 $\boldsymbol{T}^{-1}$，则得到

$$\begin{pmatrix} \dot{U}_{a0} \\ \dot{U}_{a1} \\ \dot{U}_{a2} \end{pmatrix} = \frac{1}{3}\begin{pmatrix} 1 & 1 & 1 \\ 1 & \alpha & \alpha^2 \\ 1 & \alpha^2 & \alpha \end{pmatrix} \begin{pmatrix} \dot{U}_a \\ \dot{U}_b \\ \dot{U}_c \end{pmatrix} \tag{12-9}$$

或写成

$$\boldsymbol{U}_{012} = \boldsymbol{T}^{-1}\boldsymbol{U}_{abc} \tag{12-10}$$

式(12-3)为由三序分量合成为三相分量的关系式，而式(12-9)则为将三相分量分解为三序分量的关系式。

同样，可写成电流形式

$$\boldsymbol{I}_{abc} = \boldsymbol{T}\boldsymbol{I}_{012} \tag{12-11}$$

以及

$$\boldsymbol{I}_{012} = \boldsymbol{T}^{-1}\boldsymbol{I}_{abc} \tag{12-12}$$

其中

$$\boldsymbol{I}_{abc} \triangleq \begin{pmatrix} \dot{I}_a \\ \dot{I}_b \\ \dot{I}_c \end{pmatrix} \tag{12-13}$$

以及

$$\boldsymbol{I}_{012} \triangleq \begin{pmatrix} \dot{I}_{a0} \\ \dot{I}_{a1} \\ \dot{I}_{a2} \end{pmatrix} \tag{12-14}$$

若电压和电流的对称分量已知，则可以根据这些分量计算三相电路中的功率。

［**例 12-1**］　图 12-3 所示的电路中，$c$ 相断开，流过 $a$、$b$ 两相的电流分别如图所示。试计算线电流的对称分量。

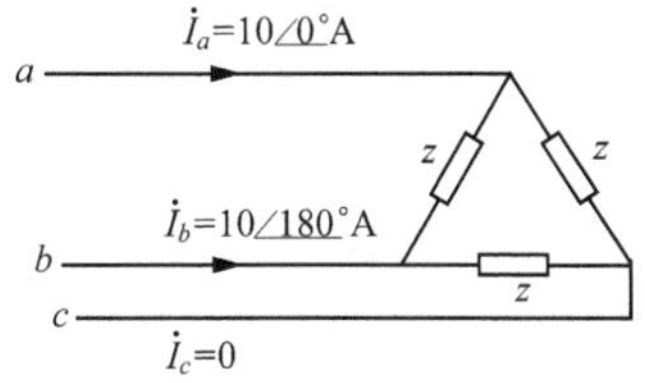

图 12-3　例题 12-1 的电路

**解**：线电流为

$$\dot{I}_a = 10\underline{/0^\circ}\ \text{A}$$

$$\dot{I}_b = 10\underline{/180^\circ}\ \text{A}$$

$$\dot{I}_c = 0$$

根据式(12-12)，$a$ 相各序分量电流为

$$\dot{I}_{a0} = \frac{1}{3}(10\underline{/0^\circ} + 10\underline{/180^\circ} + 0) = 0$$

$$\dot{I}_{a1} = \frac{1}{3}[10\underline{/0^\circ} + 10\underline{/180^\circ + 120^\circ} + 0]$$

$$= 5 - \text{j}2.89 = 5.78\underline{/-30^\circ}\ (\text{A})$$

$$\dot{I}_{a2} = \frac{1}{3}[10\underline{/0^\circ} + 10\underline{/180^\circ + 240^\circ} + 0]$$

$$= 5 + \text{j}2.89 = 5.78\underline{/30^\circ}\ (\text{A})$$

因而可得 $b$、$c$ 相各序分量电流为

$$\dot{I}_{b0} = 0, \quad \dot{I}_{c0} = 0$$

$$\dot{I}_{b1} = 5.78\angle -150^\circ \text{ A}, \quad \dot{I}_{c1} = 5.78\angle 90^\circ \text{ A}$$

$$\dot{I}_{b2} = 5.78\angle 150^\circ \text{ A}, \quad \dot{I}_{c2} = 5.78\angle -90^\circ \text{ A}$$

请注意，虽然 $c$ 相电流为零，但它的正序电流 $I_{c1}$ 和负序电流 $I_{c2}$ 却并不为零，但各序分量之和则为零。当然，$a$ 相各序分量之和为 $10\angle 0^\circ$ A，而 $b$ 相各序分量电流之和则为 $10\angle 180^\circ$ A。如图 12-4 所示。

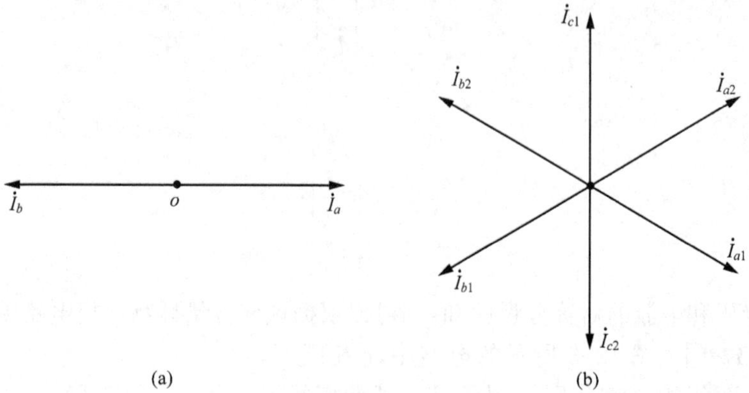


图 12-4　例 12-1 电流相量
(a) 相电流相量图　(b) 对称分量图

## 二、对称分量法的应用

任一无源网络元件其运行性能可用下列向量方程之一来表示：

$$\boldsymbol{U}_{abc} = \boldsymbol{Z}_{abc}\boldsymbol{I}_{abc} \tag{12-15}$$

或者

$$\boldsymbol{I}_{abc} = \boldsymbol{Y}_{abc}\boldsymbol{U}_{abc} \tag{12-16}$$

其中，$\boldsymbol{Z}_{abc}$ 和 $\boldsymbol{Y}_{abc}$ 是 3×3 矩阵，为元件的阻抗和导纳矩阵。

将式(12-4)及式(12-11)代入式(12-15)及式(12-16)，得到下列关系：

$$\boldsymbol{U}_{012} = \boldsymbol{T}^{-1}\boldsymbol{Z}_{abc}\boldsymbol{T}\boldsymbol{I}_{012} = \boldsymbol{Z}_{012}\boldsymbol{I}_{012} \tag{12-17}$$

以及

$$\boldsymbol{I}_{012} = \boldsymbol{T}^{-1}\boldsymbol{Y}_{abc}\boldsymbol{T}\boldsymbol{U}_{012} = \boldsymbol{Y}_{012}\boldsymbol{U}_{012} \tag{12-18}$$

其中

$$\boldsymbol{Z}_{012} \triangleq \boldsymbol{T}^{-1}\boldsymbol{Z}_{abc}\boldsymbol{T} \tag{12-19}$$

以及

$$\boldsymbol{Y}_{012} \triangleq \boldsymbol{T}^{-1}\boldsymbol{Y}_{abc}\boldsymbol{T} \tag{12-20}$$

由式(12-19)及式(12-20)可知，$\boldsymbol{Z}_{012}$ 和 $\boldsymbol{Y}_{012}$ 可由相似变换得到。

设图 12-5 示任一无源网络元件，图中 $m$ 与 $n$ 点间的电压降为

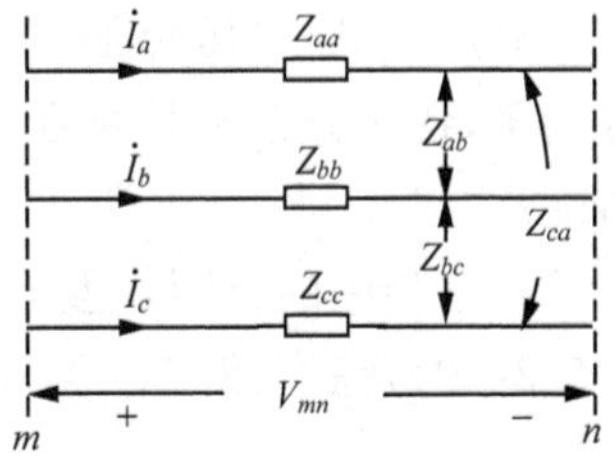


图 12-5　无源网络元件

$$\begin{bmatrix} \dot{U}_{mn-a} \\ \dot{U}_{mn-b} \\ \dot{U}_{mn-c} \end{bmatrix} = \begin{bmatrix} Z_{aa} & Z_{ab} & Z_{ac} \\ Z_{ba} & Z_{bb} & Z_{bc} \\ Z_{ca} & Z_{cb} & Z_{cc} \end{bmatrix} \begin{bmatrix} \dot{I}_a \\ \dot{I}_b \\ \dot{I}_c \end{bmatrix}$$

或者写作

$$\boldsymbol{U}_{mn-abc} = \boldsymbol{Z}_{mn-abc}\boldsymbol{I}_{abc}$$

若用对称分量来表示，则由式(11-17)得到

$$\boldsymbol{U}_{mn\_012} = \boldsymbol{T}^{-1}\boldsymbol{Z}_{mn\_abc}\boldsymbol{T}\boldsymbol{I}_{012} = \boldsymbol{Z}_{mn\_012}\boldsymbol{I}_{012} \tag{12-21}$$

而

$$\begin{aligned} \boldsymbol{Z}_{mn\_012} &= \boldsymbol{T}^{-1}\boldsymbol{Z}_{mn\_abc}\boldsymbol{T} \\ &= \begin{bmatrix} (Z_{s0}+2Z_{M0}) & (Z_{s2}-Z_{M2}) & (Z_{s1}-Z_{M1}) \\ (Z_{s1}-Z_{M1}) & (Z_{s0}-Z_{M0}) & (Z_{s2}+2Z_{M2}) \\ (Z_{s2}-Z_{M2}) & (Z_{s1}+2Z_{M1}) & (Z_{s0}-Z_{M0}) \end{bmatrix} \end{aligned} \tag{12-22}$$

其中

$$\left.\begin{aligned} Z_{s0} &= \frac{1}{3}(Z_{aa}+Z_{bb}+Z_{cc}) \\ Z_{s1} &= \frac{1}{3}(Z_{aa}+\alpha Z_{bb}+\alpha^2 Z_{cc}) \\ Z_{s2} &= \frac{1}{3}(Z_{aa}+\alpha^2 Z_{bb}+\alpha Z_{cc}) \end{aligned}\right\} \tag{12-23}$$

$$\left.\begin{aligned} Z_{M0} &= \frac{1}{3}(Z_{bc}+Z_{ca}+Z_{ab}) \\ Z_{M1} &= \frac{1}{3}(Z_{bc}+\alpha Z_{ca}+\alpha^2 Z_{ab}) \\ Z_{M2} &= \frac{1}{3}(Z_{bc}+\alpha^2 Z_{ca}+\alpha Z_{ab}) \end{aligned}\right\} \tag{12-24}$$

将式(12-22)代入式(12-21),从而写出电压降的正序分量方程为

$$U_{mn\_1}=(Z_{s1}-Z_{M1})\dot{I}_{a0}+(Z_{s0}-Z_{M0})\dot{I}_{a1}$$

$$+(Z_{s2}+2Z_{M2})\dot{I}_{a2}$$

显然,正序电压降不仅与 $\dot{I}_{a1}$ 有关,而且与 $\dot{I}_{a0}$ 和 $\dot{I}_{a2}$ 有关。这表明各序间存在着耦合,各序分量不是相互独立的。若写出负序或零序分量方程,也可得出相同的结论。

若三相中的自阻抗及互阻抗分别相等,即 $Z_{aa}=Z_{bb}=Z_{cc}$ 及 $Z_{ab}=Z_{bc}=Z_{ca}$,则式(12-23)及式(12-24)变为

$$Z_{s0}=Z_{aa}$$

$$Z_{s1}=Z_{s2}=0$$

以及

$$Z_{M0}=Z_{ab}$$

$$Z_{M1}=Z_{M2}=0$$

因而式(12-22)成为一个对角阵

$$\boldsymbol{Z}_{mn\_012}=\begin{bmatrix}(Z_{s0}+2Z_{M0}) & 0 & 0\\ 0 & (Z_{s0}-Z_{M0}) & 0\\ 0 & 0 & (Z_{s0}-Z_{M0})\end{bmatrix}$$

$$=\begin{bmatrix}Z_0 & 0 & 0\\ 0 & Z_1 & 0\\ 0 & 0 & Z_2\end{bmatrix} \tag{12-25}$$

其中

$$Z_0=Z_{s0}+2Z_{M0}$$

$$Z_1=Z_{s0}-Z_{M0}$$

$$Z_2=Z_{s0}-Z_{M0}$$

由于 $\boldsymbol{Z}_{mn\_012}$ 中的非对角元变为 0,这表示在各序分量间无耦合,即正序电流只产生正电压降,负序电流只产生负序电压降,零序电流只产生零序电压降。而 $Z_0$、$Z_1$ 和 $Z_2$ 分别为流过零序、正序和负序电流时的阻抗,依次称为零序、正序和负序阻抗。

电力系统中的静止元件,如经换位的输电线、变压器等,三相的自阻抗和互阻抗是分别相等的,所以这些元件的 $\boldsymbol{Z}_{mn\_012}$ 是一个对角阵,各序分量间无耦合。由式(12-21)可得下列各序方程:

$$\left.\begin{aligned}\dot{U}_{mn-a_0} &= Z_0\dot{I}_{a0}\\ \dot{U}_{mn-a_1} &= Z_1\dot{I}_{a1}\\ \dot{U}_{mn-a_2} &= Z_2\dot{I}_{a2}\end{aligned}\right\}\tag{12-26}$$

电力系统中的同步电机是一有源网络元件，其性能方程为

$$\boldsymbol{U}_{abc} = \boldsymbol{E}_{abc} - \boldsymbol{Z}_{abc}\boldsymbol{I}_{abc}\tag{12-27}$$

其中阻抗矩阵 $\boldsymbol{Z}_{abc}$ 具有下列循环形式：

$$\boldsymbol{Z}_{abc} = \begin{bmatrix} Z_k & Z_m & Z_n \\ Z_n & Z_k & Z_m \\ Z_m & Z_n & Z_k \end{bmatrix}\tag{12-28}$$

$\boldsymbol{E}_{abc}$ 为三相对称的电势，$\boldsymbol{E}_{abc}=[\dot{E}_a \quad \dot{E}_b \quad \dot{E}_c]^{\mathrm{T}}$，其中 $\dot{E}_b=\alpha^2\dot{E}_a$，$\dot{E}_c=\alpha\dot{E}_a$。

将式(12-4)及式(12-11)代入式(12-27)得到

$$\boldsymbol{TU}_{012} = \boldsymbol{TE}_{012} - \boldsymbol{Z}_{abc}\boldsymbol{TI}_{012}\tag{12-29}$$

将上式前乘以 $\boldsymbol{T}^{-1}$ 则变为

$$\boldsymbol{U}_{012} = \boldsymbol{E}_{012} - \boldsymbol{Z}_{012}\boldsymbol{I}_{012}\tag{12-30}$$

其中

$$\boldsymbol{E}_{012} \triangleq \boldsymbol{T}^{-1}\boldsymbol{E}_{abc} = \begin{bmatrix} 0 \\ \dot{E}_a \\ 0 \end{bmatrix}\tag{12-31}$$

以及

$$\begin{aligned}\boldsymbol{Z}_{012} &\triangleq \boldsymbol{T}^{-1}\boldsymbol{Z}_{abc}\boldsymbol{T}\\ &= \begin{bmatrix} Z_k+Z_m+Z_n & 0 & 0 \\ 0 & Z_k+\alpha^2 Z_m+\alpha Z_n & 0 \\ 0 & 0 & Z_k+\alpha Z_m+\alpha^2 Z_n \end{bmatrix}\\ &= \begin{bmatrix} Z_0 & 0 & 0 \\ 0 & Z_1 & 0 \\ 0 & 0 & Z_2 \end{bmatrix}\end{aligned}\tag{12-32}$$

由式(12-32)可见同步电机的 $\boldsymbol{Z}_{012}$ 也是一对角阵，故各序分量间无耦合。根据式(12-30)可写出下列各序方程：

$$\left.\begin{aligned}\dot{U}_{a0} &= 0 - Z_0\dot{I}_{a0}\\ \dot{U}_{a1} &= \dot{E}_a - Z_1\dot{I}_{a1}\\ \dot{U}_{a2} &= 0 - Z_2\dot{I}_{a2}\end{aligned}\right\}\tag{12-33}$$

从上述可知，电力系统中的各种元件在零、正、负序系统中的阻抗矩阵都是对角阵，也即各序分量解耦，从而使各序分量可分别处理，从而简化了计算。这也就是在电力系统不对称故障分析中广泛采用对称分量法的原因。

当电力系统中某一点发生了不对称故障后，电力系统中除了在这一地点具有某种三相不对称的部分外，电力系统中的其他元件仍然是对称的。因此，在分析电力系统的不对称故障时，可以从研究这一不对称部分对电力系统其他部分所产生的影响着手。

设在图 12-6(a)所示的电力系统中的 $K$ 点发生不对称短路故障，例如，$a$ 相单相接地短路，即在 $K$ 点 $a$ 相经某一阻抗 $Z_k$ 接地，而 $b$、$c$ 相对地阻抗仍为无穷大，如图 12-6(b)所示，电力系统中的其他元件仍然是对称的。由于短路点对地阻抗不同，该点的三相对地电压 $\dot{U}_a$、$\dot{U}_b$ 和 $\dot{U}_c$ 也是不对称的。应用替代原理，把对地不对称的一组电压用一组不对称的电势代替。这组不对称电势则可根据对称分量法分解成三相对称的电势：正序分量电势 $\dot{U}_{a1}$、$\alpha^2\dot{U}_{a1}$、$\alpha\dot{U}_{a1}$；负序分量电势 $\dot{U}_{a2}$、$\alpha\dot{U}_{a2}$、$\alpha^2\dot{U}_{a2}$；零序分量电势 $\dot{U}_{a0}$、$\dot{U}_{a0}$、$\dot{U}_{a0}$。于是，短路故障对系统所产生的影响，可以认为由这三组电势所引起，如图 12-6(c)所示。

对线性的电力系统，这三组电势在电力系统各部分所引起的电流，可以当作由其中正序电势、负序电势和零序电势单独作用时所引起的电流之和。因为除这些电势之外，电力系统中其他元件都是对称的，所以正序电势只引起正序电流，负序电势只引起负序电流，零序电势只引起零序电流，因而可以分别组成只含有正序电势和正序阻抗的正序网络、只含有负序电势和负序阻抗的负序网络以及只含有零序电势和零序阻抗的零序网络。由于各序网络都是对称的，因而各序都可采用单相分析法，各序网络如图 12-7(a)所示。图 12-7(a)、(b)、(c)所示各序等值网络可简化为图 12-7(d)、(e)、(f)。由于电源只产生正序电势，所以只有在正序网络中含有电源电势。根据图 12-7(b)所示简化后的各序网络，可写出下列三个各序分量方程：

$$\left.\begin{aligned}\dot{U}_{a1} &= \dot{E}_{1\Sigma} - Z_{1\Sigma}\dot{I}_{a1}\\ \dot{U}_{a2} &= 0 - Z_{2\Sigma}\dot{I}_{a2}\\ \dot{U}_{a0} &= 0 - Z_{0\Sigma}\dot{I}_{a0}\end{aligned}\right\}\qquad(12\text{-}34)$$

其中，$\dot{E}_{1\Sigma}$为正序网络的等值电势；$Z_{1\Sigma}$、$Z_{2\Sigma}$和 $Z_{0\Sigma}$为正序、负序和零序网络的等值阻抗；$\dot{I}_{a1}$、$\dot{I}_{a2}$、$\dot{I}_{a0}$为故障点对地支路中的正序、负序和零序分量电流。

由式(12-34)可知，若代替故障的电势 $\dot{U}_{a1}$、$\dot{U}_{a2}$和 $\dot{U}_{a0}$ 已知，则可从这三方程解出电流 $\dot{I}_{a1}$、$\dot{I}_{a2}$和 $\dot{I}_{a0}$，然后根据图 12-7(a)所示网络可求出电力系统各元件中流过的各序分量电流和各节点的各序分量电压，再应用式(12-11)及式(12-3)，可得到

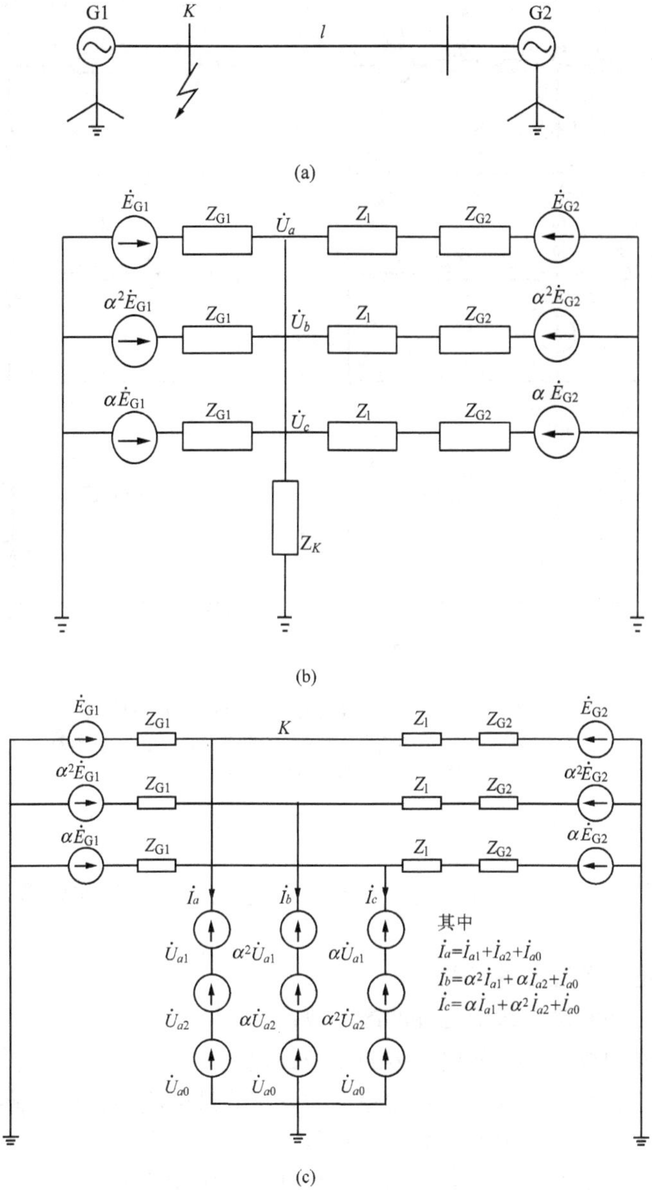


图 12-6　不对称短路故障时的等值网络

各元件各相中的电流以及各节点各相的对地电压。但到现在为止，代替故障的电势还是未知的，也即在式(12-34)中的三个方程中含有 6 个未知数。然而我们还可根据故障条件(或边界条件)列出三个方程，因而可以从 6 个方程联立求解 $\dot{U}_{a1}$、

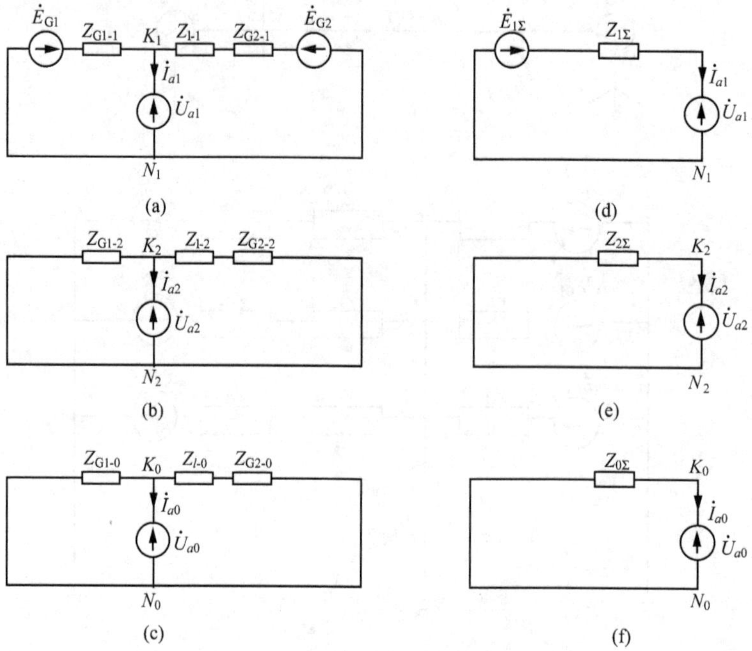


图 12-7　图 12-6 所示电力系统的各序等值网络

(a) 正序网络　(b) 负序网络　(c) 零序网络　(d) 简化正序网络
(e) 简化负序网络　(f) 简化零序网络

$\dot{U}_{a2}$、$\dot{U}_{a0}$和 $\dot{I}_{a1}$、$\dot{I}_{a2}$、$\dot{I}_{a0}$。

从以上的分析可知，应用对称分量法进行电力系统不对称故障计算主要包括下列步骤：

① 绘制电力系统的各序网络；

② 确定各序网络中每个元件的序参数；

③ 由序网和故障条件列出所需的 6 个方程；

④ 由联立求解 6 个方程得到故障点的各序分量电流和各序分量电压；

⑤ 求出序网各支路中的电流分布和各点的电压；

⑥ 将各序分量电流和电压合成，从而得到各支路中每相的电流和各点的相电压。

## 第二节　电力系统中元件的序参数计算

电力系统正常运行时所组成的等值网络是正序网络，用以代表元件的阻抗是正序阻抗。在不对称故障时，则除了要组成在故障情况下的正序网络外，还要组成负序和零序网络，在正、负、零序网络中代表元件的阻抗应分别是正、负、零序阻抗。

元件的电抗决定于与其匝链的自感和互感磁链。当元件中分别流过正序电流、负序电流或零序电流时，元件内部的互感磁链可能不同，因此当不同相序的电流流过时，元件的序阻抗就可能不同。

对电力系统中的静止元件，例如，变压器、架空线路、电缆和电抗器等，它们的负序阻抗等于正序阻抗，因为改变三相电流的相序，并不改变该元件的相间互感。

零序电流系统与正序或负序电流有很大的区别。当零序电流流过各元件时，元件内部的磁耦关系与流过正序或负序电流时不同，元件的零序阻抗不同于正序或负序阻抗，因而电力系统中的变压器、架空线路和电缆等，它们的零序参数与正序或负序参数不同。变压器的零序参数决定于绕组的连接方式和铁心的结构。架空线路的零序参数与是否是平行双回线以及是否具有架空避雷线有关，这将在以下几小节进行讨论。

## 一、三相输电线的零序参数

三相输电线路零序阻抗。

当三相输电线中流过的零序电流时，即三个幅值上相等，时间上同相位的交流电流，此时，每一相电抗称线路零序电抗，即为零序电压与零序电流的比值。

在三相输电线中，如流过零序电流(此时三相电流之和不等于零)，则必须要有零序回路，在电力系统中一般是以大地或架空地线(避雷线)或两者之和作为零序电流的回路。

现在就从导线-大地回路着手，导出三相输电线的每相零序电抗。

(1) 导线-大地回路阻抗

架空线路中的零序电流经过大地返回而形成回路，线路的零序阻抗取决于由单位零序电流所产生的匝链导线的磁通链。但对这一磁链进行精确计算非常困难，这是因为它和零序电流在大地中的分布有关。即使大地具有均匀的电阻率，由于集肤效应作用，零序电流在地中分布仍然是不均匀的。这种不均匀性是沿着输电线路径的两边垂直深入方向作递减的分布，如图 12-8 所示。地中任一点的磁感应强度 $\boldsymbol{B}$ 和电流密度 $\boldsymbol{J}$ 是距导线轴线 $\rho$ 与夹角 $\theta$ 的函数。即

$$\boldsymbol{B} = f_1(\rho,\theta)$$

$$\boldsymbol{J} = f_2(\rho,\theta)$$

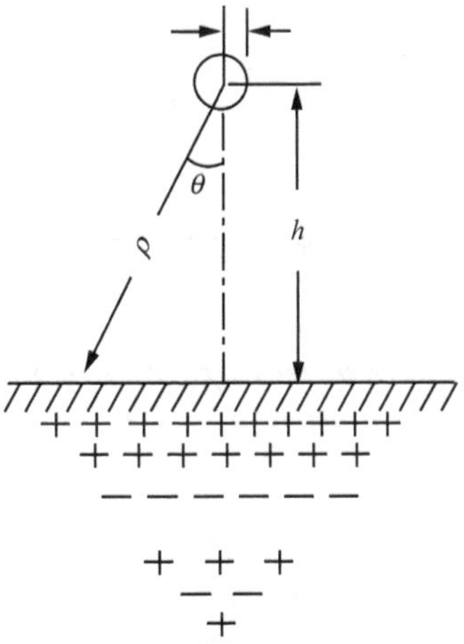


图 12-8　大地中电流的分布

为了求得导线-大地回路阻抗，采用由鲁登堡建议与 $\theta$ 无关的一种模型，如图 12-9所示，根据这一模型列出微分方程，从而导出导线-大地回路在 50Hz 下的阻抗为

$$Z = R_n + \pi^2 f \times 10^{-4} + \mathrm{j}29 f \times 10^{-4} \lg \frac{0.178}{r' \sqrt{f/\rho \times 10^{-9}}}$$

$$= R_n + 0.05 + \mathrm{j}0.1445 \lg \frac{0.178}{r' \sqrt{f/\rho \times 10^{-9}}} \quad \Omega/\mathrm{km} \tag{12-35}$$

式中，$R_n$ 为导线电阻；$\pi^2 f \times 10^{-4}$ 为大地电阻，0.05Ω/km；$\rho$ 为大地电阻率，Ω·cm；$r'$为导线等值半径。

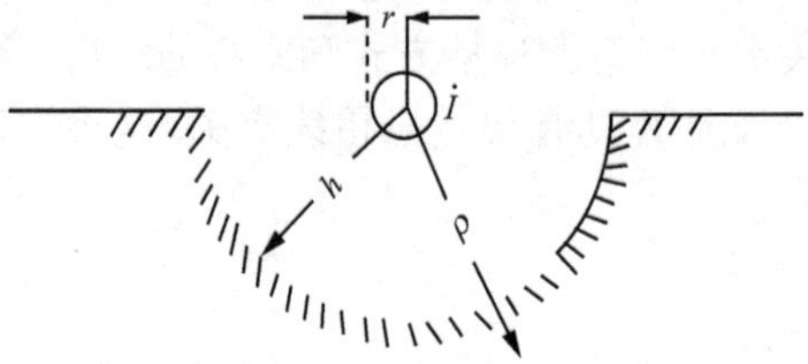

图 12-9　鲁登堡的导线-大地模型

在 20 世纪 20 年代到 30 年代间，由卡尔逊等根据电磁波理论较精确地求得导线-大地回路的电抗为

$$x = 0.1445 \lg \frac{0.2085}{r' \sqrt{f/\rho \times 10^{-4}}} \quad \Omega/\mathrm{km} \tag{12-36}$$

综合以上的情况，可把导线-大地回路的电抗写成双导线回路计算式

$$x = 0.1445 \lg \frac{D_e}{r'} \tag{12-37}$$

式中，$D_e$ 为假想导体在地底下等效深度，它的意义可这样来理解，即把大地回路假想为一根导体，其等值半径 1m，称为假想导线，其位置距原导线下面一个 $D_{ae}$，如图 12-10 所示。

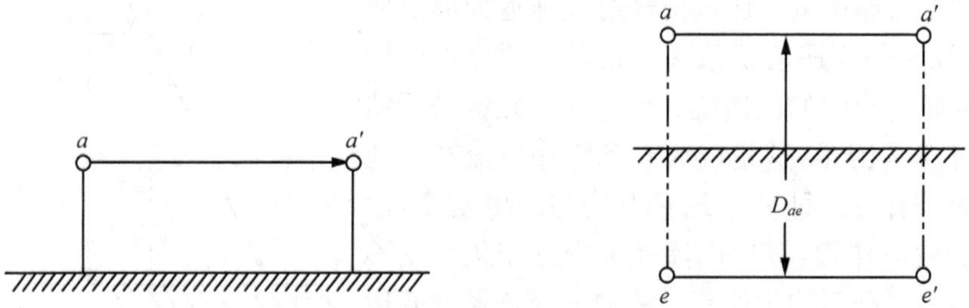

图 12-10　导线-大地回路

这一导线系统可用两导线系统求得 $ae$ 回路的阻抗如下：

导线 $aa'$拟自阻抗

$$Z_{aa'} = R_n + \mathrm{j}0.1445 \lg \frac{1}{r'}$$

导线 $a'e'$ 拟互阻抗

$$Z_{a'e'} = x_{a'e'} = \mathrm{j}0.1445\lg \frac{1}{D_{ae}} = Z_{ea}$$

导线 $e'e$ 拟自阻抗

$$Z_{ee'} = 0.05 + \mathrm{j}0.1445\lg \frac{1}{r''}$$

则回路 $ae$ 阻抗为

$$\begin{aligned} Z_{ae} &= Z_a + Z_e = (Z_{aa'} - Z_{a'e'}) + (Z_{ee'} - Z_{ea}) \\ &= R_n + \mathrm{j}0.1445\lg \frac{1}{r'} + 0.05 + \mathrm{j}0.1445\lg \frac{1}{r''} - \mathrm{j}0.1445\lg \frac{1}{D_{ae}^2} \\ &= R_n + 0.05 + \mathrm{j}0.1445\lg \frac{D_{ae}^2}{r' \cdot r''} \\ &= R_n + 0.05 + 0.1445\lg \frac{D_e}{r'} \end{aligned} \tag{12-38}$$

式中，$D_e = \frac{D_{ae}^2}{r''} = D_{ae}^2 = 660\sqrt{\rho/f \times 10^{-2}}$ 称为假想导线等效深度。

当 $f=50\mathrm{Hz}$，不同 $\rho$ 时等效深度 $D_e$ 的值如下：

$\rho=10^5$（干燥泥土）时，$D_e=3000\mathrm{m}$；

$\rho=10^4$（潮湿泥土）时，$D_e=935\mathrm{m}$；

$\rho=10^2$（海　　水）时，$D_e=94\mathrm{m}$。

在一般计算中，可采用 1000m 作为 $D_e$ 的计算用数值。

(2) 无架空地线的三相输电线的零序阻抗

当三相输电线流过零序电流并以大地作为回路时，可把三相输电线作为三个平行的导线-大地回路看待，也可把三相导线看成一个等值导线，然后把这一等值导线与大地组成导线-大地等值导线，然后把这一等值导线与大地组成导线-大地等值回路，如图 12-11 所示。

这个等值导线 $A$ 的等值半径（导线经过完全换位）为

$$r_A = \sqrt[3]{r' D_{eq}^2} \tag{12-39}$$

式中，$r'$ 为导线等值半径，$D_{eq}$ 为三相导线间几何均距。

在这回路中单位长度的压降为

$$\Delta \dot{U}_A = 3I_{a0}\left(\frac{R_a}{3} + 0.05 + \mathrm{j}\omega \times 2 \times 10^{-4} \ln \frac{D_e}{r_A}\right) \tag{12-40}$$

对于三相输电线每相单位长度压降为

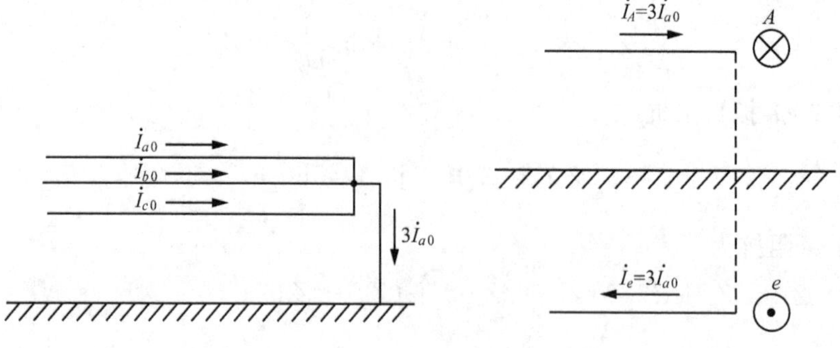


图 12-11　三相输电线零序回路

$$\Delta\dot{U}_{a0}=I_{a0}\cdot Z_0$$

显然它与等值导线-大地回路单位长度压降 $\Delta\dot{U}_A$ 是相等的，则三相单回路架空线路(完全换位)的零序阻抗为

$$Z_0=\frac{\Delta\dot{U}_{a0}}{I_{a0}}=\frac{\Delta\dot{U}_A}{I_{a0}}=R_a+0.15+3\mathrm{j}\omega\times 2\times 10^{-4}\ln\frac{D_e}{r_A}\quad \Omega/\mathrm{km}\quad (12\text{-}41)$$

零序电抗为

$$x_0=3\times\omega\times 2\times 10^{-4}\ln\frac{D_e}{r_A}$$

$$=3\times 0.1445\lg\frac{D_e}{r_A}$$

$$=0.4335\lg\frac{D_e}{r_A}\quad \Omega/\mathrm{km}\quad (12\text{-}42)$$

由式(12-42)可见，线路的零序电抗要比正序电抗几乎大三倍，其原因是零序电流的三相是同相，相间的互感使每相的电感增大。例如在后文例 12-2 中得到正序电抗值为 0.422Ω/km，而其零序电抗值按式(12-42)计算可得 $x_0$ 为 1.27Ω/km 和 1.17Ω/km，读者可自行校验此值。

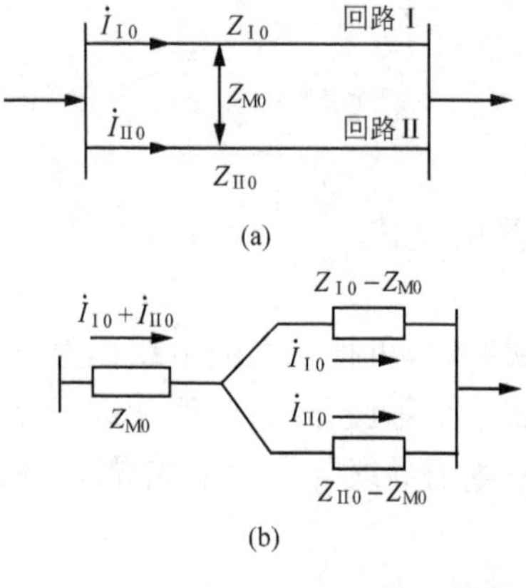


图 12-12　双回路输电线

(a) 输电线原型　(b) 零序等效网络

(3) 双回路输电线路的零序阻抗

在双回路输电线中，由于平行回路间有互感作用，使每一回路零序阻抗都要增大。图 12-12 表示两个不同回路组成并联的双回路输电线，其零序阻抗按以下方法确定。

设每个回路本身的零序阻抗分别为 $Z_{\mathrm{I}0}$、$Z_{\mathrm{II}0}$，两个回路间互阻抗为 $Z_{M0}$，表达式分别为

$$Z_{\mathrm{I}0}=(R_{\mathrm{I}}+3R_e)+\mathrm{j}3\times\omega\times Q\times 10^{-4}\ln\frac{D_e}{r_{A\mathrm{I}}}\tag{12-43a}$$

$$Z_{\mathrm{II}0}=(R_{\mathrm{II}}+3R_e)+\mathrm{j}3\times\omega\times 2\times 10^{-4}\ln\frac{D_e}{r_{A\mathrm{II}}}\tag{12-43b}$$

$$Z_{M0}=3R_e+\mathrm{j}3\times\omega\times 2\times 10^{-4}\ln\frac{D_e}{D_{\mathrm{I}\text{-}\mathrm{II}}}\tag{12-43c}$$

式中，$D_{\mathrm{I}\text{-}\mathrm{II}}=\sqrt[9]{(D'_{ab})^2\cdot(D'_{bc})^2\cdot(D'_{ca})^2\cdot(D'_{aa})\cdot(D'_{bb})\cdot(D'_{cc})}$ 为第Ⅰ回路与第Ⅱ回路间几何均距。

每一回路中的电压降方程为

$$\Delta\dot{U}_{\mathrm{I}0}=\dot{I}_{\mathrm{I}0}\cdot Z_{\mathrm{I}0}+\dot{I}_{\mathrm{II}0}\cdot Z_{M0}\tag{12-44}$$

$$\Delta\dot{U}_{\mathrm{II}0}=\dot{I}_{\mathrm{I}0}\cdot Z_{M0}+\dot{I}_{\mathrm{II}0}\cdot Z_{\mathrm{II}0}\tag{12-45}$$

上式分别引入 $\pm Z_{\mathrm{I}0}\cdot Z_{M0}$ 和 $\pm Z_{\mathrm{II}0}\cdot Z_{M0}$，并经整理得

$$\Delta\dot{U}_{\mathrm{I}0}=\dot{I}_{\mathrm{I}0}(Z_{\mathrm{I}0}-Z_{M0})+(\dot{I}_{\mathrm{I}0}+\dot{I}_{\mathrm{II}0})Z_{M0}\tag{12-46}$$

$$\Delta\dot{U}_{\mathrm{II}0}=\dot{I}_{\mathrm{II}0}(Z_{\mathrm{II}0}-Z_{M0})+(\dot{I}_{\mathrm{I}0}+\dot{I}_{\mathrm{II}0})Z_{M0}\tag{12-47}$$

按上列两式画出双回路输电线零序等效网络，如图 12-12(b)所示。由该等效网络可求得双回路输电线等效零序阻抗 $Z'_0$（用“′”表示为双回路输电线）

$$Z'_0=Z_{M0}+\frac{(Z_{\mathrm{I}0}-Z_{M0})(Z_{\mathrm{II}0}-Z_{M0})}{Z_{\mathrm{I}0}+Z_{\mathrm{II}0}-2Z_{M0}}\tag{12-48}$$

其等效的零序阻抗为

$$X''_0=X_{M0}+\frac{(X_{\mathrm{I}0}-X_{M0})(X_{\mathrm{II}0}-X_{M0})}{X_{\mathrm{I}0}+X_{\mathrm{II}0}-2X_{M0}}=X_{M0}+\frac{X_{\mathrm{I}\sigma0}\cdot X_{\mathrm{II}\sigma0}}{X_{\mathrm{I}\sigma0}+X_{\mathrm{II}\sigma0}}\tag{12-49}$$

式中，$X_{\mathrm{I}\sigma0}\triangleq X_{\mathrm{I}0}-X_{M0}$ 为回路Ⅰ导线的零序漏抗；$X_{\mathrm{II}\sigma0}\triangleq X_{\mathrm{II}0}-X_{M0}$ 为回路Ⅱ导线的零序漏抗。

当两个平行回路相同时，$X_{\mathrm{I}0}=X_{\mathrm{II}0}=X_0$，则由式(12-49)得

$$X''_0=\frac{1}{2}(X_0+X_{M0})\tag{12-50}$$

双回路输电线每一回路的零序电抗为（考虑平行回路间互感）

$$X_0' = 2X_0'' = X_0 + X_{M0} \tag{12-51}$$

式中,“′”表示双回路输电线中一个回路,由于平行回路的互感作用,大大增加了每个回路的零序电抗。

(4) 架空地线对输电线路的零序阻抗的影响

架空地线(简称地线)存在并不影响输电线路的正序或负序阻抗,在完全换位的输电线路中,通过导线中的正序或负序电流系统并不对地线或大地产生合成磁链,因而在地线和大地所组成的闭合回路内并无感应电流。当导线中流有零序电流时,情况将完全不同。此时,环绕导线的磁通将匝链地线,这在它和大地或地线所组成的闭合回路内产生感应电抗,如略去地线和大地回路电阻,上述感应电流的相位几乎和输电线导线中电流的相位相反。其影响与磁耦电路短接的次级绕组相同(输电线路相当于初级绕组),这将使它产生磁效应,减弱了输电线的零序阻抗。

钢质架空地线的电阻颇大,对于输电线的零序电抗 $x_0$ 值减小不多,大约为10%～15%,故对钢质地线的输电线系统可按无架空地线计算。

下面导出具有架空地线三相输电线系统的零序阻抗。

在图 12-13 中表示了零序电流流经输电线路的路径。$aa'$代表三相输电线组成组合导线$A$,$gg'$代表架空地线组合导线(通常由二根架空地线组成)。上述情形,可看成两个平行的导线-大地系统:一个是导线-大地回路 $a$、$e$,流过电流为 $\dot{I}_A=3\dot{I}_0$;另一个是架空地线-大地回路 $g$、$e$,流过电流为 $\dot{I}_g$,其方向与 $\dot{I}_A$ 相反,则大地中假想导体中的电流为 $\dot{I}_A-\dot{I}_g$,显然导线-大地回路的压降是由两部分组成,一部分是 $\dot{I}_A$ 引起的压降,即 $\dot{I}_A Z_a$;另一部分是由架空地线-大地回路 $\dot{I}_g$ 在导线-大地回路中产生,即 $\dot{I}_g$ 乘以两回路间互感 $Z_{ag}$。以方程表示

$$\Delta\dot{U}_A = Z_A\dot{I}_A - Z_{ag} \cdot \dot{I}_g \tag{12-52a}$$

$$= 3Z_a\dot{I}_0 - Z_{ag} \cdot \dot{I}_g \ \text{V/km} \tag{12-52b}$$

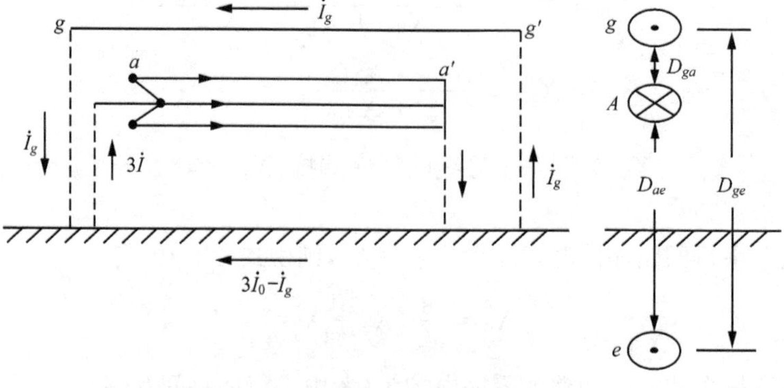


图 12-13　具有架空地线三相输电线路

同理，可写出架空地线-大地回路电压降，由于该回路是个闭合回路，因此有

$$0 = -Z_{ag}\dot{I}_A + Z_g\dot{I}_g \quad \mathrm{V/km} \tag{12-53}$$

式中，$Z_g$ 为架空地线-大地回路自阻抗。

由上两式可得

$$\Delta\dot{U}_A = \dot{I}_A\left(Z_a - \frac{Z_{ag}^2}{Z_g}\right) = 3\dot{I}_0\left(Z_a - \frac{Z_{ag}^2}{Z_g}\right) \quad \mathrm{V/km} \tag{12-54}$$

具有架空地线的输电线零序阻抗为

$$Z_0^{(g)} = \frac{\Delta\dot{U}_A}{\dot{I}_A} = 3\left(Z_a - \frac{Z_{ag}^2}{Z_g}\right) \quad \Omega/\mathrm{km} \tag{12-55}$$

式中

$$Z_a = \left(\frac{R_a}{3} + R_e\right) + \mathrm{j}\omega \times 2 \times 10^{-4}\ln\frac{D_e}{r_{As}} = \frac{1}{3}Z_{a0}$$

$$Z_g = \left(\frac{R_g}{2} + R_e\right) + \mathrm{j}\omega \times 2 \times 10^{-4}\ln\frac{D_e}{r_{gs}} = \frac{1}{3}Z_{g0}$$

式中，$R_a$ 为每根导线的电阻；$R_g$ 为每根架空地线的电阻（上式是具有两根地线）；$r_{As}$ 为组合导线的几何平均半径（或称导线自几何均距）；$r_{gs}$ 为组合架空地线的几何平均半径（或称架空地线自几何均距）。

由于 $D_{ga} \ll D_{ae}$ 和 $D_{ga} \ll D_{ge}$，故可近似地把两个回路在地中的假想导体看成是一个，如图 12-13 示，$Z_{ag}$ 的电阻部分显然为 $R_e$，因为 $R_e$ 是两个回路的公共电阻，$Z_{ag}$ 的电抗部分就是两个回路的互感抗 $X_{ag}$，这部分互感抗是由架空地线中的电流和大地中的电流二者所产生。

由架空地线中电流 $I_g$ 对 $ae$ 回路产生的互感为

$$X_{ag\text{-}g} = \omega \times 2 \times 10^{-4}\ln\frac{1}{D_{ga}} - \omega \times 2 \times 10^{-4}\ln\frac{1}{D_{ge}}$$

$$= \omega \times 2 \times 10^{-4}\ln\frac{D_{ge}}{D_{ga}} \quad \Omega/\mathrm{km} \tag{12-56}$$

由大地中导体流过 $-I_g$ 对 $ae$ 回路产生的互感为

$$X_{ag\text{-}e} = -\omega \times 2 \times 10^{-4}\ln\frac{1}{D_{ae}} + \omega \times 2 \times 10^{-4}\ln\frac{1}{r_{ee}}$$

$$= -\omega \times 2 \times 10^{-4}\ln\frac{r_{ee}}{D_{ae}} \tag{12-57}$$

式中，$r_{ee}$ 为导线镜像（假想导线）的等值半径，为 1m。

总的互感为

$$X_{ag} = X_{ag\text{-}g} + X_{ag\text{-}e} = \omega \times 2 \times 10^{-4}\ln\frac{D_{ge}}{D_{ga}} - \omega \times 2 \times 10^{-4}\ln\frac{r_{ee}}{D_{ae}}$$

$$= \omega \times 2 \times 10^{-4} \ln \frac{D_{ge} \cdot D_{ae}}{D_{ga} \cdot r_{ee}} = \omega \times 2 \times 10^{-4} \ln \frac{D_{ee}^2}{D_{ga} \cdot r_{ee}}$$

$$= \omega \times 2 \times 10^{-4} \ln \frac{D_e}{D_{ga}} \quad \Omega/\text{km} \tag{12-58}$$

式中

$$D_{ga} \approx D_{ae}$$

故有

$$Z_{ag} = R_e + j\omega \times 2 \times 10^{-4} \ln \frac{D_e}{D_{ga}} \quad \Omega/\text{km} \tag{12-59}$$

而每根导线与架空地线零序互阻抗为

$$Z_{ag0} = 3Z_{ag} \tag{12-60}$$

由式(12-55)可知，架空地线的存在，使线路零序阻抗明显减小，其减小部分为 $Z_{ag}^2/Z_g$，或者说，线路的零序电抗减小了 $X_{ag}^2/X_g$ 部分。

如果在式(12-55)的右边引入 $\pm 3Z_{ag} = \pm Z_{ag0}$，并令 $Z_{a\sigma0} \triangleq Z_{a0} - Z_{ag0}$ 为有架空地线输电线路零序漏阻抗；$Z_{g\sigma0} \triangleq Z_{g0} - Z_{ag0}$ 为架空地线的零序漏阻抗，经过整理可得

$$Z_0^{(g)} = Z_{a\sigma0}^{(g)} + \frac{Z_{g\sigma0} \cdot Z_{ag0}}{Z_{g\sigma0} + Z_{ag0}} \tag{12-61}$$

根据上式可绘制下面的等效零序网络，如图 12-14 所示。

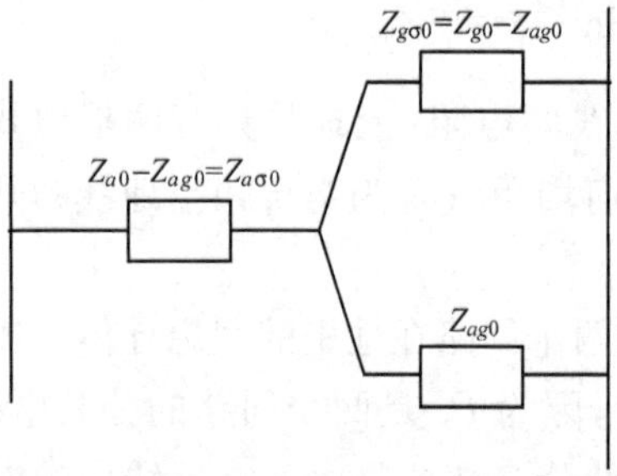


图 12-14　具有架空地线等值电路

由式(12-60)、(12-61)可见，架空地线离导线越近，其影响也就越显著。架空输电线的零序阻抗与有无架空地线及有无并行回路等因素有关，其值大于正序阻抗。近似计算可用表 12-1 中的数值。

**表 12-1　零序与正序电抗比值**

| 线路种类 | $X_0/X_1$ |
|---|---|
| 单回路架空线路无架空地线 | 3.5 |
| 单回路架空线路有架空地线 | 2.0～3.0 |
| 双回路架空线路无架空地线 | 5.5 |
| 双回路架空线路有架空地线 | 3.7～4.7 |

**[例 12-2]**　图 12-15 表示一常见的高压输电系统，具有两根架空地线的钢焊双回路线路。导线采用 LGJQ-120，外径为 15.2mm，架空地线采用 LGJQ-95，外径为 13.7mm，导线镜像在地中等值深度 $D_e$＝1000m。试求这一线路正序和零序电抗。

**解**：首先求正序阻抗 $X_1$。

导线等值半径为

$$r'=0.799\times\frac{15.2}{2}\times10^{-3}=0.607\times10^{-2}(\mathrm{m})$$

导线几何均距为

$$D_{eq}=\sqrt[3]{3.18\times3.18\times2\times3.18}=4.01(\mathrm{m})$$

两回线路间导线几何均距为

$$D_{\mathrm{I}\text{-}\mathrm{I}'}=\sqrt[3]{7.3\times5.9\times4.5}=5.787(\mathrm{m})$$

$$D_{\mathrm{I}\text{-}\mathrm{II}'}=\sqrt[3]{7.3\times6.06\times8.57}=7.238(\mathrm{m})$$

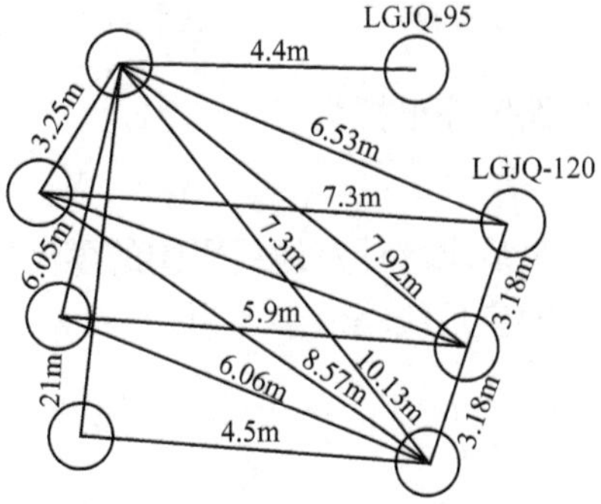


图 12-15　例 12-2 中架空输电线与架空地线相对位置图

每一回路正序电抗为

$$\begin{aligned}X_1&=0.1445\lg\frac{D_{eq}\cdot D_{\mathrm{I}\text{-}\mathrm{II}}}{r'\cdot D_{\mathrm{I}\text{-}\mathrm{I}}}\\&=0.1445\lg\frac{4.01\times7.238}{0.607\times10^{-2}\times5.787}\\&=0.422(\Omega/\mathrm{km})\end{aligned}$$

如果两回路并联，则

$$X''=\frac{1}{2}X_1=0.211\Omega/\mathrm{km}$$

其次求不计地线影响的零序阻抗。

三相导线等值半径为

$$r_{As}=\sqrt[3]{0.607\times10^{-2}\times(4.01)^2}=0.460(\mathrm{m})$$

不计另一回路时，则

$$\begin{aligned}X_0&=3\times0.1445\lg\frac{1000}{r_{As}}\\&=0.4335\lg2173.9\\&=1.447(\Omega/\mathrm{km})\end{aligned}$$

线路Ⅰ与线路Ⅱ几何均距为

$$D_{\mathrm{I}\text{-}\mathrm{II}}=\sqrt[3]{(8.57)^2\times(6.06)^2\times(7.3)^2\times4.5\times5.9\times7.3}=6.65(\mathrm{m})$$

两回路间零序互感抗为

$$X_{\mathrm{I}\text{-}\mathrm{II}0}=X_{M0}=0.4335\lg\frac{D_e}{D_{\mathrm{I}\text{-}\mathrm{II}}}=0.4335\lg\frac{1000}{6.65}=0.95(\Omega/\mathrm{km})$$

双回路零序电抗为

$$X''_0 = \frac{1}{2}(X_{\mathrm{I}0} - X_{\mathrm{I-II}0}) = \frac{1}{2} \times (1.447 + 0.95) = 1.199(\Omega/\mathrm{km})$$

一回路零序电抗为

$$X_0 = X_{\mathrm{I}0} + X_{\mathrm{M}0} = 2.397\Omega/\mathrm{km}$$

最后求解计及地线影响的零序电抗。

架空地线等值半径为

$$r'_g = 0.799 \times \frac{13.7}{2} \times 10^{-3} = 0.547 \times 10^{-2}(\mathrm{m})$$

$$r_{gs} = \sqrt{r'_g \cdot D_{gg}} = \sqrt{0.547 \times 10^{-2} \times 4.4} = 0.155(\mathrm{m})$$

地线-大地回路零序电抗为

$$X_{g0} = 3X_g = 3 \times 0.1445\lg\frac{D_e}{r_{gs}} = 3 \times 0.1445\lg\frac{1000}{0.155}$$

$$= 3 \times 0.55 = 1.65(\Omega/\mathrm{km})$$

导线与地线几何均距为

$$D_{\mathrm{eq}} = \sqrt[6]{3.75 \times 6.05 \times 9.1 \times 10.13 \times 7.92 \times 6.53} = 6.75(\mathrm{m})$$

一个回路与等值架空地线间互感抗为

$$X_{ag} = 0.1445\lg\frac{D_e}{D_{ag}} = 0.314\Omega/\mathrm{km}$$

$$X_{ag0} = 3X_{ag} = 0.942\Omega/\mathrm{km}$$

如不考虑另一回路存在时，零序电抗为

$$X_{0'}^{(g)} = 3\left(X_{a0} - \frac{X_{ag}^2}{X_g}\right) = X_0 - \frac{X_{ag0}^2}{X_{g0}} = 1.447 - \frac{0.942^2}{1.65} = 0.909(\Omega/\mathrm{km})$$

考虑另一回路后，双回路零序电抗为

$$X_0^{(g)} = \frac{1}{2}(X_0 + X_{\mathrm{M}0}) - \frac{X_{ag0}}{X_{g0}} = 1.199 - 0.538 = 0.661(\Omega/\mathrm{km})$$

## 二、变压器的零序参数和等值电路

变压器是相对静止的磁耦元件，各绕组中流过正序电流与负序电流时所产生的电磁现象是没有差别的，故变压器负序阻抗和正序阻抗相等，等值电路也相同。

由于零序电流的流通与变压器绕组连接有关，只有当绕组接成△或 $Y_0$ 时，才能在绕组中流通；如绕组接成 Y 时，零序电流就不能流通。因此，零序电流产生的电磁特性和绕组连接的方式有关。此外，零序电流产生的三相零序磁通相等且同相，它们能否在铁心中闭合，要视铁心的结构而定，故又与铁心结构形式有关。以下就根据变压器连接方式与铁心结构来介绍变压器零序阻抗和零序等值电路。

1. 普通变压器连接方式及其等值电路

当三相变压器绕组接成三角形(△)或中性点不接地星形(Y)时,从三角形或不接地星形一侧看进去,变压器零序电抗总是无限大,因为不管另一侧的连接如何,在三角形或不接地一侧施加零序电压,总不能在变压器内产生零序电流,所以只有在变压器绕组连接成星形且中性点接地($Y_0$)侧施加零序电压后,才能在变压器绕组中产生大小相等、方向相同的零序电流,才能通过三相绕组经中性点流入大地构成零序电流回路。只有在这种情况下,零序电抗才可能是有限的。

图 12-16 中,画出了双绕组变压器几种接线方式以及相应的零序等值电路。施于绕组Ⅰ的零序电压 $U_0$,用来平衡绕组Ⅰ中的零序电流在漏抗 $X_1$ 中的压降以及在绕组Ⅰ中的感应零序电势;绕组Ⅱ中感应的零序电势与绕组Ⅰ中的零序电势(标幺值)相等,该零序电势要在绕组Ⅱ中引起零序电流,并为该绕组以及所连接电路中的零序阻抗压降(包括绕组漏抗)所平衡。零序电势在数值上与零序励磁电流 $\dot{I}_{\mu0}$ 在零序励磁电抗 $X_{\mu0}$ 上所产生的压降相等。

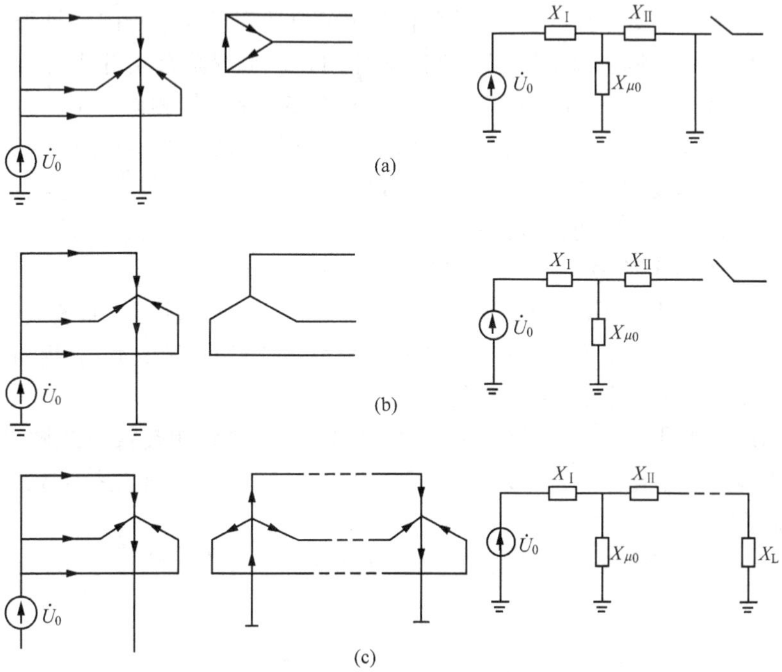


图 12-16　双绕组变压器连接方式及零序等值电路

(a) $Y_0$/△　(b) $Y_0$/Y　(c) $Y_0$/$Y_0$

图 12-16(a)表示 $Y_0$/△连接变压器,当 $Y_0$ 侧有零序电压并流过零序电流时,在绕组Ⅱ中感应零序电势,并在三角形绕组中形成零序电流。由于该零序电流只

能在绕组Ⅱ内部流通而不能流出绕组之外，所以在等值电路中 $X_{\text{Ⅱ}}$ 支路对地短路，与绕组Ⅱ以外连接的电路则断开，零序等值电路就到此为止。等值电路 $X_{\text{Ⅱ}}$ 的一端电位为零，表示该支路完成零序电流闭合环路。

图中 $X_{\text{Ⅰ}}$、$X_{\text{Ⅱ}}$ 分别表示绕组Ⅰ、Ⅱ的漏抗，$X_{\mu0}$ 为变压器零序励磁电抗。

图 12-16(b)为 $Y_0$/Y 连接的变压器。在 $Y_0$ 侧虽有零序电流流通，在绕组Ⅱ中感应零序电势，但由于绕组Ⅱ接成星形且中性点不接地，无零序电流流通的路径，故在 Y 侧没有零序电流，即相当于变压器空载，绕组Ⅱ开路的情形。

由上可知，当 $Y_0$/△连接时，变压器的零序电抗为

$$X_{T0} = X_{\text{Ⅰ}} + \frac{X_{\text{Ⅱ}} X_{\mu0}}{X_{\text{Ⅱ}} + X_{\mu0}} \tag{12-62}$$

当 $Y_0$/Y 连接时，有

$$X_{T0} = X_{\text{Ⅰ}} + X_{\mu0} \tag{12-63}$$

图 12-16(b)为 $Y_0$/Y 连接的变压器，如果要在绕组Ⅱ中流有零序电流，除了绕组Ⅱ本身中性点接地外，还需要与绕组Ⅱ相连的电路中至少要有一个接地的中性点，如图 12-16(c)所示。此时，等值电路除了包括变压器本身的电抗外，还应包括绕组Ⅱ侧零序电流通过的所有元件的零序阻抗。如果除绕组Ⅱ中性点接地外，没有另外的接地中性点，则零序电抗与 $Y_0$/Y 连接的变压器相同。$X_{\mu0}$ 的值与变压器结构形式有关。由三个单相变压器所组成的三相变压器组，各相磁路独立，正、负及零序磁通都按相在本身的铁心内形成闭合回路，因而各序励磁电抗相等。由于铁心磁导很大，故 $X_{\mu0}$ 也很大，可近似认为 $X_{\mu0}=\infty$。则对式(12-62)，$X_{T0}=X_{\text{Ⅰ}}+X_{\text{Ⅱ}}=X_1$，即等于正序电抗。对式(12-63)，有 $X_0=\infty$。

对三相三柱式变压器，由于零序磁通不能在铁心内形成回路，而被迫经绝缘介质和铁壳形成回路，因而磁通路径上的磁导很小，所需的励磁电流 $I_{\mu0}$ 相当大。$X_{\mu0}$ 是一个有限值，一般用试验方法求得。

与双绕组变压器零序等值电路的求法类似，可根据绕组连接方式做出三绕组变压器的零序等值电路。图 12-17 为三绕组变压器的几种基本连接方式和相应的等值电路图。

图 12-17(a)所示的变压器接线中，绕组Ⅲ中无零序电流流过，因此

$$X_0 = X_{\text{Ⅰ}} + \frac{X_{\text{Ⅱ}} X_{\mu0}}{X_{\text{Ⅱ}} + X_{\mu0}} \tag{12-64}$$

图 12-17(b)中，若绕组Ⅲ侧电路中没有另外一个接地的中性点，则其零序等值电路与图 12-17(a)相同。若有另一接地中性点，绕组Ⅲ中有零序电流流过，在等值电路中应包括零序电流流过的所有元件的零序阻抗，然后再按等值电路图进行并联，计算零序电抗。

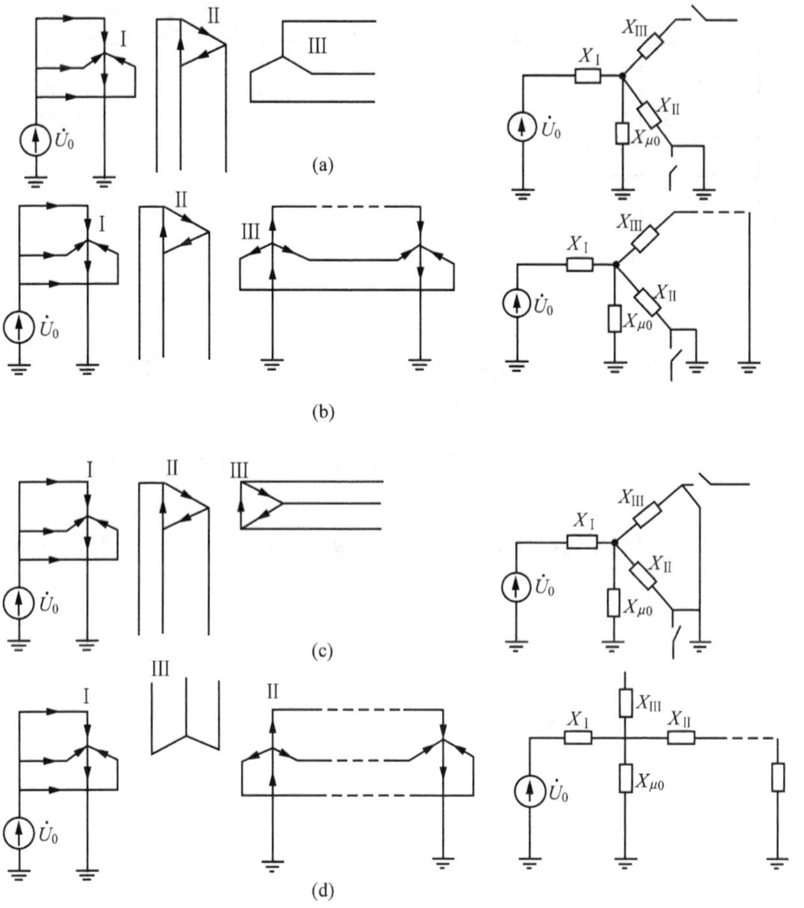


图 12-17　三绕组变压器连接方式与等值电路

(a) $Y_0/\triangle/Y$　(b) $Y_0/\triangle/Y_0$　(c) $Y_0/\triangle/\triangle$　(d) $Y_0/Y_0/Y$

图 12-17(c)中，绕组Ⅰ中有零序电流流过，并在绕组Ⅱ、Ⅲ中产生感应电流。此电流只在绕组内部流动，因此

$$X_0 = X_{\mathrm{I}} + \frac{X_{\mathrm{II}} X_{\mathrm{III}} X_{\mu0}}{X_{\mathrm{II}} X_{\mu0} + X_{\mathrm{III}} X_{\mu0} + X_{\mathrm{II}} X_{\mathrm{III}}} \tag{12-65}$$

下面考虑中性点经阻抗 $Z_n$ 接地的变压器等值电路。以图 12-18 所示的 $Y_n/\triangle$ 双绕组变压器为例，绕组Ⅰ中性点处电压不为 0，而是 $3Z_n\dot{I}_{0\mathrm{I}}$，忽略变压器电阻，有

$$\dot{U}_0 = \mathrm{j}X_{\mathrm{I}} \cdot \dot{I}_{0\mathrm{I}} + \dot{E}_{0\mathrm{I}} + \mathrm{j}3Z_n\dot{I}_{01} \tag{12-66}$$

绕组Ⅱ三角形回路的电压平衡方程为

$$\dot{E}_{0\mathrm{II}} = \mathrm{j}3X_{\mathrm{II}}\dot{I}_{0\mathrm{II}} \tag{12-67}$$

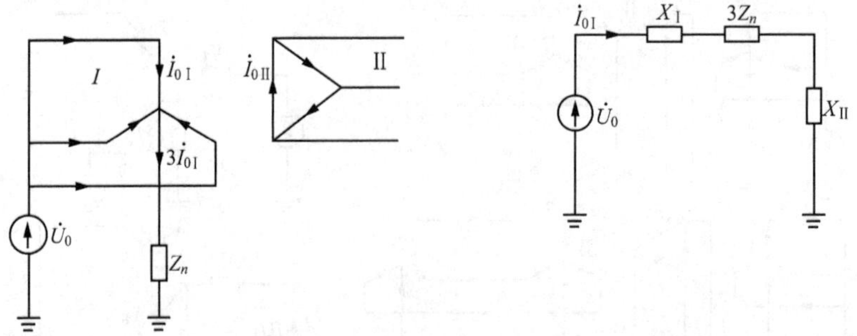


图 12-18　中性点经阻抗接地时 $Y_0/\triangle$ 连接变压器零序等值电路

式中，$\dot{E}_{0\mathrm{I}}$、$\dot{E}_{0\mathrm{II}}$ 分别为绕组Ⅰ、Ⅱ中感应电势；$\dot{I}_{0\mathrm{I}}$、$\dot{I}_{0\mathrm{II}}$ 分别为绕组Ⅰ、Ⅱ中的零序电流。

对 $Y_n/\triangle$ 连接的变压器，在标幺制中，三角形侧与星形侧的电势与电流有如下关系：

$$\dot{E}_{0\mathrm{II}}=\sqrt{3}\dot{E}_{0\mathrm{I}},\qquad \dot{I}_{0\mathrm{II}}=\frac{1}{\sqrt{3}}\dot{I}_{0\mathrm{I}} \tag{12-68}$$

将上式关系代入式(12-67)得

$$\dot{E}_{0\mathrm{I}}=\mathrm{j}X_{\mathrm{II}}\dot{I}_{0\mathrm{I}} \tag{12-69}$$

再将此式代入式(12-66)得

$$\dot{U}=\mathrm{j}X_{\mathrm{I}}\dot{I}_{0\mathrm{I}}+\mathrm{j}X_{\mathrm{II}}\dot{I}_{0\mathrm{I}}+\mathrm{j}3Z_n\dot{I}_{0\mathrm{I}} \tag{12-70}$$

从而可画出零序等值电路，如图 12-18 所示。其他含有中性点经阻抗接地的变压器零序等值电路也可按此方法推出。可以总结出一个规律：当变压器中性点某绕组经阻抗 $Z_n$ 接地时，将此阻抗的三倍值 $3Z_n$ 画入等值电路与该绕组阻抗串联。

2. 自耦变压器零序参数及等值电路

中性点直接接地的 $Y_0/Y_0$ 和 $Y_0/Y_0/\triangle$ 连接的自耦变压器的零序等值电路如图 12-16所示。图中 $X_{\mu0}=\infty$，其零序等值电路分别与 $Y_0/Y_0$ 和 $Y_0/Y_0/\triangle$ 连接的普通变压器同。在图 12-19 左侧的零序电流流通图中，$\dot{I}_{0\mathrm{I}}$ 和 $\dot{I}_{0\mathrm{II}}^{(2)}$ 为绕组Ⅰ与绕组Ⅱ中的电流实际有名值[$\dot{I}_{0\mathrm{II}}^{(2)}$ 的上标(2)表示该电流是归算到Ⅱ侧，即为绕组Ⅱ的实际有名值；$\dot{I}_{0\mathrm{I}}$ 的上标(1)略去，在以后的分析中，凡有名值归算到Ⅰ侧，上标(1)均略去]。在右侧零序等值电路中，电流和电抗均为标幺值，或均为归算到Ⅰ侧的有名值。需要注意的是，不能从等值电路图中直接求取中性点入地电流，而要按左侧实际有名值电流分布图中的各侧电流大小，并按 $3(\dot{I}_{0\mathrm{I}}-\dot{I}_{0\mathrm{II}})$ 来确定中性点入地电流。

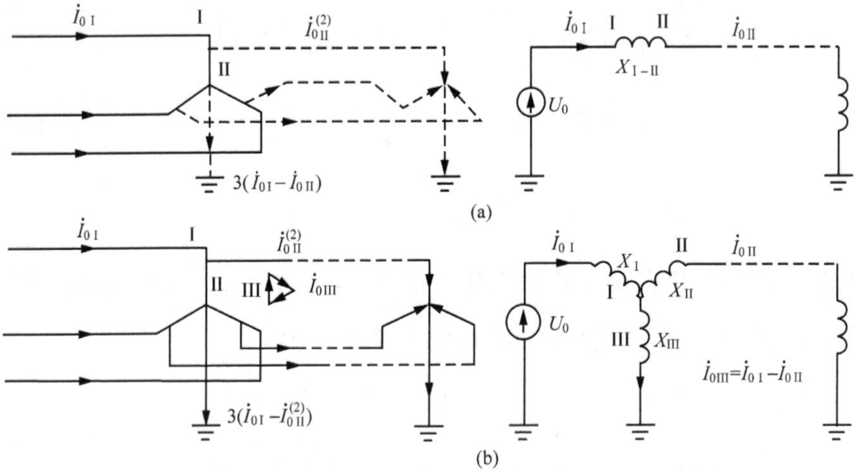


图 12-19　中性点直接接地自耦变压器零序等值电路

(a) $Y_0/Y_0$ 连接　(b) $Y_0/Y_0/\triangle$ 连接

中性点经电抗 $X_n$ 接地的 $Y_0/Y_0$ 和 $Y_0/Y_0/\triangle$ 连接的自耦变压器的零序等值电路如图 12-20 所示。

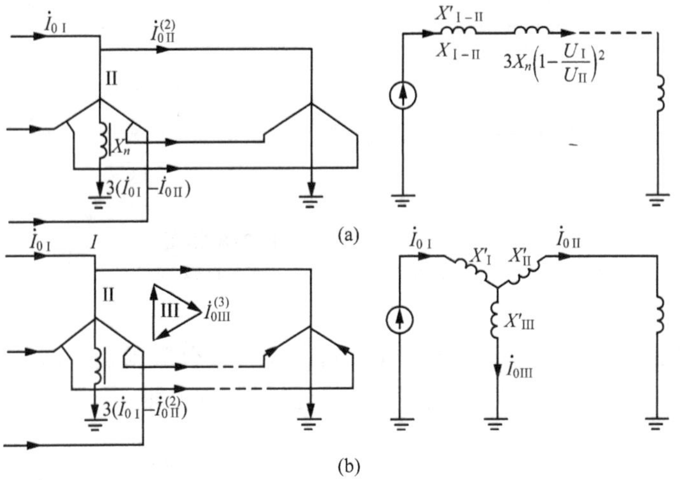


图 12-20　中性点经电抗 $X_n$ 接地的自耦变压器零序等值电路

(a) $Y_0/Y_0$ 连接　(b) $Y_0/Y_0/\triangle$ 连接

自耦变压器 $Y_0/Y_0$ 或 $Y_0/Y_0/\triangle$连接的单相模型图如图 12-21 所示。自耦变压器漏抗由下式决定：

$$\left.\begin{aligned} X_{\mathrm{I}\text{-}\mathrm{II}} &= X_s + X_c(K_A-1)^2 = X_s + X_c\left(\frac{n_s}{n_c}\right)^2 \\ X_{\mathrm{I}\text{-}\mathrm{III}} &= X_s + X_c + X_t\left(\frac{n_s+n_c}{n_t}\right)^2 \\ X_{\mathrm{II}\text{-}\mathrm{III}} &= \left[X_c + X_t\left(\frac{n_s}{n_c}\right)^2\right]\left(\frac{n_s+n_c}{n_t}\right)^2 \end{aligned}\right\} \tag{12-71}$$

式中，$K_A \triangleq \dfrac{n_s+n_c}{n_c}$为自耦变压器高、中压侧变比，即 $K_A=\dfrac{U_{01}}{U_{02}}$，则自耦变压器星形零序等值电路中的各侧支路等值电抗（归算到高压侧）为

$$\left.\begin{aligned} X_{\mathrm{I}} &= \frac{1}{2}(X_{\mathrm{I}\text{-}\mathrm{II}} + X_{\mathrm{I}\text{-}\mathrm{III}} - X_{\mathrm{II}\text{-}\mathrm{III}}) = X_s - X_c\frac{n_s}{n_c} \\ X_{\mathrm{II}} &= \frac{1}{2}(X_{\mathrm{I}\text{-}\mathrm{II}} + X_{\mathrm{II}\text{-}\mathrm{III}} - X_{\mathrm{I}\text{-}\mathrm{III}}) = X_c\frac{n_s}{n_c}\left(\frac{n_s}{n_c}+1\right) \\ X_{\mathrm{III}} &= \frac{1}{2}(X_{\mathrm{I}\text{-}\mathrm{III}} + X_{\mathrm{II}\text{-}\mathrm{III}} - X_{\mathrm{I}\text{-}\mathrm{II}}) = X_c\left(\frac{n_s}{n_c}+1\right) + X_t\left(\frac{n_s+n_c}{n_t}\right)^2 \end{aligned}\right\} \tag{12-72}$$

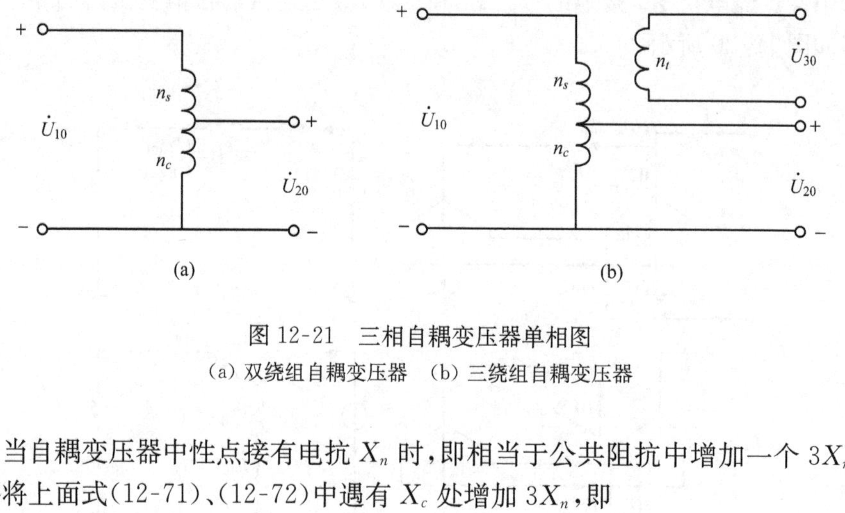


图 12-21　三相自耦变压器单相图

(a) 双绕组自耦变压器　(b) 三绕组自耦变压器

当自耦变压器中性点接有电抗 $X_n$ 时，即相当于公共阻抗中增加一个 $3X_n$，则只要将上面式(12-71)、(12-72)中遇有 $X_c$ 处增加 $3X_n$，即

$$X_c' = X_c + 3X_n \tag{12-73}$$

将此式代入式(12-71)、(12-72)得

$$\left.\begin{aligned}X'_{\text{I-II}}&=X_s+(X_c+3X_n)\left(\frac{n_s}{n_c}\right)^2\\X'_{\text{I-III}}&=X_s+(X_c+3X_n)+X_t\left(\frac{n_s+n_c}{n_t}\right)^2\\X'_{\text{II-III}}&=\left[(X_c+3X_n)+X_t\left(\frac{n_c}{n_t}\right)^2\right]\left(\frac{n_s+n_c}{n_t}\right)^2\end{aligned}\right\}\tag{12-74}$$

和

$$\left.\begin{aligned}X'_{\text{I}}&=X_s-(X_c+3X_n)\frac{n_s}{n_c}\\X'_{\text{II}}&=(X_c+3X_n)\frac{n_s}{n_c}\left(\frac{n_s}{n_c}+1\right)\\X'_{\text{III}}&=(X_c+3X_n)\left(\frac{n_s}{n_c}+1\right)+X_t\left(\frac{n_s+n_c}{n_t}\right)^2\end{aligned}\right\}\tag{12-75}$$

进一步推导可得

$$\left.\begin{aligned}X'_{\text{I}}&=X_{\text{I}}+3X_n\left(1-\frac{U_{10}}{U_{20}}\right)=X_{\text{I}}+3X_n\left(1-\frac{U_{1\text{N}}}{U_{2\text{N}}}\right)\\X'_{\text{II}}&=X_{\text{II}}+3X_n\frac{U_{1\text{N}}(U_{1\text{N}}-U_{2\text{N}})}{U_{2\text{N}}^2}\\X'_{\text{III}}&=X_{\text{III}}+3X_n\frac{U_{1\text{N}}}{U_{2\text{N}}}\end{aligned}\right\}\tag{12-76}$$

［**例 12-3**］　有一台自耦变压器，额定容量为 150MW，电压为 220/121/11kV，短路电压百分数为 $U_{k\text{I-II}}=10.5\%$，$U_{k\text{I-III}}=34.3\%$，$U_{k\text{II-III}}=22.5\%$。若将其中低压侧直接接地，高压侧施加三相零序电压 10kV，变压器结成 $Y_0/Y_0/\triangle$，图12-22示出其零序电压施加图。试计算：

(1)中性点直接接地时各侧零序电流；

(2)中性点经 12.5Ω 电抗接地时，各侧零序电流以及中性点电位。

**解**：(1)中性点直接接地

$$X_{\text{I}}=\frac{1}{2}(10.5+34.3-22.5)/100=0.1115$$

$$X_{\text{II}}=\frac{1}{2}(10.5+22.5-34.3)/100=-6.5\times10^{-3}$$

$$X_{\text{III}}=0.2315$$

Ⅰ侧施加零序电压标幺值为

$$U_{0*}=\frac{10}{\frac{220}{\sqrt{3}}}=0.0787$$

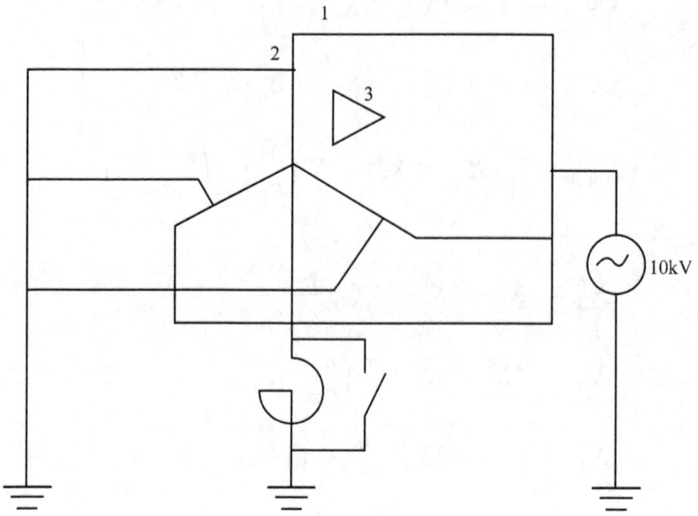


图 12-22　例 12-3 的电路图

则

$$I_{1*}=\frac{U_{0*}}{X_{\Sigma}}=\frac{0.0787}{0.1115+\dfrac{0.2315\times(-6.5\times10^{-3})}{0.2315-6.5\times10^{-3}}}=\frac{0.0787}{0.1048}=0.750$$

Ⅰ侧有名值为

$$I_{1}=I_{1*}\times\frac{150}{\sqrt{3}\times220}=0.750\times0.394=0.296(\text{kA})$$

Ⅱ侧电流标幺值为

$$I_{2*}=I_{1}\times\frac{0.2315}{-6.5\times10^{-3}+0.2315}=0.750\times\frac{0.2315}{0.225}=0.773$$

Ⅱ侧有名值电流为

$$I_{2}=I_{2*}\times\frac{150}{\sqrt{3}\times121}=0.773\times\frac{150}{\sqrt{3}\times121}=0.554(\text{kA})$$

Ⅲ侧电流标幺值为

$$I_{3*}=I_{1*}\times\frac{-0.0065}{0.2315-0.0065}=-0.0217$$

Ⅲ侧电流有名值为

$$I_{3}=I_{3*}\times\frac{150}{\sqrt{3}\times11\times\sqrt{3}}=\frac{-0.171}{\sqrt{3}}=-0.0986(\text{kA})$$

经过中性点电流为

$$I_N = 3\times(0.296-0.554) = -0.774(\text{kA})$$

各侧电流分布见图 12-23(a)。

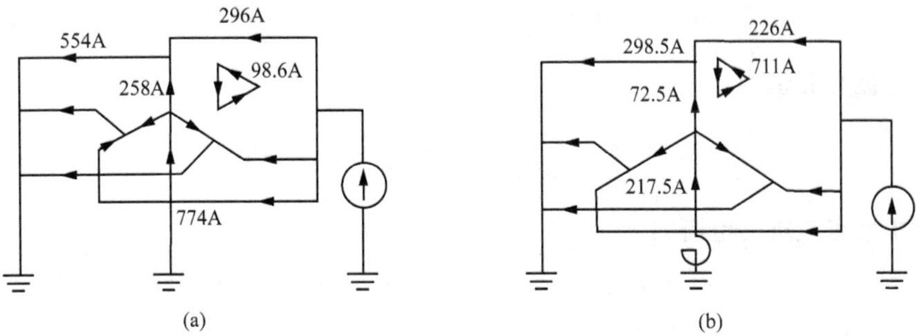


图 12-23 例 12-3 中变压器各侧电流分布图

(2)中性点经电抗接地

$$X'_{\mathrm{I}} = X_{\mathrm{I}} + 3X_n\left(1-\frac{U_{1N}}{U_{2N}}\right) = 0.1115 + 3\times 12.5\times\frac{150}{220^2}\times\left(1-\frac{220}{121}\right) = 0.0165$$

$$X'_{\mathrm{II}} = X_{\mathrm{II}} + 3X_n\frac{U_{1N}(U_{1N}-U_{2N})}{U_{2N}^2}$$

$$= -6.5\times 10^{-3} + 3\times 12.5\times\frac{150}{220^2}\times\frac{220\times(220-121)}{121^2} = 0.1664$$

$$X'_{\mathrm{III}} = X_{\mathrm{III}} + 3X_n\frac{U_{1N}}{U_{2N}} = 0.2315 + 3\times 12.5\times\frac{150}{220^2}\times\frac{220}{121} = 0.4428$$

Ⅰ侧电流标幺值为

$$I_{1*} = \frac{0.0787}{0.0165+\dfrac{0.1664\times 0.4428}{0.1664+0.4428}} = \frac{0.0787}{0.0165+0.1209} = 0.573$$

Ⅰ侧有名值电流为

$$I_1 = I_{1*}\times\frac{150}{\sqrt{3}\times 220} = 0.226\text{kA}$$

Ⅱ侧电流标幺值为

$$I_{2*} = I_{1*}\times\frac{0.4428}{0.1664+0.4428} = 0.4165$$

Ⅱ侧有名值电流为

$$I_2 = I_{2*} \times \frac{150}{\sqrt{3} \times 121} = 0.2985\text{kA}$$

Ⅲ侧电流标幺值为

$$I_{3*} = I_{1*} \times \frac{0.1664}{0.1664 + 0.4428} = 0.1565$$

Ⅲ侧电流有名值为

$$I_3 = I_{3*} \times \frac{150}{\sqrt{3} \times 11} \times \frac{1}{\sqrt{3}} = 0.711\text{kA}$$

流过中性点电抗的电流为

$$I_{\text{N}} = 3 \times (I_1 - I_2) = 3 \times (0.226 - 0.2985) = -0.2175(\text{kA})$$

各侧电流分布如图 12-23(b)。

电力系统中电抗器的电抗，主要由它每相的自感所决定，各相间的互感很小，故可认为零序电抗近似等于正序电抗。

## 三、同步电机的序参数

电力系统中的转动元件，例如，同步发电机、异步电动机等，它们的正、负、零序阻抗是不相同的。

在同步电机中，当定子绕组流过正序电流时所产生的旋转磁场，其旋转方向与转子旋转方向相同，因而对转子绕组是相对静止的。当定子绕组中流过负序电流时，它所产生的旋转磁场的旋转方向与转子旋转方向相反，因而对转子绕组的相对速度为两倍同步速度。这个旋转磁场将在转子绕组中引起感应电势和感应电流，从而使定子绕组负序电抗不同于正序电抗。在感应电动机中，情况也相似。定子绕组的零序电流只产生定子绕组的漏磁通，与此漏磁通相对应的电抗就是零序电抗。但零序电流产生的漏磁通一般比正序电流所产生的漏磁通小，其减小的程度与定子绕组的形式有关。

在短路电流的近似计算中，对于汽轮发电机和具有阻尼绕组的发电机，可采用下列假定：

$$x_2 \approx x''_d$$

负荷的负序阻抗主要决定于感应电动机的负序阻抗。在近似计算中，可以不计负荷的电阻，而取负荷的电抗标幺值为

$$x_2 = 0.35$$

式中，标幺值的基准功率取负荷的额定功率，基准电压取负荷线的额定电压。

负荷的中性点通常是不接地的，所以在零序等值网络中不需要它的零序阻抗。

# 第三节　电力系统序网的建立

不对称故障时的正序等值网络与潮流计算时所用的等值网络基本相同，这时各元件所用的参数为正序参数，其不同点为：

1）在潮流分析所用的等值网络中一般不包括发电机和负荷。但在不对称故障分析时，正序等值网络中应包括发电机，并根据分析的要求决定是否计及负荷。

在正序等值网络中发电机元件可用一电势及电抗来表示，并根据所研究的问题不同而采用不同的电势及电抗。例如，在计算短路瞬间的次暂态的问题时应采用发电机的次暂态电势和次暂态电抗来表示，而在计算稳态短路电流时则可采用发电机的空载电势和同步电抗来表示。

负荷可以用恒定阻抗来表示(负荷的正序阻抗值可根据故障前负荷所取用的有功和无功功率值以及负荷节点的电压值来决定)。电动机的次暂态电势值根据故障前运行情况决定。在某些情况下，例如，在短路点附近的大型异步电动机，也可用电动机的次暂态电势和次暂态电抗来表示。

2）在不对称故障点应加入正序电压。

3）在不对称故障的近似计算中，一般可只计元件的电抗。

负序等值网络与正序等值网络基本相同。其不同点在于：在负序网络中发电机电势等于零，因为发电机电势即使在不对称故障时也是对称的，故无负序分量；在故障点加入负序电压；各元件的阻抗应为负序阻抗。

零序等值网络与正序或负序等值网络有很大的不同。因为零序电流在三相中的相位相同，一般需经过大地、接地避雷线或电缆包皮形成回路，所以它所流过的路径与正序或负序电流的不同。

在零序等值网络中发电机电势等于零；在故障点应加入零序电压；各元件的阻抗应为零序阻抗。

特别要注意的是，在作零序网络时，应从故障点出发，在故障点加上零序电压，然后查明在此零序电压的作用下，零序电流可能流通的路径。

在不对称短路时，只有当与短路点直接连接的电路中，至少具有一个接地中性点时，才可以形成一个零序电流的回路。

以图12-24所示系统为例来说明绘制零序网络的方法。假定T-3是三相三柱式的，而T-1、T-2都是三个单相变压器组成的三相变压器组。设不对称短路故障发生在系统的$K$点，故应在$K$点与地之间加以零序电压$\dot{V}_0$。

首先，应查明零序电流流通的路径。变压器T-1和T-2在短路侧的绕组均为星形连接；且中性点是接地的，故零序电流可经此两变压器的中性点以地作为回路。变压器T-1绕组Ⅱ中的零序电流要在绕组Ⅰ中感应电势，由于绕组Ⅰ为三角形连接，故在三角形绕组中有零序电流的环流，而在三角形绕组以外的电路中无零序电流流通。变压器 T-2 绕组Ⅰ中的零序电流，要在绕组Ⅱ及Ⅲ中感应电势，从而在绕组Ⅲ中引起零序电流的环流，变压器 T-2 绕组Ⅱ为星形中性点接地，且与变压器 T-2 绕组Ⅱ连接的变压器 T-3 的绕组Ⅱ也为星形中性点接地，故在变压器 T-2 绕组Ⅱ及变压器 T-3 绕组Ⅱ中也有零序电流流通。同样地，由于发电机 G-3 中性点是接地的，故在变压器 T-3 绕组Ⅰ中的感应电势要在绕组Ⅰ与发电机 G-3 中引起零序电流。

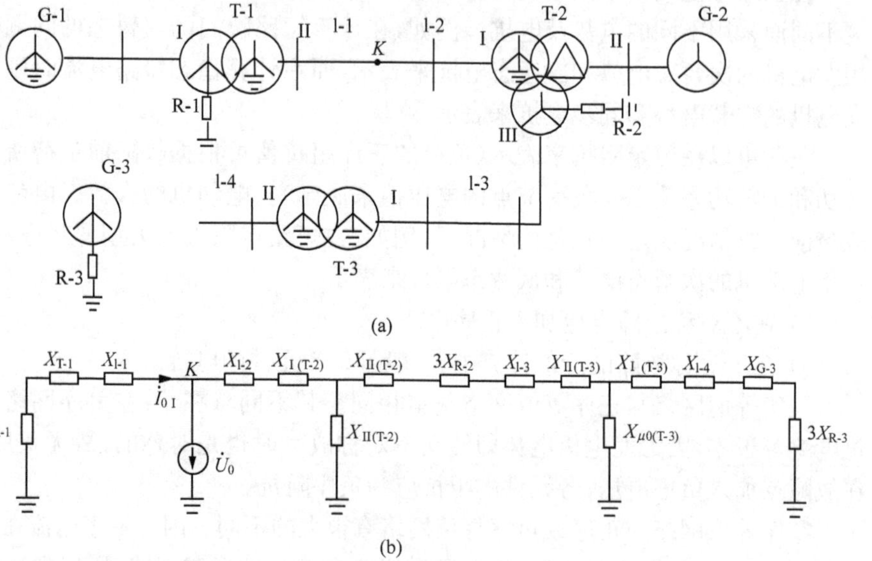


图 12-24　某一电力系统的零序等值网

(a) 网络接线图　(b)零序等值网络

其次，应按照所查明的零序电流流通路径，绘制零序等值网络。

在短路点左侧的网络中，作用在短路点的零序电压 $\dot U_0$ 用以平衡：线路 l-1 中的零序电抗压降、变压器 T-1 绕组Ⅱ中的漏抗压降、中性点接地电抗器 $R$-1 中的三倍零序电流所产生的压降以及变压器 T-1 绕组Ⅱ中的感应电势。其电压平衡方程为

$$\dot U_0 = -(\mathrm{j}X_{l\text{-}1}\dot I_{0\mathrm{II}} + \mathrm{j}X_{\mathrm{II}(T-1)}\dot I_{0\mathrm{II}} + \dot E_{0\mathrm{II}} + \mathrm{j}3X_n\dot I_{0\mathrm{II}}) \tag{12-77}$$

式中，$\dot I_{0\mathrm{II}}$ 为短路点左侧电路中流过的零序电流；$\dot E_{0\mathrm{II}}$ 为变压器 T-1 绕组Ⅱ中感应的电势。

由于 $\dot E_{0\mathrm{II}} = \mathrm{j}X_{\mathrm{I}(T-1)}\dot I_{0\mathrm{II}}$，故式(12-77)可写为

$$\dot{U}_0 = -j(X_{l\text{-}1} + X_{T\text{-}1} + 3X_n)\dot{I}_{0Ⅱ} \tag{12-78}$$

式中，$X_{T\text{-}1}=X_{Ⅰ(T\text{-}1)}+X_{Ⅱ(T\text{-}1)}$。

根据式(12-78)可画出如图 12-24 所示的短路点左侧的零序等值网络。

图 12-24 中短路点右侧的零序网络，可用类似的分析得出。

**[例 12-4]**　设在图 12-25 所示的电力系统中，断路器 B-1 是断开的，断路器 B-2是合闸的。所有变压器同一型号，其中性点都直接接地。每台变压器的参数为 60MV · A，10.5/115kV，$u_k=10.5\%$。线路每一回路的零序电抗(计及架空地线的影响)如下：

不考虑另一回路的互感抗时，$X_0=0.8\Omega/\text{km}$；

考虑了另一回路的互感抗时，$X_0'=1\Omega/\text{km}$。

现在点 $K$ 处发生了短路接地。试绘制这一电力系统的零序网络，其中元件的电抗用标幺值表示，取 $S_B=60\text{MV}\cdot\text{A}$，$U_B=115\text{kV}$。

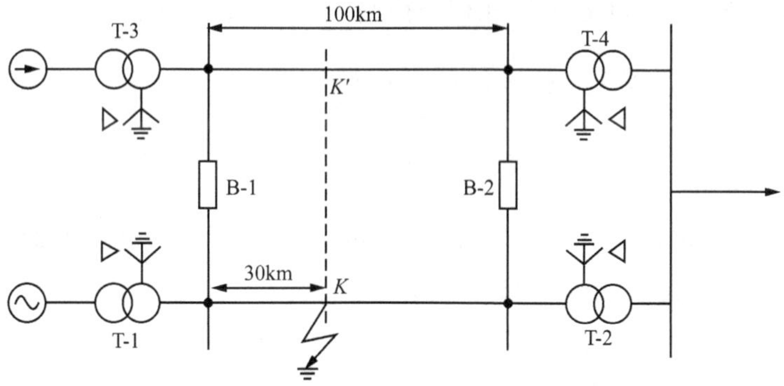


图 12-25　例题 12-4 中电力系统结线图

**解：**图 12-26(a)是这一电力系统的零序网络接线图。

因 $S_B=60\text{MV}\cdot\text{A}$，$U_B=115\text{kV}$，变压器电抗的标幺值为

$$X_{T1} = X_{T2} = X_{T3} = X_{T4} = 0.105 \times \frac{60}{60} = 0.105$$

$$X_{T2}//X_{T4} = \frac{0.105}{2} = 0.0525$$

线路两回路间的零序互感抗为

$$X_{Ⅰ\text{-}Ⅱ0} = X_0' - X_0 = 1 - 0.8 = 0.2(\Omega/\text{km})$$

对截面 $KK'$ 左边部分的线路，两回路间零序互感抗的标幺值为

$$X'_{Ⅰ\text{-}Ⅱ0} = 0.2 \times 30 \times \frac{60}{115^2} = 0.0272$$

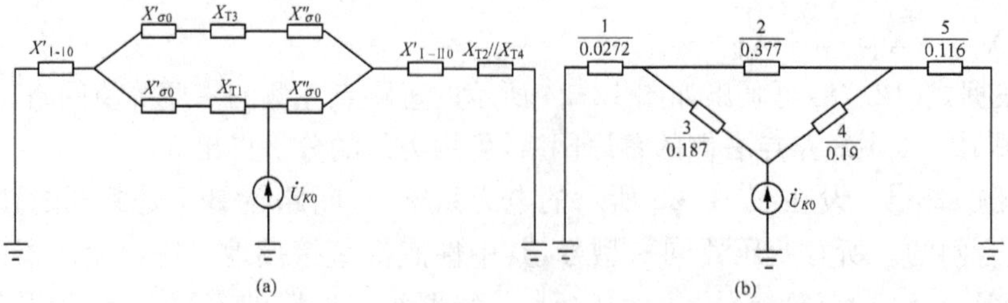


图 12-26　例题 12-4 中电力系统的零序网络

每一回路的零序漏抗的标幺值为

$$X'_{\sigma0}=(0.8-0.2)\times30\times\frac{60}{115^2}=0.082$$

对截面 $KK'$ 右边部分的线路，可相似地得到

$$X''_{\text{I-II}0}=0.2\times70\times\frac{60}{115^2}=0.0635$$

$$X''_{\sigma0}=(0.8-0.2)\times70\times\frac{60}{115^2}=0.19$$

图 12-26(b)表示这一电力系统的零序网络，其中元件的电抗标幺值分别为

$$X_1=X'_{\text{I-II}0}=0.0272$$

$$X_2=X'_{\sigma0}+X_{T3}+X''_{\sigma0}=0.082+0.105+0.19=0.377$$

$$X_3=X'_{\sigma0}+X_{T1}=0.082+0.105=0.187$$

$$X_4=X''_{\sigma0}=0.19$$

$$X_5=X''_{\text{I-II}0}+X_{T2}//X_{T4}=0.0635+0.0525=0.116$$

## 第四节　不对称短路分析

### 一、简单不对称短路分析

简单不对称短路有单相接地短路、两相相间短路和两相接地短路三种。

在计算不对称短路的电流和电压时，应首先求解短路支路电流和短路点电压的各对称分量。为了求解短路支路电流和短路点电压的各对称分量，除了运用三个序网的电压平衡方程外，还应按短路点的边界条件列出三个方程。根据这六个方程可解出短路点的各序电流和各序电压。

1. 单相接地短路

图 12-27 所示为单相接地短路时短路点的电路图。在短路点，$a$ 相经阻抗 $Z_k$ 接地。

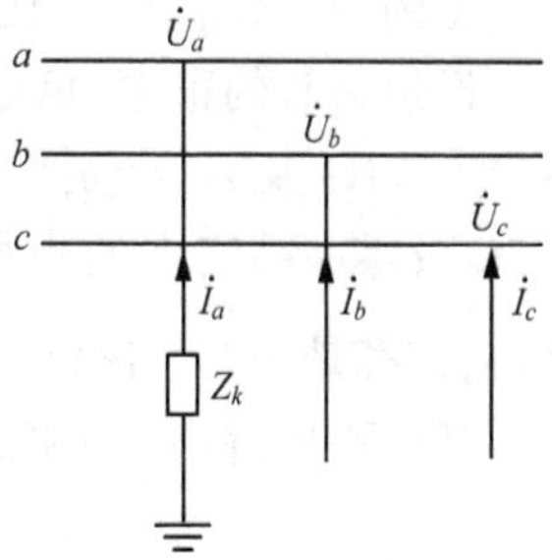

图 12-27　单相接地短路

根据图 12-27 可列出单相接地短路的边界条件

$$\left.\begin{aligned}\dot{I}_b = \dot{I}_c = 0 \\ \dot{U}_a = Z_k\dot{I}_a\end{aligned}\right\} \tag{12-79}$$

将短路支路相电流转换成序分量电流

$$\begin{pmatrix}\dot{I}_{a0}\\ \dot{I}_{a1}\\ \dot{I}_{a2}\end{pmatrix} = \frac{1}{3}\begin{pmatrix}1 & 1 & 1\\ 1 & \alpha & \alpha^2\\ 1 & \alpha^2 & \alpha\end{pmatrix}\begin{pmatrix}\dot{I}_a\\ 0\\ 0\end{pmatrix} = \frac{\dot{I}_a}{3}\begin{pmatrix}1\\ 1\\ 1\end{pmatrix} \tag{12-80}$$

由此可知单相接地短路时，短路支路的各序电流 $\dot{I}_{a0}$、$\dot{I}_{a1}$ 和 $\dot{I}_{a2}$ 均等于故障相电流 $\dot{I}_a$ 的三分之一，因而有

$$\dot{I}_{a1} = \dot{I}_{a2} = \dot{I}_{a0} \tag{12-81}$$

将式(12-81)代入式(12-34)得到

$$\begin{pmatrix}\dot{U}_{a0}\\ \dot{U}_{a1}\\ \dot{U}_{a2}\end{pmatrix} = \begin{pmatrix}0\\ \dot{E}_{1\Sigma}\\ 0\end{pmatrix} - \begin{pmatrix}Z_{0\Sigma}\dot{I}_{a1}\\ Z_{1\Sigma}\dot{I}_{a1}\\ Z_{2\Sigma}\dot{I}_{a1}\end{pmatrix} = \begin{pmatrix}-Z_{0\Sigma}\dot{I}_{a1}\\ \dot{E}_{1\Sigma} - Z_{1\Sigma}\dot{I}_{a1}\\ -Z_{2\Sigma}\dot{I}_{a1}\end{pmatrix} \tag{12-82}$$

三式相加，得到

$$\dot{U}_{a0} + \dot{U}_{a1} + \dot{U}_{a2} = -Z_{0\Sigma}\dot{I}_{a1} + \dot{E}_{1\Sigma} - Z_{1\Sigma}\dot{I}_{a1} - Z_{2\Sigma}\dot{I}_{a1} \tag{12-83}$$

由于

$$\dot{U}_{a0} + \dot{U}_{a1} + \dot{U}_{a2} = \dot{U}_a = Z_k\dot{I}_a = 3Z_k\dot{I}_{a1} \tag{12-84}$$

所以，由式(12-83)解 $\dot{I}_{a1}$ 得

$$\dot{I}_{a1} = \frac{\dot{E}_{1\Sigma}}{Z_{1\Sigma} + Z_{2\Sigma} + Z_{0\Sigma} + 3Z_k} \tag{12-85}$$

由式(12-85)求得 $\dot{I}_{a1}$ 后，将其代入式(12-81)及式(12-82)可求得短路支路的各序分量电流及短路点的各序分量电压，从而可求得短路支路故障相电流

$$\dot{I}_a = 3\dot{I}_{a1} \tag{12-86}$$

将求得的$\dot{U}_{a0}$、$\dot{U}_{a1}$及$\dot{U}_{a2}$代入式(12-3)，可得短路点的三相电压。

设短路时的正序、负序和零序网络已求得，并已简化为如图12-28(a)所示。图中$K_1$、$K_2$及$K_0$分别代表正、负及零序网络中的短路点；$N_1$、$N_2$及$N_0$分别代表正、负及零序网络中的中性点。这些序网也可以用图12-28(b)的端口网络来表示，它们都是一端口网络。正序网络是一个有源一端口网络，其中含有电势$\dot{E}_{1\Sigma}$和$Z_{1\Sigma}$。负序网络和零序网络是无源一端口网络，分别含有阻抗$Z_{2\Sigma}$和$Z_{0\Sigma}$。

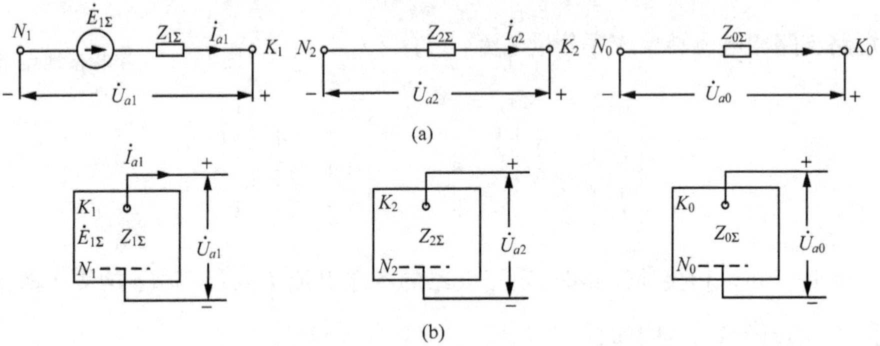


图12-28　短路时的正、负、零序网络

根据式(12-81)及式(12-84)的单相接地短路的边界条件，可把图12-28所示的三个序网串联成一个复合序网，如图12-29所示，称为单相接地短路的复合序网。这个序网反映了式(12-82)所表示的三个序网的电压方程以及式(12-81)及式(12-84)所表示的单相接地短路的三个边界条件，故如式(12-85)所示的正序电流表示式也可从此复合序网直接得到。

若短路点$a$相直接接地，即$Z_k=0$，则各序电流仍有式(12-81)所示的关系，但各序电压关系则由于$\dot{U}_a=0$变为

$$\dot{U}_{a1}+\dot{U}_{a2}+\dot{U}_{a0}=0 \tag{12-87}$$

因而，正序电流为

$$\dot{I}_{a1}=\frac{\dot{E}_{1\Sigma}}{Z_{1\Sigma}+Z_{2\Sigma}+Z_{0\Sigma}} \tag{12-88}$$

当$Z_k=0$时，在图12-29所示的复合序网中，没有$3Z_k$这个阻抗，与式(12-88)是一致的。

若再假设只计电抗，即$Z_{1\Sigma}=\mathrm{j}X_{1\Sigma}$，$Z_{2\Sigma}=\mathrm{j}X_{2\Sigma}$及$Z_{0\Sigma}=\mathrm{j}X_{0\Sigma}$，并令$\dot{E}_{1\Sigma}=\mathrm{j}E_{1\Sigma}$，则

$$\dot{I}_{a1}=\frac{E_{1\Sigma}}{X_{1\Sigma}+X_{2\Sigma}+X_{0\Sigma}} \tag{12-89}$$

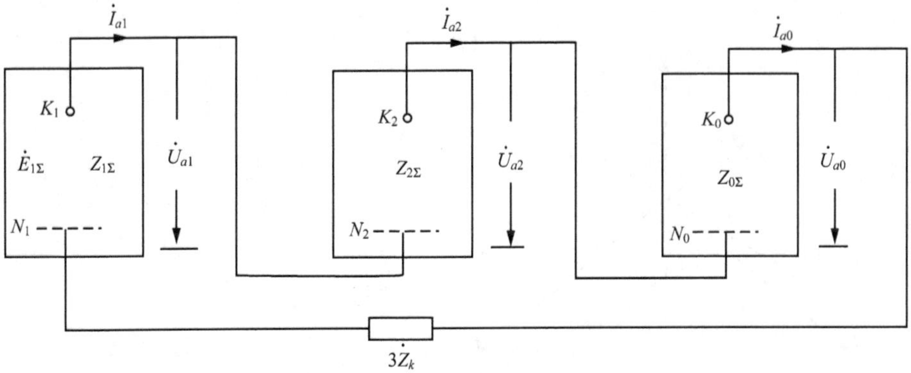


图 12-29　单相接地短路的复合序网

短路支路故障相中电流为

$$\dot{I}_a = 3\dot{I}_{a1} = \frac{3E_{1\Sigma}}{X_{1\Sigma} + X_{2\Sigma} + X_{0\Sigma}} \tag{12-90}$$

短路点的各序电压分别为

$$\left.\begin{aligned} \dot{U}_{a1} &= \dot{E}_{1\Sigma} - Z_{1\Sigma}\dot{I}_{a1} = \mathrm{j}\dot{I}_{a1}(X_{2\Sigma} + X_{0\Sigma}) \\ \dot{U}_{a2} &= -\dot{I}_{a2}Z_{2\Sigma} = -\mathrm{j}\dot{I}_{a1}X_{2\Sigma} \\ \dot{U}_{a0} &= -\dot{I}_{a0}Z_{0\Sigma} = -\mathrm{j}\dot{I}_{a0}X_{0\Sigma} \end{aligned}\right\} \tag{12-91}$$

短路点 $b$ 相和 $c$ 相电压分别为

$$\begin{aligned} \dot{U}_b &= \dot{U}_{a0} + \alpha^2\dot{U}_{a1} + \alpha\dot{U}_{a2} = \mathrm{j}\dot{I}_{a1}[(\alpha^2 - \alpha)X_{2\Sigma} + (\alpha^2 - 1)X_{0\Sigma}] \\ \dot{U}_c &= \dot{U}_{a0} + \alpha\dot{U}_{a1} + \alpha^2\dot{U}_{a2} = \mathrm{j}\dot{I}_{a1}[(\alpha - \alpha^2)X_{2\Sigma} + (\alpha - 1)X_{0\Sigma}] \end{aligned} \tag{12-92}$$

根据式(12-89)～(12-92)可画出单相接地短路时短路支路各相电流及短路点各相电压的相量图，如图 12-30 所示。

在中性点不接地的系统中发生单相接地短路时，其零序阻抗 $Z_{0\Sigma}=\infty$，因而

$$\dot{I}_{a1} = \dot{I}_{a2} = \dot{I}_{a0} = 0$$

所以，短路支路故障相中的电流为

$$\dot{I}_a = 0$$

也即不存在单相短路电流。

短路点的各序电压分别为

$$\dot{U}_{a1} = \dot{E}_{1\Sigma} - \dot{I}_{a1}Z_{1\Sigma} = \dot{E}_{1\Sigma}$$

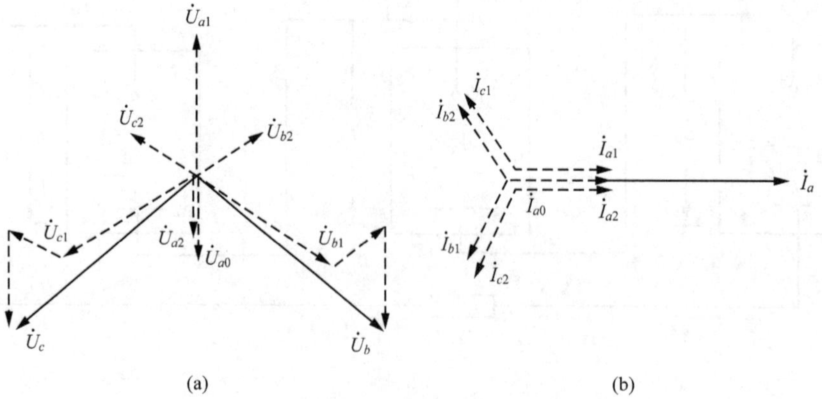


图 12-30　单相接地短路时的电压及电流相量图

(a)各相电压　(b)各相电流

$$\dot{U}_{a2}=-\dot{I}_{a2}Z_{2\Sigma}=0$$

$$\dot{U}_{a0}=-(\dot{U}_{a1}+\dot{U}_{a2})=-\dot{E}_{1\Sigma}$$

因此,短路点 $b$ 相和 $c$ 相电压分别为

$$\dot{U}_b=\dot{U}_{a0}+\alpha^2\dot{U}_{a1}+\alpha\dot{U}_{a2}=(\alpha^2-1)\dot{E}_{1\Sigma}=-\sqrt{3}\dot{E}_{1\Sigma}e^{j30^\circ}$$

$$\dot{U}_c=\dot{U}_{a0}+\alpha\dot{U}_{a1}+\alpha^2\dot{U}_{a2}=(\alpha-1)\dot{E}_{1\Sigma}=-\sqrt{3}\dot{E}_{1\Sigma}e^{-j30^\circ}$$

图 12-31 为不接地系统中单相接地短路时短路点各相电压的相量图。

2. 两相短路

图 12-32 为两相短路时短路点的电路图。在短路点,$b$、$c$ 两相经阻抗 $Z_k$ 短接。

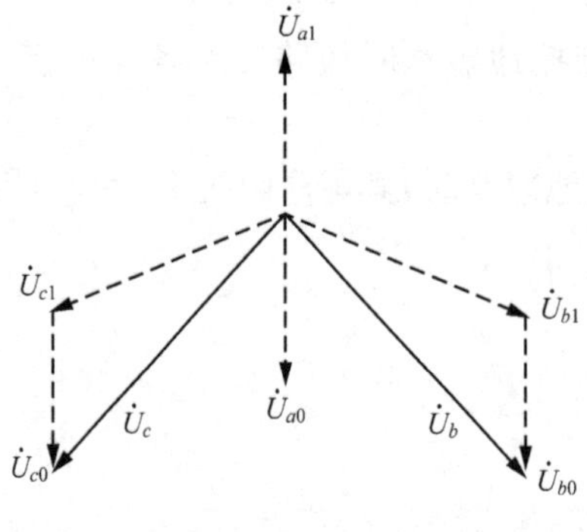


图 12-31　不接地系统中单相接地短路时短路点对地电压的相量图

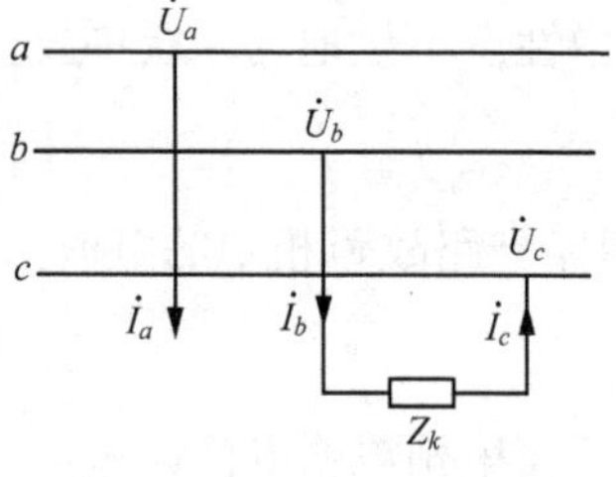


图 12-32　两相短路

根据图 12-33 可列出两相短路的边界条件

$$\left.\begin{aligned}\dot{I}_a &= 0\\ \dot{I}_b &= -\dot{I}_c\\ \dot{U}_b - \dot{U}_c &= Z_k\dot{I}_b\end{aligned}\right\}\tag{12-93}$$

将短路支路相电流转换成序分量电流

$$\begin{pmatrix}\dot{I}_{a0}\\ \dot{I}_{a1}\\ \dot{I}_{a2}\end{pmatrix}=\frac{1}{3}\begin{pmatrix}1 & 1 & 1\\ 1 & \alpha & \alpha^2\\ 1 & \alpha^2 & \alpha\end{pmatrix}\begin{pmatrix}0\\ \dot{I}_b\\ -\dot{I}_b\end{pmatrix}=\frac{\mathrm{j}\dot{I}_b}{\sqrt{3}}\begin{pmatrix}0\\ 1\\ -1\end{pmatrix}\tag{12-94}$$

由此可知，两相短路时，短路支路中无零序电流，正序与负序电流大小相等，相位相反，即

$$\left.\begin{aligned}\dot{I}_{a0} &= 0\\ \dot{I}_{a1} &= -\dot{I}_{a2}\end{aligned}\right\}\tag{12-95}$$

将式(12-95)代入式(12-34)得到

$$\begin{pmatrix}\dot{U}_{a0}\\ \dot{U}_{a1}\\ \dot{U}_{a2}\end{pmatrix}=\begin{pmatrix}0\\ \dot{E}_{1\Sigma}\\ 0\end{pmatrix}-\begin{pmatrix}Z_{0\Sigma}\dot{I}_{a0}\\ Z_{1\Sigma}\dot{I}_{a1}\\ Z_{2\Sigma}\dot{I}_{a2}\end{pmatrix}=\begin{pmatrix}0\\ \dot{E}_{1\Sigma}-Z_{1\Sigma}\dot{I}_{a1}\\ Z_{2\Sigma}\dot{I}_{a1}\end{pmatrix}\tag{12-96}$$

式中，假定 $Z_{0\Sigma}$ 为有限值，故

$$\dot{U}_{a0} = 0\tag{12-97}$$

将短路点相电压转换成序分量电压

$$\begin{pmatrix}\dot{U}_{a0}\\ \dot{U}_{a1}\\ \dot{U}_{a2}\end{pmatrix}=\frac{1}{3}\begin{pmatrix}1 & 1 & 1\\ 1 & \alpha & \alpha^2\\ 1 & \alpha^2 & \alpha\end{pmatrix}\begin{pmatrix}\dot{U}_a\\ \dot{U}_b\\ \dot{U}_b - Z_k\dot{I}_b\end{pmatrix}$$

并利用式(12-94)中的关系式 $(\alpha-\alpha^2)\dot{I}_b=3\dot{I}_{a1}$ 可得到

$$\dot{U}_{a1}-\dot{U}_{a2} = Z_k\dot{I}_{a1}\tag{12-98}$$

将行向量[1　1　−1]前乘式(12-96)两侧，得到

$$\dot{U}_{a1}-\dot{U}_{a2} = \dot{E}_{1\Sigma}-Z_{1\Sigma}\dot{I}_{a1}-Z_{2\Sigma}\dot{I}_{a1}\tag{12-99}$$

将式(12-98)代入上式，并求解 $\dot{I}_{a1}$ 得

$$\dot{I}_{a1}=\frac{\dot{E}_{1\Sigma}}{Z_{1\Sigma}+Z_{2\Sigma}+Z_k} \tag{12-100}$$

短路支路的相电流为

$$\begin{pmatrix}\dot{I}_a\\ \dot{I}_b\\ \dot{I}_c\end{pmatrix}=\begin{pmatrix}1&1&1\\1&\alpha^2&\alpha\\1&\alpha&\alpha^2\end{pmatrix}\begin{pmatrix}0\\ \dot{I}_{a1}\\ -\dot{I}_{a1}\end{pmatrix}=\begin{pmatrix}0\\(\alpha^2-\alpha)\dot{I}_{a1}\\(\alpha-\alpha^2)\dot{I}_{a1}\end{pmatrix}=\mathrm{j}\sqrt{3}\dot{I}_{a1}\begin{pmatrix}0\\-1\\1\end{pmatrix} \tag{12-101}$$

由此可知两相短路时，短路支路故障相中短路电流的绝对值等于正序分量电流的 $\sqrt{3}$ 倍，即

$$|I_b|=|I_c|=\sqrt{3}I_{a1} \tag{12-102}$$

两相短路时，短路支路及短路点电压中没有零序分量，因而仅由正序网络和负序网络组成复合序网。根据式(12-95)和式(12-98)，可作出两相短路时的复合序网，如图 12-33 所示。

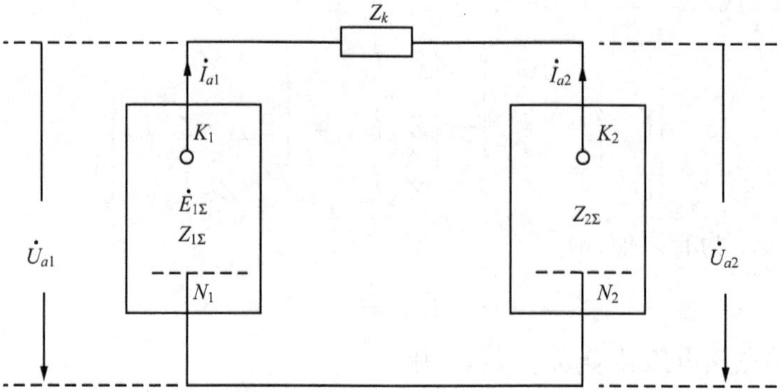


图 12-33　两相短路的复合序网

若短路点 $b$、$c$ 相直接短路，即 $Z_k=0$，则各序电流间的关系仍如式(12-95)所示，但各序电压间关系变为

$$\dot{U}_{a1}=\dot{U}_{a2} \tag{12-103}$$

因而，正序电流为

$$\dot{I}_{a1} = \frac{\dot{E}_{1\Sigma}}{Z_{1\Sigma} + Z_{2\Sigma}} \tag{12-104}$$

在求得 $\dot{I}_{a1}$ 后，可根据式(12-101)得到 $\dot{I}_b$ 和 $\dot{I}_c$。

短路点各序电压为

$$\left.\begin{aligned} &\dot{U}_{a0} = 0 \\ &\dot{U}_{a1} = \dot{U}_{a2} = \dot{I}_{a1} Z_{2\Sigma} \end{aligned}\right\} \tag{12-105}$$

短路点各相电压为

$$\begin{bmatrix} \dot{U}_a \\ \dot{U}_b \\ \dot{U}_c \end{bmatrix} = \begin{bmatrix} 1 & 1 & 1 \\ 1 & \alpha^2 & \alpha \\ 1 & \alpha & \alpha^2 \end{bmatrix} \begin{bmatrix} 0 \\ \dot{U}_{a1} \\ \dot{U}_{a1} \end{bmatrix} = \begin{bmatrix} 2\dot{U}_{a1} \\ -\dot{U}_{a1} \\ -\dot{U}_{a1} \end{bmatrix} \tag{12-106}$$

由式(12-106)可知，当 $Z_k=0$ 时，$\dot{U}_b=\dot{U}_c=-\frac{1}{2}\dot{U}_a$。

根据式(12-95)、(12-101)、(12-104)、(12-105)及(12-106)并不计电阻，假定 $Z_{1\Sigma}=\mathrm{j}X_{1\Sigma}$，$Z_{2\Sigma}=\mathrm{j}X_{2\Sigma}$，可画出两相短路时短路支路相电流及短路点各相电压的相量图，如图 12-34 所示。

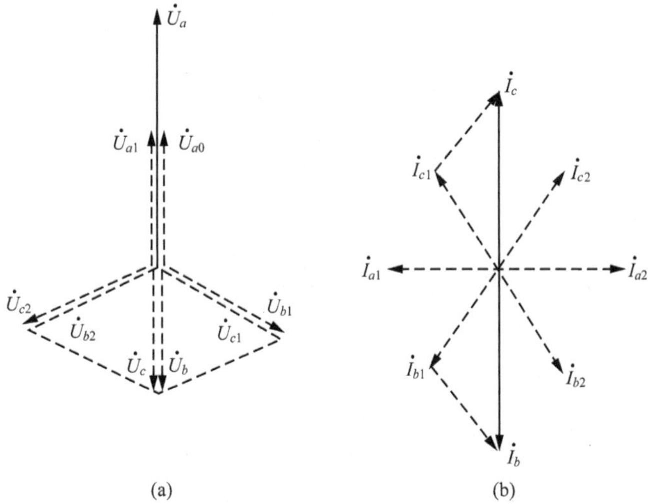


图 12-34　两相短路时的电压及电流相量图

(a)各相电压　(b)各相电流

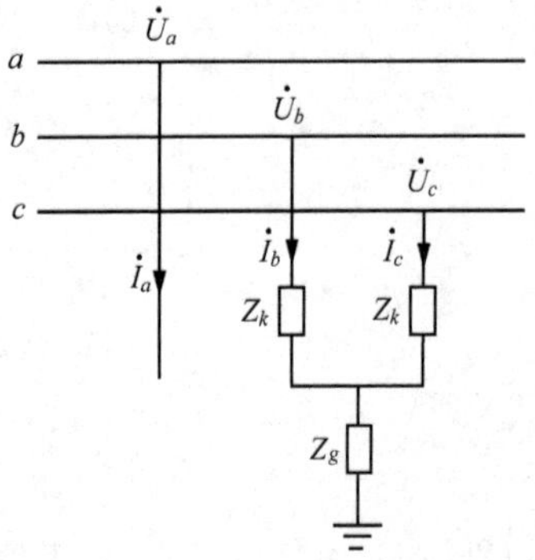


图 12-35　两相接地短路

3. 两相接地短路

图 12-35 为两相接地短路时短路点的电路图。

根据图 12-35 列出两相接地短路的边界条件

$$\left.\begin{aligned}\dot{I}_a &= 0\\ \dot{U}_b &= (Z_k+Z_g)\dot{I}_b+Z_g\dot{I}_c\\ \dot{U}_c &= (Z_k+Z_g)\dot{I}_c+Z_g\dot{I}_b\end{aligned}\right\}\qquad(12\text{-}107)$$

由式(12-107)第一式得

$$\dot{I}_{a1}+\dot{I}_{a2}+\dot{I}_{a0}=0\qquad(12\text{-}108)$$

将短路点各相对地电压转换成各序分量电压

$$\begin{pmatrix}\dot{U}_{a0}\\ \dot{U}_{a1}\\ \dot{U}_{a2}\end{pmatrix}=\frac{1}{3}\begin{pmatrix}1 & 1 & 1\\ 1 & \alpha & \alpha^2\\ 1 & \alpha^2 & \alpha\end{pmatrix}\begin{pmatrix}\dot{U}_a\\ \dot{U}_b\\ \dot{U}_c\end{pmatrix}$$

将式(12-107)中 $\dot{U}_b$、$\dot{U}_c$ 的关系代入上式，并利用下列关系式：

$$\dot{I}_{a0}=\frac{1}{3}(\dot{I}_b+\dot{I}_c)$$

$$\dot{I}_{a1}=\frac{1}{3}(\alpha\dot{I}_b+\alpha^2\dot{I}_c)$$

$$\dot{I}_{a2}=\frac{1}{3}(\alpha^2\dot{I}_b+\alpha\dot{I}_c)$$

可得到

$$\left.\begin{aligned}\dot{U}_{a0} &= \frac{1}{3}\dot{U}_a+(Z_k+2Z_g)\dot{I}_{a0}\\ \dot{U}_{a1} &= \frac{1}{3}\dot{U}_a+Z_k\dot{I}_{a1}+Z_g(\dot{I}_{a1}+\dot{I}_{a2})\\ \dot{U}_{a2} &= \frac{1}{3}\dot{U}_a+Z_k\dot{I}_{a2}+Z_g(\dot{I}_{a1}+\dot{I}_{a2})\end{aligned}\right\}\qquad(12\text{-}109)$$

利用式(12-108)的关系后，可将式(12-109)第一式改写为

$$\dot{U}_{a0}=\frac{1}{3}\dot{U}_a+Z_k\dot{I}_{a0}+3Z_g\dot{I}_{a0}+Z_g(\dot{I}_{a1}+\dot{I}_{a2})$$

由此可得

$$\dot{U}_{a0}-Z_k\dot{I}_{a0}-3Z_g\dot{I}_{a0}=\dot{U}_{a1}-Z_k\dot{I}_{a1}=\dot{U}_{a2}-Z_k\dot{I}_{a2}\qquad(12\text{-}110)$$

根据式(12-108)和(12-110)可作出两相接地短路的复合序网,如图 12-36 所示。

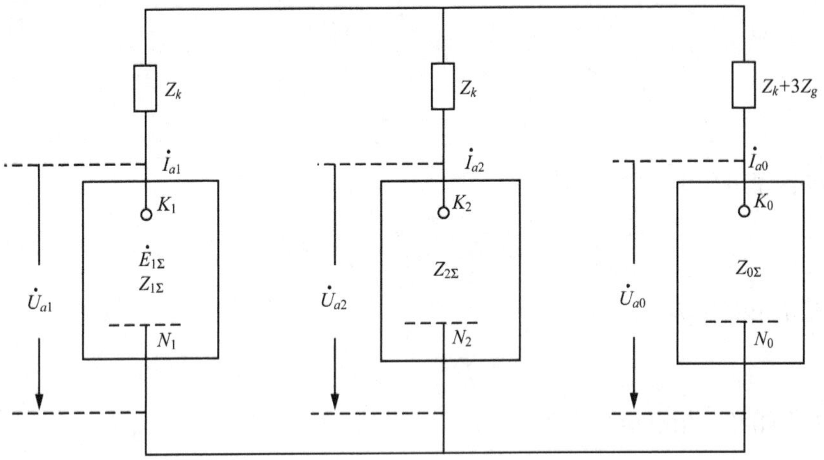


图 12-36 两相接地短路的复合序网

由此复合序网可得正序电流为

$$\dot{I}_{a1}=\frac{\dot{E}_{1\Sigma}}{(Z_{1\Sigma}+Z_k)+\dfrac{(Z_{2\Sigma}+Z_k)(Z_{0\Sigma}+Z_k+3Z_g)}{(Z_{2\Sigma}+Z_k)+(Z_{0\Sigma}+Z_k+3Z_g)}} \tag{12-111}$$

负序及零序电流分别为

$$\dot{I}_{a2}=-\frac{(Z_{0\Sigma}+Z_k+3Z_g)}{(Z_{2\Sigma}+Z_k)+(Z_{0\Sigma}+Z_k+3Z_g)}\dot{I}_{a1} \tag{12-112}$$

$$\dot{I}_{a0}=-\frac{(Z_{2\Sigma}+Z_k)}{(Z_{2\Sigma}+Z_k)+(Z_{0\Sigma}+Z_k+3Z_g)}\dot{I}_{a1} \tag{12-113}$$

在各序电流已知后,可利用式(12-11)求得短路支路故障相电流 $\dot{I}_b$ 及 $\dot{I}_c$。

若短路点 $b$、$c$ 相直接接地,即 $Z_k=Z_g=0$,则各序电流的关系仍如式(12-108)所示,但各序电压间关系由于 $\dot{U}_b=\dot{U}_c=0$ 而变为

$$\dot{U}_{a1}=\dot{U}_{a2}=\dot{U}_{a0} \tag{12-114}$$

因而,各序电流分别为

$$\left.\begin{aligned}\dot{I}_{a1} &= \frac{\dot{E}_{1\Sigma}}{Z_{1\Sigma}+\dfrac{Z_{2\Sigma}Z_{0\Sigma}}{Z_{2\Sigma}+Z_{0\Sigma}}}\\ \dot{I}_{a2} &= -\frac{Z_{0\Sigma}}{Z_{2\Sigma}+Z_{0\Sigma}}\dot{I}_{a1}\\ \dot{I}_{a0} &= -\frac{Z_{2\Sigma}}{Z_{2\Sigma}+Z_{0\Sigma}}\dot{I}_{a1}\end{aligned}\right\}\tag{12-115}$$

短路点各序电压为

$$\dot{U}_{a1}=\dot{U}_{a2}=\dot{U}_{a0}=\frac{Z_{2\Sigma}Z_{0\Sigma}}{Z_{2\Sigma}+Z_{0\Sigma}}\dot{I}_{a1}\tag{12-116}$$

短路点 $a$ 相电压为

$$\dot{U}_a=3\dot{U}_{a1}$$

短路点 $b$ 相和 $c$ 相电压分别为

$$\left.\begin{aligned}\dot{I}_b &= \dot{I}_{a0}+\alpha^2\dot{I}_{a1}+\alpha\dot{I}_{a2}=\dot{I}_{a1}\left(\alpha^2-\frac{Z_{2\Sigma}+\alpha Z_{0\Sigma}}{Z_{2\Sigma}+Z_{0\Sigma}}\right)\\ \dot{I}_c &= \dot{I}_{a0}+\alpha\dot{I}_{a1}+\alpha^2\dot{I}_{a2}=\dot{I}_{a1}\left(\alpha-\frac{Z_{2\Sigma}+\alpha^2 Z_{0\Sigma}}{Z_{2\Sigma}+Z_{0\Sigma}}\right)\end{aligned}\right\}\tag{12-117}$$

若假定正序、负序、零序网络中元件的阻抗均为纯电抗，即对式(12-108)两边取其幅值，则得到短路支路故障相中短路电流的幅值

$$I_b=\sqrt{3}\sqrt{1-\frac{X_{2\Sigma}X_{0\Sigma}}{(X_{2\Sigma}+X_{0\Sigma})^2}}\dot{I}_{a1}\tag{12-118}$$

当 $Z_k=Z_g=0$ 且元件的各序阻抗均为纯电抗的情况下，两相接地短路时短路支路各相电流及短路点各相电压的相量图见图 12-37。

由式(12-85)、(12-100)及(12-111)可知，单相接地短路、两相短路及两相接地短路时短路支路中的正序电流可用下式来表明：

$$\dot{I}_{a1}=\frac{\dot{E}_{1\Sigma}}{Z_{1\Sigma}+Z_{\triangle}}\tag{12-119}$$

式中，$Z_{\triangle}$ 视短路的类型而异。

在单相接地短路中，有

$$Z_{\triangle}=Z_{2\Sigma}+Z_{0\Sigma}+3Z_k$$

在两相短路中，有

$$Z_{\triangle}=Z_{2\Sigma}+Z_k$$

在两相接地短路中，有

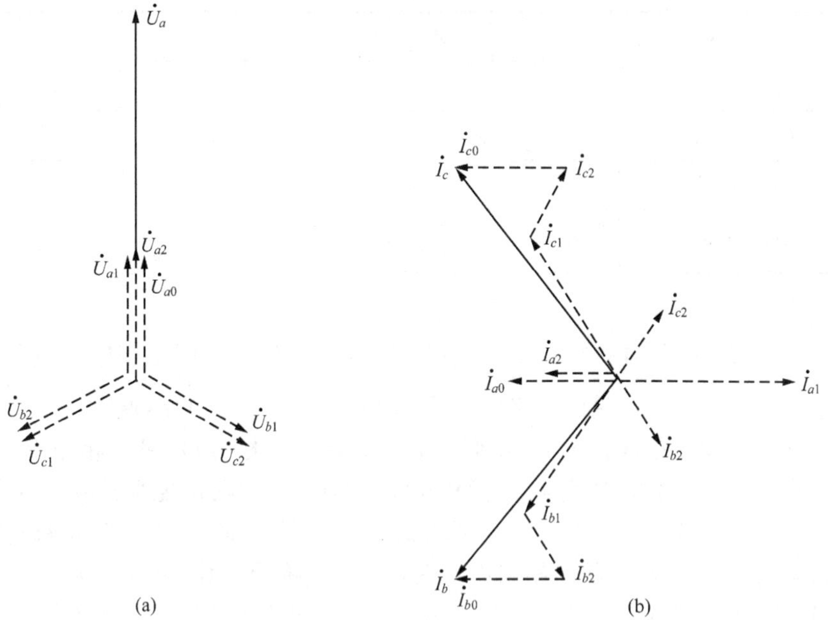


图 12-37　两相接地短路时的电压及电流相量图
(a)各相电压　(b)各相电流

$$Z_{\triangle} = Z_k + \frac{(Z_{2\Sigma} + Z_k)(Z_{0\Sigma} + Z_k + 3Z_g)}{(Z_{2\Sigma} + Z_k) + (Z_{0\Sigma} + Z_k + 3Z_g)}$$

式(12-119)称为正序等效定则，它指出了如下所述的一个非常有用的概念：

在简单不对称短路情况下，短路支路的正序电流，与在短路支路每一相中加进了外加阻抗 $Z_{\triangle}$ 而发生的三相短路电流相等。

根据正序等效定则可知，只需在用以上计算三相短路的正序网络中的短路点与中性点间加以外加阻抗 $Z_0$，即可用来求简单不对称短路时的正序电流。

在求得短路支路的正序电流后，其他分量的电流及短路点各序分量电压就都可求出。

由式(12-86)、(12-102)及(12-118)可知，在所述的三种简单不对称短路中，短路支路故障相电流的绝对值与其正序电流成正比例，即短路支路故障相中电流的绝对值为

$$I_k = mI_{a1} \tag{12-120}$$

式中，$m$ 为比例常数，其值视短路类型而异，如表 12-2 所示。

**表 12-2　各种类型短路的阻抗和比例常数**

| 短路类型 | $Z_{\triangle}$ | $m$ |
|---|---|---|
| 三相短路 | 0 | 1 |
| 单相接地短路 | $Z_{2\Sigma}+Z_{0\Sigma}+3Z_k$ | 3 |
| 两相短路 | $Z_{2\Sigma}+Z_k$ | $\sqrt{3}$ |
| 两相接地短路 | $Z_k+\dfrac{(Z_{2\Sigma}+Z_k)(Z_{0\Sigma}+Z_k+3Z_g)}{(Z_{2\Sigma}+Z_k)+(Z_{0\Sigma}+Z_k+3Z_g)}$ | $\sqrt{3}\sqrt{1-\dfrac{X_{2\Sigma}X_{0\Sigma}}{(X_{2\Sigma}+X_{0\Sigma})^2}}$ |

以上介绍的不对称分量法求解短路电压电流，都是采用 $a$ 相序分量 $\dot{I}_{a0}$、$\dot{I}_{a1}$、$\dot{I}_{a2}$、$\dot{U}_{a0}$、$\dot{U}_{a1}$、$\dot{U}_{a2}$，或者说把 $a$ 相当作“特殊相”。为了推导方便，通常在 $a$ 相单相短路、$bc$ 两相相间短路或者 $bc$ 两相接地短路，采用 $a$ 相序分量，将 $a$ 相当作特殊相。类似地，往往在 $b$ 相单相短路、$ac$ 两相相间短路或者 $ac$ 两相接地短路时，采用 $b$ 相序分量，将 $b$ 相当作特殊相；在 $c$ 相单相短路、$ab$ 两相相间短路或者 $ab$ 两相接地短路时，采用 $c$ 相序分量，将 $c$ 相当作特殊相。经过推导计算，可以发现，当 $b$ 相或 $c$ 相为特殊相时，经对称分量法推出的复合序网与同性质的故障 $a$ 相为特殊相时完全一致，只不过这时候的三序序网端口电压、电流由特殊相短路点三序电压电流代替。例如，在 $b$ 相发生经阻抗 $Z_k$ 短路接地时，复合序网的形式仍可用图 12-29 来表示，只是图中的 $\dot{I}_{a0}$、$\dot{I}_{a1}$、$\dot{I}_{a2}$、$\dot{U}_{a0}$、$\dot{U}_{a1}$、$\dot{U}_{a2}$ 由 $\dot{I}_{b0}$、$\dot{I}_{b1}$、$\dot{I}_{b2}$、$\dot{U}_{b0}$、$\dot{U}_{b1}$、$\dot{U}_{b2}$ 所取代。

**[例 12-5]**　图 12-38 所示简单网络中，如母线 3 的 $a$ 相经电阻 $r_k=10\Omega$ 接地短路，试计算短路支路各相电流及短路点各相电压。网络各元件的参数如下：

发电机 G：50MV · A，10.5kV，$X''_d=0.125$；$X_2=X''_d$；

变压器 T-1：60MV · A，10.5/38.5kV，$u_k=10.5\%$；

线路 l：$Z_{l1}=(3.42+j6.84)\Omega$，$Z_{l0}=(6+j23.9)\Omega$；

变压器 T-2：20MV · A，35/6.6kV，$u_k=5\%$；

负荷 L：10MW，$\cos\varphi=0.894$，6.3kV，$Z_2=Z_1$。

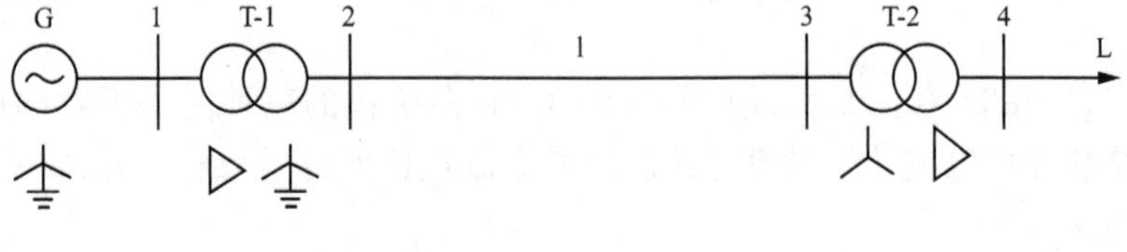


图 12-38　例题 12-5 的网络

**解**：取 $S_B=20$MV · A，基准电压取网络平均额定电压，可得各元件阻抗的标幺值如下：

发电机 G

$$X_G = j0.125 \times \frac{20}{50} = j0.05$$

变压器 T-1

$$X_{T\text{-}1} = j0.105 \times \frac{20}{60} = j0.035$$

线路 l

$$Z_{l1} = (3.42 + j6.84) \times \frac{20}{37^2} = 0.05 + j0.1$$

$$Z_{l0} = (6 + j23.9) \times \frac{20}{37^2} = 0.088 + j0.35$$

变压器 T-2

$$X_{T\text{-}2} = j0.05$$

负荷 L

$$r_L = \frac{U^2}{P^2 + Q^2} \frac{S_B}{U_B^2} \cdot P = \frac{6.3^2}{10^2 + 5^2} \times \frac{20}{6.3^2} \times 10 = 1.6$$

$$X_L = \frac{U^2}{P^2 + Q^2} \frac{S_B}{U_B^2} \cdot Q = \frac{6.3^2}{10^2 + 5^2} \times \frac{20}{6.3^2} \times 5 = 0.8$$

正序等值网络如图 12-39 所示。

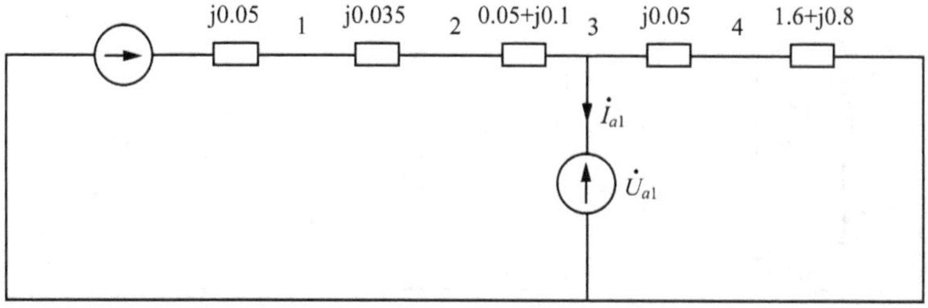


图 12-39　例题 12-5 的正序等值网络

设正常运行时，负荷节点 4 的电压 $\dot{U}_4 = 6.3\angle 0^\circ$ kV，则负荷电流为

$$\dot{I}_L = \frac{10 \times 10^6 \angle -\arccos 0.894}{0.894 \times \sqrt{3} \times 6.3 \times 10^3} = 1025\angle -26.6^\circ \ (\text{A})$$

以标幺值表示则为

$$\dot{I}_{L*} = \frac{1025\angle -26.6^\circ}{1830} = 0.56\angle -26.6^\circ = 0.5 - j0.25$$

其中,基准电流为

$$I_B = \frac{20 \times 10^6}{\sqrt{3} \times 6.3 \times 10^3} = 1830(A)$$

短路点的开路电压,也即正序等值电势为

$$\dot{E}_{1\Sigma} = (1 + j0) + (0.5 - j0.25)(j0.05) = 1.0125 + j0.025 = 1.0125\angle 1.41^\circ$$

正序等值阻抗为

$$Z_{1\Sigma} = \frac{(0.05 + j0.185)(1.6 + j0.85)}{1.65 + j1.035} = 0.179\angle 70.8^\circ = 0.059 + j0.169$$

由于设发电机和负荷的负序阻抗等于正序阻抗,所以

$$Z_{2\Sigma} = Z_{1\Sigma} = 0.179\angle 70.8^\circ = 0.059 + j0.169$$

在本例中,只有线路 l 和变压器 T-1 中有零序电流流通,因此,零序等值阻抗为

$$Z_{0\Sigma} = 0.088 + j0.385 = 0.395\angle 77.2^\circ$$

故障阻抗的标幺值为

$$Z_k = 10 \times \frac{20}{37^2} = 0.146$$

因而,单相接地短路的复合序网如图 12-40 所示。

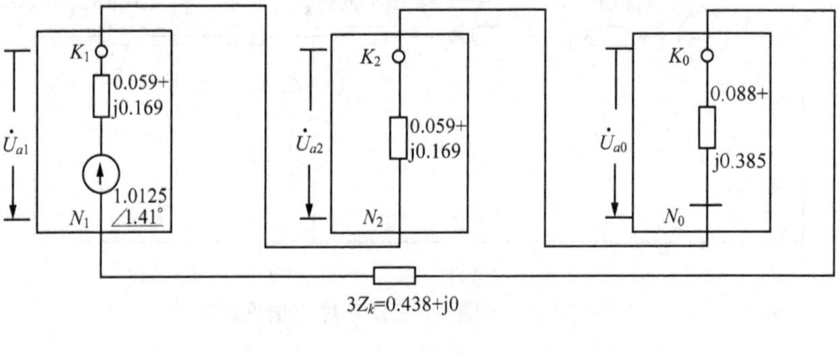


图 12-40　复合序网

此复合序网的总阻抗为

$$Z_\Sigma = Z_{1\Sigma} + Z_{2\Sigma} + Z_{0\Sigma} + 3Z_k = 0.644 + j0.723 = 0.968\angle 48.3^\circ$$

由此复合序网可得短路支路的正序电流为

$$\dot{I}_{a1}=\frac{1.0125\angle 1.41^\circ}{0.968\angle 48.3^\circ}=1.046\angle -46.9^\circ$$

单相接地短路时，$\dot{I}_{a1}=\dot{I}_{a2}=\dot{I}_{a0}=1.046\angle -46.9^\circ$。因此，短路支路故障相电流为

$$\dot{I}_a=3\dot{I}_{a1}=3.138\angle -46.9^\circ$$

短路点各序电压为

$$\begin{aligned}\dot{U}_{a1}&=\dot{E}_{1\Sigma}-Z_{1\Sigma}\dot{I}_{a1}\\&=1.0125\angle 1.41^\circ-(0.179\angle 70.8^\circ)(1.046\angle -46.9^\circ)\\&=1.0125\angle 1.41^\circ-0.187\angle 23.9^\circ\\&=0.843\angle -3.5^\circ\\&=0.841-j0.051\end{aligned}$$

$$\begin{aligned}\dot{U}_{a2}&=-Z_{2\Sigma}\dot{I}_{a2}\\&=-(0.179\angle 70.8^\circ)(1.046\angle -46.9^\circ)\\&=-0.187\angle 23.9^\circ\\&=-0.171-j0.076\end{aligned}$$

$$\begin{aligned}\dot{U}_{a0}&=-Z_{0\Sigma}\dot{I}_{a0}\\&=-(0.395\angle 77.2^\circ)(1.046\angle -46.9^\circ)\\&=-0.413\angle 30.3^\circ\\&=-0.357-j0.208\end{aligned}$$

由此可得短路点故障相电压为

$$\dot{U}_a=0.313-j0.335=0.458\angle -46.9^\circ$$

非故障相电压为

$$\begin{aligned}\dot{U}_b&=\alpha^2\dot{U}_{a1}+\alpha\dot{U}_{a2}+\dot{U}_{a0}\\&=0.843\angle -123.5^\circ-0.187\angle 143.9^\circ-0.413\angle 30.3^\circ\\&=-1.22\angle 56.7^\circ\\&=1.22\angle 236.7^\circ\end{aligned}$$

$$\begin{aligned}\dot{U}_c&=\alpha\dot{U}_{a1}+\alpha^2\dot{U}_{a2}+\dot{U}_{a0}\\&=0.843\angle 116.5^\circ-0.187\angle -96.1^\circ-0.413\angle 30.3^\circ\\&=-1.022\angle -45.8^\circ\end{aligned}$$

$$= 1.022\angle 134.2^\circ$$

单相接地短路时短路支路电流及短路点电压的相量图如图 12-41 所示。

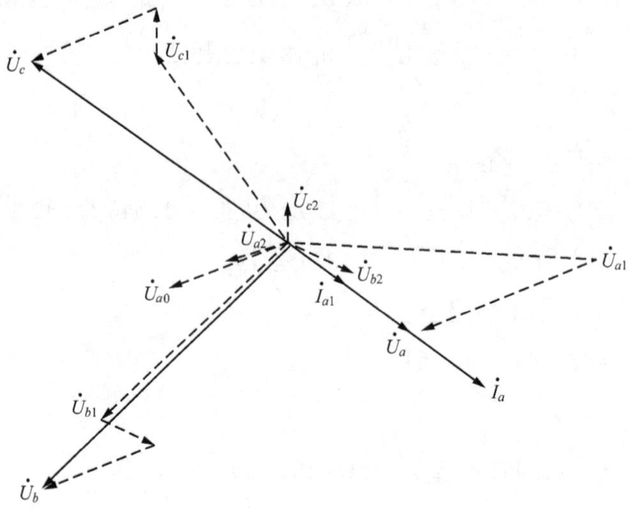


图 12-41　例题 12-5 的电压及电流向量图

## 二、简单不对称短路时网络中的电流和电压计算

短路支路的短路电流以及短路点的各相电压可以根据本节第一小节所述的方法得到。但在电力系统的运行和规划工作中，有时还需知道网络其他支路中的电流和其他节点的电压。

为了求得网络任一支路中的电流，应首先求出该支路中的正序、负序和零序电流，然后再将序分量转换为相分量，求出该支路各相中的电流。

为了决定网络中任一点的电压，应首先求出该点在各序网中的各序电压，然后再根据该点的各序电压求出该点的各相电压。各序网中该点的电压，等于短路点的电压加上该点与短路点那一段电路间的电压降落。例如，某点 $A$ 在正序、负序和零序网络中，分别经电抗 $X_1$、$X_2$ 和 $X_0$ 与短路点 $K$ 相连，则该点的各序分量电压为

$$\left.\begin{aligned}\dot{U}_{A1} &= \dot{U}_{k1} + \mathrm{j}X_1\dot{I}_{Ak1}\\ \dot{U}_{A2} &= \dot{U}_{k2} + \mathrm{j}X_2\dot{I}_{Ak2}\\ \dot{U}_{A0} &= \dot{U}_{k0} + \mathrm{j}X_0\dot{I}_{Ak0}\end{aligned}\right\} \tag{12-121}$$

式中，$\dot{U}_{A1}$、$\dot{U}_{A2}$、$\dot{U}_{A0}$分别为 $A$ 点正序、负序、零序电压；$\dot{U}_{k1}$、$\dot{U}_{k2}$、$\dot{U}_{k0}$分别为短路点 $K$ 的正序、负序、零序电压；$\dot{I}_{Ak1}$、$\dot{I}_{Ak2}$、$\dot{I}_{Ak0}$分别为点 $A$ 与短路点 $K$ 间电路中的各序分量电流，电流由点 $A$ 流至短路点 $K$ 作为电流的正方向。

正序电压随着离电源距离的减少而升高，负序和零序电压则随着离短路点距离的增加而降低。

上述计算电流和方法，只有当网络中没有 Y/△连接的变压器时才正确。当网络中含有 Y/△连接的变压器时，应计及电流和电压各序分量经变压器后要产生的相位移动，此问题将在本节第三小节讨论。

**［例 12-6］**　在图 12-42 中，发电机经电抗 $X=0.15$ 与无限大功率电源的母线相连。试求发电机端发生两相短路时，发电机各相的稳态电流。所有电抗和电势的标幺值均为基准值。

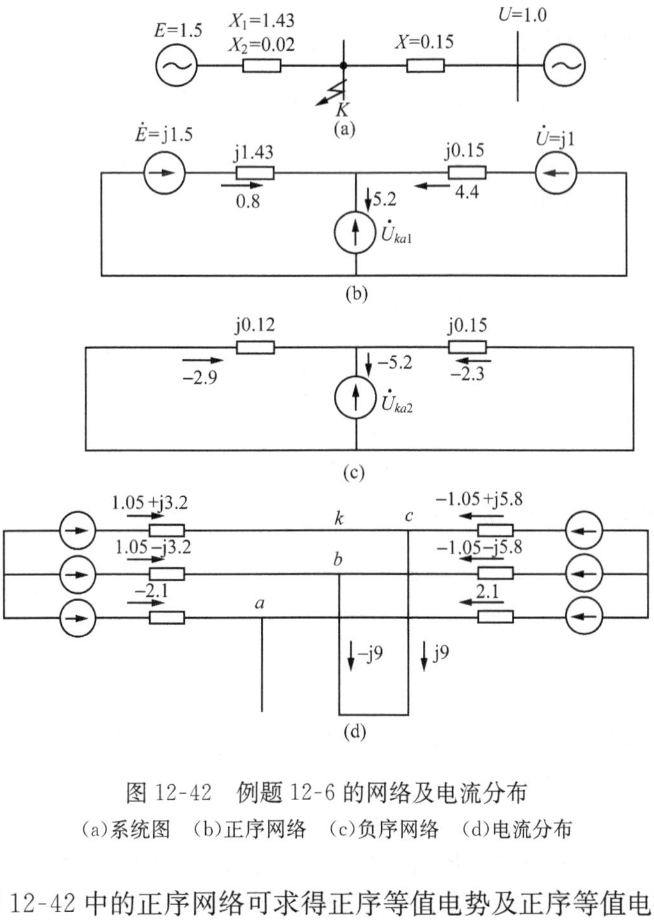


图 12-42　例题 12-6 的网络及电流分布

(a)系统图　(b)正序网络　(c)负序网络　(d)电流分布

**解：**由图 12-42 中的正序网络可求得正序等值电势及正序等值电抗分别为

$$\dot{E}_{1\Sigma}=\frac{\mathrm{j}1.5\times\mathrm{j}0.15+\mathrm{j}1\times\mathrm{j}1.43}{\mathrm{j}(1.43+0.15)}=\mathrm{j}1.05$$

$$\dot{X}_{1\Sigma}=\frac{\mathrm{j}1.43\times\mathrm{j}0.15}{\mathrm{j}1.43+\mathrm{j}0.15}=\mathrm{j}0.136$$

由图 12-42 中的负序网络可求得负序等值电抗为

$$X_{2\Sigma}=\frac{\mathrm{j}0.12\times\mathrm{j}0.15}{\mathrm{j}0.12+\mathrm{j}0.15}=\mathrm{j}0.067$$

因而,短路支路的正序电流为

$$\dot{I}_{ka1}=\frac{\mathrm{j}1.05}{\mathrm{j}(0.136+0.067)}=5.2$$

负序电流为

$$\dot{I}_{ka2}=-\dot{I}_{ka1}=-5.2$$

短路支路故障相中的电流为

$$\dot{I}_{kb}=-\mathrm{j}\sqrt{3}\times5.2=-\mathrm{j}9$$

$$\dot{I}_{kc}=-\dot{I}_{b}=\mathrm{j}9$$

短路点的正序和负序电压为

$$\dot{U}_{ka1}=\dot{U}_{ka2}=-(-5.2\times\mathrm{j}0.067)=\mathrm{j}0.35$$

发电机支路的正序和负序电流分别为

$$\dot{I}_{a1}=\frac{\mathrm{j}(1.5-0.35)}{\mathrm{j}1.43}=0.8$$

$$\dot{I}_{a2}=\frac{0-\mathrm{j}0.35}{\mathrm{j}0.12}=-2.9$$

发电机各相中的电流分别为

$$\dot{I}_{a}=0.8-2.9=-2.1$$

$$\dot{I}_{b}=\alpha^{2}\times0.8-\alpha\times2.9=1.05-\mathrm{j}3.2$$

$$\dot{I}_{c}=\alpha\times0.8-\alpha^{2}\times2.9=1.05+\mathrm{j}3.2$$

相似地,可求得无限大功率电源各相中的电流。所求得的电流分布,示于图 12-42 的三线图上。由此三相电流分布图可知,大功率的电源除了经过故障相输送电流到短路点外,还经过发电机的正常相输送电流到短路点去。

**[例 12-7]**　在图 12-43 所示的网络中,在点 $K$ 发生了单相接地短路。试求两个发电机各相中的次暂态电流。两个发电机的参数相同,$X''_d=0.24$,$X_2=0.30$,$X_0=0.08$,$E''=1$。发电机 G-1 的中性点经电抗 $X=0.05$ 接地。所有电势和电抗

均为标幺值。

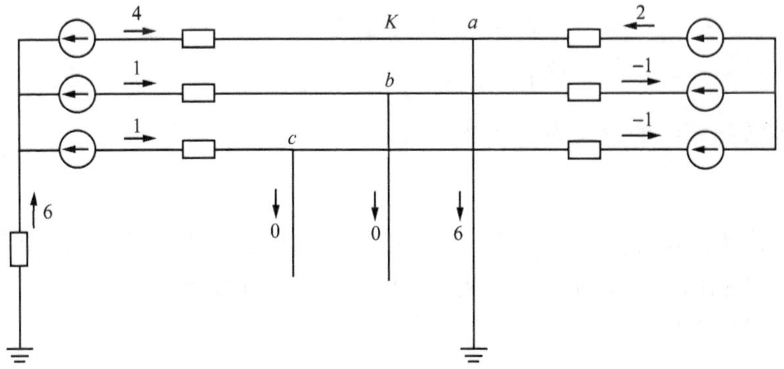


图 12-43　例题 12-7 的网络及电流分布

**解**：各序等值电抗分别为

$$X_{1\Sigma}=\frac{\mathrm{j}0.24}{2}=\mathrm{j}0.12$$

$$X_{2\Sigma}=\frac{\mathrm{j}0.30}{2}=\mathrm{j}0.15$$

$$X_{0\Sigma}=0.08+3\times0.05=0.23$$

正序等值电势为

$$\dot{E}_{1\Sigma}=\mathrm{j}1$$

因而，短路支路的各序电流为

$$\dot{I}_{ka1}=\dot{I}_{ka2}=\dot{I}_{ka0}=\frac{\mathrm{j}1}{\mathrm{j}(0.12+0.15+0.23)}=2$$

由于两发电机的正序及负序电抗分别相等，所以每台发电机中的正序及负序电流为

$$\dot{I}_{a1}=\dot{I}_{a2}=\frac{2}{2}=1$$

零序电流只流过发电机 G-1，所以发电机 G-1 各相中的电流为

$$\dot{I}_a=1+1+2=4$$

$$\dot{I}_b=\alpha^2\times1+\alpha\times1+2=-1+2=1$$

$$\dot{I}_c=\alpha\times1+\alpha^2\times1+2=-1+2=1$$

发电机 G-2 各相中电流为

$$\dot{I}_a = 1 + 1 = 2$$

$$\dot{I}_b = \alpha^2 \times 1 + \alpha \times 1 = -1$$

$$\dot{I}_c = \alpha \times 1 + \alpha^2 \times 1 = -1$$

短路支路故障相中的电流为

$$\dot{I}_{ka} = 3 \times 2 = 6$$

以上求得的电流分布示于图 12-43 的三线图中。由图可知，中性点未接地的发电机 G-2 利用了发电机 G-1 的接地中性点和两个正常相所组成的回路，亦提供了短路点的短路电流。

### 三、电压和电流对称分量经变压器后的相位变化

电流和电压的对称分量在经过变压器以后，它们不但在量值上要发生变化，而且在相位上也可能发生变化。当用标幺值表示时，则电流和电压对称分量经变压器后，可能产生相位的变化。相位的变化与变压器的连接方式有关。下面以 $Y_0/\triangle$-11连接的变压器为例，说明这种相位的变化。

设 $A$、$B$、$C$ 为变压器绕组Ⅰ(星形接法)的出线端，$a$、$b$、$c$ 为绕组Ⅱ(三角形接法)的出线端。变压器的变比为

$$k = \frac{U_{\mathrm{I\,N}}}{U_{\mathrm{II\,N}}} = \frac{\sqrt{3}W_{\mathrm{I}}}{W_{\mathrm{II}}} \tag{12-122}$$

式中，$U_{\mathrm{I\,N}}$、$U_{\mathrm{II\,N}}$为绕组Ⅰ、Ⅱ的额定线电压；$W_{\mathrm{I}}$、$W_{\mathrm{II}}$为绕组Ⅰ、Ⅱ的匝数。

图 12-44 表示 $Y_0/\triangle$-11 连接的变压器。

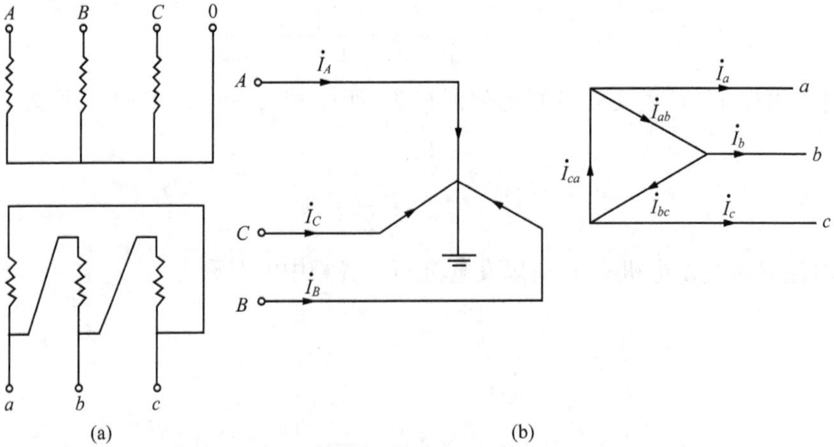


图 12-44　$Y_0/\triangle$-11 连接的变压器

设星形侧的不对称相电压为 $U_A$、$U_B$、$U_C$，其正序和负序电压为 $U_{A1}$、$U_{B1}$、$U_{C1}$和 $U_{A2}$、$U_{B2}$、$U_{C2}$。

在三角形侧则有(以 $a$ 相为例)

$$\dot{U}_{ca1}=\frac{\sqrt{3}}{k}\dot{U}_{A1},\quad \dot{U}_{ca2}=\frac{\sqrt{3}}{k}\dot{U}_{A2} \tag{12-123}$$

式中，$\dot{U}_{ca1}$、$\dot{U}_{ca2}$为三角形绕组线电压的正序、负序分量。

当用标幺值时，$k=1$，故有

$$\dot{U}_{ca1*}=\sqrt{3}\dot{U}_{A1*},\quad \dot{U}_{ca2*}=\sqrt{3}\dot{U}_{A2*} \tag{12-124}$$

式中，$\dot{U}_{ca1}$、$\dot{U}_{ca2}$和 $\dot{U}_{A1}$、$\dot{U}_{A2}$分别以各侧的额定相电压为基准。如图 12-45 所示，现考虑三角形侧的相电压，需找出虚拟中性点，与 $A$ 相对应的相电压分别为 $\dot{U}_{a1}$和 $\dot{U}_{a2}$，这时三角形和星形的相电压之间的关系为

$$\left.\begin{aligned}\dot{U}_{a1}&=\frac{\dot{U}_{ca1}}{\sqrt{3}}e^{j30^\circ}=\frac{1}{k}\dot{U}_{A1}e^{j30^\circ}\\ \dot{U}_{a2}&=\frac{\dot{U}_{ca2}}{\sqrt{3}}e^{-j30^\circ}=\frac{1}{k}\dot{U}_{A2}e^{-j30^\circ}\end{aligned}\right\} \tag{12-125a}$$

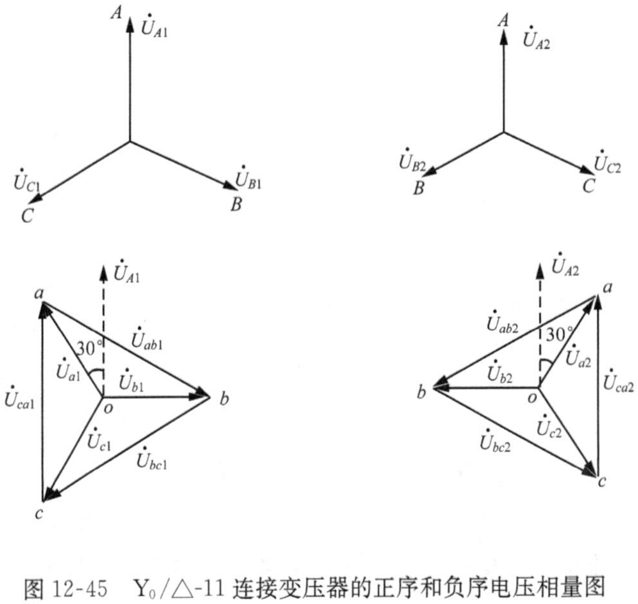


图 12-45　$Y_0/\triangle$-11 连接变压器的正序和负序电压相量图

当用标幺值表示时，则为

$$\left.\begin{aligned}\dot{U}_{a1*} &= \dot{U}_{A1*}\,e^{j30^\circ}\\ \dot{U}_{a2*} &= \dot{U}_{A2*}\,e^{-j30^\circ}\end{aligned}\right\}\tag{12-125b}$$

由此可知，在 $Y_0/\triangle$-11 连接的变压器中，从星形侧变换到三角形侧时，电压正序分量应向逆时针方向移 30°，而电压负序分量则应向顺时针方向移 30°。当由三角形侧变换到星形侧时，则电压正序分量应向顺时针方向移 30°，而电压负序分量则应向逆时针方向移 30°。另外可以证明，△连接的绕组上零序电压为零。

$$\dot{I}_{ca} = \frac{k}{\sqrt{3}}\dot{I}_A,\quad \dot{I}_{ab} = \frac{k}{\sqrt{3}}\dot{I}_B,\quad \dot{I}_{bc} = \frac{k}{\sqrt{3}}\dot{I}_C \tag{12-126}$$

而

$$\left.\begin{aligned}\dot{I}_a &= \dot{I}_{ca} - \dot{I}_{ab} = \frac{k}{\sqrt{3}}(\dot{I}_A - \dot{I}_B)\\ \dot{I}_b &= \dot{I}_{ab} - \dot{I}_{bc} = \frac{k}{\sqrt{3}}(\dot{I}_B - \dot{I}_C)\\ \dot{I}_c &= \dot{I}_{bc} - \dot{I}_{ca} = \frac{k}{\sqrt{3}}(\dot{I}_C - \dot{I}_A)\end{aligned}\right\}\tag{12-127}$$

将上式变换为用对称分量表示，以 $a$ 相为例有

$$\begin{aligned}\dot{I}_a &= \dot{I}_{a1} + \dot{I}_{a2}\\ &= \frac{k}{\sqrt{3}}(\dot{I}_{A1} + \dot{I}_{A2} + \dot{I}_{A0} - \alpha^2\dot{I}_{A1} - \alpha\dot{I}_{A2} - \dot{I}_{A0})\\ &= k(\dot{I}_{A1}\,e^{j30^\circ} + \dot{I}_{A2}\,e^{-j30^\circ})\end{aligned}$$

所以

$$\left.\begin{aligned}\dot{I}_{a1} &= k\dot{I}_{A1}\,e^{j30^\circ}\\ \dot{I}_{a2} &= k\dot{I}_{A2}\,e^{-j30^\circ}\end{aligned}\right\}\tag{12-128}$$

当用标幺值表示时则为

$$\left.\begin{aligned}\dot{I}_{a1} &= \dot{I}_{A1}\,e^{j30^\circ}\\ \dot{I}_{a2} &= \dot{I}_{A2}\,e^{-j30^\circ}\end{aligned}\right\}\tag{12-129}$$

式中，$\dot{I}_{a1}$、$\dot{I}_{a2}$和 $\dot{I}_{A1}$、$\dot{I}_{A2}$分别以各侧的额定线电流为基准。

由此可知，在 $Y_0/\triangle$-11 连接的变压器中，与电压分量类似，从星形侧变换到三角形侧时，电流正序分量应向逆时针方向移 30°，而电流负序分量则应向顺时针方向移 30°。当由三角形侧变换到星形侧时，电流正序分量应向顺时针方向移 30°，而电压负序分量则应向逆时针方向移 30°。

$Y_0/\triangle$-11 连接的变压器的正序和负序电流相量图如图 12-46 所示。在这种变压器中，正序和负序电流经变压器后，相位也要发生变化，其相位的变化与电压的相位变化相同。

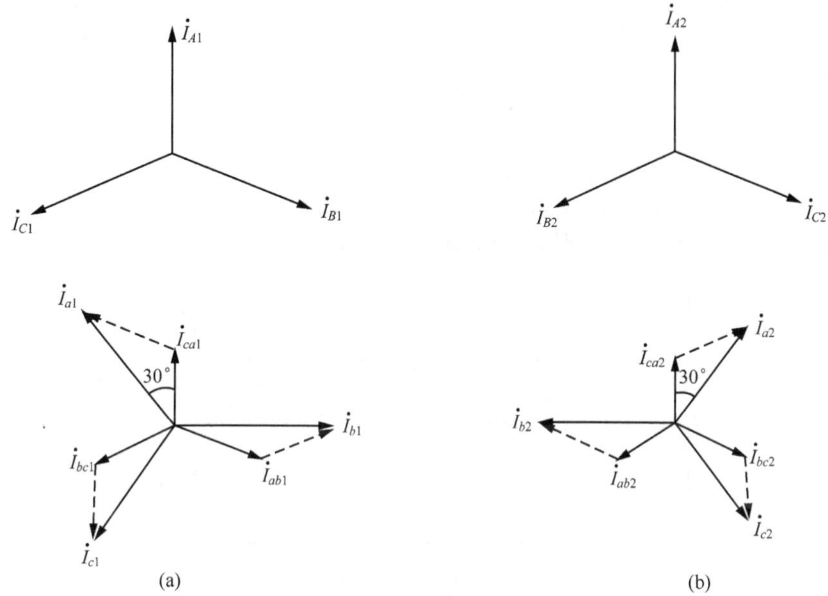


图 12-46　$Y_0/\triangle$-11 连接变压器的正序和负序电流相量图

由于零序电流不能流出三角形绕组，故 $Y_0/\triangle$连接的变压器在三角形侧的电路中总不含有零序分量。只有在 $Y_0/Y_0$ 连接的变压器中，当有零序电流流通路径时，才需在变压器两侧都计入零序分量。

对各种连接法的变压器，在绘出其两侧的正序及负序电压或电流相量图后可知，两侧的正序电压间及负序电压间分别有下列关系：

$$\left.\begin{aligned}\dot{U}_{a1} &= \frac{1}{k}\dot{U}_{A1}\,e^{-j30^\circ N}\\ \dot{U}_{a2} &= \frac{1}{k}\dot{U}_{A2}\,e^{j30^\circ N}\end{aligned}\right\}\tag{12-130}$$

电流间关系则为

$$\left.\begin{aligned}\dot{I}_{a1} &= k\dot{I}_{A1}\,e^{-j30^\circ N}\\ \dot{I}_{a2} &= k\dot{I}_{A2}\,e^{j30^\circ N}\end{aligned}\right\}\tag{12-131}$$

式中，$N$ 为变压器的接线组别。当用标幺值表示时，$N=1$。

显然，对 Y/Y 连接的变压器，$N=12$，故正序和负序分量经变压器后相位无变化。

[**例 12-8**]　在图 12-47 所示网络的 $K$ 点发生单相接地短路。求网络中的电流分布以及发电机的端电压，并作出发电机端及短路点电压的相量图。

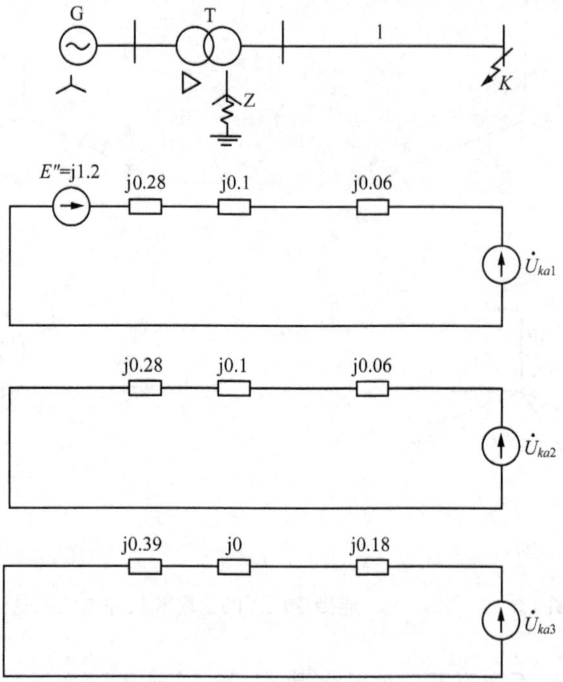


图 12-47　例题 12-8 的结线图及序网

已知数据如下：

发电机 G：38.5MV·A，10.5kV，$X''_d=X_2=0.28$，$E''=1.2$；

变压器 T：40.5MV·A，10.5/115kV，$u_k=10.5\%$，Y/△-11；

电抗器 Z：46Ω；

线路 l：50km，$X_1=0.4\Omega/\text{km}$，$X_0=3X_1$。

**解**：取 $S_B=38.5\text{MV}\cdot\text{A}$，$U_B=115\text{kV}$ 及 10.5kV，计算所得各元件的电抗标幺值示于图 12-47。

图 12-47 中的正序、负序和零序等值电路分别为

$$X_{1\Sigma}=\text{j}(0.28+0.1+0.06)=\text{j}0.44$$

$$X_{2\Sigma}=\text{j}0.44$$

$$X_{0\Sigma}=\text{j}(0.39+0.1+0.18)=\text{j}0.67$$

高压侧的基准电流为

$$I_{\mathrm{B}}=\frac{38.5}{\sqrt{3}\times 115}=0.19(\mathrm{kA})$$

低压侧的基准电流为

$$I_{\mathrm{B}}=\frac{38.5}{\sqrt{3}\times 10.5}=2.1(\mathrm{kA})$$

短路支路各序分量电流为

$$\dot{I}_{kA1}=\frac{\mathrm{j}1.2}{\mathrm{j}(0.44+0.44+0.67)}=0.77=\dot{I}_{kA2}=\dot{I}_{kA0}$$

短路支路各相电流为

$$\dot{I}_{kA}=3\dot{I}_{kA1}=2.3$$

$$\dot{I}_{kB}=\dot{I}_{kc}=0$$

因为基准值 $I_{\mathrm{B}}=0.19\mathrm{kA}$,所以有名值为

$$\dot{I}_{kA}=0.44\mathrm{kA}$$

电抗器中电流为

$$\dot{I}_{\mathrm{R}}=3\dot{I}_{ka0}=2.3$$

有名值为

$$\dot{I}_{\mathrm{R}}=0.44\mathrm{kA}$$

由于经过 Y/△-11 连接的变压器,所以发电机电流的正序和负序分量为

$$\dot{I}_{\mathrm{G}a1}=\dot{I}_{kA1}\mathrm{e}^{\mathrm{j}30^{\circ}}=0.77\angle 30^{\circ}=0.67+\mathrm{j}0.39$$

$$\dot{I}_{\mathrm{G}a2}=\dot{I}_{kA2}\mathrm{e}^{-\mathrm{j}30^{\circ}}=0.77\angle -30^{\circ}=0.67-\mathrm{j}0.39$$

发电机各相电流为

$$\dot{I}_{\mathrm{G}a}=(0.67+\mathrm{j}0.39)+(0.67-\mathrm{j}0.39)=1.34$$

$$\dot{I}_{\mathrm{G}b}=0.77\angle -90^{\circ}+0.77\angle 90^{\circ}=0$$

$$\dot{I}_{\mathrm{G}c}=0.77\angle 150^{\circ}+0.77\angle -150^{\circ}=-1.34$$

由于 $I_{\mathrm{B}}=2.1\mathrm{kA}$,所以有名值为

$$\dot{I}_{\mathrm{G}a}=2.8\mathrm{kA}$$

$$\dot{I}_{\mathrm{G}b}=0$$

$$\dot{I}_{\mathrm{G}c}=-2.8\mathrm{kA}$$

变压器三角形绕组中电流为

$$\dot{I}_{ac}=\frac{\dot{I}_{kA}}{\sqrt{3}}=1.33$$

$$\dot{I}_{ba}=\frac{\dot{I}_{kB}}{\sqrt{3}}=0$$

$$\dot{I}_{bc}=\frac{\dot{I}_{kC}}{\sqrt{3}}=0$$

$$\dot{I}_{ac}=2.8\text{kA}$$

以上求得的电流分布于图 12-48 中。

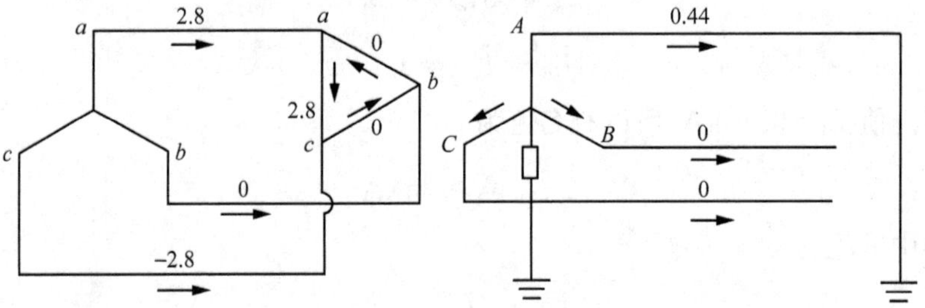


图 12-48　例题 12-8 的电流分布

短路点的各序电压为

$$\dot{U}_{kA1}=\text{j}1.2-\text{j}0.77\times0.44=\text{j}0.86$$

$$\dot{U}_{kA2}=-\text{j}0.77\times0.44=-\text{j}0.34$$

$$\dot{U}_{kA0}=-\text{j}0.77\times0.67=-\text{j}0.52$$

短路点的各相电压为

$$\dot{U}_{kA}=\text{j}0.86-\text{j}0.34-\text{j}0.52=0$$

$$\begin{aligned}\dot{U}_{kB}&=\alpha^2\times\text{j}0.86-\alpha\times\text{j}0.34-\text{j}0.52\\&=1.05-\text{j}0.78\\&=1.3\angle\underline{37^\circ}\end{aligned}$$

$$\begin{aligned}\dot{U}_{kC}&=\alpha\times\text{j}0.86-\alpha^2\times\text{j}0.34-\text{j}0.52\\&=-1.05-\text{j}0.78\end{aligned}$$

$$= 1.3\angle -14.3^\circ$$

因为短路点处线电压基准值 115kV，相应相电压基准值为 $115/\sqrt{3}$，所以短路点 $B$、$C$ 相电压名值为

$$|U_{kB}| = |U_{kC}| = 1.3 \times 115/\sqrt{3} = 86(\text{kV})$$

发电机端各序分量电压为

$$\begin{aligned}\dot{U}_{Ga1} &= e^{j30^\circ}[\dot{U}_{kA1} + j\dot{I}_{kA1}(X_{l1} + X_T)] \\ &= e^{j30^\circ}[j0.86 + j0.77 \times 0.16] \\ &= 0.98\angle 120^\circ \\ &= -0.5 + j0.85\end{aligned}$$

$$\begin{aligned}\dot{U}_{Ga2} &= e^{-j30^\circ}[\dot{U}_{kA2} + j\dot{I}_{kA2}(X_{l2} + X_T)] \\ &= e^{-j30^\circ}(-j0.34 + j0.77 \times 0.16) \\ &= 0.22\angle -120^\circ \\ &= -0.11 - j0.19\end{aligned}$$

发电机端各相电压为

$$\dot{U}_{Ga} = -0.5 + j0.85 - 0.11 - j0.19 = 0.61 + j0.66 = 0.9\angle 133^\circ$$

$$\dot{U}_{Gb} = \alpha^2 \times 0.98\angle 120^\circ + \alpha \times 0.22\angle -120^\circ = 0.98 + 0.22 = 1.2$$

$$\dot{U}_{Gc} = \alpha \times 0.98\angle 120^\circ + \alpha^2 \times 0.22\angle -120^\circ = -0.61 - j0.66 = 0.9\angle -133^\circ$$

图 12-49 为短路点及发电机端的电压相量图。

**［例 12-9］** 在图 12-50 所示网络 $K$ 点发生两相接地短路。试决定该网络中的电流分布以及发电机和负荷的电压。

已知数据如下：

发电机 G：120MV·A，10.5kV，$E_q = 1.67$，$X_d = 0.9$，$X_2 = 0.45$；

变压器 T-1：60MV·A，10.5/115kV，$u_k = 10.5\%$，$Y_0/\triangle$-11；

变压器 T-2：60MV·A，115/6.3kV，$u_k = 10.5\%$，$Y/\triangle$-11；

线路 l：双回路，每回路长 105km，$X_1 = 0.4\Omega/\text{km}$，$X_0 = 3X_1$；

负荷 L-1：60MV·A，$X_1 = 1.2$，$X_2 = 0.35$；

负荷 L-2：40MV·A，$X_1 = 1.2$，$X_2 = 0.35$。

**解**：取 $S_B = 120\text{MV·A}$，$U_B$ 采用网络平均额定电压，计算得到各元件的电抗标幺值示于图 12-50 中。

先求正序网络的等值电势及等值电抗。合并支路 1 和 5 得有源支路 7，其电势及电抗分别为

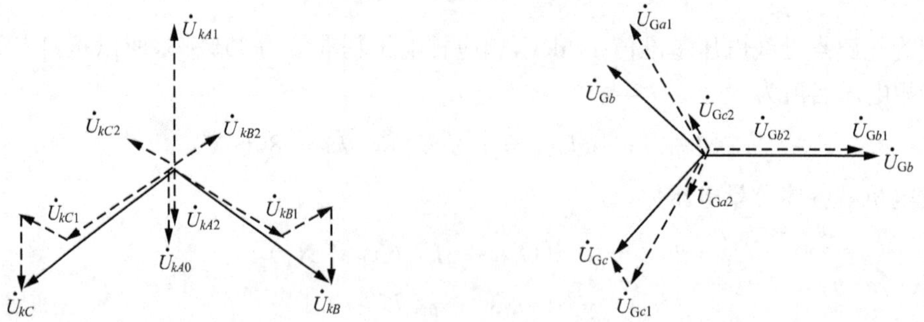


图 12-49　例题 12-8 的电压相量图

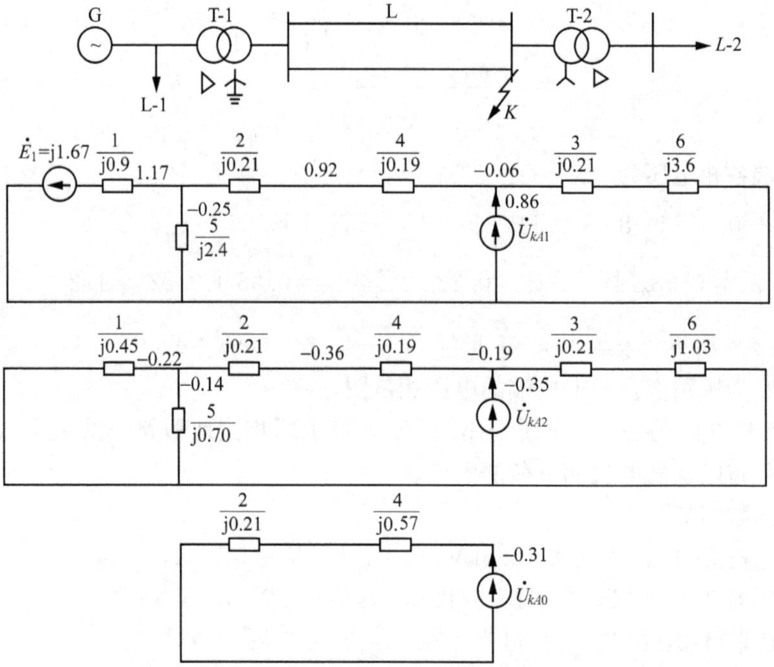


图 12-50　例题 12-9 的接线图及序网

$$\dot{E}_7=\frac{\mathrm{j}1.67\times \mathrm{j}2.4}{\mathrm{j}(0.9+2.4)}=\mathrm{j}1.22$$

$$X_7=\mathrm{j}0.66$$

合并支路 7、支路 2 和支路 4，得有源支路 8，其电势及电抗分别为

$$\dot{E}_6 = \dot{E}_7 = \mathrm{j}1.22$$

$$X_8 = \mathrm{j}(0.66 + 0.21 + 0.19) = \mathrm{j}1.06$$

合并支路 3 和支路 6，得支路 9，其电抗为

$$X_9 = \mathrm{j}(3.6 + 0.21) = \mathrm{j}3.81$$

合并支路 9 和有源支路 8，得

$$\dot{E}_{1\Sigma} = \frac{\mathrm{j}1.22 \times \mathrm{j}3.81}{\mathrm{j}(1.22 + 3.81)} = \mathrm{j}0.95$$

$$X_{1\Sigma} = \mathrm{j}1.06 // \mathrm{j}3.81 = \mathrm{j}0.83$$

再求负荷网络的等值电抗。与上式相似地可求得

$$X_7 = \mathrm{j}0.45 // \mathrm{j}0.70 = \mathrm{j}0.27$$

$$X_8 = \mathrm{j}(0.27 + 0.21 + 0.19) = \mathrm{j}0.67$$

$$X_9 = \mathrm{j}(0.21 + 1.05) = \mathrm{j}1.26$$

所以

$$X_{2\Sigma} = \mathrm{j}0.67 // \mathrm{j}1.26 = \mathrm{j}0.44$$

然后求零序网络的等值电抗为

$$X_{0\Sigma} = \mathrm{j}(0.21 + 0.57) = \mathrm{j}0.78$$

短路支路的各序分量电流为

$$\dot{I}_{kA1} = \frac{\mathrm{j}0.95}{\mathrm{j}(0.83 + 0.44 // 0.78)} = 0.86$$

$$\dot{I}_{kA2} = -0.86 \frac{\mathrm{j}0.78}{\mathrm{j}(0.44 + 0.78)} = -0.55$$

$$\dot{I}_{kA0} = -0.86 \frac{\mathrm{j}0.44}{\mathrm{j}(0.44 + 0.78)} = -0.31$$

短路点的各序分量电压为

$$\dot{U}_{kA1} = \dot{U}_{kA2} = \dot{U}_{kA0} = -0.55 \times \mathrm{j}0.44 = \mathrm{j}0.24$$

线路 l 中的各序分量电流为

$$\dot{I}_{lA1} = \frac{\dot{E}_8 - \dot{U}_{kA1}}{\mathrm{j}X_8} = \frac{\mathrm{j}(1.22 - 0.24)}{\mathrm{j}1.06} = 0.92$$

$$\dot{I}_{lA2} = \dot{I}_{kA2} \frac{X_9}{X_8 + X_9} = -0.55 \frac{\mathrm{j}1.26}{\mathrm{j}(0.67 + 1.26)} = -0.36$$

$$\dot{I}_{lA0} = \dot{I}_{kA0} = -0.31$$

变压器 T-2 中的各序分量电流为

$$\dot{I}_{(T-2)A1}=\frac{-\dot{U}_{kA1}}{jX_9}=-\frac{-j0.24}{j3.81}=-0.06$$

$$\dot{I}_{(T-2)A2}=\frac{-\dot{U}_{kA2}}{jX_9}=\frac{-j0.24}{j1.26}=-0.19$$

$$\dot{I}_{(T-2)A0}=0$$

发电机端各序分量电压为(未考虑经变压器后的相位变化)

$$\begin{aligned}\dot{U}_{GA1}&=\dot{U}_{kA1}+\dot{I}_{lA1}j(X_2+X_4)\\&=j0.24+0.92\times j0.4=j0.61\end{aligned}$$

$$\begin{aligned}\dot{U}_{GA2}&=\dot{U}_{kA2}+\dot{I}_{lA2}j(X_2+X_4)\\&=j0.24-0.36\times j0.4=j0.1\end{aligned}$$

负荷 L-1 中的各序分量电流为(未考虑经变压器后的相位变化)

$$\dot{I}_{(L-1)A1}=\frac{-\dot{U}_{GA1}}{jX_5}=\frac{-j0.61}{j2.4}=-0.25$$

$$\dot{I}_{(L-1)A2}=\frac{-\dot{U}_{GA2}}{jX_5}=\frac{-j0.1}{j0.7}=-0.14$$

发电机支路中的各序分量电流为(未考虑经变压器后的相位变化)

$$\dot{I}_{GA1}=\frac{\dot{E}_1-\dot{U}_{GA1}}{jX_1}=\frac{j(1.67-0.61)}{j0.9}=1.17$$

$$\dot{I}_{GA2}=\frac{-\dot{U}_{GA2}}{jX_1}=\frac{-j0.1}{j0.45}=-0.22$$

以上求得的正序、负序及零序电流分布示于图 12-50 中。

短路支路的各相电流为

$$\dot{I}_{kA}=\dot{I}_{kA1}+\dot{I}_{kA2}+\dot{I}_{kA0}=0.86-0.55-0.31=0$$

$$\begin{aligned}\dot{I}_{kB}&=\alpha^2\dot{I}_{kA1}+\alpha\dot{I}_{kA2}+\dot{I}_{kA0}\\&=0.86\underline{/-120^\circ}-0.55\underline{/120^\circ}-0.31\\&=-0.46-j1.23\\&=1.31\underline{/-110.5^\circ}\end{aligned}$$

$$\begin{aligned}\dot{I}_{kC}&=\alpha\dot{I}_{kA1}+\alpha^2\dot{I}_{kA2}+\dot{I}_{kA0}\\&=0.86\underline{/120^\circ}-0.55\underline{/-120^\circ}-0.31\\&=-0.46+j1.23\end{aligned}$$

$$= 1.31\angle\underline{110.5^\circ}$$

短路点各相电压为

$$\dot{U}_{kA} = 3\dot{U}_{kA1} = 3\times \text{j}0.24 = \text{j}0.72$$

$$\dot{U}_{kB} = \dot{U}_{kC} = 0$$

线路 l(也即变压器 T-1 星形侧)各相中电流为

$$\dot{I}_{lA} = \dot{I}_{lA1} + \dot{I}_{lA2} + \dot{I}_{lA0} = 0.92 - 0.36 - 0.31 = 0.25$$

$$\begin{aligned}\dot{I}_{lB} &= \alpha^2\dot{I}_{lA1} + \alpha\dot{I}_{lA2} + \dot{I}_{lA0}\\ &= 0.92\angle\underline{-120^\circ} - 0.36\angle\underline{120^\circ} - 0.31\\ &= -0.59 - \text{j}1.11\\ &= 1.25\angle\underline{-118^\circ}\end{aligned}$$

$$\begin{aligned}\dot{I}_{lC} &= \alpha\dot{I}_{lA1} + \alpha^2\dot{I}_{lA2} + \dot{I}_{lA0}\\ &= 0.92\angle\underline{120^\circ} - 0.36\angle\underline{-120^\circ} - 0.31\\ &= 0.59 + \text{j}1.11\\ &= 1.25\angle\underline{118^\circ}\end{aligned}$$

变压器 T-1 三角形绕组中电流为

$$\dot{I}_{ac} = \frac{\dot{I}_A}{\sqrt{3}} = \frac{0.25}{\sqrt{3}} = 0.14$$

$$\dot{I}_{ba} = \frac{\dot{I}_B}{\sqrt{3}} = \frac{-0.59 - \text{j}1.11}{\sqrt{3}} = -0.34 - \text{j}0.64$$

$$\dot{I}_{cb} = \frac{\dot{I}_C}{\sqrt{3}} = \frac{-0.59 + \text{j}1.11}{\sqrt{3}} = -0.34 + \text{j}0.64$$

变压器 T-1 三角形绕组侧的各序分量电流

$$\dot{I}_{(\text{T-1})a1} = \dot{I}_{lA1}\text{e}^{\text{j}30^\circ} = 0.92\angle\underline{30^\circ} = 0.8 + \text{j}0.46$$

$$\dot{I}_{(\text{T-1})a2} = \dot{I}_{lA2}\text{e}^{-\text{j}30^\circ} = 0.36\angle\underline{150^\circ} = -0.31 + \text{j}0.18$$

变压器 T-1 三角形绕组侧的各相电流为

$$\dot{I}_{(\text{T-1})a} = \dot{I}_{(\text{T-1})a1} + \dot{I}_{(\text{T-1})a2} = 0.49 + \text{j}0.64$$

$$\begin{aligned}\dot{I}_{(\text{T-1})b} &= \alpha^2\dot{I}_{(\text{T-1})a1} + \alpha\dot{I}_{(\text{T-1})a2}\\ &= 0.92\angle\underline{-90^\circ} + 0.36\angle\underline{270^\circ}\end{aligned}$$

$$= 1.28\angle -90^\circ$$

$$= -j1.28$$

$$\dot{I}_{(T-1)c} = \alpha \dot{I}_{(T-1)a1} + \alpha^2 \dot{I}_{(T-1)a2}$$

$$= 0.92\angle 150^\circ + 0.36\angle 30^\circ$$

$$= -0.49 + j0.64$$

$$= 0.81\angle 127.5^\circ$$

变压器 T-2 星形侧的各相电流为

$$\dot{I}_{(T-2)A} = \dot{I}_{(T-2)A1} + \dot{I}_{(T-2)A2} = -0.25$$

$$\dot{I}_{(T-2)B} = \alpha^2 \dot{I}_{(T-2)A1} + \alpha \dot{I}_{(T-2)A2}$$

$$= 0.06\angle 60^\circ - 0.19\angle 120^\circ$$

$$= 0.13 - j0.12$$

$$= 0.18\angle -42.5^\circ$$

$$\dot{I}_{(T-2)C} = \alpha \dot{I}_{(T-2)A1} + \alpha^2 \dot{I}_{(T-1)A2}$$

$$= 0.06\angle 300^\circ - 0.19\angle -120^\circ$$

$$= 0.13 + j0.12$$

$$= 0.18\angle 42.5^\circ$$

变压器 T-2 三角形绕组中的电流为

$$\dot{I}_{ac} = \frac{\dot{I}_{(T-2)A}}{\sqrt{3}} = \frac{-0.25}{\sqrt{3}} = -0.14$$

$$\dot{I}_{ba} = \frac{\dot{I}_{(T-2)B}}{\sqrt{3}} = \frac{0.13 - j0.12}{\sqrt{3}} = 0.08 - j0.07 = 0.1\angle -42.5^\circ$$

$$\dot{I}_{bc} = \frac{\dot{I}_{(T-2)C}}{\sqrt{3}} = \frac{0.13 + j0.12}{\sqrt{3}} = 0.08 + j0.07 = 0.1\angle 42.5^\circ$$

负荷 L-2 中的各序分量电流为

$$\dot{I}_{(L-2)a1} = \dot{I}_{(T-2)A1} \times e^{j30^\circ} = 0.06\angle 210^\circ = -0.05 - j0.03$$

$$\dot{I}_{(L-2)a2} = \dot{I}_{(T-2)A2} \times e^{-j30^\circ} = 0.19\angle 150^\circ = -0.17 + j0.1$$

负荷 L-2 各相中的电流为

$$\dot{I}_{(L-2)a} = \dot{I}_{(L-2)a1} + \dot{I}_{(L-2)a2} = -0.22 + j0.17 = 0.23\angle 162.3^\circ$$

$$\dot{I}_{(L-2)b} = \alpha^2 \dot{I}_{(L-2)a1} + \alpha \dot{I}_{(L-2)a2} = 0.06\angle 90^\circ + 0.19\angle -90^\circ$$

$$=-j0.13$$
$$=0.13\angle\underline{-90^\circ}$$

$$\dot{I}_{(L\text{-}2)c}=\alpha\dot{I}_{(L\text{-}2)a1}+\alpha^2\dot{I}_{(L\text{-}2)a2}$$
$$=0.06\angle\underline{-30^\circ}+0.19\angle\underline{30^\circ}$$
$$=0.22+j0.07$$
$$=0.23\angle\underline{17.7^\circ}$$

负荷 L-1 各相中的电流为

$$\dot{I}_{(L\text{-}1)a}=\dot{I}_{(L\text{-}1)A1}e^{-j30^\circ}+\dot{I}_{(L\text{-}1)A2}e^{j30^\circ}$$
$$=0.25\angle\underline{210^\circ}+0.14\angle\underline{150^\circ}$$
$$=-0.33-j0.06$$
$$=0.34\angle\underline{-170^\circ}$$

$$\dot{I}_{(L\text{-}1)b}=\alpha^2\dot{I}_{(L\text{-}1)A1}e^{j30^\circ}+\alpha\dot{I}_{(L\text{-}1)A2}e^{-j30^\circ}$$
$$=0.25\angle\underline{90^\circ}+0.14\angle\underline{-90^\circ}=j0.11$$

$$\dot{I}_{(L\text{-}1)c}=\alpha\dot{I}_{(L\text{-}1)A1}e^{j30^\circ}+\alpha^2\dot{I}_{(L\text{-}1)A2}e^{-j30^\circ}$$
$$=0.25\angle\underline{-30^\circ}+0.14\angle\underline{30^\circ}$$
$$=0.33-j0.06$$
$$=0.34\angle\underline{-10^\circ}$$

发电机各相中的电流为

$$\dot{I}_{Ga}=\dot{I}_{GA1}e^{j30^\circ}+\dot{I}_{GA2}e^{-j30^\circ}$$
$$=1.17\angle\underline{30^\circ}-0.22\angle\underline{-30^\circ}$$
$$=0.82+j0.7$$
$$=1.07\angle\underline{40.5^\circ}$$

$$\dot{I}_{Gb}=\alpha^2\dot{I}_{GA1}e^{j30^\circ}+\alpha\dot{I}_{GA2}e^{-j30^\circ}$$
$$=1.17\angle\underline{-90^\circ}-0.22\angle\underline{-90^\circ}$$
$$=-j1.39$$
$$=1.39\angle\underline{-90^\circ}$$

$$\dot{I}_{Gc}=\alpha\dot{I}_{GA1}e^{j30^\circ}+\alpha^2\dot{I}_{GA2}e^{-j30^\circ}$$

$$= 1.17\angle 150^\circ - 0.22\angle -150^\circ$$

$$= -0.82 + j0.7$$

$$= 1.07\angle 139.5^\circ$$

以上得到的电流分布示于图 12-51 中。

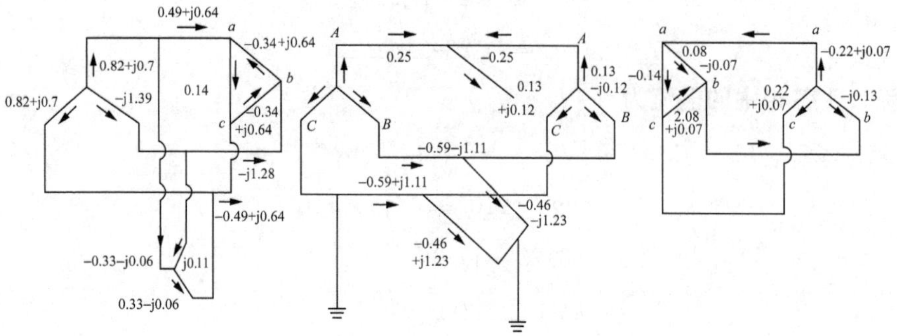


图 12-51　例题 12-9 的电流分布

线路始端母线上的各序分量电压为

$$\dot{U}_{lA1} = \dot{U}_{kA1} + \dot{I}_{lA1}jX_4$$
$$= j0.24 + 0.92 \times j0.19 = j0.41$$

$$\dot{U}_{lA2} = \dot{U}_{kA2} + \dot{I}_{lA2}jX_4 = j0.24 - 0.36 \times j0.19 = j0.17$$

$$\dot{U}_{lA0} = \dot{U}_{kA0} + \dot{I}_{lA0}jX_4 = j0.24 - 0.31 \times j0.57 = j0.06$$

发电机母线上的各序分量电压为

$$\dot{U}_{Ga1} = (\dot{U}_{lA1} + \dot{I}_{lA1}jX_2)e^{j30^\circ}$$

$$= (j0.41 + 0.92 \times j0.21)e^{j30^\circ}$$

$$= 0.6\angle 120^\circ = -0.3 + j0.52$$

$$\dot{U}_{Ga2} = (\dot{U}_{lA2} + \dot{I}_{lA2}jX_2)e^{-j30^\circ}$$

$$= (j0.17 - 0.36 \times j0.21)e^{-j30^\circ}$$

$$= 0.1\angle 60^\circ = 0.05 + j0.09$$

发电机母线上的各相电压为

$$\dot{U}_{Ga} = \dot{U}_{Ga1} + \dot{U}_{Ga2} = 0.25 + \mathrm{j}0.61 = 0.65\angle\underline{112.7^\circ}$$

$$\dot{U}_{Gb} = \alpha^2\dot{U}_{Ga1} + \alpha\dot{U}_{Ga2} = 0.6 - 0.1 = 0.5$$

$$\begin{aligned}\dot{U}_{Gc} &= \alpha\dot{U}_{Ga1} + \alpha^2\dot{U}_{Ga2} = 0.6\angle\underline{240^\circ} + 0.1\angle\underline{-60^\circ} \\ &= -0.25 - \mathrm{j}0.61 = 0.65\angle\underline{-112.7^\circ}\end{aligned}$$

负荷 L-2 端母线上的各序分量电压为

$$\begin{aligned}\dot{U}_{(\text{L-2})a1} &= (\dot{U}_{kA1} + \dot{I}_{(\text{T-2})A1}\mathrm{j}X_5)\mathrm{e}^{\mathrm{j}30^\circ} \\ &= (\mathrm{j}0.24 - \mathrm{j}0.06 \times 0.21)\mathrm{e}^{\mathrm{j}30^\circ} \\ &= 0.22\angle\underline{120^\circ} = -0.11 + \mathrm{j}0.19\end{aligned}$$

$$\begin{aligned}\dot{U}_{(\text{L-2})a1} &= (\dot{U}_{kA1} + \dot{I}_{(\text{T-2})A1}\mathrm{j}X_5)\mathrm{e}^{\mathrm{j}30^\circ} \\ &= (\mathrm{j}0.24 - \mathrm{j}0.19 \times 0.21)\mathrm{e}^{-\mathrm{j}30^\circ} \\ &= 0.2\angle\underline{60^\circ} = 0.1 + \mathrm{j}0.17\end{aligned}$$

负荷 L-2 端母线上的各相电压为

$$\begin{aligned}\dot{U}_{(\text{L-2})a} &= \dot{U}_{(\text{L-2})a1} + \dot{U}_{(\text{L-2})a2} = -0.01 + \mathrm{j}0.39 \\ &\approx 0.36\angle\underline{90^\circ}\end{aligned}$$

$$\begin{aligned}\dot{U}_{(\text{L-2})b} &= \alpha^2\dot{U}_{(\text{L-2})a1} + \alpha\dot{U}_{(\text{L-2})a2} \\ &= 0.22 - 0.2 = 0.02\end{aligned}$$

$$\begin{aligned}\dot{U}_{(\text{L-2})c} &= \alpha\dot{U}_{(\text{L-2})a1} + \alpha^2\dot{U}_{(\text{L-2})a2} \\ &= 0.22\angle\underline{240^\circ} + 0.2\angle\underline{-60^\circ} \\ &= -0.01 - \mathrm{j}0.36 \approx 0.36\angle\underline{-90^\circ}\end{aligned}$$

## 四、各种不对称短路电流值与三相短路电流值的比较

在电力系统中某一点发生不对称短路时的电流值对三相短路电流的比值，与不对称短路的种类，网络对短路点的等值正序、负序和零序阻抗值以及励磁调节器的作用等有关，并且随时间而变化。在本小节中只对某些极限情况进行讨论。

三相短路时的短路电流值决定于

$$I_k^{(3)} = \frac{\dot{E}_{1\Sigma}}{\mathrm{j}X_{1\Sigma}} \tag{12-132}$$

若在该点发生单相直接接地短路，则故障相的短路电流值为

$$I_k^{(1)} = \frac{3\dot{E}_{1\Sigma}}{\mathrm{j}(X_{1\Sigma} + X_{2\Sigma} + X_{0\Sigma})} \tag{12-133}$$

假定两种短路时的发电机电势是相同的，则单相短路电流与三相短路电流的比值为

$$K_{(1-3)}=\frac{I_k^{(1)}}{I_k^{(3)}}=\frac{3X_{1\Sigma}}{X_{1\Sigma}+X_{2\Sigma}+X_{0\Sigma}} \tag{12-134}$$

若 $X_{1\Sigma}\approx X_{2\Sigma}$，则当 $X_{0\Sigma}$ 很小时，即短路发生在接地点附近时，有

$$K_{(1-3)}=\frac{I_k^{(1)}}{I_k^{(3)}}\approx\frac{3}{2}$$

而当 $X_{0\Sigma}$ 很大或在不接地系统中，则有

$$K_{(1-3)}=\frac{I_k^{(1)}}{I_k^{(3)}}\approx 0$$

所以在 $X_{1\Sigma}\approx X_{2\Sigma}$ 的条件下，单相短路电流与三相短路电流的比值将在下列范围内变化：

$$0<K_{(1-3)}<1.5$$

当在离电源较远处发生短路时，由于发电机电抗的影响较小，或者在发电机端短路的开始瞬间，由于 $X_d''\approx X_2$，可以近似认为 $X_{1\Sigma}\approx X_{2\Sigma}$。

若 $X_{1\Sigma}\gg X_{2\Sigma}$，则当 $X_{0\Sigma}$ 很小时，有

$$K_{(1-3)}\approx 3$$

而当 $X_{0\Sigma}$ 很大或不接地时，则有

$$K_{(1-3)}\approx 0$$

当在发电机端发生短路且达到短路稳态时，由于 $X_d\gg X_2$，故可近似认为 $X_{1\Sigma}\gg X_{2\Sigma}$。在这种情况下，$K_{(1-3)}$ 将在下列范围内变化：

$$0<K_{(1-3)}<3$$

由上述可知，在某些情况下，单相短路电流值可能大于三相短路电流值。另一方面也可知，借助于改变零序阻抗值，可以限制单相短路电流于较小的值。在不接地系统中，若忽略电容电流，则单相短路电流为零。

在两相直接短路时，故障相的短路电流为

$$I_k^{(2)}=\frac{\sqrt{3}\dot{E}_{1\Sigma}}{\mathrm{j}(X_{1\Sigma}+X_{2\Sigma})} \tag{12-135}$$

故两相短路电流与三相短路电流的比值决定于

$$K_{(2-3)}=\frac{I_k^{(2)}}{I_k^{(3)}}=\frac{\sqrt{3}X_{1\Sigma}}{X_{1\Sigma}+X_{2\Sigma}} \tag{12-136}$$

当短路发生在离电源较远处，或在发电机端短路的开始瞬间，可以认为 $X_{1\Sigma}\approx X_{2\Sigma}$，则有

$$K_{(2-3)} \approx \frac{\sqrt{3}}{2}$$

当短路发生在发电机附近而达到稳态时，由于 $X_{1\Sigma} \gg X_{2\Sigma}$，故有

$$K_{(2-3)} \approx \sqrt{3}$$

由上述可知，两相短路电流与三相短路电流比值；将在下列范围内变化：

$$\frac{\sqrt{3}}{2} < K_{(2-3)} < \sqrt{3}$$

在两相直接接地短路时，故障相的短路电流为

$$I_k^{(1,1)} = m \frac{\dot{E}_{1\Sigma}}{\mathrm{j}(X_{1\Sigma} + X_{\triangle})} \tag{12-137}$$

式中

$$m = \sqrt{3}\sqrt{1 - \frac{X_{2\Sigma}X_{0\Sigma}}{(X_{2\Sigma} + X_{0\Sigma})^2}} \tag{12-138}$$

$$X_{\triangle} = \frac{X_{2\Sigma}X_{0\Sigma}}{X_{2\Sigma} + X_{0\Sigma}} \tag{12-139}$$

当 $X_{0\Sigma} \approx 0$ 或 $X_{2\Sigma} \approx 0$ 时 $X_{\triangle} \approx 0$，而 $m \approx \sqrt{3}$，故两相接地短路电流与三相短路电流的比值

$$K_{(1,1-3)} = \frac{K_k^{(1,1)}}{I_k^{(3)}} = \sqrt{3} \tag{12-140}$$

当 $X_{0\Sigma} \approx \infty$ 时，即当中性点不接地时，则两相接地短路电流与两相短路相同。所以，$K_{(1,1-3)}$ 的变化范围与 $K_{(2-3)}$ 的完全相同。

## 参考文献


1. 李光琦. 电力系统暂态分析. 北京：水利电力出版社，1993
2. 南京工学院. 电力系统. 北京：电力工业出版社，1980
3. 何仰赞等. 电力系统分析(上册). 武汉：武汉理工大学出版社，1995

# 第十三章　导体的发热、电动力计算与电气设备选择

发电厂和变电所中的发电机、变压器、母线及其他用电元件，按一定的连接方式构成了一个供电回路，在这一回路中由于各元器件作用、功能的不同，对它们的要求也不尽相同。对发电厂、变电所中电气设备的选择是系统电气设计中一项重要内容，必须从对各设备具体要求出发结合工程实践作出正确、合理选择。本章叙述电气设备的发热和电动力产生的原因、计算方法、电气设备选择的一般条件和校验的主要内容，并结合主要电气设备选择计算，使学生掌握电气设备选择的基本内容、方法、过程。

虽然本章是针对载流导体及一般电气设备选择计算而言，但其中一些基本原理也适用于一般电机。

## 第一节　概　　述

电气设备在工作时，交流电流通过导体将产生各种功率损耗，引起电器发热，其中包括导体和电接触部分电阻的存在产生的电阻损耗（又称焦耳热）；由于交变磁场的作用，在周围的铁磁体内会产生涡流损耗和磁滞损耗，以及在绝缘体内产生的介质损耗。所有这些损耗几乎全部转化为热能，从而加热了导体，使得电气设备的温度升高了。显然长时间在高温下运行，会对电气设备的使用造成很大影响，电气设备的发热便成为选择设备时要考虑的主要因素。

电流通过载流导体时引起的发热与电流本身的大小及其持续通过的时间长短有关，根据电气设备中通过的电流的大小及时间的不同，将发热情况分为两种。第一种是正常情况下因工作电流而发生的连续发热，又称长期持续发热。特点是热量平衡，即发热过程中导体内产生的热量与散失到周围介质中去的热量相等，导体的温度保持稳定不变。第二种发热是短时大电流引起的发热，针对本课程而言也就是短路电流引起的发热，又称为短时发热。在短路过程中，由于短路电流很大，产生热量很多，同时短路过程非常短，热量来不及散失到周围介质中去，新的热平衡过程来不及建立，所以这一过程基本上可视为绝热过程，导体温度将不断升高。

发热对电气设备的影响主要有以下几个方面：

(1) 使绝缘材料的绝缘性能降低

绝缘材料在高温及潮湿作用下，将逐渐老化，失去弹性，绝缘性能降低。其老化速度的快慢与工作温度的高低有关，温度越高，绝缘材料老化就越快。因此，对

不同等级的绝缘材料，按其耐热性能和使用年限的要求，相应规定了运行中最高允许发热温度，若使用中温度超过这一数值，则会加速绝缘材料老化，大大缩短设备使用寿命。

(2) 使电气设备结构体机械强度下降

当温度超过一定允许值后，金属材料由于退火会出现机械强度显著下降现象。如铜和铝导体最高允许长期发热温度约为 150℃和 100℃，当它们的工作温度分别超过 250℃和 200℃时，它们的抗拉强度会急剧下降，这时若承受较大电动力(如短路后产生的电动力)很容易使导体断裂、损坏。

(3) 使导电体接触部分的电阻增加

当电气设备工作温度超过规定水平时，会使接触部分的弹性因退火而压力降低，同时发热又使导体表面氧化，产生电阻率很高的氧化层，接触电阻大大增加，这会使得接触部分局部温升增高，造成恶性循环，破坏电气设备的正常工作。

基于上述可能的严重后果，以及两种发热对电气设备造成影响的不同，在国家标准中分别就载流导体及电器的长期、短时发热最高允许温度作出规定，见表 13-1，交流高压电器长期允许发热温度见表 13-2。对两表进行简单分析，可以看出，电气设备的长期发热允许温度主要由绝缘材料的允许温度和接触部分的允许温度确定，而短时发热允许温度则主要取决于导体的机械强度和绝缘材料的性能。

**表 13-1 载流导体长期发热和短时发热的允许温度**

| 导体种类和材料 | 长期发热 | | 短时发热 | |
|---|---|---|---|---|
| | 允许温度/℃ | 允许温升/℃① | 允许温度/℃ | 允许温升/℃② |
| 1. 裸母线 | | | | |
| 铜 | 70③ | 45 | 300 | 230 |
| 铝 | 70③ | 45 | 200 | 130 |
| 钢(不和电器直接连接时) | 70 | 45 | 400 | 330 |
| 钢(和电器直接连接时) | 70 | 45 | 300 | 230 |
| 2. 油浸纸绝缘电缆 | | | | |
| 铜芯 10kV 及以下 | 60～80 | | 250 | 190～170 |
| 铝芯 10kV 及以下 | 60～80 | | 200 | 140～120 |
| 铜芯 20～35kV | 50 | | 175 | 125 |
| 3. 充油纸绝缘电缆 60～330kV | 70～75 | | 160 | 90～85 |
| 4. 橡皮绝缘电缆 | 50 | | 150 | 100 |
| 5. 聚氯乙烯绝缘电缆 | 60 | | 130 | 70 |
| 6. 交联聚乙烯绝缘电缆 | | | | |
| 铜芯 | 80 | | 230 | 150 |
| 铝芯 | 80 | | 200 | 120 |
| 7. 中间接头的电缆 | | | | |

续表

| 导体种类和材料 | 长期发热 | | 短时发热 | |
|---|---|---|---|---|
| | 允许温度/℃ | 允许温升/℃① | 允许温度/℃ | 允许温升/℃② |
| 锡焊接头 | | | 120 | |
| 压接接头 | | | 150 | |

注：①指导体温度对周围环境温度的升高。我国所采用的计算环境温度如下：电力变压器和电器(周围空气温度)40℃；发电机(利用空气冷却时进入的空气温度)35～40℃；装在空气中的导线、母线和电力电缆 25℃；埋入地下的电力电缆 15℃。

②指导体温度较短路前的升高，通常取导体短路前的温度等于它长期工作时的最高允许温度。

③裸导体的长期允许工作温度一般不超过 70℃，当其接触面处具有锡的可靠覆盖层时(如超声波搪锡等)，允许提高到 85℃；当有银的覆盖层时，允许提高到 95℃。

**表 13-2　交流高压电器各部分最大允许发热温度与最大允许温升**

| 电器各部分的名称及材料 | 最高允许发热温度/℃ | | 环境温度 40℃时允许温升/℃ | |
|---|---|---|---|---|
| | 空气中 | 油中 | 空气中 | 油中 |
| 1. 不与绝缘材料接触的金属部分 | | | | |
| (1)需要考虑发热对机械强度影响 | | | | |
| 铜 | 100 | 90 | 70 | 50 |
| 铜镀银 | 120 | 90 | 80 | 50 |
| 铝 | 100① | 90 | 60 | 50 |
| 钢、铸铁及其他 | 110 | 90 | 70 | 50 |
| (2)不需要考虑发热对机械强度影响 | | | | |
| 铜或铜镀银 | 145 | 90 | 105 | 50 |
| 铝 | 135 | 90 | 95 | 50 |
| 2. 与绝缘材料接触的金属部分以及由绝缘材料制成的零件，当绝缘材料等级为 | | | | |
| Y | 85 | | 45 | |
| A | 100 | 90 | 60 | 50 |
| E、B、F、H 和 C | 110 | 90 | 70 | 50 |
| 3. 最上层变压器油 | | | | |
| (1)作为灭弧介质时 | | 80 | | 40 |
| (2)只作为绝缘介质时 | | 90 | | 50 |
| 4. 接触连接 | | | | |
| (1)用螺栓、螺纹、铆钉或其他形式紧固时 | | | | |
| 铜或铝无镀层 | 80 | 85 | 40 | 45 |
| 铜或铝镀(搪)锡 | 90 | 90 | 50 | 50 |
| 铜镀银 | 105 | 90 | 65 | 50 |
| (2)用弹簧压紧时 | | | | |
| 铜或铜合金无镀层② | 75 | 80 | 35 | 40 |
| 铝或铝合金② | | 80 | | 40 |

续表

| 电器各部分的名称及材料 | 最高允许发热温度/℃ | | 环境温度 40℃时允许温升/℃ | |
|---|---|---|---|---|
| | 空气中 | 油中 | 空气中 | 油中 |
| 铜或铜合金镀银② | 105 | 90 | 65 | 50 |
| 5. 铜编织线 | (85)③ | 90 | (45)③ | 50 |

注：① 需要考虑发热对机械强度影响的铝，最大允许发热温度取 100℃，不需要考虑发热对机械强度影响的铜、铝，最大允许温度可以适当提高。

② 所指合金系铜基、铝基与银基合金，不包括粉末冶金。

③ 括号内为推荐值。

电流通过电气设备时，除了会因功率损耗产生发热的现象外，在载流导体之间还会产生相互作用力，又称为电动力。正常运行时，通过导体的电流不大，它所产生的电动力也不大，但随着电流的增大，尤其是短路冲击电流所产生的电动力将达到很大的数值，可能会导致设备的损坏或变形。为了保证电器和载流导体在正常及事故工况下的安全、可靠运行，规定了导体的最大允许应力，即短路冲击电流产生的电动力不应超过这一数值。硬导体最大允许应力如表 13-3 所示。

**表 13-3　硬导体最大允许应力**

| 导体材料 | 最大允许应力/Pa |
|---|---|
| 硬铝 | $69\times10^6$ |
| 硬铜 | $137\times10^6$ |

## 第二节　均匀导体的发热计算

对应于导体及电气设备不同的工作状况，有长时发热和短时发热两个不同的发热类型，鉴于它们各有特点，同时又对电气设备的选择和运行有不同影响，本节就这两种发热的研究目的、特点、计算方法及计算实例分别进行介绍。

### 一、均匀导体的长期发热及载流量的确定

1. 长期发热热平衡方程

如前所述，导体的长期发热是指在正常工作状况下通过导体的电流及施加在导体上的电压均不超过额定值时的发热过程。而均匀导体主要强调导体沿全长有相同截面和材料，如母线、电缆等。导体中没有通过电流时，其温度与周围介质温度相等；当导体内通过电流时，其内部产生的热量一部分使导体本身温度升高，另一部分散失到周围介质中去，它们之间呈动态分配，直至导体发热过渡到稳态时，

导体发热温度达到稳态温度。这一变化过程可以用热平衡方程来描述

$$I^2R\mathrm{d}t = mc \cdot \mathrm{d}\theta + \alpha F(\theta - \theta_0)\mathrm{d}t \tag{13-1}$$

式中，$I$ 为通过导体的电流，A；$R$ 为导体的电阻，Ω；$m$ 为导体的质量，kg；$c$ 为导体材料的比热容，J/(kg·℃)；$\alpha$ 为导体的综合散热系数，W/(m·℃)；$F$ 为导体的散热面积，$m^2$；$\theta$ 为导体的温度，℃；$\theta_0$ 为周围环境温度，℃。

显然，方程(13-1)中左边项表示导体在长期发热过程中由于焦耳热从电网中获得的能量，也就是导体吸收的能量，而忽略了数量较小的介质损耗和磁滞损耗；表达式右边第一项代表导体升高自身温度所消耗的热量，另外一项描述的是导体在此过程中散失到周围介质中去的热量。

考虑到在导体长期发热计算中，导体各部分间通过传导传递的热量很少，同时为了便于计算就把导体的对流和辐射换热经过适当的折算采用综合换热系数方式来统一计算，具体换热系数及换热面积的确定可参考有关文献。

当导体中通过正常工作电流时，其产生的温度变化不大，因此可以把 $R$、$c$、$\alpha$ 等参数视为与温度变化无关的常量，方程(13-1)为一个常系数非齐次一阶微分方程，可以采用高等数学方法方便求解，得到方程的解为

$$\tau = \frac{I^2R}{\alpha F}(1 - \mathrm{e}^{-\frac{\alpha F}{mc}t}) + \tau_i \mathrm{e}^{-\frac{\alpha F}{mc}\cdot t} \tag{13-2}$$

式中，$\tau$ 为导体对周围空气的温升，$\tau = \theta - \theta_0$；$\tau_i$ 为 $t=0$ 时，对周围空气的温升，即起始温升 $\tau_i = \theta_i - \theta_0$。

令 $T = \frac{mc}{\alpha F}$，则式(13-2)变为

$$\tau = \frac{I^2R}{\alpha F} + \left(\tau_i - \frac{I^2R}{\alpha F}\right)\mathrm{e}^{-\frac{t}{T}} \tag{13-3}$$

式中，$T$ 为导体发热时间常数，s，它表明了导体发热过程进行的快慢，是物体的全部热容量与散发到周围介质中去的热量之比，对一般铜、铅导体，其值为 10～20s；$\frac{I^2R}{\alpha F}$ 为时间 $t$ 趋于无穷大时导体的温升，又称稳态温升，用 $\tau_{st}$ 表示。它与导体起始温度及温升无关，一般经(4～5)$T$ 后导体发热温升可达到这一数值。

进一步简化式(13-3)，得到

$$\tau = \tau_{st} + (\tau_i - \tau_{st})\mathrm{e}^{-\frac{t}{T}}$$

可见，长期发热中导体的温升随时间呈指数规律变化，最后趋于稳态温升。

2. 均匀导体长期发热计算研究目的及载流量的确定

由载流导体稳态温升 $\tau_{st}$ 与导体通过电流的关系可知，导体的载流量与导体允许温升、材料等因素有关，而进行均匀导体长期发热计算的研究目的也正在于：找出导体中通过电流与允许发热温度间的关系，根据影响允许电流大小的因素来改善

导体(设备)的工作条件,以提高导体的长期允许工作电流,从而充分利用导体截面。

那么究竟如何确定导体的允许载流量呢?载流量的求取可以从热平衡方程中令导体吸热与散热相等直接导出,也可由稳态温升求出。两者结论相同,这里以后者为例进行分析。根据导体稳态温升与载流量的关系式(13-4)进行移项变形

$$\tau_{st}=\frac{I^2R}{\alpha F} \tag{13-4}$$

得到

$$I=\sqrt{\frac{\alpha F\tau_{st}}{R}} \tag{13-5}$$

若稳态温升以导体(电器)的长时最高允许发热温度与周围环境的温度差代入,则对应求出的电流 $I$ 即是它的长期允许通过电流,所以导体载流量为

$$I_{al}=\sqrt{\frac{\alpha F(\theta_{al}-\theta_0)}{R}} \tag{13-6}$$

式中,$I_{al}$ 为导体长期发热允许电流,A;$\alpha$ 为导体综合换热系数,W/(m$^2$·℃);$F$ 为导体换热面积,m$^2$;$\theta_{al}$ 为导体长期发热允许温度,℃;$\theta_0$ 为周围环境温度,℃;$R$ 为导体电阻。

可见,提高导体允许载流量有以下几个主要途径:

① 减小导体电阻。根据导体交流电阻的计算公式,可以知道交流电阻 $R_{al}$ 与导体材料、集肤效应系数、截面、邻近效应及环境温度有关,因此可采用选择电阻率较小的金属作为导体材料,同时尽量将大电流母线制成方管、圆管截面等措施达到减小电阻,提高载流量的目的。

② 周围环境温度 $\theta_0$ 降低。同一导体在不同地区及不同季节时其允许载流量不同,$\theta_0$ 越低则允许载流量越大。

③ 增加散热面积 $F$。

④ 增大综合换热系数 $\alpha$。由于 $\alpha$ 系数中包含了对流及辐射换热的综合信息,故而采取改变导体布置方式,冷却方式,导体表面处理方式及导体形状等措施均会影响导体的综合换热,进而影响导体的载流量。

电力系统中,制造厂家与设计部门根据导体标准截面按相应冷却条件,分别计算出各种标准截面下的导体载流量,并通过实验校验,最后制成相应表格,供设计施工人员查看。在今后的学习中,只需计及不同环境温度下导体载流量的修正,而不用再进行其他计算。

［**例 13-1**］　屋内配电装置中装有 100mm×8mm 的矩形导体。导体正常运行温度为 $t_w=70$℃,周围空气温度为 $t_0=25$℃,试计算此导体的载流量。

**解:**由式(13-6),无风无日照时导体的载流量为

$$I = \sqrt{\frac{Q_c + Q_r}{R}} \quad \text{A}$$

下面分别求 $R$、$Q_c$ 和 $Q_r$。

(1) 交流电阻 $R$

温度 20℃时铝的电阻率为 $\rho_{20} = 0.028\Omega \cdot \text{mm}^2/\text{m}$。铝的电阻温度系数 $\alpha = 0.0041℃^{-1}$。当温度为 70℃时，1000m 长铝导体的直流电阻为

$$R_{\text{dc}} = 1000 \times \frac{\rho_{20}[1 + \alpha(t_w - 20)]}{s} = 1000 \times \frac{0.028[1 + 0.0041(70 - 20)]}{100 \times 8}$$

$$= 0.0422(\Omega)$$

对应于 $\sqrt{\dfrac{f}{R_{\text{dc}}}} = \sqrt{\dfrac{50}{0.0422}} = 34.42$ 及 $\dfrac{b}{h} = 0.08$，由曲线查得集肤系数 $K_s = 1.05$。

每米长导体的交流电阻为

$$R = 1.05 \times 0.0422 \times 10^{-3} = 0.0443 \times 10^{-3}(\Omega/\text{m})$$

(2) 对流换热量 $Q_c$

由式(4-3)对流换热量公式

$$Q_c = \alpha_c(t_w - t_0)F_c \quad \text{W/m}$$

对流换热面积

$$F_c = 2A_1 + 2A_2 = 2\left(\frac{100}{1000}\right) + 2\left(\frac{8}{1000}\right) = 0.216(\text{m}^2/\text{m})$$

对流换热系数

$$\alpha_c = 1.5(t_w - t_0)^{0.35} = 1.5(70 - 25)^{0.35} = 5.685(\text{W}/(\text{m}^2 \cdot ℃))$$

故对流换热量

$$Q_c = 5.685(70 - 25) \times 0.216 = 55.26(\text{W/m})$$

(3) 辐射换热量

由式(4-7)辐射换热量的公式

$$Q_r = 5.7\varepsilon\left[\left(\frac{273 + t_w}{100}\right)^4 - \left(\frac{273 + t_0}{100}\right)^4\right]F_r \quad \text{W/m}$$

每米长导体的辐射换热面积

$$F_r = 2A_1 + 2A_2 = 2\left(\frac{100}{1000}\right) + 2\left(\frac{8}{1000}\right) = 0.216(\text{m}^2/\text{m})$$

因导体表面涂漆，取辐射系数 $\varepsilon = 0.95$，故辐射换热量

$$Q_r = 5.7 \times 0.95\left[\left(\frac{273 + 70}{100}\right)^4 - \left(\frac{273 + 25}{100}\right)^4\right] \times 0.216 = 69.65(\text{W/m})$$

最后，求得 100mm×8mm 铝导体的载流量为

$$I = \sqrt{\frac{Q_c + Q_r}{R}} = \sqrt{\frac{55.26 + 69.65}{0.0443 \times 10^{-3}}} = 1679(\mathrm{A})$$

## 二、均匀导体的短时发热计算

1. 短时发热计算

(1) 短时发热的定义

导体的短时发热是指从短路开始至短路切除为止这一段很短的时间内短路电流引起的导体发热过程。导体短时发热过程如图 13-1 所示，图中 $\theta_i$ 是导体正常工作时(短路前)的温度，即前面所述的长期发热温度；$\theta_f$ 是短路后导体的最高温度，$\theta_\alpha$ 是导体周围环境温度。由图上导体温度变化过程可以看出，短路发生前($t_1$ 时刻前)导体温度为 $\theta_i$，短路发生至短路切除($t_1$ 至 $t_2$)时段内，导体温度由 $\theta_i$ 上升为 $\theta_f$，短路切除后导体温度由 $\theta_f$ 下降为 $\theta_0$，之后又会因电流的通过而上升为某一稳定值。

(2) 短时发热研究目的

电力系统中的导体、设备大部分长期工作于正常状态下，因而对长期发热进行计算，旨在确定导体的长期允许通过电流。而在系统运行过程中，由于各种主客观因素的作用，不可避免的会出现短路或断线的事故状况，为了保证系统中的导体设备能满足恶劣工况的要求，必须进行短路电流通过时的热稳定校验。故载流导体短时发热的计算旨在确定短路后导体发热的最高温度，以便校核导体在短路后最高发热温度是否超过导体的短时最高允许温度。

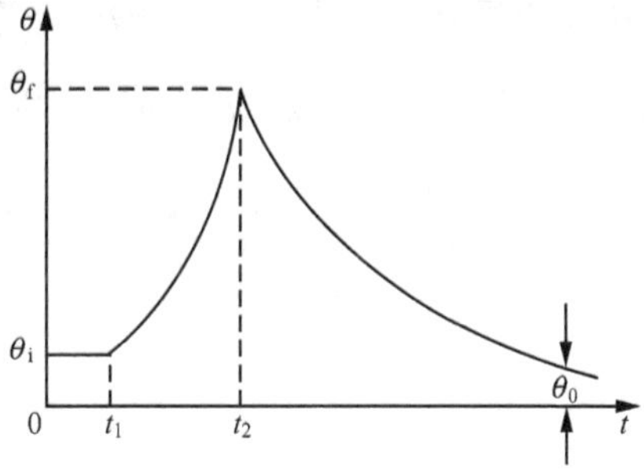

图 13-1　导体短时发热过程图

与导体的长期持续发热相比，导体的短时发热有显著不同，它具有如下特点：

① 发热时间短，产生的热量来不及向周围介质散布，可以认为短路电流产生的热量全部用以升高自身的温度，这是一个绝热过程；

② 短时发热过程中由于发热热量大、导体温度升高，它的电阻、比热容参数不能再视为与温度无关的常数，而应该是温度的函数。

根据以上特点，可列出这一过程中热平衡方程为

$$I_{kt}^2 R(\theta) \cdot \mathrm{d}t = m \cdot C(\theta)\mathrm{d}\theta \tag{13-7}$$

$$R(\theta) = \rho_0(1 + \alpha\theta)^{\frac{L}{S}} \tag{13-8}$$

$$C(\theta) = C_0(1 + \beta\theta) \tag{13-9}$$

$$m = \rho_m \cdot L \cdot S \tag{13-10}$$

式中，$I_{kt}$ 为短路全电流有效值，A；$R(\theta)$ 为温度为 $\theta$℃时导体的电阻，Ω；$C(\theta)$ 为温度为 $\theta$℃时导体的比热容，J/(kg · ℃)；$m$ 为导体的质量，kg；$\rho_0$ 为 0℃时导体的电阻

率,Ω·m;$\alpha$ 为电阻的温度系数,1/℃;$L$ 为导体的长度,m;$S$ 为导体的截面积,$m^2$;$C_0$ 为 0℃时导体的比热容,J/(kg·℃);$\beta$ 为的温度系数,1/℃;$\rho_m$ 为导体材料的密度,$kg/m^3$。

将式(13-8)～(13-10)代入方程(13-7)化简后整理得到

$$\frac{1}{S^2}I_{\mathrm{kt}}^2\cdot \mathrm{d}t=\frac{C_0\rho_m}{\rho_0}\left(\frac{1+\beta\theta}{1+\alpha\theta}\right)\cdot \mathrm{d}\theta \tag{13-11}$$

欲求短路后最高发热温度,对式(13-11)两边同时积分,等式左边为对时间 $t$ 从短路开始($t=0$)至短路切除时($t_{\mathrm{k}}$)积分,等式右边从导体短路开始时温度 $\theta_{\mathrm{i}}$ 至短路后最高发热温度 $\theta_{\mathrm{f}}$ 进行积分,有

$$\frac{1}{S^2}\int_0^{t_{\mathrm{k}}}I_{\mathrm{kt}}^2\cdot \mathrm{d}t=\frac{C_0\rho_m}{\rho_0}\int_{\theta_{\mathrm{i}}}^{\theta_{\mathrm{f}}}\left(\frac{1+\beta\theta}{1+\alpha\theta}\right)\cdot \mathrm{d}\theta \tag{13-12}$$

式中左边积分项 $\int_0^{t_{\mathrm{k}}}I_{\mathrm{kt}}^2\cdot \mathrm{d}t$ 与短路电流 $I_{\mathrm{kt}}$ 在短路存在过程中产生的热量成比例,因而称它为短路电流的热效应(或热脉冲)用 $Q_{\mathrm{k}}$ 表示。等式右边的积分经整理,变为

$$\begin{aligned}\frac{C_0\rho_m}{\rho_0}\int_{\theta_{\mathrm{i}}}^{\theta_{\mathrm{f}}}\left(\frac{1+\beta\theta}{1+\alpha\theta}\right)\cdot \mathrm{d}\theta&=\frac{C_0\rho_m}{\rho_0}\int_{\theta_{\mathrm{i}}}^{\theta_{\mathrm{f}}}\left[\frac{1}{\alpha}\frac{\mathrm{d}(1+\alpha\theta)}{1+\alpha\theta}+\frac{\beta\theta}{1+\alpha\theta}\cdot \mathrm{d}\theta\right]\\&=\frac{C_0\rho_m}{\rho_0}\left[\frac{\alpha-\beta}{\alpha^2}\ln(1+\alpha\theta)+\frac{\beta}{\alpha}\theta\right]\Bigg|_{\theta_{\mathrm{i}}}^{\theta_{\mathrm{f}}}\end{aligned} \tag{13-13}$$

令

$$A(\theta)=\frac{C_0\rho_m}{\rho_0}\left[\frac{\alpha-\beta}{\alpha^2}\ln(1+\alpha\theta)+\frac{\beta}{\alpha}\theta\right] \tag{13-14}$$

则式(13-12)改写成

$$\frac{1}{S^2}\cdot Q_{\mathrm{k}}=A_{\mathrm{f}}-A_{\mathrm{i}} \tag{13-15}$$

其中

$$\left.\begin{aligned}A_{\mathrm{f}}&=\frac{C_0\rho_m}{\rho_0}\left[\frac{\alpha-\beta}{\alpha^2}\ln(1+\alpha\theta)+\frac{\beta}{\alpha}\theta_{\mathrm{f}}\right]\\A_{\mathrm{i}}&=\frac{C_0\rho_m}{\rho_0}\left[\frac{\alpha-\beta}{\alpha^2}\ln(1+\alpha\theta)+\frac{\beta}{\alpha}\theta_{\mathrm{i}}\right]\end{aligned}\right\} \tag{13-16}$$

显然,变量 $A$ 的数值与导体材料和导体实际温度有关。实际应用中,往往将 $A$ 与导体温度的关系按各种材料的平均参数取值代入式(13-14)中计算后制成相应曲线 $\theta=f(A)$,如图 13-2 所示。

可以设想,根据 $\theta=f(A)$ 曲线,按以下方法便可以求出导体短时发热后最高温度 $\theta_{\mathrm{f}}$:

① 由已知的导体初始温度 $\theta_{\mathrm{i}}$(一般取为正常运行时最高允许发热温度),查找

对应导体材料的 $\theta=f(A)$ 曲线，查出 $A_i$ 值；

② 按式(13-15)将 $A_i$ 值及求出的短路热脉冲值代入求出 $A_f$；

③ 由 $A_f$ 数值再次查取对应 $\theta=f(A)$ 曲线，得出的温度值即为所求的 $\theta_f$。

于是要求得 $\theta_f$ 的关键就在于如何求出短路电流的热效应 $Q_k$

由 $Q_k$ 的定义可知（$Q_k=\int_0^{t_k} I_{kt}^2 \cdot dt$），要以解析方法精确计算 $Q_k$，必须先求出 $I_{kt}^2=f(t)$ 的函数式，然后后积分。在电力系统短路分析的基本理论中，短路电流的表达式往往是包含三角函数及指数函数、倍频分量等多项复合运算的复杂表达式，很难直接求出其平方值的积分。故目前工程上常采用近似计算法来计算短路电流热效应，其中有“等值时间法”和“辛普森积分法”等。下面仅就前一方法作简单介绍。

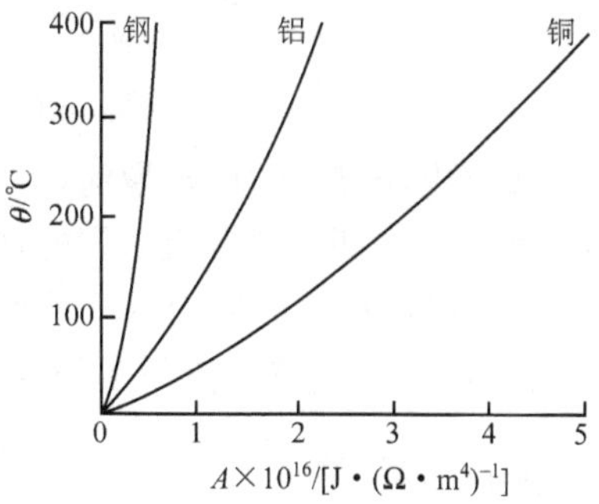


图 13-2　$\theta=f(A)$ 曲线

2. 短路电流热效应的计算

(1) 等值时间法

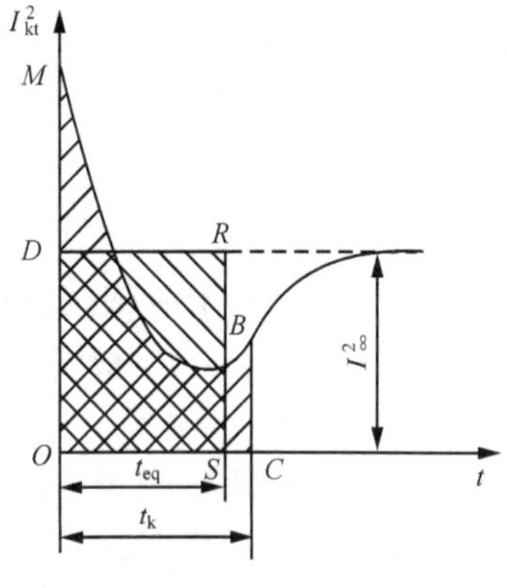


图 13-3　导体短时发热等值时间法示意图

等值时间法的原理是根据等效发热的概念。先作出短路电流平方随时间变化的关系曲线 $I_{kt}^2=f(t)$，如图 13-3 所示。由定积分的意义可知，在图上由曲线 $I_{kt}^2=f(t)$ 与 $t=0$，$t=t_k$ 两条直线所围成的图形 $OMBC$ 的面积，就等于短路电流产生的热效应 $Q_k$。若采用适当比例 $R$，该面积也可以代表短路过程中导体产生的热量。由于曲线 $I_{kt}^2=f(t)$ 变化规律复杂，定积分难于直接求出。如果我们以短路电流稳态值 $I_\infty$ 在一定时间内产生的热量与 $Q_k$ 相等作为等值条件来确定这一时间，这一相应时间就称为“短路发热等值时间”，用 $t_{eq}$ 来表示，即 $t_{eq}$ 满足

$$Q_k=\int_0^{t_k} I_{kt}^2 \cdot dt = I_\infty^2 \cdot t_{eq} \tag{13-17}$$

由于短路电流包含周期分量和非周期分量，相应地可将等值时间分为周期分量等值时间 $t_p$ 和非周期分量等值时间 $t_{np}$，而短路电流热效应也就由周期分量产生热效应 $Q_{kp}$ 和非周期分量热效应 $Q_{nkp}$ 组成，且有

$$t_{eq}=t_p+t_{np}$$

$$Q_k = \int_0^{t_k} I_{kt}^2 \cdot dt = I_\infty^2 \cdot t_{eq} = I_\infty^2 (t_p + t_{np})$$
$$= Q_{kp} + Q_{knp} \tag{13-18}$$

短路电流稳态值的求取有较成熟的理论和方法，所以要求 $Q_k$ 就转化为对周期分量和非周期分量等值时间的计算。

(2) 确定短路电流周期分量和非周期分量等值时间

研究表明，短路电流周期分量等值时间 $t_p$ 不仅与短路存在时间 $t_k$ 有关，还与短路电流的衰减特性 $\beta''\left(\beta''=\frac{I''}{I_\infty}\right)$有关。为便于 $t_p$ 值的确定，将 $t_p=f(t_k,\beta'')$关系制成曲线以供查取。如图 13-4 所示。该曲线是以装有自动电压调节器的汽轮发电机和水轮发电机的短路电流周期分量衰减曲线平均值为基准制作的，同时假定短路过渡过程 5s 之内即进入稳态，所以在图 13-4 中最大只到 $t=5$s 时，当短路存在时间 $t_k>5$s 时，可以认为短路电流在 5s 后，已达到稳态，此时周期分量等值时间 $t_p$ 按下式计算：

$$t_p = t_p(5s) + (t_k - 5) \tag{13-19}$$

式中，$t_p(5s)$为由已知 $\beta''$查找 $t_k=5$s 那条曲线所对应的周期分量等值时间。

由于短路电流周期分量衰减很快，当短路存在时间 $t_k>1$s 时，导体发热主要由短路电流周期分量来决定，故此时可不计非周期分量的影响，即令 $t_{np}$等于 0；当短路存在时间 $t_k<1$s 时，则按非周期分量等值时间的概念求取 $t_{np}$，即

$$t_{np} = 0.05\beta''^2 \tag{13-20}$$

等值时间法概念清晰、计算简单，目前应用较为广泛。但由于所依据曲线(图 13-4)在制作时有一定的机组容量局限，所以在计算大容量机组短路热脉冲时，采用等值积分法，如辛普森积分法，精度会更高一些。

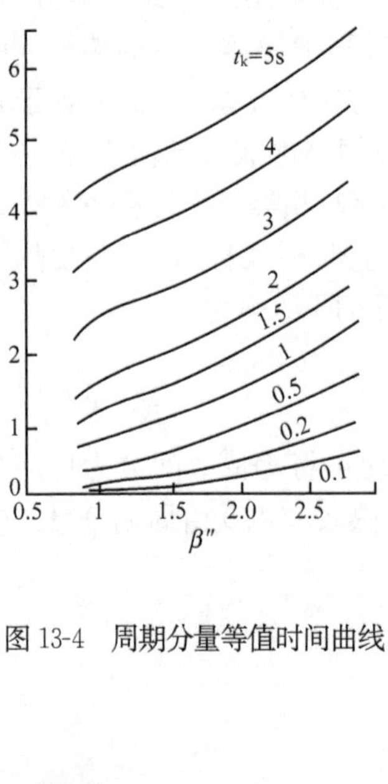


图 13-4　周期分量等值时间曲线

［例 13-2］　发电机电压为 10.5kV，额定电流为 1500A，装有 2×(100×8)mm² 矩形铝母线。短路电流 $I''=28$kA，$I_\infty^{(3)}=20$kA。继电保护动作时间为 0.3s，断路器全开断时间为 0.2s。正常负荷时母线的温度为 46℃，试计算短路电流的热效应和母线的最高温度。

**解**：(1)计算短路电流的热效应 $Q_k$

短路电流的作用时间等于保护动作时间与断路器全开断时间之和，即 $t_k=0.3s+0.2s=0.5s$。又 $\beta''=I''/I_\infty=28/20=1.4$。查图 13-4 的周期分量等值时间曲线得$t_p=0.65$s。

因 $t_k<1$s，故应考虑非周期分量的热效应。由

式(13-20)知非周期分量的等值时间

$$t_{np} = 0.05\beta''^2 = 0.05 \times 1.4^2 s = 0.1s$$

求得短路电流的热效应

$$Q_k = I_\infty^2 (t_p + t_{np}) = 20^2(0.65 + 0.1)kA^2 \cdot s = 300kA^2 \cdot s$$

(2) 求母线发热最高温度 $\theta_h$

因 $\theta_w$=46℃,由图 13-2 查得

$$A_w = 0.35 \times 10^{16} J/(\Omega \cdot m^4)$$

代入式(13-15)得

$$A_h = \frac{1}{S^2}Q_k + A_w = \frac{1}{\left(2 \times \frac{100}{1000} \times \frac{8}{1000}\right)^2} \times 300 \times 10^6 + 0.35 \times 10^{16}$$

$$= 0.0117 \times 10^{16} + 0.35 \times 10^{16} = 0.3617 \times 10^{16} (J/(\Omega \cdot m^4))$$

再由图 13-2,对应 $A_h$ 查得

$$\theta_h = 50℃ < 200℃ \qquad \text{(铝母线最高允许温度)}$$

此母线最高温度未超过允许值,能满足热稳定要求。

## 第三节　均匀导体短路时的电动力

对电气设备安全运行、正常工作产生影响的另一主要因素是导体上所承受的电动力。配电装置电器的载流部分当电流通过时会受到电动力的作用,即位于交变磁场中的载流导体所受到的电磁力。正常工作状况下,工作电流不大,电磁力也不大。短路时,尤其是冲击电流通过导体时,这一作用力会达到很大数值。为了保证设备正常、安全运行,必须按实际电动力的大小对所选用设备进行校验,以使其满足动稳定要求。具有足够机械强度。必要时,可采取措施,限制短路电流。

电动力的实质是载流导体所受磁场力,可以用毕奥-沙瓦定律计算。也可以从能量守恒的角度求取。这里以前者为例进行分析。如图 13-5(a)所示,假设通过电流为 $i$,长度为 $L$ 的载流导体位于磁场中,其上任一微线段元 d$l$ 处所受磁场力为 d$F$,则

$$dF = i \cdot B\sin\alpha dl \tag{13-21}$$

式中,$B$ 为 d$l$ 处的磁感应强度,T;$\alpha$ 为 d$l$ 与 $B$ 的夹角,rad;d$F$ 方向由左手定则或矢量叉积法则确定。

将式(13-21)沿载流导体全长积分,即可得到该导体全长 $L$ 上所受的总电动力为

$$F = \int_0^L iB\sin\alpha \cdot dl \tag{13-22}$$

下面分两种情况讨论电动力 $F$ 的计算。

## 一、两平行导体间的电动力

导体截面与导体间距离相比很小的两平行导体间，电流可以认为集中在各自的几何轴心上。这时其间电动力的大小可用式(13-22)计算。

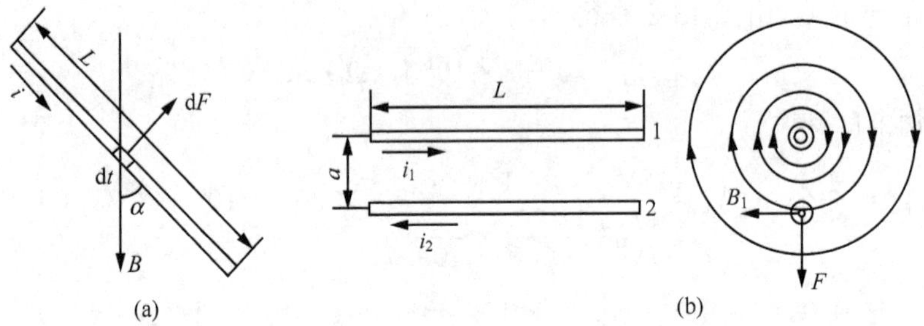


图 13-5　导体受电动力分析图

(a) 导体受磁场电动力分析图　(b) 两平行细长导体间的电动力

设两条平行细长导体长度为 $L$，导体中心距离为 $a$，导体中通过电流分别为 $i_1$ 和 $i_2$，方向如图 13-5(b)所示。若满足 $L \gg a$ 和 $a \gg d$ 时，导体中通过电流近似视为集中于轴心线上，此时导体 1 中电流 $i_1$ 在导体 2 处所产生磁感应强度为

$$B_1 = \mu_0 H_1 = \frac{\mu_0 i_1}{2\pi a} = \frac{2 \times 10^{-7} i_1}{a} \tag{13-23}$$

式中，$\mu_0$ 为空气磁导率 $\mu_0 = 4\pi \times 10^{-7}$；$H_1$ 为电流所产生的磁场强度。

则导体 2 上微线元 $dl_2$ 处所受到的电动力为

$$\begin{aligned} dF &= i_2 B_1 \sin\alpha \cdot dl_2 \\ &= \frac{2 i_1 i_2}{a} \cdot \sin\alpha \times 10^{-7} \cdot dl_2 \end{aligned} \tag{13-24}$$

而导体 1 与导体 2 平行，所以磁感应强度 $B_1$ 方向与电流 $i_2$ 垂直，即 $\sin\alpha = 1$，这样导体 2 上所受总电动力为

$$F = \int_0^{L_2} dF = \int_0^{L_2} \frac{2 i_1 i_2}{a} \times 10^{-7} dl_2 = \frac{2 i_1 i_2 \times 10^{-7} \cdot l_2}{a} \quad \text{N} \tag{13-25}$$

电动力的方向为：当 $i_1$ 与 $i_2$ 同向时，两导体间产生吸引力，当 $i_1$ 与 $i_2$ 反向时，两导体间产生排斥力。

上述计算过程中认为导体电流集中于其轴心线上而忽略了导体的具体形状。在实际计算中若导体截面形状并非圆形或不满足无限细长导体的假设时，采用

式(13-24)计算电动力必须计及导体截面形状影响。一般以形状系数方式加以考虑,即

$$F = 2\times 10^{-7}\frac{L}{a}i_1 i_2 K \qquad (13\text{-}26)$$

式中,$K$ 为导体截面形状系数。

修正系数 $K$ 是导体尺寸 $b/h$ 和 $(a-b)/(h+b)$ 的函数($a,b,h$ 的含义见于图 13-6)。其计算过程较复杂,为方便起见,工程上往往利用导体截面形状系数曲线,在设计时查表或查曲线求得 $K$ 值。

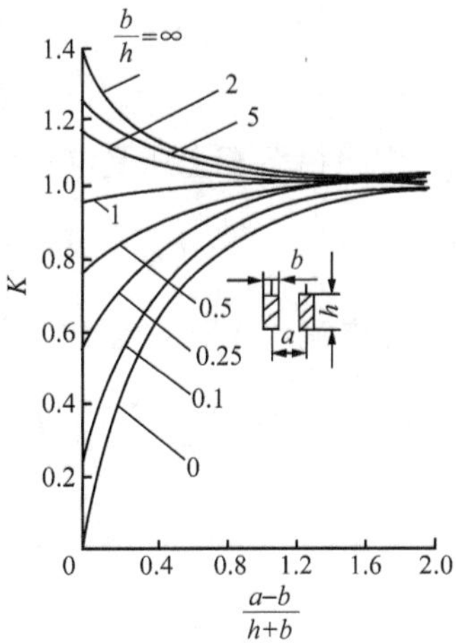


图 13-6　矩形截面形状系数曲线

由图(13-6)可知,当 $b/h>1$ 时,$K>1$;当 $b/h<1$ 时,$K<1$;当 $\frac{a-b}{h+b}\geqslant 2$ 时,$K=1$,此时可以不考虑截面形状对电动力的影响,对于圆形导体,$K=1$。

## 二、三相导体短路时的电动力

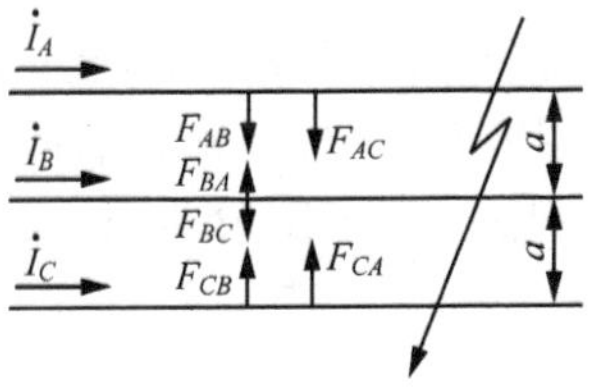


图 13-7　电力系统三相对称短路各相导体受力图

1. 电动力计算

电力系统中,大多数三相导体布置在同一平面内,此时作用于每相导体上电动力的大小(每相与其他两相作用力的合成)会因所处位置的不同而不同,受力情况如图 13-7 所示。可见,中间相导体与两边缘相导体所受电动力不同,应分别计算并进行比较。当系统发生三相对称短路时,若不计短路电流周期分量的衰减,三相电流分别为

$$\left.\begin{aligned} i_A &= I_m\left[\sin(\omega t+\varphi_A)-e^{-\frac{t}{T_a}}\sin\varphi_A\right]\\ i_B &= I_m\left[\sin\left(\omega t+\varphi_A-\frac{2}{3}\pi\right)-e^{-\frac{t}{T_a}}\sin\left(\varphi_A-\frac{2}{3}\pi\right)\right]\\ i_C &= I_m\left[\sin\left(\omega t+\varphi_A+\frac{2}{3}\pi\right)-e^{-\frac{t}{T_a}}\sin\left(\varphi_A+\frac{2}{3}\pi\right)\right]\end{aligned}\right\} \qquad (13\text{-}27)$$

式中,$I_m$ 为短路电流周期分量峰值,A;$\varphi_A$ 为 $A$ 相短路电流周期分量初相角,又称为合闸角,rad;$T_a$ 为短路电流非周期分量衰减时间常数,s。

而各相所受电动力可用式(13-25)求取,即

$$F_A = F_{AB}+F_{AC} = 2\times\frac{L}{a}\times 10^{-7}\cdot i_A i_B + 2\times\frac{L}{2a}\times 10^{-7}\cdot i_A i_C$$

$$= \frac{L}{a} \times 10^{-7} \cdot i_A \cdot (2i_B + i_C)$$

$$= F_C \tag{13-28}$$

中间相 $B$ 相上所受电动力为

$$F_B = F_{AB} - F_{BC} = \frac{2 \times 10^{-7} \cdot L}{a}(i_A i_B - i_B i_C) \tag{13-29}$$

将各相电流代入对应电动力计算式中，经整理后有

$$F_A = F_C = \frac{2 \times 10^{-7} \cdot L}{a} \cdot I_m^2 \left\{ \frac{3}{8} + \left[ \frac{3}{8} - \frac{\sqrt{3}}{4}\cos\left(2\varphi_A + \frac{\pi}{6}\right) \right] e^{-\frac{2t}{T_a}} - \left[ \frac{3}{4}\cos\omega t - \frac{\sqrt{3}}{2}\cos\left(\omega t + 2\varphi_A + \frac{\pi}{6}\right) e^{-\frac{t}{T_a}} + \frac{\sqrt{3}}{4}\cos\left(2\omega t + 2\varphi_A + \frac{\pi}{6}\right) \right] \right\} \tag{13-30}$$

$$F_B = 2 \times \frac{L}{a} \times 10^{-7} \cdot I_m^2 \left\{ \frac{\sqrt{3}}{2} e^{-\frac{2t}{T_a}} \sin\left(2\varphi_A - \frac{4}{3}\pi\right) - \sqrt{3} e^{-\frac{t}{T_a}} \sin\left(\omega t + 2\varphi_A - \frac{4}{3}\pi\right) \times \frac{\sqrt{3}}{2}\sin\left(2\omega t + 2\varphi_A - \frac{4}{3}\pi\right) \right\} \tag{13-31}$$

分析式(13-31)和(13-31)可以看出，$A$ 相电动力由四个分量组成：①不衰减的固定分量；②以 $T_a/2$ 为时间常数衰减的非周期分量；③以 $T_a$ 为时间常数衰减的周期工频分量；④不衰减两倍工频分量。而 $B$ 相电动力中没有固定分量，仅由其余三种分量组成。

2. 电动力的最大值

为了保证电气设备有足够的电动力稳定度，在工程上常以短路时电动力的最大值作为校验电器和载流导体电动力稳定时的依据。先分别求边缘相($A$ 相或 $C$ 相)和中间相($B$ 相)的电动力最大值。然后进行分析比较，取其中最大者作为计算标准。

由式(13-30)和式(13-31)可知，$A$ 相电动力 $F_A$ 的最大值出现在使固定分量与非周期分量之和为最大的时刻，此时，应满足 $\cos\left(2\varphi_A + \frac{\pi}{6}\right) = -1$，或 $\left(2\varphi_A + \frac{\pi}{6}\right) = (2n-1)\pi$，其中 $n=1,2,3,\cdots$。此时临界初相角 $\varphi_A = 75°$或 $225°$等。同样，$F_B$ 的最大值出现在使其非周期分量最大的时刻，即 $\sin\left(2\varphi_A - \frac{4}{3}\pi\right) = \pm 1$，或 $2\varphi_A - \frac{4}{3}\pi = \pm\left(n + \frac{1}{2}\right)\pi$，其中 $n=1,2,3,\cdots$。对应临界初相角 $\varphi_A = 75°, 165°, 225°$及 $345°$等。将 $\varphi_A$ 数值代入式(13-30)、(13-31)有

$$F_A = \frac{2 \times 10^{-7} L}{a} I_m^2 \left[ \frac{3}{8} + \frac{3 + 2\sqrt{3}}{8} e^{-\frac{2t}{T_a}} - \frac{3 + 2\sqrt{3}}{4} e^{-\frac{t}{T_a}} \cos\omega t + \frac{\sqrt{3}}{4}\cos 2\omega t \right] \tag{13-32}$$

$$F_B=\frac{2\times10^{-7}L}{a}I_m^2\left[\frac{\sqrt{3}}{2}e^{-\frac{2t}{T_a}}-\sqrt{3}e^{-\frac{t}{T_a}}\cos\omega t+\frac{\sqrt{3}}{2}\cos2\omega t\right] \tag{13-33}$$

若取 $T_a=0.05s$，按式(13-32)和(13-33)分别作出 $F_A$ 和 $F_B$ 随时间变化曲线图 13-8(a)、(b)。

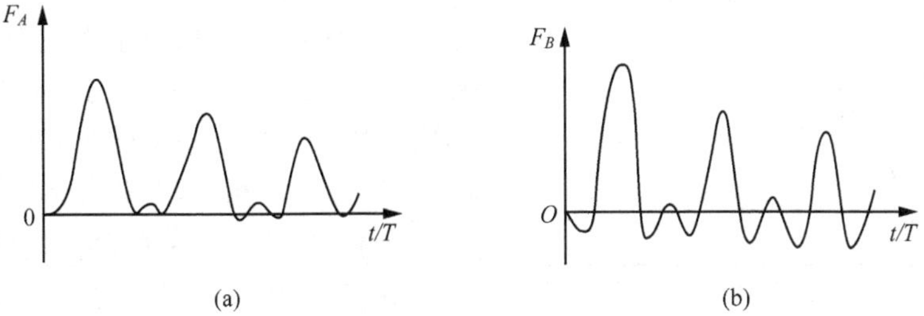


图 13-8　三相导体短路时边缘相和中间相电动力波形图
(a) A 相导体电动力波形图　(b) B 相导体电动力波形图

显然，短路时电动力 $F_A$、$F_B$ 的最大电动力出现在短路后的最初半个周波处，即 $t=\frac{T}{2}=0.05s$ 时刻，此时短路电流冲击值为 $i_{sh}=1.82\sqrt{2}I''=1.82I_m$，将 $t=0.01s$ 及代入式(13-32)、(13-33)求得 $F_{Amax}$ 及 $F_{Bmax}$ 为

$$F_{Amax}=1.616\times10^{-7}\frac{L}{a}i_{sh}^2 \tag{13-34}$$

$$F_{Bmax}=1.73\times10^{-7}\frac{L}{a}i_{sh}^2 \tag{13-35}$$

可见，$F_{Bmax}$ 大于 $F_{Amax}$，故计算最大电动力值时以中间相 $B$ 相电动力值为标准。

以上比较了三相短路时，中间相与边缘相间电动力的大小，代入二相短路时短路电流的表达式，不难推出两相短路(如 $A$、$B$ 相短路)时最大电动力为

$$F_{max}^{(2)}=2\times10^{-7}\cdot\frac{L}{a}\cdot(i_{sh}^{(2)})^2=2\times10^{-7}\cdot\frac{L}{a}\cdot\left(\frac{\sqrt{3}}{2}\times i_{sh}^{(3)}\right)^2$$

$$=1.5\times\frac{L}{a}\times10^{-7}(i_{sh}^{(3)})^2 \tag{13-36}$$

比较式(13-36)与(13-34)和(13-35)可知，同一地点发生短路时，以三相短路时最大电动力为大。因此，应以三相短路为标准计算最大电动力。

3. 导体振动的动态应力

导体具有一定质量和弹性，由它构成的组合体(如母线、绝缘子组合)为一弹性系统。当该组合体受到外力作用时，将按一定频率在平衡位置附近振动，形成固有

振动，其振动频率称固有频率。导体受到外力作用振动时，由于同时也受到空气、组合系统内摩擦和阻尼作用振动会逐渐减弱直至消失，这种衰减振动对导体自身的机械强度影响不大。但当导体在持续外力作用下（如电动力）发生强迫振动时，尤其是导体固有频率接近外力频率（工频及二倍工频）时，就会发生机械共振现象。其振幅很大，严重时甚至会使导体损坏，设计时应避免发生共振。

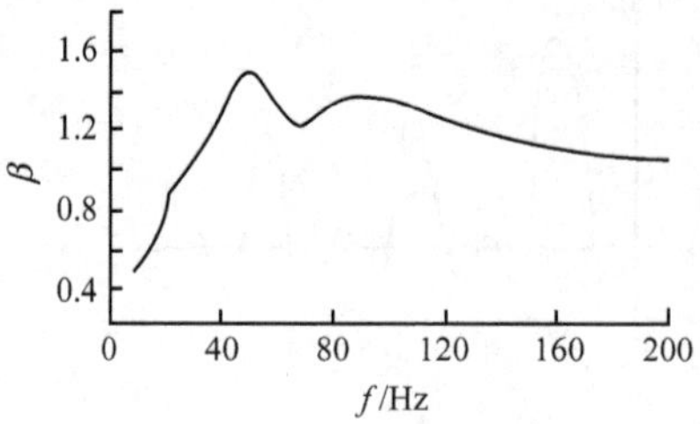


图 13-9　动态应力系数曲线

导体振动过程，可按结构动力学中有分布质量的梁来处理。在进行电动力的计算中，常采用动态应力系数的方式计入导体振动对电动力的影响，即此时导体所承受的电动力为动态应力，其数值为按式(13-35)计算得到的最大电动力 $F_{max}$ 乘以动态应力系数 $\beta$（$\beta$ 为动态应力与静态应力之比）。动态应力系数与固有频率间关系见曲线图 13-9。

由图 13-9 可知，当固有频率在曲线中间段范围变化时，$\beta>1$ 动态应力较大；当固有频率较低时，$\beta<1$，动态应力较小；当固有频率较高时，$\beta\approx1$。

为避免产生危险的共振引起动态应力较大的不利现象，对连接发电机、主变压器以及配电装置等重要回路中的导体，应考虑共振影响，在设计制造时使其固有频率在下述范围之外：

单导体及组合导体中各导体　35～150Hz；

多导体组合及有引下线单条导体　35～155Hz；

槽形和管形导体　30～160Hz。

若固有频率在上述范围之外，则取 $\beta=1$；反之，若无法使固有频率避开上述频率范围，应查出相应 $\beta$ 值，而用下式计算导体最大电动力：

$$F_{max} = 1.73 \times \frac{L}{a} \times (i_{sh}^{(3)})^2 \cdot \beta \tag{13-37}$$

［**例 13-3**］　某电厂装有 10kV 单片矩形铝导体，尺寸为 $60\times6\text{mm}^2$。支柱绝缘子之间的距离 $L=1.2\text{m}$，相间距离 $\alpha=0.35\text{m}$，三相短路冲击电流 $i_{sh}=45\text{kA}$。导体弹性模量 $E=7\times10^{10}\text{Pa}$，单位长度的质量 $m=0.972\text{kg/m}$。试求导体的固有频率及最大电动力。

**解**：导体的截面二次矩

$$J=\frac{bh^3}{12}=\frac{0.6\times6^3}{12}\times10^{-8}\text{m}^4=10.8\times10^{-8}\text{m}^4$$

导体的一阶固有频率计算公式为

$$f_1=\frac{N_1}{L^2}\sqrt{\frac{EJ}{m}}$$

当导体支承方式为两端简支时，查表得 $N_f=1.57$，故有

$$f_1=\frac{1.57}{1.2^2}\sqrt{\frac{7\times10^{10}\times10.8\times10^{-8}}{0.972}}=96.153(\text{Hz})$$

固有频率 $f_1$ 在 35～135Hz 范围内，应考虑动态应力系数。查图 13-9 的曲线，对应 $f=96.153\text{Hz}$，$\beta=1.35$，则最大电动力为

$$F_{\max}=1.73\times10^{-7}\frac{L}{a}i_{\text{sh}}^2\beta=1.73\times10^{-7}\frac{1.2}{0.35}\times45000^2\times1.35=1621.5(\text{N})$$

## 第四节　电气设备选择的一般条件

发电厂、变电所乃至整个电力系统由各种电气设备构成，由于各种电气设备功能、结构特点不同，对它们的要求也并不完全相同。尽管如此，在选择电气设备时有一些共性的条件，即无论在正常情况或故障情况下，设备均能安全合理、经济地运行，必须按正常工作条件来进行设备选择而按短路方式来校验其动、热稳定。

### 一、按正常工作条件选择电气设备

1. 额定电压

电气设备额定电压指其铭牌上标明的线电压。对电气设备额定电压的选择实质上是来源于对电气设备绝缘能力的限定，选择时必须使电气设备的额定电压不低于设备安装处的电网额定电压

$$U_{\text{N}}\geqslant U_{\text{NS}}\tag{13-38}$$

式中，$U_{\text{N}}$ 为电气设备的额定电压，kV；$U_{\text{NS}}$为电网额定工作电压，kV。

考虑到电网电压水平的波动，为使电气设备在系统最高工作电压下不会发生绝缘损坏，必须保证

$$U_{\text{alm}}\geqslant U_{\text{sm}}\tag{13-39}$$

式中，$U_{\text{alm}}$为电气设备最高允许工作电压，kV；$U_{\text{sm}}$为设备安装处的电网最高运行电压，kV。

一般电气设备的最高允许工作电压规定为：当其额定电压为 220kV 及以下时为 $1.15U_{\text{N}}$；额定电压 330～500kV 时为 $1.1U_{\text{N}}$。而实际电网的最高运行电压由于无功电压控制手段的使用往往不超过 $1.1U_{\text{NS}}$。故而实际设备选择中只用按式(13-38)进行选择。

2. 额定电流

电气设备的额定电流是指在一定的周围环境温度下，导体设备的最大长期允许通过电流。选择时应使导体和设备的额定电流不小于它所工作回路的最大持续工作电流，即

$$I_N \geqslant I_{W\max} \tag{13-40}$$

式中，$I_N$ 为电气设备的额定电流，A；$I_{W\max}$为设备所工作回路中最大长期工作电流，A。

回路的最大持续工作电流 $I_{W\max}$应按下述几种情况，考虑发电机的容量、出力、负荷的大小来加以确定：①由于发电机、调相机，在电压降低 5%时，出力应保持不变，故相应回路的最大工作电流按 $I_{W\max}=1.05I_N$ 确定，$I_N$ 为电机额定电流；②变压器回路的最大工作电流须计入变压器过负荷运行的可能性；③母联断路器回路的 $I_{W\max}$一般取为母线上最大一台发电机或变压器的最大长期工作电流；④分段电抗器回路的最大持续工作电流 $I_{W\max}$按母线上最大一台发电机跳闸时可能通过电抗器的电流，或保证该母线上的负荷所需电流计算；⑤出线回路的 $I_{W\max}$，除考虑线路正常负荷电流（含损耗）外还须计及事故时由其他回路转移过来的负荷电流；⑥汇流母线的最大持续工作电流 $I_{W\max}$应结合主接线形式及具体电源、负荷分布情况来确定，一般取为 $I_{W\max}=KI_{NG\max}$，$K$ 为负荷分支系数，当主接线中母线上负荷波动较大或横向联系多时，$K$ 取 0.8；当横向联系系数少，电源负荷分布平衡，母线上潮流波动少时，$K$ 取 0.6，$I_{NG\max}$为母线上最大一台发电机的额定电流。

3. 装置的环境条件

选择电气设备时，还应考虑其安装地点的环境条件，当气温、风速、污秽、海拔高度、地震强度和覆冰厚度等环境条件超出一般电器的基本使用条件时，应采用特殊绝缘结构电器，向电器制造部门提出特殊制造要求或采取相应措施，例如，采用将设备布置于屋内、加减震器等；对安装在海拔高度超过 1000m 的地区，设备可采用加强绝缘型等。此外下述条件也将对电力设备的选择产生影响：

1）空气温度。电器的标准周围环境温度多取为+40℃，若实际安装地点日最高温度高于 40℃，但不超过 60℃时，必须按下列对导体额定电流进行修正：

$$I_{al} = K_\theta \cdot I_N = \sqrt{\frac{(\theta_{al} - \theta)}{(\theta_{al} - \theta_N)}} \cdot I_N \tag{13-41}$$

式中，$I_{al}$为经温度修正后的电气设备实际允许电流（A）；$K_\theta$为温度修正系数；$\theta_{al}$为电气设备最高长期允许发热温度（℃）；$\theta$ 为电气设备最高实际周围环境温度，一般取为年最热月的平均最高气温（℃）；$\theta_N$ 为电气设备的额定环境温度，一般令 $\theta_N=40$℃，对裸导体 $\theta_N=25$℃。

也可按下述方法对导体、电气设备额定电流进行修正：

当 40℃<$\theta$≤60℃时，其允许电流按 $\theta$ 每上升 1℃，其额定电流降低 1.8%计算；当 $\theta$<40℃时，$\theta$ 每下降 1℃，其额定电流可允许增加 0.5%，但最大变化值不可超过额定电流的 20%。

2）海拔高度。依我国目前生产水平，制造厂一般规定电气使用的基准海拔高为 1000m。当海拔上升时，对电气设备额定电流影响不大，但会使电器设备绝缘能力下降，故可按海拔高度在 1000～3500m 范围内，海拔高度每升高 100m，电器最高允许工作电压将下降 1%，以此修正电器的最高工作电压，我国制造的 110kV 及以下的电气设备，绝缘裕度较大，可用于海拔 4000m 以下环境中安全运行。

按上述条件选择出的电气设备仅能保证满足正常工况的需要，为了能选择可靠运行设备，还须按短路方式来对其进行校验。

## 二、按短路情况进行动稳定、热稳定校验

1. 热稳定校验

热稳定校验是指校验设备的载流部分在短路电流通过时，各部件的最高发热温度(热效应)不超过最高允许值。若能满足下式，即认为所选电气设备符合热稳定要求：

$$I_t^2 \cdot t \geqslant Q_k \tag{13-42}$$

式中，$I_t$ 为制造厂规定的 $t$ 秒内电气设备的热稳定电流，kA；$t$ 为与之相对应的时间，s；$Q_k$ 为短路电流产生的热效应，$kA^2 \cdot s$，可采用等值时间法等进行计算。

2. 短路动稳定校验

动稳定校验是判断电气设备耐受短路电流产生的电动力效应的能力。满足动稳定的条件

$$i_{es} \geqslant i_{sh} \text{ 或 } I_{es} \geqslant I_{sh} \tag{13-43}$$

式中，$i_{es}$、$I_{es}$为允许通过的动稳定电流峰值及有效值，kA；$i_{sh}$、$I_{sh}$为短路冲击电流的峰值及有效值，kA。

3. 短路计算条件的确定

不论是短路的热稳定校验还是动稳定校验都与通过导体、电气设备的短路电流有关，随着短路类型、短路点的不同，短路电流大小也不相同，为使电气设备能经受最严重短路电流的作用，按下列条件确定作校验用的短路电流。

1）容量及接线。发电机容量按该工程设计最终容量计算(一般为本期工程建成后 5～10 年)，并适当考虑装置投入运行后电力系统容量的发展。接线方式按可能发生最大短路电流的正常接线方式为准，不考虑变换接线方式。

2）短路类型。一般按三相短路计算，其他短路类型较三相短路电流大时，应选取最严重的短路故障来进行校验。

3）短路计算点。应选择通过导体、电气设备的短路电流为最大的点作为短路计算点。

下面以图 13-10 简单说明如何选择主要回路设备的短路计算点。

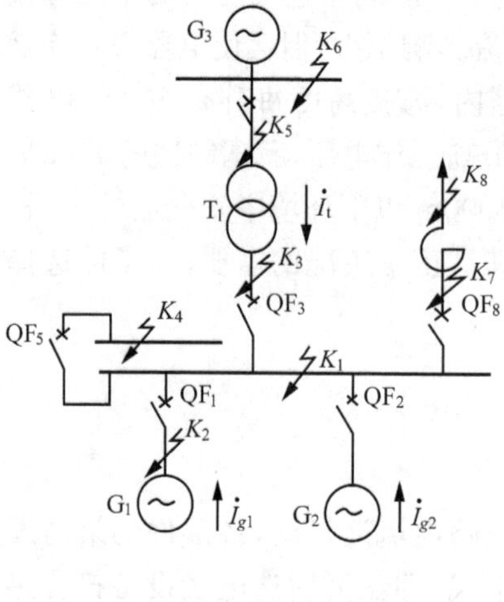


图 13-10　短路点的确定

① 选择发电机出口断路器 $QF_1$。若短路发生在 $K_2$ 点，通过 $QF_1$ 的短路电流为发电机和 $G_2$ 提供的短路电流和等值机 $G_3$ 经变压器 $T_1$ 提供的短路电流之和；而若 $K_1$ 点短路时，通过 $QF_1$ 的短路电流仅由发电机 $G_1$ 提供。比较后可知，若机组 $G_1$ 与 $G_2$ 容量相近，前者的短路电流将大于后者，故应以 $K_2$ 作为短路计算点。

② 选择变压器回路断路器 $QF_4$。经比较分析发现，应选取图示 $K_3$ 点作为短路计算点，这样通过 $QF_4$ 的短路电流除 $Q_3$ 外为所有电源提供的短路电流之和。

③ 母线分段断路器 $QF_5$ 的选择。以第一台变压器退出运行时，母线上 $K_4$ 点发生短路时，通过 $QF_5$ 的短路电流为最大，应选取 $K_4$ 为短路计算点。

④ 带出线电抗器回路的断路器 $QF_8$ 的选择。考虑到电抗器内部发生故障的概率很小且电抗器与 $QF_8$ 间连接导线很短，故障的概率也不大，故而以图示 $K_8$ 点作为短路计算点。选择 $QF_8$ 既可保证系统有足够可靠性又不会造成设备选择的浪费。$K_8$ 点即为选择 $QF_8$ 的短路计算点。

4）短路计算时间。进行热稳定校验时的采用的短路计算时间 $t_k$ 应由主保护动作时间和断路器的全开断时间之和，即

$$t_k = t_{pr} + t_{br} \tag{13-44}$$

其中，$t_{pr}$ 为主保护动作时间，一般取 0.05～0.06s；若主保护有死区，应取后备保护动作时间，同时应取用相应区内的短路电流数值；$t_{br}$ 为断路器的全开断时间，包括其固有分闸时间和燃弧时间。

由于一些特殊电气设备的运行特点，并不是选择所有电气设备时都需要进行短路时的稳定校验：

① 熔断器保护回路设备不用校验其热稳定；

② 装有限流熔断器保护的回路其电器设备不用校验热稳定和动稳定；

③ 电缆回路不用校验动稳定；

④ PT 回路设备不用校验其热稳定和动稳定；

# 第五节　母线、绝缘子及穿墙套管的选择

母线的选择主要包括以下几个方面内容：

① 导体材料、类型和敷设方式；

② 导体截面；

③ 电晕；

④ 热稳定校验；

⑤ 动稳定校验；

⑥ 共振频率校验。

## 一、母线的材料、类型和敷设方式

1. 母线材料

用作配电装置母线的材料主要有铜、铝和钢三种。铜的电阻率最低，机械强度大，同时抗腐蚀性又强，是一种很好的母线材料，但因铜在工业和国防上还有很多重要用途，我国铜的储藏量较少，价格较贵，所以铜母线一般只用于工作电流大、安装位置狭窄的发电机、变压器出线回路或污染严重的地区。

在我国母线材料主要使用铝，它虽然电阻率高于铜，但因其密度较小，同时价格便宜，广泛地用于各级电网中。钢材料导线一般只用在农村电网中。

2. 母线截面形状及其敷设方式

屋外配电装置可以采用软母线或硬母线，屋内配电装置由于布置紧凑、线间距离小，通常采用硬母线。硬母线的形式主要有矩形、槽形、管形和菱形(图 13-11)。这几种类型的母线的主要特点比较如表 13-4 所示。

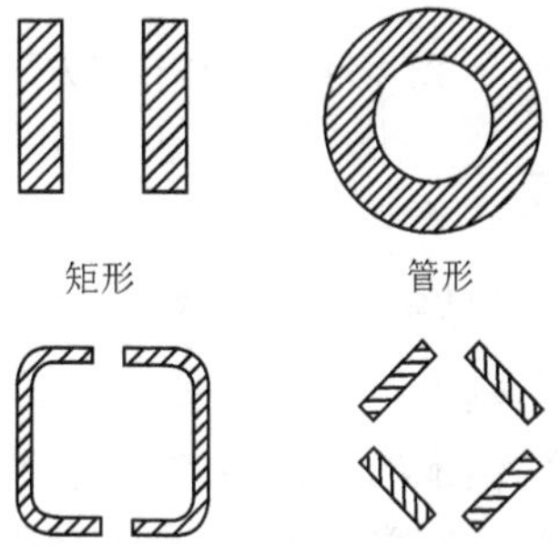


图 13-11　各种母线截面形状

**表 13-4　各类母线截面特点比较**

| 截面 | 工作电流范围 | 机械强度 | 集肤效应 | 运用电压等级 |
|---|---|---|---|---|
| 矩形 | 4000A 以下 | 有一定机械强度 | 较大 | 35kV 以下 |
| 槽形 | 4000～8000A | 机械强度较好 | 较小 | |
| 管形 | 8000A 以上 | 机械强度高 | 小 | 110kV 以上 |

母线的载流量除与其自身形状、截面大小有关外还取决于母线的布置方式。

母线的布置方式包括两方面内容，一方面是组成母线的各导体的布置方式，另一方面是三相运行的电力系统相间如何布置问题。导体布置方式有水平放置和垂直放置两种，如图 13-12(a)、(b)所示，导体垂直放置比水平放置散热条件好，载流量大，但机械强度较低，而后者相反。三相母线间的相对位置关系有三种，即三相母线水平布置、垂直布置及直角三角形布置(如图 13-13 所示)。

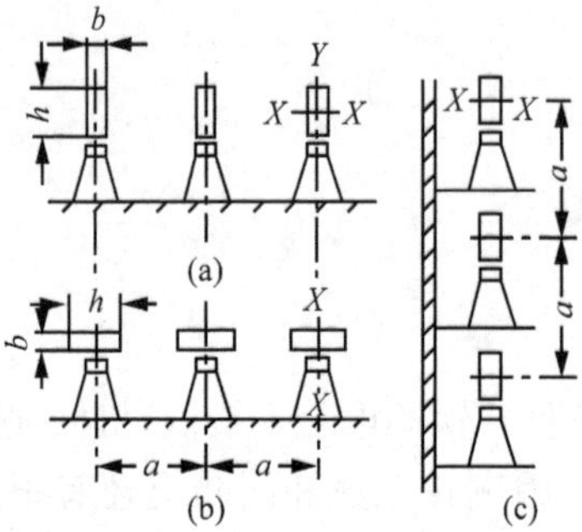


图 13-12　导体布置方式

(a)、(b) 导体水平布置　(c) 导体垂直布置

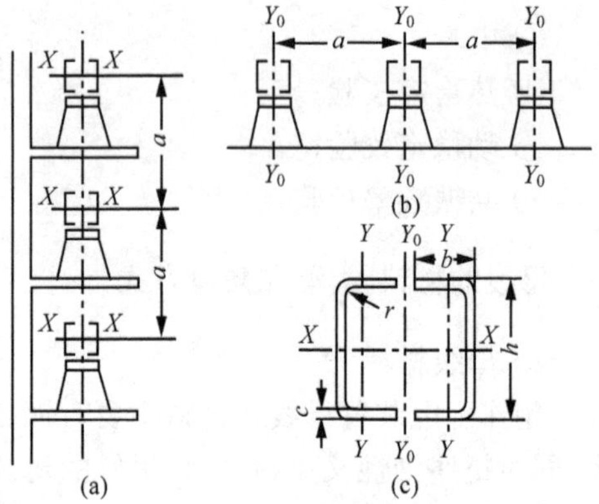


图 13-13　三相矩形母线布置方式

(a) 水平布置　(b) 垂直布置　(c) 导体截面

显然，水平布置不如垂直布置便于观察，但可降低建筑物高度，同时较便于安装；垂直布置比较便于观察，而且可取较大相间距，不用增加间隔深度，机械强度较高，但配电装置结构较复杂，高度增加；直角三角形布置结合了前两种布置方式的优点，布置紧凑，可充分利用间隔的深度、高度，又便于观察，但是一种三相不对称布置，给运行、管理、设计选择带来一定困难。实际工程中必须根据具体情况就采用哪种布置方式作出合理选择。

3. 母线截面

导体截面选择可采用以下两种方式：①按长期允许发热来确定导体截面；②按经济电流密度选择。一般在配电装置中除汇流母线、较短导体、临时装设母线等按方式①来选择外，其余导体截面按经济电流密度来确定。

(1) 按最大长期工作电流选择母线截面

该方式下，母线截面选择条件为

$$I_{al} \cdot K_\theta \geqslant I_{max} \tag{13-45}$$

式中，$K_\theta$ 为导体的温度修正系数，见于式(13-41)；$I_{al}$ 为相应于导体长时允许温度和额定环境条件下导体的长期允许电流值(A)，可由有关产品手册、设计手册上查取；$I_{max}$为通过导体的最大长期工作电流值(A)。

(2) 按经济电流密度选择母线截面

对于年负荷利用小时数 $T_{max}>5000$，长度大于 20m 的母线，以及传输容量较大的回路(如发电机、主变压器引出回路等)均按经济电流密度选择截面，其条件为

$$S_j=\frac{I_{max}}{J} \tag{13-46}$$

式中，$S_j$ 为导体的经济截面，$mm^2$；$J$ 为经济电流密度，即使导体年计算费用为最低的电流密度，$A/mm^2$；$I_{max}$为该导体工作回路的最大工作电流，A。

按上式计算出 $S_j$ 后，在有关手册中查找出相应的标称截面，若无合适规格导体，可允许采用略小于经济截面的导体。而我国现行经济电流密度 $J$ 的数值往往制成有关表格或曲线以共查用。如图 13-14 所示。图中纵坐标 $T_{max}$为该导体最大年负荷利用小时数。

必须指出，按经济电流密度选择的导体截面须满足式(13-45)对长期发热的要求。

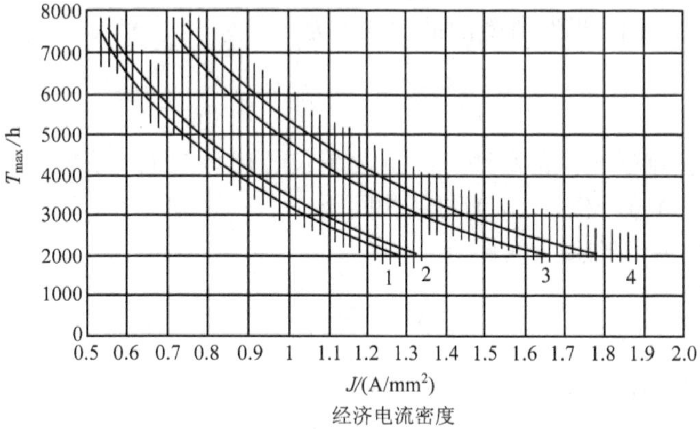


图 13-14　导体经济电流密度曲线

4. 母线的短路稳定校验

按上述要求选择出的母线，还须经过热稳定校验。由短路时短路电流产生的热效应与导体截面间的关系，可以知道若选出的导体截面满足式(13-47)，则其热稳定校验通过。

$$S\geqslant S_{min}=\sqrt{\frac{Q_k\cdot K_f}{A_{al}-A_i}}=\frac{1}{C}\sqrt{K_f\cdot Q_k}=\frac{T_\infty}{C}\sqrt{t_{eq}\cdot K_f} \tag{13-47}$$

式中，$S_{min}$为导体最小允许截面，$mm^2$；$K_f$ 为集肤效应系数；$Q_k$ 为短路电流热效应，

$A^2 \cdot s$；$A_{al}$、$A_i$ 为对应于短时最高允许发热温度 $\theta_{al}$ 和起始温度 $\theta_i$ 的 $A$ 值；$C$ 为与导体材料及允许发热温度有关的热稳定系数，见表 13-5。

**表 13-5　不同工作温度下裸导体的 $C$ 值**

| 工作温度/℃ | 40 | 45 | 50 | 55 | 60 | 65 | 70 | 75 | 80 | 85 | 90 |
|---|---|---|---|---|---|---|---|---|---|---|---|
| 硬铝及锰合金 | 99 | 97 | 95 | 93 | 91 | 89 | 87 | 85 | 83 | 82 | 81 |
| 硬铜 | 186 | 183 | 181 | 179 | 176 | 174 | 171 | 169 | 166 | 164 | 161 |

5. 母线的短路动稳定校验

前述各种截面形状的硬母线通常都安装在支持绝缘子上，短路冲击电流通过母线时产生的电动力可能会使载流母线弯曲变形。因此母线应按弯曲应力进行校验。由于形状不同的母线其动稳定校验方法基本类似，本书仅以矩形母线的动稳定校验为例进行介绍，其他形状母线的动稳定计算，请查阅相关书籍。

(1) 单条矩形母线的应力计算

固定在支柱绝缘子上的母线可视为自由支承在绝缘子上、均匀载荷的多跨距梁；在电动力作用下，母线所受的最大弯矩为

$$M = \frac{f_{ph} \cdot L^2}{10} \cdot f_{ph} = \frac{1.73 \times i_{sh}^2}{a} \times 10^{-7} \tag{13-48}$$

式中，$L$ 为支持绝缘子间的跨距，m；$f_{ph}$ 为单位长度母线上所受相间电动力，N/m；$i_{sh}$ 为短路冲击电流峰值，A；$a$ 为母线相间距，m。

若跨距数为 2，则最大弯距为

$$M = \frac{f_{ph}^2 \cdot L^2}{8} \tag{13-49}$$

母线最大相间计算应力

$$\sigma_{ph} = \frac{M}{W} \tag{13-50}$$

式中，$W$ 为母线对垂直于作用力方向轴的抗弯系数(截面系数，或抗弯距)，$m^3$，各种布置方式的抗弯系数计算见表 13-6。

**表 13-6　硬导体抗弯系数**

| 导体布置方式 | | | 截面系数 $W$ |
|---|---|---|---|
| 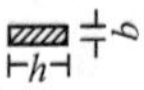 |  |  | $bh^2/6$ |
| 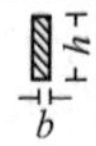 |  |  | $b^2h/6$ |

续表

| 导体布置方式 | | | 截面系数 $W$ |
|---|---|---|---|
| 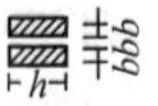 |  |  | $0.333bh^2$ |
| 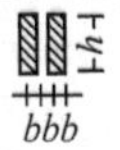 |  |  | $1.44b^2h$ |
| 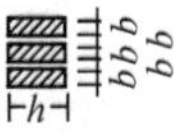 |  |  | $0.5bh^2$ |
| 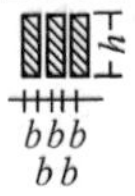 |  |  | $3.3b^2h$ |

硬母线动稳定校验的标准条件为

$$\sigma_{ph} \leqslant \sigma_{al} \tag{13-51}$$

式中，$\sigma_{ph}$为母线相间应力，Pa；$\sigma_{al}$为母线允许应力，Pa。

各种材料母线的允许应力数值见表 13-3。

在工程设计中，对硬母线动稳定的校验常转化为对绝缘子间最大允许跨距的确定，即由式(13-48)知

$$L_{max} = \sqrt{\frac{10\sigma_{al} \cdot W}{f_{ph}}} \quad (m) \tag{13-52}$$

当所选的两个支柱绝缘子间跨距 $L \leqslant L_{max}$时，则母线的动稳定满足要求。导体水平放置时，为使导体不因自重而过分弯曲，选用的跨距等于配电装置中的间隔宽度，一般不超过 1.5～2m。

(2) 多条母线应力计算

由于导体载流量的限制，常需多条母线并列运行以传输较大的容量。此时每条母线导体上的计算应力 $\sigma$ 由相间电动力产生的相间应力 $\sigma_{ph}$及同相各条间电动力产生的条间应力 $\sigma_b$ 组成，因此每一条导体动稳定校验表达式为

$$\sigma = \sigma_{ph} + \sigma_b \leqslant \sigma_{al} \tag{13-53}$$

其中相间应力的计算基本同前，但抗弯系数就应采用相应的多条母线的 $W$ 数值。

由于同相各条母线间距很小，条间应力 $\sigma_b$ 一般较大，为了减小 $\sigma_b$ 值，采取避免母线条与条间弯曲的措施，一般在同相各母线条间设衬垫，如图 13-15。衬垫间最大允许距离——临界衬垫距可由下式确定：

$$L_{cr} = \lambda \cdot b \sqrt[4]{K/f_b} \tag{13-54}$$

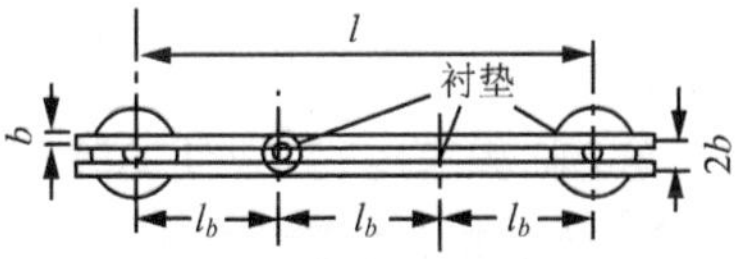


图 13-15　多条导体条间相互作用

式中，$b$、$h$ 为母线的厚度和宽度，m；$\lambda$ 为系数(铜导体两条：1744，三条：1355；铝导体两条：1003，三条：1197)；$f_b$ 为单位长度母线条间作用力，N/m。

计算时须考虑多条母线电流分配的不均匀及母线条间距的变化，即每相为 2 条导体时，由下式确定：

$$f_b = 2\times 10^{-7}\cdot\frac{1}{2b}(0.5\cdot i_{\mathrm{sh}}^2)\cdot K \tag{13-55}$$

每相为 3 条导体时，中间相边缘条受力最大为

$$\begin{aligned} f_b &= 2\times 10^{-7}\cdot\frac{1}{2b}(0.4i_{\mathrm{sh}})(0.2i_{\mathrm{sh}})\cdot\frac{1}{2b}\times 10^{-7}\cdot K_{12}+2\times 10^{-7} \\ &\quad \times\frac{1}{4b}\times(0.21i_{\mathrm{sh}})^2\cdot K_{13} \\ &= 8(K_{12}+K_{13})i_{\mathrm{sh}}^2\cdot\frac{1}{b}\times 10^{-9}\ \mathrm{N/m} \end{aligned} \tag{13-56}$$

式中，$K_{12}$、$K_{13}$分别为第 1 条与第 2 条导体间截面形状系数；第 1 条与第 3 条导体间的形状系数。可由图 13-6 查出。

分析可知，增加条间衬垫数可以减小各条间的应力，但会使母线散热条件变坏，一般为每隔 30～50mm 设一个衬垫。

根据材料力学观点，此时导体条间抗弯矩为

$$M_b = \frac{f_b L_b^2}{12} \tag{13-57}$$

式中，$L_b$ 为衬垫矩，m，$L_b\leqslant L_{\mathrm{cr}}$。

故导体条间应力 $\sigma_b$ 由下式确定：

$$\sigma_b = \frac{M_b}{W_b} = \frac{f_b L_b^2}{12W_b} \tag{13-58}$$

式中，$W_b$ 为条间抗弯截面系数；其余各量意义同前。

把 $\sigma_b$ 及$\sigma_{\mathrm{ph}}$代入式(13-53)，得到母线上最大计算应力 $\sigma_{\max}$，若满足 $\sigma_{\max}\leqslant\sigma_{\mathrm{al}}$，则认为母线的动稳定校验满足要求；反之，母线动稳定校验不满足，须采取相应措施。

实际工程中往往根据式(13-54)的计算，结果考虑到导体条间散热选定某一衬垫矩 $L_b$，然后求出 $\sigma_b$ 值。代入下式：

$$L_{\max} = \sqrt{\frac{10W(\sigma_{\mathrm{al}}-\sigma_b)}{f_{\mathrm{ph}}}} \tag{13-59}$$

确定临界跨距，只要使实际跨距 $L$ 满足 $L\leqslant L_{\max}$，则母线动稳定满足要求。

6. 母线共振校验

考虑到母线系统在交变磁场力作用下会受到动态应力作用，尤其当其固有频率与电动力变化频率接近时会发生共振，使应力增加。故对一些重要回路(如发电

机、变压器）的母线须进行共振校验，即计算不发生共振的绝缘子最大跨距 $L_{max}$，使实际选择的支持绝缘子跨距 $L \leqslant L_{max}$，则母线不会发生共振，共振校验条件为

$$L < I_{max} = \sqrt{\frac{N_f}{f_0}\sqrt{\frac{EI}{m}}} \tag{13-60}$$

式中，$N_f$ 为频率系数；$f_0$ 为阶自振频率，一般 $f_0 = 200\text{Hz}$；$E$ 为导体材料的弹性模量，Pa；$I$ 为导体截面惯性矩，$\text{m}^4$；$m$ 为导体单位长度的质量，kg/m。

7. 电晕电压校验

为避免电晕放电造成的电能损耗及对无线电通信干扰和环境污染、金属腐蚀等危害，要求 110～220kV 裸导线应保证晴天不发生全面电晕，相应判断条件为

$$U_{cr} > U_{max} \tag{13-61}$$

式中，$U_{cr}$为裸导线临界电压，kV；$U_{max}$为电网最高工作电压，kV。

对于 330～500kV 的超高压配电装置中，要求以电晕作为选导线的控制条件，使导线在 1.1 倍最高运行电压下，晴天夜间不发生可见电晕。

## 二、绝缘子及穿墙套管的选择

作为母线结构的重要组成部分，进行母线选择的同时必须同时对绝缘子及其穿墙套管也进行相应的选择。

绝缘子及穿墙套管选择基本条件如表 13-7 所示。

**表 13-7　绝缘子及穿墙套管选择和校验内容**

<table>
<tr><th>设　备</th><th>额定电压</th><th>额定电流</th><th>热 稳 定</th><th>动 稳 定</th></tr>
<tr><td>绝缘子</td><td rowspan="2">$U_N \geqslant U_{NS}$</td><td>—</td><td>— *</td><td rowspan="2">$F_{max} \leqslant 0.6F_{de}$</td></tr>
<tr><td>穿墙套管</td><td>$I_N \geqslant I_{max}$</td><td>$I_t^2 \cdot t \geqslant Q_k$</td></tr>
</table>

表 13-7 中 $F_{max}$为支柱绝缘子或套管的相邻跨导体上电动力平均值，同时应该为折算到绝缘子帽上的计算作用力。如图 13-16 所示。

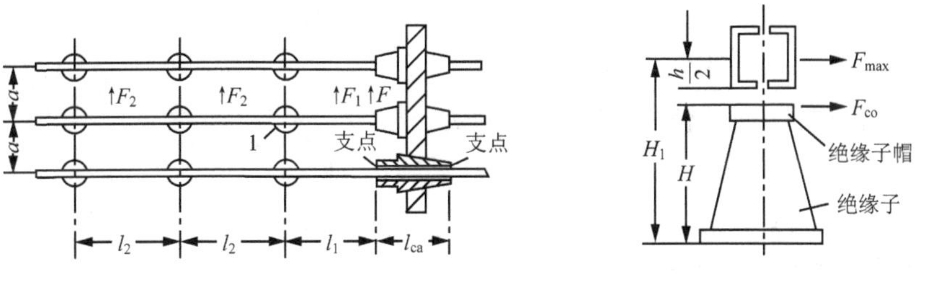


图 13-16　绝缘子受力图

绝缘子 1 上所受最大电动力为

$$F_{max}=\frac{F_1+F_2}{2}=1.73\times\frac{\left(\frac{L_1+L_2}{2}\right)}{a}i_{sh}^2\times 10^{-7}(N) \qquad (13\text{-}62)$$

折算至绝缘子帽上的作用力为

$$F'_{max}=F_{max}\cdot\frac{H_1}{H} \qquad (13\text{-}63)$$

而其动稳定校验条件为

$$F'_{max}\leqslant 0.6F_{de}(F_{de}\text{ 为抗弯破坏负荷}) \qquad (13\text{-}64)$$

**[例 13-4]**　选择 100MW 发电机-变压器组连接母线桥。已知发电机回路最大持续工作电流 $I_{max}=6791A$，$T_{max}=5200h$，连接母线三相水平布置，相间距离 $a=0.7m$，最高温度 +35℃，发电机短路计算时间 $t=0.2s$，母线短路电流 $I''=36kA$，$I_{tk/2}=28kA$，$I_{tk}=24kA$。并选择双槽型导体的支柱绝缘子和穿墙套管。

**解:**(1) 母线截面选择

由于发电机连接母线传输容量大，$T_{max}>5000h$，长度超过 20m，故应按经济电流密度选择截面。由图 13-14 曲线 2 查得，当 $T_{max}=5200h$ 时，铝导体的 $J=0.76A/mm^2$，导体截面

$$S_J=I_{max}/J=6791/0.76=8936(mm^2)$$

查相关文献图表，由于没有正好合适的标准截面，故选用截面稍小的双槽形导体2(200×90×12)，$S=8080mm^2$，$K_s=1.465$，双槽不焊成整体时，$W_y=46.5\times 10^{-6}m^3$，$I_y=294\times 10^{-8}m^4$，导体允许电流 $I_{al}=8800A$，考虑环境温度的修正，查温度修正系数表得 $K=0.88$，则

$$I_{al35℃}=KI_{al}=0.88\times 8800=7744(A)>6971A$$

(2) 校验热稳定

周期分量的热效应为

$$Q_p=\frac{I''^2+10I_{tk/2}^2+I_{tk}^2}{12}t_k=\frac{36^2+10\times 28^2+24^2}{12}\times 0.2$$
$$=161.9(kA^2\cdot s)$$

因 $t<1s$，故应计算非周期分量的热效应为

$$Q_{np}=TI''^2=0.2\times 36^2=259.2(kA^2\cdot s)$$

$$Q_k=Q_p+Q_{np}=161.9+259.2=421.1(kA^2\cdot s)$$

导体正常最高工作温度

$$\theta=\theta_0+(\theta-\theta_0)\frac{I_{max}^2}{I_{al}^2}=35+(70-35)\frac{6791^2}{7744^2}=62(℃)$$

查表得 $C=90.2$，可得

$$S_{\min}=\sqrt{Q_{\mathrm{k}}K_{\mathrm{s}}}/C=\sqrt{421.1\times10^{6}\times1.465}/90.2$$
$$=257.4(\mathrm{mm}^2)<8080(\mathrm{mm}^2)$$

满足热稳定要求。

(3) 动稳定校验

计算条间应力

$$i_{\mathrm{sh}}=2.69I''=2.69\times36=96.8(\mathrm{kA})$$
$$f_b=5i_{\mathrm{sh}}^2\times10^{-8}/h=5\times96800^2\times10^{-8}/0.2=2342.6(\mathrm{N/m})$$

考虑散热要求，取 $l_b=0.5\mathrm{m}$，双槽条间应力

$$\sigma_b=4.16\frac{i_{\mathrm{sh}}l_b^2}{hW_y}\times10^{-9}=4.16\times\frac{96800^2\times0.5^2}{0.2\times46.5\times10^{-6}}\times10^{-9}$$
$$=1.05\times10^{6}(\mathrm{Pa})$$

相间允许应力

$$\sigma_{\mathrm{phal}}=\sigma_{\mathrm{al}}-\sigma_b=(70-1.05)\times10^6=68.95\times10^6(\mathrm{Pa})$$

单位长度的相间电动力（$\beta$ 暂取 1）

$$f_{\mathrm{ph}}=1.73\times10^{-7}i_{\mathrm{sh}}^2/a=1.73\times10^{-7}\times96800^2/0.7=2315.8(\mathrm{N/m})$$

双槽导体截面系数 $W=2W_y$，绝缘子间最大允许跨距

$$l_{\max}=\sqrt{10\sigma_{\mathrm{phal}}W/f_{\mathrm{ph}}}=\sqrt{10\times68.95\times10^{-6}\times2\times46.5\times10^{-6}/2315.8}$$
$$=5.26(\mathrm{m})$$

(4) 导体共振校验

$$m=S\gamma=4040\times10^{-6}\times2700=10.9(\mathrm{kg/m})$$

导体按两端简支多跨梁查表得 $N_{\mathrm{f}}=3.56$，由式(13-60)可得共振允许绝缘子跨距

$$l_{\max}=\sqrt{\frac{N_{\mathrm{f}}}{f_1}\sqrt{\frac{EI_y}{m}}}=\sqrt{\frac{3.56}{160}\sqrt{\frac{7\times10^{10}\times294\times10^{-8}}{10.9}}}=1.74(\mathrm{m})$$

取绝缘子跨距 $l=1.5\mathrm{m}$。

(5) 支柱绝缘子选择

根据母线额定电压(10.5kV)和装置地点，屋内部分选 ZC-10F 型支柱绝缘子，其抗弯破坏负荷 $F_{\mathrm{de}}=12250\mathrm{N}$，绝缘子高度 $H=225\mathrm{mm}$，则

$$H_1=H+b+h/2=225+12+100=337(\mathrm{mm})$$
$$F_{\max}=F_{\mathrm{ph}}=1.73\times10^{-7}i_{\mathrm{sh}}^2l/a=1.73\times10^{-7}\times96800^2\times1.5/0.7$$
$$=3474(\mathrm{N})$$

$$F_c = F_{ph}H_1/H = 3474 \times 337/225 = 5203(\mathrm{N}) < 0.6F_{de} = 7350\mathrm{N}$$

屋外支柱绝缘子选用电压高一级的 ZPC-35，其验算方法同屋内支柱式绝缘子。

(6) 穿墙套管选择

根据工作电压和额定电流，选用 CMWF2-20 母线型套管，套管长度 $l_{ca}=625\mathrm{mm}$，$F_{de}=39200\mathrm{N}$。

套管窗口尺寸为

$$220 \times 210 > 2 \times 18000(\mathrm{mm}^2)$$

计算跨度

$$l_c = (l + l_{ca})/2 = (1.5 + 0.625)/2 = 1.06(\mathrm{m})$$

套管跨度

$$F = 1.73 \times 10^{-7} i_{sh}^2 l_c / a = 1.73 \times 10^{-7} \times 96800^2 \times 1.06/0.7$$
$$= 2455(\mathrm{N}) < 0.6F_{de} = 23520\mathrm{N}$$

## 第六节　高压开关电器的选择

高压开关电器种类较多，这里仅介绍其中高压断路器、隔离开关及熔断器的选择。

上述开关电器选择比较简单，故先列出它们在选择、校验时的主要内容，然后对其中一些重要问题进行补充说明。如表 13-8 所示。

**表 13-8　高压断路器、隔离开关、熔断器选择**

| 设备名称 | 额定电压 | 额定电流 | 开断电流 | 短路关合电流 | 热稳定 | 动稳定 |
|---|---|---|---|---|---|---|
| 断路器 | $U_N \geqslant U_{NS}$ | $I_N \geqslant I_{max}$ | $I_{Nbr} \geqslant I_k$ | $I_{Ncl} \geqslant i_{sh}$ | $I_t \geqslant I_\infty \sqrt{\frac{t_{eq}}{t}}$ | $i_{es} \geqslant i_{sh}$ |
| 隔离开关 | | | — | — | | |
| 熔断器 | | | $I_{Nbr} \geqslant I_k$ | — | | |

### 一、断路器的选择

1. 形式的选择

高压断路器及隔离开关形式多种多样，应根据配电装置的布置特点（如电压等级、安装环境等）、结合各种安装调试运行维护方面的条件、经技术经济综合比较后确定。

2. 按开断电流选择

表格中出现的 $I_k$ 为高压断路器开断瞬间短路电流的全电流，包括周期分量和非周期分量，它应按下式计算：

$$I_k = \sqrt{I_p^2 + (\sqrt{2}I''e^{-\frac{\omega t_k}{T_a}})^2}\,kA \tag{13-65}$$

式中，$I_p$ 为开断瞬间电流周期分量有效值，对于高速开断断路器及快速保护者，其开断时间小于 0.1s，此时可取 $I_p \approx I''$；$t_k$ 为短路存在时间，即开断计算时间，s；$T_a$ 为非周期分量衰减时间常数，$T_a = \frac{x_\Sigma}{r_\Sigma}$，rad；$x_\Sigma$ 为电源至短路点的等值电抗；$r_\Sigma$ 为电源至短路点的等值电阻。

当短路电流非周期分量不超过周期分量幅值的 20% 时，它对断路器灭弧造成的困难不大，故可在全电流计算时不计入非周期分量的影响；否则应以全电流值进行断路器开断电流的选择。

## 二、隔离开关的选择

隔离开关的选择比较简单，只要参照表 13-8 各项进行选择比较。

## 三、高压熔断器选择

高压熔断器常用以电力系统中保护电气设备免受过负荷和短路电流的危害，它的选择项目如表 13-8 所示。在选择时应注意以下几个方面。

1. 按额定电压选择

对于一般的高压熔断器，要求其额定电压必须不小于电网的额定电压。若选择填充石英砂有限流作用的熔断器，由于它能在电流达到最大值之前将电流截断，会使熔断器熔断时产生过电压，过电压倍数与电路参数及熔体长度有关，一般当 $U_N > U_{NS}$ 时，因熔体较长，过电压值可高达 3.5～4 倍相电压；若 $U_N = U_{NS}$，则过电压倍数为 2.0～4.5。所以对这类熔断器要求只能使用在与其自身额定电压相等的电网中，以免造成严重过电压。

2. 按额定电流选择

包括熔管额定电流选择和熔体额定电流选择。

(1) 熔管额定电流的选择

为保证熔断器外壳不致损坏，要求熔断器体先于其外壳熔断，即

$$I_{Nft} \geqslant I_{Nfs} \tag{13-66}$$

式中，$I_{Nft}$ 为熔管额定电流，A；$I_{Nfs}$ 为熔体额定电流，A。

(2) 熔体额定电流的选择

熔断器本身是一种简单的保护装置，熔体额定电流应按保护熔断特性选择，要

满足保护的可靠性、选择性、快速性和灵敏度的要求。选择时，应注意两级熔断器之间，以及熔断器与电源侧继保装置、负荷侧继保装置间的配合。

保护 35kV 以下电力变压器的高压熔断器，熔体额定电流选择条件为

$$I_{Nfs} = KI_{max} \tag{13-67}$$

式中，$K$ 为可靠系数或裕度系数，不计电动机自启动时 $K$ 取 1.1～1.3；若考虑电动机自启动，则取为 1.5～2.0。

保护电力电容器的高压熔断器的熔体，其熔体额定电流选择条件为

$$I_{Nfs} \geqslant KI_{NC} \tag{13-68}$$

式中，$K$ 为可靠系数，对限流式高压熔断器保护一台电容器时取 1.5～2.0；保护一组电容器时，取 1.3～1.8，对跌落式熔断器取 1.2～1.3；$I_{NC}$ 为电力电容器回路额定电流，A。

3. 按开断电流校验

校验条件为

$$I_{Nbr} \geqslant I_{sh}(\text{或 } I'') \tag{13-69}$$

对无限流作用的熔断器，以冲击电流值进行校验；对于有限流作用的熔断器，由于电流在达到最大值前已被截断，故可采用次暂态电流进行校验。

［**例 13-5**］　在图 13-10 所示接线图中，试选择发电机 $G_1$ 的断路器 $QF_1$ 及隔离开关。有关数据如下：在 $K_1$ 点发生三相短路时，流经 $QF_1$ 的可能最大电流值为 $I''=24.19kA$，$i_{sh}=65kA$，$I_{\infty}^{(3)}=14.12kA$；两相短路时，$I_{\infty}^{(2)}=20.78kA$。发电机主保护动作时间为 $t_{p1}=0.05s$，后备保护为 $t_{p2}=3.5s$。

**解**：发电机 $G_1$ 的额定电压为 10.5kV，其最大长期工作电流为 $I_{W\max}=1732A$，该断路器置于屋内 10.5kV 配电装置内，可选屋内型少油断路器，其型号为 SN10-10/2000，该型断路器的固有开断时间为 0.06s，全开断时间为 0.1s。短路的开断时间为主保护动作时间与断路器固有开断时间之和，即 $t=0.05+0.06=0.11(s)$，而 $t=0.11s$ 时的短路电流周期分量由计算曲线查得，换算为有名值即 $I_{p(0.11)}=20.56kA$。

校验短路热稳定的计算时间应为 $t=3.5+0.1=3.6(s)$，大于 1s，当用式 $I_{th}^2 \geqslant I_{\infty}^2 t_{eq}$ 进行校验时，只需计算周期分量的等值时间 $t_{eq}$。

$$\beta' = \frac{I''}{I_{\infty}^{(3)}} = \frac{24.19}{14.12} = 1.71$$

查短路电流周期分量发热的等值时间曲线（见图 13-4）得

$$t_{eq} = 3.5s$$

现将计算数据及所选的 SN10-10/2000 型少油断路器的参数列于表 13-9 中，供比较。

**表 13-9　计算数据及断路器和隔离开关的参数**

| 计算数据 | | 断路器 SN10-10/2000 | | 隔离开关 GN2-10/2000 |
|---|---|---|---|---|
| $U$ | 10kV | $U_N$ | 10kV | 10kV |
| $I_{W\max}$ | 1732A | $I_N$ | 2000A | 2000A |
| $I_{p(0.11)}$ | 20.56kA | $I_{br}$ | 40kA | — |
| $i_{sh}$ | 65kA | $i_{max}$ | 130kA | 85kA |
| $i_{\infty}^2 t_{eq}$ | $14.12^2 \times 3.5\text{kA}^2 \cdot \text{s}$ | $i_{th}^2 t$ | $40^2 \times 2\text{kA}^2 \cdot \text{s}$ | $36^2 \times 5\text{kA}^2 \cdot \text{s}$ |

# 第七节　限流电抗器的选择

电厂和变电所中常装设电抗器用以限制短路电流，选择轻型设备，同时它还能使短路时电抗器安装处母线残压维持在一定水平上。对于两种结构的电抗器（普通电抗器、分裂电抗器），选择方法（条件）基本相同，而计算方法上有些差异。由于篇幅所限，本书仅以普通电抗器为例进行介绍，对于分裂电抗器选择方法等可查阅其他参考资料。普通电抗器选择技术条件如下。

## 一、按额定电压和额定电流选择

$$\left.\begin{aligned} U_N &\geqslant U_{NS} \\ I_N &\geqslant I_{max} \end{aligned}\right\} \tag{13-70}$$

式中，$U_N$、$I_N$ 为分别为电抗器的额定电压和电流，单位分别为 kV 和 A；$U_{NS}$为电抗器安装处电网额定电压，kV；$I_{max}$为电抗器工作回路最大持续电流，A。

## 二、电抗器电抗百分值的选择及校验

电抗器对短路电流的限制程度及它所维持的母线残压水平和引起的正常电压损失都与其电抗值有关，为此必须对该参数进行选择。

1. 电抗百分值选择

按电抗器对短路电流限制作用选择电抗百分数。

假设要求将短路电流限制至 $I''$，电源次暂态电势 $E''_0=1$，则电源至短路点的总等值电抗为

$$x_{*\Sigma} = \frac{I_d}{I''} \tag{13-71}$$

式中，$I_d$ 为电流基准值，A。

若已知电抗器前至电源处等值电抗为 $x'_{*\Sigma}$，可求出所需电抗器电抗值为

$$x_{*L} = x_{*\Sigma} - x'_{*\Sigma} = \frac{I_d}{I''} - x'_{*\Sigma} \tag{13-72}$$

为便于电抗器的选择，将上述值折算至以电抗器自身额定参数为基准值的标幺值后，有

$$x_L(\%) = x_{*L} \cdot \frac{U_d I_N}{I_d U_N} \cdot 100 = \left(\frac{I_d}{I''} - x'_{*\Sigma}\right) \cdot \frac{U_d I_k}{I_d U_k} \cdot 100 \tag{13-73}$$

式中，$U_d$ 为电压基准值，kV；$U_k$ 和 $I_k$ 分别为电抗器自身的额定电压、额定电流值。

2. 电压损失校验

正常运行时，电流通过电抗器将产生电压损失，影响供电电能质量，为此须校验正常运行时电抗器上的压降(不计电压降落的电阻分量)，校验条件为

$$\Delta u(\%) \approx x_L(\%) \cdot \frac{I_{max}}{I_N}\sin\varphi \cdot \frac{1}{100} \leqslant 5\% \tag{13-74}$$

式中，$I_{max}$ 为电抗器工作回路最大工作电流，A；$I_N$ 为电抗器额定电流，A；$\sin\varphi$ 为功率因素角的正弦值，一般取 $\sin\varphi=0.6$。

3. 母线残压校验

由于电抗器上压降的存在，使得短路后在母线上维持有一定的残余电压，当残压足够高时有助于保证厂用电动机自启动的顺利完成。校验条件为

$$\Delta U_r(\%) = x_L(\%) \cdot \frac{I''}{I_N}\frac{1}{100} \geqslant 60\% \sim 70\% \tag{13-75}$$

## 三、电抗器的短路热稳定和动稳定校验

电抗器热稳定校验可按下式进行：

$$I_t \cdot \sqrt{t} \geqslant I_\infty \sqrt{t_{eq}} \tag{13-76}$$

式中，$I_t$ 为制造厂规定的电抗器 $t$ 秒内热稳定电流值。

动稳定值应满足

$$i_{es} > i_{sh} \tag{13-77}$$

式中，$i_{es}$ 为电抗器的动稳定电流，A；$i_{sh}$ 为电抗器后短路的三相短路冲击电流，A。

［**例 13-6**］ 选择图 13-17 所示的发电厂出线电抗器。在出线上拟安装轻型断路器 SN1-10，其额定开断电流为 $I_{br}=11.6$kA，固有分闸时间为 0.1s。线路继电保护动作时间为 2s，线路最大持续工作电流 $I_{W\,max}=350$A。

**解**:根据线路正常工作电压 $U_N=10kV$ 和 $I_{W\max}=350A$ 的要求,可选 NKL-10-400 型电缆水泥电抗器。

选择 $S_d=100MV\cdot A$,$U_d=10.5kV$,则 $I_d=5.5kA$,由图 13-17(c)可求得电抗器前的等值电抗为

$$X'_{*\Sigma}=0.418/2=0.209$$

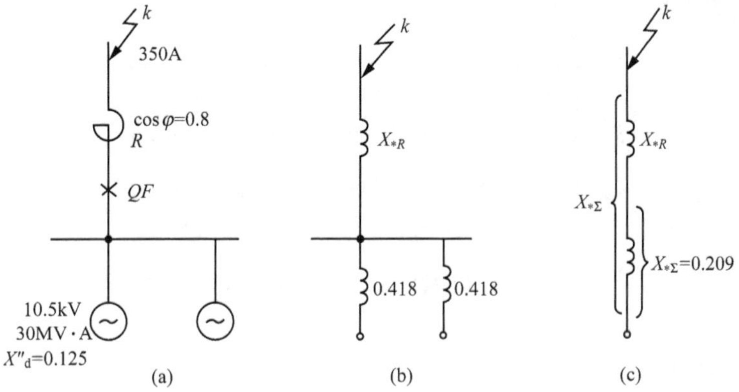


图 13-17　选择出线电抗器的接线图

(a) 带电抗器的直馈线　(b) 等值网络　(c) 简化网络

简化计算,可近似当作断路器的允许开断电流就等于次暂态电流起始值,即 $I_{br}=I''$。将有关数据代入式(13-73),便可求得出线电抗器所需的电抗百分值为

$$X_R(\%)=\left(\frac{I_d}{I''}-X'_{*\Sigma}\right)\frac{I_{NR}U_d}{I_dU_{NR}}\times100$$

$$=\left(\frac{5.5}{11.6}-0.209\right)\frac{0.4\times10.5}{5.5\times10}\times100=2.02$$

根据要求应选电抗值稍大于上式算出的 $X_R(\%)$ 值的电抗器。由设计手册查得,NKL-10-400-3 型电抗器的参数为:$X_R(\%)=3$,动稳定电流 $i_{es}=26kA$,1s 热稳定 $I_t\sqrt{t}=22.25kA\cdot s^{\frac{1}{2}}$。根据选定的电抗器,计算在其后面发生三相短路时的短路电流,以便作为校验电抗器的依据。

先将电抗器的电抗值归算为基准值的标幺值

$$X_{R*}=\frac{X_R(\%)}{100}\times\frac{I_dU_{NR}}{I_{NR}U_d}=0.03\times\frac{5.5\times10}{0.4\times10.5}=0.393$$

对短路点的总电抗为

$$X_{*\Sigma}=X'_{*\Sigma}+X_{R*}=0.209+0.393=0.602$$

换算至 $S_{N\Sigma}$ 下计算电抗为

$$X_{c*} = X_{*\Sigma} \frac{S_{N\Sigma}}{S_d} = 0.602 \times \frac{30+30}{100} = 0.36$$

由短路电流计算曲线数字表查得

$$I''_* = 3, \quad I_{\infty *} = I_{4''*} = 2.25$$

其有名值分别为

$$I'' = I''_* I_{N\Sigma} = 3 \times \frac{60}{\sqrt{3} \times 10.5} \text{kA} = 9.83\text{kA}$$

$$I_\infty = I_{\infty *} I_{N\Sigma} = 2.25 \times 3.29\text{kA} = 7.4\text{kA}$$

$$i_{sh} = 1.85\sqrt{2} \times 9.83\text{kA} = 25.72\text{kA}$$

动稳定校验

$$i_{es}(26\text{kA}) \geqslant i_{sh}(25.72\text{kA})$$

满足要求。

热稳定校验。

由于短路持续时间 $t=2+0.1=2.1(\text{s})>1\text{s}$，故只需要计算周期分量的热效应。由 $t=2.1\text{s}$ 知

$$\beta'' = \frac{I''}{I_\infty} = \frac{9.83}{7.4} = 1.33$$

查图 13-4 的等值时间曲线得 $t_{eq}=1.98\text{s}$。

$$I_\infty \sqrt{t_{eq}} = 7.4 \times \sqrt{1.98}\text{kA} \cdot \text{s}^{1/2} = 10.4\text{kA} \cdot \text{s}^{1/2} < I_t\sqrt{t} = 22.5\text{kA} \cdot \text{s}^{1/2}$$

热稳定也满足要求。

电压损失校验

$$\Delta U(\%) = X_R(\%) \frac{I_{W\max}}{I_{NR}} \sin\varphi = 3 \times \frac{0.35}{0.4} \times 0.6 = 1.58 < 5\%$$

母线残压校验

$$\Delta U_{rem}(\%) = X_R(\%) \frac{I''}{I_{NR}} = 3 \times \frac{9.83}{0.4} = 73.7 > (60\% \sim 70\%)$$

满足要求。

## 第八节　互感器的工作原理及其选择

在各条供电、用电的线路中电流、电压大小相差悬殊，范围从几安培至几万安培，从几十伏特到几百千伏。为便于二次仪表测量，需要转换为比较统一的电压及

电流信号，互感器就是起到变换和电气隔离作用的一类设备。

互感器包括电压互感器和电流互感器，是一次系统和二次系统间的联络元件（通常其一次侧绕组称为原绕组或一次绕组，二次侧绕组称为副绕组或二次绕组），用以分别向测量仪表、继电器的电压线圈和电流线圈供电，正确反映电气设备的正常运行和故障情况。测量仪表的准确性和继电保护动作的可靠性，在很大程度上与互感器的性能有关。因此应该熟悉互感器的一些主要特性，以便正确选择和使用互感器。

## 一、互感器概述

1. 互感器连接

互感器按照工作原理的不同可分为不同的类型，其中电磁感应式互感器工作原理与普通电力变压器基本相同，在电力系统中应用非常广泛，这里以该类互感器为例进行互感器工作原理以及选择过程的简单介绍。

互感器是一类特种变压器，其原、副绕组在一、二次回路中的连接，如图 13-18 所示。电流互感器 CT 用在各种电压的交流装置中，其原绕组串联于一次电路内，而副绕组与测量仪表或继电器的电流线圈串联。电压互感器 PT 用于电压为 380V 及以上的交流装置中，其原绕组并联于一次电路内，而副绕组与测量仪表或继电器的电压线圈并联连接。

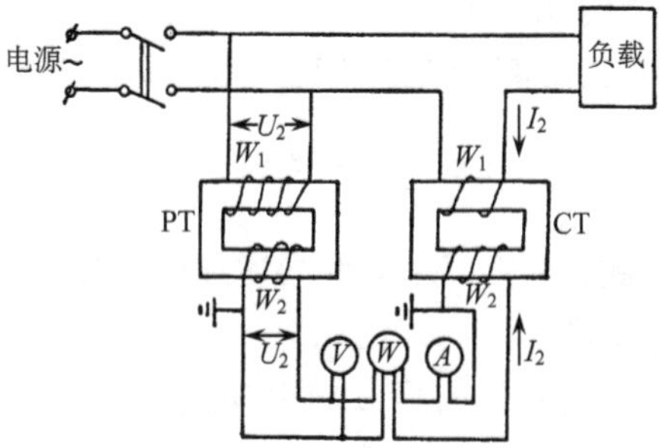


图 13-18　电压互感器和电流互感器的连接

2. 互感器的作用

互感器的作用有以下几方面：

① 将一次回路的高电压和大电流变为二次回路的标准值，通常额定二次电压为 100V，额定二次电流为 5A，使测量仪表和保护装置标准化，以及二次设备的绝缘水平可按低电压设计，从而结构轻巧，价格便宜。

② 所有二次设备可用低电压，小电流的控制电缆连接，使屏内布线简单、安装方便。同时，便于集中管理，可实现远方控制和测量。

③ 二次回路不受一次回路的限制，可采用星形、三角形或V形接法，因而接线灵活方便。同时，对二次设备进行维护、调换以及调整试验时，不需要中断一次系统的运行，仅适当地改变二次接线即可实现。

④ 使二次设备和工作人员与高电压部分隔离，且互感器二次侧均接地，从而保证了设备和人身的安全。

## 二、电流互感器

电流互感器是将一次侧的大电流，按比例变为适合通过仪表或继电器使用的、额定电流为5A的变换设备。电力系统中广泛采用的是电磁式电流互感器（以下简称电流互感器），它的工作原理和变压器相似。

1. 电流互感器的特点

① 一次绕组串联在电路中，并且匝数很少；故一次绕组中的电流完全取决于被测电路的负荷电流，而与二次电流大小无关。

② 正常情况下，电流互感器在近于短路的状态下运行。

③ 运行中的电流互感器二次回路不允许开路。

④ 为了防止绝缘损坏时高压窜入二次侧，危及人身和设备安全，电流互感器副绕组一端及铁心必须接地。

2. 电流互感器的工作原理

(1) 电流互感器的额定互感比

电流互感器一次侧、二次侧电流之比称为电流互感器的额定互感比。

$$K_i = \frac{I_{N1}}{I_{N2}} \tag{13-78a}$$

式中，$I_{N1}$为一次线圈的额定电流，A；$I_{N2}$为二次线圈的额定电流，5A。

(2) 电流互感器的误差

电流误差为二次电流的测量值乘以额定互感比后与实际一次电流之差，以百分数表示，即

$$\Delta I\% = \frac{K_i I_2 - I_1}{I_1} \times 100\% \tag{13-78b}$$

相角误差定义为旋转180°的二次电流相量$-K_i\dot{I}_2$与一次电流相量$\dot{I}_1$之间的夹角，并规定$-K_i\dot{I}_2$超前于$\dot{I}_1$时，相角误差$\delta_i$为正值；反之为负值。

分析发现，电流互感器的电流误差主要与互感器自身的结构参数，例如，二次绕组的匝数、铁心的截面积、二次绕组的阻抗等因素有关，同时当互感器的运行条件发生变化时，对其误差也将造成很大的影响，即电流互感器的误差与铁心的磁导率、二次绕组所接负荷阻抗以及功率因素等运行参数有关。只有在互感器设计、制

造以及运行的过程中采取措施，才能有效地提高测量的精度。

3. 电流互感器的负载要求

(1) 电流互感器的准确级

电流互感器根据测量时误差的大小而划分为不同的准确级。准确级是指在规定的二次负荷范围内，一次电流为额定值时的最大电流误差。

根据不同的用途和工作条件，对电流互感器误差的要求也不同，表 13-10 为国家标准中规定的各准确级以及误差限值。

准确级为 0.2 级的电流互感器只用于实验室的精密测量或校验；发电厂与变电所中仪表可选用准确级为 1 级的电流互感器，如果需要计费，有电度表，则应选用 0.5 级的电流互感器；3 级、10 级或 B 级的电流互感器用于继电保护和自动装置。

电流互感器的额定容量 $S_{2e}$ 是指电流互感器在二次额定电流 $I_{2e}$ 和二次额定负载阻抗 $Z_{2e}$ 下运行时，二次绕组输出的容量。

$$S_{2e} = I_{2e}^2 Z_{2e} \tag{13-78c}$$

**表 13-10　电流互感器的准确级及误差限值**

| 准确级次 | 一次电流为额定电流的百分数/% | 误差限值 | | 二次负荷变化范围 |
|---|---|---|---|---|
| | | 电流误差(±%) | 相位差(±′) | |
| 0.2 | 10 | 0.5 | 20 | $(0.25\sim1)S_{N2}$ |
| | 20 | 0.35 | 15 | |
| | 100～120 | 0.2 | 10 | |
| 0.5 | 10 | 1 | 60 | |
| | 20 | 0.75 | 45 | |
| | 100～120 | 0.5 | 30 | |
| 1 | 10 | 2 | 120 | |
| | 20 | 1.5 | 90 | |
| | 100～120 | 1 | 60 | |
| 3 | 50～120 | 3 | 不规定 | $(0.5\sim1)S_{N2}$ |

由于电流互感器的误差与二次负载阻抗 $Z_{2f}$ 有关，因此，同一台电流互感器使用在不同的准确级时，可以用不同的额定容量。

(2) 电流互感器10%误差曲线

电流互感器的10%误差曲线就是在保证电流互感器误差不超过±10%的条件下，一次电流的倍数 $n$ 与电流互感器允许最大二次负载阻抗的关系曲线，该曲线对于继电保护用的电流互感器的选择具有重要意义。

4. 电流互感器的分类

电流互感器的种类很多，一般按以下方式进行分类：

① 按安装地点可分为户内式和户外式。20kV以下制成户内式；35kV及以上多制成户外式。

② 按安装方式可分为穿墙式、支持式和装入式。穿墙式装在墙壁或金属结构的孔中，可节约穿墙套管；支持式则安装在平面或支柱上；装入式是套在35kV及以上变压器或多油断路器油箱内的套管上，故也称为套管式。

③ 按绝缘可分为干式、浇注式、油浸式等。干式用绝缘胶浸渍，适用于低压户内的电流互感器；浇注式利用环氧树脂作绝缘，多用于35kV及以下的电流互感器；油浸式多为户外型。

④ 按一次绕组匝数可分为单匝式和多匝式。

单匝式电流互感器的原绕组由穿过铁心的实心或管形截面的截流导体或母线制成，铁心上绕有副绕组，如图13-19(a)所示。这种电流互感器的主要缺点是：被测的电流很小时，准确度很低。通常单匝式电流互感器原边的额定电流为150～200A及以上。原边额定电流超过600～1000A的电流互感器，都制成单匝式的。

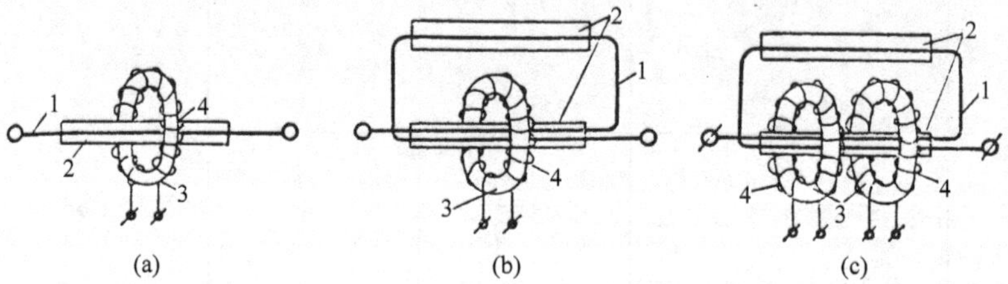


图13-19　电流互感器的结构原理图

(a) 单匝式　(b)多匝式　(c)具有两个铁心多匝式

1—原绕组；2—绝缘；3—铁心；4—副绕组

多匝式电流互感器的原绕组由穿过铁心的一些线匝制成，铁心上绕有副绕组，如图13-19(b)、(c)所示。因此，当原边额定电流的值很小时，也可以制成准确度足够高的多匝式电流互感器。

⑤ 新型电流互感器按高、低压部分的耦合方式，可分为无线电电磁波耦合、电容耦合和光电耦合式，其中光电式电流互感器性能更佳。新型电流互感器的特点

是高低压间没有直接的电磁联系，使绝缘结构大为简化；测量过程中不需要消耗很大能量；没有饱和现象，测量范围宽，暂态响应快，准确度高，重量轻，成本低。

5. 电流互感器与仪表的连接

图 13-20 所示为最常用的电气测量仪表接入电流互感器的三种接线方式。

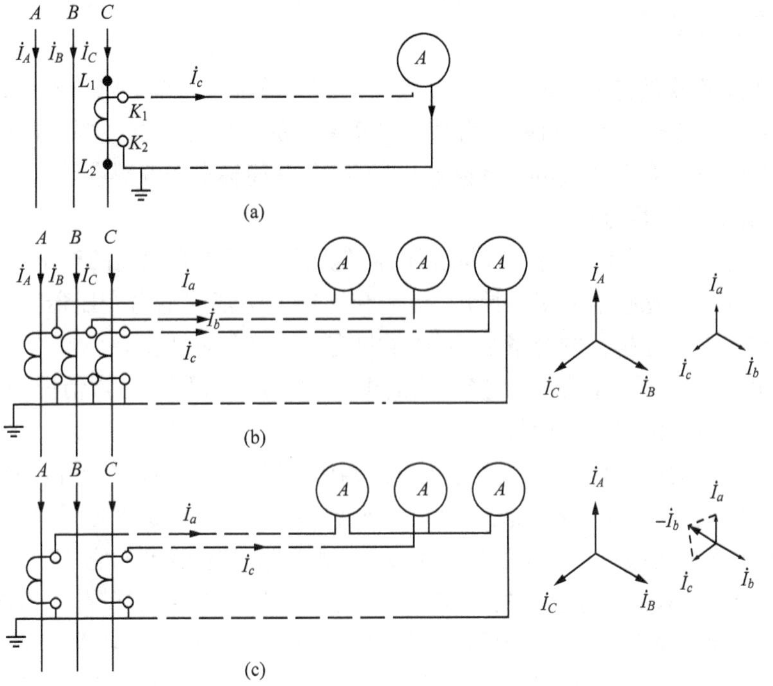


图 13-20　电流互感器与测量仪表的连接

图(a)是用来测量相负荷不平衡度小的三相装置中的一相电流。

图(b)为星形接线，用于接入相负荷不平衡度较大的三相装置，以及电压为 380/220V 的三相四线制装置中的测量仪表。

图(c)是不完全星形接线，广泛用于接相负荷平衡和不平衡的三相装置中的测量仪表。由于三相电流 $\dot{I}_a+\dot{I}_b+\dot{I}_c=0$，则 $\dot{I}_b=-(\dot{I}_a+\dot{I}_c)$，通过公共导线上的电流表中的电流，等于 $a$ 和 $c$ 两相电流的相量和，即为 $b$ 相的电流。

运行中的电流互感器严禁二次回路开路。开路的电流互感器铁心磁通量变大，将引起磁路铁心的发热和在二次侧感应高电压。因此在电流互感器的二次回路中不允许装设熔断器和自动开关。对已安装在线路中，暂不使用的电流互感器应将二次侧短接并接地。

电流互感器的副绕组有一端必须接地，以免一、二次侧之间的绝缘击穿使二次也带上高电压时，危及人身和设备的安全。

电流互感器的原、副绕组的端口上必须标明极性，通常原边用 $L_1$、$L_2$ 表示，副边用 $K_1$、$K_2$ 表示，$L_1$ 与 $K_1$、$L_2$ 与 $K_2$ 彼此同极性。当原边电流从 $L_1$ 流向 $L_2$ 时，副边电流从 $K_1$ 经过测量仪表流向 $K_2$。

## 三、电压互感器

电压互感器是将一次侧的高电压按比例变为适合仪表或继电器使用的额定电压为 100V 的变换设备。目前电力系统广泛使用的电压互感器主要有电磁式和电容分压式。以下对电磁式电压互感器进行分析，并简称电压互感器。

1. 电压互感器的特点

① 容量很小，类似一台小容量变压器，但结构上要求有较高的安全系数。

电磁式电压互感器的工作原理、构造和连接方法都与电力变压器相同。其主要区别在于电压互感器的容量很小，通常只有几十到几百伏安。

② 电压互感器二次绕组所接仪表的电压线圈阻抗很大，正常情况下，电压互感器在近于空载的状态下运行。

电压互感器的工作状态与普通变压器相比，其特点是：电压互感器一次侧的电压即电网电压，不受互感器二次侧负荷的影响，并且在大多数情况下，其负荷是恒定的；接在电压互感器二次侧的负荷是仪表、继电器的电压线圈，它们的阻抗很大，通过的电流很小，电压互感器的工作状态接近于变压器的空载情况，二次电压接近于二次电势值，并决定于一次电压值。因此，电压互感器可用来辅助测量一次侧的电压。运行中的电压互感器二次侧不允许短路。短路故障将引起危险的过电流。因此在电压互感器的二次回路中装设熔断器或自动开关，作为二次侧短路保护。

2. 电压互感器的工作原理

(1) 额定变比

电压互感器一、二次绕组电压之比称为电压互感器的额定互感比，即

$$K_u = \frac{U_{N1}}{U_{N2}} \tag{13-79a}$$

式中，$U_{N1}$ 为一次绕组的额定电压，即等于电网的额定电压，kV；$U_{N2}$ 为二次绕组的额定电压，一般为 100V。

由式(13-79a)得到的测量电压为近似值，经电压互感器变换后产生了电压数值及相位上的误差。

(2) 电压互感器的误差

电压误差为二次电压的测量值与额定互感比的乘积 $K_uU_2$ 与实际一次电压 $U_1$ 之差，以百分数表示为

$$\Delta U\% = \frac{K_u U_2 - U_1}{U_1} \times 100\% \qquad (13\text{-}79b)$$

相位差则为二次电压相量 $U_2$ 与一次电压相量 $U_1$ 之间的夹角，并规定 $U_2$ 超前于 $U_1$ 时相位差 $\delta U$ 为正，反之为负。

电压互感器的误差与二次负载、功率因数和一次电压等运行参数有关。

3. 电压互感器的负载要求

(1) 电压互感器的准确级

电压互感器的准确级，是指在规定的一次电压和二次负荷变化范围内，负荷功率因数为额定值时，电压误差的最大值。表 13-11 为国家标准中规定的各准确级以及误差限值。

**表 13-11　电压互感器误差准确级及误差限值**

| 准确级次 | 误差限值 | | 一次电压变化范围 | 频率、功率因数及二次负荷变化范围 |
|---|---|---|---|---|
| | 电压误差(±%) | 相位差(±′) | | |
| 0.2 | 0.2 | 10 | $(0.8\sim1.2)U_{N1}$ | $(0.25\sim1)S_{N2}$<br>$\cos\varphi_2=0.8$<br>$f=f_N$ |
| 0.5 | 0.5 | 20 | | |
| 1 | 1.0 | 40 | | |
| 3 | 3.0 | 不规定 | | |
| 3P | 3.0 | 120 | $(0.05\sim1)U_{N1}$ | |
| 6P | 6.0 | 240 | | |

我国生产的电压互感器，按测量精度分为四级，即 0.2、0.5、1.0 和 3.0 级。数字越小精度越高。例如，0.5 级的电压互感器，其变比误差极限为±0.5%，相位误差±20′。1 级的电压互感器，其变比误差极限为±1%，相位误差±40′。

(2) 电压互感器的额定容量

由于电压互感器误差与负荷有关，所以同一台电压互感器对应于不同的准确级便有不同的容量。通常额定容量是指对应于最高准确级的容量。电压互感器按照在最高工作电压下长期工作允许的发热条件，还规定了最大容量。

如果运行中无限制地增加电压互感器的二次负荷，二次电压就会降低，其结果是测量误差增大。所以，为了使测量的准确度符合要求，应限制电压互感器的二次负荷在准确度所允许的范围内。

电压互感器的负载要求就是负载容量之和不能超过互感器的额定二次容量值。

4. 电压互感器的接线形式

在三相系统中需要测量的电压有：①线电压；②相对地电压；③当发生单相接地故障时出现的零序电压。一般测量仪表和继电器的电压线圈都用线电压。每相对地电压和零序电压用于某些继电保护和绝缘监察装置中。为了测量这些电压，电压互感器有各种不同的接线，图 13-21 为最常见的几种接线。

(1) 单相接线

图 13-21(a)所示接法仅适用于测量相间电压。如果互感器一次绕组的一端接在线路上，另一端接地，互感器可测量某一相对地电压。

(2) V-V 接线

图 13-21(b)为两只单相电压互感器接成不完全三角形(V-V 形)，用来接入只需要线电压的测量仪表和继电器，但不能测量相电压。这种接线广泛用于小接地短路电流系统中。V-V 接法比采用三相式的经济，但有局限性。

(3) Y-Y 接线

由三个单相互感器一、二次侧均接成 Y 形，可供给要求线电压的仪表和继电器以及要求相电压的绝缘监视电压表。

图 13-21(c)(用虚线表示的绕组不在内)所示，为三只单相双绕组电压互感器接成星形，且原绕组中性点接地。这种接法对于三相电网的线电压和相电压都可以测量。在中性点不接地的系统中，这种接法只用来监视电网对地绝缘的状况和接入对电压互感器的准确度要求不高的测量仪表和继电器，如电压表、频率表、电压继电器等。因为中性点不接地的电网，能够在发生单相接地的情况下继续运行，这时未故障相对地的电压增高到线电压。因此按图 13-21 (c)连接时，所采用的单相电压互感器的额定电压应等于装置的线电压，而在正常状态时，这种电压互感器的原绕组经常处在相电压下，即为额定电压的 $1/\sqrt{3}$，所以它的误差大大超过了正常值，故这种接法不作供电给功率表和电度表之用。

(4) $Y_0/Y_0/\triangle$接线

用三台单相三绕组电压互感器构成 $Y_0/Y_0/\triangle$接线，该接线方式其二次绕组用来测量相间电压和相对地电压，辅助二次绕组接成开口三角形检测零序电压。用于 3～220kV 系统(110kV 及以上无高压熔断器)，供接入交流电网络缘监视仪表和继电器用。

图 13-21(d)为三相三柱式电压互感器的接线，可用来测量线电压。由于这种电压互感器不许用来测量相对地的电压，即不能用来监视电网对地绝缘，因此它们的原绕组没有引出的中性点。

在小接地短路电流系统中，广泛采用三相五柱式电压互感器。这种互感器的原绕组是根据装置的相电压设计的，并且接成中性点接地的星形；基本副绕组也接成星形；辅助副绕组接成开口三角形，如图 13-21 所示。

5. 电压互感器的分类

电压互感器分类情况如下：

① 按安装地点，电压互感器分户内和户外两种类型。它们的外绝缘有明显的差异，如果因特殊原因必须将户内式电压互感器置放于户外时，必须加装可靠的防护罩。

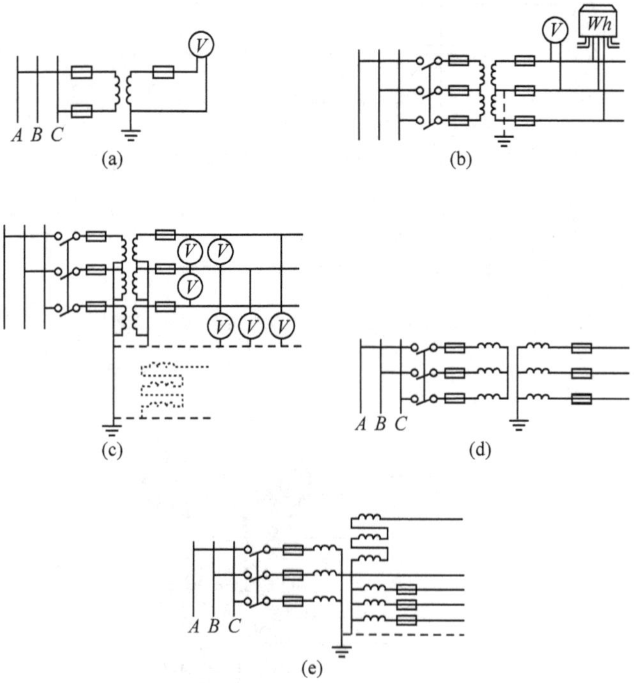


图 13-21 电压互感器的接线图

② 按相数,电压互感器有单相和三相两种。单相的可制成任何电压等级,而三相的一般只制成 10kV 及以下电压等级。

③ 按绕组数目多少,电压互感器又可以分为双绕组和三绕组两种。三绕组的除了具有供电给测量仪表和继电器的基本副绕组以外,还有一个辅助副绕组,用来接入监察电网绝缘状况的仪表和单相接地保护的继电器。

④ 按绝缘方式不同,电压互感器可以分为干式、浇注式、油浸式三种;其中浇注式用于 3~35kV,油浸式主要用于 110kV 及以上的电压互感器。

⑤ 按工作原理的不同,电压互感器可以分为电磁式电压互感器和电容式电压互感器。

随着电力系统输电电压的增高,电磁式电压互感器的体积越来越大,成本随之增高,普遍采用电容式电压互感器。电容式电压互感器实质上是一个电容分压器,如图 13-22 所示,在被测装置的相和地之间接有电容 $C_1$ 和 $C_2$,按反比分压,$C_2$ 上的电压为

$$U_{C2}=\frac{U_1C_1}{C_1+C_2}=KU_1 \tag{13-80}$$

110kV 及以上电压等级用电容分压式电压互感器,图 13-23 为其剖视图。

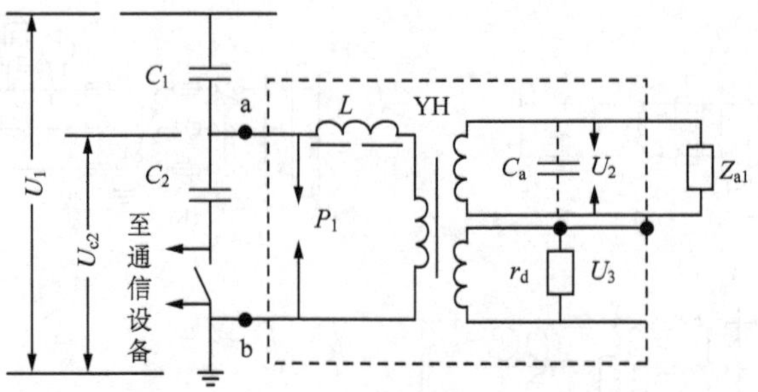


图 13-22　电容式电压互感器原理接线图

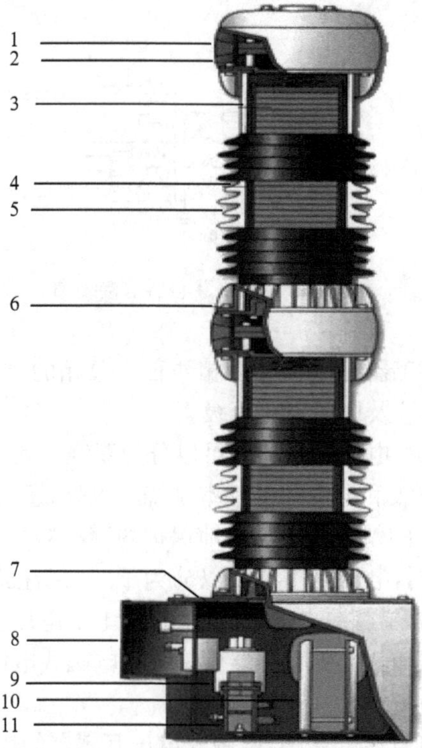


图 13-23　电容分压式电压互感器剖视图

1—油压计；2—膨胀膜；3—电容单元；4—绝缘油；5—瓷绝缘子；6—密封件；7—外壳；8—低压端子箱/中性和高频端子；9—串联电感；10—中压互感器；11—铁磁谐振效应阻尼电路

6. 电压互感器注意事项

① 电压互感器的二次侧在工作时不能短路。在正常工作时，其二次侧的电流很小，近于开路状态，当二次侧短路时，其电流很大(二次侧阻抗很小)将烧毁设备。

② 电压互感器的二次侧必须有一端接地，防止一、二次侧击穿时，高压窜入二次侧，危及人身和设备安全。

③ 电压互感器接线时，应注意一、二次侧接线端子的极性。以保证测量的准确性。

④ 电压互感器的一、二次侧通常都应装设熔丝作为短路保护，同时一次侧应装设隔离开关作为安全检修用。

⑤ 一次侧并接在线路中。

## 四、互感器的选择和配置

1. 互感器的配置原则

(1) 电流互感器的配置原则

① 为了满足测量和保护装置的需要，在发电机、变压器、出线、母线分段及母联断路器、旁路断路器等回路中均设有电流互感器。对于大接地短路电流系统，一般按三相配置；对于小接地短路电流系统，依具体要求按二相或三相配置。

② 对于保护用电流互感器应尽量消除主保护装置的不保护区。例如，若有两组电流互感器，且位置允许时应设在断路器两侧，使断路器处于交叉保护范围之中。

③ 为了减轻内部故障对发电机的损伤，用于自动调整励磁装置的电流互感器应配置在发电机定子绕组的出线侧。为便于分析和在发电机并入系统前发现内部故障，用于测量的电流互感器宜装设在发电机中性点侧。

(2) 电压互感器的配置原则

① 母线。除旁路母线外，一般工作及备用母线都装有一组电压互感器，用于同期、测量仪表和保护装置。

② 线路。35kV 及以上输电线路，当对端有电源时，为了监视线路有无电压、进行同期和设置重合闸，装有一台单相电压互感器。

③ 发电机。一般装二组电压互感器。一组用于自动调整励磁装置；另一组供测量仪表、同期和保护装置使用，该互感器采用三相五柱式或三只单相接地专用互感器，其开口三角形供发电机未并列之前检查接地之用。当互感器负荷太大时，可增设一组不完全星形连接的互感器，专供测量仪表使用。200MW 及以上发电机中性点常接有单相电压互感器，用于 100%静子接地保护。

④ 变压器。变压器低压侧有时为了满足同期或保护的要求，设有一组不完全星形接线的电压互感器。

2. 互感器的选择

(1) 电流互感器的选择

电流互感器应进行形式、额定电压、额定电流、准确级的选择，以及二次负荷、热稳定与动稳定的校验。

1) 形式的选择。

根据安装地点及使用条件，选择电流互感器的绝缘结构、安装方式(户内、户外、装入式、支持式、穿墙式等)、一次绕组匝数(单匝、多匝式、母线式)等。

6～20kV 屋内配电装置中的电流互感器、应采用瓷绝缘或树脂浇注绝缘结构的户内式产品。35kV 及以上配电装置，一般采用油浸瓷箱式绝缘结构的户外独立式电流互感器，在有条件时，应采用装设于电力变压器、断路器中的套管式电流互感器。选用母线式电流互感器时，应该校核其窗口允许穿过的母线尺寸。

2) 额定电压的选择。

电流互感器一次回路额定电压 $U_c$ 不应低于安装地点的电网额定电压 $U_e$，即

$$U_c \geqslant U_e \tag{13-81}$$

3) 额定电流的选择。

电流互感器一次回路额定电流 $I_{1e}$ 应不小于所在回路的最大持续工作电流 $I_{g\,max}$，即

$$I_{1e} \geqslant I_{g\,max} \tag{13-82}$$

电流互感器二次额定电流 $I_{2e}$ 可以根据二次负荷要求分别选用 5A、1A 或 0.5A。

4) 准确级的选择。

国产电流互感器的准确级有 0.2、0.5、1、3、10、D(B、C)级等。

所选电流互感器的准确级不得低于其测量仪表的准确级。准确级选择的原则与电压互感器者相似。当一个二次绕组中接入多种仪表时，其准确级应按各仪表中要求最高者来选择。准确级为 D 级或 B 级的二次绕组，是专用于继电保护的。

5) 二次负荷的校验。

与电压互感器相似，电流互感器的误差也与其二次负荷有关。同一台电流互感器，对应于不同的准确级、具有不同的额定容量。若二次负荷超过某一准确级的额定容量时，其准确级便将相应降低。

为使得所选择的准确级在运行中能得到保证，必须进行二次负荷校验。为此，首先应正确拟定电流互感器及其二次测量仪表、继电器的接线方式，力求各相负荷均衡，并要求其最大一相二次负荷 $S_2$ 不超过与该准确级相应的电流互感器额定容量 $S_{2e}$，即应满足条件

$$S_2 \leqslant S_{2e}\ \text{V} \cdot \text{A} \tag{13-83}$$

$$S_2 = I_{2e} Z_2 \tag{13-84a}$$

$$S_{2e} = I_{2e} Z_{2e} \tag{13-84b}$$

式中，$Z_2$ 为电流互感器的最大一相二次负荷阻抗，Ω；$Z_{2e}$为与所选准确级相应的电流互感器额定二次负荷阻抗，Ω。

若略去阻抗中数值很小的电抗，则二次负荷可表示为

$$Z_2 = r_v + r_f + r_d + r_e \ \Omega \tag{13-85}$$

式中，$r_v$ 为测量仪表电流线圈的电阻，可由其线圈的消耗功率求得；$r_f$ 为继电器电流线圈的电阻，可由其线圈消耗功率求得；$r_d$ 为连接导线的电阻，为未知量；$r_e$ 为连接导线与测量仪表等的接线端子之间的接触电阻，一般取为 0.1Ω。

综合分析式(13-83)～(13-85)，二次负荷校验条件可转化为求取连接导线电阻的允许值，即

$$r_d \leqslant \frac{S_{2e} - I_{2e}^2 (r_v + r_f + 0.1)}{I_{2e}^2} \ \Omega \tag{13-86}$$

若连接导线的长度已知，则由导体电阻计算公式 $r=\frac{\rho L}{S}$可推知所需选用的连接导线截面应满足式(13-87)要求

$$S \geqslant \frac{\rho L I_{2e}^2}{S_{2e} - I_{2e}^2 (r_v + r_f + 0.1)} \times 10^6 \quad \text{mm}^2 \tag{13-87}$$

式中，$\rho$ 为导线材料的电阻率，铜线约为 $1.75\times10^{-8}$，Ω·m，铝线约为 $2.9\times10^{-8}$Ω·m；$L$ 为连接导线的计算长度，m，与从电流互感器安装地点到仪表端子之间的实际距离 $l$ 及电流互感器的接线方式有关。

当电流互感器采用单相接线方式时，因往返导线中的电流相等，故可取 $L=2l$；当电流互感器采用完全星形接线方式时，因中线电流很小，故可近似取为 $L=l$；当电流互感器采用不完全星形接线方式时，因往返导线中的电流大小相等、而相位差为 60，根据回路电压方程可推知回路总电阻为单程导线电阻的$\sqrt{3}$倍，故取$L=\sqrt{3}l$。

此外，为保证连接导线具有一定的机械强度，实际选用的导线截面 $S$ 不能太小，铜线截面不应小于 1.5mm²，铝线截面不应小于 2.5mm²。

6）热稳定的校验。

校验条件为

$$(K_r I_{1e})^2 \geqslant I_\infty^2 t_{dz} \text{ 或 } K_r I_{1e} \geqslant I_\infty \sqrt{t_{dz}} \tag{13-88}$$

式中，$I_{1e}$为电流互感器一次侧额定电流；$K_r$ 为电流互感器的 1s 热稳定倍数，$K_r=\frac{I_r}{I_{1e}}$，由制造厂家提供。

7）动稳定的校验。

当短路电流通过电流互感器时，除了在电流互感器内部产生电动力以外，那些外部采用硬连接导体的瓷绝缘电流互感器的瓷帽上也将承受电动力的作用。因此，常需分别进行内部、外部动稳定校验。

内部动稳定校验条件为

$$\sqrt{2}I_{1e}K_d \geqslant i_{cj} \tag{13-89}$$

式中，$\sqrt{2}I_{1e}$为电流互感器一次回路额定电流幅值；$K_d=\dfrac{i_d}{\sqrt{2}I_{1e}}$，为电流互感器的动稳定倍数（其中 $i_d$ 为允许动稳定电流幅值），由制造厂家提供；$i_{cj}$为电流互感器所在回路短路冲击电流幅值。

外部动稳定校验条件为

$$\begin{aligned} &F_y \geqslant F_{max} \\ &F_{max} = 1.73\frac{L_{ls}}{a}i_{cj}^2 \times 10^{-7} \end{aligned} \tag{13-90}$$

式中，$F_y$ 为作用于电流互感器瓷帽端部的允许力，N，由制造厂家提供；$F_{max}$为作用于电流互感器瓷帽上的最大电动力，N。

对普通瓷绝缘电流互感器 $l_{js}=l/2$，其中 $l$ 为互感器瓷帽端部到最近的一个母线支柱绝缘子之间的跨距；对母线式电流互感器 $l_{js}=(l-l_{cz})/2$，其中 $l_{cz}$为互感器瓷套长度。

（2）电压互感器的选择

对电压互感器应进行形式、额定电压、准确级的选择以及二次负荷的检验。

电压互感器是与电网并联的电压变换设备，不需选择额定电流。电压互感器不会受到外部电网短路电流的侵袭，不需进行短路动稳定、热稳定校验。电压互感器的内部短路故障，则由其专用的熔断器来快速切除。

1）形式的选择。

应根据安装地点及使用条件，选择电压互感器的相数（单相式、三相式）、绕组数（双绕组、三绕组）、绝缘结构等。

6～20kV 屋内配电装置，一般采用油浸（或树脂浇注）绝缘结构的户内式电压互感器。35～110kV 配电装置，一般采用油浸绝缘结构的户外式电压互感器。220kV 及以上配电装置，当容量和准确等级能满足要求时，一般采用电容式电压互感器。

在满足二次电压和负荷要求的条件下，电压互感器应尽量采用简单的接线方式。当需要零序电压时，6～20kV 级电网一般优先采用三相五柱式三绕组电压互感器。

2）额定电压的选择。

需要分别选择电压互感器一次绕组及二次绕组的额定电压。

选择一次绕组额定电压$U_{1e}$时，除了要求与所在电网的额定电压相配合以外，还要求电网电压$U_1$的波动不超出电压互感器准确级的规定范围，一般应满足下列条件：

$$1.1U_{1e} > U_1 > 0.9U_{1e} \tag{13-91}$$

选择二次绕组额定电压及接成开口三角形的辅助绕组额定电压时，应满足测量仪表及继电保护的要求。通常，当一次绕组接于电网线电压之间时，二次绕组额定电压选为100V；当一次绕组接于电网相电压之间时，二次绕组额定电压选为$100\sqrt{3}$V。当电网为中性点直接接地系统时，辅助绕组额定电压选为100V；当电网为中性点非直接接地系统时，辅助绕组额定电压选为100/3V。

3）准确级的选择。

国产电压互感器的准确级有0.5、1、3级等。

所选电压互感器的准确级，不得低于其二次侧测量仪表的准确级。下列原则可供选择时参考：装设在发电机、调相机、变压器、厂用电、出线等重要回路中的电度表，以及所有计算电费的电度表用电压互感器，准确级应为0.5级；运行监视用功率表、电度表及继电器用的电压互感器，准确级应为1级；供粗测仪表用的电压互感器，准确级应为3级；当一台互感器供给多种仪表时，其准确度应按仪表中要求最高者来选择。

4）二次负荷的校验。

同一台电压互感器，可按不同的准确级及相应的额定容量运行。若二次负荷超过其额定容量，则准确级便将相应降低。

为使所选择的准确级在实际运行中能得到保证，就要求电压互感器的最大一相二次负荷不超过与该准确级相应的一相额定容量，即应满足条件

$$S_{2max} \leqslant \frac{S_{2e}}{3} \tag{13-92}$$

式中，$S_{2max}$为电压互感器最大的一相二次负荷，V·A；$S_{2e}$为电压互感器在所选准确级下的额定容量，V·A。

为此，首先应正确拟定电压互感器及其二次测量仪表、继电器的接线方式，尽量使各相负荷分配均衡。然后，分别计算各相二次负荷，求得$S_{2max}$。

计算各相二次负荷时，必须注意电压互感器二次绕组与二次负荷的接线方式。若二者的接线方式相同（即同为完全星形接法或不完全星形接法），则各相二次负荷可按下式直接进行计算：

$$S_2 = \sqrt{(\sum S_0 \cos\varphi)^2 + (\sum S_0 \sin\varphi)^2} \tag{13-93}$$

式中，$S_0$ 为同一相中各仪表线圈消耗的功率，V·A；$\cos\varphi$ 为同一相中各仪表线圈的功率因数。

若二者的接线方式不同，则各相二次负荷即须按下式间接进行计算：

$$S_2=\sqrt{(\sum P)^2+(\sum Q)^2}\ \text{V·A} \tag{13-94}$$

式中，各相有功负荷 $P$（单位为 W）、无功功率 $Q$（单位为 var）可按表 13-12 中相应的公式进行计算。

**表 13-12　电压互感器二次绕组各相有功及无功负荷计算公式**

| 接线及相量 | 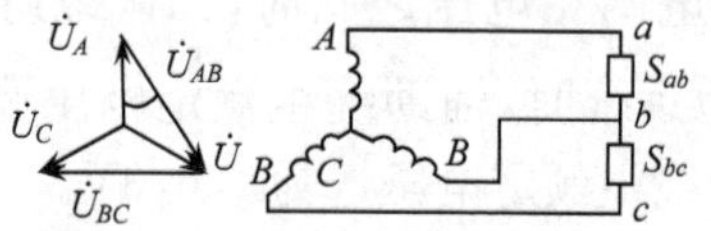 | 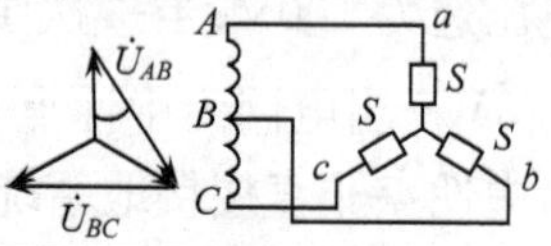 | |
|---|---|---|---|
| $A$ | $P_A=[S_{ab}\cos(\varphi_{ab}-30°)]/\sqrt{3}$<br>$Q_A=[S_{ab}\sin(\varphi_{ab}-30°)]/\sqrt{3}$ | $AB$ | $P_{AB}=\sqrt{3}S\cos(\varphi+30°)$<br>$Q_{AB}=\sqrt{3}S\sin(\varphi+30°)$ |
| $B$ | $P_B=[S_{ab}\cos(\varphi_{ab}+30°)+S_{bc}\cos(\varphi_{bc}-30°)]/\sqrt{3}$<br>$Q_B=[S_{ab}\sin(\varphi_{bc}+30°)+S_{bc}\sin(\varphi_{bc}-30°)]/\sqrt{3}$ | $BC$ | $P_{BC}=\sqrt{3}S\cos(\varphi-30°)$<br>$Q_{BC}=\sqrt{3}S\sin(\varphi-30°)$ |
| $C$ | $P_C=[S_{bc}\cos(\varphi_{bc}+30°)]/\sqrt{3}$<br>$Q_C=[S_{bc}\sin(\varphi_{bc}+30°)]/\sqrt{3}$ | | |

## 参　考　文　献


1. 范锡普. 发电厂电气部分. 北京：中国电力出版社，1987
2. 吴希再. 电力工程．武汉：华中理工大学出版社，1997
3. 陆敏政. 电力工程．北京：中国电力出版社，1997

# 第十四章　机电动态与稳定性

本章叙述电力系统机电过渡过程中的稳定性问题，它包括功角稳定(静态稳定与暂态稳定)、电压稳定与频率稳定。从现象、定义、分析方法、动力学机制以及提高稳定的措施等方面进行了初步分析。

## 第一节　电力系统的稳定性

近十年来，国际上电力系统大面积停电事故频发，2003 年 8 月 14 日美加电网崩溃事故影响近五千万人口的广大区域，有近 63GW 负载中断，该事件震惊了全世界；1994 年 5 月 25 日我国南方电网瓦解事故，频率降至 48.5Hz，损失负荷 1730MW。因此国内外都在致力于使电力系统具备很强的承受大扰动的能力。

对于一般自治系统，稳定性概念如图 14-1，是指系统的状态(平衡点)从有界的区域(稳定域)内出发的运动轨线到 $t\to\infty$ 时仍在所限制的域内是稳定的；而在临界时间越出稳定边界到达域外是不稳定的。

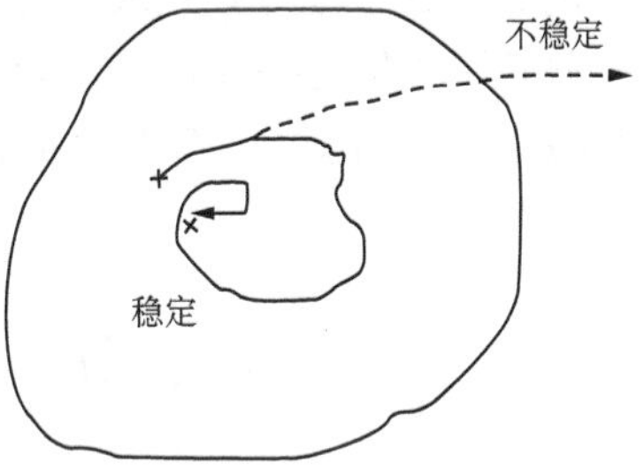

图 14-1　稳定性概念

电力系统大面积停电事故，最初常由单一事件引起，逐渐演变为相继跳闸，甚至全系统崩溃。我国电力系统的运行具有丰富的经验，对于反事故具有优良的策略。国家制定了安全稳定的分级标准：

第一级：对于常见的单一故障，保持稳定运行和电网的正常供电。

第二级：对于低概率的重故障，保持稳定运行，但允许损失部分负荷。

第三级：对于多重故障，当系统不能保持稳定运行时，必须防止系统崩溃并尽量减少负荷损失。

电力系统的大量设备暴露于大气中，在正常运行情况下，由于天灾人祸，如设备绝缘老化、雷击、树枝碰线接地、继电保护整定不当等原因，可以导致单一的线路或发电机跳闸。适当的运行调整，可以使系统回归到安全状态并运行于设定参数范围以内。依赖于故障的严重性，系统可能随着故障进入紧急状态，引发机组间的振荡，如果适当的控制作用如距离保护振荡闭锁、低频减载、低压减载等未能正确介入，有可能引发进一步的相继跳闸，系统因不稳定而撕裂，这时如有多重故障发生，将严重威胁系统安全，甚至造成不可逆转的系统崩溃态势。这里涉及影响系统安全稳定的一些动态行为概念：

①暂态功角不稳定；

②电压崩溃；

③频率崩溃。

在初始的故障下，例如传输线故障将引起发电机转子角的偏移。对于自由的电网结构（如电磁环网）在线路跳闸后，在机组之间会引起不良的电气耦合，使系统联系阻抗突增，使发电机组的同步功率下降，引发振荡，严重时使不同区域间的发电机组失步，造成电网分裂。机组失步后，相对转子角偏移显著加大，沿线电压下降，造成失负荷，该现象可以在几秒内发生。

对自由的电网结构，在主网线路跳闸后，还会引起负荷大转移，使重载区域的电压大幅下降，发电机组因低电压失步，辅机因低电压停运，导致发电机组跳闸使系统失去无功电源；感应电动机负载因低电压减速吸收更多的无功功率，两者促使系统电压进一步下降，最终可能造成系统电压崩溃。

系统因不稳定而撕裂成若干孤岛，在孤岛中发电功率与负荷功率不平衡，如无及时的足够的事故低频减载措施，可能导致系统频率崩溃。

就长距离输电系统而言，静态功角稳定问题是主要的输电限制因素。在网络的负载结点，负荷过度增长会造成静态电压稳定问题。这些将在以下的章节中讨论。

## 第二节 电力系统的功角稳定

本节讨论电力系统的静态稳定与暂态稳定，同属功角稳定问题，此外，电力系统功角稳定破坏后的特征以及提高系统稳定的措施也属讨论之列。

### 一、电力系统的静态稳定

电力静态稳定是指系统在正常运行情况下受到小干扰后系统能够恢复到原来的运行状态或很接近于原来运行状态的能力。这种能力是保持系统正常运行的必要条件之一。

1. 功角特性

如图 14-2(a)所示，隐极发电机经升压变压器、输电线和降压变压器将功率送往受端为无限大容量系统的母线，因而受端母线电压的大小和相位认为恒定。忽略该输电系统各元件的电阻及并联导纳，只计及各元件的电抗，则可得到系统的等值电路如图 14-2(b)，经合并后就成为图 14-2(c)，该图中

$$X_{\Sigma} = X_d + X_{T1} + X_L + X_{T2}$$

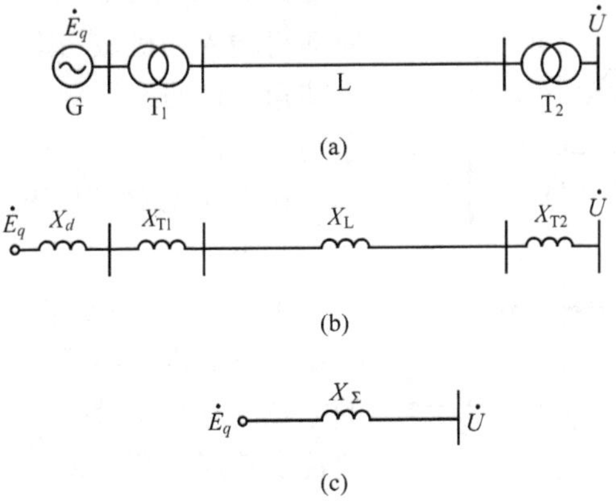


图 14-2　单机-"无限大"系统

(a)接线图　(b)和(c)等值电路图

这一输电系统的相量图如图 14-3 所示，发电机发出的电磁功率为

$$P_{e,\varphi} = UI\cos\varphi \tag{14-1}$$

由图 14-3 可知

$$I\cos\varphi \cdot X_\Sigma = E_q \sin\delta \tag{14-2}$$

故有

$$P_\varphi = \frac{E_q U}{X_\Sigma}\sin\delta \tag{14-3}$$

当发电机电势及受端母线电压用线电压表示时，$P$ 即为三相功率值

$$P = \frac{E_q U}{X_\Sigma}\sin\delta \tag{14-4}$$

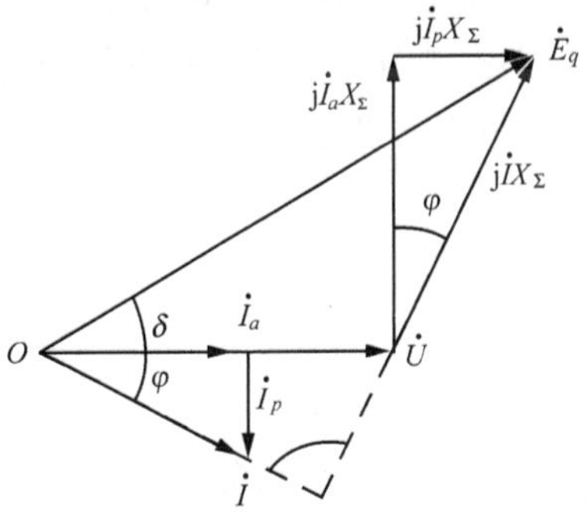


图 14-3　单机-无限大系统正常运行时的相量图

$\dot{I}_a$—电流的有功分量

$\dot{I}_p$—电流的无功分量

由式(14-4)可见，当 $E_q$、$U$ 及 $X_\Sigma$ 不变时，发电机的电磁功率是功角 $\delta$ 的正弦函数，如图 14-4 所示。当 $\delta$ 从零增至 90°的范围内时，发电机的输出功率随 $\delta$ 的增大而增大。在 $\delta$ 达到 90°时，输出功率达到最大值，即

$$P_{max} = \frac{E_q U}{X_\Sigma} \tag{14-5}$$

式中，$P_{max}$ 称为静态稳定极限，其大小与 $E_q$ 及 $U$ 成正比，与 $X_\Sigma$ 成反比。

2. 静态稳定分析

静态稳定是指电力系统遭受小扰动后，运行参数偏离正常的平衡状态后能够

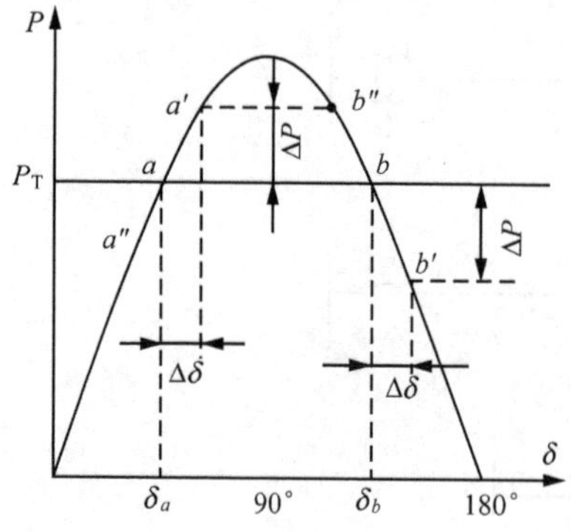


图 14-4　功率特性曲线

回复到原来工作状态的能力。如图 14-4，当原动机输入的机械功率为 $P_T$ 时，直线 $P_T \sim \delta$ 与功角特性曲线相交于点 $a$ 和点 $b$，相应的功角为 $\delta_a$ 和 $\delta_b$。

在点 $a$，如果系统遭受一小扰动，使 $\delta_a$ 出现了一小正增量 $\Delta\delta$，引起了正的功率偏差量，对应于图 14-4 的点 $a'$。因为惯性的存在，这时原动机的机械功率 $P_T$ 保持不变，则发电机的电磁制动转矩将超过原动机的驱动转矩，使转子减速，$\delta$ 随之减少，向点 $a$ 逼近，由于阻尼的存在，经过一系列小振荡后，又回复到点 $a$，图14-5(a)示出了这种变化态势。若小扰动使 $\delta_a$ 出现一小负增量$(-\Delta\delta)$，引起了负的功率偏差量，对应于图 14-4 的点 $a''$，这时发电机输出的电磁功率减少了，并小于原动机的机械功率，相应的不平衡转矩使转子加速，$\delta$ 将随之增加，经过一系列的衰减振荡，又回到了点 $a$。这一变化情况亦如图 14-5(a)所示。对点 $a$ 而言，小扰动不论导致 $\Delta\delta$ 的正、负增量，均能回复到点 $a$，故点 $a$ 是运行稳定的。

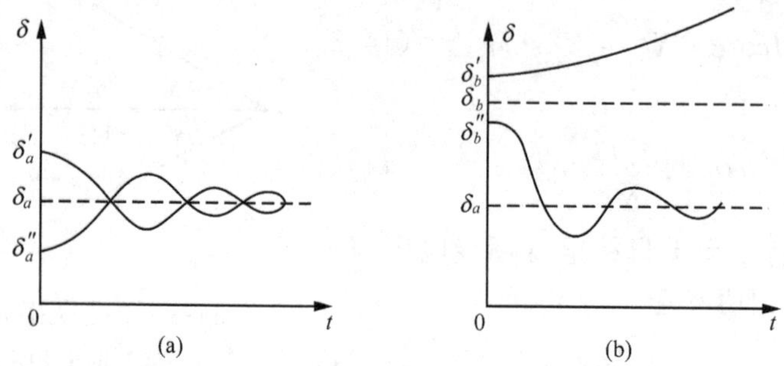


图 14-5　小扰动后功角变化

(a)运行点 $a$　(b) 运行点 $b$

在点 $b$，受小扰动后，正的角增量 $\Delta\delta$ 将引起负的功率偏差量$(-\Delta P)$，使转子加速，$\delta$ 不断增加，运行状态无法回到点 $b$，导致发电机非周期性地失去同步。如果小扰动使 $\delta_b$ 有负的角增量$(-\Delta\delta)$，发电机的电磁功率将大于原动机的机械功率，转子将减速，$\delta$ 将减小，当 $\delta_b$ 减小到小于 $\delta_a$ 时，转子又将加速，然后经过一系列振荡，在点 $a$ 达到平衡。上述两种情况的功角变化趋势如图 14-5(b)，对点 $b$ 而言，要么失去同步，要么转移到点 $a$，故 $b$ 点是不稳定的点，实际上不可能存在。

从点 $a$ 及点 $b$ 之研究得静态稳定之条件为

$$\frac{\mathrm{d}P}{\mathrm{d}\delta} > 0 \tag{14-6}$$

由式(14-4)得

$$\frac{\mathrm{d}P}{\mathrm{d}\delta} = \frac{E_q U}{X_\Sigma}\cos\delta \tag{14-7}$$

式中，$\frac{\mathrm{d}P}{\mathrm{d}\delta}$ 称为比整步功率。当 $\delta < 90°$，$\frac{\mathrm{d}P}{\mathrm{d}\delta} > 0$。在这个范围内系统运行是稳定的。当 $\delta$ 越接近 90°，比整步功率越小，即发电机的同步运行能力越弱。当 $\frac{\mathrm{d}P}{\mathrm{d}\delta} = 0$，$P$ 达到了功率极限，如图 14-6 所示，故只有 $\delta \leqslant 90°$ 的左半区域才是稳定运行区。

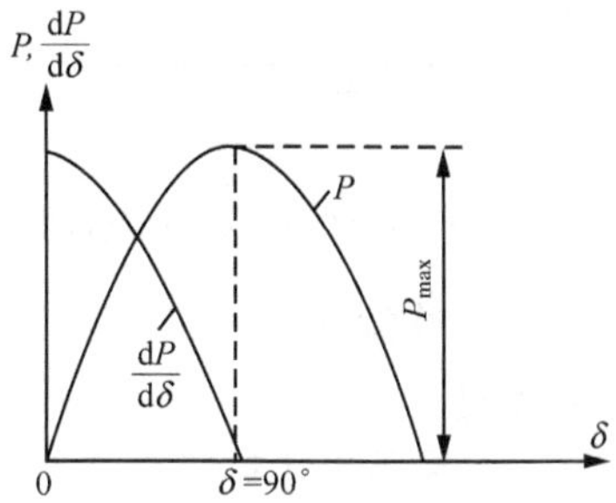

图 14-6　比整步功率特性

为了保证系统的安全运行，通常保持一定的稳定储备。定义静态稳定储备系数为

$$K_p = \frac{P_{\max} - P_0}{P_0} \times 100\% \tag{14-8}$$

式中 $P_0$ 为正常运行情况下的发电机输出功率。我国规程规定，正常方式下 $K_p$ 不小于 15%～20%，事故后不小于 10%。

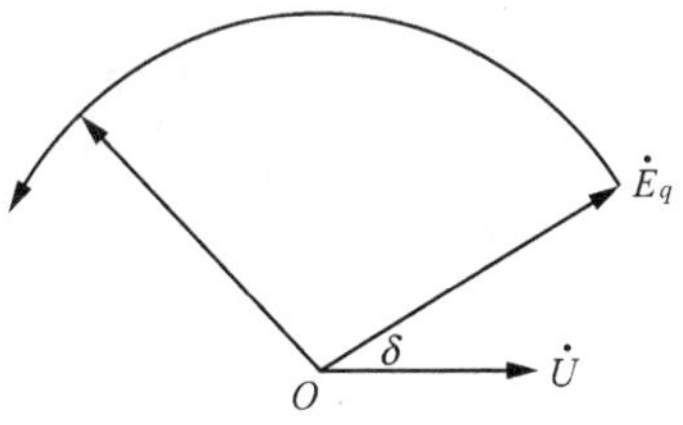

图 14-7　失步示意

式(14-6)是一种静态稳定的实用判据。复杂系统静态稳定分析较严格的方法是用微振荡法，即由线性化系统方程的特征方程的根的性质来判别系统的静态稳定性。例如，特征方程至少有一个正实根，同步发电机转子将不经摇摆而爬行失步；在计入调压器作用的某些情况下，如有正值的复根，发电机将自发振荡失步，如图 14-7 所示。

3. 提高静态稳定的方法

发电机可能输送的功率极限值越高则静态稳定性越高。减少发电机与系统间的联系电抗可以增加发电机输出的功率极限。减小联系电抗就是加强电气联系，联系紧密的系统是不易失去稳定的。以下叙述的几种措施都是与减小联系电抗有关。

(1) 自动调节励磁

发电机电势与励磁调节情况有关。如果发电机装有具有失灵区(或调节滞后)的励磁调节器，功角特性如图 14-8 中的曲线 1，可运行的功角 $\delta$ 将不大于 90°；如发电机装有无失灵区及无时滞的比例型励磁调节器，发电机可视为具有 $E'_q(E')$ 恒

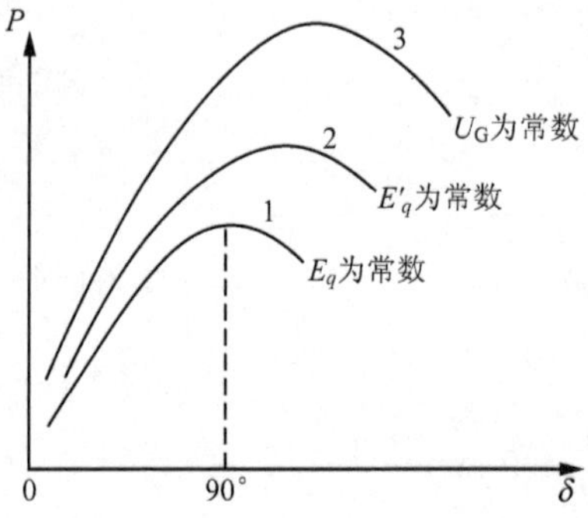


图 14-8　励磁调节对稳定区的影响

定的功角特性，如图 14-8 中的曲线 2，这时相当于将发电机的同步电抗 $X_d$ 补偿为暂态电抗 $X'_d$；如发电机装有强力励磁调节器，则可视为发电机具有机端电压恒定的功角特性，如图14-8中的曲线 3，这相当于将 $X_d$ 补偿为零。可见，在曲线 2 及曲线 3，运行功角 $\delta$ 可以超过 90°，实现所谓人工稳定区。

(2) 减小元件电抗

高压输电线采用分裂导线可以显著减少线路电抗，在长距离输电中作用显著（见第四章）。又如在长线上采用串联电容补偿，见图 14-9。但补偿度（$X_C/X_L$）不宜过大，过大将受低频振荡方面的限制。通常补偿度不宜超过 0.5。

(3) 采用中途补偿机

在长线的中间装设静止无功补偿器或同步调相机一类的设备，如图 14-10 所示，则可维持线路中间某点电压恒定。这样，输电线也就等值地分为两段，从而系统的静态稳定得到提高。

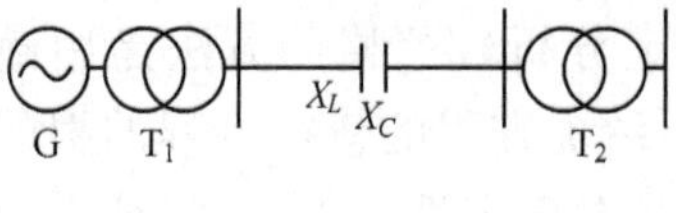


图 14-9　串联电容补偿

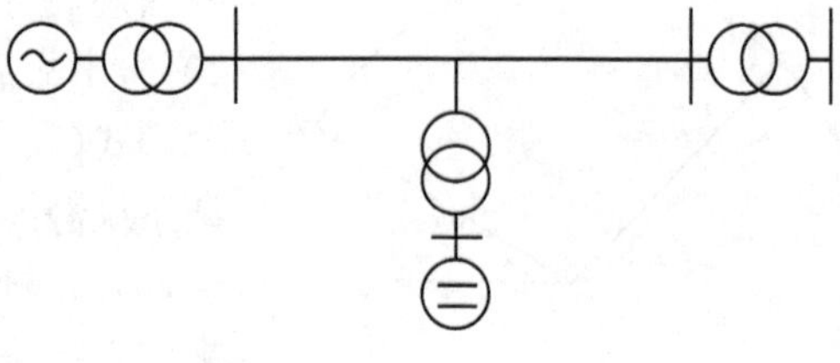

图 14-10　中途补偿机

## 二、电力系统的暂态稳定

电力系统的暂态稳定是指系统在正常运行方式下突然受到大干扰后经过暂态过程能否达到新的可以接受的稳态或者回复到原来的状态的能力。大干扰如线路发生短路故障、断开发电机等。系统在遭受大干扰后，发电机输出的电磁功率将发生突变，而原动机的输入功率因惯性跟不上这种变化，于是发电机组的功率平衡及相应的轴上的转矩平衡遭到破坏，使转子转速及转子间的相对角发生变化，这些变化又反过来影响系统中各结点电压、各支路电流和功率的变化，所以实际上系统在大扰动下电磁暂态和机电暂态过程常常交织在一起。

系统在遭受扰动后能否保持稳定与系统结构、初始的运行方式及干扰的严重程度有关。一般暂态过程可分为故障前、故障时及故障后三个不同的时间阶段，其系统结构是各异的。暂态稳定通常分析故障发生后一秒至几秒内系统的稳定性。

1. 物理过程分析

现以图 14-11 所示的单机-无限大功率系统为例，当双回输电线路突然跳开一回后引起的暂态过程说明暂态稳定的概念。正常运行时系统的总电抗为

$$X_{\Sigma} = X_d + X_{T1} + \frac{1}{2}X_L + X_{T2}$$

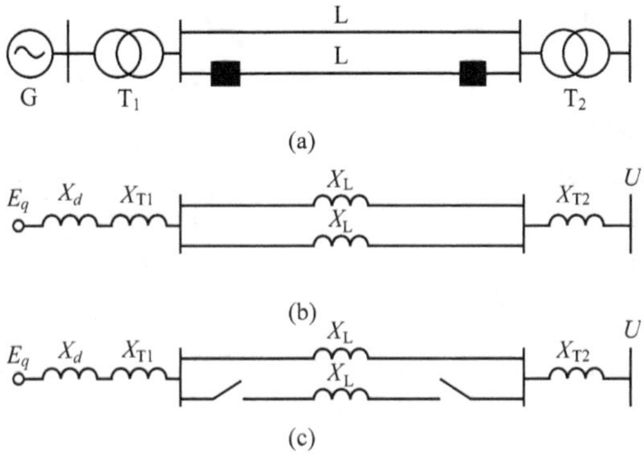


图 14-11　单机-无限大母线系统

(a)结线图　(b)正常等值电路　(c)故障后电路

其功角特性可用图 14-12(a)表示，其初始运行点为 $a$，初始运行角为 $\delta_0$，图中 $P_T$ 为原动机输入的机械功率。当输电线之一跳开时，系统电抗由 $X_{\Sigma}$ 变为

$$X'_{\Sigma} = X_d + X_{T1} + X_L + X_{T2}$$

故跳开一回线后，系统运行于新的功角特性曲线上，如图 14-12(a)中的曲线 2。曲线 2 的功率幅值为 $E_qU/X'_{\Sigma}$，小于曲线 1 的功率幅值 $E_qU/X_{\Sigma}$。在输电线切除瞬间，发电机转子转速因惯性不能立刻变动，故功角 $\delta_0$ 保持不变，系统运行点转移至曲线 2 上的点 $b$。因调速器动作有时延，故可假设 $P_T$ 不变，于是原动机输入的功率 $P_T$ 超过发电机输出的功率 $P$，发电机转子开始加速，发电机电势的转速超过了受端电压的转速。$\dot{E}_q$ 对 $\dot{U}$ 有一相对转速 $v$，使功角 $\delta$ 增加，在曲线 2，工作点由 $b$ 移向 $c$，发电机功率输出同时增加。在点 $c$，原动机与发电机功率取得平衡。发电机转子加速度为零。但发电机转子具有动能储藏和相对速度 $v$ 达到最大值，由惯性关系转子冲过点 $c$ 使 $\delta$ 继续增加，在曲线 2 上，工作点由 $c$ 向 $d$ 移动。过点 $c$ 后发电机的输出功率超过了原动机的输入功率，发电机转子加速度变为负值，$v$ 开始减小。假设到点 $d$ 时 $v$ 等于零，即发电机转子转速达到同步速，转子已把刚才储藏的动能全部释放至系统。点 $d$ 由代表动能面积的下列条件：

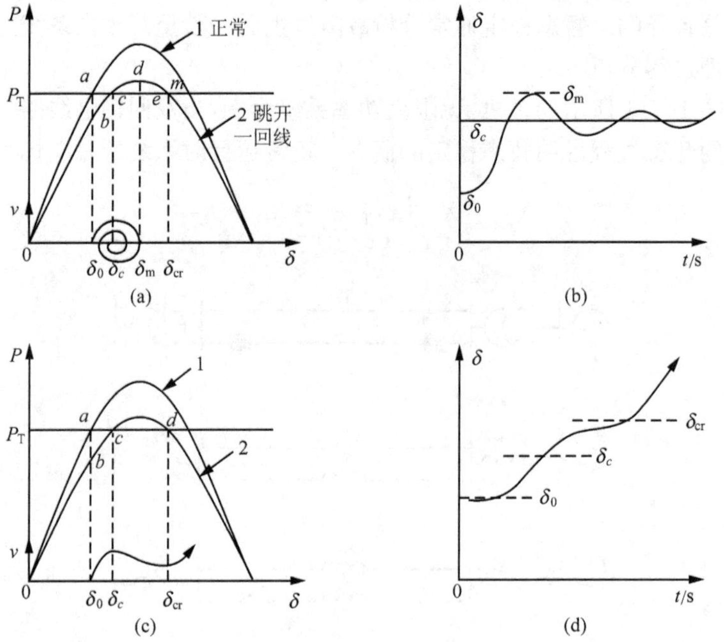


图 14-12　功角特性及角度-时间曲线

(a)和(b)稳定情况　(c)和(d)不稳定情况

$$\triangle abc = \triangle cde$$

所决定。在点 $d$,$\delta$ 达到其最大值 $\delta_m$,此时 $v$ 虽为零,但负加速度存在,故 $v$ 继续减小而变为负值,$\delta$ 开始减小,转子回至点 $c$,因惯性关系冲过点 $c$,在临近点 $b$ 时得其最小值,然后再开始增加。因阻尼作用经过一系列衰减振荡稳定在点 $c$。此时 $P=P_T$,$\delta=\delta_c$,此为稳定情况。

另一种情况如图 14-12(c),点 $d$ 为功率曲线 2 之下降部分与($P_T \sim \delta$)直线之交点,相应的功角为 $\delta_{cr}$,倘下列条件成立:

$$\triangle abc > \triangle cd$$

则至点 $d$ 时,$v$ 不等于零,转子则继续前冲,过点 $d$ 后加速度变为正,$v$ 将继续增加,转子无回至 $\delta_c$ 的希望,发电机将失去同步,此为不稳定情形。

2. 面积定则

现在进一步说明用能量的图形表示来判别系统的稳定性。如图 14-12(a)所示,在转子角度由 $\delta_0$ 移动至 $\delta_c$ 的过程中,发电机转子动能将增加,这是由于过剩功率的存在。过剩功率对角度的积分亦即过剩转矩对角度的积分。这是由于在分析暂态稳定时,时间过程较短,实际的角速度与同步相差不大,故可以认为在标幺制

中功率和转矩数值相等。在图 14-12(a)中由 $abc$ 围成的面积称为"加速面积"，即

$$A_{+}=\int_{\delta_0}^{\delta_c}(P_{\mathrm{T}}-P_{2\mathrm{m}}\sin\delta)\mathrm{d}\delta \tag{14-9}$$

式中，$P_{2\mathrm{m}}$为跳开一回线后功角特性曲线的顶值。

加速面积 $A_{+}$既表示过剩转矩对转子所做的功也等于转子在加速期间储存的动能。而在图 14-12(a)中由 $cde$ 围成的面积称为"减速面积"，即

$$A_{-}=\int_{\delta_c}^{\delta_{\mathrm{m}}}(P_{2\mathrm{m}}\sin\delta-P_{\mathrm{T}})\mathrm{d}\delta \tag{14-10}$$

面积 $A_{-}$表示一回线跳开后，转子在制动过程中制动转矩所做的功。它也等于转子在减速期间转子动能的减少。如果在加速过程中转子所获得的动能能够在减速过程中全部释放出来，以致转子在某一时刻又重新回到同步速[如图 14-12(a)中的点 $d$]$\delta$ 角不再增大，则系统可以保持稳定。在这种情况下

$$A_{+}=A_{-} \tag{14-11}$$

式(14-11)即为判别简单电力系统暂态稳定的等面积定则。实际上只要新月型面积($\triangle cdm$)大于加速面积($\triangle abc$)，或者最大角度小于临界角($\delta_{\mathrm{m}}<\delta_{\mathrm{cr}}$)系统的暂态稳定就有保证。

面积定则提供了简单系统的暂态稳定分析法。多机系统暂态稳定分析需要求解发电机组间的相对加速度方程，在单机-无限大功率系统条件下，成为单机转子运动方程。

$$\frac{T_J}{\omega_0}\frac{\mathrm{d}^2\delta}{\mathrm{d}t^2}=P_{\mathrm{T}}-P \tag{14-12}$$

式中，$T_J$ 为同步发电机组的惯性时间常数，s；$T_J=\dfrac{J\Omega_0^2}{S_B}$，$S_B$ 为发电机的额定容量，kV · A；$P_{\mathrm{T}}$ 为原动机的机械功率，标么值；$P$ 为发电机的电磁功率，标么值；$\delta$ 为发电机转子电角度，rad；$\omega_0$ 为同步角速度，rad/s。

对于式(14-12)，常用数值法求解，最常见的是分时段计算法。如改进欧拉法等，可求出暂态过程中的 $\delta\sim t$、$\omega\sim t$ 曲线。在计算的几秒过程中，如果功角不超过 180°，且振荡趋于衰减，则系统是稳定的。在复杂的多机系统中检验的标志是远方发电机对于受端系统中惯量最大的机组相对摇摆角是否逐渐衰减。

3. 提高暂态稳定的措施

①快速切除短路故障及采用自动重合闸是优先采用的措施。利用继电保护装置及断路器快速切除故障是提高系统稳定的首要措施。快速切除故障可以减小加速面积，增大减速面积，因而可以提高暂态稳定的储备能力。现代超高压输电线路切除故障时间限制在 0.1s 以内。图 14-13 表示最大输送功率与临界切除时间的关系曲线。由于许多故障都具有瞬时性质，当故障跳闸后如能重新合闸，在很多情

况下都可以恢复正常供电。由于故障形式以单相(接地)短路居多数,常依靠单相重合闸来恢复供电。图 14-14 为重合允许时间与输送功率的关系曲线。在发生单相瞬时接地故障时,当故障相自两侧断开后,故障点弧道中存在潜供电流,这主要是由于非故障相电源通过相间电容经弧路形成回路以及由于相间互感的影响使故障相上感应出电势经弧路和线路对地电容形成回路,潜供电流的存在将影响重合闸的成功率。常采用在并联电抗器的中性点加小电抗接地的方法来补偿,以加快潜供电弧的熄灭。

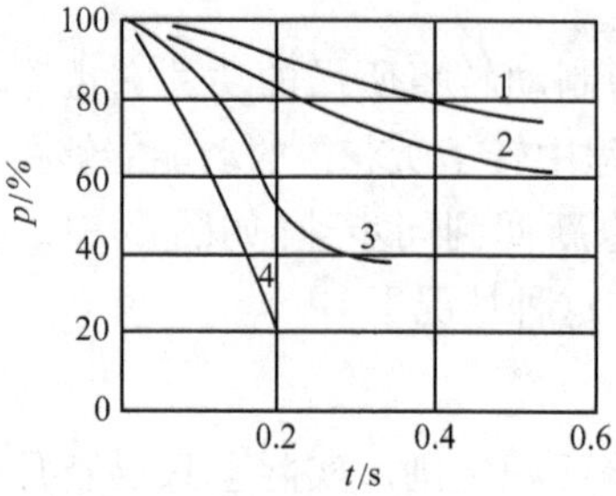


图 14-13　输送功率极限对极限切除时间的关系

1—单相短路；　2—二相短路；

3—二相短路接地；　4—三相短路

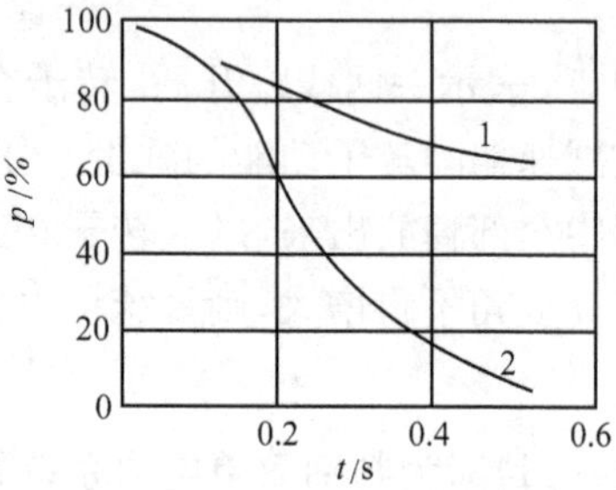


图 14-14　重合容许时间同输送功率的关系

1—单相重合闸；　2—三相重合闸

②发电机采用强行励磁,在故障下增加发电机电势,从而提高输出功率,减少原动机的过剩功率。同步补偿机在系统故障下快速强行励磁以及静止无功补偿器在系统故障下快速调节输出的滞后无功功率均可稳定电网中枢点的电压,从而保持系统稳定。

③减少故障下功率不平衡的措施如电气制动、送端自动切机、受端自动低频减载、线路串联电容的强行补偿以及对汽轮发电机原动机气门的快速调节等。

在运行方式制定方面,提高系统稳定的措施包括改善结线方式、改善潮流分布、保持有功功率和无功功率的备用容量、正确规定发电机组和主要传输线的功率极限及保持中枢点电压水平等。

## 三、电力系统的振荡与失步

由前述可知,当电力系统受到扰动后,由于发电机组轴上转矩不平衡,发电机转子间相对角将发生摇摆,系统各元件的电流、电压都要发生振荡,严重情况下振荡中心的电压可能降到零,因电压太低可能导致附近地区大量失负荷。

1. 同步振荡与失步

如果电力系统有足够的稳定储备能力,振荡时最大相对角不超过稳定允许的极限角度,则振荡通常在一个或几个周期内结束。系统稳定在事故后的稳定平衡点。这种情况并不破坏系统的稳定性，并称为"同步振荡"，如图 14-12(a)所示。如果振荡不衰减，发电机间相对角度会超过稳定临界角，不久导致失步，如图 14-12(c)，此时系统失去稳定，周波异常，发电机功率大幅振荡，各元件电流、结点电压激烈波动，如果处理失当，可能导致整个系统瓦解。

2. 振荡时的电量特征

以两机系统为例，系统振荡时的电量变化如图 14-15。在图 14-15(a)中，$\dot{E}_a$、$\dot{E}_b$ 为并列运行发电机 $G_A$ 及 $G_B$ 的电势，$\dot{U}_G$ 为发电机 $G_A$ 的母线电压，$M$ 为振荡中心，$\dot{I}_C$ 为两部分间的环流，即振荡电流，$\delta$ 为 $\dot{U}_G$ 与 $\dot{I}_C$ 间的相位角，$\theta$ 为 $\dot{E}_a$ 与 $\dot{E}_b$ 间的相位差。在图 14-15(b)中，$U_M$ 为振荡中心的电压，在图 14-15(d)中，$Z_{JG}$、$Z_{JM}$ 分别为发电机 $G_A$ 的母线与振荡中心的策动点阻抗。由图 14-15 可见，在 $\theta=\pi,3\pi,5\pi,\cdots,(2n+1)\pi$ 时，振荡电流达到最大，振荡中心的电压达到最低，系统处于危急状态，有可能造成大面积停电事故。

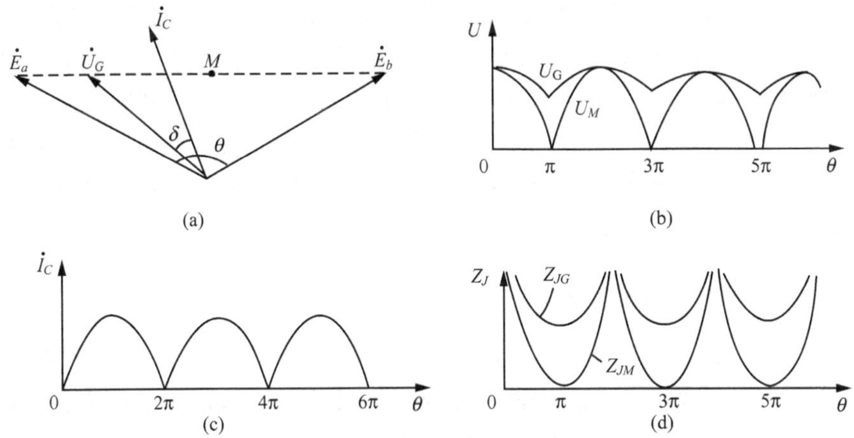


图 14-15　振荡时的电量变化

(a)两机系统电势、电流相位　(b)振荡电压　(c)振荡电流　(d)策动点阻抗

3. 系统失步后的措施

如若系统只在两个部分之间失去同步，通过适当的控制措施如送端减出力，受端切负荷，平抑振荡，使之迅速恢复同步运行。如若经过计算分析，非同步运行时通过发电机、调相机的振荡电流在允许范围内，枢纽变电所的母线电压波动不低于额定值的 75%，允许局部系统作短时的非同步运行。系统应预先设置解列点，应配置继电保护振荡闭锁、过负荷控制、过频切机、低频切负荷、低压切负荷等调控手段，以保持系统的完整性。在调整无效时，为防止事故扩大，允许按计划解列，各个独立部分尽可能维持功率平衡，减少负荷损失，尽快恢复正常运行。

电网结构的强壮性是防止事故扩大的基础性条件。我国积累了丰富的电网建设经验，如构建坚强的受端系统，电磁环网解环，形成高一级电压的多重环网，大机组直接接入 500kV 电网增大电压支撑，分散外接远方电源，每一输电走廊的容量不大于受端系统负荷的 10%，远方电源互不相连，电网分层分区，区域电网容量发展适度，区域电网间用直流线路间隔，以防事故扩大等。

## 第三节　电力系统的电压稳定

1987 年 7 月 23 日在日本东京电网发生了因系统电压崩溃所引起的大停电事故，失去负荷 8168MW，影响 2.8 亿用户。此次事故并无元件故障发生，而是由于炎热夏天因空调负荷不断增加（400MW/min），电流上升，电压下降而广泛解列。近年来大电网的电压崩溃事故在国际上时有发生，造成巨大的经济损失已成为国内外电力界广泛关注的反事故课题。

在第三章中我们讨论了照明及电动机等一般负荷性质。这里着重说明空调器及晶闸管控制的电子炉等电力电子设备的性质。这类负荷即使负荷电压和电流变化，因其含有使有功功率保持不变的调节回路，属于定功率负荷。它是引起电压不稳定现象的原因之一。考虑负荷突增情况，电流增加，母线电压暂时下降；对于定阻抗负荷，电压下降，电流减小，由于输送功率不能急剧变化，电压回升得到恢复；而对于定功率负荷，电压下降则引起电流增加，由于输送功率不能急剧变化，造成电压继续下降，这就形成电压不稳定现象。

### 一、电力系统的静态电压稳定[2,3]

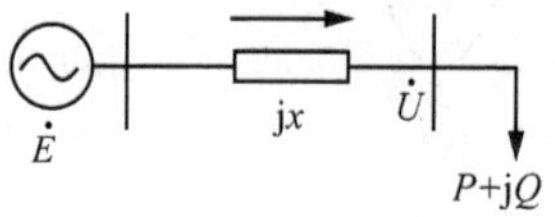


图 14-16　单电源单负荷系统

如图 14-16 所示的单电源输电系统，假设送端电源电势 $\dot{E}$ 维持恒定，受端接有恒定功率负荷 $P+\mathrm{j}Q$，并忽略输电系统元件电阻，则有

$$\frac{\dot{E}-\dot{U}}{\mathrm{j}X}=\left(\frac{P+\mathrm{j}Q}{\dot{U}}\right)^{*}\tag{14-13}$$

将 $\dot{E}=E\mathrm{e}^{\mathrm{j}\delta}$，$\dot{U}=U\angle 0^{\circ}$ 代入式(14-13)，则有

$$U(E\cos\delta+\mathrm{j}E\sin\delta-U)=\mathrm{j}X(P-\mathrm{j}Q)\tag{14-14}$$

将上式中的实部与虚部分开，则有

$$\left.\begin{aligned}PX&=EU\cos\delta\\QX&=EU\sin\delta-U^{2}\end{aligned}\right\}\tag{14-15}$$

消去上式中的 $\delta$，可得

$$(PX)^{2}+(QX)^{2}+U^{4}+2U^{2}QX=E^{2}U^{2}\tag{14-16}$$

解上式得到

$$U^2 = \frac{1}{2}\left[E^2 - 2QX \pm \sqrt{E^4 - 4QXE^2 - 4(PX)^2}\right] \tag{14-17}$$

由式(14-17)可见，当 $Q$ 一定（$\cos\varphi$ 一定），则有 $U=f(P)$，通常可以画成如图 14-17的 $PU$ 鼻子曲线，它是分析静态电压稳定的有用工具；当 $P$ 一定，则有 $U=f(Q)$，也可画成 $QU$ 曲线进行分析。

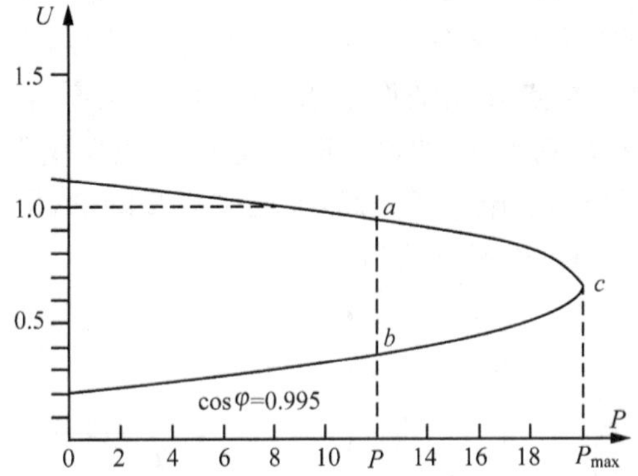


图 14-17　变电站母线 $PU$ 曲线

由式(14-17)，当

$$E^4 - 4QXE^2 - 4(PX)^2 = 0 \tag{14-18}$$

则有

$$U = U_{cr} = \sqrt{E^2/2 - QX} \tag{14-19}$$

由式(14-18)可以解出

$$E^2/X = 2(Q + \sqrt{P^2 + Q^2}) \tag{14-20}$$

将式(14-20)代入式(14-19)可得

$$U_{cr}^2 = X\sqrt{P^2 + Q^2} \tag{14-21}$$

由图 14-17 可见：

①对于一定的受端负荷功率因数，有一最大的传输功率值 $P_{max}$，相应的受端电压称为临界电压 $U_{cr}$。

②对于每一小于 $P_{max}$的 $P$ 值，相应的受端电压有两个可能的解：$U_a$ 及 $U_b$，$U_a$ 为高电压解，$U_b$ 是低电压解。$U_a$ 是稳定解而 $U_b$ 是不稳定解。电力系统的正常运行经常是取高压值。

③鼻子曲线以鼻点为界分为高电压区与低电压区。高电压区是稳定区，低电

压区为不稳定区。

对于上述要点的物理意义可解释为：在图 14-17 中的 $a$ 点，当系统中出现微小扰动而使电压稍有下降时，系统输出功率增加，由于负荷功率恒定，故有正的功率差额，系统将自动减少输送功率，随着输送功率的减少，线路电压降落随之减少，受端电压将自动恢复到原始值，因而 $a$ 点是稳定的；在 $b$ 点，当受端电压受扰动而下降时，结点注入功率减少，迫使系统输送更多的功率，线路电压降因而增大，从而导致受端电压进一步下降，直至电压崩溃，因而 $b$ 点是不稳定的。对于图 14-18，当系统输送同样的功率 $P$ 及 $Q$ 条件下，当运行在低电压值点 $b$，线路的有功损耗及无功损耗将比运行在高压值点 $a$ 增加许多倍，在经济上是不可行的(对图 14-17，亦如此)。如果采取某些控制措施，如提高送端电压 $E$，减少线路电抗 $X$，或切除部分有功负荷 $\Delta P$，不但不能使受端电压升高，反而进一步降低，即工作点由 $b$ 移至 $b'$，所以说低电压解是不可控的，是不可行解。

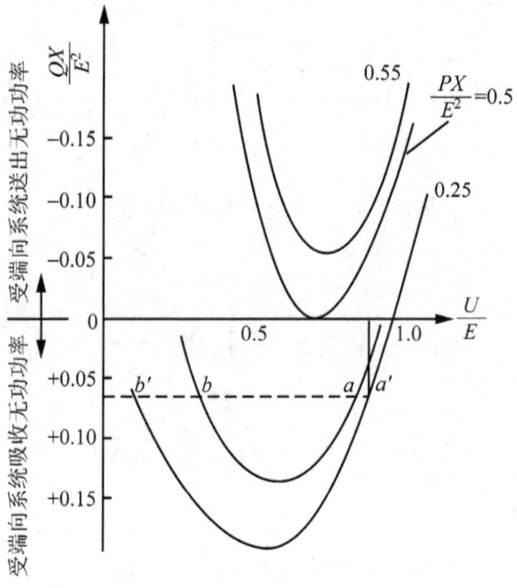


图 14-18　系统受端电压-无功功率特性[3]

图 14-19 为 300km 无损输电线受端电压幅值 $U$ 与输送功率 $P$ 及 $\cos\varphi$ 的关系曲线。可见负荷功率因数对 $U$ 有较强的影响。当 $\cos\varphi=1$，$P=P_\lambda$(线路自然功率)时，$U=E$，沿线电压平坦。当 $\cos\varphi$ 滞后以及在 1 附近时，$P$ 增加时 $U$ 下降。稳定区内运行电压处于 1p. u. 附近较窄的允许范围内。

以下进一步分析电压稳定的特征量及评估指标。由式(14-21)可见：

①电网中负荷结点的电压临界值是负荷视在功率与连接到该结点的系统等效阻抗的函数。不同的负荷结点有不同的临界值。

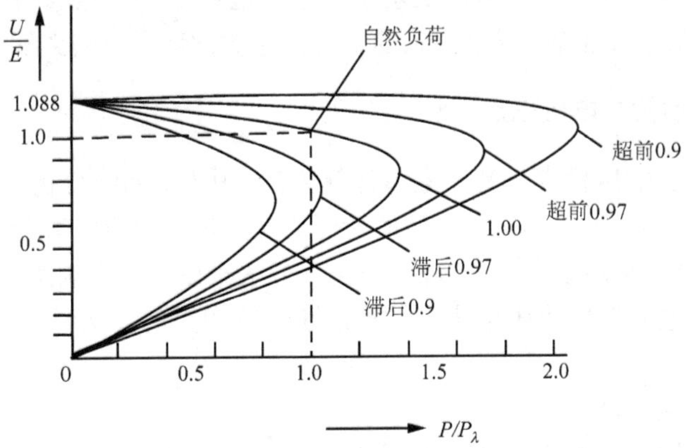


图 14-19　300 公里无损耗辐射形输电线受电端电压幅值与负荷 $P$ 以及功率因数的关系[5]

②当负荷结点运行电压为 $U$，临界电压为 $U_{cr}$ 时，该结点的静态电压稳定储备系数定义为

$$K_v\% = \frac{U - U_{cr}}{U_{cr}} \times 100\% \tag{14-22}$$

③如果地区无功电源不足，供电电压严重低下，作为紧急情况下的措施，可以切去部分负荷。这样既能降低临界电压，又能提高供电端电压。

对于多结点系统，可将图 14-16 中的 $\dot{E}$ 及 $X$ 看成 $\dot{E}_{eq}$ 及 $X_{eq}$，即系统等值电势及系统等值电抗。这时可将具有 $n$ 个结点的系统分为 $\alpha_L$ 个 $PQ$ 型的负荷结点和 $\alpha_G$ 个 $PU$ 型发电机结点两类，对负荷结点 $j$ 而言

$$\dot{E}_{eq,j} = \sum_{i \in \alpha_G} F_{ji} \dot{U}_i + \sum_{i \in \alpha_L} \frac{\dot{S}_i^*}{\dot{U}_i^*} Z_{ji} \tag{14-23}$$

式中，$F_{ji}$ 为分配因子，$F_{ji} = \dfrac{Z_{ji}}{Z_{ii}}$，$Z_{ji}$、$Z_{ii}$ 分别为结点 $i$、$j$ 间的互阻抗及自阻抗。

对于 $X_{eq}$ 可由结点 $j$ 的“短路功率”求得（见第十一章）。将求得的 $\dot{E}_{eq}$ 及 $X_{eq}$ 代入式(14-15)，可以求出多结点系统中各结点的 $PU$ 曲线。

一种不必求取 $U_{cr}$ 的负荷结点静态电压稳定指标 $L$ 定义如下：

$$\left.\begin{aligned} L_j &= \left| 1 - \frac{\sum\limits_{i \in \alpha_G} F_{ji} \dot{U}_i}{\dot{U}_j} \right| \\ L &= \max_{i \in \alpha_L} \{L_j\} \end{aligned}\right\} \tag{14-24}$$

若 $L<1$，该系统稳定。这一指标是基于在稳定边界上，极限点具有双解合一的性质，它与潮流雅可比矩阵奇异是一致的。有兴趣的读者可参阅文献[3]。

## 二、电力系统的暂态电压稳定[6,7]

系统的静态电压稳定是基于潮流计算方法，用 $PU$ 曲线分析。当计入发电机和负载的动态效应，可用小扰动分析的特征值方法进行分析。对于大扰动，即系统的暂态电压稳定，常用动态仿真方法，但仿真方法难以说明影响系统暂态电压稳定的因素。如用电网特性曲线与动态负载特性曲线相交的方法，可以阐明暂态电压稳定的机制。

1. 动态负载模型

负荷的静特性常用恒功率、恒电流和恒阻抗及其组合表示。实际上随着时间的推移负荷特性往往从一种形式变到另一种形式。图 14-20 表示负荷结点电压的跃阶变化导致有功功率的响应。正当电压下落后，负荷表现为恒阻抗形式，这是由于综合负载中的感应电动机具有惯性或者控制器调节时间滞后。随后有功功率逐渐变化，在这之后，负荷具有恒功率特性。这是由于电动机的机械负载具有恒功率自调节特性或者由于控制器的恒功率特性。复合负载中感应电动机具有快的暂态特性，常用其等值电路来模拟，可控电阻负荷具有慢暂态特性，常用具有一阶滞后的等值导纳来模拟。

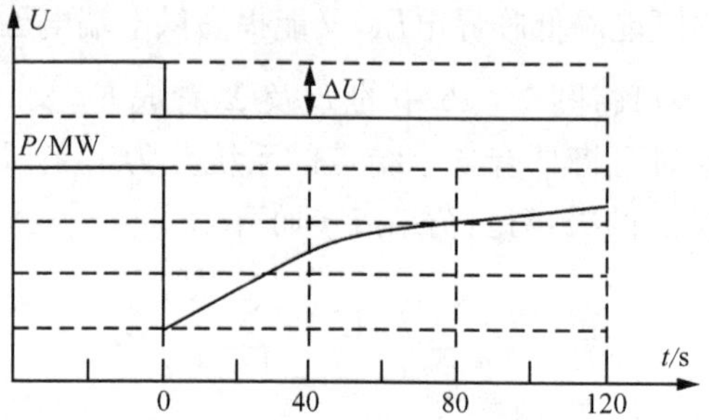


图 14-20　电压降落的负载响应

2. 仿真原理

互联电网中的功角稳定与电压稳定常常相互影响。功角稳定以仿真发电机动态过程为主；电压稳定主要与动态负载有关。由于供电网的电压动态快于复合负载的动态，因此用准稳态的网络模型是可以接受的。为突出电压稳定现象，这里所采用的系统模型侧重于电力网络与感应电动机负载的机电过程仿真。

作为初步分析，考虑单电源单负荷系统如图 14-21 所示。具有一无损线连接结点 1 及结点 2。结点 1 处理为松弛结点，用恒压源代表，在结点 2 除接有感应电

动机及恒阻抗的复合负载外,可接入动态无功补偿装置如静止无功补偿器(SVC)。于是下列方程组成立:

$$P_e = EUB_{12}\sin\delta_{12} \tag{14-25a}$$

$$Q_e = EUB_{12}\cos\delta_{12} - B_{22}U^2 \tag{14-25b}$$

$$P_e = \left[\frac{r_m/s}{(r_m/s)^2 + x_m^2} + G_L\right]U^2 = P_{em} + G_L U^2 \tag{14-25c}$$

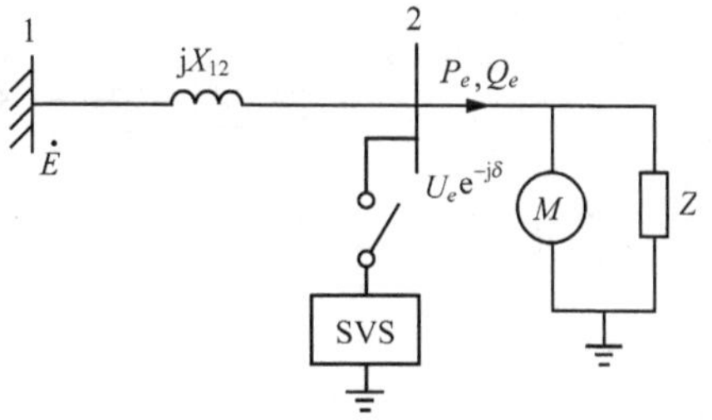

图 14-21　单电源单负荷系统

$$Q_e = \left[\frac{x_m}{(r_m/s)^2 + x_m^2} + B_L\right]U^2 = Q_{em} + B_L U^2 \tag{14-25d}$$

$$P_{em}(1-s) - P_M = 0 \tag{14-25e}$$

$$\frac{ds}{dt} = \frac{1}{T_J}\left(\frac{P_M}{1-s} - P_{em}\right) \tag{14-25f}$$

式中,$B_{12}$为结点 1、2 间的互导纳,$B_{12}=\dfrac{1}{x_{12}}$,$x_{12}$为传输系统电抗值;$G_L$、$B_L$ 为分别用导纳表示的恒阻抗负荷;$P_{em}$、$Q_{em}$分别为感应电动机吸收的有功功率和无功功率;$r_m$、$x_m$、$s$ 分别为感应电动机等效电路中的电阻、电抗及转差率;$P_M$、$T_J$ 分别为感应电动机的机械功率与惯性常数。

当结点 2 无补偿时,$B_{22}=\dfrac{1}{x_{12}}$;当结点 2 有补偿时,例如,接入 SVC 时有(见图 14-22)

$$B_{22} = \frac{1}{x_{12}} - B_{SVC} \tag{14-25g}$$

$$\frac{dB_{SVC}}{dt} = \frac{1}{T_{eq}}[K_s(U_{ref} - U) - B_{SVC}] \tag{14-25h}$$

式中,$B_{SVC}$为 SVC 的比例积分控制器的输出值,$B_{SVC}=\dfrac{1}{x_{TCR}}-B_C$,$x_{TCR}$为可控硅控制的电抗,$B_C$ 为电容电纳;$T_{eq}$为 SVC 控制回路的等效时间常数;$K_s$ 为放大倍数,$K_s=\dfrac{1}{K_p}$;$U_{ref}$为结点 2 的额定电压。

系统方程(14-25)可运用微分方程与代数方程交替求解,仿真步骤如下:

①用 NR 方法对代数方程迭代计算初始条件,包括感应电动机的初始转差率、负荷功率及负荷点电压等。

②求系统经受扰动后的初始条件,例如,双回线路跳开一回路后引起的系统参数改变等。

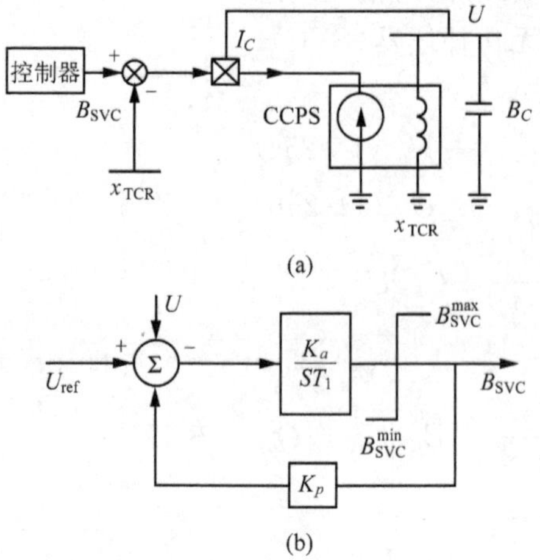


图 14-22　TCR/FC 型 SVC 系统

(a)模型　(b)控制系统

③用数值积分方法(如 Runge-Kutta 方法)对微分方程求解,计算下一时刻"$t$"的感应的电动机的转差率、$B_{SVC}$等。

④用修正后的系统参数重新计算"动态"潮流。

⑤在"$t+\Delta t$"时刻回到步骤③及步骤④,如此循环直至求出规定时间内的所有系统参数。

[**例 14-1**]　如图 14-21 所示,单一电动机(等值)负载,无补偿情况。设双回送电线中的一回线跳闸,仿真暂态过程。

已知 $E=1.05, X_{12}=0.3$,等值感应电动机参数如下:

$$r_m=0.01,\quad x_m=0.05,\quad T_J=2.0'',\quad P_M=1.0,\quad \cos\varphi_0=0.9$$

**解**:在 $t=0^-$ 时,$U=0.988$;在 $t=0^+$ 时,$x_{12}=0.3\times2=0.6$。

扰动后负荷结点 2 发生电压崩溃如图 14-23 所示。

[**例 14-2**]　如图 14-21 所示,负荷母线上接有感应电动机与恒阻抗复合负载以及接有 TCR/FC 型 SVC 装置,设双回送电线中的一回线跳开,仿真暂态过程。

已知 $E=1.05, x_{12}=0.3$,负荷参数如下:$r_m=0.01, x_m=0.05, T_J=2.0''$, $P_M=0.6, P_Z=0.4$, $\cos\varphi_0=0.9$。SVC 参数:$B_C=-1.3, B_{TCR}=0.9, T_{eq}=0.03''$, $K_s=9.0, U_{ref}=1.0$。

**解**:在 $t=0^-$ 时,$U=0.984$;在 $t=0^+$ 时,$x_{12}=0.3\times2=0.6$。

扰动后经 SVC 调节 $U|_{t\to\infty}=0.957$,仿真结果如图 14-24 所示。

从单电源单负载模型不难推广到多结点网络模型,主要是用潮流方程取代单

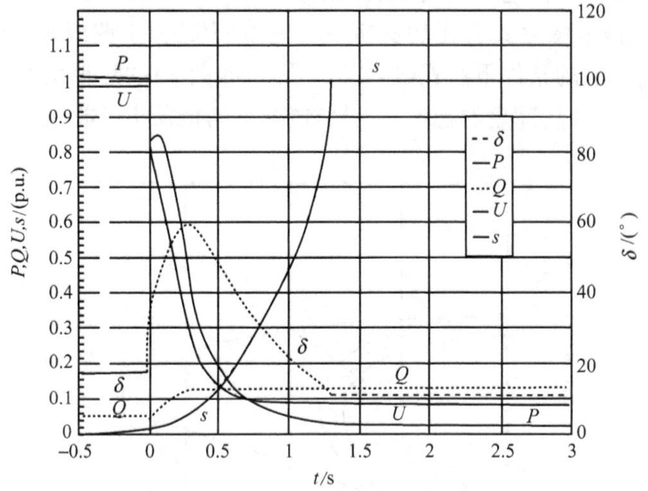


图 14-23　例 14-1 仿真结果

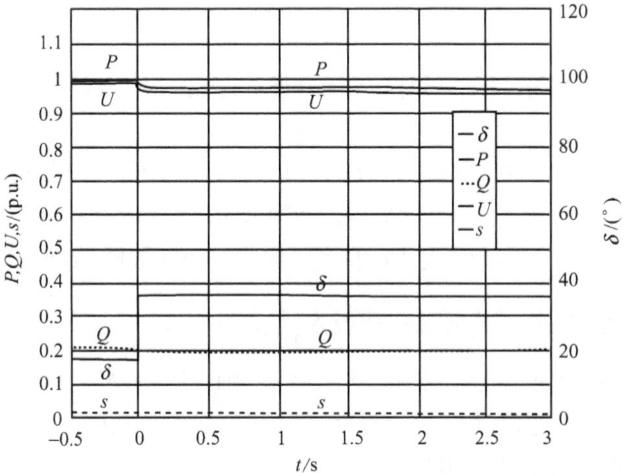


图 14-24　例 14-2 仿真结果

线系统方程，设置各个结点上的负载方程以及在有补偿装置的结点上设置控制系统方程。

3. 动力学机制

电力网络中的暂态电压不稳定现象可用网络 $PU$ 鼻子曲线与负载 $PU$ 曲线相

交的方法进行分析。供电网络通常运用故障前($t=0^-$)、故障后($t=0^+$)及故障后的稳态($t\to\infty$)或故障后具有无功支持($t=t_C$)的 $PU$ 鼻子曲线来表述。负载 $PU$ 曲线可在转差一定的条件下由式(14-25c)导出,如图 14-25 所示,$S_0$、$S_\infty$ 分别表示初始滑差($t=0^-$)及故障后的稳态($t\to\infty$)情况下的负荷 $PU$ 曲线。

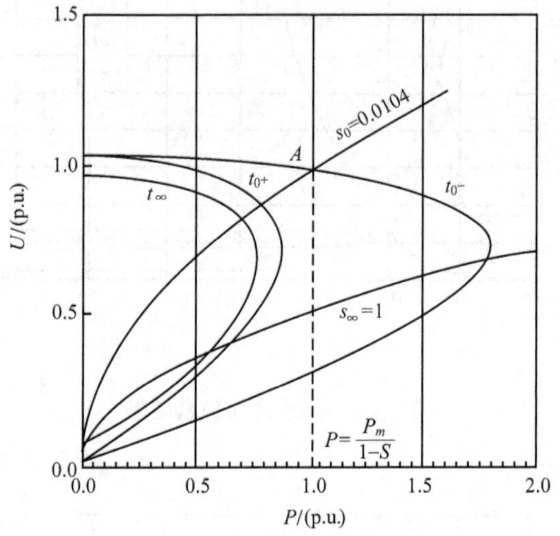


图 14-25　电网 $PU$ 曲线及负载特性 $PU$ 曲线

现在考虑复合负载接到电力系统的一负荷母线,用图 14-26 来分析系统受扰后该结点的电压一有功功率动态过程。故障前的正常运行点是点 $a$,它是曲线 1(故障前的反映网络特性的结点 $PU$ 曲线)与曲线 $S_0$(故障前的负荷 $PU$ 曲线,具有滑差 $S_0$)的交点。此时负荷有功功率为$\dfrac{P_M}{1-S_0}+G_LU_a^2$。若在 $t=0^+$,系统发生一大扰动,如连接到负荷母线的双回线之一跳闸,则反映网络特性的该结点 $PU$ 曲线变为曲线 2。由于感应电动机的转差率不能突变,运行点由 $a$ 跃至 $b$,$b$ 为曲线 $S_0$ 与曲线 2 的交点。此时结点电压及功率均下落。这一过程称为"恒阻抗跳跃"。这时由于负荷功率大于网络所能供给的功率,感应电动机制动,转差率加大,运行点由 $b$ 沿曲线 2 的箭头方向行进。在点 $C$($t_C$ 时刻)若投入电容器组或静止无功补偿器开始调节,则反映网络特性的结点 $PU$ 曲线变为曲线 3。运行点 $C$ 经曲线 $S_C$($t_C$ 时刻下的负载特性 $PU$ 曲线,转差为 $S_C$)跃变至点 $d$,点 $d$ 为曲线 $S_C$ 与曲线 3 的交点。注意到点 $d$ 处于 $f$ 点之上。这时网络能够供给的功率大于负载所要求的功率,感应电动机加速,转差率减小,运行点 $d$ 沿曲线 3 的箭头方向行进跃变至点 $e$。点 $e$ 为负载恒定功率线与曲线 3 的交点,这时电源与负荷达到了新的平衡。这一过程($de$)称为“恒功率跳跃”。注意到点 $e$ 为事故后的稳定平衡点,感应电动机具有稳定的转差率。这种情况系统是电压稳定的。事故后的稳态运行电压是 $U_e$。若补偿电容的合闸时间或 SVC 的调节稍缓至 $t'_C$,$t'_C > t_C$,则在曲线上的点 $C$ 行进至 $C'$ 后,沿曲线 $S'_C$($t'_C$ 时刻下的负载特性 $PU$ 曲线,转差为 $S'_C$)跃变到曲线 3 上的点 $d'$。点 $d'$ 是曲线 $S'_C$ 与曲线 3 的交点。注意到点 $d'$ 低于点 $f$,这时电源所能供给的功率低于负载所要求的功率。感应电动机制动,转差率进一步加大,运行点沿曲线 3 下滑,电动机进一步制动,直至电压崩溃。

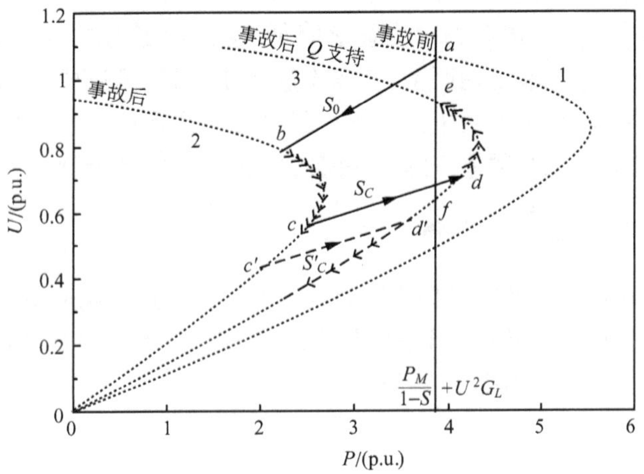


图 14-26　紧急控制的暂态动力学

从以上分析可见:

①抑制暂态电压崩溃的基本原则是满足“规定的事故后母线电压水平”,即不得低于图 14-26 中 $f$ 点的电压 $U_f$,点 $f$ 称为“动态临界电压点”。这一原则也称为“最小电压准则”。

②在正常运行情况下,除应接入一定的无功补偿容量外,还必须在适当地点设置“事故紧急无功备用容量”以便面对突发的无功功率缺额紧急补偿。这种“事故紧急无功备用容量”的组成,除了由于装设并联电容器而使发电机和调相机留出一定的可调无功容量之外,还应根据需要在负荷中心装设适量的动态无功补偿装置,如 SVC、SVG 等高速调节装置。

电力网络中的暂态电压不稳定现象虽然是一种局部现象,但会从最弱结点开始蔓延到其他弱结点[6]。那么什么是最弱结点和弱结点呢?如能找到网络中的弱结点和不同脆弱程度的弱结点,那么补偿装置的设置地点问题也就迎刃而解。“模态电压分析”可以解决此问题。有兴趣的读者可参阅文献[7]。

# 第四节　电力系统的频率稳定[2]

第九章曾经讨论了系统有功功率平衡与频率调节问题。那是指在正常运行情况下由于计划外负荷所引起的频率下降。这时动用全系统的热备用容量就足以抑制系统频率下降。本节所讨论的是指系统发生事故时如发电机跳闸、输电线上发生短路,受端系统出现严重的功率缺额,超出了正常热备用可以承受的能力,由此引起的系统频率下降,超出了系统安全运行所允许的范围。例如,当频率下降到48～47Hz时,火电厂给水泵的出力显著降低,使锅炉出力减少,发电厂进一步减少出力,全系统功率缺额更趋严重,使频率进一步下降,可造成频率崩溃。这类事故会造成大面积停电,给人民生活及国民经济带来严重后果。低频减载切除次要负荷,可以有效制止系统频率下降,是保证系统安全的重要措施。

## 一、功率缺额与系统频率的下降

系统功率缺额与频率降低值之间存在何种关系？这不难从系统的静态频率特性求得。依据负荷频率效应,当系统频率降低时能自动减少从系统取用的功率。可见负荷所减少的功率就等于功率缺额。

由式(9-1)

$$\Delta f = \frac{1}{K_L}\Delta P_L \quad \text{Hz}$$

由于 $\Delta P_L = \Delta P_h$,故有

$$\Delta f = \frac{1}{K_L}\Delta P_h \quad \text{Hz} \tag{14-26}$$

式中,$\Delta P_h$ 为系统的功率缺额,MW。

当已知功率缺额,系统频率降低值可由负荷的静态频率特性系数 $K_L$ 求得。当 $K_L$ 用标幺值表示时,由式(9-2)及式(9-3)可得

$$\Delta f = \frac{50\Delta P_h}{K_L \cdot P_{LN}} \tag{14-27}$$

式中,$P_{LN}$为额定频率下的系统有功负荷,MW。

［**例 14-3**］　某电力系统运行机组总额定容量为450MW,此时系统中的负荷为430MW,负荷的频率调节效应系数 $K_{L*}=1.5$,热备用容量为20MW,一台50MW发电机组突然跳闸,求事故后的稳态频率值。

**解:**

$$\Delta f = \frac{50(50-20)}{1.5\times 430} = 2.3(\text{Hz})$$

因此事故后系统的频率将降至 47.7 Hz。

## 二、系统频率变化的动态过程

电力系统由于功率缺额引起频率变化,频率从正常状态下的稳态值过渡到一新的稳态值的过程称为系统频率变化的动态过程。那么,系统的动态频率特性受何种规律支配呢?当系统频率变化时,如忽略各结点间频率的差异,而是求取全系统频率的变化过程,在这种情况下,可以把全系统看成一台等值机组。因此,系统频率变化时等值机组的运动方程可写为[2]

$$T_{J\Sigma}\frac{d\omega_*}{dt}=P_{T\Sigma *}-P_{L\Sigma *} \tag{14-28}$$

式中,$P_{T\Sigma *}$、$P_{L\Sigma *}$ 分别为全系统发电机总功率及全系统总负荷功率的标幺值(以全系统发电机额定功率 $S_{G\Sigma}$ 为基准值);$T_{J\Sigma}$ 为全系统的等值惯性时间常数,s(等于各机组惯性时间常数之和);$\omega_*$ 为全系统等值机组的角速度的标幺值。

注意到上述描写的是一种系统频率的长动态过程,不同于暂态稳定中研究发电机转子间相对运动的机组转子运动方程所描写的短动态过程。

由于

$$\frac{d\omega_*}{dt}=\frac{d\Delta\omega_*}{dt}=\frac{d\Delta f_*}{dt}$$

并以系统负荷在额定频率下的总功率 $S_{L\Sigma}$ 为基准值,则式(14-28)可以写成

$$T_{J\Sigma}\frac{S_{G\Sigma}}{S_{L\Sigma}}\frac{d\Delta f_*}{dt}=P_{T\Sigma *}-P_{L\Sigma *} \tag{14-29}$$

对式(14-29),认为系统中所有机组发出的功率已达最大值,则有

$$P_{T\Sigma *}-P_{L\Sigma *}=\Delta P_{h*}=-K_{L*}\Delta f_*$$

故有

$$T_{J\Sigma}\frac{S_{G\Sigma}}{S_{L\Sigma}}\frac{d\Delta f_*}{dt}+K_{L*}\Delta f_*=0 \tag{14-30}$$

上式的解为

$$\Delta f_*=\Delta f_{\infty *}e^{-\frac{t}{T_f}} \tag{14-31}$$

式中,$T_f$ 为系统频率下降过程的时间常数,s;

$$T_f=\frac{S_{G\Sigma}}{S_{L\Sigma}}\cdot\frac{T_{J\Sigma}}{K_{L_*}}$$

$\Delta f_{\infty *}$ 为式(14-30)的初值,频降的稳态值,$\Delta f_{\infty *}=\frac{\Delta P_{h*}}{K_{L*}}$。

由式(14-31)可见,系统频率变化的动态过程可用指数曲线表示,见图 14-27。变化曲线的时间常数 $T_f$ 与 $S_{G\Sigma}$、$S_{L\Sigma}$、$T_{J\Sigma}$ 及 $K_{L*}$ 有关。$T_f$ 的值一般在 4~10s。当

已知 $T_f$ 和 $\Delta f_{h*}$ 时系统频率的动态变化过程不难求得。如忽略频率变化过程中 $T_f$ 的变化，由图 14-27 可见：

①$\Delta f_{\infty *}$ 与功率缺额 $\Delta P_{h*}$ 成正比，$\Delta P_{h*}$ 较大时，如图中的曲线 $a$；$\Delta P_{h*}$ 较小时，如图中的曲线 $b$，在事故初期频率下降的速率也与 $\Delta p_{h*}$ 成比例。

②在系统频率由 $f_0$（即 $f_N$）下降至 $f_1$ 时，切除负荷 $\Delta P_L$，如若 $\Delta P_L = \Delta P_h$，则可恢复到 $f_N$，如曲线 $c$；如若 $\Delta P_L < \Delta P_h$，则系统频率将继续下降，如曲线 $d$。比较曲线 $a$ 及曲线 $d$ 表明，如能及早切除负荷，系统频降过程可延缓。

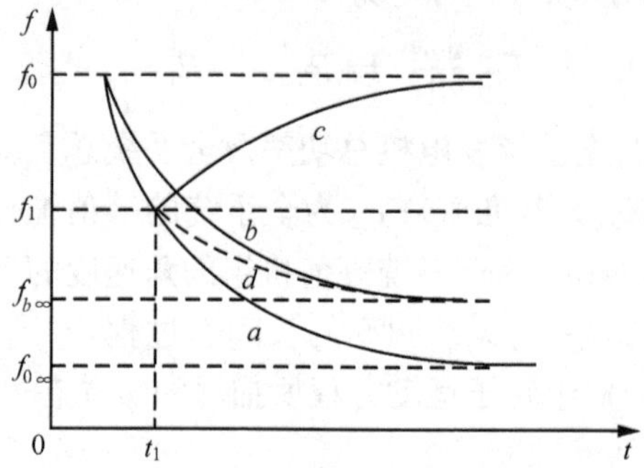


图 14-27 电力系统频率的动态过程

## 三、自动低频减载

电力系统的自动低频减载装置是对严重功率缺额事故的有效措施，它能迅速断开相应数量的用户（通常是较不重要的负荷）制止系统频率大幅下降，创造逐步恢复正常工作条件的环境。

首先要确定最大可能的功率缺额，必须考虑使系统发生最严重事故的情况，如按系统中断开一台最大容量机组或一座电厂以及解列后各子系统可能发生的最大功率缺额。接入减载装置的切除功率值是以保证系统安全运行为条件，并不要求系统频率恢复至额定值，即恢复频率低于额定值。所以接入减载装置的最大断开功率值 $\Delta P_{L,max}$ 可以小于最大功率缺额 $\Delta P_{h,max}$。设系统正常运行时的总负荷为 $P_L$，由式(14-27)可得

$$\frac{\Delta P_{h,max} - \Delta P_{L,max}}{P_L - \Delta P_{L,max}} = K_{L*} \Delta f_* \tag{14-32}$$

故有

$$\Delta P_{L,max} = \frac{\Delta P_{h,max} - K_{L*} P_L \Delta f_*}{1 - K_{L*} \Delta f_*} \tag{14-33}$$

由式(14-33)可知，当已知 $P_L$、$\Delta P_{h,max}$，只要规定恢复频率 $f_h$，就可按上式求得 $\Delta P_{L,max}$。

**[例 14-4]** 系统的总负荷功率 $P_L$ 为 5000MW，最大功率缺额 $\Delta P_{h,max}$ 为 1200MW，已知负荷频率调节效应系数 $K_{L*}$ 为 1.5，自动低频减载装置动作后，希望系统恢复频率 $f_h$ 为 49Hz，求接入自动低频减载装置的切除功率值 $\Delta P_{h,max}$。

**解**：低频减载装置动作后频差为

$$\Delta f_* = \frac{50-49}{50} = 0.02$$

$$\Delta P_{L,max} = \frac{1200 - 1.5 \times 5000 \times 0.02}{1 - 1.5 \times 0.02} = 1082.5(\mathrm{MW})$$

自动低频减载装置将接至该装置的总切除功率 $\Delta P_{L,max}$ 分配在不同的启动频率值并分批地切除，以适应多种功率缺额的需要。根据启动频率的不同，低频减载可分为若干级。详见参考文献[9]。

## 参考文献


1. 李光琦. 电力系统暂态分析. 北京：水利电力出版社，1984
2. 王梅义等. 大电网系统技术. 北京：水利电力出版社，1991
3. Kessel P, Glavitsch H. Estimating of voltage stability of a power system. IEEE Trans. On Power Delivery, vol. RWRD-1, 1986, (3): 346～354
4. 水利电力部西北电力设计院. 电机工程手册：电力系统. 北京：机械工业出版社，1979
5. Miller J E. Reactive Power Control in Electric System. John Wiley & Sons, 1982
6. Sekine Y, Ohtsuki H. Cascded voltage collapse. IEEE Trans. On Power System, 1990, 5(1): 250～256
7. Xu W, Mansour Y, Harringtom P G. Planning methodologies for voltage stability limited power system EP &ES, 1993, 15(4): 221～228
8. Kunder P. Power System Stability and Control. McGraw-Hill, 1993
9. 杨冠城. 电力系统自动装置原理. 北京：水利电力出版社，1986

# 第十五章 电力系统过电压

过电压是指设备或网络上出现大于其最高运行电压的电压升高现象。就电路原理而言，可分为稳态和暂态两类。稳态过电压的机理是电感-电容效应或三相电路中阻抗不一致引起的电位偏移；暂态过电压的机理是电路参数突变引起的过渡过程，是由于电容电荷、电感磁链在参数突变前后的稳态值不相同而引入的。部分暂态过电压和雷电侵入波过电压可采用避雷器予以限制。

## 第一节 电力系统过电压的定义和分类

### 一、电力系统过电压的定义

电力系统中的过电压是相对于系统最高运行电压 $U_m$ 而言的。

系统的最高运行电压为系统中的额定电压乘一系数，此系数对于 220kV 及以下的系统为 1.15；330～500kV 系统为 1.1。例如，对于 220kV 系统而言，其相对地最高运行电压为 $\frac{220}{\sqrt{3}}\times 1.15=146(\text{kV})$；相间最高运行电压为 $220\times 1.15=253(\text{kV})$。

在系统中某一部分出现的最高对地电压峰值超过 $\sqrt{\frac{2}{3}}U_m$ 或最高相间电压峰值超过 $\sqrt{2}U_m$ 的任何波形电压为相对地或相间过电压。

### 二、电力系统过电压的分类

从电力系统运行的角度来分类，电力系统过电压分为雷云过电压和内部过电压，其中内部过电压又可分为暂时过电压（包括工频电压升高和谐振过电压）和操作过电压（主要由于合闸空载线路、切断空载线路、切断空载变压器、断续电弧接地引起）。这种分类方法与产生过电压的根源相关联，便于电力系统的设计和运行人员从机理上认识其本质并采取针对性的防护措施。

按照作用于设备和线路上的过电压幅值、波形和持续时间，电力系统过电压可分为：

电力系统过电压：
- 暂时过电压：包括工频过电压和谐振过电压
- 瞬态过电压：包括操作（缓波前）过电压和雷电过电压（快波前过电压）

过电压是否造成电力设备和线路绝缘击穿或损伤除了取决于绝缘上过电压的幅值，还很大程度上与过电压的波形和持续时间有关。把各类过电压归类于几种典型波形，并确定应采取的合理防护措施把它们减小到某一数值，这就便于设计电力设备和线路的人员进行绝缘水平(耐受各种波形电压的能力)方面的考虑，并在出厂前用规定数值的标准波形的耐受电压对设备的绝缘水平进行检验，以保证设备在系统运行中有足够的安全性。

## 第二节　暂时过电压的电路基础

### 一、空载长线的电容效应

1. 电感-电容效应

电感-电容效应是工频稳态过电压的主要机理，它发生在工频电源与电感、电容三者串联的回路，如图 15-1(a)所示，$e(t)=E\sin(\omega t+\varphi)$。

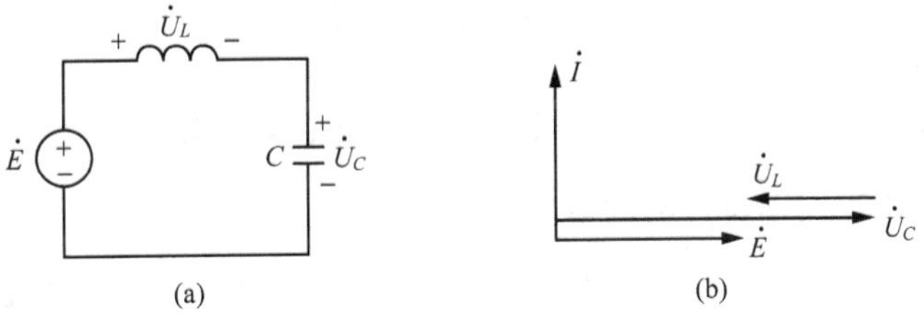


图 15-1　$LC$ 串联回路

电容电压为

$$\dot{U}_C=\dot{E}\frac{\dfrac{1}{\omega C}}{\dfrac{1}{\omega C}-\omega L}=\dot{E}\frac{1}{1-\left(\dfrac{\omega}{\omega_0}\right)^2}\tag{15-1}$$

式中，$\omega_0=(LC)^{-1/2}$。

图 15-1(b)给出$\dfrac{1}{\omega C}>\omega L(\omega_0>\omega)$时的向量图，此时必有 $U_C$ 大于 $E$，一般称此为容升现象。例如，在试验变压器对套管等容性设备进行工频耐压试验时，试品上电压会大于变压器的空载输出电压，就是这一机理的反映。

电感电压为

$$\dot{U}_L=\dot{E}\frac{1}{1-\left(\dfrac{\omega_0}{\omega}\right)^2}\tag{15-2}$$

由式(15-1)和式(15-2)可知，当$\frac{1}{2}<\left(\frac{\omega}{\omega_0}\right)^2<2$时，$U_C$ 和 $U_L$ 均大于$E$，即电感、电容上均有过电压。

当$\frac{\omega}{\omega_0}=1$时，回路处于谐振状态，理论上 $U_C$ 和 $U_L$ 均为无穷大，实际上由于串联电阻的存在，

$$U_C = U_L = E\sqrt{\frac{L}{C}}R^{-1} \tag{15-3}$$

2. 空载长线的电容效应

工频电源端接空载长线的情况如图 15-2 所示，下角 0、1、2 分别为电源电势、母线(线路首端)和线路末端。

当不考虑线路损耗，从末端计距时，有

$$\begin{cases} \dot{U}(x) = \dot{U}_2\cos\alpha x + \mathrm{j}\dot{I}_2 Z\sin\alpha x \\ \dot{I}(x) = \mathrm{j}\,\frac{\dot{U}_2}{Z}\sin\alpha x + \dot{I}_2\cos\alpha x \end{cases} \tag{15-4}$$

对于架空线路，式中，$\alpha=\frac{\omega}{v}=0.06°/\mathrm{km}$，$Z$ 为线路的特性阻抗。

(1) 空载长线末端对首端的电压升高

空载长线的末端边界条件 $\dot{I}_2=0$，由式(15-4)可得长线上任一点的电压、电流关系

$$\dot{U}(x) = \dot{U}_2\cos\alpha x \tag{15-5}$$

$$\dot{I}(x) = \mathrm{j}\,\frac{U^2}{Z}\sin\alpha x \tag{15-6}$$

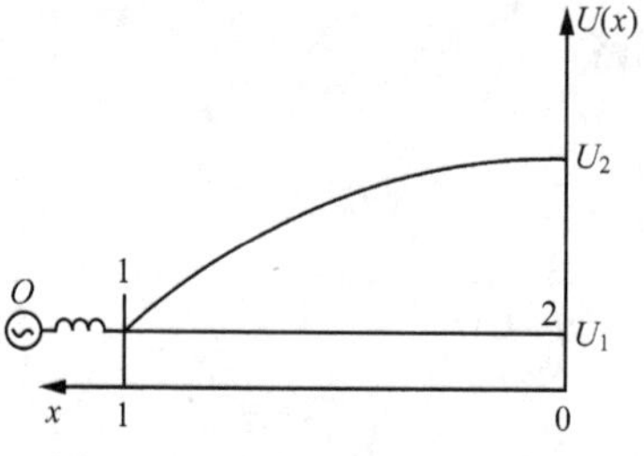

图 15-2　空载长线的电压分布

上式表明，线路上各点电压的模由末端朝始端方向按余弦函数分布，而电流则按正弦函数增加。空载长线末端相对于首端的电压升高是一种从首端向末端的累积的电感电容效应，随电容电流减小电压上升的趋势逐渐变缓，在末端($x=0$)处达到最大值，如图 15-2 所示。

末端对首端的电压升高倍数以电压传递系数 $K_{12}$ 表示为

$$K_{12} = \frac{U_2}{U_1} = \frac{1}{\cos\alpha l} \tag{15-7}$$

上式还表明，随线路长度增加，末端电压升高趋势剧增。当 $\alpha l=90°$时，相当于线长等于 1500km(四分之一工频波长)，末端电压理论上上升到无穷大。下面会看到，在此情况下从线路首端看进去的输入阻抗为零，即线路处于串联谐振状态。

线路首端的输入阻抗，由式(15-5)和式(15-6)得

$$Z_{i1,0}=\frac{\dot{U}_1}{\dot{I}_1}=-\mathrm{j}Z\cot\alpha l \tag{15-8}$$

一般而言空载输电线路短于1500km，因此，从电源来看它等值于一容抗。

顺便指出，当架空线尾部与电缆相连时，相当于电感与电容相连，可能会引起大的电位升高。

线路末端的前行波来自首端，但它比首端的前行波滞后一时差 $\tau=\frac{l}{v}$，若从稳态相量图上反映出来的是滞后的相位差 $\omega\cdot\frac{l}{v}=\alpha l$；同理，首端的反行波相量比末端滞后一相位差 $\alpha l$。

从上述物理概念出发，即可分析首、末端的电压、电流间的关系。

①由末端电压、电流得末端的前行波电压和反行波电压

$$\dot{U}_2^+=\frac{1}{2}(\dot{U}_2+\dot{I}_2Z)=\frac{1}{2}\dot{U}_2 \tag{15-9}$$

$$\dot{U}_2^-=\frac{1}{2}(\dot{U}_2-\dot{I}_2Z)=\frac{1}{2}\dot{U}_2 \tag{15-10}$$

② 把 $\dot{U}_2^+$ 逆时针方向旋转 $\alpha l$ 得到首端的前行波相量 $\dot{U}_1^+$；把 $\dot{U}_2^-$ 顺时针方向旋转 $\alpha l$ 得到首端的反行波相量 $\dot{U}_1^-$；把 $\dot{U}_1^+$ 和 $\dot{U}_1^-$ 几何相加即可得 $\dot{U}_1$。

③ 由 $\dot{I}_1=\dot{U}_1^+/Z-\dot{U}_1^-/Z$ 可得首端电流 $\dot{I}_1$。

$\dot{U}_1$、$\dot{I}_1$ 各相量和分相量的关系见图15-3。从中可得式(15-5)和式(15-6)，$\dot{I}_1$ 超前 $\dot{U}_1$ 相角差90°，线路输入阻抗呈容性。

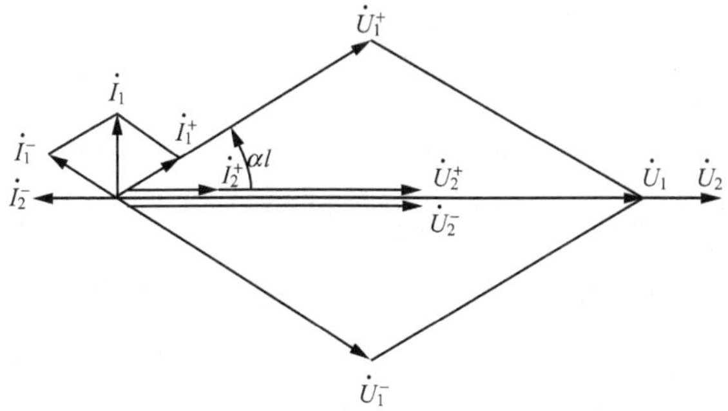


图15-3　空载长线首、末端电压、电流相量图

(2) 考虑电源电抗时的母线电压升高

由于线路的输入阻抗呈容性,因而容升现象将使母线电压升高。

$$K_{01}=\frac{\dot{U}_1}{\dot{E}}=\frac{-\mathrm{j}Z\cot\alpha l}{\mathrm{j}x_{\mathrm{s}}-\mathrm{j}Z\cot\alpha l}=\frac{\cos\alpha l}{\cos\alpha l-\dfrac{x_{\mathrm{s}}}{Z}\sin\alpha l}\tag{15-11}$$

令 $\varphi=\arctan\dfrac{x_{\mathrm{s}}}{Z}$,可得

$$K_{02}=\frac{\dot{U}_2}{\dot{E}}=\frac{\dot{U}_1}{\dot{E}}\cdot\frac{\dot{U}_2}{\dot{U}_1}=\frac{\cos\varphi}{\cos(\alpha l+\varphi)}\tag{15-12}$$

电源电抗对末端电压升高的影响通过参数 $\varphi$ 表达出来。电源电抗的增大会使母线电压的容升现象加剧,而首端到末端的电压传递系数是不变的。因此,末端电压将会因首端电压的增加而成比例地增高。

(3) 并联电抗器的降压作用

在超高压远距离输电线路中,为了限制工频电压升高,常采用并联电抗器。通过适当地选择并联电抗器的数量、容量及安装位置,可减小线路的充电功率,并有效地将工频电压升高的数值限制在容许的范围之内。当然,接于线路不同地点的并联电抗器,其限制过电压的机理是不尽相同的。

下面以线路末端接有电抗器为 $\mathrm{j}x_{\mathrm{p}}$ 为例来说明它的作用,接线见图 15-4(a)。

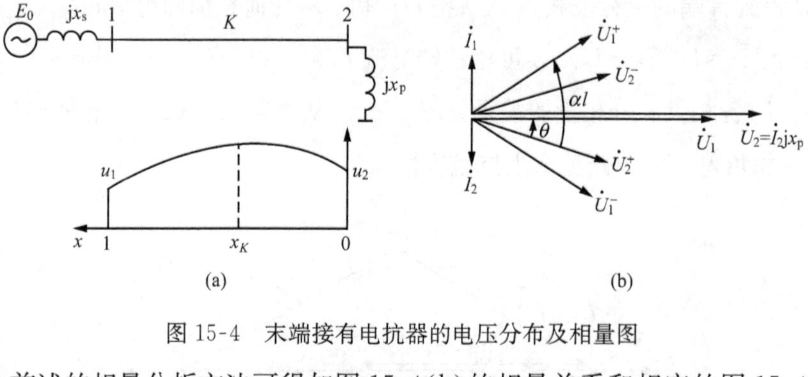


图 15-4　末端接有电抗器的电压分布及相量图

由前述的相量分析方法可得如图 15-4(b)的相量关系和相应的图 15-4(a)的沿线电压分布。图(a)中的 $x_K=\dfrac{\theta}{\alpha}$ 处 $U_K^+$ 与 $U_K^-$ 同相,电压达到最大值 $U_K$,其两端呈余弦函数下降,该点电流则为零。由于 $K$-2 段线路与末端 $\mathrm{j}x_{\mathrm{p}}$ 呈并联谐振状态,从 $K$ 点向末端看去的等值阻抗等于无穷大,分析 $K$ 点前的状态时可将它们抹去,即从线路首端向里看,如同只有 1-$K$ 是有效线段。

综上所述,由图 15-4(b)可得

$$\frac{U_K}{E}=\frac{\cos\varphi}{\cos(\varphi+\alpha l-\theta)} \tag{15-13}$$

式中，$\theta=\arctan\left(\frac{Z}{x_p}\right)$。

$$\frac{U_2}{E}=\frac{\cos\varphi\cos\theta}{\cos\ (\varphi+\alpha l-\theta)} \tag{15-14}$$

$$\frac{U_2}{U_1}=\frac{\cos\theta}{\cos(\alpha l-\theta)} \tag{15-15}$$

首端输入阻抗

$$Z_{i1}=-\mathrm{j}Z\cot(\alpha l-\theta) \tag{15-16}$$

［**例 15-1**］ 某 500kV 输电线路，长度为 350km，电源电抗 $x_s=250\Omega$。线路参数

$$L_0=0.9\mathrm{mH/km},\quad C_0=0.0127\mu\mathrm{F/km}$$

试求：① 线路末端空载时的电压传递系数 $k_{02}=?$

② 当末端接入 $\mathrm{j}x_p=\mathrm{j}1835\Omega$，则 $k_{02}=?$

**解**：①

$$\alpha l=0.06\times350=21^\circ$$

$$Z=\sqrt{\frac{0.9\times10^{-3}}{0.0127\times10^{-6}}}=266(\Omega)$$

$$\varphi=\arctan\left(\frac{250}{266}\right)=43.2^\circ$$

$$k_{02}=\frac{\cos43.2^\circ}{\cos(43.2^\circ+21^\circ)}=1.675$$

假若电源电抗很小($x_s\rightarrow0$)时，末端电压升高倍数为

$$k_{02}=\frac{1}{\cos21^\circ}=1.071$$

②

$$\theta=\arctan\frac{Z}{x_p}=\arctan\frac{266}{1835}=8.25^\circ$$

$$k_{02}=\frac{\cos8.25^\circ\cos43.2^\circ}{\cos(21^\circ-8.25^\circ+43.2^\circ)}=1.289$$

并联电抗器的容量 $Q_L$ 对空载长线容性无功功率的 $Q_C$ 的比值称为补偿度，通常此值在 60%左右。

至于并联电抗器的实际补偿度和安装位置的选择，除了从降低工频电压升高方面考虑外，还涉及无功平衡、潜供电流补偿、自激过电压及非全相状态下可能出现谐振等多方面问题。

## 二、单相接地时的健全相电压升高

不对称短路是输电线路中最常见的故障形式，其后果是形成三相对地阻抗不

相等,故障时的零序电流会使健全相出现工频电压升高。

不对称短路往往起因于雷击,其中又以单相接地故障最为常见。如果继而健全相的避雷器动作,它必须能在较高的工频电压下熄灭续流。因此,这是选择阀式避雷器灭弧电压的依据。

一般情况,单相接地引起的健全相电压升高也最为严重。以单相接地为例进行分析。单相接地的复合序网络见图 12-29。

忽略损耗,$x_1 \approx x_2$,令$\frac{x_0}{x_1}=k$,于是有

$$\dot{U}_B = \dot{E}_B - \frac{k-1}{k+2}\dot{E}_A = \dot{E}_B + \Delta\dot{U} \tag{15-17}$$

式中,$\Delta\dot{U}=-\frac{k-1}{k+2}\dot{E}_A$。

同理可得

$$\dot{U}_C = \dot{E}_C + \Delta\dot{U} \tag{15-18}$$

$$\dot{I}_A = 3\dot{I}_0 = \frac{\dot{E}_A}{Z_1} \cdot \frac{3}{k+2} = I_{A(3)}\frac{3}{k+2} \tag{15-19}$$

式中,$I_{A(3)}$为三相短路故障电流。

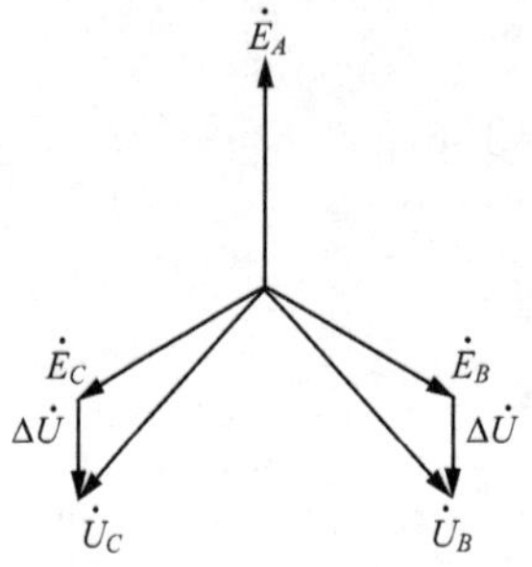


图 15-5　单相接地电压相量图

式(15-17)和式(15-18)表明,当忽略损耗时,网络为纯电抗性元件组成,所以 $\Delta\dot{U}$ 与 $\dot{E}_A$ 或同相或反相。图 15-5 给出了两者反相时的相量图。由图可得

$$U_B = U_C = \sqrt{3}\frac{\sqrt{1+k+k^2}}{k+2}\dot{E}_A = \alpha\dot{E}_A \tag{15-20}$$

式中,$\alpha=\sqrt{3}\ \frac{\sqrt{1+k+k^2}}{k+2}$,称为接地系数。

$\alpha$ 的数值只是与从故障点-地端口看进去的系统的零序和正序电抗的比值 $k$ 有关,而 $k$ 的数值范围很大程度上取决于系统的接地方式,因此将 $\alpha$ 命名为接地系数。

对于中性点不接地的电网,$x_0$ 系线路对地容抗,其值很大,在一般情况下 $k<-40$,此时 $\alpha$ 稍大于$\sqrt{3}$,健全相电压比线电压$\sqrt{3}E_A$ 略高。我们取 110%最高运行线电压,并称为 110% 的避雷器。例如,10kV 系统避雷器的灭弧电压是1.15×110%×10kV=12.7kV。

消弧线圈补偿电网的脱谐度近于零,$k$ 值趋于无穷大。取 $\alpha=\sqrt{3}$,采用 100%

避雷器。例如，35kV 系统避雷器的灭弧电压是 41kV。

110kV 及以上电网为有效接地系统。其中，对于中性点直接接地的变压器-电源而言，零序阻抗就是变压器漏抗，而正序阻抗还包括电源内阻抗，故 $k<1$，这将使单相接地故障电流大于三相短路电流。为了限制单相短路电流，可将部分变压器的中性点不接地，以便增加整个电网的 $k$ 值。实际电网 $k=1.5\sim3$，接地系数控制在 $0.75\sqrt{3}$以内，故可采用 80%避雷器。例如，110kV 系统避雷器的灭弧电压为 100kV。对于 330kV 及以上电网，长线效应使线路末端的健全相电压升高超过最高运行线电压的 80%，因而，根据安装位置分成 80%的电站型避雷器和 90%的线路型避雷器。

## 三、基波铁磁谐振过电压

当图 15-5 中的 $L$ 是铁磁电感时，由于电感饱和作用会激发出现别具特色的铁磁谐振过电压。

在电源电压均匀上升到某一电压值，回路电流的相位和幅值会发生突变，这便是铁磁谐振现象。此现象在线性电路中是不可能遇到的。

图 15-6(a)画出了电感和电容的伏安特性，其中直线 1 是电容的伏安特性 $U_C=\dfrac{I}{\omega C}$，曲线 2 是电感的非线性伏安特性$U_L(I)$，图中的两线位置关系满足

$$\omega L_0>\frac{1}{\omega C} \tag{15-21}$$

式中，$L_0$ 是初始线性段电感值。

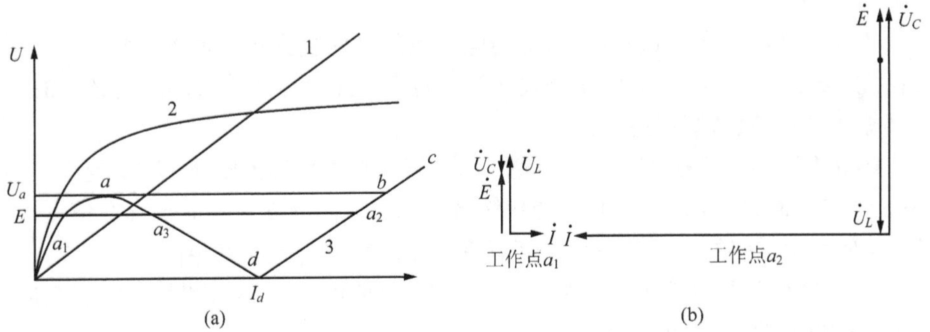


图 15-6　串联铁磁谐振回路的伏安特性

曲线 3 是电感与电容串联支路的伏安特性，其纵坐标 $U=|U_L-U_C|$，$d$ 点 $\omega L=\dfrac{1}{\omega C}$。$I_d$ 之左侧 $\omega L>\dfrac{1}{\omega C}$，串联支路处于感性工作状态；$I_d$ 之右侧$\dfrac{1}{\omega C}>\omega L$，串

联支路处于容性工作状态。

当电源电压由零开始增大时，电路的稳态工作点沿曲线 3 的 0-$a$ 段上升；当电源电压刚超过 $U_a$，由于工作点不能是 $a$-$d$ 段（因为这意味着要求的电源电压下降，且该段上的点不满足稳定工作条件，不能成为实际工作点），故电路将经过某一过渡过程，从工作点 $a$ 转移到工作点 $b$。点 $b$ 和点 $a$ 工作状态相比，其激励的电源电压虽一样，但电容上的电压 $U_C$ 却大了许多，电感上的电压 $U_L$ 也增大了，即此时产生了过电压。因为这种工作点在谐振点 $d$ 之后，若按图而论以为是沿曲线 3 经过谐振状态而达点 $b$，因此，$d$-$c$ 段称为铁磁谐振状态。基波铁磁谐振的实质是铁心电感 $L$ 和 $C$ 两者满足一定条件下$\left(\omega L_0>\dfrac{1}{\omega C}\right)$的容性（铁心饱和）工作状态。

图 15-6(b)给出了工作点点 $a_1$ 和点 $a_2$ 的电压、电流向量图。电路工作在点 $a_1$ 时，因 $\omega L>\dfrac{1}{\omega C}$，铁心电感的端电压 $U_L$ 大于电源电压 $E$ 且二者同相位，电流 $\dot{I}$ 较小，滞后 $\dot{U}90°$，回路呈感性；电路工作在点 $a_2$ 时，因$\dfrac{1}{\omega C}>\omega L$，电容端电压 $\dot{U}_C$ 大于电源电压 $E$ 且二者同相位，$\dot{I}$ 大增，且超前 $\dot{U}90°$，回路呈容性。铁磁谐振后基波电流相位发生变化 180°的现象称为电流反倾。在三相电力系统中，相位反倾可导致电流的负序分量大于正序分量，从而引起小容量异步电动机反转。

一般情况，电路初始工作在对应于电源电压为 $E$ 的点 $a_1$，它要转移到点 $a_2$，除了参数条件 $\omega L_0>\dfrac{1}{\omega C}$（或改写成 $C\geqslant\dfrac{1}{\omega^2 L_0}$）外，还需要某种激发因素。例如，电源电压暂时地超过 $U_a$ 值；或者电路中遭到足够强烈的电流冲击，从而促使电感达到所需的饱和程度。

当回路被激发产生铁磁谐振，即使电源电压又恢复到正常值 $E$，电路工作点将维持在 $c$-$d$ 段的 $a_2$ 点（$c$-$d$ 段是满足 KVL 的稳定工作区），仍保持电感饱和的高 $U_L$、高 $U_C$ 的铁磁谐振状态。

串联电阻对于铁磁谐振的影响没有在线性谐振中那么显著，当 $R$ 较小，它对回路影响甚微，$U_L$ 在铁心饱和后变化缓慢，而 $U_C=U_L+E$。但是 $R$ 存在使点 $d$ 上移，当 $R$ 大到对应的 $U_d>E$ 时，也就消除了存在铁磁谐振的可能性。

暂时对 $L$ 并联以低于其饱和电抗值的 $R$，可使电感脱离饱和状态而回归原工作点，达到电路脱“谐”的目的。

铁磁谐振过电压由断线、电磁式电压互感器饱和等原因而产生。

## 四、参数谐振过电压

参数谐振过电压是因为系统中的某些元件的参数发生周期变化而诱发的。通常是由于电机旋转时电感大小的周期变化，如果该电机接有电容性负荷（如空载线路)，且参数在某一定范围的配合下，原动机通过变化的电感周期性地把能量引入谐振系统，形成过电压。

## 第三节　不同初始条件下通断 LC 回路与操作过电压

### 一、直流电源合闸于 LC 串联回路

LC 串联回路是可能产生振荡的最简单的电路，但在过渡过程中所表现出来的 L、C 以及它们串联而成的回路的特性却是既生动又典型的。

首先复习一下电路的求解问题，继而把重点转移到对解的物理概念的阐述。

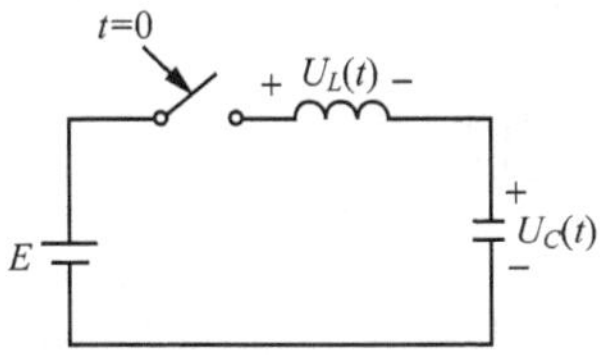


图 15-7　LC 振荡回路

如图 15-7 所示的电路，$t=0$ 时开关合闸。由 KVL 写出回路电压方程

$$LC\frac{\mathrm{d}^2u_C}{\mathrm{d}t^2}+u_C=E \tag{15-22}$$

$$\frac{\mathrm{d}^2u_C}{\mathrm{d}t^2}+\omega_0^2u_C=\omega_0^2E \tag{15-23}$$

上式的拉普拉斯变换是

$$(s^2+\omega_0^2)U_C(s)=\frac{\omega_0^2E}{s}+su_C(0)+u'_C(0) \tag{15-24}$$

因为 $u'_C(0)=\dfrac{i(0)}{C}$，而 $i(0)=0$，所以 $u'_C(0)=0$。

由上式解得

$$U_C(s)=\frac{E\omega_0^2}{s(s^2+\omega_0^2)}+\frac{u_C(0)s}{s^2+\omega_0^2} \tag{15-25}$$

式(15-25)右面第二项的反变换是 $\cos\omega_0t$。右面第一项可作如下处置：

$$\frac{\omega_0^2}{s(s^2+\omega_0^2)}=\frac{1}{s}-\frac{s}{s^2+\omega_0^2}$$

它的反变换是

$$\alpha^{-1}\frac{\omega_0^2}{s(s^2+\omega_0^2)}=1-\cos\omega_0t \tag{15-26}$$

所以，对式(15-25)进行反变换的结果是

$$u_C(t)=E+[u_C(0)-E]\cos\omega_0t \tag{15-27}$$

对于几种不同的残余电压 $u_C(0)$，$u_C(t)$的波形如图 15-8 所示。

从式(15-27)，参照赋予不同电容初始值画出的图 15-8 可知，电压波形由两部

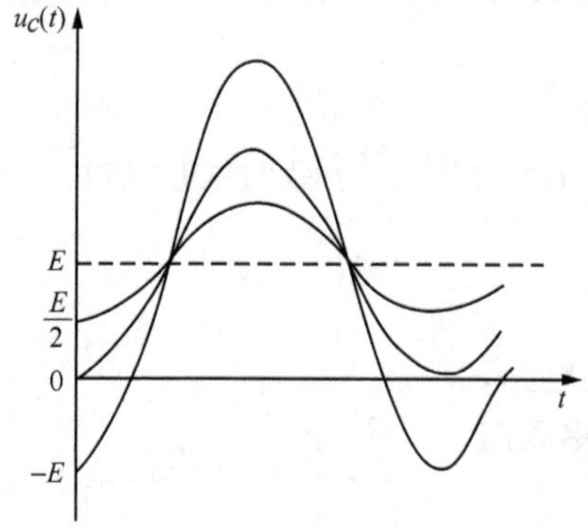


图 15-8　开关合闸后的电容电压波形

分合成。第一部分，从数学的角度看，$u'_C=E$ 是电路微分方程的特解，在电路响应上，是电源强制产生的电容电压的稳态分量；第二部分，$u''_C=[u_C(0)-E]\cos\omega_0 t$ 是电路微分方程的通解，它是由于储能元件上的起始状态和稳定状态不一致而产生的，在电路响应上，可定义为自由分量或暂态分量。显然，对于线性电路，如果把电路中的电压源短路、电流源开路，那么，所有的储能元件在操作瞬间起始值与稳态值的“差值”就是暂态的源，如上例中的 $u_C(0)-E$，它们在电路中引入的响应就是暂态响应。以上的分析可以用图 15-9 表述，它可使 $RLC$ 电路合闸过程分析简化。

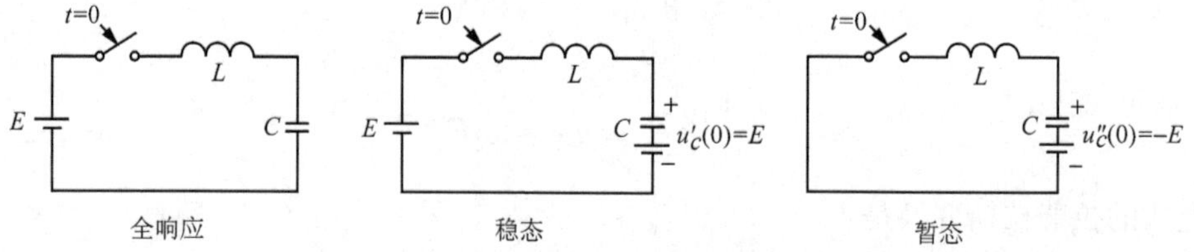


图 15-9　全响应＝暂态＋稳态

暂态分量有两个基本特点。其一，在电路中应自然满足基尔霍夫定则(电压源短路，电流源开路)，因而它的波形的形状特征(各分量的振荡频率、衰减或时间常数)与回路的固有频率(微分方程的特征根)相一致；其二，它的介入满足了储能元件上的初始值不变。一般来说，每一储能元件上自由分量的各组成部分在 $t=0_+$ 的值之和加上稳态分量 $t=0_+$ 值应等于储能元件上的 $t=0_-$ 时的值(初始值)。换言之，在操作瞬间，某储能元件上的自由分量各组成部分之和等于它的初始值与新的稳态值之差。对于上面分析的情况而言，这个差值就是 $u_C(0)-E$，其绝对值为自由振荡的振幅。

如图 15-8 所示，当 $u_C(0)<E$ 时，自由振荡分量以稳态值 $E$ 为它的振荡轴，$u_C$ 经过半个振荡周期达到最大值。

$$u_{C\cdot\max}=E-[u_C(0)-E]\cos\pi=2E-u_C(0) \tag{15-28}$$

由式(15-28)电容上的最大电压等于两倍稳态值减去起始值(稳态值加自由振荡振幅)这个式子在过电压振荡计算中常被引用，但使用前必须先考证它对特定情况的适用性(例如，当电源是正弦交流波形时，只有在电源幅值合闸时式(15-28)才适用，对其他相角合闸，因为暂态分量中含电感电流的“差值”响应而使式(15-28)不适用)。

最后，分析电路状态变化的物理过程。从电感电流变化趋势来推断电容电压的变化，而电容电压的波形又影响到电流的变化速率；从电流、电压两者则可看到电路各部分的能量关系，见图 15-10。令 $u_C(0)=0$，按时间顺序分段考察。$T=2\pi\sqrt{LC}$是回路自振荡周期。

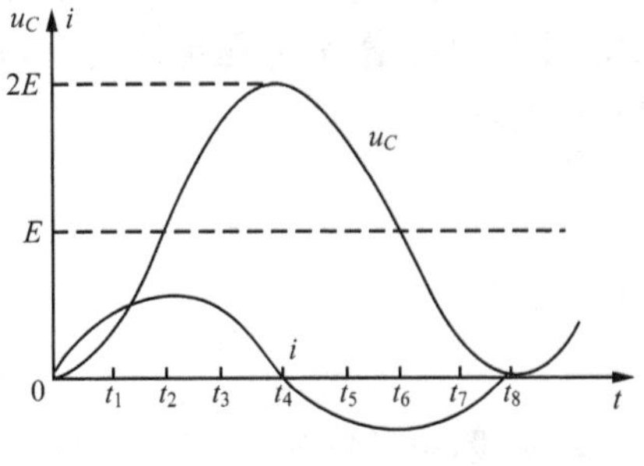


图 15-10　$LC$ 回路中电容电压与电流的关系

(1) $0_+\leqslant t<\dfrac{T}{4}$

$t=0_+$时，$i_L=0$，$u_C=0$，因此

$$u_{L\cdot\max}=E-u_C(0)=E=L\frac{\mathrm{d}i}{\mathrm{d}t}$$

所以$\left.\dfrac{\mathrm{d}i}{\mathrm{d}t}\right|_{\max}=E/L$。

随着时间推移，在 $t_1$ 时刻，增长的电流已使电容充上了一定的电荷 $Q_C(t_1)=\int_0^{t_1}i\mathrm{d}t$，其相应的电压 $u_C(t_1)=\dfrac{Q_C(t_1)}{C}$，此时的 $u_L=E-u_C(t_1)$比 $0_+$时减小，故电流虽在继续增加，但增长的速率减小。

$t_2=\dfrac{T}{4}$时，电容 $C$ 已被充到电源电压 $E$，此时 $u_L=0$，电流达到极大值 $i_{\mathrm{m}}=E\sqrt{\dfrac{L}{C}}$。从 $0\rightarrow t_2$ 这 $\dfrac{1}{4}$ 自振周期中，电流是 $\dfrac{1}{4}$ 个正弦波，电容电压是 $u_C=\dfrac{1}{C}\int_0^1 i_{\mathrm{m}}\sin\omega_0 t\mathrm{d}t=E(1-\cos\omega_0 t)$。电源输出的功率用于 $L$、$C$ 中电磁能量的积累，在 $t_2$ 时刻电感 $L$ 中的磁能与电容中的电能相等，即

$$\frac{1}{2}Li_{\mathrm{m}}^2=\frac{1}{2}L\left[\left(\frac{L}{C}\right)^{-1}E\right]^2=\frac{1}{2}CE^2$$

(2) $\dfrac{T}{4}\leqslant t<\dfrac{T}{2}$

$t>\dfrac{T}{4}$之后，由于电感中的电流不能突变，所以，虽然电容电压已充到电源电压，电流 $i$ 还是继续要在 $L$、$C$ 回路中流动。但是，当电容上再充以电荷，它的端电压将高于电源电压，并有 $u_L=E-u_C<0$，这意味着$\dfrac{\mathrm{d}i}{\mathrm{d}t}<0$，即减小着的电流继续维

持对电容充电：因为 $i$ 在减小，故充电越来越慢；又因为 $u_L$ 负得越来越厉害，$i$ 下降加快，令反电势增高，直至电流减小到 $t=t_4$ 时刻的零值。此阶段的电流和上阶段是对称的，即

$$\int_{T/4}^{T/2} i\mathrm{d}t = \int_{0}^{T/4} i\mathrm{d}t$$

所以

$$u_{C\cdot\max} = 2E$$

本阶段，电感犹如一个“变电流源”，它与电源串联并且抬高了后者的端电压，$L\dfrac{\mathrm{d}i}{\mathrm{d}t}<0$，联合起来向电容充电，直到 $\dfrac{T}{2}$ 时刻它释放完全部磁能 $\dfrac{1}{2}CE^2$。这个 $\dfrac{1}{4}$ 周期内，电源再供给能量 $CE^2$，加上电容第一阶段储能 $\dfrac{1}{2}CE^2$。所以，在 $t=\dfrac{T}{2}$ 时，有

$$\frac{1}{2}Cu_C^2 = 2CE^2 \Rightarrow u_C = 2E$$

(3) $\dfrac{T}{2}\leqslant t<T$

此时，电流波形变为负半周，电容先把 $\dfrac{1}{4}$ 能量还给电感和 $\dfrac{1}{2}$ 能量还给电源，接着 $LC$ 两者联合再把其能量全部返回给电源。对应于周期尾声的时刻 $t_8=T$，这时的状态又同 $t=0$。如此，第二循环又将由此而开始。

实际回路将因电阻的存在而使自由分量振幅逐渐衰减而尽，电容上电压最终达到其稳态值 $E$。

## 二、交流电源合闸于 *RLC* 回路

交流电源合闸 $RLC$ 回路情况见图 15-11，电源 $e_s=E\sin(\omega t+\varphi_0)$。

第一步，先求出电感电流、电容电压在合闸前的初始值。显然，它们均为零值。即

$$u'_C(0_-) = 0,\quad i'_L(0_-) = 0$$

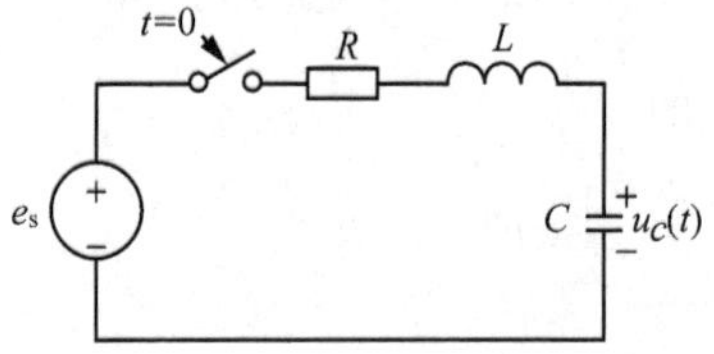


图 15-11　交流电源合闸 $RLC$ 回路

第二步，求出电容电压、电感电流合闸后的稳态值。这可由图 15-12 所示的相量图中方便地得到。图中 $\theta$ 为阻抗角，

$$\theta=\arctan\frac{\omega L-\dfrac{1}{\omega C}}{R}$$

可得

$$u'_C(t) = -U_C\cos(\omega t+\varphi_0-\theta) \tag{15-29}$$

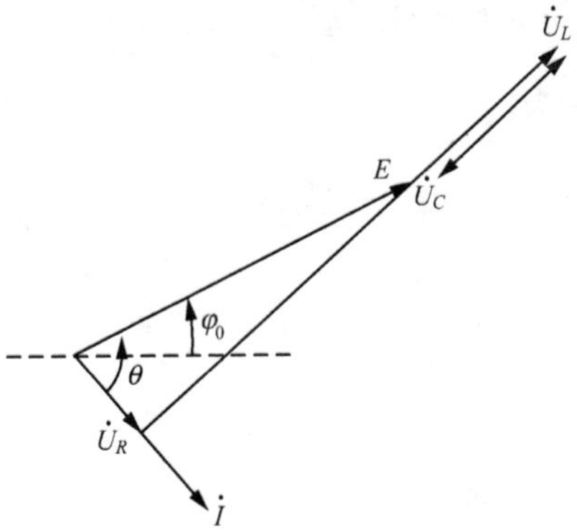


图 15-12　$RLC$ 电路正弦稳态相量图

式中

$$U_C = E\left(\sqrt{(R\omega C)^2 + (\omega^2 LC - 1)^2}\right)^{-1} \tag{15-30}$$

因此

$$u'_C(0_+) = -U_C\cos(\varphi_0 - \theta) \tag{15-31}$$

同样可得

$$i'_L(t) = U_C\omega C\sin(\omega t + \varphi_0 - \theta) \tag{15-32}$$

因此

$$i'_L(0_+) = U_C\omega C\sin(\varphi_0 - \theta) \tag{15-33}$$

第三步，求差值及其响应。

① $u''_C(0) = u_C(0_-) - u'_C(0_+) = U_C\cos(\varphi_0 - \theta)$

此电容电压差值在释放磁能时引起的响应是

$$[u''_C(t)]_C = U_C\cos(\varphi_0 - \theta)\,\frac{\mathrm{e}^{-\delta t}}{\cos\varphi}\cos(\omega' t - \varphi) \tag{15-34}$$

式中，$\delta = \dfrac{R}{2L}$，$\omega' = \sqrt{\omega_0^2 - \sigma^2}$，$\omega_0 = \dfrac{1}{\sqrt{LC}}$。

② $i''_L(0) = i_L(0_-) - i'_L(0_+) = -U_C\omega C\sin(\varphi_0 - \theta)$

此电感电流差值释放磁能时引起的响应是

$$[u''_C(t)]_L = -U_C\,\frac{\omega}{\omega_0}\,\frac{\sin(\varphi_0 - \theta)}{\cos\varphi}\,\mathrm{e}^{-\delta t}\sin\omega' t \tag{15-35}$$

第四步，综合式(15-29)、(15-34)、(15-35)，可得开关合闸后的电容电压

$$\begin{aligned} u_C &= u'_C + [(u''_C)_C + (u''_C)_L] \\ &= -U_C\cos(\omega t + \varphi_0 - \theta) + U_C\cos(\varphi_0 - \theta)\,\frac{\mathrm{e}^{-\delta t}}{\cos\varphi} \end{aligned}$$

$$\times\cos(\omega' t-\varphi)-U_C\frac{\omega}{\omega'}\sin(\varphi_0-\theta)e^{-\delta t}\sin\omega' t \tag{15-36}$$

不计电阻损耗,上式简化为

$$\begin{aligned}u_C(t)&=-U_C\cos(\omega t+\Phi)+U_C\cos\Phi\cos\omega_0 t-\frac{\omega}{\omega_0}U_C\sin\Phi\sin\omega_0 t\\&=-U_C\cos(\omega t+\Phi)+U_C\sqrt{\cos^2\Phi+\left(\frac{\omega}{\omega_0}\right)^2\sin^2\Phi}\cos(\omega_0 t+\psi)\end{aligned} \tag{15-37}$$

式中,$\Phi=\varphi_0-\theta$;$\tan\psi=\frac{\omega}{\omega_0}\tan\Phi$。

第五步,电容上最大可能达到值的估计。

电容上的暂态最大值的估算可从暂态响应中的总能量推得电容暂态电压极限值。在暂态响应中,电容上可能得到的最大能量等于各储能元件上的“差值”所含的能量之和,即

$$\frac{1}{2}Cu''_{C_{\max}}=\frac{1}{2}Cu''_C(0)+\frac{1}{2}Li''_L(0) \tag{15-38}$$

不考虑损耗时

$$u''_{C_{\max}}=U_C\sqrt{\sin^2\varphi_0+\left(\frac{\omega}{\omega_0}\right)\cos^2\varphi_0} \tag{15-39}$$

电容电压的最大值则不可能超过稳态幅值与暂态可能最大值之和。至于能否达到则和 $\Phi$ 及$\frac{\omega_0}{\omega}$两者有关。

电容电压最大可能达到的值为

$$U_{CM}=E\left|\frac{\omega_0^2}{\omega_0^2-\omega^2}\right|\left[1+\sqrt{\sin^2\varphi_0+\left(\frac{\omega}{\omega_0}\right)^2\cos^2\varphi_0}\right] \tag{15-40}$$

① 若电路是容性的$\left(\frac{\omega}{\omega_0}<1\right)$,当 $\varphi_0=\pm\frac{\pi}{2}$时得

$$U_{cm}=2E\frac{\omega_0^2}{\omega_0^2-\omega^2} \tag{15-41}$$

② 若电路是感性的$\left(\frac{\omega}{\omega_0}>1\right)$,当 $\varphi_0=0$ 或 $\pi$ 时得

$$U_{cm}=E_m\frac{\omega_0}{\omega-\omega_0} \tag{15-42}$$

**[例 15-2]** 某一台 110kV、31.5MV·A 变压器,激磁电流 $I_0=4\%$,绕组端口等值电容 $C$=3000pF,磁能转化为电能的效率 $\eta_m=0.3$。

试求:切除空载变压器时的最大过电压倍数 $K$。

**解:**切除空载变压器过电压以断路器在激磁电流最大值 $i_m=\sqrt{2}I_0$ 时发生截流最为严重,此电流相应的磁能将转化为电能

$$\frac{1}{2}Li_m^2=\frac{1}{2}Cu_m^2$$

因此

$$u_m=\sqrt{\frac{L}{C}}i_m$$

$$\frac{u_m}{\sqrt{2}E}=\sqrt{\frac{L}{C}}\cdot\frac{E}{\omega L}\cdot\frac{1}{E}=\frac{\omega_0}{\omega} \tag{15-43}$$

从上式可见,由于电感电流不能突变,而变压器被切除后它的角频率将从 $\omega\to\omega_0$,此电流在电感上产生的感应电势也比工频电源激励时增加$\frac{\omega_0}{\omega}$倍。

考虑到磁滞、涡流等损耗,有

$$K_0=\sqrt{\eta}\frac{\omega_0}{\omega} \tag{15-44}$$

因为

$$L=\frac{U_e^2}{\omega p\times 4\%}=\frac{110^2\times 10^6}{314\times 31.5\times 10^6\times 0.04}=30.5(\text{H})$$

$$\omega_0=\frac{1}{\sqrt{LC}}=3305$$

所以

$$K_0=\sqrt{0.3}\frac{3305}{314}=5.77$$

## 三、空载线路的合闸过电压

1. 合闸回路中的线路模型

为了简化分析,忽略线路损耗,假定三相参数完全对称,且三相断路器同期合闸,此时,可按取单相进行分析,如图 15-13 所示。

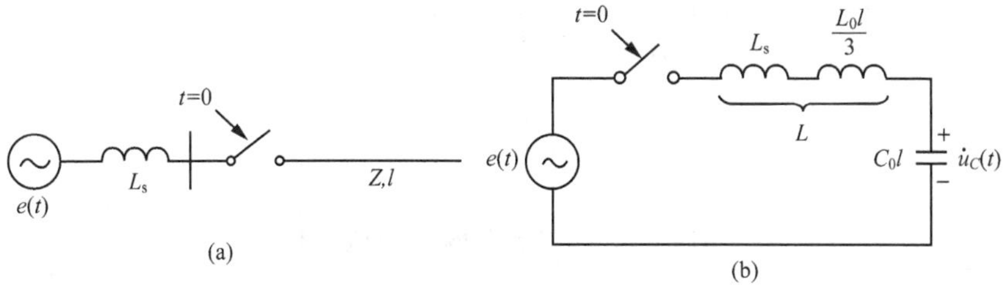


图 15-13　空载长线合闸电路及近似等值图

2. 线路上的合闸过电压波形及最大值

一般情况下，电源电压幅值合闸最严重。由图 15-13(b)并考虑到 $\omega L<\dfrac{1}{\omega C}$(其中 $L=L_s+\dfrac{L_0 l}{3}$，$C=C_0 l$)，则有线路电压

$$u_C(t)=U_C(\cos\omega t-\cos\omega_0 t) \tag{15-45}$$

式中，$\omega_0=1/\sqrt{LC}>\omega$，$U_C=E\Big/\left[1-\left(\dfrac{\omega}{\omega_0}\right)^2\right]>E$。

由式(15-45)可知，$u_C(t)$最大值可能会达到其稳态幅值的两倍，但能否达到还要看 $\omega_0$ 与 $\omega$ 的比值。

重合闸时线路上有残余电压 $U_0$，当 $U_0$ 与电源电压极性相反时闭合电路最为严重。此时

$$u_C(t)=U_C\cos\omega t+(U_0-U_C)\cos\omega_0 t \tag{15-46}$$

则 $u_{C\cdot\max}$可能达 $3U_C$。

## 四、空载线路的拉闸过电压

切断空载线路与切断容性负荷有相近的物理过程。当断路器在电源电压与负荷残余电压极性相反时发生触头间电弧重燃，在高频振荡电流过零时熄弧(振荡过电压达最大值)，则过电压得以充分发展而达到很高的幅值。

分析切空线的等值电路同图 15-13 所示。

见图 15-14。当断路器跳闸之后，其触头开始分离，并在工频电流过零时熄弧。设此时刻为 $t=0$，则 $e(t)=E\cos\omega t$；因为$\dfrac{1}{\omega C}\gg\omega L$，电路中被切断电流是容性的，电容稳态电压近似等于电源电势 $E$。

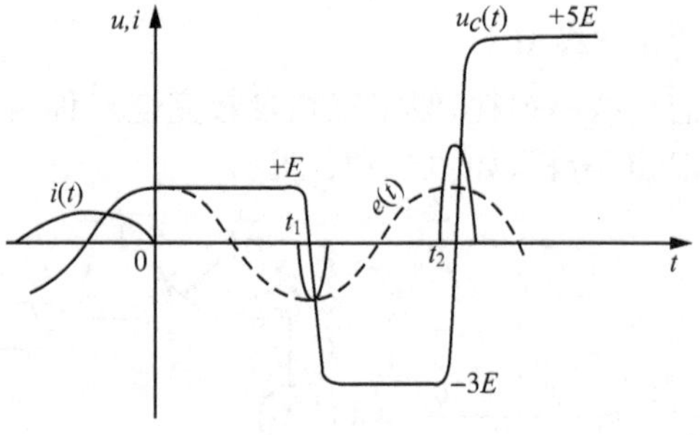


图 15-14　切空线的电压、电流波形

电弧暂熄后，电容上电压为残余电压 $E$；而电源电势仍按余弦规律变化。因此，触头间的恢复电压为

$$u_{\mathrm{r}}(t)=e(t)-E=E(\cos\omega t-1)$$

它随时间推移而增大，过了半个工频周期，当 $t_1=\frac{\pi}{\omega}$ 时，$u_{\mathrm{r}}=-2E$。如果在 $0\sim t_1$ 阶段，断路器断口处的介质强度恢复很快，则电弧从此熄灭，分闸成功，不会产生过电压；若断口处介质强度恢复较慢，则会发生触头间的电弧重燃。

最严重的情况是 $t_1$ 时刻重燃。这相当于一次重合闸，一般，$\omega_0=\frac{1}{\sqrt{LC}}\gg\omega$，因此可认为重燃引起的高频振荡过程中电源电势未变。电容初始电压值 $u_C(0)=E$，新的稳态值 $u'_C(t)=-E$，振荡中达到的最大过电压为

$$u_{C\cdot\max}=2u'(t_1)-u_C(0)=-3E$$

高频振荡电流、电压均为正弦波形，电流在相位上超前电压$\frac{\pi}{2}$，当 $t=\frac{\pi}{\omega_0}$ 时，$u_C$ 达最大值 $-3E$，而高频电流恰好过零，电弧再次熄灭，造成线路上 $-3E$ 的残余电压。

此后，$t_2=t_1+\frac{\pi}{\omega}$ 时，断口恢复电压达 $4E$，虽然触头间距离加大，但如果断口处的介质强度不足以承受 $4E$，则触头间再次击穿。于是过电压值达 $5E$。以此类推，若每隔工频半周重燃一次，且高频电流过零又熄弧一次，理论上过电压按 $-7E$，$+9E$，…逐次增加。

# 第四节　线路波过程和雷电过电压

## 一、波动方程

输电线路是电力系统中广泛分布的元件，它在过电压的产生和传播过程中起重要作用。

首先，着重分析单导线—地系统情况，雷电过电压的计算常按此处理；虽然在计算操作过电压时涉及三相线路，但应用相模变换，可以把三相网络转换为等效的单相网络来处理。因此，单根导线—地系统是分析计算线路上的电磁暂态过程的基础。

本小节讨论对象为均匀的无损耗线路。在图 15-15 中表示出均匀无损耗长线的一微分元。$L_0$ 为每米导线—地形成的回路的电感，$C_0$ 为每米导线的对地电容。该微分元离线路首端的距离为 $x$。线路上的电压 $u(x,t)$ 和电流 $i(x,t)$ 都是距离和时间的函数。

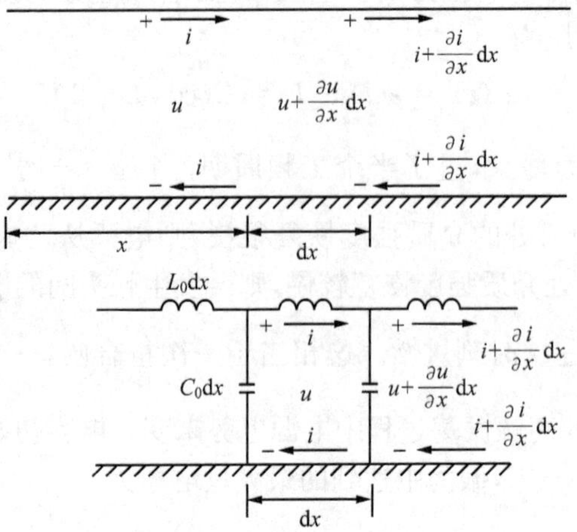


图 15-15　单相无损耗长线上的微分单元

取电压的参考方向为线路对地,电流的参考方向与 $x$ 的正方向一致。由基尔霍夫定则建立下列偏微分方程组:

$$-\frac{\partial u}{\partial x}=L_0\frac{\partial i}{\partial t} \tag{15-47}$$

$$-\frac{\partial i}{\partial x}=C_0\frac{\partial u}{\partial t} \tag{15-48}$$

其解为

$$u=u^+\left(t-\frac{x}{v}\right)+u^-\left(t+\frac{x}{v}\right) \tag{15-49a}$$

$$i=i^+\left(t-\frac{x}{v}\right)+i^-\left(t+\frac{x}{v}\right)=\frac{u^+}{Z}\left(t-\frac{x}{v}\right)+\frac{u^-}{-Z}\left(t+\frac{x}{v}\right) \tag{15-49b}$$

式中,$v=(L_0C_0)^{-\frac{1}{2}}$为波速度;$Z=(L_0/C_0)^{1/2}$为波阻抗。

上两式表明:线路上任一点的电压、电流波形是前行波和反行波叠加的结果。分别由 $u^+$,$u^-$,$i^+$和 $i^-$表示。

有时,为表达线路上某时刻的电压、电流沿线分布,它们可改写为

$$u=u^+(x-vt)+u^-(x+vt) \tag{15-50a}$$

$$i=\frac{1}{Z}[u^+(x-vt)-u^-(x+vt)] \tag{15-50b}$$

## 二、前行波和反行波的物理特性

1. 波的运动特性

组成电压(伴随着电流)的两个分量 $u^+\left(t-\frac{x}{v}\right)$和 $u^-\left(t+\frac{x}{v}\right)$分别以波速度 $v$ 向 $x$ 正方向和 $x$ 负方向运动，它们分别被称为前行波电压和反行波电压。

以 $u^+\left(t-\frac{x}{v}\right)$为例进行分析

$$u^+\left(t-\frac{x}{v}\right)=u^+\left(t+\Delta t-\frac{x+v\Delta t}{v}\right)=u^+\left(t+\Delta t-\frac{x+\Delta x}{v}\right)$$

上式可见：$t$ 时刻 $x$ 处的前行波电压，随时间推移，在 $t+\Delta t$ 时刻将跑到 $x+\Delta x=x+v\Delta t$那一点，故其运动速度为 $v$。

对于架空线路，设导线离地平均高度为 $h$ 米，导线半径为 $r$ 米，则每米导线对地电容和每米导线对地回路电感分别为

$$C_0=\frac{2\pi\varepsilon_0}{\ln\frac{2h}{r}}\quad \text{F/m} \tag{15-51}$$

$$L_0=\frac{\mu_0}{2\pi}\ln\frac{2h}{r}\quad \text{H/m} \tag{15-52}$$

式中，$\varepsilon_0=(36\pi)^{-1}\times10^{-9}\text{F/m}$，为空气的介电常数；$\mu_0=4\pi\times10^{-7}\text{H/m}$，为空气的导磁系数。因此，

$$v=(L_0C_0)^{-\frac{1}{2}}=(\mu_0\varepsilon_0)^{-\frac{1}{2}}=3\times10^8\text{m/s}=300\text{m}/\mu\text{s} \tag{15-53}$$

对于电缆线路，$\mu=\mu_0$，$\varepsilon_r\approx4$，故 $v\approx150\text{m}/\mu\text{s}$，约为光速的一半。电机绕组的绝大部分被嵌在铁心槽内，其周围介质的 $\mu_r$ 很大，故其波速度更慢。

前行波的运动情景如图 15-16 所示。在运动过程中，波形上的每个点的运动速度相等且其幅值保持不变，所以它在线路范围内运动是不变形、不衰减的。

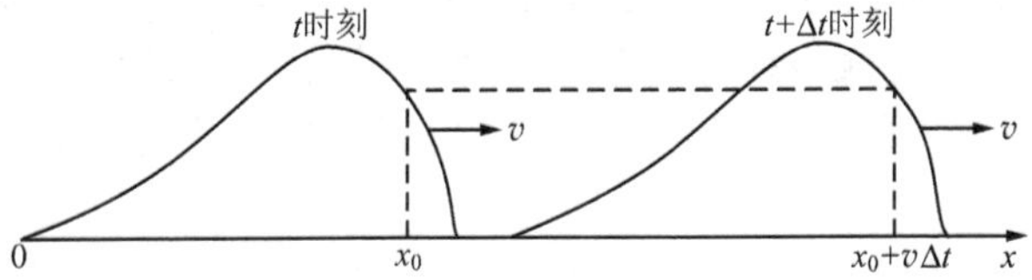


图 15-16　波的空间传播

类似的分析可知，$u^-$的运动速度是$-v$，是以速度 $v$ 向 $x$ 负方向运动的波。

在此，要专门说明的是：线路末端的前行波 $u^{+}\left(t+\tau-\dfrac{l}{v}\right)$ 等于首端的前行波 $u^{+}\left(t-\dfrac{0}{v}\right)$（式中 $l$ 是线路长度，$\tau=\dfrac{l}{v}$ 是波从线路一端走到另一端所花费的时间），即前者来源于后者，但两者存在“时差”$\tau$。另外，到达末端的前行波电压、电流值并不受末端边界状态的影响。

2. 波的能量特性

若以波的运动方向作为其电流的正方向来表达单波的电压、电流比值，则有

$$\frac{u^{+}}{i^{+}}=\frac{u^{-}}{-i^{-}}=\left(\frac{L_0}{C_0}\right)^{\frac{1}{2}}=Z$$

$Z$ 具有电阻的量纲，称为波阻抗，对于架空线，

$$Z=\frac{1}{2\pi}\sqrt{\frac{\mu_0}{\varepsilon_0}}\ln\frac{2h}{r}=60\ln\frac{2h}{r}\quad \Omega \tag{15-54}$$

一般架空线的 $Z$ 约为 500Ω，分裂导线的 $Z$ 约为 300Ω。与波速度不同，波阻抗不仅取决于线路空间介质的 $\varepsilon$ 和 $\mu$，而且取决于导线半径与导线离地高度的相对比值。对于电缆线路，因芯线离外皮间距小，故 $L_0$ 较小；加之电缆绝缘层的 $\varepsilon$ 约为 $4\varepsilon_0$，故 $C_0$ 比架空线大得多。电力电缆的 $Z$ 约在几欧至几十欧。电机绕组周围介质的 $\mu$ 大，$L_0$ 较大，其 $Z$ 与电机容量相关，一般容量大的电机 $Z$ 较小。

式(15-54)可转化成下列形式而显见其物理含义：

$$\frac{1}{2}C_0(u^{+})^2=\frac{1}{2}L_0(i^{+})^2$$

$$\frac{1}{2}C_0(u^{-})^2=\frac{1}{2}L_0(i^{-})^2$$

从中可得出结论：前行波和反行波在传播过程中，在导线周围的介质中建立了电磁场。对于每一个独立的行波而言，其电场能量恒等于磁场能量。这就是电磁波在无损耗线路中传播必定遵循的能量关系，线路的 $Z$ 值就反映了这一关系。

综上所述，可以想象出有两组电荷沿导线表面一地表面同步地以波速度分别向 $x$ 正方向和 $x$ 负方向运动，它们在空间建立了电磁场，造就了导线上的电压和电流。在此，导线-介质-地系统起到了引导电磁波的作用，因而，这一过程被称为波过程。

为了区分线路波阻抗与集中参数电阻元件的不同本质和特点，作以下几点说明：

① 当一条空载线路接到电源上去，由于不存在末端向首端传播的反行波，故方程解只有“+”项，即 $\dfrac{u}{i}=\dfrac{u^{+}}{i^{+}}=Z$。因此，从电源看来如同接在一个阻值为 $Z$ 的电阻器。当然，两者的物理本质是截然不同的。电流通过电阻器，对应于电压降落

和功率损耗；而电荷在无损的导线——地面流动时，伴随而生的 $u^+$、$i^+$ 的传播对应着线路电磁能量储存正以速度 $v$ 向远方扩展，并不存在任何的电压降落和功率损耗。

② 线路与外界发生关系的只是端接处这一长度元，中间部分只起到“通道”作用。

③ 要把波的传播方向和电压、电流的正负号区分开。负波并非即是朝 $x$ 负方向传播的波，只有 $\frac{u}{i}=-Z$ 的波才被认为是反行波。至于式中的负号，完全是由于人为地把电流参考方向指定为 $x$ 正方向而引入的，当正电荷沿导线向 $x$ 负方向运动（反行波），在导线对地形成正电压，而流过导线截面的电流是负的。

④ 如果导线上某点既有前行波，又有反行波，则该点的电压与电流的比值不等于波阻抗，$\dfrac{u^++u^-}{\dfrac{u^+}{z}-\dfrac{u^-}{z}}\neq z$。

## 三、计算节点电压的等值电路

分析图 15-17 情况：前行波（此时称为入射波）电压是一幅值为 $U_0$ 的阶跃波，它由波阻抗较大的架空线路向波阻抗较小的电缆线路传播，即有 $Z_1>Z_2$。$A$ 点为节点。

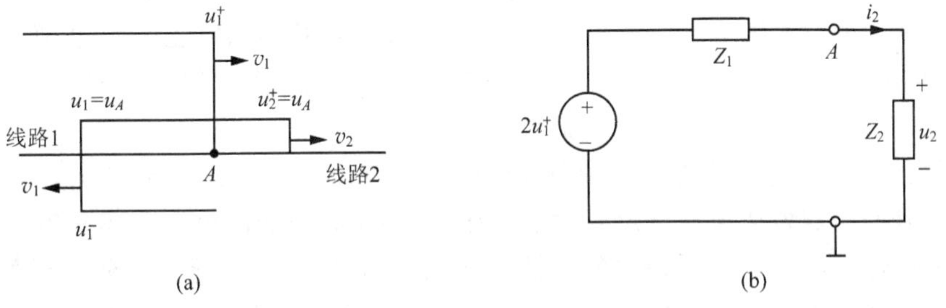


图 15-17 波在节点上的折射和反射

假定入射波达到节点后能原封不动地折射到线路 2 上。那么，线路 2 上的折射波的电场能量将大于磁场能量，这就不能满足线路 2 上的单波的电、磁能量相等这一电磁波传播时所要遵循的规律。由此推测：节点电压将减小，电流将增大；相应地，在线路 1 上将会出现从节点返回的负的电压波和伴随的正的电流波（反射波）。

对于图 15-17 中节点电压的计算，涉及载波线路的端口等值电路。

与节点 $A$ 相连的有二个线路微分元，左方为线路 1 末端微分元，有

$$u_1 = u_1^+ + u_1^-$$

$$i_1 = \frac{1}{Z_1}(u_1^+ - u_1^-)$$

从上二式可得

$$2u_1^+ = u_1 + i_1 Z_1 \tag{15-55a}$$

从上式可写成 $u_1^+ = \frac{1}{2}(u_1 + i_1 Z_1)$。此式的物理意义是：当前行波抵达线路 1 末端时，虽然由于端结点两端阻抗差异而会产生不同的折、反射情况，相应地，节点电压、电流将取不同的数值，但是，节点线路 1 侧的 $u_1$、$i_1$ 必须满足(15-55a)，以保证前行波在线路 1 末端不变形。

式(15-55a)可转换为下列等效电源的形式：

$$2u_1^+ - i_1 Z_1 = u_1 \tag{15-55b}$$

式中的 $i_1$ 参考方向为端口流出。

同理，节点 $A$ 的右方为线路 2 的始端微分元，考虑到它未载波，端口电流流出的方向与参考方向相反，故有

$$u_2^+ = i_2^+ Z_2 \tag{15-56}$$

综合式(15-55)和(15-56)，考虑到 $u_1 = u_2$，$i_1 = i_2$，得

$$2u_1^+ - i_2 Z_1 = u_2 = i_2 Z_2 \tag{15-57}$$

由上可知，载波线路从外电路看来如同一集中参数等效电源，其内阻抗为 $Z_1$ 的纯电阻，内电势为两倍入射波电压 $2u_1^+$。这就是计算节点电压 $u_2(t)$ 的等值电路法，也称彼德逊法则。显然，$Z_2$ 以任意的两端口网络替代仍能保持式(15-57)成立。

把彼德逊法则与戴维南定理比较，若移去负荷 $Z_2$，则 $2u_1^+$ 是 $A$ 点开路电势($u_1^+$ 投到开路点发生电压全反射时的电压，这将在后面的内容中叙述)，$Z_1$ 是线路 1 入射波为零时从 $A$ 点看进去的阻抗。所以，把载波线路归化为等效电源的彼德逊法则和集中参数网络中应用戴维南定理是吻合的。这样，对于由分布参数长线与集中参数元件混合组成的网络，同样可以引入开路电势和入口阻抗的概念，可以方便地从更为普遍的意义上来处理计算问题。此后，计算对象只是求解若干个空间上割裂的集中参数电路的问题，其中每个电路包括结点上的“点”元件($R$、$L$、$C$、长线终端微分元)。

等值电路计算的一种形式是用折射系数 $\alpha$ 和反射系数 $\beta$，

$$u_2^+ = \frac{2Z_2}{Z_1 + Z_2} u_1^+ = \alpha_u u_1^+ \tag{15-58}$$

$$u_1^- = u_1 - u_1^+ = \frac{Z_2 - Z_1}{Z_1 + Z_2} u_1^+ = \beta_u u_1^+ \tag{15-59}$$

式中 $0\leqslant\alpha_u\leqslant2$，$-1\leqslant\beta_u\leqslant1$，且有 $\alpha_u=1+\beta_u$，即折射波电压等于入射波电压加反射波电压。当然，从能量而言，入射波能量转化为折射和反射两部分。（后文中下标 $u$ 略）

下面对几种典型情况进行计算分析，进一步搞清楚折反射的物理概念。

（1）末端开路（$Z_2=\infty$）

由式（15-58）和（15-59）求得 $\alpha=2$，$\beta=1$，$u_1=2u_1^+$，$i_1=0$，$u_1^-=u_1^+$，$i_1^-=-i_1^+=-\dfrac{u_1^+}{Z_1}$。

线路上的波的运动情景如图 15-18 所示：入射波 $u_1^+$ 在开路的末端发生电压全反射（$i_1=0$，负的电流全反射），致使线路末端到反射波波及之处的线路电压上升到入射波电压的两倍，而电流则下降至零。

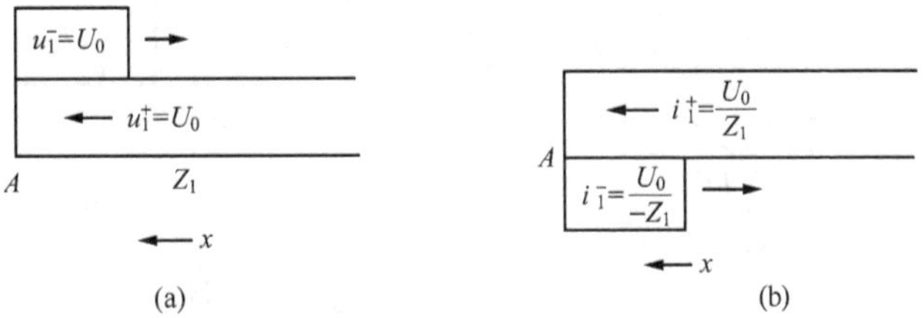


图 15-18　末端开路时的折射和反射

从能量观点：因末端 $i_2=0$，故 $p_2=0$。入射波的能量由反射波带返，致使导线 1 上反射波到达范围的线路单位长度的电磁能量变为两倍入射波能量；又因反射波导致该段导线的总电流为零，总电压为 $2u_1^+$，可知此时磁场能量消失，全部能量储存于电场中。

（2）末端接地（$Z_2=0$）

末端接地与末端开路是对偶关系，两者的物理现象也有对应关系。$\alpha_u=0$（$\alpha_i=2$），$\beta_u=-1$（$\beta_i=1$），$i_1=2\dfrac{u_1^+}{Z_1}$，$u_1=0$，$i_1^-=i_1^+$，$u_1^-=-u_1^+$。

对比末端开路时的折射和反射过程，将①中的 $i$ 与 $u$ 的位置互换，磁与电的位置互换，则该论述和行波折、反射情景即为末端短路时的分析结论。

（3）末端接有与线路匹配的电阻器（$R=Z$）

此时，$\alpha=1$，$\beta=0$。这种情况不产生反射波，即 $u_1^-=0$，$u_2^+=u_1=u_1^+$。$R$ 的作用似乎把原线路延伸到无穷远（彼德逊法则的逆向应用），它消耗了入射波的全部功率。

（4）末端接有负载电阻器 $R\neq Z$

当 $R>Z$ 时，近开路状态，$u_1^+<u_1<2u_1^+$；当 $R<Z$ 时，近短路状态，$i_1^+<i_1<$

$2i_1^{+}(u_1<u_1^{+})$。

## * 由几条线路同时来波时的节点电压计算

在实际网络中，常有 $n$ 条线路连接于同一节点，如图 15-19 所示。设各线路的波阻抗分别为 $Z_1, Z_2, \cdots, Z_n$，沿着这些线路有任意波形的入射波电压 $u_{1x}, u_{2x}, \cdots, u_{nx}$，在 $x$ 点对地接有负载阻抗 $Z_x$。计算对象是节点电压 $u_x(t)$ 以及各线路上的反射波电压 $u_{x1}, \cdots, u_{xn}$。

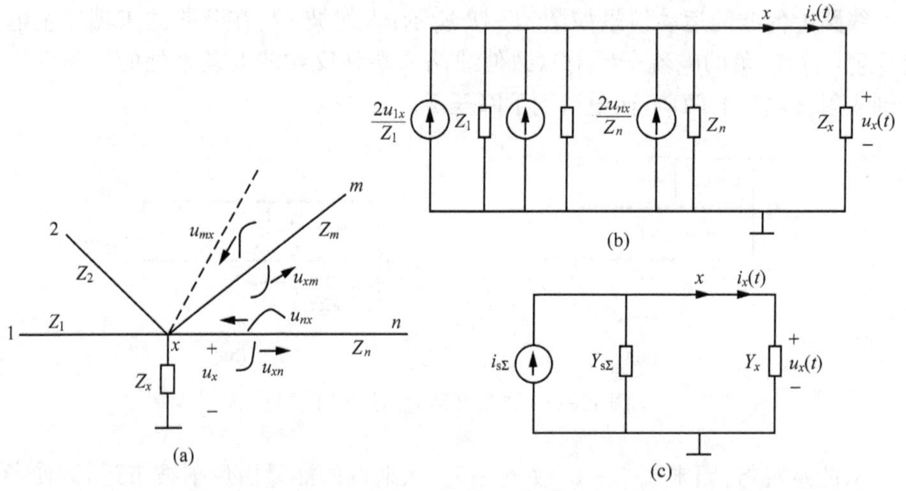


图 15-19　由几条线路同时来波的节点电压计算

此时，把 $n$ 条线路用诺顿等效电路替代是方便的，如图 15-19(b)所示。然后再简化为图 15-19(c)所示电路，其中电流源 $i_{s\Sigma}=\sum\limits_{m=1}^{n}\frac{2u_{mx}}{Z_m}$，内导纳 $Y_{s\Sigma}=\sum\limits_{m=1}^{n}\frac{1}{Z_m}$，外导纳 $Y_x=\frac{1}{Z_x}$。则节点电压

$$u_x=\frac{i_{s\Sigma}}{Y_{s\Sigma}+Y_x} \tag{15-60a}$$

图 15-19(c)转化为戴维南形式，则内电势 $e_{s\Sigma}=Z_{s\Sigma}\cdot i_{s\Sigma}$，内阻抗 $Z_{s\Sigma}=(Y_{s\Sigma})^{-1}$，那么

$$u_x=e_{s\Sigma}-i_x\cdot Z_{s\Sigma}=i_xZ_x \tag{15-60b}$$

上式称为等值波法则。

求得 $u_x$ 之后，则从点 $x$ 返回的第 $m$ 条线路上的反射波电压 $u_{xm}=u_x-u_{mx}$。

这一反射波经过时间 $\tau_m=\frac{l_m}{v_m}$（其中 $l_m$ 为该线路长度，$v_m$ 为波速）后到达第 $m$ 条线路的另一端，成为投到该点的新的入射波。

［**例 15-3**］　设某变电所的母线上共接有 $n$ 条架空线路，其中一条线路遭雷击而有侵入波电压 $U_0$，假设所有线路波阻抗均为 $Z$。试求母线电压 $u_b$。

**解**：此情况相当于图 15-19 中 $Z_x=\infty$，只有第 1 条线路载波电压 $U_0$。$i_{s\Sigma}=\frac{2U_0}{Z}$，$Y_{s\Sigma}=\frac{n}{Z}$，$Y_x=0$。

由式(15-60a)得

$$u_b=\frac{2U_0}{n}$$

每条线路都有从母线向变电所外传播的电压波 $u_{bm}=u_b$，进波线路有反射波 $u_{b1}=u_b-U_0=\frac{2-n}{n}U_0$。

## * 波通过串联电感和并联电容

实际电力系统中，常会遇到与导线串联的电感器或连接在导线与地之间的电容器。此时，计算对象是线路 2 上的折射波和线路 1 上的反射波。

先考虑串联电感的情况，如图 15-20 所示，入射 $A$ 点的为阶跃波 $U_0$。

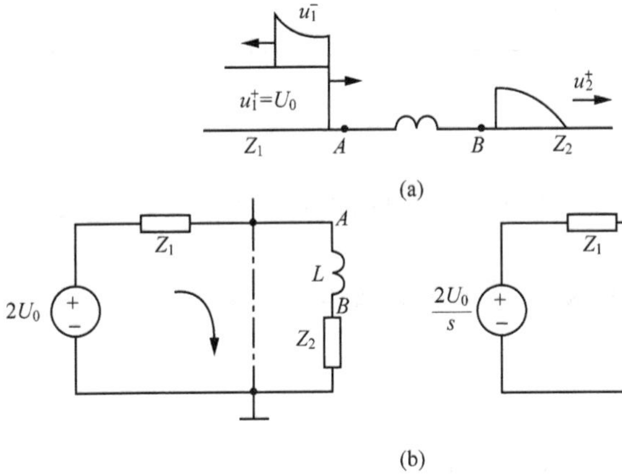


图 15-20　波通过串联电感

利用戴维南定理。可得图 15-20(b)的运算电路。

$$U_2(s)=\frac{2U_0}{s}\frac{Z_2}{Z_1+Z_2+sL}=\alpha U_0\frac{1}{T_L}\frac{1}{s\left(s+\frac{1}{T_L}\right)} \tag{15-61a}$$

式中 $T_L=\dfrac{L}{Z_1+Z_2}$，$\alpha=\dfrac{2Z_2}{Z_1+Z_2}$ 是 $L$ 短接时由线路 1 向线路 2 的折射系数。式(15-61a)经拉普拉斯反变换得

$$u_2(t)=\alpha U_0(1-e^{-\frac{t}{T_L}}) \tag{15-61b}$$

当入射波为波长 $\tau_0$ 的方波时，则在 $t\geqslant\tau_0$ 时将电源电势置零，图 15-20(b)中电感 $L\left(i_0=\dfrac{u_2^+(\tau_0)}{Z_2}\right)$将向 $Z_1$、$Z_2$ 释放磁能，在线路 2 上形成的电压是

$$u_2^+=\alpha U_0(1-e^{-\frac{\tau_0}{T_L}})e^{-\frac{t-\tau_0}{T_L}},\quad t>\tau_0$$

再考虑并联电容情况，如图 15-21 所示。

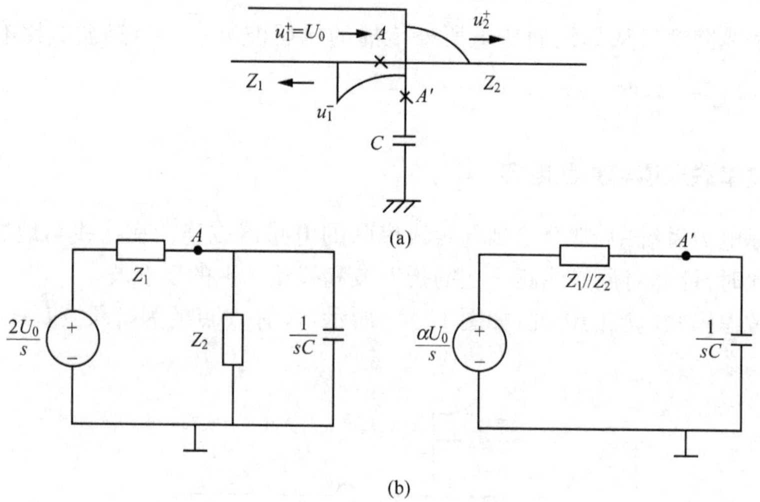


图 15-21　波通过并联电容

把电容视为负荷，等效电源的电势为 $U_{eq}=\dfrac{2Z_2}{Z_1+Z_2}U_0=\alpha U_0$，内阻 $Z_{eq}=\dfrac{Z_1Z_2}{Z_1+Z_2}$，则

$$U_2(s)=\frac{U_0}{s}\frac{\frac{1}{sC}}{Z_{eq}+\frac{1}{sC}}=\alpha U_0\frac{1}{T_C}\frac{1}{s(s+\frac{1}{T_C})} \tag{15-62a}$$

式中，$T_C=\dfrac{Z_1Z_2}{Z_1+Z_2}C$，是回路时间常数。注意到式(15-62a)与式(15-61a)形式相同。

式(15-62a)的反变换是

$$u_2(t) = \alpha U_0(1 - e^{-\frac{t}{T_C}}) \tag{15-62b}$$

从式(15-61b)和式(15-62b)可见,波经过电感或电容之后,从陡峭的直角波变为平缓的指数波,减小了波的陡度。在防雷保护中常用这种效应来削减雷电流动波的陡度。线路 2 上出现最大折射波时刻为 $t=0$,对电感而言,

$$\left.\frac{\mathrm{d}u_2^+}{\mathrm{d}t}\right|_{\max} = \frac{\alpha}{T_L}U_0 = \frac{2U_0 Z_2}{L} \tag{15-63}$$

对电容而言,

$$\left.\frac{\mathrm{d}u_2^+}{\mathrm{d}t}\right|_{\max} = \frac{\alpha}{T_C}U_0 = \frac{2U_0}{Z_1 C} \tag{15-64}$$

对特定线路,选择适当的 $L$ 或 $C$ 值,就能把折射波的陡度限制到规定的数值。如果把上面两式除以波速 $v$,则可得 $u_2^+$ 在线路上沿空间分布的最大陡度。

从以上计算,可得出如下结论:

① 波经过串联电感或并联电容后陡度均有下降。这是因为电感的电流不能突变,电容的端电压不能突变。因而,线路 2 上,或者其上的折射波电流要随与之串联的电感电流的逐渐增加而增加,或者其上的折射波电压要随与之并联的电容两端电压的增加而增加。

② 对阶跃波而言,电感或电容的存在并不对线路 2 上的折射波的最终稳态值发生影响。当 $t=\infty$ 时,$u_2^+(\infty)=\alpha U_0$。此时,电感如同被短接而电容器如同被开路。

反射波的计算如下。对于电容情况,

$$u_1^- = \alpha U_0(1 - e^{\frac{t}{T_C}}) - U_0 = U_0(\beta - \alpha e^{-\frac{t}{T_C}}) \tag{15-65}$$

对于电感情况,见图 15-20(b),得

$$u_1 = 2U_0 - i_2 Z_1 = U_0[\alpha + (1-\beta)e^{-\frac{t}{T_L}}]$$

$$u_1^- = U_0[\beta + (1-\beta)e^{-\frac{t}{T_C}}] \tag{15-66}$$

**[例 15-4]**　有一幅值为 100kV 的直角波沿波阻抗为 50Ω 的电缆线路向发电机绕组侵入。发电机的平均波阻抗为 800Ω,电磁波在电机绕组中传播的平均速度为 $6\times10^7$m/s,绕组每匝长度为 3m,匝间绝缘允许承受的电压为 600V。具体接线如图 15-22 所示。

试求:为保护发电机绕组匝间绝缘,所需的串联电感或并联电容值为多大?

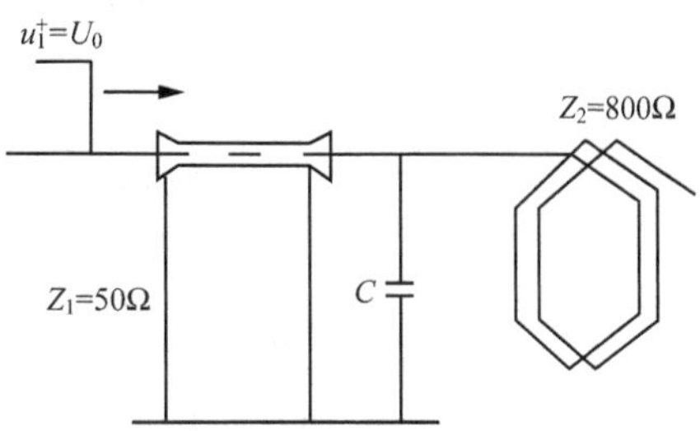

图 15-22　波沿电缆侵入发电机绕组

**解:** 发电机绕组最大允许的空间陡度为

$$\left.\frac{\mathrm{d}u_2^+}{\mathrm{d}x}\right|_{\max} = \frac{600}{3} = 200(\mathrm{V/m})$$

故可求得

$$L = \frac{2U_0 Z_2}{\left(\frac{\mathrm{d}u_2^+}{\mathrm{d}x}\right)_{\max} v} = 1.33 \times 10^{-3}\,\mathrm{H}$$

或

$$C = \frac{2U_0}{Z_1\left(\frac{\mathrm{d}u_2^+}{\mathrm{d}x}\right)_{\max} v} = 0.33 \times 10^{-6}\,\mathrm{F}$$

0.33μF 电容器比 1.33mH 电抗器制造成本低，故在电机防雷接线中广泛采用。

## 四、波在有限长线段上的多次折反射

分析图 15-23(a)所示的三条线路串联的情况。线路 1 和 2 处理为无限长的射线且仅线路 1 上进波。以上假设并非必要，只是可使分析简化。

见图 15-23(b)，采用网格法计算，中间线路上的反射波第一次抵达 $A$ 点时，把

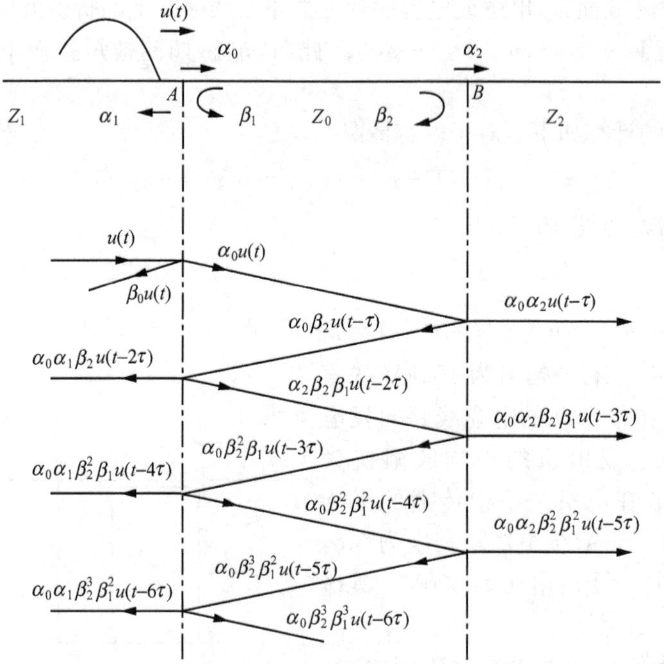


图 15-23

(a)三线路串联图；(b)多次折射和反射的网格图

入射 A 点的波 $u(t)$ 置零[$\alpha_0 u(t)$ 继续存在]，而只考虑 $\alpha_0\beta_2 u(t-2\tau)$ 在 A 点的折反射（$\tau=\dfrac{l_0}{v}$ 为波从中间线段的首端走到末端花费的时间），采用网格法时，随时间推移，各线段的波分量越来越多。

线路 2 上的总的折射波为线路 2 上的各分量的代数和。令

$$\alpha_0=\frac{2Z_0}{Z_1+Z_0},\quad \alpha_2=\frac{2Z_2}{Z_0+Z_2}$$

$$\beta_2=\frac{Z_2-Z_0}{Z_2+Z_0},\quad \alpha_1=\frac{2Z_1}{Z_1+Z_0},\quad \beta_1=\frac{Z_1-Z_0}{Z_1+Z_0}$$

则当 $(2n-1)\tau\leqslant t\leqslant(2n+1)\tau$，线路 2 上将有 $n$ 个折射波分量，

$$\begin{aligned}u_2^+(t)&=\alpha_0\alpha_2 u(t-\tau)+\alpha_0\alpha_2\beta_1\beta_2 u(t-3\tau)+\cdots\\&\quad+\alpha_0\alpha_2(\beta_1\beta_2)^{(n-1)}u[t-(2n-1)\tau]\end{aligned}\tag{15-67}$$

若 $u(t)=U_0$，则式(15-67)为

$$\begin{aligned}u_2^+(t)&=U_0\alpha_0\alpha_2[1+\beta_1\beta_2+(\beta_1\beta_2)^2+\cdots+(\beta_1\beta_2)^{n-1}]\\&=U_0\alpha_0\alpha_2\frac{1-(\beta_1\beta_2)^n}{1-\beta_1\beta_2}\end{aligned}\tag{15-68}$$

当 $t=\infty$，$n\to\infty$ 时，

$$u_2^+(\infty)=U_0\alpha_0\alpha_2\frac{1}{1-\beta_1\beta_2}=U_0\frac{2Z_2}{Z_1+Z_2}=\alpha_{12}U_0\tag{15-69}$$

式(15-69)说明，当入射波为阶跃波时，经很多次折反射后趋于稳态值。此时，中间线段如同被短接。

由式(15-68)可知，若 $\beta_1$、$\beta_2$ 同号，则 $\beta_1\beta_2>0$，$u_2^+$ 呈阶梯形增加；若 $\beta_1$、$\beta_2$ 异号，则 $\beta_1\beta_2<0$，$u_2^+$ 呈振荡形。

下面分析可能存在的四种参数配合情况。

(1) $Z_1>Z_0<Z_2$

此时，$\beta_1>0$，$\beta_2>0$，$\alpha_0<1$，$\alpha_2>1$。$u_2^+(t)$ 逐级增大，如图 15-24(a)所示。

$$\alpha=\frac{2Z_2}{Z_1+Z_2}$$

当 $Z_1$、$Z_2$ 远大于 $Z_0$ 时，$u_2^+(t)$ 第一阶梯的平均陡度

$$\frac{\mathrm{d}u_2^+}{\mathrm{d}t}=\frac{U_0\alpha_0\alpha_2}{\dfrac{2l}{v_0}}=U_0\frac{2Z_2}{(Z_0+Z_1)(Z_0+Z_2)}\frac{1}{C_0 l}\approx\frac{2U_0}{Z_1C}$$

上式表明，中间线段的对地电容起主导作用。在经过折射和反射后，可近似地略去线路电感，以对地电容代替该线路，它使 $u_2^+(t)$ 的陡度下降了。

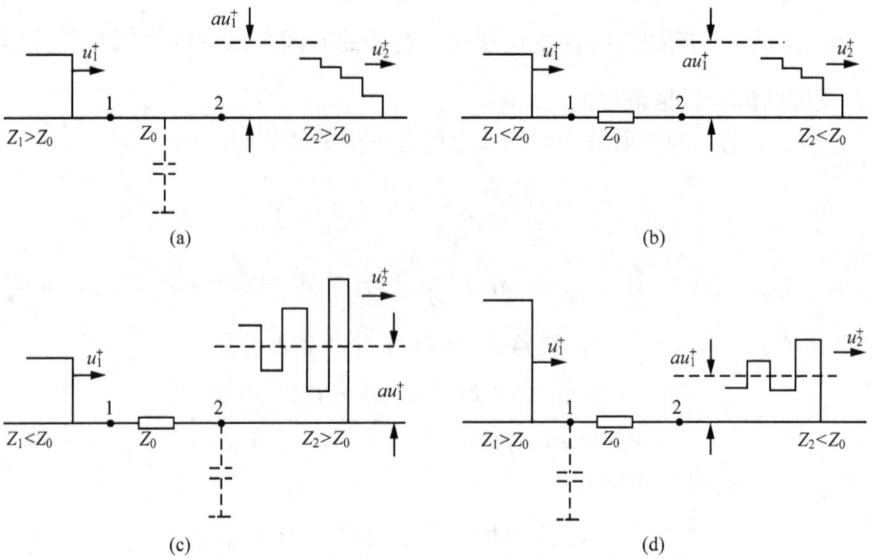


图 15-24　各种参数配合下的多次折反射

(2) $Z_1<Z_0>Z_2$

此时，$\beta_1<0$，$\beta_2<0$，$\alpha_0>1$，$\alpha_2<1$。$u_2^+(t)$如图 15-24(b)所示，也呈阶梯上升，若 $Z_0$ 较大，可略去中间线段的电容，而用其总纵向电感替代，其作用亦使 $u_2^+(t)$陡度减小。

(3) $Z_1<Z_0<Z_2$

此时，$\beta_1<0$，$\beta_2>0$，$\alpha_0>1$，$\alpha_2>1$。$u_2^+(t)$呈振荡波形，幅值较高。

(4) $Z_1>Z_0>Z_2$

此时，$\beta_1>0$，$\beta_2<0$，$\alpha_0<1$，$\alpha_2<1$。$u_2^+(t)$呈振荡波形，幅值较低。

［**例 15-5**］　直流电势 $E$ 合闸于末端开路的线段，试求线路末端电压波形$u_B(t)$。

**解**：采用上述的三线段网格法，得

$$u(t)=\frac{E}{2},\quad Z_1=0,\quad Z_0=Z_0,\quad \tau=\frac{l_0}{v_0},\quad Z_2=\infty$$

计算后可得 $u_B(t)=u_2^+(t)$的波形如图 15-25 所示。

## 五、波在平行多导线系统中的传播

实际输电线路是多导线的。此时，某一导线上的对地电位不仅是由其本身及相应的地面感应电荷引起的，而且，由于它处于其他导线电荷形成的电场之中，也会耦合到所在位置相应的电位。

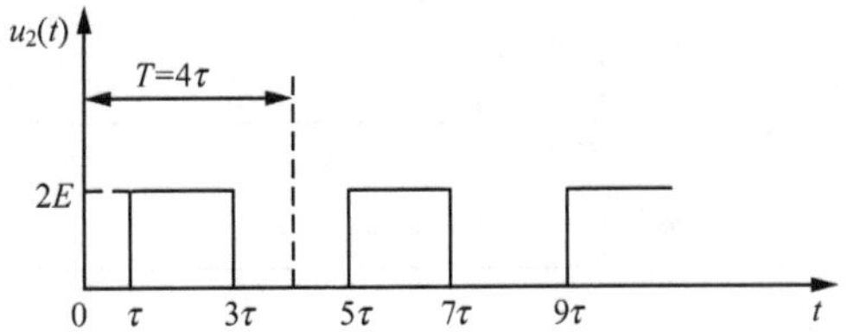


图 15-25　直流电源合闸空载线路的末端波形

在 $n$ 根导线-地系统中，可列出 $n$ 个方程，其中任意的第 $k$ 根导线的对地电位为

$$u_k^+ = Z_{k1} i_1^+ + Z_{k2} i_2^+ + \cdots + Z_{kk} i_k^+ + \cdots + Z_{kn} i_n^+ \quad (15\text{-}70)$$

见图 15-26，式(15-70)中

$$Z_{kk} = \frac{1}{2\pi}\sqrt{\frac{\mu_0}{\varepsilon_0}} \ln\frac{2h_k}{r_k} = 60\ln\frac{2h_k}{r_k} \quad (15\text{-}71)$$

$$Z_{km} = 60\ln\frac{d'_{km}}{d_{km}} \quad (15\text{-}72)$$

其中，$Z_{kk}$ 为导线 $k$ 的自波阻抗，$Z_{km}$ 为导线 $k$ 与导线 $m$ 间的互波阻抗，显然，$Z_{mk} = Z_{km}$。

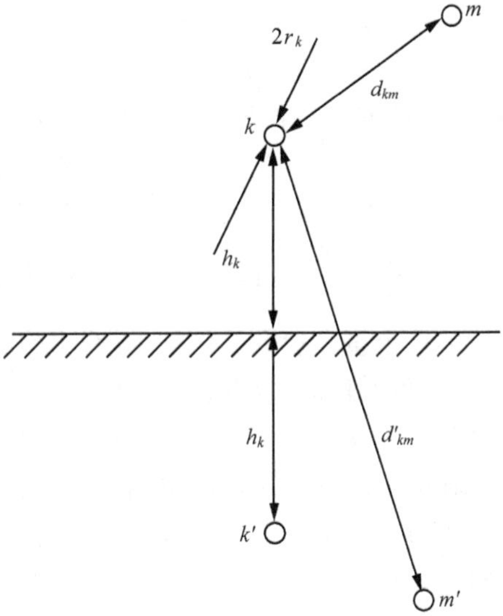


图 15-26　计算平行导线波阻抗用图

若导线上既有前行波又有反行波，则

$$u_k = Z_{k1}(i_1^+ - i_1^-) + \cdots + Z_{kk}(i_k^+ - i_k^-) + \cdots + Z_{kn}(i_n^+ - i_n^-) \quad (15\text{-}73)$$

上式意义是，某线路 $t$ 时刻 $x$ 处的电压值和流过每条线路 $x$ 处微分元的“净的”电荷线密度相关。

根据不同边界条件采用式(15-73)可求解多导线系统波过程。

[**例 15-6**]　如图 15-27 所示。当开关闭合后，导线 1 上出现 $u_1^+ = E$，对地绝缘的导线 2 由于处于导线 1 的电场之中。试求 $u_2$。

**解**：先列出电压方程组

$$\begin{cases} u_1 = Z_{11} i_1 + Z_{12} i_2 \\ u_2 = Z_{21} i_1 + Z_{22} i_2 \end{cases}$$

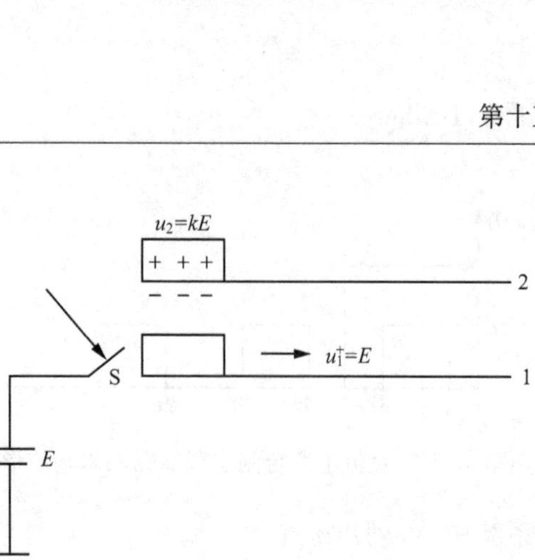


图 15-27　导线间的电耦合

由 $u_1=E$,导线 2 绝缘,故 $i_2=0$。代入上式,得

$$u_2=\frac{Z_{21}}{Z_{11}}u_1=\frac{Z_{12}}{Z_{11}}E=kE$$

式中,$k=\frac{u_2}{u_1}=\frac{Z_{12}}{Z_{11}}<1$,称为导线 1 对导线 2 的几何耦合系数,它是输电线路防雷设计中的一个重要参数。例如,导线 1 是架空地线,其上有雷电波在传播;导线 2 是输电线,可看作波过程阶段是绝缘的。由于线间耦合,导线 1、2 间的电位差由 $E$ 下降为 $u_1-u_2=(1-k)E$,即绝缘子串上电位差减小,因而不易闪络,加大架空地线对输电线的耦合系数能提高线路防雷性能。

当避雷线 1、2 对导线 3 电耦合时,可列出三个方程。因两根避雷线几何上完全对称,有 $Z_{11}=Z_{22}$,$u_1=u_2$,$i_1=i_2$,并有 $i_3=0$。将上述条件代入方程,可得

$$k_{1,2-3}=\frac{u_3}{u_1}=\frac{Z_{13}+Z_{23}}{Z_{11}+Z_{12}}=\frac{k_{13}+k_{23}}{1+k_{12}} \qquad (15\text{-}74)$$

式中,$k_{13}=\frac{Z_{13}}{Z_{11}}$,$k_{23}=\frac{Z_{23}}{Z_{22}}$,$k_{12}=\frac{Z_{12}}{Z_{11}}$分别为导线 1 对 3,2 对 3 和 1 对 2 的耦合系数。式中所含因子$\frac{1}{1+k_{12}}$的意义是:某一导线在其他导线上产生的耦合电位只与前者的流动波(电荷)有关。而导线 1(或 2)上的电位有$\frac{k_{12}}{1+k_{12}}$部分是由于导线 2(或 1)的流动波耦合而来,在考虑 1 对其他导线耦合时应予扣除。

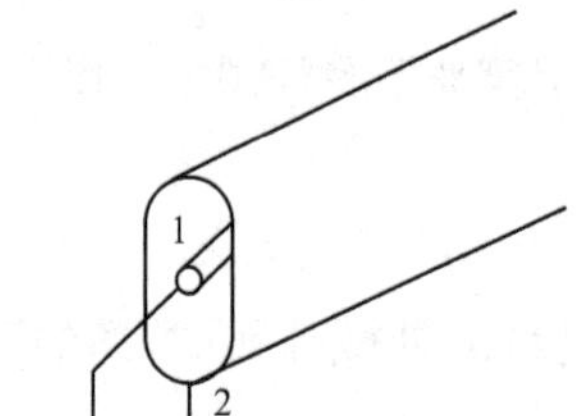


图 15-28　动态法拉第笼

**[例 15-7]**　在电缆首端的芯线和外皮上加上同样的电压(见图 15-28),试问:芯线电流 $i_1$ 为多少?

**解:** 比较 $Z_{11}$,$Z_{12}$,$Z_{22}$之间的大小。因外皮上流动电荷在其本身形成的电位完全耦合到芯线上去,因

此 $k_{21}=\frac{Z_{12}}{Z_{22}}=1$，即 $Z_{12}=Z_{22}$；因芯线上流动电荷在其本身形成的电位仅部分耦合到外皮，$k_{12}=\frac{Z_{12}}{Z_{11}}<1$，即 $Z_{11}>Z_{12}$。

当电缆芯线与外皮并联后合闸于电压源 $E$，有

$$E = Z_{11}i_1 + Z_{12}i_2 = Z_{12}i_1 + Z_{22}i_2$$

可得，$(Z_{11}-Z_{12})i_1=(Z_{22}-Z_{12})i_2=0$。因 $(Z_{11}-Z_{12})>0$，故必有 $i_1=0$，即芯线无电流通过。否则，芯线上流动电荷将在其上产生高于外皮的电位，违反它们并接于电压源的边界条件。

## 六、波的衰减和变形

导线与大地电阻，绝缘的泄漏电导和冲击电晕都是流动波衰减和变形的原因。本节主要介绍冲击电晕对雷电波的影响。

冲击电晕是在线路上冲击波电压大于起始电晕电压后出现的，其形成时延极短，可认为是瞬间完成的，但电压极性对电晕发展影响明显，正极性时强于负极性，即负极性电晕对冲击电压波的衰减变形较小，故在过电压计算中一般采用负极性冲击电晕作为计算条件。

冲击电晕使导线周围气体电离而形成导电性能较好的电晕套，并且有部分电荷从导线上“漏”出来，后一效应使导体电位下降，等值于导线尺寸加大和对地电容的增加。冲击电晕状态下轴向电流仍集中在导线内，即 $L_0$ 不变。上述效应对波过程主要有三方面影响：

① 导线波阻抗下降，$Z'=\sqrt{\frac{L_0}{C_0+\Delta C}}$ 比 $\sqrt{\frac{L_0}{C_0}}$ 小 20%～30%。

② 波速下降，$v'=\frac{1}{\sqrt{L_0(C_0+\Delta C)}}$。冲击电晕强烈时，$v'$ 可减小至 0.75 倍光速。

③ 耦合系数加大。电晕使同样电压下的导线电荷增加，它对相邻导线的耦合系数将增大。

$$k = k_1 k_0 \tag{15-75}$$

$k_0$ 为几何耦合系数。$k_1$ 为电晕校正系数，其值见表 15-1。

**表 15-1　耦合系数的电晕校正系数**

| 额定电压/kV | 20～35 | 60～110 | 154～330 |
|---|---|---|---|
| 双避雷线 | 1.1 | 1.2 | 1.25 |
| 单避雷线 | 1.15 | 1.25 | 1.3 |

发生冲击电晕的流动波在经过一段距离后的波形衰变情景如图 15-29 所示。曲线 1 为原波形,曲线 2 为衰变后波形。

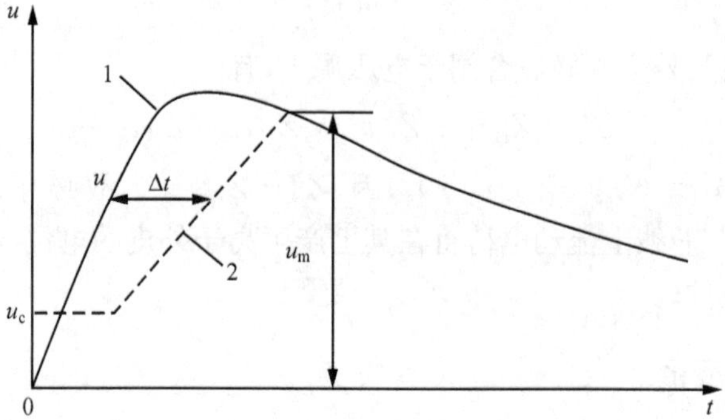


图 15-29　冲击电晕时波的衰减和变形

波形在大于电晕起始电压 $u_c$ 后开始变化,波形各点后移的时间 $\Delta t$ 与传播的距离相关

$$\Delta t=\left(0.5+\frac{0.008u}{h_c}\right)l \quad \mu s$$

式中,$l$ 为波传播距离,km;$h_c$ 为该导线的平均高度,m;$u$ 为波形上某点的电压,kV。

## 七、雷电侵入波过电压的保护

当架空线路受到直击雷或感应雷的侵袭,雷电过电压侵入波将通过线路传入变电站等电气系统。如图 15-30 所示。

装设避雷器是限制雷电侵入波过电压的主要措施。避雷器限制过电压的原理是应用其阀片的非线性特性 $u=ci^{\alpha}$,如图 15-31 中的 $u_A=f(i_A)$所示。

阀式避雷器的 $\alpha$ 在 0.2 左右,在正常工作电压下消耗功率过大要引起爆炸,必须串火花间隙,只有在雷电波电压达到较大时才击穿间隙通电。

氧化锌避雷器的 $\alpha$ 在 0.05 左右,在正常工作电压下几乎不消耗功率,可不串以火花间隙。

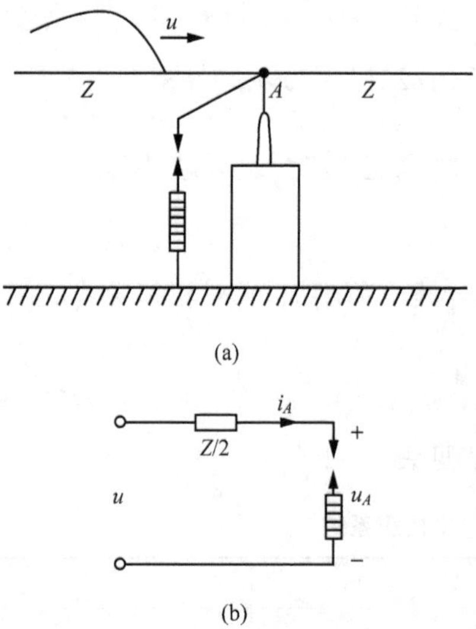


图 15-30　避雷器并联于变压器端

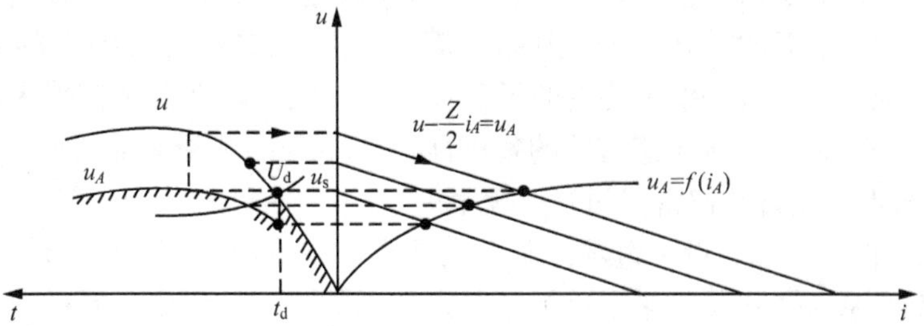


图 15-31　避雷器电压的图解法

避雷器保护下设备上的过电压波形分析如下：

(1) 避雷器直接装设在变压器端口

此情况如图 15-30(a)所示。雷电波 $u(t)$沿线路侵入 $A$ 点左右线路均无限远，波阻抗为 $Z$。

为简化分析，忽略变压器的入口电容。假定避雷器间隙的伏秒特性 $u_s(t)$和阀片的伏安特性 $u_r=f(i)$是已知的。我们解开 $A$ 点。移去负荷避雷器，$A$ 点对地的开路电势是入射波 $u(t)$，入口阻抗是$\frac{Z}{2}$，从而得到图 15-30(b)的等值电路。在避雷器动作前(间隙未击穿)，$A$ 点开路，其电压 $u_A(t)$与侵入波 $u(t)$相同；当 $u(t)$曲线上升与避雷器的伏秒特性相交于某一电压值 $u_d$ 时，避雷器的火花间隙放电，图 15-30(b)中的间隙短接，$A$ 点负荷特性由避雷器的阀片的伏安特性确定，即电路有

$$u_A = u(t) - i_A \frac{Z}{2} \tag{15-76}$$

$$u_A = f(i_A) \tag{15-77}$$

避雷器放电后的 $A$ 点电压波形可用图解法求得，见图 15-31，简析如下。

纵坐标取电压 $u$，横坐标左右分别取时间 $t$ 和电流 $i$。在 $u$-$t$ 坐标平面内，避雷器电压的上升先与侵入波电压 $u(t)$相同，当 $u(t)$上升到与伏秒特性 $u_s(t)$相交于 $u_d$ 时避雷器间隙放电，此瞬间为 $t_d$。$t_d$ 后的避雷器特性决定于其阀片伏安特性，由 $u(t)$某一值，从 $u$-$i$ 平面根据式(15-76)和式(15-77)，图解得一 $u_A(t_i)$，标定得到一系列的 $u_A(t_i)$-$t_i$，即可描得避雷器上的电压 $u_A(t)$。

由图 15-31 可见，在避雷器放电时 $u_A(t)$有一负的电压跃变，然后再随着 $u(t)$的升降而增减。因此，$u_A(t)$波形有两个峰值，一个是放电电压，它决定于避雷器的伏秒特性及来波陡度；另一个是避雷器的残压最大值 $u_r$，在一定的阀片伏安特性下，其值与通过它的电流大小相关，由于阀片具有良好的非线性特性，电流在

很大范围变化时其残压变化很小。实际避雷器制造时，往往使全波冲击放电电压与额定放电电流下的残压接近，因而在简化分析时常将避雷器上的电压波形 $u_A(t)$ 近似地作为一具有斜角波头的平顶波。它的波头陡度在避雷器未动作前与侵入波陡度有关，幅值等于避雷器的残压，而波头长度等于避雷器的放电时间 $t_d$。

(2) 被保护设备与避雷器间有一段距离

在每个设备上都装设一组避雷器无疑是最可靠的，但这不但从布线上来说难以做到，而且从过电压保护来说也无必要。实际的防雷接线中只要被保护设备离避雷器的电气距离在安全保护范围内，则该设备上的侵入波过电压就不会超过允许的数值。

用阀式避雷器(FB)、保护变压器($T$)和隔离开关($L$)的典型接线如图 15-32(a)所示，它们离避雷器都有一段距离。为分析简化，不妨先略去变压器的入口电容，则等值电路如图 15-32(b)所示。$L$、$B$、$T$ 等点的电压等于 $u^+$ 和 $u^-$ 之和，在反行波所及之处，线路各点电压均相等，此值等于避雷器的放电电压时避雷器阀片接入，如前述的简化假设，也即等于避雷器的残压 $u_r$。在避雷器上出现的波形见图 15-33，而且，放电后的避雷器相当于一个电压源，可把网络以 $B$ 为界分割成左右两部分，然后，分别考虑 $L$ 和 $T$ 点上有行波 $u^+$ 和 $u^-$ 折反射所叠加得出的电压波形 $u_L(t)$ 和 $u_T(t)$，它们分别如图 15-33(b)和 15-33(c)所示。

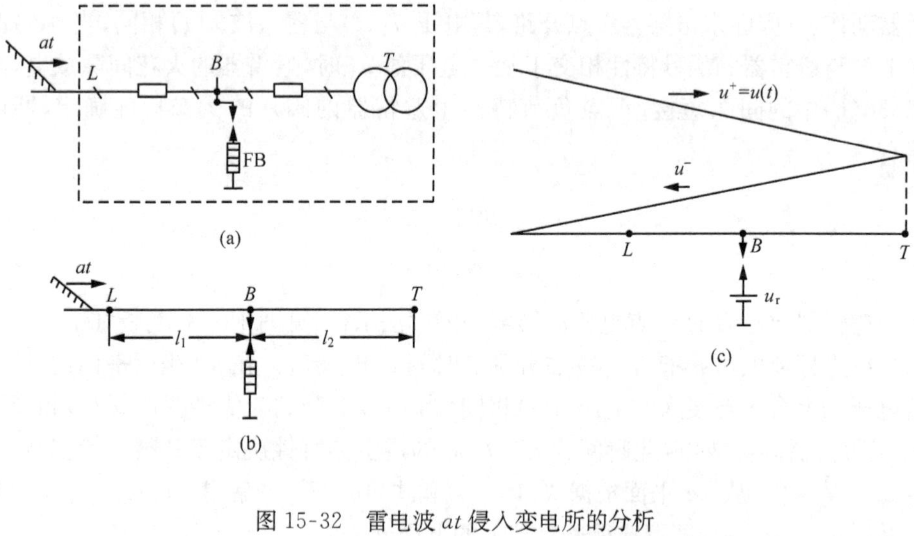


图 15-32　雷电波 $at$ 侵入变电所的分析

(a) 实际接线　(b) 等值电路　(c)放电瞬间的电压波

从图 15-33(b)和 15-33(c)可见，当雷电波侵入变电所时，不管避雷器是接在被保护设备的前面或后面，设备上所受冲击电压的最大值可表达为

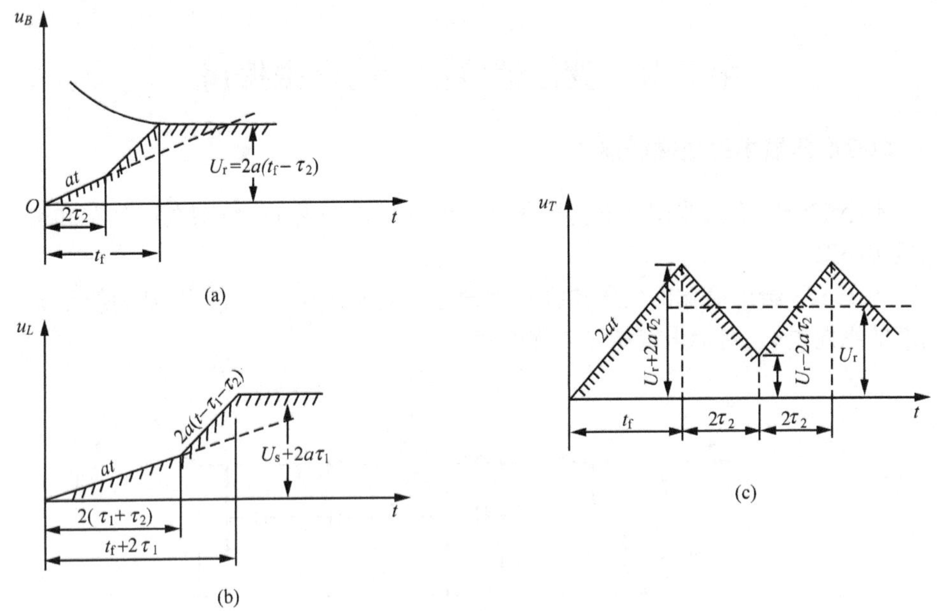


图 15-33　$L$、$B$、$T$ 各点波形 $\tau_1=\frac{l_1}{v}$，$\tau_2=\frac{l_2}{v}$

(a)避雷器上电压 $U_B$　(b)进线刀闸上电压 $U_L$　(c)变压器上电压 $U_T$

$$u_{max}=U_r+2a\frac{l}{v} \tag{15-78}$$

式中，$U_r$ 为避雷器额定电流下的残压；$l$ 为由避雷器到变压器的电气距离。

可见，设备上的最大电压要比避雷器的残压 $U_r$ 高出

$$\Delta U=2a\frac{l}{v} \tag{15-79}$$

$\Delta U$ 的起因是：对 $L$ 点而言，在避雷器放电时，$B$ 点的反行波要比 $L$ 点大 $a\frac{l_1}{v}$；在放电过后 $\Delta t_1=\frac{l_1}{v}$，此波到达 $L$ 点，而 $L$ 点的前行波也增加 $a\frac{l_1}{v}$，两个效应的叠加形成 $\Delta U=2a\frac{l_1}{v}$ 的差值。对 $T$ 点而言，在避雷器放电时，$B$ 点的前行波要比 $T$ 点的前行波高 $a\frac{l_2}{v}$，在放电过后 $\Delta t_2=\frac{l_2}{v}$ 时刻，$B$ 点的前行波到达末端因全反射而使 $T$ 点电压比放电时刻大了两倍的 $a\frac{l_2}{v}$。

从图 15-33(c)还可见，变压器所受雷电过电压具有振荡波形，其振荡轴为避

雷器的残压 $U_r$。

## 第五节　变压器绕组中的电磁振荡

### 一、单相变压器中的电磁振荡

本小节分析阶跃波作用下变压器绕组的起始电位分布、稳态电压分布和最大电位包络线。

图 15-34 给出简化的变压器绕组等值电路，其中 $K_0$、$C_0$、$L_0$ 分别为绕组单位长度的纵向电容、对地电容和纵向漏电感。

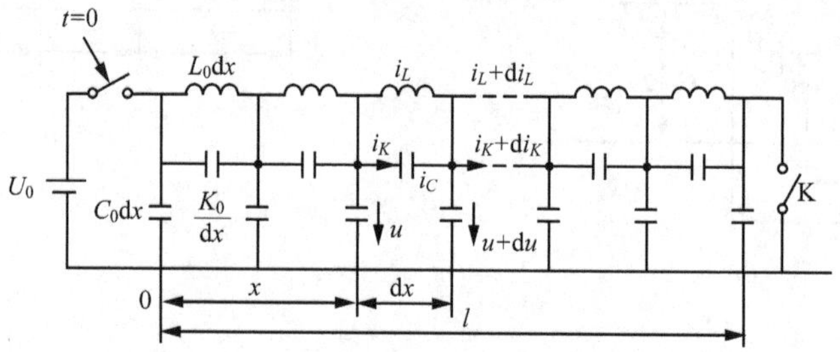


图 15-34　简化的变压器绕组等值电路

在阶跃波作用时，该电路中起主导作用的元件在过渡过程中随时间推进而转移。当陡波头刚到时，相当于一极高频率的电压作用于变压器首端，此时，电流不通过的线圈电感可看作开路，电压沿线圈的分布仅取决于$\frac{K_0}{dx}$与 $C_0dx$ 组成的电容链，称为起始($0^+$)分布或电容分布。

随时间推移，施加电压的等效频率降得很低，容抗增得很大，以致对实际过渡过程无影响，则等值电路变为电感串联的支路。

1. 起始电位分布

把图 15-34 中的电感开路，$0^+$时的等值电路变为如图 15-35 所示。

设距绕组首端 $x$ 处的对地电压为 $u$，纵向电容$\frac{K_0}{dx}$上的电荷量为 $Q$，则可列出下列方程：

$$Q=-du\frac{K_0}{dx} \tag{15-80}$$

$$dQ=-uC_0dx \text{ 或 } \frac{dQ}{dx}=-C_0u \tag{15-81}$$

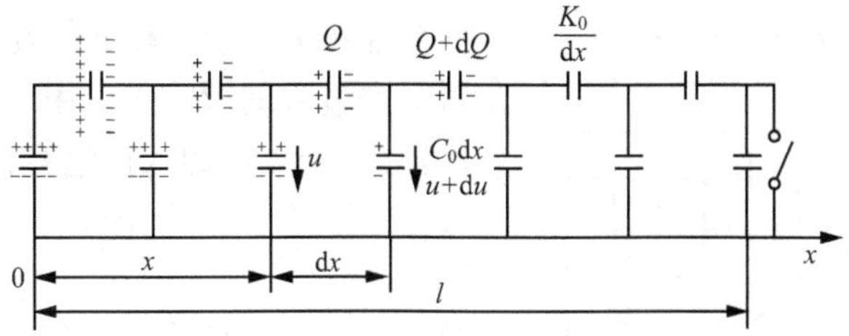


图 15-35　$t=0^+$瞬间变压器绕组的等值电路

由上二式，可得

$$\frac{d^2u}{dx^2}-\frac{C_0}{K_0}u=0 \tag{15-82}$$

上式解为

$$u=Ae^{\alpha x}+Be^{-\alpha x} \tag{15-83}$$

式中，$\alpha=\sqrt{\frac{C_0}{K_0}}$；$A$、$B$ 由边界条件确定。

① 当绕组末端接地时，$u(0)=U_0$，$u(l)=0$，可得

$$u=U_0\frac{\sinh\alpha(l-x)}{\sinh\alpha l} \tag{15-84}$$

② 当绕组末端开路时，$u(0)=U_0$，$Q(l)=0$，即$\frac{du}{dx}=0$。可得

$$u'=U_0\frac{\cosh\alpha(l-x)}{\cosh\alpha l} \tag{15-85}$$

起始电位分布与 $\alpha$ 有关。图 15-36 给出不同 $\alpha$ 值对起始分布的影响。一般变压器 $\alpha l=\sqrt{\frac{C_0}{K_0}}l=\sqrt{\frac{C}{K}}$，约为 10，此时 $e^{-\alpha l}\approx 0$，$\sinh\alpha l\approx\cosh\alpha l$，在$\frac{x}{l}<0.8$ 时，式(15-84)和式(15-85)很接近；在$\frac{x}{l}>0.8$ 时，两者都趋于零。因此，实际上该两式可合而为一，即有

$$u=u'=U_0e^{-\alpha x}=U_0e^{-\alpha l\frac{x}{l}} \tag{15-86}$$

对式(15-86)求导，可得绕组的电位梯度分布，其最大值出现于绕组首端：

$$\left.\frac{du}{dx}\right|_{x=0}=-\alpha U_0=-\frac{U_0}{l}\alpha l \tag{15-87}$$

它为平均梯度$-\frac{U_0}{l}$的 $\alpha l$ 倍。

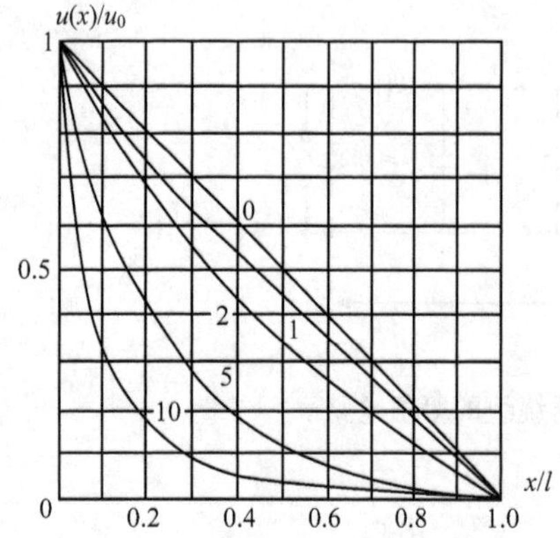

图 15-36　不同 α 时末端接地变压器的起始分布

实验和计算表明，变压器绕组中的电磁振荡在 10μs 内尚未充分发展，此期间变压器对波过程的影响可以用一集中电容 $C_T$ 替代，称为变压器的入口电容：

$$C_T = \frac{Q(0)}{U_0} = \sqrt{CK} \tag{15-88}$$

变压器入口电容等于全部对地电容、全部纵向电容的几何平均值。表 15-2 列出各电压等级变压器的高压绕组入口电容供参考。纠结式绕组的入口电容比列出的值要大。此外还应注意到，同一变压器的不同电压侧的绕组入口电容是不同的。

**表 15-2　变压器入口电容值**

| 额定电压/kV | 35 | 110 | 220 | 330 | 500 |
|---|---|---|---|---|---|
| 入口电容/pF | 500～1000 | 1000～2000 | 1500～3000 | 2000～5000 | 4000～6000 |

2. 稳态电位分布

当 $t=\infty$ 时，等值电路中电容开路，对于绕组末端接地的变压器，其分布为

$$u = U_0\left(1 - \frac{x}{l}\right) \tag{15-89}$$

对于绕组末端开路的变压器，其分布为

$$u' = U_0 \tag{15-90}$$

把起始分布和稳态分布画于同一图中，如图 15-37 所示。

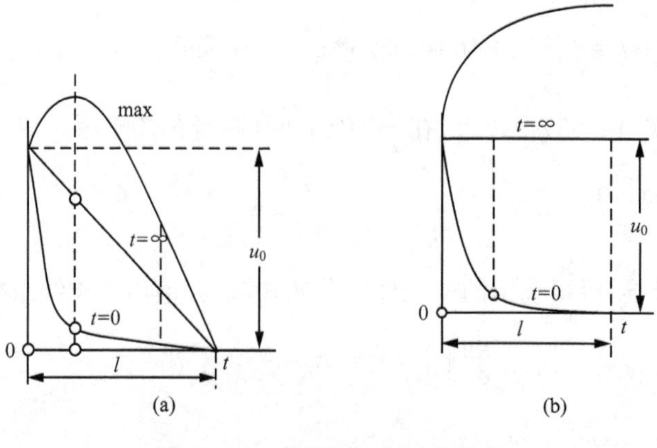

图 15-37　变压器绕组暂态振荡

由于变压器绕组中的起始电位分布与稳态电位分布不同，必存在某一电路过渡过程；又因这一过程存在于电感电容组合的链路中，从而将具有振荡的性质。

3. 绕组最大电位估算

最大电位包络线的简化处理是：估算的各点最大电位接近于（$2u_{稳态}-u_{起始}$）。对末端接地的绕组，最大电位出现于近首端，估计为（1.3～1.4）$U_0$；对末端绝缘的绕组，最大电位出现于末端，估计为 $2U_0$。

波形对变压器绕组波过程影响很大。平缓的波头其等值频率较低，电感参与而使起始分布向稳态分布靠拢，从而减小绕组各点的最大电位和电位梯度。而截波对变压器绕组是危险的，因为在截断瞬间相当于在原来较为平缓的波头上加上 $-U_0$ 的（考虑振荡过程可能会更大）阶跃波，将危及绕组纵绝缘。因此，在变电所内或其附近应尽量避免截波出现；同时，也说明电力变压器进行截波试验的必要性。

## 二、三相变压器绕组中的电磁振荡

三相变压器绕组的波过程发展机理与单相绕组相同，而振荡的结果与三相绕组的接法、中性点接地方式和进波情况相关。

侵入变压器的雷电波是从线路上传来的，从一相线路传来的波称为一相进波，同时从两相或三相传来的波称为两相或三相进波。

1. 星形接法且中性点接地（$Y_0$）

其波过程发展的条件和三个相互独立的末端接地的单相变压器绕组相同，每一个都可孤立考虑。

2. 星形接法且中性点不接地（Y）

① 一相（$A$ 相）有阶跃波 $U_0$ 侵入时（见图 15-38），因线路波阻抗远小于变压器绕组冲击阻抗，故 $B$、$C$ 相的出线段相当于接地。在 $A$ 点对地之间阻抗，是 $BO$ 和 $CO$ 并联后再与 $AO$ 串联，而在 $A$、$B(C)$ 间施加电压源 $U_0$。就起始分布而言，在 $O$ 点接地或加上 $OB$、$OC$ 绕组并联后接地都影响不大；稳态是按电感分布，见图中折线。因中性点的稳态电位是 $\frac{1}{3}U_0$，起始电位接近于零，故振荡过程中性点的最大电位将近 $\frac{2}{3}U_0$。

② 两相进波时可假定 $B$、$C$ 相侵入。此时 $B$、$C$ 并联的首端电位为 $U_0$，$A$ 端近似于接地。因中性点起始电位近于零，稳态电位为 $\frac{2}{3}U_0$，故其最大电位可达 $\frac{4}{3}U_0$，已超过首端电位。

③ 三相进波的情况和三个单相中性点绝缘的变压器绕组相同，其原因是两者具备相同的边界条件——中性点电流恒等于零。因此，中性点最大电位可达 $2U_0$。

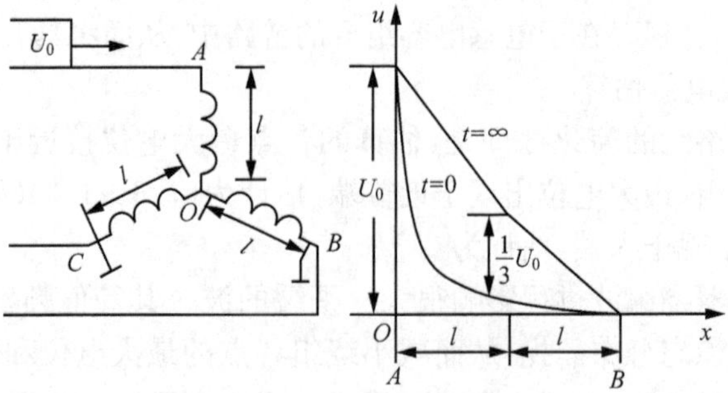


图 15-38　一相进波的电压分布

由上面分析可知，中性点绝缘的变压器在三相进波时的过电压要比中性点接地的变压器严重得多。

3. 三角形接法

对每个绕组可分成一端进波和两端进波两种情况。

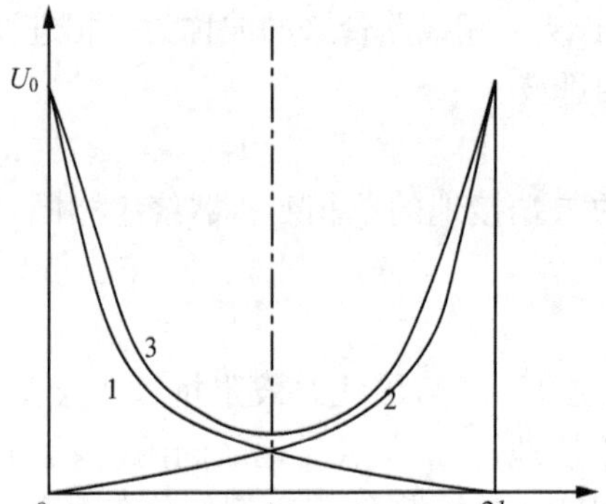


图 15-39　末端接地长度为 $2l$ 的绕组与末端绝缘长度为 $l$ 的绕组的起始分布的关系

① 当 $A$ 相进波时，可把 $AB$ 和 $AC$ 分别看作 $A$ 端进波 $B$(或 $C$)端接地的单相绕组。

② 当 $B$、$C$ 两相进波时。一头进波的绕组 $BA$、$CA$ 同单相进波情况；而两头有波的绕组 $BC$ 相当于该绕组的中点是绝缘的(电路对称，中点电流恒等于零)两个变压器绕组，绕组 $BC$ 的中点电位从接近零值向 $U_0$ 过渡时最大电位可达 $2U_0$。

两头进波的线圈的电位分布也可用叠加原理，即 $B$ 进波 $C$ 接地和 $C$ 进波 $B$ 接地的两个电压分量相加。由此想到，一个长度为 $l$ 的末端绝缘的绕组的电位分布，可以用长度为 $2l$，两端加以相同电压源的绕组的电位分布在 $l$ 处折叠而得到，如图 15-39 所示，其表达式为

$$\frac{\sinh\alpha(2l-x)}{\sinh 2\alpha l}+\frac{\sinh\alpha x}{\sinh 2\alpha l}=\frac{\cosh\alpha(l-x)}{\cosh\alpha l} \tag{15-91}$$

## 三、冲击电压在绕组间的传递

当冲击电压侵入变压器某一侧绕组时，由于绕组间的电磁耦合，在变压器的其

他绕组上也会得到相应的电压，这就是绕组间的电压传递，它可来自电耦合和磁耦合两个方面。

一般来说，当冲击电压由高压绕组向低压绕组传递时，电耦合分量较危险；而当冲击电压由低压绕组向高压绕组传递时，则磁分量更为严重。

1. 静电分量

变压器绕组电耦合的简化计算电路如图 15-40 所示。

$$U_2 = \frac{C_{12}}{C_{12}+C_2}U_0 \tag{15-92}$$

如果二次绕组上有多条出线或电缆线路，$C_2$ 较大，则感应电压 $U_2$ 大为降低，对低压绕组没有危险。对于三绕组变压器，如果高、中压运行而低压侧处于开路状态，则静电分量可能危及低压绕组的绝缘，需要采取保护措施。

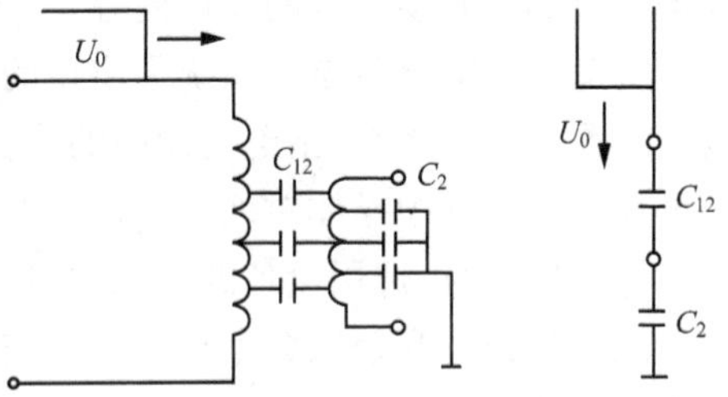


图 15-40 绕组间电耦合的简化计算电路

2. 磁分量

此分量以低压侧向高压侧为严重，它与变比有很大关系。但冲击电压下铁耗增大，传递过电压比按变比计算要小。保护高压绕组免受损害的办法是在出线端对地安装三相避雷器。

## 参 考 文 献


1. 朱子述. 电力系统过电压. 上海：上海交通大学出版社，1995
2. 张伟钹，高玉明. 电力系统过电压与绝缘配合. 北京：清华大学出版社，1988

# 第十六章　电力系统的绝缘与交流电气装置的绝缘配合

输配电线路的导线是每隔一定距离经绝缘子悬挂于作为支持物的铁塔或水泥杆上的。绝缘子类型及其绝缘长度、导线与支持物间以及导线与导线之间的距离(间隙)、变压器绕组等绝缘结构的电气特性对电力系统的设计、建设和运行的工程技术人员都是必须了解的知识内容。

所谓绝缘配合就是按系统中出现的各种电压和限制过电压器件的特性来确定电气装置的绝缘水平[指电气设备的耐受电压、支持带电导体的绝缘子串长度(绝缘子片数)、空气中导体对地和导体间的最小空气间隙长度等]。

绝缘配合时,选用设备的绝缘水平和各种作用电压之间要有一定配合,两者之比为配合系数。配合系数太小运行不安全,太大则不经济。所以,在绝缘配合时应全面考虑设备造价、维修费用及故障损失三方面,力求取得较高的经济效益。

## 第一节　气体放电及气体绝缘电气设备

### 一、均匀电场中的气体放电

电气设备中,空气是最常见的天然绝缘材料,绝缘结构的电气强度在大多数情况下由固体介质表面放电所决定。

在正常气压和温度下,空气是较好的绝缘材料。由于受宇宙射线等各种射线的作用,空气中总有一定数量的离化粒子(正、负离子和电子),故空气有一定的电导。在电场作用下电子获得的能量 $W_e$ 与电场强度 $E$、电子的电荷量 $q_e$ 和其自由行程 $\lambda$ 成正比,即 $W_e=Eq_e\lambda$。当具有动能的电子碰撞未电离的气体分子时,若电子动能 $W_e$ 超过分子电离所需的电离能 $W_i$ 时就会产生离子和新增的自由电子,这种现象称为碰撞电离。

设初始电子向阳极运动时引起碰撞电离,产生出一个新电子。初始电子和新电子继续向阳极运动又会引起新的碰撞,又产生出更多的电子。依此类推,电子数将按几何级数不断增加,像雪崩似的发展,如图 16-1(a)所示,因而将这种急剧增大的空间电子流称为电子崩。碰撞产生的正离子速度慢,留在电子崩尾部,而前方是速度快的电子,如图 16-1(b)所示。

为了分析碰撞电离和电子崩具体电荷数,需要引入一个系数——电子碰撞电离系数 $\alpha$。它表示一个电子沿电场方向运动 1cm 的行程中所完成的碰撞电离次数

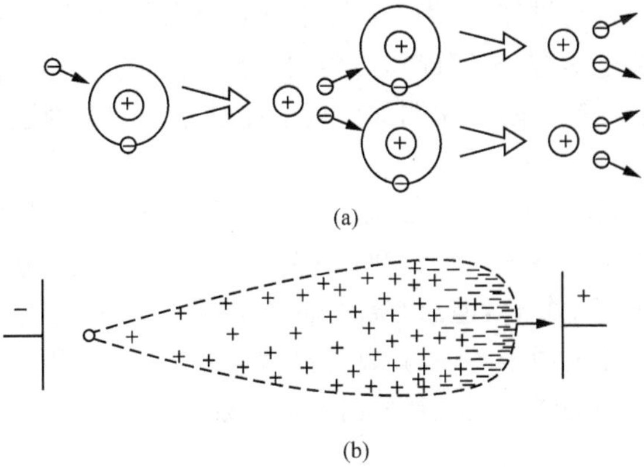


图 16-1　电子崩示意图
(a)电子崩的形成　(b)带电粒子在电子崩中的分布

的平均值。根据这一定义可知，$n_0$个电子沿电场方向运动 $\mathrm{d}x$ 距离而新电离出的电子数平均值为 $n_0\alpha\mathrm{d}x$。在移动到 $x$ 处时，电子数包括新的和老的总数已增加到 $n$ 个，这 $n$ 个电子在经过 $\mathrm{d}x$ 的距离后又会产生 $\mathrm{d}n$ 个新电子，根据 $\alpha$ 定义可得

$$\mathrm{d}n = n\alpha\mathrm{d}x$$

积分并考虑到 $x=0$ 时 $n=n_0$，可以得到

$$n = n_0 \mathrm{e}^{\int_0^x \alpha \mathrm{d}x}$$

对于均匀电场，如平板电极，其气隙中各点的电场强度相同，$\alpha$ 值不随 $x$ 而变化，所以上式可写成

$$n = n_0 \mathrm{e}^{\alpha x} \tag{16-1}$$

系数 $\alpha$ 可通过实验求得。在电场强度 $E=30\mathrm{kV/cm}$ 和标准大气压条件下，$\alpha=11\mathrm{cm}^{-1}$。这样，在场强为 30kV/cm 的电场中，一个电子沿电场方向移动 0.1 cm 时，电子数应为 $n=\mathrm{e}^{\alpha\times 0.1}=3$。在移动 1cm 后的电子数将为 $3^{10}$个。可见 $x=1\mathrm{cm}$ 时所有电子总数中约 2/3 是在最后 0.1cm 内形成的。

对于由极间距离为 $d$ 的平板电极形成的均匀电场来说，

$$n_d = n_0 \mathrm{e}^{\alpha d} \tag{16-2}$$

途中新增加的电子数或正离子数应为

$$n_d - n_0 = n_0(\mathrm{e}^{\alpha d} - 1) \tag{16-3}$$

将式(16-2)等号两侧都乘以电子的电荷 $q_\mathrm{e}$，即成电流关系式

$$I = I_0 \mathrm{e}^{\alpha d} \tag{16-4}$$

式中，$I_0=n_0q_e$。式(16-4)表明，虽然电子崩电流按指数规律随极间距离而增大，但这时放电还不能自行维持，因为一旦除去外界电离因素(令 $I_0=0$)，$I$ 即变为零。

当气隙上所加电压进一步升高时，实测电流 $I$ 随电压 $U$ 的增大不再遵循 $I=I_0e^{\alpha d}$ 的规律，而是更快一些，这说明又出现了促进电离的新因素，这就是正离子的作用。

在电场作用下，正离子向阴极运动，由于它的平均自由行程较短，不易积累足够动能使气体分子发生电离，但当它们碰撞阴极时却有可能从表面轰出二次电子，部分电子可能和正离子复合，但总有部分向着阳极运动并引起新的电子崩。新电子崩中的正离子又撞击阴极……，其重复过程可用表 16-1 来表示，表中 $\gamma$ 为每一个正离子撞击阴极表面时使阴极释放出的电子数。

**表 16-1　电极间电荷增长的过程**

| 周　期 | 阴极表面逸出的电子数 | 极间形成的正离子数 | 进入阳极的电子数 |
|---|---|---|---|
| 1 | 1 | $(e^{\alpha d}-1)$ | $e^{\alpha d}$ |
| 2 | $\gamma(e^{\alpha d}-1)$ | $\gamma(e^{\alpha d}-1)(e^{\alpha d}-1)$ | $\gamma(e^{\alpha d}-1)e^{\alpha d}$ |
| 3 | $\gamma^2(e^{\alpha d}-1)^2$ | $\gamma^2(e^{\alpha d}-1)^2(e^{\alpha d}-1)$ | $\gamma^2(e^{\alpha d}-1)^2e^{\alpha d}$ |
| ⋮ | ⋮ | ⋮ | ⋮ |

这样，从阴极释放出一个电子，经过表 16-1 所示的反复过程后，在阳极上将获得 $Z$ 个电子，

$$Z=e^{\alpha d}+\gamma(e^{\alpha d}-1)e^{\alpha d}+\gamma^2(e^{\alpha d}-1)^2e^{\alpha d}+\cdots$$

当 $\gamma(e^{\alpha d}-1)<1$ 时，上面级数收敛，故有

$$Z=\frac{e^{\alpha d}}{1-\gamma(e^{\alpha d}-1)} \tag{16-5}$$

如果单位时间内阴极表面有 $n_0$ 个起始电子逸出，那么单位时间进入阳极的电子数将为

$$Z_0=n_0\frac{e^{\alpha d}}{1-\gamma(e^{\alpha d}-1)} \tag{16-6}$$

上式两边乘以电子电荷，可得进入阳极的电流

$$I=I_0\frac{e^{\alpha d}}{1-\gamma(e^{\alpha d}-1)} \tag{16-7}$$

实际上，$e^{\alpha d}\gg1$，故上式右边可近似简化为

$$I=I_0\frac{e^{\alpha d}}{1-\gamma e^{\alpha d}} \tag{16-8}$$

将式(16-8)和式(16-4)比较后容易看出，当正离子起作用后，电流增加更快。

由式(16-7)可知,如果 $1-\gamma(e^{\alpha d}-1)=0$,那么即使除去外界电离因素($I_0=0$),$I$ 亦不等于零,即放电能自行维持下去。故将式

$$\gamma(e^{\alpha d}-1)=1 \tag{16-9}$$

称为自持放电条件,它包含的物理意义为:一个电子从阴极到阳极途中因碰撞电离形成电子崩,其中正离子数为($e^{\alpha d}-1$),这些正离子在阴极上造成的二次自由电子数为 $\gamma(e^{\alpha d}-1)$,如果它等于 1,就意味着这个初始电子有了一个后继电子,从而使放电得以自持,这时对应的外加电压称为放电起始电压。

以上分析的气体放电包括两个过程:一个是电子在气体间隙空间对气体分子进行碰撞并产生电子崩的过程(也称 $\alpha$ 过程),另一个是电离形成的正离子撞击阴极并释放出电子的过程($\gamma$ 过程)。这种理论称为汤逊气体放电理论。根据这一理论,放电在两平板电极间整个空间都是均匀连续地发展的。

## 二、放电类型

1. 辉光放电

这种放电形式发生于低气压气隙中。在这种情况下的气体分子数少,即使电离很充分,电流也不太大。辉光放电在电极间的整个空间发展,这符合汤逊理论。霓虹灯、荧光灯都是利用辉光放电的典型例子。

2. 火花放电

压力较高(标准大气条件或更高气压)时,气体放电成细通道形状。这是因为气压高时电子崩中电荷较多,在空间电荷对电场畸变等因素作用下,放电过程不再像低气压情况那样在电极整个空间均衡发展。最典型的是雷电放电。在这种情况下,放电是一个单次细通道火花。火花放电也称为击穿。

3. 电弧放电

当电源容量很大时,火花放电将转变为电弧放电,电流大导致气体放电通道温度升高。温度升高使气体分子动能增加,这就使放电通道内大部分分子电离,成为特殊状态:等离子体状,其导电性接近于金属的导电性。电弧放电可持续时间长,甚至外加电压降至比起始放电电压还低时仍能维持。电弧也是一种典型的自持放电,电离的强度不是靠外加的电压,而是靠放电通道高温作用下气体热电离。

4. 电晕放电

电晕放电发生于极不均匀电场中,一般认为极不均匀电场是指间隙中最大电场强度 $E_{max}$ 和平均电场强度 $E_{av}$ 的比值 $f=\dfrac{E_{max}}{E_{av}}>4$(式中,$E_{av}=\dfrac{U}{d}$,$U$ 为电极的电压,$d$ 为极间距离)时。最典型的极不均匀电场是棒-板间隙(一个电极是棒,另一个电极是平板),在这种情况下碰撞电离发生在电场强度大的棒电极附

近。稍离开棒电极处的电场下降，电离急剧减弱。又因在弱电场区域电离形成的正负离子容易相互中和（复合），所以很少有电荷迁移到板极，就是说整体的绝缘未破坏。环绕小曲率半径电极表面的蓝紫色晕光为外观上的特征，故因此而得名。电晕放电时发出“嗤嗤”的可闻噪声。当发生电晕时不仅产生有功功率损耗，同时由于电子崩不断消失和重新出现所造成的放电脉冲会产生高频电磁波（0.2～300MHz）从而产生无线电和高频（电视和高频载波通道）干扰，这成为超高压线路的主要问题之一。为此须采用分裂导线（每相导线由互相保持一定距离的 2、3、4 或更多根子导线组成导线束，目的是使每相导线等效半径 $r_e$ 变粗），见图16-2。

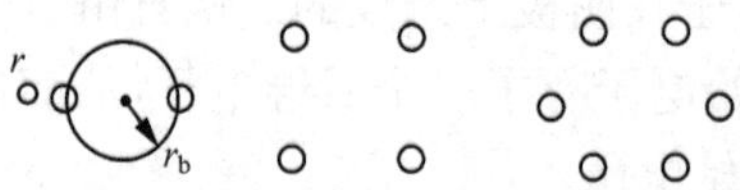


图 16-2　分裂导线例

$$r_e = r_b \sqrt[n]{n r_0 / r_b} \tag{16-10}$$

式中，$n$ 为子导线数；$r_b$ 为分裂半径；$r_0$ 为子导线半径。

## 三、影响气体放电过程的各种因素

气体放电发展特性与很多因素有关，最主要的是电场的不均匀度、不均匀电场中曲率半径小的电极的电压极性（简称电极极性）、气体的气压和温度以及外加电压的类型等。

1. 气压和间隙距离对气体放电的影响

先看气压的影响。气压改变使两次碰撞间的电子的自由行程 $\lambda$ 发生变化，它们的关系是

$$\lambda = \frac{1}{Ap} \tag{16-11}$$

式中，$A$ 为取决于气体类型和温度的常数；$p$ 为气压。

在标准大气条件（293K、101.3kPa）下，均匀电场中空气的电气强度约为 3kV/mm（间隙距离不太小时）。

若气压升高则电子自由行程变短，这使电子碰撞气体分子前积累的能量变小，电离程度减弱，使气体间隙的放电电压升高。在一定范围内减低气压，放电电压下降，但气压太低时因单位体积分子中电离原子数减少，故电子崩形成的程度急剧变弱；在完全真空条件下因间隙中无气体分子，故不发生碰撞电离，真空绝缘强度的破坏只由阴极表面电子发射造成，故电气强度可至 $10^3 \sim 10^4$ kV/mm。

再看间隙距离的影响。气体在标准大气条件下的自由行程为 $(5\sim10)\times10^{-6}$ cm，当间隙距离和自由行程在同一数量级时，自由电子不经碰撞就进入阳极，因而电离次数少，气体耐电强度（单位长度距离耐受的电压）提高。

气体放电中一个很重要的特性是放电起始电压是气体压力和间隙距离的乘积($pd$)的函数。根据自持放电条件式 $\gamma(e^{\alpha d}-1)=1$ 以及碰撞电离系数 $\alpha$ 与气体 $p$ 和电场强度 $E$ 的关系,可确定这一关系。

设电子在场强为 $E$ 的均匀电场中沿电场方向移动 $x$ 距离时未发生碰撞,于是将从电场获得能量 $qEx$,如果电子的动能大于气体分子电离能 $W_i$ 将使气体分子电离,即引起电离的条件为 $qEx \geqslant W_i$ 或 $Ex \geqslant U_i$($U_i$ 为电离电位)。把后一式子改写为 $x \geqslant \frac{U_i}{E} = x_i$,$x_i$ 为电子能产生碰撞的自由行程长度。只有自由行程 $x \geqslant x_i$ 时,电子与分子碰撞才会发生电离。

假定电子的平均自由行程为 $\lambda$,则 $x \geqslant x_i$ 的概率为 $e^{-x_i/\lambda}$,这也就是电子经过 $x_i$ 距离尚未发生碰撞的概率。在沿电场方向运动 1cm 的行程中,一个电子的平均碰撞次数为 $\frac{1}{\lambda}$,其中只有 $\frac{1}{\lambda}e^{-x_i/\lambda}$ 次是电子自由行程超过 $x_i$ 后发生的碰撞,这些碰撞引起电离,所以本章一开始就提到的碰撞电离系数 $\alpha$ 可表示为

$$\alpha = \frac{1}{\lambda}e^{-x_i/\lambda} = \frac{1}{\lambda}e^{-U_i/E\lambda} \tag{16-12}$$

当温度 $T$ 不变时,$\lambda = \frac{1}{Ap}$,故

$$\alpha = Ap\,e^{-U_i Ap/E} = Ap\,e^{-Bp/E} \tag{16-13}$$

式中,$A$、$B$ 皆为常数。

将均匀电场中满足自持放电条件的电压(也称击穿电压)$U_b = Ed$ 代入式(16-13),并利用式(16-9),经推导可得

$$U_b = \frac{Bpd}{\ln\left[\dfrac{Apd}{\ln\left(1+\dfrac{1}{\lambda}\right)}\right]} = f(pd) \tag{16-14}$$

上式所示的规律表明击穿电压 $U_b$ 有极小值。如图 16-3 所示。

这一规律由巴申首先从实验中得出,故通常称为巴申定律。$U_b = f(pd)$ 曲线称为巴申曲线。

前面的讨论已经说明,设距离 $d$ 不变,在 $p$ 很大或很小时,放电电压都提高。提高气压或降低气压至高度真空,都能提高气体绝缘的电气强度。

2. 温度对气体放电的影响

气温在一定范围内偏离标准大气条件 $T_0$ 时,对气体放电的影响是由于气体密度变化引起的。当气温从标准温度 $T_0$ 升至 $T$ 时,自由行程 $\lambda$ 相应的变化为 $\lambda = \frac{T}{ApT_0}$,式(16-14)中的 $A$ 和 $B$ 都将发生变化,$A_1 = A_0\frac{T_0}{T}$,$B_1 = B_0\frac{T_0}{T}$。

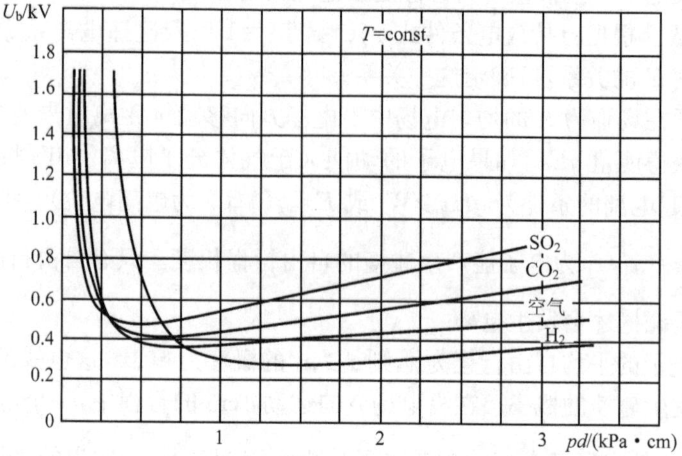


图 16-3　起始放电电压与 $pd$ 乘积的关系(巴申曲线)

起始放电电压将为

$$U_b = \frac{B_0 T_0 \left(\frac{pd}{T}\right)}{\ln\left[\frac{A_0 T_0 \left(\frac{pd}{T}\right)}{\ln\left(1+\frac{1}{\lambda}\right)}\right]} = f(\delta d) \tag{16-15}$$

此为巴申定律的普遍形式,其中 $\delta$ 为气体相对密度,即实际气体密度与标准大气条件($p_0$=101.3kPa,$T_0$=293K)下的密度之比为

$$\delta = \frac{p}{T} \times \frac{T_0}{p_0} = 2.9\frac{p}{T} \tag{16-16}$$

3. 电场不均匀程度对气体放电的影响——极不均匀电场中放电的特点

极不均匀电场中放电的一个明显特点是在整个间隙放电(击穿)之前,曲率半径小的电极附近先出现碰撞电离(电子崩),结果使极间部分空间出现空间电荷,后者对以后的放电发展起着很大的作用。

以典型的棒-板间隙形成的极不均匀电场来说,当棒为正极性时,棒前方附近电子(外电离因素产生的)向阳极棒移动,进入电场强度 $E_0$ 最强的区域,此处 $E_0$ 超过碰撞电离所需的临界电场强度 $E_{cr}$ 将产生电子崩,其中自由电子迅速进入阳极,而慢速正离子形成空间电荷。新的电子崩又会产生,上述过程重复进行。这样,棒附近就保持有正空间电荷[见图 16-4(a)],虽然有些正离子慢速向阴极(板极)移动。正空间电荷削弱了棒极附近的电场强度,但加强了间隙其余部分的电场。因此,当外加电压进一步提高,随着放电区的扩展,强电场区将逐渐向板极方向推进，因而放电的发展是顺利的，直至气隙被击穿。

当棒为负极性时，在棒附近出现电子崩后，电子离开棒极向对面电极方向移动，留在棒极附近的也是大批正离子。电子进入电场弱的区域易被中性分子俘获成为负离子，速度变慢，结果在间隙中形成两部分空间电荷[见图 16-4(b)]。负极附近电场被加强，因而比棒为正极时更容易发生电晕放电，但因紧接的外围部分电场被削弱，所以当外加电压进一步提高时，放电区不易向外扩展；虽然负电荷前方电场有所增强，但那里的电场强度很低，对放电已不起作用。

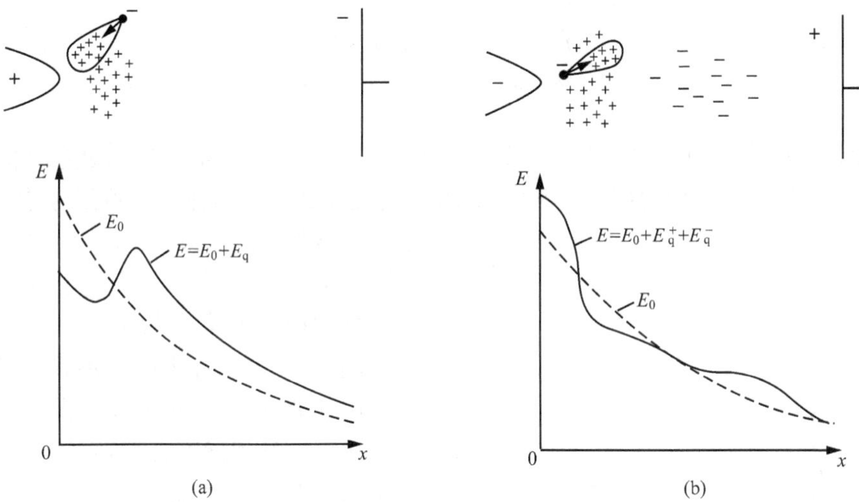


图 16-4　极不均匀电场中空间电荷的形成及其对电场的畸变

(a)棒为正极性　(b)棒为负极性

4. 冲击电压对气体放电的影响(冲击电压下的气隙击穿特性)

冲击电压是指电压上升陡度很大持续时间很短的电压，由于电压作用时间短到可以和放电需要的时间相比拟，空气间隙的击穿特性也受到其影响。因为气隙在冲击电压下的击穿特性和所加电压的上升时间和持续时间有关，所以在求得气隙的冲击电压击穿特性时，必须首先将冲击电压的波形标准化。

(1) 标准雷电冲击电压波

用来模拟电力系统中雷电过电压波，可用图 16-5(a)所定义的(视在)波前时间 $T_1$ 和(视在)半峰值(也称波尾)时间 $T_2$ 来表征。

国际电工委员会(IEC)和我国国家标准的规定为：$T_1=(1.2\pm0.36)\mu s$，$T_2=(50\pm10)\mu s$，通常写为 $1.2/50\mu s$。

(2) 标准操作冲击电压波

用来等效模拟电力系统中因操作引起的过电压波。它的波前和半峰值时间

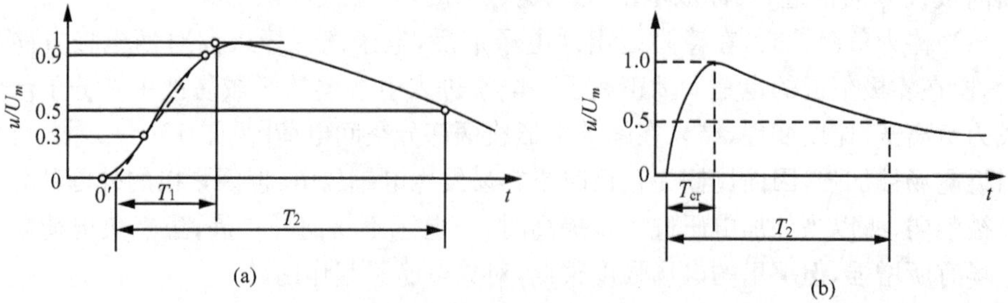


图 16-5 标准冲击电压波形

(a)标准雷电冲击 (b)标准操作冲击

都比雷电冲击电压波长得多。IEC 标准和我国国家标准规定，波前时间为(250±50)μs，半峰值时间为(2500±1500)μs。这时因波前时间长，不用像雷电冲击电压波那样定义波前 $T_1$，而用电压从零到最大值的时间 $T_{cr}$ 表示。根据情况还可选用推荐的其他波形。

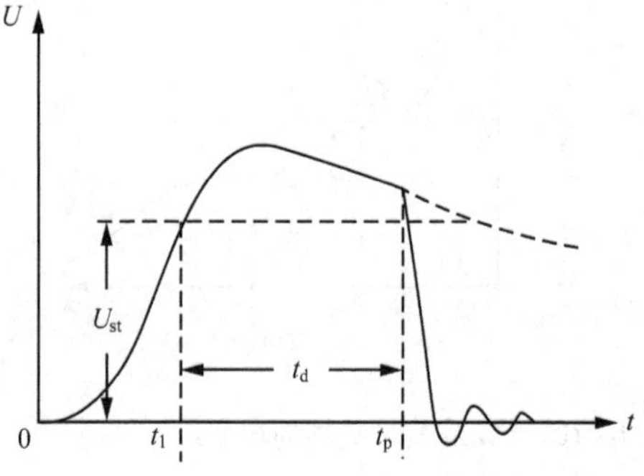


图 16-6 冲击电压作用下空气间隙的击穿

图 16-6 表示冲击电压加在空气间隙的电压被击穿后的情况。设经过 $t_1$ 后电压由零升到静态击穿电压(即直流或工频击穿电压峰值)$U_{st}$，但这时间隙还不能立即击穿。因为首先，若开始放电，则必须在阴极附近出现一个能引起初始电子崩并导致击穿的电子，叫有效电子；其次，从有效电子出现到完成击穿还需要一定的放电发展时间，总起来称为放电时延，总的放电所需时间 $t_p=t_1+t_d$，也称预放电时间。

在预放电时间内电压上升很快时，冲击电压 $U_1$ 明显超过静态击穿电压 $U_{st}$，超过的程度常用冲击系数 $\beta$ 表示，即

$$U_1 = \beta U_{st} \tag{16-17}$$

由于气隙的击穿存在时延现象，所以其冲击击穿特性最好用电压和时间两个参量来表示，这种在“电压-时间”坐标平面上形成的曲线，通常称为伏秒特性曲线。它表示该气隙的冲击击穿电压与预放电时间的关系。

外加电压峰值不同时，放电可能发生在波前也可能发生在波前以后某一时刻，该时刻电压已低于峰值(图 16-7 曲线 3、4 上的点 $a$ 和 $b$)。

每加一个冲击电压对应有一个点，纵坐标为电压最大值 $u_1,u_2,u_3,u_4,\cdots$，预放

电时间 $t'_p$，$t''_p$，…，把这些点连起来的曲线就称为伏秒特性曲线。

放电时间具有分散性，所以在每一电压对应有一系列放电时间，伏秒特性实际上是一个上、下包络线组成的带，工程上用的是将平均放电时间对应的各点相连所得出的平均伏秒特性曲线。

对于均匀电场，预放电时间 $t_p$ 低于 1～2μs 时击穿电压明显高于静态击穿电压 $U_{st}$，对于极不均匀电场，15～20μs 内高于静态击穿电压。

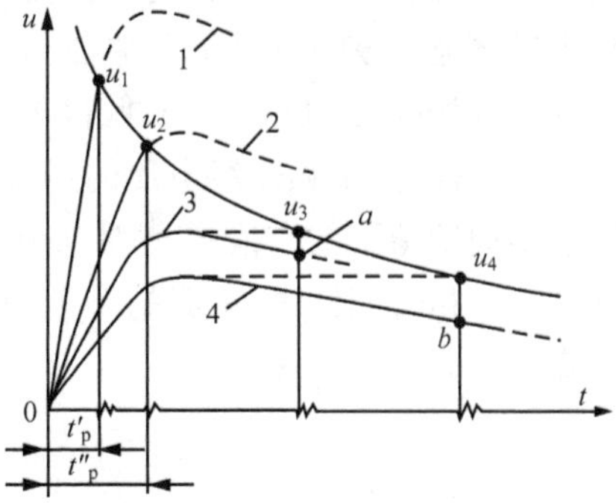

图 16-7　伏秒特性做法

通过实验制作伏秒特性的工作量很大，因此通常用 50%击穿电压来表征间隙的冲击击穿特性。由于冲击电压作用下气体放电的分散性，在间隙上加上 $m$ 次同一波形和峰值的冲击电压时，可能只有 $n$ 次发生击穿，这时的击穿概率为 $p\%=\dfrac{n}{m}\times 100\%$。

如果增加或减少外加电压峰值，则击穿概率也随着增加或减小，当击穿概率等于 50%时的电压就称为 50%击穿电压，记为 $U_{50\%}$。如果采用 $U_{50\%}$ 来决定应有的气隙长度时，必须考虑一定的裕度，因为当电压低于 $U_{50\%}$ 时气隙也不是一定不会击穿。应用的裕度大小取决于该气隙冲击击穿电压分散性大小（电场越不均匀，击穿分散性越大）。极不均匀电场时，标准偏差可取 3%。

## 四、空气间隙的击穿电压

1. 均匀电场间隙的击穿电压

实验所得的标准大气条件下工频电压的平板电极间的空气间隙的击穿电压为

$$U_b = 6.66\sqrt{\delta d} + 24.55\delta d \quad \text{kV} \qquad (16\text{-}18)$$

式中，$d$ 为间隙距离，cm；$\delta$ 为空气相对密度。

2. 极不均匀电场间隙的击穿电压

实际工程极少有均匀电场的情况。设计具体绝缘结构（如输电线路杆塔的塔头部分）时可先参考极不均匀电场典型间隙击穿电压的实验曲线进行初步设计，必要时再通过对具体结构主要环节绝缘结构的放电试验来进行验证。

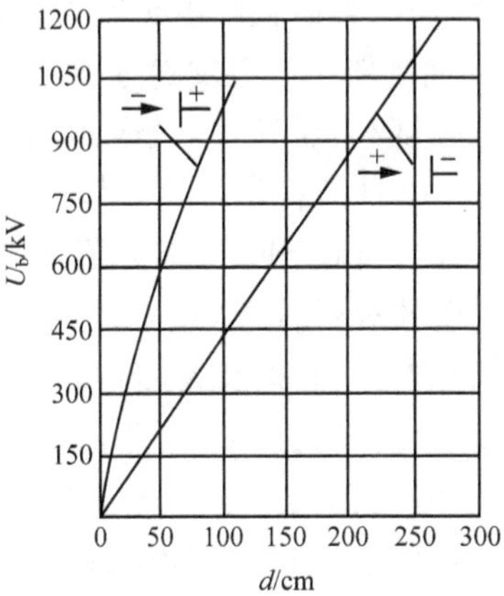

图 16-8　直流电压下棒-板间隙击赛电压与距离的关系

图 16-8 给出了实验所得的“棒-板”间隙的直流击穿电压特性。可以看出，“棒-板”间隙在

负极性时的击穿电压大大高于正极性的击穿电压。当间隙较长时，负极性下的平均击穿场强约为 10kV/cm 左右，而正极性下只有4.5kV/cm，两者都比均匀电场中的击穿场强(约30kV/cm)低得多了。

棒-板间隙工频击穿电压的峰值与正极性直流击穿电压相近，但稍低。这是由于前半周期留下的空间电荷对前方的电场有所加强的缘故。对间隙距离 $d$ 大于 1m 小于 3m 的棒-板间隙的 $U_{50\%}$ 击穿电压可用符合实验结果的下列近似式来计算：

$$U_{50\%} = 750\sqrt{2}\ln(1+0.55d^{1.2}) \quad \text{kV(峰值)} \tag{16-19}$$

棒-板间隙的击穿电压随间隙增大上升缓慢，即存在“饱和”现象。

标准雷电冲击电压作用下，击穿电压和间隙距离呈线性关系。对于棒-板间隙，正极性雷电冲击下的平均击穿场强可以按 500kV/m 来估算。对标准正操作冲击，近似式为

$$U_{50\%} = 500d^{0.6} \quad \text{kV(峰值)} \tag{16-20}$$

可用于估算长间隙的击穿电压。式中，$d$ 为间隙距离，m，$d$ 大于 1m 时近似性较好。

## 五、高电气强度气体 $SF_6$ 及气体绝缘设备

从本节第三小节影响气体放电过程的各种因素的内容能总结出提高气体间隙抗电强度的方法，这包括①采用高气压；②采用高真空；③改进电极形状以改善电场分布等等。本小节再介绍一种采用高电气强度气体的方法——应用六氟化硫($SF_6$)气体。

$SF_6$ 具有高电气强度的原因是：它具有很强的负电性，容易吸附电子成为负离子；变成负离子后，引起碰撞电离的能力变得很弱，因而削弱了放电发展过程。

$SF_6$ 气体在工程上获得实际应用，不仅因为电气强度高，还具有一系列优良特性：①液化温度较低(这样才能同时采用高气压)；②化学性能稳定，不易燃烧或爆炸，正常状态下对金属和绝缘材料无腐蚀作用(但放电会引起 $SF_6$ 气体分解，产生毒性分解物，这可用吸附剂消除)；③$SF_6$ 还具有优良的灭弧性能，是空气的 100 倍。$SF_6$ 现已广泛用于大容量断路器、变压器中作为相对地、相对相及断口间的绝缘材料。将整个变电所(除变压器外)的电气元件如母线、隔离开关、断路器、电流互感器和电压互感器等全部封闭在接地的金属压力密闭容器内，充以 300～600kPa(表压)的 $SF_6$ 气体，就成为 $SF_6$ 气体绝缘全封闭电器，简称 GIS(gas insulated switchgear)。因 $SF_6$ 气体有良好的绝缘性能，使电器体积大为缩小，故适用于城市地下变电所。又由于全部元件封闭于容器内不受大气影响，故适用于严重

污秽及盐雾的地区。另外，其容器外壳是接地的，对内部带电体有屏蔽作用，因此对外没有无线电及静电干扰。

但 GIS 的制造工艺要求非常高，电极表面粗糙和气体中的杂质（尤其是金属颗粒和灰尘）都对 $SF_6$ 的绝缘性能有较大的影响，另外电场的不均匀程度对 $SF_6$ 击穿电压的影响远比对空气的大，所以 GIS 设备的结构中电场均需作均匀化处理。在使用中还须注意 $SF_6$ 的含水量，若含水量太高，当温度下降时将在容器内绝缘体的表面结露，导致闪络放电。另外水分子还参与电弧对 $SF_6$ 气体分解的化学过程，将产生有毒的低氟化物如 $SO_2F_2$、$SOF_2$、$S_2F_2$ 及 $HF_2$ 等，会腐蚀设备和使绝缘材料老化。图 16-9 是 GIS 的简图。

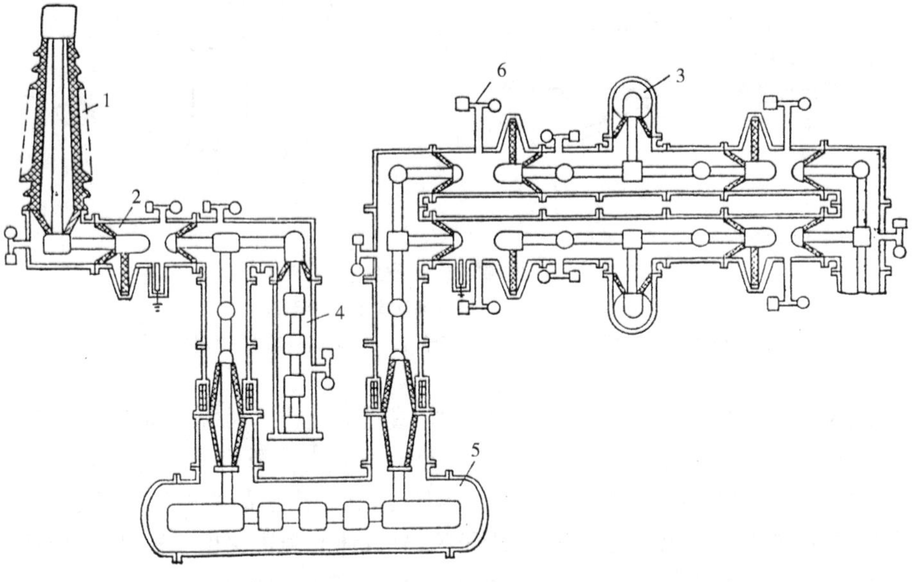


图 16-9　气体绝缘全封闭电器

1—套管；2—隔离开关；3—母线；4—电压互感器；
5—断路器（带电流互感器）；6—充气和检测装置

## 第二节　绝缘子和沿面放电

### 一、绝缘子类型

绝缘子用来支持带电导线或导体，对杆塔或支架（地电位）保持绝缘并可保持导线或导体相互之间的适当距离。在运行中，绝缘子承受着工作电压和各种过电压的作用，承受着导线（导体）重量、覆冰重量、风力、工作电流及短路电流的电动力以及导线振动力等等。因此，绝缘子要满足机械性能、电气性能及热稳定性能三方面的要求。绝缘子使用的绝缘材料有瓷、玻璃和合成橡胶或合成树脂，用得最多的是瓷绝缘子，俗称瓷瓶。根据绝缘子的形式及使用条件，常见的有悬式绝缘子和支柱绝缘子[见图 16-10(a)、(b)]。单个悬式和支柱绝缘子放电电压都不太高，用于较高电压时需把单个绝缘子串接起来。

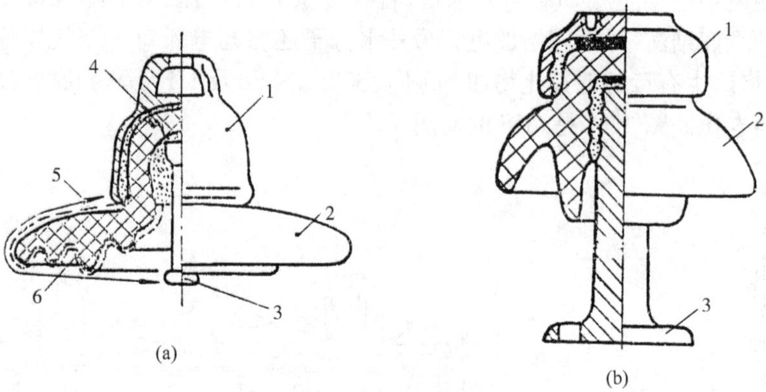


图 16-10　绝缘子类型

(a)悬式绝缘子　(b)户外针式支柱绝缘子

1—铁帽；2—绝缘；3—铁脚；4—击穿路径；5—闪络路径；6—泄漏路径

绝缘子两端的一端接高压，另一端接地(或是低电位)，两端之间绝缘功能的丧失有两种可能，一是固体介质的击穿，另一是沿着固定介质表面发生放电(称为闪络)。在设计和制造时要求使绝缘子的击穿电压高于沿面闪络电压。沿面闪络一般不会导致绝缘子的永久性破坏，绝缘子闪络(气体间隙击穿也一样)后，只要切除电源它们的绝缘性能都能很快地自动恢复，故属于自恢复绝缘。

## 二、干湿状态下绝缘子的沿面放电

在淋雨、潮湿、污染以及电场分布等因素作用下，绝缘子沿表面放电电压都低于相同距离的空气间隙的击穿电压，为了使绝缘子在电力系统中安全可靠地运行，绝缘子须通过以下试验：

1. 干试验

标准状态(293K，101.3kPa)下，相对湿度 65%～85%空气中的绝缘子工频闪络电压试验。

2. 湿试验(也称淋雨试验)

试验电压为工频电压，而特定试验条件包括：①雨滴是细小而均匀的连续水流；②降雨的方向与水平面成 45°角[对水平安装的试品(如穿墙套管)，降雨方向还应与试品的轴线相垂直]；③降雨的面积应能包容整个试品；④降雨量为 2.4～3.6mm/min；⑤雨水的体积电阻率在温度为 20℃时为(10±0.5)kΩ · cm。淋雨试验下的闪络电压称湿闪电压。

以上两种闪络电压表明了绝缘子的基本绝缘特性。

在淋雨情况下绝缘子表面附着一层水膜，闪络发展的机理与干燥时有明显的不同，在绝缘子串不长时，其湿闪电压显著低于干闪电压。由于在淋雨情况下沿长绝缘子串的电压分布主要按电导分布比较均匀，但在干燥状态下电压分布不均匀(下节讨论)，因此，随着绝缘子串长度的增加，湿、干闪电压将会逐渐接近。

## 三、长绝缘子串的电压分布

高压线路都使用盘形悬式绝缘子组成的绝缘子串作为线路绝缘。绝缘子金属部分与接地铁塔和带电导线之间有电容存在，使绝缘子串的电压分布不均匀。为了说明这个问题，可以利用图 16-11(b)的等效电路图。图中 $C$ 为绝缘子本身电容，$C_E$ 为绝缘子对地电容，$C_L$ 为绝缘子对导线的电容，一般 $C$ 为 50～70pF，$C_E$ 为 4～5pF，而 $C_L$ 为 0.5～1pF。这种电路的电压分布用计算机计算很快可得出结果，但为了从概念上更清楚起见，这里先进行定性的说明。若只看 $C_E$ 的作用(设 $C_L=0$)，则由于各个 $C_E$ 的分流，将使靠近导线的绝缘子流过的电流最大，从而电压降也最大，若只看 $C_L$ 的作用则由于各个 $C_L$ 的分流将使靠近横担(悬挂点)的绝缘子流过的电流最大，从而电压降也最大。实际上由于 $C_E>C_L$，所以绝缘子串靠近导线的绝缘子的电压降最大，离导线远的绝缘子电压降逐渐减小，当靠近横担时，由于 $C_L$ 的作用电压降又有些抬高[见图 16-11(c)]。

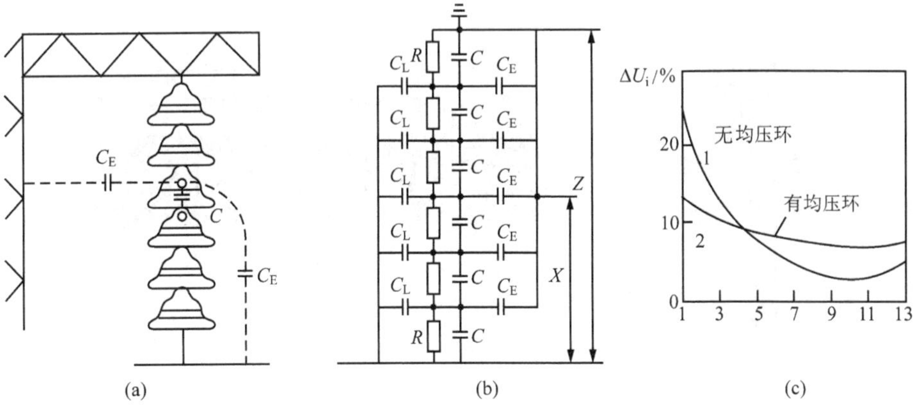


图 16-11　绝缘子串的等值电路及电压分布曲线

(a)绝缘子串　(b)等值电路　(c)电压分曲线

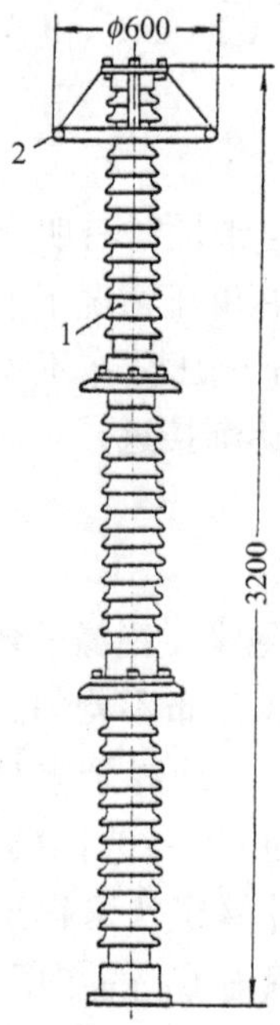


图 16-12　330kV 绝缘子柱的均压环
1—绝缘子；2—均压环

由于绝缘子串电压分布不均匀，靠近导线的第一个绝缘子上电压降过高。为了改善绝缘子串的电压分布，可在绝缘子串导线端安装用金属管制成的圆形或椭圆形均压环。均压环的作用是加大绝缘子对导线侧的电容 $C_L$，从而使电压分布得到改善。对实际应用来说，细高绝缘支柱一般都装均压环，见图 16-12。用硅橡胶等合成材料制成的绝缘子组成的 110kV 以上线路绝缘子串常装有均压环，330kV 及以上的瓷绝缘子串考虑装均压环。

例如，330kV 架空线路绝缘子串装均压环后，靠近导线的第一个绝缘子上的电压分布由 31kV 降到 18kV。应该说明，线路装均压环的目的，不要求电压分布完全均匀，只要求绝缘子和导线连接处不发生电晕，因为强烈的电晕是无线电干扰源，电晕产生的臭氧及氧化氮对连接绝缘子与导线的金具还有腐蚀作用。

## 四、沿套管表面的放电

当向电气设备（变压器、电抗器、油开关和电容器等）金属箱体的内部引入高压（或引出）或高压导线穿过墙壁时都要用套管，见图 16-13(a)。电气设备固体绝缘外露于大气中的表面绝缘和空气间隙统称为外绝缘。

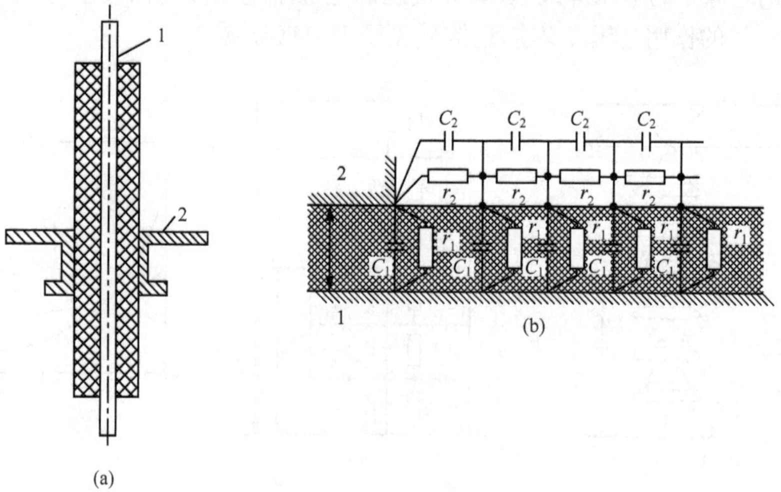


图 16-13　套管及其等效电路
(a)瓷套管示意图　(b)等效电路
1—导杆；2—法兰

套管不同于其他绝缘子，导杆穿过法兰处的电场分布极不均匀。接地法兰附近的电力线密集，不仅有轴向分量，还有很强的垂直与导杆的径向分量(其他绝缘子径向分量很少)。

图 16-13(b)是用于最简单的实心瓷套管的等效电路，图中 $C_1$ 为瓷体单位面积对导杆的电容，$C_2$ 为单位面积的瓷表面电容，$r_1$ 为瓷体的单位体积电阻(面积为单位面积，瓷表面到导杆距离为 $d$，故 $r_1=\rho_v d$)，$r_2=\rho_s$ 为瓷体单位表面电阻，$C_1=\varepsilon_1/d$，而 $C_2=k(\varepsilon_1+\varepsilon_2)$，$k$ 为与法兰尺寸有关的比例系数。$\rho_v$ 和 $\rho_s$ 为瓷的体积和表面电阻率，$\varepsilon_1$、$\varepsilon_2$ 为瓷体和其表面的介电常数。离法兰最近的地方电场强度最强，不难导出(见第十五章)

$$E_{\max}\approx U\sqrt{zy} \tag{16-21}$$

式中

$$\frac{1}{z}=\frac{1}{r_2}+j\omega C_2,\quad y=\frac{1}{r_1}+j\omega C_1$$

若

$$\frac{1}{r_2}=\frac{1}{\rho_s}\ll\omega C_2,\quad \frac{1}{r_1}=\frac{1}{\rho_v d}\ll\omega C_1$$

则

$$E_{\max}=U\sqrt{\frac{\varepsilon_1}{k(\varepsilon_1+\varepsilon_2)d}}=E_{\text{ave}}\sqrt{\frac{\varepsilon_1}{k(\varepsilon_1+\varepsilon_2)}}\times\sqrt{d} \tag{16-22}$$

式中，$E_{\text{ave}}=\dfrac{U}{d}$，即径向平均电场强度。

由式(16-21)容易理解，从法兰 2 流出的电流经各瓷套表面阻抗 $z$($\omega C_2$ 和 $r_2$ 的并联值)流到各处的导纳 $y$($\omega C_1$ 和 $r_1$ 的并联值)，因而表面各处的电流不均等，$z$ 或 $y$ 越大，靠近法兰处的单位长度上的压降也越大，故场强也大。

由式(16-22)可看出法兰附近最大场强大于径向平均场强的程度，还可看出当外加电压一定时，增大法兰处瓷的壁厚 $d$ 会降低 $E_{\max}$。

当场强超过临界值时，法兰处产生局部放电(电晕)，场强再高时，将发展为树枝状明亮火花通道，如图 16-14 所示。这种树枝状火花并不固定在一个位置上，而是在不同位置上交替出现，所以称为滑闪放电。达到这个阶段后，稍升高电压就会导致沿整个表面闪络。

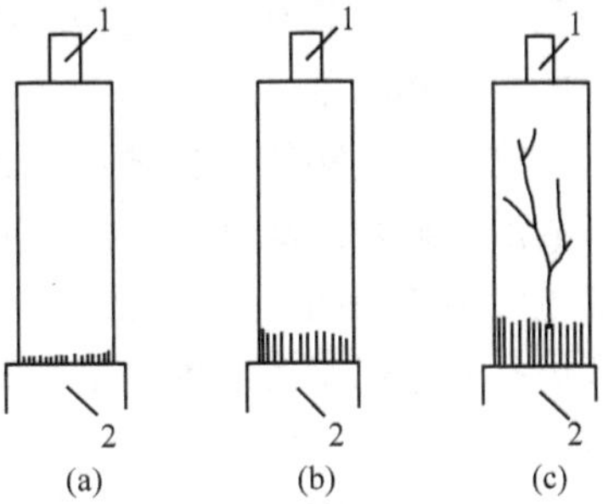


图 16-14　沿套管表面放电示意图

(a)电晕放电 (b)细线状放电 (c)滑闪放电

1—导杆；2—法兰

如果在靠近法兰的一段瓷套外表面上涂半导体漆或半导体釉，此处场强将降低。有半导体层以后，沿表面单位长度电阻变小，单位距离的电压降(场强)变低，半导体漆段外电场分布虽不均匀，但因电压已降低很多，故场强也不会太高了。

## 五、污秽绝缘子的沿面放电

户外绝缘子，特别是在工业区、海边或盐碱地区运行的绝缘子，常受到工业污秽或自然界盐碱、飞尘和鸟粪等污秽的污染。在干燥情况下，这种污秽电阻一般很大，对运行没有什么危害，但当大气湿度较高，在毛毛雨、露等不利条件下，绝缘子表面污秽被湿润，这时表面电导剧增，使绝缘子在工频和冲击电压作用下的闪络电压显著降低，甚至可以使绝缘子在正常工作电压下发生闪络，这类闪络简称为污闪。污闪事故往往造成大面积停电，严重影响电力系统的安全运行。

污闪机理如下：

污层被水分湿润后电导增大，在工作电压下的泄漏电流产生的焦耳热增大，又可使水分蒸发、污层变干而减小其电导。例如，悬式绝缘铁帽和铁脚附近的污层的电流密度较大，污层烘干较快，先出现干区，整个绝缘子上的电压几乎都集中到电阻大得多的干区上。这里电场强度足以引起表面空气的碰撞电离，即开始出现局部放电，并形成局部电弧。由于电弧通道的电阻大大低于原来干燥部分的表面电阻，使泄漏电流增大，从而又使局部电弧前方附近污层进一步烘干，使电弧伸长。交流电流每一周都有两次过零，使电弧呈现“熄灭-重燃”或“延伸-收缩”的交替变化。在某一污层湿润度和电压作用下，局部电弧长度不断增加，直至形成沿面闪络。由以上分析可知，污闪过程有四个阶段：积污→受潮→干区形成→局部电弧。采取措施抑制其中任一阶段的发展，就能防止污闪事故的发生。绝缘子的结构形状设计都要考虑这些因素。

在确定设备外绝缘（绝缘子、瓷套管）表面污秽度时，通常以等值附盐密度这个等值参数来表征。即绝缘件表面上沉积的污秽（刮下或刷下）中的酸、碱、盐等导电物质的含量与具有与此污秽相等电导率的盐量来等价表示。例如将一个绝缘子表面的污秽物与某一定量的盐分别溶于等量的水中，如果两种溶液的电导率相等，则污秽物中导电物质的含量可用这一定量的盐量来代表。污秽等级不同的地区，要求的沿绝缘表面泄漏距离不相同。外绝缘的泄漏距离（也称爬电距离，cm）与所在的电力系统最高额定电压（kV）的比值称为泄漏比 $\lambda$，也称爬电比距。它是表征电气设备外绝缘耐污闪绝缘水平的参数之一。外绝缘爬电比距越大，其污闪电压就越高。

对于运行中的线路，为了防止绝缘子污闪，可以采取以下措施：

① 增大泄漏距离。最简单的办法是增加悬式绝缘子串的片数以增大泄漏距离；还可采用泄漏距离比一般绝缘子大得多的防污绝缘子，见图 16-15 。

② 定期或不定期清扫（停电），或采取带电冲洗办法。

③ 在绝缘子表面涂上一层憎水性的涂料，使绝缘子表面不易形成连续水膜，

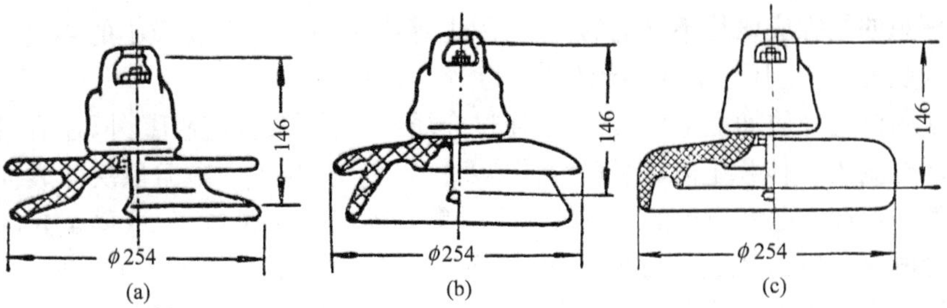


图 16-15　线路防污绝缘子

(a)XW2—4.5　(b)XX3—4.5　(c)XWP—7(3)

从而减小泄漏电流，这就不易形成逐步延伸的局部电弧，也就不会导致污闪，近年采用的室温硫化硅橡胶(RTV)涂料，效果较好。

④ 采用半导体釉绝缘子。这种绝缘子釉层的电阻率为 $10^6 \sim 10^8\,\Omega$，在运行中因一直有比普通绝缘子表面泄漏电流大的电流而发热，使表面保持干燥，同时使电压分布较均匀，不易出现局部电弧。

⑤ 采用合成绝缘子。这种绝缘子的外绝缘伞套最好的材料是硅橡胶(伞套内部有承受机械负荷的玻璃钢芯棒)，硅橡胶是憎水性很强的材料，因而这种绝缘子耐污闪性能好。

## 第三节　液体及固体电介质的电气特性和电气设备的内绝缘

### 一、液、固体电介质的电气特性

液体和固体电介质广泛用于高压电气设备箱体内部的绝缘。液、固体电介质一般要比空气的电气强度大得多，用它们作为内绝缘就可以缩小设备的结构尺寸。与空气相比较，由液、固体电介质组成的内绝缘的电气性能有一系列特点，例如：①对于通常包含有固体电介质的内绝缘来说，绝缘的击穿意味着不可逆的破坏，属于非自恢复绝缘；②液、固体电介质在运行过程中会出现老化，使它们的物理、化学性能及各种电气参数发生变化，从而影响绝缘的电气强度及其寿命。因此对于液、固体电介质，我们不但要了解它们强电场中的击穿特性，还要认识它们在弱电场中的电气特性。常用电导率 $\gamma$(或绝缘电阻率 $\rho$)、介质损耗角正切 $\tan\delta$ 和击穿场强 $E_b$ 表示电介质的电气特性。

1. 电介质的电导

理想的绝缘应该是不导电的，但实际上绝缘材料都存在着极小的导电性。电阻率一般为 $10^8 \sim 10^{20} \Omega \cdot m$（导体的 $\rho$ 为 $10^{-4} \Omega \cdot m$ 以下）。

在固体电介质加上电压后，除了通过介质本身体积的电流 $I_V$ 外，还有沿介质表面的电流 $I_S$。体积电阻率反映介质本身的导电情况，表面电阻取决于表面吸附的潮气和污秽。电介质中的导电载流子一般是离子而不是电子，这同金属的自由电子导电有本质的区别，构成电导的离子来源有两个：介质本身的离子和外来杂质的离子。通常影响介质电导的杂质是水分，纯净水的电阻率只有 $10^3 \sim 10^4 \Omega \cdot m$，当溶解有少量电解质时 $\rho$ 就更低。所以绝缘受潮后绝缘电阻将降低。

2. 电介质损耗和损耗角正切

电介质损耗是指在电场作用下引起电介质发热所损失的部分功率，可用来判断绝缘材料的质量和状态。在直流电压下，由于介质没有周期性的极化过程，介质中的损耗仅由于电导所引起，这时用电导率或电阻率已能表征介质在直流下的损耗特性（即 $I^2R$）。在交流电压下除电导损耗外，还有周期性极化引起损耗（分子按电场方向转动排列时引起相互摩擦等），故需引入介质损耗这一概念。

图 16-16(a)是实际电介质的等效电路，图中 $R$ 为电介质的泄漏电阻，$r$ 代表极化过程引起损耗的等效电阻，$C_1$ 是由几何尺寸决定的电容与无损极化（如电子式极化）对应的电容之和，$C_2$ 为有损极化（如偶极式极化和非均匀介质的极化等）对应的电容。

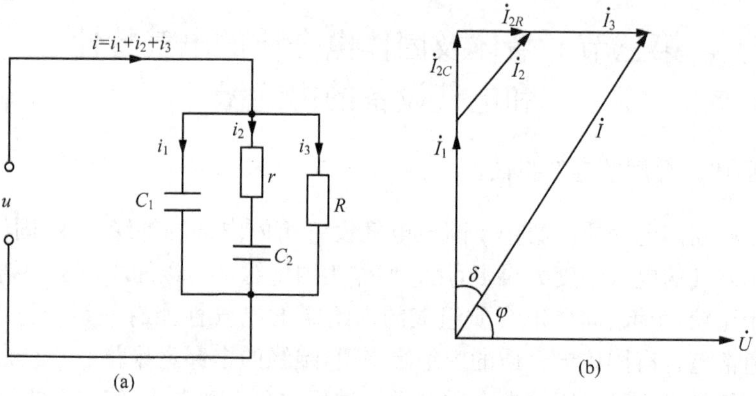


图 16-16　电介质的三支路等值电路和相量图

(a)等值电路　(b)相量图

图 16-16(b)表示电压和各支路电流关系的相量图。从总电流 $I$ 和电压 $U$ 的关系来看，总电流 $I$ 分解为超前电压 90°的无功电流和与电压同相的有功电流。这

样，图 16-16 又可简化为 $C$、$R$ 并联的电路（也可简化为串联等效电路），如图16-17所示。

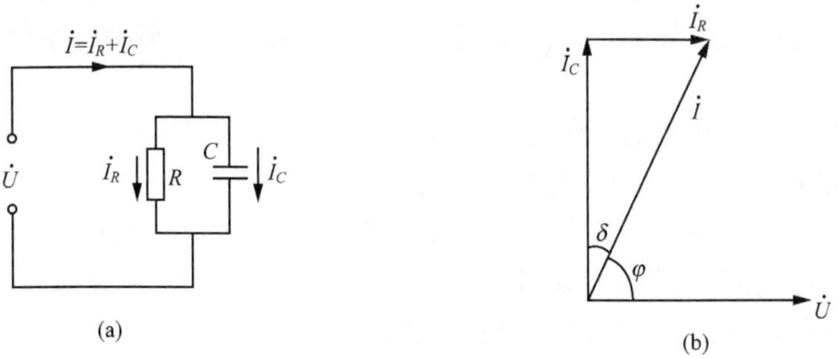


图 16-17　简化并联等效电路及相量图

(a)等效电路　(b)相量图

在相量图中，$\varphi$ 为电流相对于电压的相位角即功率因数角；$\delta$ 为其余角，称为介质损耗角，当用 $C$、$R$ 并联等效电路时，

$$\tan\delta = \frac{I_R}{I_C} = \frac{U/R}{U\omega C} = \frac{1}{\omega CR} \tag{16-23}$$

在介质中的功率损耗为

$$p = UI_R = UI_C\tan\delta = U^2\omega C\tan\delta \tag{16-24}$$

由上式看出，当外加电压 $U$ 和角频率 $\omega$ 不变时，功率损耗与 $\tan\delta$ 成正比。当绝缘受潮或老化、绝缘中有气隙发生放电等情况时，$\tan\delta$ 可以较好地加以反映。$\tan\delta$ 和介电常数、电导率一样都属于电介质本身的特性参数，称为介质损耗角正切或介质损耗因数。它受外加电压的频率、大小以及环境温度的影响而变化。

$\tan\delta$ 与外加电压大小的关系示于图 16-18。由 $\tan\delta$ 随外加电压的变化可判断电介质是否受潮，类似地也可区分内部是否有局部放电。

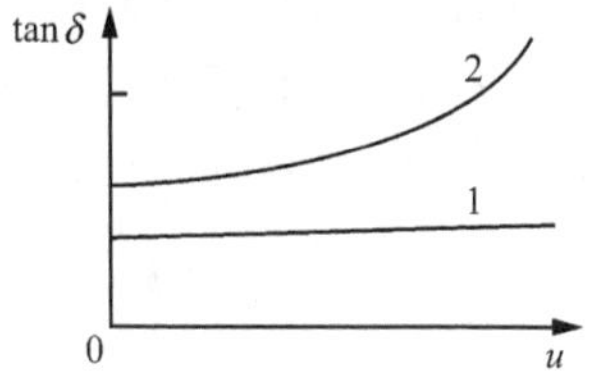


图 16-18　$\tan\delta$ 与外加电压的关系

1—干燥均匀介质；2—介质受潮

3. 液、固体介质的击穿场强

液、固体电介质比气体电介质击穿场强高，概括地说，各种气体电介质的击穿场强为 1.8～7.8kV/mm，液体为 10～24kV/mm，固体更高些。液、固体电介质的击穿过程如果像气体那样电子产生碰撞电离形成电子崩最后导致击穿，那么场强还要超过上面给出的数字。

工业上所用的液体介质中总难免会混入一些杂质，如油中常因受潮而含有水分，还有从固体绝缘材料中脱落的纤维。而由于水和纤维的介电常数很大，它们很容易沿电场方向极化定向，排成杂质的“小桥”。它们在电极间形成电导较大的通道，引起泄漏电流增大，温度升高，促使水分汽化，气泡扩大，最后沿气泡击穿。

为了减小杂质的影响，提高油间隙击穿电压，所用的油须进行净化处理，例如过滤、去气等。

在工频电压作用下的固体电介质击穿常是由于其内部热不稳定性所造成的。介质内部的热量使介质温度升高，从而增大介质的电导和 $\tan\delta$，这反过来又使温度进一步升高。若到达某一温度后，发热等于散热，温度即终止上升。介质处于热稳定状态，不会导致绝缘强度的破坏。但若在某一临界电压下，发热量总是大于散热量，则介质温度持续上升，直到产生热破坏（形成导电通道），上述过程称为热击穿。

## 二、绝缘的老化

电气设备的绝缘在长期运行过程中受到发热、受潮、氧化、机械振动以及内部的局部放电等作用，电气特性逐渐变化，这在确定设备绝缘水平时必须考虑到。

电压作用时间短（$10^{-5}$～$10^{-3}$s）时（相当于雷电过电压和操作过电压的持续时间），电气强度约为 1min 工频电压的 1.5～2 倍，持续时间变长时，击穿电压下降。当持续时间超过数分钟后，击穿呈热击穿形式。更进一步延长电压作用时间（至 $10^6$s），击穿电压继续下降。这是由于内部或局部受潮等因素而使电压分布不均匀，先发生局部放电再导致击穿。

下面就局部放电引起的电老化、热老化及受潮等老化过程进行简要介绍。

1. 局部放电引起的电老化

高电压设备绝缘内部不可避免地存在某些缺陷（固体绝缘中的气隙和液体绝缘中的气泡），在外加电压作用下，气隙首先发生放电，因这种放电并不立即形成贯穿性通道，而仅在局部发生，故称局部放电。下面简述一下局部放电的基本概念。

设在固体或液体介质内部 g 处存在一个气隙或气泡，如图 16-19(a)所示。$C_g$ 代表该气隙的电容，$C_b$ 代表与气隙串联的那部分介质的电容，$C_a$ 则代表其余完好部分介质的电容，即可得出图(b)的等值电路。因气隙很小，故 $C_a \gg C_b$，$C_a \gg C_g$。

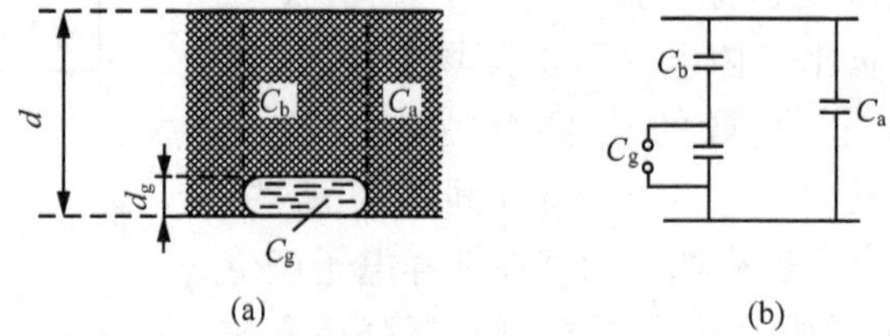


图 16-19　固体介质内部局部放电的等效电路

(a)介质内部气隙　(b)等效电路

电极间加上交流电压 $U$ 时，$C_g$ 所分到的电压为

$$U_g = U\frac{C_b}{C_b + C_g} \tag{16-25}$$

当 $U_g$ 随 $U$ 增大到气隙的放电电压 $U_s$ 时，气隙放电，放电后使气隙上电压下降，下降到熄灭电压 $U_r$ 后放电停止。气隙每次放电就释出电荷量

$$q_r = \left(C_g + \frac{C_a C_b}{C_a + C_b}\right)(U_s - U_r) \approx (C_g + C_b)\Delta U_g \tag{16-26}$$

式中，$U_s$、$U_r$ 分别为气隙放电和熄灭电压；$\Delta U_g$ 表示气隙放电引起的电压下降；$q_r$ 为真实放电量。上式中 $C_g$、$C_b$ 无法测量，因而 $q_r$ 也无法测得。

由于气隙放电引起的电压变化 $\Delta U_g$ 将按反比例分配在 $C_b$、$C_a$ 上（$\Delta U_g$ 相当于一个脉冲电压源，它施加在 $C_b$ 和 $C_a$ 串联的电路上），因而 $C_a$ 上电压变动为

$$\Delta U_a = \frac{C_b}{C_a + C_b}\Delta U_g \tag{16-27}$$

这就是说，当气隙放电时，试品两端的电压会下降 $\Delta U_a$，这相当于整个介质释放出电荷量

$$q \approx C_a \Delta U_a \tag{16-28}$$

式中，$q$ 称为视在放电量，通过测量整个介质（设备绝缘）两端电容 $C_a$ 和电压变化 $\Delta U_a$，可以测量局部放电引起的视在放电量。通常将 $q$ 作为衡量局部放电强度的参数。例如，实验表明，电力变压器视在放电量在额定工作电压下达到 $10^{-11} \sim 10^{-10}$C 时，对变压器绝缘无明显损伤；当视在放电量达 $10^{-8} \sim 10^{-7}$C 时，绝缘纸筒会出现放电痕迹但停电后可以恢复；达 $10^{-7} \sim 10^{-6}$C 时就会导致不可逆转的损坏。

局部放电引起绝缘劣化的机理是多方面的，例如：

① 带电粒子对介质表面的撞击，有可能破坏高分子的结构，造成裂解；

② 放电区域内的高温使材料产生化学分解；

③ 气隙中如含有氧和氮，则放电产生活性气体 $O_3$、NO、$NO_2$ 等，有腐蚀作用；

④ 放电产生的射线，引起介质的分解。

2. 热老化

在热的作用下绝缘性能发生不可逆的劣化称为热老化。温度越高，绝缘老化得越快，寿命越短。耐热性是绝缘材料的一个十分重要的性能指标。为了保证绝缘具有必要的寿命，对各类绝缘材料按其耐热性划分了若干等级，每一级有自己相应的最高允许工作温度，例如，常见的变压器中油纸绝缘属于 A 级绝缘，最高允许工作温度为 105℃，如果运行中温度超过这个极限值 8℃时，寿命约缩短一半；大型电机绕组用的云母带属 B 级绝缘，最大允许工作温度为 130℃，当超过这个极限温度 10℃时寿命缩短一半。

固体介质受热后，介质损耗增加，使介质温度进一步升高。这种恶性循环可能导致固体介质开裂、烧焦，最终发展为热击穿。

绝缘油的热老化表现为油的氧化，油温越高，氧化速度越快。氧化后使 $\tan\delta$ 增大，黏度增加，严重时还析出油泥和水分。当油温高至 115～120℃时，油开始热裂解。

3. 绝缘的受潮

绝缘受潮导致电导及介质损耗增大，促使进一步发热并加速老化。水分的存在又使局部放电产生的氮的氧化物变成硝酸、亚硝酸，使纤维及其他绝缘变脆，总之受潮对绝缘是危险的，它能加速老化过程，缩短绝缘寿命。

对于实际的电气设备，老化过程往往是综合性的。例如，对电机来说，综合过程可能是电机过热使绝缘材料失去机械强度而变脆；在机械振动作用下产生裂缝，受潮后电导和介质损耗增大，进一步发热而使绝缘强度不断下降。例如，电车中的电动机运行 10km 后的线圈元件绝缘强度均值（430 个试验样品）约为新元件的 60％。

## 三、电气设备的内绝缘

1. 电机绝缘

大型电机是很重要的电气设备，额定电压大多在3.15～27kV 范围，容量达 1200MW，绝缘情况在很大程度上决定着供电的可靠性。绝缘在运行中损坏是电力系统中最严重的事故。

如上节所述，电机的运行条件较为严酷：遭受过电压、高工作温度、振动、周期性的加热和冷却、机械力以及空气分解产物（臭氧和氮的氧化物）的作用。此外，在制造工艺上也有难度，线圈嵌放于铁心槽中可能引起机械损伤，同时检测的手段也不完善。

对电机绝缘的基本要求是：

① 在正常工作温度以及机械振动条件下电气强度高；

② 在正常工作温度下泄漏电流和介质损耗小；

③ 在使用寿命期间内耐热性和传热性好；

④ 在温度周期变化和振动作用下机械强度高；

⑤ 制造工艺不太难，价格不太高。

传统的绝缘材料是沥青云母带，现改用玻璃布补强的环氧粉云母带绝缘。发展方向是采用新的具有更高的电气和机械强度以及耐热性好的新材料。

电机的绝缘包括：

① 对铁心绝缘（绕组对定子铁心之间）；

② 层间绝缘（槽中上下之间）；

③ 匝间绝缘（同一元件的匝之间）；

④ 同匝导线间的绝缘(同一匝线圈由数根导线并联组成,同一匝的各导线之间相互绝缘)。

图 16-20 示出了以空气冷却的发电机的定子槽中线棒绝缘的情况。匝间绝缘和对铁心都是用云母带按半叠搭方法包扎起来的,对地绝缘根据电压等级不同一般为数毫米。

高压电机绕组如不采取措施易产生电晕,这包括在电机槽部绝缘表面和槽壁之间空气层中产生的电晕和在槽口处绕组线棒表面出现的电晕。

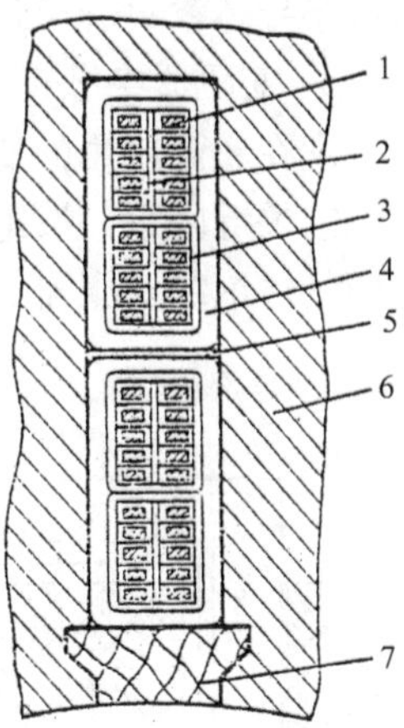


图 16-20　定子槽内线棒绝缘(空气冷却)

1—铜导线;2—同匝并联导线间的绝缘;3—匝间绝缘;4—对铁心绝缘;5—层间绝缘;6—定子;7—槽楔

(1) 槽部电晕

线棒与槽壁间的空气隙往往是不可避免的。现有一台额定电压为 10.5kV 的发电机,对铁心绝缘厚度为 $d_m=4mm$,绕组线棒与槽壁间空气隙的厚度为 $d_g=0.3mm$,当把槽内平直部分看成是具有二层介质(空气隙和云母带绝缘)平行平板电容器时,很容易求出在交流电压作用下空气隙中的电场强度 $E_g$。根据

$$\frac{E_g}{E_m}=\frac{\varepsilon_m}{\varepsilon_g} \tag{16-29}$$

式中,$E_m$ 为线棒云母带绝缘中的电场强度;$\varepsilon_g=1$ 和 $\varepsilon_m=5$ 分别为空气和云母带绝缘的介电常数。又因为

$$\frac{\sqrt{2}U_n}{\sqrt{3}}=E_m d_m+E_g d_g \tag{16-30}$$

故得
$$E_g=\frac{\varepsilon_m\times\sqrt{2}U_n/\sqrt{3}}{\varepsilon_g d_m+\varepsilon_m d_g}=\frac{5\times0.816\times10.5}{4+5\times0.3}=7.79(\text{kV/mm})$$

根据式(16-18),0.3mm 空气隙击穿场强为 6.3kV/mm,因此,这台 10.5kV 发电机运行时,线棒与槽壁间会发生电晕。

防止槽部发生电晕的措施包括:①制造线棒时,在绝缘层外包以半导体玻璃布带;②槽内涂刷半导体漆及垫半导体垫条;③下线后,槽楔应压紧,使线棒表面与槽壁接触紧密。

(2) 绕组线棒出槽处电晕

电机线棒出槽处的电场分布类似套管法兰附近处的分布。如果不采取防晕措施,该处电晕要比槽内强烈得多。加上该处机械应力集中,运行中常使槽口绝缘受损,情况严重时还可能出现滑闪放电。

电机线棒出槽处的防晕措施与在套管法兰附近采取的措施相似,这就是用涂半导体漆等方法来调整电场。对 6kV 等级的电机,在绕组出口处端部绝缘表面涂

一段半导体漆；10kV 以上电机采用分级半导体层。

2. 变压器绝缘

现在超高压用的变压器电压已达 500kV 以上，绝缘问题是决定变压器运行可靠性的关键因素。按绝缘介质分类有油浸式变压器、环氧树脂干式变压器和六氟化硫气体绝缘变压器等。大容量电力变压器多用油浸式变压器，其中的油起着绝缘和散热的双重作用。

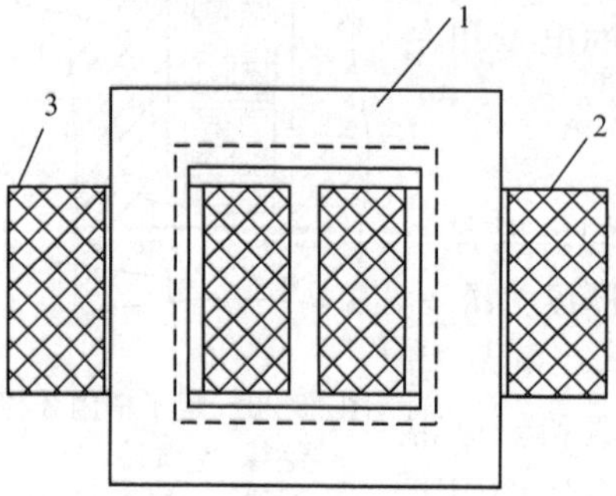


图 16-21　简单的单相变压器示意图
1—铁心；2、3—绕组

从大的方面说，变压器绝缘分为外绝缘和内绝缘，外绝缘为高压引线引出箱体的套管表面的绝缘和各绕组套管之间空气绝缘等。各种变电设备外绝缘都相似，见本章前两节。

图 16-21 是一个简单的单相变压器，涉及内绝缘的内容主要是包括虚线内变压器铁心窗孔内绕组本身、绕组之间和绕组对铁心的绝缘。以下对绝缘结构图都不画出变压器整体图，只画铁心窗孔的一部分。

变压器绕组的绝缘又分为主绝缘和纵绝缘。主绝缘是指绕组对铁心和绕组之间的绝缘。绕组本身按绕制方法有圆筒式绕组，即线匝一层层绕成圆筒状；还有一种是连续式绕组，整个绕组由许多饼连续串接起来。绕组匝间、层间以及饼间的绝缘称为纵绝缘。

(1) 绕组主绝缘

图 16-22 为 35kV 变压器的主绝缘结构。高压绕组 HV 和低压绕组 LV 之间用厚度为 4～6mm 的绝缘筒隔开形成两个油隙，两绕组距离 $S_{H\text{-}L}$ 约为 27mm(不完全由绝缘所定，因机械工艺上原因距离有些变化)。绝缘筒的放入使变压器主绝缘形成“油-屏障”式绝缘结构，在油隙中放置若干个绝缘纸筒(屏障)是为了改善油隙中电场分布和阻止贯通性杂质“小桥”的形成。一般可将电气强度提高 30%～50%。

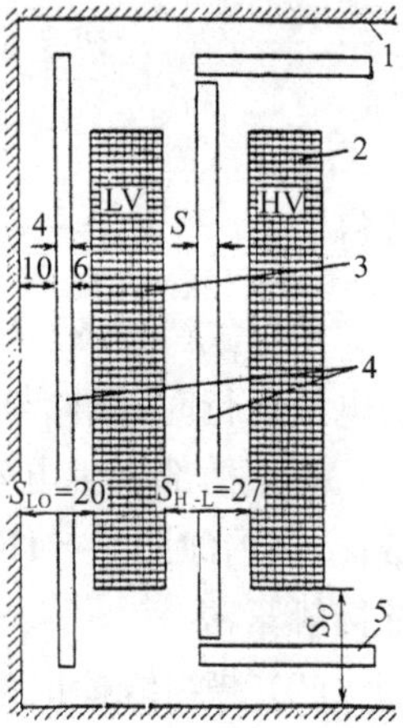


图 16-22　35kV 变压器主绝缘结构
1—铁轭；2—高压(HV)绕组；3—低压(LV)绕组；4—绝缘纸筒(屏障)；5—绕组与铁轭之间的隔板

(2) 纵绝缘

以连续式绕组为例，纵绝缘包括匝间绝缘(一个线饼中两个相邻匝之间的绝缘)和饼间绝缘(由油隙隔开的两个相邻线饼之间的绝缘)，如图 16-23 所示。

纵向绝缘是由雷电冲击电压决定的。在这种电压作用下，电压分布不均匀。沿绕组纵向电压分布(各饼间电压

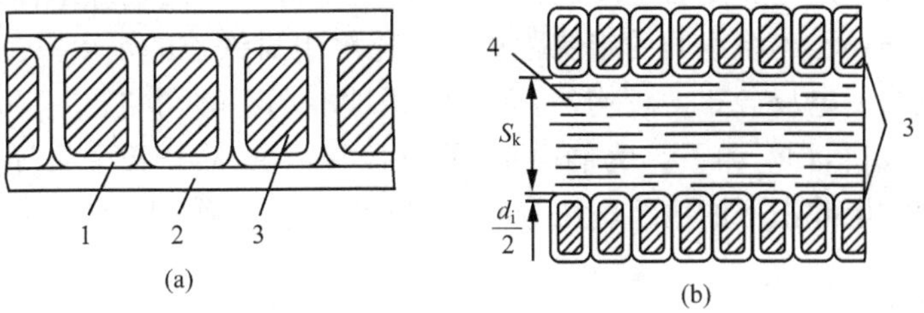


图 16-23　变压器纵绝缘

(a)线饼的绝缘　(b)相邻线饼的绝缘

1—匝间绝缘；2—相邻饼间绝缘；3—绕组导线；

4—油；$S_k$—纵向油隙；$d_i$—固体绝缘厚度

$\Delta U_d$)一般要用计算机计算或用模型绕组进行模拟试验。为改善在雷电冲击下的绕组电压分布，常在首端加起均压作用的静电板。

图 16-24 是 110kV 变压器绝缘结构，由图看出油隙中绝缘纸筒多了，高压绕

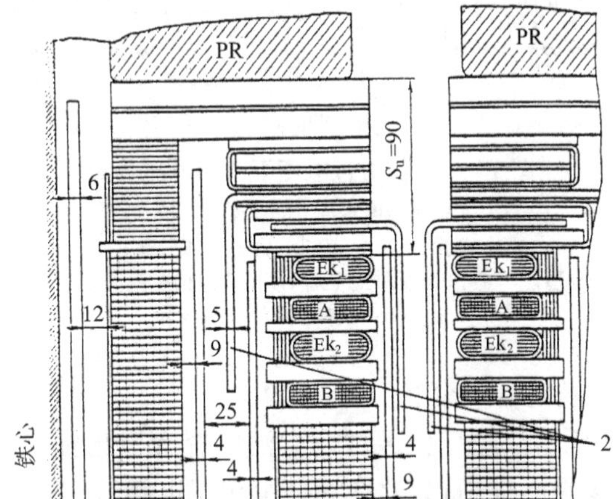


图 16-24　110kV 双绕组三相变压器绝缘结构草图

1—绝缘纸筒屏障；2—角环；

$LV_A$、$HV_A$—A 相低、高压绕组；$HV_B$—B 相高压绕组；

$Ek_1$、$Ek_2$—静电板；A、B—绕组首端线饼；PR—接地压圈

组顶端还加装了角环。随着电压的提高，这种起屏障作用的绝缘纸筒和角环将用得更多。由图还看出绕组间的绝缘距离 $S_{H\text{-}L}$ 比绕组对铁轭的距离 $S_u$、$S_L$ 短得多，这是因为绕组间电场分布得较均匀，而绕组顶端电场不够均匀。图 16-24 中 A、B 为绕组首端线饼，$Ek_1$ 和 $Ek_2$ 为静电板，静电板有断口，防止板中有环流。它的作用是改善在雷电冲击下的绕组电压分布，加强纵绝缘，其作用在图 16-25 说明。

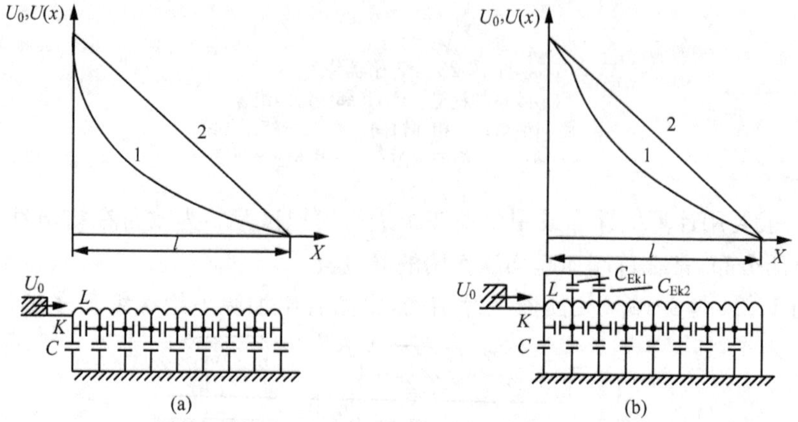


图 16-25　雷电过电压下绕组电压分布

(a)无静电板时　(b)有静电板

1—起始电压分布；2—稳态电压分布；

$L$—电感；$C$—单位长度对地电容；$K$—单位长度纵向绕组电容；

$C_{Ek1}$、$C_{Ek2}$—静电板对绕组电容

(3) 高压线引出及电容式套管

20kV 及以下高压引线经导杆通过充有油的瓷套引出油箱。35kV 以上时，导杆表面处油道里的场强已很高，为此在导杆上包以电缆纸( 5～15mm)或套上绝缘纸管。这样能降低油道里所分到的场强值。在保证电气强度条件下，缩小套管尺寸的重要措施是使轴向电场和径向电场分布均匀。为此使用电容式套管。它的制作方法是：用厚 0.05～0.07mm 涂环氧树脂的单面上胶纸包在套管导杆上，每包一定层数后放入铝箔(或半导体极板)，这就组成一串同心圆柱型电容器，称为电容芯子(见图 16-26)。

上述电容芯子为胶纸型，这种电容芯子的缺点是在制造过程中内部可能有气泡，更高电压(直至 1000kV 级特高压)时一般用油纸型电容芯子。为了使轴向和径向电场分布均匀，可采用以下方法：

① 电容芯子的极板(铝箔)由导杆向法兰方向一个台阶一个台阶地均匀减小。即图 16-26 中各层的台阶 $\lambda=\lambda_U+\lambda_L=\text{const}$，但每两个相邻极板的距离(层厚)不同，以使相邻两个极板间的电容相同，即每层的电位差相同。这就保证了轴向电场

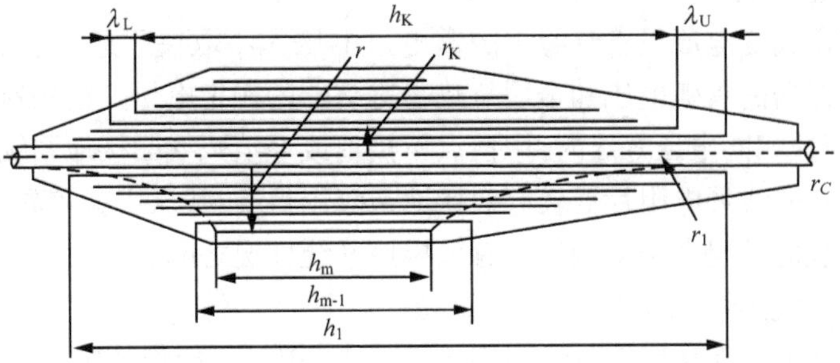


图 16-26　电容式套管的电容芯子示意图
图中虚线为 $rh$＝const 决定的极板轮廓

的均匀分布，但径向电场存在一定不均匀程度。

② 电容芯子的极板基本按 $rh$＝const 的规律选取（$r$ 为极板距导杆的半径；$h$ 为极板的高度），但可能作些调整，以保证两极板间不发生闪络。从工艺角度考虑，层厚保持不变，这样做可保证径向电场最好的均匀分布，但轴向电场不够均匀。

# 第四节　影响绝缘水平的因素

## 一、按系统最高电压划分范围

由于 220kV（其最高工作电压为 252kV）及以下电压等级和 220kV 以上等级（超高压）电力系统在过电压保护措施、绝缘耐压试验项目和绝缘裕度取值等方面都存在差异，故在绝缘配合时将各种电压等级分成如下两个电压范围[以系统的最高工作电压 $U_m$（有效值）表示]。

范围Ⅰ：3.5kV$\leqslant U_m \leqslant$252kV；

范围Ⅱ：$U_m>$252kV。

## 二、中性点接地方式

1. 相对地最高长期工作电压

在中性点不接地和经消弧线圈接地系统中，由于单相接地故障时不需立即跳闸，可以继续带故障运行一段时间（如 2h），这时健全相对地工作电压可升高到系统最高线电压，即系统最高电压 $U_m$（系统最高电压 $U_m$ 比标称电压高 10%～20%）。

在有效接地系统中，相对地最高长期工作电压为 $U_m/\sqrt{3}$ 。

2. 雷电过电压

实际作用到变电所设备绝缘上的雷电过电压大小取决于避雷器的保护水平。由于阀型避雷器的灭弧电压和金属氧化物避雷器的额定电压是按相对地最高电压设计的，因而在相同电压等级时，中性点不接地或经消弧线圈接地系统中的避雷器的火花间隙和非线形电阻片数较有效接地系统用得多，残压也就较高；中性点经低电阻接地系统的情况介于不接地和有效接地系统情况之间。

3. 操作过电压

在中性点不接地和经消弧线圈接地系统中，相对地操作过电压有可能在线电压的基础上发生和发展，而有效接地系统中是在相电压基础上发生的。同样，中性点经低电阻接地系统的情况介于以上两种情况之间。范围Ⅰ中各电压等级相对地计算用最大操作过电压的标幺值(p. u.)如表 16-2 所示。

**表 16-2　计算用最大操作过电压的标幺值**(1.0p. u. $=\sqrt{2}U_m/\sqrt{3}$)

| 系统标称电压 | 中性点接地方式 | 相对地操作过电压/(p. u.) |
|---|---|---|
| 35kV 及以下 | 低电阻接地 | 3.2 |
| 66kV 及以下 | 除低电阻接地以外的非有效接地 | 4.0 |
| 110kV 及 220kV | 有效接地 | 3.0 |

# 第五节　绝缘配合的方法

## 一、惯用法

确定变电所电气设备绝缘水平的基础是避雷器的保护水平，即避雷器上可能出现的最大电压。若再考虑设备安装点与避雷器间的电气距离所引起的电压差值、绝缘老化所引起的电气强度下降、避雷器保护性能在运行中劣化、冲击电压下击穿电压的分散性以及必要的安全裕度等因素，则在避雷器保护水平上乘上一个配合系数即可得出设备的绝缘水平。这就是所谓的惯用法，用惯用法求得设备绝缘水平可表示为

设备绝缘水平≥配合系数×避雷器保护水平(或残压)

虽然配合系数是个简单的数字，但确实反映多年的运行经验。对于送电线路，因无避雷器保护，用惯用法求得范围Ⅰ线路绝缘子串在操作过电压下的绝缘水平时，绝缘配合可表示为

线路绝缘子串在操作过电压下的绝缘水平(闪络电压)
≥配合系数×计算用最大操作过电压

## 二、统计法

统计法是根据过电压峰值和绝缘闪络都是随机变量的实际情况，用计算方法求出绝缘闪络概率，在技术经济比较的基础上，正确地确定绝缘水平。

设已知过电压峰值的概率密度函数 $f(u)$ 和绝缘的闪络概率函数 $P(u)$，且 $f(u)$ 与 $P(u)$ 互不相关，如图 16-27 所示。$f(u_0)\mathrm{d}u$ 为过电压在 $u_0$ 附近的 $\mathrm{d}u$ 范围内出现的概率，而 $P(u_0)$ 为在过电压 $u_0$ 的作用下绝缘闪络概率。由于两者是相互独立的，所以由概率积分的计算公式可写出出现这样高的过电压并使绝缘发生闪络的概率为

$$P(u_0)f(u_0)\mathrm{d}u$$

即图 16-27 中的阴影部分面积。把这个函数积分，得

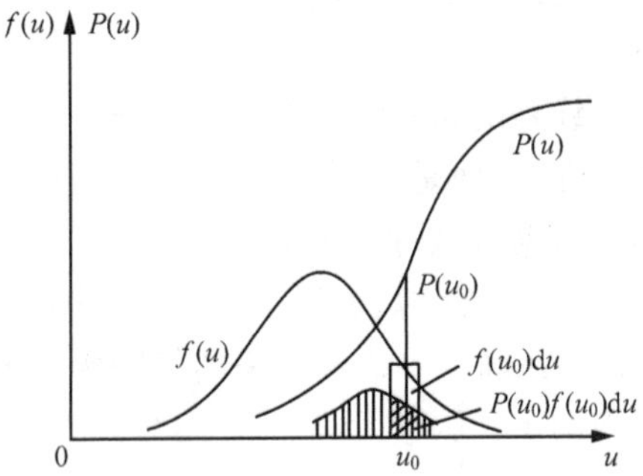


图 16-27　绝缘故障率的计算

$$R = \text{总阴影面积} = \int_0^{\infty} P(u)f(u)\mathrm{d}u \tag{16-31}$$

即为绝缘在过电压作用下发生闪络造成事故的概率——故障率。

从图 16-27 中可以看出，若增加绝缘强度，即曲线 $P(u)$ 向右方移动，则绝缘故障率（面积 $R$）将减少，但增强绝缘的费用将增加。因此用统计法可按需要对某些因素作调整，进行反复计算，在满足预定的绝缘故障率的前提下，选择合理的绝缘水平。

在实际工程中用统计法进行绝缘配合是相当麻烦和困难的。我国电力行业标准规定：在确定范围Ⅱ的架空线路操作过电压下的绝缘水平时，可用将过电压峰值和绝缘强度作为随机变量的统计法。在确定范围Ⅰ的架空线路操作过电压下的绝缘水平时，仍以计算用最大操作过电压为基础进行绝缘配合。

# 第六节　架空送电线路的绝缘配合

确定送电线路绝缘水平包括确定绝缘子串的绝缘子片数和导线对地及导线间的空气间隙。线路绝缘子应满足以下要求：

① 在工作电压下不发生污闪；

② 在操作过电压下不发生闪络。

为了防止绝缘子在工作电压下发生污闪事故，绝缘子表面应有足够的沿面爬

电距离。

在正操作冲击电压作用下，绝缘子串不应放电。还要考虑淋雨使放电电压降低的作用，在没有实测数据的情况下，也可按湿放电电压比干放电电压低 5% 考虑，同时还要进行相对空气密度校正。

范围Ⅰ的计算用操作过电压的标幺值可由表 16-2 查出，范围Ⅱ时考虑统计特性。

线路的耐雷性能取决于防雷措施的综合效果，一般不靠增加绝缘子片数改善防雷性能，而是采用诸如降低杆塔接地电阻等其他措施来解决。因此，绝缘子片数不需根据雷电过电压进行核算。

线路的绝缘设计还包括导线对地、导线间以及导线对杆塔的空气间隙距离的确定。在确定导线对杆塔的气隙距离时，还要考虑风力使绝缘子串对于杆塔发生偏斜的不利因素。

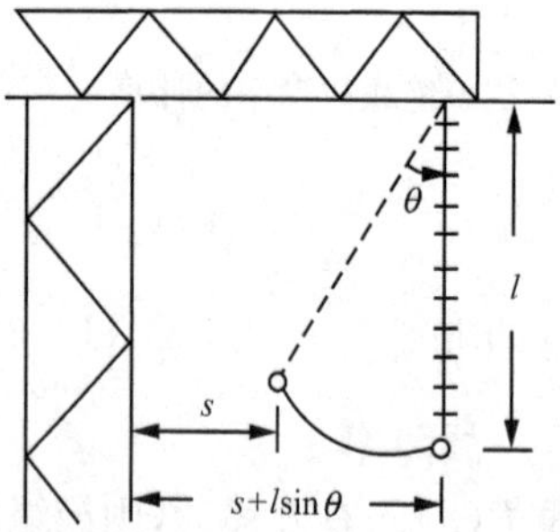


图 16-28　绝缘子串的风偏角 $\theta$ 及对杆塔的水平距离 $s$

就塔头空气间隙上可能出现的电压大小来看，应是雷电过电压最高，操作过电压次之，工频工作电压最低，但从电压作用时间来看，情况正好相反。由于工作电压长期作用在导线上，故在计算风偏角 $\theta$ 时应考虑 20 年一遇的最大风速（通常为 25～35m/s）；操作过电压持续时间较短，按最大风速的 50% 考虑，风偏角较小；雷电过电压持续时间最短，而且强风与雷击点同在一处出现的概率极小，故通常取风速等于 10m/s（最大风速小于 35m/s 的地区）或 15m/s（最大风速大于 35m/s 的地区）来计算风偏角。绝缘子串的风偏角 $\theta$ 及其对杆塔的水平距离 $s$（偏斜后的净距离或称最小间隙）如图 16-28 所示。

免去计算过程，三种电压所需的最小空气间隙如表 16-3 所示。

**表 16-3　线路绝缘子串最少绝缘子片数和最小空气间隙**(cm)

| 系统标称电压/kV | 35 | 66 | 110 | 220 | 330 | 500 |
|---|---|---|---|---|---|---|
| 雷电过电压间隙 | 45 | 65 | 100 | 190 | 230(260) | 330(370) |
| 操作过电压间隙 | 25 | 50 | 70 | 145 | 195 | 270 |
| 工频电压间隙 | 10 | 20 | 25 | 55 | 90 | 130 |
| 悬垂绝缘子串的绝缘子片数 | 3 | 5 | 7 | 13 | 17(19) | 25(28) |

注：1. 绝缘子形式：一般为 XP 型；330kV、500kV 括号内、外分别为 XP1 和 XP2 型；
2. 绝缘子适用于 0 级污秽地区，污秽地区绝缘子片数增多时，间隙一般仍用表中的数字；
3. 330kV、500kV 括号内雷电过电压所需间隙与括号内绝缘子片数相对应，适用于发电厂、变电所进线保护段杆塔。

根据规定的工作电压、操作过电压和雷电过电压下的最小空气间隙，可确定与之对应的绝缘子在垂直位置时对杆塔的水平距离 $s+l\sin\theta$，设计时取三种情况最大的一个数值。

# 第七节　变电所电气设备的绝缘配合

## 一、雷电过电压下的绝缘配合

电气设备在雷电过电压下的绝缘水平，如第五节中所述，是由避雷器残压决定的，这一绝缘水平称为基本冲击绝缘水平 BIL(也称额定雷电冲击耐压水平)。它表示为

$$\text{BIL} = K_L U_R \tag{16-32}$$

式中，$K_L$ 为雷电过电压下的电气设备绝缘配合系数，取 $K_L=1.4$；$U_R$ 为避雷器在标称电流下的残压，kV(对 500kV、330kV 和 220kV 以及 3～110kV 分别取标称电流 20kA、10kA 和 5kA)。

## 二、操作过电压下的绝缘配合

范围Ⅰ变电所电气设备由雷电过电压所定的绝缘能耐受可能出现的操作过电压，故对操作过电压下的绝缘水平不再要求。

范围Ⅱ变电所电气设备额定操作冲击耐压 SIL 与避雷器操作过电压保护水平 $U_{\text{p.s}}$间的配合系数 $K_{\text{S}}$ 不应小于 1.15，即

$$\text{SIL} = K_{\text{S}} U_{\text{p.s}} \tag{16-33}$$

$$K_{\text{S}} \geqslant 1.15$$

操作过电压时的配合系数 $K_{\text{S}}$ 较雷电过电压时的 $K_L$ 为小，主要是因为操作过电压的波前陡度远较雷电过电压的小，被保护设备与避雷器之间的电气距离所引起的电压差值很小。

按照上述绝缘配合的惯用法进行计算，再参考 IEC 推荐的绝缘配合标准，我国电力行业标准规定了 3～500kV 电气设备耐受电压标准，见表 16-4。

**表 16-4　电气设备的耐受电压**

| 系统标称电压/kV | 设备最高电压/kV | 雷电冲击耐受电压 /kV | 操作冲击耐受电压/kV |
|---|---|---|---|
| 3 | 3.6 | 40 | |
| 6 | 7.2 | 60(40) | |
| 10 | 12 | 75 | |
| 15 | 18 | 105 | |

续表

| 系统标称电压/kV | 设备最高电压/kV | 雷电冲击耐受电压 /kV | 操作冲击耐受电压/kV |
|---|---|---|---|
| 20 | 24 | 125(95) | |
| 35 | 40.5 | 185/200 | |
| 66 | 72.5 | 350 | |
| 110 | 126 | 450/480 | |
| 220 | 252 | 850、950 | |
| 330 | 363 | 1050、1175 | 850、950 |
| 500 | 550 | 1425、1550 | 1050、1175 |

注：1. 分子、分母数据分别对应外绝缘和内绝缘；

2. 括号内和外数据分别对应是和非低电阻接地系统；

3. 对 220～500kV 系统的电气设备给出了两种绝缘水平，由用户根据电网特点等具体情况加以选择。

# 参 考 文 献

1. 赵智大. 高电压技术. 北京：中国电力出版社，1999

2. 唐兴祚. 高电压技术. 重庆：重庆大学出版社，1991

3. 刘炳尧. 高电压绝缘基础. 长沙：湖南大学出版社，1986

4. 库琴斯基. 高电压设备的绝缘(俄文). 北京：核电动力出版社，1987

5. 中国国家标准 GB311.1：高压输变电设备的绝缘配合. 北京：中国标准出版社，1985

6. 中国电力行业标准 DL/T620-1997：交流电气装置的过电压保护和绝缘配合. 北京：中国电力出版社，1997

# 第五篇　电力系统现代技术

## 第十七章　远距离输电与电网互联

本章主要阐述超高压大容量交流远距离输电的特征、交流远距离输电的限制与参数补偿、直流输电概要、灵活交流输电概念以及电网互联问题。

### 第一节　远距离输电概念

新世纪在我国社会主义现代化建设的进程中，十分重视能源等基础设施的建设，并实施西部大开发战略，要把那里的资源优势逐步变为经济优势。正如在第一章中所指出的我国能源分布不均，70％的水电资源集中于西南部，90％的煤炭资源集中于华北及西北地区，而东南沿海（经济发达地区）既是负荷中心，又缺乏煤水资源，因而形成了“西电东送，南北互供”的格局，输电距离达 1000～2500km，输送容量达千万千瓦级。随着中、西部巨型水电和西北坑口火电的开发，全国范围的远距离输电和电网互联将得到进一步的加强，我国电力系统面临的大容量远距离输电和大电网互联问题将是新世纪头 10～20 年内要解决的主要问题。

当前我国的现实任务是提高 500kV 送电线路的输送能力，当电网的电压级发展为 500kV、750kV 或更高时，当输送距离超过 300km，则属于超高压长距离输电网，相对于较低电压级的电网，它的主要特征如下：

① 保持同步发电机并列运行的稳定性成为突出问题。300km 以上线路受制于静态稳定的限制。500kV 线路故障时，先是电压下降，而后电压崩溃，然后两侧电势间功角增大而失去稳定。

② 解决无功功率流动及电压调节问题比较困难。如空载时受端电压太高，受端 PU 曲线上半部灵敏度太高，无功补偿对输送容量起重要作用。

③ 内部过电压的影响大于大气过电压。

④ 电晕现象显著。

⑤ 对通信线路的危险影响和对无线电干扰较重。

由于以上特点，超高压长距离输电在稳定控制、参数补偿及快速继电保护方面都提出了新的要求。

困扰交流长距离输电的稳定性问题使高压直流输电得到新的机遇和发展。因为后者无功角稳定问题，且线路造价便宜，由于换流站较贵，只在大于临界距离的情况下，对长距离大容量输电较经济，此外，在非同步联网中起着重要作用。

引入电力电子技术与现代自动控制技术对交流电力系统进行改造，用固态电子器件代替现有的机械式开关，对电网实行高速控制，可以极大地提高现有交流线路的输送能力形成灵活交流输电系统，从而向直流输电提出了挑战。现代电力系统必然是交直流混合系统。

## 第二节　交流远距离输电

本节在第四章阐述输电线路参数及等值电路的基础上对远距离大容量输电问题进行进一步的讨论。这些内容包括远距离输电线路的基本特征、功率极限、1/4 波长输电及 1/2 波长输电、$PU$ 曲线分析及参数补偿。着重对输电线路的传输容量、限制因素及用参数补偿提高线路输送能力展开讨论。

### 一、交流远距离输电基本特征

对于均匀长线方程式，倘忽略线路电阻及电导，即 $r_1=0(r_1\ll x_1)$，$g_1=0$。故有 $Z=\mathrm{j}x_1 l$，$Y=\mathrm{j}b_1 l$，$\gamma=\mathrm{j}\beta$，$\beta=\omega\sqrt{L_1C_1}$。令 $\lambda=\beta l=\omega\sqrt{L_1C_1}\,l$，则有

$$\dot{U}_1=\dot{U}_2\mathrm{chj}\lambda+\dot{I}_2Z_{\mathrm{c}}\mathrm{shj}\lambda \tag{17-1}$$

$$\dot{I}_1=\frac{\dot{U}_2}{Z_{\mathrm{c}}}\mathrm{shj}\lambda+\dot{I}_2\mathrm{chj}\lambda \tag{17-2}$$

式中，$Z_{\mathrm{c}}=\sqrt{\dfrac{L_1}{C_1}}$ 称为特性阻抗。

因为 $\mathrm{chj}\lambda=\cos\lambda$，$\mathrm{shj}\lambda=\mathrm{j}\sin\lambda$ 故有

$$\dot{U}_1=\dot{U}_2\cos\lambda+\mathrm{j}\dot{I}_2Z_{\mathrm{c}}\sin\lambda \tag{17-3}$$

$$\dot{I}_1=\mathrm{j}\frac{\dot{U}_2}{Z_{\mathrm{c}}}\sin\lambda+\dot{I}_2\cos\lambda \tag{17-4}$$

式中，$\lambda$ 为线路的波长，弧度。

设交流电的频率为 $f$，一周波的波长为 $\lambda_{ab}$，由

$$\sqrt{L_1C_1}=\frac{1}{\nu}=\frac{1}{f\lambda_{ab}}$$

可把线路的波长用下式表示：

$$\lambda=\omega\sqrt{L_1C_1}\,l=\frac{2\pi fl}{f\lambda_{ab}}=2\pi\frac{l}{\lambda_{ab}}$$

故 $\lambda$ 是以线路波长为基值的相对长度，以弧度表示。

1. 自然功率输电

若受端负载阻抗等于线路的特性阻抗，即 $Z_2=Z_c=\sqrt{\frac{L_1}{C_1}}$，则 $\dot{I}_2=\frac{\dot{u}_2}{Z_c}=\frac{u_2}{Z_c}$（以 $\dot{u}_2$ 为实轴），称为自然功率输电，因而有

$$P_2 = I^2 Z_c = \frac{u_2^2}{Z_c} \text{ 且 } \cos\varphi = 1$$

$$P_\lambda = 3P_2 = \frac{u_2^2}{Z_c} \tag{17-5}$$

这里 $P_\lambda$ 称为线路的自然功率。

将 $\dot{I}_2=\frac{u_2}{Z_c}$ 代入式(17-3)及式(17-4)，则有

$$\dot{u}_1 = u_2\cos\lambda + \mathrm{j}\frac{u_2}{Z_c}Z_c\sin\lambda = u_2(\cos\lambda+\mathrm{j}\sin\lambda) = u_2\mathrm{e}^{\mathrm{j}\lambda} \tag{17-6}$$

$$\dot{I}_1 = \mathrm{j}\frac{u_2}{Z_c}\sin\lambda + \frac{u_2}{Z_c}\cos\lambda = \frac{u_2}{Z_c}\mathrm{e}^{\mathrm{j}\lambda} = I_2\mathrm{e}^{\mathrm{j}\lambda} \tag{17-7}$$

由上式可给出自然功率输电时沿线电压及线路电流的矢量图如图 17-1 所示。可见，自然功率输电时有下述特征：

① 沿线 $|u|$ 及 $|I|$ 不变。

② $\dot{u}$ 及 $\dot{I}$ 沿线转动的角度相同。

③ 无功功率自给自足，即线路产生的无功功率与线路无功功率损耗相等。

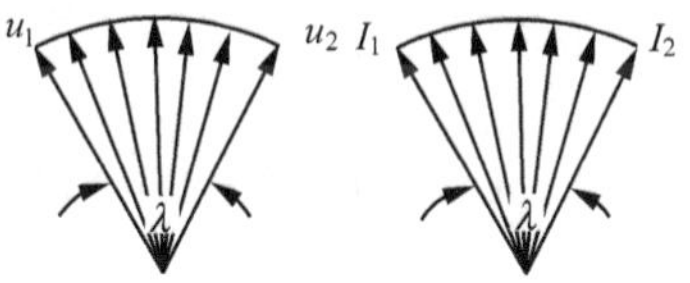


图 17-1　自然功率送电时线路各点的电压电流相量

$$\Delta Q_C = uI_C = u^2\omega C_1 l = I^2 Z_c^2\omega C_1 l = I^2\frac{L_1}{C_1}\omega C_1 l = I^2\omega L_1 l = \Delta Q_L$$

式(17-5)中，$P_\lambda$ 是线路的自然有功功率，在这一意义上自然无功功率为零。$P_\lambda$ 作为不同电压级下估计输送容量的单位，在工程上具有实用性。在各种额定电压下输电线的自然功率值见第四章。

2. 大于或小于自然功率输电

当线路上的输送功率大于自然功率时，线路上电感所消耗的无功功率将大于电容所产生的无功功率，因而线路无功功率不足。线路电感中的压降增大。若发端电压维持恒定，则由发端至受端电压将不断降低；当线路上的输送功率小于自然功率时，线路上电感所消耗的无功功率小于电容所产生的充电功率，因而线路无功功率有余，则由发端至受端电压将不断升高。图 17-2 为沿线电压分布与输送功率的关系示意图。当线路空载时，设发端电压为 1，在 $l=320\text{km}$ 时，$u_2=1.058$；$l=1500\text{km}$ 时，$u_2=\infty$，计入电阻及电导后，将是不能接受的很大的有限值。可见，当线路输送功率小于自然功率时，线路受端的稳态电压升高将对线路绝缘及电力

设备的安全构成危害。对 300km 以上线路必须采取补偿措施加以抑制。

如果在发端和受端分别用发电机和同步调相机来维持两端电压相等，则在输送功率小于自然功率时，$\Delta Q_L > \Delta Q_C$，过剩的无功功率将流向两端，故线路中点电压升高，且发电机必须吸收无功功率，使激磁电流减少，导致发电机电势降低，使静态稳定性降低。欠励运行增加了铁心端部发热。由于以上原因，使无补偿线路的最大长度受到限制，比开路电压升高的限制还要严格。在输送功率大于自然功率时，$\Delta Q_L > \Delta Q_C$，线路无功功率不足，必须从两端向线路输送无功功率，从而使线路中点电压降低。发受两端电压相等时，沿线电压分布与传输功率的关系如图 17-3，这时中点电压有待检验是否超出电力设备所允许的电压偏移范围。

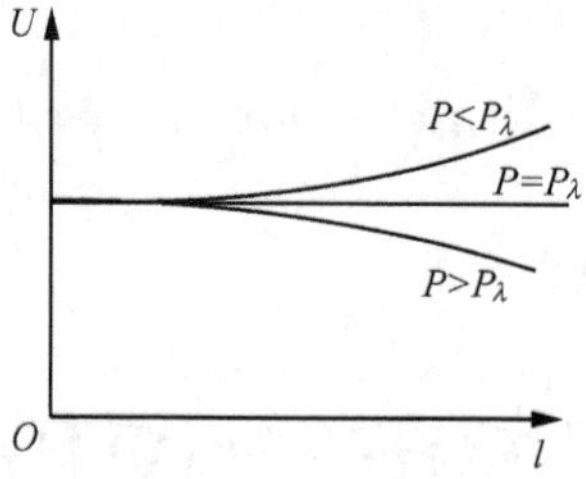


图 17-2　沿线电压分布与传输功率的关系

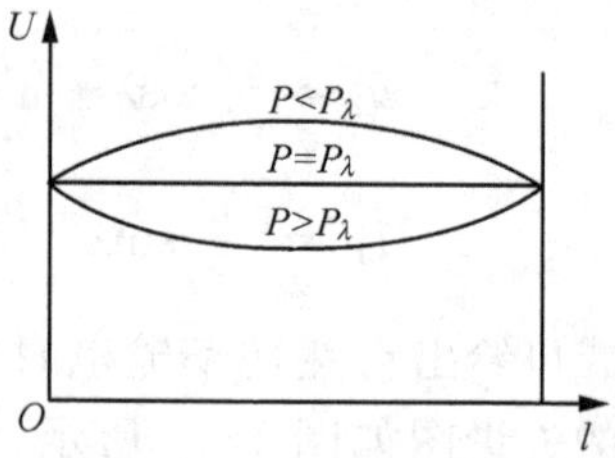


图 17-3　首末端电压相等时线路电压与传输功率的关系

对于 220kV 以上电压级的长距离输电线路，每回线的输送容量以大致接近于自然功率为宜。由于自然功率输电时运行特性较好。采取高自然功率的输电线路势必增加输送能力。运用分裂导线和紧凑型输电可以收效。分裂导线把导线的等值半径扩大，紧凑型输电使相间距离显著减少，因而两者均能使线路电抗减小，使线间电容加大，从而减小了线路的波阻抗以及增大了自然功率。

## 二、线路的理想功率极限

对于长线方程(17-3)，若将相电压置换为线电压以及用 $\dfrac{P_2 - jQ_2}{\dot{U}_2^*}$ 代换 $\dot{I}_2$，则有

$$\dot{U}_1 = \dot{U}_2\cos\lambda + jZ_c\frac{P_2 - jQ_2}{\dot{U}_2^*}\sin\lambda \tag{17-8}$$

使 $\dot{U}_2 = U_2\angle 0^\circ$，$\dot{U}_1 = U_1e^{j\delta} = U_1(\cos\delta + j\sin\delta)$。由式(17-8)，则有

$$U_1\cos\delta = U_2\cos\lambda + Z_c\frac{Q_2}{U_2}\sin\lambda \tag{17-9}$$

$$U_1\sin\delta = Z_c \frac{P_2}{U_2}\sin\lambda \tag{17-10}$$

故有

$$P_2 = \frac{U_1 U_2}{Z_c}\frac{\sin\delta}{\sin\lambda} = P_\lambda \frac{\sin\delta}{\sin\lambda} \tag{17-11}$$

在静态稳定极限点，$\delta=90°$，并以 $P_\lambda$ 为功率基值，则有

$$P_{2*} = \frac{P_2}{P_\lambda} = \left.\frac{\sin\delta}{\sin\lambda}\right|_{\delta=90°} = \frac{1}{\sin\lambda} \tag{17-12}$$

式中，$P_{2*}$ 表示线路可能输送的最大功率，称为线路的理想功率极限。由式(17-12)可绘成表 17-1 及图 17-4。它们均表示线路的理想功率极限与线路长度的关系。

**表 17-1　线路输送的最大功率**

| 线路长度 $l$/km | 0 | 375 | 750 | 1500 | 2250 | 2625 | 3000 |
|---|---|---|---|---|---|---|---|
| 线路波长 $\lambda$ | 0 | $\frac{\pi}{8}$ | $\frac{\pi}{4}$ | $\frac{\pi}{2}$ | $\frac{3\pi}{4}$ | $\frac{7\pi}{8}$ | $\pi$ |
| 最大功率 $P/P_\lambda$ | $\infty$ | 2.63 | 1.41 | 1 | 1.41 | 2.63 | $\infty$ |

可见，当 $l<1500$km，随着线路长度的增加，理想功率极限迅速下降；当 $l>1500$km，随着线路长度的增加，理想功率极限上升。在随后的讨论中将说明，后者并无实用意义。

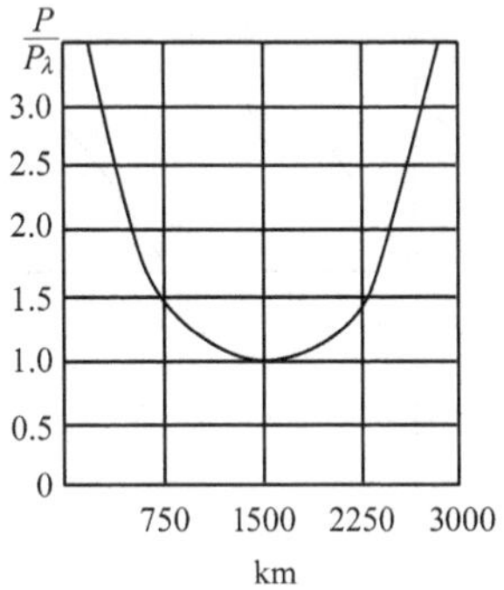


图 17-4　线路的运行能力

现对两种典型长度下的输电特征进行讨论。

1. 1/4 波长输电

当 $l=1500$km，$\lambda=\frac{\pi}{2}$，由式(17-3)及式(17-4)可得

$$\dot{u}_1 = jZ_c\dot{I}_2 \tag{17-13}$$

$$\dot{I}_1 = j\frac{\dot{u}_2}{Z_c} \tag{17-14}$$

由上式可见：

① $\dot{u}_1$ 与 $\dot{u}_2$ 无关，$\dot{u}_1$ 只由 $\dot{I}_2$ 决定；

② $\dot{I}_1$ 与 $\dot{I}_2$ 无关，$\dot{I}_1$ 只由 $\dot{u}_2$ 决定；

③ $\cos\varphi_1=\cos\varphi_2$。

相应的电压、电流相量图如图 17-5 所示。

当 $\cos\varphi_2=1$，线路中输送的功率为 $\dot{S}_{\varphi_2}=P_{\varphi_2}=u_2I_2=\frac{u_1u_2}{Z_c}$，因 $u_2$ 容许变动较小，调整 $P_{\varphi_2}$ 需靠 $u_1$ 的变动，但送端发电机不能使 $u_1$ 在很大的范围内变动。当 $u_2$ 为定值，$I_1$ 必须在任何情况下保持不变。当线路空载时

$$\dot{u}_1 = \dot{u}_2 \cos\lambda$$

线路无载时的电压分布图如图 17-6 所示。当 $\dot{u}_1$ 为有限值时 $u_2$ 将变为∞。因而 1/4 波长输电是不可能的。

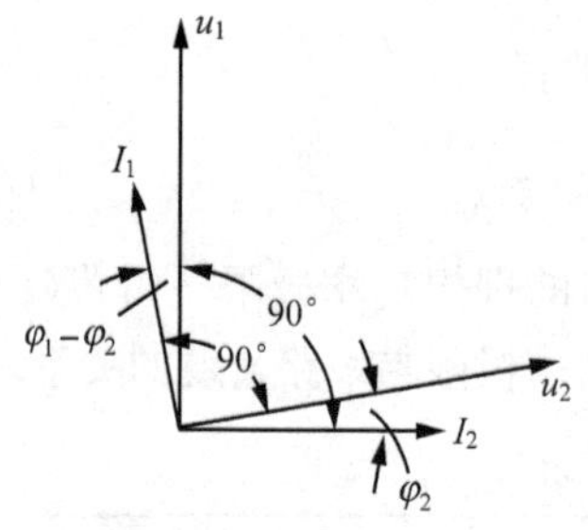


图 17-5　当线路波长等于 1/4 时线路电压和电流的相量图

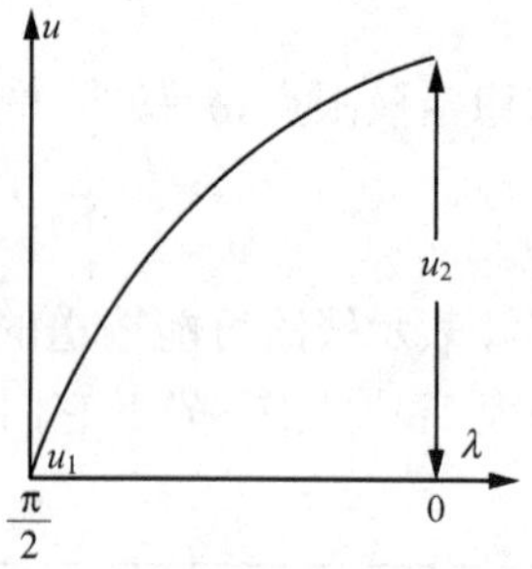


图 17-6　在线路波长等于 1/4 的线路上线路无载时的电压分布

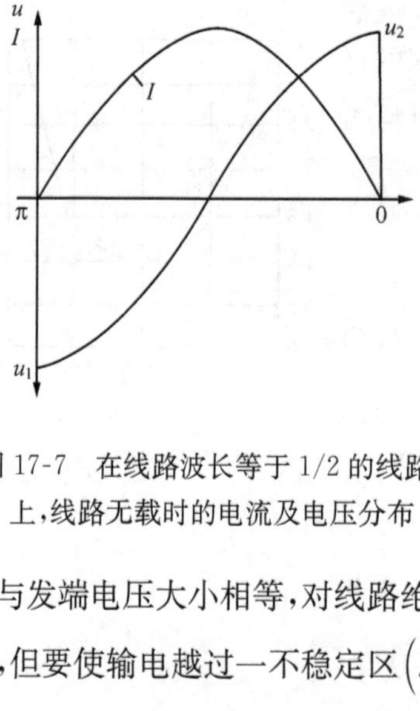


图 17-7　在线路波长等于 1/2 的线路上，线路无载时的电流及电压分布

2. 1/2 波长输电

当 $l=3000\text{km}$，$\lambda=\pi$，由式(17-3)及式(17-4)可得

$$\dot{u}_1 = -\dot{u}_2 \tag{17-15}$$

$$\dot{I}_1 = -\dot{I}_2 \tag{17-16}$$

可见，在这种线路上发端与受端的电压与电流大小相等，相角相差 180°，与功率输送的大小无关。当线路无载时，

$$\dot{u}_1 = \dot{u}_2 \cos\lambda \tag{17-17}$$

$$\dot{I}_1 = \text{j}\frac{\dot{u}_2}{Z_c}\sin\lambda \tag{17-18}$$

沿线电流及电压分布如图 17-7 所示。线路受端与发端电压大小相等，对线路绝缘无更高要求，输电静态稳定度也较高。虽然如此，但要使输电越过一不稳定区$\left(\lambda=\frac{\pi}{2}\right)$，而后进入稳定区，实际上也办不到。

对于 $l<1000\text{km}$，当线路静态稳定储备系数取 30%时($\delta=44°$)，在图 17-8 中给出了输电能力与电压级及长度的关系曲线。

## 三、输电线受端 *PU* 曲线分析

对式(17-8)，使 $\dot{U}_2=U_2\angle 0°$，$\dot{U}_1=U_1 e^{j\delta}=U_1\cos\delta+jU_1\sin\delta$，则可写成实数形式

$$\left(\frac{U_2}{U_1}\right)^4+\left(\frac{U_2}{U_1}\right)^2\left(\frac{2Q_2}{P_\lambda}\text{tg}\lambda-\frac{1}{\cos^2\lambda}\right)+\text{tg}^2\lambda\left(\frac{P_2}{P_1}\right)^2\left(1+\frac{\cos^2\varphi}{\sin\varphi}\right)=0 \qquad (17\text{-}19)$$

对于式(17-19),若 $U_1$ 一定,可对 $U_2$ 求解

$$\frac{U_2}{U_1}=f\left(\frac{P_2}{P_\lambda},\cos\varphi,l\right)$$

由上式可绘制出第十四章的图 14-19 及图 17-9。该图是在 $\cos\varphi=0.97$(滞后)条件下,不同输电长度下受端母线的 $PU$ 曲线。由该图可见,对于 300km 以上线路:

① 线路轻载下末端电压太高;

② 受端电压对输送功率的变化异常敏感,$PU$ 曲线上部灵敏度过高,电压变动率大;

③ 750km 以上线路($\lambda>\frac{\pi}{4}$)当输送自然功率时,末端电压处于两个根的低值点,运行不稳定。

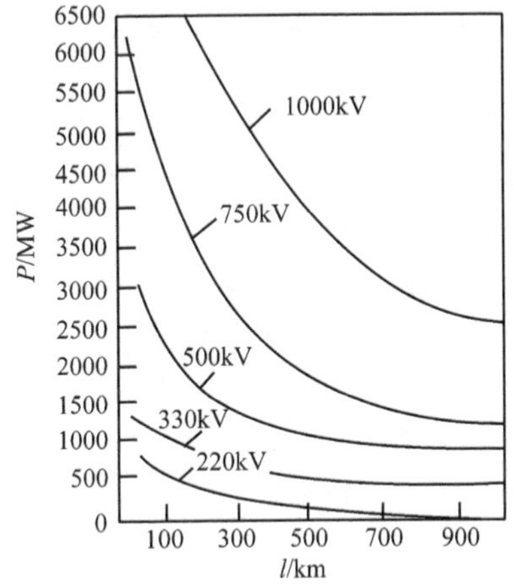


图 17-8　线路传输能力与长度的关系

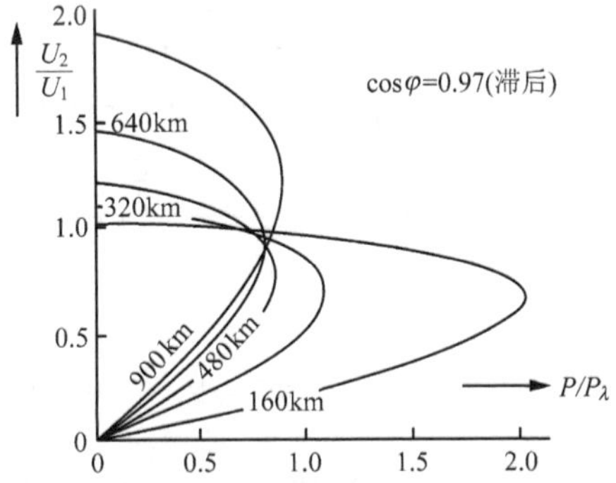


图 17-9　受电端电压与线路长度、负荷的函数关系(辐射性线路)[3]

此外,负荷功率因数对受端电压有强烈影响。空载及轻载时发端电机必须吸收大量无功功率,导致发电机静态稳定度降低,重载时须由线路两端供给大量无功功率,经济上难以承受。因此 300km 以上线路在所有功率因数下,如无补偿措施,都是不可能运行的。

## 四、交流远距离输电的参数补偿

交流长线路的参数补偿是克服交流远距离大容量输电限制的主要方法。补偿的目的在于:①在各种传输功率水平下均能保持平坦的电压分布。②增加远距离

输电容量,改善静态稳定、阻尼振荡与改善暂态稳定。③经济地实现输电系统的无功补偿。补偿类型可分为均匀分布补偿和集中补偿两类。前者是一种理想的补偿方法,后者较为实用。

由式(17-11)可见,输电线路的运行能力与线路的波长有很大的关系,现从无损线的波长与特性阻抗公式来看

$$\lambda = \beta l = 2\pi f l \sqrt{L_1 C_1} \tag{17-20}$$

$$Z_c = \sqrt{\frac{L_1}{C_1}} \tag{17-21}$$

由式(17-20)可见,线路的波长不但与线路的长度 $l$ 有关,且与线路单位长度的电感 $L_1$ 及电容 $C_1$ 有关。改变 $L_1$ 及 $C_1$ 可以改变线路的波长。在线路中人为地接入外加的电感及电容可以改变输电线路的电感和电容。根据串联、并联电感和电容的方法可以有以下四种补偿方式,如图 17-10 所示。

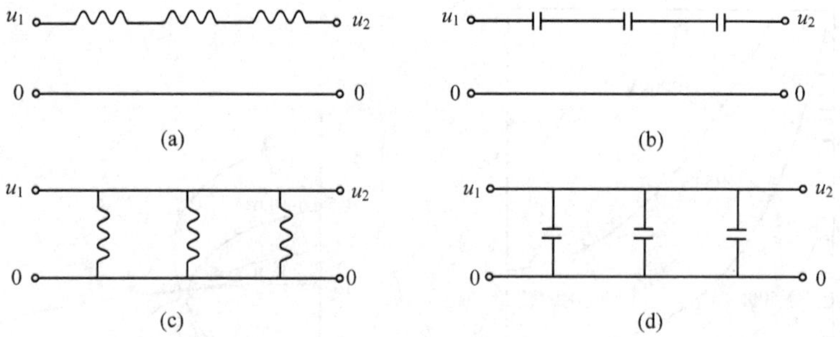


图 17-10　线路参数补偿

(a)串联电感　(b)串联电容　(c)并联电感　(d)并联电容

① 串联电抗补偿 $L_1\uparrow \to \lambda\uparrow, Z_c\uparrow, P_\lambda\downarrow$。

② 串联电容补偿 $L_1\downarrow \to \lambda\downarrow, Z_c\downarrow, P_\lambda\uparrow$。

③ 并联电抗补偿 $C_1\downarrow \to \lambda\downarrow, Z_c\uparrow, P_\lambda\downarrow$。

④ 并联电容补偿 $C_1\uparrow \to \lambda\uparrow, Z_c\downarrow, P_\lambda\uparrow$。

可见,适当地选择电容器和电抗器可以把线路波长变到最有利的运行条件。也可以同时应用串联补偿及并联补偿。需要选择技术上先进经济上合理的线路补偿接线方式。

以下讨论几种行之有效的集中补偿方式。

1. 并联电抗器补偿[3]

在长距离输电线路上按一定长度分段进行并联电抗器补偿主要用于抑制空载及轻载时的电压升高。现以单一线路为例,设送端接电压源,受端并联一电抗 $x$,则受端电压为

$$\dot{U}_2 = \mathrm{j}x\dot{I}_2$$

由式(17-3)及式(17-4)，将相电压转换为线电压，可得

$$\dot{U}_1 = \dot{U}_2\cos\lambda + \mathrm{j}Z_c\dot{I}_2\sin\lambda = \dot{U}_2\left(\cos\lambda + \frac{Z_c}{x}\sin\lambda\right) \tag{17-22}$$

可见，$\dot{U}_1$、$\dot{U}_2$ 同相位。这是由于不输送有功功率的缘故。若使 $U_1 = U_2$，则有

$$x = Z_c \frac{\sin\lambda}{1-\cos\lambda} \tag{17-23}$$

又

$$\begin{aligned}\dot{I}_1 &= \mathrm{j}\frac{\dot{U}_1}{Z_c}\sin\lambda + \dot{I}_2\cos\lambda = \mathrm{j}\frac{\dot{U}_1}{Z_c}\sin\lambda - \mathrm{j}\frac{U_2}{x}\cos\lambda \\ &= \mathrm{j}\frac{\dot{U}_1}{Z_c}\sin\lambda - \mathrm{j}\frac{\dot{U}_1}{Z_c}\frac{1-\cos\lambda}{\sin\lambda}\cos\lambda \\ &= \mathrm{j}\frac{\dot{U}_1}{Z_c}\frac{1-\cos\lambda}{\sin\lambda} = \mathrm{j}\frac{U_2}{x} = -\dot{I}_2\end{aligned} \tag{17-24}$$

$$Q_1 = -Q_2 = \frac{U_2^2}{x} = \frac{U_2^2}{Z_c}\frac{1-\cos\lambda}{\sin\lambda} \tag{17-25}$$

可见，送端及受端吸收等量的滞后无功功率。

现在求线路中点电压 $\dot{U}_m$。此时，将式(17-22)的坐标原点改为送端，因而有

$$\dot{U}_x = \dot{U}_2\cos\beta(l-x) + \mathrm{j}Z_c\dot{I}_2\sin\beta(l-x) \tag{17-26}$$

当 $x=\dfrac{l}{2}$，则有

$$\dot{U}_m = \dot{U}_2\cos\frac{\lambda}{2} + \mathrm{j}Z_c\dot{I}_2\sin\frac{\lambda}{2} = \dot{U}_2\left(\cos\frac{\lambda}{2} + \frac{Z_c}{x}\sin\frac{\lambda}{2}\right) \tag{17-27}$$

由于中点电流为零[见图 17-11(c)]，应用公式(17-22)，则有 $\dot{U}_1 = \dot{U}_m\cos\dfrac{\lambda}{2}$，故

$$\dot{U}_m = \frac{\dot{U}_1}{\cos\dfrac{\lambda}{2}} \tag{17-28}$$

注意到 $\dot{U}_m$ 与 $\dot{U}_1$ 及 $\dot{U}_2$ 同相，也和线路上所有各点电压同相。图 17-11 表示 500kV 的传输线路，$l=320\text{km}$，$Z_c=250\Omega$，受端接有电抗 $x$，当 $x$ 满足式(17-23)时，线路无载下的电压、电流分布。充电电流在线路的两半部分平均分配，电压分布对中点对称，最大电压发生在中点。以端点电压及自然功率为基值时，$U_1=U_2=1.0$，$U_m=1.02$，两端吸收的滞后无功功率为 $0.2055P_\lambda$，并联电抗器的额定值为 68.5Mvar/$\varphi$。当无电抗补偿时，受端电压为 1.088，送端吸收的滞后无功功率为 $0.429P_\lambda$。

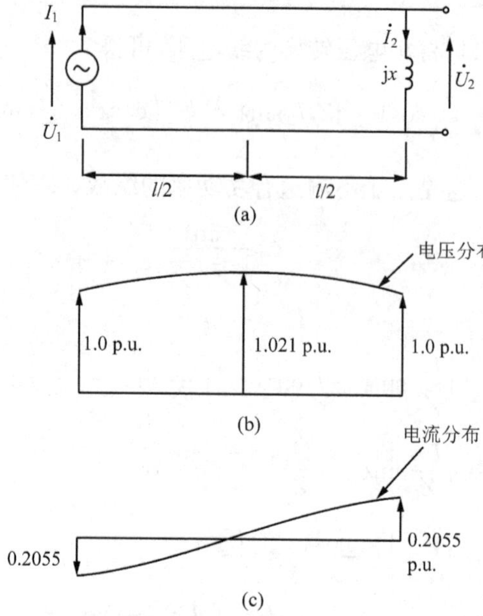


图 17-11　并联补偿线路无载时的电压电流分布($l$=320km)

当延长线多处接装并联电抗器，可按一定长度等分为 $n$ 段，接有 $n+1$ 组电抗器。设线路的波长为 $\lambda$，此时在式(17-23)中用 $\frac{\lambda}{n}$ 取代 $\lambda$，则线路中间各点并联电抗器的数值可由下式求得：

$$x=\frac{Z_c}{2}\left[\frac{\sin\left(\frac{\lambda}{n}\right)}{1-\cos\left(\frac{\lambda}{n}\right)}\right] \tag{17-29}$$

用多个并联电抗器补偿的无载输电线路的电压、电流分布如图 17-12 所示。线路在重载电压水平低时可切除电抗器以提高电压。对于复杂网络计算并联电抗器的最佳容量和连接点问题，需要对不同运行方式进行多次潮流计算。

2. 串联电容补偿

实现大功率远距离输电采用分裂导线所达到的感抗减小程度已嫌不够，在输电线中串联静电电容器以降低输电线感抗是提高线路传输容量的有力措施。在经过补偿的线路中，电压降和线路始末两端的相移角都已减小。

具有串联电容补偿的输电线路的传输功率可由下式决定：

$$p=\frac{U_1U_2}{x-x_C}\sin\delta \tag{17-30}$$

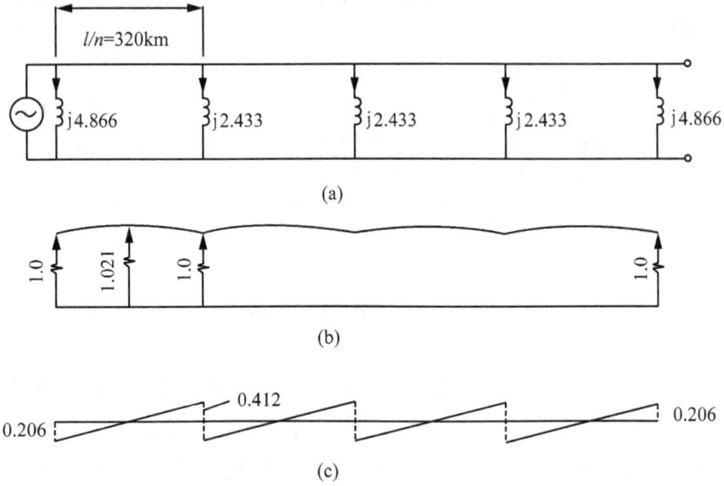


图 17-12　用多个并联电抗器补偿的无载输电线路[3]

(a) 线路图　(b) 电压分布　(c) 电流分布

式中，$U_1$、$U_2$ 分别为输电线送端及受端电压的幅值；$x$、$x_C$ 分别为输电线路的感抗及串联补偿电容的容抗；$\delta$ 为送端及受端电压的相角差。

由式(17-30)可见，采用串联补偿电容后提高了功率极限与传输容量。串联电容器的主要作用是通过降低线路电抗以降低线路的电压降以及减少线路两端电压的相角差，从而提高了线路的静态稳定及暂态稳定度。

图 17-13 为 380kV 输电线路在不同补偿度($K_C = x_C/x$)下的输电容量。可见，补偿度越大，传输容量越大。但绝非补偿度越大越好，过大的补偿度可能导致产生电力系统次同步谐振(次同步频率的电气谐振)及轴系扭振(机电联合体扭转交互作用)会破坏系统的稳定性，并对汽轮发电机及系统中的其他设备造成甚大危害。必须找出可能导致次同步振荡的临界补偿度。如果输电网呈辐射状，当补偿度超过 50% 时就必须分析次同步振荡可能产生的问题。过大的补偿度将使线路的继电保护发生困难，并使短路电流和内部过电压增大。在经济上合理的补偿度还要结合其他提高稳定的措施如提高励磁顶值电压等对系统造价进行综合分析。

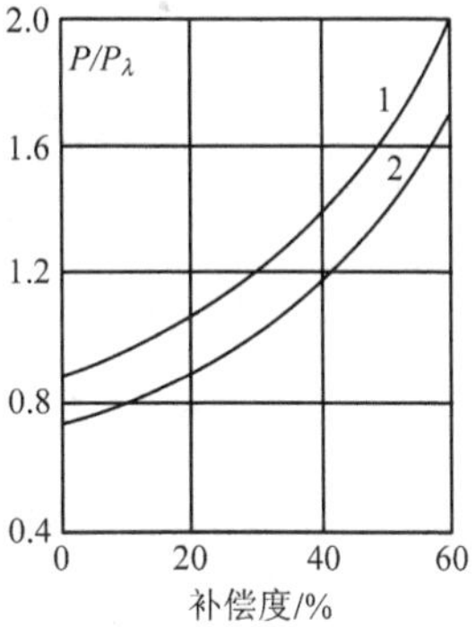


图 17-13　380kV 输电线路在不同串联电容补偿度下的送电容量

1—每相三根分裂导线；
2—每相两根分裂导线

现以图 17-14 所示的输电系统为例说明固定电容器对提高远距离输电系统传输功率的作用。

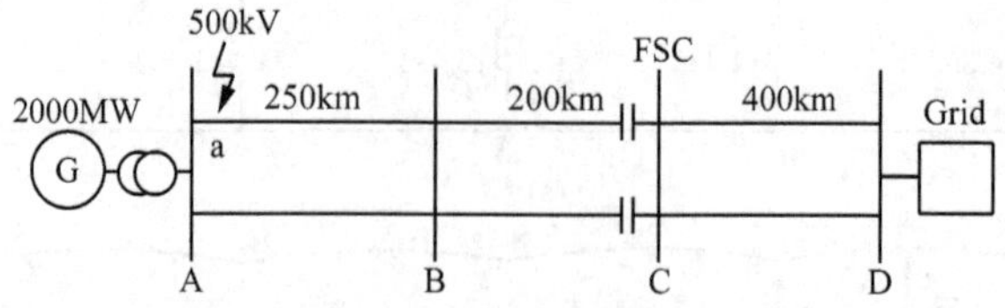


图 17-14　输电系统单线图

发电厂 A 容量为 2000MW，它与电网 D 通过 500kV 输电线相连，传输同样功率可以考虑三回线方式。在正常运行情况，每回线送电能力为 660MW。显然，对于 500kV 线路其输送容量未能充分得到利用。若用具有串联电容补偿的双回输电线路，则能够满足输送功率及系统稳定的要求且更经济。按沿线电压的均匀分布，串联补偿装置选择在线路中间（点 C）。潮流计算表明，无论有无电容器，系统均可输送2000MW功率。沿线电压在 0.95～1.05。但在无串联补偿情况，受端电压运行在电压下限，传输角达 65°。当传输系统送端发生三相短路并切除故障段，在无电容器补偿时，系统很快失去稳定。当输送功率降低到 1200MW，在同样故障下可维持稳定。当配置串联电容补偿（补偿 BC 段电抗的 45%），传输功率 2000MW，故障消除后仍能保持系统稳定（见图 17-15）。

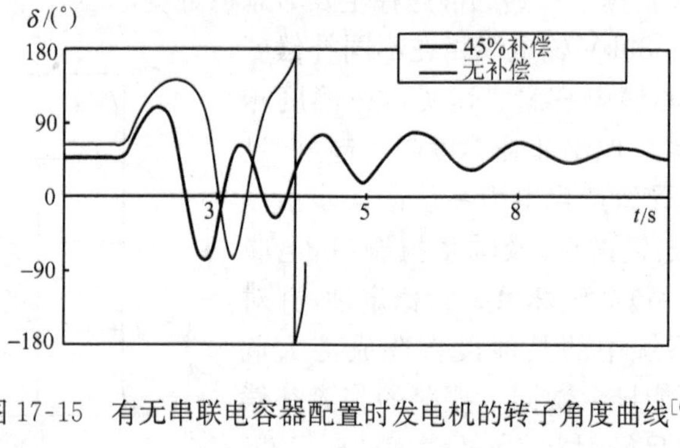


图 17-15　有无串联电容器配置时发电机的转子角度曲线[6]

固定串联电容器（FSC）在技术及经济上有许多优点，但它不能适应系统运行情况的变化以调整线路阻抗，且由于次同步谐振问题限制了串补度的提高，进一步的发展是用可控硅控制的串联补偿（TCSC）代替固定串联电容补偿。

3. 串联电容及并联电抗补偿

在远距离输电线路上单纯采用串联电容补偿虽然可使线路两端电压相角差显

著减小，但串联电容器两侧电压仍相当高。当输送功率增大时减少得很小。即便在自然功率传输条件下，线路两端也要吸收相当多的无功功率。这与沿全线电压升高有关。上述问题可用并联电抗器补偿加以解决。在同时实施串联补偿及并联补偿的情况下，可以做到所需传输功率范围内串联电容两侧的电压接近于额定值。线路两端吸收的无功功率显著减少。在线路传输功率较大时，两端功率因数变为滞后，从而使发电机内电势增高，有利于暂态稳定。

## 第三节 直 流 输 电

交流输电已有百年历史，20 世纪 60 年代直流输电变得活跃起来则是由于技术及经济上的原因，包括电力电子技术的进步、输电技术的特殊要求以及交流电力系统的发展促进了直流输电的应用。首次商业应用是在 1954 年瑞典用海底电缆向果特篮岛供电的直流输电工程。迄今世界上投运的高压直流输电工程达五十余个。我国于 1989 年建成向舟山群岛供电的 50MW、100kV 直流输电线，1990 年建成 1200MW、±500kV 葛洲坝-上海直流输电工程。2000 年建成 1800MW、±500kV天生桥-广州直流输电工程。2003 年三峡-常州 3000MW、±500kV 直流输电工程双极投产。2007 年四川富龙-上海奉贤 6400MW、±800kV 特高压直流输电示范工程开工，输送距离达 2000km，工程建成后将成为目前世界上电压等级最高、输送容量最大、输送距离最远的直流输电工程。

两种基本的换流器技术用于现代高压直流输电工程，即传统的线路换相电流源换流器($CSC_S$)及自换相电压源换流器($VSC_S$)，将分别进行叙述。本节的前三部分主要叙述 CSC 型，第四部分叙述 VSC 型。

直流输电的适用范围如下：①远距离大功率架空线输电。直流线路造价低而两端换流装置昂贵，当输电距离足够长，直流线路的节约克服了变流站的价格时，直流输电的增量价格才低于交流输电。如图 17-16 所示，对于架空线，等价距离在 800～1000km，对于海底电缆，因其介质昂贵，等价距离降至 50km 左右。②直流线路特别适合于海底或地下电缆输电。这是由于高压交流电缆具有很大的分布电容及很大的充电功率。大的充电电流已使线路无法传输有效负荷，且海底电缆无从加装电抗器补偿，而直流线路不存在电容电流问题。③直流线路适合于交流电力系统的非同步互联。幅员辽阔的国家具有巨大的电力系统装机容量，为防止事故波及，形成单一同步互联系统是不可取的。直流线路互联可以避免故障传递，且无功角稳定问题，系统的短路容量也不致明显升高，且潮流调节迅速简便。④在电力市场的条件下，独立传输项目(independent transmission project)将电源或市场孤立化，以减少稳定问题、频率控制问题，经常需求与储备问题等方面的矛盾。

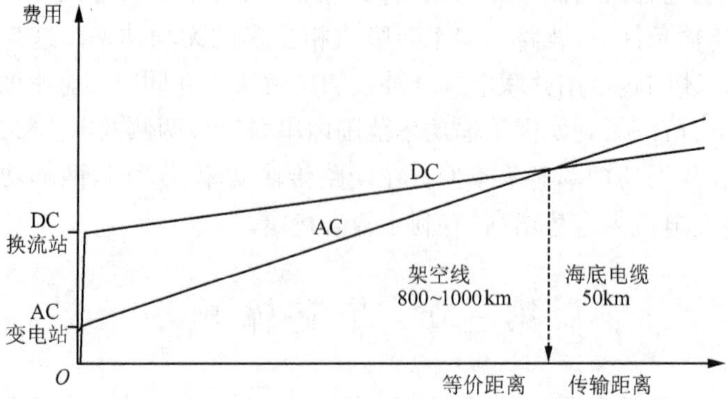


图 17-16　交直流输电的等价距离

## 一、直流输电系统的接线方式与构成

直流输电系统的基本接线如图 17-17(a)所示，发电厂发出的交流电经升压后由整流器变为直流，通过直流线路送至受端，经过逆变器变为交流电，注入受端交流系统。假设输电方向是从换流站 $CS_1$ 至 $CS_2$，则 $CS_1$ 工作于整流状态，$CS_2$ 工作于逆变状态，换流站的功率损耗为输送功率的 1.5%～2%。实用的直流送电方式是双极直流输电线路，如图 17-17(b)所示。具有两根导线，一根是正极，一根是负极。送端及受端均由两组额定电压相等在直流侧相互串联的换流器。如在两组换流器的连接点(中性点)接地，线路两极可独立运行。正常时以相同的电流工作，无大地电流。当一根导线故障时，另一根以大地作回路，可带一半额定负荷。以我国天生桥-广州高压直流输电线路为例，额定双极传输容量为 1800MW，额定电压为 ±500kV，额定电流为 1800A，传输距离 960km。

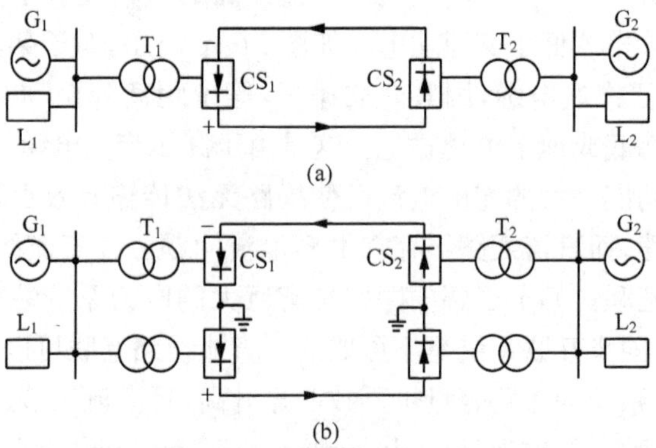


图 17-17　直流输电接线方式

(a)单极送电方式　(b)双极送电方式

交直流两种输电方式的比较将有助于对直流输电特点的了解。如图 17-18 所示，直流线路只用两根导线，三相交流线路则要用三根导线。如果每根导线具有相同的截面，直流线路每根导线可输送功率

$$p_d = U_d I_d$$

交流线路每根导线可输送功率

$$p_a = U_a I_a \cos\varphi$$

式中，$U_d$、$U_a$ 分别为直流线路的对地电压与交流线路相电压的有效值；$I_d$、$I_a$ 分别为直流电流和交流线路的电流有效值；$\cos\varphi$ 为交流线路的功率因数。

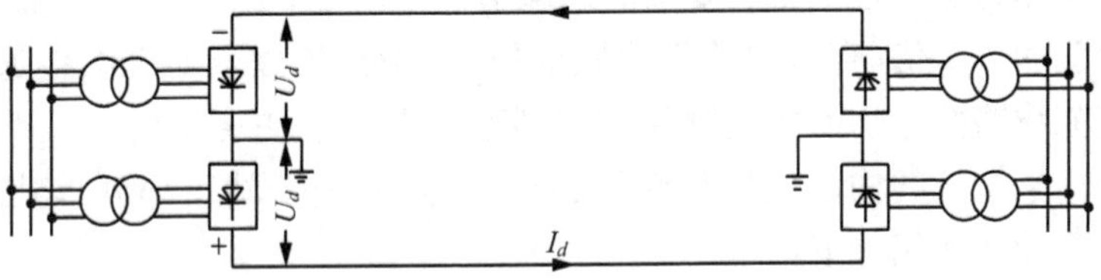


(a)

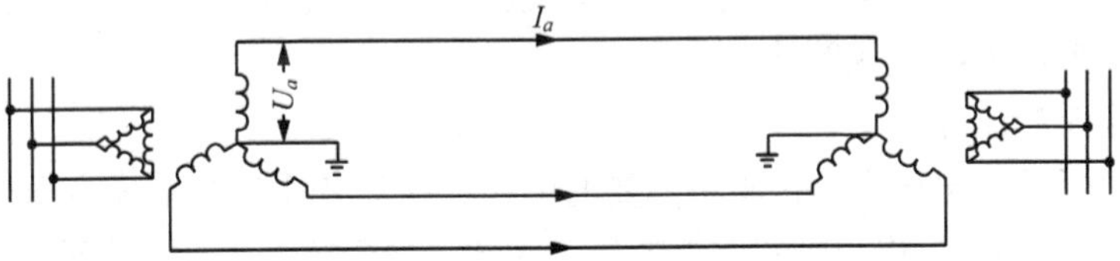


(b)

图 17-18　直流输电系统和交流输电系统的比较

(a)直流输电系统结线图　(b)直流输电系统结线图

当两种线路具有相同的电流密度与相同的绝缘水平时，则有

$$I_d = I_a$$

$$U_d = \sqrt{2} U_a$$

如取 $\cos\varphi = 0.945$，于是

$$\frac{p_d}{p_a} = \frac{U_d I_d}{U_a I_a \cos\varphi} = \frac{\sqrt{2}}{\cos\varphi} = \frac{\sqrt{2}}{0.945} = 1.5$$

$$\frac{P_d}{P_a} = \frac{2p_d}{3p_a} = \frac{2}{3} \times 1.5 = 1$$

式中，$P_d$、$P_a$ 分别为双线直流线路及三线交流线路输送的总功率。

在功率损耗方面，对直流线路，

$$\Delta P_d = 2 \times \frac{P_d^2}{(2U_d)^2} R = \frac{P_d^2}{2U_d^2} R$$

对交流线路

$$\Delta P_a=\frac{P_a^2}{(\sqrt{3}U_a)^2\cos^2\varphi}R$$

故有

$$\frac{\Delta P_d}{\Delta P_a}=\frac{3U_a^2\cos^2\varphi}{2U_d^2}=\frac{3\times 0.945^2}{2\times 2}=\frac{2}{3}$$

由以上分析可见，在导线截面、电流密度及绝缘水平相同的条件下，直流线路和交流线路传送的有功功率基本相同，而直流线路的传输损失以及最终是线路投资仅是交流传输的 2/3，这是因为减少了导线数目的缘故。

交流线路为防止过电压其要求的绝缘水平为正常电压的 2.5～3 倍，直流线路仅为正常值的 1.7 倍，直流线路无集肤效应，电晕损耗以及对无线电通信干扰较小。但直流线路两端均需换流设备，比之交流变压设备更为昂贵。

直流输电系统的构成包括整流站、直流线路及逆变站三部分，如图 17-19 所示。其主要设备作用如下：

(1) 换流器

由可控硅阀组成，其作用是整流及逆变。如天广线的可控硅块的额定电压为 8kV，用 78 个块串联组成阀体。

(2) 换流变压器

把交流系统的电压变为桥阀所需要的电压。换流变压器与普通变压器相比，要求具有足够大的漏抗，以限制短路电流保护阀体。但漏抗太大引起降低功率因数。

(3) 直流平波电抗器

串接在换流器与线路间，用以抑制直流电流变化时的上升速度以及减小直流电压和直流电流的谐波分量。

(4) 滤波器

由于换流器在交流侧和直流侧均会产生谐波电流和电压，从而恶化电能质量、产生谐波损耗以及干扰通信线路，因而需加装滤波器。交流侧滤波器一半装在换

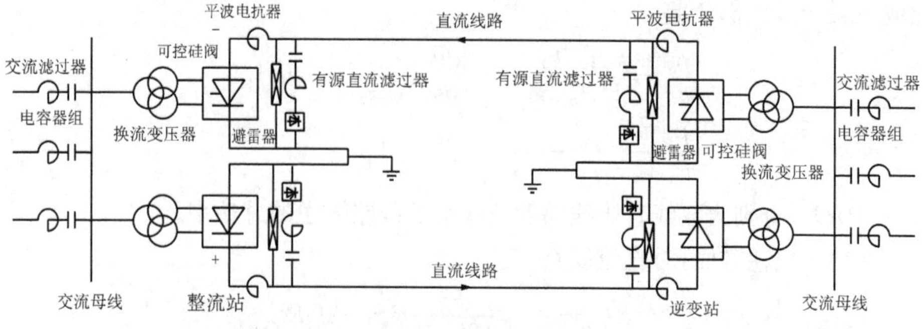


图 17-19　高压直流输电系统单线图

流变压器的交流侧母线上。对于单桥用单调谐滤波器吸收5、7、11次谐波，用高通滤波器吸收高次谐波；对双桥用11、13次谐波滤过器及高通滤过器。直流侧滤波器一般装在直流线路两端，采用有源滤波器广频谱消除谐波。单桥时吸收 $6n$ 次谐波，双桥时吸收 $12n$ 次谐波。

(5) 无功补偿装置

由于换流器的触发角或逆变角不能为零，使电流相位落后于电压相位。两侧装置都需补偿无功功率，正常时约为输送功率的40%～60%，通常由静电电容(包括滤波器电容)、静止无功补偿器供给。

(6) 直流避雷器

直流避雷器是直流输电系统绝缘配合的基础，其保护水平决定设备的绝缘水平。由于直流系统的电压和电流无自然过零情况，因而直流避雷器的火花间隙在各种波形的过电压作用下应具有稳定的击穿电压值，具有足够大的泄放电荷的能力，具有自灭弧能力，能可靠切断有很大直流分量的电压下的续流。在过电压作用下动作后残压不得超过规定值。

## 二、直流输电系统的工作原理(CSC-HVDC)

直流输电的换流器通常由一个三相桥式电路组成，每个桥由6个桥臂，称为单桥换流器。在每个工频周期内直流侧出现6个脉冲波形，因而又称为6脉冲换流器。由单桥构成的整流器、逆变器与线路连接的接线如图17-20所示。

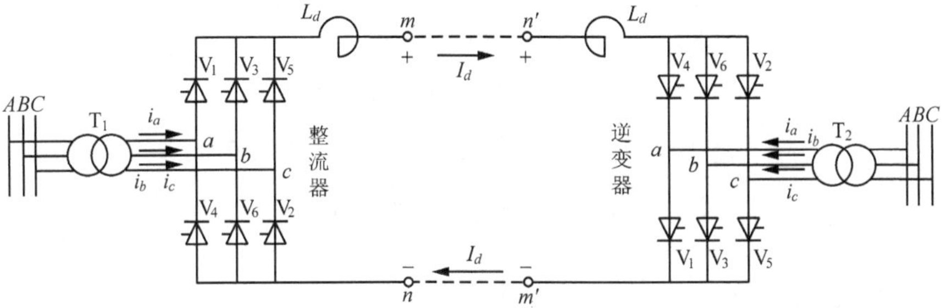


图17-20 单桥式换流器接线图

在分析换流器工作原理时，通常作以下假设：

① 整流器的交流侧电源为三相对称正弦电势，其频率与幅值恒定。

② 三相电源内电感及整流变压器漏电感之和 $L_c$ 平衡，忽略内电阻。

③ 平波电抗 $L_d$ 很大，直流电流 $I_d$ 无波纹。

④ 换流阀具有理想的关断特性与导通特性，即正向漏电流为零与通态压降为零。

⑤ 6个阀以1/6周波周期的等相位间隔(60°电角度)依次轮流触发。

以下分别叙述整流器及逆变器的工作原理。

1. 整流器的工作原理

如图 17-21 所示，设整流变压器二次侧三相空载电势为 $e_a$、$e_b$ 及 $e_c$。内电感为 $L_c$。6 个桥阀按正常工作导通次序编号。阀只在承受正向电压同时在控制极得到触发脉冲时才开始导通。导通后，即使失去触发信号仍保持导通。直至承受反向电压，待电流为零且载流子完全复合恢复正向阻断能力后才会关断。由该图可见，平波电抗前的直流电压为 $v_d$，平波电抗后的直流电压及电流为 $U_d$ 及 $I_d$。$v_d = v_m - v_n$，这里 $v_m$、$v_n$ 分别为共阴极点电压及共阳极点电压。

如图 17-22 所示，以电势 $e_{ca}$ 为基准电压，则有

$$\begin{aligned} e_{ca} &= e_a - e_c = \sqrt{2}E\sin\omega t \\ e_{ab} &= e_b - e_a = \sqrt{2}E\sin(\omega t - 120°) \\ e_{bc} &= e_c - e_b = \sqrt{2}E\sin(\omega t - 240°) \end{aligned} \tag{17-31}$$

图中 $c_1$、$c_2$、$c_3$、$c_4$、$c_5$ 及 $c_6$ 分别为线电压 $e_{ca}$、$e_{cb}$、$e_{ab}$、$e_{ac}$、$e_{bc}$ 及 $e_{ba}$ 依次由负变正过零的时刻，其间隔为 60°电角度，将作为可控硅触发相位的参考点。

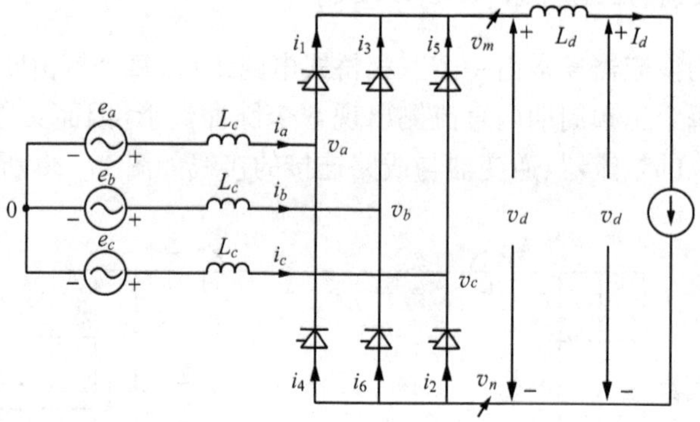


图 17-21　整流器工作原理图

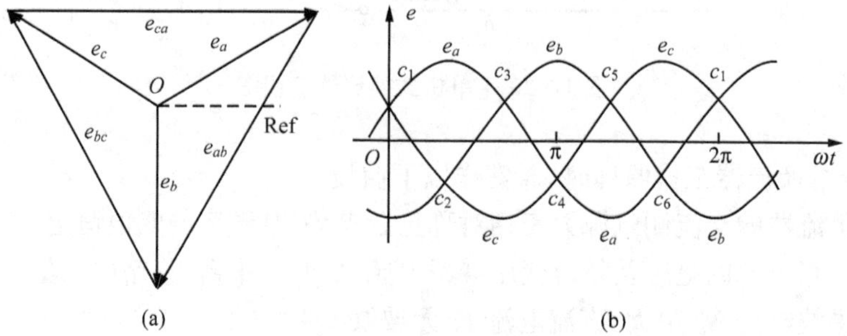


图 17-22　$e_{abc}$ 矢量图及波形图

(a)矢量图　(b)波形图

如图 17-23 所示，在 $t=0^-$，电势 $e_c$ 的瞬时值（正值最大）最高，电势 $e_b$ 最低（负值最大），因而接于这两相的阀 $V_5$、$V_6$ 导通，形成回路，阀 $V_1 \sim V_4$ 因承受反向电压而阻断。此时，

$$v_m = v_c = e_c，\ v_n = v_b = e_b，\ v_d = v_m - v_n = e_c - e_b，\ i_c = I_d，\ i_b = -I_d$$

在 $t=0^+$（过 $c_1$ 点），由于 $e_a > e_c$，使阀 $V_1$ 开始承受正向电压。设触发点 $P_1$ 比 $c_1$ 滞后 $\alpha$ 角，则 $\alpha$ 称为触发滞后角，亦即开通滞后角，在 $\omega t < \alpha$，阀 $V_1$ 触发开通之前，只有 $V_5$ 和 $V_6$ 两个阀导通。当 $\omega t = \alpha$，阀 $V_1$ 接到触发脉冲开始导通，这时阀 $V_6$ 仍处于通态，电流通过 $V_1$、负荷和 $V_6$ 形成回路，也就是说，此时有 $V_5$、$V_6$ 和 $V_1$ 三个阀导通，称为换相过程。阀 $V_1$ 导通经过一定时间后，阀 $V_5$ 因承受反向电压而

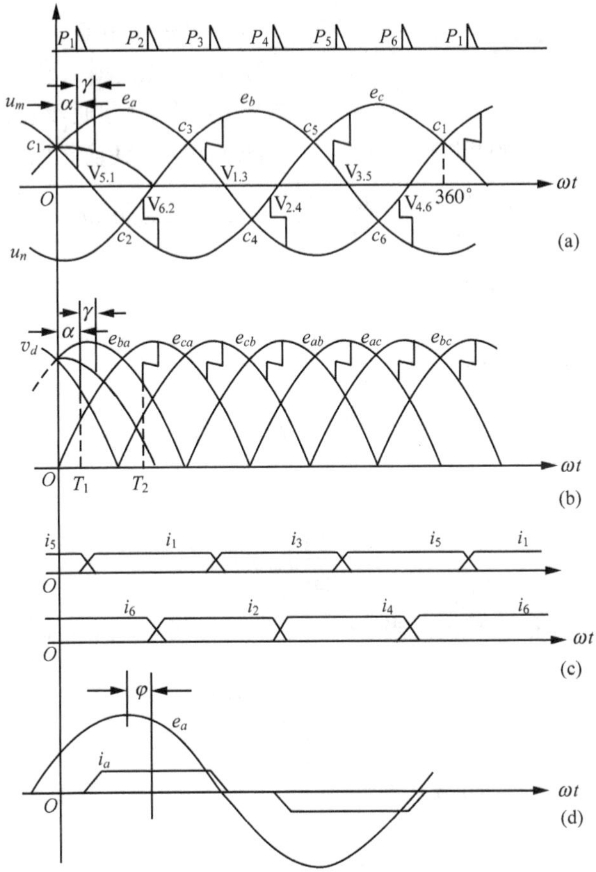


图 17-23　整流器的电压和电流波形图

(a)直流母线 $m$、$n$ 对中性点 $O$ 的电压波形　(b)直流线线 $m$、$n$ 间的电压波形　(c)阀电流波形　(d)$a$ 相电压和电流波形

被关断，此时 $V_5$ 向 $V_1$ 完成换相。以后又只有 $V_1$ 和 $V_6$ 两个阀导通。

阀的导通及换流顺序如下：

正常导通：　$V_5V_6$　　$V_1V_6$　　$V_2V_1$　　$V_3V_2$　　$V_4V_3$　　$V_5V_4$　　$V_5V_6$

换　　流：　$V_6V_5V_1$　　$V_1V_6V_2$　　$V_2V_1V_3$　　$V_3V_2V_4$　　$V_4V_3V_5$　　$V_5V_4V_6$

如此周而复始。

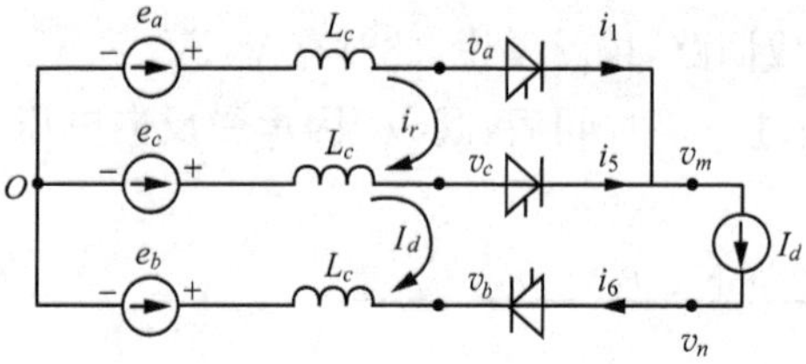


图 17-24　换相过程

现以阀 $V_5$ 向阀 $V_1$ 换相为例，说明换相过程：

当阀 $V_1$ 一旦触发($\omega t=\alpha$)，由于回路中存在电感 $L_c$，$i_c$ 不会立刻降为零，$i_a$ 不会立刻上升为 $I_d$，而是阀 $V_1$、$V_5$、$V_6$ 同时导通，经历一换相过程，见图 17-24。其换相回路方程可写为

$$L_c\frac{\mathrm{d}i_1}{\mathrm{d}t}-L_c\frac{\mathrm{d}i_5}{\mathrm{d}t}=e_a-e_c=\sqrt{2}E\sin\omega t \tag{17-32}$$

式中，$i_1=i_r$。$i_r$ 为回路电流

$$i_5=I_d-i_r$$

由于 $I_d$ 为常数，故由式(17-32)可得

$$2L_c\frac{\mathrm{d}i_r}{\mathrm{d}t}=\sqrt{2}E\sin\omega t \tag{17-33}$$

解上式可得

$$i_r=-\frac{\sqrt{2}E}{2x_c}\cos\omega t+A \tag{17-34}$$

式中，$x_c=\omega L_c$；$A$ 为积分常数。当 $\omega t=\alpha^-$，$i_r=0$；当 $\omega t=\alpha^+$，因回路中有电感，$i_r$ 不能突变，故有

$$A=\frac{\sqrt{2}E}{2x_c}\cos\alpha$$

将上式代入式(17-34)，因而有

$$i_r=\frac{\sqrt{2}E}{2x_c}(\cos\alpha-\cos\omega t) \tag{17-35}$$

由上式可见，随着 $\omega t$ 的增大，阀 $V_1$ 的电流($i_1=i_r$)逐渐增大，阀 $V_5$ 的电流($i_5=I_d-i_r$)逐渐减少。阀 $V_5$ 一直要到 $i_5=I_d-i_r=0$ 时才关断。设在 $\omega t=\alpha+\gamma$ 时，$i_r=I_d$。由式(17-35)，则有

$$I_d=\frac{\sqrt{2}E}{2x_c}[\cos\alpha-\cos(\alpha+\gamma)] \tag{17-36}$$

从而

$$\gamma=-\alpha+\arccos\left[\cos\alpha-\frac{\sqrt{2}x_cI_d}{E}\right]$$

这里 $\gamma$ 称为换相角[见图 17-23(a)]。

在阀 $V_5$ 关断之后，其阴极通过导通阀 $V_1$ 连接到 $a$ 点，故而阴极电位 $e_a$ 比阳极电位 $e_c$ 高，阀 $V_5$ 承受反向电压，保证其关断。换相结束时

$$i_1=I_d,\quad i_5=0,\quad i_6=I_d$$

以后转入阀 $V_1$、$V_6$ 导通。以上换相过程，称为 2-3 方式，条件是 $\gamma<60°$。

在换相前瞬间，$\omega t=\alpha^-$，阀 $V_5$ 导通，$v_m=e_c$；当 $\omega t=\alpha^+$，阀 $V_1$、$V_5$ 导通，$v_m=v_a=v_c$，换流器交流端 $ca$ 两相短路，线电压 $e_{ca}$ 全部降落在 $2x_c$ 上，每相 $x_c$ 上电压降落各为 $e_{ca}$ 的一半，$v_m$ 跳变为 $v_a=v_c=\frac{1}{2}(e_a+e_c)$，如图 17-23(b)中的一段粗线所示。当 $\omega t=\alpha+\gamma$，阀 $V_5$ 关断，$v_m$ 再次跳变为 $v_m=v_a=e_a$。在这一过程中 $v_n=v_b=e_b$ 不变，$v_m$、$v_n$ 的波形如图 17-23(a)中的粗线所示。平波电抗前的电压 $v_d=v_m-v_n$，如图 17-23(b)所示。

以下推导整流器有名值电量的计算式：

(1) 直流电压(直流平均电压)

如图 17-23(a)，$v_d$ 以 60°为一周期可在这一范围内取平均值。

$$\begin{aligned}v_d&=\frac{1}{T}\int_T v_d\mathrm{d}t=\frac{1}{T}\int_T(v_m-v_n)\mathrm{d}t=\frac{1}{\pi/3}\left[\int_\alpha^{\alpha+\frac{\pi}{3}}(e_a-e_b)\mathrm{d}\omega t-\int_\alpha^{\alpha+\gamma}\frac{1}{2}(e_a-e_c)\mathrm{d}\omega t\right]\\&=\frac{3}{\pi}\left[\int_\alpha^{\alpha+\frac{\pi}{3}}[-\sqrt{2}E\sin(\omega t-120°)]\mathrm{d}\omega t-\int_\alpha^{\alpha+\gamma}\sqrt{2}E\sin\omega t\,\mathrm{d}\omega t\right]\\&=\frac{3\sqrt{2}}{\pi}E\cos\alpha-\frac{3}{\pi}x_cI_d=U_{d0}\cos\alpha-R_\alpha I_d\end{aligned} \tag{17-37}$$

式中，第一项为 $\gamma=0$ 时整流器的直流电压平均值。$U_{d0}$ 为 $\alpha=0$，$I_d=0$ 时的最大开路直流电压，$U_{d0}=\frac{3\sqrt{2}}{\pi}E$。式中第二项为换相压降引起的直流电压损失，$R_\alpha$ 为等值电阻。

(2) 整流器交流相电流 $I$ 和直流电流 $I_d$ 的关系

设 $\gamma=0$，并把阀电流看成 120°相位宽的矩形波，幅值为 $I_d$，则每相交流电流有效值为

$$I=\sqrt{\frac{1}{T}\int_0^T i^2(t)\mathrm{d}t}=\sqrt{\frac{1}{\pi}\cdot\frac{2\pi}{3}I_d^2}=\sqrt{\frac{2}{3}}I_d$$

计及换相影响，$I$ 为 $\alpha$ 和 $\gamma$ 的函数，由傅里叶级数分析其基波分量近似值为

$$I = \frac{\sqrt{6}}{\pi} I_d \tag{17-38}$$

(3) 整流器的基波功率因数

由于触发延迟及换相过程，交流侧相电流的基波要比相电势滞后 $\varphi$ 角，如图 17-23(d)，因而交流系统需向整流器提供感性无功功率。由功率平衡关系，

$$\sqrt{3} EI\cos\varphi = U_d I_d$$

将式(17-38)代入上式得到

$$\cos\varphi = \frac{\sqrt{2}\pi}{6} \frac{U_d}{E} \tag{17-39}$$

从而可以计算整流器从交流系统吸收的有功功率和无功功率

$$\left.\begin{aligned} P_d &= U_d I_d \\ Q_d &= P_d \tan\varphi \end{aligned}\right\} \tag{17-40}$$

正常运行时 $Q_d$ 为(0.3～0.5)$P_d$。

式(17-36)～(17-40)称为整流器的平均值模型。当交流系统空载线电压 $E$ 及触发角 $\alpha$ 已知，再加上直流线路方程后可以求解。

2. 逆变器的工作原理

当 $\gamma=0$，换流器的直流平均电压 $U_d = U_{d0}\cos\alpha$。当 $\alpha$ 角较小时，直流端电压瞬时值 $v_d$ 均是正的。当 $60° < \alpha < 90°$，$v_d$ 将交替出现正值和负值，当直流电抗器的电抗很大时，直流电压的平均值仍是正的，因而能向负荷送出直流电流。当 $\alpha = 90°$ 时，直流电压的平均值为零，换流器不能送出直流电流。当 $90° < \alpha < 120°$ 时，$v_d$ 曲线所决定的负面积大于正面积，直流平均电压变成负值；当 $120° < \alpha < 180°$ 时，如图 17-25所示，由于阀的单向导电性，这时换流器进入逆变状态。也就是整流器输出的直流电压通过直流输电线加到一个运行于 $90° < \alpha < 180°$ 的换流器上，则后者可作为逆变器运行。

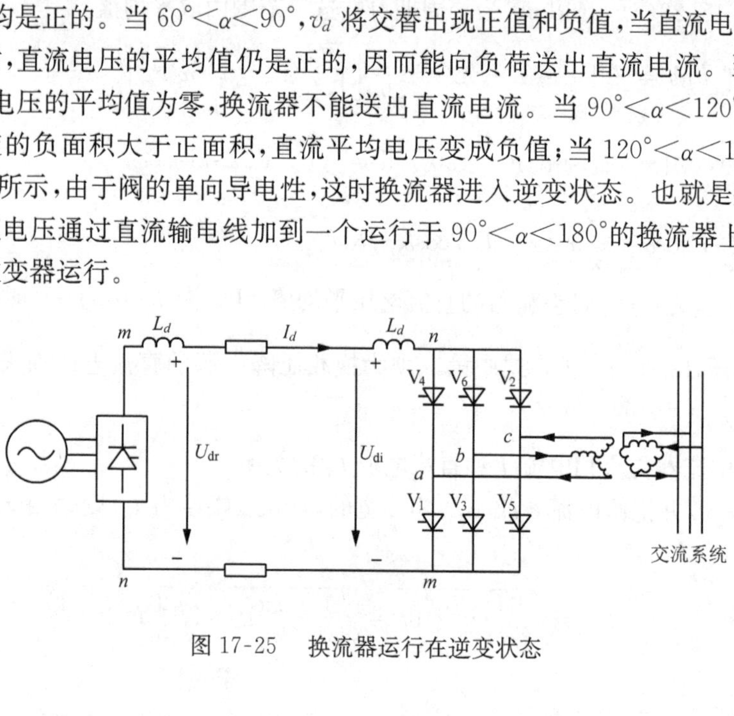


图 17-25　换流器运行在逆变状态

换流器作为逆变器运行，必须满足下述条件：

① 如图 17-25 所示，整流器输出的直流电压经过线路施加于逆变器的直流母线上，其大小应足以克服逆变器所产生的反电势，并平衡线路压降，才能使电流沿逆变器桥阀可导通的方向流动。

② 逆变器必须由受端交流系统提供换相电压及换相电流，实现逆变器的桥阀依照正确的次序换相。在电流流过换流变压器桥侧绕组的同时，网侧绕组也感应了相应的电流。可见，通过变压器可把直流变为交流。

③ 需有足够大的桥阀关断越前角以保证安全运行。

如图 17-26(a)所示，逆变器桥阀的工作状态简要分析如下：

从阀 $V_5$、$V_6$ 已导通的情况开始，在超前于 $e_{ca}$ 过零点($C_4$)$\beta$ 角时对 $V_1$ 施加触发脉冲。由于 $V_1$ 在 $C_1$ 至 $C_4$ 范围内均处于正向电压 $e_{ac}$ 作用下，所以立即开通，阀 $V_5$ 和 $V_1$ 进行换相。

$$\beta = 180^\circ - \alpha$$

这里 $\beta$ 称为触发越前角或逆变角。

换相结束时，阀 $V_5$ 在超前于 $e_{ac}$ 过零点($C_4$)$\delta$ 角时关断。

$$\delta = \beta - \gamma$$

这里 $\delta$ 称为关断越前角或熄弧角。

此后阀 $V_5$ 的阳极电位($e_c$)低于它的阴极电位($e_a$)，从而处于反向电压作用下。关断越前角必须足够大以使换流阀($V_5$)有足够长的时间承受反向电压，使载流子得到充分的复合以恢复正向阻断能力。如果 $\delta$ 不够大，则在过 $C_4$ 点后 $V_5$ 又处于正向电压作用下，由于这时阻断能力未能完全恢复，不加触发也能导通，通过 $V_1$ 的电流又倒相到 $V_5$，这种情况称为换相失败。一般 $\delta$ 取 17°～21°。$\delta$ 过大会使逆变器所需无功功率增加。

逆变器的 6 个阀按照正确的顺序依次开通和关断，就将直流电流分成一段一段地轮流送至交流系统。

以下叙述逆变器各电量的计算式，通常用 $\beta$ 和 $\delta$ 作变量：

(1) 直流电流

由于逆变器的直流电压反向设置以及 $\beta=180^\circ-\alpha$，$\beta=\delta+\gamma$，代入式(17-36)，故有

$$I_d = \frac{\sqrt{2}E}{2X_c}[\cos\delta - \cos(\delta+\gamma)] \tag{17-41}$$

(2) 直流电压

由式(17-37)，故有

$$\begin{aligned} U_d &= -\left(\frac{3\sqrt{2}}{\pi}E\cos\alpha - \frac{3}{\pi}X_c I_d\right) = \frac{3\sqrt{2}}{\pi}E\cos\beta + \frac{3}{\pi}X_c I_d \\ &= U_{d0}\cos\beta + R_\beta I_d \end{aligned} \tag{17-42}$$

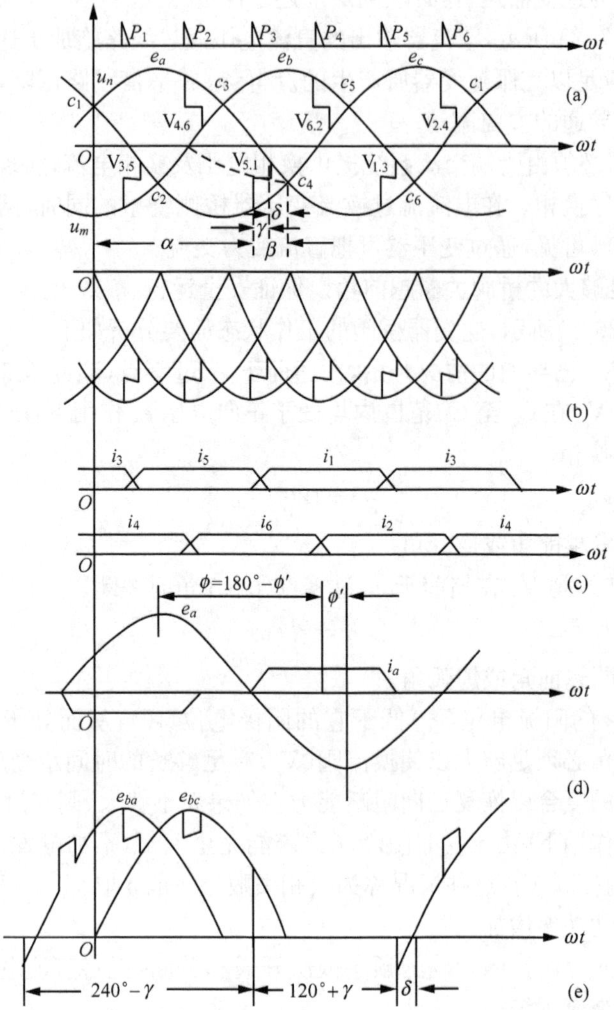


图 17-26　逆变器的电压和电流波形图

(a) 直流母线 $m$、$n$ 对中性点 $O$ 的电压波形　(b) 直流母线 $m$、$n$ 间的电压波形
(c) 阀电流波形　(d) $a$ 相电压和电流波形　(e) 阀 $V_1$ 的电压波形

式中，$R_\beta$ 为直流换相压降引起的等值电阻。由式(17-41)解出 $\cos(\delta+\gamma)$，并用 $\beta$ 代替 $\delta+\gamma$ 后代入式(17-42)，消去 $\cos\beta$，则有

$$U_d=\frac{3\sqrt{2}}{\pi}E\cos\delta-\frac{3}{\pi}X_cI_d$$

$$=U_{d_0}\cos\delta-R_\beta I_d \tag{17-43}$$

图 17-26(a)和(b)分别表示直流母线 $m$、$n$ 点对中性点的电压波形与 $m$、$n$ 间的电压波形。

(3) 逆变器交流侧电流和直流电流的关系

类同式(17-38)，即

$$I=\frac{\sqrt{6}}{\pi}I_d \tag{17-44}$$

(4) 逆变器的基波功率因数

图 17-26(d)表示了逆变器交流侧 $a$ 相电压和电流的波形。由于 $\delta$ 及 $\gamma$ 的存在，逆变器交流电流的基波分量比交流电压相位滞后 $\varphi$ 角，由功率平衡关系

$$\sqrt{3}EI\ |\cos\varphi|=U_dI_d$$

将式(17-44)代入上式得到

$$|\cos\varphi|=\frac{\sqrt{2}\pi}{6}\times\frac{U_d}{E} \tag{17-45}$$

从而可以计算逆变器向受端交流系统送出的有功功率及吸收的无功功率。

$$\left.\begin{aligned}P_d&=U_dI_d\\Q_d&=P_d\ |\tan\varphi|\end{aligned}\right\} \tag{17-46}$$

式(17-41)～(17-46)称为逆变器的平均值模型。

## 三、直流输电系统的基本调节方式

综合以上分析可得直流输电系统的稳态等值电路如图 17-27 所示。

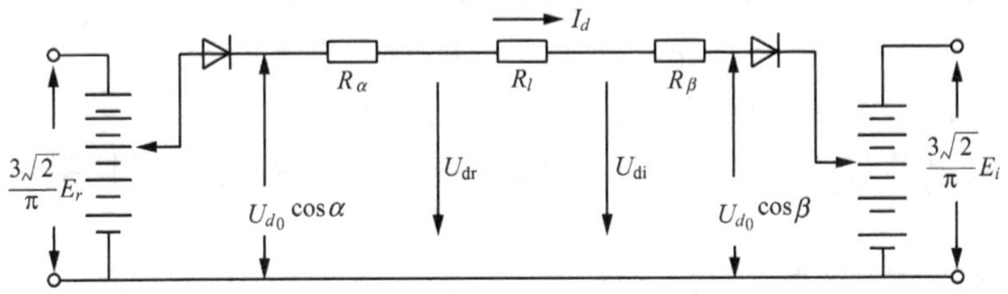


图 17-27　直流输电系统稳态等值电路

则有

$$I_d=\frac{U_{dr}-U_{di}}{R_l} \tag{17-47}$$

式中，$U_{dr}$、$U_{di}$分别为整流器及逆变器出口电压；$R_l$ 为直流线路电阻。

将式(17-37)及式(17-43)代入式(17-47)，则有

$$I_d = \frac{U_{dor}\cos\alpha - U_{doi}\cos\beta}{R_\alpha + R_l + R_\beta} \tag{17-48}$$

式中，$U_{dor}=\frac{3\sqrt{2}}{\pi}E_r$，$U_{doi}=\frac{3\sqrt{2}}{\pi}E_i$，$E_r$、$E_i$ 分别为整流器及逆变器交流侧的交流线电势有效值。直流系统两端的有功功率分别为

$$\left.\begin{aligned} P_{dr} &= U_{dr} I_d \\ P_{di} &= U_{di} I_d \end{aligned}\right\} \tag{17-49}$$

由式(17-48)可见，在直流输电系统运行中，可通过控制整流器的触发角 $\alpha$ 和逆变器的逆变角 $\beta$ 来达到控制直流系统的电压、电流和输送功率的目的。虽然也可以通过改变交流侧变压器分头改变电势 $E_r$ 及 $E_i$ 来达到上述目的，但不够快速灵活，而触发脉冲的相位改变则是高速控制的。

在正常运行时，整流侧常用的调节方式为定电流或定功率控制方式。其约束方程为

$$I_d = I_{ds} \quad \text{（定电流控制）} \tag{17-50}$$

$$P_{dr} = P_{drs} \quad \text{（定功率控制）} \tag{17-51}$$

式中，$I_{ds}$、$P_{ds}$分别为定电流控制与定功率控制时的给定值。定功率控制是将定电流控制的给定值设定为

$$I_{ds} = \frac{P_{drs}}{U_{dr}}$$

故本质上也是定电流控制。即通过比较直流电流 $I_d$ 和给定值 $I_{ds}$的偏差来调节整流器的触发角，使二者偏差趋于零，达到控制目的。

逆变器常用的调节方式为定熄弧角 $\delta$ 或定电压 $U_{dis}$控制，其约束方程为

$$\delta = \delta_s \quad \text{（定熄弧角控制）} \tag{17-52}$$

$$U_{di} = U_{dis} \quad \text{（定电压控制）} \tag{17-53}$$

定熄弧角控制的目的在于保证可控硅元件的可靠关断，定电压控制也要有 $\delta_{min}$ 限制。

每种运行方式的两个控制方程、换流器方程与直流线路方程联立可解直流系统电量。

在进行暂态分析时，需计入直流系统调节的时间常数，相应的控制方程为

对于整流器定电流控制

$$\Delta\alpha = \frac{K_1}{1+T_1 P}(I_d - I_{ds}) \tag{17-54}$$

对于逆变器定电压控制

$$\Delta\beta = \frac{K_2}{1+T_2 P}(U_{di} - U_{dis}) \tag{17-55}$$

式中，$K_1$、$K_2$ 分别为定电流控制及定压控制方式下的放大倍数；$T_1$、$T_2$ 分别为定电流控制及定电压控制方式下的时间常数。

## 四、基于电压源换流器的直流输电(VSC-HVDC)

如以上所述，传统的电流源换流器技术普遍采用晶闸管。而晶闸管是一种半控型器件，具有控制接通但无自关断能力。在换相过程中需要交流电网提供换相电压，且需补偿无功功率。当交流系统发生故障时会换相失败，直流功率短时急降。新近发展的基于自换相电压源的高压直流输电，其主要电路结构如图17-28。换流站主要由自换相电压源换流器(VSC)、换流电抗器 $L$ 和交流滤波器 $F_{ac}$ 所组成。VSC 是由多个串并联全控制器件及反并联续流二极管和并联在直流侧的电容器构成。全控器件是由六组绝缘门极双极晶体管(IGBT)或门极可关断晶闸管(GTO)构成，通常为两电平六脉动型。直流侧电容 $C$ 为 VSC 提供电压支撑，缓冲桥臂关断时的冲击电流，以减轻直流侧波纹。换流电抗器 $L$ 是 VSC 与交流侧能量交换的纽带，且有滤波作用。交流滤波器可滤去交流侧谐波。

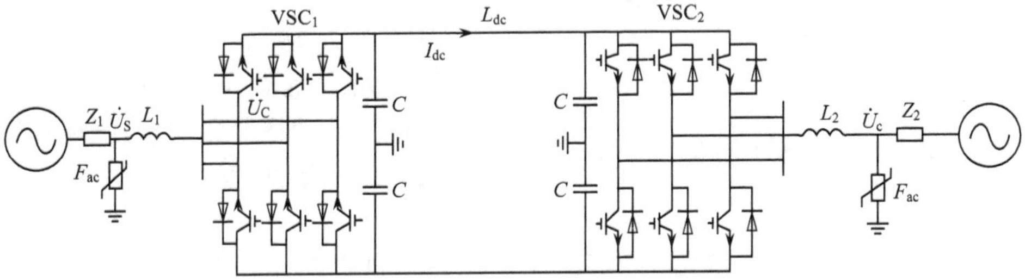


图 17-28　VSC-HVDC 系统

如图 17-28，设交流母线电压为 $\dot{U}_S$，换流器输出电压为 $\dot{U}_C$，$\dot{U}_C$ 滞后于 $\dot{U}_S$ 的角度为 $\delta$，换流电抗器值为 $x$，不计谐波影响，换流器吸收的有功功率为

$$P = \frac{U_S U_C}{x}\sin\delta$$

吸收的无功功率为

$$Q = \frac{U_S(U_S - U_C\cos\delta)}{x}$$

有功功率传输主要取决于 $\delta$，当 $\delta>0$，VSC 吸收有功功率，相当于整流器运行；当 $\delta<0$，VSC 发出有功功率，相当于逆变器运行。通过对 $\delta$ 角的控制就可以控制直流电流的方向及输送功率的大小。无功功率传输主要取决于($U_S - U_C\cos\delta$)的大

小：当 $U_S - U_C\cos\delta > 0$，VSC 吸收无功功率；当 $U_S - U_C\cos\delta < 0$，VSC 发出无功功率。通过控制 $U_C$ 的大小即可控制 VSC 吸收或发出无功功率的大小。

VSC 的控制方法通常采用正弦脉宽调制技术（SPWM），即通过将给定的正弦波与三角载波比较来决定全控器件中每个桥臂的开通与关断时刻。当直流侧电压恒定时，SPWM 的调制度（正弦给定信号与三角载波幅值之比）决定 VSC 输出电压的幅值，正弦给定信号的频率与相位决定 VSC 输出电压的频率与相位。由于 VSC 吸收（发出）的有功功率和无功功率的大小取决于 VSC 交流端输出电压的相位和幅值，从而通过控制 SPWM 给定正弦信号的调制度和相位就可实现有功和无功相互独立调节，如图 17-29 所示。

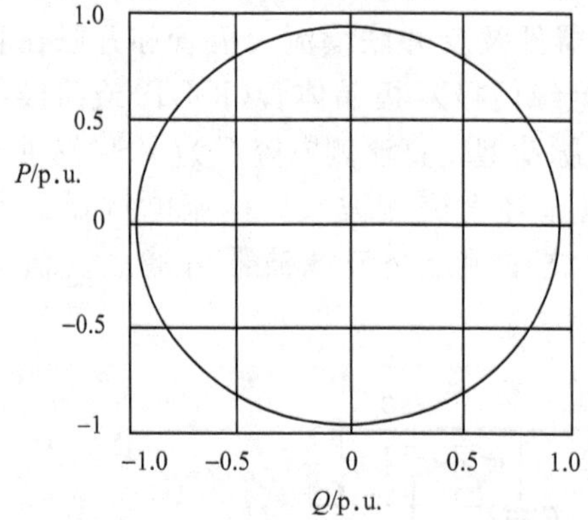


图 17-29　VSC-HVDC　*PQ* 图

VSC-HVDC 有以下主要技术特点：①VSC 电流能够自关断，不需外加换相电压。交流系统故障时，它不会换相失败，直流功率输送不受影响。②VSC 不需要交流侧提供无功功率，且可动态补偿无功功率，稳定交流母线电压。③在交流系统处于故障下，如 VSC 容量足够大，既可向系统提供有功功率紧急支援，又可提供无功功率紧急支援；既能提高系统的功角稳定性，又能提高系统的电压稳性。

迄今在瑞典、美国、澳大利亚等已有多个 VSC-HVDC 工程投入商业运行。在控制策略、故障保护等方面尚待研究改善。

## 第四节　灵活交流输电

传统的交流输电系统为现代社会提供了强大的动力源。随着系统规模及容量的日益增大，电网的运行也受到了一些限制：

① 输电网的可控性很差，缺少快速控制手段，致使输电能力受到限制。功率输送造成损耗的增加并降低电能质量。

② 为改变系统运行方式及切断故障，输电线路需要经常投切。现今的断路器是机电型的，投切速度慢，维修量大，是造成系统暂态稳定问题的因素之一。系统容量的增大，使短路电流水平迅速提高。原有的断路器在断流容量、动稳定、热稳定诸方面均不适应发展的要求。

③ 环境问题日益严峻。为新建输电线路提供走廊更加困难，使已有输电线路

负担加重，输电能力不足问题更加突出。

④ 电力市场的运作要求电网提供能够灵活控制潮流的能力，以便最大限度地满足电源与用户的要求。

近年来由于大功率电子技术、计算机技术、自动控制技术及通信技术的发展为挖掘现有电网的潜力解决电网制约因素提供了技术基础。1988 年美国电力科学研究院的 Hingorani 提出了“灵活交流输电系统(FACTS)”的概念。这是一项对传统交流输电系统的重大技术革新，为交流输电带来了勃勃生机。它是将电力电子技术、微处理机技术、控制技术等应用于高压输电系统，在不改变现有电网结构的情况下，可以极大地提高现有系统的输电能力。它的主要策略是用大功率可控硅部件代替现有的机电式开关，对电力系统中影响功率输送的三个主要电量：电压、线路阻抗、功角可按系统的需求迅速调整，从而提高电网的功率输送能力。属于 FACTS 范畴的装置有多种，大体可分为串联型、并联型与综合型几类。相应的代表如晶闸管控制的串联电容器(thyristor controlled series capacition，TCSC)、静止无功补偿器(static var compensator，SVC)与静止补偿机(static synchronous compensator，STATCOM)及统一潮流控制器(unified power flow controller，UPFC)等。

与传统的交流输电系统相比，FACTS 设备具有以下优点：

① 由于采用电子式开关，具有良好的耐热、耐冲击电流的能力，没有磨损，操作次数不受限制，且控制快速($10^{-3}$s)，从而显著提高了系统控制的可靠性、快速性与灵活性。

② 扩大了电力系统的调控能力，在电压控制、潮流控制、提高暂态稳定、限制短路电流、阻尼振荡方面均有很强的功能。

③ 被控系统参数既可连续调节又可断续调节。

以下分别叙述三种代表性的 FACTS 装置的结构、原理及其应用。

## 一、晶闸管控制的串联电容器[5]

在本章的第二节关于交流远距输电的补偿部分，我们曾经谈到固定串联电容(FSC)补偿线路电抗不能适应运行情况的变化，且高补偿度易引发次同步振荡，而 TCSC 可以解决上述问题。可控的串联电容器可由下述两条途径实现：①晶闸管投切的串联电容(TSSC)如图 17-30(a)所示；②晶闸管控制的串联电容(TCSC)如图 17-30(b)所示。TSSC 是用可控硅阀与电容器组并联。可以断续地快速在线路中接入或清除部分串联电容器。该可控硅阀是由两个反向并联的可控硅组成。当需要旁路某一电容器，可在所加交流电压的正半周或负半周过零时，轮流使其中的一个可控硅导通，以使任一时刻均能使电容器完全旁路，消除暂态过程。TCSC 则在可控硅支路中串有电感，通过可控硅触发角的改变，可使串联补偿程度连续地变

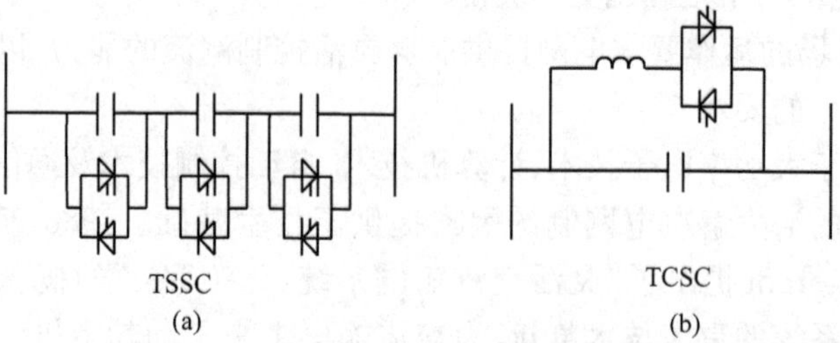


图 17-30 可控串联电容器
(a) TSSC (b) TCSC

化,可看成是固定电容与可变电抗的并联。这一组合可使线路中串入一基频下的容抗并在一较宽的范围内被光滑地控制。同时也可使反向可控硅对连续地导通和在线路中接入一感抗。

本小节主要讨论 TCSC 的工作原理及其应用。

1. 工作原理

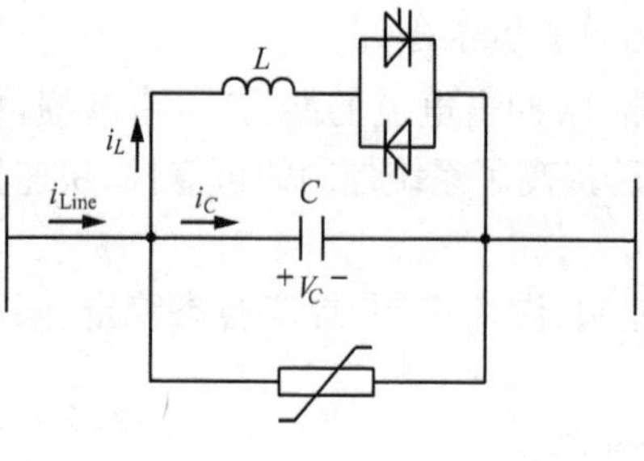


图 17-31 TCSC 的主电路

TCSC 的主电路是由一电容器组与可控硅控制的电感支路并联而成,如图17-31所示。每相电容器组可具有容抗 10～30Ω 和额定连续电流为 1500～3000A 有效值,每相电容器组安装在一平台上并对地绝缘。可控硅阀由串联的高功率可控硅构成,具有上百千伏的最大模块电压。电感器为一种空芯电感具有几毫亨。并接在电容器上的氧化锌避雷器用以防止电容器过电压。

TCSC 主电路的特性决定于电容器组的电抗 $X_C=\dfrac{1}{\omega_0 C}$与可控硅支路的可变感抗 $X_L=\omega_0 L$ 的并联等值电抗。该 $LC$ 回路的共振频率为

$$\omega_R=\frac{1}{\sqrt{LC}}=\omega_0\sqrt{\frac{X_C}{X_L}} \tag{17-56}$$

式中,$\omega_0$ 为额定角频率。

定义参数 $\lambda$ 为

$$\lambda=\frac{\omega_R}{\omega_0}=\sqrt{\frac{X_C}{X_L}} \tag{17-57}$$

$\lambda$ 的合理数值在 2～4，因为在额定频率下感抗值远小于容抗值。TCSC 在一些不同的运行模式下显示其等值电抗的不同数值。该等值电抗可定义为

$$X_{eq}=I_m\left[\frac{\dot{U}_{C(1)}}{\dot{I}_{Line(1)}}\right] \tag{17-58}$$

式中，$\dot{U}_{C(1)}$、$\dot{I}_{Line(1)}$ 分别表示电容器组上的基波电压及基波线路电流（见图17-32）。

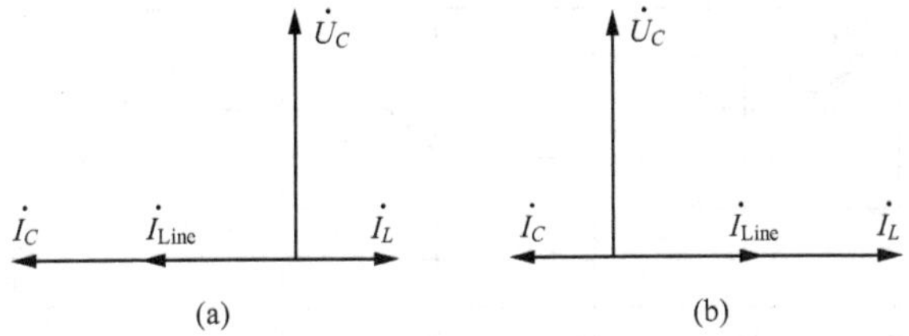


图 17-32　TCSC 向量图

(a)容性　(b)感性

TCSC 的静特性相似于一个具有可变电抗的并联 $LC$ 电路。由图 17-32，$\dot{I}_{Line}=\dot{I}_C+\dot{I}_L$，$X_{eq}$ 可视为 $\left(-\dfrac{X_LX_C}{X_L-X_C}\right)$，当 $X_L>X_C$，$|\dot{I}_C|>|\dot{I}_L|$，$\dot{I}_{Line}$ 与 $\dot{I}_C$ 同相位，并超前 $\dot{U}_C$ 90°，$\dot{I}_L$ 与 $\dot{I}_{Line}$ 反相位，等值电抗呈容性。又可推知此时在电容上产生的电压要比只有 $\dot{I}_C$ 时（电感支路断开）产生的电压要高。且 $|\dot{I}_L|$ 越大，电容电压越高，等值并联容抗变大；当 $X_L<X_C$，$|\dot{I}_C|<|\dot{I}_L|$，$\dot{I}_{Line}$ 与 $\dot{I}_L$ 同相位，滞后于电容电压 90°，等值阻抗呈感性。因此，如果在电抗支路中串入可控硅阀，对电压进行相控，即通过改变可控硅的触发角 $\alpha$ 调节电抗电流，从而可以改变等值并联电抗的大小和性质。进一步可定义一增强系数

$$K_{bf}=-\frac{X_{eq}}{X_C} \tag{17-59}$$

每个 TCSC 模块都有三种运行模式，即可控硅阻断（不导通）、可控硅旁路（完全导通）和微调控制模式，如图 17-33 所示，兹分述如下：

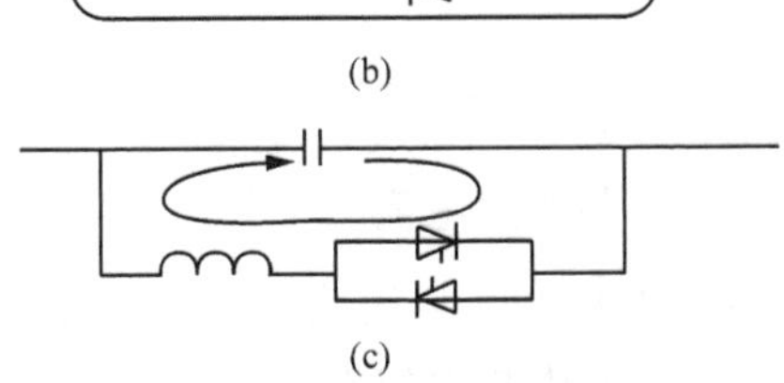


图 17-33　TCSC 模块的三种基本运行模式

(a)晶闸管阻断（不导通）　(b)晶闸管旁路（完全导通）　(c)微调控制模式

（1）阻断模式

在此模式下可控硅阀未触发，保持非导通状态。线路电流全部通过电容器组。模块阻抗为电容器电抗

$$\dot{U}_C = -\mathrm{j}X_C\dot{I}_{\text{Line}} \tag{17-60}$$

TCSC 形成一固定串联电容，$K_{\text{bf}}=1$，其电压、电流波形，如图 17-34 所示。

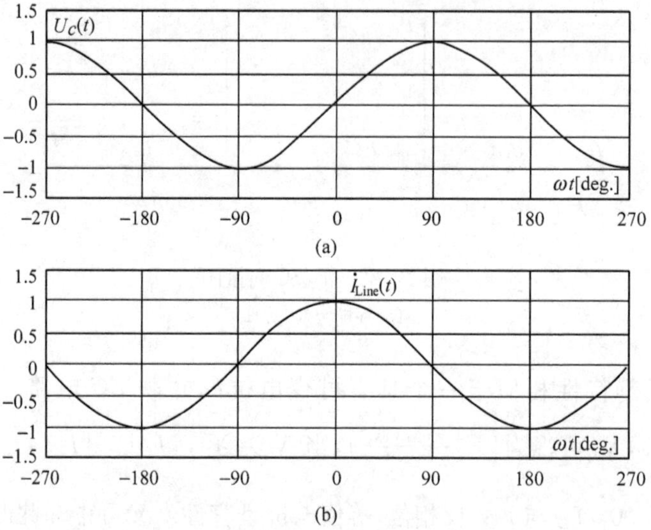


图 17-34　阻断模式

(a) $U_C(t)$　(b) $\dot{I}_{\text{Line}}(t)$

（2）旁路模式

在此模式下可控硅全导通，串联电容与小电感并联，等值电抗为一小电感

$$\dot{U}_C = -\mathrm{j}X_{\text{eq}}\dot{I}_{\text{Line}} = -\frac{\mathrm{j}X_C}{\lambda^2-1}\dot{I}_{\text{Line}} \tag{17-61}$$

$$K_{\text{bf}} = -\frac{1}{\lambda^2-1} \tag{17-62}$$

电容电压与线路电流波形如图 17-35 所示，由于电容电流的存在，阀电流 $\dot{I}_L$ 大于线路电流 $\dot{I}_{\text{Line}}$，$\lambda$ 显著大于 1。在给定 $\dot{I}_{\text{Line}}$下，电容电压低于阻断模式。旁路模式用于故障时保护电容器。

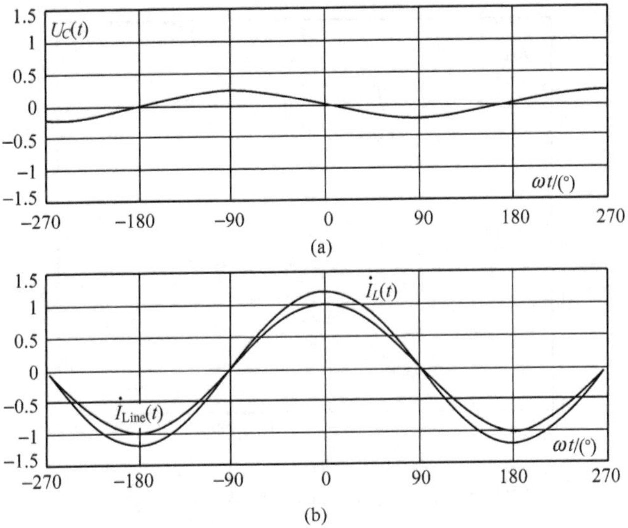


图 17-35 旁路模式波形图

(a)$U_C(t)$ (b) $\dot{I}_{\text{Line}}(t)$及 $\dot{I}_L(t)$

(3) 微调模式

可控硅部分导通的微调模式分为电容增强模式与电感增强模式。在电容模式,可控硅在电容电压每半个周波将要结束时(过零) 导通,使阀导通值较低,这样可控制一感性环流通过电容器,使 TCSC 等值容抗大于正常容抗,电容电压、电感电流与线路电流波形如图 17-36 所示。流过电容器的电流为线路电流与电感电流之差。在电容两端产生的电压要比只有线路电流流过电容时的电压高,电感电流越大,电容电压也越高。电感电流的大小依赖于导通角 $\beta$。设线路电流为正弦电流,则有

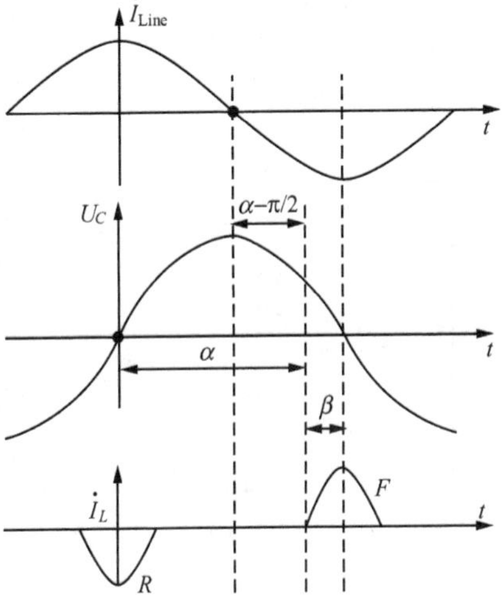


图 17-36 微调模式下电压、电流波形

$$K_{bf} = 1 + \frac{2}{\pi}\frac{\lambda^2}{\lambda^2-1}\left[\frac{2\cos^2\beta}{\lambda^2-1}(\lambda\tan\lambda\beta - \tan\beta) - \beta - \frac{\sin^2\beta}{2}\right] \tag{17-63}$$

取 $\lambda=2.5$,可得 $K_{bf}=f(\beta)$,如用基频下的等值阻抗 $X_{eq}=f(\alpha)$则如图 17-38 所示。这里 $\alpha$ 为触发角,$\beta=\pi-\alpha$。由于式(17-63)中具有 $\tan\lambda\beta$ 项,故极点出现在

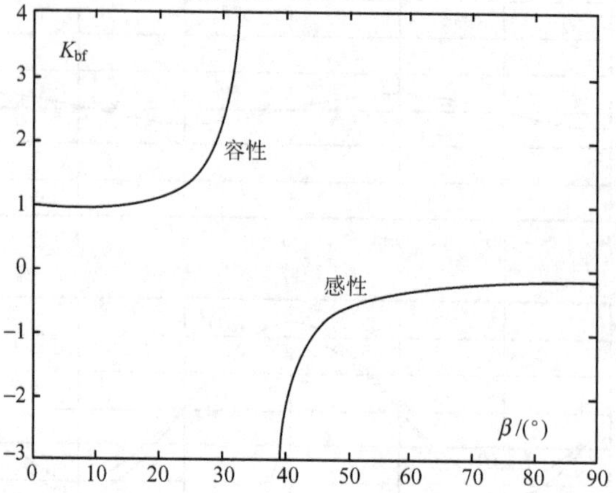


图 17-37　TCSC 的 $K_{bf}$ 与导通角的关系

$$\lambda\beta_r = \frac{\pi}{2}$$

对于图 17-38，解得 $\beta_r = 37°$，$\alpha_r = 143°$。这里 $\beta_r$ 或 $\alpha_r$ 为 $LC$ 并联的谐振点，此时等值电抗为无限大。

TCSC 运行在容性区，有 $0 < \beta < \beta_r$ 或 $180° > \alpha > \alpha_r$ 运行在感性区，有 $\beta_r < \beta < 90°$或 $\alpha_r > \alpha > 90°$。

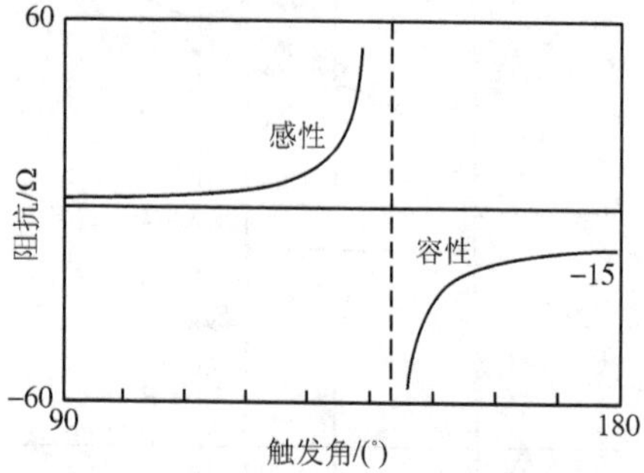


图 17-38　TCSC 等值阻抗与触发角 $\alpha$ 的关系

由图 17-38 可见，当 TCSC 在容性区工作时，减小 $\alpha$ 使流过电感中的电流增加，等值容抗将增加；反之，增加 $\alpha$ 使流过电感中的电流减小时，等值容抗将减小。在容性区低的串补度出现在可控硅完全关断情况，即 $\alpha = 180°$时。在控制回路的设计中应限制 $\alpha$ 避免运行于谐振区。TCSC主电路设计应使电容电压不超过某一最大值。在一定线路电流下，它决定了最大可用的 $K_{bf}$。当线路电流超过某一定值，$K_{bf}$必须下降以保证电容处于一给定的恒压下工作。

2. 应用

在远距离输电系统中，常将固定串补（FSC）与可控串补（TCSC）联合使用，从而提供了一个经济、高效的解决方法。

在改善暂态稳定方面，必须在很短的时间内增加系统的同步功率。一种方法是保持系统运行在最大的补偿度上，此时线路两端的功角差达到最小。但在实际运行中，由于潮流和电压的变化，始终保持这种运行方式的可能性很小。另一种方法是在系统正常运行时留有一定的补偿裕度，以便在故障发生后能迅速投入串联补偿电容，减少系统阻抗。TCSC 能够适应这方面的要求，进一步提高暂态稳定极限。

为了阻尼后续功率振荡，线路补偿必须根据系统振荡进行调制。这就要求采用适当的控制策略，控制器的输入信号应是与功率振荡有关的量。

现以单机无限大功率系统为例讨论阻尼机电振荡所需要的基本控制信号。

发电机采用二阶模型，发电机电势 $E'$ 及机械功率 $P_m$ 设为恒定。系统方程为

$$\left.\begin{aligned} T_j \frac{d^2\delta}{dt^2} &= P_m - P_e \\ P_e &= \frac{E'U}{X'_d + X_T + X_L}\sin\delta \end{aligned}\right\} \tag{17-64}$$

式中，$U$ 为受端无穷大功率系统母线电压，$\dot{U}=U\angle 0^\circ$；$\delta$ 为电势 $E'$ 的相角，$\dot{E}'=E'\angle\delta'$；$X'_d$、$X_T$、$X_L$ 分别为发电机 $d$ 轴暂态电抗、升压变压器电抗及线路电抗。

将上述系统方程线性化，则有

$$\left.\begin{aligned} \Delta\dot{\delta} &= \Delta\omega \\ \Delta\dot{\omega} &= -\frac{K_s}{T_j}\Delta\delta \end{aligned}\right\} \tag{17-65}$$

式中，$K_s$ 为同步功率系数，

$$K_s = \frac{E'U}{X'_d + X_T + X_L}\cos\delta$$

式(17-65)代表的模型无阻尼转矩项，表明系统响应是纯振荡型的。为阻尼功率振荡需要附加的功率调制发电机功率。若调制功率选为

$$\Delta P = K_\omega \Delta\omega + K_\delta \Delta\delta \tag{17-66}$$

则可得矩阵方程为

$$\begin{bmatrix} \Delta\dot{\omega} \\ \Delta\dot{\delta} \end{bmatrix} = \begin{bmatrix} -\dfrac{K_\omega}{T_j} & -\dfrac{K_s + K_\delta}{T_j} \\ 1 & 0 \end{bmatrix} \begin{bmatrix} \Delta\omega \\ \Delta\delta \end{bmatrix} \tag{17-67}$$

可解出上述被控矩阵的特征值为

$$\lambda_{1,2} = \frac{1}{2}\left[-\frac{K_\omega}{T_j} \pm j\left(\frac{4(K_s + K_\delta)}{T_j} - \frac{K_\omega^2}{T_j^2}\right)^{\frac{1}{2}}\right] \tag{17-68}$$

由式(17-68)可见，在式(17-66)中只有 $\Delta\omega$ 项影响阻尼，而 $\Delta\delta$ 项仅影响振荡频率。

根据上述结果，在线路中串入 TCSC 以后为阻尼功率振荡选择下述控制律：

$$\Delta X_{\mathrm{TCSC}} = K_{\mathrm{c}} \Delta\omega \tag{17-69}$$

式中，$K_{\mathrm{c}}$ 为增益系数。

线性化的系统方程可写为

$$\left.\begin{aligned} \Delta\dot{\delta} &= \Delta\omega \\ T_{\mathrm{j}} \Delta\dot{\omega} &= -\Delta P_{\mathrm{e}} \end{aligned}\right\} \tag{17-70}$$

式中，$P_{\mathrm{e}} = bE'U\sin\delta$, $b = \dfrac{1}{X'_d + X_T + X_L - X_{\mathrm{TCSC}}}$, $X_{\mathrm{TCSC}} = K_{\mathrm{bf}} X_C$，$X_C$ 为 TCSC 主电路中的电容电抗；

$$\Delta P_{\mathrm{e}} = K_{\mathrm{s}} \Delta\delta + K_x \Delta X_{\mathrm{TCSC}}, \quad K_{\mathrm{s}} = bE'U\cos\delta, \quad K_x = b^2 E'U\sin\delta$$

若将式(17-69)代入式(17-70)中的 $\Delta P_{\mathrm{e}}$，则有

$$\Delta P_{\mathrm{e}} = K_{\mathrm{s}} \Delta\delta + K_x K_{\mathrm{c}} \Delta\omega \tag{17-71}$$

于是控制系统方程变为

$$\begin{bmatrix} \Delta\dot{\omega} \\ \Delta\dot{\delta} \end{bmatrix} = \begin{bmatrix} -\dfrac{K_{\mathrm{c}} K_x}{T_{\mathrm{j}}} & -\dfrac{K_{\mathrm{s}}}{T_{\mathrm{j}}} \\ 1 & 0 \end{bmatrix} \begin{bmatrix} \Delta\omega \\ \Delta\delta \end{bmatrix} \tag{17-72}$$

由上式可见阻尼项主要依赖于 $K_{\mathrm{c}}$ 及 $K_x$，而 $K_x$ 与 $\sin\delta$ 成正比，故 TCSC 对系统机电振荡的阻尼效应随输电线负载的增大而增加。这是 TCSC 非常重要的特征，因为输电线在重负载时，在通常情况下系统阻尼特性是比较低的。

TCSC 的稳定控制策略是在大干扰下首先启动暂态稳定控制环节，一般在 0.01～0.1s 的时间内可将串补度调整到最大值。使同步发电机在第一或第二摇摆周期内不失步。随后将控制平滑地过渡到阻尼方式以阻尼后续的功率摇摆，一般在 0.1～2.0s 实现。正常潮流控制则需要几秒的时间。

可控串补与固定串补相比，一个重要的优点是可以提高串联补偿度而不会引发次同步谐振。所谓次同步谐振是串联补偿的谐振频率 $\omega_R$[见式(17-56)]与发电机轴系某一固有振荡频率 $\omega_m$ 之和接近于工频 $\omega_0$，由于机电耦合作用易于引发轴系扭振，导致机组轴系破坏。为避免这种现象发生，固定串补程度不能太高。采用 TCSC 后，则可抑制次同步谐振的发生，这是由于 TCSC 的等值阻抗在工频下呈容性，而在次同步频率下在大范围内呈感性。故采用 TCSC 以后，在无次同步谐振的危险下，可增加串补度，从而可进一步提高系统的静态稳定极限。

美国西部电力局(WAPA)在 Kayenta230V 变电站装设了 TCSC 装置，包括两组串联电容器组(230V，60Hz，2×165Mvar)，每组容抗为 55Ω，连续电流为1000A。其中一组中的 45Mvar 电容器组(15Ω)采用可控式的，于 1992 年投入运行。我国东北、华东电网也已开始 TCSC 的应用研究。

## 二、静止调相机[5,7]

在第十章第二节中我们曾经简要提到过一种新型的动态无功补偿电源——静止调相机(STATCOM)。它用GTO构成有源逆变器代替旋转电机。与静止无功补偿器(SVC)相比其显著优点是在电网节点电压低下时无负的电压调节效应,因而能够迅速提供电网所需的滞后无功功率。本小节将进一步阐述STATCOM的构成、工作原理及其应用。

1. 工作原理

图17-39是STATCOM与系统连接的一种简化表示。STATCOM是基于固态的DC-AC逆变器,从一直流电源上的电压(或电流)产生一交流电压(或电流)。输出交流电压的幅值由直流侧电压的大小决定,调节直流电压即可控制交流侧输出电压。该逆变器由换流桥构成,除换流桥的有功损耗需由电网供给而外,换流桥交直流两侧间无有功功率转换。在直流侧仅需维持电压而不需电流,因而可用小容量的电源或进一步用一容量适当的电容即可,电容的容量以维持直流侧电压为准,防止直流侧电压起伏导致交流电压波形恶化。

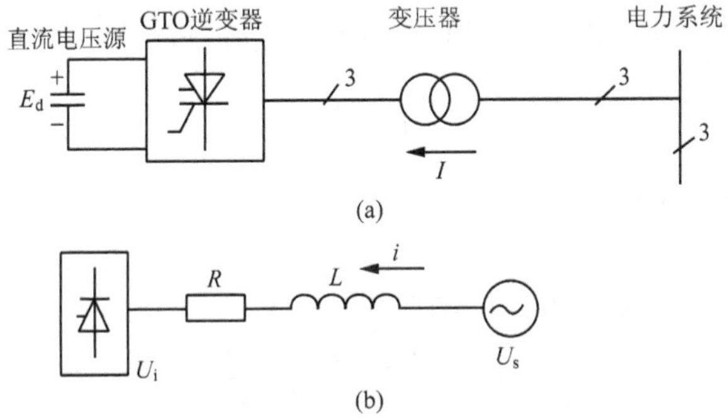


图17-39　STATCOM主电路图
(a)基本电路　(b)等值电路

STATCOM的工作是建立在一个与电网同步的静止电压源的基础之上,经由串联阻抗与电网相连。根据与系统间无功功率交换的指令信号,输出电压的幅值与相位可以调节,如同同期调相机一样产生一个相位与幅值均可迅速控制的基频对称三相正弦电压。理想情况下使输出电压与系统电压同相位。改变输出电压的幅值可实现与系统间无功功率的交换。

设STATCOM的空载基波输出电压为$U_i$,系统电压为$U_s$,则在不计联系电阻只计入联系电抗时,输出无功电流为

$$I_i = \frac{U_i - U_s}{x} \tag{17-73}$$

输出的无功功率为

$$Q_i = \frac{(U_i - U_s)U_i}{x} \tag{17-74}$$

显然，

当 $U_i > U_s$ 时，STATCOM 发出滞后的无功功率；

当 $U_i < U_s$ 时，STATCOM 吸收滞后的无功功率；

当 $U_i = U_s$ 时，STATCOM 与系统间没有无功功率交换。

设该逆变器的直流侧电容电压为 $U_C$，逆变器采用脉宽调制(PWM)，脉宽为 $\theta$，则有

$$U_i = K_0 U_C \sin\left(\frac{\theta}{2}\right) \tag{17-75}$$

这里 $K_0$ 为波形系数。因此，调节直流侧电压 $U_C$ 以及脉宽 $\theta$ 即可调节 $U_i$，从而调节了输出的无功功率 $Q_i$。

STATCOM 的调节原理可进一步分析如下：

设 $\dot{U}_s$ 领先 $\dot{U}_i$ 的相角为 $\delta$，并将逆变器的损耗都折算到线路电阻 $r$ 中，且记

$$y = \frac{1}{z} = \frac{1}{\sqrt{r^2 + x^2}}, \quad \psi = \arctan\frac{x}{r}$$

则逆变器输出端的有功功率为

$$P_i = yU_iU_s\cos(\delta - \psi) - yU_i^2\cos\psi \tag{17-76}$$

因损耗已集中在 $r$ 中，故有 $P_i = 0$，因而有

$$U_i = \frac{U_s\cos(\delta - \psi)}{\cos\psi} \tag{17-77}$$

自系统输入的有功功率及无功功率为

$$P_s = yU_s^2\cos\psi - yU_sU_i\cos(\delta + \psi) \tag{17-78}$$

$$Q_s = yU_s^2\sin\psi - yU_sU_i\sin(\delta + \psi) \tag{17-79}$$

将式(17-77)代入式(17-78)及式(17-79)可得

$$P_s = \frac{U_s^2}{2r}(1 - \cos2\delta) \tag{17-80}$$

$$Q_s = \frac{U_s^2}{2r}\sin2\delta \tag{17-81}$$

将式(17-75)代入式(17-77)可得

$$U_C = \frac{U_s\cos(\delta - \psi)}{K_0\cos\psi\sin\left(\frac{\theta}{2}\right)} \tag{17-82}$$

由式(17-81)及式(17-82)可知，当 $\theta$ 恒定，调节 $\delta$ 即可调节无功功率 $Q_s$ 及电容电压 $U_C$；同时调节 $\delta$ 及 $\theta$，可在保持 $U_C$ 恒定的情况下，使逆变器发出或吸收系统所需的无功功率。

2. 电压源换流器及其控制

直流电压源换流器(VSC)作为 STATCOM 首选的逆变器电路。图 17-40(a)表示全桥逆变器的基本电路。逆变器的换流桥由 $G_1$、$G_2$、$G_3$ 及 $G_4$ 四个 GTO 管及 $D_1$、$D_2$、$D_3$ 及 $D_4$ 四个续流二极管构成晶闸管开关。当 $G_1$ 及 $G_3$ 接通时，输出电压 $U_i=0$；当 $G_1$ 及 $G_4$ 接通时，$U_i=E_d$，$E_d$ 为电容器端电势；当 $G_2$ 及 $G_4$ 接通时，$U_i=0$；当 $G_2$ 及 $G_3$ 接通时，$U_i=-E_d$。在按上述次序接通与关断 GTO 管时，在输出端产生矩形波状的交流电压，如图 17-40(b)所示。直流电压源是一电容器，控制其储能的增减可改变其端电压。

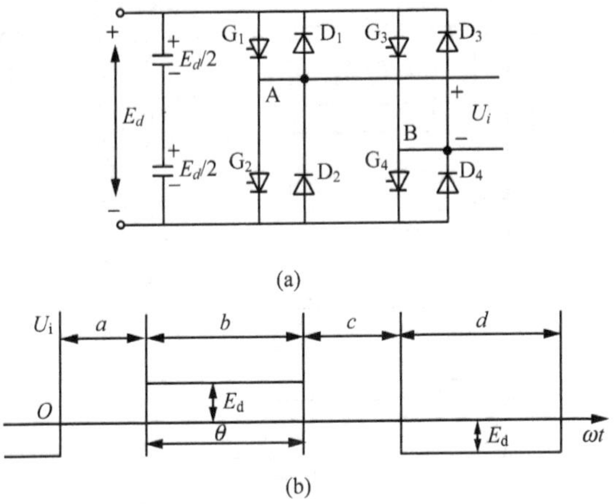


图 17-40　全桥逆变器

(a)电路图　(b)输出电压波形

图 17-41 表示调节逆变器输出电压的方法。通过脉冲宽度调制来调节逆变器输出电压的大小就是在直流电压不变及输出电压周期不变的条件下，通过改变脉冲宽度控制角来调整输出电压的基波成分，从而达到调节输出电压的目标。

图 17-42 表示用增加逆变器的脉冲数来降低输出电压中的谐波的方法。即用附加移相线圈的串联多重逆变器来减少谐波。如图 17-40 所示，一台全桥逆变器只能产生矩形波，若用多重逆变器，则可产生接近于正弦电压的波形。

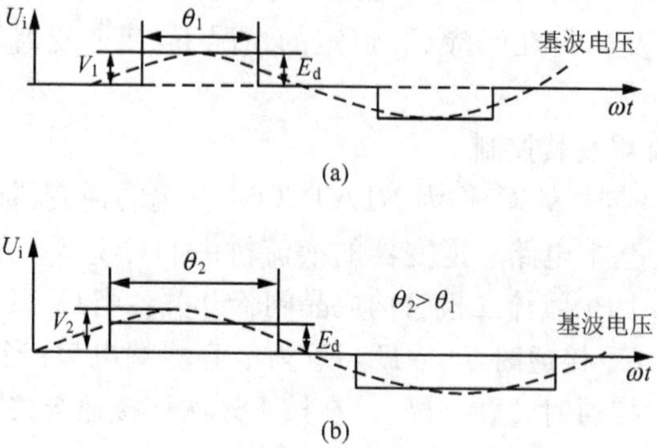


图 17-41 控制逆变器输出电压的原理图

(a)脉宽 $\theta_1$ (b)脉宽 $\theta_2$

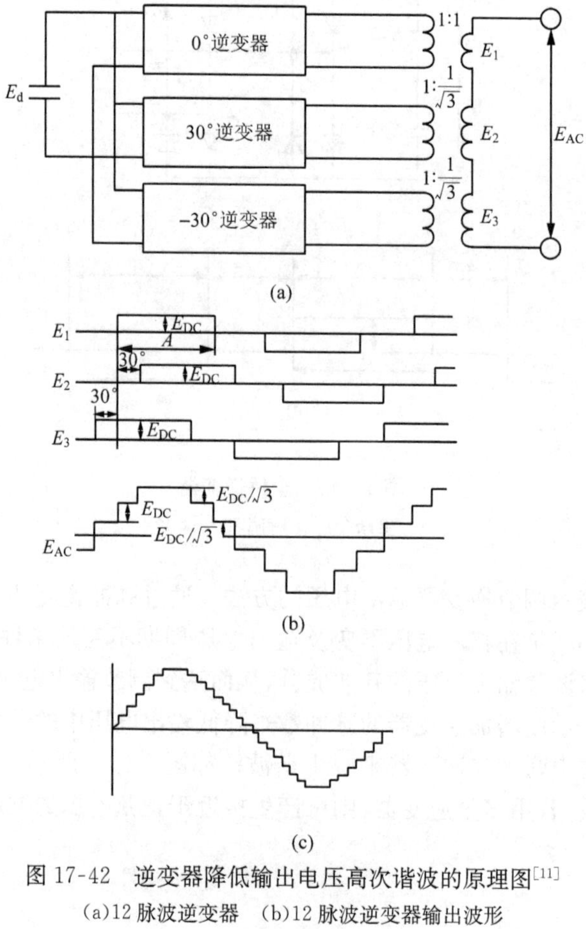


图 17-42 逆变器降低输出电压高次谐波的原理图[11]

(a)12 脉波逆变器 (b)12 脉波逆变器输出波形

(c)48 脉波逆变器输出波形

电压型三相桥式逆变器的原理图如图 17-43(a)所示，图中 $G_1 \sim G_6$ 为六组 GTO 管，$D_1 \sim D_6$ 为六组续流二极管。反向并联二极管和可关断可控硅的作用相当于一个开关。换流桥交流侧的每一相连接到上下两个开关上。控制信号使得在任一时刻不是上面的开关导通，就是下面的开关导通。前者使该相接于电压源的正极，后者使该相接于电压源的负极。当 $G_1$ 导通时，节点 $a$ 接于直流电源正端，当 $G_4$ 导通时，节点 $a$ 接于直流电源负端。同理节点 $b$ 和节点 $c$ 也是根据上下管导通与否决定其电位的。按该图中 GTO 管的编号次序导通和关断 GTO，即可得到三相电压输出。如以电容中点 $m$ 为电压参考点，则换流桥交流侧各相相对于 $m$ 的

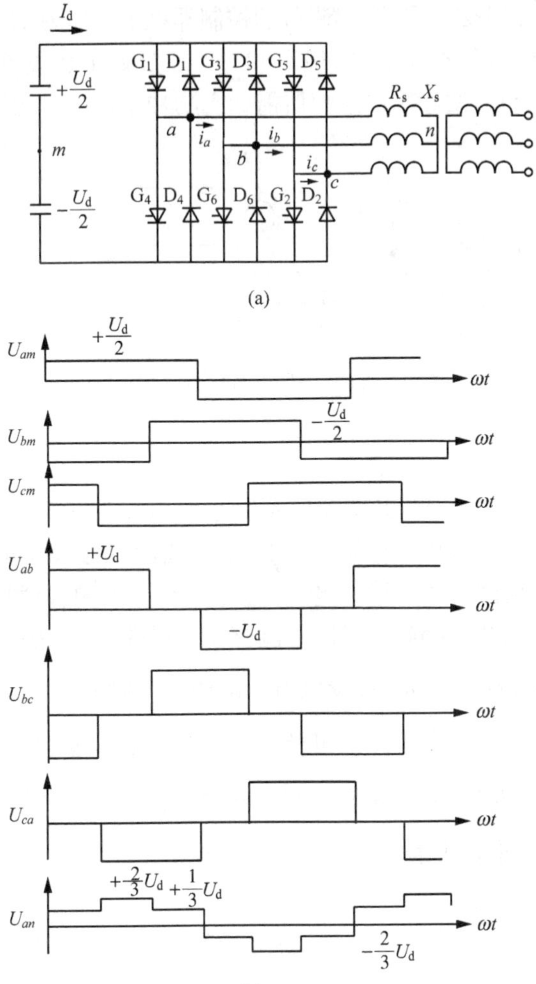


图 17-43　换流器交流侧各相对 $m$ 点电压、线电压及相电压

(a)三相换流桥　(b)输出电压波形

电压$U_{am}$、$U_{bm}$及$U_{cm}$以及线电压$U_{ab}$、$U_{bc}$及$U_{ca}$如图 17-43(b)所示。各相的相电压也可确定。输出交流电压的幅值由直流侧电压的大小决定，调节直流电压即可控制交流侧输出电压。由于 STATCOM 的电压方程可表示为

$$\dot{U}_s = \dot{U}_i + j\dot{I}_i X \tag{17-83}$$

显然在给定网络电压$\dot{U}_s$与变压器电抗$X$的情况下，只要控制输出电压$\dot{U}_i$的幅值和相位，也就控制了输出电流$\dot{I}_i$的幅值和相位，反之亦然。

对于 STATCOM 通常要求：①保持直流电容端电压稳定；②使输出电流$\dot{I}_i$的相位与网络电压$\dot{U}_s$正交。采用 PI 调节的控制器框图，如图 17-44 所示。通过调节相移$\delta$使电容电压$U_C$稳定[见式(17-82)]。通过调节脉宽$\theta$控制输出电压$U_i$的幅值[见式(17-75)]，使之输出系统所需的无功功率。

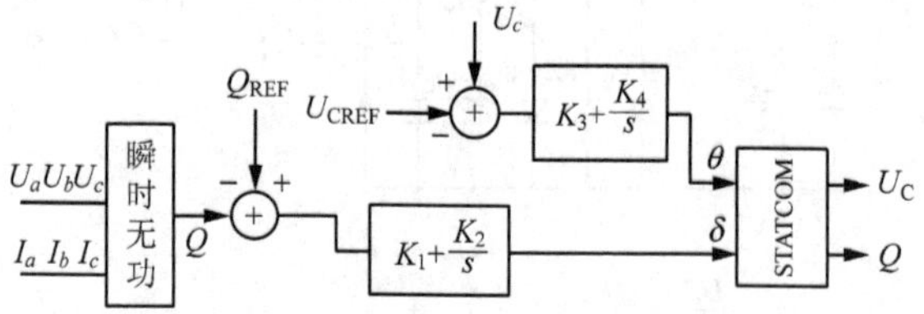


图 17-44　采用 PI 调节的控制框图

3. 应用

STATCOM 是个电流源，其电流值不受系统电压的影响，所以它控制电压的能力很强。它不仅可用来校正稳态运行电压，快速调节与系统间交换的无功功率，还可在故障后恢复期间高速度稳定电压，这对于动态无功补偿提高系统暂态电压稳定方面有很强的功能，在静态条件下，能够显著提高功率输送能力。

输电系统如图 17-45 所示，设发电机端电压$\dot{U}_t$领先受端无限大功率母线电压$\dot{U}_s$的角度为$\delta$，且发电机励磁控制可使$U_t$保持恒定。现在输电线的$m$点接入 STATCOM。其能控参数假设是它的输出电流$\dot{I}_i$。当忽略损失，$\dot{I}_i$代表 STATCOM 的无功电流它垂直于端电压$\dot{U}_m$。

由图 17-45(a)可见

$$\dot{U}_m = \dot{U}_t - j\dot{I}_1 X_1 \tag{17-84}$$

$$\dot{I}_2 = \frac{\dot{U}_m - \dot{U}_s}{jX_2} \tag{17-85}$$

$$\dot{I}_2 = \dot{I}_1 - \dot{I}_i \tag{17-86}$$

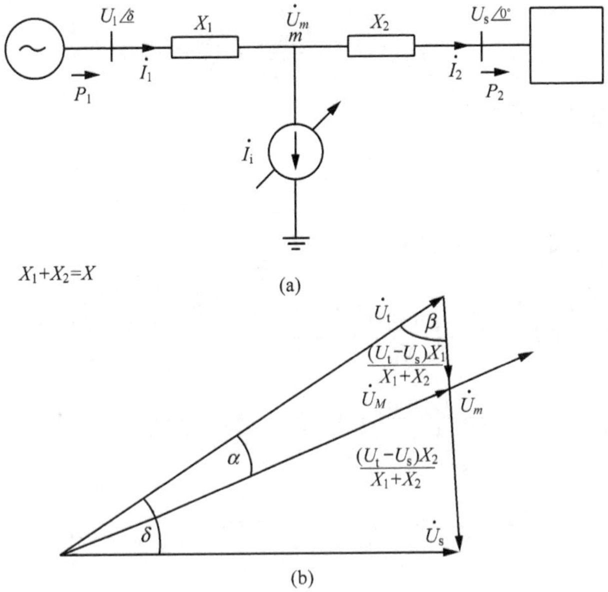


图 17-45　输电系统具有 STATCOM 的模型[5]

(a)电路图　(b)相量图

将式(17-84)及式(17-85)联立并消去 $\dot{U}_m$ 后代入式(17-86)可得

$$\dot{I}_1=\frac{\dot{U}_t-\dot{U}_s}{j(X_1+X_2)}+\dot{I}_i\frac{X_2}{X_1+X_2} \tag{17-87}$$

由式(17-84)，现在可得

$$\dot{U}_m=\dot{U}_t-\frac{(\dot{U}_t-\dot{U}_s)X_1}{X_1+X_2}-j\dot{I}_i\frac{X_1X_2}{X_1+X_2}=\dot{U}_M-j\dot{I}_i\frac{X_1X_2}{X_1+X_2} \tag{17-88}$$

由于

$$\dot{I}_i=jI_i\frac{\dot{U}_M}{U_M} \tag{17-89}$$

这里 $\dot{U}_M$ 是当 STATCOM 未接入时($\dot{I}_i=0$)的 $m$ 点电压。

将式(17-89)代入式(17-88)有

$$\dot{U}_m=\dot{U}_M+I_i\frac{\dot{U}_M}{U_M}\cdot\frac{X_1X_2}{X_1+X_2}=\dot{U}_M\left(1+\frac{I_i}{U_M}\cdot\frac{X_1X_2}{X_1+X_2}\right) \tag{17-90}$$

由图 17-45(b)可见

$$\frac{\sin\beta}{U_s}=\frac{\sin\delta}{|\dot{U}_t-\dot{U}_s|},\qquad \frac{\sin\delta}{|\dot{U}_t-\dot{U}_s|\dfrac{X_1}{X_1+X_2}}=\frac{\sin\beta}{U_M} \tag{17-91}$$

故有

$$\sin\alpha=\frac{U_{\mathrm{s}}\sin\delta\cdot X_1}{U_M(X_1+X_2)} \tag{17-92}$$

系统的传输功率可以写为

$$P_1=P_2=P=\frac{U_m U_{\mathrm{t}}}{X_1}\sin\alpha=\frac{U_{\mathrm{t}}U_{\mathrm{s}}\sin\delta\cdot U_m}{(X_1+X_2)\cdot U_M} \tag{17-93}$$

将式(17-90)代入式(17-93)可得

$$\begin{aligned}P&=\frac{U_{\mathrm{t}}U_{\mathrm{s}}\sin\delta}{X_1+X_2}\frac{\left|\dot{U}_M\left(1+\dfrac{I_{\mathrm{i}}X_1X_2}{U_M(X_1+X_2)}\right)\right|}{U_M}\\&=\frac{U_{\mathrm{t}}U_{\mathrm{s}}\sin\delta}{X_1+X_2}\left(1+\frac{I_{\mathrm{i}}}{U_M}\cdot\frac{X_1X_2}{(X_1+X_2)}\right)\end{aligned} \tag{17-94}$$

又因

$$U_M=|\dot{U}_M|=\left|\frac{\dot{U}_{\mathrm{t}}X_2+U_{\mathrm{s}}X_2}{X_1+X_2}\right|=\frac{\sqrt{U_{\mathrm{t}}^2X_2^2+U_{\mathrm{s}}^2X_1^2+2U_{\mathrm{t}}U_{\mathrm{s}}X_1X_2\cos\delta}}{X_1+X_2} \tag{17-95}$$

将式(17-95)代入式(17-94)可得

$$P_1=P_2=P=\frac{U_{\mathrm{t}}U_{\mathrm{s}}\sin\delta}{X_1+X_2}\left[1+\frac{I_{\mathrm{i}}X_1X_2}{\sqrt{U_{\mathrm{t}}^2X_2^2+U_{\mathrm{s}}^2X_1^2+2U_{\mathrm{t}}U_{\mathrm{s}}X_1X_2\cos\delta}}\right] \tag{17-96}$$

可见，由于 STATCOM 的接入增大了传输容量。倘 STATCOM 的容量足够大，且接于线路中点$\left(X_1=X_2=\dfrac{X}{2}\right)$，足以维持中点电压恒定，则系统的静态稳定极限可增加一倍，$\delta$ 角将增加到 180°，实际上 STATCOM 可发出的最大无功功率电流由其最大允许输出电流而定，因此系统的最大传输功率决定于下式：

$$P=\frac{U_{\mathrm{t}}U_{\mathrm{s}}}{X}\sin\delta+\frac{U_{\mathrm{t}}U_{\mathrm{s}}I_{\mathrm{i,max}}\sin\delta}{2\sqrt{U_{\mathrm{t}}^2+U_{\mathrm{s}}^2+2U_{\mathrm{t}}U_{\mathrm{s}}\cos\delta}} \tag{17-97}$$

式中，$I_{\mathrm{i,max}}$为 STATCOM 的最大允许输出电流。

工业发达国家对 STATCOM 的研制已进行了许多工作。如日本关西电力系统犬山开关站的±80Mvar STATCOM 工程，主变压器电压为$\dfrac{154}{34.34}$kV；多重变压器为$\dfrac{800\mathrm{MV\cdot A}}{8\times10\mathrm{MV\cdot A}}$，$\dfrac{34.24}{3.3}$kV；单元逆变器为 10MV · A，3kV；晶闸管由 4.5kV 与 3kV 串联而成；直流电容电压为 4150V，已于 1991 年投入运行。我国也已开始着手这方面的研究。

## 三、统一潮流控制器[8]

统一潮流控制器(UPFC)是用统一的晶闸管控制装置,通过控制律的变化,能分别或同时实现可控串、并联补偿及可控移相等多种作用的综合性 FACTS 装置。它可以适应电力系统某一部分的多种要求,比之同时安装多个单一性能的装置,可以降低造价。以下叙述 UPFC 的结构、原理及其应用。

1. 工作原理

UPFC 是将逆变器产生的交流电压串入输电线路上,使其幅值和相位角均可连续变化,从而实现线路中有功功率和无功功率的调节,并可提高线路的输送能力以及阻尼系统振荡等。其原理接线图如图 17-46 所示。由该图可见,UPFC 的串联变压器的原边电压来自逆变器 2,逆变器 2 的输入由一组电容器的直流电压供给。直流电压来自于电力系统耦合的电源变压器经整流后的输出,经逆变器 2 转换为与电网电压同步的交流三相电压。该交流电压的幅值和相位都可控。不但可用以控制线路两端电压的相位差,进行有功功率的控制,也可产生一附加电势补偿线路压降,如同可控串联电容的作用,对线路的有功功率和无功功率进行控制。逆变器 1 通过电源变压器与电力系统并联,其功能之一是向逆变器 2 提供所需的有功功率交换,以维持直流电容电压恒定。而这部分有功功率是电力系统通过电源变压器提供。有功交换功率的大小和方向取决于逆变器 1 交流端的电压与系统电压(电源变压器线路侧电压)之间的相位差。当系统电压超前于逆变器 1 交流端电压时,系统向逆变器 1 输入有功功率;当系统电压落后于逆变器 1 交流端电压时,有功功率反向。有功交换功率的大小取决于两者之间相位差的大小。此外,逆变器 1 相当于一并联无功电源,自身可产生或吸收滞后无功功率。无功交换功率的

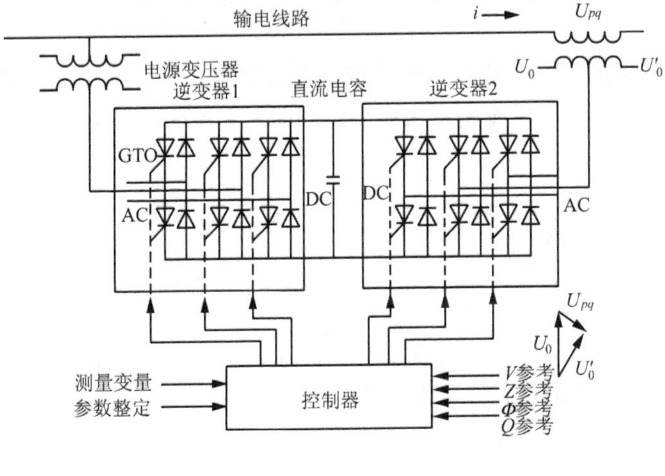


图 17-46　UPFC 原理接线图

大小和方向取决于系统电压和逆变器 1 交流侧电压的幅值之差。如果系统交流电压高于逆变器 1 交流侧电压，则逆变器 1 从系统吸收滞后的无功功率；反之，如果系统交流电压低于逆变器 1 交流侧电压，则逆变器 1 向系统发出滞后的无功功率。

在两机系统中 UPFC 的概念性的原理图如图 17-47 所示。所以 UPFC 可看成是一 STATCOM 与一串联潮流控制器 SPFC 的组合。STATCOM 部分包括电源变压器、逆变器 1 及直流电容；SPFC 部分包括直流电容、逆变器 2 及串联变压器。STATCOM 并联于系统，主要功能是调节母线电压及无功功率；SPFC 串联于线路，其输出电流所产生的电压幅值和相位可在 0～2π 四象限内变化。STATCOM 与 SPFC 相互配合可控制线路的有功和无功潮流。两者在直流侧耦合是为了满足 SPFC 所需的注入有功功率，该功率由 STATCOM 从系统吸取，通过换流器的直流环节，再由 SPFC 注入系统。作为 UPFC，除直流电容所需少量有功功率外，并不大量消耗或产生有功功率。

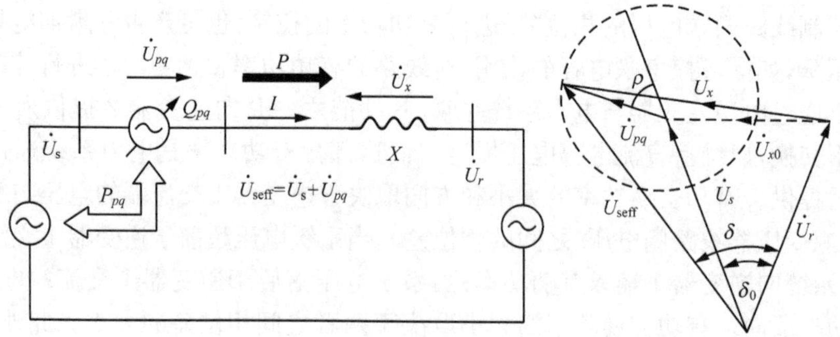


图 17-47　在两机系统中 UPFC 的原理图[5]

UPFC 的等值电路如图 17-48 所示。考虑交流量采用标幺值（取系统容量基值 $S_B$ 和电压基值 $U_B$），直流侧采用有名值，可得如下的数学模型：

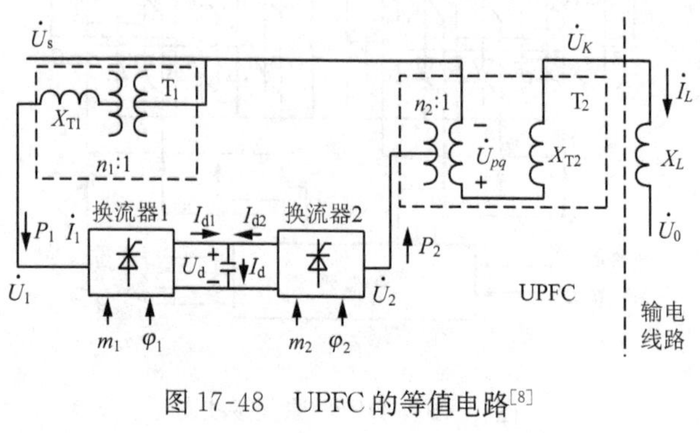


图 17-48　UPFC 的等值电路[8]

$$cU_d\frac{\mathrm{d}U_d}{\mathrm{d}t}=(P_1-P_2)S_\mathrm{B} \tag{17-98}$$

$$P_1=\mathrm{Re}\left[\dot{U}_1\left(\frac{n_1\dot{U}_\mathrm{s}-\dot{U}_1}{\mathrm{j}X_{\mathrm{T1}}}\right)^*\right] \tag{17-99}$$

$$P_2=\mathrm{Re}\left[\dot{U}_{pq}\left(\frac{\dot{U}_\mathrm{s}+\dot{U}_{pq}-\dot{U}_R}{\mathrm{j}X_{\mathrm{T2}}}\right)^*\right] \tag{17-100}$$

$$U_1=\frac{m_1U_\mathrm{d}}{U_\mathrm{B}} \tag{17-101}$$

$$U_{pq}=\frac{m_2U_\mathrm{d}}{n_2U_\mathrm{B}} \tag{17-102}$$

$$\theta_1=\theta_\mathrm{s}-\alpha_1 \tag{17-103}$$

$$\theta_2=\theta_\mathrm{s}-\alpha_2 \tag{17-104}$$

式中，$n_1$、$n_2$ 分别为变压器 $\mathrm{T}_1$ 及 $\mathrm{T}_2$ 的变比；$X_{\mathrm{T1}}$、$X_{\mathrm{T2}}$分别为变压器 $\mathrm{T}_1$ 及 $\mathrm{T}_2$ 的电抗；$m_1$、$m_2$ 分别为采用脉宽控制时逆变器 1 及逆变器 2 的交直流电压比；$\alpha_1$、$\alpha_2$ 分别为逆变器 1 及逆变器 2 的触发角；$\theta_\mathrm{s}$、$\theta_1$、$\theta_2$ 分别为电压 $\dot{U}_\mathrm{s}$、$\dot{U}_1$ 及 $\dot{U}_2$ 的相位角。

式(17-98)～(17-104)即为用标幺值与有名值混合表达的 UPFC 动态模型。式(17-98)表示直流电容器的冲放电过程。式(17-101)～(17-104)表示换流器与变压器的作用。这一微分代数方程组可与系统中其他方程一起参与网络计算。$m_1$、$m_2$、$\alpha_1$、$\alpha_2$ 由控制系统决定。

2. 功能与应用

UPFC 综合了 FACTS 器件的多种灵活控制手段。设若通过换流器 1 的触发角 $\alpha_1$ 的控制已使直流电容电压恒定，则对换流器 1 仅考虑无功调节作用；换流器 2 通过串联变压器 2 向系统注入电压 $\dot{U}_{pq}$，$\dot{U}_{pq}$ 的相位可在 0～2π 范围内变化，幅值变化为 $0\leqslant U_{pq}<U_{pq}^{\max}$。从而 UPFC 可用一电流源和一电压源等值，如图 17-49 虚线框内所示。

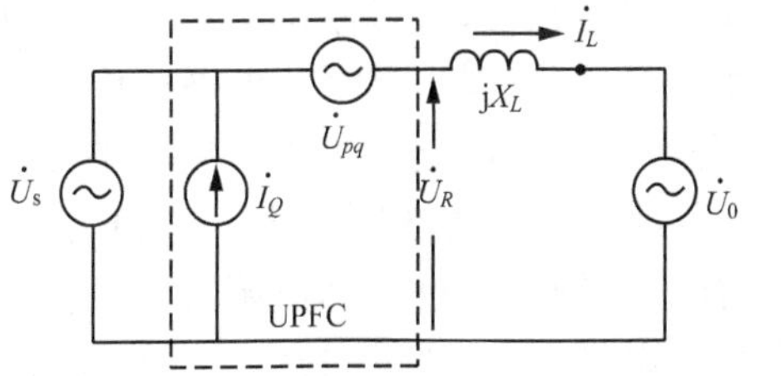


图 17-49　UPFC 接入两机系统

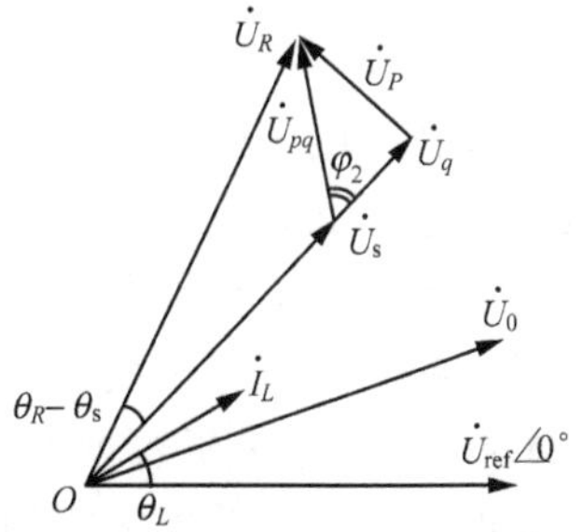


图 17-50　UPFC 串联侧相量图

UPFC 串联侧注入电压 $\dot{U}_{pq}$ 可分解为与端电压 $\dot{U}_s$ 同相位分量 $\dot{U}_q$ 和正交分量 $\dot{U}_p$，如图 17-50 所示。$\dot{U}_q$ 可调节 $\dot{U}_s$ 的幅值，$\dot{U}_p$ 可调节 $\dot{U}_s$ 的相位，从而可以改变 $\dot{U}_s$ 与 $\dot{U}_0$ 的相对幅值与相位，故可分别调节线路的无功功率与有功功率。UPFC 可实现的控制方式包括线路功率控制、串联补偿控制与移相控制以及它们的综合。

对于正常稳态运行，控制目标是维持线路功率恒定。这时线路功率控制方式是所需要的。UPFC 可提供三个独立控制量：即注入电压 $\dot{U}_p$ 及 $\dot{U}_q$ 及无功功率 $Q_c$，拟加控制的网络状态量为换流器 1 交流侧的电压 $U_1$ 及线路功率 $P_l$ 和 $Q_l$，如采用解耦形式的比例积分控制，最终使 $P_l$、$Q_l$ 及 $U_1$ 收敛到设定值。

对于暂态稳定以串联补偿控制方式最为有效。虽然控制器的输出仍是一对 $(U_p、U_q)$，但控制器的输入量及其设定值却有所不同。此时，$\dot{U}_{pq}=-\mathrm{j}X_c\dot{I}_L$，$\dot{U}_{pq}$ 与线路电流 $\dot{I}_L$ 相垂直。故 $\dot{U}_{pq,\mathrm{ref}}$ 与 $\alpha_{2,\mathrm{ref}}$ 由常数 $X_c$ 与实测的 $\theta_s-\theta_L$ 和 $I_L$ 计算得到。

对于振荡稳定，则施加辅助控制。通过线路功率反馈或母线电压相位差反馈产生控制信号以调制定值控制。如母线电压调制或线路功率调制可增加系统阻尼，平息振荡。

美国 Kentuky 州东部电网，在 Big Sandy-Inez138kV 线路的 Inez 变电站建立了 UPFC 示范工程，于 1998 年完成，将可推迟架设一回 345kV 线路。

FACTS 技术出现的时间不长，但已展示其诱人的前景。国内外电力电工界都在开展这方面的研究。采用这一技术，输电能力将会显著提高，系统的灵活性及可控性将会显著改进。我国电网结构多数较弱，经受事故冲击的能力较差，系统稳定程度不高。FACTS 装置在不改变现有电网结构的条件下可以显著增强输电能力，因而在我国具有广阔的应用前景。但在装置的控制规律研究（FACTS 装置之间、FACTS 装置与已有电厂电网自动装置之间）、继电保护方法以及电力系统分析方法等方面均会提出新的要求，有待探究。

## 第五节 电 网 互 联

现今我国电网已经历了大区电网的发展，开始了跨大区联网逐步向全国范围内推进。电网互联发展大电网是电力工业发展的总趋势，是优化电网结构实现大范围内能源资源优化配置的重要手段，也是在大范围内建立电力市场的基础。目前世界上的电网有三种模式：一是统一电网，即统一规划，建设和运行的电力系统，如前苏联电网，总装机容量达到 4.6 亿千瓦；二是联合电网，即协调规划按合同运行的电网，如北美、美加之间的四个同步联合电网，总装机容量达 8.15 亿千瓦；三是互联电网，即大电网间以非同步连接点为主，以少量同步连接点为辅的电网，如欧洲电网。西欧 14 国与中欧 4 国同步联网，与英国、东欧、北欧之间用直流联网。

根据我国电网的特点，全国联网在大区电网之间、大区电网与独立省网之间实行互联，即取互联电网模式。

## 一、电网互联的经济效益

电网互联后形成更大规模的电网，具有在大范围内资源优化配置的能力，具有规模经济效益。

1. 水电跨流域互补效益

如华中电网水电比重大，季节性电能较多，三峡电站、葛洲坝电站与广西的天生桥、龙滩水电站的水文特性差异较大。若华中电网与南方电网联网，可将三峡电站的季节性电能转换为保证电能，实现跨流域水电互补调节。

2. 水电、火电互补效益

如四川电网水电比重大，调节性能差，造成丰水期大量弃水，“十五”期间弃水量达 30 亿～42 亿 kW·h。若川渝电网与西北电网联网，西北电网可以接纳相当数量的弃水电量。

3. 跨地域互补效益

华北电网与华中电网由于在地理、资源、负荷特性等方面的差异，存在很大的互补性。联网后可减少弃水电量以及有效利用水电空闲容量。在“十五”期间可实现容量效益 30 万～40 万 kW，2010 年可达 100 万 kW。

4. 减少备用容量

华东电网与福建电网联网后，华东电网可为福建电网提供 60 万 kW 的备用容量，从而有利于提高该网的安全运行水平。

此外，电网互联可以提供更广阔的电力市场，如上海电网、北京电网因缺电希望三峡和西南电力进入华东市场以及东北、华北联网。

## 二、电网互联方法[4]

电网互联通常有下述三种方法：即交流（AC）互联、高压直流（HVDC）互联及交直流混合（AC/HVDC）互联，如图 17-51所示。

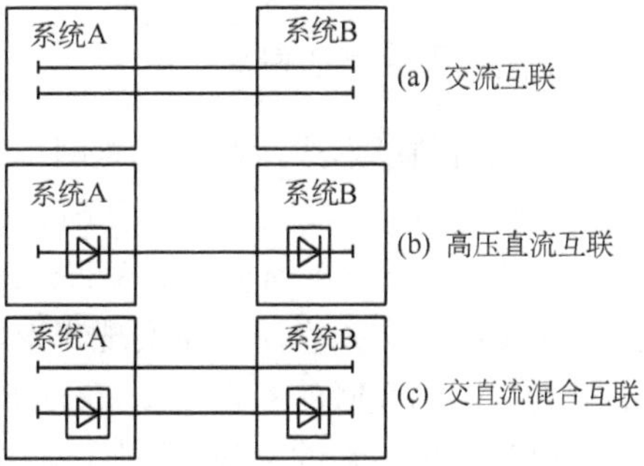


图 17-51　电力系统互联方法

1. 交流互联

从经济观点交流同步联网是首选方式。这是因为交流电网成网技术成熟，变压、分支都很方便。我国的若干省网发展为大区电网就是交流联网的成功实践。但交流联网有其严格的要求：如保持区间潮流在给定水平，受扰后应能迅速恢复到这一水平。这就需要有装备良好的调度中心,具有可靠的远动通信设施及自动发电控制(AGC)。AGC 的成功实践依赖于各区能够保持和控制频率在正常水平,即各区能够保持电力平衡,且能长期保持足够的备用容量,以及联络线要有足够的容量等。随着电网规模的增大,联网效益下降,超过某一尺度,无进一步效益可以预期。

2. 高压直流互联

交流联网的规模受到限制的原因是大型交流电网易于产生潮流绕行及环流问题,潮流难以控制,短路容量增加,联网加长了链状结构,使系统阻尼减弱,易于产生区间振荡,当受端惯量减小,还会降低暂态稳定水平。个别设备事故,可能诱发连锁反应,酿成大面积停电事故,甚至发展为全网性大停电。而直流联网实现非同步联网运行,可以有效地克服上述困难,其理由如下:

① 非同步联网的突出优点是一个区域电网内的不良参数与扰动难以影响另一区。当一个电网发生事故时,其潮流转移不会通过直流联络线传递到邻网,这就可以有效地将事故连锁反应限制在事故电网以内,不致酿成全网性停电事故。

② 直流联络线无稳定问题,从而有利于远距离输电。

③ 直流输电不传送短路功率,使被联电网不会增加短路容量。

④ 非同步联网后,被联交流电网各自进行调频、调压,独立调度互不干扰。直流线路输送功率可按需控制大小和方向。在事故下可将支援功率控制在事故电网所能承受的范围内。

非同步联网有两种方式:一是两端换流站,中间直流线路;二是两端交流线路,中间背靠背换流站。对长距离大功率输电时宜用前者;当联网目的是将地区网在某些时段的盈余电力输送至邻网,并在事故下相互支援时宜用后者。

3. 交直流混合互联

当用交流联网处于相对弱势,如发生功率振荡或不稳定时可采用附加的 HVDC 连接,以提高输送能力。但这种 AC/DC 系统并列运行方式也有产生电压崩溃和失稳的风险:如出现 HVDC 双极故障,直流功率会全部转移到并列的交流系统中;当出现受端交流系统故障会使逆变站换相失败。

## 三、我国全国联网的格局[9,10]

我国目前已形成六个大区电网(华东、华北、东北、华中、西北、华南)及七个省网(山东、四川、福建、海南、新疆、西藏及台湾)。2000 年全国总装机容量达 300 000MW。通过葛洲坝—上海直流线路已实现华中、华东大区间的非同步联网。通过天生桥—广州直流线路实现华南电网内部的交直流混合联网。“十五”期间将形成大区电网互联的基本格局,预期 2015~2020 年左右建成全国联网的框架。

由于三峡工程的建设,促进了全国联网。国家确定了“西电东送,南北互供,全国联网”的发展战略,因西电东送形成的北、中、南三大输电通道,北通道为西北、蒙西、山西向京津唐、山东送电，中通道为金沙江、三峡、川渝向华中、华东送电，南通道为云贵向两广送电。因南北互供促进了北、中、南之间的互联，获得跨流域跨地区的联网效益。

大区电网互联的模式需根据电网结构及送电特点研究确定。一种大区电网互联的参考模式如下：

① 加强大区交流 500kV、750kV 网架，形成坚强的电网结构；

② 大区电网之间以直流互联，实现非同步联网，特高压交流联网论证；

③ 大区电网向周边的弱联网采用直流背靠背方式；

④ 大容量远距离输电用直流输电方式直接送至大区主网。

现今大区电网间的联网如图 17-52 所示。

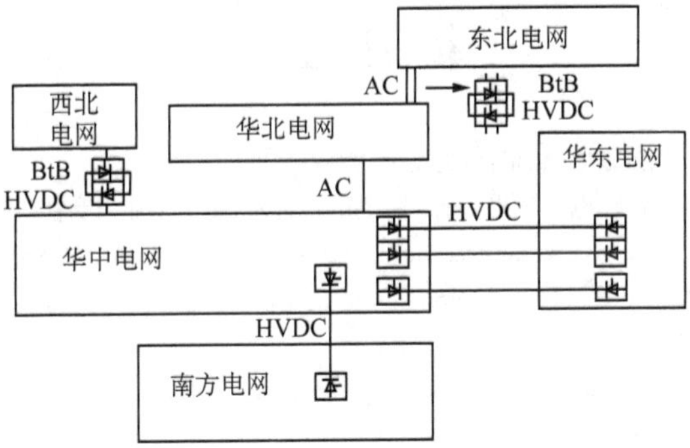


图 17-52 全国联网基本架构

到 2020 年全国联网的发展，将分阶段实施：

① 首先形成三峡电网，以此为中心逐步推进全国联网。2004～2010 年装机容量18200MW的三峡电站 26 台机组相继投入运行。将以直流线路送电7200MW给华东及 3000MW 给广东（经过华中），以交流线路送电给华中（余下部分）。华东、华中、重庆及四川的骨干网架将形成三峡电网。

② 2000～2020 年金沙江下游的溪洛渡和向家坝巨型水电站及其输变电工程的建成，将与三峡电网相连，形成以三峡电网为中心包括华东、华中、川渝及福建沿长江展开的中部电网。

③ 2000～2020 年华北煤炭资源的开发，变输煤为输电，将把电力输送到华北电网的京、津、唐负荷中心，继而输电至东北及山东电网。黄河中上游拉西瓦等水电站的开发，将实现华北电网与西北电网的互联，形成以华北电网为中心包括华北、东北、西北及山东的北部电网。

④ 2000～2020 年对红水河、澜沧江和乌江流域的开发以及贵州、云南煤电基地建设，将加强云、贵、两广电网的联营，形成由南方联合电网与广东电网组成的南

部电网。

西电东送即由上述中部、北部、南部三大通道来实现，其中北部大通道工程在2001年3月已经正式启动，西北电网首先建成青、甘、宁、陕750kV电网，将成为我国电网的最高电压等级，从而为西电东送提供了强有力的网架支撑。

⑤ 在同一时期，北、中、南三大电网也将加强南北联网，从西到东形成三纵联网结构。为了实现华北火电南送及南、北水、火电互补，建设连接北、中、南部电网的中线输电工程。西线是西北电网与川渝电网互联，东线是山东电网与华东电网互联。其中华北电网与华中电网联网交换功率较大，将较早形成。三大电网之间将出现多点互联。预计在2015～2020年期间形成全国联网的基本框架，以满足国民经济和社会持续发展的需求。

## 参考文献

1. 浙江大学发电教研组. 直流输电. 北京：电力工业出版社，1982
2. 水利电力部西北电力设计院. 电机工程手册：电力系统. 北京：机械工业出版社，1979
3. Miller J E. Reactive Power Control in Electric Power System. John Wiley & Sons，1982
4. Hammons T J et al. Role of HVDC transmission in future energy development. IEEE Power Engineering Review，2000，20(2)：10～25
5. Song Y H，John A T. Flexible ac transmission systems(FACTS). IEE Power and Energy Series 30，T J International Ltd. Padstow cornwall，1999
6. 雷宪章，Povh D. 串联补偿技术在远距离高电压交流输电系统中的应用. 电网技术，1998，22(11)：34～39
7. 刘文华等. 采用GTO的新型静止无功发生器. 电力系统自动化，1997，21(3)：24～28
8. 黄振宇等. UPFC动态模型在电力系统动态分析中的实现. 电力系统自动化，1993，23(6)：26～41
9. 徐博文. 中国电网的发展及其决策问题. 电网技术，1998，22(2)：26～29
10. 朱鸣海. 全国联网的宏观方案设想. 电网技术，1998，22(3)：69～72
11. 中国电工技术学会. 电工高新技术丛书第5分册. 北京：机械工业出版社，2000

# 第十八章　分布式电源

分布式电源是一种新兴的发电形式，以其经济、高效、可靠地发电等特点越来越引起人们的关注。其优点在经济迅速发展、环保概念越来越强的今天逐渐体现出来。本章主要介绍分布式电源的基本概念、类型以及各种分布式电源的特点、模型等。

## 第一节　分布式电源的基本概念

随着电力技术迅猛发展，一个引人注目的动向是分布式电源或称分布式发电(distributed generation，DG)的兴起。分布式发电指的是在用户现场或靠近用电现场配置较小的发电机组(一般低于30MW)，以满足特定用户的需要，支持现存配电网的经济运行，或者同时满足这两个方面的要求。由于地球资源的日渐衰竭及人们对环境问题的关注，在全球范围内正在进行的电力市场化改革，降低电力生产和供应成本，实现资源的优化配置，在电力工业中引进竞争机制，使得分布式发电技术成为电力系统中一个新的研究热点。分布式电源的主要特点是电力的生产和使用在同一地点或限制在局部区域内，并且可以经济、高效、可靠地发电。与传统的高压远距离输电系统的大型电厂相比，其主要优点是：投资少、建设快、运行费用低、供电可靠。分布式电源可以有效配置在负荷区，增加电网的稳定性、降低系统网损、改善电网电压和负荷功率因数、延缓系统的更新速度、增加电网可靠性和经济性。其优点在经济迅速发展、环保概念越来越强的今天逐渐体现出来。

目前，分布式电源研究的热点之一是可再生能源发电技术，其中水力发电、生物质能发电属于比较成熟的技术；风力发电、光伏发电、太阳热发电、地热及潮汐发电等都属于新兴的发电技术。对于使用燃料的分布式发电技术，燃料电池和微型燃气轮机是大家比较关注的焦点。由于靠近用户，因此提高了服务的可靠性和电能质量。随着技术的发展、公共环境政策和电力市场的扩大等因素的共同作用，分布式发电成为21世纪重要的能源选择，并推动微电网的发展。

## 第二节　分布式发电的基本原理

### 一、分布式发电的优点

分布式发电的一个重要优点是靠近用户，并不需要高压输电系统，从而可使基础设施的投资大大减小。再者,安装小型发电机的场地不难找到,安装的工期很短,也有利于投资的回收。由于输电损耗远比传统的电力系统低,因而分布式发电的运行费用低。见表 18-1,通过 DG 和集中供电系统的配合,其优点可以总结如下:

① DG 系统中各电站相互独立,用户可以自行控制,不会发生大规模停电事故,所以安全可靠性比较高;

② 可以弥补大电网安全稳定性的不足,在意外灾害发生时继续供电,已成为集中供电方式不可缺少的重要补充;

③ 可对区域的电能质量和性能进行实时监控,非常适合向农村、牧区、山区、发展中的中、小城市或商业区的居民供电,可大大减小环保压力;

④ DG 的输配电损耗很低,甚至没有;无须建配电站,可降低或避免附加的输配电成本,同时土建和安装成本低;

⑤ 调峰性能好,操作简单,启停快速,便于实现自动。

**表 18-1　DG 技术方案比较**

| 项目 | 微型燃气轮机 | 光伏电池 | 风力发电 | 燃料电池 |
|---|---|---|---|---|
| 发电效率/% | 27～32 | 6～19 | 25 | 40～57 |
| 功率密度/(kW/$m^2$) | 59 | 0.02 | 0.01 | 1～3 |
| 投资费用/($/kW) | 500～1000 | 6600 | 1000 | 3000 |
| 运行费用/($/kW) | 0.005～0.006 | 0.001～0.004 | 0.01 | 0.0017 |
| 电价/($/kW·h) | 0.06～0.08 | 0.18～0.20 | 0.03～0.04 | 0.06～0.08 |

注:运行维护费用不包括燃料费用(风力发电和光伏发电不需要燃料费用);燃料电池在完全商品化后可望将投资费用降低到 1000$/kW。

## 二、分布式发电技术的分类

根据所使用一次能源的不同,DG 可分为基于化石能源的 DG 技术、基于可再生能源的 DG 技术以及混合的分布式发电技术:①基于化石能源的 DG 技术主要由以下三种技术构成:往复式发动机技术;微型燃气轮机技术和燃料电池技术。②基于可再生能源的 DG 技术主要由以下几种技术构成:太阳能光伏发电技术;风力发电技术。③混合的分布式发电技术:热-电-冷三联产的多目标分布式供能系统。以下就风力发电,光伏发电,微型燃气轮机和燃料电池分述如下。

(1) 风力发电

风力发电技术是将风能转化为电能的发电技术,也是一种清洁能源,它的输出功率由风能决定。风力发电是目前新能源开发技术中最成熟、最具规模化商业开发前景的发电方式。风电是一种绿色的可再生能源,随着我国能源结构的不断调整,风力发电逐渐显示出较好的应用前景。

目前风电机组多为异步发电机，异步发电机在超同步运行情况下以发电方式运行，此时吸收风力机提供的机械能，发出有功功率，同时从电网或电容器吸收无功功率提供其建立磁场所需的励磁电流。同步风力发电机不需要增速传动结构，整体结构简单。随着电力电子变流技术的进步，先进的同步风力发电常采用交-自-交的接入方式，可先把发出的交流变成直流，然后再逆变成工频交流接入用户或电网。这种发电方式的优点是：发电机转速不必与电网频率要求的转速同步。由于其输入功率存在固有的不平衡性，风力发电在一定程度上可起到蓄能作用，一般风力发电机输出的交流电经过整流后向蓄电池组充电，然后通过逆变器连入电网。

并网运行是在风力资源丰富地区，按一定排列方式安装风力发电机组，成为风力发电场，发出的电能全部经变压器送至电网，这是目前风力发电的主要方式。风力同其他发电方式互补运行。

(2) 太阳能光伏发电

光伏发电是根据光生伏特效应原理，利用太阳能电池将太阳光能直接转化为电能。不论是独立使用还是并网发电，光伏发电系统主要由太阳能电池板(组件)、控制器和逆变器三大部分组成，它们主要由电子元器件构成，不涉及机械部件，所以，光伏发电设备极为精炼，可靠、稳定寿命长、安装维护简便。理论上讲，光伏发电技术可以用于任何需要电源的场合，上至航天器，下至家用电源；大到兆瓦级电站，小到玩具，光伏电源无处不在。

太阳能光伏发电的最基本元件是太阳能电池(片)，有单晶硅、多晶硅、非晶硅和薄膜电池等。目前，单晶和多晶电池用量最大，非晶电池用于一些小系统和计算器辅助电源等。国产晶体硅电池效率在10%～13%，国外同类产品效率约12%～14%。由一个或多个太阳能电池片组成的太阳能电池板称为光伏组件。目前，光伏发电产品主要用于三大方面：一是为无电场合提供电源，主要为广大无电地区居民生活生产提供电力，还有微波中继电源、通信电源等，另外，还包括一些移动电源和备用电源；二是太阳能日用电子产品，如各类太阳能充电器、太阳能路灯和太阳能草坪灯等；三是并网发电，这在发达国家已经大面积推广实施。我国并网发电已起步。2008年北京奥运会部分用电由太阳能发电和风力发电提供。

并网光伏发电系统是光伏发电系统的主流趋势。并网光伏发电系统可分为住宅用并网光伏发电系统和集中式并网光伏发电系统。前者特点是光伏发电系统的电直接分配给用户负载，多余或不足的电力通过连接网来调节；后者特点是光伏发电系统发的电被直接输送到电网上，由电网把电力统一分配给各用户。

(3) 微型燃气轮机

微型燃气轮机是一类新型燃气机，其功率范围在30～300kW或更小。近年来随着全球范围内的能源与动力需求结构以及环境保护等要求的变化，微型燃气轮机得到了电力、动力等有关部门的高度关注。

先进微型燃气轮机具有多台集成扩容、多燃料、低燃料消耗率、低噪音、低排放、低振动、低维修率、可遥控和诊断等一系列先进技术特征，除了做 DG 使用外，还可用于备用电站、热电联产、并网发电、尖峰负荷发电等，是提供清洁、可靠、高质量、多用途、小型 DG 及热电联供的最佳方式，无论对中心城市还是远郊农村甚至边远地区均能适用。

DG 技术的发展为微型燃气轮机技术发展和市场扩展提供了极好的平台。微型燃气轮机技术的发展及其商用推出大大增加了 DG 面向较小用户的可能性，微型燃气轮机发电装置的紧凑性，可靠性和遥控运行以及环境友好等特点，意味着它们特别适合 DG 的区域性应用。鉴于我国目前的电力发展及其分布不很均衡以及微型燃气轮机的技术特点及其优越性，微型燃气轮机将在我国得到广泛的重视与应用。此外，微型燃气轮机在民用交通运输（混合动力汽车）以及军车在陆海边防方面均具有优势，受到美、俄等军事大国的关注，因此，从国家安全看发展微型燃气轮机也是非常重要的。

(4) 燃料电池

燃料电池发电不同于传统的火力发电，其燃料不经过燃烧，而是在催化剂的作用下直接将燃料与空气或氧气之类的氧化剂相结合，发生化学反应，在生成水的同时进行发电，因而其实质是化学能发电。燃料可以是氢气、碳氢化合物、天然气、甲醇甚至汽油等，尽管燃料电池在发电时有热损失，但在室温下它的转化效率仍能达到 84%。不同燃料电池的特点，见表 18-2。

**表 18-2　不同燃料电池的特点**

| 类型 | 工作温度/℃ | 容量范围 | 所适用场合 |
| --- | --- | --- | --- |
| 碱性 | 80～90 | 100W～20kW | 空间技术 |
| 质子交换膜 | 85～95 | 100W～10MW | 电动车辆 |
| 磷酸 | 175～200 | 200kW～10MW | 小型发电 |
| 熔融碳酸盐 | 540～650 | ＞10MW | 发电 |
| 固体氧化物 | 980 | ＞10MW | 发电 |

燃料电池的工作原理是电解水的逆过程，即通过氢和氧的化合释放出电能，其排放物是水蒸气，因而对环境无任何污染。氢气可以由钢瓶供气或由外部燃料处理器用化学方法生成氢混合气体，也可在燃料电池内部从气态碳氢化合物中提取。

所需氧气可用氧气瓶或空气供给。根据燃料电池中所用电解质的不同，可将其分为五类。除固体氧化物燃料电池尚处于研究阶段外，其他几种均已开发成功。用作发电设备的燃料电池，在技术上最为成熟的是磷酸燃料电池。熔融碳酸盐燃料电池的发电效率接近 50%，由于其工作温度高，适用于联合循环系统，即将燃料电池产生的废热气驱动汽轮机以获得附加的电能，使发电效率达 60%～65%。熔融碳酸盐燃料电池已完成试验阶段，不久将在市场上供货，我国在 21 世纪初要实现的兆瓦级燃料电池示范电站也将采用这一类型的燃料电池。

随着燃料电池技术的突破和制氢技术的不断进展，燃料电池可以与太阳能光伏电池或风力发电系统构成"太阳能光伏(或风力发电)制氢储能-燃料电池发电系统"，以制氢储能替代传统的蓄电池储能环节。当日照(风源)情况良好时，通过电解水制氢将多余的电能储存起来；在夜晚或阳光不足(风力不足)时，将储存的氢通过燃料电池再转换为电能，继续向负载供电，从而保证了系统供电的连续性和稳定性。这种系统具有储能密度高，使用寿命长，运行成本低，没有污染等优点。

## 三、分布式发电应用前景

现在全世界供电系统都是以大机组、大电网、高电压为主要特征的集中式单一供电系统。虽然全世界 90%的电力负荷都由这种集中单一的大电网供电，但是当今社会对能源与电力供应的质量与安全可靠性要求越来越高，大电网由于自身的缺陷已经不能满足这种要求，特别是天灾等不可抗力造成电网损坏时。由于大电网中任何一点的故障所产生的扰动都会对整个电网造成较大影响，严重时可能引起大面积停电甚至是全网崩溃，造成灾难性后果，这样的事故在国外时有发生；而且这种大电网又极易受到战争或恐怖势力的破坏，严重时将危及国家的安全，如科索沃战争和海湾战争等；另外集中式大电网还不能跟踪电力负荷的变化，而为了短暂的峰荷建造发电厂其花费是巨大的，经济效益也非常低。根据西方国家的经验：大电网系统和分布式发电系统相结合是节省投资，降低能耗，提高系统安全性和灵活性的主要方法。

以美国为例，容量为 1kW 到 10MW 分布式电源发电和储能单元正在成为未来分布式供能系统的有用单元。由于分布式电源的高可靠性、高质量、高效率以及灵活性，故可满足工业、商业、居住和交通应用的一系列要求。预计几年后，新一代的微汽轮机(10～250kW)可以完全商业化，为调峰和小公司余热发电提供了新机会。在美国国内到 2020 年，由于新的能源需求与老的电厂的退役，估计要增加 $1.7\times10^{12}$kW·h 的电，几乎是近 20 年增量的 2 倍。为满足市场需要，下一个 10 年之后，美国的分布式发电市场装机容量估计每年将达 $5\times10^{9}\sim6\times10^{9}$W，为解决这个巨大的缺口，美国能源部提出了以下几个涉及分布式发电技术的计划，包括燃料电池、分布式发电涡轮技术、燃料电池和涡轮的混合装置等。可以预料，在不久以后,分布式发电技术将在美国得到相当的发展。

在我国,随着经济建设的飞速发展,我国集中式供电网的规模迅速膨胀。这种发展所带来的安全性问题不容忽视。由于各地经济发展很不平衡,对于广大经济欠发达的农村地区来说,特别是农牧地区和偏远山区,要形成一定规模的、强大的集中式供配电网需要巨额的投资和很长的时间周期,能源供应严重制约这些地区的经济发展。而分布式发电技术则刚好可以弥补集中式发电的这些局限性。在我国西北部广大农村地区风力资源十分丰富,像内蒙古已经形成了年发电量1亿kW·h的电量,除自用外,还可送往北京地区,这种无污染绿色能源可以减轻当地的环境污染。在可再生能源分布式发电系统中的除风力发电外,还有太阳能光伏电池、中小水电等都是解决我国偏远地区缺电的良好办法。因此,应引起足够的重视。

在我国城镇,分布式发电技术作为集中供电方式技术不可缺少的重要补充,将成为未来能源领域的一个重要发展方向。而在分布式发电技术中应用最为广泛、前景最为明朗的,应该首推热-电-冷三联产技术,因为对于中国大部分地区的住宅、商业大楼、医院、公用建筑、工厂来说,都存在供电和供暖或制冷需求,很多都配有备用发电设备,这些都是热-电-冷三联产的多目标分布式供能系统的广阔市场。

如果说电力市场化是电力行业的重大改革,那么分布式发电可认为是电力行业的重大技术改革,两者共同作用将使未来世界的电力行业呈现全新的面貌。随着电力体制改革的发展,分布式发电也可为一些用户提供一种“自立”的选择,使其更能适应易变的电力市场。此外,由于分布式发电设施的安装周期短,不需要现存的基础设施,而且与大型的中央电站及发电设施相比总投资较少,因此在电力竞争性市场建立后分布式发电的作用将会日益明显和重要,从而可与现有电力系统结合形成一个高效、灵活的电力系统,提高整个社会的能源利用率,提高整个供电系统的稳定性、可靠性和电能质量。

## 第三节 分布式发电稳态模型

### 一、分布式发电模型

1. 风力发电

风力发电是将风能转化为电能的一种发电技术。风力发电通过风力发电机将风能转化为电能。它不需要消耗燃料,是一种清洁型能源。风机的输出功率由风场的风速决定。风力发电是目前新能源开发技术中最成熟、最具规模化商业开发前景的一种新型发电方式。

风速具有明显的随机性和间歇性,为了较精确地描述风速及其变化特性,需要研究风速的分布特性,于是引入风频分布的概念。风频分布就是风速的统计概率分布，是衡量风能资源分布特性的重要指标，它反映了风电场在某个时段每一种风速出现的概率，可以通过分析风电场实测风的原始资料得到。

根据风电场实测风的结果，假设风速是以小时为研究时段，按每小时正点前十分钟测取，则在一年之内就有 $N_y$ 个测点，这样可得风电场实际的风速频率分布为

$$F_i = \frac{N_{vi}}{N_y} \tag{18-1}$$

式中，$F_i$ 为风速 $V_{wi}$ 的实际分布频率；$N_{vi}$ 为一年之内风速 $V_{wi}$ 出现的次数；$N_y$ 为一年之内总的测风点数，一般假设 $N_y=8760$。一般情况下根据统计规律分析，风电场风速符合韦布尔(Weibull)分布

$$f(V) = \frac{K}{A}\left(\frac{V}{A}\right)^{K-1}\exp\left[-\left(\frac{V}{A}\right)^{K}\right] \tag{18-2}$$

式中，$V$ 为风速，m/s；$f(V)$ 为韦布尔分布函数；$A$、$K$ 为韦布尔尺度系数和形状系数。利用风电场测风的结果，对实际所得的风速数据进行统计，得出年平均风速 $V_p$ 和风速频率分布 $F_i$，并可以采用最小逼近方法计算出韦布尔分布参数 $A$ 和 $K$ 的近似值。这样，就可以得到风频特性的数学模型，从而可以用于风电场风能资源的分析和评估、风力发电机组选型和发电量的预测以及风电场并网对系统的影响分析等用途。

为能够精确描述风速随机性和间歇性的特点，通常采用四种成分的风速来模拟实际风速变化情况：基本风 $V_A$、阵风 $V_B$、渐变风 $V_C$ 和随机风 $V_D$。基本风可以由风电场测风所得的韦布尔分布参数近似确定；阵风一般用来描述风速突然变化的特性；渐变风模拟风速的渐变特性；随机风描述风速变化的随机特性。

(1) 基本风

基本风可以由风电场所得的韦布尔分布参数近似确定

$$V_A = A\cdot\Gamma\left[1+\frac{1}{K}\right] \tag{18-3}$$

式中，$V_A$ 为基本风速，m/s；$A$、$K$ 为韦布尔分布的尺度参数和形状参数；$\Gamma$ 为伽马函数。当考虑计算时间段较短时，基本风速可视为不变。

(2) 阵风

阵风用于描述风速突然变化的特性

$$V_B = \begin{cases} 0, & t < T_{iG} \\ V_{\cos}, & T_{iG} \leqslant t < T_{iG} + T_G \\ 0, & t \geqslant T_{iG} + T_G \end{cases} \tag{18-4}$$

$$V_{\cos} = \left(\max\frac{G}{2}\right)\left\{1-\cos 2p\left[\left(\frac{t}{T_G}\right)-\left(\frac{T_{iG}}{T_G}\right)\right]\right\} \tag{18-5}$$

式中，$V_B$、$T_G$、$T_{iG}$、$\max G$ 分别为阵风风速(m/s)、周期(s)、启动时间(s)和最大值。

(3) 渐变风

渐变风成分用来模拟风速的渐变特性

$$V_C=\begin{cases}0, & t<T_{1R}\\ V_{\text{ramp}}, & T_{1R}\leqslant t<T_{2R}\\ \max R, & T_{2R}\leqslant t<T_{2R}+T_R\\ 0, & t>T_{2R}+T_R\end{cases} \tag{18-6}$$

$$V_{\text{ramp}}=\max R\left[1-\frac{t}{T_{2R}(T_{1R}-T_{2R})}\right] \tag{18-7}$$

式中，$V_C$、$\max R$ 分别为渐变风速、渐变风速最大值，m/s；$T_{1R}$、$T_{2R}$、$T_R$ 分别为起始时间、终止时间和持续时间，s。

(4) 随机风

随机噪声风速成分来模拟风速变化的随机特性

$$V_D=2\sum_{i=1}^{N}\left[S_V(\omega_i)\Delta\omega\right]^{\frac{1}{2}}\cos(\omega_i+j_i) \tag{18-8}$$

$$\omega_i=\left(i-\frac{1}{2}\right)\cdot\Delta\omega \tag{18-9}$$

$$S_V(\omega_i)=\frac{2K_NF^2\mid\omega_i\mid}{\pi^2\left[1+\left(\frac{F\omega_i}{\mu\pi}\right)^2\right]^{\frac{4}{3}}} \tag{18-10}$$

式中，$\omega$ 为 0～π 均匀分布的随机变量；$K_N$ 为地表粗糙系数，一般取0.004；$F$ 为扰动面积，$m^2$；$\mu$ 为相对高度的平均风速，m/s；$S_V$ 为风速随机分量分布谱密度，$m^2/s$。通过对功率谱密度函数进行积分即可得到短期的风速大小。

综合上述四种风速成分，模拟实际作用在风力机上的风速为

$$V_W=V_A+V_B+V_C+V_D \tag{18-11}$$

2. 光伏发电

太阳能光伏电池发电(photovoltaic, Cell-PV)技术是利用半导体材料的光电效应直接将太阳能转化为电能。白天发电的盈余送电网，晚间用户从电网取电。采用光伏电池发电具有不消耗燃料、不受地域限制、规模灵活、无污染、安全、可靠、维护简单等优点。目前应用的太阳电池是一种半导体器件(如单晶硅、多晶硅)，受到太阳光照时能产生光伏效应，将太阳光能转变成直流电能。在使用时将太阳电池封装成组件，然后根据需要将组件串并联组成方阵。但是目前光伏电池由于技术的限制，转换效率低。

光伏电池的模型可以看作由电流源、一个非线性阻抗和负荷电阻所组成的系

统，它的简化模型如图 18-1 所示。此模型是在假设以下条件得出的：①燃料电池内部串联电阻很小，忽略不计；② 内部并联电阻很大，同样忽略。

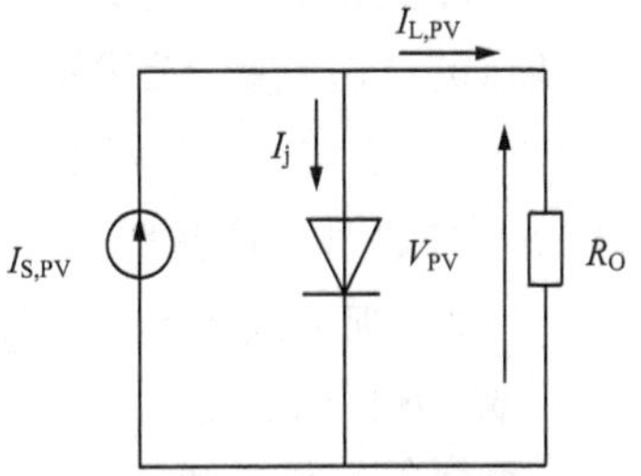


图 18-1　光伏电池等效电路

利用基尔霍夫定律，光伏发电的负荷电流可以表示为

$$I_{L,PV} = I_{S,PV} - I_{O,PV}\left(\exp\left(\frac{eV_{PV}}{kT}\right) - 1\right) \tag{18-12}$$

其中，$I_{L,PV}$是光伏发电的负荷电流；$I_{S,PV}$为光伏发电的输出电流，可视为恒定；$I_{O,PV}$为饱和电流；$V_{PV}$为负荷两段电压降落；$k$ 是玻尔兹曼（Boltzmann）常量；$T$ 是开氏温度。

影响光伏发电功率输出的因素包括电池元件的模型、功率转化率以及元件的温度等。通常情况下，取一个常数形式的经验转化系数。另外，忽略温度的影响，则光伏发电的输出功率可以表示为

$$P_S = A_{PV} K_P I_C \eta_{PV} \tag{18-13}$$

其中，$A_{PV}$是光伏电池的有效覆盖区域；$K_P$是集中因子；$\eta_{PV}$是平均功率转化率。综合以上式子，可以得出以下光伏发电的功率输出方程

$$P_S = A_{PV} K_P I_{max}(1-t) h_{PV} = P_{Smax}(1-t) \tag{18-14}$$

其中，$P_{Smax}$是在天气状况优良情况下，由下式求出的光伏发电最大输出功率：

$$P_{Smax} = A_{PV} K_P I_{max} h_{PV} \tag{18-15}$$

由于在夜间光伏发电的功率输出为零，因此有必要研究整个时段光伏发电的可能输出功率。如果只考虑白天时间段，光伏发电功率输出的概率密度函数是$P_{Smax}$、形状函数和尺度函数的函数，可综合式(18-13)和式(18-14)得出

$$f_{P_S}(P_S) = \begin{cases} \dfrac{\Gamma(\alpha_S + \beta_S)}{\Gamma(\alpha_S) + \Gamma(\beta_S)}\left(\dfrac{P_S^{\beta_S - 1}}{P_{Smax}^{\beta_S}}\right)\left(1 - \dfrac{P_S}{P_{Smax}}\right), & 0 < P_S \leqslant P_{Smax} \\ 0, \text{others} \end{cases} \tag{18-16}$$

在夜间，光伏发电输出功率密度函数可以表示为一个在零点的冲击函数，如

$$f_{P_S}(P_S) = (1 - F_1) \cdot \delta(P_S) \tag{18-17}$$

其中，$P_S=0$。令 $F_1$为白天中的某一研究时段，其表达式可表示为

$$F_1 = \frac{D_H}{D_H + N_H} \tag{18-18}$$

其中，$D_H$和 $N_H$是白天和夜晚各自的小时数。

应该注意到的是，在式(18-18)中的每个时段所包含的时间相等。综合以上式和在零点的冲击函数，光伏发电的功率输出公式可以表示为

$$F_{PV}(P_S) = F_1 \cdot F_{P_S}(P_S) + (1 - F_1) \tag{18-19}$$

式中，$F_{P_S}(P_S)$是密度函数 $f_{P_S}(P_S)$的分布函数；$1-F_1$是研究时间段中的夜间段。当 $P_S=0$ 时，则上式 $1-F_1$的幅值非零。

3. 微型燃气轮机

微型燃气轮机是指功率为数百千瓦以下的以天然气、甲烷、汽油、柴油为燃料的超小型燃气轮机。满负荷运行时效率达到 30%，实行热电联产，效率可以提高到 75%。微型燃气轮机具有体积小、质量轻、发电效率高、污染小、运行维护简单等特点。它是目前最成熟、最具有商业竞争力的分布式电源之一。

与风力发电和光伏发电系统不同，微型燃气轮机的功率输出可以加以调节。通常情况下，微型燃气轮机的功率输出与其中的燃料量有关，燃料越充足，输出功率越大。因此，微型燃气轮机输出功率可以定义为燃料量的函数，如下式：

$$P_{mi} = (HV)_s \eta_t m_f \tag{18-20}$$

式中，$P_{mi}$是燃气轮机的功率输出；$HV$ 是燃料的热值；$\eta_t$是总效率；$m_f$是燃料质量的流速率。

将理想气体定律应用于上式，则输出功率可以表示为气体体积流速、气压和温度的函数

$$P_{mi} = Q_f (HV)_s \eta_t \left(\frac{PS}{PS_s}\right)\left(\frac{T_s}{T}\right) \tag{18-21}$$

式中，$Q_f$是气体体积流速，$ft^3/hr$；$(HV)_s$是在标准大气压和标准温度下燃料气体的热率，$Btu^3/ft^3$；$PS$ 是气体气压，psi；$T$ 是气体温度，K；$PS_s$是标准大气压，psi；$T_s$为标准温度，K。

将上式转化为标准单位下，可得

$$P_{out,mi} = 0.000293 Q_f (HV)_s \eta_t \left(\frac{PS}{PS_s}\right)\left(\frac{T_S}{T}\right) \tag{18-22}$$

式中，$P_{out,mi}$是燃气轮机功率输出，kW。

这种分布式发电机组的特性和集中式发电机组相似，可以统一调度，但是在热电联产的情况下，微型燃气轮机的各种输出必须满足热量的需要，并且它的功率变化有一定的时间，即功率变化速度有一定的限制，如下两式：

$$P_{out,mi,min} \leqslant P_{out,mi} \leqslant P_{out,mi,max} \tag{18-23}$$

$$\Delta P_{out,mi} \leqslant \Delta P_{out,mi,limit} \tag{18-24}$$

式中，$\Delta P_{out,mi}$是功率的变化量；$\Delta P_{out,mi,limit}$是功率变化量的限制。

4. 燃料电池

(1) 燃料电池的燃烧特性

单台燃料电池的性能是由其在特定条件下伏安特性所决定的。这些条件包括温度、运行压力、燃料电池的燃料组成和氧化气体量等，而燃料和氧化剂的应用是关键所在。定义 $U_f$ 为在燃料电池内部发生化学反应的燃料，可以表示为

$$U_f = \frac{H_{2,in} - H_{2,out}}{H_{2,in}} = \frac{H_{2,consumed}}{H_{2,in}} \tag{18-25}$$

式中，$H_{2,in}$ 和 $H_{2,out}$ 是氢在燃料电池中的输入口和输出口的摩尔量；$H_{2,consumed}$ 是燃料电池中氢的电-化反应速度。

氢在燃料电池中输入口的摩尔流量可以表示为

$$H_{2,in} = F_{in}(x_{H_{2,in}} + x_{CO_{in}} + x_{CH_{4,in}}) \tag{18-26}$$

式中，$F_{in}$ 是总的摩尔流速；$x_{H_{2,in}}$、$x_{CO,in}$ 和 $x_{CH_{4,in}}$ 分别为 $H_2$、CO 和 $CH_4$ 的摩尔含量。因此，如果可以确定在特定点的气体利用率，便可得各气体的量。

(2) 燃料电池的伏安特性

应用法拉第定律，可以将燃料电池的输出电流 $I_{FU}$ 表示为燃料的函数为

$$I_{FU} = \frac{2FU_f H_{2,in}}{N_{cell} N_S} \tag{18-27}$$

式中，$F$ 为法拉第常数；$N_{cell}$ 是每组燃料电磁数；$N_S$ 是系统中燃料电池组数。燃料电池输出电流可以定义为燃料电池所消耗氢量的函数为

$$I_{FU} = \frac{2FH_{2,consumed}}{N_{cell} N_S} \tag{18-28}$$

一组燃料电池系统的输出电流密度 $i_{FU}$ 可以通过燃料电池输出电流除以 $A_{FU}$ 求得为

$$i_{FU} = \frac{I_{FU}}{A_{FU}} \tag{18-29}$$

燃料电池的开路电压近似为燃料电池的反向电势。其反向电势是由正极侧和负极侧气体量所决定的。根据能量斯托方程可以表示为

$$V_O = E_O + \frac{R_g T}{2F} \ln\left\{ \frac{(P_{H_{2,a}})(P_{O_{2,c}})^{\frac{1}{2}} P_{CO_{2,c}}}{(P_{H_2O_{,a}}) \quad P_{CO_{2,a}}} \right\} \tag{18-30}$$

单台燃料电池输出电压 $V_{FU}$ 可以表示为下式：

$$V_{FU} = V_O - \eta_{ohm} - \eta_{act} - \eta_{conc} \tag{18-31}$$

式中

$$\eta_{ohm} = I_{FU} R_{FU} \tag{18-32}$$

$$\eta_{act} = \frac{R_g T}{2F}\Big(\alpha_0 + \alpha_1 \ln P_{H_{2,a}} + \alpha_3 \ln P_{CO_{2,a}} + \alpha_4 \ln P_{H_2O_{,a}} + \alpha_5 \ln P_{CO_{2,c}}$$

$$+\alpha_6 \ln P_{CO_2,c} + \frac{\alpha_7}{T} + \alpha_8 \ln i_{FU}\Big) \tag{18-33}$$

$$\eta_{conc} = \frac{RT}{2F}\ln\left(1 - \frac{i_{FU}}{i_{L,conc}}\right) \tag{18-34}$$

式中，$\eta_{act}$是激磁偏振常数；$\eta_{conc}$是集中偏振常数；$\eta_{ohm}$是欧姆偏振常数；$R_{FU}$是燃料电池总电阻；$i_{L,conc}$是限制电流密度。

（3）燃料电池功率特性

通常，燃料电池输出功率是末端电压和输出电流的函数。如前所述，燃料电池是通过串联以获得需要的电压、电流和功率的。因此根据基尔霍夫定律，系统电压和电流可以表示为

$$V_{sys,FU} = N_{cell} N_S V_{FU} \tag{18-35}$$

$$I_{sys,FU} = N_p I_{FU} \tag{18-36}$$

式中，$N_p$是系统中串联组数。燃料电池系统总的输出功率 $P_{FU}$可以表示为下式：

$$P_{FU} = V_{sys,FU} I_{sys,FU} \tag{18-37}$$

## 二、分布式发电并网接口模型

通常 DG 与电网互联的接口一般有 3 种形式：同步发电机、异步发电机、DC/AC 或 AC/AC 变换器。每种形式 DG 的典型容量范围及其与电网的接口形式如表 18-3 所示。

**表 18-3　DG 容量及其入网方式**

| 发电形式 | 容量范围 | 入网方式 |
|---|---|---|
| 太阳能光伏 | W～kW | DC/AC 变换器 |
| 风能 | W～MW | 异步发电机 |
| 地热能 | kW～MW | 同步发电机 |
| 海洋能 | kW～MW | 同步发电机 |
| 微型燃汽轮机 | kW～MW | AC/AC 变换器 |
| 燃料电池 | kW～MW | DC/AC 变换器 |

其中采用同步发电机作为接口的 DG 又分两种类型：励磁电压恒定型和励磁电压可调型。励磁电压恒定型 DG 不具有电压调节能力，因而在潮流计算中，采用这种接口形式的 DG 其节点不能作为 PV 节点，其发出或吸收的无功与机端电压有关，潮流计算前不能确定，所以也不能看成 PQ 节点；而具有励磁电压调节能力的 DG 可以当成 PV 节点，在潮流计算中处理方法与传统方法相同。异步发电机由于没有励磁系统，需要从系统吸收无功，吸收的无功大小与机端电压有关，因而

在潮流计算中异步发电机的处理也需要特殊考虑。对采用 DC/AC 或 AC/AC 变换器接口的 DG 而言，输出的有功、无功与变换器的控制策略有关，潮流计算中需要结合变换器的控制策略对 DG 进行处理。

1. 异步发电机接口模型

目前利用风能的机组多为异步发电机，异步发电机在超同步运行情况下以发电方式运行。此时它吸收风力机提供的机械能，发出有功功率，同时从电网或电容器吸收无功功率提供其建立磁场所需的励磁电流。多台风力机组按照一定规则排列构成风电场，风电场的功率为所有风电机组输出功率之和。

由于图 18-2 中 $x_m \gg x_1$，且定子电阻和铁心的功率损耗与有功功率相比可忽略，因此，可以将励磁支路移至电路首端，得到简化的异步发电机 Γ 形等值电路，如图 18-3 所示。在图 18-3 所示的简化电路中，可由电路连接关系直接求出风电机组无功功率和有功功率的表达式。若假设风电场的有功功率为风机的机械功率，可由电路连接关系得出风电机组无功功率的表达式如下：

$$P_e = \frac{U^2 r_2/s}{(r_2/s)^2 + x_k^2} \tag{18-38}$$

$$Q_e = \frac{r_2^2 + x_k(x_k + x_m)s^2}{r_2 x_m s} P_e \tag{18-39}$$

简化式(18-39)可得

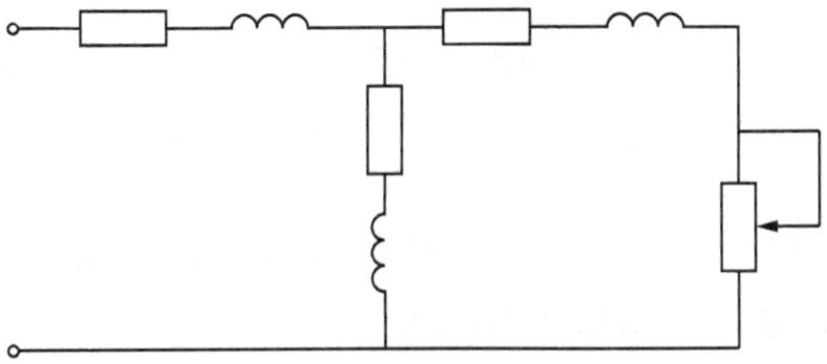

图 18-2　异步电动机等效电路

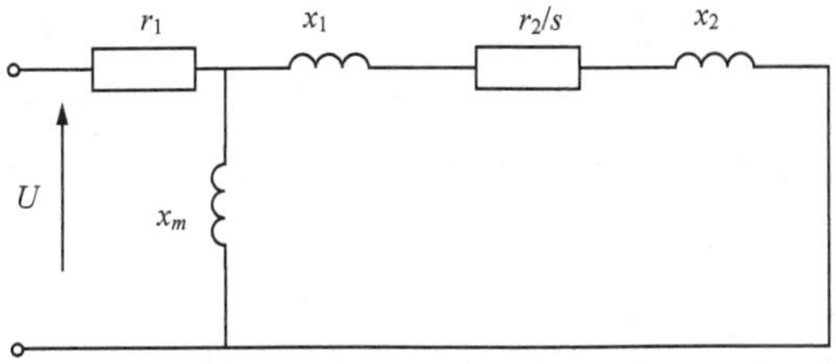


图 18-3　异步电动机简化模型

$$Q_e = -\frac{V^2}{x_m} + \frac{-V^2 + \sqrt{V^4 - 4P_e^2 x_k^2}}{2x_k} \tag{18-40}$$

式中，$x_k = x_1 + x_2$，$V$ 为机端电压，$P_e$ 为异步发电机的有功功率。由式(18-40)可见，当异步发电机输出的有功功率 $P_e$ 一定时，它吸收的无功功率 $Q_e$ 与机端电压 $V$ 的大小有密切关系。

由以上假设和公式推导可知，异步发电机节点类型具有如下特点：发出的有功功率在特定时间段是确定值，而无功功率则是随机端电压变化而变化的。

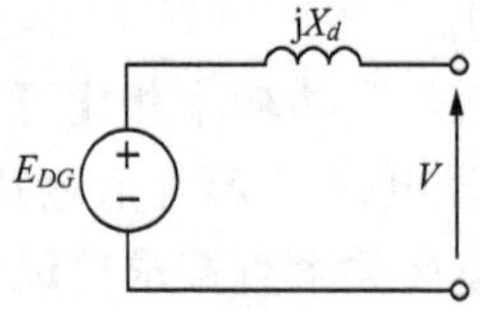


图 18-4　隐极同步发电机等效电路

2. 同步发电机模型接口

一般说来，有励磁调节能力的同步发电机作为接口的 DG 具有两种励磁控制方式：电压控制和功率因数控制。采用电压控制的 DG 在潮流计算中可作为 PV 节点处理，采用功率因数控制的 DG 可以作为 PQ 节点处理。下面讨论采用无励磁调节的同步发电机作为接口的 DG 在潮流计算中的处理方法。

考虑隐极机，如图 18-4 所示，有下式成立：

$$P_{DG} = \frac{E_{DG}V}{X_d}\sin\delta \tag{18-41}$$

$$Q_{DG} = \frac{E_{DG}V}{X_d}\cos\delta - \frac{V^2}{X_d} \tag{18-42}$$

式中，$P_{DG}$、$Q_{DG}$ 分别为 DG 的有功输出和无功输出；$E_{DG}$ 为 DG 机组的空载电势。由于无励磁调节系统，所以 $E_{DG}$ 为常数；$X_d$ 为 DG 机组的同步电抗；$V$ 为机端电压；$\delta$ 为功角。

一般在潮流计算中可以认为 DG 的输出有功是已知的，根据式(18-41)和式(18-42)可以推得 $Q_{DG}$ 与两端电压的关系：

$$Q_{DG} = \sqrt{\left(\frac{E_{DG}V}{X_d}\right)^2 - P_{DG}^2} - \frac{V^2}{X_d} \tag{18-43}$$

式(18-43)与式(18-40)有类似之处，不同的是式(18-40)中的 $Q$ 小于 0，表明异步发电机实际上是吸收无功，而式(18-43)中 $Q$ 大于 0。可见，对采用无励磁调节能力的同步发电机作为接口的 DG，在潮流计算中也可以作为静态电压节点处理。

3. 电力电子变换器接口

另外一些 DG 需要通过电力电子装置(整流器或逆变器)并入系统，如燃料电池、太阳能光伏发电、储能系统、微型燃气轮机等。其中燃料电池、太阳能光伏发电和储能系统发出的是直流电，需要通过电压源逆变器与电网接口，而微型燃气轮机发出的是高频交流电，需要通过 AC/DC/AC 或 AC/AC 变频后才能并网。下面主要介绍燃料电池发电的并网结构及其控制方式。

并网的燃料电池发电站一般由燃料电池、功率调节单元(power condition unit,PCU)以及升压变压器等部分组成。其中 PCU 主要由 DC/AC 换流器、电压控制环节和功率控制环节组成。并网型燃料电池发电站等值电路如图 18-5 所示。其中 $V_{FC}$为电池输出的直流电压;$R_{FC}$为电池的内阻;$m$ 为换流器的调节指数;$\psi$ 为换流器点燃角(或超前角);$V_{ac}$为换流器输出的交流电压;$X_T$为变压器等值电抗;$V_s$为系统母线电压;$\delta$ 与 $\theta$ 为电压的相角,且满足 $\psi=\delta-\theta$。

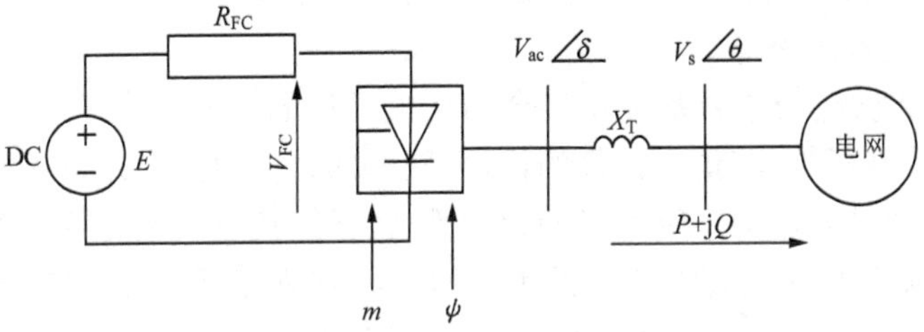


图 18-5　燃料电池发电站与入网等值电路

$V_{ac}$幅值与 $V_{FC}$有如下关系:

$$V_{ac}=mV_{FC} \tag{18-44}$$

由图 18-5 和式(18-44)可以推出下式:

$$P=\frac{V_{ac}V_s}{X_T}\sin(\delta-\theta)=\frac{mV_{FC}V_s}{X_T}\sin\psi \tag{18-45}$$

$$Q=\frac{V_sV_{ac}\cos\psi}{X_T}-\frac{V_s^2}{X_T}=m\frac{V_sV_{FC}\cos\psi}{X_T}-\frac{V_s^2}{X_T} \tag{18-46}$$

与常规的同步发电机不同,燃料电池发电站没有原动机调速器和励磁调节器,它的有功功率和无功功率控制通过控制参数 $\psi$ 和 $m$ 实现。PCU 换流器的超前角 $\psi$ 可以由燃料流量进行控制,通过对燃料流量的控制实现对燃料电池有功输出功率的控制,这与常规发电机通过调节气门、导水叶开度,实现有功调节原理类似;而对无功功率的控制则是通过调整 PCU 换流器的调节系数 $m$ 实现,这与常规发电机调节励磁电流来控制其无功输出原理相似。因而,在潮流计算中,燃料电池发电站并网节点可以作为 PV 节点处理($P$、$V_s$已知,见图 18-5)。

燃料电池发电站正常运行时不需要从系统吸收无功,可以认为发出最小无功 $Q_{min}$为 0。在潮流计算中,如果燃料电池发电站并网节点的无功越限,可以将该节点作为 PQ 节点处理,此时的无功注入为无功输出的上限或下限值。

## 第四节　未来研究展望

分布式发电目前是国内外电力系统领域一个前沿研究课题,其研究主要集中在分布式发电对电力系统的影响。鉴于此，分布式发电今后的研究方向主要在以下几个方面：

① 现有分布发电技术的完善和新型技术的研发，如开发新的电解质材料和催化剂，提高燃料电池的性能、使用寿命、性能价格比等；开发更高效率的风力发电设备；研制高性能的光伏硅片和光能转换设备等。

② 采用新的算法建立分布式发电的等值稳态和暂态模型，研究分布式发电的极限功率其对电力系统的电压稳定性、功角稳定、继电保护、电能质量等的影响及相应的控制、改善策略等。

③ 分布式发电与电力系统相接合的相关算法的开发。由于电力系统是一个超大型的非线性系统，其仿真计算的代价是巨大的。因此，当分布式发电安装在电力系统中，需要结合电力系统本身的相关算法，做好其与系统的结合工作。

④ 建立新型电力公司与用户的关系体系，妥善研究和制定与分布式发电有关的法律、法规，研究分布式发电对电力市场的影响。在电力市场化过程中，研究部分分布式发电上网的竞价策略以及以分布式发电的发电量预报为基础，从随机最优控制原理出发，结合智能控制及现代控制理论，建立分布式发电的自动发电的随机最优控制模型及电压、频率随机自适应控制模型。

## 参 考 文 献


1. Dugan R C, Mcdermott T E. Distributed generation. IEEE Industry Application Magazine, 2002, 8(2):19～25
2. 靳静，艾芊. 我国风电场建设及运行现状评估与发展前景研究. 华东电力，2007,35(8):44～49
3. 顾承红，艾芊. 配电网中分布式电源最优布置. 上海交通大学学报，2007,41(11):1896～1900
4. 陈琳，钟金，倪以信等. 含分布式发电的配电网无功优化. 电力系统自动化，2006,30(14):20～24
5. 王敏，丁明. 分布式发电及其效益. 合肥工业大学学报(自然科学版)，2004,4(27):354～358
6. 王志群，朱守真，周双喜，黄仁乐. 分布式发电接入位置和注入容量限制的研究. 电力系统及其自动化学报. 2005,17(1):53～57
7. 王志群，朱守真，周双喜，黄仁乐，王连贵. 分布式发电对配电网电压分布的影响. 电力系统自动化，2004,28(16):56～60
8. 施鹏飞. 风力发电的进展和趋势. 中国电力，2002,35(9):86～90